Theory of

# Machines and Mechanisms

Sixth Edition

John J. Uicker, Jr.
Gordon R. Pennock
Joseph E. Shigley

제6판

# 기구학

|신규식 · 김남수 · 문형필 옮김|

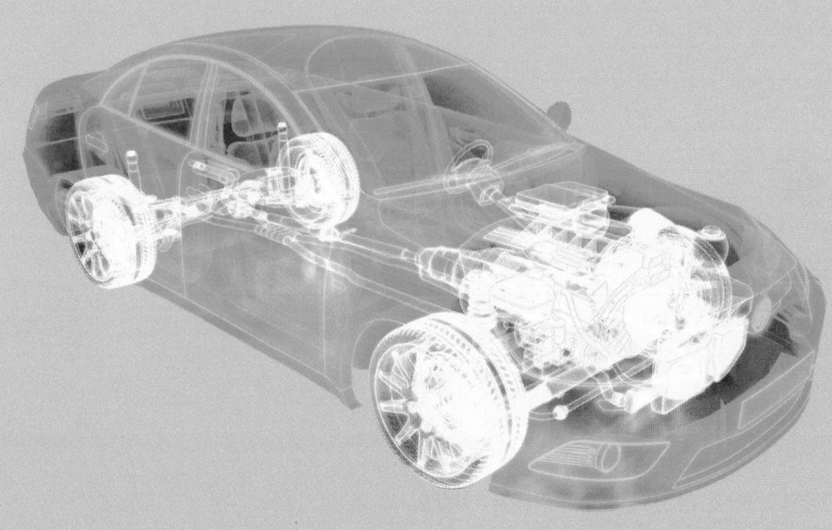

TEXTBOOKS
텍스트북스

Theory of Machines and Mechanism 6/e
John J. Uicker, Gordon R. Pennock, Joseph E. Shigley
ISBN 978-10-09303-67-5



**옮긴이 소개**

**신규식** 한양대학교 로봇공학과
**김남수** 건국대학교 기계항공공학부
**문형필** 성균관대학교 기계공학부

# 기구학 제6판

Theory of
**Machines and Mechanisms**

발행일 2024년 7월 31일 6판 1쇄
지은이 John J. Uicker, Gordon R. Pennock, Joseph E. Shigley
옮긴이 신규식, 김남수, 문형필
발행인 임은정 발행처 (주)텍스트북스
주소 서울시 영등포구 양평로 30길 14, 세종앤까뮤스퀘어 1109호
전화 02-702-5725 팩스 02-702-5727 웹사이트 www.textbooks.co.kr
등록번호 제2022-000098호
ISBN 979-11-91679-30-4 93550
정가 42,000원

이 책은 디트로이트 대학교 공학부 명예 학장이셨던, 저의 돌아가신 아버지 John J. Uicker, 돌아가신 어머니 Elizabeth F. Uicker,를 기억하며 그리고 나의 여섯 자녀 Theresa A. Zenchenko, John J. Uicker III, Joseph M. Uicker, Dorothy J. Winger, Barbara A. Peterson, Joan E. Horne.에 헌정합니다.

*— John J. Uicker, Jr.*

이 책은 또한 제 최고의 아내인 Mollie B.와 제 아들 Callum R. Pennock에게도 헌정된 책입니다. 또한, 이 책은 제 친구이자 멘토인 고 Dr. An (Andy) Tzu Yang와 인디애나주 웨스트 라파예트 퍼듀 대학교 기계공학과의 동료들에게도 헌정된 책입니다.

*— Gordon R. Pennock*

마지막으로, 이 책은 앤아버의 미시간 대학교 기계 공학부 석좌 교수인 고 Joseph E. Shigley를 기억하며 헌정합니다. 비록 이 여섯 번째 판이 이전 판으로부터의 중요한 변화를 포함하지만, 이 책의 많은 부분은 그의 이전 저술과 일관되어 있습니다.

# 옮긴이 머리말

*Preface*

기구학은 기계나 기구 부품의 운동에 대해 연구하는 학문이다. 뉴턴의 제2법칙인 $F = ma$를 해결하는 동역학과는 달리, 힘이 개입되지 않은 순수 움직임을 다루는 것이다. 그러므로 기구학의 관심은 기구가 어떤 운동원에 의해 움직인다고 가정하고, 이에 따른 기구 각 부분의 위치, 속도, 가속도 등을 연구하여 이를 바탕으로 기계를 설계하는 기본적인 학문이다.

기구학에 관한 서적은 많이 출판되어 있으나 위치, 속도, 가속도의 해석부터 간명하게 설명되어 있는 책은 많지 않아, 기구학이 복잡한 학문이라는 통념에 사로잡혀 있는 학생들이 많다. 이에 학부생에게 간명하고, 기본적인 이론에 충실한 교재를 검토하던 중 미국의 위스콘신 대학교의 이제는 돌아가신 Uicker 교수, 퍼듀대학의 Pennock 교수 그리고 작고하신 미시간 대학의 Shigly 교수의 공저인 “Theory of Machines and Mechanics”를 발견하고 3판부터 교재로 사용해 왔다. 이제 판을 거듭하여 6판이 보다 새롭게 개편되어 출간되었기에 번역하여 학생들에게 소개하는 바이다.

이 책은 원래 총 3부—제1부인 기구와 운동학, 제2부 기구의 설계, 제3부 기계동역학—로 구성되어 있으나 제3부 기계동역학 부분은 한국의 교과 체계상 정역학, 동역학 및 진동학과 겹치는 부분이 많아 이 책에서는 제외하였다.

제1부 기구와 운동학에서는 위치, 속도, 가속도 해석의 여러 가지 방법에 대해 설명하고 있다. 이는 얼핏 미분을 통해 간단하게 구할 수 있는 것으로 생각될 수 있으나 관찰자에 따라 해석하는 깊은 통찰력을 제공하고 있다.

제2부에서는 해석과 합성이라는 커다란 차이를 통해 기구를 설계하는 방법을 제시하고 있다. 많은 사람들이 실질적으로는 해석이 아닌 합성이야말로 어려운 작업임을 깨닫게 해주고, 이를 통해 우리 주변의 기구들의 움직임에 대한 이해도를 더욱 높일 수 있다.

금번 개정판인 6판은 5판에서 제1부인 기구와 운동학 부분 중 일부와 제2부에서 캠을 비롯한 기구의 문제를 정비하여 제공하고, Chapter 구성을 좀 더 가독력을 높여서 학생들에게 이해도를 한층 높일 수 있게 하였다.

번역할 때마다 느끼는 것이지만, 외국어를 우리나라 말 특히 전문용어를 옮길 때는 생경한 표현들이 많이 생기는 경우가 많다. 잘못된 부분이 있거나, 보다 좋은 표현이 있으면 옮긴이나 출판사에 연락을 요청하는 바이다.

2024년 7월 22일

김남수 · 신규식 · 문형필 적음

# 지은이 머리말

*Preface*

지난 50년 동안 엄청나게 발전한 과학 지식은 많은 대학들에게 취약하거나 시대에 뒤떨어진 교과목을 "현대적인" 과목으로 대체해야 한다는 압력을 주고 있다. 그 결과 어떤 대학에서는 기계의 운동학과 동역학이 기계공학 교육과정에서 중요 교과목이며 모든 기계공학 전공학생들에게 필수 교과목으로 남아 있지만 다른 대학에서는 소수의 공과대학 학생들에게 전공 선택 교과목으로만 제공되고 있다. 어떤 대학에서는 교수진에 따라서 해석 기술에 대한 심도 있는 지식보다는 기계적인 설계를 강조하기도 한다. 급속한 기술 발전은 새롭게 변화하는 교육과정을 만족시킬 수 있는 새로운 교재에 대한 요구를 하고 있다.

지금까지 개발된 많은 새로운 지식들은 방대한 기술 논문에 실려 있는데, 각각의 논문들은 특유의 언어와 용어로 표현되어 있기 때문에 그 내용을 파악하려면 추가적인 예비지식이 필요하다. 그러므로 필요한 예비지식을 먼저 쌓고 공통적인 기호표기법과 용어를 정립한다면 제각각 발간되고 있는 연구물들을 공학교육과정을 강화시키는 데 이용할 수 있을 것이다. 그리고 이러한 새로운 발전은 논리적이고 현대적이고 종합적인 형태로 기존의 교육과정과 융합될 것이다. 이 책의 목적은 그와 같은 완성을 위한 기반을 마련하려는 데 있다.

이 책은 일반적으로 기구학과 기계의 운동학 및 동역학으로 기술되는 공학이론, 해석, 설계 및 실제 적용 분야를 취급하고자 한 것이다. 이 책은 주로 기계공학을 전공으로 하는 학생을 대상으로 하여 집필하였지만 현장의 실무 엔지니어에게도 도움이 될 내용이 많이 들어있다.

기구학의 내용을 폭넓고 근본적으로 이해할 수 있도록 이 책은 기구학 분야의 문헌이라면 어디에나 공통으로 실려 있는 수많은 해석 방법 및 합성 방법을 제시하고 있다. 지은이는 도식적인 방법이 해석적 방법에 사용되는 공식의 본질과 그 공식 간의 상호작용을 학생들이 잘 이해할 수 있도록 시각적인 피드백 효과를 준다는 견해를 갖고 있어 포함시켰다. 따라서 이 책 전반에 걸쳐 해석 및 합성에 관한 도식적 방법을 광범위하게 사용하였다. 그러므로 이 책에서는 도식적 방법을 기계적으로 배우고 맹목적으로 적용하는 방식이 아닌, 역학의 기본 법칙으로 정의되는 벡터 식을 풀 수 있기 위한 해법으로 제공하고 있다. 또한, 도식적 방법은 정밀도가 떨어진다는 단점이 있지만 문제를 신속하게 풀 수 있으며, 불완전한 경우에도 상당히 타당한 근사해를 제공할 뿐만 아니라 해석적 해나 수치 해의 결과를 검토하는 데에도 이용할 수 있다.

지은이는 또한 지배식과 그 해를 유도하고 표현할 때에 책 전반에 걸쳐 기존의 벡터해석법을 사용하였다. 2차원 벡터식의 해에 복소대수학을 사용하는 레이븐(Raven) 방법도 그 간결함, 문헌에서의 인용빈도, 그리고 손쉬운 프로그래밍 때문에 이 책 전반에 걸쳐 사용되었다. 3차원 기구학과 로봇공학을 취급하는 장에서는 변환행렬을 사용하는 데너빗–하텐버그(Denavitt-Hartenberg) 방법에 대하여 개론만 간단히 소개하고 있다.

이 책의 다른 특징은 운동계수(kinematic coefficient)를 도입한 점인데, 이 운동계수는 입력운동에 대한 여러 가지 운동변수의 입력변수에 대한 도함수이지 시간에 대한 도함수가 아니다. 본 저자는 이러한 운동계수를 도입함으로써 얻어지는 새롭고 중요한 이점으로 다음과 같은 것을 들 수 있다. 즉, (1) 학생들은 운동문제에서 본질적으로 운동학적(기하학적)인 부분을 식별할 수 있으므로, 동역학적 부분이나 속도 종속적인 부분과 분명히 구별할 수 있고, (2) 그다지 유사할 것 같지 않은 기어, 캠 및 링크기구와 같이 서로 형태가 다른 기계 시스템과 그 해석을 통합할 수 있다.

이 책의 내용과 같은 주제에 관하여 저술하는 지은이들이 공통적으로 부딪히게 되는 딜레마 가운데는 '하나의 운동물체에 있는 2개의 다른 점의 운동'과 '2개의 다른 운동물체에 있는 일치점의 운동'을 어떻게 구별하는가 하는 문제점이 있다. 다른 책에서는 이 두 가지를 모두 '상대 운동(relative motion)'이라고 관례적으로 표현하고는 있지만, 이들은 분명히 서로 다른 상황에 놓여 있고 서로 다른 식으로 기술되기 때문에 학생들이 이를 구별하는 데에는 어려움이 있다. 그러나 본 저자들은 *운동차*(*motion difference*)와 *겉보기 운동*(*apparent motion*)이라는 용어와, 두 경우에 서로 다른 두 가지 기호표시법을 도입함으로써 이 문제를 해결하였다고 믿는다. 그러므로 예를 들면 이 책에서는 '상대 속도'라는 용어 대신에 *속도 차*(*velocity difference*)와 *겉보기속도*(*apparent velocity*)라는 두 가지 용어를 사용하고 있으므로 상대 속도라는 용어를 엄격하게 구별할 때에는 사용하지 않고 있다. 이 해석방법은 위치와 변위의 개념을 출발점으로, 속도에 관한 장에서 광범위하게 사용되고 가속도에 관한 장에서 끝나게 되는데, 이 가속도의 장에서는 코리올리(Coriolis) 성분이 겉보기 가속도 식에서 *항상* 그리고 *유일하게* 발생하게 된다.

이제는 컴퓨터나 프로그램이 가능한 계산기를 일상생활에서 흔히 사용하게 되었고, 이 책의 내용을 공부하는 과정에서도 이는 상당히 중요하다. 그럼에도 불구하고 공학 교육자들은 아직도 이 책에 실려 있는 컴퓨터 프로그램이 필요하지 않다는 의견을 매우 강력하게 피력하곤 한다. 이들은 자신만의 프로그램을 짜길 더 좋아하며 자신들이 가르치고 있는 학생들에게도 그렇게 하기를 권하고 있다. 그러나 지은이는 책 속에 있는 대부분의 내용들을 여러 차례 프로그램하는 과정에서, 책이라는 것이 컴퓨터나 프로그래밍 언어가 변천했다고 하여 무용지물이 되어서는 안 된다는 사실도 깨닫게 되었다.

예외가 있기는 하지만, 책 전반에 걸쳐 미국 상용단위와 SI 단위를 같은 비중으로 사용하였다. 그래서 마력 대신 킬로와트로; 변위는 입방인치 대신에 밀리미터나 리터로; 실린더 압력은 평방인치당 파운드 대신에 킬로파스칼을 사용한다. 더불어 모든 예제문제의 해의 숫자에 적합한 단위를 나타내었다.

제1부는 서론으로서 이론, 용어, 기호표시법 및 해석 방법들을 대부분 취급하고 있다. 1장에는 서론 역할을 하면서도 기구의 정의, 기구의 기능, 기구의 분류 및 몇 가지 기구의 제한조건이 설명되어 있다. 2~4장은 위치와 속도, 가속도를 각 장별로 다루고 있으며, 전체적으로 보면 해석, 특히 자유도가 1인 평면 기구의 기구학적(운동학적) 해석에 관하여 설명하고 있다. 5장은 이러한

기반을 다자유도 평면기구로 확장한 것이다.

제2부는 특정한 운동 목적을 달성하기 위한 기구의 선정, 명세, 설계 및 크기 결정을 포함하는 공학적인 응용을 소개하고 있다. 여기에는 캠기구, 기어, 기어열, 링크기구의 합성, 공간기구 및 로봇공학에 관한 장들로 구성되어 있다. 6장은 고속캠 시스템의 기하학, 기구학과 설계에 대한 연구이다. 7장은 스퍼(spur)기어의 기하와 기구학에 대한 연구로서, 특히 인벌류트 치형, 제작, 적절한 메싱(meshing), 그리고 유성 및 차동기어 중심의 기어열에 대해 설명하고 있다. 8장은 이러한 이론 배경을 헬리컬 기어, 베벨 기어, 웜과 웜기어로 확장하고 있다. 9장은 평면링크의 기구학적 합성에 대한 도입이다. 10장은 간단한 공간기구와 정기구학 및 역기구학을 포함한 로봇공학에 대한 설명이다.

이 책도 다른 모든 교재와 마찬가지로 그 주제 내용에 한계가 있다. 이 책에서 취급하고 있는 내용은 강체 기계 시스템으로 그 경계가 분명히 제한되어 있다고 볼 수 있다. 이 강체 기계 시스템에서는 구성 물체 간에 연결부와 구속 조건이 있는 다중물체 시스템을 배우게 된다. 그러나 모든 탄성효과는 연결부에서 발생한다고 가정하고, 개별 물체의 형상은 일정하다고 가정한다. 이 가정은 동역학적 효과를 배우는 것과 별도로 기구학적(운동학적) 효과를 배우는 데에도 필요하다. 각각의 개별 물체는 강체라고 가정하기 때문에, 변형이 전혀 발생하지 않으므로(축방향 외력에 의한 버클링 내용을 제외하고) 응력에 관한 내용 또한 이 교재의 범위를 벗어난다. 그러나 이 책을 교재로 하는 강좌를 통하여 기계 시스템을 최적으로 설계하는 데 중요한 응력, 강도, 피로 수명, 파괴 형태, 윤활 및 다른 주제에 관한 앞으로의 학습 분야의 배경지식을 습득할 수 있는 기회가 되기를 희망한다.

*John J. Uicker, Jr.*
*Gorden R. Pennock*
*October 2017*

# 지은이 소개

*About the Authors*

독특하게 포괄적이며 정확하고, 잘 정립되고, 정평있는 교과서의 완벽하게 업데이트된 6번째 판은 기계의 운동학이나 동역학의 완전한 학습에 최적입니다. 직관적인 그래픽 방식과 벡터 분석에 대한 접근 가능한 방법에 강하게 중점을 두었기 때문에, 학생들에게 메커니즘, 운동학 및 동역학 분야에 존재하는 독립적인 기술 접근법을 이해하는 데 꼭 필요한 배경, 표기법, 명명법을 명확성과 일관성 있게 주어집니다. 이 개정판은 840개가 넘는 새로운 예제와 620여 개의 chapter별 문제, 그리고 강사들을 위한 솔루션 매뉴얼이 제공됩니다.

고 John J. Uicker, Jr.는 위스콘신-매디슨 대학의 기계 공학 석좌 교수였습니다. 링크 시스템의 행렬 방법에 대한 선구적인 연구자였던 그는 강체 관절 기계 시스템에 대한 일반적인 동적 운동 방정식을 유도한 최초의 사람이었습니다. 그는 ASME와 SAE의 여러 국가 위원회에서 일했습니다. 존은 미국 기계 및 메커니즘 이론 위원회의 창립 멤버였으며 연방 저널 *메커니즘 및 기계 이론*의 편집장을 역임했습니다.

Gordon R. Pennock은 퍼듀대학의 기계 공학 부교수입니다. 그는 국제 기계 이론 및 메커니즘 연맹(International Federation for theory of Machine and Mechanism) 표준 및 용어 위원회의 회원입니다. 그는 또한 기계 설계, 내연 기관 부서의 기술 위원장, 메커니즘 및 로봇 위원회(ASME)의 회장으로도 재직했습니다. Gordon은 ASME의 Fellow이자 SAE의 Fellow이며 영국 기계 공학 연구소의 fellow이자 공인 엔지니어입니다.

고 Joseph E. Shigley는 미시간 대학의 기계공학 석좌교수이자 ASME의 fellow였습니다. 그는 1974년 메커니즘 위원회 상, 1977년 우스터 리드 워너 메달, 1985년 기계 디자인 상을 받았습니다. 그는 *기계 공학 설계*(Charles R. Mischke와 공저) 및 *재료 응용 역학*을 포함한 8권의 책의 지은이였으며, *기계 설계 표준 핸드북*의 공동 편집장이었습니다.

"이 고전적이고 포괄적인 기계 설계 교과서의 여섯 번째 판에서 지은이는 이전 판의 강점(예: 운동학적 계수)을 그대로 유지하면서도 콘텐츠와 프레젠테이션 모두를 예술적으로 발전시켰습니다."

Pierre Larocelle, *South Dakota School of Mines & Technology*

"이 책에 구현된 분석적 접근법은 그래픽 방법과 함께 학생들의 학습을 용이하게 합니다. 운동학과 동역학 장의 섹션 순서는 잘 고안되어 있고, 캠과 기어의 장은 매우 포괄적이며, 예제 문제는 쉬운 것부터 복잡한 것까지 매우 실용적입니다."

Ahmad Ghasemloonia, *University of Calgary*

"이 책은 메커니즘 이론과 그것들의 운동학에 관한 가장 포괄적으로 다룬 학부 교과서입니다. 그것은 엄격한 수학으로 연결, 캠, 기어, 엔진 역학 등을 다루지만, 처음 접한 학생들도 introduction으로 사용될 수 있을 만큼 충분히 고려되어 있습니다."

Christopher Barrett, *Mississippi State University*

# 지은이를 추모하며

*Theory of Machines and Mechanisms*

Uicker 교수님과 저의 전문적인 인연은 2000년 여름, 영국 케임브리지 대학교 트리니티 칼리지에서 열린 학회에 참석하면서 시작되었습니다. Uicker 교수님은 제게 이 책의 제3판의 공동저자로서 함께하자고 했습니다. 저는 존경받는 교육자이자 연구자이신 그분의 초대를 받을 수 있어서 영광으로 생각했습니다.

Uicker 교수님은 디트로이트 대학에서 BME 학위를 받았고 노스웨스턴 대학에서 기계 공학 MS와 PhD 학위를 받은 후, 1967년 위스콘신-매디슨 대학 교수진에 합류하여 2007년 은퇴할 때까지 재직했습니다. 그는 그 후 대학교에서 기계 공학 석좌 교수 지위를 얻었습니다. 그의 교수 및 연구 전문 분야는 고체 기하학적 모델링과 기계적 움직임의 모델링 및 컴퓨터 지원 설계 및 제조의 응용 분야였습니다. 그는 위스콘신주에서 등록된 기계 기술사였으며 산업계의 컨설턴트로 수년 동안 봉사했습니다. ASEE 상주 연구원으로서 그는 포드 자동차 회사에서 1972-1973년 동안 있었으며, 풀브라이트-헤이스 수석 강의권을 받았고 1978-1979년에는 영국 크랜필드 기술 연구소의 방문 교수였습니다. 그는 미국 기계 및 메커니즘 이론 위원회와 국제 기계 과학 진흥 연맹(IFToMM)의 창립 멤버 중 한 명이었고 연맹 저널 *메커니즘 및 기계 이론*의 편집장으로 몇 년 동안 근무했습니다.

Uicker 교수는 링크 해석의 행렬 방법에 대한 선구적인 연구자였으며, 강체 관절 기계 시스템에 대한 일반적인 동역학 운동 방정식을 최초로 도출했습니다. 그는 많은 설계 자동화 프로그램을 만들어서 공학 전문가들이 사용할 수 있도록 했습니다. 고체의 기하학적 모델링으로 알려진 고체 모델링 소프트웨어 시스템, 주조 응고 소프트웨어인 SWIFT, 메커니즘 시뮬레이션 소프트웨어인 IMP는 모두 위스콘신 회사인 JML Research, Inc.에 의해 지원되고 배포되었습니다. Uicker 교수는 대학원생들을 가르치는 것 외에도 공식적인 교실 수업을 통해 중요한 기여를 했습니다. 1979년 그는 위스콘신 대학의 컴퓨터 그래픽스에 대한 첫 번째 과정을 시작했고, 대학 캠퍼스에서 교육을 위한 컴퓨팅의 새로운 시대를 여는 데 중요한 역할을 했습니다. 공과대학의 학생들과 직원들이 교육과 연구를 위해 사용하는 컴퓨터 보조 공학 센터는 그의 활동의 결과로 설립되었으며, 설립된 후 처음 몇 년 동안 원장으로 일했습니다.

Uicker 교수는 그와 그의 대학원생들이 수년간 수행한 연구를 통해 미국 기계 공학회(ASME) 디자인 자동화 부서에 수많은 공헌을 했습니다. 이러한 과거 학생들 중 상당수는 현재 디자인 자동화 분야에 중요한 공헌을 하고 있고 계속 발전하고 있는 교수가 되어 있으며, Uicker 교수는 약 40년 동안 ASME에 적극적으로 참여했고 ASME와 SAE (자동차 공학회)의 여러 국가 위원회에서 활동했습니다. 그는 '공간 메커니즘의 변위 해석을 위한 반복적인 해법'(*ASME Journal of Applied Mechanics, Series E*, Vol. 31, No. 2, pp. 309-314, 1964년 6월)이라는 제목의 1964년 첫 번째 저널 논문(J. Denavit and R.S. Hartenberg와 함께) 이후, ASME의 설계 자동화 부서에 많은 중요한 기여를 했습니다. 그 저자들은 공간 링크시스템의 위치 해법에 대한 수치해법을 처음으로 보여주었습니다. Uicker 교수의 논문 중 또 다른 논문인 '공간 링크의 동적 힘 해석'(ASME Journal of Applied Mechanics, Vol. 418-424, 1967년 6월)은 미 육군 군수사령부로부터 표창장을 수여받고 메커니즘 위원회인 ASME 설계 부문으로부터 역사적인 논문으로 평가받았습니다.

Uicker 교수는 1969년 SAE Ralph R. Teetor 교육부문 수상, 2004년 ASME 디자인 엔지니어링 부문 메커니즘 및 로봇 위원회 수상, 2007년 ASME 펠로우 수상 등을 포함하여 2018년 ASME 기계 디자인 상을 받았습니다. 그는 또한 교육부분 2번 수상, 뛰어난 연구 출판물로 3 번, 역사적으로 중요한 출판물로 2번 수상하였습니다.

Uicker 교수는 운동학계에 지대한 공헌을 했고, 기계 설계 부문의 동료들이 크게 그리워할 것입니다. 그를 20년 넘게 친구이자 동료로 알게 된 것이 자랑스럽습니다. 그가 사망할 당시 그는 이 책의 제6판을 교정하는 마지막 단계에 있었습니다. 이 책을 그를 추모하는 마음으로 그에게 헌정하는 바입니다.

*Gordon R. Pennock*
*May 3, 2023*

# 차례

*Contents*

Theory of **Machines and Mechanisms**

# 운동학 및 메커니즘

*Kinematics and Mechanisms*

제 1 장

# 기구의 세계

*The World of Mechanisms*

## 1.1 서론

기계 및 기구의 이론은 기계나 기구 부품의 기하 형상과 운동 사이의 관계 및 이러한 운동을 발생시키는 힘을 이해하는 데 필요한 응용과학이다. 이 책은 2부로 나누어져 있으며, 1장에서 5장으로 이루어진 제I부는 기구(mechanism)와 기구의 운동을 해석하는 기구운동학(kinematics of mechanism)에 관한 내용으로, 제II부의 기초가 된다. 이어지는 6장에서 10장으로 이루어진 제II부는 기구의 설계방법에 관한 내용을 다루고 있다.

오늘날 기계의 설계 과정은 매우 복잡한 경우가 많다. 이를테면, 신형 엔진을 설계할 때 자동차 엔지니어는 다음과 같은 상호 연관된 많은 문제를 다루어야 한다. 피스톤의 운동과 크랭크축의 운동 사이에는 어떤 관계가 있는가? 윤활면에서 미끄럼속도와 하중은 얼마이며, 어떤 윤활제를 사용할 것인가? 얼마나 많은 열이 발생하며, 엔진을 어떻게 냉각할 것인가? 동기화 및 제어 조건(synchronization and control requirement)은 무엇이며, 그 조건을 어떻게 만족시킬 것인가? 신차 구매와 차량 유지 및 정비를 위해 구매자가 부담해야 할 비용은 얼마인가? 어떤 재료와 생산방법을 이용할 것인가? 연료 절감, 소음 및 배기가스 배출(exhaust emission)은 어느 정도이며, 이들은 법적 기준을 만족시킬 수 있는가? 설계가 완성되기 전에 이러한 모든 문제와 함께 그 밖의 수많은 중요한 문제들을 해결해야 하지만, 이 책 정도의 분량으로는 모든 것을 다룰 수는 없다. 적절한 설계를 얻기 위해서는 다양한 기술을 가진 사람들이 함께 협력해야 하는 것처럼, 여러 분야의 과학 기술에 대한 연구도 함께 진행되어야 한다. 이 책은 기구 및 기계의 설계와 관련된 역학 자료를 모은 것이다.

## 1.2 해석과 합성

기계 시스템의 연구에는 *설계(design)*와 *해석(analysis)*이라는 상반된 두 가지 측면이 있다. 여기서 "설계"의 구체적인 개념은 계획(scheme) 또는 주어진 목적을 달성하는 방법을 창안해 나가는 과정인 *합성(synthesis)*이라고 부르는 것이 더 적절하다. 설계는 제조된 기계가 일정한 일을 수행할 수 있도록 크기, 형상, 재료 구성 및 부품의 조립 등을 사전에 결정하는 과정이다.

설계 과정에는 체계적이고 과학적인 방식으로 해석할 수 있는 단계들이 많이 있지만, 전체 설계 과정은 본질적으로 거의 과학수준의 예술이다. 설계 과정은 상상력, 직관력, 창조성, 판단력 및 경험 등을 요구한다. 설계 과정에서 과학의 역할은 단지 설계자가 예술적 역량을 충분히 발휘할 수 있도록 도구를 제공하는 것이다.

복잡하고 다양한 여러 가지 설계 대안을 평가할 때 바로 설계자들이 수많은 수학적, 과학적 기법을 필요로 하는 시점이다. 설계를 판단할 때 이러한 방법을 적절하게 활용하면 직관이나 추정보다 더 정확하고 신뢰할 수 있는 정보를 얻을 수 있다. 따라서 이러한 과학적 방법들은 많은 대안들 가운데 최선의 설계를 결정하는 데 큰 도움이 된다. 그러나 과학적인 방법이 설계자를 대신하여 어떤 결정을 내릴 수는 없다. 즉, 설계자들은 수학적으로 예측할 수 없는 범위까지도 상상력과 창조적인 능력을 발휘할 수 있는 모든 권한을 가지고 있는 것이다.

설계자가 수많은 과학적 방법을 마음껏 활용할 수 있는 분야는 해석 분야일 것이다. *해석*(*analysis*)이란, 이미 존재하는 설계나 또는 새로 제안된 설계가 주어진 기능에 적합한지를 엄밀하게 검토하는 데 사용할 수 있는 기법이다. 따라서 해석 그 자체는 창조적인 학문이라기보다는 이미 기획된 설계를 평가하는 것이다.

해석에도 많은 노력을 기울여야 하지만, 진정한 목표는 기계나 시스템의 설계인 합성에 있다는 사실을 명심해야 한다. 해석은 단지 하나의 수단일 뿐이다. 그러나 해석도 매우 중요한 수단이며, 설계 과정에서 반드시 거쳐야 할 단계이다.

## 1.3 역학의 과학

*역학*(*mechanics*)은 운동, 시간 및 힘을 다루는 과학적 해석 분야로, 정역학(statics)과 동역학(dynamics)으로 구성되어 있다. *정역학*은 정적인 시스템, 즉 시간이 인자가 아닌 시스템에 대한 해석을 다루는 반면, *동역학*은 시간에 따라 변하는 시스템을 다룬다.

그림 1.1과 같이, 동역학은 크게 두 분야로 나누어져 있는 데, 이는 1765년에 오일러(Euler)[1] 에 의해 최초로 구분된 것으로 알려져 있다[2].

> 강체 운동에 관한 연구는 두 분야로 나눌 수 있는데, 하나는 기하학적(geometrical) 분야이고, 다른 하나는 역학적(mechanical) 분야이다. 첫 번째 분야에서는 한 위치에서 또 다른 위치로의 물체의 이동에 대하여 해석하는데, 이때 운동의 원인은 고려하지 않고 물체의 각 점의 위치를 정의할 수 있는 해석적인 수식으로 나타낸다. 따라서 이 해석에서는 기하학만 언급하게 된다.
>
> 이렇게 한 분야를 별도로 분리하여 취급하는 것이 두 분야를 함께 고려했을 경우보다, 동역학 법칙을 적용하여 훨씬 더 용이하게 운동을 해석할 수 있다.

이러한 동역학의 두 측면은 후에 운동을 다루는 *운동학*[*kinematics*; cinématique는 암페어(Ampère)[3]에 의해 새롭게 만들어진 단어이며, 운동을 의미하는 그리스어 *kinema*에서 유래되었

---

[1] Leonhard Euler (1707-1783).

[2] 대괄호(brackets) 안의 숫자는 각 장의 끝에 있는 참고문헌을 의미한다.

[3] André-Marie Ampère (1775-1836).

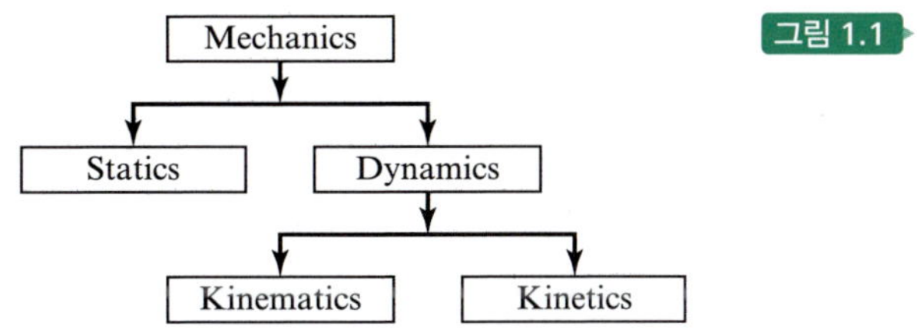


그림 1.1

다]과, 운동과 그 운동을 발생시키는 힘을 다루는 운동역학(kinetics)으로 확연히 나누어졌다.

따라서 기계 시스템을 설계할 때 우선적으로 해결해야 할 문제는 그 기계의 운동학을 이해하는 것이다. *운동학*은 물체의 운동에 관해 연구하는 학문으로, 그 운동을 발생시키는 힘에 대해서는 전혀 취급하지 않는다. 더 자세히 말하면, 운동학은 위치, 변위, 회전, 속력, 속도, 가속도 및 가가속도(jerk, m/s$^3$)에 관한 학문이다. 이를테면, 행성이나 궤도의 운동에 대한 연구 또한 운동학에 포함되는 문제이지만, 이 책에서는 기계 시스템의 설계와 동작과 관련된 운동학적인 문제만을 중점적으로 다룰 것이다. 그러므로 기계나 기구의 운동학은 다음의 몇 개의 장들에서 다루게 된다. 추가적으로, 정역학 및 운동역학은 완성된 설계 분석을 위한 매우 중요한 부분이므로 뒷부분에서 다루게 될 것이다.

위의 인용문을 주의 깊게 살펴보면, 오일러는 운동하는 물체가 *강체*(*rigid* body)라는 가정 하에서 동역학(dynamics)을 운동학과 운동역학으로 분류하고 있다. 이 두 분야를 별개로 취급할 수 있는 것은 바로 이 중요한 가정 때문이다. 유연체(flexible body)의 경우, 물체 자체의 형상과 그에 따른 움직임은 물체에 작용하는 힘에 따라 달라진다. 이러한 상황에서는 힘과 운동을 동시에 고려해야 하므로 해석이 매우 복잡해진다.

실제 기계 부품이 어느 정도의 유연성을 갖고 있지만, 다행히 비교적 단단한 재료로 기계가 설계되기 때문에 부품 변형은 최소로 유지될 수 있다. 따라서 기계의 운동학적인 성능을 해석할 때, 일반적으로 변형을 무시할 수 있다고 가정하며, 기계 부품을 강체로 간주한다. 그러고 나서 부품을 설계할 때에는 동적 해석을 하여 부품에 작용하는 동하중이 구해지면 이러한 동하중이 작용할 때 그 부품이 변형이 최소가 되도록, 즉 앞에 세운 가정을 만족하도록 설계해야 한다.

## 1.4 용어, 정의 및 가정

뢸로(Reuleaux)[4]는 *기계*(*machine*)[5]를 "기계적인 힘이 특정 운동을 동반하여 일을 하도록 강제할 수 있도록 배열된 저항력 있는 물체들의 조합"이라고 정의하였다. 그는 또한 *기구*(*mechanism*)란 "저항력이 있는 물체의 조립체로 움직일 수 있는 조인트에 의해 연결되었으며, 폐쇄형 기구학적 연쇄(closed kinematic chain)를 형성하여 운동전달을 목적으로 하는 것"이라고 정의하였다.

*구조물*(*structure*)과 비교해 보면 이 정의를 좀 더 명확히 이해할 수 있다. 구조물도 역시

[4] 이 절의 많은 부분들은 운동학을 처음으로 체계적으로 연구했던 독일의 운동학자 Franz Reuleaux, (1829-1905)에 의한 정의에 기본을 두고 있다.

[5] 기계에 대한 본래의 정의에 전혀 동의하지 않는 경우도 있다. 뢸로는 주석에 17가지의 정의를 실었으나, 변역서에는 일곱 가지의 정의가 추가적으로 실려 있으며 전체적인 문제가 상세하게 설명되어 있다.

저항력이 있는 물체, 즉 강체들의 결합체이지만 일을 하거나 운동을 전달하지는 않는다. 트러스와 같은 구조물은 강체처럼 거동하도록 설계되어 있다. 구조물은 한 곳에서 다른 곳으로 이동시킬 수는 있고 이런 관점에서는 움직임이 가능하지만, *내부 운동*(*internal* mobility)이 없다. 구조물은 기계나 기구와는 달리 다양한 부재 간의 *상대 운동*(*relative motion*)이 없다. 실제로 기계나 기구는 동력을 전달하거나 운동을 변환시키는 데 이러한 상대적 내부 운동들을 이용한다.

기계는 여러 개의 부품으로 이루어져 일을 하며, 힘을 공급하거나 힘의 방향을 바꾸기 위한 장치이다. 기구와는 그 목적이 다르다. 기계에서는 힘, 토크, 일 및 동력이 중요한 개념이다. 기구도 동력이나 힘을 전달하지만, 설계자가 생각해야 할 주된 개념은 원하는 운동을 얻어 내는 것이다. *구조물*, *기구* 및 *기계*라는 용어와 그림 1.1에 나타나 있는 역학의 세 분야 사이에는 직접적인 연관 관계가 성립한다. *구조물*과 정역학의 관계는 *기구*와 운동학, *기계*와 운동역학의 관계와 같다.

기계 부품이나 기구의 구성 요소를 *링크*(*link*, 절)라 한다. 앞 절에서 설명한 바와 같이 링크는 완전한 강체라고 가정한다. 스프링과 같이 강체라고 가정할 수 없는 기계요소는 기계 장치의 운동학에는 영향을 주지 않지만, 힘을 공급하는 역할을 한다. 이러한 요소는 링크라 부르지 않는다. 즉, 기구학적 해석을 할 때 이들은 보통 무시되고, 역학적 해석을 할 때에는 이들의 힘의 효과가 고려된다. 벨트나 체인과 같은 기계요소는 한쪽 방향으로만 강성을 갖는다. 이러한 부재는 인장이 가해졌을 때에는 링크로 고려되고, 압축이 가해졌을 때에는 링크로 고려되지 않는다.

*구동절*(*driver*), 즉 입력 링크(input link)로부터 *종동절*(*follower*), 즉 출력 링크(output link)에 운동을 전달하려면, 기구의 링크는 어떤 방식으로든 서로 연결되어 있어야만 한다. 이러한 연결부, 즉 링크 간의 조인트(joint, 관절)를 *기구학적 대우*(*kinematic pair*)라고 부른다. 그 이유는 각 조인트는 한 쌍의 접촉면들, 즉 2개의 구성요소들, 하나의 마주하는 접촉면 혹은 결합된 각각의 링크들로 구성되기 때문이다. 그러므로, 링크를 *두 개 혹은 그 이상의 조인트를 연결하는 강체*로 정의할 수도 있다.

이를 명확하게 표현하면, 강체라는 가정은 동일 링크 상에 있는 임의의 두 점 사이에 상대 운동(거리 변화)이 없다는 것이다. 특히 정해진 링크 상에서 짝을 이루고 있는 요소들의 상대 위치가 변하지 않아야 한다. 다시 말해, 링크의 목적은 짝을 이루고 있는 요소(대우 요소)들 사이에 일정한 공간 관계가 유지되도록 하는 것이다.

강체라고 가정하게 되면, 기계나 기구의 운동학을 공부하는 데 실제 부품 형상의 복잡한 세부 사항은 중요하진 않다. 이러한 이유로 기구학 해석 시 생산된 부품의 형상들은 최대한 반영하지 않고, 각 링크 형상들의 중요한 특징을 포함하는 아주 단순화된 개략도(schematic diagram)를 그려 보는 것이 일반적이다. 예를 들어, 내연기관의 슬라이더-크랭크 기구는 그림 1.3*b*에서와 같은 개략도로 단순화시킬 수 있다. 이와 같이 단순화된 구성도는 해석에 영향을 주지 않는 복잡한 요인들이 제거되어 있기 때문에 해석 시에 큰 도움이 되므로 이 책에서는 광범위하게 사용되고 있다. 그러나 이러한 개략도는 실제 기구와 별로 유사하지 않다는 단점도 있다. 그렇기 때문에 개략도는 실제 기계 장치라기보다는 학술적인 구성에 지나지 않는다는 인상을 줄 수도 있다. 그러나 이 단순화된 개략도는 기구학 해석에 필요한 가장 중요한 최소한의 정보만을 나타낸다는 사실을 항상 명심해야 한다. 즉, 기구학 해석에서는 별로 중요하지 않은 실제 기계의 상세한 부분은 혼동을 피하기 위해 모두 생략한다.

몇 개의 링크가 조인트로 연결되어 움직일 수 있을 때, 이 링크들은 *기구학적 연쇄*(*kinematic*

*chain*)를 형성했다고 한다. 2개의 조인트를 포함한 링크를 *2절* 링크라 하고, 3개의 조인트를 포함한 링크를 *3절* 링크라 하고, 4개의 조인트를 포함한 링크를 *4절* 링크라 한다. 만약 연쇄 안의 각각의 링크가 적어도 다른 두 링크에 연결되어 연쇄가 한 개 이상의 폐루프를 형성하고 있으면 *폐쇄형* 기구학적 연쇄(*closed* kinematic chain)라고 하고, 그렇지 않으면 *개방형* 기구학적 연쇄(*open* kinematic chain)라고 한다. 연쇄가 모두 2절 링크로만 이루어져 있으면 *단순 폐쇄형* 연쇄(*simple closed* chain)라고 하고, 2절 링크 이외의 링크가 포함되어 2개 이상의 폐루프를 형성하게 되면 *복합폐쇄형* 연쇄(*compound-closed* chain)라고 한다.

뢸로의 기구에 대한 정의를 생각해보면, 폐쇄형 기구학적 연쇄에서는 *하나의 링크를 고정시켜야* 할 필요가 있음을 알 수 있다. 하나의 링크가 고정되었다는 것은, 그 링크가 다른 모든 링크의 기준 프레임으로 선정되었다는 것을 의미한다. 즉, 기구의 모든 점의 운동은 고정되어 있다고 한 이 링크를 기준으로 측정하게 된다. 실제 기계에서 이 링크는 대개 고정된 플랫폼이나 기초(또는 그런 기초에 단단히 부착된 하우징) 등의 형태를 취하고 있으므로 *고정된*(*ground*), *프레임*(*frame*), 혹은 *기준*(*base*) *링크*[6]라고 한다. 이 기준 프레임이 (관성 기준좌표계의 관점에서 볼 때) 정말로 정지되어 있느냐 하는 문제는 운동학을 공부하는 데에서는 별로 중요하지 않지만, 힘을 고려하는 운동역학의 연구에서는 중요하다. 어떤 경우든 하나의 프레임 링크가 고정되면(그리고 다른 조건들이 충족되면) 기구학적 연쇄는 하나의 기구가 되고, 입력축이 다양한 위치를 거쳐 움직이면서, 모든 다른 링크들은 기준좌표를 기준으로 정확히 정해진 운동을 하게 된다. 어떤 링크가 프레임인지 명확하지 않을 때에는, 링크와 조인트의 특정한 배열을 규정하는 데 *기구학적 연쇄*(*kinematic chain*)라는 용어를 사용하지만, 프레임 링크가 정해지게 되면 기구학적 연쇄를 *기구*(*mechanism*)라고 한다.

기구가 유용한 기구가 되려면 링크 간의 움직임이 완전히 임의대로 움직여서는 안 된다. 따라서 링크는 특정한 일을 수행하도록 설계자가 정해 놓은 적절한 상대 운동을 하도록 구속되어 있어야 한다. 설계자가 원하는 상대 운동은 링크의 개수와 그 링크를 연결시키는 데 사용되는 조인트의 종류 등을 적절히 선택함으로써 얻어진다. 그러므로 기구의 운동학을 결정하는 데에는 인접 조인트 간의 거리뿐만 아니라 조인트 자체의 특성과 조인트에 따른 상대 운동이 필수 사항이 된다. 이러한 이유로 조인트의 특성을 일반적인 관점에서 좀 더 자세히 들여다보는 것이 중요하다.

주어진 조인트에 의해 허용되는 상대 운동을 결정하는 중요 인자는 접촉면이나 요소의 형상이다. 각 종류별 조인트는 각각 특징적인 형상을 하고 있으며, 각 요소의 접촉면이 상대적으로 어떻게 움직이는가에 따라 운동의 형태가 결정된다. 예를 들면, 그림 1.2*a*의 핀 조인트는 요소가 원통형이므로 링크가 축방향으로 미끄럼 운동을 할 수 없다고 하면, 상대적인 회전운동만이 허용된다. 그러므로 핀 조인트에서는 연결된 두 링크가 핀을 중심으로 상대적인 회전운동을 할 수 있다. 이와 마찬가지로 다른 조인트들도 고유의 독특한 형상을 하고 있으며 상대 운동을 한다. 이러한 형상 때문에 연결되어 있지 않은 두 링크에 의한 완전 임의의 운동이 소정의 형태의 상대운동으로 구속되므로 기구 운동이 구속조건이 형성된다.

요소의 형상은 종종 교묘하게 감추어져 있어 파악하기가 어렵다는 점을 명심해야 한다. 예를 들어, 핀 조인트에는 니들 베어링(needle bearing)이 구성되어 있기도 하므로 그 자체로는 두 접촉면이 구분되지 않는다. 그렇지만, 각 롤러의 운동에 관심이 없다면 조인트에 의해 허용되는

[6] 이 책에서는 기구의 고정된 링크(ground), 프레임(frame), 기준(base)을 일반적으로 "1"로 표시한다.

운동은 동일하며, 대우도 일반적으로 이와 같은 특징을 갖는다. 그러므로 서로 다른 종류의 대우를 구별하는 기준은 각 대우가 허용하는 상대 운동이며, 요소의 형상을 반드시 알 필요는 없다. 사용된 핀의 지름(또는 다른 치수 데이터) 등은 연결된 링크의 정확한 크기나 모양보다 중요하지 않다. 앞에서도 언급한 바와 같이, 링크의 기구학적 기능은 대우 요소 사이에 설정된 기하학적 관계를 유지하도록 하는 것이다. 마찬가지로, 조인트나 대우의 유일한 기구학적 기능은 연결된 링크 간의 상대 운동을 결정하는 것이다. 그 이외의 다른 특징들은 나름대로 이유가 있겠지만, 기구학 연구에서는 중요하지 않다.

기구학 문제를 공식화할 때, 각 대우가 허용하는 상대 운동의 유형을 파악하여 이를 운동을 측정하거나 계산하기 위한 몇 가지 매개변수를 할당해야 할 필요가 있다. 이러한 매개변수는 조인트의 자유도 수만큼 존재하게 되는데, 이들을 *조인트 변수*(*joint variable*)라고 한다. 그러므로 핀 조인트의 조인트 변수는 인접한 링크상의 고정된 기준선 사이에서 측정되는 하나의 각도(1개)가 되는 반면, 구면 대우(spheric pair)는 3차원의 회전을 정의하기 위해 3개의 조인트 변수(모든 회전각)를 가질 것이다.

뢸로는 기구학적 대우를 *고차 대우*(*higher pair*)와 *저차 대우*(*lower pair*)로 나누었다. 저차 대우는 그 종류가 여섯 가지로 정해져 있으며, 이에 대해서는 다음에 설명할 것이다. 뢸로는 핀 조인트와 같은 저차 대우는 대우 요소 간에 면접촉을 하는 반면에, 캠과 종동절 같은 연결의 경우는 요소면 간에 선접촉이나 점접촉을 한다는 점을 주목하여 이와 같이 분류하였다. 그러나 니들 베어링과 같은 경우에는 이러한 판별 기준이 오류를 야기시킬 수도 있다. 그러므로 조인트가 허용하는 상대 운동에서 그 차이점을 찾아야 한다.

그림 1.2에 6종의 저차 대우가 예시되어 있다.

6종의 저차 대우에 사용된 이름과 표기[4]는 표 1.1에 제시되어 있다.

회전 대우(*revolute* 또는 *turning pair*), $R$은(그림 1.2$a$) 상대 회전만을 허용하며, 따라서 자유도가 1이다. 흔히 핀 조인트라고도 한다.

*미끄럼 대우*(*prismatic pair*), $P$는(그림 1.2$b$) 상대 미끄럼운동만을 허용하며, 미끄럼 조인트라고도 한다. 자유도는 마찬가지로 1이다.

*나사 대우*(*screw pair*) 또는 *나선대우*(*helical pair*), $H$는(그림 1.2$c$) 미끄럼운동과 회전운동이 나사선의 비틀림각(helix angle)과 상관관계가 있으므로 자유도는 단지 1이다. 그러므로 조인트 변수는 $\Delta s$ 또는 $\Delta\theta$ 중 하나만 선택해야 하며, 둘 다 선택하면 안 된다. 나사 대우의 비틀림각이 0°가 되면 회전 대우가 되고, 비틀림각이 90°가 되면 미끄럼 조인트가 된다.

*원통대우*(*cylindric pair*), $C$는(그림 1.2$d$) 회전운동과 미끄럼운동을 모두 허용한다. 따라서

**표 1.1** 저차 대우

| 대우 | 기호 | 대우 변수 | 자유도 | 상대 운동 |
|---|---|---|---|---|
| 회전 | $R$ | $\Delta\theta$ | 1 | 원 |
| 미끄럼 | $P$ | $\Delta s$ | 1 | 직선 |
| 나사 | $H$ | $\Delta\theta$ or $\Delta s$ | 1 | 나선 |
| 원통 | $C$ | $\Delta\theta$ and $\Delta s$ | 2 | 원통 |
| 구면 | $S$ | $\Delta\theta, \Delta\phi, \Delta\psi$ | 3 | 구면 |
| 평면 | $F$ | $\Delta x, \Delta y, \Delta\theta$ | 3 | 평면 |

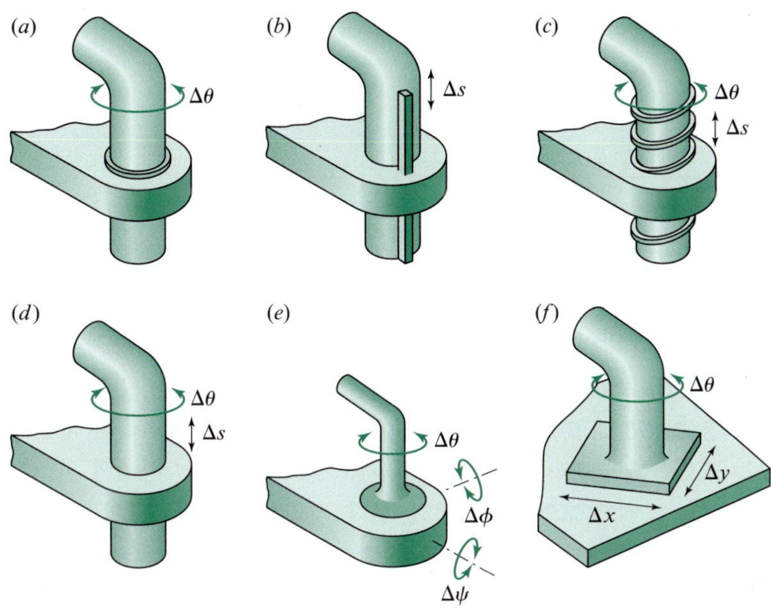


그림 1.2 여섯 가지 저차 대우. (*a*) 회전 또는 핀, (*b*) 미끄럼, (*c*) 나사 또는 나선, (*d*) 원뿔, (*e*) 구면, (*f*) 평면

자유도가 2이다.

*구면 대우*(*spheric pair* 또는 *globular pair*), *S*는(그림 1.2*e*) 볼-소켓 조인트이다. 각 좌표축에 대해 회전하므로 자유도가 3이다.

*평면 대우*(*flat pair* 또는 *planar pair*), *F*는(그림 1.2*f*) 대부분의 기구에서 지지점을 제외하고는 거의 사용되지 않으나 노출된 형태로 존재한다. 자유도는 3인데, 2개의 이동(translation)과 1개의 회전(rotation)이다.

그 밖의 모든 조인트는 고차 대우라고 한다. 그 예로는 맞물려 있는 기어의 이, 철로 위를 구르는 바퀴, 평면 위에서 구르는 공, 그리고 롤러 종동절에 접촉하는 캠 등이 있다. 고차 대우는 그 종류가 무수히 많기 때문에, 이들을 체계적으로 설명한다는 것은 비현실적이므로 나올 때마다 그때그때 설명하기로 한다.

고차 대우 중에는 *감기 대우*(*wrapping pair*)라는 종류가 있다. 그 예로는 벨트-풀리, 체인-스프로킷, 로프-드럼 사이의 연결 등이다. 이 예에는 링크 중의 하나는 그 강성이 일방향이다.

다양한 조인트의 형태를 다룰 때, 저차 대우이든 고차 대우이든 간에 고려해야 할 중요한 가정이 또 하나 있다. 이 책 전체를 통해, 실제 조인트가 완벽한 형상을 갖고 있어 수학적으로 잘 표현될 수 있다고 가정한다. 즉, 예를 들어 실제 기계의 조인트가 구면 대우라고 가정하면, 그것은 대우 요소 간에 "놀음(play)"이나 유격이 전혀 없고 요소 간의 구면 형상에 어떤 오차도 존재하지 않는다고 가정하는 것이다. 핀 조인트를 회전 대우로 가정하면 그것은 축방향 운동이 전혀 일어나지 않는다고 가정하는 것이므로, 실제 요소 사이의 유격으로 인하여 발생하게 되는 작은 축방향 운동을 고려해야 할 때에는, 조인트는 축방향 운동을 허용하는 원통 대우를 사용해야만 한다.

"기구"는 앞에서 정의한 바와 같이 고차 대우와 저차 대우를 둘 다 포함하는 광범위한 종류의 장치(device)를 가리킨다. 그러나 저차 대우로만 되어 있는 기구를 표현하는 좀 더 제한적인 용어로 *링크기구*(*linkage*)가 있다. 즉, 링크기구는 그림 1.2에서 보는 바와 같이 저차 대우로만 연결되어 있다.

## 1.5 평면기구, 구면기구 및 공간기구

기구는 여러 가지 방법으로 분류하여 그 유사성과 상이점을 강조할 수 있다. 이러한 분류 방법 중의 하나가 기구를 평면기구, 구면기구 및 공간기구로 나누는 것이다. 이렇게 분류된 세 가지 종류 간에는 공통점도 많이 있지만, 그 구분 기준은 링크 운동의 특성에서 찾아볼 수 있다.

*평면기구*(*planar mechanism*)는 모든 질점이 공간상에서 평면 곡선을 그리게 되고 이 모든 곡선이 평행 평면에 놓이게 되는 기구이다. 즉, 모든 점의 궤적들은 공통된 하나의 평면과 평행을 이루는 평면 곡선들이다. 이러한 특징 때문에, 평면기구의 임의의 한 점의 궤적은 실제 크기와 형상 그대로 한 장의 도면에 나타낼 수 있다. 따라서 이러한 기구의 운동 변환은 *공면형*(*coplanar*)이라고 한다. 평면 4절 링크기구, 평판 캠–종동절, 슬라이더–크랭크 기구 등은 잘 알려져 있는 평면기구이다. 오늘날 사용되는 대다수의 기구는 평면기구이다.

저차 대우만이 사용되고 있는 평면기구는 *평면 링크기구*(*planar linkage*)라고 하는데, 이러한 기구는 회전 대우와 미끄럼 대우로만 되어 있다. 이론적으로는 평면 대우가 포함될 수 있겠지만, 이렇게 되면 운동에 대한 구속조건이 없어지게 된다. 또한, 평면 운동이 되기 위해서는 모든 회전축이 운동 평면에 수직하고, 모든 미끄럼 대우축은 이 운동 평면에 평행하여야 한다.

위에서 언급한 바와 같이, 평면기구의 모든 점의 운동은 실제 크기와 모양으로 한 방향에서 관찰하는 것이 가능하다. 다른 말로 하면, 모든 운동은 도식적으로 한 방향에서 본 모습으로 표현이 가능하다. 그러므로 도식적 접근법이 해석에 잘 맞고, 이런 방법을 습득한 학생들에게는 이런 지식이 매우 유용하다. 왜냐하면 구면 또는 공간기구는 한 방향에서 관찰하는 것이 쉽지 않아 좀 더 효과적인 기술이 사용되어야만 해석이 가능하다.

*구면기구*(*spheric mechanism*)는 링크기구가 운동을 하여도 각 링크에는 정지 상태를 유지하고 있는 정지 점이 있고, 모든 링크의 정지 점이 공통 위치에 놓이게 되는 기구이다. 또한, 각각 움직이는 링크에 고장된 임의의 점들은 구면 위를 이동하게 된다: 구면은 모두 *동심형*(*concentric*)이어야 한다. 그러므로 모든 질점의 운동은 적절하게 선정된 점을 중심으로 하여 형성되는 구면에 대한 질점들의 반지름 방향의 투영 또는 그림자로 완벽하게 기술할 수 있다. 구면 운동을 가능하게 하는 저차 대우들만이(표 1.1) 회전 대우나 구면 대우라는 것을 알 수 있다. 또한, 구면 대우의 중심은 이 점과 동심원이어야 하고, 다른 링크의 운동을 방해해서는 안 된다. 따라서, *구면 링크*는 반드시 회전 대우로 이루어져야 하며, 이런 대우들의 축은 반드시 한 점에서 교차해야 한다. 구면기구의 익숙한 예가 그림 1.21*b*에 나와 있는 후크(Hooke) 유니버셜 조인트(Cardan 조인트로도 불림)이다.

*구면기구*는 링크의 상대 운동에 어떠한 제한을 두지 않는다. 예를 들어 스크류 조인트를 포함한 기구는(그림 1.2*c*) 반드시 공간기구여야 한다. 왜냐하면, 스크류 조인트 내에서의 상대 운동이 헬리컬(helical)이기 때문이다. 공간기구의 예는 그림 1.11에 나올 차동 스크류이다. 공간 기구의 좀 더 복합한 운동 특성 때문에, 그리고 이런 운동들이 도식적으로 해석되지 않기 때문에, 이것에 대한 해석을 위해서는 좀 더 강력한 기술이 필요하다. 공간기구와 로봇에 대한 자세한 내용은 10

장에서 소개된다.

오늘날 사용되고 있는 대다수의 기구는 평면기구이기 때문에, 공간기구를 위한 한층 복잡한 수학적 기법이 과연 필요할까 하는 의문이 생길 수도 있을 것이다. 비교적 간단한 도식적 해법들을 습득했더라도 좀 더 강력한 기법들이 중요한 몇 가지 이유는 다음과 같다.

1. 다른 방법으로 문제를 풀 수 있는 새롭고 대안적인 방법을 제공한다. 그러므로 결과를 확인하는 수단이 된다. 문제의 특성에 따라 어떤 특정한 방법이 다른 방법에 비해 적합할 수 있다.
2. 특성상 해석적 방법들이 도식적 기법보다 계산기나 컴퓨터를 사용하여 풀기에 더 적합하다.
3. 평면 링크기구가 흔한 이유 중의 하나는 일반적인 공간 링크기구를 해석하는 데 적절한 방법이 비교적 최근까지 개발되지 않았기 때문이다. 공간 링크기구가 특정한 응용에 더 적합하다고 하더라도, 해석 방법 없이는 설계와 사용이 일반적으로 어렵다.
4. 공간 링크기구가 생각보다 훨씬 많이 사용되고 있다는 사실을 발견하게 될 것이다.

4절 링크기구를 생각해보자(그림 1.3*c*). 4개의 링크는 서로 평행한 4개의 회전 대우로 연결되어 있다. 여기서 "평행"이라는 것은 수학적인 가설일 뿐 실제는 아니다. 공작실에서 제작된 축은 그것이 어디서 얼마나 잘 만들어졌는지에 관계없이 평행에 근사할 뿐이다. 이 축들이 평행에서 많이 벗어나 있는 경우에는 틀림없이 구속이 일어날 것이고, 이 경우 "강체" 링크는 휘어지고 비틀려서 베어링에 하중을 발생시키면서 움직이게 될 것이다. 축들이 평행에 가깝다면, 기구는 베어링의 헐거운 끼워 맞춤(running fit)의 느슨함 또는 링크의 유연성 때문에 움직일 수 있다. 작은 비평행성을 보상하는 일반적인 방법은 실제로는 3차원 회전을 허용하는 구면 조인트인 자동 정렬 베어링(self-aligning bearing)으로 링크를 연결하는 것이다. 그래서 이러한 "평면" 링크기구는 저급의 공간 링크기구이다.

그러므로, 압도적으로 많은 평면기구나 구면기구의 범주는 공간기구를 전부 포괄하는 범주의 특별한 경우나 부집합이다. 이들은 대우축들의 특별한 방향의 결과로 일어난다.

## 1.6 운동성

기구의 설계나 해석에서 최대 관심사는 자유도의 수인데, 이를 장치의 *운동성*(*mobility*)이라고도 한다. 기구의 운동성[7]은 장치를 특정 위치나 방향으로 움직이기 위해 독립적으로 해야 하는 입력 매개변수(대개는 조인트 변수)의 수이다. 나중에 설명할 특정한 예외를 제외하면, 기구의 운동성은 링크의 수, 조인트의 수와 종류로 직접 결정된다.

이 관계를 규명하기 위해, 평면기구의 각 링크들이 서로 연결되기 전 상태를 생각해보자. 평면 운동을 하는 각 링크는 자유도가 3이므로 링크의 수를 계산할 때 고정 링크를 제외시키면 링크가 $n$개인 평면기구는 조인트를 연결하기 전에는 자유도가 $3(n-1)$이 된다. 회전 대우와 같이 자유도가 1인 조인트를 연결시키게 되면, 연결된 링크 사이에는 2개의 구속조건이 제공되는 효과가

[7] 독일 문헌에서는 *movability*와 *mobility*를 구분하여 사용하고 있다. Movability(가동성)는 고정링크를 비고정 링크로 간주하여 장치 전체의 자유도 6을 포함시키고 기구학적 연쇄에 적용한다. Mobility(운동성)는 이러한 자유도를 무시하고, 단지 기구에 적용하는 내부적 상대 운동만을 고려한다. 영어 문헌에서는 이 차이를 거의 두지 않으며 상호교환적으로 서로 혼용되고 있다.

있다. 만약 자유도가 2인 대우가 연결되면 1개의 구속조건이 제공된다. 연결되지 않은 링크의 전체 자유도에서 모든 조인트의 구속조건을 빼면 연결된 기구의 최종 운동성을 구할 수 있다.

$n$개의 링크를 갖는 기구의 운동성 $m$은 자유도가 1인 대우의 개수를 $j_1$, 자유도가 2인 대우의 개수를 $j_2$라 하면, 다음과 같이 나타낼 수 있다.

$$m = 3(n-1) - 2j_1 - j_2 \tag{1.1}$$

식 (1.1)을 평면기구의 운동성에 대한 *쿠츠바흐 판별식*(*Kutzbach criterion*)이라고 한다[8]. 그림 1.3에는 몇 가지 간단한 경우에 대한 쿠츠바흐 판별식의 적용례가 나와 있다.

쿠츠바흐 판별식에서 $m > 0$인 경우, 기구는 자유도가 $m$이다. $m = 1$이면 기구는 하나의 입력에 의해 제안된 운동을 만든다. 두 개의 예는 각각 그림 1.3*b*와 1.3*c*에 나온 슬라이드–크랭크 기구와 4절 링크기구이다. $m = 2$이면, 그림 1.3(*d*)에서와 같이 기구의 구속 운동을 발생시키기 위해 2개의 별개의 입력 운동이 필요하다.

그림 1.3*a*, 1.4*a*에서와 같이, 쿠츠바흐 판별식에서 $m = 0$이면 운동은 불가능하고, 기구는 구조물(structure)이 된다.

만약 $m < 0$이면, 연쇄에는 과잉 구속(redundant constraint)이 존재하게 되어 부정정 구조물(indeterminate structure)이 된다. 그림 1.4*b*가 그 예이다. 그림 1.4에 나타난 예는 3개의 링크가 1개의 조인트로 연결된 경우인데, 이러한 연결부는 2개의 조인트로 계산하여야 한다. 그 이유는 동일한 회전 중심을 갖는 2개의 별개의 대우로 취급하여야 하기 때문이다.

그림 1.5는 2자유도의 조인트, 즉 $j_2$ 대우가 있는 기구에 쿠츠바흐 판별식을 이용한 예이다. 그림 1.5*b*에서는 휠–고정 링크 간의 접촉(대우)에 특히 주의해야 한다. 여기서는 휠과 고정 링크 간에 미끄럼이 발생할 수 있다고 가정한다. 만약 이 접촉이 미끄럼을 방지한다면, 이 조인트는 1자유도, 즉 $j_1$ 대우로 생각할 수 있다. 왜냐하면 두 링크 사이에 오직 하나의 상대 운동이 가능하기

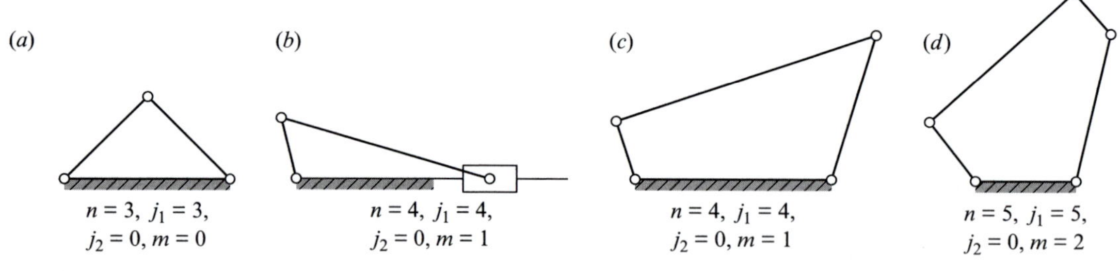


그림 1.3 쿠츠바흐 운동성 판별식의 적용

그림 1.4 구조물에 쿠츠바흐 판별식을 적용한 예

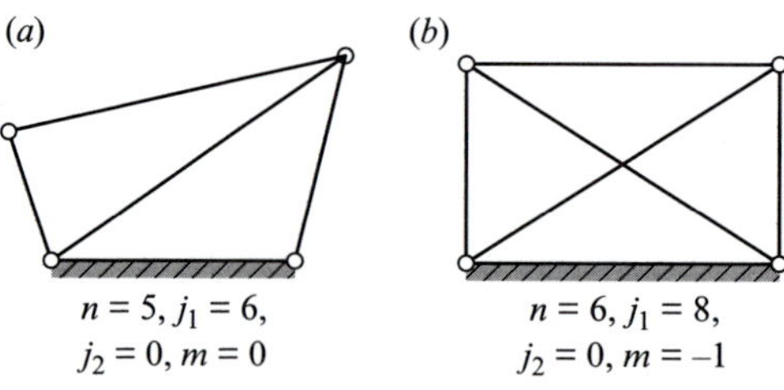

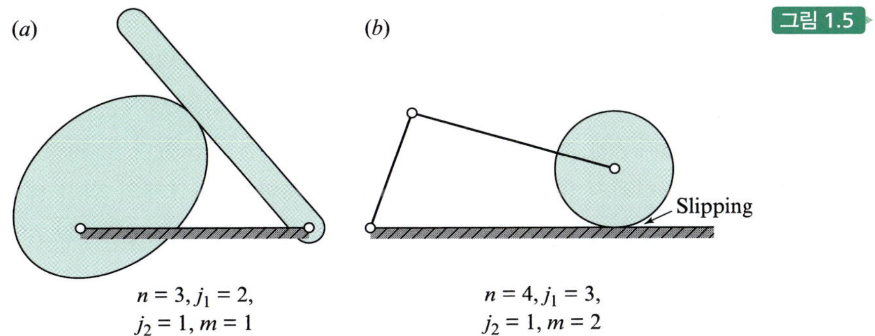


그림 1.5

때문이다. 다시 상기하면, 이런 경우 이런 기구를 일반적으로 "링키지"로 언급된다.

쿠츠바흐 판별식은 그 결과가 맞지 않을 때도 있다. 그림 1.6*a*는 하나의 구조물을 나타내고 있으며 판별식도 $m = 0$으로 올바른 결과가 나온다. 그러나 링크 5가 그림 1.6*b*와 같이 연결되게 되면, 운동성이 1(자유도가 1)인 이중 평행사변형 링크기구가 된다. 그러나 이 경우 식 (1.1)에 따르면, 이 기구는 구조물로 판별된다. 실제 운동성이 1이 되는 경우는 기하 형상이 평행사변형을 이룰 때에만 가능하다. 쿠츠바흐 판별식에서는 링크의 길이나 기타 치수 특성이 고려되어 있지 않기 때문에 링크 길이가 같은 경우, 링크들이 서로 평행인 경우, 또는 기타 특별한 기하학적 특징이 있는 경우에 판별식의 예외가 나타나는 것은 당연하다.

쿠츠바흐 판별식은 예외가 있기는 하지만, 대부분 적용하기가 쉽기 때문에 유용하다. 예외가 없게 하려면 판별식에 기구의 모든 치수 특성을 포함시켜야 할 것이다. 그러나 이런 판별식은 매우 복잡해서 치수가 정해지지 않은 설계의 초기 단계에서 사용하기에 부적절할 것이다.

이보다 앞서 개발된 그뤼블러(Grübler)[3]의 운동성 판별식은 기구의 전체 운동성이 1인 1자유도 조인트로만 구성된 기구에 적용된다. 식 (1.1)에 $j_2 = 0$과 $m = 1$을 대입하고 식을 다시 정리하면, 평면기구의 그뤼블러 판별식을 다음과 같이 얻을 수 있다.

$$3n - 2j_1 - 4 = 0 \tag{1.2}$$

이 식을 다시 정리하면, 기구의 수는

$$n = \frac{2j_1 + 4}{3} \tag{1.3}$$

이 식으로부터 운동성이 1인 조인트로만 구성된 평면기구는 링크의 개수가 홀수가 될 수 없음을 알 수 있다. 또한, 이러한 종류 중에서 가장 단순한 기구도 다음과 같이 구할 수 있다. 즉, 모든 링크를

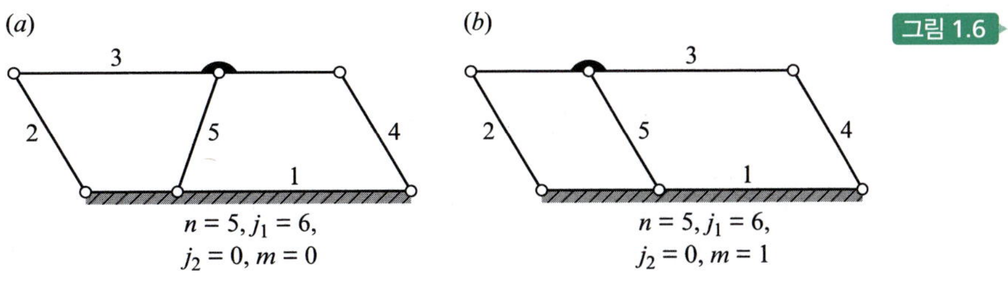


그림 1.6

2절 링크(binary link)라고 가정하면, $n = j_1 = 4$임을 알 수 있다. 이것이 4절 링크기구(그림 1.3*c*)와 슬라이더-크랭크 기구(그림 1.3*b*)가 흔하게 응용되고 있는 이유인 것이다.

식 (1.1)의 쿠츠바흐 판별식과 식 (1.2)의 그뤼블러 판별식은 모두 평면기구에 대하여 유도된 것이다. 공간기구에 적용할 수 있는 유사한 판별식을 유도한다면, 이것은 10장에서 주로 다루어질 주제인데, 연결되지 않은 각 링크는 자유도가 6이 되며, 1개의 회전 대우마다 5개의 구속조건을 제공한다는 것을 알아야 한다. 앞에서와 마찬가지 방법으로 3차원 쿠츠바흐 판별식은 다음과 같이 유도될 수 있다.

$$m = 6(n-1) - 5j_1 - 4j_2 - 3j_3 - 2j_4 - j_5$$

그리고 3차원 그뤼블러 판별식은 다음과 같다.

$$6n - 5j_1 - 7 = 0 \tag{1.4}$$

운동성이 1인 가장 단순한 형태의 공간기구[8]는 $n = j_1 = 7$이 된다.

**예제 1.1**

그림 1.7*a*에 예시된 평면기구의 운동성을 결정하라.

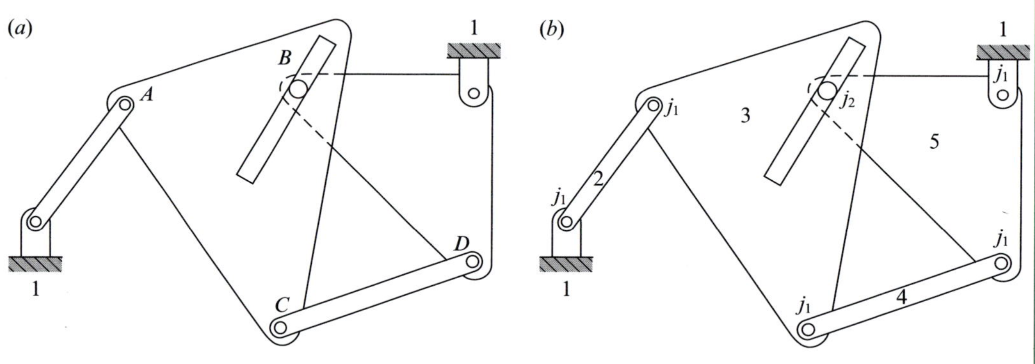


그림 1.7 평면기구

**▶ 풀이**

기구의 링크 번호와 조인트 형태는 그림 1.7*b*와 같다. 링크의 수는 $n = 5$, 저차 대우의 수는 $j_1 = 5$이고, 고차 대우의 수는 $j_2 = 1$이다. 이 수치를 쿠츠바흐 판별식, 즉 식 (1.1)에 대입하면 기구의 운동성은 다음과 같다.

$$m = 3(5-1) - 2(5) - 1(1) = 1 \qquad \text{답}$$

쿠츠바흐 판별식은 이 기구의 운동성에 맞는 답을 준다; 즉 유일한 출력 운동을 하기 위해서는

[8] 모든 평면기구는 공간 운동성 판별식의 예외라는 사실에 유의하여야 한다. 평면기구는 모든 회전축이 평행하고 운동 평면에 수직하며 모든 미끄럼 축이 운동 평면에 평행하다는 점이 기하학적 특성이다.

하나의 입력만이 필요하다. 예를 들면, 링크 2의 회전이 입력으로, 그리고 링크 5의 회전이 출력으로 사용될 수 있다.

### 예제 1.2

그림 1.8*a*의 기구에 대해 다음을 구하라. (a) 저차 대우($j_1$ 대우)와 고차 대우($j_2$ 대우)의 수 (b) 쿠츠바흐 판별식을 사용한 운동성. 구름 접촉은 미끄럼 없는 구름을 의미하는데 이 판별식을 이용하여 이 기구의 운동성을 계산하면 올바른 해를 구할 수 있는가? 간단히 왜 그런지 혹은 왜 그렇지 않은지 설명하라.

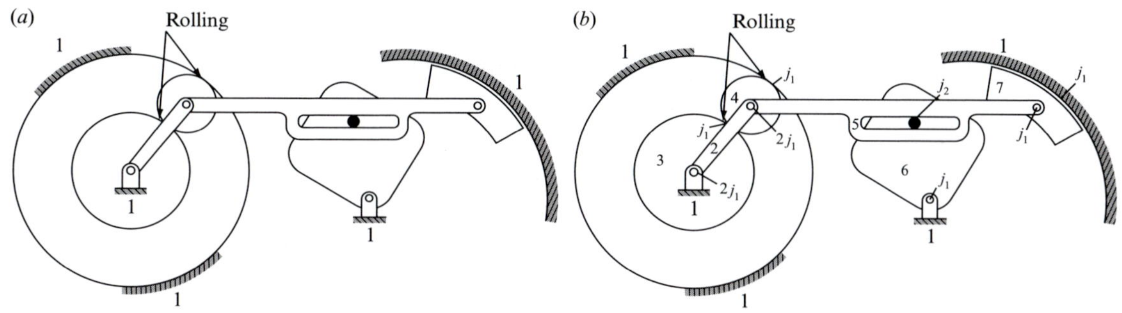


그림 1.8 평면기구

▶ **풀이**

*a*. 기구의 링크와 조인트 종류가 그림 1.8*b*에 표시되어 있다. 링크의 수는 $n = 7$, 저차 대우의 수는 $j_1 = 9$, 그리고 고차 대우의 수는 $j_2 = 1$이다.

*b*. 이 숫자들을 쿠츠바흐 판별식에 대입하면, 기구의 운동성에 관한 식 (1.1)은 다음과 같다.

$$m = 3(7 - 1) - 2(9) - 1(1) = -1$$

그러나, 이 해는 올바르지 않다; 즉 쿠츠바흐 판별식은 이 기구의 운동성에 대해 정확한 해를 주지 못한다. 이 기구의 운동성은 단일 입력 위치가 유일한 출력 위치를 부여한다는 사실에 있다.

추론: 링크 3과 4는 이 기구를 과도하게 구속하고 있다. 만일 링크 3과 4가 제거되면, 나머지 링크들의 쿠츠바흐 판별식에 의한 운동성은 1이다. 만일 링크 3과 4가 일반적인 방법, 즉 중심에 핀으로 연결되어 있지 않다면, 이 기구는 잠겨서 운동성 $m = -1$이 맞을 것이다.

### 예제 1.3

그림 1.9*a*의 기구에 대해 (a) 저차 대우와 고차 대우의 수, (b) 쿠츠바흐 판별식에서 예상한 운동성을 구하라. 이 판별식을 이용하여 이 기구에 대해 올바른 해를 구해 주는가? 간단히 왜 그런지 혹은 왜 그렇지 않은지 설명하라.

그림 1.9 평면기구

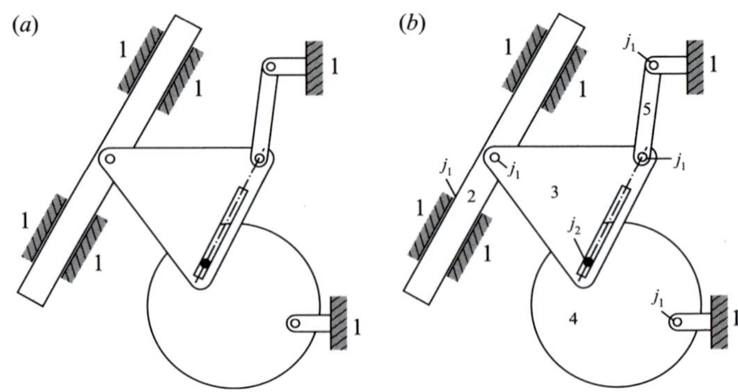


▶ **풀이**

*a.* 이 기구의 링크와 조인트는 그림 1.9*b*에 표시되어 있다. 링크의 수는 5이고, 저차 대우의 수는 $j_1 = 5$, 그리고 고차 대우의 수는

$$j_2 = 1$$ 답

*b.* 이것을 쿠츠바흐 판별식에 대입하면 식 (1.1), 이 기구의 운동성은 1이 된다,

$$m = 3(5 - 1) - 2(5) - 1(1) = 1$$ 답

이 기구에 대해 운동성은 1이 나오는데, 이는 쿠츠바흐 판별식이 정확한 해를 준다는 것을 의미한다.

## 1.7 기구의 분류

이상적인 기구 분류 체계는 설계자가 일련의 상세사양 중에서 주어진 사양을 만족시켜주는 하나 또는 그 이상의 기구를 찾아낼 수 있게 되어 있는 체계이다. 역사적으로 볼 때[9], 이러한 분류 방법을 찾아내려는 많은 시도가 있었지만, 완벽하게 만족할 만한 분류 방법은 없다. 이 책에서는 기구의 목적이 운동의 전달이라는 사실을 감안하여, 기구를 토파슨(Tofason) 방식[9]대로 열거하고 다음과 같이 분류하였다. 대체적으로 토파슨은 총 262가지의 기구를 열거하고 다음과 같이 분류하였다.

**스냅 작용 기구(snap-action mechanism)** 스냅 작용, 토글 또는 플립플롭 기구는 스위치, 클램프 또는 고정 장치에 사용된다. 토파슨은 여기에 스프링 클립(spring clip)과 회로 차단기(circuit breaker)도 포함시키고 있다. 그림 1.10은 이중 안정 기구와 완전 토글 기구의 예를 보여준다.

**선형 액추에이터(linear actuator)** 선형 액추에이터에는 고정 나사와 이동 너트, 고정 너트와

---

[9] 기구 운동학의 훌륭하고 짧은 역사 확인을 위해 문헌 [4]를 참고하라.

이동 나사, 단동식과 복동식 유압 및 공압 실린더를 포함한다.

**미세 조정기(fine adjustment)** 미세 조정기는 차동 나사를 포함한 나사류, 웜기어, 웨지(wedge), 레버 및 레버열, 다양한 운동 조절 기구로 만들어진다. 그림 1.11에 있는 차동 나사의 경우 손잡이의 한 바퀴 회전이 이동체의 이동거리가 왼쪽으로 0.0069 in 움직인다는 것을 알아야 한다.

**클램핑 기구(clamping mechanism)** 대표적인 클램핑 기구에는 C 클램프, 목공용 나사 클램프, 캠–레버 작동식 클램프, 바이스, 그림 1.10*b*의 토글 프레스와 같은 프레스류, 쇄광기(stamp mill) 등이 있다.

**위치 결정 기구(locational device)** 토파슨[9]은 15가지의 위치 결정 기구를 열거하였다. 이들은 일반적으로 자동으로 중심을 정렬하며, 스프링과 멈춤쇠(detent)를 사용하여 축방향이나 각 방향으로 위치를 결정한다.

**래칫 및 탈진장치(rachet and escapement)** 래칫과 탈진장치에는 많은 종류가 있으며, 그중에는 아주 교묘한 것도 있다. 이러한 장치는 자물쇠, 잭, 시계장치 및 단속운동이 요구되는 경우에 사용된다. 그림 1.12는 네 가지 형태의 대표적인 응용 예를 보여준 것이다.

그림 1.12*a*의 래칫은 톱니바퀴 2가 한쪽 방향으로만 회전할 수 있도록 되어 있다. 톱니멈춤쇠

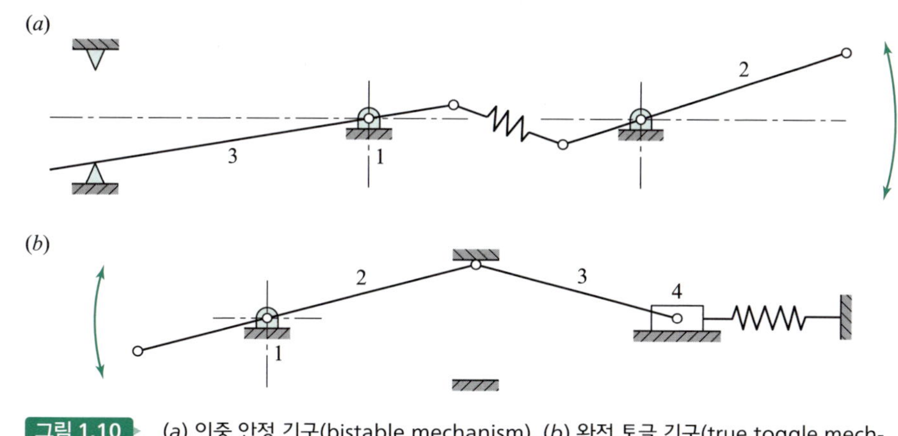


그림 1.10 (*a*) 이중 안정 기구(bistable mechanism), (*b*) 완전 토글 기구(true toggle mechanism)

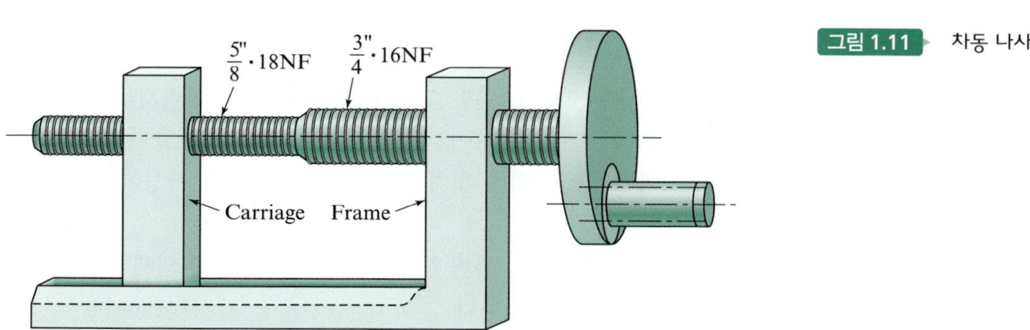


그림 1.11 차동 나사

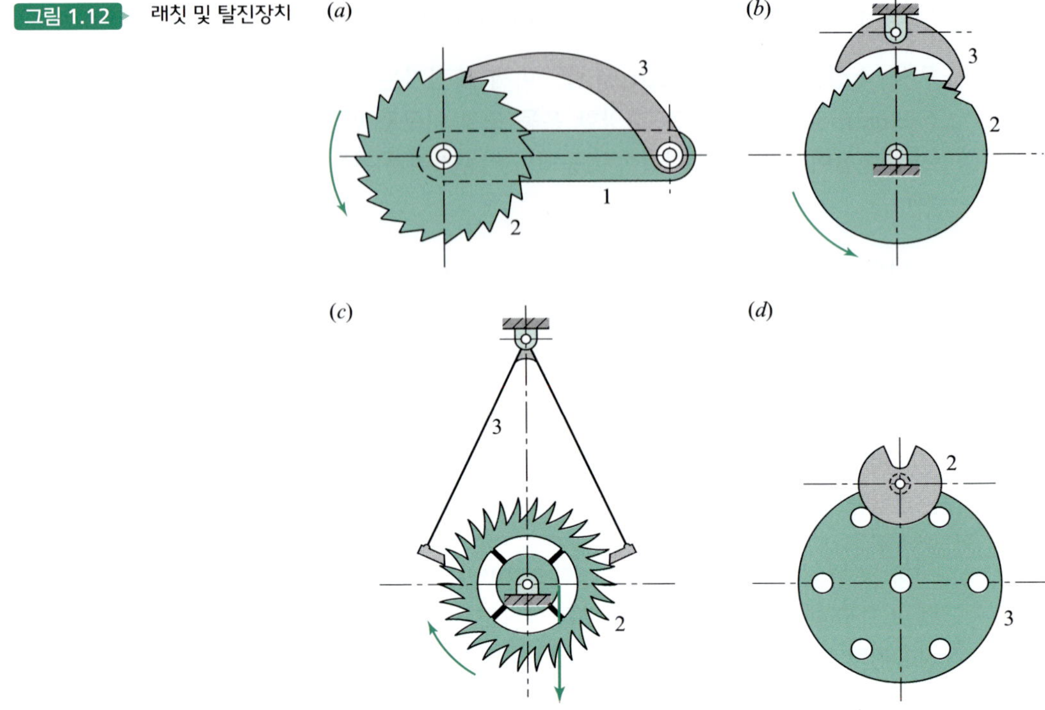

그림 1.12 래칫 및 탈진장치

(pawl) 3은 중력 또는 스프링에 의해 톱니바퀴를 고정시키는 역할을 한다. 이의 유사한 장치가 리프트 잭에 사용되는데, 여기에는 직선운동을 하는 톱니랙(toothed rack)이 사용되고 있다.

그림 1.12*b*는 회전식 조정기에 사용되는 탈진장치이다.

그림 1.12*c*의 그레이엄(Graham)의 탈진장치는 시계장치의 움직임을 조절하는 데 사용된다. 앵커 3은 탈진장치의 톱니바퀴 2에 맞물리는 2개의 제동자(click)에 의해 단진자 운동을 한다. 이 제동자 중 하나는 밀기 작용 제동자(push click)이고 다른 하나는 끌기 작용 제동자(pull click)이다. 단진자의 운동에 따라 각 제동자가 밀고 당기는 작용을 하면 톱니바퀴가 회전하게 됨과 동시에 이 톱니바퀴의 회전운동으로 각 제동자가 가압되어 단진자 운동에 적적한 힘이 가해진다.

그림 1.12*d*의 탈진장치에는 컨트롤 휠 2가 있는데, 이것은 연속적으로 회전하여 휠 3이 (다른 구동원에 의해) 어느 방향으로나 구동되게 할 수 있다.

**위치분할 기구(indexing mechanism)** 그림 1.13*a*의 위치분할기(indexer)에는 표준 치형 기어가 사용되어 있으므로, 하중이 작은 경우에는 휠 3의 홈에 맞는 핀을 휠 2에 사용할 수 있지만, 축의 관성이 클 때에는 어떤 것도 사용해서는 안 된다.

그림 1.13*b*는 제네바(Geneva) 휠 혹은 "Maltese-cross"로 불리기도 하는 위치분할기를 나타낸 것이다. 구동 링크 2에는 3개 이상(16개까지)의 슬롯이 사용되며, 출력 측에 기어 맞물림되어 위치분할(indexing)을 하게 된다. 이러한 위치분할기는 회전속도나 관성이 큰 경우에는 문제를 일으킬 수도 있다.

그림 1.13*c*의 치형이 없는 래칫 5는 가변 행정의 요동 크랭크 2에 의해 구동된다. 그림 1.12*a*의 래칫과 이 장치의 유사성에 주의해야 한다.

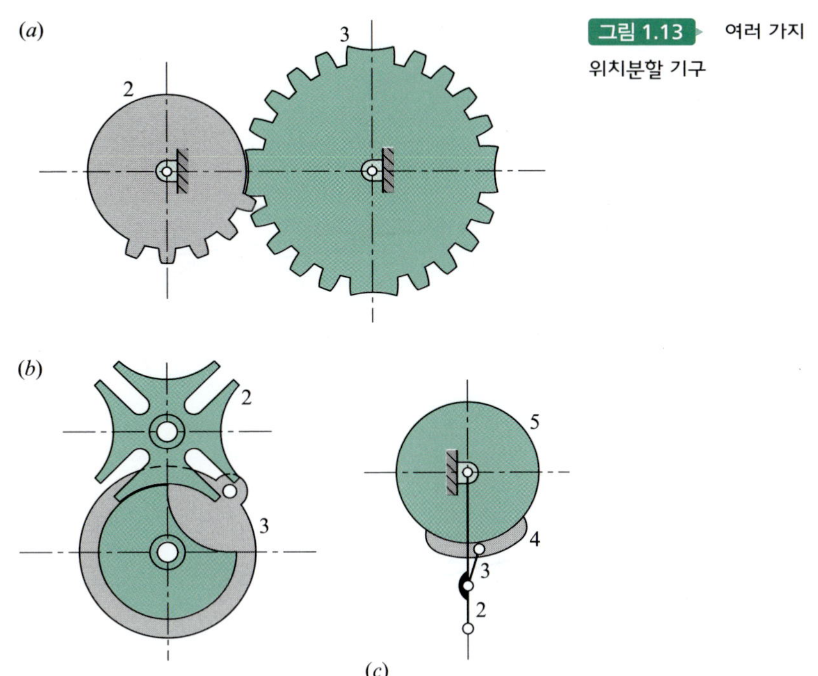


그림 1.13 여러 가지 위치분할 기구

토파스은[9] 위치분할 기구를 아홉 가지로 분류하였으며, 다양한 변형이 가능하다.

**요동기구(swinging or rocking mechanism)** 이 기구류는 흔히 *오실레이터*(요동기, *oscillator*)라고 하는데, 이 기구는 출력부가 일반적으로 360°보다 작은 각도로 요동한다. 그러나 요동각을 크게 발생시키기 위해 출력축을 제2축에 기어 맞물림시키기도 한다.

그림 1.14*a*는 회전 크랭크 2와 출력 기어 4와 맞물리는 톱니랙이 들어 있는 커플러 3으로 구성된 기구로 요동운동을 발생시키는 기구이다.

그림 1.14*b*에서 크랭크 2는 요동운동을 발생시키는 출력 링크 4의 위로 미끄럼 부재 3을 구동시킨다. 이 기구는 링크 4의 귀환행정(return stroke) 시보다 전진행정(forward stroke) 시에 크랭크 2의 회전각이 더 크기 때문에 *급속귀환 링크기구*(*quick return linkage*)라고 한다.

그림 1.14*c*는 *크랭크-로커 기구*(*crank-and-rocker mechanism*)라고 하는 *4절 링크기구*(*four-bar linkage*)이다. 크랭크 2는 커플러 3을 통해 로커 4를 움직인다. 물론 링크 1은 프레임(frame) 이다. 요동운동의 특성은 링크의 길이와 프레임의 선정에 따라 달라진다.

그림 1.14*d*는 *캠-종동절 기구*(*cam-follower mechanism*)를 나타낸 것으로, 여기서는 회전캠 2가 *종동절*이라고 불리는 링크 3을 구동시켜 요동운동을 발생시킨다. 캠-종동절 기구는 그 종류가 무수히 많으며, 이들에 대해서는 6장에서 설명할 것이다. 각 경우에 대해 어떤 종류의 요동운동이라도 그 요구되는 특성을 거의 만족할 수 있도록 캠의 형상을 만들 수 있다.

**왕복운동 기구(reciprocating mechanism)** 반복 직선운동은 주로 공압 및 유압 실린더, 고정 나사와 이동 너트, 역회전이 가능한 모터나 기어를 사용하는 직선형 구동장치뿐만 아니라, 캠-종동절 기구를 이용하여 얻을 수도 있다. 그림 1.15와 1.16에는 왕복운동을 얻기 위한 다양한 종류의 전형적인 링크기구가 나와 있다[5].

그림 1.15*a*의 *편심 슬라이더-크랭크 기구*(*offset slider-crank mechanism*)는 일직선 정렬

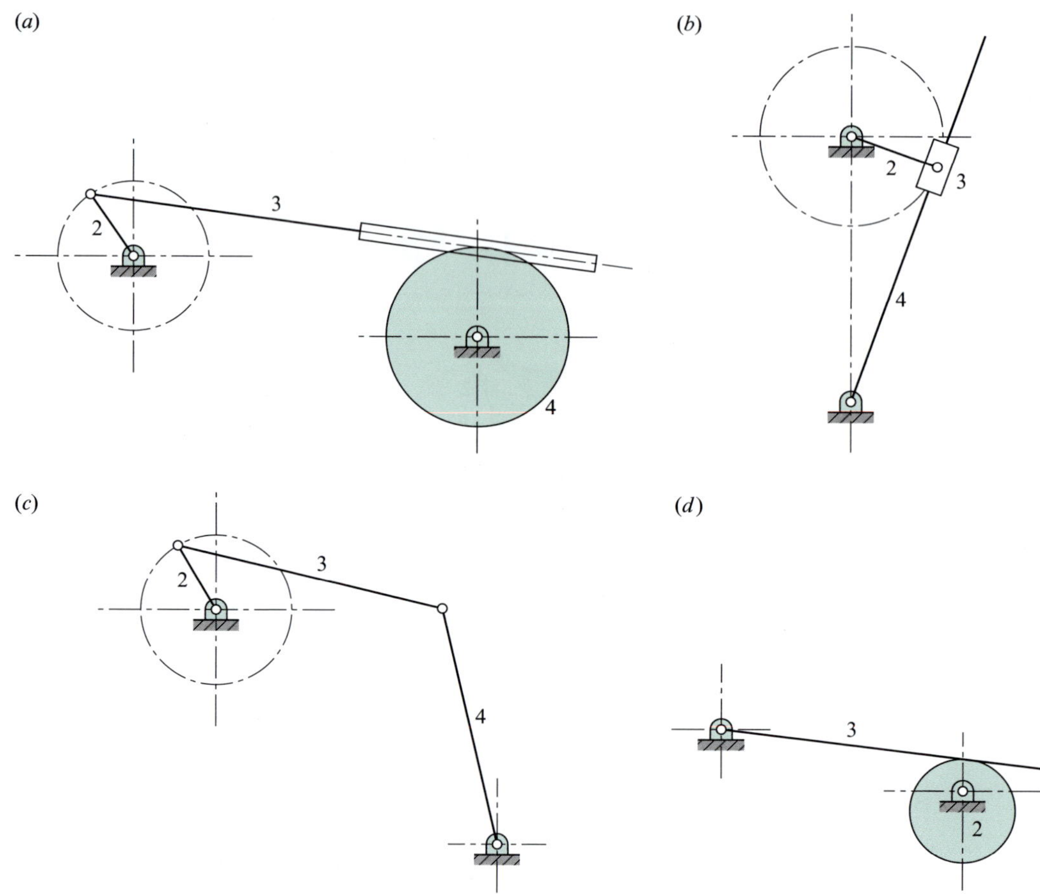


그림 1.14 요동기구(oscillating mechanism)

슬라이더-크랭크 기구(그림 1.3*b*)와는 그 속도 특성이 다르다. 일직선 정렬 슬라이더-크랭크 기구의 경우, 커넥팅 로드(연결봉) 3의 길이가 크랭크 2에 비해 상대적으로 길면, 이때 발생하는 운동은 거의 조화운동에 가깝다. 그림 1.15*b*의 *스카치 요크 기구*(*Scotch yoke mechanism*)의 링크 4는 순수 조화운동을 한다.

그림 1.15*c*의 6절 링크기구는 셰이퍼 공작기계에 사용되기 때문에 그 이름을 따서 *셰이퍼 기구*(*shaper mechanism*)라고 한다. 이 기구는 그림 1.14*b*에 커플러 5와 슬라이더 6을 추가하여 변형시킨 것임을 주목하여야 한다. 슬라이더 행정에는 급속귀환 특성이 있다.

그림 1.15*d*는 흔히 *휘트워스 급속귀환 기구*(*Whitworth quick-return mechanism*)라는 또 다른 형태의 셰이퍼 기구의 일종을 보여주고 있다. 이 링크기구는 그림 1.15*c*와 유사한 형태로 나타내기 위해 위아래를 거꾸로 뒤집어 나타내었다.

6절 링크의 또 다른 예는 그림 1.16에 나와 있는 Wanzer needle-bar 링크[5]이다.

그림 1.17*a*는 그림 1.14*c*의 크랭크-로커에서 커플러 3을 확장하고 커플로 5와 슬라이더 6을 추가함으로써 유도된 6절 링크를 보여준다. 커플러의 점 *C*는 슬라이 더 6의 구현되는 운동의 특징을 만들 수 있는 곳에 위치해야 한다.

크랭크로 구동되는 토글 링크가 그림 1.17*b*에 나와 있다. 이 링크기구를 이용하여, 슬라이더

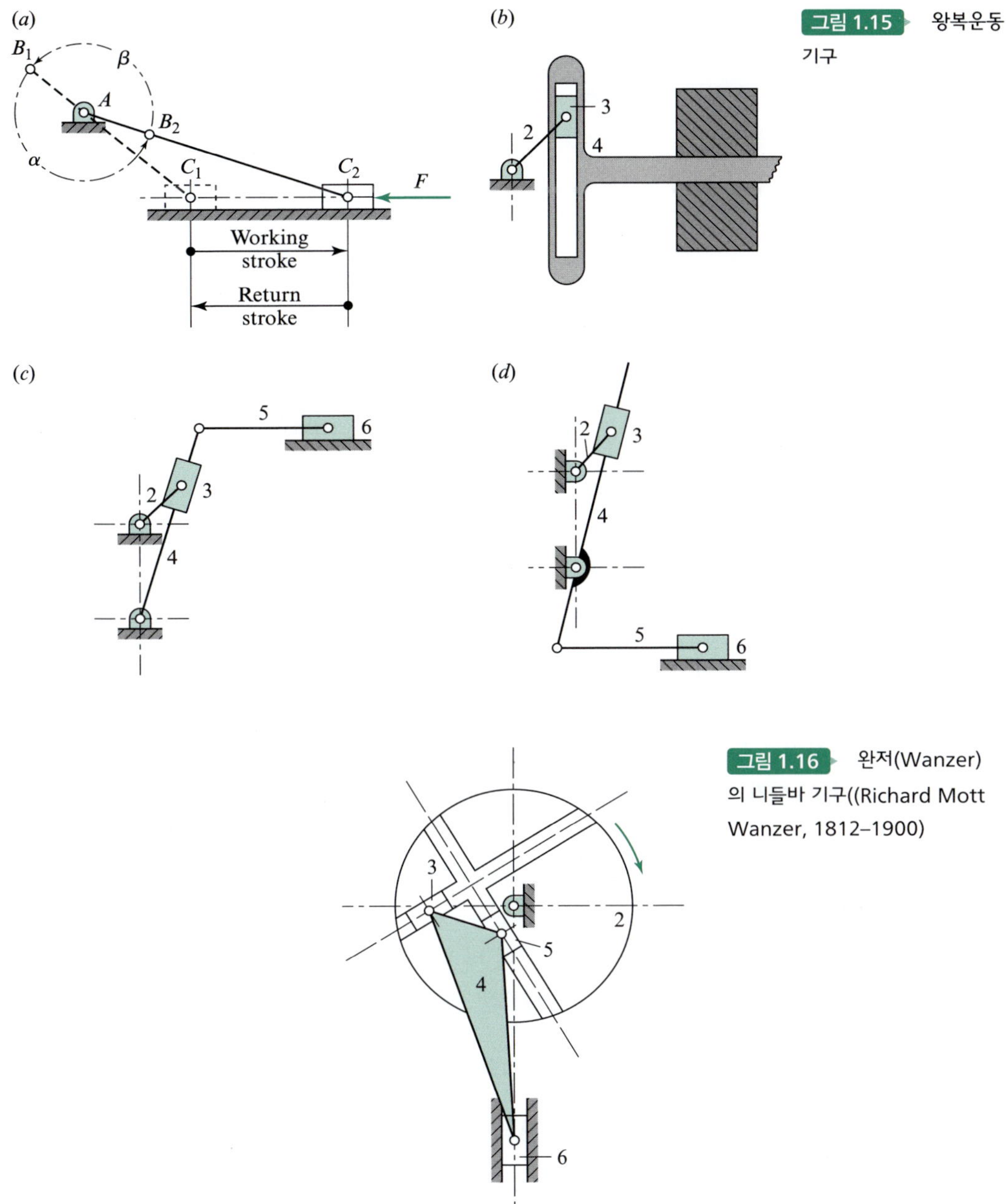


그림 1.15 왕복운동 기구

그림 1.16 완저(Wanzer)의 니들바 기구((Richard Mott Wanzer, 1812–1900)

6의 운동에서 큰 기계적 이득을 얻을 수 있다(기구의 기계 이득에 대한 자세한 설명은 1.10절과 3.19절에서 확인할 수 있다).

많은 응용 예에서 기구들은 조립 라인을 따라 부품을 밀어 넣거나, 용접 시 부품을 고정시키거나, 자동 포장 기계에서 골판지 상자들을 접는 것과 같은 반복적인 작업을 수행하는 데 사용된다. 이와 같은 응용에서는 등속 모터를 사용하는 것이 좋다. 이 내용은 1.9절의 그라쇼프(Grashof)의 법칙과 연결된다. 또한, 기구에 필요한 전력 및 동작 시점(timing)에 관한 요구조건도 고려해야 한다.

이러한 반복적인 작업 사이클은 크게 두 부분으로 나뉘는데 기구가 하중을 받고 있는 부분,

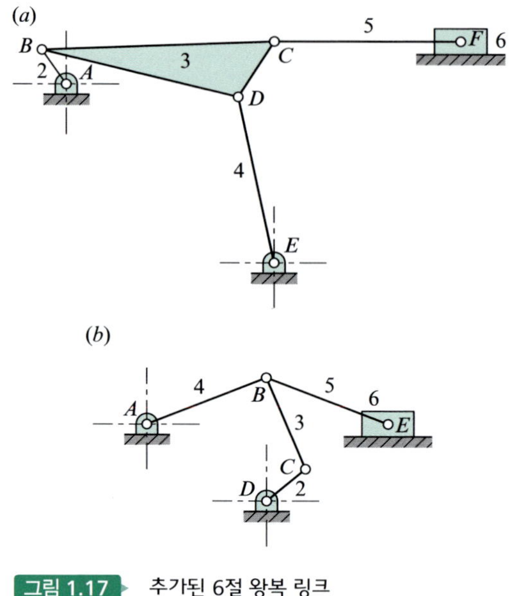


그림 1.17 추가된 6절 왕복 링크

이른바 *전진* 또는 *작업 행정*(*advance* or *working stroke*)이라고 불리는 사이클 부분과, 기구가 일을 하지 않고 그 작업을 반복하기 위해 단순히 귀환하는 이른바 *귀환행정*(*return stroke*)이라고 불리는 사이클 부분이 있다. 예를 들어, 그림 1.15*a*의 편심 슬라이더-크랭크 기구에서, 피스톤이 $C_1$에서 $C_2$까지 오른쪽으로 이동하는 동안에는 힘 $F$를 극복하는 데 일이 필요하겠지만, 위치 $C_1$ 위치로 귀환하는 동안에는 가해지는 하중이 없으므로 일이 필요하지 않다. 이와 같은 상황에서, 모터의 전력 소요량을 최소로 유지하고 귀중한 시간을 낭비하지 않으려면, 피스톤의 속도가 작업행정에 비해 귀환행정에서 더 빨라지도록 기구를 설계하는 것이 바람직하다. 이렇게 함으로써 피스톤이 귀환하는 데 비해 일을 하는 데 더 많은 시간을 사용할 수 있다.

이러한 관점에서 *전진 대 귀환시간의 비*(*advance-to return-time ratio*)라는 기구 적합성의 척도를 다음과 같이 정의할 수 있다.

$$Q = \frac{\text{작업 행정의 시간}}{\text{귀환행정의 시간}} \tag{a}$$

이와 같은 반복 작업에는 $Q$값이 높은 기구가 $Q$값이 낮은 기구보다 더 좋다. 당연히 그와 같은 작업에는 $Q$값이 1보다 큰 기구를 사용할 것이다. 이 때문에 $Q$값이 1보다 더 큰 기구를 *급속귀환 기구*(*quick-return mechanism*)라고 한다.

그림 1.12*a*에 나타낸 바와 같이, 맨 먼저 해야 할 일은 작업행정의 시점과 종점을 나타내는 2개의 크랭크 위치 $AB_1$과 $AB_2$를 결정하는 것이다. 그 다음에는 크랭크의 회전방향으로부터 전진행정 동안에 이동한 크랭크 각 $\alpha$와 귀환행정 시의 나머지 크랭크 각 $\beta$를 정할 수가 있다. 그러면

$$\text{전진행정의 시간} = \frac{\alpha}{2\pi} \tag{b}$$

그리고

$$\text{귀환행정의 시간} = \frac{\beta}{2\pi} \tag{c}$$

마지막으로, 식 (*a*), (*b*), (*c*)를 조합하면 다음과 같이 시간비에 대한 간단한 식을 얻을 수 있다.

$$Q = \frac{\alpha}{\beta} \tag{1.5}$$

전진-행진의 비율은 기구의 형상에 영향을 준다는 것을 주의할 필요가 있다(다시 말해 크랭크 위치의 변화); 이 비율은 원동기의 회전 속도 혹은 현재까지 일한 양과는 관련이 없다. 이것은 기구 자체의 운동학적 특성이다. 따라서 이 비율은 도시적 방식에 의한 설계나 분석에 활용될 수 있다. 다음의 두 예제가 설계 분야에서의 응용에 대한 예이다.

**예제 1.4**

4절 링크의 로커가 길이가 4 in이고 45°로 요동한다. 요구되는 시간비는 2.0일 때, 4절 링크를 구성하는 나머지 3링크의 길이를 구하라.

**▶ 풀이**

식 (1.5)는

$$Q = \alpha/\beta = 2.0 \tag{1}$$

여기서

$$\alpha = 180^\circ + \phi \tag{2}$$

그리고

$$\beta = 180^\circ - \phi \tag{3}$$

식 (2)와 (3)을 식 (1)에 대입하고 해를 구하면

$\phi = 60^\circ$, $\alpha = 240^\circ$, 그리고 $\beta = 120^\circ$이다.

그림 1.18을 참조하면서, 다음과 같은 도시적인 순서를 적용하면:

*a*. 로커 $r_4 = 4.0$ in를 적당한 축척(scale)으로 양 극단의 위치에 대해 그린다; 즉, 로커의 스윙(swing) 각도가 45°임을 보인다. 고정 피봇(ground pivot)을 $O_4$라고 하고 핀 $B$의 두 위치를 $B_1$과 $B_2$라고 한다.

*b*. $B_1$점을 지나는 임의 직선(직선 $X$)을 그린다. $B_2$점을 지나고 직선 $X$에 평행인 직선을 그린다.

*c*. $B_1$점을 지나는 직선 $X$로부터 반시계방향으로 60°만큼 회전한 직선을 그린다. 이 선과 직선

$X$와 평행한 직선과 만나는 점이 크랭크 피봇 $O_2$이다.

*d.* 고정링크의 길이 $O_2O_4$는 축소 도면으로부터 측정될 수 있다. 즉

$$r_1 = 1.50 \text{ in}$$ 답

*e.* 크랭크 링크 $r_2$와 커플러 링크 $r_3$의 길이는 측정치로부터 계산한다.

$$O_2B_1 = r_3 + r_2 = 3.50 \text{ in}, \quad O_2B_2 = r_3 - r_2 = 2.50 \text{ in}$$

즉

$$r_2 = 0.5(O_2B_1 - O_2B_2) = 0.50 \text{ in}, r_3 = 0.5(O_2B_2 + O_2B_1) = 3.00 \text{ in}$$ 답

합성된 4절 링크의 해는 그림 1.18에 설명되어 있다.

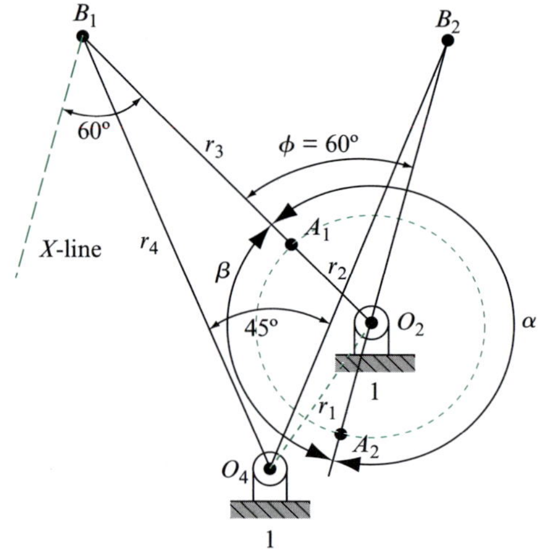


그림 1.18 4절 링크의 합성

두 개의 제한된 위치인 $O_2B_1$과 $O_2B_2$의 경우, 출력 링크가 순간적으로 정지하고, 그와 같은 이유로 이 링크의 두 개의 위치를 제한된 위치라 부른다(1.10절 참고). 또한, 이 문제는 두 위치의 합성 예제라는 것을 주의할 필요가 있다. 이런 2, 3, 그리고 4개의 위치 합성에 대한 자세한 설명은 9장을 참고하면 된다.

### 예제 1.5

슬라이더-크랭크 기구의 행정이 2.50 in이고 시간비가 1.4가 되도록 링크의 길이를 결정하라.

**풀이**

식 (1.5)의 시간비는

$$Q = \alpha/\beta = 1.40 \tag{1}$$

여기서

$$\alpha = 180^\circ + \phi \tag{2}$$

그리고

$$\beta = 180^\circ - \phi \tag{3}$$

식 (2)와 (3)을 식 (1)에 대입하고 해를 구하면

$$\phi = 30°, \alpha = 210°, \text{그리고 } \beta = 150°$$

그림 1.19를 참조하면서, 다음과 같은 도식적인 순서를 적용하면:

*a.* 슬라이더–크랭크 링크의 2.5in 행정(수평방향으로 가정)을 적당한 축척으로 그린다. 핀 $B$의 두 극점을 $B_1$과 $B_2$라 한다.

*b.* $B_2$점을 지나는 임의의 직선(직선 $X$)을 그린다. $B_1$을 지나고 직선 $X$에 평행한 직선을 그린다.

*c.* 직선 $X$로부터 시계방향으로 30°만큼 회전한 직선을 그린다. 이 선과 직선 $X$와 평행한 직선과 만나는 점이 고정 피봇 $O_2$이다.

*d.* 고정링크의 길이, 즉 고정 피봇으로부터 슬라이더의 동선의 옵셋(offset, 또는 수직거리)은 축척 도면으로부터 측정될 수 있다. 즉

$$r_1 = 2.17 \text{ in}$$ 답

*e.* 크랭크 $r_2$와 커플러 링크 $r_3$의 길이는 측정치로부터 계산한다.

$$O_2B_1 = r_3 + r_2 = 4.33 \text{ in} \qquad O_2B_2 = r_3 - r_2 = 2.50 \text{ in}$$

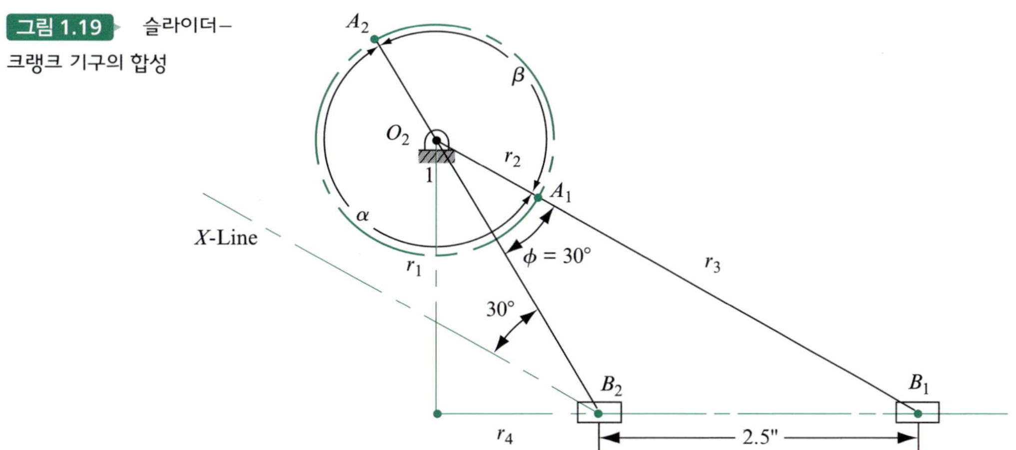


그림 1.19 슬라이더–크랭크 기구의 합성

즉

$$r_2 = 0.5(O_2B_1 - O_2B_2) = 0.92 \text{ in}\text{이고 } r_3 = 0.5(O_2B_2 + O_2B_1) = 3.42 \text{ in}\text{이다.}$$

합성된 슬라이더-크랭크 링크기구의 해는 그림 1.19에 설명되어 있다.

또한 이와 같은 장치에는 순방향 회전과 역방향 회전이 있다는 사실도 알 수 있다. 그림 1.19의 예에서 모터의 회전방향이 반대라면 $\alpha$와 $\beta$의 역할도 바뀔 것이고, 따라서 시간비는 1보다 작을 것이다. 그러므로 모터는 이 기구가 급속귀환 특성을 갖기 위해서는 반드시 시계방향으로 회전해야 한다.

그 밖에도 급속귀환 특성을 갖고 있는 기구를 많이 찾아볼 수 있다. 또 다른 예가 그림 1.15*c*와 1.15*d*에 나타낸 크랭크-셰이퍼 장치(crank-shaper mechanism)라고도 하는 휘트워스 기구(whitworth mechanism)이다. 다른 특성을 가지고 있는 기구와 같이 급속귀환 기구의 합성은 9장에 잘 설명되어져 있다.

**역전 기구(reversing mechanism)** 기구의 출력요소의 회전방향을 어떤 방향으로든 얻기 위해서는 역전 기구가 필요하다. 이 기구들은 서로 반대방향으로 회전하는 2개의 구동축 중에서 어느 한쪽에 출력축을 연결시키는 데 양방향 클러치를 사용한다. 이 방법은 기어 및 벨트 구동장치에 모두 사용되며, 방향 전환을 위해 구동기를 정지시킬 필요가 없다. 자동차 트랜스미션처럼 기어 변속장치에도 널리 사용되고 있다.

**커플링과 커넥터(coupling and connector)** 커플링과 커넥터는 동심축, 평행축, 교차축, 경사축 간의 운동을 전달하는 데 사용된다. 상황에 따라 여러 종류의 기어를 사용할 수 있다. 이에 관해서는 7장과 8장에서 설명할 것이다.

평벨트는 평행축 간의 운동을 전달하는 데 사용할 수 있다. 평벨트는 그림 1.20*a*에 나타난 바와 같이 가이드 풀리를 사용하게 되면 교차축이나 경사축 간에도 사용할 수 있다. 평행축 간에는 원하는 회전방향에 따라 평벨트를 평행하게 하거나 교차시킬 수 있다.

그림 1.20*b*에는 평행축 간의 회전운동을 전달하는 데 사용되는 4절 *드래그-링크기구*(four-bar *drag-link mechanism*)가 도시되어 있다. 여기서 크랭크 2는 구동 링크이고, 링크 4가 출력 링크가 된다. 이 기구는 매우 흥미로운 링크기구이다; 이 기구의 운동을 관찰하려면, 판지 띠와 압핀을 사용하여 모형을 만들어 보면 된다. 완전히 회전할 수 있는 모형을 만들 수 있겠는가?

*뢸로 커플링*(*Reuleaux coupling*)은 교차축용으로 경하중이 걸리는 경우에만 사용할 수 있는 기구로 그림 1.21*a*와 같다. *훅 조인트*(*Hooke's joint*)는 교차축에 사용되며 그림 1.21*b*에 도시되어 있다. 하지만, 이 조인트는 무거운 하중은 견딜 수 있고, 그래서 자동차 뒷바퀴의 구동축으로 사용된다. 평행축의 경우에는 훅 조인트를 2개 사용하는 것이 관례이다.

**슬라이딩 커넥터(sliding connector)** 슬라이딩 커넥터는 하나의 슬라이더(입력)로 다른 슬라이더(출력)를 구동시키는 데 사용된다. 이 경우에 일반적으로 발생하는 문제는 2개의 슬라이더가 동일 평면 내에서 서로 다른 방향으로 움직이는 것으로, 해결수단으로는 다음과 같은 방법을 들 수 있다.

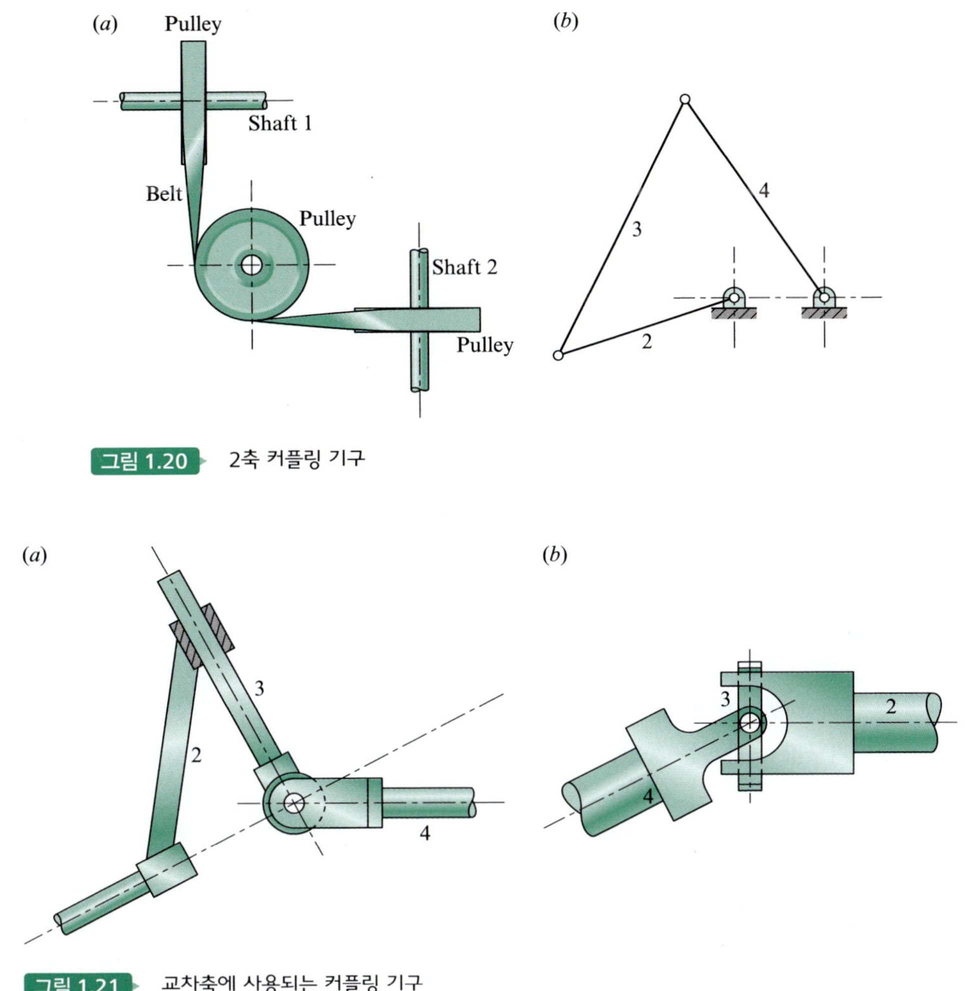


그림 1.20 2축 커플링 기구

그림 1.21 교차축에 사용되는 커플링 기구

1. 강체 링크의 각각의 끝을 슬라이더와 회전 연결시키는 방법
2. 가이드 풀리나 스프로킷을 함께 사용하여 벨트나 체인으로 2개의 슬라이더를 연결하는 방법
3. 각 슬라이더에 랙기어의 치형을 깎아서 한 개 또는 그 이상의 기어를 개재시켜 연결하는 방법
4. 유연한 케이블 커넥터를 사용하는 방법

**정지, 휴지, 유보 기구(stop, pause, hesitation mechanism)** 자동차 엔진의 밸브는 일정한 시기 동안 열린 상태로 있어야 하며, 그 후에 닫혀야 한다. 컨베이어 라인은 작업이 진행 중일 때에는 일정한 시기 동안 멈추어야 하고, 그런 다음 다시 전진운동을 해야 할 때도 있다. 기계 설계 시에는 이와 유사한 요구조건들이 많이 발생한다. 토파슨[9]은 이것을 *정지-대기(stop and dwell)*, *정지-귀환(stop and return)*, *정지-전진(stop and advance)*으로 분류한다. 이와 같은 설계 요구조건들은 캠기구(6장 참조), 그림 1.13의 기구를 포함한 모든 위치분할 기구, 래칫, 운동 한계에서는 링크기구, 기어-클러치 기구 등을 사용하면 만족시킬 수 있다.

그림 1.22의 6절 링크기구는 대기 구간을 가진 요동운동을 발생시킬 수 있다. 이 기구에는 프레임 1, 크랭크 2, 커플러 3, 로커 4로 구성된 4절 링크기구가 포함되어 있으며, 이때 로커는

그림 1.22 6절 정지–대기 기구

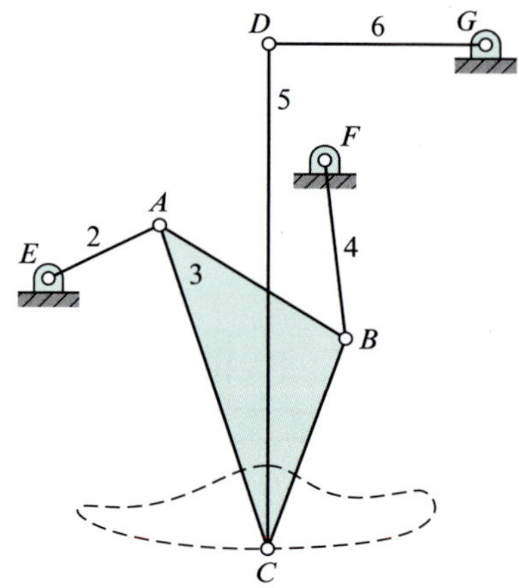


커플러상의 점 $C$가 점선으로 표시된 커플러 곡선을 따라 움직이도록 되어 있다. 이 곡선의 일부분은 링크 길이 $DC$를 반지름으로 하는 원호에 매우 근사하게 일치한다. 따라서 점 $C$가 커플러 곡선의 이 부분을 통과하는 동안에는 출력요소인 로커, 즉 링크 6은 정지한 상태 그대로 있게 된다.

**곡선 생성기(curve generation)** 평면 4절 링크기구의 커넥팅 로드 또는 커플러는 입력 크랭크 및 출력 크랭크에 핀으로 연결되어 있지만, 모든 방향으로 확장된 무한 평판으로 가정할 수 있다. 링크기구가 운동하는 동안, 커플러의 평면상의 임의의 점은 고정된 링크에 대하여 어떤 경로를 생성하게 되는데, 이 경로를 *커플러 곡선*(*coupler curve*)이라고 한다. 이러한 경로 중에서 두 가지 경로, 즉 커플러의 핀 연결에 의해 형성되는 경로는 2개의 고정된 축을 중심으로 하여 단순 원을 그린다. 그러나 그 이외의 다른 점들은 훨씬 더 복잡한 곡선을 그린다는 사실을 알 수 있다.

4절 링크기구의 커플러 곡선에 관한 최고의 자료 중의 하나로 론스와 넬슨(Hrones-Nelson)의 도해서[6]를 꼽을 수 있다. 이 책에는 11 × 17 in 크기의 차트로 작성된 크랭크–로커 링크기구의 커플러 곡선이 7000개 이상 포함되어 있다. 그림 1.23은 이 도해서의 전형적인 한 페이지를 게재한 것이다. 각각의 경우에 크랭크의 길이는 단위길이로 일정하게 하고, 다른 링크들의 길이는 페이지마다 다양하게 변화시킴으로써 상이한 조합이 되도록 하고 있다. 각 페이지에는 여러 개의 커플러 점을 선정하여 그 커플러 곡선을 도시하고 있다. 이 커플러 곡선 도해서는 특정한 곡선을 생성해 내는 링크기구가 필요한 설계자에게는 필독서이다.

커플러 곡선의 대수방정식은 일반적으로 6차식이므로, 다양한 종류의 형상과 여러 가지 흥미로운 특징을 갖는 커플러 곡선들을 찾아볼 수 있다. 어떤 커플러 곡선에는 거의 직선에 가까운 구간이 있기도 하고, 어떤 것에는 원호 부분이, 또 어떤 것에는 뾰족한 첨탑 모양이나 숫자 8처럼 교차하는 부분이 있기도 한다. 따라서 상당히 복잡한 운동을 생성시켜야 하는 경우에도 링크 수가 많은 기구를 사용할 필요가 없다.

커플러 곡선 방정식의 복잡성도 여전히 장애 요인이 되고 있는데, 이는 손으로 직접 계산하는 방법이 매우 부담이 된다는 것을 의미한다. 따라서 오랫동안 많은 기구들이 기구학적인 원리나 과정을 거쳐 설계된 것이 아니라 순전히 직관적인 과정을 통해 설계되어 왔으며, 판지 모델들을 사용하여 검증해 왔다. 최근까지지도 합리적인 방법으로 그림을 그려서 해석하는 도식적 방법이 이용되었는데, 이렇게 함으로써 지루한 계산을 피할 수 있었다. 결국, 디지털 컴퓨터의 사용과 특히 컴퓨터 그래픽의 발달로, 설계자들에게 단조롭고 지루한 계산 작업의 부담을 주지 않고도 필요한

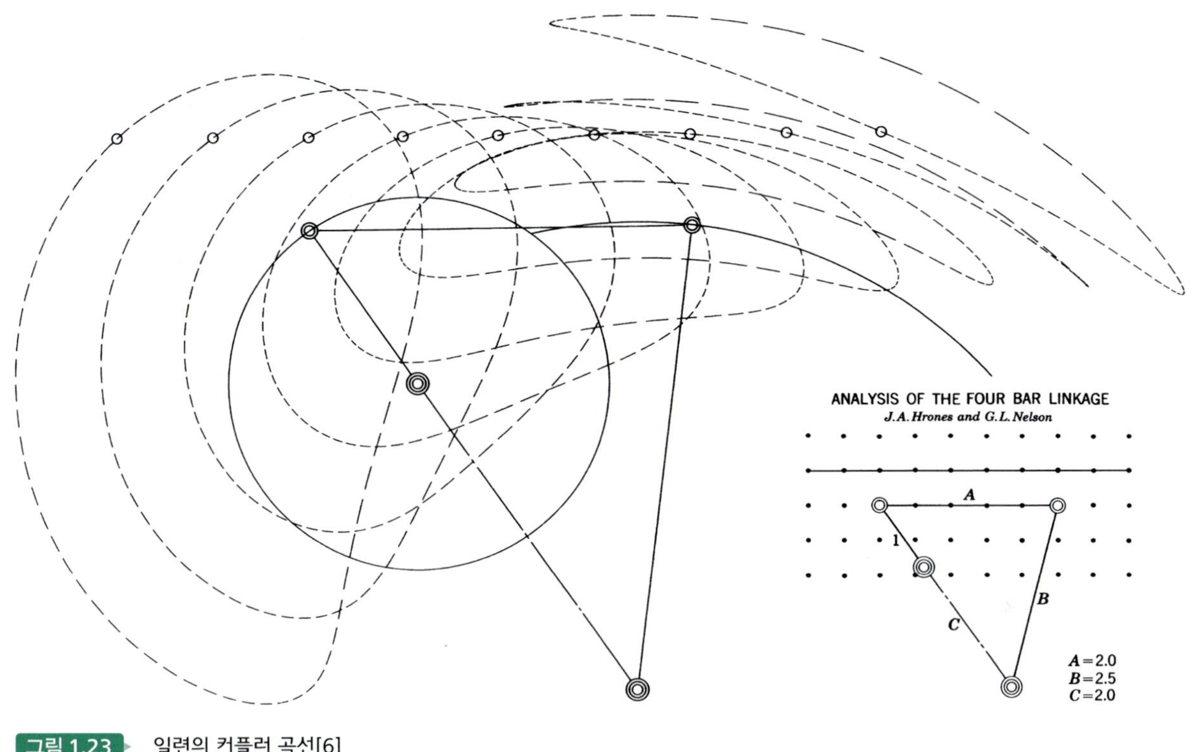


그림 1.23 일련의 커플러 곡선[6]

복잡한 계산을 자동으로 처리할 수 있는 유용한 설계방법들이 출현하고 있다(이런 설계방법에 대한 상세한 내용은 10.9절 참조).

커플러 곡선 방정식의 흥미로운 특성 중 하나는 동일한 곡선이 세 가지 상이한 4절 링크기구에 의해서 항상 생성될 수 있다는 점이다. 이들은 *동종 링크기구*(*cognate linkage*)라고 하며, 이에 관한 이론은 9.10절에 기술되어 있다.

**직선 생성기(straight-line generation)** 밀링 머신이 개발되기 이전인 17세기 후반에는 평평한 평면을 가공하기가 매우 어려웠다. 이러한 이유로 간격이 좁은 미끄럼 대우를 만들기가 쉽지 않았다. 이 시기에는 회전 연결로만 되어 있는 링크기구를 사용하여 커플러 곡선의 일부분이 직선 운동을 하도록 하는 연구가 많이 이루어졌다. 이러한 연구 중에서 가장 널리 알려진 연구 결과가 초창기 증기 엔진의 피스톤 안내용을 와트(Watt)가 개발한 직선기구이다. 그림 1.24*a*는 와트 링크기구(Watt's linkage)가 거의 직선에 가까운 커플러 곡선을 생성하는 4절 링크임을 보여주고 있다. 비록 완전한 직선이 생성되지는 않지만, 상당한 이동거리에 걸쳐 아주 근사한 직선이 작성되고 있다.

추적점 $P$가 근사 직선 구간을 갖는 커플러 곡선을 생성하는 또 다른 4절 링크기구로는 로버츠 기구(Robers' mechanism)가 있다(그림 1.24*b*). 이 그림에서 점선은 링크기구가 3개의 합동 이등변삼각형으로 이루어져 있다는 것, 즉 $BC = AP = PD = AD/2$임을 나타낸다.

그림 1.24*c*의 체비셰프 링크기구(Chebychev linkage)의 추적점 $P$ 역시 근사 직선을 생성한다. 이 링크기구는 점선으로 나타낸 바와 같이 링크 4가 수직 위치에 놓인 상태에서 각각의 변의 길이의 비가 3:4:5인 직각삼각형을 형성하고 있으므로, $DB' = 3$, $AD = 4$, $AB' = 5$가 된다. $AB$

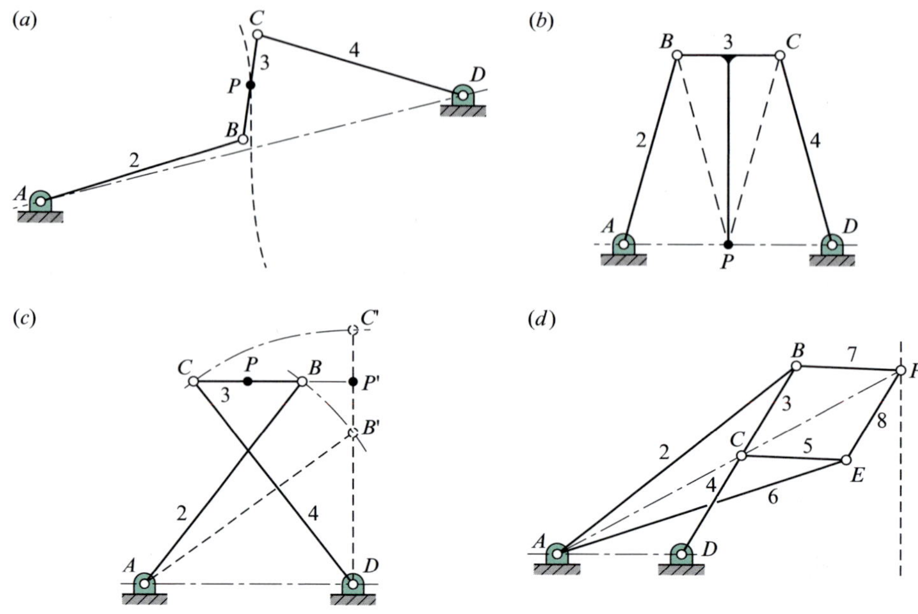


그림 1.24 (a) 와트 링크기구, (b) 로버츠 링크기구, (c) 체비셰프 링크기구, (d) 포실리에 변환기

$= DC$이므로, $DC' = 5$이고 추적점 $P'$는 링크 $BC$의 중점이 된다. 삼각형 $DP'C$ 역시 각 변의 길이비가 3:4:5인 직각삼각형을 형성하므로, $P$와 $P'$는 $AD$와 평행한 직선상의 두 점임을 주목하여야 한다.

직선 구간을 생성하는 또 다른 기구로는 그림 1.24*d*에 나타낸 포실리에 변환기(Peaucillier invertor)가 있다. 이 기구의 기하학적 형상 조건은 $BC = BP = EC = EP$와 $AB = AE$이며, 이 경우 대칭에 의해 점 $A$, $C$, $P$는 항상 $A$를 지나는 일직선상에 있게 된다. 이러한 조건하에서는 $AC = AP = k$, 즉 상수이고 점 $C$와 $P$에 의해 생성되는 곡선은 서로의 역(*inverse*)의 관계에 있다고 할 수 있다. 만약, 다른 고정 회전점 $D$를 $AD = CD$가 되도록 잡으면, 점 $C$는 원호를 그리고 점 $P$는 정직선을 따라 움직이게 된다. 또 다른 흥미로운 특성은 $AD$와 $CD$의 길이를 서로 다르게 하면 점 $P$는 반지름이 매우 큰 정원의 원호 위를 따라 움직이게 된다. 이것이 첫 번째 직선 생성기이며, 증기 엔진 개발에 중요한 역할을 했다.

그림 1.25는 직선 운동을 만들 수 있는 다른 기구, Scott-Russell 기구를 보여준다. 하지만, 이건 슬라이더를 활용하고 있다는 점에 주의해야 한다.

그림 1.26의 *팬토그래프*(*pantograph*)는 그림을 확대하거나 축소하여 그릴 때 사용된다. 이를 테면, 점 $P$를 지도를 따라 움직이면 펜 $Q$는 축척 지도를 그리게 된다. $O_2A$, $AC$, $CB$, $BO_2$의 치수는 등변 평행사변형이 되도록 구성해야 한다.

토파슨은 또한 로봇, 변속장치, 연산기구, 함수 생성기, 적재기구, 운송기구도 그의 기구 분류에 포함시키고 있다. 이러한 여러 가지 기구에는 이미 설명한 기구가 배열되어 이용되고 있다. 다른 기구들은 이후의 장에서 설명할 것이다.

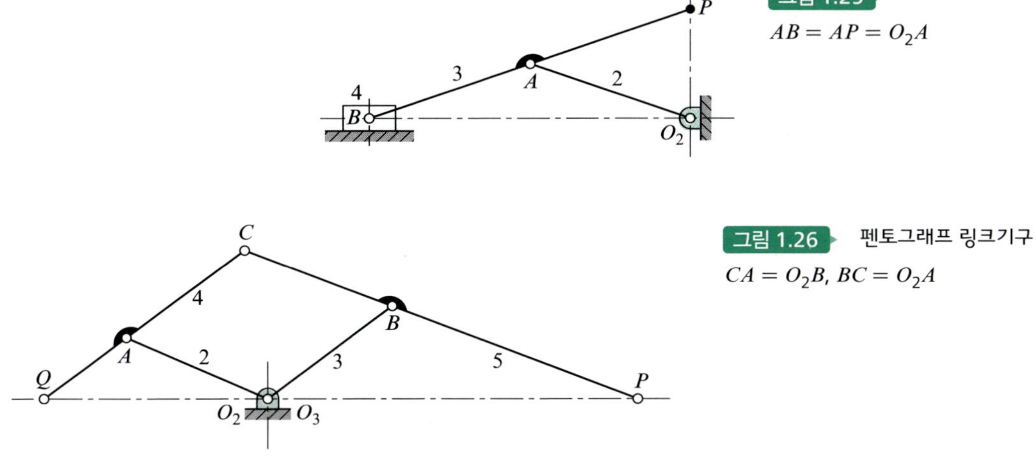


그림 1.25
$AB = AP = O_2A$

그림 1.26 펜토그래프 링크기구
$CA = O_2B,\ BC = O_2A$

## 1.8 기구학적 전위

1.4절에서 모든 기구에는 프레임이라는 고정 링크가 있다는 사실을 알았다. 주어진 기구학적 연쇄에서는 프레임 링크를 달리 정하여도 각 링크 간의 *상대 운동*(*relative* motion)은 달라지지 않지만, 그 *절대 운동*(*absolute* motion; 프레임 링크에서 측정됨)은 크게 달라질 수 있다. 기구학적 연쇄에서 프레임 링크를 다른 링크로 바꿔 정하는 것을 *기구학적 전위*(*kinematic inversion*)라고 한다. $n$절 링크의 기구에서 각각의 링크를 프레임으로 차례로 선택하면 확연히 다른 $n$개의 기구학적 전위가 나온다.

그림 1.27*a*는 오늘날 대부분의 내연기관에서 찾아볼 수 있는 기본적인 슬라이더-크랭크 기구를 보여준다. 링크 1은 실린더 블록으로 프레임이다. 링크 4, 즉 피스톤은 팽창하는 가스에 의해 구동하는 입력 링크를 형성하며, 링크 3은 커넥팅 로드로 링크 4를 링크 2로 연결하는 역할을 해주며 링크 2, 즉 크랭크는 종동 출력 링크이다. 이 기구에서 입력과 출력의 역할을 바꾸면 동일한

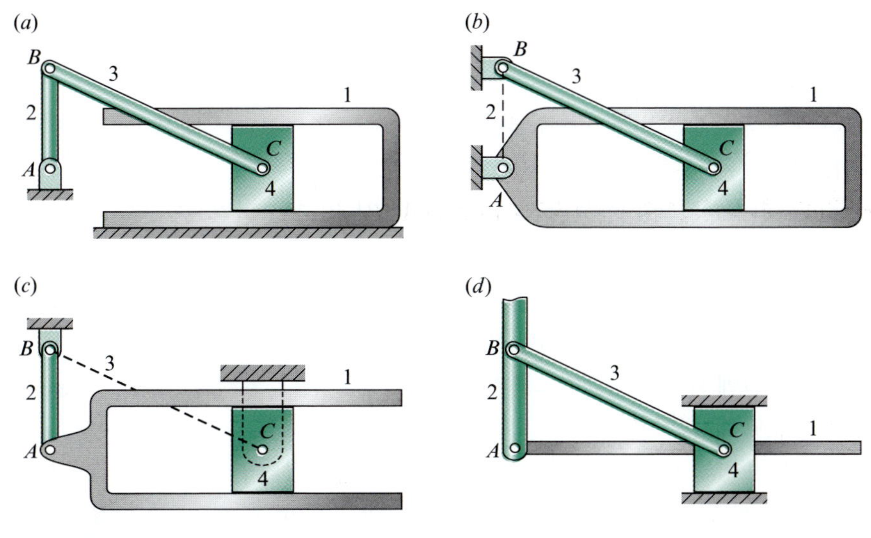


그림 1.27 슬라이더-크랭크 기구의 네 가지 전위

기구를 압축기로 사용할 수 있다.

그림 1.27*b*는 동일한 종류의 기구학적 연쇄이지만, 전위가 되어 있는 상태로서 링크 2가 고정되어 있다. 위에서 프레임이던 링크 1은 이제 회전축 *A*를 중심으로 회전하게 된다. 이와 같은 슬라이더-크랭크 기구의 전위는 초창기 비행기에 로터리 엔진의 기본형으로 사용되었다.

그림 1.27*c*는 동일한 슬라이더-크랭크 연쇄의 또 다른 전위인데, 이것은 위에서 커넥팅 로드로 사용되던 링크 3이 프레임 링크로 사용되고 있다. 이 기구는 초창기 증기기관차의 바퀴인 링크 2를 구동시키는 데 사용되었다.

그림 1.27*d*는 슬라이더-크랭크 연쇄의 네 번째이자 마지막 전위를 보여주고 있는데, 이것에는 링크 4인 피스톤이 고정되어 있다. 이 기구를 엔진에서는 찾아볼 수 없지만, 시계방향으로 90° 회전시키면 정원용 워터 펌프의 일부분임을 알 수 있다. 이 그림에서는 링크 1과 4를 연결하는 미끄럼 대우 또한 전위되어 있음을 알 수 있다. 즉, 미끄럼 대우의 "안쪽"과 "바깥쪽" 요소가 뒤바뀌어 있다.

## 1.9 그라쇼프의 법칙

모터로 구동되는 기구를 설계할 때에 가장 중요하게 고려해야 할 사항은 입력 크랭크가 완전한 1회전을 할 수 있는지를 확인하는 것이다. 완전 회전을 하는 링크가 전혀 없는 기구는 모터로 구동되는 응용에는 쓸모가 없다. 4절 링크기구에 대하여 이를 검증할 수 있는 아주 간단한 시험방법이 하나 있다.

그라쇼프의 법칙(Grashof's law)에 따르면, *평면 4절 기구의 경우, 2개의 링크 간에 상대적으로 연속적인 회전을 하도록 하려면 최단 링크와 최장 링크의 길이의 합이 나머지 두 링크 길이의 합보다 커서는 안 된다*고 되어 있다. 이는 그림 1.28로 설명할 수 있는데, 여기서 최장 링크 길이를 $l$, 최단 링크 길이를 $s$, 나머지 2개의 링크 길이를 각각 $p$, $q$라고 하자. 이 경우 그라쇼프의 법칙에 의하면 링크 중의 하나, 특히 최단 링크는 다음 식을 만족하는 경우에만 나머지 3개의 링크에 대해서 연속적으로 회전할 수 있다.

$$s + l \leq p + q \tag{1.6}$$

만약 이 부등식을 만족시키지 못할 경우에는, 어떤 링크도 상대적으로 다른 링크에 대하여 완전한 1회전을 하진 못할 것이다.

그라쇼프의 법칙에는 4절 링크 연쇄에서 링크의 연결 순서나 고정 링크의 선정에 관하여 전혀 규정하고 있지 않다는 사실에 유의한다. 그러므로 고정 링크는 4개의 링크 중에서 어느 것으로든 자유롭게 선정할 수 있다. 그렇게 하면, 4절 링크기구의 전위를 그림 1.28과 같이 네 가지로 만들어 볼 수 있다. 이 네 가지 전위는 모두 그라쇼프의 법칙에 잘 맞고, 각각의 경우에 링크 $s$는 다른 링크에 대하여 상대적으로 완전한 1회전을 한다. 각각의 전위는 고정 링크에 대한 링크 $s$의 위치에 따라 구별된다.

최단 링크 $s$가 그림 1.28*a*와 그림 1.28*b*에 나타낸 바와 같이 고정 링크에 인접한 경우에는 *크랭크-로커 링크기구*(*crank-rocker linkage*)를 얻을 수 있다. 물론 링크 $s$는 연속적으로 회전할

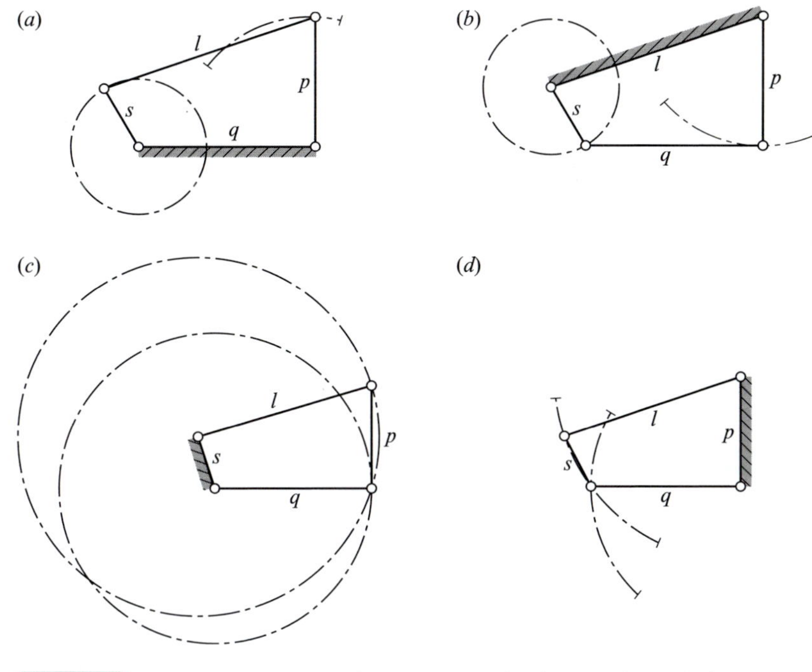


그림 1.28 (a, b)는 크랭크-로커 기구, (c) 드래그-링크기구, (d) 이중 로커 기구

수 있으므로 크랭크이고, 링크 $p$는 임의의 제한된 각도 사이에서만 반복 운동할 수 있으므로 로커이다.

이중 크랭크 링크기구(double-crank linkage)라고도 하는 드래그 링크기구(drag linkage)는 최단 링크 $s$를 프레임으로 고정시킴으로써 얻을 수 있다. 그림 1.28($c$)에 나타낸 이 전위에서 링크 $s$에 인접한 2개의 링크는 연속적으로 회전할 수 있으므로 두 링크는 모두 당연히 크랭크가 되며, 둘 중에서 더 짧은 것이 일반적으로 입력요소로 사용된다. 이 기구가 매우 일반적이기는 하지만, 전 행정에 걸쳐 실제적으로 작동하는 모델을 개발한다는 것은 흥미진진한 도전이 될 것이다.

링크 $s$에 마주보고 있는 링크를 고정시키면, 네 번째 전위에 해당하는 그림 1.28($d$)의 이중 로커 기구(double rocker mechanism)를 얻을 수 있다. 링크 $s$는 완전한 회전을 할 수는 있지만, 프레임에 인접한 2개의 링크는 어떤 것도 완전한 회전을 할 수가 없게 되어 둘 다 임의의 제한된 각도 사이에서만 반복 운동을 해야 하므로 로커가 된다는 사실을 주목하여야 한다.

이들 각각의 전위에서 최단 링크 $s$는 최장 링크 $l$에 인접해 있다. 그러나 최장 링크 $l$이 최단 링크 $s$와 마주보고 있어도 동일한 종류의 링크기구 전위를 얻을 수 있는데, 이 경우는 각자 스스로 이 사실을 증명해 보기 바란다.

뢸로는 이런 문제에 대하여 약간 다른 방식으로 접근하였지만, 결과는 동일하였다. 이 방법에서 그림 1.29를 사용하게 되면, 각 링크의 명칭은 다음과 같다.

$s$: 크랭크　　$p$: 레버

$l$: 커플러　　$q$: 프레임

여기서 $l$이 최장 링크일 필요는 없다. 그러면, 다음과 같은 조건을 적용한다.

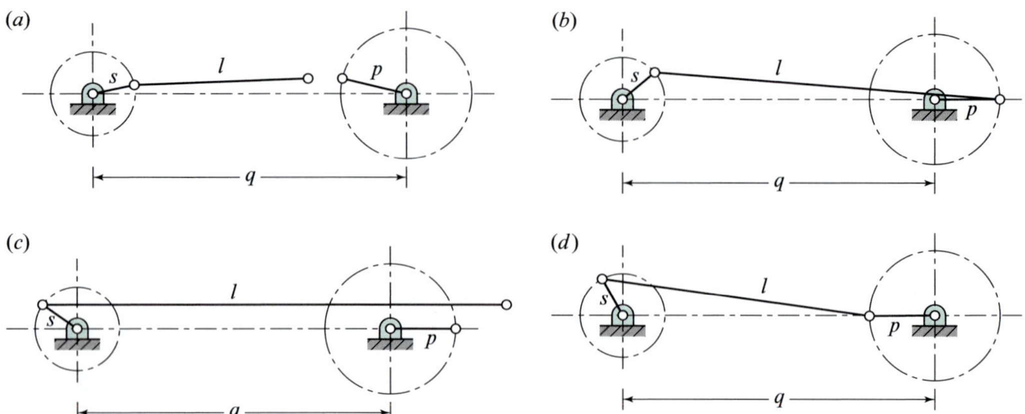


그림 1.29 (a) 식 (1.7a); $s + l + p < q$이므로 링크는 연결 불가, (b) 식 (1.7b); $s + l - p > q$이므로 회전 불가, (c) 식 (1.7c); $s + q + p < l$이므로 링크는 연결 불가, (d) 식 (1.7d); $s + q - p > l$이므로 $s$는 회전 불가

$$s + l + p \geq q \tag{1.7a}$$

$$s + l - p \leq q \tag{1.7b}$$

$$s + q + p \geq l \tag{1.7c}$$

$$s + q - p \leq l \tag{1.7d}$$

이 조건들이 충족되지 않을 경우 어떤 일이 일어나는지를 보여 주기 위해 그림 1.29에 네 가지 조건을 예시하였다.

## 예제 1.6

그림 1.30의 4절 링크가 크랭크-로커 4절 링크인지, 이중 로커 4절 링크인지, 또는 드래그-링크 4절 링크인지 판별하라.

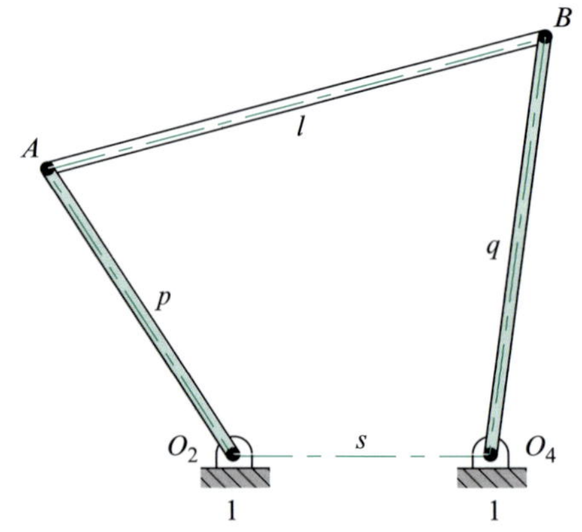


그림 1.30 $p = 4$ in, $l = 6$ in, $q = 5$ in, $s = 3$ in

### ▶ 풀이

링크 길이를 식 (1.6)에 대입하면

$$3 \text{ in} + 6 \text{ in} \leq 4 \text{ in} + 5 \text{ in}$$

또는

$$9 \text{ in} \leq 9 \text{ in}$$

그러므로 이 4절 링크는 그라쇼프의 법칙을 만족시킨다. 즉 이 링크기구는 그라쇼프 4절 링크이다. 왜냐하면 4절 링크의 가장 짧은 링크가 고정되고, 최단 링크에 인접한 두 링크가 계속 돌 수 있고(그림 1.28 참고), 두 링크 모두 크랭크로 역할을 할 수 있기 때문이다. 그러므로, 그림 1.30은 이중 크랭크 또는 드래그 링크기구라 할 수 있다.

## 1.10 기계적 이득

일반적으로, 기구의 *기계적 이득*은 구동절에 필요한 입력 힘 혹은 토크에 대한 종동절에 나타나는 출력 힘 혹은 토크의 비이다. 4절 링크기구는 광범위하게 사용되기 때문에, 여기서는 이러한 링크기구가 의도한 목적에 맞는지 그 수준을 판단하는 데 도움이 될 만한 몇 가지 사항을 기술한다.

그림 1.31에 나와 있는 링크 2는 구동절이고, 링크 4는 종동절인 크랭크-로커 4절 링크기구를 예로 들어 보자.

3.19절에서, 4절 링크의 기계적 이득이 아래와 같다는 것을 증명할 것이다.

$$MA = \frac{R_{CD} \sin \gamma}{R_{BA} \sin \beta} \tag{1.8}$$

이 기계적 이득이 커플러와 종동절 사이의 각 $\gamma$의 사인값에 정비례하고 커플러와 구동절 사이의 각 $\beta$의 사인값에 반비례한다는 사실을 증명할 것이다. 물론, 이 두 각도는 링크기구가 운동함에 따라 계속 변하므로, 기계적 이득도 계속 변한다.

각 $\beta$의 사인값이 0이 될 때 기계적 이득은 무한대가 되므로, 이와 같은 위치에서는 작은 입력 토크로도 큰 출력 토크 부하를 극복할 수 있다. 이 경우가 바로 그림 1.31에서 구동절 $AB$가 커플러

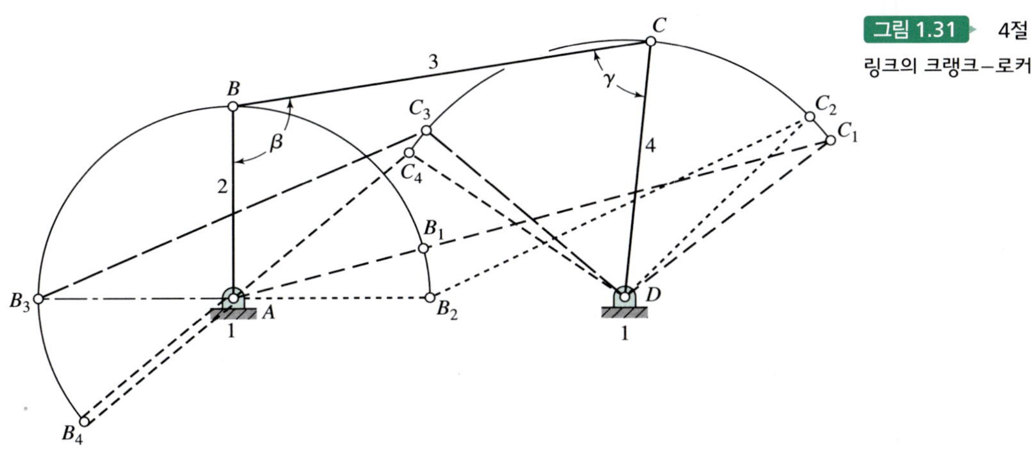


그림 1.31 4절 링크의 크랭크-로커

$BC$와 일직선상에 놓이는 경우인데, 이는 크랭크 위치 $AB_1$에 놓일 때 발생하고, 또 크랭크가 위치 $AB_4$에 놓일 때에도 발생한다. 또한, 이 위치들은 로커 $DC_1$과 $DC_4$의 극한 이동위치를 형성한다는 사실을 주목하여야 한다. 4절 링크기구가 이 중 어떤 위치에 있을 경우에도 기계적 이득이 무한대가 되며 $\beta = 0°$ 혹은 $\beta = 180°$, 이때 링크기구는 *토글 위치*(*toggle* position)에 있다고 한다.

커플러와 종동절 사이의 각 $\gamma$는 *전달각*(*transmission angle*)이라고 한다. 이 각이 작아지면 기계적 이득은 감소하고, 심지어는 아주 작은 양의 마찰에도 기구가 움직이지 못하거나 고장을 일으키게 된다. 경험상 전달각의 범위가 이를테면 45° 또는 50°보다 작을 경우에는 4절 링크기구를 사용해서는 안 된다. 전달각의 극한값은 크랭크 $AB$가 프레임 $AD$와 일직선상에 놓일 때 발생한다. 그림 1.31에서 전달각은 크랭크가 위치 $AB_2$에 놓일 때 최소가 되고, 위치 $AB_3$에 놓일 때 최대가 된다. 전달각은 시각적으로 쉽게 관찰할 수 있기 때문에, 4절 링크기구의 설계 수준을 측정하는 척도로 널리 사용된다. 링크 3과 4가 일직선성에 놓일 때, 이중 로커 4절 링크는 사점을 갖게 된다. 사점 위치에서는 전달각 $\gamma = 0°$ 혹은 $\gamma = 180°$이며, 링크는 잠기게 된다. 설계자는 반드시 이런 위치를 피하거나 스프링과 같은 외력을 주어 링크를 풀어줘야 한다.

### 예제 1.7

그림 1.32의 위치에서 4절 링크의 기계적 이득을 계산하라.

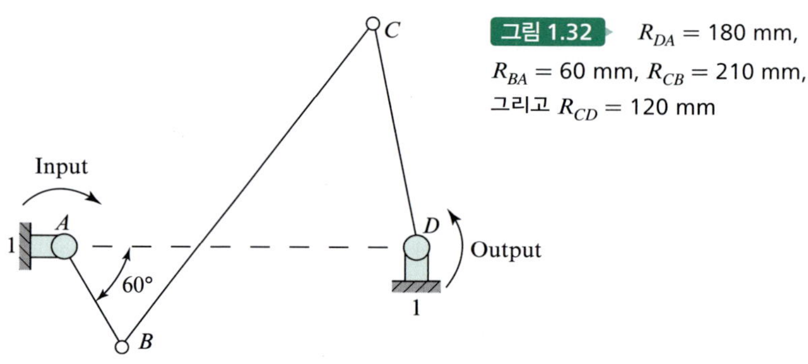


그림 1.32 $R_{DA} = 180$ mm, $R_{BA} = 60$ mm, $R_{CB} = 210$ mm, 그리고 $R_{CD} = 120$ mm

**▶ 풀이**

식 (1.8)에 각도 $\gamma$와 $\beta$는 그림 1.33에 나타나 있으며, 이는 삼각법을 이용하여 구해진다.

코사인 법칙을 사용하면,

$$R_{DB} = \sqrt{(60\text{ mm})^2 + (180\text{ mm})^2 - 2(60\text{ mm})(180\text{ mm})\cos 60°} = 158.74\ \text{ mm} \qquad (1)$$

또한 각도들은,

$$\gamma = \cos^{-1}\left[\frac{(158.74\text{ mm})^2 - (210\text{ mm})^2 - (120\text{ mm})^2}{-2(210\text{ mm})(120\text{ mm})}\right] = 48.64° \qquad (2)$$

그리고

그림 1.33 각도 $\gamma$와 $\beta$

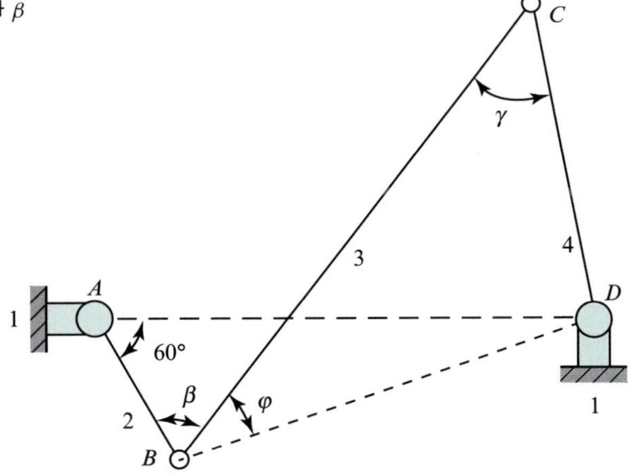


$$\varphi = \cos^{-1}\left[\frac{(120\text{ mm})^2 - (210\text{ mm})^2 - (158.74\text{ mm})^2}{-2(210\text{ mm})(158.74\text{ mm})}\right] = 34.57° \tag{3}$$

최종적으로, 각도들의 합은

$$\beta + \varphi = \cos^{-1}\left[\frac{(180\text{ mm})^2 - (60\text{ mm})^2 - (158.74\text{ mm})^2}{-2(60\text{ mm})(158.74\text{ mm})}\right] = 100.90° \tag{4}$$

식 (4)에서 식 (3)을 빼면,

$$\beta = 100.90° - 34.57° = 66.33° \tag{5}$$

그리고, 식 (2)와 (5)를 식 (1.8)에 대입하면, 4절 링크의 주어진 위치에서 기계적 이득은

$$MA = \frac{(120\text{ mm})\sin 48.64°}{(60\text{ mm})\sin 66.33°} = 1.64$$ 답

기계적 이득, 토글, 전달각, 사점 위치 등의 정의는 구동절과 종동절의 선택에 따라 달라진다는 사실에 유의한다. 예를 들어, 그림 1.31에서 링크 4가 구동절로 사용되고 링크 2가 종동절로 사용된다면, $\beta$와 $\gamma$의 역할이 뒤바뀔 것이다. 이 경우에 링크기구에는 토글 위치가 전혀 없게 되며, 링크 2가 위치 $AB_1$ 또는 $AB_4$에 놓이게 되면 전달각이 0이 되므로 그 기계적 이득도 0이 된다. 4절 링크기구 및 그 외의 링크기구의 적합성을 평가하는 여러 가지 방법에 대해서는 3.19절에서 자세히 설명할 것이다.

## 연습 문제 Problems

**1.1** 실제 사용되고 있는 평면 4절 링크기구에 대해 6가지 이상 그려라. 이러한 용례는 작업장, 가전제품, 자동차, 농기계 등에서 찾아볼 수 있다.

**1.2** 평면 4절 링크기구의 각 링크의 길이가 각각 25, 75, 125, 125 mm이다. 가능한 모든 조합으로 링크를 조립해보고, 각각의 조합에 대하여 네 가지 전위를 그려라. 이 링크기구들이 그라쇼프의 법칙을 만족하는가? 각각의 전위에 대해 크랭크-로커 기구 또는 드래그-링크기구 등과 같이 명칭을 붙여라.

**1.3** 크랭크-로커 링크기구의 프레임이 4 in이고, 크랭크는 1 in이며, 커플러는 3.6 in이고, 로커는 3 in이다. 링크기구를 그려보고, 전달각의 최대값과 최소값을 각각 구하라. 2개의 토글 위치를 찾고, 그에 상응하는 크랭크각과 전달각을 구하라.

**1.4** 커플러의 점 $C$의 완전한 경로를 그려라.

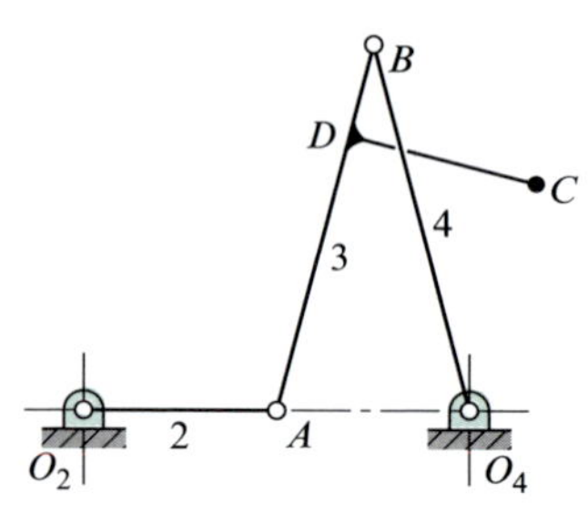


그림 P1.4 $O_2A = 38$ mm, $AB = 75$ mm, $O_2O_4 = 75$ mm, $O_4B = 75$ mm, $AD = 56$ mm, 그리고 $DC = 38$ mm

**1.5** 각 기구의 운동성을 구하라.

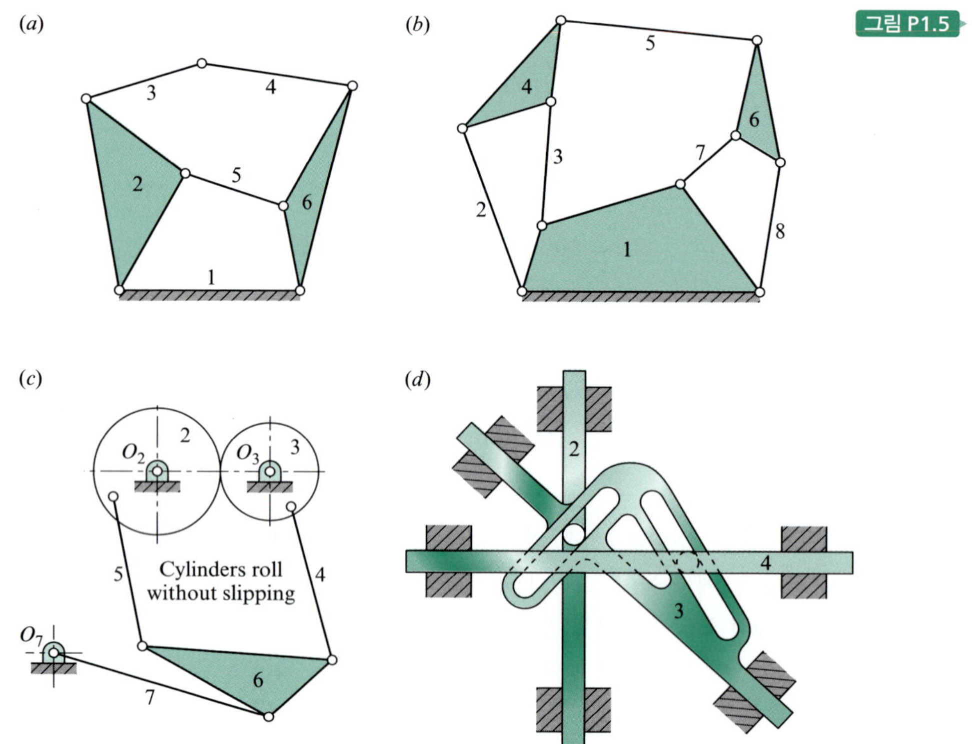


그림 P1.5

**1.6** 쿠츠바흐 판별식을 이용하여 기구의 운동성을 결정하라.

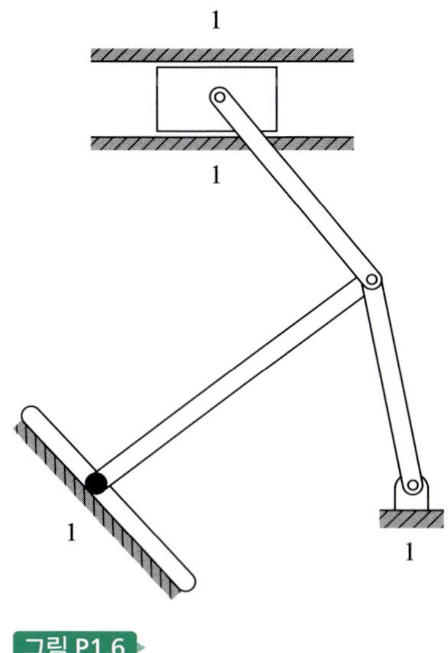


그림 P1.6

**1.7** 움직이는 4절 링크를 포함한 운동성 1의 평면기구를 그려라. 얼마나 많이 다른 종류의 기구를 찾아낼 수 있는가?

**1.8** 쿠츠바흐의 판별식을 사용하여 평면기구의 운동성을 결정하라. 링크에 번호와 저차 대우($j_1$)와 고차 대우($j_2$)를 표시하라.

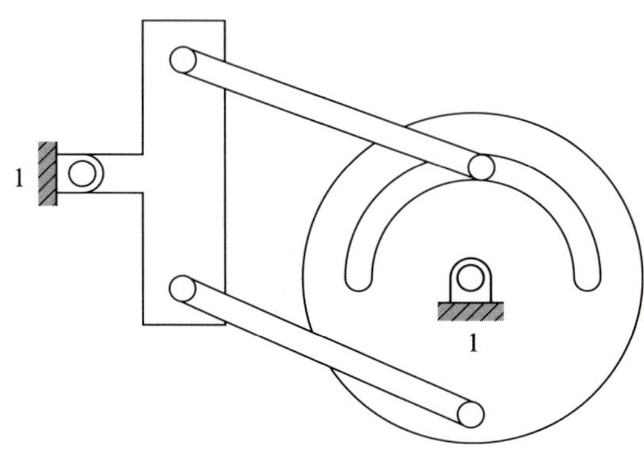


그림 P1.8

**1.9** 그림 P1.9의 기구에 대해, 링크의 수, 저차 대우의 수, 고차 대우의 수를 결정하라. 쿠츠바흐의 판별식을 사용하여, 기구의 운동성을 구하라. 이 답이 맞는가? 간단히 설명하라.

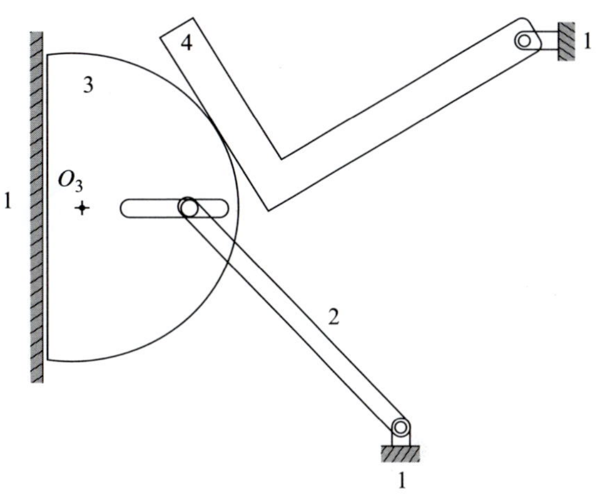


그림 P1.9

**1.10** 쿠츠바흐의 판별식을 사용하여 평면기구의 운동성을 결정하라. 링크에 번호와 저차 대우($j_1$)과 고차 대우($j_2$)를 그림에 표시하라.

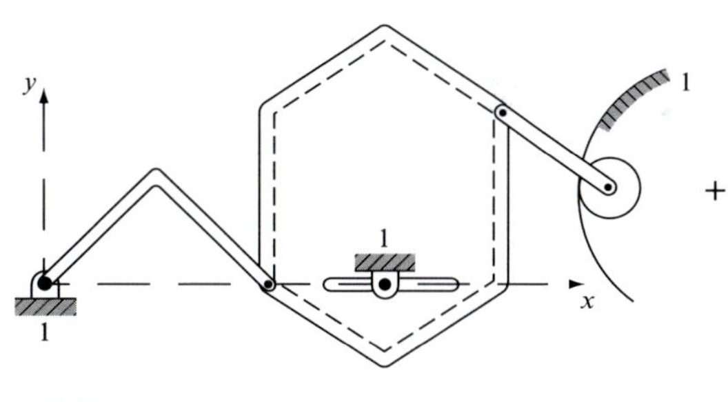


그림 P1.10

**1.11** 기구에 대해 링크의 수, 저차 대우의 수, 고차 대우의 수를 결정하라. 구름 접촉은 미끄럼이 없는 구름으로 가정한다. 쿠츠바흐의 판별식을 이용하여 운동성을 구하라. 이 답이 맞는가? 간단히 설명하라.

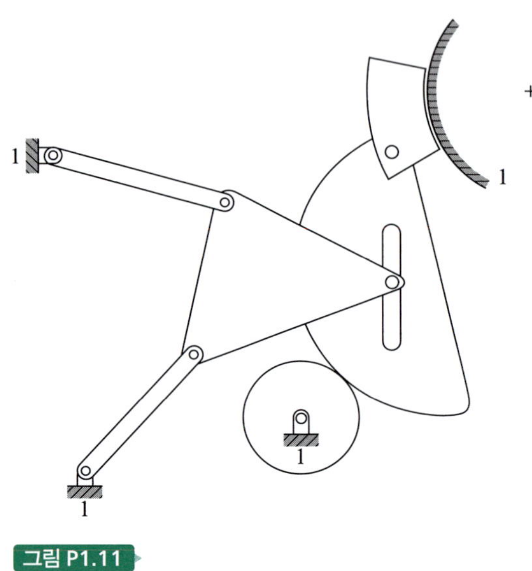


그림 P1.11

**1.12** 쿠츠바흐의 판별식으로 그 평면기구에 대해 올바른 답을 구할 수 있는가? 왜 또는 왜 아닌지 간단히 설명하라.

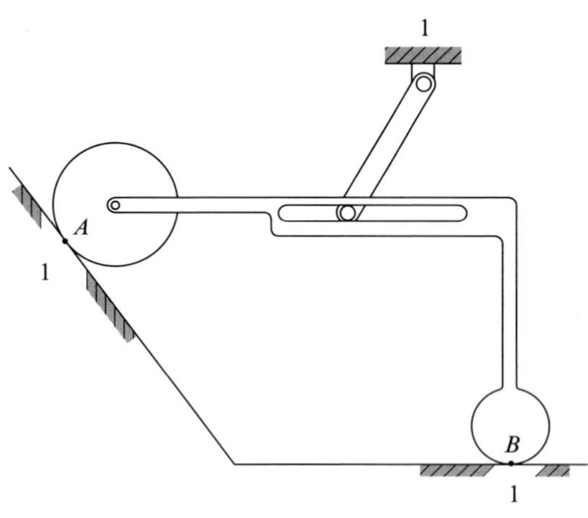


그림 P1.12

**1.13** 기구의 운동성은 $m = 1$이다. 쿠츠바흐의 판별식을 사용하여 저차 대우와 고차 대우의 수를 결정하라. 바퀴는 벽의 $A$점에서 미끄럼 없이 구르기만 하는가 또는 미끄럼과 구름이 상존하는가?

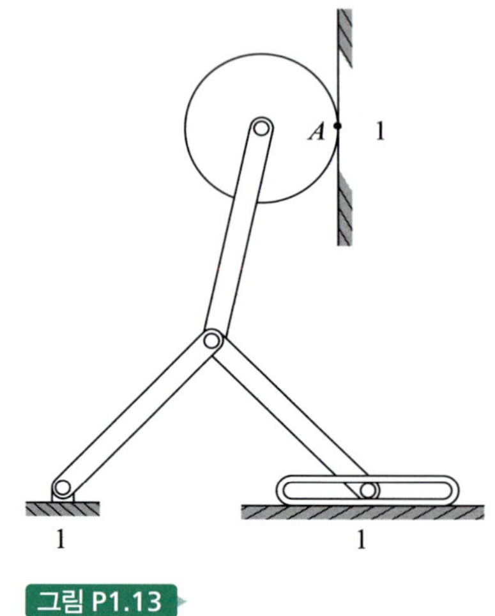


그림 P1.13

**1.14** 드래그-링크기구의 실용 모델을 고안하라.

**1.15** 문제 1.3 링크의 시간비를 구하라.

**1.16** 그림 1.24($b$)에 나타낸 로버츠의 기구에서 완전한 커플러 곡선을 그려라. 단, $AB = CD = AD = 62$ mmn이고 $BC = 31$ mm이다.

**1.17** 그림 1.11에 나와 있는 차동 스크류의 핸들을 오른쪽 방향에서 봤을 때 시계방향으로 30° 회전한다면, 캐리어는 어떤 방향으로 얼마나 움직일까?

**1.18** 그림 1.15$b$의 기구로 어떻게 사인파을 만드는지를 설명하라.

**1.19** 그림 1.14$c$에서와 같이 로커각이 60°인 크랭크-로커 기구를 고안하라. 로커의 길이는 20 in가 되도록 한다.

**1.20** 시간비 $Q = 1.2$인 크랭크-로커 4절 링크가 필요하다. 로커는 62 mm이고, 60° 각도로 진동한다. 4절 링크의 나머지 3개의 링크의 적당한 길이 조합을 구하라.

**1.21** 기구의 운동성을 구하라. 각각의 링크에 번호를 표시하고, 저차 및 고차 대우를 표시하라. 이 기구에 대해서 적당한 구동절(입력축) 혹은 구동절들을 표시하라.

**1.22** 기구의 운동성을 구하라. 각각의 링크에 번호를 표시하고, 저차 및 고차 대우를 표시하라. 이 기구에 대해서 적당한 구동절을 표시하라.

**1.23** 기구의 운동성을 구하라. 각각의 링크에 번호를 표시하고, 저차 및 고차 대우를 표시하라. 이 기구에 대해서 적당한 구동절을 표시하라.

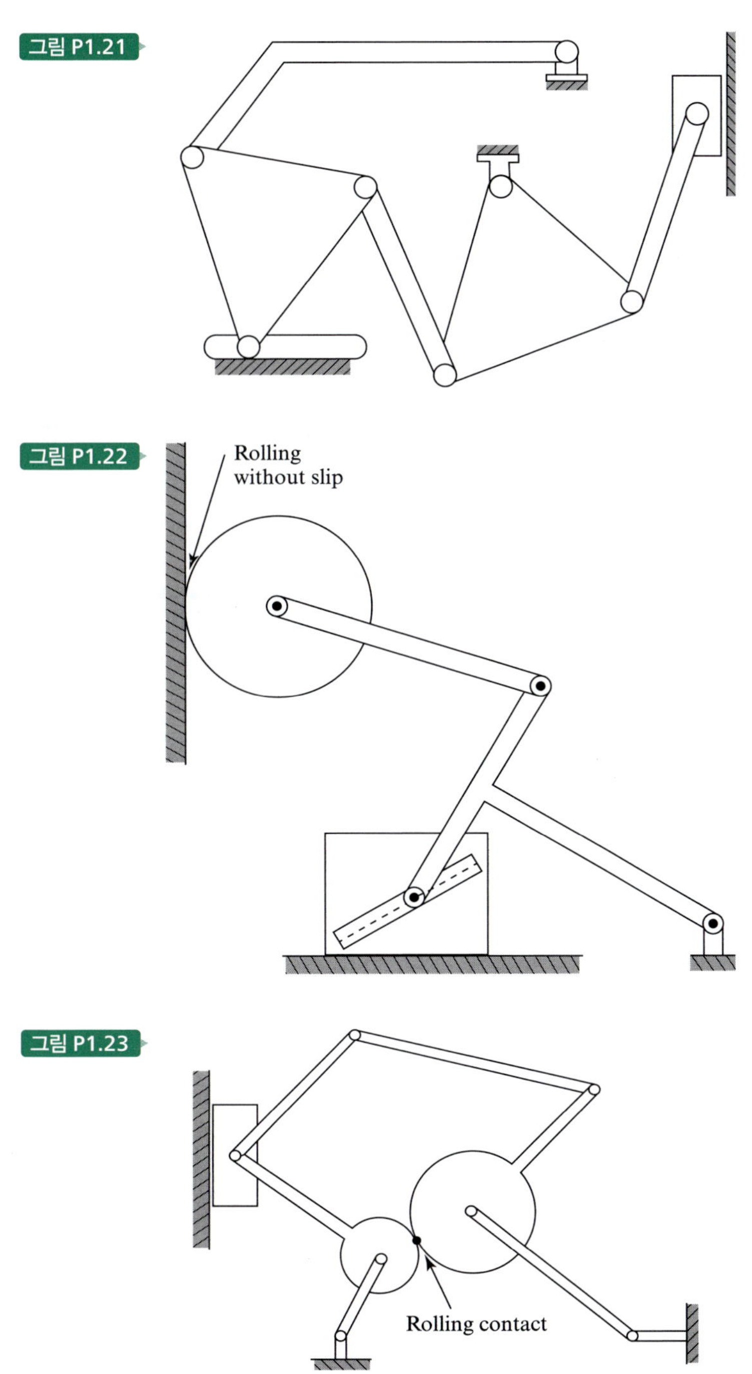


그림 P1.21

그림 P1.22

그림 P1.23

**1.24** 기구의 운동성을 구하라. 각각의 링크에 번호를 표시하고, 저차 및 고차 대우를 표시하라. 이 기구에 대해서 적당한 구동절을 표시하라.

**1.25** 기구의 운동성을 구하라. 각각의 링크에 번호를 표시하고, 저차 및 고차 대우를 표시하라. 이 기구에 대해서 적당한 구동절을 표시하라.

그림 P1.24

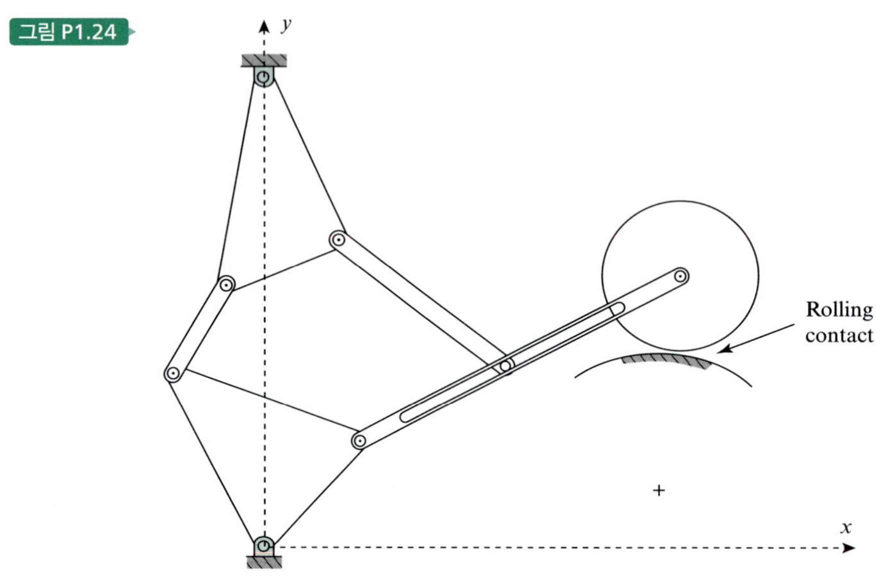


그림 P1.25

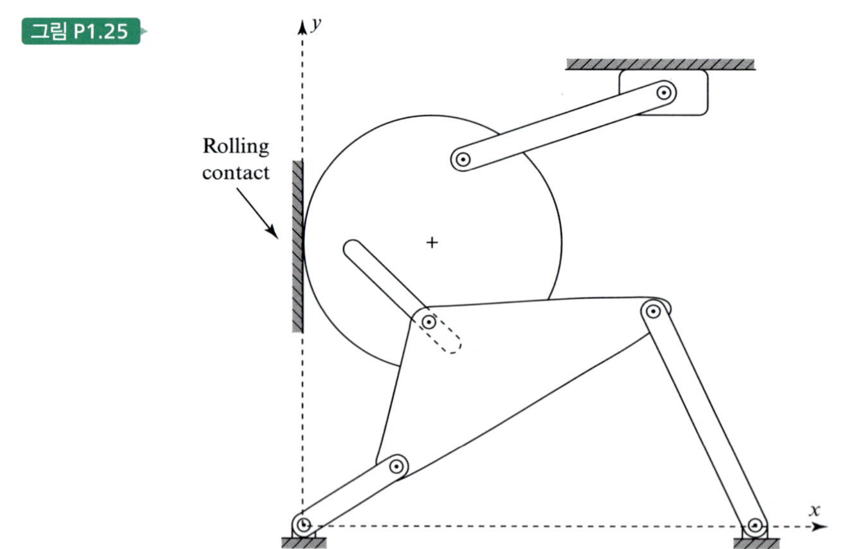

**1.26** 기구의 운동성을 구하라. 각각의 링크에 번호를 표시하고, 저차 및 고차 대우를 표시하라. 이 기구에 대해서 적당한 구동절을 표시하라.

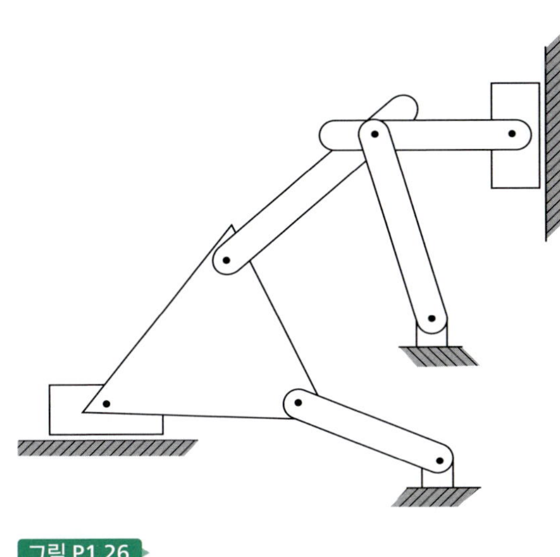

그림 P1.26

**1.27** 그림에서 주어진 위치에서 4절 링크의 전달각과 기계적 이득을 구하라.

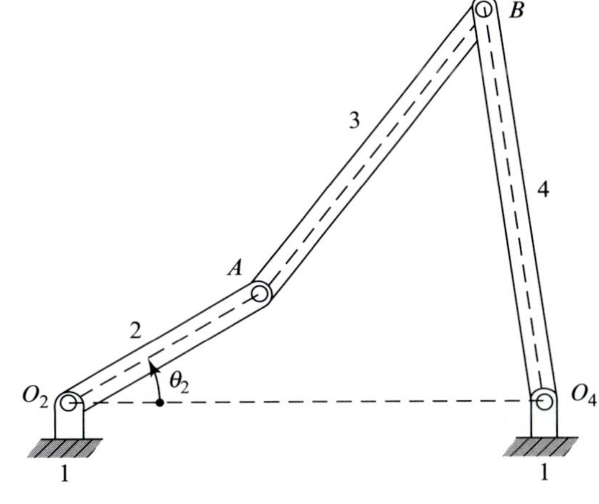


그림 P1.27 $O_2O_4 = 150$ mm, $O_2A = 75$ mm, $AB = 125$ mm, $O_4B = 162$ mm, 그리고 $\theta_2 = 30$

**1.28** 기구의 운동성을 구하라. 각각의 링크에 번호를 표시하고, 저차 및 고차 대우를 표시하라. 이 기구에 대해서 적당한 구동절을 표시하라.

그림 P1.28

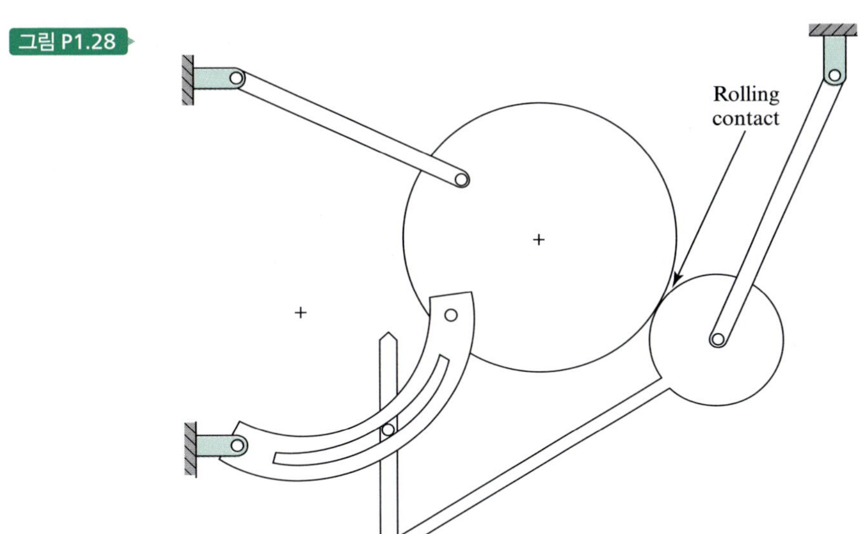

**1.29** 기구의 운동성을 구하라. 각각의 링크에 번호를 표시하고, 저차 및 고차 대우를 표시하라. 이 기구에 대해서 적당한 구동절을 표시하라.

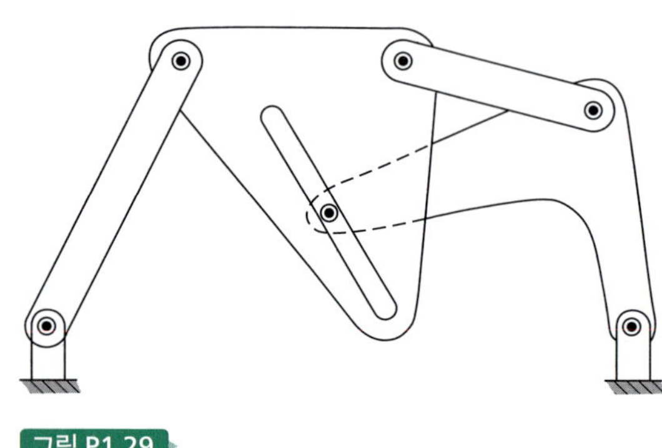

그림 P1.29

**1.30** 크랭크-로커의 4절 링크에서 로커의 길이가 150 mm이고, 반복 운동의 전체 각도가 30°이다. 또한 링크의 시간비는 1.75이다. 나머지 3개의 링크의 적절한 길이를 구하라.

**1.31** 이동거리가(stroke) 20 in이고 시간비가 1.8인 슬라이더-크랭크 기구에서 링크의 적절한 길이들의 조합을 구하라.

**1.32** 그림에서 주어진 4절 링크기구의 전달각과 기계적 이득을 구하라. 또한 어떤 종류의 4절 링크인가?

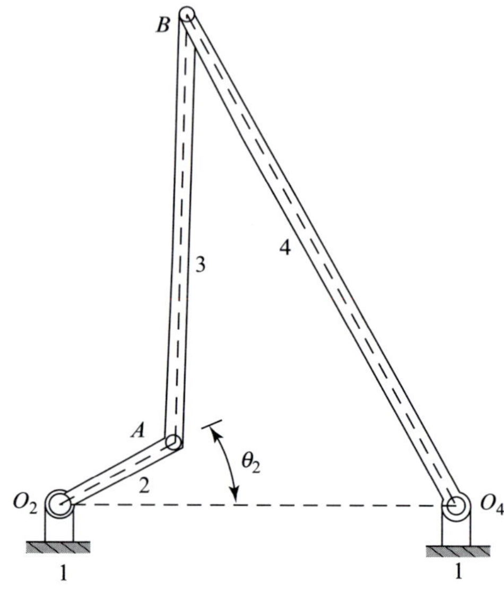


그림 P1.32 $R_{AO_2} = 25$ mm, $R_{BA} = 88$ mm, $R_{BO_4} = 112$ mm, $R_{O_4O_2} = 75$ mm, 그리고 $\theta_2 = 30°$

**1.33** 기구의 운동성을 구하라. 각각의 링크에 번호를 표시하고, 저차 및 고차 대우를 표시하라. 이 기구에 대해서 적당한 구동절을 표시하라.

그림 P1.33

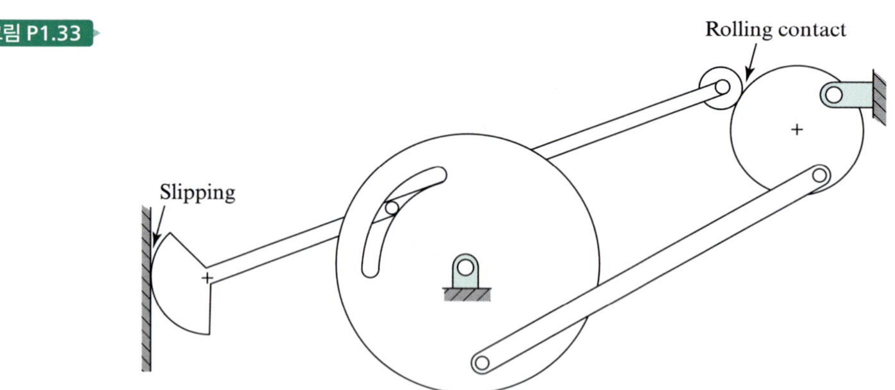

**1.34** 크랭크–로커의 4절 링크가 그림과 같이 2개의 토글 위치가 주어졌다. 각각의 토글 위치에 대한 $\theta_2$와 $\theta_4$를 구하라. 링크 4의 rocking각과 전달각을 구하라.

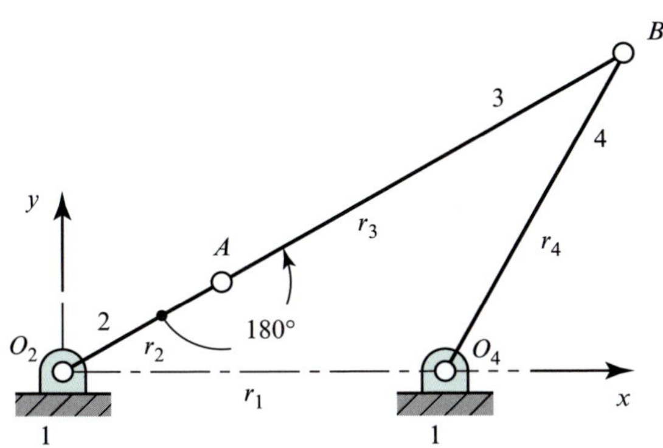


그림 P1.34 $R_{AO_2} = 8$ in, $R_{BA} = 20$ in, $R_{BO_4} = 16$ in, and $R_{O_4O_2} = 16$ in

**1.35** 그라쇼프 4절 링크가 아닌 4절 링크의 토글 위치에 해당되는 $\theta_2$와 $\theta_4$를 구하라. 또한, 이 링크 위 두 개의 사점 위치에 해당되는 $\theta_2$와 $\theta_4$를 구하라.

**1.36** $e$만큼의 옵셋을 갖는 슬라이더–크랭크 기구의 시간비를 구하라. 또한, 빠른 복귀를 위해서 크랭크의 방향을 결정하라.

그림 P1.35 $R_{AO_2} = 138$ mm, $R_{BA} = 125$ mm, $R_{BO_4} = 300$ mm, $R_{O_4O_2} = 350$ mm

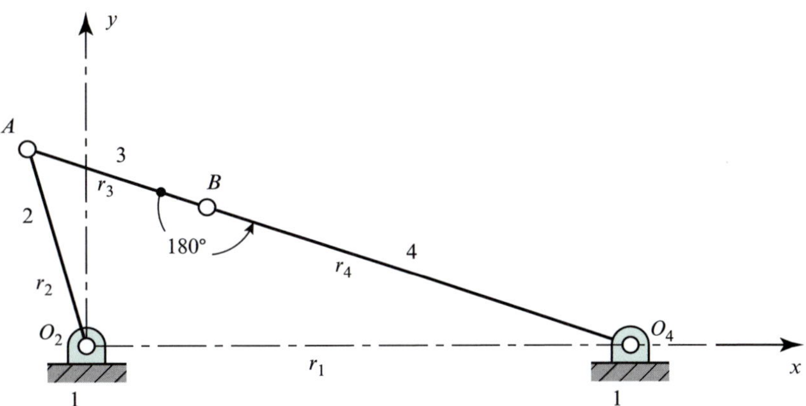


그림 P1.36 사점 위치(dead-center posture)에 있는 편심 슬라이더–크랭크 링크기구

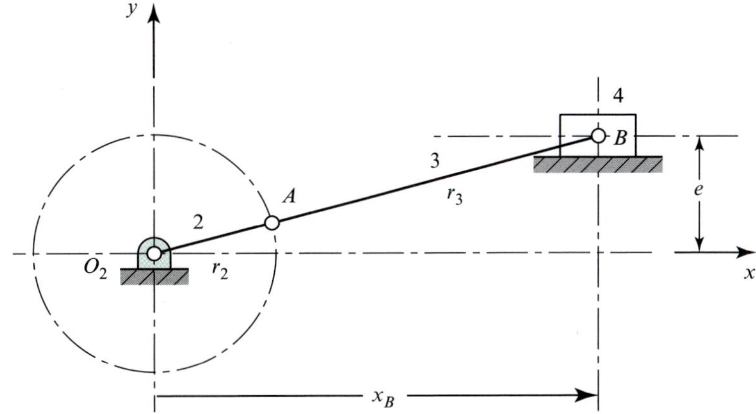

**1.37** 아래 기구의 운동성이 1이라면, 쿠츠바흐 운동성 기준을 이용하여 접촉점 *C*가 구름인지 미끄럼인지를 결정하라.

**1.38** 아래 기구의 운동성을 결정하라. 각 링크의 번호를 표시하고 적절한 구동절 혹은 구동절들을 표시하라.

그림 P1.37

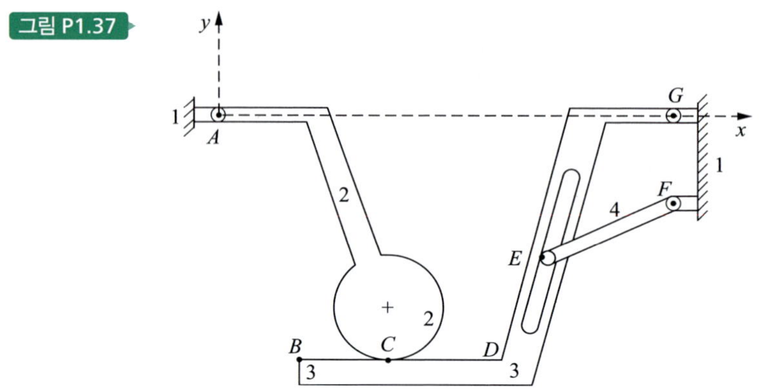


그림 P1.38

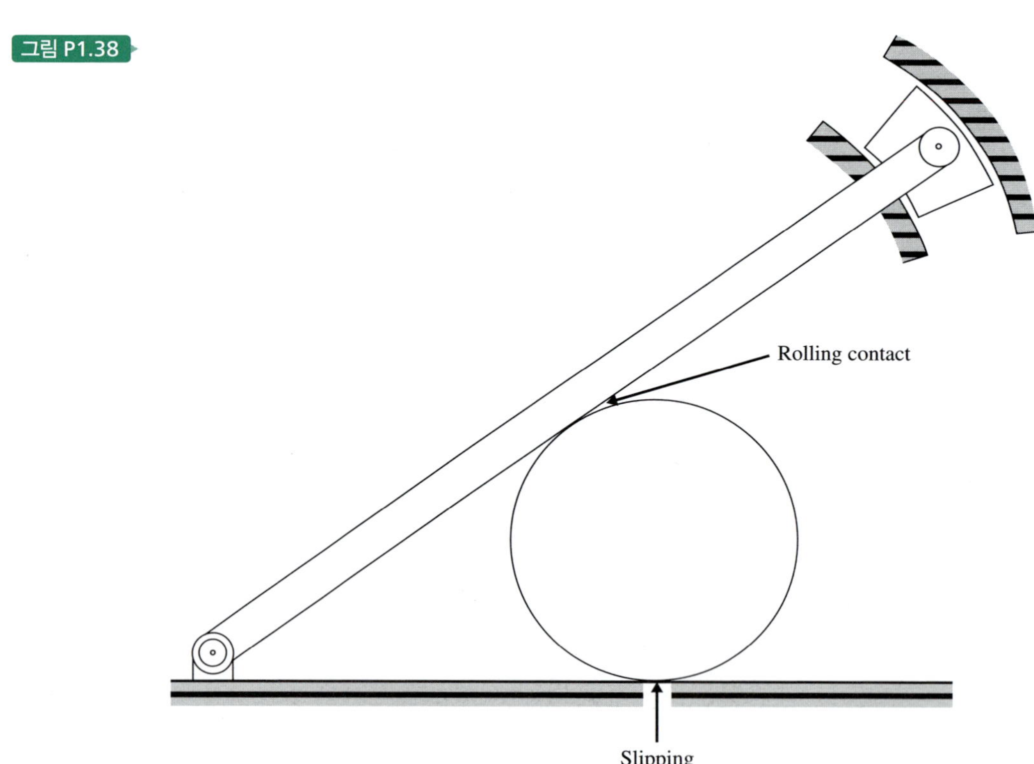

**1.39** 아래 기구의 운동성을 결정하라. 각 링크의 번호를 표시하고 적절한 구동절 혹은 구동절들을 표시하라.

**1.40** 아래 기구의 운동성을 결정하라. 각 링크의 번호를 표시하고 적절한 구동절 혹은 구동절들을 표시하라.

그림 P1.39

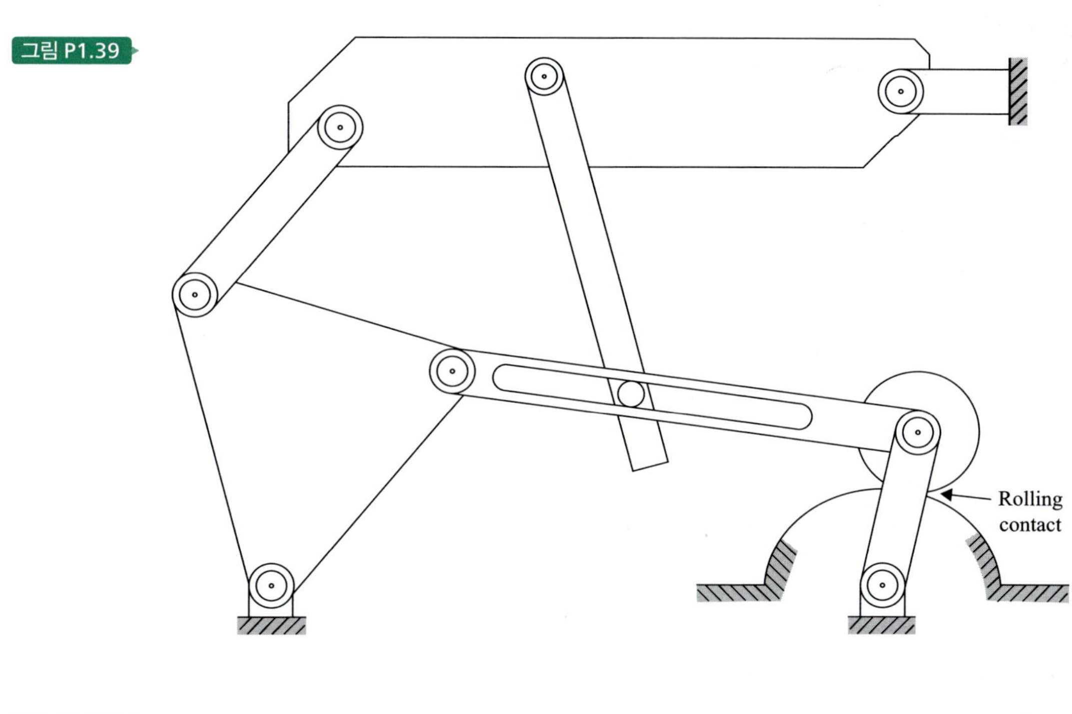


그림 P1.40

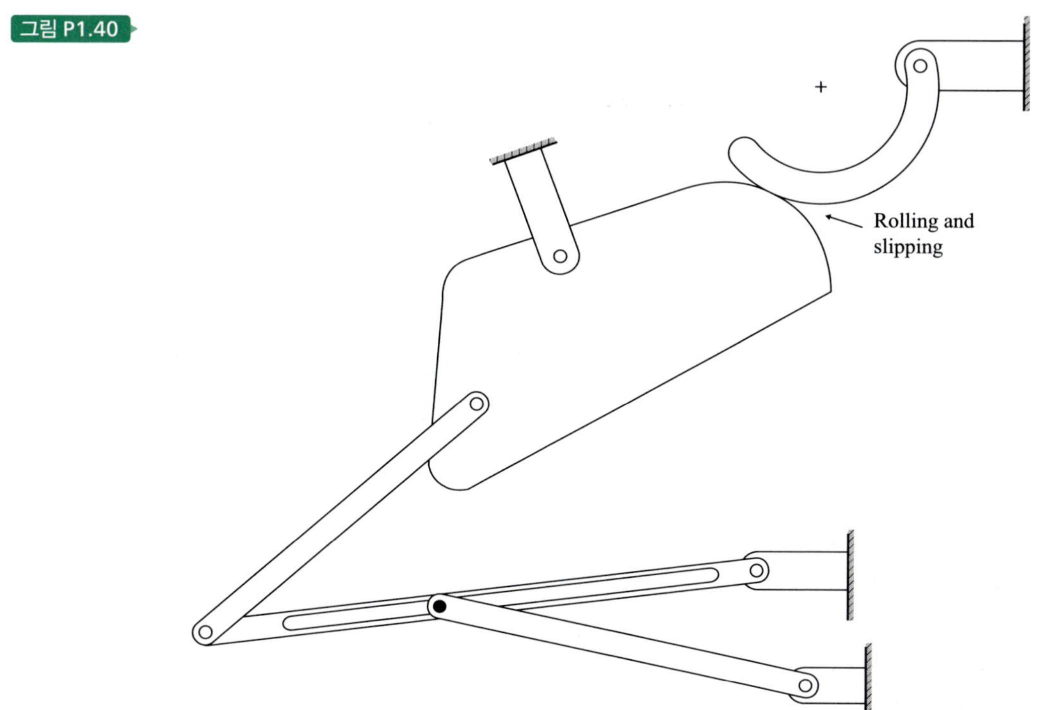

**1.41** 아래 기구의 운동성을 결정하라. 각 링크의 번호를 표시하고 적절한 구동절 혹은 구동절들을 표시하라.

**1.42** 아래 기구의 운동성을 결정하라. 각 링크의 번호를 표시하고 적절한 구동절 혹은 구동절들을 표시하라.

**1.43** 아래 기구의 운동성을 결정하라. 각 링크의 번호를 표시하고 적절한 구동절 혹은 구동절들을 표시하라.

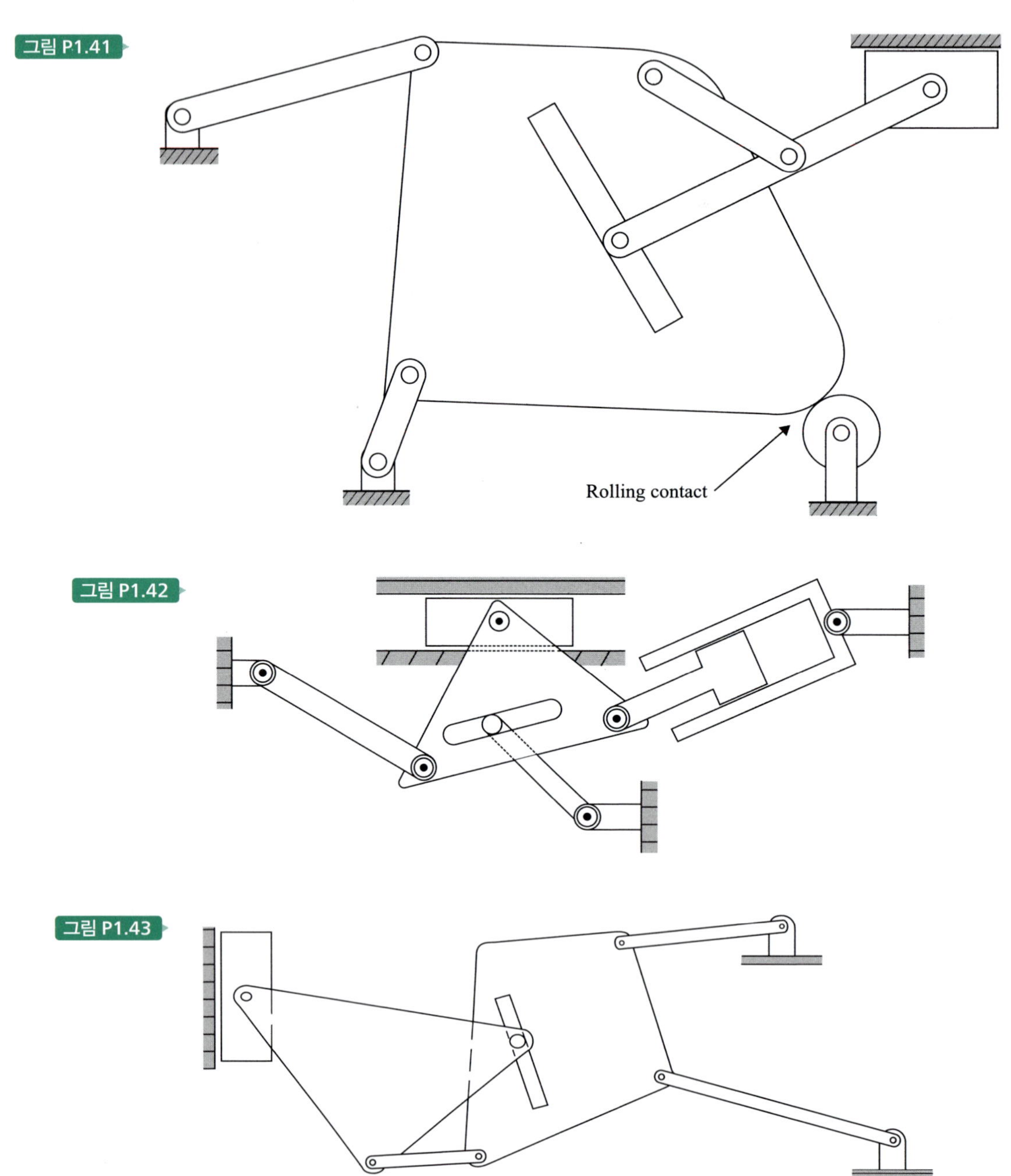


그림 P1.41

그림 P1.42

그림 P1.43

**1.44** 기계적 이득이 무한대가 될 때 4절 링크의 입력축의 입력각과 전달각을 결정하라.

**1.45** 주어진 위치에서 4절 링크의 기계적 이득을 결정하라.

**그림 P1.44** $O_2A = 75$ mm, $AB = 400$ mm, $BO_4 = 125$ mm, 그리고 $O_2O_4 = 350$ mm:

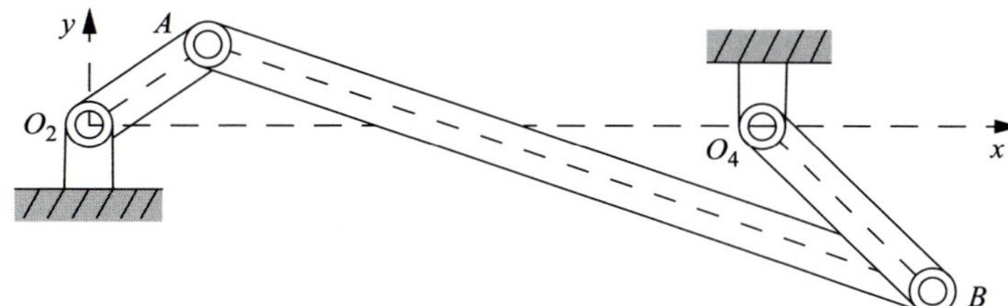


**그림 P1.45** $O_2A = 6$ in, $AB = 10$ in, $O_2O_4 = 12$ in, 그리고 $BO_4 = 4$ in

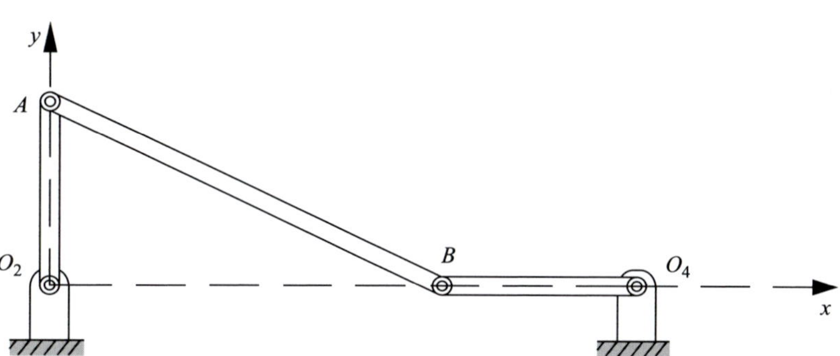


## 참고문헌


[1] Beyer, R., 1963, *The kinematic synthesis of Mechanisms*, London: Chapman and Hall.

[2] Euler, L. Theoria motus corporum solidorum seu rigidorum, *Commtari Academiae Scientiarum Imperialis Petropolitanae*, 1765. Translated by Willis, R. W. 1841. *Principles of Mechanisms*, John W. Parker, West Strand, London, Cambridge University Press, London.

[3] Grübler, M. F. 1883. Allgemeine Eigenschaften der Zwangläufigen ebenen kinematische Kette: I. *Civilngenieur* **29**:167-200

[4] Hartenberg, R. S., and J. Denavit. *Kinematic Synthesis of Linkages*. New York: McGraw-Hill, 1964, Chap. 2.

[5] Holowenko, A. R., 1955. *Dynamics of Machinery*, New York: Wiley.

[6] Hrones, J. A., and G. L. Nelson, 1951. *Analysis of the four-bar linkage*, Cambridge, MA: Technology Press; New york: Wiley.

[7] Kennedy, A. B. W, 1876. *Reuleaux's Kinematics of Machinery*, London: Macmillan; republished New York: Dover, 1963.

[8] Kutzbach, K., 1929. Mechanische Leitungsverzweigung, ihre Gesetze und Anwendungen, *Maschinenbau*, **8**:710-716

[9] Torfason. L. E. 1990. A Thesaurus of Mechanisms in J. E. Shigley and C. R. Mischke(Eds.)

*Mechanical Desinger's Notebooks*. Volum **5**. Mechanisms, McGraw-Hill, New York, 1990. Chapter 1 참조, 대체 자료로는 L. E. Torfason, "A Thesaurus of Mechanisms." in J. E. Shigley and C. R. Mischke (Eds.). *Standard Handbook of Machine Design*, McGraw-Hill, New York, 1986, Chapter 39를 참조한다.

제 2 장

# 위치와 변위

*Position, Posture, and Displacement*

운동을 해석할 때 직면하는 첫 번째 문제이자 가장 기본적인 문제는 위치, 자세 및 변위의 개념을 정의하고 이를 다루는 것이다. 운동은 시간에 따른 일련의 연속 위치 간의 변위 혹은 강체의 자세의 변화라고 할 수 있으므로, 먼저 위치(position)와 자세(posture)라는 의미를 정확하게 이해하는 것이 중요하다. 정확한 정의를 내리기 위해서 규칙이나 규약이 정립되어야만 한다.

## 2.1 움직이는 점의 궤적

점(또는 질점)의 위치에 관해 이야기를 하다 보면, 점은 어디에 있는가, 즉 점이 어디 있는가, 점의 위치는 어디인가라는 질문을 던지기 마련이다. 또한, 자연에 존재하는 사물에 관하여 이야기를 할 때도, 그 의미를 말이나 기호 또는 숫자로 명확하게 나타낼 수 있는 표현방법에 관하여 궁금해 한다. 이런 사실은 위치를 일정한 절대 기준에 대하여 정의할 수 없다는 것을 말해준다. 따라서 점의 위치는 정해진 기준틀, 즉 기준좌표계상에서 정의되어야만 한다(다시 말해, 어떤 기준축 혹은 기준좌표계).

그림 2.1에서와 같이 일단 우측 손을 기준으로 3차원 좌표계인 $xyz$좌표계를 기준좌표계라고 정하면, 점 $P$는 *원점* $O$*로부터* $x$축을 따라 $x$단위만큼, $y$축을 따라 $y$단위만큼, $z$축을 따라 $z$단위만큼 각각 떨어져 있다고 할 수 있다. 이로부터 위치를 정의하는 3대 요소는 다음과 같이 기준좌표계에 달려 있다는 사실을 알 수 있다. 즉.

1. 좌표의 *원점(origin)* $O$는 점 $P$의 위치를 측정하기 위해 합의된 기준 위치이다.
2. *축(axis)*은 측정을 위해 합의된 *방향(directions)*을 제공하며, 또한 각도의 정의와 측정에 필요한 선과 면을 제공한다.
3. 각각의 축상에서의 거리를 정량화하는 단위거리 척도를 제공한다.

이러한 결과는 점 $P$의 직교좌표$(x, y, z)$에만 국한되지 않는다. 점 $P$의 원통좌표$(r, \theta, z)$나 구좌표$(R, \theta, \phi)$ 또는 기타 좌표를 정의하는 경우에도 해당 좌표계에 대한 세 가지 요소는 모두 필요하다. 또한, 이 요소들은 점 $P$가 단일 평면 안에만 국한되어 2차원 좌표계가 사용되는 경우에도

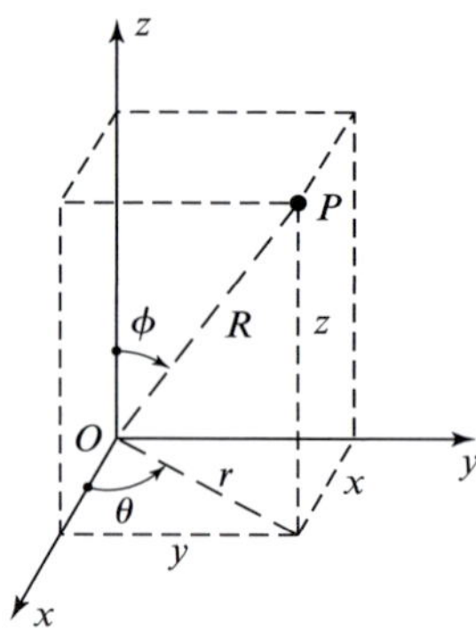


그림 2.1 점 $P$의 위치를 대수적으로 표현한 3차원 오른손 좌표계

역시 필요하다. 점의 위치 개념이 어떻게 정의되든지, 점의 위치 개념은 기준좌표계의 정의 없이는 정의될 수 없다.

점 $P$의 위치를 나타내는 방향 코사인은, 다음과 같이 정의된다.

$$\cos\alpha = \frac{x}{R}, \quad \cos\beta = \frac{y}{R}, \quad \text{and} \quad \cos\gamma = \frac{z}{R} \tag{2.1}$$

여기서 각 $\alpha$, $\beta$, $\gamma$는 각각의 양(+)의 좌표축에서 선 $OP$까지 측정한 각도이다.

점이나 질점의 운동을 표현하는 한 가지 방법은 좌표축상의 각각의 성분을 다음과 같이 시간과 같은 매개변수의 함수로 정의하는 것이다.

$$x = x(t), \quad y = y(t), \quad z = z(t) \tag{2.2}$$

이러한 관계식을 알고 있다면 $P$의 위치를 임의의 시간 $t$에 대하여 구할 수 있다. 이 방법은 질점 운동에 대한 일반적인 경우로, 다음 예제를 통해 상세하게 살펴보자.

**예제 2.1**

질점 $P$의 위치가 $x = a \cos 2\pi t$, $y = a \sin 2\pi t$, $z = bt$와 같이 시간에 따라 변화할 때 그 점의 운동을 기술하라.

**▶ 풀이**

각각의 식에 대하여 $t$에 0~2의 수치를 대입하면 표 2.1과 같은 값이 나온다. 이 질점은 그림 2.2에서와 같이 $z$축 주위로 반지름이 $a$이고 리드가 $b$인 *나선운동*(*helical motion*)을 한다. $b = 0$인 경우에는 $z(t) = 0$이므로 이 운동 질점은 $xy$평면에 한정되어 원점을 중심으로 원운동을 한다는 사실이 중요하다.

지금까지는, *질점*과 *점*이라는 용어가 혼용되었다. 그러나 *점*(*point*)이라는 용어를 사용할 때는, 이것은 치수가 전혀 없는, 즉 길이도 폭도 두께도 0으로 여긴다. 한편 *질점*(*particle*)이라는 용어를 사용할 때는, 이것은 치수가 작아서 치수 자체가 중요하지 않은, 즉 무시할 수 있는 미소 유형체, 그 치수가 아주 작아서 해석을 하는 데 전혀 영향을 미치지 않는 물체를 의미한다는 사실에 주의한다.

표 2.1 점의 나선운동(helical motion)

| $t$ | $x$ | $y$ | $z$ |
|---|---|---|---|
| 0 | $a$ | 0 | 0 |
| 1/4 | 0 | $a$ | $b/4$ |
| 1/2 | $-a$ | 0 | $b/2$ |
| 3/4 | 0 | $-a$ | $3b/4$ |
| 1 | $a$ | 0 | $b$ |
| 5/4 | 0 | $a$ | $5b/4$ |
| 3/2 | $-a$ | 0 | $3b/2$ |
| 7/4 | 0 | $-a$ | $7b/4$ |
| 2 | $a$ | 0 | $2b$ |

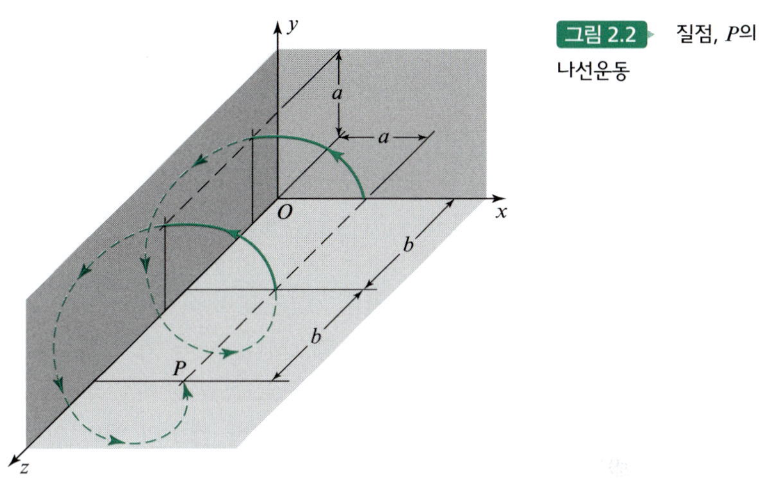


그림 2.2 질점, $P$의 나선운동

움직이는 점의 연속 위치는 직선이나 곡선을 형성한다. 이러한 곡선은 점 자체가 치수가 없기 때문에 그 두께 또한 없다. 그러나 이러한 곡선은 시간이 경과함에 따라 점이 서로 다른 위치를 차지하기 때문에 그 길이는 있다. 이것은 점의 연속 위치를 나타내는 것으로, 기준좌표계에서의 움직이는 점의 *경로*(*path*), 또는 *궤적*(*locus*)이라고 한다.

움직이는 점을 기술하는 데 3개의 좌표가 필요하며, 그 점은 *공간운동*(*spatial motion*)을 한다고 말한다. 반면 경로를 기술하는 데 2개의 좌표만 필요하면, 즉 하나의 좌표가 항상 0이나 상수가 되도록 좌표축을 선정할 수 있을 때는 경로가 단일 평면에 포함되므로 이 점은 *평면운동*(*planar motion*)을 한다고 말한다. 또한, 점의 경로를 하나의 좌표로 기술할 수도 있다. 이는 공간 위치 좌표 중 2개를 0이나 상수로 놓을 수 있다는 것을 의미한다. 이때에는 점이 직선상으로 움직이므로 *직선운동*(*rectilinear motion*)을 한다고 말한다.

위에서 설명한 세 가지 경우에는 그 어느 경우나 점의 운동을 기술하는 데 필요한 좌표수가 최소가 되도록 좌표계를 선정한다고 가정한다. 따라서 직선운동을 기술하는 데는 한 개의 좌표가 필요하고, *평면곡선*(*plane curve*)의 경로를 그리는 점은 2개의 좌표가 필요하며, *공간곡선*(*space curve*) 또는 *스큐곡선*(*skew curve*)이라고도 하는 궤적을 그리는 점은 3개의 위치 좌표가 필요하다.

그림 2.3 벡터로 정의된 점의 위치

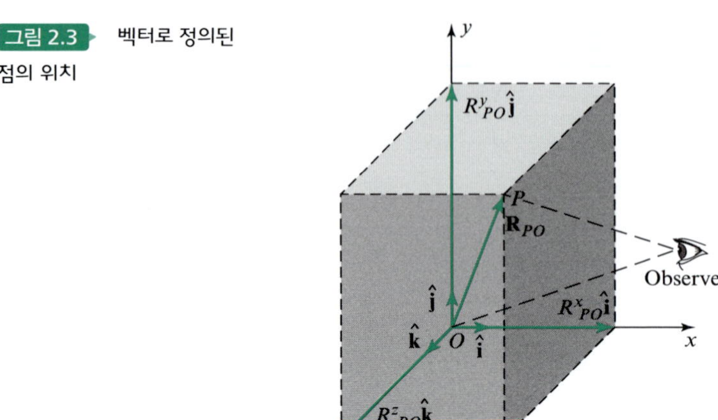


## 2.2 점의 위치

점의 위치를 관측할 때 수반되는 물리적 과정이란, 그림 2.3에서와 같이 관측자가 2개의 점 $P$와 $O$를 주시함으로써 그 상대 위치를 실제로 놓치지 않고 따라가면서 점 $P$가 *점 $O$에 대하여* 소정의 위치에 있다는 사실을 인식하는 것을 의미한다. 이러한 방법에서는 두 가지 특성량, 즉 기준좌표계의 단위거리나 눈금의 크기를 기준으로 하여 $O$에서 $P$까지의 거리와, 이 좌표계에서 선 $OP$의 *상대적인*(*relative*) 각도 방위가 중요하다. 이 두 가지 특성량, 즉 크기와 방향은 벡터를 정의하는 데 반드시 필요한 특성량이다. 그러므로 *점의 위치는 특정한 기준좌표계의 원점에서 그 점까지의 벡터*라고도 정의할 수 있다. 점 $O$에 대한 점 $P$의 벡터 위치 표시에는 기호 $\mathbf{R}_{PO}$를 사용하기로 정하고, *점 $O$에 대한 점 $P$의 위치*라고 읽으면 된다.[1]

기준좌표계는 어떤 특정 관측자가 바라보는 대상과 매우 밀접한 관계가 있다. 그렇다면 그 관계란 무엇인가? 또한, 이러한 좌표계에 대한 위치 측정값이 실제로 이 관측자가 얻은 값이라는 것을 보장하려면 좌표계를 어떻게 구성해야만 하는가? 그 해답은 좌표계가 이와 같은 특정 관측자에 대하여 반드시 정지 상태(stationary)로 *있어야만* 한다는 것이다. 이는 관측자가 움직이면 좌표계도 역시 회전이나 이동 또는 회전과 이동이 동시에 이루어져 움직이게 된다는 것을 의미한다. 이러한 좌표계에 물체나 점이 고정되어 있으면, 이러한 물체들은 관측자(와 기준좌표계)의 움직임에 상관없이 관측자에게는 항상 정지 상태로 보인다. 관측자에 대한 이러한 물체들의 위치는 바뀌지 않으므로 위치 벡터도 바뀌지 않는다. 기준좌표계 내에 있는 관측자의 실제 위치는, 관측되는 점들의 위치를 좌표계의 원점에 대하여 언제나 정의내릴 수 있으므로 특별한 의미가 없다.

위치 벡터는 다음 식과 같이 각각의 좌표축 성분으로 표현하는 것이 편리할 때가 많다.

$$\mathbf{R}_{PO} = R^x_{PO}\hat{\mathbf{i}} + R^y_{PO}\hat{\mathbf{j}} + R^z_{PO}\hat{\mathbf{k}} \tag{2.3}$$

여기서 위첨자는 각각의 성분의 방향을 나타낸다. $\hat{\mathbf{i}}$, $\hat{\mathbf{j}}$, $\hat{\mathbf{k}}$는 각각 $x$, $y$, $z$축 방향의 단위 벡터를 나

---

[1] "/"는 2.4절에서 설명할 것인데, 다른 용도로 사용됨을 주의하여야 한다. 즉 $\mathbf{R}_{PO} \neq \mathbf{R}_{P/O}$이다.

타낸다.

> 이 책에서는 벡터를 굵은 활자체 기호로 나타낸 반면, 벡터의 스칼라 크기는 이탤릭체로 나타냈다.

예를 들어, 위치 벡터의 크기는 다음과 같다.

$$R_{PO} = |\mathbf{R}_{PO}| = \sqrt{\mathbf{R}_{PO} \cdot \mathbf{R}_{PO}} = \sqrt{\left(R^x_{PO}\right)^2 + \left(R^y_{PO}\right)^2 + \left(R^z_{PO}\right)^2} \tag{2.4}$$

$\mathbf{R}_{PO}$ 방향의 단위 벡터는 똑같은 굵은 활자체 기호 위에 '^'를 붙인다.

$$\hat{\mathbf{R}}_{PO} = \frac{\mathbf{R}_{PO}}{R_{PO}} \tag{2.5}$$

선의 방향(direction)과 선의 방위(orientation), 즉 양과 음으로 할당된 선의 방향과 방위 차이는 구별될 수 있다. 일반적으로 벡터는 크기, 방향과 방향부호가 있다. 방향부호(sense)는 벡터의 양 또는 음의 속성을 정의하고 벡터의 방향과 방위의 차이를 구별할 때 필요하다.

## 2.3 두 점 간의 위치차

이 절에서는 서로 다른 두 점의 위치 벡터 간의 관계에 대하여 알아보기로 한다. 설명을 위해서, 그림 2.4에 나와 있는 점 $P$와 $Q$에 대해서 생각해 보자. $xyz$ 좌표계에 고정된 관측자는 점 $P$와 $Q$의 위치를 원점의 위치와 각각 비교하여 관측한다는 사실을 알았다; 이 두 점의 위치는 각각 벡터 $\mathbf{R}_{PO}$와 $\mathbf{R}_{QO}$로 정의된다[식 (2.3) 참고]. 이들 두 벡터는 점 $P$와 $Q$의 *위치차(position difference)*인 제3의 벡터 $R_{PQ}$로 그 관계를 나타낼 수 있음을 알 수 있다. 그 관계식은 다음과 같다.

$$\mathbf{R}_{PQ} = \mathbf{R}_{PO} - \mathbf{R}_{QO} \tag{2.6}$$

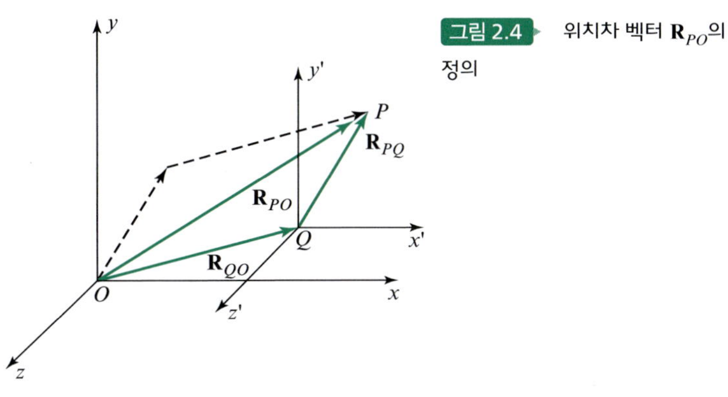


그림 2.4 위치차 벡터 $\mathbf{R}_{PQ}$의 정의

이 식의 물리적인 해석은 위치 벡터 자체의 해석과는 약간의 차이가 있다. 관측자은 이제 점 $P$의 위치를 더 이상 원점에 대하여 정의하지 않고 점 $Q$에 대하여 정의할 수 있다. 다시 말해, 점 $P$의 위치를 그림 2.4와 같이 원점이 $Q$이고 그 축의 방향이 기본좌표계의 $xyz$축 방향과 평행한 또 다른 좌표계 $x'y'z'$에 놓여 있는 것으로 정의할 수 있다. 해석할 때는 이 두 가지 방법 중 어느 것을 사용해도 상관없지만, 향후 전개 단계에서는 이 두 가지 방법을 혼용하므로 둘 다 이해하고 있어야 할 것이다.

끝으로 $x'y'z'$축의 방향을 $xyz$축의 방향과 일치시키는 방법이 실제로 편리하기는 하지만 필요조건은 아니라는 사실을 알아둔다. 단지 $x'y'z'$ 좌표가 $xyz$축에 대해 회전하지만 않으면 된다는 조건만 필요하다. 그러나 이 개념을 적용하면 보편성을 유지하면서도 좌표계가 이동 중일 때 가시화가 단순해진다는 이점이 있기 때문에 이 책 전반에 걸쳐 사용할 것이다.

임의의 두 점 간의 위치차를 포함하는 상대 위치의 개념을 일반화했으므로, 위에서 설명한 위치 벡터 자체에 관한 내용을 다시 한번 검토해 보자. 위의 내용은 좌표의 원점을 제2의 점으로 삼아 위치를 측정하는 특별한 경우에 불과하다는 사실을 알 수 있다. 따라서 표기에 일관성을 유지하기 위해서 단일의 점 $P$의 위치 벡터를 이중 아래첨자 기호를 사용하여 $\mathbf{R}_{PO}$로 나타낸 것이다. 그러나 이후부터는 둘째 아래 첨자를 간략히 표기한 경우 이를 관측자 좌표계의 원점으로 보기로 한다.

$$\mathbf{R}_P = \mathbf{R}_{PO} \tag{2.7}$$

## 2.4 점의 상대 위치

지금까지, 위치 벡터를 설명하는 과정에서 그 관점은 전적으로 단일의 좌표계에 놓여 있는 단일의 관측자의 관점이었다. 그러나 다른 좌표계에 놓여 있는 제2의 관측자가 관측하는 것과 같이, 2차 좌표계에서 관측한 다음 이 관측 정보를 기본좌표계로 변환시키는 것이 좋을 때가 많다. 이와 같은 상황이 그림 2.5에 제시되어 있다.

두 사람의 관측자에게, 즉 기준좌표계 $x_1y_1z_1$을 사용하는 관측자와 이와 다른 좌표계 $x_2y_2z_2$를 사용하는 관측자 두 사람에게 $P$에 있는 점의 위치를 표기하도록 지시하면 서로 다른 결과가 나

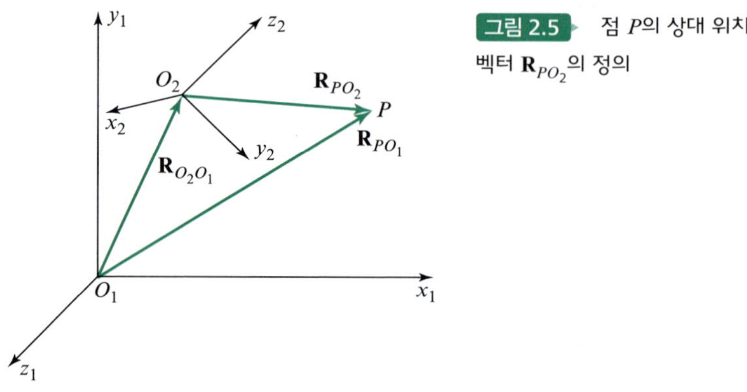


그림 2.5 점 $P$의 상대 위치 벡터 $\mathbf{R}_{PO_2}$의 정의

온다. 좌표계 $x_1y_1z_1$에 있는 관측자는 벡터 $\mathbf{R}_{PO_1}$을 관측하는 반면, 좌표계 $x_2y_2z_2$를 사용하는 제2 관측자는 위치 벡터 $\mathbf{R}_{PO_2}$를 관측한다. 이 두 벡터는 그림 2.5를 보면 다음과 같은 관계가 성립함을 알 수 있다.

$$\mathbf{R}_{PO_1} = \mathbf{R}_{O_2O_1} + \mathbf{R}_{PO_2} \tag{2.8}$$

점 $P$의 위치에 대한 이 두 가지 관측 사이에는 원점들이 같지 않다는 것만 다른 것이 아니다. 왜냐하면 이 2개의 좌표계는 좌표축 방향이 서로 일치하지 않기 때문에, 두 명의 관측자는 그 방향 측정 시에도 서로 다른 기준선을 사용한다는 것이다. 즉, 제1의 관측자는 각각의 성분을 $x_1y_1z_1$축을 따라 측정하는 반면, 제2의 관측자는 각각의 성분을 $x_2y_2z_2$ 방향으로 측정한다.

또 다른 중요한 차이점으로 좌표계가 서로에 대하여 이동을 할 수 있다는 점을 고려하면 다음과 같이 분명히 알 수 있다. 점 $P$는 한 명의 관측자에게는 정지 상태로 보일 수도 있으나, 다른 관측자에게는 이동 상태로 보일 수 있다. 즉, 제1관측자에게는 위치 벡터 $\mathbf{R}_{PO_1}$이 일정하게 보이겠지만, 관측자 2에게는 $\mathbf{R}_{PO_2}$가 변하는 것으로 보인다.

이들 중 어떤 조건이라도 존재한다면, 어느 관측자에 관한 내용인지를 구별할 수 있도록 기호에 아래 첨자를 추가로 기입하는 것이 편리할 것이다. $P$의 위치를 좌표계 $x_1y_1z_1$을 사용하는 관측자가 관측한 것일 때는 기호 $\mathbf{R}_{PO_1/2}$로 표기하거나, 아니면 $O_1$이 관측자의 원점이므로[2] 기호 $\mathbf{R}_{P/1}$로 표기하기로 한다. 한편, 제2의 관측자가 좌표계 $x_2y_2z_2$에서 관측한 것은 기호 $\mathbf{R}_{PO_2/2}$로 또는 $\mathbf{R}_{P/2}$로 표기하기로 한다. 이런 식으로 표기법을 확장하면 식 (2.8)은 다음과 같이 나타낼 수 있다.

$$\mathbf{R}_{P/1} = \mathbf{R}_{O_2/1} + \mathbf{R}_{P/2} \tag{2.9}$$

여기서 $\mathbf{R}_{P/2}$는 *좌표계 2에 있는 관측자*에 대한 점 $P$의 *상대 위치*(*apparent position*)라고 하며, 이는 제1관측자가 관측한 상대 위치 벡터 $\mathbf{R}_{P/1}$과는 결코 같지 않다.

이제 $\mathbf{R}_{P/1}$과 $\mathbf{R}_{P/2}$ 간의 본질적인 차이점을 알아보았고 그 관계식이 식 (2.9)와 같음을 알았다. 그러나 각각의 벡터 성분을 관측자 좌표계의 본래의 축을 따라 취해야 할 이유는 전혀 없다. 모든 벡터에서와 마찬가지로 벡터 성분들은 일련의 편리한 좌표축을 따라 관측하면 된다. 상대 위치를 표현한 식 (2.9)를 적용할 때는, 수치 계산과정 중에 일관성이 있는 단일의 축을 사용해야 한다. 좌표계 2에 있는 관측자가 $\mathbf{R}_{P/2}$의 성분을 $x_2y_2z_2$축을 따라 측정하는 것이 가장 적절하지만, 이 성분들은 실제로 합산하기 전에 $x_1y_1z_1$좌표계에서의 등가성분으로 변환해 주어야 한다. 즉,

$$\begin{aligned}
\mathbf{R}_{P/1} &= \mathbf{R}_{O_2/1} + \mathbf{R}_{P/2} \\
&= R^{x_1}_{O_2/1}\hat{\mathbf{i}}_1 + R^{y_1}_{O_2/1}\hat{\mathbf{j}}_1 + R^{z_1}_{O_2/1}\hat{\mathbf{k}}_1 + R^{x_1}_{P/2}\hat{\mathbf{i}}_1 + R^{y_1}_{P/2}\hat{\mathbf{j}}_1 + R^{z_1}_{P/2}\hat{\mathbf{k}}_1 \\
&= \left(R^{x_1}_{O_2/1} + R^{x_1}_{P/2}\right)\hat{\mathbf{i}}_1 + \left(R^{y_1}_{O_2/1} + R^{y_1}_{P/2}\right)\hat{\mathbf{j}}_1 + \left(R^{z_1}_{O_2/1} + R^{z_1}_{P/2}\right)\hat{\mathbf{k}}_1 \\
&= R^{x_1}_{P/1}\hat{\mathbf{i}}_1 + R^{y_1}_{P/1}\hat{\mathbf{j}}_1 + R^{z_1}_{P/1}\hat{\mathbf{k}}_1
\end{aligned}$$

---

[2] 기호 $\mathbf{R}_{PO_2/1}$은 $O_2$가 제1관측자가 사용하는 원점이 아니기 때문에 $\mathbf{R}_{P/1}$로 줄여서 나타낼 수 없다.

이 합산은 모든 벡터 성분을 $x_2y_2z_2$좌표계로 변환하거나 아니면 일관성이 있는 다른 일련의 방향으로 변환해도 모든 경우 계산은 동일하다. 그러나 이 성분들이 일관성이 없는 축을 기준으로 구한 값이라면 대수적으로 합산을 할 수 없다. 따라서 상대 위치 벡터에 추가로 기입된 아래 첨자는 성분을 구하는 데 사용되는 일련의 방향을 명시하지는 않으며, 단지 벡터가 정의된 좌표계나 관측자가 정지된 상태에 있는 좌표를 나타낼 뿐이다.

## 2.5 점의 절대 위치

2.2절에서 모든 위치 벡터는 관측자 기준좌표계의 원점인 제2의 점에 대하여 정의된다는 사실을 알았다. 이 내용은 2.3절에서 설명한 위치차 벡터의 특별한 경우로, 여기서는 좌표의 원점이 그 기준점이 된다. 앞서 2.4절에서 어떤 문제에서는 단일점의 상대 위치를 다른 좌표계를 사용하는 한 명 이상의 관측자가 관측한 대로 간주하는 것이 편리할 수도 있다는 사실을 배웠다. 그러나 다수의 좌표계를 고려해야만 하는 특정 문제에서는, 그중에서 하나를 주 좌표계, 즉 가장 기본이 되는 좌표계로 선정해야 한다. 주좌표계를 일반적으로 *절대좌표계*(*absolute coordinate*)라고 한다. 이것은 최종 결과를 표시하는 좌표계이고 이 좌표계는 일반적으로 정지 상태이다. 점의 절대 위치는 *절대좌표계*에 있는 관측자가 관측한 상대 위치로 정의된다.

어느 좌표계를 절대좌표계(즉, 가장 기본이 되는 좌표계)로 선정하느냐 하는 문제는 임의로 결정할 수 있으므로 기구학을 배우는 데 그다지 중요하지는 않다. 또한, 절대좌표계가 진정으로 고정 상태에 있느냐 하는 문제도 모든 위치 정보(및 운동정보)가 다른 무엇인가에 대하여 측정되는 것이므로, 엄격하게 보면 진정한 의미에서 절대라고 말할 수 있는 것은 아무것도 없다. 예를 들어 자동차 현가장치의 기구학을 해석하는 경우, 절대좌표계를 자동차의 프레임에 부착되어 있는 것으로 선정한 다음, 현가장치의 운동을 이 좌표계에 대하여 해석하는 것이 편리할 수도 있다. 이렇게 하면, 자동차의 움직임은 중요하지 않으므로 프레임에 대한 현가장치의 운동이 절대운동으로 정의된다.

관례적으로 절대좌표계에 번호 1을 부여하고 그 외의 이동좌표계에는 다른 번호를 부여한다. 이 책 전반에 걸쳐 이러한 관례를 따르고 있기 때문에 절대 위치 벡터는 좌표계 1에 있는 관측자가 관측한 상대 위치 벡터이므로, $\mathbf{R}_{P/1}$ 형태의 기호가 부여된다. 좌표계의 번호를 간단하게 표현한 경우 번호 1이 생략된 것을 의미하므로 $\mathbf{R}_{P/1}$은 $\mathbf{R}_P$로 간략하게 표기해도 된다. 따라서 상대 위치를 나타내는 식 (2.9)는 다음과 같이 나타낼 수 있다.[3]

$$\mathbf{R}_P = \mathbf{R}_{O_2} + \mathbf{R}_{P/2} \tag{2.10}$$

---

[3] 2.1~2.3절의 내용을 검토해보면 위치차 벡터 $\mathbf{R}_{PQ}$는 전적으로 절대좌표계상에서 취급했으며 기호 $R_{PQ/1}$을 간단하게 표시한 것임을 알 수 있다. 일반적인 경우의 상대 위치차 벡터 $\mathbf{R}_{PQ/2}$는 전혀 취급할 필요가 없다.

**예제 2.2**

움직이는 점의 경로가 $y = 2x^2 - 28$로 정의된다. $R_P^x = 4$이고 $R_Q^x = -3$인 경우 점 $P$에서 점 $Q$까지의 위치차를 구하라.

▶ **풀이**

두 벡터의 $y$성분은 다음과 같다.

$$R_P^y = 2(4)^2 - 28 = 4 \quad 및 \quad R_Q^y = 2(-3)^2 - 28 = -10$$

그러므로 두 벡터는 다음과 같다.

$$\mathbf{R}_P = 4\hat{\mathbf{i}} + 4\hat{\mathbf{j}} \quad 및 \quad \mathbf{R}_Q = -3\hat{\mathbf{i}} - 10\hat{\mathbf{j}}$$

따라서 점 $P$에서 점 $Q$까지의 위치차는 다음과 같다.

$$\mathbf{R}_{QP} = \mathbf{R}_Q - \mathbf{R}_P = -7\hat{\mathbf{i}} - 14\hat{\mathbf{j}} = 15.65\angle{-116.6^\circ}$$ 답

## 2.6 강체의 자세

점 이외에 적용될 때, *위치*라는 용어에 대해서 생각해보자. 예를 들어, 강체의 위치를 지정하기 위해, 세 개 이상의 좌표계를 지정할 필요가 있다. 강체의 모든 점에 대하여 위치를 결정하기 위해서는, 좌표계를 지정하는 것이 필요하다. 만일 모든 좌표계가 하나의 동의된 관례에 따라서 단일 수량으로 그룹화된다면, 결과는 강체의 위치를 설명할 수 있다.

정지되어 있는 기준점에 대하여, 혹은 기준좌표계(world coordinate system, 오른손 직교좌표계)에 대하여 강체에 고정된 좌표계의 위치나 방향은 강체의 *자세*를 설명할 수 있다. 자세는 강체에 고정된 좌표계의 기준 위치를 활용해서 설명될 수 있을 뿐만 아니라, 이 좌표계의 방향을 이용해서도 설명이 가능하다.

예를 들어, 로봇 공학의 논문들에는 기준위치 혹은 기준좌표계에 대해서 로봇의 최종작용체(엔드 이펙터, end-effector)에 고정되어 있는 좌표계의 위치와 방향을 설명할 때 행렬이 자주 이용된다(10장). 어떤 로봇학의 논문에는 위치라는 용어가 최종작용체에 고정된 좌표계의 단지 하나의 점을 설명할 때 사용되기로 한다. 그런 논문에서는, 최종작용체가 특정한 위치를 가지고 있다고 할 수 있다. 그리고 방향이 추가되고, 때로는 *자세(pose)*라는 용어가 두 개의 조합에 대해서 사용되기도 한다. 하지만, *자세(posture)*라는 용어가 좀 더 적절하고[4] 본 책에서는 이 용어가 계속 사용된다.

자세(posture)라는 용어가 기구나 다물체 기계시스템을 다룰 때 좀 더 적합하다. 왜냐하면,

---

[4] 2.1~2.3장을 복습하면 위치차이 벡터 $\mathbf{R}_{PQ}$가 절대좌표계에서 다뤄짐을 확인할 수 있으며 $\mathbf{R}_{PQ/1}$로 표시됨을 알 수 있다. 우리는 상대 위치 차이 벡터 $\mathbf{R}_{PQ/2}$를 일반적으로 다루지는 않는다.

우리는 단지 단일 강체의 위치나 방향에 대해서 관심이 있는 게 아니라 여러 강체들의 조합된 조립체의 위치나 방향을 설명하기를 원하기 때문이다. 우리는 자세라는 용어를 강체 혹은 특정한 모든 시간에 모든 링크의 위치와 방향을 포함한 기구의 구성에 대해서 위치와 방향을 설명하기 위하여 사용한다.

자세 해석에 대한 문제는 주어진 각 링크의 크기와 독립변수들이 주어졌을 때 모든 위치 변수의 값(모든 점과 조인트의 위치)과 모든 링크의 자세를 결정하는 것, 다시 말해 기구의 자유도를 나타내기 위해 선택된 변수들을 결정하는 것이다.

## 2.7 루프 폐쇄 방정식

위치 벡터와 상대 위치 벡터에 대한 지금까지의 설명은 다소 추상적이었으나, 이것은 기계 시스템의 운동 해석을 위한 기초를 엄밀하게 마련하기 위한 것이었다. 물론, 이러한 엄밀함은 해석자의 개인적인 편견이나 성향에도 불구하고 과학을 통하여 올바른 결과를 예측하게 하므로 단점이 될 수 없다. 그러나 이러한 지루한 정의는 실생활 적용 문제로 연결되지 않는 한 흥미를 끌지 못한다. 많은 기본적인 이론이 아직도 발견되지 않았지만, 이 시점에서는 앞서 설명한 상대 위치(relative position) 벡터와 실제 기계에 사용되고 있는 일부 전형적인 링크기구와의 관계를 살펴보는 것도 가치 있을 것이다.

1장에서 언급한 바와 같이, 4절 링크기구(four-bar linkage)는 가장 흔하면서도 유용한 기구 중 하나이다. 그림 2.6과 2.7에 나와 있는 체결장치(clamping device)가 그 일례이다. 조립도를 살펴보면, 클램프의 손잡이를 들어 올리면 체결 부재가 체결 표면에서 선회하면서 떨어지고 이에 따라 클램프가 열리게 된다는 것을 알 수 있다. 또한, 손잡이를 누르면 체결 부재가 선회하면서 내려와서 클램프가 다시 닫힌다. 그러나 이와 같은 클램프를 정밀하게 설계하는 일이 그렇게 쉽지 않다. 예를 들면, 클램프는 손잡이의 소정의 상승률에 대하여 정해진 일정 비율로 개방되도록 만드는 것이 좋을 것이다. 이에 대한 관계는 명확하지 않은데, 그 이유는 이러한 관계가 여러 가지 부품의 정확한 치수에 따라서도 다르고 부품 간의 관계, 즉 상호작용에 따라서도 다르기 때문이다. 이러한 관계를 알아내기 위해서는 먼저 장치의 중요한 특징을 정확하게 기술하는 것이 필요하다. 이 과정에서는 위치차 벡터나 상대 위치 벡터를 사용하면 된다.

그림 2.7에는 클램프를 구성하는 개별 링크의 분해 상세도가 나와 있다. 그림에는 없지만 각 링크의 치수가 주어지면 최종적으로 기하 관계가 결정된다. 각각의 링크가 강체라는 가정으로 링크 위의 어떤 점의 위치든 동일 링크 위의 다른 점을 기준으로 명확하게 결정된다는 것을 보증할 수 있다. 그러나 이 상세도에 빠져 있는 특징은 개별 부품 간의 상관관계, 즉 각각의 링크가 정해진 방식으로 인접 링크에 대하여 운동을 일으키는 구속조건이다. 물론, 이러한 구속조건은 4개의 핀 연결 조인트에 의해 제공된다. 이 구속조건은 링크기구를 기술하는 데 중요한 역할을 하므로, 이 핀들의 중심을 각각 $A$, $B$, $C$, $D$로 표시하고, 링크 1에 있는 특정 점들은 $A_1$과 $D_1$로, 링크 2에 있는 특정 점들은 $A_2$과 $B_2$ 등으로 식별하기로 한다. 또한, 그림 2.7에 나와 있듯이 각각의 링크에 고정된 서로 다른 좌표계를 선택했다.

연속하는 조인트 중심 간의 상대 위치에 대한 관계를 알기 위해, 링크 1에는 위치차 벡터 $\mathbf{R}_{AD}$를, 링크 2에는 위치차 벡터 $\mathbf{R}_{BA}$를, 링크 3에는 위치차 벡터 $\mathbf{R}_{CB}$를, 링크 4에는 위치차 벡터 $\mathbf{R}_{DC}$

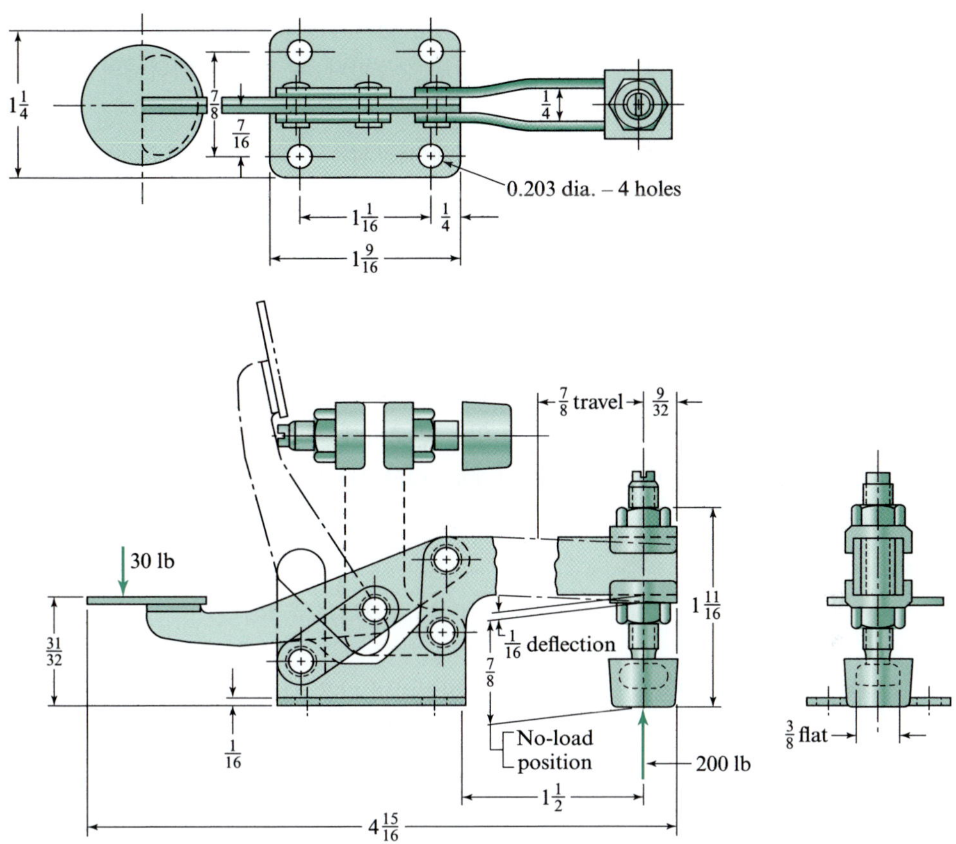


그림 2.6 수동식 클램프의 조립도. 단위는 인치로 표기되어 있음.

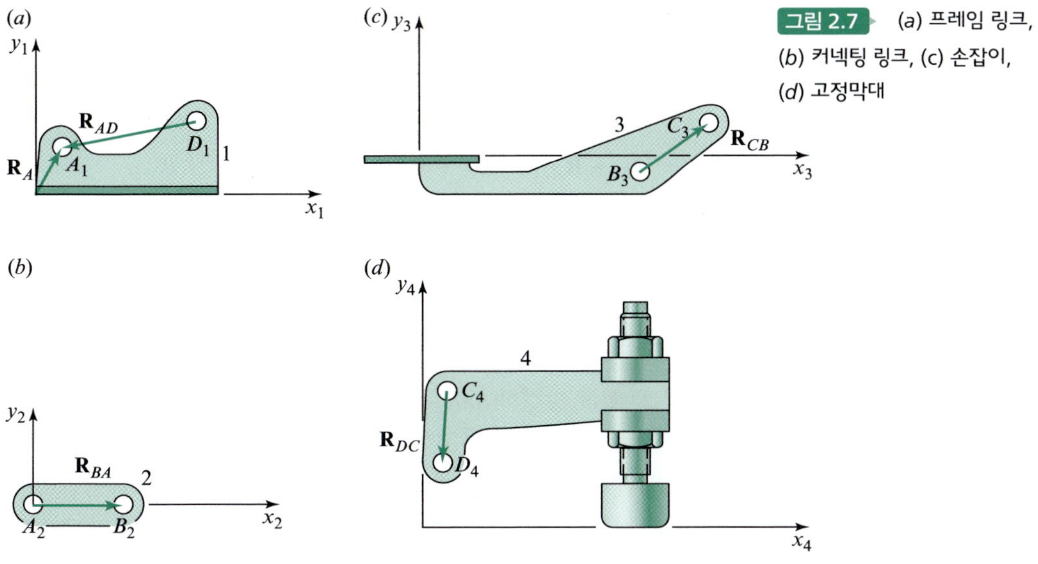


그림 2.7 (a) 프레임 링크, (b) 커넥팅 링크, (c) 손잡이, (d) 고정막대

를 각각 정의한다. 이 벡터들은 각각 그 특정 링크의 좌표계에 고정되어 있는 관측자에게 불변량(constant)으로 보인다는 사실을 다시 한번 강조한다. 따라서 이 벡터들의 크기는 이 특정 링크의 일정 치수로부터 구할 수 있다.

각각의 회전 조인트(핀 조인트)에 의해 제공되는 구속조건을 기술하는 데에도 벡터식을 세울 수 있다. 각각의 핀 중심을 나타내는 두 점, 예컨대 $A_1$과 $A_2$는 위치나 관측자를 어떻게 선정하는가에 상관없이 여전히 일치한다는 사실에 주의한다. 그러므로 다음과 같은 식이 성립한다.

$$\mathbf{R}_{A_2A_1} = \mathbf{R}_{B_3B_2} = \mathbf{R}_{C_4C_3} = \mathbf{R}_{D_1D_4} = \mathbf{0} \tag{2.11}$$

이제 각각의 핀 중심의 절대 위치에 관한 벡터식을 유도해보자. 이 절대 위치들은 링크 1이 프레임이기 때문에 결국 좌표계 1에 있는 관측자에 대하여 정의되는 위치들이다. 물론, 점 $A_1$은 $\mathbf{R}_A$로 기술되는 위치에 있다. 다음 단계로, 링크 2를 링크 1에 수학적으로 연결하면 다음 식이 성립한다.

$$\mathbf{R}_{A_2} = \mathbf{R}_{A_1} + \cancelto{0}{\mathbf{R}_{A_2A_1}} = \mathbf{R}_A \tag{$a$}$$

링크 2의 다른 쪽 끝으로 가서 링크 3을 연결하면 다음 식이 성립한다.

$$\mathbf{R}_B = \mathbf{R}_A + \mathbf{R}_{BA} \tag{$b$}$$

마찬가지 방식으로, 조인트 $C$와 $D$를 연결하면 다음 식이 성립한다.

$$\mathbf{R}_C = \mathbf{R}_B + \mathbf{R}_{CB} = \mathbf{R}_A + \mathbf{R}_{BA} + \mathbf{R}_{CB} \tag{$c$}$$

$$\mathbf{R}_D = \mathbf{R}_C + \mathbf{R}_{DC} = \mathbf{R}_A + \mathbf{R}_{BA} + \mathbf{R}_{CB} + \mathbf{R}_{DC} \tag{$d$}$$

끝으로, 링크 1의 점 $A$로 복귀하면 다음 식과 같다.

$$\mathbf{R}_A = \mathbf{R}_D + \mathbf{R}_{AD} = \mathbf{R}_A + \mathbf{R}_{BA} + \mathbf{R}_{CB} + \mathbf{R}_{DC} + \mathbf{R}_{AD} \tag{$e$}$$

최종적으로 식 ($e$)를 정리하면 다음 식이 나온다.

$$\mathbf{R}_{BA} + \mathbf{R}_{CB} + \mathbf{R}_{DC} + \mathbf{R}_{AD} = \mathbf{0} \tag{2.12}$$

이 식은 클램프의 *루프 폐쇄* 방정식(*loop-closure* equation)이라고 하는 중요한 식이다. 이 식은 그림 2.8에서 알 수 있는 바와 같이, 기구가 폐쇄 루프를 형성하고 있으므로 연속하는 링크와 조인트들에 의한 위치차 벡터 다각형은 기구가 움직여도 폐쇄 상태를 유지해야만 한다는 사실을 말해준다. 이러한 벡터들은 각각 그 길이가 일정하므로 강체 링크의 필요조건인 조인트의 중심 간의 거리의 일정함은 항상 보장된다. 연속하는 벡터 간의 상대 회전은 핀 연결 조인트에서의 운동을 의미하는 반면, 각각의 개별적인 위치차 벡터의 회전은 특정 링크의 회전운동을 나타낸다. 이와 같이 루프 폐쇄 방정식에는 이러한 특정 클램프의 작동방식을 결정하는 중요한 구속조건이

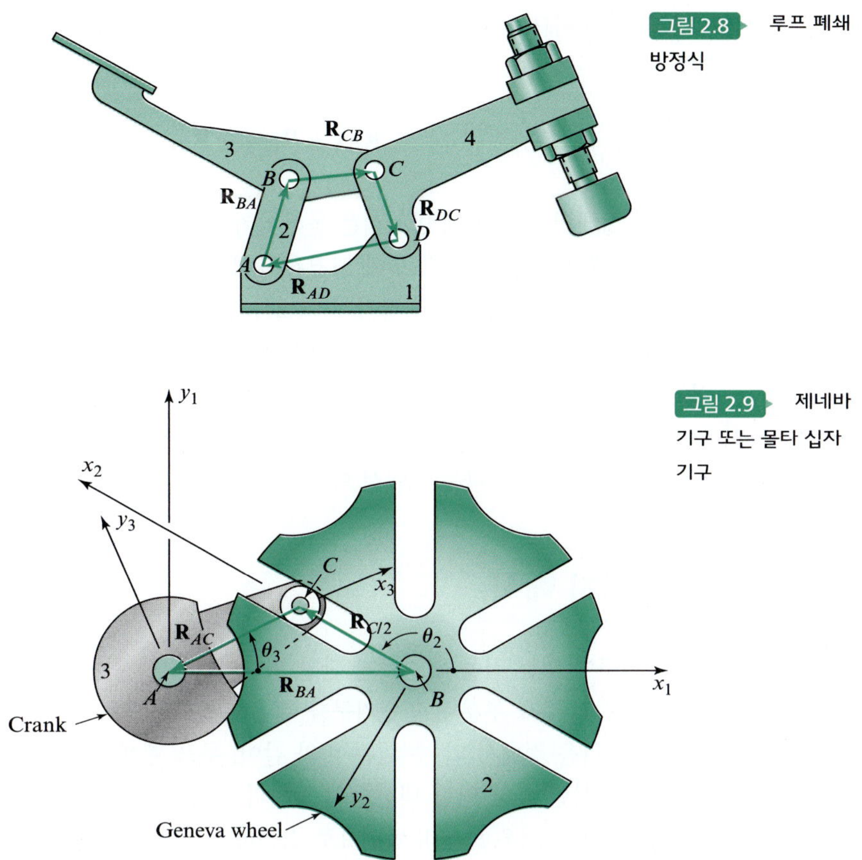


그림 2.8 루프 폐쇄 방정식

그림 2.9 제네바 기구 또는 몰타 십자 기구

모두 포함되어 있다. 따라서 이 식으로 기구를 수학적으로 기술하거나 *모델링*(*modeling*)하므로, 이후부터는 이러한 모델을 시발점으로 내용이 전개되어 있다.

물론, 루프 폐쇄 방정식은 링크기구의 유형에 따라 그 형태가 다르다. 이것은 그림 2.9와 같은 *제네바* 기구(*Geneva* mechanism), 일명 *몰타* 십자기구(*Maltese* cross)를 예로 살펴보면 알 수 있다. 이 기구를 처음 만들었을 때는 주로 시계 태엽이 지나치게 감기는 것을 막는 데 응용되었다. 오늘날에는 그림과 같이 자동 공구교환기가 달린 밀링 머신에서 위치분할 장치(인덱싱 장치)로 널리 사용되고 있다.

우선, 각 링크의 절대 자세에 대한 벡터를 정의한다. 그림 2.9에는 이 기구의 링크 1인 프레임이 그려져 있지는 않지만, 프레임은 중심이 각각 $A$와 $B$인 2개의 축을 서로 일정한 간격으로 유지해주는 역할을 하므로 이 기구에서는 중요한 부품이다. 따라서 이 축간 거리의 치수를 나타내기 위하여 벡터 $\mathbf{R}_{BA}$를 정의한다. 링크 3인 좌측 크랭크는 하단의 축에 부착되어 대개는 일정한 각속도로 회전하면서 점 $C$에서 롤러를 지지하는데, 이 롤러는 제네바 휠에 형성되어 있는 기다란 홈 속을 움직인다. 벡터 $\mathbf{R}_{AC}$는 크기가 크랭크의 길이와 같고 일정하며, 이때 크랭크의 길이는 롤러의 중심 $C$에서 축 중심 $A$까지의 거리와 같다. 링크 1에 대한 벡터 $\mathbf{R}_{AC}$의 회전은 크랭크의 각속도를 설명할 때 사용된다. 축선 $x_2$는 휠에 있는 하나의 홈과 일직선으로 정렬되므로 롤러는 구속되어 이 홈을 타고 움직인다. 벡터 $\mathbf{R}_{C/2}$는 휠인 링크 2와 같은 속도로 회전한다. 또한, $\Delta\mathbf{R}_{C/2}$의 길이 변화는 롤러 $C$와 링크 2 슬롯 사이에서 발생되는 상대적인 운동을 의미한다. $\mathbf{R}_{C/2}$항은 점 $B$가

좌표계 2의 원점이므로 $\mathbf{R}_{CB}$와 등가이다. 따라서, 이 기구의 루프 폐쇄 방정식은 다음과 같음을 알 수 있다.

$$\mathbf{R}_{BA} + \mathbf{R}_{C/2} + \mathbf{R}_{AC} = \mathbf{0} \tag{2.13}$$

이러한 형태의 루프 폐쇄 방정식은 롤러 $C$가 $x_2$를 따르는 홈 속에 들어 있을 때에만 수학적으로 타당한 모델이 된다. 그러므로 이 조건은 전체 운동주기에 걸쳐서 성립되는 것은 아니다. 일단 롤러가 홈에서 벗어나면 운동은 각각 링크 2와 링크 3에 있는 2개의 정합 원호에 의해 지배된다. 따라서 이 사이클 영역에서는 새로운 형태의 루프 폐쇄 방정식이 필요하다.

물론, 기구들은 다중 루프의 기구학적 연쇄를 형성하면서 서로 연결되기도 한다. 이때는 시스템을 완벽하게 모델링하는 데 하나 이상의 루프 폐쇄 방정식이 필요하다. 그러나 이러한 루프 폐쇄 방정식을 구하는 절차는 위에서 예시한 바와 동일하다.

## 2.8 도식적 위치 해석

움직이는 기구에 있는 점들의 경로가 단일 평면이나 평행 평면에 놓여 있을 때, 이를 *평면*기구라고 한다. 이 책의 주요 부분이 평면기구를 취급하고 있으므로, 이러한 문제에 적합한 특별한 방법이 필요하다. 다음 절에서 알 수 있는 바와 같이, 루프 폐쇄 방정식은 고유의 특성 때문에 해석적 방법으로 접근하면 흔히 연립 비선형 방정식의 해석으로 이어져 아주 곤란해질 수 있다. 그러나 특별히 평면운동의 경우 도식적 방법으로 접근하면 대개는 간단히 해석할 수 있다.

먼저, 벡터를 합하는 과정에 대하여 간단히 알아보기로 한다. 2개의 벡터 **A**와 **B**는 그림 2.10*a*에서와 같이 도식적 방법으로 합할 수 있다. 척도를 정한 다음, 벡터들을 순서에 관계없이 시작점과 끝점을 연결하면 합 벡터 *C*를 그릴 수 있다.

$$\mathbf{C} = \mathbf{A} + \mathbf{B} = \mathbf{B} + \mathbf{A} \tag{2.14}$$

벡터합에는 두 벡터 **A**와 **B**의 크기와 방향이 사용되며, 그 결과 합 벡터 **C**의 크기와 방향을

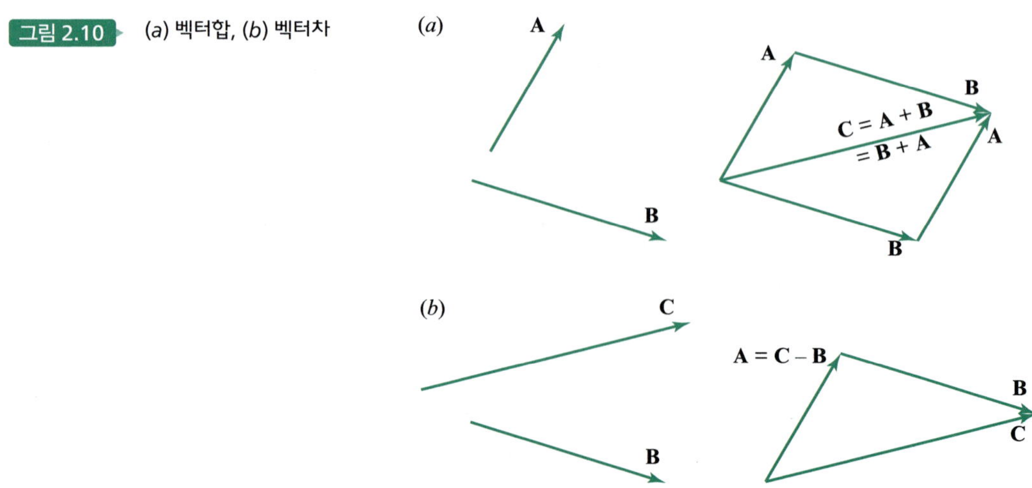


그림 2.10 (*a*) 벡터합, (*b*) 벡터차

모두 구할 수 있다.

벡터차의 도식적 연산법은 그림 2.10*b*에 제시되어있으며 , 여기서는 벡터의 끝점과 끝점이 서로 만나도록 그리며 이를 벡터식으로 나타내면 다음과 같다.

$$\mathbf{A} = \mathbf{C} - \mathbf{B} \tag{2.15}$$

이러한 도식적 벡터 연산법은 이 책에서 전반적으로 사용되고 있기 때문에 제대로 이해하고 있어야 한다.

공간 (3차원) 벡터식은

$$\mathbf{C} = \mathbf{D} + \mathbf{E} + \mathbf{B} \tag{a}$$

임의의 좌표축 방향으로 성분을 나누면, 3개의 스칼라 식으로 귀결된다.

$$C^x = D^x + E^x + B^x, \quad C^y = D^y + E^y + B^y, \quad \text{and} \quad C^z = D^z + E^z + B^z \tag{b}$$

이 식들은 해당 벡터식의 성분이기 때문에 이 3개의 스칼라 식은 일관성이 있어야 한다. 또한, 이 3개의 식이 선형적으로 독립적이면 3개의 미지수에 대하여 동시에 풀 수 있는데, 이 3개의 미지수는 크기만 3개가 될 수도 있고 방향만 3개가 될 수도 있으며 크기와 방향을 합쳐서 3개가 될 수도 있다. 그러나 크기와 방향을 합쳐서 3개를 구할 때는 문제가 매우 비선형적이 되어 대부분 답을 구하기가 어렵다. 따라서 3차원 문제는 10장에서 필요할 때 다룰 것이다.

평면 (2차원) 벡터식은 미지수가 2개일 때, 즉 크기만 2개일 때나 방향만 2개일 때 그렇지 않으면 방향이 1개이고 크기가 1개일 때 풀 수 있다. 따라서 경우에 따라 각각의 벡터 윗부분에 다음 식과 같이 기지량(√)과 미지량(?)을 표시해 두는 것이 좋다.

$$\overset{?\surd}{\mathbf{C}} = \overset{\surd\surd}{\mathbf{D}} + \overset{\surd\surd}{\mathbf{E}} + \overset{?\surd}{\mathbf{B}} \tag{c}$$

여기서, 좌변 벡터의 윗부분에 있는 기호(√ 또는 ?) 중에서 앞의 것은 크기를 나타내고, 뒤의 것은 방향을 나타낸다. 이 식을 다른 형태로 표현하면 다음과 같다.

$$\overset{?}{C}\overset{\surd}{\hat{\mathbf{C}}} = \overset{\surd}{D}\overset{\surd}{\hat{\mathbf{D}}} + \overset{\surd}{E}\overset{\surd}{\hat{\mathbf{E}}} + \overset{?}{B}\overset{\surd}{\hat{\mathbf{B}}} \tag{d}$$

위의 식은 어느 것이나 미지수를 분명하게 명시해 주므로 풀이가 가능한지를 알려 준다. 식 (*c*) 또는 (*d*)에서 벡터 **D**와 **E**는 완벽하게 정의되어 있으므로 다음 식과 같이 벡터법으로 치환할 수 있다.

$$\overset{\surd\surd}{\mathbf{A}} = \overset{\surd\surd}{\mathbf{D}} + \overset{\surd\surd}{\mathbf{E}} \tag{e}$$

따라서 최종 식은 다음과 같다.

표 2.2 평면 벡터식의 미지수

| Case | Unknowns | | |
|---|---|---|---|
| 1 | $C, \theta_C$ | Fig. 2.10 | Eq. (2.14) |
| 2 | $A, \theta_B$ | Fig. 2.11 | Eq. (2.17) |
| 3 | $A, B$ | Fig. 2.12 | Eq. (2.18) |
| 4 | $\theta_A, \theta_B$ | Fig. 2.13 | Eq. (2.19) |

$$\overset{?\surd}{\mathbf{C}} = \overset{\surd\surd}{\mathbf{A}} + \overset{?\surd}{\mathbf{B}} \tag{2.16}$$

어떠한 평면 벡터식도 풀이가 가능할 때는 미지수가 2개인 3항식으로 줄일 수 있다. 2개의 미지수 형태에 따라 네 가지의 서로 다른 경우가 발생된다. 각각의 경우와 그에 상응하는 미지수는 표 2.2에 정리되어 있다.

이제 이 네 가지 경우에 대한 해를 그림을 통해 알아보자.

**경우 1:** 2개의 미지수가 하나의 동일한 벡터($C$)의 크기와 방향일 경우이다. 이때는 완벽하게 정의되는 나머지 벡터($A$와 $B$)를 간단히 도식적으로 합하거나 뺌으로써 해를 구할 수 있다. 이는 그림 2.10에 예시되어 있다.

**경우 2:** 두 개의 미지수가 각각의 다른 벡터의 크기와 방향이다(다시 말해, $A$와 $\theta_B$). 벡터식으로 나타내면 다음과 같다.

$$\overset{\surd\surd}{\mathbf{C}} = \overset{?\surd}{\mathbf{A}} + \overset{\surd ?}{\mathbf{B}} \tag{2.17}$$

이 해는 그림 2.11에 나와 있는 바와 같이 다음 과정을 거쳐 구한다.

1. 적절한 척도를 선정하고 벡터 **C**를 그린다.
2. **C**의 원점을 지나고 $\theta_A$에 평행한 직선을 그린다.
3. 컴퍼스를 척도 크기 $B$로 조정하고 $C$의 끝점을 중심으로 하는 원호를 그린다.

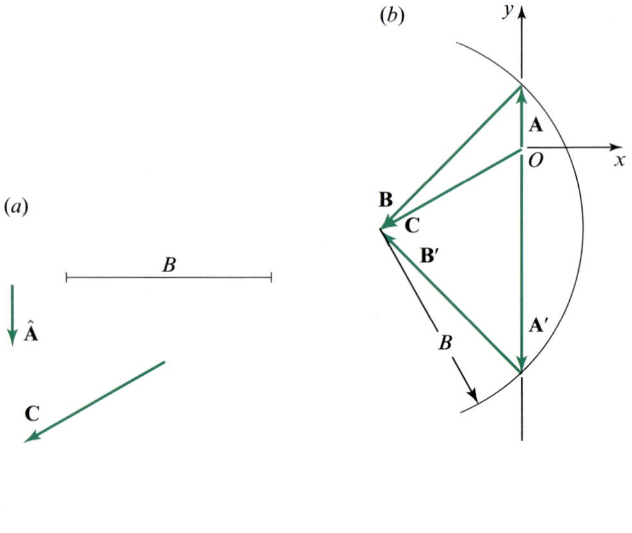

그림 2.11 경우 2의 도식적 해법.
(a) $C$, $\theta_A$, $B$가 주어짐,
(b) $A$, $\theta_B$와 $A'$, $\theta'_B$의 해

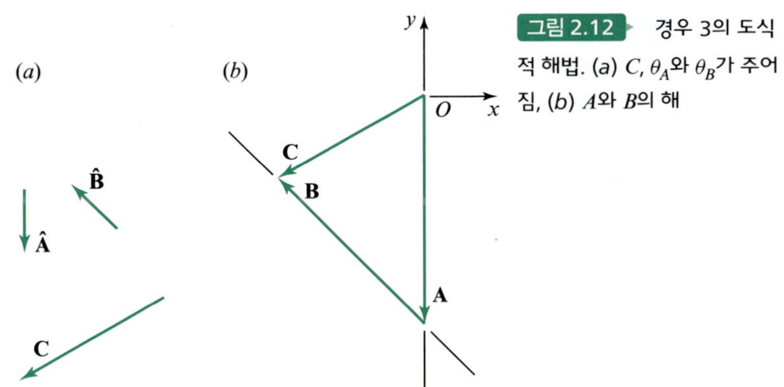


그림 2.12 경우 3의 도식적 해법. (a) $C$, $\theta_A$와 $\theta_B$가 주어짐, (b) $A$와 $B$의 해

4. 작도된 직선과 원호가 만나는 2개의 교점으로 $A$, $\theta_B$와 $A'$, $\theta'_B$를 결정한다.

**경우 3:** 두 개의 미지수는 두 크기(다시 말해, $A$와 $B$의 크기)이다. 벡터식으로 나타내면 다음과 같다.

$$\overset{\surd\surd}{\mathbf{C}} = \overset{?\surd}{\mathbf{A}} + \overset{?\surd}{\mathbf{B}} \tag{2.18}$$

이 해는 그림 2.12에 나와 있는 바와 같이 다음 과정을 거쳐 구한다.

1. 좌표계와 척도를 선정하고 벡터 **C**를 그린다.
2. **C**의 원점을 지나고 $\theta_A$에 평행한 직선을 그린다.
3. **C**의 끝점을 지나고 $\theta_B$에 평행한 또 다른 직선을 그린다.
4. 작도된 2개의 직선이 만나는 교점에 의해 2개의 크기 $A$와 $B$가 결정되는데, 이는 양의 값이 될 수도 있고 음의 값이 될 수도 있다.

경우 3에서는 직선들이 동일선상이거나 평행하지 않으면 유일해(unique)를 갖는 것을 확인할 수 있다. 직선들이 동일선상이라면, $A$와 $B$의 크기는 정해지지 않는다. 만일 직선들이 평행인데 동일하지 않으면 $A$와 $B$의 크기는 무한대를 갖는다.

**경우 4:** 두 개의 미지수가 2개의 벡터의 방향, 즉 $\theta_A$와 $\theta_B$를 구하는 것이며 이를 식으로 나타내면 다음과 같다.

$$\overset{\surd\surd}{\mathbf{C}} = \overset{\surd ?}{\mathbf{A}} + \overset{\surd ?}{\mathbf{B}} \tag{2.19}$$

이 해의 풀이 단계는 그림 2.13에 예시되어 있다.

1. 좌표계와 척도를 선정하고 벡터 **C**를 그린다.
2. **C**의 원점을 중심으로 하는 반지름이 $A$인 원호를 그린다.
3. **C**의 끝점을 중심으로 하는 반지름이 $B$인 원호를 그린다.
4. 작도된 2개의 원호가 만나는 2개의 교점에 의해 두 가지 해, 즉 $\theta_A$, $\theta_B$와 $\theta'_A$, $\theta'_B$가 결정된다.

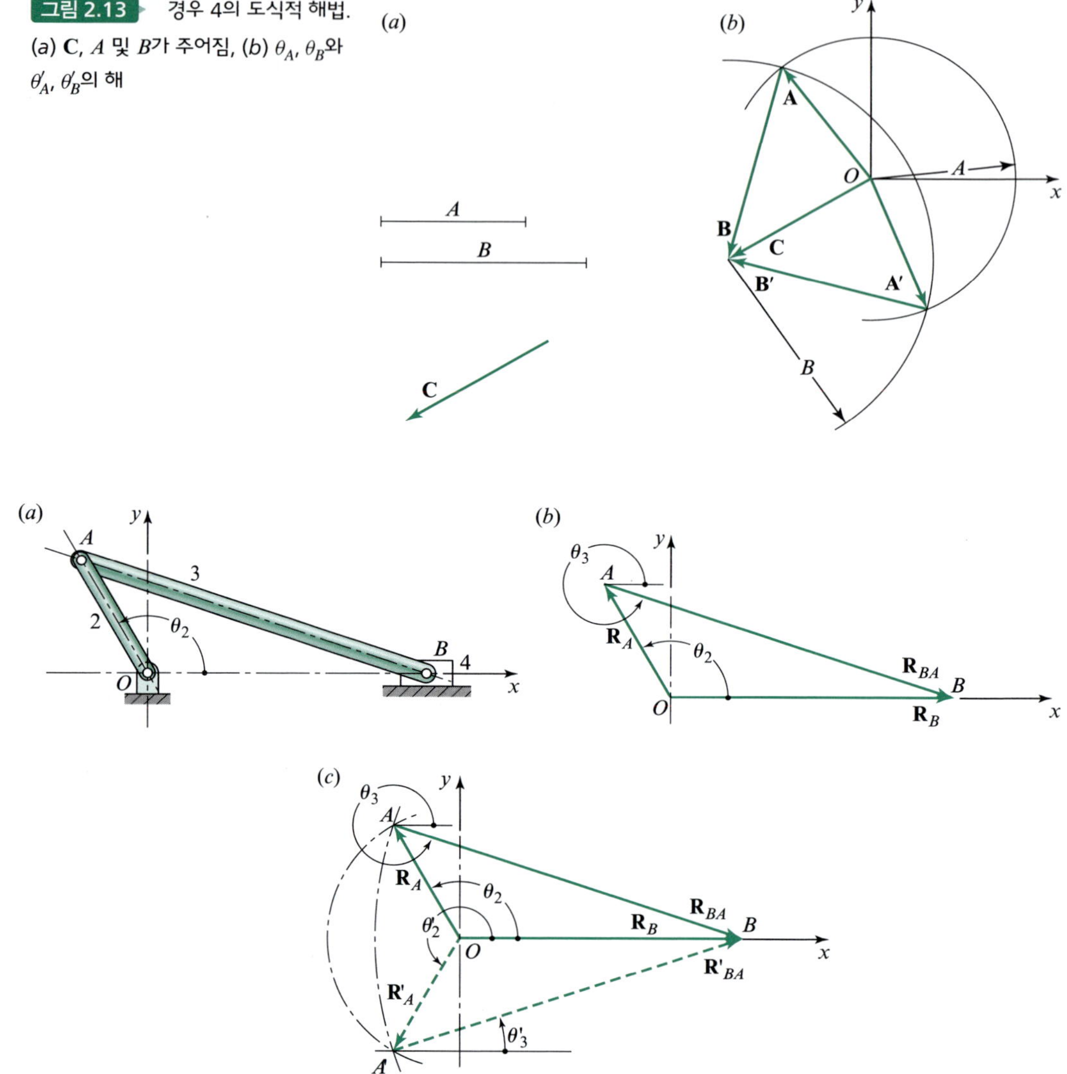


그림 2.13 경우 4의 도식적 해법. (a) $\mathbf{C}$, $A$ 및 $B$가 주어짐, (b) $\theta_A$, $\theta_B$와 $\theta'_A$, $\theta'_B$의 해

그림 2.14 (a) 슬라이더–크랭크 기구, (b) 벡터로 링크의 중심선을 대체함, (c) 도식적 방법을 사용한 변위 해석

이때 주의할 점은 실제 해는 $A + B \geq C$의 조건을 만족할 때에만 가능하다는 사실이다.

이 절에서 도해적 풀이는 슬라이더–크랭크와 4절 링크의 루프 폐쇄 방적식의 해를 구하는 데 적용된다.

**슬라이더–크랭크 링크기구(slider-crank linkage)** 그림 2.14*a*의 슬라이더–크랭크 링크기구에 대해서 생각해 보자. 링크 4의 주어진 위치에 대해서, 링크 2와 3의 자세를 결정하는 문제이다.

그림 2.14*b*에는 각각의 링크 중심선이 벡터로 그려져 있는데, 크랭크에는 벡터 $\mathbf{R}_A$가, 슬라이더에는 $\mathbf{R}_B$가, 커넥팅 로드에는 $\mathbf{R}_{BA}$로 표시되어 있다. 주어진 슬라이더 위치(즉, 거리 $\mathbf{R}_B$)와 미지수인 각도 $\theta_2$와 $\theta_3$에 대해서 루프 폐쇄 방정식은 다음과 같다.

$$\overset{\sqrt{?}}{\mathbf{R}_A} + \overset{\sqrt{?}}{\mathbf{R}_{BA}} - \overset{I\sqrt{}}{\mathbf{R}_B} = \mathbf{0}$$

이걸 다시 표현하면,

$$\overset{I\sqrt{}}{\mathbf{R}_B} = \overset{\sqrt{?}}{\mathbf{R}_A} + \overset{\sqrt{?}}{\mathbf{R}_{BA}} \qquad (a)$$

여기서 기호 "$I$"는 벡터 $\mathbf{R}_B$의 방향에 대해서 슬라이더의 위치가 주어진 입력임을 나타낸다.

식 (a)가 표 2.2의 경우 4에 해당하는 것을 알 수 있다.

그림 2.13에서 설명한 도식적 해석 절차를 이제 그림 2.14*c*에 적용해 보자. 여기서 구할 수 있는 두 가지 가능한 해는 $\theta_2$ 및 $\theta_3$와 $\theta_2'$ 및 $\theta_3'$이며, 이는 두 가지 상이한 링크기구 형상, 즉 슬라이더의 주어진 위치와 각각 일치하는 링크들의 두 가지 위치에 상응한다는 사실이 중요하다. 우리는 이미 두 개의 해 중 어떤 것이 바람직한지를 알고 있다. 두 개의 해는 모두 동일하게 루프 폐쇄 방정식의 유용한 해이며, 선택은 해당 기구의 응용에 따라 결정된다.

**4절 링크기구(four-bar linkage)** 그림 2.15의 4절 링크기구를 고려해 보자. 주어진 링크 2의 자세에 대해서, 문제는 링크 3과 4의 자세를 정의하고, 커플러 위의 점 $P$의 위치를 결정하는 것이다.

그림 2.16*a*에는 각각의 링크 중심선이 벡터로 그려져 있는데 크랭크에는 벡터 $\mathbf{R}_A$가, 커넥팅 로드는 $\mathbf{R}_{BA}$, 종동절 링크는 $\mathbf{R}_{BC}$, 프레임은 $\mathbf{R}_C$로 표시되어 있다. 주어진 링크 2의 자세, 다시

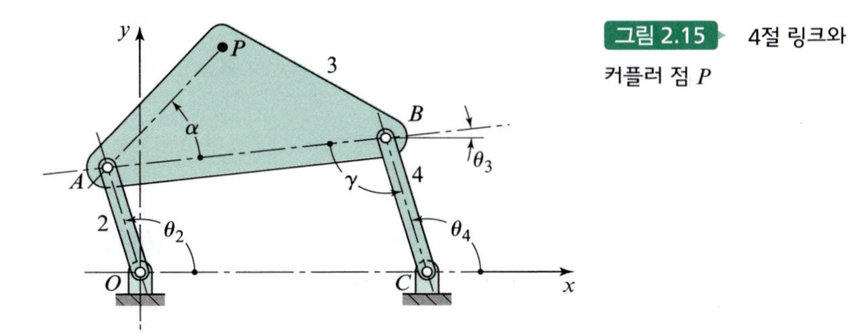


그림 2.15 4절 링크와 커플러 점 $P$

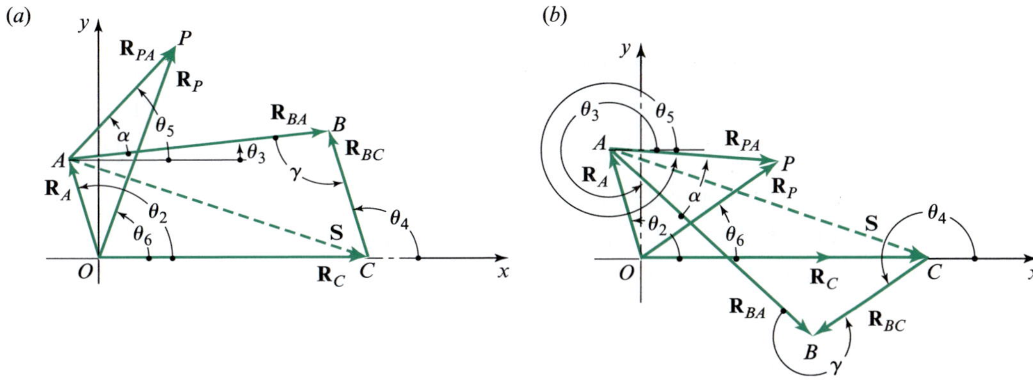


그림 2.16 도식적 해를 보여주는 벡터 선도: (*a*) 개방된 위치, (*b*) 교차된 위치

말해 각도 $\theta_2$와 미지의 각도 $\theta_2$ 및 $\theta_3$에 대해서, 링크의 루프 폐쇄 방정식은 아래와 같다.

$$\overset{\surd I}{\mathbf{R}_A} + \overset{\surd ?}{\mathbf{R}_{BA}} - \overset{\surd ?}{\mathbf{R}_{BC}} - \overset{\surd\surd}{\mathbf{R}_C} = \mathbf{0} \qquad (a)$$

이 식은 다음과 같이 재조정될 수 있다.

$$\overset{\surd I}{\mathbf{R}_A} + \overset{\surd ?}{\mathbf{R}_{BA}} = \overset{\surd\surd}{\mathbf{R}_C} + \overset{\surd ?}{\mathbf{R}_{BC}} \qquad (b)$$

여기서 기호 "$I$"는 벡터 $\mathbf{R}_A$의 방향에 대해서 크랭크의 방향이 주어진 입력임을 나타낸다.

또한, 커플러 점 $P$의 위치는 다음의 위치차 식에 의해서 주어진다.

$$\overset{??}{\mathbf{R}_P} = \overset{\surd I}{\mathbf{R}_A} + \overset{\surd ?}{\mathbf{R}_{PA}} \qquad (c)$$

이 식이 3개의 미지수를 포함하고 있음을 유의해야 한다. 하지만, 이 식은 식 (*b*)를 이용하여 2개의 미지수로 줄일 수 있고, 즉 $\hat{\mathbf{R}}_{PA}$와 $\hat{\mathbf{R}}_{BA}$ 간의 다음과 같은 일정한 각도 관계를 고려하여 풀 수 있다. 다시 말해,

$$\theta_5 = \theta_3 + \alpha \qquad (d)$$

여기서, 일정한 커플러 각도는 $\alpha = \angle BAP$이다. 따라서 식 (*c*)는 다음과 같다.

$$\overset{??}{\mathbf{R}_P} = \overset{\surd I}{\mathbf{R}_A} + \overset{\surd C}{\mathbf{R}_{PA}} \qquad (e)$$

여기서 $\mathbf{R}_{PA}$의 방향에 대한 기호 "$C$"는 식 (*d*)로부터 알 수 있는 방향이다. 따라서 이것은 세 번째 미지량에 해당하지 않는다.

이 문제의 도식적 해를 구하기 위해서 먼저 식 (*b*)의 2개의 미지항을 결합하며, 이에 따라 그림 2.16*a*와 *b*에 나와 있는 바와 같이 점 $A$와 $C$의 위치를 정할 수 있다.

$$\mathbf{S} = \overset{\surd\surd}{\mathbf{R}_C} - \overset{\surd I}{\mathbf{R}_A} = \overset{\surd ?}{\mathbf{R}_{BA}} - \overset{\surd ?}{\mathbf{R}_{BC}} \qquad (f)$$

이 식은 표 2.2에 제시된 경우 4에 해당된다. 이에 대한 풀이 절차(즉, 2개의 미지의 방향)는 점 $B$의 위치를 정하는 데 사용된다. 여기서는 두 가지 가능한 해가 나오는데, 이는 다른 두 가지 제시로 4절 링크가 결합될 수 있음을 나타낸다. 하나는 그림 2.16*a*의 (*a*) 개방 형상이고 다른 하나는 그림 2.16*b*의 (*b*) 교차 형상이다.

커플러의 점 $P$를 정하기 위해서 식 (*d*)로부터 $\hat{\mathbf{R}}_{PA}$의 두 가지 가능한 방향을 결정한다. 그런 다음, 경우 1의 절차에 따라 식 (*c*)를 풀면 된다. 결국, 점 $P$의 위치에 대한 2개의 해는 그림 2.16*a*와 그림 2.16*b*에 나와 있는 바와 같이 구해진다. 이 경우에는, 먼저 기구를 분해하지 않으면 개방 형상으로부터 교차 형상으로 전환하지는 못하지만, 이 2개의 해는 모두 식 (*b*)~(*d*)에 대하여 유효한 해이다.

이 두 가지 예(슬라이더-크랭크 링크기구와 4절 링크기구)를 통해, 도식적 위치 해석에서는 고려하고 있는 기구의 자세를 척도 도면으로 작도할 때 자연스럽게 선정되는 구조와 정확히 같은 구조가 필요하다는 것을 분명히 알 수 있다. 이 때문에 풀이 절차나 "해석"이 그다지 중요하지 않는 것처럼 보이기도 한다. 그러나 이는 잘못된 생각이다. 다음 절에서 알 수 있는 바와 같이, 기구의 위치 해석은 해석적 방법이나 컴퓨터를 응용하는 방법으로 접근할 경우에는 비선형 대수학 문제로 이어진다. 실제로 이러한 점이 바로 기구학적 해석에서 가장 다루기 어려운 문제이며, 평면기구 해석에서 도식적 해석기법이 여전히 주목을 받고 있는 주된 이유이기도 하다.

## 2.9 대수학적 위치 해석

평면기구의 자세 해석에 대한 고전적인 대수 접근을 설명하기 위해, 이 절에서는 전 절에서 사용된 두 가지 예를 제공한다. 즉, 슬라이더-크랭크 기구와 4절 링크이다.

**슬라이더-크랭크 링크(slider-crank linkage)** 일반성을 확보하기 위해, 그림 2.17에 나와 있는 편심이 있는 기구를 선택했다. 편심량 $e = R_{O_2O} = 0$으로 놓으면 중심정렬 구조, 즉 대칭 구조에도 동일한 식을 사용할 수 있다. 그림 2.17에 사용된 기호를 보면, 구동 크랭크 각도인 $\theta_2$가 벡터 $\mathbf{r}_2 = R_{AO_2}$의 원점을 기준으로 측정되었고, 커넥팅 로드의 각도 $\theta_3$는 벡터 $\mathbf{r}_3 = \mathbf{R}_{BA}$의 원점을 기준으로 측정되었다. 모두 양의 각도(반시계방향)로 측정되었다.

슬라이더 크랭크 기구의 위치 해석에서 발생되는 두 가지 문제는 다음과 같다.

**문제 1.** $\theta_2$가 주어진 상태에서 커넥팅 로드 $\theta_3$과 위치 $x_B$를 구하는 문제

**문제 2.** $x_B$가 주어진 상태에서 입력각 $\theta_2$와 커넥팅 로드의 각도 $\theta_3$을 구하는 문제. 이 문제는 우리가 전 절에서 취급하였다.

**문제 1에 대한 해:** 먼저, 점 $A$의 위치를 다음의 식에 의해 정의한다.

$$x_A = r_2 \cos\theta_2 \quad \text{and} \quad y_A = e + r_2 \sin\theta_2 \tag{2.20}$$

이어서, 다음 관계식이 성립됨을 알 수 있다.

$$e + r_2 \sin\theta_2 = r_3 \sin\theta_3 \tag{a}$$

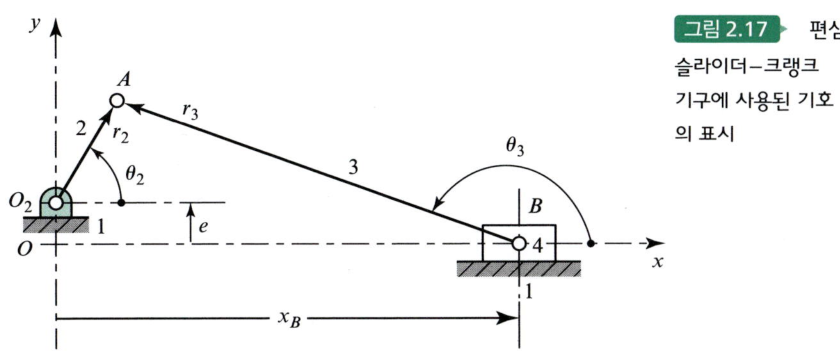


그림 2.17 편심 슬라이더-크랭크 기구에 사용된 기호의 표시

이 식을 변형시키면 다음과 같다.

$$\sin\theta_3 = \frac{1}{r_3}(e + r_2\sin\theta_2) \tag{2.21}$$

그림 2.17의 기하 형상에서 다음 식이 성립함을 알 수 있다.

$$x_B = r_2\cos\theta_2 - r_3\cos\theta_3 \tag{b}$$

그런 다음, 식 (2.21)을 삼각함수의 항등식 $\cos\theta_3 = \pm\sqrt{1 - \sin^2\theta_3}$을 적용한다.

$$\cos\theta_3 = -\frac{1}{r_3}\sqrt{r_3^2 - (e + r_2\sin\theta_2)^2} \tag{c}$$

여기서 음의 부호는 그림 2.17에서처럼 점 $B$에서 측정되었을 때, $\theta_3$에 대해 둔각임을 나타낸다. (양의 부호는 $\theta_3$에 대해 예각임을 나타낸다.)

최종적으로 식 $(c)$를 식 $(b)$에 대입하면 다음 식이 나온다.

$$x_B = r_2\cos\theta_2 + \sqrt{r_3^2 - (e + r_2\sin\theta_2)^2} \tag{2.22}$$

따라서 미지수 $\theta_3$과 $x_B$는 각도 $\theta_2$가 주어진 상태에서 식 (2.21)과 식 (2.22)를 풀면 구할 수 있다.

**문제 2에 대한 해:** 각도 $\theta_2$는 $x_B$가 주어진 상태에서 식 (2.22)를 풀면 구할 수 있다. 이때는 방정식의 해를 구하는 방법으로 계산기나 컴퓨터를 사용해서 구해야 한다. 여기서는 해를 구하는 방법으로 잘 알려진 뉴턴-랩슨 방법(Newton-Raphson method)[5]을 선택한다. 이 방법은 그림 2.18을 참조하여 설명할 수 있다. 이 그림은 $x$에 대한 임의의 함수 $f(x)$의 그래프이다.

이 그래프에서 $x_k$을 함수 $f(x) = 0$을 만족하는 구하고자 하는 해의 제1 근사값 또는 어림값이라고 한다. $x = x_k$에서 곡선에 그린 접선은 $x_{k+1}$에서 $x$축과 교차하는데, 이는 해에 한층 더 가까운 근사값이다. 접선의 기울기는 $x = x_k$에서의 함수의 도함수로서 다음과 같다.

$$f'(x_k) = \frac{f(x_k)}{x_k - x_{k+1}} \tag{d}$$

이 식을 $x_{k+1}$에 대하여 풀면 다음과 같다.

$$x_{k+1} = x_k - \frac{f(x_k)}{f'(x_k)} \tag{2.23}$$

[5] 참고문헌 [1]을 예로서 참고하라.

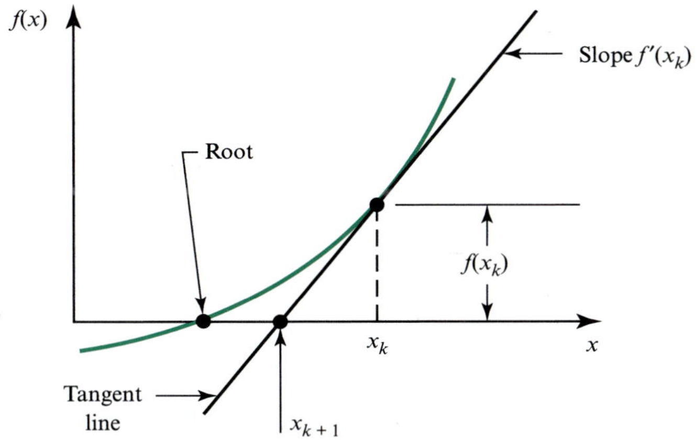


그림 2.18 뉴턴-랩슨(Newton-Raphson) 방법

이를테면, 컴퓨터를 사용하는 경우에는 먼저 적절한 $x_k$의 어림값을 입력하여 $x_{k+1}$을 구한 다음, 이 값을 다음 연산 단계의 어림값으로 사용하는 방식으로 하여 정밀도가 만족스러운 결과가 나올 때까지 이 과정을 여러 번 반복한다. 이 정밀도는 매 연산 단계마다 $(x_{k+1} - x_k)$을 미소값 $\varepsilon$와 비교하여 $(x_{k+1} - x_k) < \varepsilon$인 경우에 연산을 끝내면서 그 값을 구한다.

일부 계산기에 내장된 해를 구하는 프로그램에서는 근사법을 사용하여 $f'(x_k)$을 구한다는 사실에 주의한다. 이러한 경우에는 식 (2.22)를 풀이하는 것이 무의미해질 수도 있으므로 다음과 같이 처리한다. 먼저 식 (2.22)에 있는 $\theta_2$를 $z$로 바꾸고, $r_2$, $r_3$, $e$, $x_B$는 주어진 대로 상수로 취급하면 다음과 같이 도출된다.

$$f(z) = r_2 \cos z + \sqrt{r_3^2 - (e + r_2 \sin z)^2} - x_B \qquad (e)$$

및

$$f'(z) = -r_2 \sin z - \frac{(e + r_2 \sin z) r_2 \cos z}{\sqrt{r_3^2 - (e + r_2 \sin z)^2}} \qquad (f)$$

이제 이 2개의 식을 사용하여 식 (2.23)을 프로그램 할 수 있으며, $x_B$를 부여하면 미지의 각도 $\theta_2 = 2$의 값을 구할 수 있다. 여기서 각도 $\theta_2$는 값이 2개라는 사실에 주의한다. 이 값은 적절한 초기값을 사용하면 각각 구할 수 있다.

대수해는 편심도 $e$가 0인 경우, 즉 링크기구가 중심정렬 구조인 경우에 구할 수 있다. 이 경우에는 식 $(a)$와 $(b)$를 제곱한 다음 서로 더한다. 삼각함수의 항등식을 사용하면 결과식은 다음과 같다.

$$x_B^2 - 2x_B r_2 \cos \theta_2 + r_2^2 = r_3^2 \qquad (g)$$

이 식을 $\theta_2$에 대하여 푼다.

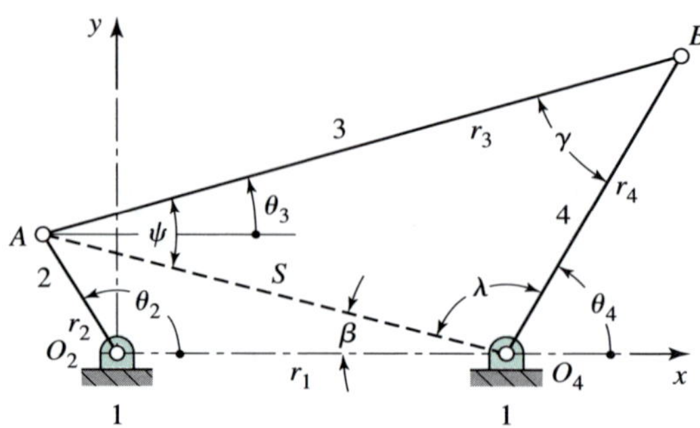


그림 2.19 4절 링크 (four-bar linkage)

$$\theta_2 = \cos^{-1}\frac{x_B^2 + r_2^2 - r_3^2}{2x_B r_2} \tag{2.24}$$

물론, 중심정렬 구조에 대한 문제 1의 해는 식 (2.22)에서 $e = 0$으로 놓으면 직접 구할 수 있다.

**4절 링크(four-bar linkage)** 해석적인 해를 구하기 위해서, 그림 2.19에 거리 $R_{AO_4}$를 $S$로 표기하였다. 두 개의 삼각형 $AO_2O_4$와 $ABO_4$에 대하여 코사인 법칙을 각각 적용할 수 있다.

$$S = \sqrt{r_1^2 + r_2^2 - 2r_1 r_2 \cos\theta_2} \tag{2.25}$$

$$\beta = \cos^{-1}\frac{r_1^2 + S^2 - r_2^2}{2r_1 S} \tag{2.26}$$

$$\psi = \cos^{-1}\frac{r_3^2 + S^2 - r_4^2}{2r_3 S} \tag{2.27}$$

$$\lambda = \cos^{-1}\frac{r_4^2 + S^2 - r_3^2}{2r_4 S} \tag{2.28}$$

식 (2.26)~(2.28)에서는 역코사인(inverse cosines)이 사용되었기 때문에 두 가지 값을 갖는다. 여기서, $\beta$, $\psi$, 그리고 $\lambda$에 대해서 양수만 선택을 한다. 그렇게 되면, 그림을 자세히 살펴보면 $\theta_2$가 $0 \le \theta_2 \le \pi$ 범위에 있는 경우에는 미지의 각도는 다음과 같다.

$$\theta_3 = -\beta \pm \psi \tag{2.29}$$

$$\theta_4 = \pi - \beta \mp \lambda \tag{2.30}$$

그러나 $\theta_2$가 $\pi \le \theta_2 \le 2\pi$ 범위에 있는 경우에는 다음과 같다.

$$\theta_3 = \beta \pm \psi \tag{2.31}$$

$$\theta_4 = \pi + \beta \mp \lambda \tag{2.32}$$

이 결과에서 위의 부호는 그림과 같이 개방 구조에 해당하는 반면, 아래 부호는 교차 구조에 해당된다.

앞서 1.10절에서 전달각(transmission angle)의 개념을 기계적 이득이라는 주제와 연관시켜 설명하였다. 그림 2.19에서는 이 각도가 다음과 같은 식으로 표현됨을 알 수 있다.

$$\gamma = \pm\cos^{-1}\frac{r_3^2 + r_4^2 - S^2}{2r_3r_4} \tag{2.33}$$

## 2.10 복소 극좌표 대수해

평면 문제에서는 *극좌표 표기법(polar notation)*으로 그 크기와 방향을 기술하여 벡터를 다음과 같이 나타내는 것이 좋을 때가 많다.

$$\mathbf{R} = R\angle\theta \tag{a}$$

그림 2.20*a*의 2차원 벡터는 다음과 같은 벡터식으로 표현된다.

$$\mathbf{R} = R^x\hat{\mathbf{i}} + R^y\hat{\mathbf{j}} \tag{2.34}$$

이 식은 다음과 같이 서로 직교하는 2개의 크기성분으로 구성된다.

$$R^x = R\cos\theta \quad \text{and} \quad R^y = R\sin\theta \tag{2.35}$$

또한, 여기에는 다음 관계가 성립된다.

$$R = \sqrt{(R^x)^2 + (R^y)^2} \quad \text{and} \quad \theta = \tan^{-1}\frac{R^y}{R^x} \tag{2.36}$$

여기서는 벡터 $\mathbf{R}$의 성분으로 크기 $R$을 계산할 경우에는 임의로 양의 제곱근을 취하였다는 사실에 주의한다. 그러므로 $\theta$의 사분면에서 결정할 때는 $R^x$와 $R^y$의 개별적인 부호해석에 주의해야 한다. 따라서 $\theta$의 벡터의 원점을 중심으로 양의 $x$축으로부터 양의 방향으로 벡터 $\mathbf{R}$의 끝점까지 측정한 각도로 정의되며, 이 양의 방향은 반시계방향으로 측정할 때라는 사실이 중요하다.

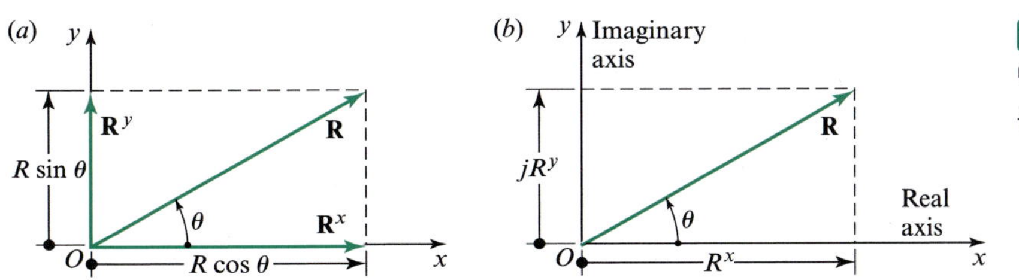


그림 2.20 평면 벡터와 복소수의 상관 관계

### 예제 2.3

벡터 $\mathbf{A} = 10\angle 30°$와 $\mathbf{B} = 8\angle -15°$를 직교좌표 표기법[6]으로 나타내고 그 합을 구하라.

▶ **풀이**

각각의 벡터는 그림 2.21에 나와 있으며 식으로 표현하면 다음과 같다.

$$\mathbf{A} = 10\cos 30°\hat{\mathbf{i}} + 10\sin 30°\hat{\mathbf{j}} = 8.660\hat{\mathbf{i}} + 5.000\hat{\mathbf{j}}$$ 답

$$\mathbf{B} = 8\cos(-15°)\hat{\mathbf{i}} + 8\sin(-15°)\hat{\mathbf{j}} = 7.727\hat{\mathbf{i}} - 2.071\hat{\mathbf{j}}$$ 답

$$\mathbf{C} = \mathbf{A} + \mathbf{B} = (8.660 + 7.727)\hat{\mathbf{i}} + (5.000 - 2.071)\hat{\mathbf{j}} = 16.387\hat{\mathbf{i}} + 2.929\hat{\mathbf{j}}$$

그림 2.21 ▶ 벡터의 합

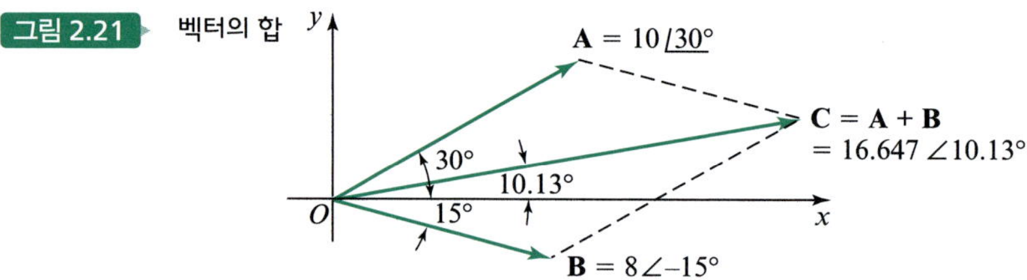


합 벡터의 크기는 식 (2.36)에서 다음과 같이 구한다.

$$C = \sqrt{16.387^2 + 2.929^2} = 16.647$$

또한, 방향각은 다음과 같다.

$$\theta = \tan^{-1}\frac{2.929}{16.387} = 10.13°$$

평면 벡터 표기법의 최종 결과는 다음과 같다.

$$\mathbf{C} = 16.647\angle 10.13°$$ 답

2차원 벡터 문제를 해석적으로 취급하는 또 다른 방법은 복소 대수를 사용하는 것이다. 복소수는 벡터는 아니지만, 원점과 실수축 및 허수축을 선정함으로써 평면에 벡터를 나타내는 데 사용할 수 있다. 2차원 기구학적 문제에서는 이러한 축들을 절대좌표계의 $x_1y_1$축과 일치하도록 편리하게 선정하면 된다.

그림 2.20*b*에 나와 있는 바와 같이 평면에 있는 임의의 점의 위치는 절대 위치 벡터나 그에 상응하는 실수 좌표와 허수 좌표로 규정할 수 있다.

$$\mathbf{R} = R^x + jR^y \tag{2.37}$$

[6] 대부분의 계산기에는 극좌표와 직교좌표 간의 직접 변환 기능이 내장되어 있다.

여기서, 연산자 $j$는 단위허수로 정의된다.

$$j = \sqrt{-1}. \tag{2.38}$$

평면 해석에서 복소수가 실제로 유용한 이유는 복소수를 극좌표 형태로 쉽게 변환할 수 있기 때문이다. 벡터 **R**에 복소 직교좌표 표기법을 적용하면 다음과 같이 나타낼 수 있다.

$$\mathbf{R} = R\angle\theta = R\cos\theta + jR\sin\theta \tag{2.39}$$

그러나 삼각함수로 잘 알려진 다음의 오일러 방정식을 표현하면,

$$e^{j\theta} = \cos\theta + j\sin\theta \tag{2.40}$$

**R**을 다음과 같은 복소 극좌표 형태로도 나타낼 수 있다.

$$\mathbf{R} = Re^{j\theta} \tag{2.41}$$

이 식에서는 벡터의 크기와 방향이 확연히 드러난다. 이어지는 3장과 4장에서 다루겠지만 벡터를 이러한 형태로 표현하면 미분을 해야 될 때 특히 유용하다.

## 2.11 평면 벡터식의 복소 대수해

복소 극좌표 형태로 기술된 벡터에 대한 유용한 처리기법은 표 2.2에 제시된 네 가지 루프 폐쇄 방정식을 반복해 풀이하다 보면 어느 정도 익숙해질 수 있다. 식 (2.16)을 복소 극좌표 형태로 표현하면 다음 식과 같이 나타낼 수 있다.

$$Ce^{j\theta_C} = Ae^{j\theta_A} + Be^{j\theta_B} \tag{2.42}$$

**경우 1:** 2개의 미지수는 $C$와 $\theta_C$이다. 해를 구하려면 먼저 이 식을 실수부와 허수부로 분리한다. 오일러 방정식인 식 (2.40)을 식 (2.42)에 대입하면 다음과 같다.

$$C(\cos\theta_C + j\sin\theta_C) = A(\cos\theta_A + j\sin\theta_A) + B(\cos\theta_B + j\sin\theta_B) \tag{a}$$

실수항과 허수항을 각각 등치시키면 2차원 벡터 방정식의 수평성분과 수직성분에 상응하는 다음과 같은 2개의 실수식이 나온다.

$$C\cos\theta_C = A\cos\theta_A + B\cos\theta_B \tag{b}$$

$$C\sin\theta_C = A\sin\theta_A + B\sin\theta_B \tag{c}$$

이 두 식을 제곱하여 더하면 $\theta_C$가 소거되고 $C$의 해가 구해진다.

$$C = \sqrt{A^2 + B^2 + 2AB\cos(\theta_B - \theta_A)} \tag{2.43}$$

양의 제곱근은 임의로 선정한 것이므로, 음의 제곱근은 $\theta_C$가 180°만큼 차이가 나는 $C$의 음의 해가 된다. 각도 $\theta_C$는 다음 식에서 구한다.

$$\theta_C = \tan^{-1}\frac{A\sin\theta_A + B\sin\theta_B}{A\cos\theta_A + B\cos\theta_B} \tag{2.44}$$

여기서, 분자와 분모의 부호는 $\theta_C$의 적절한 사분면을 결정할 때 각각 고려해야 한다.[7] 단일 해는 이미 그림 2.10에 예시되어 있는 바와 같이 경우 1에서 나온다.

**경우 2:** 2개의 미지수는 $A$와 $\theta_B$이다. 복소 극좌표 형태의 식을 풀이할 때 편리한 한 가지 방법은 먼저 식 (2.42)를 $e^{j\theta_A}$로 나누는 것이다. 그 결과는 다음과 같다.

$$Ce^{j(\theta_C - \theta_A)} = A + Be^{j(\theta_B - \theta_A)} \tag{d}$$

이 식을 그림 2.22와 비교해 볼 때, 단위 벡터 $e^{j\theta_A}$의 복소 극좌표 형태로 나누면 실수축과 허수축을 *시계방향*으로 각도 $\theta_A$만큼 회전시키는 효과가 있으므로 실수축이 벡터 **A**를 따라 놓이게 됨을 알 수 있다.

이제 오일러 방정식인 식 (2.40)을 사용하여 실수성분과 허수성분으로 분리하면 다음과 같다.

$$C\cos(\theta_C - \theta_A) = A + B\cos(\theta_B - \theta_A) \tag{e}$$

$$C\sin(\theta_C - \theta_A) = B\sin(\theta_B - \theta_A) \tag{f}$$

그러므로 해는 식 (*f*)와 (*e*)에서 각각 다음과 같이 구할 수 있다.

$$\theta_B = \theta_A + \sin^{-1}\frac{C\sin(\theta_C - \theta_A)}{B} \tag{2.45}$$

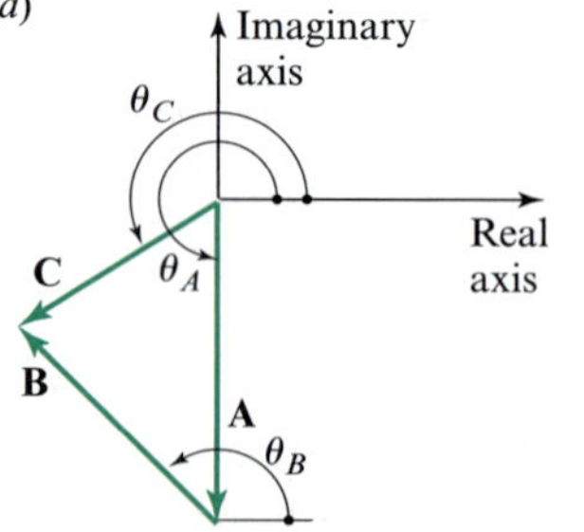


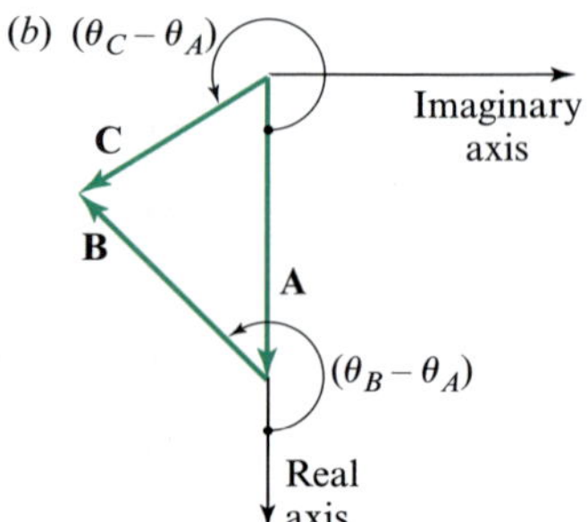


그림 2.22 (*a*) 원래의 축, (*b*) 회전된 축

[7] 컴퓨터 프로그램을 작성할 때, ANSI/ISO 표준 FORTRAN과 C를 포함한 대부분의 프로그램 언어는 ATAN2($y$, $x$)라는 분자와 분모를 별개로 받아들여 해당되는 사분면의 해를 라디안으로 주는 라이브러리 함수를 제공하고 있다. 만일 그런 함수가 제공되지 않으면, 대부분 1 또는 4사분면으로 답이 주어지며, 만일 분모가 음수이면 $\pi$ 라디안을 더해야 한다.

$$A = C\cos(\theta_C - \theta_A) - B\cos(\theta_B - \theta_A) \tag{2.46}$$

해를 식 (2.45)와 (2.46)의 순서로 기술한 이유는 $\theta_B$를 먼저 구하지 않으면 식 (2.46)을 수치적으로 계산할 수 없음을 강조하기 위해서이다. 또한 식 (2.45)에 있는 arc sin($\sin^{-1}$)항은 그 값이 2개이므로 경우 2에서는 두 가지 다른 해, 즉 $A$, $\theta_B$와 $A'$, $\theta'_B$가 나온다는 사실에 주의하며, 이에 대해서는 그림 2.11b에 나와 있는 내용을 참고한다.

**경우 3:** 2개의 미지수가 크기 $A$와 $B$의 크기인 경우이다. 경우 2와 동일하게, 식 ($e$)와 ($f$)를 얻는다. 따라서, 식 ($f$)로부터 $B$의 해를 얻는다.

$$B = C\frac{\sin(\theta_C - \theta_A)}{\sin(\theta_B - \theta_A)} \tag{2.47}$$

미지수의 $A$(크기)에 대한 해는 식 (2.42)를 $e^{j\theta_B}$로 나누어 구할 수 있다. 그런 다음, 그 식을 실수부와 허수부로 분리하면 다음 식이 나온다.

$$A = C\frac{\sin(\theta_C - \theta_B)}{\sin(\theta_A - \theta_B)} \tag{2.48}$$

그림 2.12에 제시된 것과 같이 이 경우는 유일한 해를 제공한다는 것을 유의해야 한다.

**경우 4:** 미지수가 2개로 각도 $\theta_A$와 $\theta_B$이다. 식 (2.42)를 $e^{j\theta_C}$로 나누어 실수축 벡터 **C**를 따라 일직선이 되도록 정렬하면 다음과 같다.

$$C = Ae^{j(\theta_A - \theta_C)} + Be^{j(\theta_B - \theta_C)} \tag{g}$$

오일러 방정식을 사용하여 성분들을 분리하고 항들을 정리하면 다음 식이 나온다.

$$A\cos(\theta_A - \theta_C) = C - B\cos(\theta_B - \theta_C) \tag{h}$$

$$A\sin(\theta_A - \theta_C) = -B\sin(\theta_B - \theta_C) \tag{i}$$

이 두 식을 제곱하여 더하면 다음 식이 된다.

$$A^2 = C^2 + B^2 - 2BC\cos(\theta_B - \theta_C) \tag{j}$$

이 식은 벡터 삼각형의 코사인 법칙임을 알 수 있다. $\theta_B$에 대해 풀면 다음과 같다.

$$\theta_B = \theta_C \pm \cos^{-1}\frac{C^2 + B^2 - A^2}{2BC} \tag{2.49}$$

$C$를 식 ($h$)의 좌변으로 이항한 다음 제곱하여 합하면 다음과 같은 코사인 법칙의 변형식이 나온다.

$$\theta_A = \theta_C \pm \cos^{-1}\frac{C^2 + A^2 - B^2}{2AC} \tag{2.50}$$

이 2개의 식에 포함된 복부호는, 각각의 아크코사인 값이 2개가 되므로 $\theta_B$와 $\theta_A$도 각각 해가 2개가 된다는 것을 의미한다. 따라서 이러한 2개의 각도 쌍은 식 ($i$)의 제한 조건하에서 $\theta_A$, $\theta_B$와 $\theta'_A$, $\theta'_B$로서 자연스럽게 함께 쌍으로 존재할 수 있다. 그러므로 경우 4에서는 그림 2.13에서와 같이 2개의 서로 다른 해가 존재한다.

## 2.12 위치 해석 방법

기구의 자세를 해석하는 방법에는 여러 가지 접근법들이 있다. 여기서는 아래의 다섯 가지 방법을 설명하겠다.

- 도식적 방법
- 해석적 방법
- 복소 대수법
- 벡터 대수법
- 수치 해석법

이 접근 방법들은 다음의 예제에서 설명되어 있다.

### 예제 2.4

그림 2.23의 슬라이더-크랭크 링크기구를 생각해보자. 자세 해석, 즉 $\theta_4$와 거리 $R_{AO_4}$을 구하라.

그림 2.23 $R_{O_2O_4} = 9.0$ in, $R_{AO_2} = 4.5$ in, $\theta_2 = 135°$

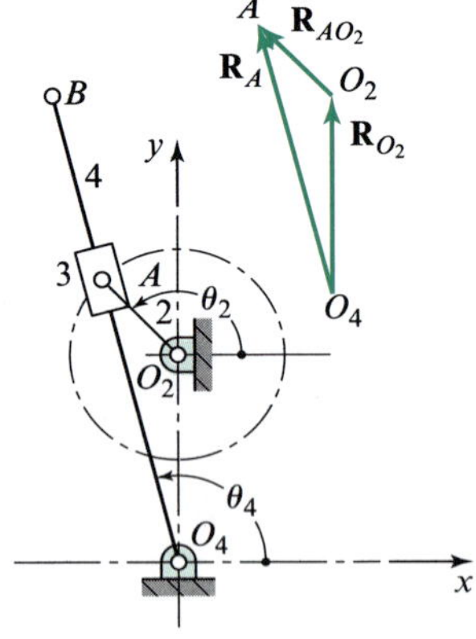


▶ **풀이**

먼저, 그림 2.23의 벡터 선도를 사용하면 이 문제를 경우 1에 해당하는 문제로 인식할 수 있다. 그러므로 벡터 루프 식은 다음과 같이 된다

$$\overset{??}{\mathbf{R}_{AO_4}} = \overset{\surd\surd}{\mathbf{R}_{O_2O_4}} + \overset{\surd I}{\mathbf{R}_{AO_2}} \tag{1}$$

여기서 기호 "$I$"는 벡터 $\mathbf{R}_{AO_2}$의 방향에 대해서 링크 2의 방향을 나타내는 주어진 입력이다.

(a) **도식적 방법** 그림 2.23은 적절한 축적으로 그린 것이고(예를 들어, 6 in/in), 그림에서 직접 측정하면 다음과 같이 구할 수 있다.

$$\theta_4 = 105.3° \qquad \text{답}$$

$$R_{AO_4} = 2.09\ \text{in}(6\ \text{in/in}) = 12.48\ \text{in} \qquad \text{답}$$

(b) **해석적 방법** 경우 1에 대하여 식 (2.43)과 (2.44)를 사용하면 다음 결과가 나온다.

$$\begin{aligned} R_{AO_4} &= \sqrt{R^2_{O_2O_4} + R^2_{AO_2} + 2R_{O_2O_4}R_{AO_2}\cos(\theta_2 - 90°)} \\ &= \sqrt{(9\ \text{in})^2 + (4.5\ \text{in})^2 + 2(9\ \text{in})(4.5\ \text{in})\cos(135° - 90°)} \\ &= 12.59\ \text{in} \end{aligned} \qquad \text{답}$$

$$\begin{aligned} \theta_4 &= \tan^{-1}\frac{R_{O_2O_4}\sin 90° + R_{AO_2}\sin\theta_2}{R_{O_2O_4}\cos 90° + R_{AO_2}\cos\theta_2} \\ &= \tan^{-1}\frac{(9\ \text{in})\sin 90° + (4.5\ \text{in})\sin 135°}{(9\ \text{in})\cos 90° + (4.5\ \text{in})\cos 135°} = \tan^{-1}\left(\frac{12.182\ \text{in}}{-3.182\ \text{in}}\right) = -75.36° \end{aligned}$$

그러나 이 계산과정에 사용된 계산기는 분모의 음의 부호가 2사분면에 있는 각도를 나타낸다는 사실을 인식하지 못한다. 그러므로 실제 각도는 다음과 같다.

$$\theta_4 = -75.36° \pm 180° = 104.64° \qquad \text{답}$$

(c) **복소 대수법** 식 (1)에서 각각의 항은 다음과 같다.

$$\begin{aligned} \mathbf{R}_{AO_4} &= R_{AO_4}\angle\theta_4 = R_{AO_4}\cos\theta_4 + jR_{AO_4}\sin\theta_4, \\ \mathbf{R}_{O_2O_4} &= 9\ \text{in} \angle\ 90° = (9\ \text{in})\cos 90° + j(9\ \text{in})\sin 90° = 0 + j9\ \text{in}, \\ \mathbf{R}_{AO_2} &= 4.5\ \text{in} \angle\ 135° = (4.5\ \text{in})\cos 135° + j(4.5\ \text{in})\sin 135° \\ &= -3.182\ \text{in} + j3.182\ \text{in} \end{aligned}$$

이 값들을 식 (1)에 대입하면 다음과 같다.

$$\mathbf{R}_{AO_4} = (0 + j9\ \text{in}) + (-3.182\ \text{in} + j3.182\ \text{in}) = -3.182\ \text{in} + j12.182\ \text{in}$$

그러므로 구하는 값은 각각 다음과 같다.

$$R_{AO_4} = \sqrt{(-3.182\ \text{in})^2 + (12.182\ \text{in})^2} = 12.59\ \text{in} \qquad \text{답}$$

및

$$\theta_4 = \tan^{-1}\frac{R^y_{AO_4}}{R^x_{AO_4}} = \tan^{-1}\frac{12.182 \text{ in}}{-3.182 \text{ in}} = 104.64° \quad \text{답}$$

그러나 위의 값은 계산기에 내장되어 있는 arc tan($\tan^{-1}$)를 사용한 결과임에 주의한다.

(d) **벡터 대수법** 이 방법에서는 과학용 계산기를 사용해야 하는데, 이러한 과학용 계산기에는 복소수를 직교좌표 표기법으로 더하고 뺄 수 있고 직교좌표 표기법을 극좌표 표기법으로 또는 그 반대로 변환할 수 있는 기능이 내장되어 있어야 한다. 그러므로 다음과 같다.

$$\begin{aligned}\mathbf{R}_{O_2O_4} &= 9 \text{ in} \angle 90° = 0 + j9 \text{ in},\\ \mathbf{R}_{AO_2} &= 4.5 \text{ in} \angle 135° = -3.182 \text{ in} + j3.182 \text{ in},\\ \mathbf{R}_{AO_4} &= \mathbf{R}_{O_2O_4} + \mathbf{R}_{AO_2} = (0 + j9 \text{ in}) + (-3.182 \text{ in} + j3.182)\\ &= -3.182 \text{ in} + j12.182 \text{ in} = 12.59 \text{ in} \angle 104.64°\end{aligned} \quad \text{답}$$

(e) **수치 해석법** 일부 과학용 계산기에는 복소수가 포함된 식을 직교좌표 형태나 극좌표 형태로 계산하여 그 결과를 어느 형태로든지 화면에 표시할 수 있는 기능이 내장되어 있다. 이러한 계산기를 사용하여 계산하면 그 결과는 다음과 같다.

$$\mathbf{R}_{AO_4} = 9 \text{ in} \angle 90° + 4.5 \text{ in} \angle 135° = 12.59 \text{ in} \angle 104.64° \quad \text{답}$$

모든 대수법은 도직적 방법에 의한 해보다 실제 해와 가장 일치하는 결과를 준다는 것을 상기할 필요가 있다.

## 예제 2.5

크랭크-로커의 4절 링크기구가 주어진 입력각에 대해 개방형과 교차형 모두 그림 2.24에 나와 있다. 링크의 자세 분석을 수행하라. 즉, 두 자세에 대한 $\theta_3$과 $\theta_4$를 구하라.

**▶ 풀이**

고정핀 $O_2$와 $O_4$ 사이의(고정 링크) 연결된 선이 수평이 아니라는 것에 주의해야 한다. 이전의 예제에서, 고정 링크는 $x$축과 동일하게 선택되었다. 즉 $\theta_1 = 0$. 그러나 이 예제에서는 각도 $\theta_1 = 15°$이며 식 (2.25)~(2.30)이 사용될 때 해당 내용을 반드시 반영해야 한다.

입력각 $\theta_2 = 30°$에 대해서 아래를 확인할 수 있다.

$$R_{AO_2} = 0.200 \text{ m} \angle 30°, \ \mathbf{R}_{O_4O_2} = 0.400 \text{ m} \angle 15°$$

따라서,

$$\mathbf{S} = \mathbf{R}_{O_4O_2} - \mathbf{R}_{AO_2} = 0.400 \text{ m} \angle 15° - 0.200 \text{ m} \angle 30° = 0.213 \text{ m} \angle 0.95°$$

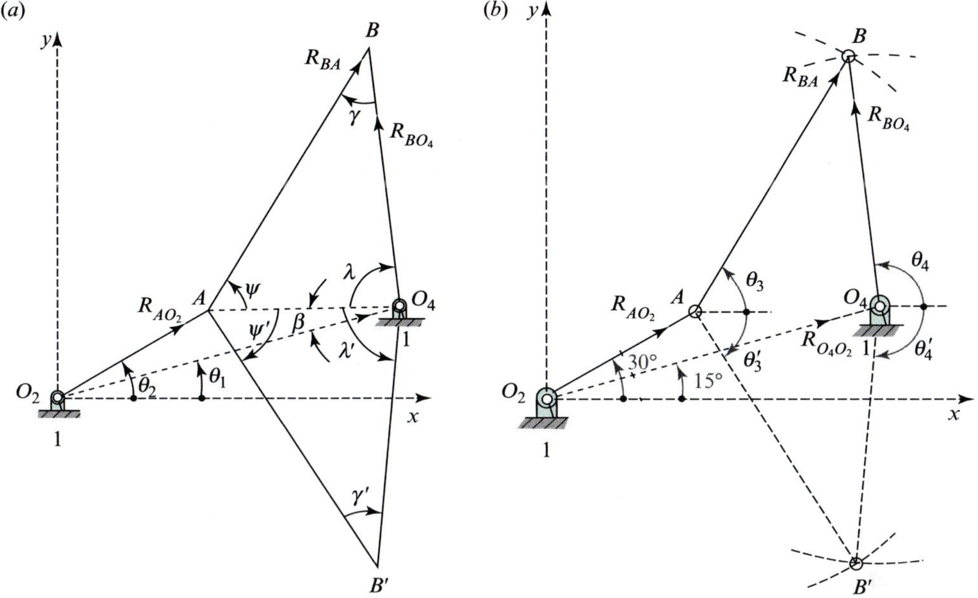


그림 2.24 $\mathbf{R}_{AO_2} = 200\text{ mm}\angle 30°$, $R_{BA} = 350$ mm, $R_{BO_4} = 300$ mm, $\mathbf{R}_{O_4O_2} = 400\text{ mm}\angle 15°$

삼각형 $ABO_4$의 벡터 간에는 다음 관계식이 성립함을 알 수 있다.

$$\overset{\surd\surd}{\mathbf{S}} = \overset{\surd ?}{\mathbf{R}_{BA}} - \overset{\surd ?}{\mathbf{R}_{BO_4}} \tag{1}$$

이 식에는 2개의 미지의 방향이 있으므로 경우 4에 해당함을 알 수 있다(표 2.2).

(a) **도식적 방법** 그림 2.24는 적절한 축적으로 그린 것이고, 그림에서 직접 측정하면 개방 형태에 대해서 다음과 같다.

$$\theta_3 = 60° \quad \text{and} \quad \theta_4 = 97° \qquad \text{답}$$

그리고 교차 형태에 대해서는 다음과 같다.

$$\theta_3' = -57° \quad \text{and} \quad \theta_4' = -95° \qquad \text{답}$$

(b) **해석적 방법** 그림 2.24에 나와 있는 표기를 그림 2.19와 비교하며, $r_1 = R_{O_4O_2} = 0.400$ m, $r_2 = R_{AO_2} = 0.200$ m, $r_3 = R_{BA} = 0.350$ m, $r_4 = R_{BO_4} = 0.300$ m이다. 또한, 그림 2.19의 고정 링크가 $\theta_1 = 15°$ ccw, $\theta_2 = 30° - 15° = 15°$만큼 회전하고 있다. 따라서 식 (2.25)에서 (2.30)에 대해서

$$S = \sqrt{(0.400\text{ m})^2 + (0.200\text{ m})^2 - 2(0.400\text{ m})(0.200\text{ m})\cos(30° - 15°)}$$
$$= 0.213\text{ m},$$

$$\beta = \cos^{-1}\frac{(0.400\text{ m})^2 + (0.213\text{ m})^2 - (0.200\text{ m})^2}{2(0.400\text{ m})(0.213\text{ m})} = 14.05°,$$

$$\psi = \cos^{-1}\frac{(0.350\text{ m})^2 + (0.213\text{ m})^2 - (0.300\text{ m})^2}{2(0.350\text{ m})(0.213\text{ m})} = 58.51°,$$

$$\lambda = \cos^{-1}\frac{(0.300\text{ m})^2 + (0.213\text{ m})^2 - (0.350\text{ m})^2}{2(0.300\text{ m})(0.213\text{ m})} = 84.19°$$

그리고, 개방형 자세에서 $\theta_1 = 15°$라는걸 상기하면,

$$\theta_3 = 15° - 14.05° + 58.51° = 59.46°$$ 답

$$\theta_4 = 15° + 180° - 14.05° - 84.19° = 96.76°$$ 답

교차형 구조에서는

$$\theta_3' = 15° - 14.05° - 58.51° = -57.56°$$ 답

$$\theta_4' = 15° + 180° - 14.05° + 84.19° = -94.86°$$ 답

(c) **복소 대수법** **C**에 대해서 **S**, $A$를 위해서 $R_{BA}$, $B$에 대해서 $-R_{BO_4}$, $\theta_C$에 대해서 $\theta_S$, $\theta_B$에 대해서 $\theta_4$를 식 (2.49)에 대입하면,

$$\theta_4 = \theta_S \pm \cos^{-1}\frac{S^2 + R_{BO_4}^2 - R_{BA}^2}{2(-R_{BO_4})S} = (\theta_1 - \beta) \pm \cos^{-1}\frac{S^2 + R_{BO_4}^2 - R_{BA}^2}{2(-R_{BO_4})S}$$
$$= 0.95° \pm \cos^{-1}\frac{(0.213\text{ m})^2 + (-0.300\text{ m})^2 - (0.350\text{ m})^2}{2(-0.300\text{ m})(0.213\text{ m})}$$ 답
$$= 0.95° \pm 95.81° = 96.76° \quad \text{or} \quad -94.86°$$

추가적으로 $\theta_A$에 대해서 $\theta_3$를 식 (2.50)에 대입하면

$$\theta_3 = \theta_S \pm \cos^{-1}\frac{S^2 + R_{BA}^2 - R_{BO_4}^2}{2R_{BA}S}$$
$$= 0.95° \pm \cos^{-1}\frac{(0.213\text{ m})^2 + (0.350\text{ m})^2 - (-0.300\text{ m})^2}{2(0.350\text{ m})(0.213\text{ m})}$$ 답
$$= 0.95° \pm 58.51° = 59.46° \quad \text{or} \quad -57.56°$$

여기서 첫 번째 결과가 개방형 자세에 해당되고, 두 번째 결과가 교차형 자세에 해당된다. (b)와 (c)의 답이 (a)의 답과 일치한다는 것을 주목하지만, 축척된 그림에서 측정된 것보다 훨씬 더 정확하다.

(d) **벡터 대수법** 4절 링크에 대해서 벡터 루프 식은 아래와 같다.

$$\overset{\surd ?}{\mathbf{R}_{BA}} = \overset{\surd\surd}{\mathbf{R}_{O_4O_2}} + \overset{\surd ?}{\mathbf{R}_{BO_4}} - \overset{\surd I}{\mathbf{R}_{AO_2}} \tag{2}$$

이 식을 수평과 수직방향 성분으로 분리하면,

$$R_{BA}\cos\theta_3 = R_{O_4O_2}\cos\theta_1 + R_{BO_4}\cos\theta_4 - R_{AO_2}\cos\theta_2 \tag{3a}$$

$$R_{BA}\sin\theta_3 = R_{O_4O_2}\sin\theta_1 + R_{BO_4}\sin\theta_4 - R_{AO_2}\sin\theta_2 \tag{3b}$$

위 식을 제곱을 하고 두 식을 더하면, $\theta_3$를 제거할 수 있다.

$$\begin{aligned} R_{BA}^2 = {} & R_{O_4O_2}^2 + R_{BO_4}^2 + R_{AO_2}^2 + 2R_{O_4O_2}R_{BO_4}[\cos\theta_1\cos\theta_4 + \sin\theta_1\sin\theta_4] \\ & -2R_{O_4O_2}R_{AO_2}[\cos\theta_1\cos\theta_2 + \sin\theta_1\sin\theta_2] - 2R_{BO_4}R_{AO_2}[\cos\theta_4\cos\theta_2 + \sin\theta_4\sin\theta_2] \end{aligned}$$

그리고, 이 식을 아래와 같이 쓸 수 있다.

$$A\cos\theta_4 + B\sin\theta_4 = C \tag{4}$$

여기서,

$$A = 2R_{O_4O_2}R_{BO_4}\cos\theta_1 - 2R_{BO_4}R_{AO_2}\cos\theta_2 \tag{5a}$$

$$B = 2R_{O_4O_2}R_{BO_4}\sin\theta_1 - 2R_{BO_4}R_{AO_2}\sin\theta_2 \tag{5b}$$

$$C = R_{BA}^2 - R_{O_4O_2}^2 - R_{BO_4}^2 - R_{AO_2}^2 + 2R_{O_4O_2}R_{AO_2}\cos(\theta_2 - \theta_1) \tag{5c}$$

식 (4)는 Freudensteins 식의 하나의 형태이다(9.11절에서 운동 합성에 더 접합한 다른 형태를 보여줄 것이다).

알고 있는 데이터를 식 (5)에 대입하면, 아래와 같다.

$$\begin{aligned} A &= 2(0.400\text{ m})(0.300\text{ m})\cos 15^\circ - 2(0.300\text{ m})(0.200\text{ m})\cos 30^\circ = 0.127\,90\text{ m}^2, \\ B &= 2(0.400\text{ m})(0.300\text{ m})\sin 15^\circ - 2(0.300\text{ m})(0.200\text{ m})\sin 30^\circ = 0.002\,12\text{ m}^2, \\ C &= (0.350\text{ m})^2 - (0.400\text{ m})^2 - (0.300\text{ m})^2 - (0.200\text{ m})^2 \\ &\quad + 2(0.400\text{ m})(0.200\text{ m})\cos(30^\circ - 15^\circ) \\ &= -0.012\,95\text{ m}^2 \end{aligned}$$

따라서 식 (4)는 다음과 같다.

$$\left(0.127\,90\text{ m}^2\right)\cos\theta_4 + \left(0.002\,12\text{ m}^2\right)\sin\theta_4 = -0.012\,95\text{ m}^2 \tag{6}$$

각도 $\theta_4$를 결정하기 위해 이 초월방정식은 아래와 같이 2차 방정식으로 표현할 수 있다. 반각 공식을 사용하기 위해 아래와 같이 정의하였다.

$$Z = \tan(\theta_4/2) \tag{7a}$$

이는 아래 결과를 유도한다.

$$\sin\theta_4 = \frac{2Z}{1+Z^2} \quad \text{and} \quad \cos\theta_4 = \frac{1-Z^2}{1+Z^2} \tag{7b}$$

식 (7*b*)를 식 (6)에 대입하고 $(1 + Z^2)$을 곱하고 다시 정리하면, 다음과 같은 2차 방정식이 나온다.

$$\left(0.114\,95\ \text{m}^2\right)Z^2 + \left(-0.004\,23\ \text{m}^2\right)Z + \left(-0.140\,85\ \text{m}^2\right) = 0$$

이 방정식에 대한 해는 아래와 같다.

$$\begin{aligned} Z &= \frac{-(-0.004\,23\ \text{m}) \pm \sqrt{(-0.004\,23\ \text{m})^2 - 4(0.114\,95\ \text{m})(-0.140\,85\ \text{m})}}{2(0.114\,95\ \text{m})} \\ &= 0.018\,41 \pm 1.106\,80 = 1.125\,21 \quad \text{or} \quad -1.088\,39 \end{aligned} \tag{8}$$

식 (8)을 식 (7)에 대입하면 각각 개방형, 교차형 자세에 대한 두 개의 출력 각도가 나온다.

$$\theta_4 = 96.76^\circ \quad \text{and} \quad \theta_4' = -94.86^\circ$$ 답

이 식을 식 (3*a*)와 (3*b*)에 대입하면, 커플러의 각도는 아래와 같다.

$$\theta_3 = 59.46^\circ \quad \text{and} \quad \theta_3' = -57.56^\circ$$ 답

(e) **수치 해석법** 벡터 루프 식 (2)를 다시 정리하면

$$\mathbf{f} = \mathbf{R}_{AO_2} + \mathbf{R}_{BA} - \mathbf{R}_{O_4O_2} - \mathbf{R}_{BO_4} = \mathbf{0} \tag{9}$$

이를 수평 및 수직성분으로 분리하면

$$f^x = R_{AO_2}\cos\theta_2 + R_{BA}\cos\theta_3 - R_{O_4O_2}\cos\theta_1 - R_{BO_4}\cos\theta_4 = 0 \tag{10a}$$

$$f^y = R_{AO_2}\sin\theta_2 + R_{BA}\sin\theta_3 - R_{O_4O_2}\sin\theta_1 - R_{BO_4}\sin\theta_4 = 0 \tag{10b}$$

이 두 식의 미지수는 $\theta_3$와 $\theta_4$이다. 이를 2.9절에서 소개한 뉴턴-랩슨 방식을 이용하여 정확도 0.01°로 풀었다. 이를 위해 식 (10)을 테일러 시리즈의 일차 항을 전개하면

$$\begin{aligned} R_{AO_2}\cos\theta_2 + R_{BA}\cos\theta_3 - R_{BA}\sin\theta_3\Delta\theta_3 - R_{O_4O_2}\cos\theta_1 - R_{BO_4}\cos\theta_4 + R_{BO_4}\sin\theta_4\Delta\theta_4 = 0, \\ R_{AO_2}\sin\theta_2 + R_{BA}\sin\theta_3 + R_{BA}\cos\theta_3\Delta\theta_3 - R_{O_4O_2}\sin\theta_1 - R_{BO_4}\sin\theta_4 - R_{BO_4}\cos\theta_4\Delta\theta_4 = 0 \end{aligned}$$

그리고, 이 식을 다시 행렬의 형태로 작성하면

$$R_{BA}\sin\theta_3\varDelta\theta_3 - R_{BO_4}\sin\theta_4\varDelta\theta_4 = R_{AO_2}\cos\theta_2 + R_{BA}\cos\theta_3 - R_{O_4O_2}\cos\theta_1 - R_{BO_4}\cos\theta_4,$$
$$-R_{BA}\cos\theta_3\varDelta\theta_3 + R_{BO_4}\cos\theta_4\varDelta\theta_4 = R_{AO_2}\sin\theta_2 + R_{BA}\sin\theta_3 - R_{O_4O_2}\sin\theta_1 - R_{BO_4}\sin\theta_4$$

주어진 데이터를 행렬에 대입하면

$$J\begin{bmatrix}\varDelta\theta_3\\ \varDelta\theta_4\end{bmatrix} = \begin{bmatrix}f^x\\ f^y\end{bmatrix} = \begin{bmatrix}R_{AO_2}\cos\theta_2 + R_{BA}\cos\theta_3 - R_{O_4O_2}\cos\theta_1 - R_{BO_4}\cos\theta_4\\ R_{AO_2}\sin\theta_2 + R_{BA}\sin\theta_3 - R_{O_4O_2}\sin\theta_1 - R_{BO_4}\sin\theta_4\end{bmatrix} \tag{11a}$$

여기서, $J$는 자코비안(Jacobian)을 의미하며 아래와 같다.

$$J = \begin{bmatrix}R_{BA}\sin\theta_3 & -R_{BO_4}\sin\theta_4\\ -R_{BA}\cos\theta_3 & R_{BO_4}\cos\theta_4\end{bmatrix} \tag{11b}$$

그리고 자코비안의 행렬식은 아래와 같다. 여기서

$$\varDelta = (R_{BA}\sin\theta_3)(R_{BO_4}\cos\theta_4) - (-R_{BA}\cos\theta_3)(-R_{BO_4}\sin\theta_4) = R_{BA}R_{BO_4}\sin(\theta_3 - \theta_4) \tag{12}$$

$\theta_3 = \theta_4$ 또는 $\theta_3 = \theta_4 + 180°$인 경우 $\Delta = 0$이고, 다시 말해 4절 링크가 토글 위치에 있을 때이다(1.10절 참고).

크래머의 공식에 따라 보정항은 식 (11*a*)로부터 아래와 같이 표현할 수 있다.

$$\varDelta\theta_3 = \frac{R_{BO_4}(f^x\cos\theta_4 + f^y\sin\theta_4)}{\varDelta} \tag{13a}$$

그리고

$$\varDelta\theta_4 = \frac{R_{BA}(f^x\cos\theta_3 + f^y\sin\theta_3)}{\varDelta} \tag{13b}$$

식 (13)이 무차원 수를 제공하고 $\Delta\theta_3$와 $\Delta\theta_4$는 라디안(radian) 단위로 나타내진다. 따라서 보정값을 도(degree)로 표현된 $\theta_3$와 $\theta_4$와 조합할 때는 주의해야 한다.

$$(\theta_3)_{\text{new}} = (\theta_3)_{\text{old}} + \frac{180°}{\pi\ \text{rad}}\varDelta\theta_3 \tag{14a}$$

그리고

$$(\theta_4)_{\text{new}} = (\theta_4)_{\text{old}} + \frac{180°}{\pi\ \text{rad}}\varDelta\theta_4 \tag{14b}$$

또한 이 반복 과정을 적용하기 위하여, 미지수의 $\theta_3$와 $\theta_4$의 초기 예상치를 이용하여 시작한다. 축척된 링크의 그림으로부터, 개방형 자세에 대해서 초기 예상치는

$$\theta_3 = 60^\circ \quad \text{and} \quad \theta_4 = 100^\circ \tag{15}$$

이 예측값들은 식 (12)에 대입하며 자코비안의 행렬식의 초기값을 알 수 있다.

$$\Delta = (0.350\text{ m})(0.300\text{ m})\sin(-40^\circ) = -0.067\ \ 492\ \ 7\text{ m}^2 \tag{16}$$

식 (15)를 식 (11)에 대입하면 아래와 같다.

$$\begin{bmatrix} 0.303\ 11\text{ m} & -0.295\ 44\text{ m} \\ -0.175\ 00\text{ m} & -0.052\ 09\text{ m} \end{bmatrix} \begin{bmatrix} \Delta\theta_3 \\ \Delta\theta_4 \end{bmatrix} = \begin{bmatrix} 0.013\ 93\text{ m} \\ 0.004\ 14\text{ m} \end{bmatrix}$$

크래머 법칙을 사용하면, 이 식들은 아래와 같은 해를 제공한다.

$$\Delta\theta_3 = -0.007\ 371\ 5\text{ rad} = -0.422^\circ \quad \text{and} \quad \Delta\theta_4 = -0.054\ 711\ 4\text{ rad} = -3.135^\circ$$

이 식들은 식 (15)와 조합하면 업데이트된 아래와 같은 값들을 구할 수 있다.

$$\theta_3 = 59.58^\circ \quad \text{and} \quad \theta_4 = 96.87^\circ \tag{17}$$

이 예상치를 식 (11)에 입력하면

$$\begin{bmatrix} 0.301\ 82\text{ m} & -0.297\ 85\text{ m} \\ -0.177\ 22\text{ m} & -0.035\ 89\text{ m} \end{bmatrix} \begin{bmatrix} \Delta\theta_3 \\ \Delta\theta_4 \end{bmatrix} = \begin{bmatrix} -0.577\ 13(10)^{-4}\text{ m} \\ 0.441\ 91(10)^{-3}\text{ m} \end{bmatrix}$$

크래머 법칙으로 행렬을 풀면 새로 계산된 보정값은,

$$\Delta\theta_3 = -0.002\ 101\ 6\text{ rad} = -0.120^\circ \text{ 그리고 } \Delta\theta_4 = -0.001\ 94\text{ rad} = -0.111^\circ$$

이 보정값들을 식 (17)에 대입하면,

$$\theta_3 = 59.46^\circ \quad \text{and} \quad \theta_4 = 96.76^\circ \tag{18}$$

더 정확해진 예상치들을 식 (11)에 대입하면

$$\begin{bmatrix} 0.301\ 45\text{ m} & -0.297\ 91\text{ m} \\ -0.177\ 85\text{ m} & -0.035\ 31\text{ m} \end{bmatrix} \begin{bmatrix} \Delta\theta_3 \\ \Delta\theta_4 \end{bmatrix} = \begin{bmatrix} 0.213\ 51(10)^{-5}\text{ m} \\ 0.173\ 94(10)^{-5}\text{ m} \end{bmatrix}$$

다시 크래머 법칙을 이용하여 풀고, 정확해진 보정값은

$$\Delta\theta_3 = -0.000\ 069\ 59 \text{ rad} = -0.004\ 0^\circ \quad \text{and} \quad \Delta\theta_4 = -0.000\ 014\ 2 \text{ rad} = -0.000\ 81^\circ$$

이 보정값을 식 (18)에 대입하면

$$\theta_3 = 59.46^\circ \quad \text{and} \quad \theta_4 = 96.76^\circ$$ 답

보정값들은 요구되는 정확성이 0.01° 더 작아졌으므로. 우리는 개방형에 대해서 이 값들을 최종 결과로 결정하였다.

교차형 자세에 대해서, 그림에서 $\theta_3 = -60°$와 $\theta_4 = -100°$로부터 초기 예상치를 판단한다. 그리고 이 초기 예상치를 식 (11)과 같이 이용하여 똑같은 과정을 통해, 수렴하는 결과가 나올 때까지 반복하였다.

$$\theta_3 = -57.56^\circ \text{ 그리고 } \theta_4 = -94.86^\circ$$ 답

상용화된 MATLAB이나 JAVA와 같은 언어를 사용하여, 컴퓨터 프로그램 코드가 사용될 수 있다.

## 2.13 커플러 곡선 생성

1장의 그림 1.23을 통해 4절 링크기구에 의해 생성될 수 있는 유용한 커플러 곡선이 대단히 다양하다는 것을 알았다. 이러한 곡선들은 도식적으로 쉽게 구할 수도 있지만, 컴퓨터를 사용하면 곡선을 더욱 빨리 생성할 수 있으며 원하는 곡선 특성을 얻기 위하여 더욱 간단하게 변형할 수 있다. 여기서는 기본식만을 소개하고 화면 표시에 필요한 컴퓨터 프로그래밍에 관한 상세한 설명은 생략한다.

그림 2.16의 4절 링크기구를 고려해보면, 다음과 같이 벡터식으로 나타낼 수 있다.

$$\overset{??}{\mathbf{S}} = \overset{\surd\surd}{\mathbf{R}_C} - \overset{\surd\surd}{\mathbf{R}_A}$$

위 식은 경우 1에 해당되며, 여기서 $S$와 $\theta_S$가 미지수이다. 이 식의 해는 식 (2.43)과 (2.44)에 의해 구해지며, 대입을 하면 아래와 같다.

$$S = \sqrt{R_C^2 + R_A^2 - 2R_C R_A \cos(\theta_A - \theta_C)} \tag{2.51}$$

$$\theta_S = \tan^{-1}\frac{R_C \sin\theta_C - R_A \sin\theta_A}{R_C \cos\theta_C - R_A \cos\theta_A} \tag{2.52}$$

그리고, 다음 관계도 확인할 수 있다.

$$\overset{\surd\surd}{\mathbf{S}} = \overset{\surd ?}{\mathbf{R}_{BA}} - \overset{\surd ?}{\mathbf{R}_{BC}}$$

여기서, 두 각도 $\theta_3$와 $\theta_4$의 방향에 대한 정보는 없다. 해는 식 (2.49)와 (2.50)에 의해 구할 수 있다. 대입하면 아래와 같다.

$$\theta_4 = \theta_S \pm \cos^{-1}\frac{S^2 + R_{BC}^2 - R_{BA}^2}{2R_{BC}S} \tag{2.53}$$

$$\theta_3 = \theta_S \mp \cos^{-1}\frac{S^2 + R_{BA}^2 - R_{BC}^2}{2R_{BA}S} \tag{2.54}$$

이 식에서 음의 부호(lower set of sign)는 그림 2.16*a*의 개방 링크기구의 해인 경우이며, 양의 부호(upper set)는 그림 2.16*b*에서 교차 링크기구의 해인 경우이다.

크랭크 2가 회전할 때 커플러 점 *P*는 커플러 곡선을 생성한다. 그림 2.16*b*에서, 다음 식이 성립함을 알 수 있다.

$$\mathbf{R}_P = R_P e^{j\theta_6} = R_A e^{j\theta_2} + R_{PA} e^{j(\theta_3+\alpha)} \tag{2.55}$$

이 식에서는 $R_p$와 $\theta_6$이 미지수이기 때문에 이 식은 경우 1의 벡터식임을 알 수 있다. 해는 식 (2.43)과 (2.44)를 적용하여 구할 수 있다.

$$R_P = \sqrt{R_A^2 + R_{PA}^2 + 2R_A R_{PA}\cos(\theta_3 + \alpha - \theta_2)} \tag{2.56}$$

그리고

$$\theta_6 = \tan^{-1}\frac{R_A \sin\theta_2 + R_{PA}\sin(\theta_3 + \alpha)}{R_A \cos\theta_2 + R_{PA}\cos(\theta_3 + \alpha)} \tag{2.57}$$

위 식에서 해는 두 개가 나오며, 그 이유는 두 개의 링크의 자세에 해당하는 두 개의 $\theta_3$의 값이 나오기 때문이다. 다음 예제는 식 (2.56)과 (2.57)을 이용하여, 4절 링크의 커플러 곡선을 그리는 것이다.

### 예제 2.6

그림 2.25에 나와 있는 크랭크-로커 4절 링크를 고려해 보자. $R_{BA} = 100$ mm, $R_{CB} = 250$ mm, $R_{CD} = 300$ mm, $R_{DA} = 200$ mm이다. 커플러 핀 *B*와 *C*의 경로는 각각 원과 원호에 의해서 제시된다. 커플러 점 *P*의 위치는 $R_{PB} = 150$ mm, $\alpha = \angle CBP = -45°$에 의해 주어진다. 크랭크가 한 바퀴 회전할 때 커플러의 점 *P*의 좌표를 계산하고, 이 점의 경로를 그려라.

**▶ 풀이**

각각의 크랭크 각도 $\theta_2$에 대하여, 각도 $\beta$, $\psi$, $\gamma$는 식 (2.26), (2.27), (2.33)으로 계산한다. 이 표기는 그림 2.15, 2.16의 표기에 해당된다. 다음으로, 식 (2.29)와 (2.31)이 표 2.3에 정리된 링크 3, $\theta_3$의 값을 구하는 데 적용되었다. 식 (2.50)을 통해서도 동일한 결과가 나옴을 유의해야 한다.

최종적으로, 커플러의 점 *P*의 극좌표가 식 (2.56)과 (2.57)로부터 계산되었다. 이것으로부터, 점 *P*의 직교좌표계를 구할 수 있다. 개방형 자세에 대해 크랭크 각도가 0 ~ 90°에 대한 해는 표 2.3에 정리되어 있다. 커플러 곡선은 그림 2.25에 나와 있다. 관심이 있는 학습자는 교차형 자세에 대해서도 해를 구하는 것을 해볼 수 있다.

표 2.3 링크 3의 위치와 커플러 점 $P$의 좌표

| $\theta_2$, deg | $\theta_3$, deg | $R_P$, mm | $\theta_6$, deg | $R_P^x$, mm | $R_P^y$, mm |
|---|---|---|---|---|---|
| 0.0 | 110.5 | 212.0 | 40.1 | 162.2 | 136.5 |
| 10.0 | 99.4 | 232.2 | 36.9 | 185.8 | 139.3 |
| 20.0 | 87.8 | 245.3 | 33.7 | 204.0 | 136.1 |
| 30.0 | 77.5 | 249.9 | 31.5 | 213.1 | 130.6 |
| 40.0 | 69.2 | 247.7 | 30.5 | 213.4 | 125.8 |
| 50.0 | 62.9 | 240.7 | 30.7 | 207.0 | 122.7 |
| 60.0 | 58.3 | 230.4 | 31.7 | 196.0 | 121.1 |
| 70.0 | 55.1 | 218.0 | 33.5 | 181.9 | 120.3 |
| 80.0 | 53.0 | 204.4 | 35.7 | 165.9 | 119.4 |
| 90.0 | 51.8 | 189.9 | 38.3 | 148.9 | 117.8 |

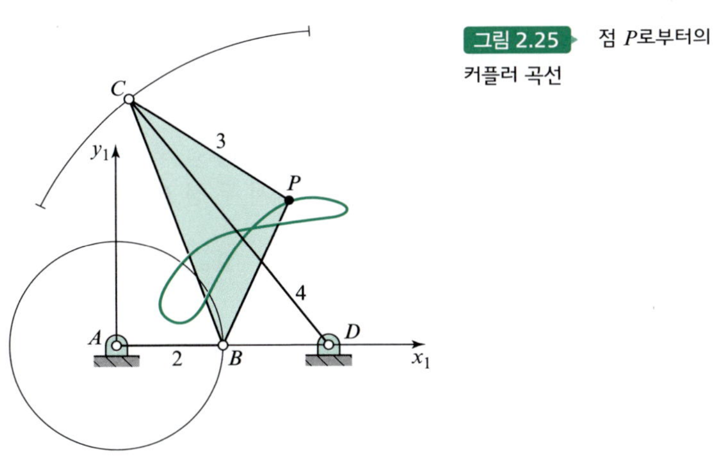


그림 2.25 점 $P$로부터의 커플러 곡선

## 2.14 움직이는 점의 변위

운동에 대한 학습에서, 연속하는 점의 위치와 링크의 자세와의 관계에 대해서 관심을 가져야 한다. 그림 2.26의 최초 위치 $P$의 점은 보여진 경로를 따라 이동하여 일정한 시간 이후에 $P'$에 도착한다. 이 시간 간격 동안 점의 *변위*는 *순 위치 변화*(*net change in position*)라고 정의하고 아래와 같다.

$$\Delta \mathbf{R}_P = \mathbf{R}'_P - \mathbf{R}_P \tag{2.58}$$

변위는 시작점이 $P$이고 끝점이 $P'$인 벡터의 크기와 방향을 가지는 벡터량이다.

중요한 것은 위의 $\Delta \mathbf{R}_P$는 순 위치 변화이므로 점 $P$와 점 $P'$ 사이에서 취한 특정 경로와는 상관이 없다는 사실이다. 변위 벡터의 크기는 경로의 길이(이동거리)와 반드시 같을 필요가 *없고*, 방향도 반드시 경로의 접선방향을 따르지 *않아*도 된다. 그러나 변위가 아주 작을 경우에는 이 두

그림 2.26 움직이는 점의 변위

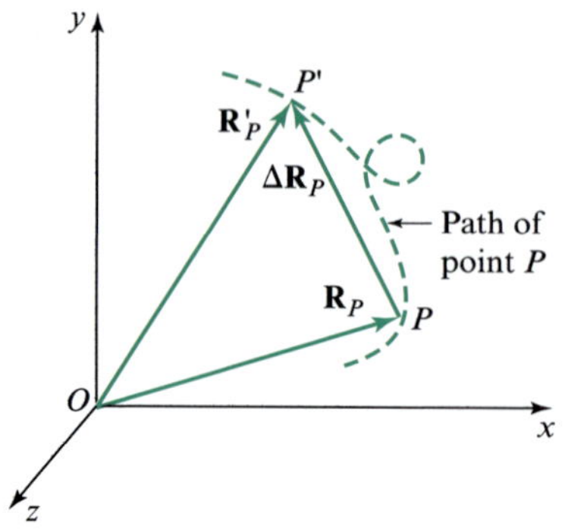

가지 조건이 일치한다. 점 $P$로부터 점 $P'$까지의 변위 벡터를 구하기 위해서는 초기 위치와 최종 위치를 알고 있으면 실제 이동 경로에 관한 내용을 알 필요가 없다.

## 2.15 두 점 간의 변위차

이 절에서는 2개의 움직이는 점의 변위차에 대해 알아보기로 한다. 특히 2개의 움직이는 점이 모두 동일한 강체에 있는 경우에 대해 알아본다. 이 경우는 그림 2.27에 나와 있는데, 여기서는 강체가 $x_2y_2z_2$로 정의되는 처음 위치에서 $x'_2y'_2z'_2$로 정의되는 나중 위치로 이동하는 상황이다.

식 (2.6)에 의하면 초기 순간에서 두 점 $P$와 $Q$의 위치차는 다음과 같다.

$$\mathbf{R}_{PQ} = \mathbf{R}_P - \mathbf{R}_Q \qquad (a)$$

강체의 변위 후에 이 두 점은 각각 $P'$와 $Q'$에 위치한다. 이때의 위치차는 다음과 같다.

그림 2.27 동일한 강체에 있는 두 점 간의 변위차

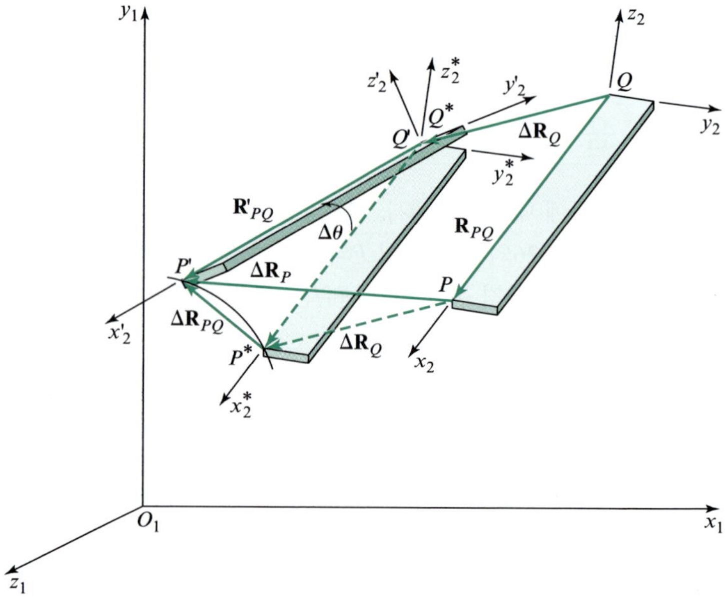

$$\mathbf{R}'_{PQ} = \mathbf{R}'_P - \mathbf{R}'_Q \tag{b}$$

이동 시간 간격 동안에 이 두 점은 각각 $\Delta\mathbf{R}_P$와 $\Delta\mathbf{R}_Q$의 변위를 거친다.

두 점 간의 *변위차*(*displacement difference*)는 이름 그대로 두 점의 각각의 변위 간의 순수 차로 정의되며 부호 $\Delta\mathbf{R}_{PQ}$로 표시한다.

$$\Delta\mathbf{R}_{PQ} = \Delta\mathbf{R}_P - \Delta\mathbf{R}_Q \tag{2.59}$$

이 식은 그림 2.27의 벡터 삼각형 $PP^*P'$에 해당한다는 사실이 중요하다. 변위는 앞 절에서 설명한 바와 같이 순수 위치 변화에만 관계가 있고 지나온 경로와는 무관하다. 그러므로 점 $P$와 $Q$가 포함된 강체가 *실제로* 어떻게 변위했든지 간에 그 경로를 원하는 대로 가시화 할 수 있다. 식 (2.59)를 보면 변위가 두 단계에 걸쳐 발생된 것으로 가시화 할 수 있다. 먼저, 강체는 $x_2y_2z_2$로부터 $x_2^*y_2^*z_2^*$까지 병진운동(무회전 미끄럼운동)을 하며 이 운동을 하는 과정에서 점 $P$와 $Q$를 포함하여 모든 질점은 변위가 $\Delta\mathbf{R}_Q$로 동일하다. 다음으로, 강체를 점 $Q'$를 중심으로 하여 최종위치 $x_2'y_2'z_2'$까지 회전했다.

식 (2.59)를 변형하면 다음과 같이 다른 방식의 해석이 가능하다.

$$\begin{aligned}\Delta\mathbf{R}_{PQ} &= (\mathbf{R}'_P - \mathbf{R}_P) - \left(\mathbf{R}'_Q - \mathbf{R}_Q\right)\\ &= \left(\mathbf{R}'_P - \mathbf{R}'_Q\right) - (\mathbf{R}_P - \mathbf{R}_Q)\end{aligned} \tag{c}$$

그러므로 식 ($a$)와 ($b$)의 관계식에서 다음 식을 얻을 수 있다.

$$\Delta\mathbf{R}_{PQ} = \mathbf{R}'_{PQ} - \mathbf{R}_{PQ} \tag{2.60}$$

이 식은 그림 2.27의 벡터 삼각형 $Q'P^*P'$에 해당하며, 두 변위 간의 차로 정의되는 변위차는 위치차 벡터 간의 순 변화와 같다는 것을 나타내고 있다.

모든 해석에서 우리는 *강체의 변위는 한 점(Q)의 순수 병진운동과 이 점을 중심으로 하는 강체의 순수 회전운동의 결과를 합한 것과 같다*는 것을 설명하고 있다. 또한, 회전운동은 동일 강체에 있는 두 점의 변위차의 원인이 된다는 사실을 알 수 있다. 즉 *병진운동의 결과로는 동일 강체에 있는 임의의 두 점 간에 변위차가 발생하지 않는다*(다음 절에서 *병진운동* 용어의 정의 참고).

위에서 설명한 내용을 토대로, 변위차 $\Delta\mathbf{R}_{PQ}$는 점 $Q$와 위치가 항상 일치하지만 이동 강체와 함께 *회전하지는 않는* 이동 관측자, 즉 방향 측정 시 항상 절대좌표축 $x_1y_1z_1$을 사용하는 이동 관측자가 바라보는 점 $P$의 변위로 가시화할 수 있다. 여기서는 점 $Q$와 함께 이동하지만 회전하지 않는 관측자에 대한 해석과 이동 강체에 있는 관측자의 경우와의 차이점을 이해하는 것이 무엇보다 중요하다. 이동 강체에 있는 관측자에게는 점 $P$와 $Q$가 둘 다 정지 상태에 있는 것처럼 보인다. 즉, 그 어느 점도 관측자에 대하여 이동하지 않기 때문에 변위가 발생하지 않는 것처럼 보이므로 이와 같은 관측자가 바라보는 변위차는 0이 된다.

## 2.16 회전과 병진

*회전*과 *병진*은 이제 동일 강체에 있는 두 점의 변위차를 사용하여 정의할 수 있다.

*병진*(*translation*)*은 강체에 있는 임의의 두 점 P와 Q의 변위차가 0이 되는 강체의 운동 상태*로 정의되므로, 변위차에 관한 식 (2.60)을 다음과 같이 나타낼 수 있다.

$$\Delta\mathbf{R}_{PQ} = \Delta\mathbf{R}_P - \Delta\mathbf{R}_Q = \mathbf{0}$$

다시 말해,

$$\Delta\mathbf{R}_P = \Delta\mathbf{R}_Q \tag{2.61}$$

이 식은 *강체에 있는 임의의 두 점의 변위는 같다*는 것을 의미한다.

*회전*(*rotation*)은 강체에서 서로 다른 점들이 서로 다른 변위를 나타내는 운동 상태이다.

그림 2.28*a*에는 강체가 위치 $x_2y_2$로부터 위치 $x'_2y'_2$까지 곡선 경로를 따라 이동하는 상황이 예시되어 있다. 이 점 경로가 곡선[8]이기는 하지만 $\Delta\mathbf{R}_P$는 $\Delta\mathbf{R}_Q$와 같으며, 강체는 병진운동을 하였다. 병진운동에서는 강체에 있는 두 점이 나타내는 점 경로들이 동일하고 이동좌표계와 관측자의 좌표계 간의 각 방향이 전혀 변하지 않는다는 사실, 즉 $\Delta\theta_2 = \theta'_2 - \theta_2 = 0$이 된다.

이제, 그림 2.28*b*에는 이동 강체의 중심점이 직선 경로를 따라 이동하도록 *구속*(*constrain*)되어 있다. 그러나 이 경우에는 물체가 회전하므로 $\Delta\theta_2 = \theta'_2 - \theta_2 \neq 0$이므로 변위 $\Delta\mathbf{R}_P$는 $\Delta\mathbf{R}_Q$는 서로 같지 않다. 강체의 회전 중심점이 분명하지는 않지만, 좌표계 $x'_2y'_2$가 $x_1y_1$에 대하여 각 방향이 변화되었으므로 강체가 회전운동을 했다고 하는 것이다. 여기서는 점 *P*와 점 *Q*가 나타내는 점 경로는 서로 동일하지 않다는 사실에 주의한다.

결론적으로, 이 두 가지 예에서 강체의 회전이나 병진은 단일점으로 정의할 수 없다는 사실을 알았다. 이 두 가지 경우는 강체나 좌표계의 특성 운동이다. “점의 회전”이라는 말은 점에 대해 각

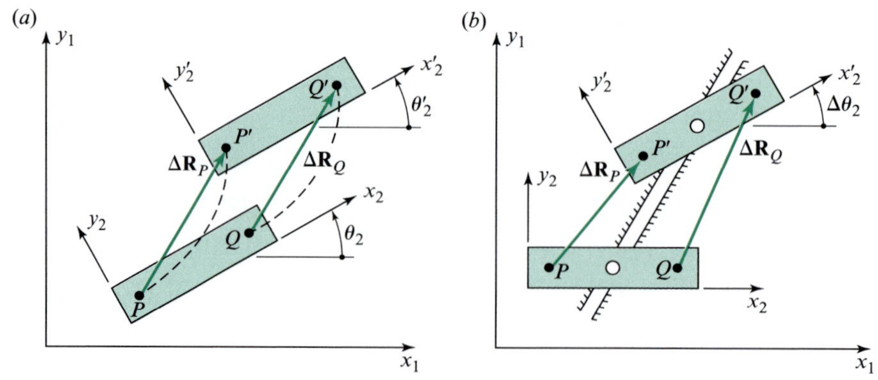


그림 2.28 (*a*) 병진: $\Delta\mathbf{R}_P = \Delta\mathbf{R}_Q$, $\Delta\theta_2 = 0$, (*b*) 회전: $\Delta\mathbf{R}_P \neq \Delta\mathbf{R}_Q$, $\Delta\theta_2 \neq 0$

[8] 점의 경로가 직선인 병진운동을 *직선* 병진운동이라고 하고, 점의 경로가 직선이 아닌 동일한 곡선일 때 *곡선* 병진운동이라 한다.

방향이라는 표현이 무의미하기 때문에 부적절하다. 또한, "회전"과 "병진"이라는 용어를 단일점 경로의 직선 또는 곡선 특성과 연관 짓는 것도 적절하지 않다. 강체에서 어떤 점을 선정해도 상관은 없지만, 이러한 용어에 대하여 의미 있는 정의가 존재하기 전에는 둘 또는 그 이상의 점의 운동을 비교해 보아야만 한다.

## 2.17 상대 변위

앞의 내용에서 움직이는 점의 변위는 특정 이동 경로와는 무관하다는 사실을 배웠다. 그러나 변위는 경로의 양 끝점의 위치 벡터로 계산하기 때문에 반드시 관측자의 좌표계에 대하여 알고 있어야 한다.

그림 2.29에서는 3개의 물체를 확인할 수 있다. 첫째는 물체 1로서 이는 절대 기준좌표계 $x_1y_1z_1$을 포함하는 고정 또는 정지 물체이다. 둘째는 물체 2로서 이는 기준좌표 $x_2y_2z_2$가 적용되는 이동 물체이다. 셋째는 물체 3으로 이는 물체 2에 대하여 이동이 가능한 물체이다. 또한, 2개의 관측자도 확인할 수 있다. 이 책에서는 고정좌표계인 물체 1에 붙어 있는 관측자를 HE라고 정의하였다. 또한, 이동좌표계 $x_2y_2z_2$에 부착되어 있는 물체 2에 있는 관측자를 SHE라고 정의하였다. 그러므로 HE는 지상에서 관측하고 있는 반면, SHE는 물체 2를 타고 움직인다.

이제, 물체 3에 고정되어 있으며 물체 2에서 있는 알고 있는 경로를 따라 이동하는 질점 $P_3$을 고려해 보자. HE와 SHE는 모두 질점 $P_3$의 운동을 관측하고 있으므로 이들이 관측하는 것에 대하여 알아야 한다. 물체 2에 고정되어 있고 $P_3$과 순간적으로 일치하는 또 다른 점 $P_2$를 정의해야 한다.

이제, 물체 2와 $x_2y_2z_2$가 새로운 위치 $x'_2y'_2z'_2$로 이동되었다고 하자. 또한, 이 운동이 발생하는 동안에 $P_3$이 물체 2에 $P'_3$로 표시되어 있는 또 다른 위치로 이동되었다고 하자. 그러나 $P_2$는 물체 2에 부착되어 있기 때문에 물체 2와 함께 이동하여 $P'_2$로 표시된 새로운 위치에 놓인다. 물체 2에 있는 SHE가 관측하는 질점 $P_3$의 운동은 $\Delta\mathbf{R}_{P_3/2}$로 기록되는데, 이는 물체 2에 있는 관측자에게 보이는 $P_3$의 변위라는 의미이다. 이를 상대 변위 벡터라고 한다. SHE는 $P_2$가 물체 2에 정지되어 있는 것으로 보이기 때문에 SHE는 $P_2$의 움직임을 볼 수 없다. 그러므로 $\Delta\mathbf{R}_{P_2/2} = 0$이다.

그러나 정지 물체에 있는 HE가 관측하는 $P_3$의 변위는 $\Delta\mathbf{R}_{P_3}$으로 기록된다. 또한, HE가 관

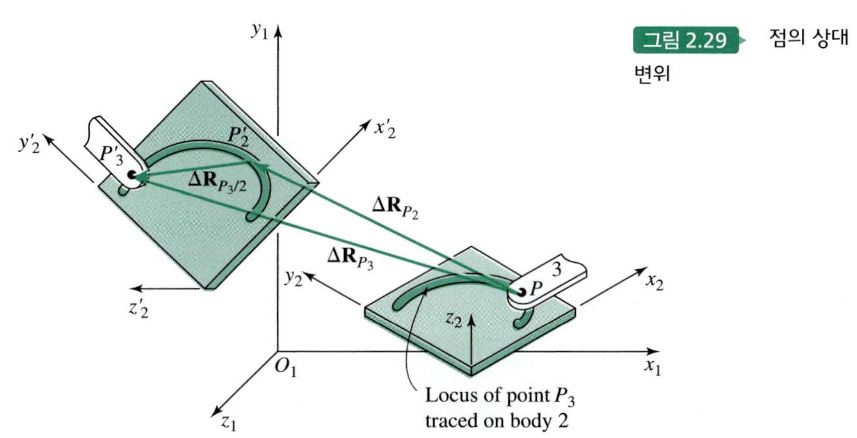


그림 2.29 점의 상대 변위

측하는 $P_2$의 변위는 $\Delta\mathbf{R}_{P_3}$로 기록된다. 그림 2.29의 벡터 삼각형에서는, 두 관측자의 관측 내용의 관계를 *상대 변위식*(*apparent displacement equation*)으로 나타낼 수 있음을 알 수 있다.

$$\Delta\mathbf{R}_{P_3} = \Delta\mathbf{R}_{P_2} + \Delta\mathbf{R}_{P_3/2} \tag{2.62}$$

이 식과 관련된 물리적 개념을 이해하는 것도 중요하지만, 일단은 이 식을 상대 변위 벡터의 정의로서 받아들이면 된다. 중요한 것은 상대 변위 벡터는 순간적으로만 일치하는 움직이는 *서로 다른* 물체(*different* moving body)에 있는 2개 *질점*의 절대 변위들의 관계를 맺어준다는 사실이다. 또한, 좌표계 2와 함께 이동하는 관측자의 실제 위치에는 제한조건이 전혀 없으며, SHE가 이 좌표계에 부착되어 있으므로 SHE는 점 $P_2$의 변위를 전혀 감지하지 못한다는 사실도 중요하다.

상대 변위의 한 가지 주요 용도는 절대 변위를 결정하는 데 사용된다. 기계에서는 또 다른 운동 링크 2의 형상에 의해 형성되는 알려져 있는 홈이나 경로 또는 안내부를 따라서 이동하도록 구속된 $P_3$과 같은 점을 구하는 경우가 많이 등장한다. 그러한 경우에는 $\Delta\mathbf{R}_{P_2}$와 $\Delta\mathbf{R}_{P_3/2}$를 측정, 계산하여 식 (2.62)에 대입하는 방법이 절대 변위 $\Delta\mathbf{R}_{P_3}$을 직접 측정하는 것보다 훨씬 편리할 수 있다.

## 2.18 절대 변위

상대 변위 벡터의 정의와 개념을 자세히 들여다보면, 움직이는 점 $\Delta\mathbf{R}_{P_3/1}$의 절대 변위는 관측자가 절대좌표계에 부착된 상대 변위의 특별한 경우라고 결론내릴 수 있다. 위치 벡터에 대하여 설명한 바와 같이, 이 기호를 $\Delta\mathbf{R}_{P_3}$ 또는 그냥 $\Delta\mathbf{R}_P$로 간단히 표기하기도 하므로 절대 관측자를 명시하지 않으면 절대 관측자는 드러나지 않는다.

상대 변위를 물리적으로 깊이 있게 이해하려면 절대 변위와의 관계에 대해서 알아야 한다. 이를테면, 차도를 따라 이동하는 자동차 $P_3$을 이 차도 한쪽으로 얼마간 떨어져 있는 곳에서 절대 관측자가 관측하고 있다고 하자. 이제, 이 관측자가 어떻게 이 자동차의 이동을 시각적으로 감지하는지에 대하여 생각해 보자. HE(이 책에서 고정좌표계에 있는 관측자로 정의된 사람)는 이후의 모든 과정을 모를 수도 있지만, 여기서 주안점은 절대 관측자가 맨 먼저 점 $P_3$과 *일치하는* 점 $P_1$을 상상한다는 것인데, 이 점 $P_1$은 HE가 스스로 생각하기에 정지점, 예컨대 근처의 나무나 표지판과 관련지을 것이다, 그런 다음, HE는 자동차 $P_3$에 대해 자신이 나중에 관측 결과를 $P_1$의 관측결과와 비교하여 변위를 감지할 것이다. HE는 자신의 위치와 비교하지 않고 초기 일치점 $P_1$과 비교한다는 사실이 중요하다. 이 경우, 상대 변위식은 다음과 같이 항등식이 된다.

$$\Delta\mathbf{R}_{P_3} = \overset{0}{\Delta\mathbf{R}}_{P_1} + \Delta\mathbf{R}_{P_3/1}$$

## 2.19 상대 각속도 변위

일반적으로 회전은 벡터로 취급될 수 없다(이것은 3.2절에서 좀 더 상세하게 설명될 것이다). 그러나 평면운동의 경우, 상대 변위에 대한 생각은 회전을 포함하도록 확장할 수 있다. 예를 들면, 그

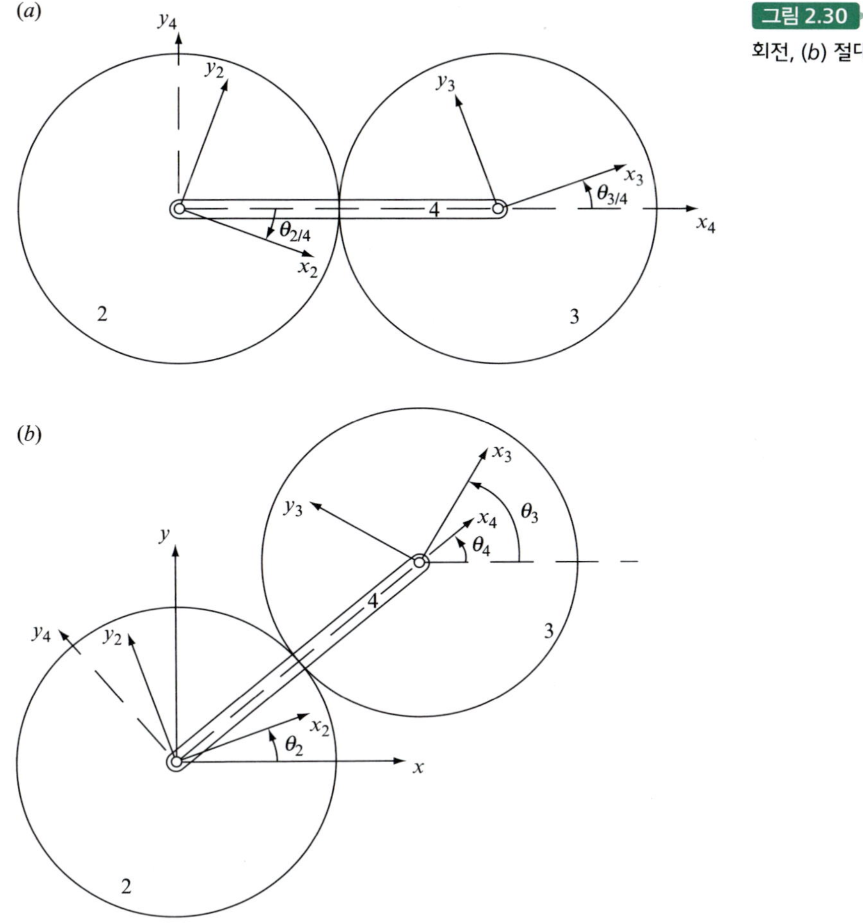


그림 2.30 (a) 팔에서 본 상대 회전, (b) 절대 회전

림 2.30처럼 두 기어 2와 3이 4의 팔로 연결되어 회전한다고 하자. 강체 4에 부착된 HER 좌표계에서 바라보는 회전은 2.30*a*에서와 같을 것이다. 같은 경우에 절대좌표계인 HIM에게는 그림 2.30*b*에서처럼 보일 것이다.

비록 그림 2.30처럼 기어의 절대 회전을 관련시키는 식을 구하기는 쉽지 않지만, 상대 회전을 팔 4에 부착된 이동좌표계에 있는 HER의 관점에서 관계식을 구하는 것은 매우 쉽다. HER에게 유리한 관점에서, 만일 물체 2와 3 사이에 미끄럼이 일어나지 않는다면, 두 기어의 물체 4 상의 접촉점을 지나는 호의 길이는 같다는 것은 자명하다. 즉 $\rho_2$가 기어 2의 반지름이고 $\rho_3$이 기어 3의 반지름이면 다음과 같은 식이 성립한다.

$$\rho_2 \Delta\theta_{2/4} = -\rho_3 \Delta\theta_{3/4} \tag{a}$$

여기서 $\Delta\theta_{2/4}$와 $\Delta\theta_{3/4}$는 기어 2와 3의 4의 좌표계인 HER에게 보이는 각변위이고, 음의 부호는 두 상대 회전의 방향의 차이이다.

이런 각변위가 절대좌표계인 HIM의 관점에서 보이는 것으로 대치하면, 식 (*a*)는 다음과 같이 변한다.

$$\rho_2(\Delta\theta_2 - \Delta\theta_4) = -\rho_3(\Delta\theta_3 - \Delta\theta_4) \tag{b}$$

이런 생각을 이용하여, 미끄럼 없이 구름 접촉을 갖는 많은 문제에 대한 벡터 루프 폐쇄 방정식을 풀 수 있다. 다음 두 가지 예로 좀 더 명확하게 설명할 수 있을 것이다.

## 예제 2.7

그림 2.31에 나와 있는 캠과 종동절(cam-and-follower) 기구에 대해 기구학적 해석에 적합한 벡터들을 정의하라. 기구상의 각 벡터를 식별하고 방향과 부호를 구하라. 이 기구에 대해 벡터 루프 식과 (a) 적합한 입력을 구하라. 기지의 양과, 미지의 변수 그리고 구속조건을 찾아라. 만일 구속조건을 찾았다면, 구속방정식을 구하라.

그림 2.31 캠과 종동절 기구

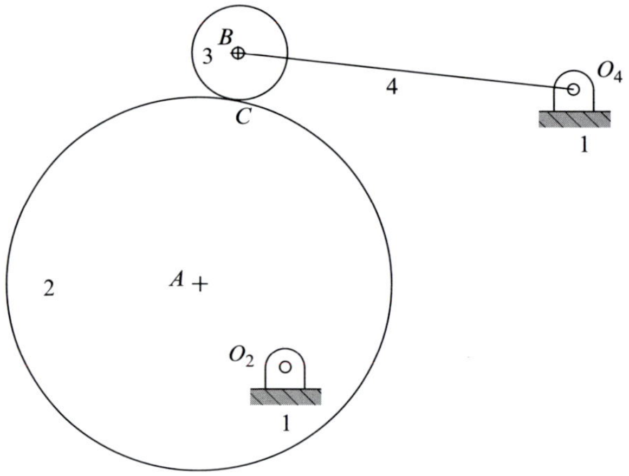

### 풀이

링크 2인 원형 캠과 링크 3인 롤러 종동절은 구름 접촉된 상태로 있고 가상의 링크 23으로 연결되어 있다고 가정한다. 이것은 그림 2.32에 표현되어 있는 일련의 벡터에 대해 생각해 보자.

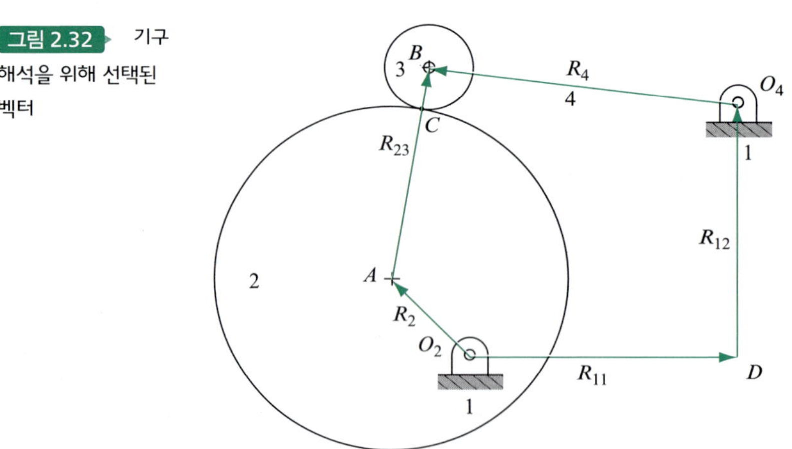


그림 2.32 기구 해석을 위해 선택된 벡터

이 기구에 대한 벡터 루프 방정식은 다음과 같이 쓸 수 있다.

$$\overset{\surd I}{\mathbf{R}_2} + \overset{\surd ?}{\mathbf{R}_{23}} - \overset{\surd ?}{\mathbf{R}_4} - \overset{\surd\surd}{\mathbf{R}_{12}} - \overset{\surd\surd}{\mathbf{R}_{11}} = \mathbf{0} \qquad \text{답 (1)}$$

이것은 유효한 벡터 폐쇄 방정식이고, 주어진 $\theta_2$는 입력인데 이것은 링크 4와 가상링크 23의 방향에 대해 풀 수 있다. 그러나 아직 롤러나 링크 3의 회전에 대한 풀이는 아니다.

점 $C$에서 캠 2와 롤러 3은 구름 접촉을 하고 있으므로, 가상의 팔인 링크 23에 있는 관찰자가 본 링크 2와 3의 상대 각변위를 고려해보자. 그런 관찰자 입장에서는 다음과 같이 관찰될 것이다.

$$\rho_3 \Delta\theta_{3/23} = -\rho_2 \Delta\theta_{2/23} \tag{2}$$

이것은 절대 각변위 사이의 관계식으로 변형시킬 수 있고

$$\rho_3(\Delta\theta_3 - \Delta\theta_{23}) = -\rho_2(\Delta\theta_2 - \Delta\theta_{23}) \tag{3}$$

이 방정식을 재배열하면 다음과 같이 된다.

$$\rho_3 \Delta\theta_3 = (\rho_2 + \rho_3)\Delta\theta_{23} - \rho_2 \Delta\theta_2 \qquad \text{답 (4)}$$

링크 2의 각변위는 입력으로 알고 있고, $\Delta\theta_{23}$는 식 (1)로 결정되므로, 각변위량 $\Delta\theta_3$은 식 (4)로부터 구해질 수 있다. 비록 링크 3과 회전하거나 부착되어 있는 벡터는 없어도 링크 3의 회전에 대한 식을 구할 수 있음을 유의할 필요가 있다.

**예제 2.8**

그림 2.33의 랙과 피니언(rack and pinion) 기구에 대해 이 기구를 완전하게 기구학적으로 해석할 수 있는 벡터들을 정의하라. 기구상의 각 벡터를 식별하고 방향과 부호를 구하라. 이 기구에 대해 벡터 루프 식과 기구에 대한 적합한 입력을 구하라. 기지의 양과 미지의 변수 그리고 구속조건을 구하라. 만일 구속조건을 찾았다면, 구속방정식을 구하라.

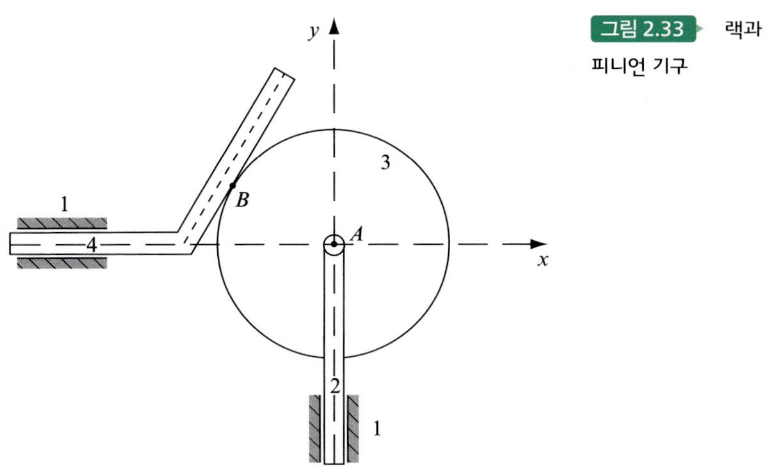


그림 2.33 랙과 피니언 기구

**풀이**

그림 2.34의 벡터들을 고려하자.

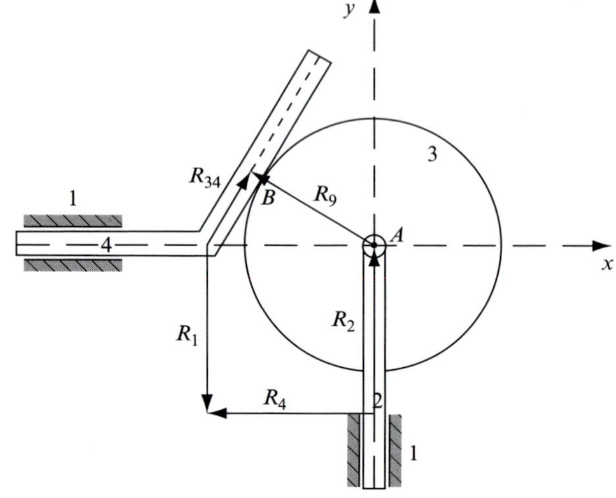


그림 2.34 기구 해석을 위해 선택된 벡터

벡터 $\mathbf{R}_2$의 길이는 입력을 나타내고 $\mathbf{R}_4$는 출력을 나타낸다. 루프 폐쇄 방정식은 다음과 같다.

$$\overset{I\surd}{\mathbf{R}_2} + \overset{\surd C}{\mathbf{R}_9} - \overset{?\surd}{\mathbf{R}_{34}} + \overset{\surd\surd}{\mathbf{R}_1} - \overset{?\surd}{\mathbf{R}_4} = \mathbf{0}$$ 답

벡터 $\mathbf{R}_9$의 위치를 결정하는 구속식은 다음과 같다.

$$\theta_9 = \theta_{34} + 90^\circ$$ 답

피니언 3의 각변위는 링크 4에 있는 관찰자에 대한 피니언의 상대 회전운동을 고려하여 결정될 수 있다. 접촉점 $B$의 위치변화를 관찰자는 바라보게 된다, SHE는 링크 3과 4 양쪽 표면의 같은 증가분을 보게 된다. 구속관계는 다음과 같이 쓸 수 있다.

$$\varDelta R_{34} = \rho_3 \varDelta\theta_{3/4} = \rho_3 \left( \varDelta\theta_3 - \overset{0}{\cancel{\varDelta\theta_4}} \right) = \rho_3 \varDelta\theta_3$$

그러므로, 롤러 3의 각변위는 다음과 같다.

$$\varDelta\theta_3 = \varDelta R_{34}/\rho_3$$ 답

## 연습 문제[9] Problems

**2.1** 식 $R_A^x = at\cos(2\pi t)$, $R_A^y = at\sin(2\pi t)$, $R_A^z = 0$에 따라 이동하는 점 $A$의 궤적에 대하여 기술하고 그림으로 나타내라.

**2.2** 곡선 $y = x^2 + x - 16$을 따르는 점 $P$에서 점 $Q$까지의 위치차를 구하라. 여기서, $R_P^x = 2$이고 $R_Q^x = 4$이다.

**2.3** 어떤 움직이는 점의 경로가 식 $y = 2x^2 - 28$로 정의된다. $R_P^x = 4$이고 $R_Q^x = -3$일 때 점 $P$에서 점 $Q$까지의 위치차를 구하라.

**2.4** 어떤 움직이는 점의 경로가 식 $y = 60 - x^3/3$으로 정의된다. 그 운동이 $R_P^x = 0$일 때 시작하여 $R_P^x = 3$일 때 끝날 경우 이 점의 변위를 구하라.

**2.5** 점 $A$가 문제 2.1의 궤적을 따라 이동할 때, $t = 2$에서 $t = 2.5$까지의 변위를 구하라.

**2.6** 어떤 점의 위치가 식 $\mathbf{R} = 100e^{j2\pi t}$로 정의된다. 이 점의 경로를 구하라. $t = 0.10$에서 $t = 0.40$까지 이 점의 변위를 구하라.

**2.7** 어떤 점의 위치가 식 $\mathbf{R} = (t^2 + 4)e^{-j\pi t/10}$으로 정의된다. 위치 벡터가 회전하는 방향은 어느 쪽인가? $t = 0$일 때 이 점의 위치는 어디인가? 위치 벡터의 방향이 $t = 0$일 때와 일치할 경우 그 다음 $t$의 가능한 값은 얼마인가? 이 점의 처음 위치에서 그 다음 위치까지의 변위는 얼마인가?

**2.8** 어떤 점의 위치가 식 $\mathbf{R} = (4t + 2)e^{j\pi t^2/30}$으로 정의된다. 여기서, $t$는 시간이며 단위는 s(초)이다. 이 점은 $t = 0$에서 운동을 시작한다. 최초 3 s 동안의 변위를 구하라. 또한, 이 시간 간격 동안 이 점의 각도 방위의 변화를 구하라.

**2.9** 다음 그림의 링크 2는 식 $\theta = \pi t/4$에 따라 회전한다. 블록 3은 식 $r = t^2 + 2$에 따라 링크 2상에서 바깥쪽으로 미끄러진다. $t = 1$에서 $t = 2$까지의 절대 변위 $\Delta\mathbf{R}_{P_3}$을 구하라. 또한, 상대 변위 $\Delta\mathbf{R}_{P_{3/2}}$를 구한다.

[9] 문제를 출제할 때 책에 제시된 여러 접근 방법이 있으므로 교강사는 해답을 찾는 방법을 구체적으로 제시하는 것이 좋다.

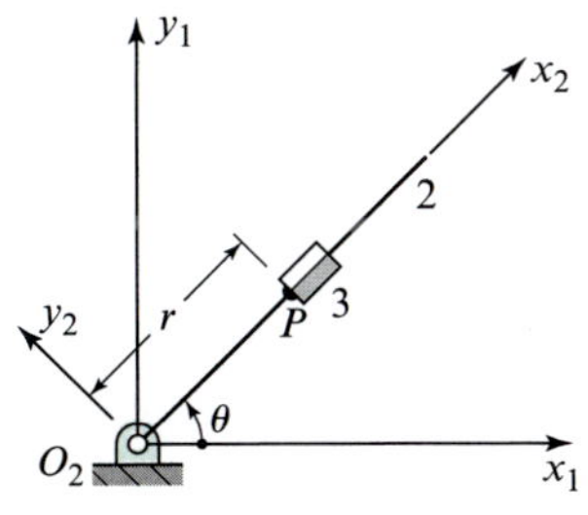


그림 P2.9

**2.10** 중심이 $O$이고 반지름이 150 mm인 바퀴가 미끄러지지 않고 점 $P$에서 구르고 있다. 만일 점 $O$가 오른쪽으로 250 mm로 표시된다면 이 구간에서 점 $P$의 변위를 구하라.

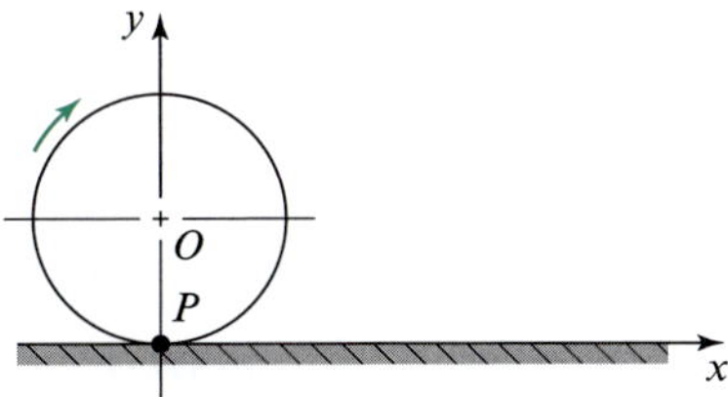


그림 P2.10 구름 바퀴

**2.11** 다음 그림에서 링크 2가 $\theta_2 = 30°$에서 $\theta'_2 = 120°$까지 회전하는 동안 점 $Q$가 링크 3을 따라 $A$에서 $B$로 이동한다. 점 $Q$의 절대 변위를 구하라.

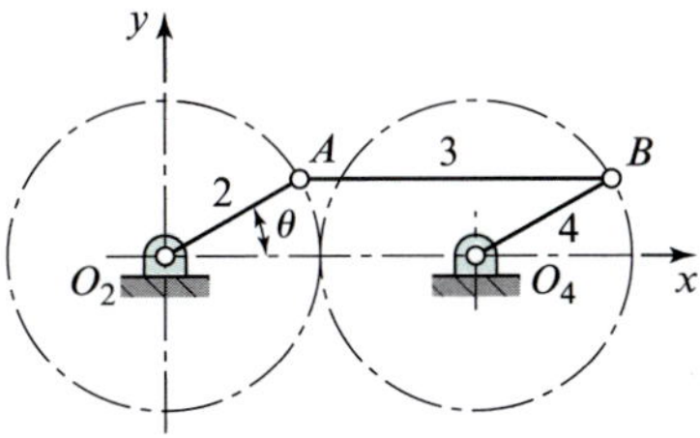


그림 P2.11 $R_{AO_2} = R_{BO_4} = 75$ mm, $R_{BA} = R_{O_4O_2} = 150$ mm

**2.12** 다음 그림에 표시된 링크기구가 미끄럼 이동 블록 2의 이동으로 구동된다. 그 루프 폐쇄 방정식을 기술하고, 미끄럼 이동 블록 4의 위치를 해석적으로 풀이하라. $\phi = -45°$인 위치에 대하여 그 결과를 도식적으로 검토하라.

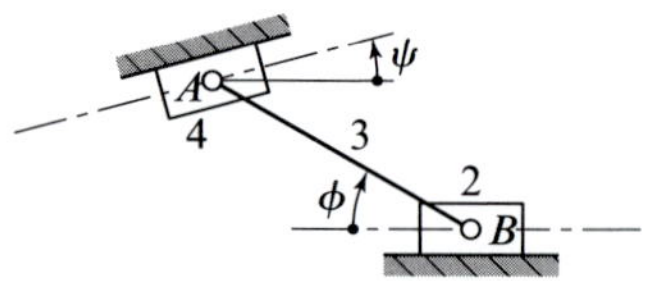


그림 P2.12 $R_{AB} = 8$ in, $\psi = 15°$

**2.13** 다음 그림에서 편심 슬라이더-크랭크 기구가 회전 크랭크 2로 구동된다. 그 루프 폐쇄 방정식을 기술하라. 슬라이더 4의 위치를 $\theta_2$의 함수로 나타내라.

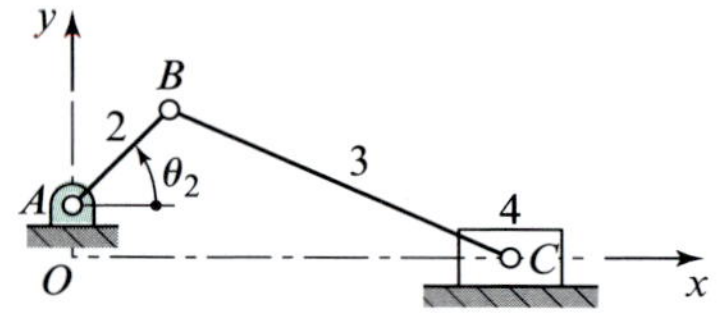


그림 P2.13 $R_{AO} = 20$ mm, $R_{BA} = 50$ mm, $R_{CB} = 140$ mm

**2.14** 기구에 대해 이 기구를 완전하게 기구학적으로 해석할 수 있는 벡터들을 정의하라. 기구상 각 벡터를 식별하고 방향과 부호를 구하라. 이 기구에 대해 벡터 루프 식을 구하라. 적절한 입력값과 기지의 양, 미지의 변수 그리고 구속조건에 대해 답하라. 만일 구속조건을 찾았다면, 구속방정식을 구하라.

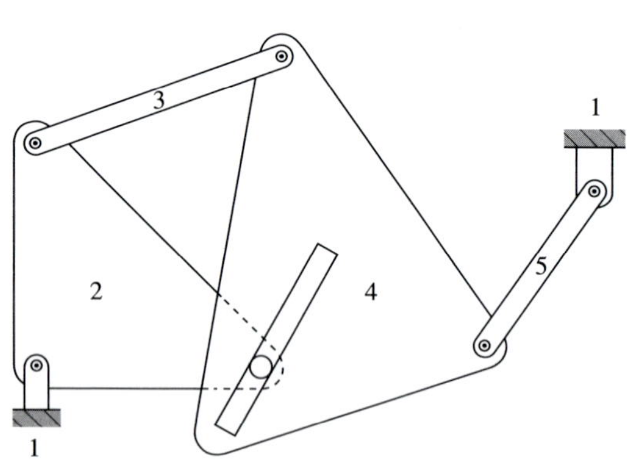


그림 P2.14

**2.15** 이 기구를 완전하게 기구학적으로 해석할 수 있는 벡터들을 정의하라. 기구상 각 벡터를 식별하고 방향과 부호를 구하라. 랙 4와 피니언 5 사이에는 미끄럼 없는 구름 접촉으로 가정하고, 기구에 대해 벡터 루프 식과 적합한 입력을 구하라. 기지의 양과 미지의 변수 그리고 구속조건에 대해 답하라. 만일 구속조건을 찾았다면, 구속방정식을 구하라.

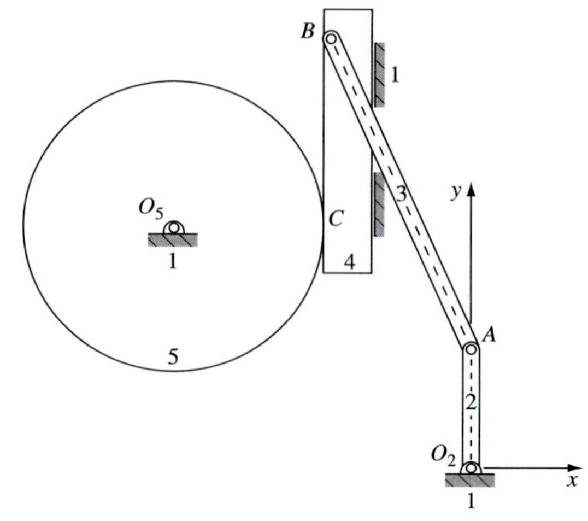


그림 P2.15 랙과 피니언 기구

**2.16** 이 기구를 완전하게 기구학적으로 해석할 수 있는 벡터들을 정의하라. P 2.16의 기구상 각 벡터를 식별하고 방향과 부호를 구하라. 5절 링크기구에서 기어 2와 5 사이에 미끄럼 없는 구름이라면, 이 기구에 대해 벡터 루프 식과 적합한 입력을 구하라. 기지의 양과, 미지의 변수 그리고 구속조건에 대해 답하라. 만일 구속조건을 찾았다면, 구속방정식을 구하라.

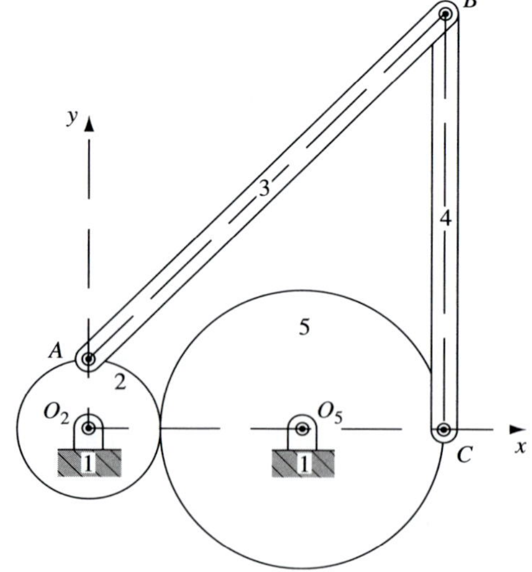


그림 P2.16 기어 5절 링크기구

그림 P2.17

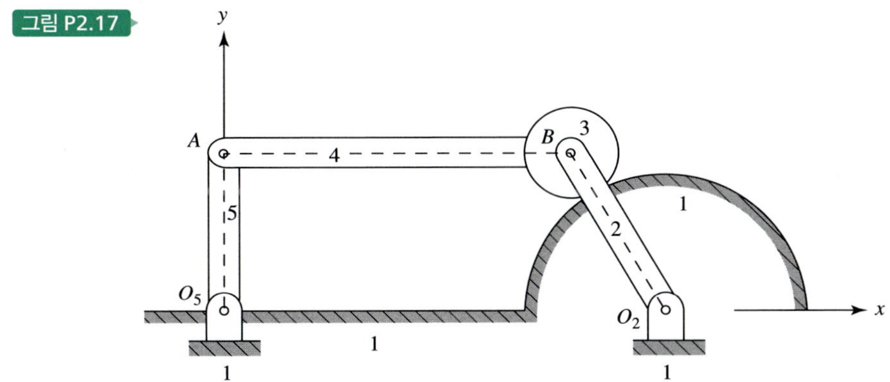


**2.17** 기어 3이 $B$점에서 링크 4에 핀으로 연결되어 있고 반원형의 고정 링크 1을 미끄럼 없이 구름 접촉으로 이루어져 있다. 기어 3의 반지름은 $\rho_3$이고, 반원형 고정 링크의 반지름은 $\rho_1$이다. 이 기구를 완전하게 기구학적으로 해석할 수 있는 벡터들을 정의하라. P2.17의 기구상 각 벡터를 식별하고 방향과 부호를 구하라. 이 기구에 대해 벡터 루프 식과 적합한 입력을 구하라. 기지의 양과 미지의 변수 그리고 구속조건에 대해 답하라. 만일 구속조건을 찾았다면, 구속방정식을 구하라.

**2.18** 그림 P1.6과 같은 기구에서, 이 기구를 완전하게 기구학적으로 해석할 수 있는 벡터들을 정의하라. P1.6의 기구상 각 벡터를 식별하고 방향과 부호를 구하라. 이 기구에 대해 벡터 루프 식과 적합한 입력을 구하라. 기지의 양과, 미지의 변수 그리고 구속조건에 대해 답하라. 만일 구속조건을 찾았다면, 구속방정식을 구하라.

**2.19** 그림 P1.8과 같은 기구에서, 이 기구를 완전하게 기구학적으로 해석할 수 있는 벡터들을 정의하라. P1.8의 기구상 각 벡터를 식별하고 방향과 부호를 구하라. 이 기구에 대해 벡터 루프 식과 적합한 입력을 구하라. 기지의 양과 미지의 변수 그리고 구속조건에 대해 답하라. 만일 구속조건을 찾았다면, 구속방정식을 구하라.

**2.20** 그림 P1.9과 같은 기구에서, 이 기구를 완전하게 기구학적으로 해석할 수 있는 벡터들을 정의하라. P1.9의 기구상 각 벡터를 식별하고 방향과 부호를 구하라. 이 기구에 대해 벡터 루프 식과 적합한 입력을 구하라. 기지의 양과 미지의 변수 그리고 구속조건에 대해 답하라. 만일 구속조건을 찾았다면, 구속방정식을 구하라.

**2.21** 그림 P1.10과 같은 기구에서, 이 기구를 완전하게 기구학적으로 해석할 수 있는 벡터들을 정의하라. P1.10의 기구상 각 벡터를 식별하고 방향과 부호를 구하라. 이 기구에 대해 벡터 루프 식과 적합한 입력을 구하라. 기지의 양과 미지의 변수 그리고 구속조건에 대해 답하라. 만일 구속조건을 찾았다면, 구속방정식을 구하라.

**2.22** 직교좌표나 극좌표의 혼합 형태로 이루어진 임의의 개수의 2차원 벡터의 합을 구하는 계산기 프로그램을 작성하라. 이 결과로 극좌표의 크기와 각도를 양의 값으로 구할 수 있다.

**2.23** 임의의 크랭크-로커나 이중 크랭크 형태의 4절 링크기구의 커플러 곡선을 작도하는 컴퓨터 프로그램을 작성하라. 이 프로그램에는 4개의 링크 길이와 커플러에 대한 상대 커플러 점의 직교좌표나 극좌표가 포함되어 있어야 한다.

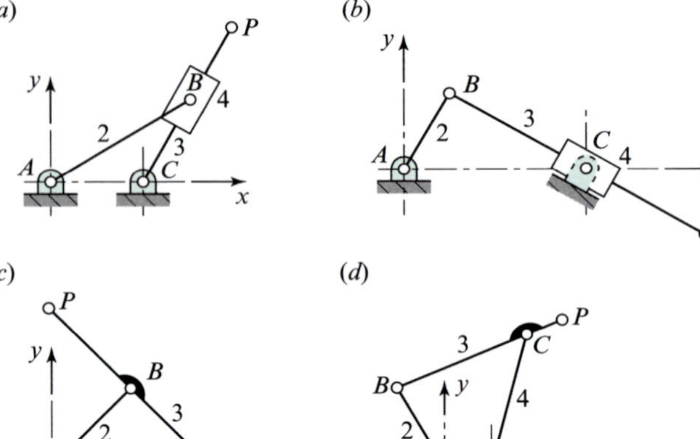


그림 P2.24 (a) $R_{CA} = 50$ mm, $R_{BA} = 88$ mm, $R_{PC} = 100$ mm, (b) $R_{CA} = 1.60$ in, $R_{BA} = 0.80$ in, $R_{PB} = 2.60$ in, (c) $R_{BA} = R_{CB} = R_{PB} = 1$ in, (d) $R_{DA} = 25$ mm, $R_{BA} = 50$ mm, $R_{CB} = R_{CD} = 75$ mm, $R_{PB} = 100$ mm

**2.24** 점 $P$의 경로를 구하라. (a) 역슬라이더-크랭크 기구, (b) 두 번 역전된 슬라이더-크랭크 기구, (c) Scott-Russel 직선 기구, (d) 드래그 링크기구

**2.25** 그림 P2.13의 편심 슬라이더-크랭크 기구를 사용하여 전달각의 극단 값에 상응하는 크랭크 각을 구하라.

**2.26** 1.10절에서 4절 링크기구의 전달각은 크랭크가 고정 피봇 간의 선상에 놓일 때 극단 값에 도달한다고 강조한 바 있다. 이 말을 그림 2.19에 적용해보면, $\gamma$는 크랭크 2가 선 $O_2O_4$와 일치할 때 최대 또는 최소값에 도달한다는 것을 의미한다. 이 내용이 사실인지 해석적으로 증명하라.

**2.27** 이 기구를 완전하게 기구학적으로 해석할 수 있는 벡터들을 정의하라. 각 벡터를 식별하고 방향과 부호를 구하라. 이 기구에 대해 벡터 루프 식을 구하라. 적절한 입력값, 기지의 양, 미지의 변수 그리고 구속조건에 대해 답하라. 만일 구속조건을 찾았다면, 구속방정식을 구하라.

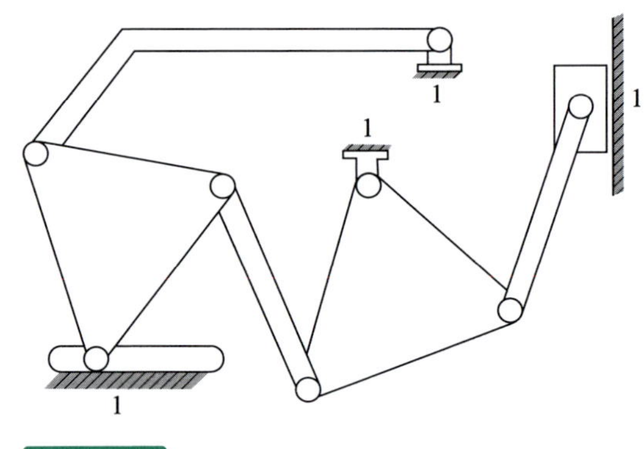


그림 P2.27

**2.28** 이 기구를 완전하게 기구학적으로 해석할 수 있는 벡터들을 정의하라. 각 벡터를 식별하고 방향과 부호를 구하라. 이 기구에 대해 벡터 루프 식을 구하라. 적절한 입력값, 기지의 양, 미지의 변수 그리고 구속조건에 대해 답하라. 만일 구속조건을 찾았다면, 구속방정식을 구하라.

그림 P2.28

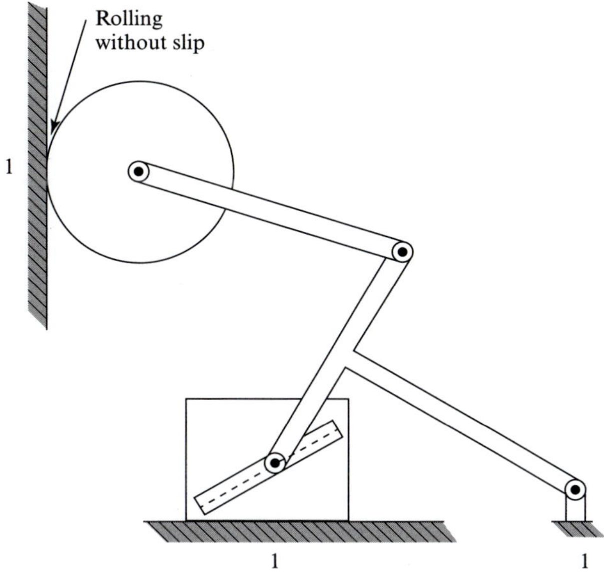


**2.29** 이 기구를 완전하게 기구학적으로 해석할 수 있는 벡터들을 정의하라. 각 벡터를 식별하고 방향과 부호를 구하라. 이 기구에 대해 벡터 루프 식을 구하라. 적절한 입력값, 기지의 양, 미지의 변수 그리고 구속조건에 대해 답하라. 만일 구속조건을 찾았다면, 구속방정식을 구하라.

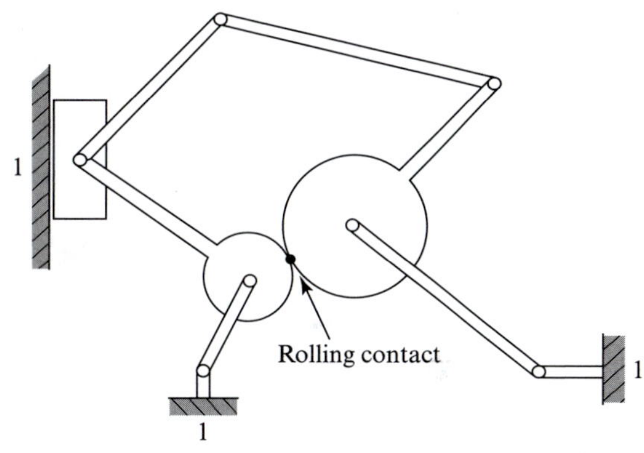


그림 P2.29

그림 P2.30

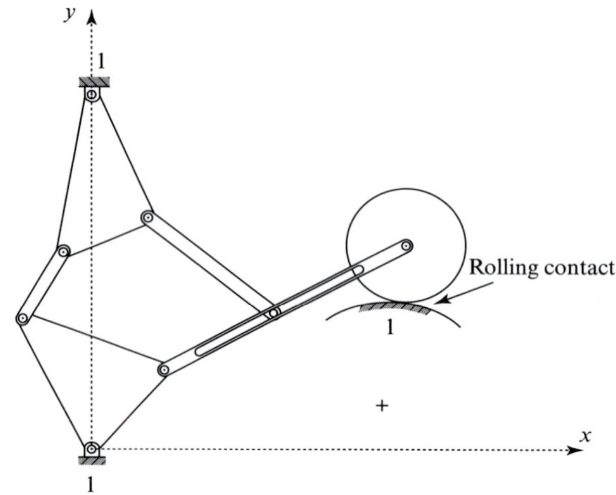


**2.30** 이 기구를 완전하게 기구학적으로 해석할 수 있는 벡터들을 정의하라. 각 벡터를 식별하고 방향과 부호를 구하라. 이 기구에 대해 벡터 루프 식을 구하라. 적절한 입력값, 기지의 양, 미지의 변수 그리고 구속조건에 대해 답하라. 만일 구속조건을 찾았다면, 구속방정식을 구하라.

**2.31** $x$축으로부터 반시계방향으로 측정된 입력 각도 $\theta_2 = 300°$에 대해서, 링크 4의 두 개의 자세에 대해서 결정하라.

**2.32** $x$축으로부터 반시계방향으로 측정된 입력 각도 $\theta_2 = 60°$에 대해서, 링크 4의 두 개의 자세에 대해서 결정하라.

그림 P2.31 $r_2 = 2.4$ in, $r_3 = 5.6$ in, $r_4 = 5.6$ in, $r_1 = 6.4$ in

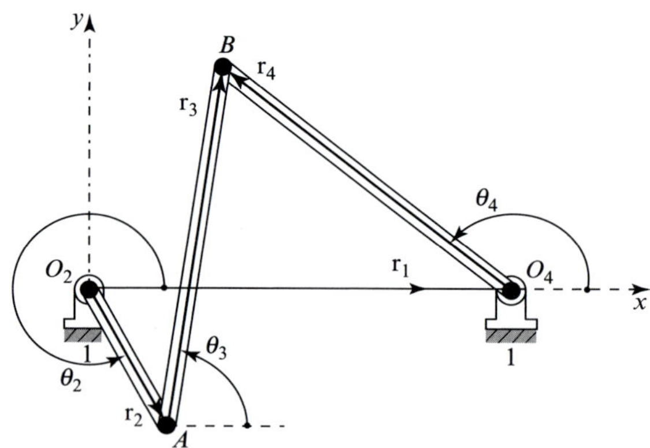


그림 P2.32 $r_2 = 3.2$ in, $r_3 = 2$ in, $r_4 = 4$ in, $r_1 = 2.8$ in

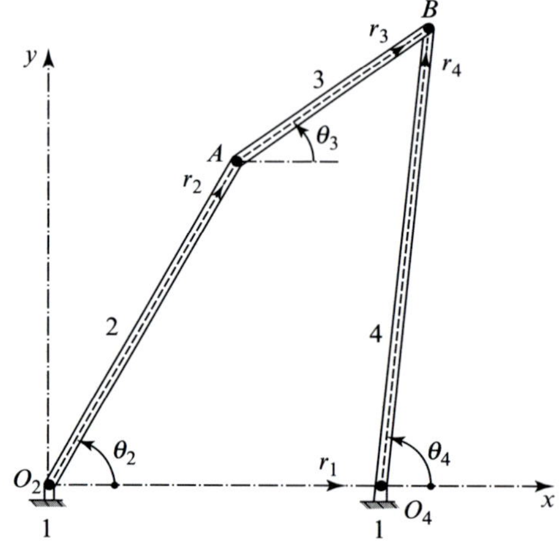

**2.33** 고정 링크가 1이고 350 mm이 4절 링크를 고려해 보자. 입력 링크(구동링크) 2는 175 mm, 커플러 링크 3은 250 mm, 출력 링크(종동링크) 4는 200 mm이다. 고정된 $x$와 $y$축은 각각 수평과 수직으로 정해졌다. 이 기준의 원점은 링크 2의 고정 피봇과 동일하다. 입력 각도 $\theta_2 = 60°$에 대해서($x$축으로부터 반시계방향), (a) 적절한 축척을 이용하여, 개방형 및 교차형 자세를 그리고, 각각의 자세에 대해 $\theta_3$와 $\theta_4$를 구하라. (b) 삼각법을 이용하여(사인 및 코사인 법칙), 개방형 자세에 대해 $\theta_3$와 $\theta_4$를 구하라. (c) Freudenstein's 식을 이용하여, 각각의 자세에 대해서 $\theta_3$와 $\theta_4$를 구하라. (d) 뉴턴-랩슨 반복법을 사용하여, 개방형 자세에 대해서 $\theta_3$와 $\theta_4$를 구하라. (a)에서 측정된 값을 사용하여, 두 변수가 0.01° 이내로 수렴할 때까지, $\theta_3$와 $\theta_4$를 구하라.

**2.34** 크랭크 로커의 4절 링크가 $\theta_2 = 150°$와 $\theta_2 = 240°$일 때 각각 다른 두 자세가 그림에 나와 있다. 개방형 자세에 대해서 $\theta_3$와 $\theta_4$를 구하고, 교차형 자세에 대한 $\theta_3'$와 $\theta_4'$를 구하라.

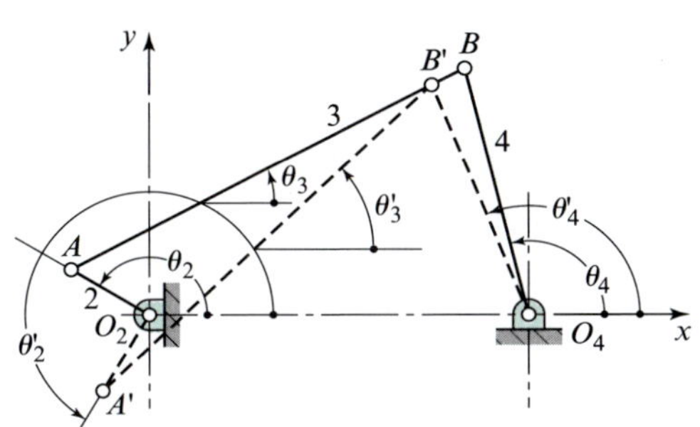


그림 P2.34 $R_{O_4O_2} = 24$ in, $R_{AO_2} = 5.6$ in, $R_{BA} = 27.6$ in, $R_{BO_4} = 16$ in

**2.35** 문제 1.37의 기구의 완전한 운동해석을 위한 벡터들을 정의하라. 기구에 대한 벡터 루프 식을 쓸 때, 부호와 각 벡터의 방향을 명확하게 정의하라. 적절한 입력들을 정의하고, 알려진 것과 구해야 할 변수 및 구속조건들에 대해 정의하라. 구속조건이 있다면, 구속방정식을 표현하라.

**2.36** 문제 1.38의 기구의 완전한 운동해석을 위한 벡터들을 정의하라. 기구에 대한 벡터 루프 식을 쓸 때, 부호와 각 벡터의 방향을 명확하게 정의하라. 적절한 입력들을 정의하고, 알려진 것과 구해야 할 변수 및 구속조건들에 대해 정의하라. 구속조건이 있다면, 구속방정식을 표현하라.

**2.37** 문제 1.43의 기구의 완전한 운동해석을 위한 벡터들을 정의하라. 기구에 대한 벡터 루프 식을 쓸 때, 부호와 각 벡터의 방향을 명확하게 정의하라. 적절한 입력들을 정의하고, 알려진 것과 구해야 할 변수 및 구속조건들에 대해 정의하라. 구속조건이 있다면, 구속방정식을 표현하라.

**2.38** 아래 그림에 제시된 기구의 완전한 운동해석을 위한 벡터들을 정의하라. 기구에 대한 벡터 루프 식을 쓸 때, 부호와 각 벡터의 방향을 명확하게 정의해라. 적절한 입력들을 정의하고, 알려진 것과 구해야 할 변수 및 구속조건들에 대해 정의하라. 구속조건이 있다면, 구속방정식을 표현하라.

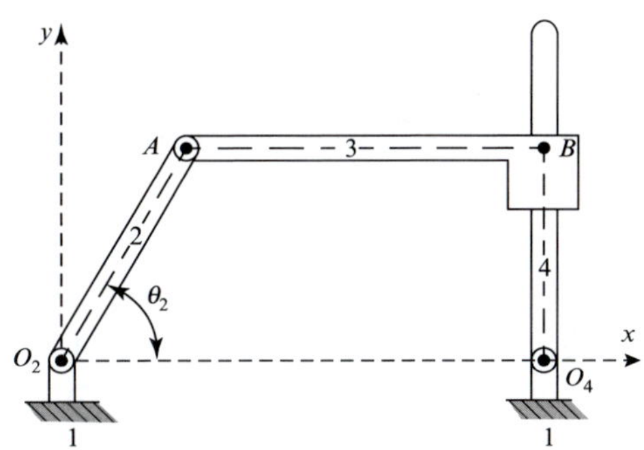


그림 P2.38 $R_{O_4O_2} = 12$ in, $R_{AO_2} = 6$ in, $R_{BA} = 9$ in, $\theta_2 = 60°$

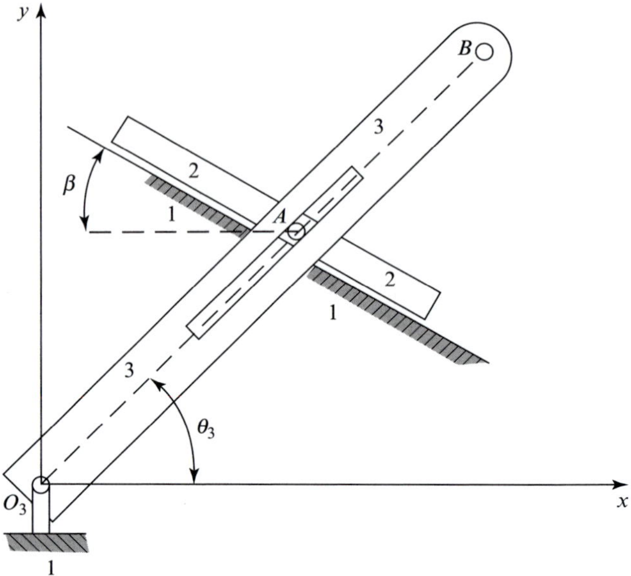


그림 P2.39 $R_{A_2O_3} = 750$ mm, $R_{BO_3} = 1\ 250$ mm, $\beta = -30°$, $\theta_3 = 45°$

**2.39** 그림에 제시된 기구의 완전한 운동해석을 위한 벡터들을 정의하라. 기구에 대한 벡터 루프 식을 쓸 때, 부호와 각 벡터의 방향을 명확하게 정의하라. 적절한 입력들을 정의하고, 알려진 것과 구해야 할 변수 및 구속조건들에 대해 정의하라. 구속조건이 있다면, 구속방정식을 표현하라.

**2.40** 다음에 대해서 각각 구름 접촉 방정식을 표현하고, (a) 점 $C$에서 기어 3 위에서 미끄러짐 없이 구르고 있는 기어 2, (b) 점 $E$에서 기준 링크 1 위를 구르고 있는 기어 3, (c) 점 $F$에서 랙(링크 5) 위를 구르고 있는 기어 2.

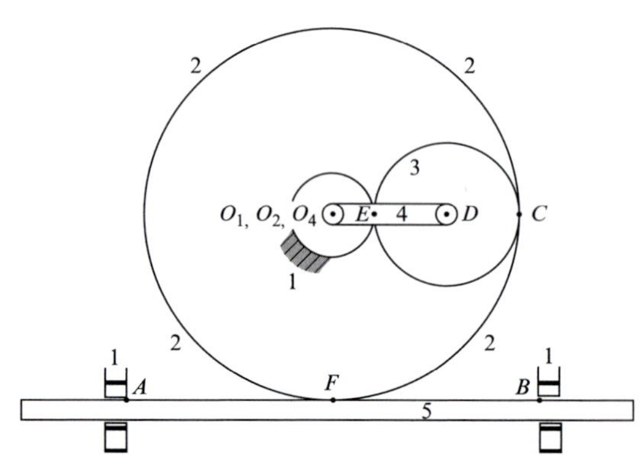


그림 P2.40 $\rho_1 = R_{EO_1} = 4$ in, $\rho_2 = R_{CO_2} = 18$ in, $\rho_3 = R_{CD} = 7$ in, $R_{FA} = R_{BF} = 20$ in.

**2.41** 아래 그림에 제시된 기구에서 입력축 링크 2가 $O_1$에서 고정되어 있고, 점 $A$에서 기어 3의 중심이 고정되어 있다. 기어 4의 중심도 $O_1$에 고정되어 있고, 기어 5는 $O_5$에 고정되어 있다. 기어 3, 4, 5는 모두 점 $B$에 구름 접촉 상태이다. 고정 기어 1위에서 미끄럼 없이 구르고 있는 기어 3에 대한 구름 접촉 방정식을 표현하라.

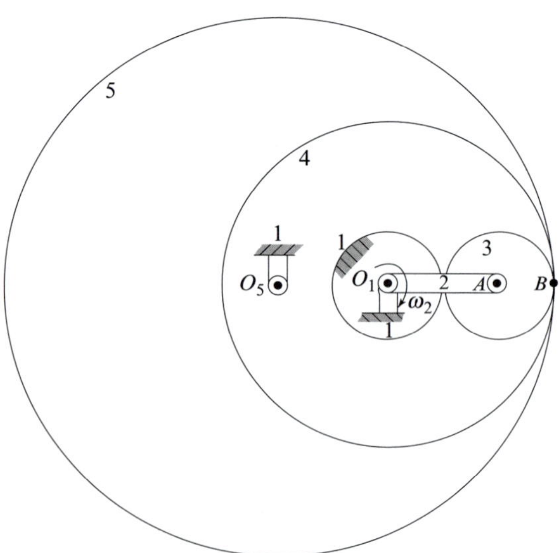


그림 P2.41 $\rho_1 = 100$ mm, $\rho_3 = 100$ mm, $\rho_4 = 300$ mm, $\rho_5 = 500$ mm:

**2.42** 아래 그림에 제시된 기구의 완전한 운동해석을 위한 벡터들을 정의하라. 바퀴는(링크 5) 점 $D$에서 링크 1 위를 미끄럼 없이 구르고 있다. 각각의 벡터에 대해 부호 및 회전 방향을 정의하라. 해당 기구에 대한 벡터 루프 방정식을 작성하라. 적절한 입력들을 정의하고, 알려진 것과 구해야 할 변수 및 구속조건들에 대해 정의하라. 구속조건이 있다면, 구속방정식을 표현하라.

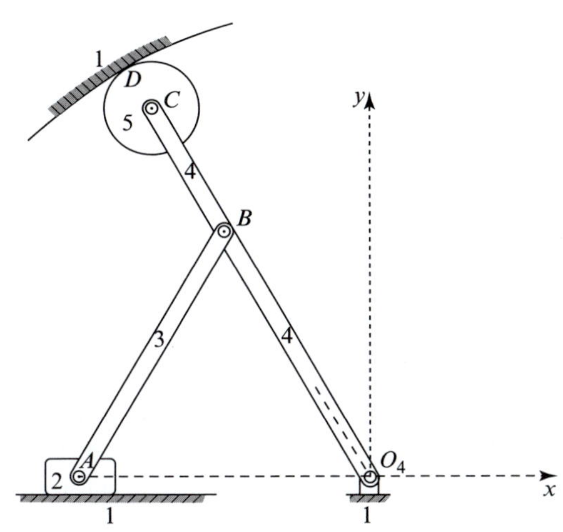


그림 P2.42 $R_{BO_4} = 150$ mm, $R_{CO_4} = 225$ mm, $R_{BA} = 150$ mm, $\rho_5 = 25$ mm, $\theta_4 = 120°$.

**2.43** 아래 제시된 기구에서 피니언 3은 점 $B$에서 랙 4 위를 미끄럼 없이 구르고 있다. 아래 그림에 제시된 기구의 완전한 운동해석을 위한 벡터들을 정의하라. 각각의 벡터에 대해 부호 및 회전 방향을 정의하라. 해당 기구에 대한 벡터 루프 방정식을 작성하라. 적절한 입력들을 정의하고, 알려진 것과 구해야 할 변수 및 구속조건들에 대해 정의하라. 구속조건이 있다면, 구속방정식을 표현하라.

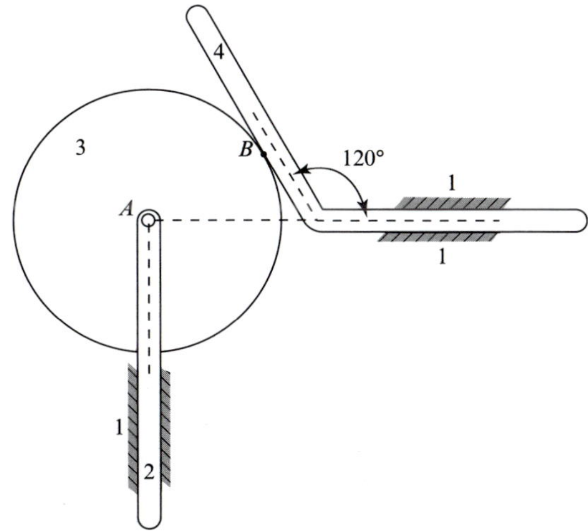


그림 P2.43 $\rho_3 = 2$ in.

**2.44** 아래 그림에 제시된 기구의 완전한 운동해석을 위한 벡터들을 정의하라. 각각의 벡터에 대해 부호 및 회전 방향을 정의하라. 해당 기구에 대한 벡터 루프 방정식을 작성하라. 적절한 입력들을 정의하고, 알려진 것과 구해야 할 변수 및 구속조건들에 대해 정의하라. 구속조건이 있다면, 구속방정식을 표현하라.

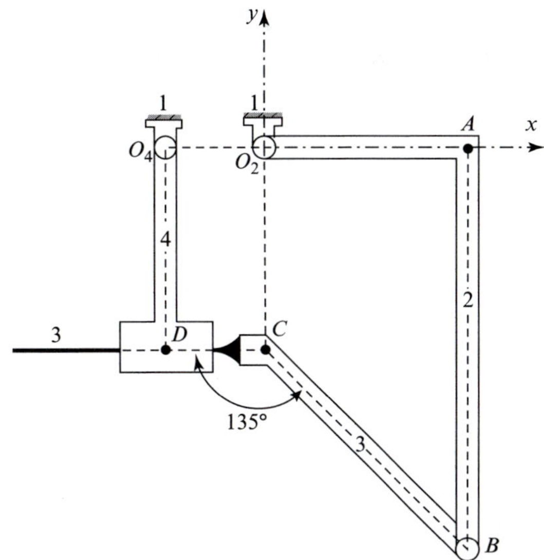


그림 P2.44 $R_{AO_2} = 4$ in, $R_{BA} = 8$ in, $R_{DO_4} = 4$ in, $R_{O_2O_4} = 2$ in.

그림 P2.45

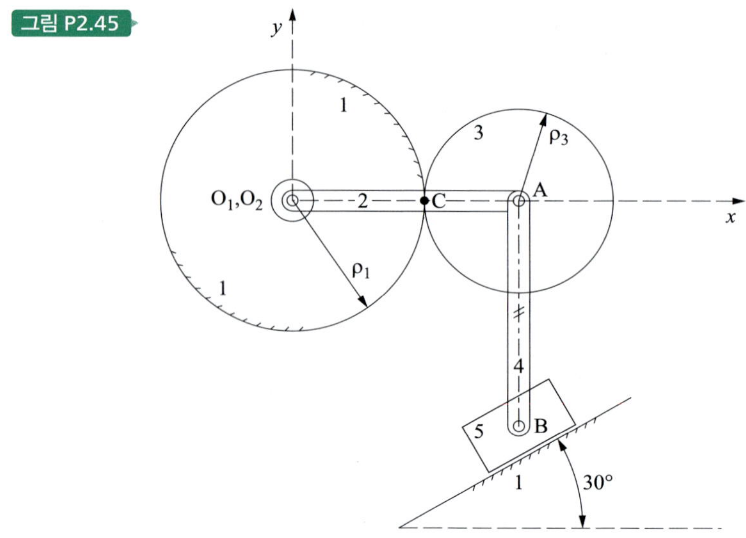


**2.45** 그림에 제시된 기구에 대해 기어 3은 점 $C$에서 링크 1 위를 미끄럼 없이 구르고 있다. 아래 그림에 제시된 기구의 완전한 운동해석을 위한 벡터들을 정의하라. 각각의 벡터에 대해 부호 및 회전 방향을 정의하라. 해당 기구에 대한 벡터 루프 방정식을 작성하라. 적절한 입력들을 정의하고, 알려진 것과 구해야 할 변수 및 구속조건들에 대해 정의하라. 구속조건이 있다면, 구속방정식을 표현하라.

**2.46** 아래 그림에 제시된 기구의 완전한 운동해석을 위한 벡터들을 정의하라. 각각의 벡터에 대해 부호 및 회전 방향을 정의하라. 해당 기구에 대한 벡터 루프 방정식을 작성하라. 적절한 입력들을 정의하고, 알려진 것과 구해야 할 변수 및 구속조건들에 대해 정의하라. 구속조건이 있다면, 구속방정식을 표현하라.

그림 P2.46

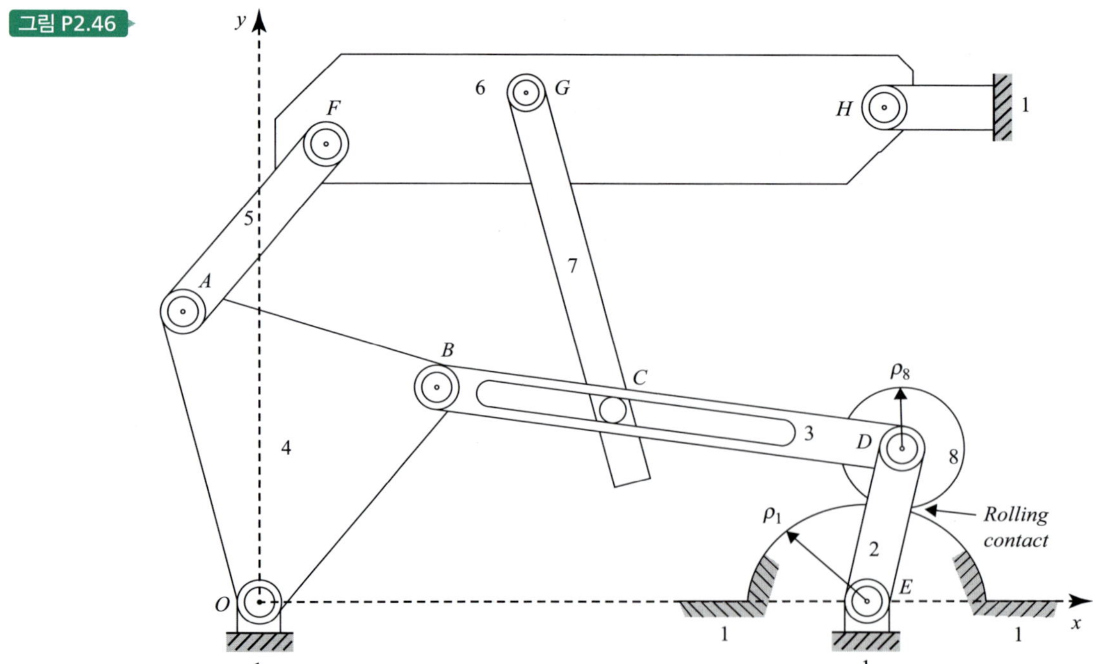

## 참고문헌

[1] Mische, C. R. 1980. *Mathematical Model Building*. Ames, IA: Iowa State University Press.

# 속도

*Velocity*

## 3.1 속도의 정의

그림 3.1에서 움직이는 점은 처음에 절대 위치 벡터 $\mathbf{R}_P$로 정의되는 위치 $P$에서 관측된다. 짧은 시간 간격 $\Delta t$ 후에 움직이는 점의 위치는 $\mathbf{R}'_P$로 정의되는 $P'$로 이동되어 관측된다. 이 시간 간격 동안의 변위는 식 (2.58)에서 다음과 같은 식으로 정의한 바 있다.

$$\Delta\mathbf{R}_P = \mathbf{R}'_P - \mathbf{R}_P$$

시간 간격 $\Delta t$ 동안의 점의 *평균속도(average velocity)*는 $\Delta\mathbf{R}_P/\Delta t$이다. *순간속도[instantaneous velocity*, 이하 *단순히 속도(velocity)*라고 한다]는 무한히 작은 시간 간격에 대한 평균속도의 극한값으로 정의되며 다음 식과 같다.

$$\mathbf{V}_P = \lim_{\Delta t \to 0} \frac{\Delta\mathbf{R}_P}{\Delta t} = \frac{d\mathbf{R}_P}{dt} \tag{3.1}$$

$\Delta\mathbf{R}_P$는 벡터이기 때문에 이러한 극한을 취하면 크기와 방향의 두 가지 수렴 값이 존재한다. 그러므로 점의 속도는 벡터량으로 점의 위치와 시간 변화율과 같다. 속도 벡터는 위치 벡터나 변위 벡터처럼 특정한 점에 대하여 정의된다. "속도"라는 용어는 각각의 점의 속도가 다를 수 있기 때문에 선, 좌표계, 부피 또는 다른 형태의 점의 집합의 경우에는 적용되어서는 안 된다.

2장에서 언급되있듯이 위치 벡터 $\mathbf{R}_P$와 $\mathbf{R}'_P$는 정의대로 관측자 좌표계의 위치와 방위에 종속된다는 사실을 기억할 것이다. 반면, 변위 벡터 $\Delta\mathbf{R}_P$와 속도 벡터 $\mathbf{V}_P$는 좌표계의 초기 위치나 좌표계 내의 관측자의 위치와는 관계가 없다. 그러나 속도 벡터 $\mathbf{V}_P$는 시간 간격 동안에 관측자나 좌표계가 이동을 하면 결정적으로 이에 종속된다. 이 때문에 관측자는 좌표계에서 정지 상태에 있다고 가정한다. 관련 좌표계가 절대좌표계인 경우에는 속도를 *절대 속도(absolute velocity)*라고 하며 $\mathbf{V}_{P/1}$ 또는 간단히 $\mathbf{V}_P$로 표기한다. 이는 절대 변위에 사용되는 부호 표기법과 일치한다.

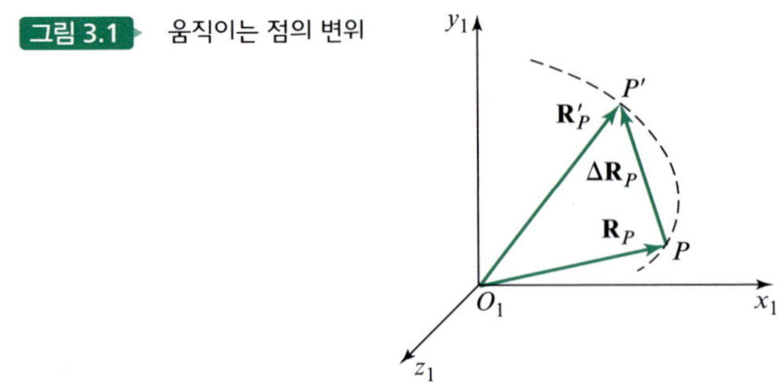


그림 3.1 움직이는 점의 변위

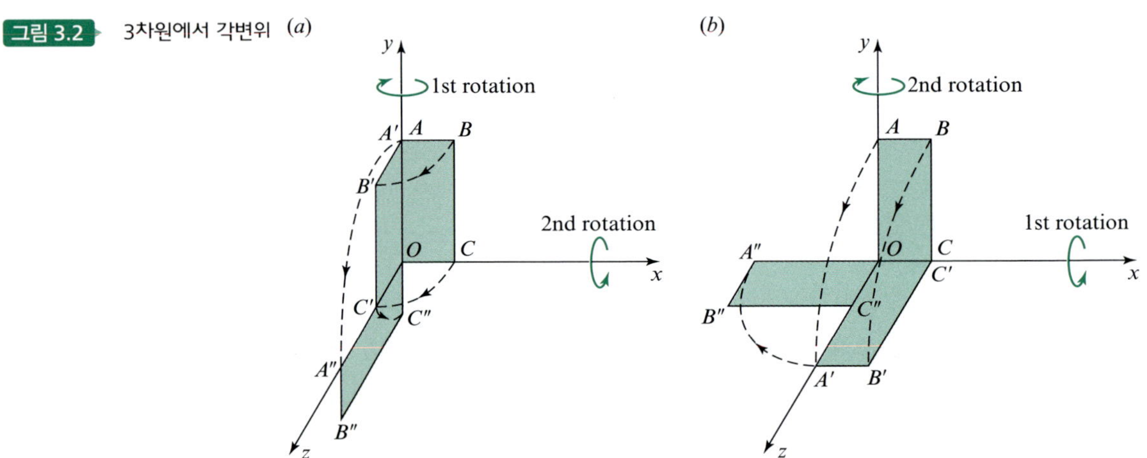


그림 3.2 3차원에서 각변위 (a) (b)

## 3.2 강체의 회전

강체가 병진운동을 하는 경우에는 어떠한 특정 질점의 운동이라도 동일한 강체의 다른 모든 질점의 운동과 같다. 그러나 강체가 회전을 하는 경우에는 임의로 선정된 2개의 점 $P$와 $Q$는 동일한 운동을 하지 않으며, 강체에 부착된 좌표계는 초기 방위와 평행을 유지하지 않게 된다. 즉, 각변위 $\Delta\theta$를 가진다. 이 내용은 2.16절에서 논의되었다.

각변위는 일반적으로 벡터로 취급할 수 없기 때문에 2장에서는 자세히 다루지 않았다. 그 이유는 벡터합에 관한 일반적인 법칙을 따르지 않기 때문이다. 즉, 3차원에서 몇 번의 총체적인 각변위를 연속적으로 겪게 될 경우, 그 결과는 그 발생 순서에 따라 달라지기 때문이다. 이에 관한 예시로 그림 3.2*a*의 사각형 $ABCO$를 고려해 보기로 하자. 여기서는 사각형 물체가 처음에는 $y$축을 회전축으로 하여 $-90°$만큼 회전한 다음, $x$축을 회전축으로 하여 $+90°$만큼 회전하였다. 물체는 최종적으로 $yz$평면 위에 위치하게 된다. 그림 3.2*b*에서는 물체가 동일한 위치에서 출발하였고, 동일한 축을 기준으로 동일한 각도만큼 같은 방향으로 회전하였다. 하지만, 이 경우는 첫 번째 회전은 $x$축 기준으로, 두 번째 회전은 $y$축이 기준이 되었다. 회전의 순서가 바뀌었고, 마지막 물체의 위치가 이제는 전에서와 같이 $yz$평면이 아니고, $zx$평면이 되었다. 이와 같은 특성이 벡터합의 교환법칙에 해당되지 않기 때문에, 3차원 각변위는 벡터로 취급되면 안 된다.

반면에, 동일한 축이나 평행한 축을 회전축으로 하여 발생되는 각변위에는 교환법칙이 적용된다. 또한, 극소의 각변위에도 교환법칙이 적용된다. 따라서 혼란을 피하고자 모든 각변위는 스

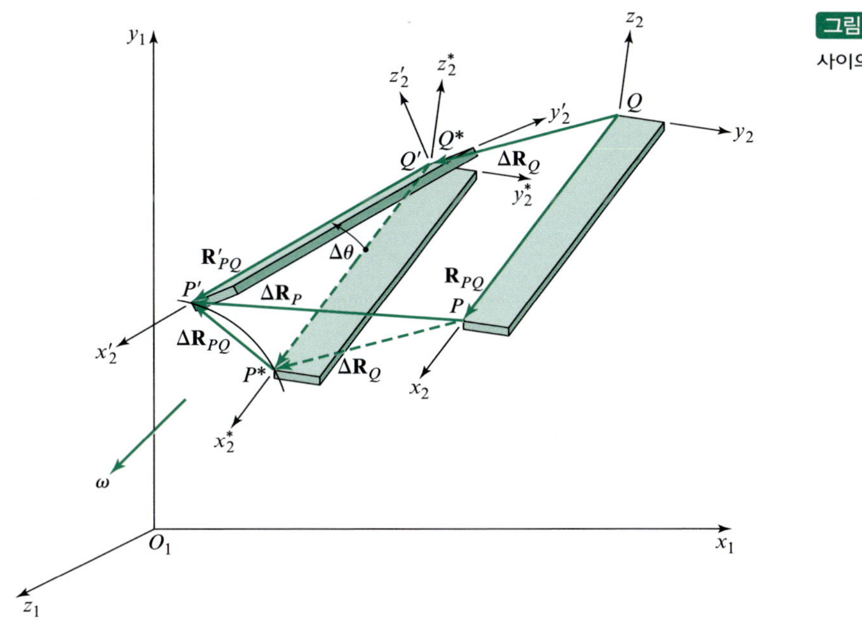


그림 3.3 두 점 $P$와 $Q$ 사이의 변위차

칼라로 취급하게 될 것이다. 그러나 경우에 따라서는 이 극소의 각변위를 벡터로 취급할 때도 있다.

2.15절에서 설명한 대로 그림 3.3에서 동일 강체상에 있는 두 점 $P$와 $Q$ 사이의 변위차를 볼 수 있다. 변위차 벡터는 물체의 회전에 의하여 발생되며, 병진운동은 두 점 사이의 변위차를 발생시키지 않는다. 이 결론은 두 단계에 걸쳐 얻을 수 있다. 처음에 물체는 $\Delta\mathbf{R}_Q$의 변위 이동으로 $x_2^*y_2^*z_2^*$에 위치한다. 그 다음에는 $Q^*$를 중심으로 회전하여 $x_2'y_2'z_2'$로 이동한다.

변위차 $\Delta\mathbf{R}_{PQ}$를 이해하는 또 다른 방법으로, 원점이 점 $Q$와 같이 움직이며 절대좌표축 $x_1y_1z_1$과 평행하게 이동하는 이동좌표계를 고려하자. 이 좌표계는 회전하지 않는다. 이 이동좌표계 내의 관측자는 점 $Q$의 운동을 관측할 수 없다. 왜냐하면 HER 좌표계의 원점에 있기 때문이다. 점 $P$의 변위로 SHE는 변위차 벡터 $\Delta\mathbf{R}_{PQ}$를 관측한다. 이 관측자에게는 점 $Q$는 고정되어 있고, 그림 3.4와 같이 물체는 고정점을 중심으로 회전한다.

관측자가 고정좌표계 $x_1y_1z_1$에 있든 이동좌표계에 있든 간에 물체는 $x_2y_2z_2$에서 $x_2'y_2'z_2'$로 총 $\Delta\theta$의 각도로 회전하는 것으로 나타난다. 고정좌표계에서 보면, 회전좌표축의 위치는 명확하지 않다. 병진운동하는 관찰자가 보면, 상대적으로 고정된 점인 $Q$를 지나는 축을 중심으로 이 물체의 모든 점은 원운동하는 것으로 보이고 이 축에 직각인 물체의 모든 선들은 똑같은 각변위 $\Delta\theta$를 갖는다. 회전하는 변위차 벡터, $\mathbf{R}_{PQ}$는 고깔 형태를 만들어 낸다.

회전 물체의 *각속도*(*angular velocity*)는 회전하는 순간 좌표축 방향의 벡터량 $\boldsymbol{\omega}$로 정의된다. 각속도 벡터의 크기는 물체 내의 회전축에 수직한 선의 각변위의 시간 변화량으로 정의된다. 이 선들의 각변위를 $\Delta\theta$라 하고 시간 간격을 $\Delta\theta$라 하면, 각속도 벡터 $\boldsymbol{\omega}$의 크기는 다음과 같다.

$$\omega = \lim_{\Delta t \to 0} \frac{\Delta\theta}{\Delta t} = \frac{d\theta}{dt} \tag{3.2}$$

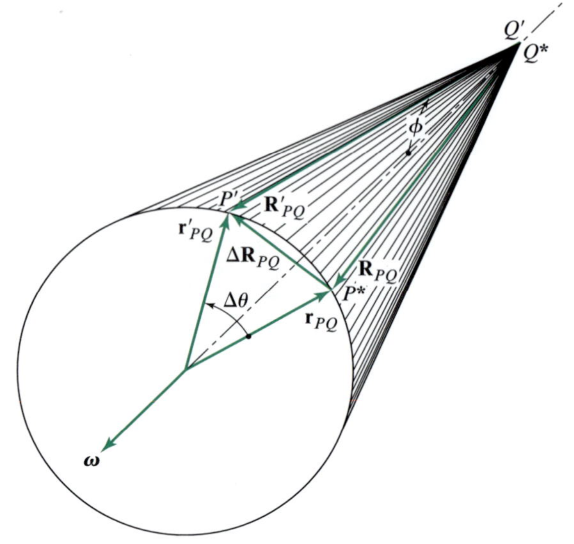


그림 3.4 병진운동을 하는 관측자가 바라본 변위차 $\Delta\mathbf{R}_{PQ}$

반시계방향 회전은 양(+)으로 정의하기 때문에 회전좌표축을 따르는 벡터 **ω**는 오른손 법칙을 따른다.

## 3.3 동일 강체에 있는 점 간의 속도차

그림 3.5*a*는 그림 3.3에 나와 있는 동일한 강체 변위의 또 다른 그림이다. 이는 운동 물체의 회전축을 따라 직접 바라보고 있는 절대좌표계의 관측자가 **ω**벡터의 끝점에서 바라본 그림이다. 이 그림에서 각변위 $\Delta\theta$는 실제 크기로 관측되며, 물체에 있는 모든 선들은 변위 중에 이와 같이 동일한 각도로 회전한다. 도시된 변위 벡터와 위치차 벡터는 실제 크기로 나타낼 필요는 없는데, 이 벡터들이

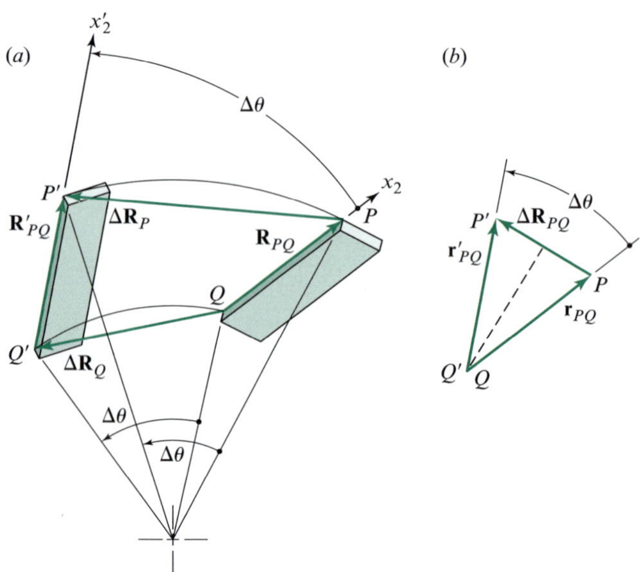


그림 3.5 (*a*) 각변위의 사실도, (*b*) 벡터차에 의한 변위차 $\Delta\mathbf{R}_{PQ}$

이와 같은 시각에서는 원근법에 따라 먼 쪽이 작게 나타날 수도 있기 때문이다.

그림 3.5*b*는 동일한 시각에서의 동일한 강체 회전을 나타내고 있으며, 이 경우는 병진운동하는 관측자의 관점에서 바라본 것이다. 그러므로 이 그림은 그림 3.4에 나타낸 원뿔의 밑면에 상응한다. $\mathbf{r}_{PQ}$와 $\mathbf{r}'_{PQ}$로 표시된 두 벡터는 $\mathbf{R}_{PQ}$와 $\mathbf{R}'_{PQ}$ 벡터를 원근법으로 나타낸 것이고, 그림 3.4에서 이들의 크기는 다음과 같이 관측된다.

$$r_{PQ} = r'_{PQ} = R_{PQ} \sin \phi \tag{a}$$

여기서, $\phi$는 각속도 벡터 $\boldsymbol{\omega}$로부터 원뿔을 선회하며 회전하는 위치차 벡터 $\mathbf{R}_{PQ}$까지의 각도로 일정하다. 그림 3.5*b*에 대하여 다시 살펴보면, 이 그림을 식 (2.68)에 상응하는 축척 도면으로 해석할 수 있음을 알 수 있다.

$$\Delta \mathbf{R}_{PQ} = \mathbf{R}'_{PQ} - \mathbf{R}_{PQ} \tag{b}$$

이제 변위차 벡터 $\Delta \mathbf{R}_{PQ}$의 크기를 계산해 보자. 그림 3.5*b*에서 밑변에 수직 이등분선을 그리면 다음 식이 성립함을 알 수 있다.

$$\Delta R_{PQ} = 2 r_{PQ} \sin \frac{\Delta \theta}{2} \tag{c}$$

또한, 이 식에 식 (*a*)의 관계를 대입하면 다음과 같다.

$$\Delta R_{PQ} = 2\left(R_{PQ} \sin \phi\right) \sin \frac{\Delta \theta}{2} \tag{d}$$

이제 작은 운동으로 국한시키면 각변위의 사인값은 그 각도 자체로 근사할 수 있다.

$$\Delta R_{PQ} = 2\left(R_{PQ} \sin \phi\right) \frac{\Delta \theta}{2} = \Delta \theta R_{PQ} \sin \phi \tag{e}$$

작은 시간의 증분 $\Delta t$로 나누고, 크기 $R_{PQ}$와 각도 $\phi$가 그 시간 간격 동안 각각 일정하다는 사실을 고려하여 그 극한을 취하면 다음과 같다.

$$\lim_{\Delta t \to 0} \left(\frac{\Delta R_{PQ}}{\Delta t}\right) = \lim_{\Delta t \to 0} \left(\frac{\Delta \theta}{\Delta t}\right) R_{PQ} \sin \phi = \omega R_{PQ} \sin \phi \tag{f}$$

$\phi$를 $\boldsymbol{\omega}$와 $\mathbf{R}_{PQ}$의 사잇각으로 정의한 바 있으므로, 이 결과를 벡터 외적의 크기로 인식함으로써 식 (*f*)의 벡터 속성을 확인할 수 있다. 그러므로,

$$\lim_{\Delta t \to 0} \left(\frac{\Delta \mathbf{R}_{PQ}}{\Delta t}\right) = \frac{d\mathbf{R}_{PQ}}{dt} = \boldsymbol{\omega} \times \mathbf{R}_{PQ} \tag{g}$$

위 식은 매우 중요하고 유용하므로 해당 식의 이름과 기호가 정해져 있다. 이를 *속도차* 벡터(*velocity-difference* vector)라 하고 $\mathbf{V}_{PQ}$로 표시한다.

$$\mathbf{V}_{PQ} = \frac{d\mathbf{R}_{PQ}}{dt} = \boldsymbol{\omega} \times \mathbf{R}_{PQ} \tag{3.3}$$

이제 변위차 식 (2.59)를 다시 쓰면 다음과 같다.

$$\Delta\mathbf{R}_P = \Delta\mathbf{R}_Q + \Delta\mathbf{R}_{PQ} \tag{h}$$

이 식을 $\Delta t$로 나누고 극한을 취하면 다음과 같다.

$$\lim_{\Delta t\to 0}\left(\frac{\Delta\mathbf{R}_P}{\Delta t}\right) = \lim_{\Delta t\to 0}\left(\frac{\Delta\mathbf{R}_Q}{\Delta t}\right) + \lim_{\Delta t\to 0}\left(\frac{\Delta\mathbf{R}_{PQ}}{\Delta t}\right) \tag{i}$$

그런데 이 식은 식 (3.1)과 (3.3)에 의해 다음과 같다.

$$\mathbf{V}_P = \mathbf{V}_Q + \mathbf{V}_{PQ} \tag{3.4}$$

이 식을 *속도차 식*(*velocity-difference equation*)이라고 하는데, 식 (3.3)과 함께 모든 속도 해석 방법 중의 하나이다.

식 (3.4)는 구속되지 않은 임의의 두 점에 대하여 사용할 수 있다. 그러나 상기 유도과정을 검토해보면 알 수 있겠지만, 식 (3.3)은 임의의 한 쌍의 점에 적용해서는 안 된다. *위의 식은 두 점이 동일한 강체에 부착되어 있을 때에만 성립된다.*[1] 이 구속조건은 모든 아래 첨자를 분명하게 나타내면 쉽게 기억할 수 있을 것이다.

$$\mathbf{V}_{P_2Q_2} = \boldsymbol{\omega}_2 \times \mathbf{R}_{P_2Q_2} \tag{j}$$

그러나 간략하게 하기 위하여 흔히 링크 숫자 아래 첨자를 생략하기도 한다. 만약 $P$와 $Q$ 점이 동일한 강체에 있지 않을 경우 식 (3.3)을 제대로 적용하지 못하면 어떤 $\boldsymbol{\omega}$벡터를 사용해야 할지 명확히 알 수 없으므로 그러한 실수는 알아내야 한다.

## 3.4 속도 다각형, 기하학적 방법

주요한 속도 해석방법 중 도식적 방법이 있다. 이것은 도식적 변위 해석에서 설명한 바와 같이 2차원 문제에서 단일의 위치에 대해서만 해가 필요할 때 주로 사용된다. 이 방법의 주요 이점은 해를 빨리 얻을 수 있으며, 그림을 사용하므로 문제의 가시화와 문제에 대한 직관력이 높아진다는 점이다.

---

[1] 상세히 설명하면 이 구속조건은 거리 $R_{PQ}$가 일정하게 유지되어야 한다는 요구조건이다. 그러나 위의 표현은 실제 응용에 대부분 적용할 수 있다.

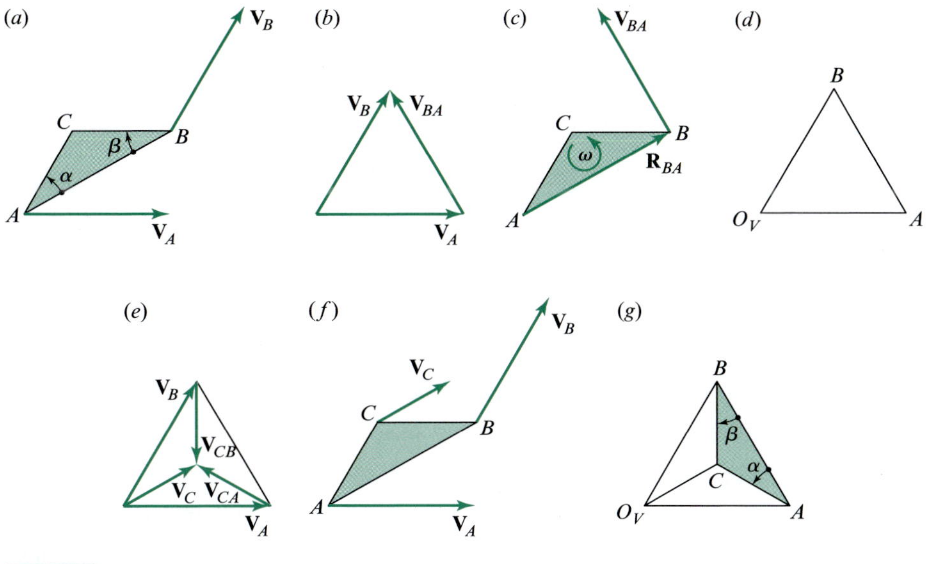


그림 3.6 링크 $ABC$의 기하학적 속도 분석

도식적 속도 해석의 첫 번째 예제로 그림 3.6$a$에 나와 있는 비구속 링크 $ABC$의 2차원 운동에 대하여 알아보자. 점 $A$와 $B$의 속도를 알고 점 $C$의 속도와 링크의 각속도를 구한다고 가정한다. 원하는 순간의 링크의 축척도는 이미 그림 3.6$a$로 작도되어 있다. 즉 위치 해석이 끝나서 이 그림으로부터 변위차 벡터를 측정할 수 있다고 가정한다.

다음으로, 점 $A$와 $B$의 관계를 나타내는 속도차 식 (3.4)에 대하여 알아보자.

$$\overset{\surd\surd}{\mathbf{V}}_B = \overset{\surd\surd}{\mathbf{V}}_A + \overset{??}{\mathbf{V}}_{BA} \tag{a}$$

여기서, 2개의 미지수는 식 ($a$)에 기호로 표시한 바와 같이 속도차 벡터 $\mathbf{V}_{BA}$의 크기와 방향이다. 그림 3.6$b$는 이 식의 도식적 해를 나타내고 있다. 속도 벡터를 나타내는 척도를 선정한 후, 벡터 $\mathbf{V}_A$와 $\mathbf{V}_B$를 공통 원점에서 각각 주어진 방향으로 척도에 따라 그린다. $\mathbf{V}_A$와 $\mathbf{V}_B$의 끝점을 연결한 벡터가 속도차 벡터 $\mathbf{V}_{BA}$이므로, 이 벡터의 크기와 방향이 얼마나 정확한가는 얼마나 정밀하게 작도했느냐에 따라서 달라진다.

이제, 속도차 벡터는 식 (3.3)에서 구할 수 있다.

$$\mathbf{V}_{BA} = \boldsymbol{\omega} \times \mathbf{R}_{BA} \tag{b}$$

링크는 평면 운동 상태이기 때문에 $\boldsymbol{\omega}$벡터는 운동 평면에 수직이다. 즉, 벡터 $\mathbf{V}_{BA}$와 $\mathbf{R}_{BA}$에 수직이다. 그러므로 위 식에서 위치차 벡터의 크기는 다음과 같다.

$$V_{BA} = \omega R_{BA} \sin 90^\circ = \omega R_{BA}$$

이 식을 다시 배열하면, 링크의 각속도는

$$\omega = \frac{V_{BA}}{R_{BA}} \qquad (c)$$

그러므로 **ω**의 수치 크기는 단위의 변환계수를 적절하게 적용하면서 그림 3.6*b*에서는 $V_{BA}$를, 그림 3.6*a*에서는 $R_{BA}$를 각각 척도에 따라 정하여 구하면 되는데, 보통 $\omega$는 단위로 매 초당 라디안(rad/s)을 사용한다.

$\omega$의 크기는 각속도 벡터의 완전해는 아니며 방향도 함께 결정해야 한다. 위에서 설명한 바와 같이 **ω**벡터는 운동이 평면 운동이기 때문에 링크 자체의 평면에 수직한다. 그러나 이것만으로는 **ω**가 평면의 안쪽으로 향하는지 바깥쪽으로 향하는지를 알 수 없다. 회전하지 않고 *A*와 함께 병진운동하는 관찰자의 입장에서 보면 그림 3.6*c*와 같이 *A*점을 중심으로 회전하는 링크를 그릴 수 있다. 이러한 관측자에게 유일하게 관측되는 속도가 속도차 $\mathbf{V}_{BA}$이다. 그러므로 점 *A*를 중심으로 하는 점 *B*의 회전방향을 나타내기 위하여 $\mathbf{V}_{BA}$를 해석하면 **ω**의 방향을 구할 수 있으며, 이 예에서는 반시계방향을 구할 수 있다. 엄격한 벡터 표기법에서는 어긋나지만, 관례상 2차원에서는 최종해를 $\boldsymbol{\omega} = xxx$ rad/s ccw로 나타내고 여기서 *xxx*는 크기를, 그리고 "ccw(반시계방향)" 혹은 "cw(시계 방향)" 으로는 방향을 나타낸다.

그림 3.6*b*에서와 같이 검정색의 굵은 선을 사용하여 벡터 선도를 작도하는 관례는 보기에는 편하지만, 이 선도가 벡터식의 도식적 해인 경우에는 그다지 정확하지 않게 된다. 이 때문에 그림 3.6*d*와 같이 가는 선으로 그리는 것이 관례이다. 해석과정에서 첫 단계는 척도를 선정하고 0의 속도를 나타내는 $O_V$점을 선정하는 것이다. $\mathbf{V}_A$나 $\mathbf{V}_B$와 같은 절대 속도는 각각의 시점을 $O_V$로 표기하고 각각의 끝점을 점 *A*와 *B*로 표기하여 작도한다. *A에서 B까지*의 직선이 속도차 $\mathbf{V}_{BA}$를 나타낸다. 계속해 나가면, 꼭짓점에 대한 이러한 표기법은 속도차 선도의 선으로 표현된 모든 속도차의 정확하게 표현하는 데 충분하다는 것을 알 수 있다. 예를 들면, $\mathbf{V}_{BA}$는 점 *A*에서 점 *B*까지의 벡터로 나타내어진다. 이 표기법은 화살표나 다른 표기법이 전혀 필요 없기 때문에 선도가 간결하다. 이러한 선도를 속도 *다각형*(*velocity polygon*)이라고 하며 이를 사용하면 도식적 해법이 상당히 간단해진다.

그러나 이러한 해법의 위험성은, 해석자가 해석법을 일련의 도식적 "트릭"으로 생각하기 시작하고, 각각의 그려진 선이 그에 상응하는 벡터식으로 완전히 정당화될 수 있고 또 정당화되어야 한다는 사실을 잊어버리게 된다는 점이다. 도식적인 방법은 단지 편리한 해법일 뿐 이론적인 근거를 완전히 대체할 수 없다.

그림 3.6*c*를 다시 살펴보면, 벡터 $\mathbf{V}_{BA}$는 $\mathbf{R}_{BA}$에 수직한 것처럼 보일지도 모른다. 그리고 이러한 생각은 식 (*b*)에서 **ω**벡터와 외적이 되어 있으므로 필연적인 결과라는 사실을 알 수 있다. 이러한 특성은 다음 단계에서 이용된다.

이제, **ω**를 구했으므로 *C*점의 절대 속도를 결정해 보자. 이 절대 속도는 다음 식과 같이 2개의 속도차 식에 의해 점 *A*와 *B*의 절대 속도와 연관지을 수 있다.

$$\mathbf{V}_C = \overset{\surd\surd}{\mathbf{V}_A} + \overset{?\surd}{\mathbf{V}_{CA}} = \overset{\surd\surd}{\mathbf{V}_B} + \overset{?\surd}{\mathbf{V}_{CB}} \qquad (d)$$

점 *A*, *B*, *C*는 모두 동일한 강체에 있기 때문에 속도차 벡터 $\mathbf{V}_{CA}$와 $\mathbf{V}_{CB}$는 각각 $\mathbf{R}_{CA}$와 $\mathbf{R}_{CB}$가 사용되는 $\boldsymbol{\omega} \times \mathbf{R}$의 형태가 된다. 결과적으로 $\mathbf{V}_{CA}$는 $\mathbf{R}_{CA}$에 수직하고 $\mathbf{V}_{CB}$는 $\mathbf{R}_{CB}$에 수직한다. 그러

므로 이 2개의 항의 방향은 식 (*d*)와 같이 표시된다.

$\mathbf{V}_{CA}$와 $\mathbf{V}_{CB}$의 크기는 $\boldsymbol{\omega}$가 이미 결정되었기 때문에 식 (*c*)를 사용하면 쉽게 결정할 수 있지만, 이것을 여기서 사용하지는 않겠다. 그 대신, 식 (*d*)에 대한 도식적 해를 구상하기로 한다. 이 식이 뜻하는 바는 $\mathbf{R}_{CA}$에 수직한 벡터는 $\mathbf{V}_A$와 합해야 하고 그 결과는 $\mathbf{R}_{CB}$에 수직한 벡터와 $\mathbf{V}_B$의 합과 같아진다는 것이다. 이 해는 그림 3.6*e*에 예시되어 있다. 실제적으로, 해는 그림 3.6*d*와 동일한 그림에서 시작되서 그림 3.6*g*로 완성된다. $\mathbf{R}_{CA}$에 수직한 선($\mathbf{V}_{CA}$를 나타냄)은 점 *A*에서 시작된다 ($\mathbf{V}_A$에 더해짐을 나타낸다). 마찬가지 방법으로, $\mathbf{R}_{CB}$에 수직한 선은 점 *B*에서 시작된다. 이 두 선의 교점을 *C*라고 표기할 때 이 점이 바로 식 (*d*)의 해를 나타낸다. $O_V$에서 점 *C*까지의 선은 이제 절대 속도 $\mathbf{V}_C$를 나타낸다. 이 절대 속도는 링크로 다시 전달되어 그림 3.6(*f*)에 나와 있는 바와 같이 크기와 방향을 가진 $\mathbf{V}_C$로 해석될 수 있다.

그림 3.6*g*와 3.6*a*에 있는 회색 삼각형과 각도 $\alpha$ 및 $\beta$를 살펴보면, 각각의 그림에 있는 2개의 삼각형 *ABC*가 보이는 것처럼 실제로도 형상이 유사한지를 조사해 보아야 한다. 작도 단계를 검토해보면, 속도차 벡터 $\mathbf{V}_{BA}$, $\mathbf{V}_{CA}$, $\mathbf{V}_{CB}$가 위치차 벡터 $\mathbf{R}_{BA}$, $\mathbf{R}_{CA}$, $\mathbf{R}_{CB}$에 수직하기 때문에 이 삼각형들은 유사하다는 것을 알 수 있다. 이 성질은 운동 링크가 어떠한 형상을 취하여도 성립되므로 속도 다각형에서는 닮은 꼴 형상이 나타난다. 각각의 변은 항상 링크의 각속도와 같은 비율만큼 확대되거나 축소되며, 각속도 방향으로 항상 90°만큼 회전되어 있다. 이 특성은 링크에 있는 두 점 간의 속도차 벡터가 동일한 $\boldsymbol{\omega}$벡터와 이에 상응하는 위치차 벡터의 외적 형태라는 사실에서 기인한다. 속도 다각형에서의 닮은 꼴 형상은 보통 링크의 속도 *사상*이라고 하며, 어떠한 운동 링크도 속도 다각형에 상응하는 속도 사상(velocity image)이 존재한다.

이 절에서의 도식적 절차는 Mehmke에 의해 1883년 아래와 같은 이론으로 개발되었다.

일반적인 원점에서 그려질 때 강체의 속도 벡터의 마지막 점은 원래의 형태와 기하학적으로 많이 닮은 형태를 만들어 낸다.

이것은 라벨링을 최소화하여도 속도 다각형에서의 명확성을 확인해 준다. 이것은 뒤에 나오는 두 예제에서 더욱 명확해진다.

속도 사상의 개념을 알고 나면 해를 구하는 과정이 상당히 빨라진다. 예를 들어 식 (*d*)를 사용할 필요가 없어진다. 일단 해를 구하는 과정을 그림 3.6*d*의 상태까지 진행하면 속도 사상점 *A*와 *B*를 알 수 있다. 이 두 점을 링크 형상과 유사한 삼각형의 밑변으로 사용하면 식 (*d*)를 직접 기술하지 않고서도 사상점 *C*를 직접 표기할 수 있다. 이 삼각형이 위치 선도와 속도 사상 사이에서 뒤집히지 않도록 주의해야 하지만, 해를 구하는 과정을 빠르고 정확하면서도 자연스럽게 진행할 수 있어 결과적으로 그림 3.6*g*를 얻을 수 있다. 여기서, 해를 구하는 모든 단계는 엄밀하게 유도된 벡터식을 근거로 하며 트릭이 아니라는 사실을 다시금 강조한다. 이러한 절차에 완전히 익숙하려면 상응하는 벡터식을 계속해서 써보는 것이 가장 현명한 방법이다.

다음 항들은 일반적으로 성립하는 내용이며 위의 예제에서 확인할 수 있다.

1. 각각의 링크의 속도 사상은 그 링크 형상을 축척으로 속도 다각형으로 재현한 것이다.
2. 각각의 링크의 속도 사상은 그 링크의 각속도 방향으로 90°만큼 회전한다.
3. 각각의 링크의 꼭짓점을 나타내는 문자들은 속도 다각형의 문자들과 같으며, 링크 둘레에서와 동일한 순서로, 또 동일한 회전방향으로 속도 다각형 둘레에 부여된다.

4. 링크 자체 길이에 대한 링크의 속도 사상 길이의 비는 링크의 각속도의 크기와 같다. 일반적으로 이 비는 동일한 기구에서도 링크마다 다르다.
5. 병진운동하는 링크에 있는 모든 점의 속도는 같고 각속도는 0이다. 그러므로 병진운동하고 있는 링크의 속도 사상은 속도 다각형에서 단일의 점으로 축소된다.
6. 속도 다각형에 있는 점 $O_V$는 절대 속도가 0인 모든 점들의 사상이며, 이는 고정 링크의 속도 사상이다.
7. 어떤 링크에 있는 한 점의 절대 속도는 $O_V$로부터 점의 사상까지의 선으로 표현된다. 임의의 두 점 $P$와 $Q$ 사이의 속도차 벡터는 사상점 $P$로부터 사상점 $Q$까지의 선으로 표현된다.

도식적 속도 해석법에 빨리 익숙해지도록 다음의 두 가지 예제를 해석해 보자.

### 예제 3.1

그림 3.7$a$에 모든 필요한 치수와 함께 축적대로 그려진 4절 링크기구가 크랭크 2에 의하여 등속도 $\boldsymbol{\omega}_2 = 900$ rev/min ccw로 구동되고 있다. 그림과 같은 위치에서 링크 3에 있는 점 $E$와 링크 4의 점 $F$의 순간속도와 링크 3과 4의 각속도를 각각 구하라.

**▶ 도식적 풀이**

우선, 적절한 비율로 링크를 그린다. 그리고, rad/s의 단위로 링크 2의 각속도를 계산한다. 결과는 아래와 같다.

$$\omega_2 = \left(900 \frac{\text{rev}}{\text{min}}\right)\left(2\pi \frac{\text{rad}}{\text{rev}}\right)\left(\frac{1 \text{ min}}{60 \text{ s}}\right) = 94.25 \text{ rad/s ccw} \tag{1}$$

그런 다음, 점 $A$는 고정 상태로 유지되어 있으므로 식 (3.3)과 (3.4)로부터 점 $B$의 속도를 구할 수 있다.

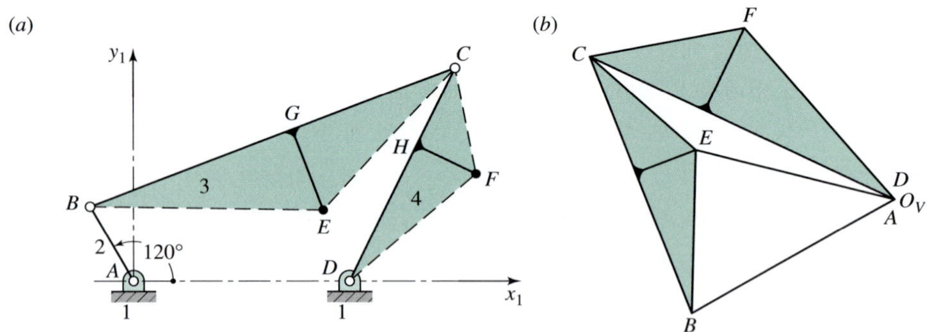


그림 3.7 ($a$) $R_{BA} = 4$ in, $R_{CB} = 18$ in, $R_{CD} = 11$ in, $R_{DA} = 10$ in, $R_{GB} = 10$ in, $R_{EG} = 4$ in, $R_{HD} = 7$ in, $R_{FH} = 3$ in, ($b$) 속도 다각형

$$\begin{aligned} \mathbf{V}_B &= \cancel{\mathbf{V}_A}^{0} + \mathbf{V}_{BA} = \boldsymbol{\omega}_2 \times \mathbf{R}_{BA}, \\ V_B &= (94.25 \text{ rad/s})\left(\frac{4}{12} \text{ ft}\right) = 31.42 \text{ ft/s} \end{aligned} \tag{2}$$

형태 "$\boldsymbol{\omega} \times \mathbf{R}$"은 속도차에 사용되었고 절대 속도 $\mathbf{V}_B$에 대해서는 직접 사용하지 않았다는 사실에 주의한다. 그림 3.7$b$에서 점 $O_V$와 속도 척도를 정한다. 사상점 $A$를 $O_V$와 일치해야 한다는 점에 주의하면서 $\mathbf{R}_{BA}$에 수직하는 선 $AB$를 $\boldsymbol{\omega}_2$의 반시계방향인 왼쪽으로 그리면 이 선이 $\mathbf{V}_{BA}$가 된다.

그러므로 다음 단계로 점 $C$의 속도에 대한 2개의 방정식을 만든다. 왜냐하면, 점 $C_3$과 $C_4$의 속도는 같아야 하기($C$에서 링크 3과 4는 서로 핀 연결되어 있음) 때문에 다음과 같은 식이 나온다.

$$\mathbf{V}_C = \overset{\surd\surd}{\mathbf{V}_B} + \overset{?\surd}{\mathbf{V}_{CB}} = \cancel{\mathbf{V}}_D^{\mathbf{0}} + \overset{?\surd}{\mathbf{V}_{CD}} \tag{3}$$

이제 속도 다각형에 2개의 선을 그린다. 선 $BC$는 $B$에서 $\mathbf{R}_{CB}$에 수직하게 그리고, 선 $DC$는($\mathbf{V}_D = 0$이므로 $O_V$와 일치하는) $D$에서 $\mathbf{R}_{CD}$에 수직하게 그린다. 이 두 선의 교점은 $C$로 표기한다. 이 선들의 길이는 축척에 따라 결정하면 $V_{CB} = 38.4\text{ft/s}$이고, $V_C = V_{CD} = 45.5$ ft/s이다. 이제, 링크 3과 4의 각속도를 다음과 같이 구할 수 있다.

$$\omega_3 = \frac{V_{CB}}{R_{CB}} = \frac{38.4\text{ ft/s}}{(18/12)\text{ ft}} = 25.6\text{ rad/s ccw,} \qquad \text{답 (4)}$$

$$\omega_4 = \frac{V_{CD}}{R_{CD}} = \frac{45.5\text{ ft/s}}{(11/12)\text{ ft}} = 49.64\text{ rad/s ccw} \qquad \text{답 (5)}$$

여기서, $\boldsymbol{\omega}_3$과 $\boldsymbol{\omega}_4$의 방향은 그림 3.6$c$에 예시된 방법으로 구했다.

점 $E$의 속도, 즉 $V_B$를 구하는 방법에는 몇 가지가 있다. 그중 한 가지 방법을 예로 들어보면, 그림 3.7$a$의 축척 도면에서 $R_{EB}$를 측정한 다음, 점 $B$와 $E$는 모두 링크 3에 부착되어 있으므로 다음과 같이 계산할 수 있다[2].

$$V_{EB} = \omega_3 R_{EB} = (25.6\text{ rad/s})\left(\frac{10.8}{12}\text{ft}\right) = 23.04\text{ ft/s} \tag{6}$$

이제, 속도 다각형에 선 $BE$를 적절한 척도로 $\mathbf{R}_{EB}$에 수직하게 그릴 수 있으므로, 다음의 속도차 식을 풀 수 있다[3].

$$\overset{??}{\mathbf{V}_E} = \overset{\surd\surd}{\mathbf{V}_B} + \overset{\surd\surd}{\mathbf{V}_{EB}} \tag{7}$$

속도 다각형으로부터, 점 $E$의 속도를 측정하면 아래와 같다.

---

[2] 이 유도과정에서는 식 (6)을 사용하기 위해 $\mathbf{R}_{EB}$가 링크 3의 재료 부분을 따라 놓여야 하고, 점 $E$와 $B$는 일정한 거리에 있어야 하는데, 이때 구속조건이 전혀 없다.

[3] 수치를 식 (7)에 직접 대입하면 안 된다는 점에 주의한다. 즉, 이 식에는 스칼라합이 아니라 벡터합이 필요하며 이것이 바로 속도 다각형을 작도하는 목적이기도 한다.

$$V_E = 27.6\ \text{ft/s}\ \angle 165.3^\circ$$ 답

또 다른 방법으로는 점 $E$의 속도는 다음 속도차 식으로 구할 수 있다.

$$\overset{??}{\mathbf{V}_E} = \overset{\surd\surd}{\mathbf{V}_C} + \overset{\surd\surd}{\mathbf{V}_{EC}} \tag{8}$$

여기서는 식 (7)에서 사용한 절차 그대로 진행한다. 이 방법은 속도 다각형에서 삼각형 $O_VEC$로 나타난다.

중간 단계로 $\omega_3$을 계산하는 과정을 거치지 않고 $\mathbf{V}_E$를 구한다고 가정한다. 이 경우에는 다음과 같이 식 (7)과 (8)을 동시에 쓴다.

$$\mathbf{V}_E = \overset{\surd\surd}{\mathbf{V}_B} + \overset{?\surd}{\mathbf{V}_{EB}} = \overset{\surd\surd}{\mathbf{V}_C} + \overset{?\surd}{\mathbf{V}_{EC}} \tag{9}$$

속도 다각형에 선 $EB$ ($\mathbf{R}_{EB}$에 수직함)와 $EC$ ($\mathbf{R}_{EC}$에 수직함)를 그리면 선들이 교차하므로 식 (9)를 풀면 된다.

그러나 $\mathbf{V}_E$를 푸는 가장 쉬운 방법은 링크 3의 속도 사상 개념을 사용하는 방법일 것이다. 속도 사상점 $B$와 $C$는 이미 구했으므로, 그림 3.7a의 축척 선도의 삼각형 $BEC$와 형상이 유사한 삼각형 $BEC$를 속도 다각형에서 그릴 수 있다. 이로써 속도 다각형에 점 $E$의 위치를 정할 수 있으므로 점 $E$의 해를 구할 수 있다.

점 $F$ 속도는 또한 링크 4의 점 $C$, $D$, $F$를 사용하는 위의 어느 방법으로도 구할 수 있다. 결과는 다음과 같다.

$$V_F = 31.8\ \text{ft/s}\angle 130.9^\circ$$ 답

비교를 위해 해석적 풀이를 또한 제시하였다.

### ▶ 해석적 풀이

첫 번째 단계는 링크기구에 대한 자세 해석이다. 이 단계는 2장에서 설명되었으므로 여기서는 결과만 제시한다. 주어진 링크의 크기와 정해진 입력변수 $\theta_2 = 120^\circ$에 대해서 링크 3과 4는 각각 $\theta_3 = 20.92^\circ$, $\theta_4 = 64.05^\circ$이다.

벡터의 형태로 나타내면 각 링크에 해당하는 위치차 벡터들은 다음과 같다.

$$\begin{aligned}
\mathbf{R}_{BA} &= 4\ \text{in}\angle 120^\circ = -2\hat{\mathbf{i}} + 3.464\hat{\mathbf{j}}\ \text{in},\\
\mathbf{R}_{CB} &= 18\ \text{in}\angle 20.92^\circ = 16.813\hat{\mathbf{i}} + 6.427\hat{\mathbf{j}}\ \text{in},\\
\mathbf{R}_{CD} &= 11\ \text{in}\angle 64.05^\circ = 4.813\hat{\mathbf{i}} + 9.891\hat{\mathbf{j}}\ \text{in},\\
\mathbf{R}_{DA} &= 10\ \text{in}\angle 0^\circ = 10\hat{\mathbf{i}}\ \text{in},\\
\mathbf{R}_{EB} &= 10.77\ \text{in}\angle -0.88^\circ = 10.769\hat{\mathbf{i}} - 0.165\hat{\mathbf{j}}\ \text{in},\\
\mathbf{R}_{FD} &= 7.616\ \text{in}\angle 40.85^\circ = 5.761\hat{\mathbf{i}} + 4.981\hat{\mathbf{j}}\ \text{in}
\end{aligned}$$

도식적 풀이에서와 동일하게 진행한다. 다시 말해, 주어진 각속도 입력은

$$\omega_2 = \left(900\,\frac{\text{rev}}{\text{min}}\right)\left(2\pi\,\frac{\text{rad}}{\text{rev}}\right)\left(\frac{1\text{ min}}{60\text{ s}}\right) = 94.25\text{ rad/s ccw} \tag{10}$$

점 $B$의 속도는 아래와 같다.

$$\begin{aligned}\mathbf{V}_B &= \cancel{\mathbf{V}}_A^0 + \mathbf{V}_{BA} = \boldsymbol{\omega}_2 \times \mathbf{R}_{BA} \\ &= -326.482\hat{\mathbf{i}} - 188.500\hat{\mathbf{j}}\ \text{in/s} = 377\text{ in/s}\angle{-150^\circ}\end{aligned} \tag{11}$$

점 $C$의 속도는 아래와 같이 표현된다.

$$\begin{aligned}\mathbf{V}_C &= \overset{\surd\surd}{\mathbf{V}}_B + \overset{?\surd}{\mathbf{V}}_{CB} = \cancel{\mathbf{V}}_D^{\mathbf{0}} + \overset{?\surd}{\mathbf{V}}_{CD} \\ &= \mathbf{V}_B + \boldsymbol{\omega}_3 \times \mathbf{R}_{CB} = \boldsymbol{\omega}_4 \times \mathbf{R}_{CD}\end{aligned} \tag{12}$$

위치차 벡터 $\mathbf{R}_{CB}$와 $\mathbf{R}_{CD}$와 식 (11)을 식 (12)에 대입하고, 결과를 행렬 형태로 표현다면 아래와 같다.

$$\begin{bmatrix} -326.482\text{ in/s} \\ -188.500\text{ in/s} \end{bmatrix} + \begin{bmatrix} -6.427\text{ in} \\ 16.813\text{ in} \end{bmatrix}\omega_3 = \begin{bmatrix} -9.891\text{ in} \\ 4.813\text{ in} \end{bmatrix}\omega_4 \tag{13}$$

식 (13)을 풀면, 링크 3과 4의 각속도가 각각 다음과 같다.

$$\omega_3 = 25.382\text{ rad/s (ccw)} \quad \text{and} \quad \omega_4 = 49.501\text{ rad/s (ccw)} \qquad \text{답 (14)}$$

점 $E$와 $F$의 속도는 점 $B$와 $D$의 속도를 이용하여 속도차 식을 통해 구할 수 있다.

$$\mathbf{V}_E = \mathbf{V}_B + \mathbf{V}_{EB} = \mathbf{V}_B + \boldsymbol{\omega}_3 \times \mathbf{R}_{EB} \quad \text{and} \quad \mathbf{V}_F = \mathbf{V}_D + \mathbf{V}_{FD} = \mathbf{V}_D + \boldsymbol{\omega}_4 \times \mathbf{R}_{FD} \tag{15}$$

구한 값을 식 (15)에 대입하면,

$$\begin{aligned}\mathbf{V}_E &= -322.294\hat{\mathbf{i}} + 84.839\hat{\mathbf{j}}\ \text{in/s} \\ &= 27.8\text{ ft/s}\angle 165.25^\circ\end{aligned} \quad \text{그리고} \quad \begin{aligned}\mathbf{V}_F &= -246.564\hat{\mathbf{i}} + 285.175\hat{\mathbf{j}}\ \text{in/s} \\ &= 31.4\text{ ft/s}\angle 130.85^\circ\end{aligned} \qquad \text{답}$$

이 답들은 모두 도식적 방법으로 구해진 답과 일치한다는 것을 주목하라.

### 예제 3.2

그림 3.8$a$의 편심 슬라이더-크랭크 기구가 슬라이더 4에 의해 현재 상태에서 왼쪽으로 $\mathbf{V}_C = -10\,\hat{\mathbf{i}}$m/s로 구동되고 있다. 점 $D$의 순간속도 및 링크 2와 3의 각속도를 각각 구하라.

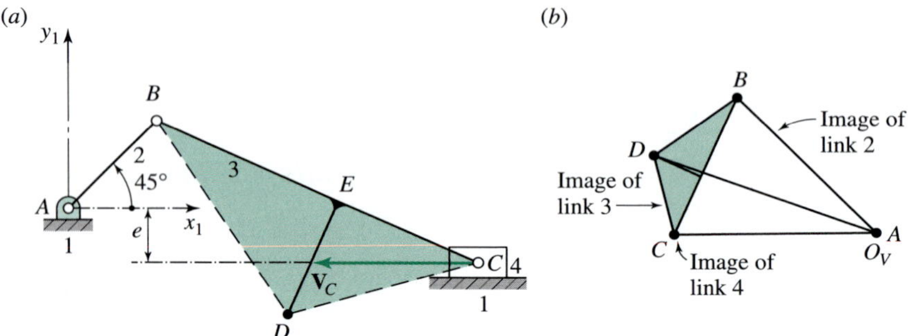


그림 3.8 (a) $e = 20$ mm, $R_{BA} = 50$ mm, $R_{CB} = 140$ mm, $R_{EB} = 80$ mm, 그리고 $R_{DE} = 50$ mm, (b) 속도 다각형

#### ▶ 풀이

속도 척도와 극점 $O_V$를 정하고 $\mathbf{V}_C$를 그려 그림 3.8$b$에 나타낸 점 $C$를 구한다. 그런 다음, 점 $B$의 속도에 속도차 방정식을 푼다.

$$\mathbf{V}_B = \overset{\surd\surd}{\mathbf{V}_C} + \overset{?\surd}{\mathbf{V}_{BC}} = \cancel{\mathbf{V}}_A^0 + \overset{?\surd}{\mathbf{V}_{BA}}$$

이를 이용하여, 속도 다각형에서 점 $B$의 위치에 대하여 푼다.

점 $B$와 $C$를 구하고 나면, 링크 3의 속도 사상을 그림과 같이 그려서 점 $D$의 위치를 구할 수 있다. 그런 다음, 속도 다각형에서 측정하면 된다.

$$V_D = 12.0 \text{ m/s}$$ 답

링크 2와 3의 각속도는 각각 다음과 같다.

$$\omega_2 = \frac{V_{BA}}{R_{BA}} = \frac{10.0 \text{ m/s}}{0.050 \text{ m}} = 200 \text{ rad/s ccw}$$ 답

$$\omega_3 = \frac{V_{BC}}{R_{BC}} = \frac{7.5 \text{ m/s}}{0.140 \text{ m}} = 53.6 \text{ rad/s cw}$$ 답

이 예제에서는 각각의 링크의 속도 사상이 그림 3.8$b$의 속도 삼각형에 표시되어 있다.

## 3.5 이동좌표계에 있는 점의 상대 속도

여러 가지 기계 부품의 속도를 해석하다 보면, 한 점의 운동방식을 다른 운동 링크에 대하여 기술하는 것은 간단하지만, 그 한 점의 절대 운동을 기술하는 것은 결코 간단하지 않은 문제라고 할 수 있다. 이러한 경우는 기다란 홈이 형성된 회전 링크에 다른 링크가 이 홈에 구속되어 미끄럼운동을 할 때 주로 일어난다. 홈이 형성된 링크의 운동과 이 홈 안에서 일정량만큼 발생하는 상대 미끄럼운동을 알고 있다면, 이 미끄럼운동 부재의 절대 운동을 구할 수 있다. 2.16절에서 상대 변위 벡터를 정의했는데, 이것이 이러한 문제 유형에 해당하며 여기서는 이 개념을 속도에 확대 적용하려고 한다.

소정의 일반적인 운동을 하는 강체 링크 2에 좌표계 $x_2y_2z_2$가 부착되어 있는 그림 3.9를 고려해보자. 이 좌표계는 일정 시간 $\Delta t$만큼 경과한 후 $x_2'y_2'z_2'$에 놓인다. 링크 2의 모든 점은 이 좌표계와 함께 움직인다. 또한, 같은 시간 간격 동안에 또 다른 링크 3에 있는 또 다른 점 $P_3$은 일정한 방식으로 구속되어 링크 2에 대하여 일정 경로를 따라 이동한다. 그림 3.9에는 이러한 구속이 링크 3의 핀을 지지하고 있는 홈으로 나와 있는데, 이 핀의 중심이 점 $P_3$이다. 이 경우의 구속은 그림과 같이 나와 있지만 구속형태는 여러 가지로 나타날 수 있다. 여기서의 유일한 가정은 움직이는 점 $P_3$이 좌표계 $x_2y_2z_2$를 따라 이동하는 경로, 즉 상대 위치 벡터 $\mathbf{R}_{P_3/2}$의 끝점의 궤적을 알고 있다는 것이다.

상대 변위를 나타낸 식 (2.62)를 재정리하면 다음과 같다.

$$\Delta\mathbf{R}_{P_3} = \Delta\mathbf{R}_{P_2} + \Delta\mathbf{R}_{P_3/2}$$

이 식을 $\Delta t$로 나누고 극한을 취하면 다음과 같다.

$$\lim_{\Delta t\to 0}\left(\frac{\Delta\mathbf{R}_{P_3}}{\Delta t}\right) = \lim_{\Delta t\to 0}\left(\frac{\Delta\mathbf{R}_{P_2}}{\Delta t}\right) + \lim_{\Delta t\to 0}\left(\frac{\Delta\mathbf{R}_{P_3/2}}{\Delta t}\right) \tag{a}$$

이제, *상대* 속도 벡터(*apparent-velocity* vector)를 다음과 같이 정의할 수 있다.

$$\mathbf{V}_{P_3/2} = \lim_{\Delta t\to 0}\left(\frac{\Delta\mathbf{R}_{P_3/2}}{\Delta t}\right) = \frac{d\mathbf{R}_{P_3/2}}{dt} \tag{3.5}$$

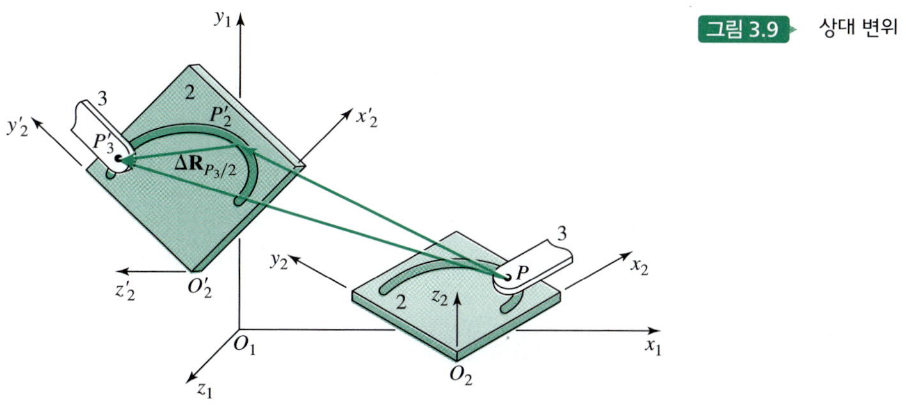


그림 3.9 상대 변위

그리고 이 식에 극한을 취하면 식 ($a$)는 다음과 같이 된다.

$$\mathbf{V}_{P_3} = \mathbf{V}_{P_2} + \mathbf{V}_{P_{3/2}} \tag{3.6}$$

이를 *상대 속도식*(*apparent-velocity equation*)이라고 한다.

상대 속도는 식 (3.5)를 통해 보면 절대 변위가 아니라 상대 변위에서 나온다는 점을 제외하고는 절대 속도와 유사하다. 그러므로 $\mathbf{V}_{P_{3/2}}$는 개념적으로는 *이동 링크 2에 부착되어* $x_2y_2z_2$ 좌표계에 있는 관측자가 관측하는 움직이는 점 $P_3$의 속도가 된다. 상대 속도라는 명칭은 이러한 개념에서 생겼다. 또한 절대 속도는, $\mathbf{V}_{P/1}$, 관측자가 $x_1y_1z_1$ 좌표계에 고정되어 있을 때로, 상대 속도의 특수한 경우라는 사실에 주의한다.

상대 속도식인 식 (3.6)에 대한 깊은 고찰은 아래의 예제로부터 파악할 수 있다.

### 예제 3.3

그림 3.10$a$에는 역전된 슬라이더-크랭크 기구가 그려져 있다. 크랭크인 링크 2는 36 rad/s cw의 각속도로 구동된다. 링크 3은 링크 4를 미끄럼 이동하며 $A$에서 크랭크에 피봇 지지되어 있다. 링크 4의 각속도를 구하라.

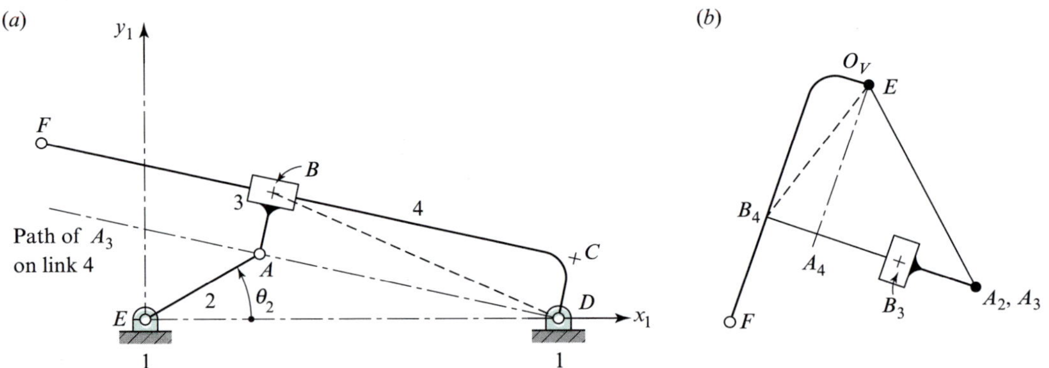


그림 3.10 ($a$) $R_{AE} = 3$ in, $R_{BA} = R_{CD} = 2$ in, 그리고 $R_{DE} = 14$ in, ($b$) 속도 다각형

**▶ 풀이**

식 (3.4)를 이용하여, 점 $A$의 속도를 계산하면 다음과 같다.

$$\mathbf{V}_A = \cancel{\mathbf{V}_E}^{\mathbf{0}} + \mathbf{V}_{AE} = \boldsymbol{\omega}_2 \times \mathbf{R}_{AE},$$

$$V_A = (36 \text{ rad/s})\left(\frac{3}{12}\text{ft}\right) = 9 \text{ ft/s} \tag{1}$$

또한, 극점 $O_V$를 기준으로 하여 이 속도값을 그려서 속도 다각형에 점 $A$의 위치를 정하면 다음과 같다(그림 3.11$b$ 참조).

다음으로, 미끄럼 지점에서의 2개의 서로 다른 점 $B_3$과 $B_4$를 구별해야 한다. 점 $B_3$은 링크

3의 일부이고 점 $B_4$는 링크 4에 달려 있지만, 그림과 같은 순간에서는 두 점이 일치한다. 점 $B_3$은 링크 4에 있는 관측자에게는 링크 4를 따라 미끄럼 이동하는 것으로 보이므로, $CF$선을 따르는 직선 경로로 정의한다. 그러므로 상대 속도식을 다음과 같이 나타낼 수 있다.

$$\mathbf{V}_{B_3} = \mathbf{V}_{B_4} + \mathbf{V}_{B_3/4} \tag{2}$$

점 $B_3$은 $A$와, 점 $B_4$는 $D$와 각각 속도차만큼 관계가 있다고 하면, 식 (2)는 다음과 같이 전개할 수 있다.

$$\overset{\surd\surd}{\mathbf{V}_A} + \overset{?\surd}{\mathbf{V}_{B_3A}} = \overset{0}{\cancel{\mathbf{V}_D}} + \overset{?\surd}{\mathbf{V}_{B_4D}} + \overset{?\surd}{\mathbf{V}_{B_3/4}} \tag{3}$$

여기서, $\mathbf{V}_{B_3A}$는 $\mathbf{R}_{BA}$에 수직하고 $\mathbf{V}_{B_4D}$는 $\mathbf{R}_{BD}$(점선 부분)에 수직하며 $\mathbf{V}_{B_3/4}$의 방향은 $B$에서 미끄럼 이동 경로에 대한 접선방향이 된다.

식 (3)에는 3개의 미지수가 들어 있지만, $\mathbf{V}_{B_3A}$와 $\mathbf{V}_{B_3/4}$는 방향이 동일하다는 사실을 고려하면 다음 식과 같이 바꿔 쓸 수 있다.

$$\overset{\surd\surd}{\mathbf{V}_A} + \overbrace{\left(\mathbf{V}_{B_3A} - \mathbf{V}_{B_3/4}\right)}^{?\surd} = \overset{?\surd}{\mathbf{V}_{B_4D}} \tag{4}$$

또한, 괄호의 속도차는 방향을 아는 단일 벡터로 취급할 수 있다. 이에 따라 이 식은 미지수가 2개로 줄어들어 도식적으로 풀 수 있으므로 속도 다각형에서 $B_4$의 위치를 결정할 수 있다.

크기 $\mathbf{R}_{BD}$는 계산을 하거나 그림에서 측정할 수 있으며, $\mathbf{V}_{B_4D}$는 속도 다각형에서 척도에 따라 구할 수 있다($O_V$에서 $B_4$까지의 점선). 그러므로 다음과 같다.

$$\omega_4 = \frac{V_{B_4D}}{R_{BD}} = \frac{7.3\ \text{ft/s}}{(11.6/12)\ \text{ft}} = 7.55\ \text{rad/s ccw} \qquad \text{답 (5)}$$

비록 문제는 기술한 바와 같이 풀이했으나, 속도 다각형을 확장하여 링크 2, 3, 4의 사상을 나타냈다. 이러한 과정에서는 링크 3과 4가 항상 서로 수직 상태를 유지하기 때문에 동일한 속도로 회전해야 한다는 사실에 주의한다. 그러므로 $\omega_3 = \omega_4$이다. 이를 사용하면 $\mathbf{V}_{BA} = \boldsymbol{\omega}_3 \times \mathbf{R}_{BA}$를 계산할 수 있고 속도 사상점 $B_3$을 그릴 수 있다. 또한, 링크 3과 4의 속도 사상은 $\omega_3 = \omega_4$이기 때문에 그 크기를 비교할 수 있다. 그러나 이 속도 사상들은 링크 2의 각속도가 훨씬 더 크기 때문에 $O_VA$로 나타나는 링크 2의 속도 사상과는 척도가 전혀 다르다.

관측자가 링크 4에 있다고 할 때 SHE(2.17절의 정의 참조)가 자신의 좌표계에 있는 점 $A$의 경로에 대하여 알 수 있는 것은, 이 경로가 그림 3.10$a$에 나와 있는 바와 같이 선 $CF$에 평행한 직선이라는 사실이다. 이제, 이 경로의 한 점을 $A_4$로 정의하기로 한다. 그림과 같은 순간에서 점 $A_4$의 위치는 점 $A_2$ 및 $A_3$과 일치한다. 그러나 $A_4$는 *핀을 따라 움직이지 않고 링크 4에 고정되어 고정점 D를 중심으로 하여 경로를 따라 회전한다.* 링크 4에 있는 $A_2$와 $A_3$에 의한 경로를

확인할 수 있으므로 다음과 같이 상대 속도식을 나타낼 수 있다.[4]

$$\mathbf{V}_{A_2} = \mathbf{V}_{A_4} + \mathbf{V}_{A_2/4} \tag{6}$$

또한, 점 $A_4$는 링크 4의 일부이므로 다음과 같다.

$$\mathbf{V}_{A_4} = \cancelto{0}{\mathbf{V}_D} + \mathbf{V}_{A_4D} \tag{7}$$

식 (7)을 식 (6)에 대입하면 다음 식이 된다.

$$\overset{\surd\surd}{\mathbf{V}_{A_2}} = \overset{?\surd}{\mathbf{V}_{A_4D}} + \overset{?\surd}{\mathbf{V}_{A_2/4}} \tag{8}$$

여기서 $\mathbf{V}_{A_4D}$는 $\mathbf{R}_{AD}$에 수직이고 $\mathbf{V}_{A_2/4}$는 경로에 접한다. 이 식 (8)을 풀면 속도 다각형상에서 사상점 $A_4$의 위치가 결정되고, $V_{A_4D} = 7.17$ ft/s, $V_{A_2/4} = 5.48$ ft/s를 구할 수 있다. 또한 측정을 통해, $R_{AD} = 11.4$ 계산이 가능하다. 이 값들을 식에 대입하면,

$$\omega_4 = \frac{V_{A_4D}}{R_{AD}} = \frac{7.17 \text{ ft/s}}{(11.4/12) \text{ ft}} = 7.55 \text{ rad/s ccw} \tag{9}$$

이 결과는 식 (5)의 결과와 일치한다.

예를 들어 링크 4 위의 다른 점들의 속도는(점 $C$와 $F$) 속도 다각형을 이용하여 구할 수 있고, 이는 독자를 위한 연습으로 남겨 두겠다.

다음 예제를 통해 상대 속도식의 또 다른 특성과 용도에 대하여 알아보자.

## 예제 3.4

비행기가 그림 3.11과 같이 중심이 $C$이고 반지름이 5 km인 원형 경로를 300 km/h의 속도로 이동하고 있다. 로켓은 비행기에서 30 km 떨어진 곳에서 직선 경로를 2000 km/h의 속도로 이동하고 있다. 비행기의 조종사가 바라보는 로켓의 속도는 얼마인가?

**풀이**

비행기의 경로는 원형이므로 비행기의 좌표계에 부착되어 있으며 $C$와 일치하는 점 $C_2$는 움직이지 않는다. 그러므로 비행기의 각속도는 다음과 같다.

---

[4] 식 $\mathbf{V}_{A_4} = \mathbf{V}_{A_2} + \mathbf{V}_{A_4/2}$을 사용하는 것은 잘못된 것이다. 왜냐하면, 링크 2에 고정된 좌표계에서 점 $A_4$의 경로가 *알려지지 않았기* 때문이다. 이 식은 이해를 잘 돕지는 못하지만, 정확한 해를 제시한다. 만일 해당되는 경로가(링크 2에서 관측된 점 $A_4$) 구해지면, 링크 4에서 관찰된 점 $A_2$에 대한 경로와 수직일 것이다. 두 경로가 같지 않지만 두 경로에 대한 *법선*이 같으므로, 두 개의 해가 모두 수치적으로 동일한 결과를 보여준다. 하지만 이 경우 4장에 나오는 가속도의 해석에서는 해당되지 *않는다*. 그러므로 개념이 잘 이해되어야 하고 이 "뒤쪽"이란 용어의 사용은 피해야 한다.

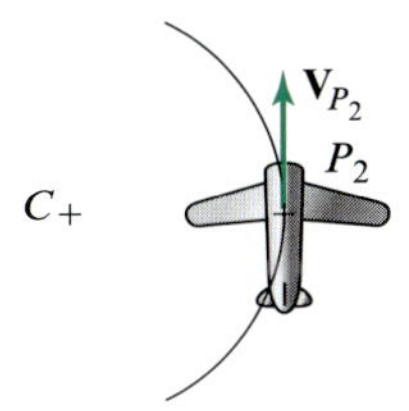


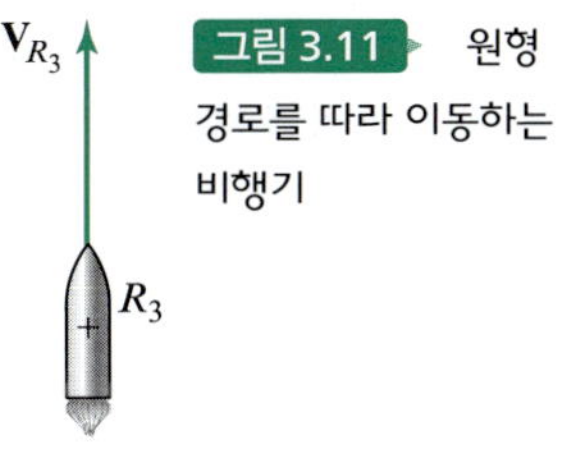


그림 3.11 원형 경로를 따라 이동하는 비행기

$$\omega_2 = \frac{V_{PC}}{R_{PC}} = \frac{(V_{P_2} - V_{C_2})}{R_{PC}} = \frac{(300\ \text{km/h} - 0)}{5\ \text{km}} = 60\ \text{rad/h ccw}$$

이 문제에서는 분명히 상대 속도 $\mathbf{V}_{R3/2}$를 계산해야 하지만, 이 식은 *일치점 사이에서만* 적용할 수 있다. 그러므로 같은 순간에서 비행기의 회전좌표계에 부착되어 있으나 로켓 $R_3$과 그 위치가 일치하는 또 다른 점 $R_2$를 정의하기로 한다. 비행기의 일부인 이 점의 속도는 다음과 같다.

$$\begin{aligned}\mathbf{V}_{R_2} &= \mathbf{V}_{P_2} + \boldsymbol{\omega}_2 \times \mathbf{R}_{RP} \\ &= (300\hat{\mathbf{j}}\ \text{km/h}) + (60\hat{\mathbf{k}}\ \text{rad/h}) \times (30\hat{\mathbf{i}}\ \text{km}) = 2\,100\hat{\mathbf{j}}\ \text{km/h}\end{aligned}$$

비행기에 탄 조종사의 바라보는 로켓의 상대 속도는 아래와 같다

$$\begin{aligned}\mathbf{V}_{R_3/2} &= \mathbf{V}_{R_3} - \mathbf{V}_{R_2} \\ &= 2\,000\hat{\mathbf{j}}\ \text{km/h} - 2\,100\hat{\mathbf{j}}\ \text{km/h} = -100\hat{\mathbf{j}}\ \text{km/h}\end{aligned}$$ *답*

그러므로 비행기의 조종사에서 로켓이 100 km/h의 속도로 *뒤로 밀리는* 것처럼 보인다. 이 결과는 점 $R_2$의 운동을 고려해 보면 훨씬 잘 이해할 수 있다. 이 점은 비행기에 *부착된* 점으로 간주하고 있으므로 조종사에게는 고정되어 있는 것으로 보인다. 그러나 절대좌표계에서는 이 점이 로켓보다 더 빨리 이동하고 있어 로켓이 이 점을 따라잡지 못하므로 조종사에게는 로켓이 뒤로 밀리는 것처럼 보인다.

우리는 그림 3.12를 더 관찰하며, 상대 속도 벡터의 본질에 대해서 더 깊이 있게 이해할 수 있다. 이 그림에는 운동 관측자에게 보이는 움직이는 점 $P_3$이 나타나 있다. HER에게는 링크 2에 형성된 경로가 고정된 것처럼 보이고, 움직이는 점은 이 경로를 따라 $P_3$에서 $P_3'$로 이동한다. 이 좌표계에서 해석할 때는 점 $C$를 점 $P_3$ 경로의 곡률 중심으로 정하기로 한다. $P_2$를 기준으로 한 짧은 거리의 경우, 그 경로는 $C_2$를 중심으로 하고 곡률 반지름이 $\rho$인 원호 $P_3P_3'$를 따른다. 이제 $\hat{\mathbf{u}}^t$ 경로에 접하고 운동방향을 양으로 하는 단위 벡터를 정의한다. 이 접선 벡터 $\hat{\mathbf{u}}^t$와 곡률 중심 $C_2$에 의해 형성되는 평면을 *최대 접촉평면(osculating plane)*이라고 한다. 이 평면에서 편리한 한쪽을 양의 쪽으로 잡아 이를 양의 $\hat{\mathbf{u}}^b$ 단위 벡터라고 하면, 다음과 같이 경로에 수직하는 단위 벡터를 정의함으로써 오른손 직교좌표계를 완성할 수 있다.

$$\hat{\mathbf{u}}^n = \hat{\mathbf{u}}^b \times \hat{\mathbf{u}}^t \tag{3.7}$$

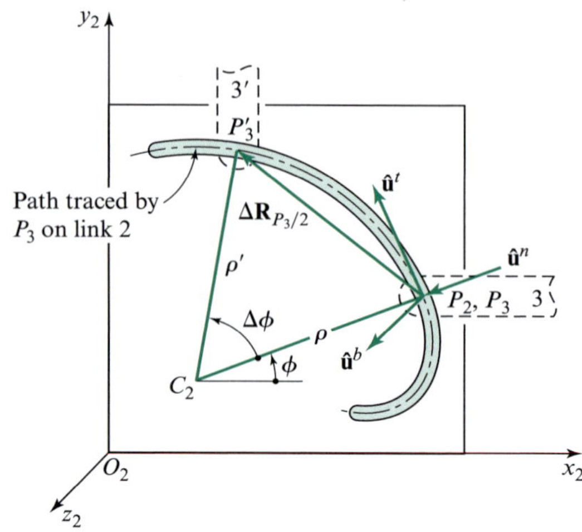


그림 3.12 링크 2에서 본 점 $P_3$의 상대 변위

그러므로 단위법선 벡터 $\hat{\mathbf{u}}^n$은 단위접선 벡터 $\hat{\mathbf{u}}^t$로부터 항상 반시계방향으로 90°이다. 이것은 경로의 곡률 반지름이 $\rho$가 $\hat{\mathbf{u}}^n$이 $P_3$로부터 경로의 곡률 중심을 향하면 양의 값을 갖고 $\hat{\mathbf{u}}^n$이 곡률 중심으로부터 나오면 음의 값을 갖는다.

$\mathbf{u}\hat{\ }^t\mathbf{u}\hat{\ }^n\mathbf{u}\hat{\ }^b$ 좌표계(*경로좌표계*로 불림)는 점 $P_3$의 운동중심과 함께 움직인다. 그러나 이 좌표계는 운동이 진행됨에 따라 (각도 $\Delta\phi$만큼) 곡률 반지름 벡터를 따라서 회전하며 링크 2나 3의 회전 방향과는 같지 *않다*. 이 움직임에 대해 양의 방향을 반대방향으로 선정하면 접선 벡터 $\mathbf{u}\hat{\ }^t$와 법선 벡터 $\mathbf{u}\hat{\ }^n$의 부호가 반대가 된다. 이러한 사실은 곡률 반지름 $\rho$가 음의 값이 되었지만, 단위 벡터 $\mathbf{u}\hat{\ }^n$는 곡률 반지름의 벡터방향으로부터가 아니라 식 (3.7)로부터 결정된다는 것을 의미한다. 왜냐하면 $\Delta\phi$이 반시계방향(평면의 양의 $\mathbf{u}\hat{\ }^b$쪽으로부터)이고 양의 값을 갖는다고 해도, 움직임이 음의 방향이 된다.

이제 스칼라 $\Delta s$를 $P_3$에서 $P_3'$까지의 곡선을 따르는 거리로 정의하면, $\Delta\mathbf{R}_{P_3/2}$는 동일한 원호의 현이 거리가 된다는 사실에 주의한다. 그러나 $\Delta t$가 매우 짧을 경우에는 현의 길이와 원호의 거리는 같아진다. 그러므로 이를 식으로 나타내면 다음과 같다.

$$\lim_{\Delta t \to 0}\left(\frac{\Delta\mathbf{R}_{P_3/2}}{\Delta s}\right) = \frac{d\mathbf{R}_{P_3/2}}{ds} = \hat{\mathbf{u}}^t \tag{3.8}$$

여기서, $\Delta\mathbf{R}_{P_3/2}$와 $\Delta t$가 모두 시간의 함수로 간주된다. 그러므로 식 (3.5)로부터 다음과 같이 된다.

$$\mathbf{V}_{P_3/2} = \lim_{\Delta t \to 0}\left(\frac{\Delta\mathbf{R}_{P_3/2}}{\Delta s}\frac{\Delta s}{\Delta t}\right) = \frac{d\mathbf{R}_{P_3/2}}{ds}\frac{ds}{dt} = \frac{ds}{dt}\hat{\mathbf{u}}^t$$

또는

$$\mathbf{V}_{P_3/2} = \dot{s}\hat{\mathbf{u}}^t \tag{3.9}$$

여기서 $\dot{s}$는 경로를 따르는 $P_3$의 순간속도이다. 이 결과로부터 중요한 두 가지 결론을 내릴 수 있다. (a) 상대 속도의 크기는 점 $P_3$이 경로를 따라 진행하는 속력과 같다는 것이며, (b) 상대 속도 벡터는 관측자의 좌표계에 있는 점이 따라가는 경로에 항상 접한다는 점이다.

전자는 중요한 개념이기는 하지만 문제를 푸는 데는 거의 도움이 되지 않는다. 그러나 후자는 추적되는 상대 경로를 구속조건의 특성으로부터 흔히 가시화할 수 있고 이에 따라 상대 속도 벡터의 방향을 알 수 있기 때문에 매우 유용하다. 이 장에서는 문제의 값을 구하는 데 경로에 대한 접선성분만 필요하고, 곡률 반지름 $\rho$는 다음 장인 4장에서 가속도 해석을 할 때 필요하다.

## 3.6 상대 각속도

추가적으로 *상대 각속도*를 정의할 필요가 있다. 2개의 강체가 서로 다른 각속도로 회전할 때, 이 두 강체 사이의 벡터차를 *상대 각속도*(*apparent angular velocity*)라고 정의한다. 예를 들어, 회전하는 링크 2와 3의 상대 각속도는 다음 식과 같다.

$$\boldsymbol{\omega}_{3/2} = \boldsymbol{\omega}_3 - \boldsymbol{\omega}_2 \tag{3.10}$$

따라서, 링크 3의 각속도는 다음과 같이 나타낼 수 있다.

$$\boldsymbol{\omega}_3 = \boldsymbol{\omega}_2 + \boldsymbol{\omega}_{3/2} \tag{3.11}$$

$\boldsymbol{\omega}_{3/2}$는 링크 2에 부착되어 함께 회전하는 관측자에게 보이는 물체 3의 각속도라는 것을 알 수 있을 것이다.

## 3.7 직접 접촉과 구름 접촉

기구에서 서로 직접 접촉 상태에 있는 2개의 요소는 상대 운동을 하는데, 직접 접촉점에서는 링크 간에 미끄럼[5] 이동이 수반되기도 하고 그렇지 않기도 한다. 그림 3.13*a*에 나와 있는 링크 2인 캠이 링크 3인 종동절을 직접 접촉에 의해 구동한다. 점 $P$에서 링크 2와 3 사이에 미끄럼이 일어나지 않는다면, 삼각형 $PAB$는 트러스 구조물을 형성하므로, 기구의 운동성이 0이 된다. 따라서, 캠이 종동절을 구동하기 위해서는 점 $P$에서 미끄럼뿐만이 아닌 회전도 일어나야 한다. 링크 2에 부착된 $P_2$와 링크 3에 부착된 $P_3$을 구별하여 살펴보자. 따라서 식 (3.6)을 다시 정리하면 구하면, 아래와 같다.

$$\mathbf{V}_{P_3/2} = \mathbf{V}_{P_3} - \mathbf{V}_{P_2} \tag{3.12}$$

이 식에 대한 도식적 속도해는 다음과 같다. 첫 번째로 상대 속도의 법선 성분의 0이어야 한다. 다시 말해서, 두 개의 링크는 서로 접촉을 유지해야 한다는 기본적 가정과는 반대로 2개의 링크 중 어느 하나가 떨어져 나가거나 서로 간섭을 일으키게 된다. 그러므로, 상대 속도는 공통 접선

---

[5] 이 책에서는 *미끄러짐*(*sliding*)과 *미끄러움*(*slipping*)은 동일한 의미로 쓰였다.

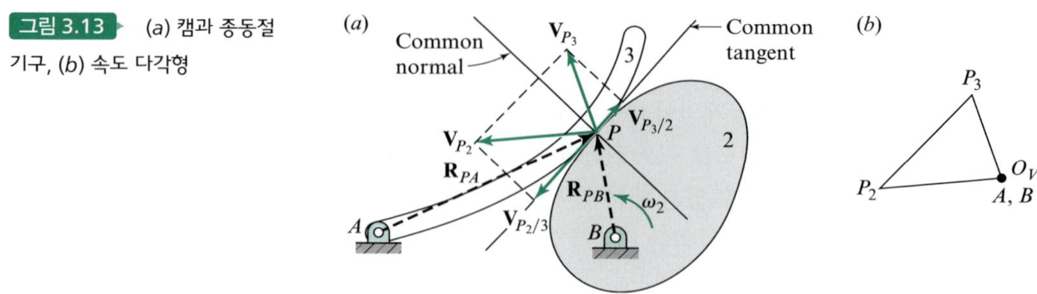


그림 3.13 (*a*) 캠과 종동절 기구, (*b*) 속도 다각형

방향으로 발생하며, 직접 접촉한 면을 따라 발생되는 상대적인 미끄럼운동에 대한 속도이다.

주어진 구동절의 각속도에 대하여, 점 $P_2$의 속도는 아래와 같다.

$$\mathbf{V}_{P_2} = \boldsymbol{\omega}_2 \times \mathbf{R}_{P_2B}$$

따라서, 그림 3.13*b*와 같이 점 $P_2$를 속도 다각형에 위치시킬 수 있다. 일반적인 법선 방향으로 $\mathbf{V}_{P_3}$의 성분은 $\mathbf{V}_{P_2}$의 법선 방향 성분과 같아야 하고, 일반적으로 이것은 점 $P_3$에 위치한다. 따라서, 식 (3.12)의 상대 속도는 속도 다각형에서 측정이 가능하다.

이와 달리 다른 기구에서는 링크 간에 미끄럼이 일어나지 않으면서도 직접 접촉이 가능하다. 예를 들면, 그림 3.14*a*의 캠-종동절 기구는 링크 3인 롤러와 링크 2인 캠 표면 사이의 마찰이 커서 바퀴가 미끄러지지 않고 캠을 구르도록 구속할 수 있다. 그러므로 *구름 접촉*(*rolling contact*)이라는 용어는 *미끄러짐이 전혀 일어나지 않는* 상황으로 제한하여 사용할 것이다. "미끄러짐이 전혀 일어나지 않음"이라는 말은 식 (3.12)의 상대 "미끄럼" 속도가 0이라는 것을 의미한다.

$$\mathbf{V}_{P_{3/2}} = \mathbf{0} \tag{3.13}$$

이 식은 *속도의 구름 접촉 조건*이라고도 한다. 이 조건에 의해 식 (3.12)는 다음과 같이 나타낼 수 있다.

$$\mathbf{V}_{P_3} = \mathbf{V}_{P_2} \tag{3.14}$$

이 식은 *구름 접촉은 두 점의 절대 속도는 같다*는 것을 의미한다.

이 기구의 도식적 속도 분석은 점 $P$를 구름 접촉으로 가정하면 아래와 같다. $\boldsymbol{\omega}_2$가 주어지면,

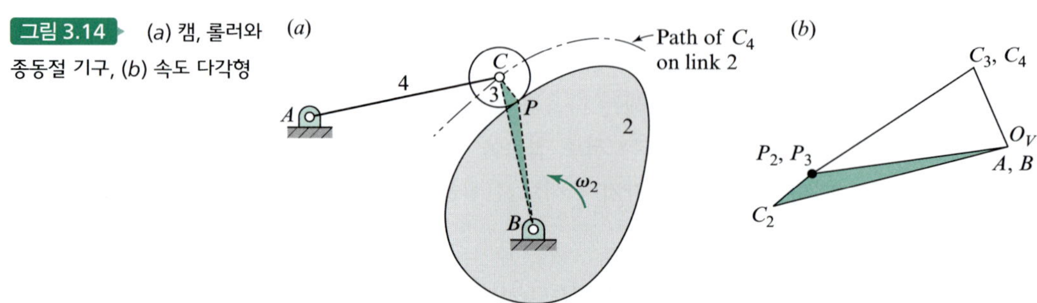


그림 3.14 (*a*) 캠, 롤러와 종동절 기구, (*b*) 속도 다각형

속도차 $\mathbf{V}_{P_2B}$를 계산할 수 있고, 크기에 맞게 그릴 수 있다. 따라서 점 $P_2$를 속도 다각형에 위치시킨다(그림 3.14*b* 참고). 식 (3.13) 구름 접촉 조건을 이용하여, 우리는 이것을 점 $P_3$로 표시한다. 다음은 벡터 $\mathbf{V}_{CP_3}$와 $\mathbf{V}_{CA_4}$를 이용하여 핀 $C$의 속도를 나타내는 식들을 쓰고, 속도 사상점 $C_3$와 $C_4$를 위치시킨다. 마지막으로 링크 3과 4의 각속도가 각각 $\omega_3 = V_{CP} = R_{CP}$, $\omega_4 = V_{CA} = R_{CA}$를 이용해서 구해진다.

이 문제에 대한 또 다른 해법을 보면, 회색 삼각형 $BPC_2$에 나와 있는 바와 같이 점 $C_3$과 $C_4$에 순간적으로 일치하지만 링크 2에 부착되어 함께 움직인다고 생각하는 가상의 점 $C_2$를 정의하는 것이다. 링크 2에 대하여 속도 사상 개념을 적용하면, 속도 사상점 $C_2$의 위치를 결정할 수 있다. 점 $C_4$(및 $C_3$)가 링크 2에 기초하는 이미 알려진 경로를 따라 이동한다는 사실을 고려하면, $\mathbf{V}_{C4/2}$가 들어 있는 상대 속도식을 세워서 풀 수 있다. 그러면 직접 접촉점을 사용하지 않고서도 속도 $\mathbf{V}_{C_4}$(및 필요한 경우에는 $\boldsymbol{\omega}_4$)를 구할 수 있다. 이 두 번째 해법은 점 $P$에서의 구름 접촉(미끄러짐이 전혀 일어나지 않음)을 가정하지 않을 경우에 사용할 수 있다.

## 3.8 속도 해석을 위한 체계적 방법

지금까지의 이론과 예제를 통해, 강체 역학적 시스템을 해석할 때 일반적으로 접할 수 있는 상황들을 충분히 처리할 수 있는 수단들을 알아보았다. 또한, “상대(relative)” 속도라는 용어를 함부로 사용하지 않았다는 사실에 주의한다. 대신, “상대” 속도를 사용해야 할 경우에는 항상 속도 “관계”를 맺어야 할 2개의 점이 있어야 한다. 이 두 점은 또한 동일한 강체에 부착되어 있거나 2개의 서로 다른 강체에 각각 부착되어 있다. 두 점이 하나의 물체에 고정되어 있거나 혹은 두 개의 강체에 고정된다면 식 (3.4)는 적절하다. 그러나, 다른 물체에 점으로 옮겨지는 것이 바람직하다면, 동일한 속도 사상을 갖는 점들은 선택되어야 하고 상대 속도 방정식 (3.6)이 이용되어야 한다. 그러므로 모든 상황을 표 3.1에 수록한 바와 같이 네 가지로 정리할 수 있다.

부호 표기법마저 다르듯이 위의 두 가지 경우는 완전히 서로 다른 경우이며, 해당 공식들은 서로 호환이 불가능하다는 사실을 명심해야 한다. 상대 속도를 사용할 경우에는 “$\boldsymbol{\omega} \times \mathbf{R}$” 식을 사용해서는 안 되며, 설사 유용한 $\boldsymbol{\omega}$나 $\mathbf{R}$을 구하려 해도 불가능하다. 이와 유사하게 속도차를 사용하는 경우에는 단지 하나의 링크만 관련되어 있기 때문에 $\boldsymbol{\omega}$를 사용하는 데 문제가 없다. 또한, 이외의 이점은 4장에서 가속도를 배울 때 상세히 살펴볼 것이다.

**표 3.1** “상대(relative)” 속도식

| Points are | Coincident | Separated |
|---|---|---|
| In same body | *Trivial case*:<br>$\mathbf{V_P} = \mathbf{V_Q}$. | *Velocity difference*:<br>$V_P = V_Q + V_{PQ}$<br>$V_{PQ} = \omega_j \times R_{PQ}$. |
| In different bodies | *Apparent velocity*:<br>$\mathbf{V_{P_i}} = \mathbf{V_{P_j}} + \mathbf{V_{P_{i/j}}}$<br>where path $P_{i/j}$ is known.<br>*Rolling contact velocity*:<br>$\mathbf{V_{P_i}} = \mathbf{V_{P_j}}$ and $\mathbf{V_{P_{i/j}}} = 0$. | *Too general;*<br>*use two steps.* |

예제 3.1~3.4를 주의 깊게 검토해보면 표 3.1에 있는 제안된 전략이 평면기구의 속도 해석 문제에 어떻게 적용되는지 알 수 있다.

## 3.9 대수적 속도 해석

어떤 종류의 기구에 대해서 계산기나 컴퓨터를 통한 수치 해석이 가장 편리한 경우가 많다. 또한 여러 자세에 대한 해법이 필요할 때, 도시적 방법이 번거로워질 경우가 있다. 이 절에서는 속도 해석을 위한 간단한 대수적 방법을 제공한다.

설명을 위해, 그림 3.15의 슬라이드-크랭크 기구를 생학해 보자. 이 링크는 대부분의 내연기관에서 사용되는 기구이며, 이런 이유로 일반적으로 크랭크 반지름을 $r$, 커넥팅 로드의 길이를 $l$이라 한다.

링크의 기하 관계에서 다음 식이 성립된다.

$$r\sin\theta = l\ \sin\phi \tag{a}$$

$$x = r\cos\theta + l\ \cos\phi \tag{b}$$

아래와 같이 각도 $\phi$를 소거하고, 삼각법을 이용하면 다음과 같다.

$$l\ \cos\phi = l\sqrt{1 - \sin^2\phi} = \sqrt{l^2 - l^2\sin^2\phi} \tag{c}$$

식 ($a$)를 식 ($c$)에 치환하면

$$l\ \cos\phi = \sqrt{l^2 - r^2\sin^2\theta} \tag{d}$$

그리고 식 ($d$)를 식 ($b$)에 치환하면, 슬라이더의 위치는 아래과 같다.

$$x = r\cos\theta + \sqrt{l^2 - r^2\sin^2\theta}$$

또는

$$x = r\cos\theta + l\sqrt{1 - \left(\frac{r}{l}\sin\theta\right)^2} \tag{3.15a}$$

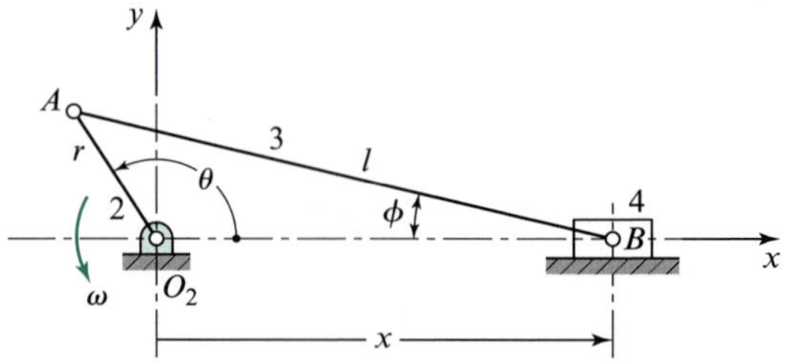

그림 3.15 슬라이더와 크랭크 기구

이 식을 시간에 대해 미분하고 정리하면, 슬라이더(피스톤)의 속도를 얻을 수 있다.

$$\dot{x} = -r\omega\left[\sin\theta + \frac{r\sin 2\theta}{2l\sqrt{1-(r/l)^2\sin^2\theta}}\right] \tag{3.15b}$$

대부분의 내연기관 엔진의 경우, $r/l$의 비가 $1/10 \le r/l \le 1/4$ 범위에 있음을 알 수 있다. 이는 두 번째 항의 최고 값이 대략 1/16 이하여야 한다는 것을 의미한다. 따라서, 일반적으로 슬라이더의 위치나 속도를 구하기 위해서 간략화된 식을 사용한다. 이 가정들은 식 (3.15*a*)의 이항전개를 통해서 구할 수 있다.

$$\sqrt{1-\left(\frac{r}{l}\sin\theta\right)^2} \approx 1 - \frac{r^2}{2l^2}\sin^2\theta = 1 - \frac{r^2}{4l^2}(1-\cos 2\theta) \tag{e}$$

이 식을 식 (3.15*a*)와 치환하여도 아래 식을 구할 수 있다.

$$x \approx r\cos\theta + l\left[1 - \frac{r^2}{4l^2}(1-\cos 2\theta)\right] \tag{3.15c}$$

이 식을 다시 배열해도, 슬라이더의 대략적인 외치를 아래와 같이 구할 수 있다.

$$x \approx l - \frac{r^2}{4l} + r\left(\cos\theta + \frac{r}{4l}\cos 2\theta\right) \tag{3.15d}$$

식 (3.15*a*)를 시간에 관해서 미분하고 다시 배열하면, 슬라이더의 대략적인 속도를 아래와 같이 구할 수 있다.

$$\dot{x} \approx -r\omega\left[\sin\theta + \frac{r}{2l}\sin 2\theta\right] \tag{3.15e}$$

## 3.10 복소 대수법 속도 해석

2.9절에서 복소 대수가 2차원 기구학 문제에 대한 또 다른 대수식을 제공한다고 배웠다. 또한, 복소 대수식은 도식적 방법보다 정확도가 점점 더 높아지고 있다는 이점이 있고, 일단 프로그램이 작성되면 여러 곳에서 디지털 컴퓨터에 의한 해를 이용할 수 있다는 사실도 배웠다. 반면, 미지의 위치변수에 대한 루프 폐쇄 방정식의 해는 비선형 문제이므로 지루한 대수적 처리과정을 거쳐야 할 수도 있다. 다행히도, 복소 대수법을 속도 해석에 확대 적용하면 일련의 *선형* 방정식이 되므로 그 풀이가 아주 간단해진다.

식 (2.41)의 2차원 벡터의 복소 극좌표 형태를 다시 쓰면 다음과 같다.

$$\mathbf{R} = Re^{j\theta}$$

이 식의 시간에 대한 도함수의 일반적 형태는 다음과 같다.

$$\dot{\mathbf{R}} = \frac{d\mathbf{R}}{dt} = \dot{R}e^{j\theta} + j\dot{\theta}Re^{j\theta} \tag{3.16}$$

여기서, $\dot{R}$과 $\dot{\theta}$는 $\mathbf{R}$의 크기와 각도의 시간에 대한 변화율이다.

앞으로 나올 예에서는 이 식의 첫째 항이 대개는 상대 속도를 나타내고, 둘째 항이 흔히 속도차를 나타낸다. 이러한 예에 예시되어 있는 방법들은 레이븐(Raven)[12]이 개발한 것이다. 이 방법들은 원래 평면기구와 공간기구 모두에 적용할 수 있는 방법이지만 여기서는 평면기구만 취급하고 있다.

### 예제 3.5

그림 3.16*a*에 나와 있는 역전된 슬라이더-크랭크 기구와 관련해서, 구동 링크인 링크 2는 각위치 $\theta_2$와 주어진 각속도 $\omega_2$를 갖고 있다. 링크 4의 각속도와 점 $P$의 절대 속도를 구하는 식을 유도해보자.

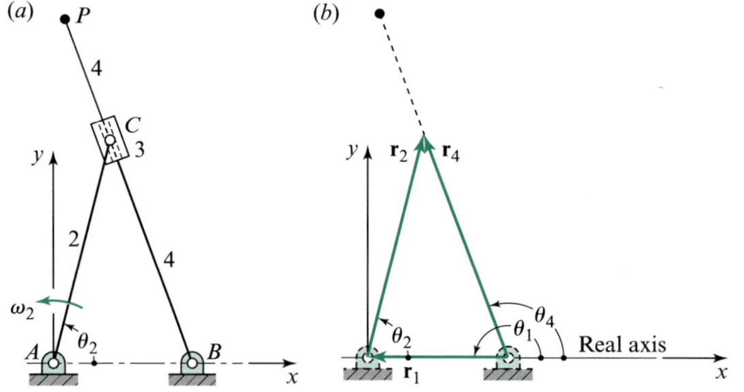


그림 3.16 역전된 슬라이더-크랭크 기구

#### 풀이

이 예에서는 간단한 표기법을 위해, 위치차 벡터가 표시된 그림 3.16*b*의 기호체계[6]에 따라서 $\mathbf{R}_{AB}$는 $\mathbf{r}_1$로, $\mathbf{R}_{C_2A}$는 $\mathbf{r}_2$로, $\mathbf{R}_{C_4B}$는 $\mathbf{r}_4$로 각각 나타낸다. 이 표기법으로 루프 폐쇄 방정식을 나타내면 다음과 같다.

$$\overset{??}{\mathbf{r}_4} = \overset{\surd\surd}{\mathbf{r}_1} + \overset{\surd I}{\mathbf{r}_2} \tag{1}$$

여기서, 벡터 $\mathbf{r}_4$는 크기와 방향을 알지 못한다. 벡터 $\mathbf{r}_1$은 크기와 방향이 일정하다.[7] 벡터 $\mathbf{r}_2$는

[6] 이 장에서는 기호 $\mathbf{R}$과 $\mathbf{r}$은 서로 동일하게 사용되었다.

[7] 특히, 벡터 $\mathbf{r}_1$의 각도는 $\theta_1 = 180°$이며 0이 아니라는 사실에 주의한다.

크기가 일정하지만 입력각인 방향 $\theta_2$는 변한다. $\theta_2$는 이미 알고 있는 값이며 다른 미지수들이 $\theta_2$의 함수로 나타낼 수 있다.

이 예가 경우 1 (2.8절 참조)에 해당함을 알 수 있으므로, 식 (2.43)과 (2.44)를 이용하여 위치해를 구한다.

$$r_4 = \sqrt{r_1^2 + r_2^2 - 2r_1 r_2 \cos\theta_2} \tag{2}$$

그리고,

$$\theta_4 = \tan^{-1}\left(\frac{r_2 \sin\theta_2}{r_2\cos\theta_2 - r_1}\right) \tag{3}$$

속도해를 구하기 위해 먼저 루프 폐쇄 방정식 (1)의 시간에 관한 미분을 수행한다. 이 식 각각의 항에 차례대로 일반적인 형태인 식 (3.16)을 적용하고 $r_1$, $\theta_1$, $r_2$가 상수임을 고려하면 다음 식을 구할 수 있다.

$$\dot{r}_4 e^{j\theta_4} + j\dot{\theta}_4 r_4 e^{j\theta_4} = j\dot{\theta}_2 r_2 e^{j\theta_2} \tag{4}$$

$\dot{\theta}_2$와 $\dot{\theta}_4$는 각각 $\omega_2$와 $\omega_4$와 같으며, 다음과 같은 관계를 갖고 있다.

$$\dot{\theta}_2 r_2 = V_{C_2}, \qquad \dot{r}_4 = V_{C_2/4}, \qquad \dot{\theta}_4 r_4 = V_{C_4}$$

그러므로 식 (4)는 실제로는 다음과 같은 상대 속도식의 복소 극좌표 형태임을 알 수 있다.

$$\mathbf{V}_{C_4} + \mathbf{V}_{C_2/4} = \mathbf{V}_{C_2}$$

(이 식은 비교를 위한 것일 뿐 풀이과정에서 필요한 단계는 아니다.)

속도해를 오일러 공식을 나타낸 식 (2.40)을 사용하여 식 (4)를 실수부와 허수부로 분리하면 다음과 같은 식이 나온다.

$$\dot{r}_4 \cos\theta_4 - \omega_4 r_4 \sin\theta_4 = -\omega_2 r_2 \sin\theta_2 \tag{5}$$

$$\dot{r}_4 \sin\theta_4 + \omega_4 r_4 \cos\theta_4 = \omega_2 r_2 \cos\theta_2 \tag{6}$$

크래머 공식을 이용하여 연립하여 풀면, 점 $P$의 속도와 링크 4의 각속도는 다음과 같다.

$$\dot{r}_4 = \omega_2 r_2 \sin(\theta_4 - \theta_2) \tag{7}$$

$$\omega_4 = \omega_2 \frac{r_2}{r_4} \cos(\theta_4 - \theta_2) \qquad \text{답 (8)}$$

이 식은 변수 $r_4$와 $\theta_4$에 식 (7)과 (8)을 대입하여 $\theta_2$와 $\omega_2$만의 함수로 바꿀 수 있지만, 위의 식으로도 충분하다. 컴퓨터 프로그램을 작성하다 보면 위치 해석과정에서 대개 $r_4$와 $\theta_4$의 수치를 맨 먼저 구한 다음, 이 수치들을 각각의 위상각 $\theta_2$에서의 $\dot{r}_4$와 $\omega_4$를 구하는 데 사용할 수 있다.

점 $P$의 속도를 구하려면 다음 식을 사용한다.

$$\mathbf{R}_P = R_{PB}e^{j\theta_4} \tag{9}$$

또한 $R_{PB}$가 일정한 길이임을 고려하면서, 식 (3.18)을 사용하여 시간에 관해 미분하면 다음과 같은 식이 나온다.

$$\mathbf{V}_P = j\omega_4 R_{PB}e^{j\theta_4} \tag{10}$$

다음은, 이 식에 식 (8)을 대입하면 다음과 같다.

$$\mathbf{V}_P = j\omega_2 R_{PB}\frac{r_2}{r_4}\cos(\theta_4 - \theta_2)e^{j\theta_4} \tag{11}$$

따라서, 구동절 속도를 기준으로 점 $P$ 속도의 수평성분과 및 수직성분은 각각 다음과 같다.

$$V_P^x = -\omega_2 R_{PB}\frac{r_2}{r_4}\cos(\theta_4 - \theta_2)\sin\theta_4 \qquad \text{답 (12)}$$

$$V_P^y = \omega_2 R_{PB}\frac{r_2}{r_4}\cos(\theta_4 - \theta_2)\cos\theta_4 \qquad \text{답 (13)}$$

## 예제 3.6

그림 3.17*a*에 나와 있는 4절 링크에서 입력 링크 2와 커플러 링크 3, 그리고 출력 링크 4의 각속도 사이의 관계식을 구하라.

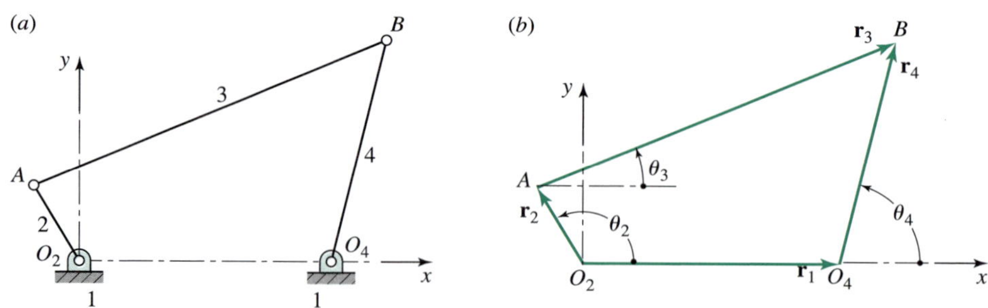


그림 3.17 (*a*) 4절 링크, (*b*) 링크를 벡터로 대치한 그림

### ▶ 풀이

첫째, 그림 3.17*a*의 각각의 링크를 그림 3.17*b*와 같이 벡터로 치환한다. 루프 폐쇄를 사용하여 다음의 벡터식을 세운다.

$$\overset{\surd I}{\mathbf{r}_2} + \overset{\surd ?}{\mathbf{r}_3} - \overset{\surd ?}{\mathbf{r}_4} - \overset{\surd\surd}{\mathbf{r}_1} = \mathbf{0} \tag{1}$$

이제, 식 (1)에 있는 각각의 벡터를 극좌표 형태의 복소수로 치환하면 결과식은 다음과 같다.

$$r_2 e^{j\theta_2} + r_3 e^{j\theta_3} - r_4 e^{j\theta_4} - r_1 e^{j\theta_1} = 0 \tag{2}$$

링크 1이 고정 링크이므로 식 (2)의 1차 시간 도함수는 다음과 같다.

$$jr_2\dot{\theta}_2 e^{j\theta_2} + jr_3\dot{\theta}_3 e^{j\theta_3} - jr_4\dot{\theta}_4 e^{j\theta_4} = 0 \tag{3}$$

이제, 식 (3)을 직교 형태로 변환하고 실수항과 허수항으로 분리한다. 또한, $\omega_2 = \dot{\theta}_2$, $\omega_3 = \dot{\theta}_3$, $\omega_4 = \dot{\theta}_4$이므로 다음과 같은 식이 된다.

$$\begin{aligned} r_2\omega_2 \cos\theta_2 + r_3\omega_3 \cos\theta_3 - r_4\omega_4 \cos\theta_4 = 0, \\ r_2\omega_2 \sin\theta_2 + r_3\omega_3 \sin\theta_3 - r_4\omega_4 \sin\theta_4 = 0 \end{aligned} \tag{4}$$

$\omega_2$는 주어진 값이고 $\omega_3$과 $\omega_4$는 미지수이다.

최종적으로, 크래머 법칙을 사용하여 커플러 링크 3과 종동절 링크 4의 각속도를 구하면 아래와 같다.

$$\omega_3 = \frac{r_2 \sin(\theta_2 - \theta_4)}{r_3 \sin(\theta_4 - \theta_3)}\omega_2 \quad \text{and} \quad \omega_4 = \frac{r_2 \sin(\theta_2 - \theta_3)}{r_4 \sin(\theta_4 - \theta_3)}\omega_2 \tag{5}$$

답 (5)

또한, 양쪽 식에는 분모에 $\sin(\theta_4 - \theta_3)$이 들어 있다는 사실에 주의한다. 일반적으로, 어떠한 속도 해석 문제라도 각각의 속도 미지수 해의 분모는 유사하기 마련인데, 이러한 분모들은 크래머(Cramer)의 법칙에서도 알 수 있듯이 선형 방정식의 미지수의 계수 행렬에 대한 행렬식이 된다. 1.10절 그림 1.31에서와 같이 $(\theta_4 - \theta_3)$이 전달각 $\gamma$라는 것을 알 수 있다. 전달각이 작아지면 입력속도 $\omega_2$ 대 출력속도 $\omega_4$의 비가 매우 커져 결과를 구하기가 어렵다.

위의 예제 3.5와 3.6에서, 풀어야 하는 연립방정식은 선형 방정식이다. 이 식은 우연이 아니고 모든 속도해에서 성립한다. 그 이유는 일반식인 식 (3.16)이 속도변수에 대해 선형적이기 때문이다. 실수성분과 허수성분으로 분리할 때는 *계수(coefficient)*가 복잡해질 수도 있지만, 방정식은 여전히 속도 미지수에 대하여 선형 방정식이다. 그러므로 해가 간단히 구해진다.

3.4절에서 3.8절까지, 앞 절의 도식적 속도해에서 속도 다각형의 척도값을 임의로 선정할 수 있었다는 것이다. 기구의 입력속도가 두 배가 되면 속도 다각형의 척도값도 두 배가 되므로 속도 삼각형은 모두 유효하다. 이 또한 선형 방정식임을 나타내는 것이다.

## 3.11 운동계수법

링크기구에 대한 기하학적인 통찰력을 제공해주는 유용한 방법은 루프 폐쇄 방정식의 $x$성분과 $y$ 성분을 시간에 대하여 직접 미분하기보다는 입력 위치변수에 관하여 미분하는 것이다. 이러한 해석적 방법을 *운동계수법(method of kinematic coefficient)*이라 한다[8]. 1차 운동계수의 수치는 또한 속도가 0인 순간중심의 위치를 구하는 도식적 방법으로 확인해볼 수 있다(3.12절 참조).

이 방법을 알아보기 위해 예제 3.1에 제시된 4절 링크기구와 예제 3.2에 제시된 편심 슬라이더-크랭크 기구 문제를 다시 풀어보자.

**예제 3.7**

그림 3.7*a*에 나와 있는 4절 링크기구가 크랭크 2에 의해 반시계방향으로 $\omega_2 = 900$ rev/min ccw의 일정한 각속도로 구동된다. 표시된 위치에 대하여 커플러 링크 및 출력 링크의 각속도와 점 $E$ 및 $F$의 순간속도를 구하라.

**▶ 풀이**

예제 3.6의(그림 3.17*b*) 식 (1)에 의해 루프-폐쇄 식은 아래와 같다.

$$\overset{\sqrt{I}}{\mathbf{r}_2} + \overset{\sqrt{?}}{\mathbf{r}_3} - \overset{\sqrt{?}}{\mathbf{r}_4} - \overset{\sqrt{}\sqrt{}}{\mathbf{r}_1} = \mathbf{0} \tag{1}$$

2개의 스칼라 식은 다음과 같다.

$$\begin{aligned} r_2 \cos\theta_2 + r_3 \cos\theta_3 - r_4 \cos\theta_4 - r_1 \cos\theta_1 &= 0, \\ r_2 \sin\theta_2 + r_3 \sin\theta_3 - r_4 \sin\theta_4 - r_1 \sin\theta_1 &= 0 \end{aligned} \tag{2}$$

입력이 입력이 링크 2의 각변위이므로 운동계수법은 식 (2)를 $\theta_2$에 관하여 미분하는 것을 의미한다. 그 결과를 정리하면 다음과 같다.

$$-r_3 \sin\theta_3\theta_3' + r_4 \sin\theta_4\theta_4' = r_2 \sin\theta_2$$

및

$$r_3 \cos\theta_3\theta_3' - r_4 \cos\theta_4\theta_4' = -r_2 \cos\theta_2 \tag{3}$$

$$\theta_3' = \frac{d\theta_3}{d\theta_2} \quad \text{and} \quad \theta_4' = \frac{d\theta_4}{d\theta_2} \tag{4}$$

여기서, 식 (4)를 각각 링크 3과 4의 *1차 운동계수(first-order kinematic coeffcient)*라고 한다.

운동계수의 기호 형태는 크래머의 규칙에 따라 구할 수 있다. 식 (3)을 행렬 형태로 쓰면 다음과 같다.

$$\begin{bmatrix} -r_3\sin\theta_3 & r_4\sin\theta_4 \\ r_3\cos\theta_3 & -r_4\cos\theta_4 \end{bmatrix}\begin{bmatrix} \theta_3' \\ \theta_4' \end{bmatrix} = \begin{bmatrix} r_2\sin\theta_2 \\ -r_2\cos\theta_2 \end{bmatrix} \tag{5}$$

(2 × 2) 계수 행렬의 행렬식은(determinant),

$$\Delta = -r_3 r_4 \sin(\theta_4 - \theta_3) \tag{6}$$

와 같이 나타낼 수 있으므로 기구의 특별한 위치에 대하여 기하학적 통찰력을 제공해준다(예제 3.6 참조). 이를테면, 이 행렬식이 0에 가까워지는 경향을 보이는 경우 운동계수는 무한대에 가까워지는 경향을 나타낸다. 이 행렬식은 (i) $\theta_3 = \theta_4$인 경우나 (ii) $\theta_3 = \theta_4 \pm 180°$의 경우, 즉 링크 3과 4가 일직선으로 정렬되는 경우에는 0이 된다(즉, 전달각 $\theta_4 - \theta_3$이 0이 된다)는 사실이 중요하다.

식 (5)에서 링크 3과 링크 4의 1차 운동계수는 다음과 같다.

$$\theta_3' = \frac{r_2\sin(\theta_2 - \theta_4)}{r_3\sin(\theta_4 - \theta_3)} \quad \text{and} \quad \theta_4' = \frac{r_2\sin(\theta_2 - \theta_3)}{r_4\sin(\theta_4 - \theta_3)} \tag{7}$$

예제 3.1에서처럼 $\theta_3 = 20.92°$, $\theta_4 = 64.04°$이다. 따라서 링크 3과 4의 1차 운동계수는 아래와 같다.

$$\theta_3' = +0.271\,8 \text{ rad/rad} \quad \text{and} \quad \theta_4' = +0.526\,5 \text{ rad/rad} \tag{8}$$

여기서 양의 부호는 링크 3과 4가 구동절 링크 2와 같은 방향으로 회전한다는 의미이다.

링크 3과 4의 각속도를 연쇄법칙에 따라 구하면,

$$\omega_3 = \theta_3'\omega_2 \quad \text{and} \quad \omega_4 = \theta_4'\omega_2 \tag{9}$$

식 (9)에 식 (7)을 대입하면 예제 3.6의 식 (5)와 동일한 결과가 나온다. 또한 식 (8)과 입력 각속도를 식 (9)에 대입하면, 링크 3과 4의 각속도는 다음과 같다.

$$\omega_3 = 25.62 \text{ rad/s ccw} \quad \text{and} \quad \omega_4 = 49.62 \text{ rad/s ccw} \qquad \text{답 (10)}$$

이 답들은 예제 3.1에서 도식적 방법[식 (4)와 (5)] 및 해석적 방법 [식 (14)]을 통해 구한 답과 일치한다.

접지 피봇 $A$에 대한 점 $E$의 위치(그림 3.7$a$)는 다음과 같이 나타낼 수 있다.

$$\overset{??}{\mathbf{r}_E} = \overset{\surd I}{\mathbf{r}_2} + \overset{\surd\surd}{\mathbf{r}_{EB}} \tag{11}$$

이 벡터식의 $x$와 $y$성분은 각각 다음과 같다.

$$\begin{aligned} x_E &= r_2\cos\theta_2 + r_{EB}\cos(\theta_3 - \phi), \\ y_E &= r_2\sin\theta_2 + r_{EB}\sin(\theta_3 - \phi) \end{aligned} \tag{12}$$

여기서, $\phi = \tan^{-1}(R_{EG}/R_{GB}) = \tan^{-1}(4\text{ in}/10\text{ in}) = 21.80°$이다.

식 (12)를 입력 변위 $\theta_2$에 대하여 미분하면 점 $E$의 1차 운동계수는 다음과 같이 얻을 수 있다.

$$x'_E = \frac{dx_E}{d\theta_2} = -r_2 \sin\theta_2 - r_{EB}\sin(\theta_3 - \phi)\theta'_3, \qquad (13)$$
$$y'_E = \frac{dy_E}{d\theta_2} = r_2 \cos\theta_2 + r_{EB}\cos(\theta_3 - \phi)\theta'_3$$

이미 알고 있는 값을 이 식에 대입하면 1차 운동계수는 다음과 같다.

$$x'_E = -3.419\,1\text{ in/rad} \quad \text{and} \quad y'_E = +0.926\,9\text{ in/rad} \qquad (14)$$

점 $E$의 속도는 연쇄법칙에 따라 다음과 같이 나타낼 수 있다.

$$\mathbf{V}_E = \left(x'_E\hat{\mathbf{i}} + y'_E\hat{\mathbf{j}}\right)\omega_2 \qquad (15)$$

이 식에 식 (14)와 입력 각속도를 대입하면 점 $E$의 속도는 다음과 같다.

$$\mathbf{V}_E = -26.85\hat{\mathbf{i}} + 7.28\hat{\mathbf{j}}\text{ ft/s}$$ 답

그러므로 점 $E$의 순간속도는 $V_E = 27.8$ ft/s이며, 이는 예제 3.1에서 도식적 방법으로 구한 결과($V_E = 27.6$ft/s)와 거의 일치한다.

점 $F$의 속도는 유사한 방법으로 구할 수 있으며 그 결과는 다음과 같다.

$$\mathbf{V}_F = -20.60\hat{\mathbf{i}} + 23.82\hat{\mathbf{j}}\text{ ft/s}$$ 답

그러므로 점 $F$의 순간속도는 $V_F = 31.5$ ft/s이며 이는 예제 3.1에서 도식적 방법으로 구한 결과($V_F = 31.8$ ft/s)와 거의 일치한다.

### 예제 3.8

그림 3.8에 나와 있는 편심 슬라이더-크랭크 링크기구는 표시된 위치에서 왼쪽으로 $V_C = 10$ m/s의 속도로 구동된다. 링크 2 및 3의 각속도와 점 $D$의 순간속도를 구하라.

**▶ 풀이**

편심 슬라이더-크랭크 링크기구의 루프 폐쇄 방정식은 다음과 같다.

$$jr_1 + r_2 e^{j\theta_2} + r_3 e^{j\theta_3} - r_4 = 0 \qquad (1)$$

2개의 스칼라식은 다음과 같다.

$$r_2 \cos\theta_2 + r_3 \cos\theta_3 - r_4 = 0,$$
$$r_1 + r_2 \sin\theta_2 + r_3 \sin\theta_3 = 0 \tag{2}$$

입력은 링크 4의 선변위이므로 식 (2)를 $r_4$에 관하여 미분하면 다음 식이 나온다.

$$-r_2 \sin\theta_2\theta_2' - r_3 \sin\theta_3\theta_3' = 1,$$
$$r_2 \cos\theta_2\theta_2' + r_3 \cos\theta_3\theta_3' = 0 \tag{3}$$

여기서,

$$\theta_2' = \frac{d\theta_2}{dr_4} \quad \text{and} \quad \theta_3' = \frac{d\theta_3}{dr_4} \tag{4}$$

는 각각 링크 2와 3의 1차 운동계수이다. 1차 운동계수의 기호식은 크래머 법칙을 사용하면 구할 수 있다. 식 (3)을 행렬 형태로 나타내면 다음과 같다.

$$\begin{bmatrix} -r_2 \sin\theta_2 & -r_3 \sin\theta_3 \\ r_2 \cos\theta_2 & r_3 \cos\theta_3 \end{bmatrix} \begin{bmatrix} \theta_2' \\ \theta_3' \end{bmatrix} = \begin{bmatrix} 1 \\ 0 \end{bmatrix} \tag{5}$$

식 (5)의 ($2 \times 2$) 계수 행렬의 행렬식은 다음과 같이 나타낼 수 있다.

$$\Delta = r_2 r_3 \sin(\theta_3 - \theta_2) \tag{6}$$

이 행렬식은 (i) $\theta_2 = \theta_3$ 또는 (ii) $\theta_2 = \theta_3 \pm 180°$인 경우, 즉 링크 2와 3이 완전히 펼쳐지거나 서로 겹쳐져 일직선을 이루는 경우에 0이 된다.

식 (5)에서 링크 2와 3의 1차 운동계수는 다음과 같이 나타낼 수 있다.

$$\theta_2' = \frac{\cos\theta_3}{r_2 \sin(\theta_3 - \theta_2)} \quad \text{and} \quad \theta_3' = \frac{-\cos\theta_2}{r_3 \sin(\theta_3 - \theta_2)} \tag{7}$$

주어진 링크 치수와 규정된 입력 위치 $r_4 = 164$ mm의 경우, 링크 2와 3의 각위치는 각각 $\theta_2 = 45°$, $\theta_3 = 337°$이다. 이 값을 식 (7)에 대입하면 링크 2와 3의 1차 운동계수는 다음과 같다.

$$\theta_2' = -19.856 \text{ rad/m} \quad \text{and} \quad \theta_3' = +5.447 \text{ rad/m} \tag{8}$$

여기서 음의 부호는 링크 2가 시계방향으로 회전한다는 의미이며, 양의 부호는 링크 3이 반시계방향으로 회전한다는 의미이다.

링크 2와 3의 각속도는 연쇄법칙에 따라 다음과 같이 나타낼 수 있다.

$$\omega_2 = \theta_2'\dot{r}_4 \quad \text{and} \quad \omega_3 = \theta_3'\dot{r}_4 \tag{9}$$

식 (9)에 식 (8)과 입력 벡터의 시간에 따른 변화량, $\dot{r}_4 = V_C = -10$ m/s를 대입하면 2개의 링크의 각속도는 각각 다음과 같다.

$$\omega_2 = 198.56 \text{ rad/s ccw} \quad \text{and} \quad \omega_3 = -54.47 \text{ rad/s (cw)}$$ 답

이 값은 예제 3.2에서 속도 다각형법으로 구한 결과($\omega_2 = 200$ rad/s ccw 및 $\omega_3 = 53.6$ rad/s cw)보다 더 정확하다.

1차 운동계수의 부호는 입력을 나타내는 위치 벡터의 방향에 영향을 받는다는 것을 주의해야 한다. 이 예제에서는 입력 벡터가 기준 링크의 $y$축에서 링크 4 위의 점 $C$까지 선택된다(그림 3.8$a$). 하지만, 위치 입력 벡터가 기준 링크 위의 점 $C$에서 링크 4의 오른쪽으로 정해지면, 첫 번째 운동계수는 식 (8)과 다른 부호를 갖게 된다. 다시 말해서 아래와 같다.

$$\theta_2' = 19.856 \text{ rad/m} \quad \text{and} \quad \theta_3' = -5.447 \text{ rad/m}$$

이것은 1차 운동계수가 입력에서의 변화를 기준으로 정해지지 않은 변수의 변화라는 정의와 일치한다. 또한 입력 벡터의 결정으로 입력 벡터의 시간에 따른 변화가 부호를 바꾸고, 다시 말해 $\dot{r}_4 = V_C = 10$ m/s. 이 값들은 식 (9)에 대입하면, 링크 2와 3의 각속도는

$$\omega_2 = (19.856)(10) = 198.56 \text{ rad/s ccw 그리고 } \omega_3 = (-5.447)(10) = -54.47 \text{ rad/s (cw)}$$ 답

이 결과는 전의 결과와 일치한다.

입력 벡터의 방향은 운동계수의 부호와 입력 벡터 변화의 부호를 바꿀 수 있다. 하지만, 그것은 링크 2와 3의 각속도에는 영향을 주지 않는다. 따라서, 기구를 나타내는 벡터 루프 식이 유일할 필요는 없다.

접지 피봇 $A$에 대한 점 $D$의 위치(그림 3.8$a$)는 다음과 같이 나타낼 수 있다.

$$\overset{??}{\mathbf{r}_D} = \overset{\surd I}{\mathbf{r}_2} + \overset{\surd\surd}{\mathbf{r}_{DB}} \tag{10}$$

이 벡터식의 $x$와 $y$성분은 각각 다음과 같다.

$$x_D = r_2 \cos\theta_2 + r_{DB}\cos(\theta_3 - \beta) \tag{11a}$$

$$y_D = r_2 \sin\theta_2 + r_{DB}\sin(\theta_3 - \beta) \tag{11b}$$

여기서, $\beta = (R_{DE}/R_{EB}) = \tan^{-1}(50 \text{ mm}/80 \text{ mm}) = -32.01°$이다.

식 (11)을 입력 변위 $r_4$에 관하여 미분하면 점 $D$의 1차 운동계수는 다음과 같다.

$$x_D' = -r_2 \sin\theta_2\theta_2' - r_{DB}\sin(\theta_3 - \beta)\theta_3' \tag{12a}$$

$$y_D' = r_2 \cos\theta_2\theta_2' + r_{DB}\cos(\theta_3 - \beta)\theta_3' \tag{12b}$$

이 식에 이미 알고 있는 값을 대입하면 1차 운동계수는 다음과 같다.

$$x'_D = 1.123 \text{ m/m} \quad \text{and} \quad y'_D = -0.407 \text{ m/m} \tag{13}$$

점 $D$의 속도는 다음과 같이 나타낼 수 있다.

$$\mathbf{V}_D = \left(x'_D\hat{\mathbf{i}} + y'_D\hat{\mathbf{j}}\right)\dot{r}_4 \tag{14}$$

이 식에 식 (13)과 입력속도 $\dot{r}_4 = -10$ m/s를 대입하면 점 $D$의 속도는 다음과 같다.

$$\mathbf{V}_D = -11.23\hat{\mathbf{i}} + 4.07\hat{\mathbf{j}} \text{ m/s} = 11.94 \text{ m/s}\angle 160.08° \qquad \text{답} \tag{15}$$

그러므로 점 $D$의 순간속도는 예제 3.2에서 속도 다각형법으로 구한 결과($V_D = 12$ m/s)와 거의 일치하지만, 더 정확하다.

운동계수법은 구성 링크들이 구름 접촉하는 기구의 운동에 대한 기구학적 통찰력을 제공해준다. 다음 두 개의 예제는 이러한 내용을 이해하는 데 도움을 준다.

## 예제 3.9

그림 3.18에 나와 있는 기구는 바퀴가 지면에 미끄러지지 않고 구르고 있다. 링크 3과 4의 1차 운동계수를 구하라. 입력 링크 2가 10 rad/s ccw로 회전한다고 할 때 다음을 구하라. (a) 링크 3과 4의 각속도, (b) 바퀴 중심, 점 $G$의 속도.

그림 3.18

$R_{AO_2} = r_2 = 150$ mm,
$R_{BA} = r_3 = 200$ mm,
$R_{GB} = r_4 = 50$ mm, 그리고
$\rho = 100$ mm.

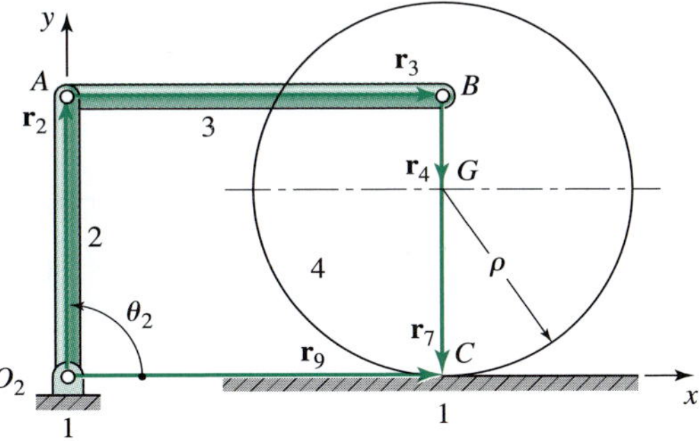


▶ **풀이**

이 기구에 대한 루프 폐쇄 방정식은 다음과 같다.

$$\overset{\surd I}{\mathbf{r}_2} + \overset{\surd ?}{\mathbf{r}_3} + \overset{\surd ?}{\mathbf{r}_4} + \overset{\surd C1}{\mathbf{r}_7} - \overset{C2\surd}{\mathbf{r}_9} = \mathbf{0} \tag{1}$$

여기서 첫 번째 조건은 $\theta_7 = \theta_9 + 270°$, 두 번째 조건은 구름 접촉 구속은 식 (5)를 따른다는 것이다.

수평성분과 수직성분의 스칼라식은 각각 다음과 같다.

$$r_2 \cos\theta_2 + r_3 \cos\theta_3 + r_4 \cos\theta_4 + r_7 \cos\theta_7 - r_9 \cos\theta_9 = 0 \tag{2a}$$

$$r_2 \sin\theta_2 + r_3 \sin\theta_3 + r_4 \sin\theta_4 + r_7 \sin\theta_7 - r_9 \sin\theta_9 = 0 \tag{2b}$$

링크 2의 각변위가 입력식이므로 식 (2)를 $\theta_2$에 관하여 미분한 다음, $\theta_9 = 0°$를 대입하면 다음 식이 나온다.

$$-r_2 \sin\theta_2 - r_3 \sin\theta_3\theta_3' - r_4 \sin\theta_4\theta_4' - r_9' = 0 \tag{3a}$$

$$r_2 \cos\theta_2 + r_3 \cos\theta_3\theta_3' + r_4 \cos\theta_4\theta_4' = 0 \tag{3b}$$

여기서, 링크 3과 4의 1차 운동계수와 접촉점 $C$의 위치 변화는 아래와 같다.

$$\theta_3' = \frac{d\theta_3}{d\theta_2}, \quad \theta_4' = \frac{d\theta_4}{d\theta_2}, \quad \text{and} \quad r_9' = \frac{dr_9}{d\theta_2} \tag{4}$$

또한, 바퀴의 회전각 $\theta_4$와 거리 $r_9$의 변화량은 바퀴가 지면에 미끄러지지 않고 구르기 때문에 서로 독립적이지 않다. 이러한 미끄러짐이 없는 구름 접촉 조건은 2.19절에서 설명되었듯이 다음과 같이 나타낼 수 있다.

$$-\Delta r_9 = \rho(\Delta\theta_4 - \Delta\theta_7)$$

여기서, $\rho$는 바퀴의 반지름이고 $C_1$의 구속조건으로부터 $\Delta\theta_7 = 0$이다. 따라서 구름 접촉의 조건은 아래와 같다.

$$-\Delta r_9 = \rho\Delta\theta_4 \tag{5}$$

이 식의 좌변에 있는 음의 기호는 양의 입력 변화 $\Delta\theta_2$에 대하여 $r_9$의 크기가 감소하기 때문이다.

극한 상태로서 미소 변위의 경우에는 구속조건인 식 (5)를 다음과 같이 1차 운동계수로 나타낼 수 있다.

$$-r_9' = \rho\theta_4' \tag{6}$$

식 (6)을 식 (3)에 대입하고 그 결과식을 행렬 형태로 표현하면 다음과 같다.

$$\begin{bmatrix} -r_3 \sin\theta_3 & \rho - r_4 \sin\theta_4 \\ r_3 \cos\theta_3 & r_4 \cos\theta_4 \end{bmatrix} \begin{bmatrix} \theta_3' \\ \theta_4' \end{bmatrix} = \begin{bmatrix} +r_2 \sin\theta_2 \\ -r_2 \cos\theta_2 \end{bmatrix} \tag{7}$$

식 (7)에 있는 (2 × 2) 계수 행렬의 행렬식은 다음 식으로 나타낼 수 있다.

$$\Delta = r_3[r_4 \sin(\theta_4 - \theta_3) - \rho\cos\theta_3] \tag{8}$$

식 (7)에서 크래머의 규칙을 사용하면 링크 3와 4의 1차 운동계수의 일반식은 다음과 같다.

$$\theta_3' = \frac{r_2[\rho\cos\theta_2 - r_4\sin(\theta_4 - \theta_2)]}{\Delta} \tag{9a}$$

$$\theta_4' = \frac{r_2 r_3 \sin(\theta_3 - \theta_2)}{\Delta} \tag{9b}$$

그림 3.18에 표시된 위치의 경우에는 $\theta_2 = 90°$, $\theta_3 = 0°$, 그리고 $\theta_4 = 90°$이다. 그러므로 식 (8)은 다음과 같이 나타낼 수 있다.

$$\Delta = -r_3(r_4 + \rho) \tag{10}$$

주어진 데이터를 치환하고, 식 (10)을 식 (9)에 대입하면 이제 다음과 같은 형태로 나타낼 수 있다.

$$\theta_3' = 0 \quad \text{and} \quad \theta_4' = \frac{r_2}{r_4 + \rho} = 1 \text{ rad/rad} \qquad \text{답 (11)}$$

따라서, 링크 3의 각속도는 아래와 같다.

$$\omega_3 = \theta_3'\omega_2 = 0 \qquad \text{답}$$

또한, 바퀴인 링크 4의 각속도는 다음과 같다.

$$\omega_4 = \theta_4'\omega_2 = 10 \text{ rad/s ccw} \qquad \text{답}$$

이러한 결과는 우리의 직관과 일치하며, 즉 이 위치에서 링크 3은 회전하지 않으며 링크 4는 입력 링크와 동일한 각속도로 회전한다는 것이다.

점 $G$인 바퀴중심의 속도는 다음과 같다.

$$\mathbf{V}_G = r_9'\omega_2\angle\theta_9 \tag{12}$$

식 (11)을 식 (6)에 대입하면 $r_9' = -\rho = -100$ mm가 되며, 이 값을 식 (12)에 대입하면 다음과 같다.

$$\mathbf{V}_G = r_9'\omega_2\angle\theta_9 = (-100 \text{ mm/rad})(10 \text{ rad/s})\angle 0° = -1.0 \text{ m/s}\angle 0° \qquad \text{답}$$

이 결과는 다음과 같이 계산을 통해서도 직접 확인해볼 수 있다.

$$\mathbf{V}_G = \cancel{\mathbf{V}}_{C_4}^{0} + \boldsymbol{\omega}_4 \times (\rho\hat{\mathbf{j}}) = (10 \text{ rad/s})\hat{\mathbf{k}} \times (100 \text{ mm})\hat{\mathbf{j}} = -1.0\hat{\mathbf{i}} \text{ m/s} \qquad \text{답}$$

## 예제 3.10

그림 3.19에 나와 있는 기구는, 입력 기어 3이 입력 기어 2에 미끄러지지 않고 구르고 있다. 다음을 구하라: (a) 링크 3, 4, 5의 1차 운동계수와 (b) 입력 기어가 10 rad/s ccw의 일정한 각속도로 회전하고 있는 경우에 링크 3, 4, 5의 각속도를 각각 구하라.

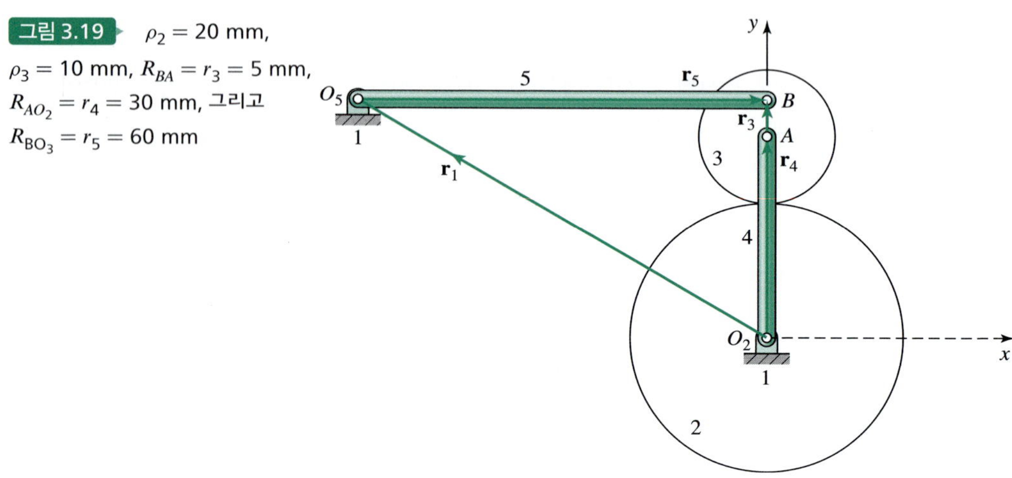


그림 3.19 $\rho_2 = 20$ mm, $\rho_3 = 10$ mm, $R_{BA} = r_3 = 5$ mm, $R_{AO_2} = r_4 = 30$ mm, 그리고 $R_{BO_3} = r_5 = 60$ mm

### ▶ 풀이

기구의 루프 폐쇄 방정식은 다음과 같다.

$$\overset{\surd ?}{\mathbf{r}_4} + \overset{\surd C}{\mathbf{r}_3} - \overset{\surd ?}{\mathbf{r}_5} - \overset{\surd \surd}{\mathbf{r}_1} = \mathbf{0} \tag{1}$$

여기서 $C$가 의미하는 것은 다음의 식 (5$a$)에서 정의는 구름 접촉 조건이다.

2개의 스칼라식은 다음과 같다.

$$r_4 \cos\theta_4 + r_3 \cos\theta_3 - r_5 \cos\theta_5 - r_1 \cos\theta_1 = 0 \tag{2$a$}$$

$$r_4 \sin\theta_4 + r_3 \sin\theta_3 - r_5 \sin\theta_5 - r_1 \sin\theta_1 = 0 \tag{2$b$}$$

기어 2의 각변위가 입력이므로 식 (2)를 $\theta_2$에 관하여 미분하면 다음과 같다.

$$-r_4 \sin\theta_4\theta_4' - r_3 \sin\theta_3\theta_3' + r_5 \sin\theta_5\theta_5' = 0 \tag{3$a$}$$

$$r_4 \cos\theta_4\theta_4' + r_3 \cos\theta_3\theta_3' - r_5 \cos\theta_5\theta_5' = 0 \tag{3$b$}$$

여기서,

$$\theta_3' = \frac{d\theta_3}{d\theta_2}, \quad \theta_4' = \frac{d\theta_4}{d\theta_2}, \quad \text{and} \quad \theta_5' = \frac{d\theta_5}{d\theta_2} \tag{4}$$

식 (4)는 링크 3, 4, 5의 1차 운동계수이다.

조인트 변수 $\theta_2$, $\theta_3$, $\theta_4$는 기어 3이 기어 2에 구르도록 구속되어 있으므로 독립적이지 않다는 사실에 주의한다. 구름 접촉 조건은 작은 이동 중에 지나가는 원호 거리가 두 표면에서 동일하다. 이 구름 접촉 조건(미끄럼 없는)은 2.18절에 나왔듯이 식으로 나타내면 다음과 같다.

$$\rho_2(\Delta\theta_2 - \Delta\theta_4) = -\rho_3(\Delta\theta_3 - \Delta\theta_4) \tag{5a}$$

여기서, $\Delta\theta_2$, $\Delta\theta_3$와 $\Delta\theta_4$는 각각 그림 3.19에 표시된 위치로부터의 링크 2, 3, 4의 유한한 작은 각변위이며, 오른쪽 식의 음의 기호는 각변위 차이의 방향 때문에 생긴다.

이 구속식은 작은 입력 변화 $\Delta\theta_2$로 나눌 수 있고 이 미소 증가에 대하여 극한을 취할 수 있으므로, 다음과 같이 1차 운동계수가 포함된 구속식이 유도된다.

$$\rho_2(\theta_2' - \theta_4') = -\rho_3(\theta_3' - \theta_4') \tag{5b}$$

기어 2가 입력이므로 정의에 따라 $\theta_2' = 1$이 되며, $\rho_2 = 2\rho_3$을 대입하면 식 (5b)는 다음과 같이 나타낼 수 있다.

$$\theta_3' = 3\theta_4' - 2 \tag{6}$$

식 (6)을 식 (3)에 대입하고 그 결과식을 행렬 형태로 나타내면 다음과 같다.

$$\begin{bmatrix} -r_4\sin\theta_4 - 3r_3\sin\theta_3 & r_5\sin\theta_5 \\ r_4\cos\theta_4 + 3r_3\cos\theta_3 & -r_5\cos\theta_5 \end{bmatrix} \begin{bmatrix} \theta_4' \\ \theta_5' \end{bmatrix} = \begin{bmatrix} -2r_3\sin\theta_3 \\ 2r_3\cos\theta_3 \end{bmatrix} \tag{7}$$

식 (7)에 있는 (2 × 2) 계수 행렬의 행렬식은 다음과 같이 나타낼 수 있다.

$$\Delta = r_5[r_4\sin(\theta_4 - \theta_5) + 3r_3\sin(\theta_3 - \theta_5)] \tag{8}$$

식 (7)에서 크래머의 규칙을 사용하면 링크 4와 5의 1차 운동계수의 일반식은 다음과 같다.

$$\theta_4' = \frac{2r_3r_5\sin(\theta_3 - \theta_5)}{\Delta} \tag{9a}$$

$$\theta_5' = \frac{2r_3r_4\sin(\theta_3 - \theta_4)}{\Delta} \tag{9b}$$

그림 3.19에 표시된 위치의 경우에는 $\theta_3 = 90°$, $\theta_4 = 90°$, $\theta_5 = 0°$가 되므로 식 (8)은 다음과 같이 나타낼 수 있다.

$$\Delta = r_5(r_4 + 3r_3) \tag{10}$$

또한, 식 (9)는 다음과 같이 된다.

$$\theta_4' = \frac{2r_3}{r_4 + 3r_3} = \frac{2}{9} \text{ rad/rad} \quad \text{and} \quad \theta_5' = 0 \tag{11}$$

이 위치에서는 링크 5가 회전하고 있지 않아 각속도가 $\omega_5 = 0$이라는 사실에 주의한다. 식 (11)을 식 (6)에 대입하면 기어 3의 1차 운동계수는 다음과 같다.

$$\theta_3' = -\frac{4}{3} \text{ rad/rad} \tag{12}$$

이제, 링크 $j$의 각속도는 다음과 같이 나타낼 수 있다.

$$\omega_j = \theta_j' \omega_2 \tag{13}$$

그러므로 식 (11)과 (12)를 식 (13)에 대입하고 $\omega_2 = 10$ rad/s ccw로 설정하면 기어 3과 링크 4 및 5의 각속도는 각각 다음과 같다.

$$\omega_3 = -13.33 \text{ rad/s}, \ \omega_4 = +2.22 \text{ rad/s}, \quad \text{and} \quad \omega_5 = 0 \qquad \text{답 (14)}$$

여기서, 음의 부호는 시계방향을, 양의 부호는 반시계방향을 각각 나타낸다.

운동계수는 *위치만*의 함수로서 직접적으로 시간의 함수가 아니라는 사실이 중요하다. 또한, 1차 운동계수의 단위는 규정된 입력과 고려하는 변수에 따라 다르다는 것도 중요하다. 이때 단위는 무차원(rad/rad 또는 길이/길이)일 수도 있고 길이(길이/rad)일 수도 있으며 길이의 역수(rad/길이)일 수도 있다. 표 3.2에는 (i) 각 $\theta_j$ 및/또는 (ii) 크기 $r_j$가 미지수인 기구의 링크 $j$(즉, 벡터 $\mathbf{r}_j$)와 관련된 1차 운동계수가 요약되어 있다.

## 3.12 속도의 순간중심

기구학에서 중요한 개념 중의 하나는 상호 간 운동하는 한 쌍의 강체의 순간속도 중심에 관한 개념이다. 특히 공간상의 운동에서, 두 물체에 공통된 축이면서 한 물체가 이 축을 중심으로 다른 물체 주위를 회전하는 축을 찾는 것이다.[8] 여기에서 소개하는 내용은 모두 평면 운동에 국한되어 있으므로, 각각의 축은 운동평면과 수직을 이루고 평면상의 한 점으로 나타난다. 이러한 점을 *순간속도 중심*(*instantaneous center of velocity*) 또는 *순간중심*(*instant center*)이라고 한다. [어떤 책에서는 속도극(*velocity pole*)이라고 한다. 3.20절 참조]

속도의 순간중심은 *서로 다른 두 물체에 있으면서 그 절대 속도가 동일한 한 쌍의 일치점의 순간적인 위치*로 정의된다. 또한, 순간중심은 서로 다른 두 물체에 있으며 그중에서 한 물체에 있는 점의 상대 속도가 다른 물체에 있는 관측자에게 0으로 보이는 한 쌍의 일치점의 위치라고도 정의할 수 있다.

[8] 이 축을 3차원 운동에서는 *순간나선축*이라고 한다. 그 특성에 관한 고전적인 연구로는 [1]이 있다.

표 3.2 1차 운동계수의 요약

| | **Variable of interest**<br>Angle $\theta_j$<br>(use symbol $\theta'_j$ for kinematic coefficient regardless of input) | **Variable of interest**<br>Magnitude $r_j$<br>(use symbol $r'_j$ for kinematic coefficient regardless of input) |
|---|---|---|
| Input<br>$\psi$ = angle $\theta_i$ | $\omega_j = \theta'_j\dot{\psi}$<br>$\theta'_j = \dfrac{d\theta_j}{d\psi}$ (dimensionless, rad/rad) | $\dot{r}_j = r'_j\dot{\psi}$<br>$r'_j = \dfrac{dr_j}{d\psi}$ (length, length/rad) |
| Input<br>$\psi$ = magnitude $r_i$ | $\omega_j = \theta'_j\dot{\psi}$<br>$\theta'_j = \dfrac{d\theta_j}{d\psi}$ (1/length, rad/length) | $\dot{r}_j = r'_j\dot{\psi}$<br>$r'_j = \dfrac{dr_j}{d\psi}$ (dimensionless, length/length) |

이번 장에서는 기구의 운동성이 1인 경우에만($m = 1$) 순간중심을 고려한다. 그러나 운동성이 1보다 큰 경우에도($m > 1$) 기구의 속도해석에 순간중심을 사용할 수 있다.

순간중심은 한 쌍의 일치점으로 간주되는 것으로서, 각각의 물체에 하나씩 있어 한 물체가 이를 중심으로 다른 물체에 대하여 상대 회전속도는 갖고 있지만 병진속도는 전혀 갖고 있지 않다. 이 특성은 순간적으로만 만족되며, 다음 순간에는 새로운 한 쌍의 일치점이 순간중심을 이룬다. 그러므로 순간중심은 일반적으로 한 물체의 점이 다른 물체의 좌표계에 대하여 발생시키는 상대점 경로의 곡률 중심에 위치하지 않으므로 회전중심이라고 표현하는 것은 옳지 않다. 그러나 이러한 제약에도 불구하고 순간중심이 평면 운동의 기구학을 이해하는 데 도움이 된다는 것은 분명한 사실이다.

이제, $x_1y_1$ 평면에 대하여 어떤 일반적인 운동을 하는 그림 3.20에 나와 있는 강체 2를 살펴보자. 이 운동은 병진, 회전 또는 이 두 가지의 복합운동일 수도 있다. 그림 3.20에서와 같이 물체에 있는 어떤 점 $A$는 속도가 $\mathbf{V}_A$, 각속도가 $\boldsymbol{\omega}_2$로 이미 알고 있다고 가정한다. 물체에 있는 또 다른 어떤 점의 속도는, 점 $C$와 같은 이 2개의 기지값을 사용하여 속도차 식에서 구할 수 있다. 식 (3.4)의 경우 아래와 같다.

$$\mathbf{V}_C = \mathbf{V}_A + \mathbf{V}_{CA} = \mathbf{V}_A + \boldsymbol{\omega}_2 \times \mathbf{R}_{CA} \tag{$a$}$$

예를 들어, 점 $A$로부터 위치차 벡터 $\mathbf{R}_{IA}$가 다음 식으로 정해지는 점 $I$를 정의해보자.

$$\mathbf{R}_{IA} = \frac{\boldsymbol{\omega}_2 \times \mathbf{V}_A}{\omega_2^2} \tag{3.17}$$

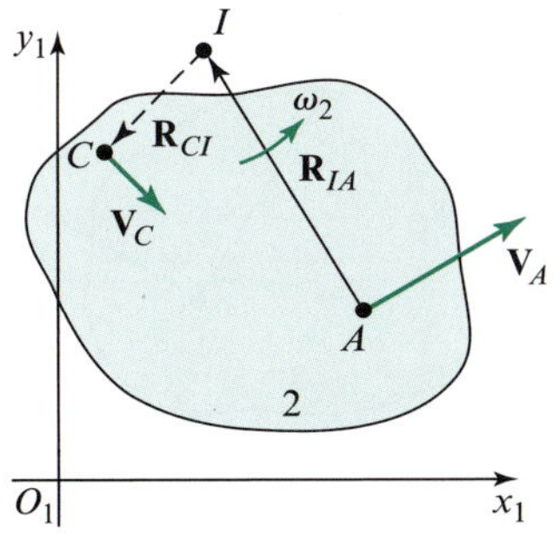


그림 3.20 평면 운동에서 강체 2

외적(크로스곱)이 되어 있기 때문에, 그림 3.20에 나와 있는 바와 같이 점 $I$는 $\mathbf{V}_A$에 대해 수직방향에 위치하고 벡터 $\mathbf{R}_{IA}$는 $\mathbf{V}_A$의 방향으로부터 $\boldsymbol{\omega}_2$방향으로 회전한다는 것을 알 수 있다. $\mathbf{R}_{IA}$의 길이는 식 (3.17)로 계산할 수 있으므로 점 $I$의 위치를 결정할 수 있다. 그러므로 점 $I$의 속도는 다음과 같음을 알 수 있다.

$$\mathbf{V}_I = \mathbf{V}_A + \mathbf{V}_{IA} = \mathbf{V}_A + \boldsymbol{\omega}_2 \times \mathbf{R}_{IA} = \mathbf{V}_A + \boldsymbol{\omega}_2 \times \frac{\boldsymbol{\omega}_2 \times \mathbf{V}_A}{\omega_2^2} \tag{b}$$

그러나 이 삼중 벡터곱 $\boldsymbol{a} \times (\boldsymbol{b} \times \boldsymbol{c}) = \boldsymbol{b}(\boldsymbol{c} \cdot \boldsymbol{a}) - \boldsymbol{c}(\boldsymbol{a} \cdot \boldsymbol{b})$을 동일한 벡터식으로 치환하면 다음과 같다.

$$\mathbf{V}_I = \mathbf{V}_A + \frac{\boldsymbol{\omega}_2\overbrace{(\mathbf{V}_A \cdot \boldsymbol{\omega}_2)}^{0} - \mathbf{V}_A\overbrace{(\boldsymbol{\omega}_2 \cdot \boldsymbol{\omega}_2)}^{\omega_2^2}}{\omega_2^2} = \mathbf{V}_A - \mathbf{V}_A = \mathbf{0} \tag{c}$$

특정점 $I$의 절대 속도는 0인 점으로 선택하였기 때문에, 고정 링크에 속하면서 이 점과 일치하는 점의 속도도 마찬가지로 0이므로, 점 $I$는 물체 1과 2의 순간중심이 된다.

이제, 운동하는 물체상의 다른 점의 속도는 $I$점을 이용하여 결정할 수 있다. 순간중심의 선택은 속도차 방정식을 단순화시킬 수 있다는 점을 주목해야 한다. 예를 들면 식 (*a*)에 예시되어 있는 점 $C$의 속도는 다음과 같이 표현된다.

$$\mathbf{V}_C = \cancelto{\mathbf{0}}{\mathbf{V}_I} + \mathbf{V}_{CI} = \boldsymbol{\omega}_2 \times \mathbf{R}_{CI} \tag{3.18}$$

이 점의 속도 방향은 그림 3.20에 나타낸 바와 같다.

순간중심의 위치는 두 점의 절대 속도가 주어지면 훨씬 쉽게 결정할 수 있다. 그림 3.21*a*에서 두 점 $A$와 $C$의 속도는 각각 $\mathbf{V}_A$와 $\mathbf{V}_C$로 이미 알고 있는 값이라고 가정한다. $\mathbf{V}_A$와 $\mathbf{V}_C$의 각각의 수직선은 순간중심인 점 $I$에서 교차한다. 그림 3.21*b*는 점 $A$, $C$, $I$가 동일 직선상에 놓일 때 순간중심 $P$의 위치를 결정하는 방법을 보여주고 있다.

두 물체의 순간중심은 일반적으로 정지 상태에 있지 않다. 순간중심은 운동이 진행됨에 따라 양 물체에 대하여 그 위치가 변화하므로 각각의 물체에 대하여 경로나 궤적을 나타낸다. 이러한 순간중심의 경로는 순간중심 *궤적*(*centrode*)이라고 하는데, 이에 관해서는 3.20절에서 설명할 것

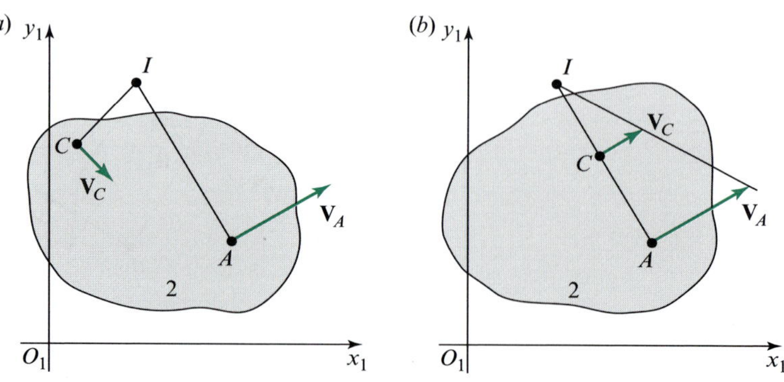


그림 3.21 알고 있는 2개의 속도로 순간중심의 위치를 결정하는 방법

이다.

기구의 링크에는 번호를 부여하는 규약을 채택하고 있기 때문에, 순간중심은 이와 관련된 두 링크의 번호를 사용하여 표시하면 편리하다. 그러므로 $I_{32}$는 링크 3과 링크 2의 순간중심을 나타낸다. 또 하나의 순간중심도 $I_{23}$로 표시할 수도 있으며 번호의 순서는 상관없다. 기구에는 링크를 2개씩 짝지을 수 있는 가짓수만큼에 해당되는 순간중심이 위치해 있다. 따라서 $n$개의 링크가 있는 기구의 순간중심의 개수는 다음과 같다.

$$N = \frac{n(n-1)}{2} \tag{3.19}$$

## 3.13 아론홀드-케네디의 삼중심 정리

그림 3.22$a$의 4절 링크에 대해서 생각해 보자. 식 (3.19)에 따라, 4절 링크기구의 순간중심의 개수는 6개이다. 이 중에서 4개는 눈으로 확인할 수 있다(*주순간중심*). 4개의 핀은 각각 정의를 만족하고 있으므로 주순간중심 $I_{12}$, $I_{23}$, $I_{34}$ 그리고 $I_{14}$로 식별할 수 있음을 알 수 있다. 예를 들어, 점 $I_{23}$은 링크 2의 점으로서 이를 중심으로 링크 3이 회전하는 것처럼 보이며, 또한 링크 3의 점으로서 링크 2에서 볼 때 상대 속도가 전혀 없으므로 링크 2와 3에 있는 이러한 한 쌍의 일치점은 절대 속도가 같다.

어떠한 순간중심을 찾아냈는지를 기억하기 위한 좋은 방법은 그림 3.22$b$와 같이 원 둘레(*케네디 원*이라 칭함)에 링크의 링크 번호를 등 간격으로 표시하는 것이다. 그런 다음, 각각의 순간중심이 확인되면 그에 상응하는 링크쌍의 번호를 연결하는 선을 긋는다. 그림 3.22$b$는 $I_{12}$, $I_{23}$, $I_{34}$, $I_{14}$의 위치는 실선으로 표시된 것처럼 찾았다. 이 그림은 또한 두 개의 아직 발견되지 않은 $I_{13}$와 $I_{24}$(이후에는 *2차 순간중심*이라 칭함)을 점선으로 표시하여 포함하고 있다. 이러한 2개의 순간중심은 단순히 정의를 시각적으로 적용해서는 쉽게 찾을 수 없다. 순간중심의 위치는 먼저 눈으로 확인하여 정의에 분명하게 들어맞는 주순간중심들의 위치를 찾은 다음, 나머지는 아론홀드-케네디 정리(Aronhold-Kennedy theorem, *케네디 정리*라고도 함)를 적용하여 찾는다. 이 정리는 *(연결에 상관없이) 서로 상대(relative) 운동을 하는 3개의 강체가 공유하는 3개의 순간중심은 모두 동일한 직선상에 있다*는 것이다.[9]

이 정리는 그림 3.23에 나와 있는 바와 같이 모순명제로 증명할 수 있다. 링크 1은 고정 프레

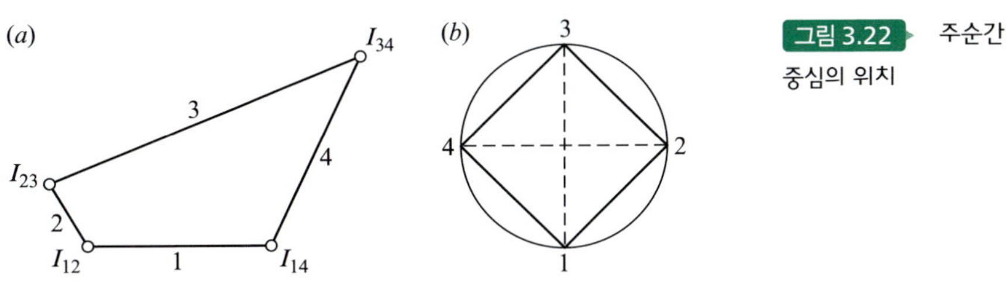


그림 3.22 주순간중심의 위치

[9] 이 이론의 명칭은 Aronhold(1872)와 Kennedy(1886) 두 사람의 이름에서 따온 것이다. 독일어권 국가에서는 *아론홀드 이론*으로, 영어권 국가에서는 *케네디 이론*으로 많이 알려져 있다.

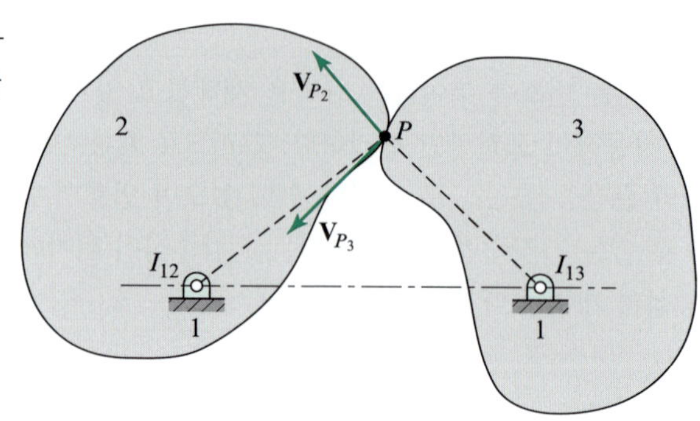


그림 3.23 아론홀드–케네디 정리의 모순에 의한 증명

임이고, 순간중심 $I_{12}$의 위치는 링크 2가 핀 연결되어 있는 곳이다. 이와 마찬가지로, $I_{13}$의 위치는 링크 1과 3을 연결하고 있는 핀이다. 링크 2와 3의 형상은 임의적이다(이들은 무한 평면으로 간주된다). 아론홀드–케네디 정리를 적용하면, 3개의 순간중심 $I_{12}$, $I_{13}$, $I_{23}$은 모두 동일 직선상에 있어야 하는데, 이 직선은 2개의 핀을 연결하는 선이 된다. 일반적으로 *센터의 선*으로 간주된다. 이제 이 모든 것이 사실이 아니라고 가정하고, 실제로 $I_{23}$이 그림 3.23의 점 $P$에 위치한다고 가정한다. 그러면 링크 2의 점으로서의 $P$의 속도는 $\mathbf{R}_{PI_{12}}$에 수직한 $\mathbf{V}_{P_2}$ 방향이 된다. 그러나 링크 3의 점으로서의 $P$의 속도는 $\mathbf{R}_{PI_{13}}$에 수직한 $\mathbf{V}_{P_3}$ 방향이 된다. 이 방향들은, 순간중심은 각각의 링크의 일부이므로 그 절대 속도가 같아야 한다는 정의에 맞지 않는다. 따라서 선정된 점 $P$는 순간중심 $I_{23}$가 될 수 없다. $\mathbf{V}_{P_2}$와 $\mathbf{V}_{P_3}$의 방향에 존재하는 이러한 동일 모순명제는 점 $P$가 $I_{12}$와 $I_{13}$을 지나는 직선에서 선정되지 않는 한 모든 위치에서 발생된다.

## 3.14 속도의 순간중심을 찾는 방법

앞의 두 절에서는 속도의 순간중심의 위치를 찾는 몇 가지 방법을 알아보았다. 이러한 순간중심은 흔히 기구의 형태를 살펴보거나 핀 연결점과 같이 정의에 들어맞는 점을 눈으로 확인하여 위치를 결정할 수 있다. 또한, 몇 개의 주순간중심을 찾은 후, 다른 순간중심은 삼중심의 정리를 사용하여 찾을 수 있다. 3.13절에서는 운동 물체와 고정 링크 사이의 순간중심은 물체에 있는 두 점의 절대 속도의 방향을 알고 있는 경우나 한 점의 절대 속도와 물체의 각속도를 알고 있을 때 구할 수 있다고 배웠다. 이 절의 주요 목표는 직접 접촉이거나 순간중심이 무한대인 기구들의 순간중심을 포함하는 몇 가지 요령들을 확장하는 것이다.

예를 들어, 그림 3.24의 캠–종동절 기구를 살펴보자. 주순간중심 $I_{12}$와 $I_{13}$은 잘 살펴보면 2개의 핀중심에서 그 위치를 찾을 수 있다. 그러나 나머지 순간중심인 $I_{23}$(케네디 원의 점선으로 표

그림 3.24 평면 종동절이 있는 디스크의 순간중심

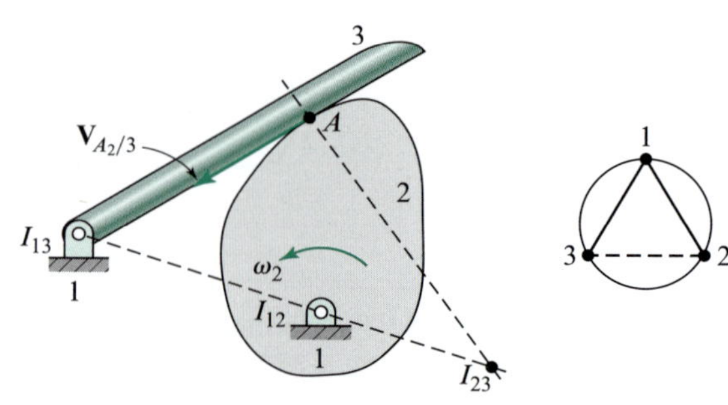

시)은 명확하지 않다. 아론홀드-케네디 정리에 따르면, 이 순간중심은 $I_{12}$와 $I_{13}$을 연결한 직선상에 있는 것이 분명하지만, 이 직선상의 어느 위치인지는 정확히 모른다. 좀 더 깊이 생각해보면 상대 속도 $\mathbf{V}_{A_2/3}$의 방향은 2개의 운동 링크의 접점에서의 공통 접선을 따르는 방향이어야 하며, 이 속도는 링크 3에 있는 관측자가 바라보는 바와 같이 순간중심 $I_{23}$을 중심으로 하는 물체 2의 상대 회전의 결과로서 나타날 수밖에 없다는 사실을 알 수 있다. 그러므로 $I_{23}$은 $\mathbf{V}_{A2/3}$에 수직인 직선상에 위치해야 한다. 이 선이 그림 3.24에서 보듯이 $I_{23}$의 위치를 정해준다. 이 예제에서 설명하는 개념은 직접 접촉을 하는 기구의 순간중심을 정하는 데 유용할 경우가 많으므로 유념할 필요가 있다.

직접 접촉의 특별한 경우는 이전에 살펴본 적이 있는 미끄럼이 없는 구름 접촉이다. 그림 3.25의 기구를 살펴보면 순간중심 $I_{12}$, $I_{23}$, $I_{34}$의 위치를 즉시 찾아낼 수 있다. 링크 1과 4 사이의 접촉에 어떤 형태의 미끄럼이라도 존재하면, 순간중심 $I_{14}$의 위치는 접점을 통과하는 수직선상에 있어야 한다고 볼 수밖에 없다. 그러나 *미끄럼이 전혀 없는 구름 접촉을 할 때는 순간중심은 접점에 위치한다*. 또한, 이 원리는 구름 접촉의 정의를 나타낸 식 (3.14)와 순간중심의 정의를 비교해 보면 알 수 있듯이 일반적인 원리이므로 이들은 서로 의미가 같다. 따라서 그림 3.25*b*에서처럼 $I_{14}$는 주순간중심으로 간주될 수 있다.

직접 접촉의 또 다른 특별한 경우는 그림 3.26의 링크 3과 4 사이에서 분명히 알 수 있다. 이 경우, 링크 3과 4의 점 $A$ 사이에는 상대(미끄럼) 속도 $\mathbf{V}_{A3/4}$가 존재하지만 *링크 사이에 상대 회전은 전혀 없다*. 이 경우에는 그림 3.24에서와 같이 순간중심 $I_{34}$의 위치가 이미 알고 있는 미끄럼 이동선에 대한 공통 수직선상에 있기는 하지만, 이 수직선이 정의하는 방향으로 무한히 먼 곳에 존재한다. 이 무한한 거리는 링크 4가 정지되어 기구학적으로 역전되어 있는 기구를 고려하면 가시화되어 드러난다. 이 역전된 기구에 식 (3.17)을 적용하면 다음 식이 성립함을 알 수 있다.

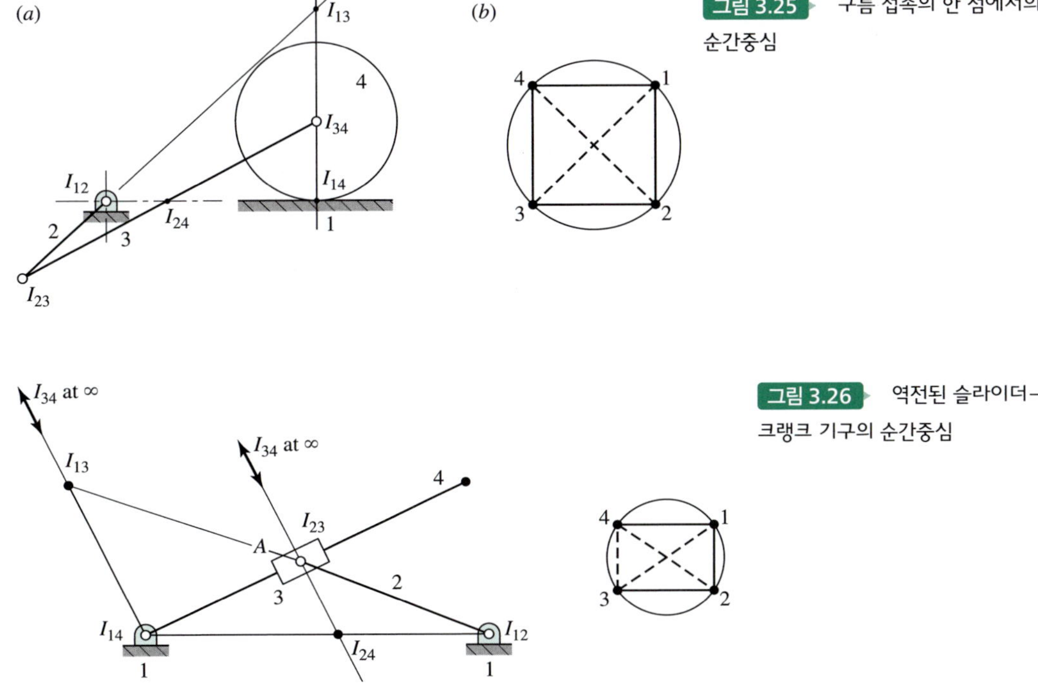


**그림 3.25** 구름 접촉의 한 점에서의 순간중심

**그림 3.26** 역전된 슬라이더-크랭크 기구의 순간중심

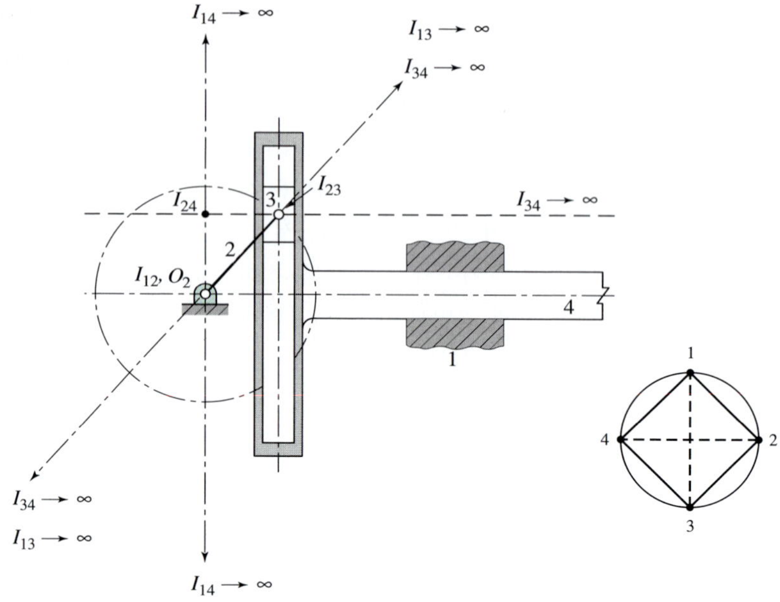


그림 3.27 스카치-요크(Scotch-yoke) 링크와 순간중심의 위치

$$|\mathbf{R}_{I_{34}A}| = \left|\frac{\boldsymbol{\omega}_{3/4} \times \mathbf{V}_{A_3/4}}{\omega_{3/4}^2}\right| = \left|\hat{\boldsymbol{\omega}}_{3/4} \times \left(\frac{\mathbf{V}_{A_3/4}}{\omega_{3/4}}\right)\right| = \infty \tag{3.20}$$

링크 3과 4 사이에 상대 회전이 전혀 없으므로 분모는 0이 되고, $I_{23}$에서 $I_{34}$까지의 거리는 무한대가 된다는 것을 알 수 있다. 전에도 언급되어졌듯이 $I_{34}$의 방향은 식 (3.20)의 외적을 통해서 확인할 수 있다.

$I_{34}$는 주순간중심이 될 수도 있고, 나머지 순간중심이 될 수도 있다. 나머지 순간중심인 $I_{13}$과 $I_{24}$는 아놀드-케네디 정리를 통해 구해진다. $I_{13}$의 위치는 $I_{14}$를 지나는 직선은 순간중심 $I_{23}$와 $I_{34}$를 지나는 직선에 평행임을 유의해야 한다. $I_{12}$와 $I_{23}$의 선을 교차하는 점은 $I_{13}$이다. $I_{23}$과 $I_{34}$ 선과 $I_{14}$와 $I_{12}$를 교차하는 점은 $I_{24}$이다.

그림 3.27에 나와 있는 슬라이더-크랭크 링크의 변형 중 하나인 *Scotch-yoke* 링크는 무한대의 순간중심을 갖는 재미있는 예이다. 4절 링크의 주순간중심은 $I_{12}$, $I_{23}$, $I_{34}$, $I_{14}$이다. 나머지 순간중심인 $I_{24}$는 아놀드-케네디 이론으로 찾을 수 있다. 또한, 같은 이론을 이용해서 나머지 순간중심인 $I_{13}$은 $I_{12}$와 $I_{13}$과 동일한 선상에 있지만, 교차하는 선 $I_{14}$와 $I_{43}$은 유한한 공간에서는 작도될 수 없다. 그러나, 링크 3이 곡선의 병진운동을 하므로(다시 말해, 링크 3은 고정된 링크를 기준으로 각도가 바뀌지 않음) $I_{13}$의 위치는 무한대이다.

마지막 예제를 통해 위에서 언급한 원리를 다시 알아보자.

**예제 3.11**

그림 3.28의 5절 기구에서 모든 순간중심을 찾아라. 링크 1과 2 사이를 구름 접촉으로 가정하고, 링크 2와 4 그리고 링크 2와 5는 미끄럼이 존재한다.

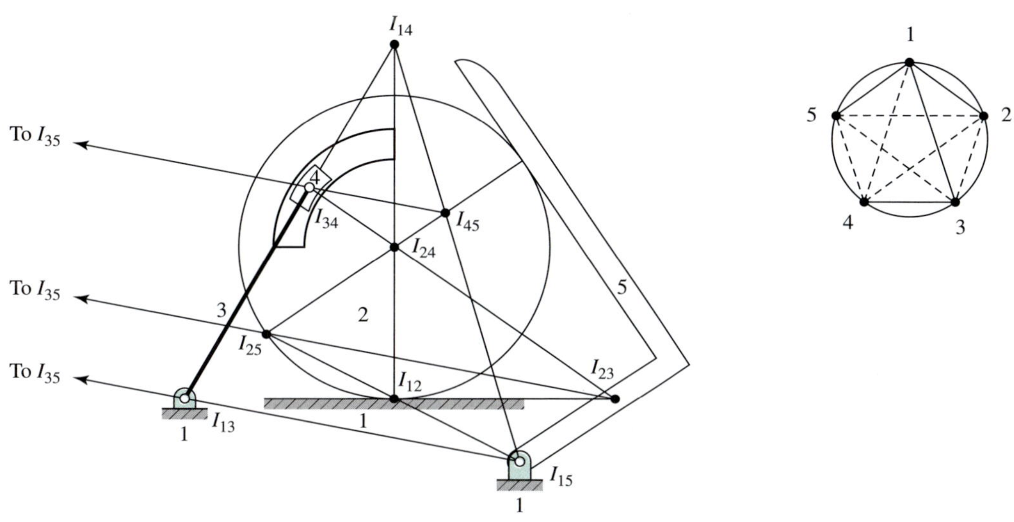


그림 3.28 5절 링크기구 및 순간중심의 위치

▶ **풀이**

식 (3.19)에 따라, 이 기구의 순간중심의 개수는 10개이다. 케네디 원에서 확인할 수 있듯이, 4개의 주순간중심과 나머지 6개의 중간중심이 있다. 세 핀 조인트는 순간중심 $I_{13}$, $I_{34}$, $I_{15}$이고 링크 1과 2 사이의 접촉점도 순간중심 $I_{12}$이다. 순간중심 $I_{24}$는 링크 4의 두 끝단의 상대 속도 방향과 수직되는 방향으로 선을 그어서 알 수 있다. 그러나 눈으로도, 이 순간중심은 링크 2와 4 사이에서의 상대 회전 중심임을 알 수 있다. 순간중심 $I_{25}$를 구할 수 있는 선 하나는 링크 2와 5 사이의 미끄럼 방향의 수직선이고, 다른 선은 순간중심 $I_{12}I_{15}$의 연장선에서 알 수 있다. 이 이외의 다른 4개의 나머지 순간중심 $I_{23}$, $I_{35}$, $I_{45}$, $I_{14}$은 삼중심 정리를 반복해서 적용하면 찾을 수 있다. 이것은 독자를 위해 연습으로 남겨둔다.

끝으로, 위의 모든 예제에서 모든 순간중심의 위치는 기구의 실제 작동속도를 알지 못해도 구할 수 있었다는 사실이 중요하다. 이것은 또한 3.9절에서 살펴본 바와 같이, 속도에 관한 식들이 선형적이라는 또 다른 의미이다. 1자유도 기구에서는 모든 순간중심의 위치가 기하형상 자체에 의해서만 특정되며 작동속도와는 아무 상관이 없다.

## 3.15 순간중심을 이용한 속도 해석

이번 절에서는 순간중심의 특성을 이용하여 간단한 도식적 방법으로 평면기구의 속도 해석을 하는 방법을 설명하겠다. 설명을 위해, 그림 3.29$a$에 나와 있는 4절 링크를 고려해 보자. 입력 링크 2의 주어진 각속도에 대해서, 핀 $B$, 커플러 점 $D$, 그리고 링크 4의 점 $E$의 속도를 결정하는 데 집중해 보자.

과정은 4개의 핀을 4개의 주순간중심으로 표시하고, 케네디 이론을(3.13절) 통해 나머지 두 개의 순간중심의 위치를 결정하는 것이다. 우선 순간중심 $I_{24}$부터 고려해 보자. 정의에 의해서 이 순간중심은 링크 2와 4의 공통 일치점이고, 두 개의 링크에서 같은 절대 속도를 갖는다. 따라서, 이 순간중심의 속도는 식 (3.18)로부터 아래와 같이 나타내어진다.

$$\mathbf{V}_{I_{24}} = \boldsymbol{\omega}_2 \times \mathbf{R}_{I_{24}I_{12}} = \boldsymbol{\omega}_4 \times \mathbf{R}_{I_{24}I_{14}}$$

이 식은 그림 3.29$b$에 나타나 있다.

이제 링크 4의 다른 어떤 점에서의 속도도 구할 수 있다. 예를 들어, $I_{24}I_{12}I_{14}$ 중심의 선 위에 있는 점 $B'$와 $E'$을 고려해 보자. $B'$와 $E'$는 $I_{14}$에서 $B$와 $E$까지의 거리를 각각의 반지름과 같도록 잡았다. 따라서, 이 속도들의 크기는 $\mathbf{V}_B$ 및 $\mathbf{V}_E$의 속도의 크기와 각각 같으며, 그 방향은 그림 3.29$b$와 같이 적절하게 배치할 수 있다.

커플러의 점 $D$의 속도를 구하기 위해서는 그림 3.30과 같이 새로운 순간중심 연결선 $I_{12}I_{13}I_{23}$을 정할 수 있다. 주어진 각속도 $\omega_2$와 주순간중심 $I_{12}$를 이용하면, 공통 순간중심 $I_{23}$의 절대 속도를 구할 수 있다. 여기서, 이 단계는 $\mathbf{V}_{I_{23}} = \mathbf{V}_A$이므로 그다지 까다롭지 않다. 이 새로운 순간중심 연결선상에 점 $D'$를 정하면(위에서 $B'$과 $E'$의 위치를 정한 방법과 동일하게) 그림과 같이 $\mathbf{V}_{D'}$를 구할 수 있으며 그 크기로부터 원하는 속도 $\mathbf{V}_D$를 구할 수 있다. 정의에 따라 순간중심 $I_{13}$은 링크 3의 일부로서 이 순간에 속도가 0이 된다는 사실에 주의한다. $B$는 또한 링크 3의 점이기도 하므로 속도는 그림 3.30과 같이 $\mathbf{V}_{B''}$를 찾은 후 동일한 식으로 구할 수 있다.

순간중심을 사용하는 속도 해석의 *순간중심 연결선*(*line of center*) 방법은 다음과 같이 요약할 수 있다.

1. 주어진 속도와 구해야 할 속도와 관련된 3개의 링크 번호를 확인한다. 이들 가운데 하나는 대개가 링크 1인데, 그 이유는 필요한 절대 속도 정보가 제공되기 때문이다.

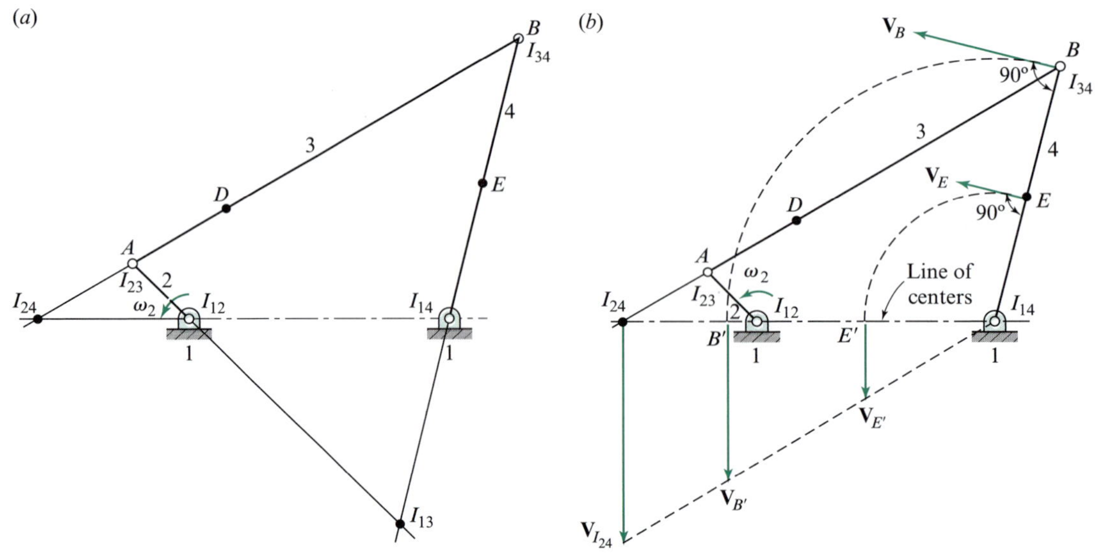


그림 3.29 순간중심을 활용한 도식적 속도의 결정

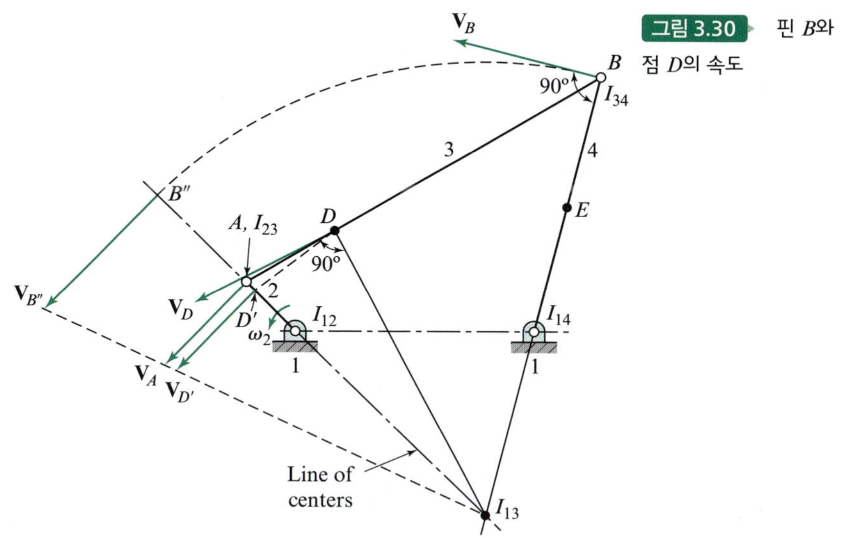


그림 3.30 핀 $B$와 점 $D$의 속도

2. 단계 1의 링크로 정의되는 3개의 순간중심의 위치를 찾아 순간중심 연결선을 그린다.
3. 공통 순간중심을 속도가 주어진 링크의 점으로 보고 그 속도를 구한다.
4. 공통 순간중심의 속도를 알면, 이 점을 속도를 구하고자 하는 링크의 점으로 잡는다. 그러면 이 링크에 있는 다른 점의 속도를 구할 수 있다.

다음 예제는 순간중심이 무한대에 있을 때 풀이과정과 순간중심 취급방법을 보여준다.

### 예제 3.12

그림 3.31은 어떤 장치 가운데 링크만 일부 나타낸 것으로, 다른 부분은 하우징 안에 들어 있지만 순간중심 $I_{25}$의 위치는 그림으로 알 수 있다. 속도 $\mathbf{V}_C$를 오른쪽으로 10 m/s로 발생시키는 데 필요한 링크 2의 각속도를 구하라.

그림 3.31 하우징에 포함된 일부 링크

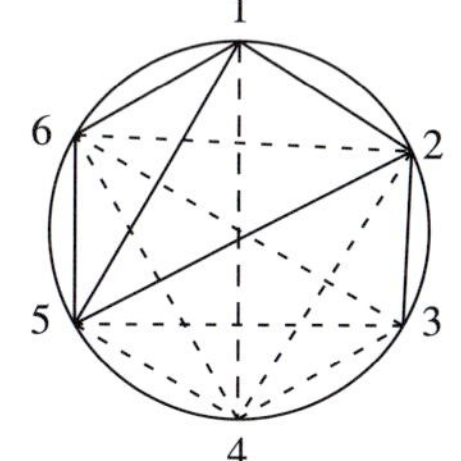


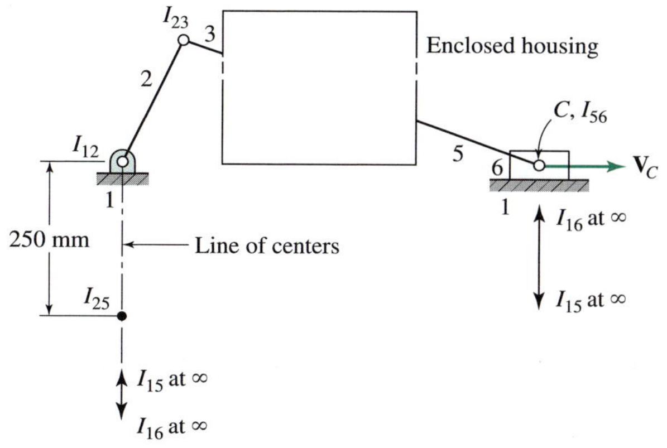

▶ **풀이**

$\mathbf{V}_{C5/1} = \mathbf{V}_C$이 주어지고 $\boldsymbol{\omega}_{2/1}$을 구하는 것이므로 순간중심 $I_{12}$, $I_{25}$, $I_{15}$를 사용해야 한다. $\boldsymbol{\omega}_{2/1}$이 $\boldsymbol{\omega}_2$과 같다는 것을 확인한다. 하지만, 추가적은 아래 첨자를 사용하는 이유는 3번째 링크의 (프레임) 존재를 강조하기 위해서다. 주순간중심 $I_{16}$은 무한대에 있다. 순간중심 $I_{15}$는 $I_{12}$와 $I_{25}$ 선상 및 $I_{16}$과 $I_{56}$ 선상에 위치한다. 왜냐하면 이 두 개의 선들은 평행하고, $I_{15}$ 또한 무한대에 위치하기 때문이다.

$I_{25}$를 링크 5의 점으로 생각하고 주어진 $\mathbf{V}_C$로부터 속도를 구하고자 한다. 그러나 $I_{15}$가 무한대에 있기 때문에 순간중심 연결선상에서 $I_{15}$로부터 $C$와 동일한 반지름으로 점 $C'$의 위치를 구하기에는 다소 어려움이 있다. 이를 어떻게 해결할 수 있을까?

3.14절의 설명과 식 (3.20)을 살펴보면, $I_{15}$가 무한대에 있으므로 링크 5와 1 사이의 상대운동은 병진운동이며 $\omega_{5/1} = 0$이 된다는 것을 알 수 있다. 그러므로 $\mathbf{V}_{I_{25}} = \mathbf{V}_C$를 포함하여 링크 5에 있는 모든 점은 절대 속도가 동일하다.

다음으로, $I_{25}$를 $I_{12}$에 대하여 회전하는 링크 2의 점으로 보고 링크 2의 각속도를 구하면 다음과 같다.

$$\omega_2 = \frac{V_{I_{25}}}{R_{I_{25}I_{12}}} = \frac{10 \text{ m/s}}{0.25 \text{ m}} = 40 \text{ rad/s ccw}$$ 답

여기에는 $\mathbf{V}_C$와 $\omega_2$의 방향 간에 겉보기상 모순이 있는 것으로 보이므로 해가 타당한지 의심될 수도 있을 것이다. 그러나 하우징 안의 링크기구가 그림 3.32와 같이 구성되어 있다고 보면 그 의심이 풀릴 것이다.

그림 3.32 속도 역설에 대한 설명

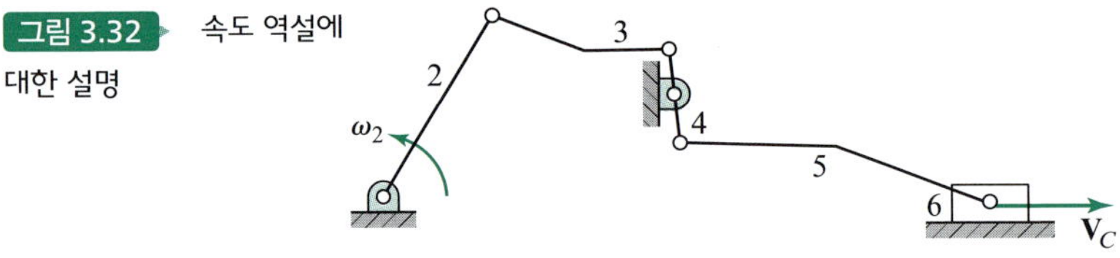


## 3.16 각속도비의 정리

그림 3.33에서 4절 링크의 $I_{24}$는 링크 2와 4의 공통 순간중심이다. 절대 속도 $\mathbf{V}_{I_{24}}$는 $I_{24}$를 링크 2의 점으로 보거나 링크 4의 점으로 보아도 동일하다. 그러므로 이에 상관없이 다음과 같이 나타낼 수 있다.

$$\mathbf{V}_{I_{24}} = \cancelto{0}{\mathbf{V}_{I_{12}}} + \boldsymbol{\omega}_{2/1} \times \mathbf{R}_{I_{24}I_{12}} = \cancelto{0}{\mathbf{V}_{I_{14}}} + \boldsymbol{\omega}_{4/1} \times \mathbf{R}_{I_{24}I_{14}} \tag{a}$$

여기서, $\boldsymbol{\omega}_{2/1}$과 $\boldsymbol{\omega}_{4/1}$은 각각 $\boldsymbol{\omega}_2$ 및 $\boldsymbol{\omega}_4$와 같지만 제3의 링크(프레임)가 있다는 것을 강조하기 위해 아래 첨자를 추가하였다.

크기만을 고려하여 식 ($a$)를 다시 정리하면 다음과 같이 나타낼 수 있다.

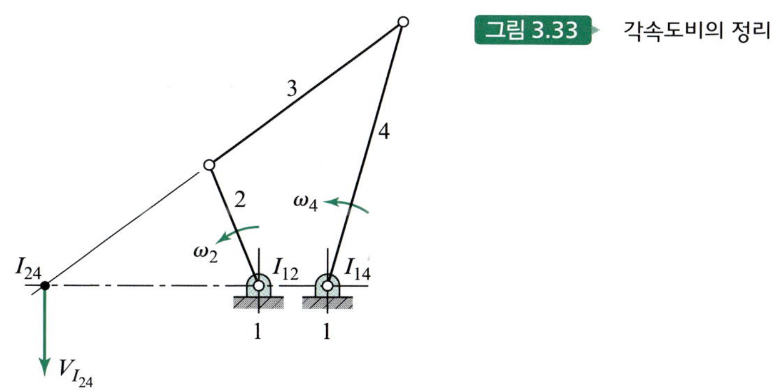


그림 3.33 각속도비의 정리

$$\frac{\omega_{4/1}}{\omega_{2/1}} = \frac{R_{I_{24}I_{12}}}{R_{I_{24}I_{14}}} \tag{b}$$

이것이 *각속도비의 정리(angular-velocity-ratio theorem)*이다. 이 정리는 *제3의 물체에 대하여 평면 운동 상태에 있는 임의의 두 물체의 각속도비는 공통 순간중심에 의해 분할되는 순간중심 연결선의 각각의 분절의 길이에 반비례*한다는 것을 의미한다. 물체 $i$에 대한 물체 $j$와 $k$의 운동을 일반적인 형태로 나타내면 다음과 같다.

$$\frac{\omega_{k/i}}{\omega_{j/i}} = \frac{R_{I_{jk}I_{ji}}}{R_{I_{jk}I_{ki}}} \tag{3.21}$$

*각속도비는 공통의 순간중심이 서로 다른 2개의 순간중심의 바깥에 놓이면 양이 되고 그 사이에 놓이면 음이 된다*는 사실을 순간중심 연결선을 따라 양의 방향을 임의로 선정하여 증명해 보도록 한다.

## 3.17 1차 운동계수와 순간중심의 관계

1차 운동계수(3.11절 참조)는 속도의 순간중심 위치로 나타낼 수 있다. 4절 링크기구에서는 링크 $j$의 각속도를 연쇄법칙에 따라 다음과 같이 나타낼 수 있다.

$$\omega_j = \theta'_j \omega_i \tag{3.22}$$

여기서, $\omega_i$는 입력 링크의 각속도이다. 그러므로 링크 $j$의 1차 운동계수는 다음과 같이 나타낼 수 있다.

$$\theta'_j = \frac{\omega_j}{\omega_i}$$

링크 $j$의 1차 운동계수는 각속도비의 이론인 식 (3.21)과 일치하도록 다음과 같이 나타낼 수 있다.

$$\theta'_j = \frac{R_{I_{ij}I_{i1}}}{R_{I_{ij}I_{j1}}} \tag{3.23}$$

여기서, $I_{i1}$와 $I_{j1}$는 각각 입력 링크 $i$와 링크 $j$의 절대 순간중심이며, $I_{ij}$는 링크 $i$와 $j$의 공통 순간중심이다.

**예제 3.13**

예제 3.1의 4절 링크기구에서는, 입력 링크와 프레임의 길이는 각각 $R_{I_{12}I_{23}} = 4$ in와 $R_{I_{12}I_{14}} = 10$ in이다. 순간중심과 1차 운동계수를 이용하여 커플러 및 종동절 링크의 각속도를 구하라.

▶ **풀이**

링크 3과 4의 1차 운동계수를 식 (3.23)으로부터 다음과 같이 나타낼 수 있다.

$$\theta'_3 = \frac{R_{I_{23}I_{12}}}{R_{I_{23}I_{13}}} \quad \text{그리고} \quad \theta'_4 = \frac{R_{I_{24}I_{12}}}{R_{I_{24}I_{14}}}$$

그림 3.29에서, 즉 아놀드-케네디 이론에 의해 $R_{I_{23}I_{13}} = 15$ in이고 $R_{I_{24}I_{12}} = 11.2$ in이다. 그러므로 두 링크의 1차 운동계수는 다음과 같다.

$$\theta'_3 = \frac{4\text{ in}}{15\text{ in}} = 0.267\text{ rad/rad} \quad \text{그리고} \quad \theta'_4 = \frac{11.2\text{ in}}{21.2\text{ in}} = 0.528\text{ rad/rad}$$

이 값들과 입력 각속도 $\omega_2 = 94.25$ rad/s ccw를 식 (3.22)에 대입하면 커플러 링크와 출력 링크의 각속도는 각각 다음과 같다.

$$\omega_3 = 25.16\text{ rad/s ccw} \quad \text{및} \quad \omega_4 = 49.77\text{ rad/s ccw}$$

이 답은 예제 3.1의 속도 다각형법으로 구한 결과($\omega_3 = 25.6$ rad/s ccw, $\omega_4 = 49.6$ rad/s ccw)와 매우 근사하다.

식 (3.22)와 (3.23)은 표현되는 형태로는 링크 $i$가 슬라이드인 경우에는 사용이 불가하다. 예를 들어, 슬라이더를 입력 링크(링크 $i$로 표시)로 사용하는 슬라이더-크랭크는 링크 $j$의 1차 운동계수를 연쇄법칙에 따라 다음과 같이 나타낼 수 있다.

$$\theta'_j = \frac{\omega_j}{\dot{r}_i} \tag{3.24}$$

여기서, $\dot{r}_i$는 슬라이더의 속도이다. $R_{I_{ij}I_{1i}}$가 무한대로 되면 링크 $j$의 1차 운동계수를 구하는 식 (3.23)은 다음과 같이 변형된다.

$$\theta'_j = \frac{\pm 1}{R_{I_{ij}I_{1j}}} \tag{3.25}$$

여기서 양과 음의 선택은 중심선을 따라 양의 방향의 선정에 따른다. 식 (3.21)의 설명과 부합하게 각속도비는 상대 순간중심이 두 절대 중심의 밖에 있으면 양의 값을 갖고, 그 사이에 있으면 음의 값을 갖는다. 뒤의 예제는 식 (3.24)와 (3.25)를 설명하기 위해 사용되었다.

### 예제 3.14

그림 3.34에 나오는 편심 슬라이더-크랭크의 경우, 슬라이더 4의 입력속도가 우측으로 10 m/s이다. 순간중심과 1차 운동계수를 이용하여 크랭크 및 종동절 링크의 각속도를 구하라.

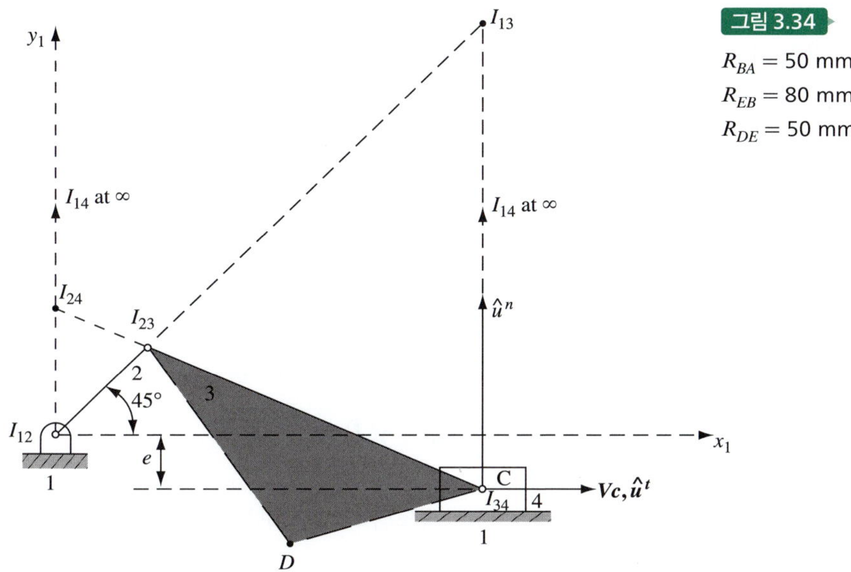


**그림 3.34** $e$ = 20 mm, $R_{BA}$ = 50 mm, $R_{CB}$ = 140 mm, $R_{EB}$ = 80 mm, 그리고 $R_{DE}$ = 50 mm

#### 풀이

이 예제의 링크 2와 3의 1차 운동계수는 식 (3.25)와 같이 쓸 수 있다.

$$\theta_2' = \frac{\pm 1}{R_{I_{24}I_{12}}} \quad \text{그리고} \quad \theta_3' = \frac{\pm 1}{R_{I_{34}I_{13}}}$$

만일 슬라이더 4의 속도가 오른쪽 방향을 양으로 정하면, $\hat{\mathbf{u}}^t = \hat{\mathbf{i}}$로 양의 입력방향이어서 $\hat{\mathbf{u}}^n = \hat{\mathbf{u}}^b \times \hat{\mathbf{u}}^t = \hat{\mathbf{k}} \times \hat{\mathbf{i}} = \hat{\mathbf{j}}$(위쪽으로)를 중심선을 따라 양의 방향으로 잡는다.[10] 그러므로 편심 슬라이더-크랭크 링크기구의 축척도(그림 3.34)에서 측정하면 $R_{I_{24}I_{12}}$ = 51 mm이고 $R_{I_{34}I_{13}}$ = −185 mm이며 운동계수는 다음과 같이 구할 수 있다.

$$\theta_2' = \frac{\pm 1}{0.051 \text{ m}} = -19.6 \text{ rad/m} \quad \text{그리고} \quad \theta_3' = \frac{\pm 1}{-0.185 \text{ m}} = +5.41 \text{ rad/m}$$

여기서 $\theta_2'$의 값은 음이다. 왜냐하면 $I_{24}$는 $I_{12}$와 $I_{14}$에 놓여 있기 때문이다(이것은 중심선을 따라

---

[10] 이 부호규약은 슬라이더 4의 양의 입력운동은 양의 $\hat{\mathbf{u}}^n$ 방향으로 무한대에 위치하는 순간중심 $I_{14}$에 대한 링크 4의 양(반시계방향)의 회전과 동일하다는 의미이다.

양의 $\hat{\mathbf{u}}^n$ 방향으로 위쪽으로 무한대의 위치). 마찬가지로 $\theta_3'$가 양이다. 왜냐하면 $I_{34}$가 $I_{13}$와 $I_{14}$의 밖에 있기 때문이다.

이 운동계수와 입력속도 $\dot{r}_4 = 10$ m/s를 식 (3.24)에 대입하면 링크 2와 3의 각속도는 각각 다음과 같다.

$$\omega_2 = 196 \text{ rad/s cw} \quad \text{및} \quad \omega_3 = 54.1 \text{ rad/s ccw}$$

입력속도가 반대가 되지만, 이 답은 예제 3.2의 속도 다각형법으로 구한 결과($\omega_2 = 200$ rad/s ccw 및 $\omega_3 = 53.6$ rad/s cw)와 아주 근사하다. 그러나 순간중심의 위치를 결정하는 데 도식적 측정을 사용했기 때문에 이 결과는 예제 3.8의 결과($\omega_2 = 198.56$ rad/s ccw 및 $\omega_3 = 54.47$ rad/s cw)만큼 정확하지는 않을 것이다.

이를테면, 기구의 링크에 고정되어 있는 점 $P$의 속도는 다음과 같이 나타낼 수 있다.

$$\mathbf{V}_P = V_P \hat{\mathbf{u}}_P^t \tag{3.26}$$

또는

$$\mathbf{V}_P = \left(x_P' \hat{\mathbf{i}} + y_P' \hat{\mathbf{j}}\right) \dot{\psi} \tag{3.27}$$

여기서, $\dot{\psi}$는 기구에 대한 일반 입력속도이다. 속도의 크기는 보통 속력이라고 하는데, 이는 연쇄법칙에 따라 다음과 같이 나타낼 수 있다.

$$V_P = r_P' \dot{\psi} \tag{3.28}$$

여기서, 1차 운동계수는 다음과 같이 정의된다.

$$r_P' = \pm\sqrt{x_P'^2 + y_P'^2} \tag{3.29}$$

한편, 부호규약은 다음과 같다. 즉, 입력 위치의 순간 변화가 양이면 양의 부호를 사용하고 입력 위치의 순간 변화가 음이면 음의 부호를 사용한다.

식 (3.26)을 다시 정리하면 점의 궤적에 대한 단위접선 벡터를 다음과 같이 나타낼 수 있다.

$$\hat{\mathbf{u}}_P^t = \frac{\mathbf{V}_P}{V_P} \tag{3.30}$$

그러므로 식 (3.27)과 (3.28)을 이 관계식에 대입하면 다음과 같이 된다.

$$\hat{\mathbf{u}}_P^t = \left(\frac{x_P'}{r_P'}\right)\hat{\mathbf{i}} + \left(\frac{y_P'}{r_P'}\right)\hat{\mathbf{j}} \tag{3.31}$$

이제 점의 궤적에 대한 단위법선 벡터는 식 (3.7)과 일치되도록 $\hat{\mathbf{u}}_P^n = \hat{\mathbf{u}}^b \times \hat{\mathbf{u}}_P^t$와 같이 나타낼 수 있다. 식 (3.31)을 이 관계식에 대입하면 단위법선 벡터는 다음과 같이 나타낼 수 있다.

$$\hat{\mathbf{u}}_P^n = \left(\frac{-y'_P}{r'_P}\right)\hat{\mathbf{i}} + \left(\frac{x'_P}{r'_P}\right)\hat{\mathbf{j}} \tag{3.32}$$

## 3.18 프로이덴스타인의 정리

링크기구의 해석 및 설계 시 출력속도의 극한값이 발생하는 링크기구의 위상, 구체적으로 말하면 출력속도와 입력속도의 비가 극한값이 되는 위상을 구하는 문제가 중요할 때가 많다.

이러한 극한값을 결정하는 최초의 연구로 크라우제(Krause)의 연구[9]가 유명하며, 내용을 보면 드래그-링크기구(그림 3.35)의 속도비 $\omega_2/\omega_4$는 각각 커넥팅 로드와 종동절인 링크 3과 링크 4가 서로 수직을 이룰 때 극한값에 도달한다는 것이다. 그러나 로제나우어(Rosenauer)는 이것이 항상 성립하지는 않음을 증명하였다[13]. 크라우제에 이어 프로이덴스타인(Freudenstein)은 속도의 극한값이 발생되는 4절 링크기구의 위상을 구하는 간단한 도식적 방법을 개발하였다[6].

프로이덴스타인의 정리는 *평행 축*(*collineation axis*)이라는 순간중심 $I_{13}$과 $I_{24}$를 연결하는 선을 사용한다(그림 3.36). 이 정리는 *4절 링크기구는 입력 각속도에 대한 출력 각속도의 비가*

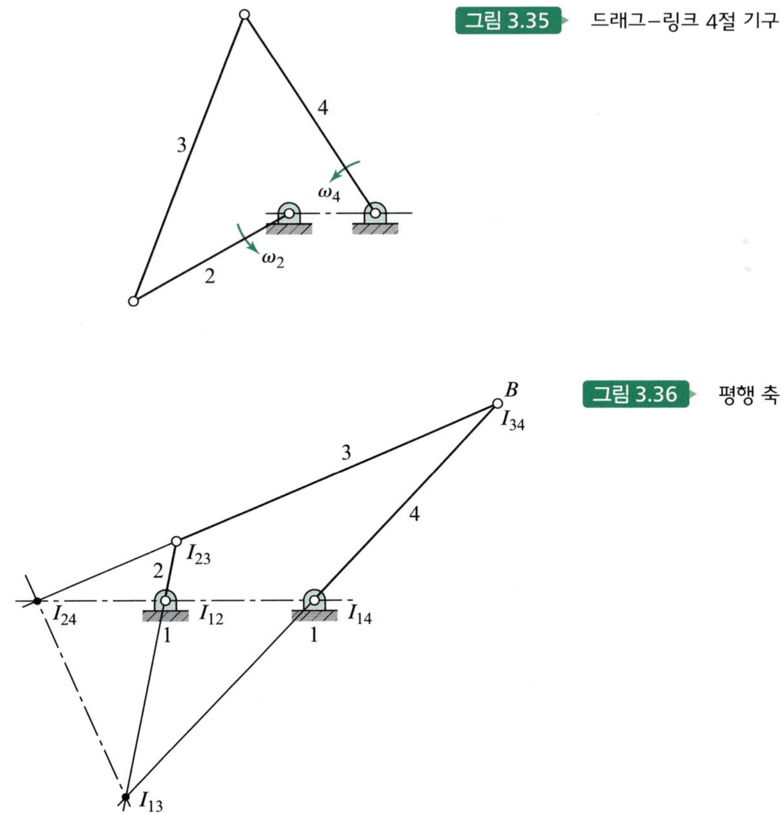


그림 3.35 드래그-링크 4절 기구

그림 3.36 평행 축

*극한값이 될 때 평행 축이 커플러 링크에 수직을 이룬다는 것이다*[11].

각속도비의 정리인 식 (3.21)을 사용하면 다음과 같다.

$$\frac{\omega_4}{\omega_2} = \frac{R_{I_{24}I_{12}}}{R_{I_{24}I_{12}} + R_{I_{12}I_{14}}}$$

여기서, $R_{I_{12}I_{14}}$는 프레임 링크의 고정 길이이므로 속도비의 극한값은 $R_{I_{24}I_{12}}$가 최대 또는 최소일 때 발생한다. 이와 같은 위치는 $I_{12}$의 어느 한쪽 또는 양쪽에서 발생할 수 있다. 그러므로 이는 $R_{I_{24}I_{12}}$가 극한값이 되는 링크기구의 기하형상을 구하는 문제라고 규정지을 수 있다.

링크기구가 운동하는 도중에 $I_{24}$는 삼중심의 정리에서 알 수 있듯이 선 $I_{12}I_{14}$ 위를 이동하지만, $I_{24}$는 속도비가 극한값이 될 때 순간적으로 정지 상태에 머무른다(이 선상에서 이동방향이 역전된다). 이는 링크 3의 점으로 간주되는 $I_{24}$의 속도가 커플러 링크의 방향을 향할 때 발생한다. 이는 $I_{13}$이 링크 3의 순간중심이므로 커플러 링크가 평행 축에 수직할 때에만 성립된다.

이 정리의 역(링크 2를 고정 링크로 취급)은 *4절 링크기구의 각속도비 $\omega_3/\omega_2$의 극한값은 평행 축이 종동절(링크 4)에 수직할 때 발생한다*는 것이다.

## 3.19 이득지수; 기계적 이득

이 절에서는 기구의 효율이 좋은지 나쁜지를 말해주는 기구의 여러 가지 비 및 각도와 다른 매개변수 중 일부에 대해서 알아보기로 한다(1.10절 참조). 지난 수년간 많은 저자들이 그와 같은 변수들을 다양하게 정의했으나, 모든 기구에 사용할 수 있는 단일의 "이득지수"에 대하여 공동으로 합의된 바가 없다. 그러나 대부분의 매개변수를 기구의 속도비와 연관지을 수 있다는 사실을 포함하여, 현재 사용되고 있는 많은 매개변수에는 수많은 공통된 특징들이 있으므로 이러한 매개변수들은 기구의 기하형상으로 결정할 수밖에 없다. 또한, 대부분의 매개변수들은 기구의 응용에 관하여 어느 정도 아는지에 따라 다르다. 특히 어느 링크가 입력 링크이고 어느 링크가 출력 링크인지에 따라서 달라진다. 특히 기구의 해석 및 합성 시 주어진 응용에 대한 기구의 설계나 적합성을 평가할 때, 입력 크랭크의 한 회전에 대한 이러한 이득지수를 그래프로 그려서, 이득지수의 최대값과 최소값을 참조하는 것이 바람직한 경우가 많다.

1.10절에서, 기구의 기계적 이득은 출력 힘(혹은 토크)과 입력 힘의(혹은 토크) 순간적인 비로 정의했다. 이 정의는 특별한 응용 분야에 따라 힘을 토크로 나누거나($MA = F_{out}/T_{in}$) 토크를 힘으로 나눈($MA = T_{out}/F_{in}$) 결과를 가져온다.

3.16절에서 기구의 입력 링크에 대한 출력 링크의 각속도비는 공통 순간중심에 의해 분할되는 순간중심 연결선의 각각의 분절 길이에 반비례한다고 배웠다. 또한, 3.17절에서는 1차 운동 계수가 순간중심의 위치로 표현이 가능하다는 것도 확인했다. 따라서, 그림 3.37의 4절 링크기구에서 링크 2가 입력 링크이고 링크 4가 출력 링크이면, 식 (3.21)과 (3.23)으로부터 입력 각속도에 대한 출력 각속도의 비는

---

[11] A. S. Hall이 Freudenstein의 논문의 이론(정리, theorem)에 대한 철저한 증명에 기여했다.

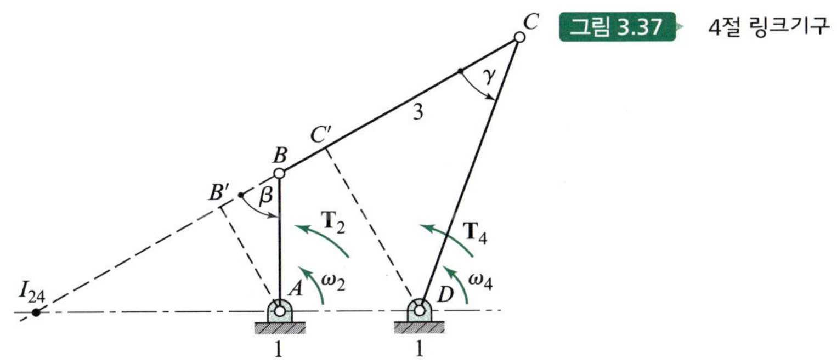


그림 3.37 4절 링크기구

$$\frac{\omega_4}{\omega_2} = \theta'_4 = \frac{R_{I_{12}I_{24}}}{R_{I_{14}I_{24}}} \tag{a}$$

또한, 3.18절에서는 이 비의 극한값은 동일 직선축이 링크 3인 커플러에 수직할 때 발생한다고 배웠다.

그림 3.37의 4절 링크기구는 작동 중에 마찰이나 관성력이 전혀 없거나, 이러한 마찰이나 관성력이 링크 2에 가해지는 입력 토크 $T_2$나 링크 4의 저항 부하 토크인 출력 토크 $T_4$에 비해 무시할 수 있다면, $T_2$와 $T_4$ 사이의 관계식을 유도할 수 있다. 마찰이나 관성력을 무시할 수 있으면, 링크 2에 가해지는 입력 동력은 링크 4에 가해진 부하 동력과 부호가 반대가 된다. 따라서,

$$T_2\omega_2 = T_4\omega_4 \tag{b}$$

이 식을 다시 정리하면, 식 $(a)$를 이용하여, 기계적 이득은 아래와 같이 정의된다.

$$MA = \frac{T_4}{T_2} = \frac{\omega_2}{\omega_4} = \frac{1}{\theta'_4} \tag{c}$$

이 식은 기계적 이득이 속도비와(1차 운동계수) 상호연관이 있다는 것을 보여준다. 둘 중 하나는 기구가 힘과 동력을 전달하는 능력을 판단하는 수치로 사용이 가능하다.

식 $(a)$를 식 $(c)$에 대입하면, 기계적 이득은

$$MA = \frac{R_{I_{14}I_{24}}}{R_{I_{12}I_{24}}} \tag{3.33}$$

그림 3.37에 나온 4절 링크를 링크 2와 3이 정렬된 위치에 대해서 그림 3.38에 나온 것과 같이 다시 그렸다. 이런 위치에서, $R_{IA}$와 $\omega_4$는 0 (zero)점을 지난다; 따라서, 기계적 이득 값은 극한값을(무한대) 갖게 된다.

1.10절에 나와 있듯이, 기구가 해당 위상에 있는 것을 *토글(toggle)* 위치에 있다고 한다. 이와 같은 토글 위치는 높은 기계적 이득을 만들어 내기 위해 사용된다; 그림 2.8의 클램핑 기구가 하나의 예이다. 다른 실용적인 응용이 뒤에 나오는 만능 플라이어 렌치(vise-grip wrench)이다.

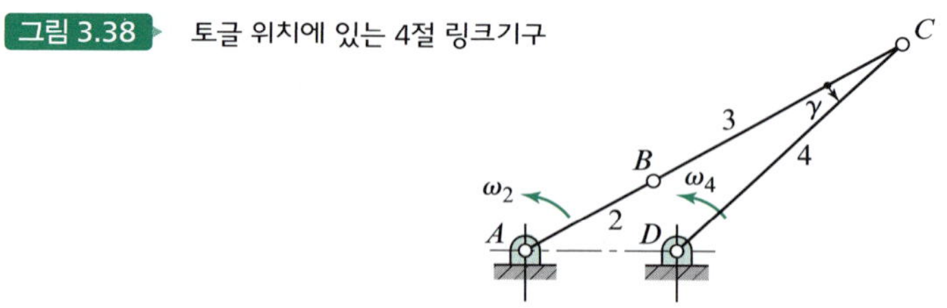


그림 3.38 토글 위치에 있는 4절 링크기구

**예제 3.15**

그림 3.39에 있는 만능 플라이어 렌치(vise-grip wrench)의 기계적 이득(mechanical advantage)을 결정하라.

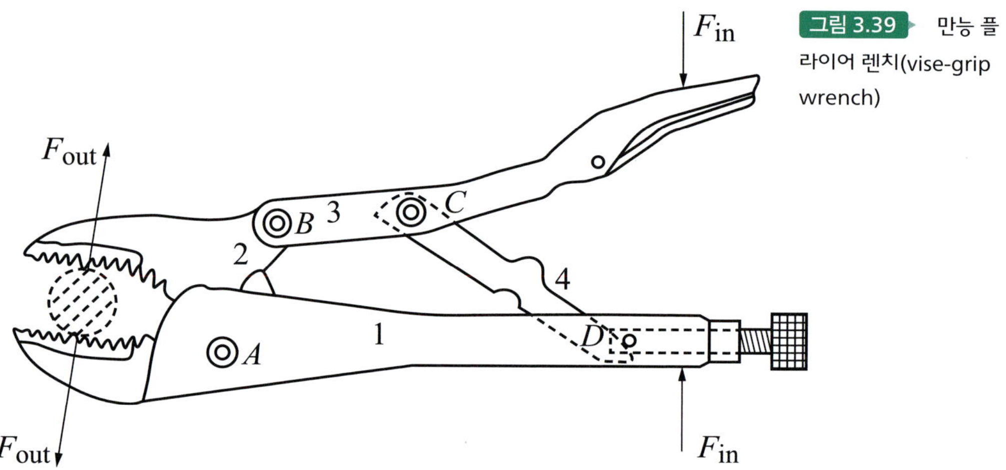


그림 3.39 만능 플라이어 렌치(vise-grip wrench)

▶ **풀이**

만능 플라이어 렌치는 그림 3.39에 보여지듯이 조정 가능한 4절 링크 $ABCD$로 모델링이 된다. 입력은 커플러, 링크 3이고, 출력은 조(jaw), 링크 2이다. 아래쪽 손잡이가 손에 고정된다고 가정하고, 링크 1이다.

만일, 동작 중에 4절 링크가 마찰이나 관성력이 없다고 가정하거나 혹은 링크 3에 작용하는 입력 토크 $T_3$, 링크 2에 작용하는 출력 토크 $T_2$와 비교해 무시할 정도라면, 기계적 이득을 다음과 같이 정의할 수 있다.

$$MA = \frac{F_{\text{out}}}{F_{\text{in}}} \tag{1}$$

입력 토크와 출력 토크는 각각 다음과 같다.

$$T_3 = d_{\text{in}} F_{\text{in}} \quad \text{그리고} \quad T_2 = d_{\text{out}} F_{\text{out}}$$

다시 말해, 입력 힘과 출력 힘은

$$F_{\text{in}} = \frac{T_3}{d_{\text{in}}} \quad \text{and} \quad F_{\text{out}} = \frac{T_2}{d_{\text{out}}} \tag{2}$$

식 (2)를 식 (1)에 대입하면, 만능 플라이어 렌치의 기계적 힘은 다음과 같다.

$$MA = \left(\frac{d_{\text{in}}}{d_{\text{out}}}\right)\left(\frac{T_2}{T_3}\right) \tag{3}$$

토크 비는 아래와 같다.

$$\frac{T_2}{T_3} = \frac{\omega_3}{\omega_2} \tag{4}$$

식 (3.22)로부터, 각속도비는 아래와 같다.

$$\frac{\omega_3}{\omega_2} = \frac{R_{I_{12}I_{23}}}{R_{I_{13}I_{23}}} \tag{5}$$

순간중심 $I_{12}$, $I_{23}$, $I_{34}$, $I_{14}$, 그리고 $I_{13}$은 그림 3.40에 나와 있다.

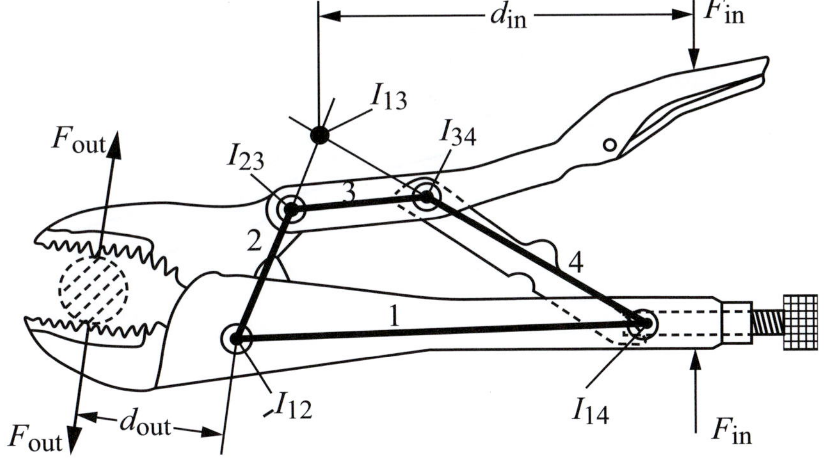


그림 3.40 여섯 개의 순간중심 중 다섯 개의 위치

식 (5)를 식 (4)에 대입하면, 토크의 비는

$$\left(\frac{T_2}{T_3}\right) = \frac{R_{I_{12}I_{23}}}{R_{I_{13}I_{23}}} \tag{6}$$

따라서, 식 (6)을 식 (3)에 대입하면, 만능 플라이어 렌치의 기계적 이득은

$$MA = \left(\frac{d_{\text{in}}}{d_{\text{out}}}\right)\left(\frac{R_{I_{12}I_{23}}}{R_{I_{13}I_{23}}}\right)$$ 답

중요한 것은, 조(jaw)가 물체에 접근할 때 순간중심 $I_{24}$는 $I_{14}$의 순간중심에 접근한다. 세 개의 순간중심 $I_{14}$, $I_{34}$, 그리고 $I_{23}$이 일직선상에 있을 때, $I_{24}$는 거의 $I_{14}$와 일치하고 중심 $I_{13}$은 중심 $I_{23}$에 접근한다. 따라서, 기계적 이득은 무한대로 접근한다.

나사는 조정이 가능하므로 최대 기계적 이득은 렌치의 조(jaw) 사이의 필요한 거리에서 발생한다. 어떤 만능 플라이어 렌치의 경우 사점의 위치에(dead center posture) 접근하면 멈추는 경우도 있다. 이것은 아주 높은 기계적 이득을 발생시키며, 링크에 대한 안정적인 그립감을 준다. 왜냐하면, 만능 플라이어 렌치를 토글 위치로 이동시키려면, 조에 거의 무한대의 힘이 필요하기 때문이다.

## 예제 3.16

그림 3.41의 압착 공구(crimping tool)의 기계적 이득(mechanical advantage)을 계산하라.

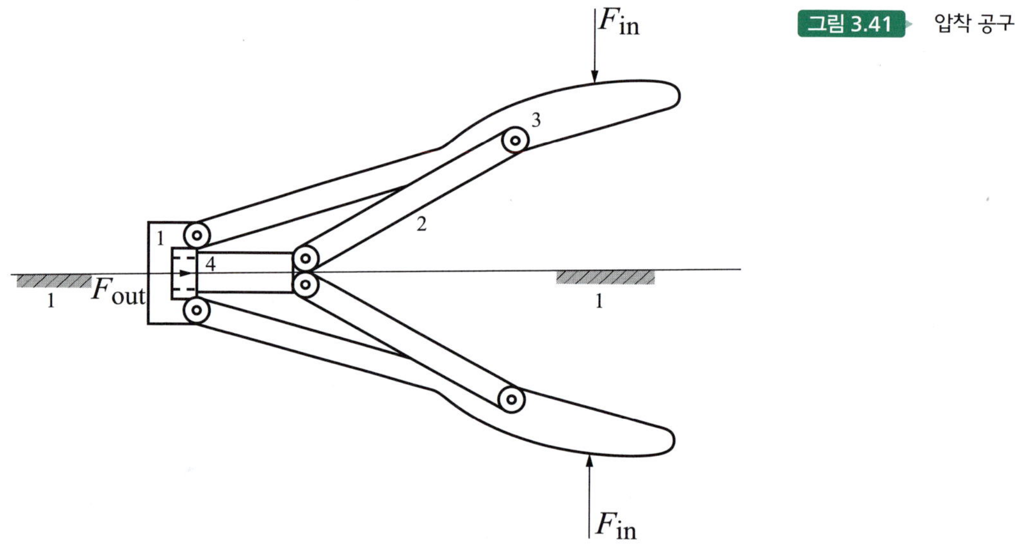


그림 3.41 압착 공구

### 풀이

이러한 응용에서는, 기계적 이득은 아래와 같이 정의된다.

$$MA = \frac{F_{out}}{F_{in}} \tag{1}$$

입력은 커플러, 링크 3이고, 출력은 슬라이더 링크 4이다. 동력 보존에 따라

$$T_{in}\,\omega_3 = F_{out}\,V_4 \tag{2}$$

입력 토크는 다음과 같다.

$$T_{\text{in}} = d_{\text{in}} F_{\text{in}} \tag{3}$$

식 (2)와 식 (3)을 식 (1)에 대입하여 정리하면, 압착 공구의 기계적 이득은

$$MA = d_{\text{in}} \left( \frac{\omega_3}{V_{\text{in}}} \right) \tag{4}$$

출력 링크의 속도는 다음과 같다.

$$V_4 = R_{I_{13}I_{34}} \omega_3 \tag{5}$$

압착 공구의 순간중심의 위치는 그림 3.42에 나와 있다.

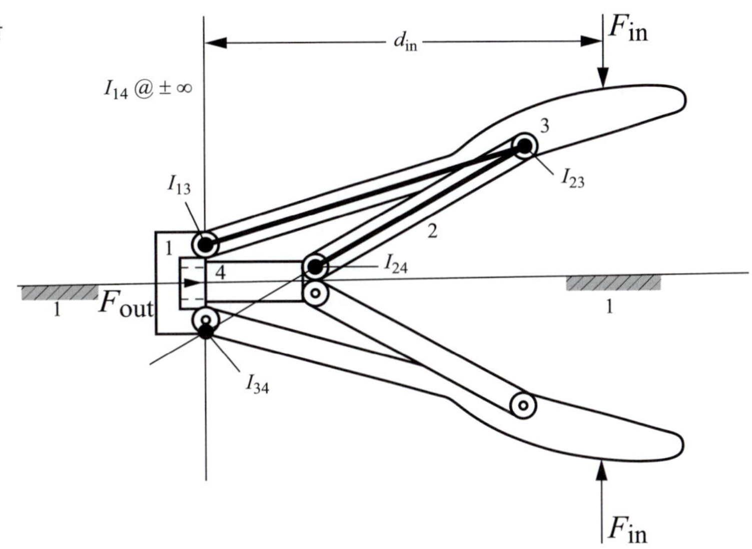


그림 3.42 다섯 개의 순간 중심의 위치

식 (5)를 식 (4)에 대입하고 정리하면 기계적 이득은

$$MA = \frac{d_{\text{in}}}{R_{I_{13}I_{34}}}$$ 답

이 결과로부터, 우리는 압착 공구의 기계적 이득은 다음의 두 가지 방법으로 향상될 수 있음을 확인하였다; (1) $d_{\text{in}}$의 거리를 증가시키고, (2) 순간중심 $I_{34}$와 순간중심 $I_{13}$의 거리를 감소시키는 것. 순간중심 $I_{34}$가 순간중심 $I_{13}$과 일치할 때, 즉 $R_{I_{13}I_{34}} = 0$일 때이다. 이 경우에 링크 2와 3은 정렬하게 된다.

추가 예제로 그림 1.15, 1.16 혹은 1.17의 왕복운동 기구를 고려해 보자. 이들 각각에 대해 입력은 링크 2 그리고 입력 토크가 필요하다. 반면, 출력은 슬라이딩 링크이고 4나 6으로 표시된다. 그리고 출력 힘을 만들도록 되어 있다. 중요한 것은 이들 중 어떤 것도 기계적 이득은 $MA = F_{\text{out}}/T_{\text{in}}$으로 주어진다. 그리고 단위는 왕복 거리이다.

참고문헌[4]에 제시된 다른 성능 지수는 메커니즘의 종속 속도와 관련된 연립방정식의 계수 행렬의 행렬식이다. 이 방법을 설명하기 위해, 예제 2.5의 4절 링크를 생각해 보면, 예제의 식 (11)에서, 종속 위치 변수들의 변위가 아래와 연관되어 있는 것을 확인하였다.

$$R_{AO_2}\cos\theta_2 + R_{BA}\cos\theta_3 - R_{BA}\sin\theta_3\Delta\theta_3 - R_{O_4O_2}\cos\theta_1 - R_{BO_4}\cos\theta_4 + R_{BO_4}\sin\theta_4\Delta\theta_4 = 0,$$

$$R_{AO_2}\sin\theta_2 + R_{BA}\sin\theta_3 + R_{BA}\cos\theta_3\Delta\theta_3 - R_{O_4O_2}\sin\theta_1 - R_{BO_4}\sin\theta_4 - R_{BO_4}\cos\theta_4\Delta\theta_4 = 0$$

종속변수의 계수 행렬을 *자코비안(Jacobian)*이라고 한다. 이 예제에서 자코비안의 행렬식은

$$\Delta = \begin{vmatrix} R_{BA}\sin\theta_3 & -R_{BO_4}\sin\theta_4 \\ R_{BA}\cos\theta_3 & -R_{BO_4}\cos\theta_4 \end{vmatrix} = R_{BA}R_{BO_4}\sin(\theta_4 - \theta_3) \qquad (a)$$

크래머의 법칙에 따라, 종속변수의 해는 $\Delta\theta_3$와 $\Delta\theta_4$의 경우 반드시 분모에 행렬식을 포함해야 한다는 것이다.

동일한 행력식이 폐쇄 방정식의 미분에 필요한 종속 속도(3.10절), 종속 가속도(4.11절), 그리고 다른 모든 정량적 항목의 해가 분모에 반드시 나와야 한다. 예를 들어, 예제 3.6의 4절 링크의 종속 속도가 다음과 연관되는 것을 확인하였다.

$$(r_3\sin\theta_3)\omega_3 - (r_4\sin\theta_4)\omega_4 = -(r_2\sin\theta_2)\omega_2,$$
$$(r_3\cos\theta_3)\omega_3 - (r_4\cos\theta_4)\omega_4 = -(r_2\cos\theta_2)\omega_2$$

자코비안의 행렬식은,

$$\Delta = \begin{vmatrix} r_3\sin\theta_3 & -r_4\sin\theta_4 \\ r_3\cos\theta_3 & -r_4\cos\theta_4 \end{vmatrix} = r_3r_4\sin(\theta_4 - \theta_3) \qquad (b)$$

중요한 점은, 표기법 변경은 제외하고 식 (a)와 (b)의 행렬식은 동일하다. 다시 종속 속도, 이 경우 $\omega_3$와 $\omega_4$의 해는 반드시 분모에 행렬식을 포함해야 한다. 이것은 예제 3.6의 식 (5), 4절 링크 장치의 속도 결과로 증명된다. 만일 이 행렬식이 0이 된다면 자코비안은 특이점이 되고, 기구는 특이점에(토글) 있다고 말할 수 있고, 링크 3과 4의 각속도는 무한대에 가까워진다. 자코비안의 행렬식이 작으면, 이런 영역에서는 기계적 이득은 줄어들고, 기구의 유용성도 줄어든다. 힘 전달, 운동 전달, 그리고 생산 오차에 대한 민감도 등 모든 면에서 기능이 저하된다.

자코비안 행렬식의 형태가 각각 다른 기구에 대해서 변하지만, 이런 행렬식은 항상 정의될 수 있고, 항상 모든 종속변수의 해에 대한 미분값이 분모에 나타난다. 다중 기구에 대해서 다음의 예제를 참고하자.

### 예제 3.17

그림 3.43에 있는 Watt II 6절 링크의 입력 크랭크 2의 1회전에 대한 자코비안의 부분 행렬식을 그려라.

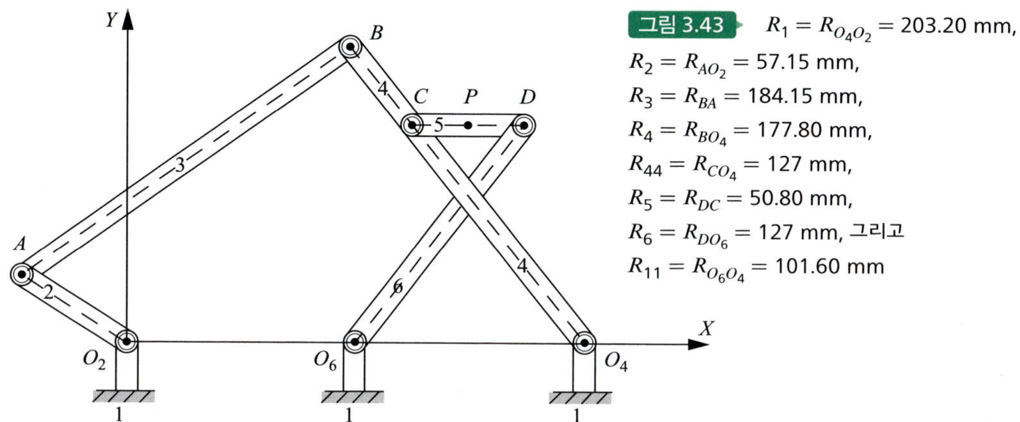


그림 3.43 $R_1 = R_{O_4O_2} = 203.20$ mm,
$R_2 = R_{AO_2} = 57.15$ mm,
$R_3 = R_{BA} = 184.15$ mm,
$R_4 = R_{BO_4} = 177.80$ mm,
$R_{44} = R_{CO_4} = 127$ mm,
$R_5 = R_{DC} = 50.80$ mm,
$R_6 = R_{DO_6} = 127$ mm, 그리고
$R_{11} = R_{O_6O_4} = 101.60$ mm

**풀이**

6절 링크에 대해 두 종류의 독립된 벡터 루프(loop)가 있다; 따라서, 두 개의 부분 행렬식을 구성할 수 있다. 링크 1, 2, 3, 그리고 4에 대한 벡터는 그림 3.44에 표시되어 있다.

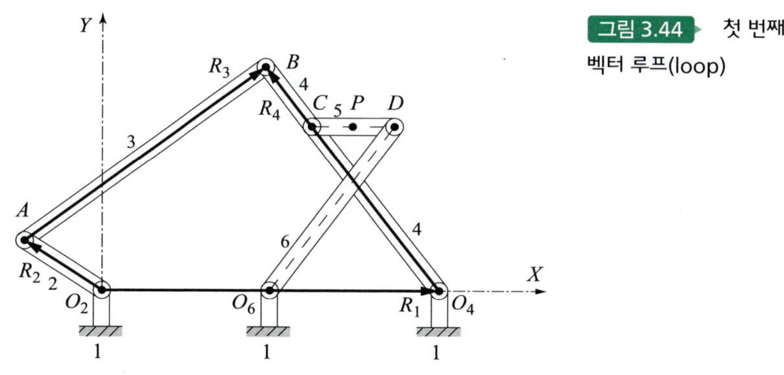


그림 3.44 첫 번째 벡터 루프(loop)

첫 번째 계수 벡터의 행렬식은

$$\Delta_1 = R_3 R_4 \sin(\theta_3 - \theta_4)$$

입력 링크 2의 위치에 따른 첫 번째 벡터 루프의 부분 행렬식이 그림 3.45에 나와 있다.

우리는 이 행렬식이 0일 될 수 없음을 확인했다(다시 말해, 이 행렬은 특이점이 될 수 없다); 따라서, 이 벡터 루프는 특이점(혹은 토글)에 위치할 수 없으며, 링크 3과 4의 각속도는 항상 유한하다.

링크 1, 4, 5, 그리고 6을 포함한 두 번째 벡터 루프는 그림 3.46에 나와 있다.

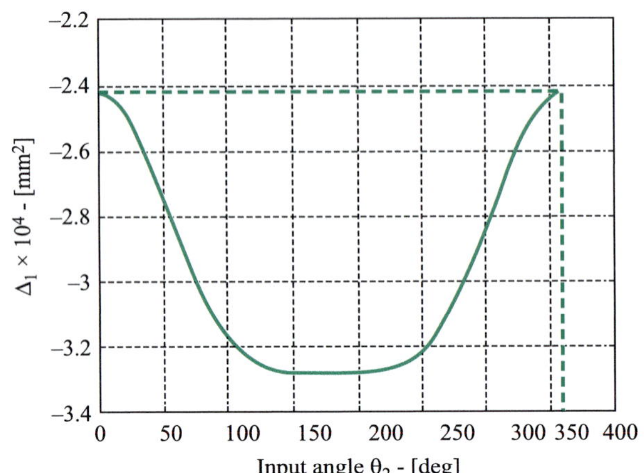


그림 3.45 입력 링크 2의 위치에 따른 첫 번째 부분 행렬식

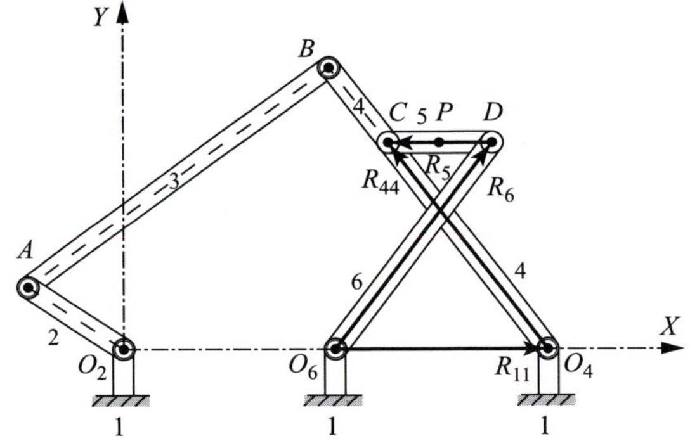


그림 3.46 두 번째 벡터 루프

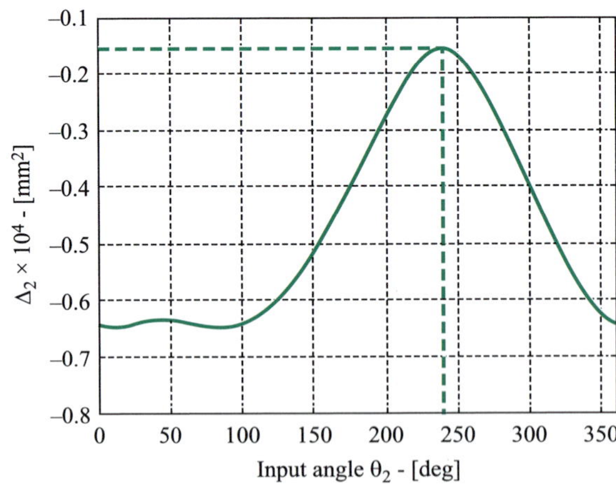


그림 3.47 입력 링크 위치에 따른 두 번째 부분 행렬식

두 번째 벡터 루프의 행렬 계수에 대한 부분 행렬식은 다음과 같다.

$$\Delta_2 = R_5 R_6 \sin(\theta_5 - \theta_6)$$

입력 링크 2의 위치에 따른 부분 행렬식은 그림 3.47에 나와 있다.

다시 말하지만, 이 부분 행렬식은 결코 0이 될 수 없음을 확인하였다(다시 말하면, 이 행렬은 특이점이 될 수 없다); 따라서, 링크 5와 6의 각속도는 항상 유한하다. 그림 3.45와 3.47의 점선(dashed lines)은 두 개의 행력식의 최대값과 입력 링크의 상응하는 위치를 나타낸다.

## 3.20 순간중심 궤적

3.12절에서는 속도의 순간중심 위치는 순간적으로만 정의되고 기구가 움직임에 따라 변화된다는 것을 배웠다. 1자유도 기구의 모든 가능한 위치에 대한 순간중심의 위치변화가 확인이 되면, 이는 *순간중심 궤적*(*centrode*)[12]이라는 곡선이나 궤적을 그린다. 예를 들어, 그림 3.48의 4절 링크를 고려해 보자. 링크 2와 4의 연장선의 교점에 위치한 순간중심 $I_{13}$이 링크기구가 모든 가능한 위치를 지나면서 링크 1의 *고정 순간중심 궤적*(*fixed centrode*)을 그린다.

참고문헌[11]에서는 4절 링크의 순간중심 궤적은 평면의 8점의 대수 곡선으로 나와 있다.

그림 3.49에는 링크 3은 고정되어 있고 링크 1이 움직일 수 있는 동일 링크기구의 치환 형태가 나와 있다. 이 치환된 기구가 모든 가능한 위치를 지나면서 움직이면, $I_{13}$은 링크 3에 *상이한* 곡선을 그린다. 링크 1이 고정된 원래의 링크기구에서는 이 곡선이 운동 링크 3의 좌표계에 위치한 $I_{13}$이 그리는 곡선이 되는데, 이를 *이동 순간중심 궤적*(*moving centrode*)이라고 한다.

그림 3.50은 링크 3에 있는 이동 순간중심 궤적과 링크 1에 있는 고정 순간중심 궤적을 보여준다. 여기서, 링크 1과 3은 각각의 순간중심 궤적의 실제 형상대로 기계적으로 가공되었으며, 링크 2와 4는 완전히 제거되었다고 가정한다. 만일 이동 순간중심 궤적이 미끄럼 없이 고정된 순간중심을 구른다면, 링크 3의 최초의 링크에서와 같은 정확히 동일한 움직임을 가질 것이다. 구름점이 순간중심이라는 사실에 기인한 이 중요한 특성은, 링크의 합성에 매우 유용하다는 것이 밝혀

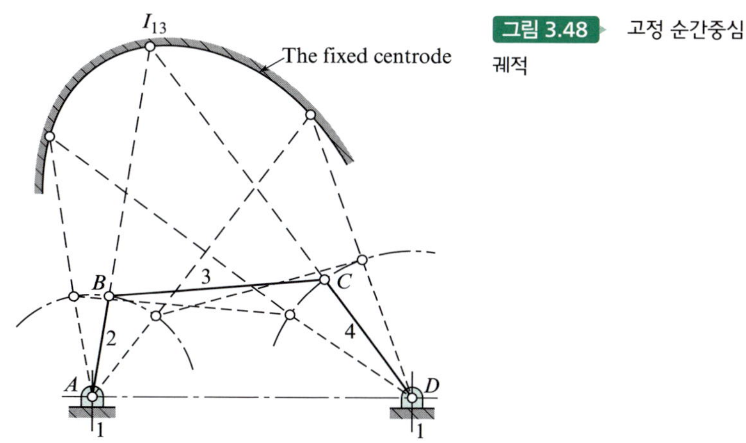


그림 3.48 고정 순간중심 궤적

[12] 이러한 궤적이 *centrode*일지 또는 *polodes*로 사용되어야 하는지에 대해 의견이 다르다. 일반적으로, *순간중심*을 선호하는 사람은 *centrodes*를, *velocity pole*을 선호하는 사람은 *polodes*를 사용한다. 한편 프랑스어 용어인 *roulette*라는 용어도 사용되고 있다. 3차원의 경우에는 선직면(ruled surface)이 되며 *axode*라고 한다. 4.12절에 설명되었듯이 *centrodes*와 *velocity pole* 사이에는 미묘한 차이가 있음을 주의해야 한다.

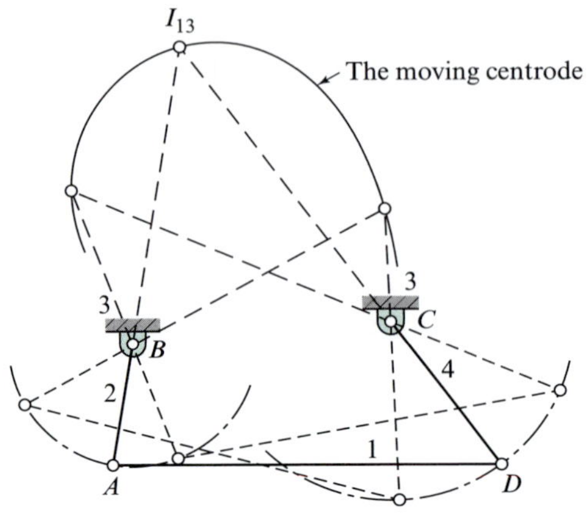


그림 3.49 이동 순간중심 궤적

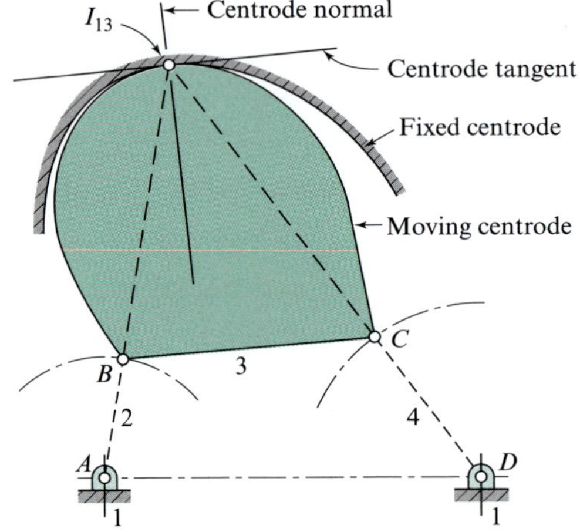


그림 3.50 순간중심 궤적 간의 구름 접촉

졌다.

이 특성은 *하나의 강체의 다른 물체에 대한 평면 운동은 하나의 순간중심 궤적의 다른 순간중심 궤적 위에서의 구름운동과 완전히 일치한다*고 바꿔 말할 수 있다. Beyer[2]는 평면기구의 합성에서 순간중심 궤적과 그것에 대한 기초적인 중요성에 대해 자세한 연구를 제공한다. 구름 접촉의 순간점은 그림 3.50에서와 같이 순간중심이 된다. 또한, 그림에는 각각 *순간중심 궤적 접선*(*centrode tangent*)과 *순간중심 궤적 법선*(*centrode normal*)이라는 2개의 순간중심 궤적의 공통 접선과 공통 법선이 표시되어 있는데, 이들은 종종 *canonical* 좌표계라 불리는 좌표계의 축으로 사용될 때도 있다. 이러한 시스템은 *순간 불변점*(*instant invariants*)[3]이라 불리는 커플러 곡선과 운동의 다른 기하학적 특성에 대한 식을 개발하는 데 사용된다.

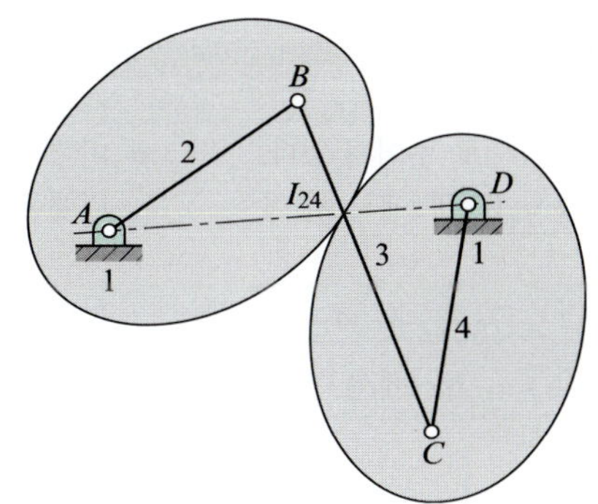


그림 3.51 타원형 기어

그림 3.50의 순간중심 궤적은 링크 1과 3의 순간중심 $I_{13}$에 의해 만들어졌다. 또 다른 일련의 순간중심 궤적은 둘 다 이동 순간중심 궤적인데, 이들은 순간중심 $I_{24}$를 고려할 때 링크 2와 링크 4에 의해 만들어진다. 이 2개의 순간중심 궤적은 서로 맞닿아 구르며, 원래의 4절 링크기구의 작동 결과로 일어나는 링크 2와 4 사이의 운동을 나타낸다. 그림 3.51에는 이러한 순간중심 궤적이 크랭크의 길이가 동일한 교차 이중 크랭크 링크기구의 경우에 2개의 타원으로 표시되어 있다. 이 작도과정은 한 쌍의 타원형 기어를 개발하는 데 기본이 된다.

## 연습 문제[13] Problems

**3.1** 한 점의 위치 벡터가 식 $\mathbf{R} = 2e^{j\pi t}$로 주어져 있다. 여기서, $R$은 단위가 m이다. $t = 0.40$ s에서 이 점의 속도를 구하라.

**3.2** 한 질점의 경로가 식 $\mathbf{R} = (t^2 + 160)e^{-j\pi t/10}$로 정의된다. $R$의 단위가 in인 경우 $t = 20$ s에서 이 질점의 속도를 구하라.

**3.3** 자동차 $A$는 남쪽으로 55 km/h로 이동하고 자동차 $B$는 북쪽에서 60° 방향으로, 동쪽으로 40 km/h로 이동하고 있는 경우 $B$와 $A$ 간의 속도차는 얼마인가? 또한, $A$의 운전자에 대한 $B$의 상대 속도는 얼마인가?

**3.4** 다음 그림 P3.4에서 바퀴 2는 600 rev/min으로 회전하면서 미끄럼 없이 바퀴 3을 구동한다. 점 $B$와 $A$ 간의 속도차를 구하라.

그림 P3.4
$R_{AO_2} = 100$ mm,
$R_{AO_3} = 225$ mm, 그리고
$R_{BO_3} = 200$ mm

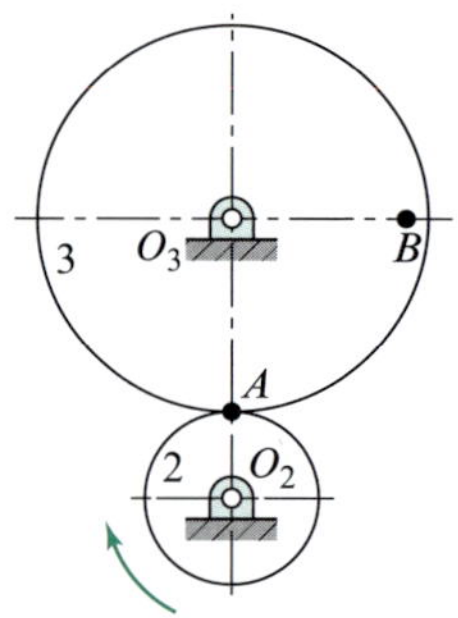


**3.5** 휠의 반지름을 따라 위치한 두 점 간의 거리 $R_{BA} = 15$ in이다. 점 $A$와 $B$의 속도는 각각 $V_A = 4000$ in/s, $V_B = 7000$ in/s이다. 바퀴의 지름은 얼마인가? $\mathbf{V}_{AB}$, $\mathbf{V}_{BA}$ 및 바퀴의 각속도를 각각 구하라.

그림 P3.5

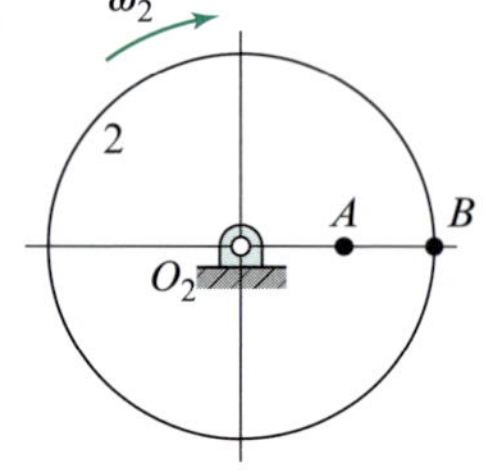


**3.6** 비행기가 점 $B$를 출발하여 동쪽으로 350 km/h로 비행한다. 이와 동시에 남서쪽으로 200 km 떨어져 있는 점 $A$에서는 다른 비행기가 북동쪽으로 출발하여 390 km/h로 비행한다. (a) 두 비행기가 동일한 고도로 비행할 경우 최고 근접 거리는 얼마인가? (b) 두 비행기가 오후 6시에 출발한다고 할 때 가장 근접하는 시각은 언제인가?

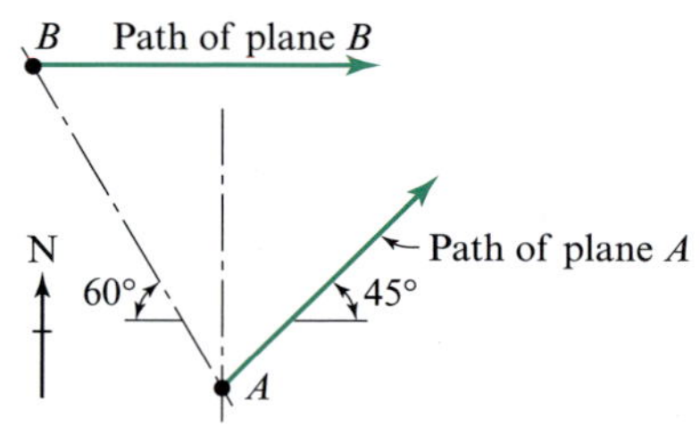


그림 P3.6 $R_{AB} = 200$ km

**3.7** 문제 3.6의 조건에 서풍이 30 km/h로 분다는 조건이 추가될 때 다음을 각각 구하라. (a) $A$의 비행방향이 그대로 유지된다고 할 때 새로이 형성되는 경로는? (b) 바람 때문에 문제 3.6의 결과에 어떤 변화가 생기는가?

**3.8** 그림의 더블-슬라이드 링크기구에 위치한 점 $B$의 속도는 1600 in/s이다. 점 $A$의 속도와 링크 3의 각속도를 각각 구하라.

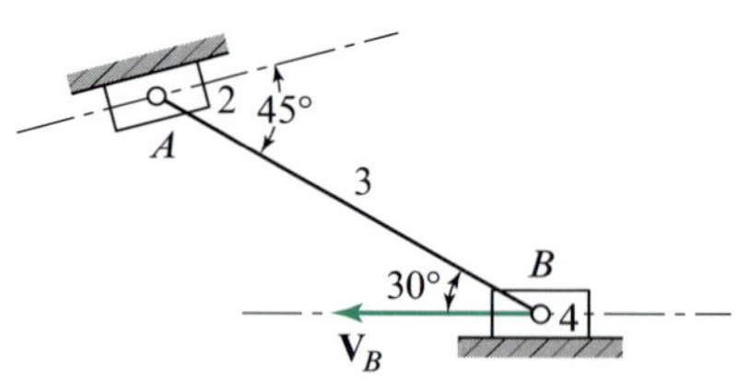


그림 P3.8 $R_{AB} = 16$ in

**3.9** 그림의 4절 링크기구는 크랭크 2에 의해 $\omega_2 = 45$ rad/s ccw로 구동된다. 링크 3과 4의 각속도를 각각 구하라.

[13] 이 책에는 다양한 해석방법이 소개되어 있으므로 문제 풀이과정에서는 어떠한 해법을 사용하였는지를 명시하여야 한다.

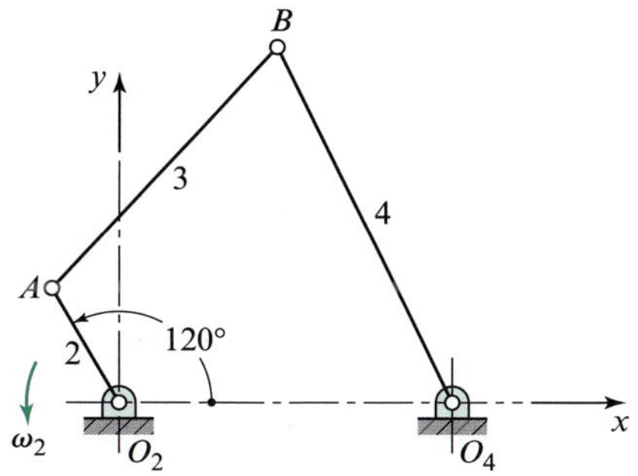


그림 P3.9 $R_{AO_2} = 100$ mm, $R_{BA} = 250$ mm, $R_{O_4O_2} = 250$ mm, 그리고 $R_{BO_4} = 300$ mm

**3.10** 그림의 4절 링크기구의 크랭크 2는 $\omega_2 = 60$ rad/s cw로 구동된다. 점 $B$와 $C$의 속도와 링크 3과 4의 각속도를 각각 구하라.

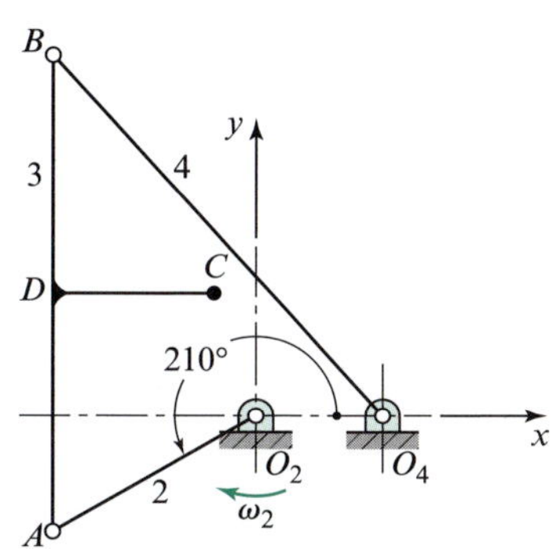


그림 P3.10 $R_{AO_2} = 6$ in, $R_{BA} = 12$ in, $R_{O_4O_2} = 3$ in, $R_{BO_4} = 12$ in, $R_{DA} = 6$ in, 그리고 $R_{CD} = 4$ in

**3.11** 그림의 기구에서 크랭크 2가 $\omega_2 = 48$ rad/s ccw로 구동될 때 링크 4에 위치한 점 $C$의 속도를 구하라. 링크 3의 각속도는 얼마인가?

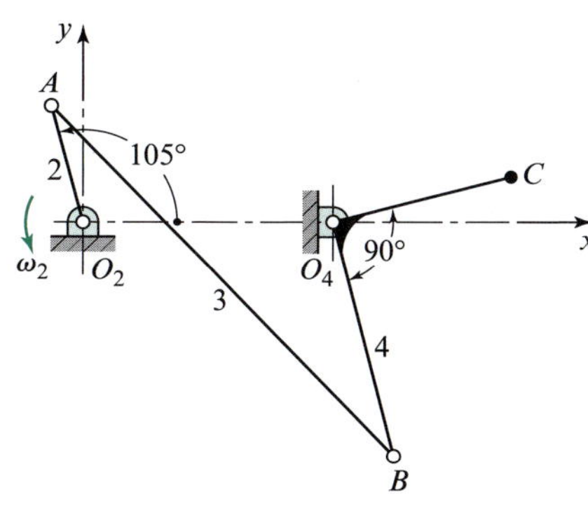


그림 P3.11 $R_{AO_2} = 200$ mm, $R_{BA} = 800$ mm, $R_{O_4O_2} = 400$ mm, $R_{BO_4} = 400$ mm, 그리고 $R_{CO_4} = 300$ mm

**3.12** 평행사변형 4절 링크기구이다. 이 링크기구에 대하여 $\omega_3$은 항상 0이고 $\omega_4 = \omega_2$임을 증명하라. 링크 4의 운동을 링크 2에 대하여 기술하라.

그림 P3.12

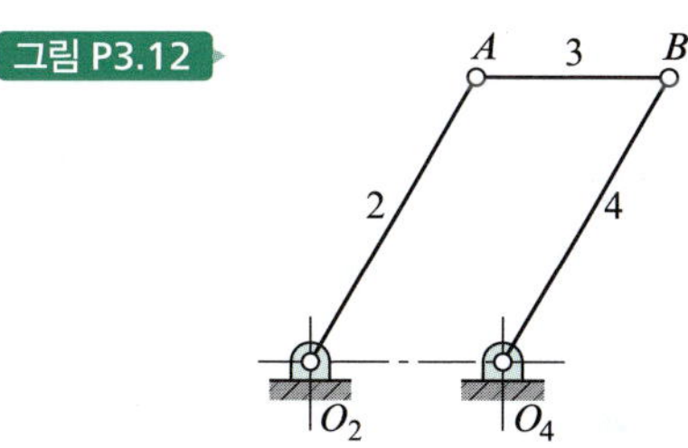


**3.13** 반평행 또는 교차 4절 링크기구이다. 링크 2가 $\omega_2 = 1$ rad/s ccw로 구동될 때 점 $C$와 $D$의 속도를 구하라.

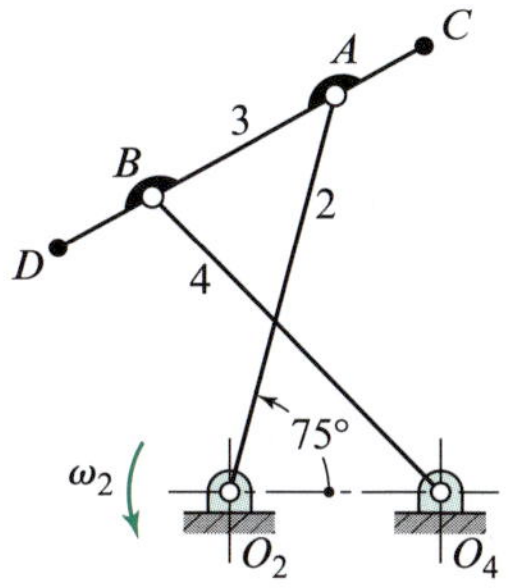


그림 P3.13 $R_{AO_2} = R_{BO_4} = 12$ in, $R_{BA} = R_{O_4O_2} = 6$ in, 그리고 $R_{CA} = R_{DB} = 3$ in

**3.14** 다음 그림 4절 링크기구에서 링크 2의 각속도를 $\omega_2 = 60$ rad/s ccw라 할 때 점 $C$의 속도를 구하라. 또한, 링크 3과 4의 각속도를 각각 구하라.

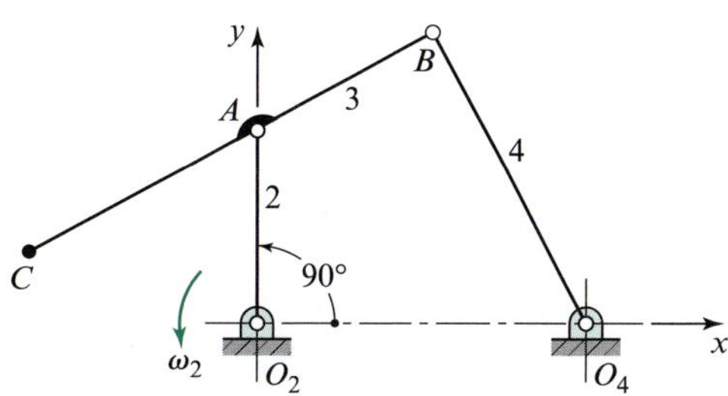


그림 P3.14 $R_{AO_2} = R_{BA} = 150$ mm, $R_{O_4O_2} = R_{BO_4} = 250$ mm, 그리고 $R_{CA} = 200$ mm

**3.15** 역슬라이더-크랭크 기구가 링크 2에 의해 $\omega_2 =$ 60 rad/s ccw로 구동된다. 점 $B$의 속도와 링크 3 및 4의 각속도를 각각 구하라.

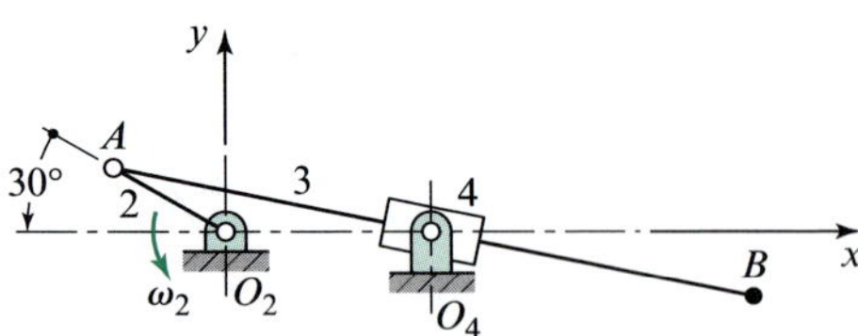


그림 P3.15 $R_{AO_2} = 3$ in, $R_{BA} = 16$ in, 그리고 $R_{O_4O_2} = 5$ in

**3.16** 4절 링크기구에서 크랭크 2의 각속도가 30 rad/s cw일 때 커플러 점 $C$의 속도와 링크 3 및 4의 각속도를 각각 구하라.

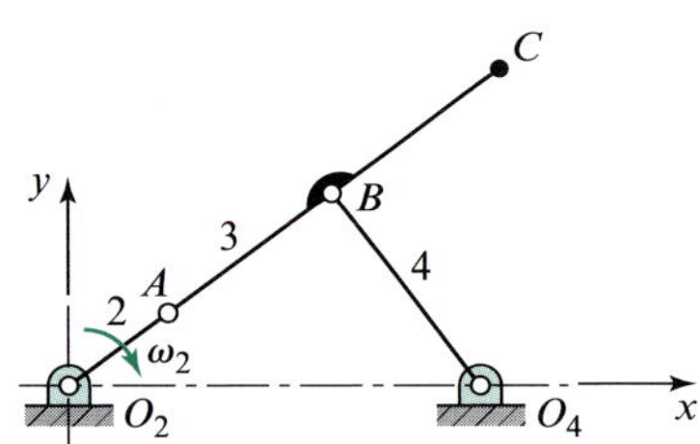


그림 P3.16 $R_{AO_2} = 75$ mm, $R_{BA} = R_{CB} = 125$ mm, $R_{O_4O_2} = 250$ mm, 그리고 $R_{BO_4} = 150$ mm

**3.17** 아래 그림의 변형된 슬라이더-크랭크 기구에 대해 크랭크 2는 각속도가 10 rad/s ccw이다. 링크 6의 각속도와 점 $B$, $C$, $D$의 속도를 각각 구하라.

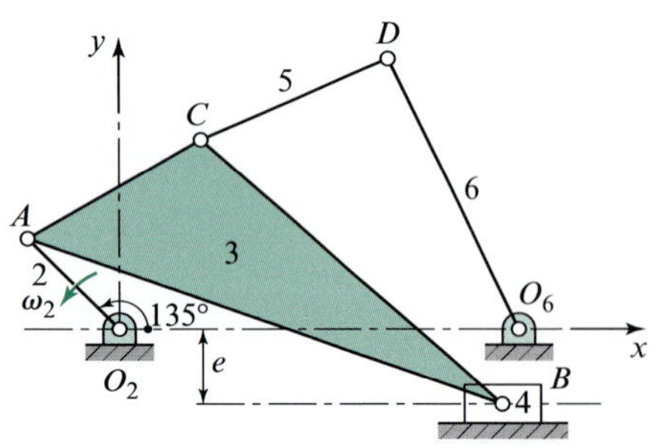


그림 P3.17 $R_{AO_2} = 50$ mm, $R_{BA} = 200$ mm, $e = 30$ mm, $R_{CB} = 160$ mm, $R_{CA} = R_{DC} = 80$ mm, $R_{O_6O_2} = 160$ mm, $R_{DO_6} = 120$ mm, 그리고 $\theta_2 = 135°$

**3.18** 4절 링크기구에서 크랭크 2는 각속도가 16 rad/s cw이다. 모든 크랭크 위치에 대하여 점 $B$의 속도에 대한 극좌표 속도의 좌표를 작도하라. 프로이덴스타인의 이론을 이용하여 최대 속도의 위치와 최저 속도의 위치를 확인해보라.

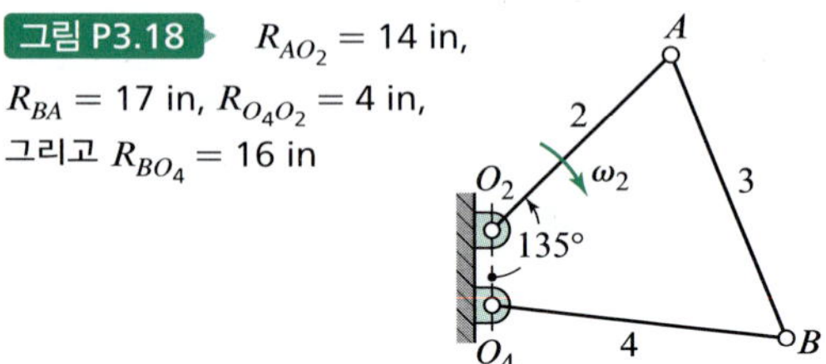


그림 P3.18 $R_{AO_2} = 14$ in, $R_{BA} = 17$ in, $R_{O_4O_2} = 4$ in, 그리고 $R_{BO_4} = 16$ in

**3.19** 4절 링크기구에서 링크 2는 $\omega_2 = 36$ rad/s cw로 구동된다. 링크 3의 각속도와 점 $B$의 속도를 각각 구하라.

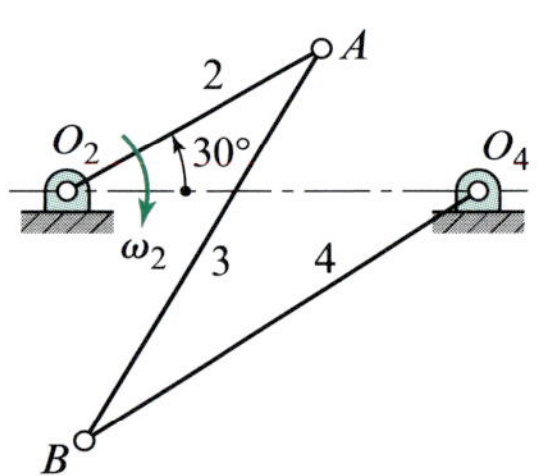


그림 P3.19 $R_{AO_2} = 125$ mm, $R_{BA} = R_{BO_4} = 200$ mm, 그리고 $R_{O_4O_2} = 175$ mm

**3.20** 4절 링크기구에서 점 $C$의 속도와 링크 3의 각속도를 각각 구하라. 링크 2는 구동절로서 8 rad/s ccw로 회전한다.

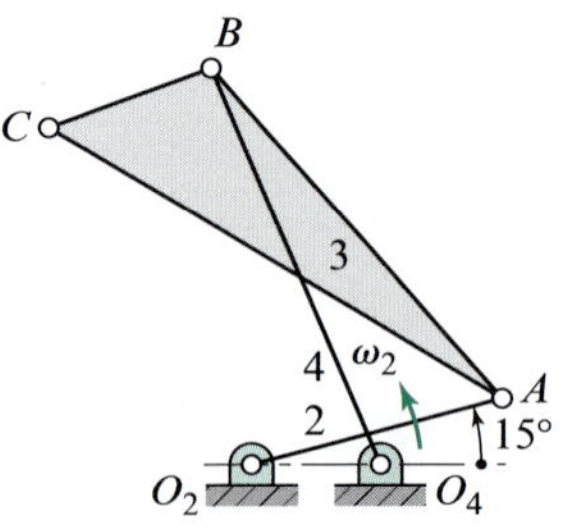


그림 P3.20 $R_{AO_2} = 6$ in, $R_{BA} = R_{BO_4} = 10$ in, $R_{O_4O_2} = 3$ in, $R_{CA} = 12$ in, 그리고 $R_{CB} = 4$ in

**3.21** 다음 기구에서 링크 2는 각속도가 56 rad/s ccw이다. 점 $C$의 속도를 구하라.

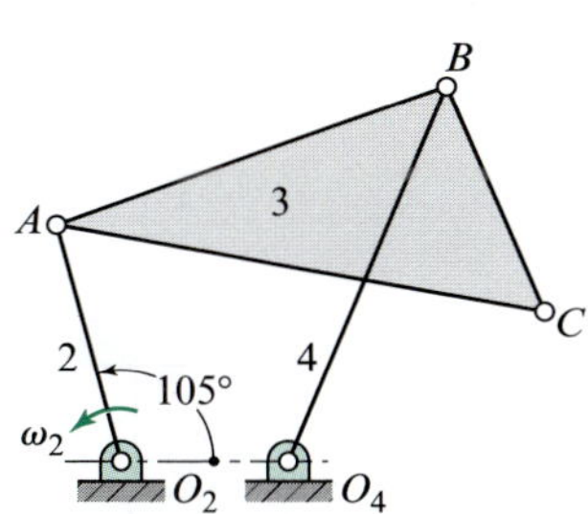


**그림 P3.21** $R_{AO_2} = 6$ in, $R_{BA} = R_{BO_4} = 10$ in, $R_{O_4O_2} = 4$ in, 그리고 $R_{CA} = 12$ in

**3.22** 다음 이중 슬라이더 기구에서 크랭크 2가 42 rad/s cw로 회전할 때 점 $B$, $C$, $D$의 속도를 각각 구하라.

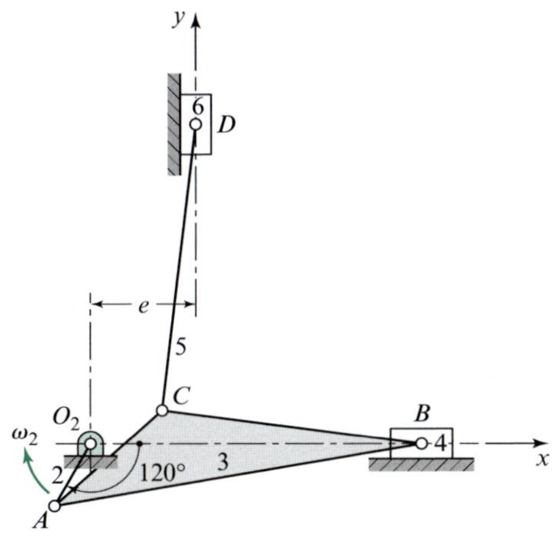


**그림 P3.22** $R_{AO_2} = 50$ mm, $R_{BA} = 250$ mm, $e = 75$ mm, $R_{CA} = 100$ mm, $R_{CB} = 175$ mm, $R_{DC} = 200$ mm, 그리고 $\theta_2 = 120°$

**3.23** 다음 2개의 실린더열이 60°를 이루고 있는 V형 엔진에 사용되는 기구가 나와 있다. 크랭크 2는 2000 rev/min cw로 회전한다. 점 $B$, $C$, $D$의 속도를 각각 구하라.

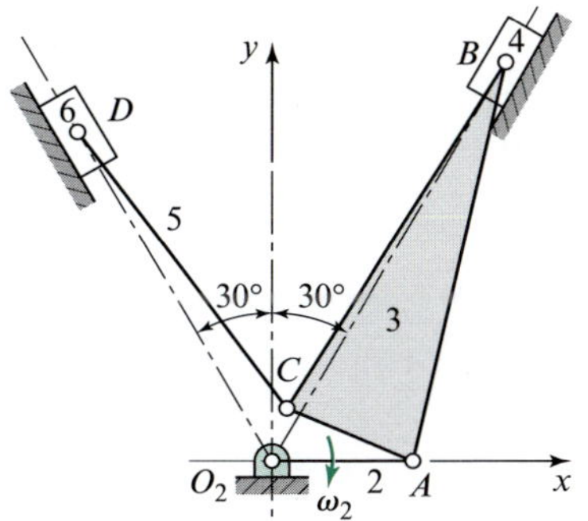


**그림 P3.23** $R_{AO_2} = 50$ mm, $R_{BA} = R_{CB} = 150$ mm, $R_{CA} = 50$ mm, 그리고 $R_{DC} = 125$ mm

**3.24** 그림에 제시된 역전된 슬라이더-크랭크 기구에서 크랭크의 각속도는 $\omega_2 = 24$ rad/s cw이다. 완전한 속도 해석을 수행하라. 점 $B$의 절대 속도는 얼마인가? 또한, 링크 4와 함께 이동하는 관측자에 대한 점 $B$의 상대 속도는 얼마인가?

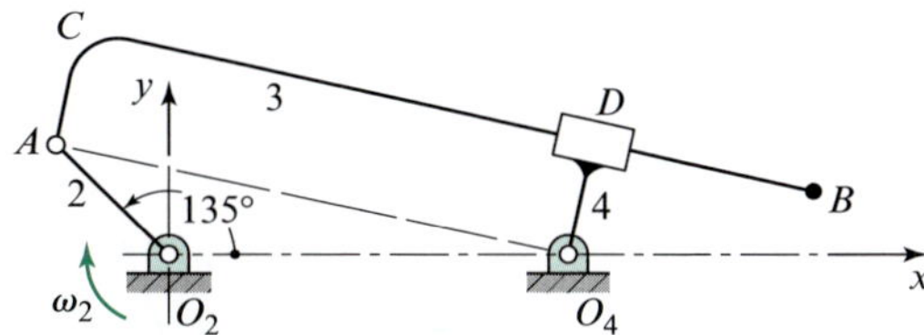


**그림 P3.24** $R_{AO_2} = 200$ mm, $R_{CA} = R_{DO_4} = 150$ mm, $R_{BC} = 950$ mm, $R_{O_4O_2} = 500$ mm, 그리고 $\theta_2 = 135°$

**3.25** 아래 제시된 링크에서 점 $A$의 속도가 $-0.3\hat{\mathbf{i}}$ m/s이다. 커플러 점 $B$의 속도를 구하라.

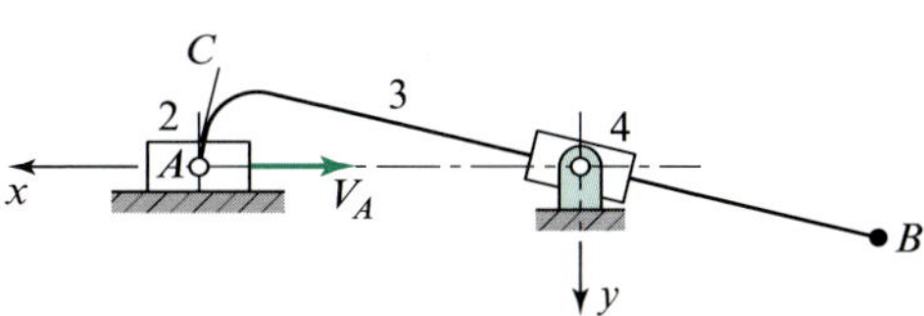


**그림 P3.25** $R_{CA} = 50$ mm, $R_{BC} = 400$ mm, 그리고 $R_A^x = 225$ mm

**3.26** 다음 스카치 요크 기구의 변형된 형태이다. 이 기구는 크랭크 2에 의해 $\omega_2 = 36$ rad/s ccw로 구동된다. 링크 4인 크로스 헤드의 속도를 구하라.

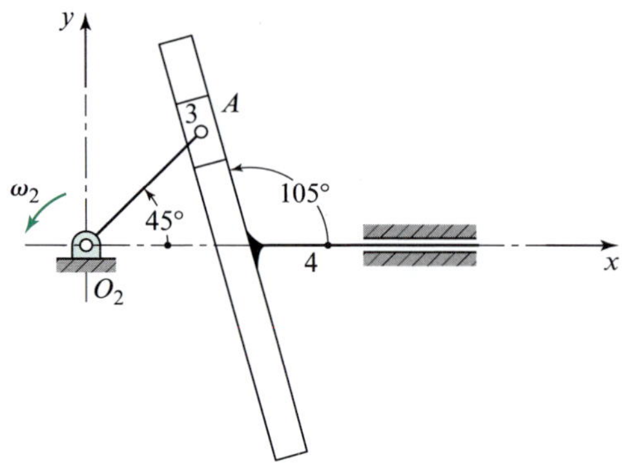


**그림 P3.26** $R_{AO_2} = 10$ in

**3.27** 다음 4절 링크기구에서 $\omega_2 = 72$ rad/s ccw일 때, 완전한 속도 해석을 수행하라.

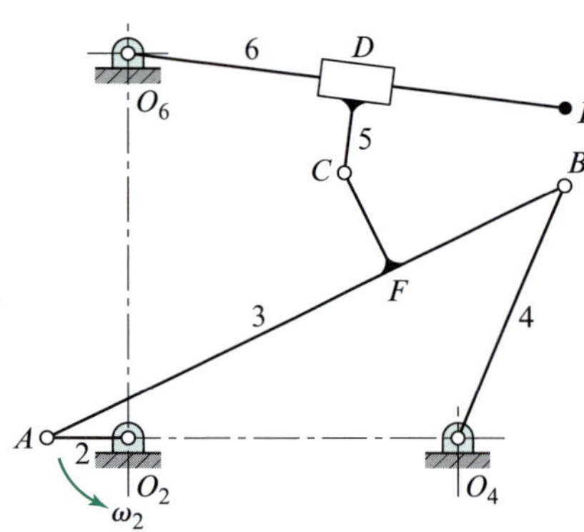


**그림 P3.27** $R_{AO_2} = 30$ mm, $R_{BA} = 210$ mm, $R_{O_4O_2} = 120$ mm, $R_{BO_4} = 100$ mm, $R_{FA} = 140$ mm, $R_{CF} = 40$ mm, $R_{DC} = 30$ mm, $R_{O_6O_2} = 140$ mm, 그리고 $R_{EO_6} = 160$ mm

**3.28** 다음 기구는 $V_C = 0.2$ m/s(왼쪽 방향)로 구동된다. 링크 1과 2는 서로 구름 접촉을 한다고 가정하지만, 링크 2과 3은 서로 미끄러질 수 있다. 링크 3의 각속도를 구하라.

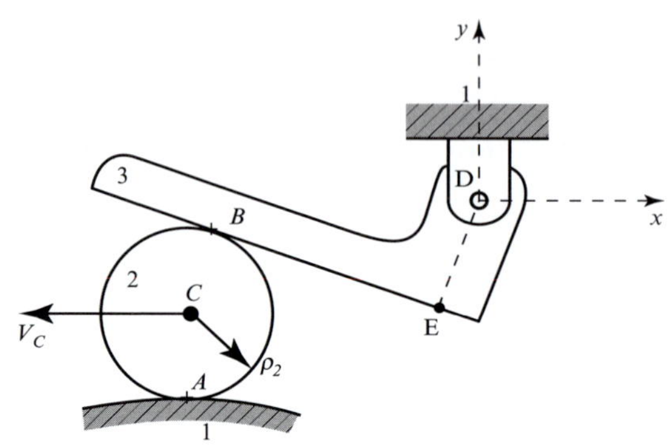


**그림 P3.28** $\rho_1 = 120$ mm, $\rho_2 = 15$ mm, $\mathbf{R}_{AD} = -50\hat{\mathbf{i}} - 35\hat{\mathbf{j}}$ mm, 그리고 $R_{ED} = 20$ mm

**3.29** 다음 원형 캠은 $\omega_2 = 15$ rad/s cw의 각속도로 구동된다. 캠과 링크 3인 롤러는 서로 구름 접촉을 한다. 링크 4인 요동절의 각속도를 구하라.

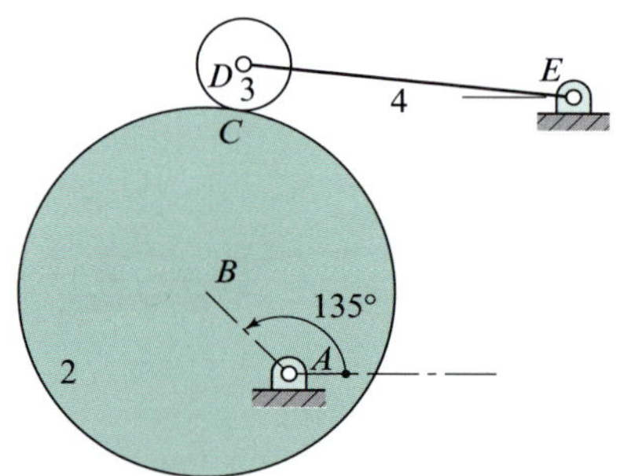


**그림 P3.29** $\rho_2 = 40$ mm, $R_{BA} = 25$ mm, $\rho_3 = 10$ mm, $R_{DE} = 70$ mm, $\mathbf{R}_{EA} = 60\hat{\mathbf{i}} + 60\hat{\mathbf{j}}$ mm, 그리고 $\theta_2 = 135°$

**3.30** 다음 기구는 링크 2에 의해 10 rad/s ccw로 구동된다. 점 $F$에서는 구름 접촉을 한다. 점 $E$와 $G$의 속도와 링크 3, 4, 5, 6의 각속도를 각각 구하라.

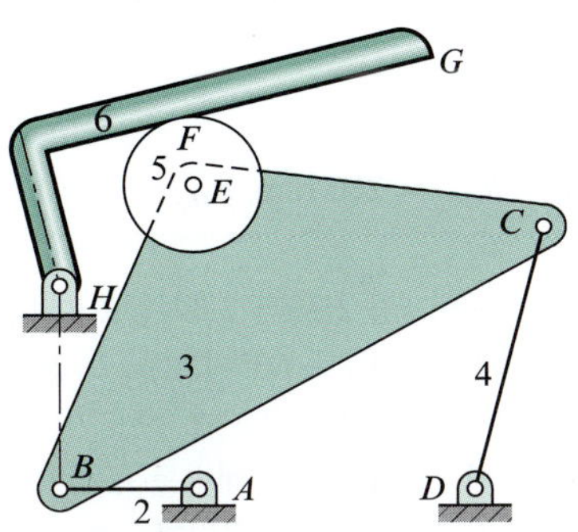


그림 P3.30 $R_{BA} = 20$ mm, $R_{CB} = 80$ mm, $R_{DA} = R_{CD} = 40$ mm, $R_{EB} = R_{EC} = 50$ mm, $\rho_5 = 10$ mm, $\mathbf{R}_{HA} = -20\hat{\mathbf{i}} + 30\hat{\mathbf{j}}$ mm, 그리고 $\mathbf{R}_{GH/6} = 60\hat{\mathbf{i}}_6 + 20\hat{\mathbf{j}}_6$ mm

**3.31** 다음 이중 피스톤 펌프의 개략도이다. 이 펌프는 원형 편심 링크 2에 의해 $\omega_2 = 25$ rad/s ccw로 구동된다. 링크 6과 7인 두 피스톤의 속도를 각각 구하라.

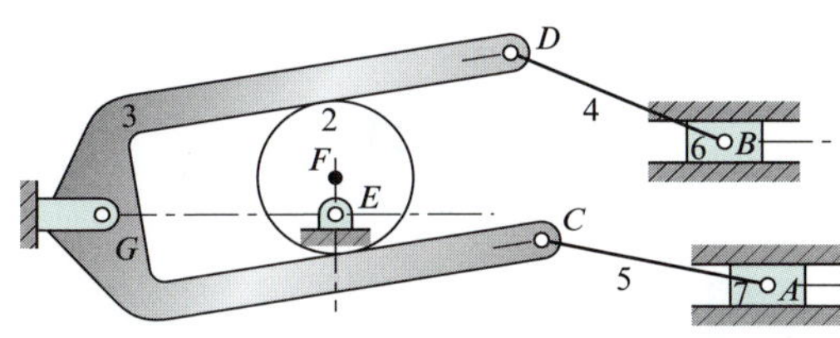


그림 P3.31 $\rho_2 = 40$ mm, $R_{FE} = 20$ mm, $R_{EG} = 120$ mm, $\mathbf{R}_{CG/3} = 220\hat{\mathbf{i}}_3 - 50\hat{\mathbf{j}}_3$ mm, $\mathbf{R}_{DG/3} = 220\hat{\mathbf{i}}_3 + 50\hat{\mathbf{j}}_3$ mm, $R_{AC} = R_{BD} = 120$ mm, $\mathbf{R}_A = x_A\,\hat{\mathbf{i}} - 40\hat{\mathbf{j}}$ mm, 그리고 $\mathbf{R}_B = x_B\hat{\mathbf{i}} + 40\hat{\mathbf{j}}$ mm

**3.32** 다음 유성(epicycle) 기어열은 링크 2인 암에 의해 $\omega_2 = 10$ rad/s cw로 구동된다. 기어 3에 부착된 출력축의 각속도를 구하라.

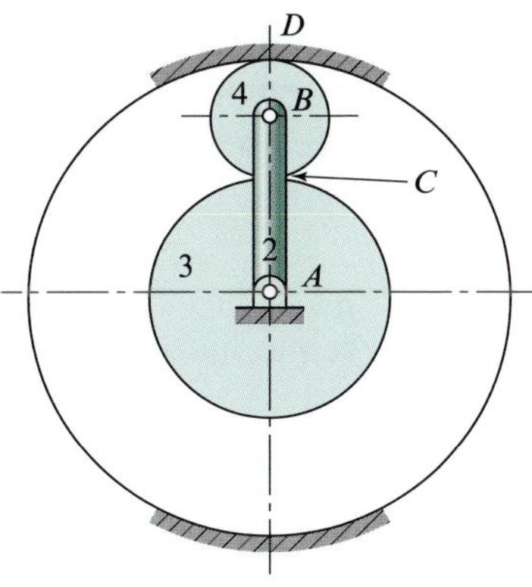


그림 P3.32 $\rho_1 = R_{DA} = 100$ mm, $R_{BA} = 75$ mm, $\rho_3 = 50$ mm, 그리고 $\rho_4 = 25$ mm

**3.33** 다음 자동차 전방 현가장치의 평면 개략도이다. 구름중심이라는 용어는 차체가 지면에 대하여 회전할 때 중심이 되는 점을 나타내는 용어로서 업계에서 널리 사용되고 있다. 타이어와 도로 간에는 피봇이 가능하지만 미끄럼은 전혀 없다고 가정한다. 스케치를 한 후 순간중심의 개념을 이용하여 구름중심의 위치를 구하는 기법에 대하여 설명하라.

그림 P3.33

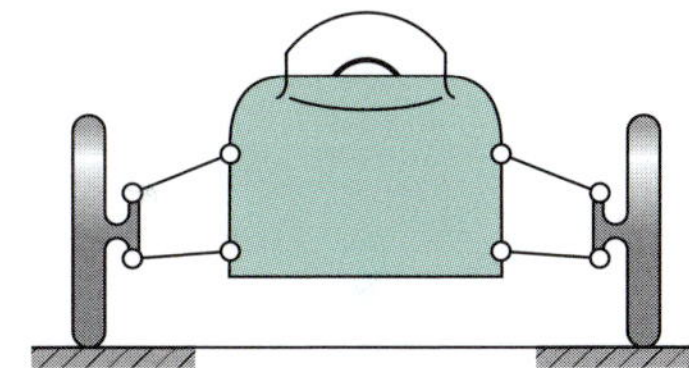

**3.34** 문제 3.22의 링크기구에서 순간중심 위치를 모두 구하라.

**3.35** 문제 3.25의 링크기구에서 순간중심 위치를 모두 구하라.

**3.36** 문제 3.26의 링크기구에서 순간중심 위치를 모두 구하라.

**3.37** 문제 3.27의 링크기구에서 순간중심 위치를 모두 구하라.

**3.38** 문제 3.28의 링크기구에서 순간중심 위치를 모두 구하라.

**3.39** 문제 3.29의 링크기구에서 순간중심 위치를 모두 구하라.

**3.40** 다음 기구에서 입력 링크 2가 위치 $\mathbf{R}_{AO_4} = -6\hat{\mathbf{i}}$ in, 점 $A$의 속도는 $\mathbf{V}_A = 750\hat{\mathbf{i}}$ in/s로 오른쪽으로 움직인다. 이 기구의 1차 운동계수를 구하라. 링크 3과 4의 각속도를 구하라.

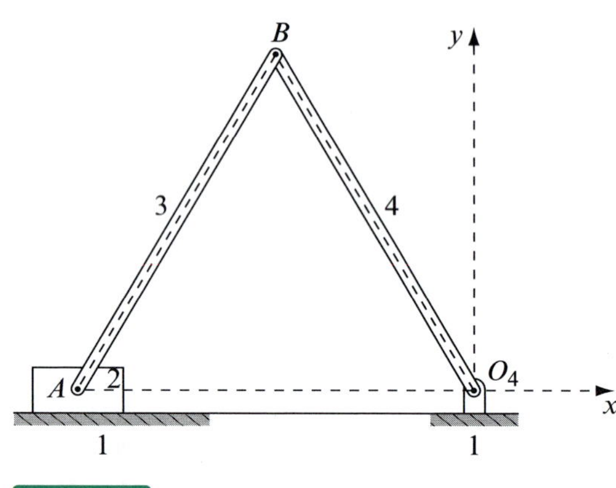


그림 P3.40 $R_{BO_4} = R_{BA} = 6$ in

**3.41** 다음 랙 앤 피니언 기구에 대해서, 피니언 3이 랙 4의 $D$에서 미끄럼 없는 구름 접촉을 하고 있다. 링크 3과 4의 1차 운동계수를 구하라. 입력 속도는 $\mathbf{V}_G = 75\hat{\mathbf{i}}$ in/s일 때, 랙 4와 피니언 3의 각속도를 구하라.

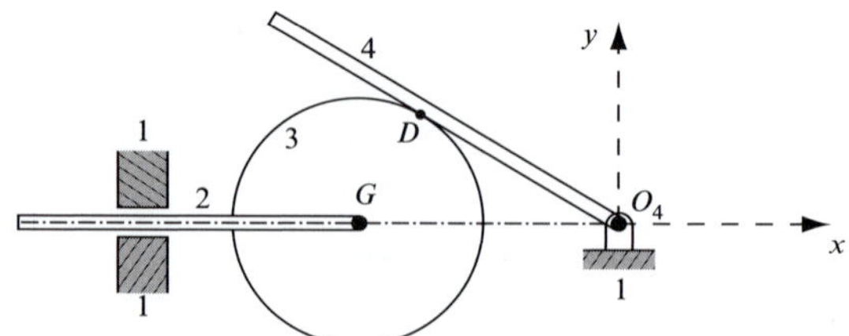


그림 P3.41 $R_{GO_4} = 250$ mm, $R_{DG} = r_7 = 125$ mm

**3.42** 예제 2.8의 기구(그림 2.33과 2.34 참조)에서 $R_1 = 32$ in, $R_9 = 22$ in, $\theta_{34} = 60°$이고 $\rho_3 = 20$ in이다. 입력 링크 2가 $R_2 = 30$ in일 때, 속도가 $\mathbf{V}_A = 6\hat{\mathbf{i}}$ in/s이다. 이 기구의 1차 운동계수를 구하고, 랙 4의 속도와 피니언 3의 각속도를 구하라.

**3.43** 그림의 기구가 현재 위치 $R_{AO_4} = 250$ mm이고 입력속도가 $\mathbf{V}_A = -125\hat{\mathbf{i}}$ m/s이다. 이 기구의 1차 운동계수를 구하라. 링크 3의 각속도와 링크 3과 4 사이의 미끄럼 속도를 구하라.

**3.44** 그림 P3.30의 기구에서 입력 링크 2의 각속도가 $\omega_2 = 10$ rad/s이고 링크 5와 6은 점 $F$에서 구름 접촉을 하고 있다. 링크 3, 4, 5와 6에 대해 1차 운동계수를 구하라. 또한 링크 3, 4, 5와 6의 속도와 $E$, $G$ 점의 속도를 구하라.

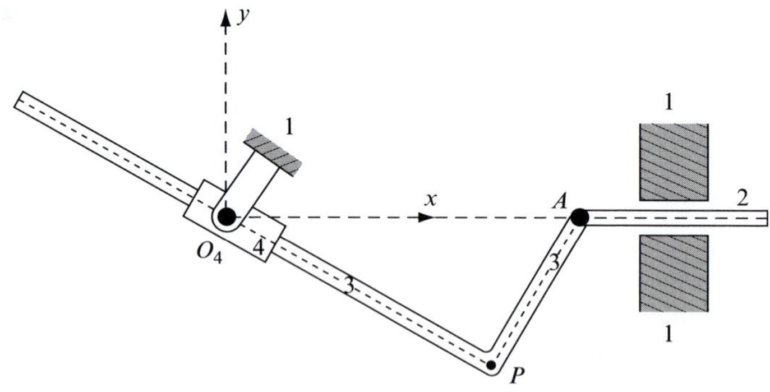


그림 P3.43 $R_{PA} = 125$ mm, $\angle APO_4 = 90°$

**3.45** 그림의 기구에서 $R_{AO_4} = 2$ in이고, 피니언 4는 미끄럼 없이 점 $B$에서 구름 접촉을 하고 있다. 랙 3과 피어언 4의 1차 운동계수를 구하라. $\mathbf{V}_A = 7.5\hat{\mathbf{j}}$ in/s이면, 랙 3과 피니언 4, 점 $E$의 각속도를 구하라. 또한, 랙 3의 위에 나타나는 링크 3과 4(즉 점 $B$)의 접촉점의 속도도 구하라.

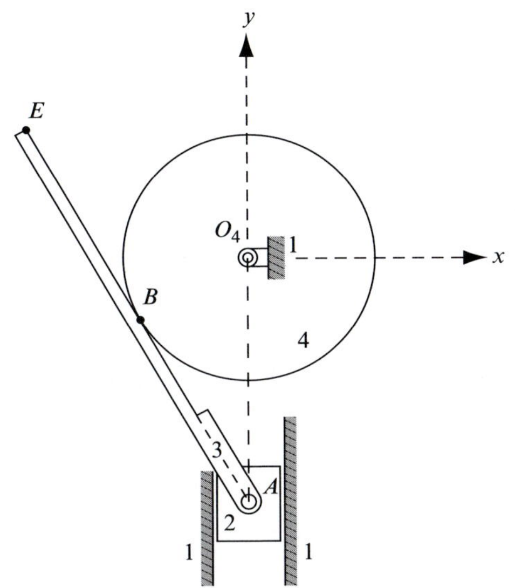


그림 P3.45 $\rho_4 = 1$ in, $R_{EB} = R_{BA}$

**3.46** 그림의 기구에서 $\theta_2 = 150°$, $R_{PA} = R_{AO_4}$ 그리고 $R_{PB} = R_{BA}$일 때, 링크 3, 4, 5의 1차 운동계수를 구하라. 입력 링크 2의 각속도가 $\omega_2 = 5$ rad/s cw일 때, 다음을 결정하라. (a) 링크 3과 4의 각속도는 얼마인가? (b) 링크 5의 속도는? 그리고 (c) 링크 4에 고정된 점 $P$의 속도를 구하라.

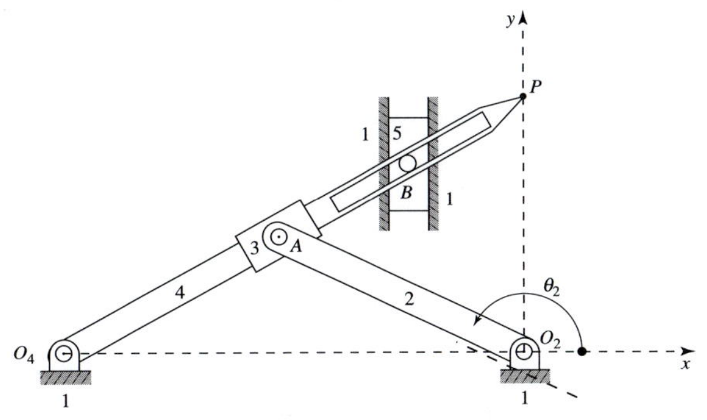


그림 P3.46 $R_{AO_2} = 250$ mm, $R_{PO_4} = 500$ mm

**3.47** 그림 역전 슬라이더-크랭크 링크에서 $\theta_4 = 60°$, 입력 링크 2가 $x$축과 평행하게 움직인다. 링크 3과 4의 1차 운동계수를 구하라. 계수 행렬식이 0이 되는 조건을 결정하라. 우측으로 $V_B = 0.3$ m/s의 등속도로 움직일 때, 링크 3과 4의 각속도를 구하라.

그림 P3.47 $R_{AO_4} = R_{BA} = 80$ mm

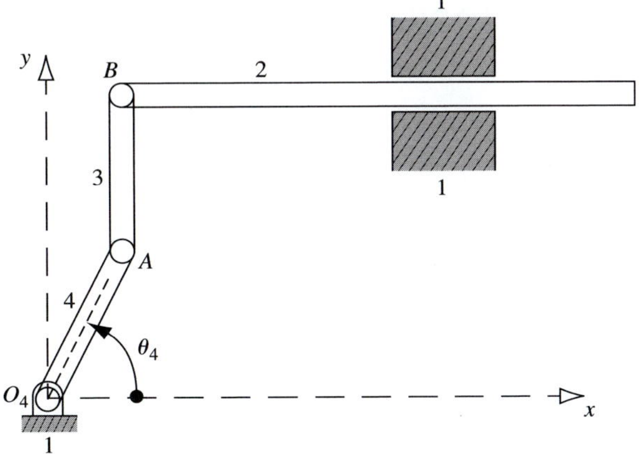

**3.48** 그림 P2.15의 기구는, 입력 링크 2가 수직이고 주어진 위치에서 $\angle BAO_2$가 150°이다. $\rho_5 = 50$ mm, $\mathbf{R}_{O_5O_2} = -160\hat{\mathbf{i}} + 80\hat{\mathbf{j}}$ mm, $R_{AO_2} = 40$ mm, $R_{BA} = 120$ mm. (a) 모든 순간중심을 구하라. (b) 순간중심을 이용하여 링크 3, 랙 4 그리고 피니언 5의 1차 운동계수를 구하라. (c) 링크 3의 각속도, 랙 4의 속도 그리고 피니언 5의 각속도를 구하라.

**3.49** 그림 P2.16 기구는 $\rho_2 = 25$ mm, $\rho_5 = 50$ mm, $R_{BA} = 176.8$ mm, $R_{BC} = 150$ mm이다. 링크 3, 4 그리고 5의 1차 운동계수를 구하라. 주어진 위치에서 각속도 $\omega_2 = 5$ rad/s ccw일 때, 링크 3, 4 그리고 5의 각속도도 구하라.

**3.50** 그림 2.17의 기구는 주어진 위치에서 링크 4는 $x$축과 평행하고 링크 5는 $y$축과 일치한다. 휠 3의 반지름 $\rho_3 = 15$ mm이고, $R_{O_2O_5} = 140$ mm, $R_{BA} = 110$ mm, $R_{AO_5} = 52$ mm이다. 주 링크 3, 4 그리고 5의 1차 운동계수를 구하라. 링크 2는 각속도가 $\omega_2 = 15$ rad/s cw일 때, 링크 3, 4, 5의 각속도도 구하라.

**3.51** 그림의 기구는 주어진 위치에서 휠 3은 링크 2의 슬롯에서 미끄러지는 동안, 점 $C$에서 미끄럼 없이 구름 접촉을 하고 있다. 벡터 루프 식을 작성하고, 기구의 1차 운동계수를 구하라. 링크 2는 각속도가 $\omega_2 = 30$ rad/s ccw일 때 다음을 결정하라. 휠의 각속도, 그리고 휠의 중심의 상대 가속도, 링크 2에서 슬롯에 대한 점 $A$의 속도를 구하라.

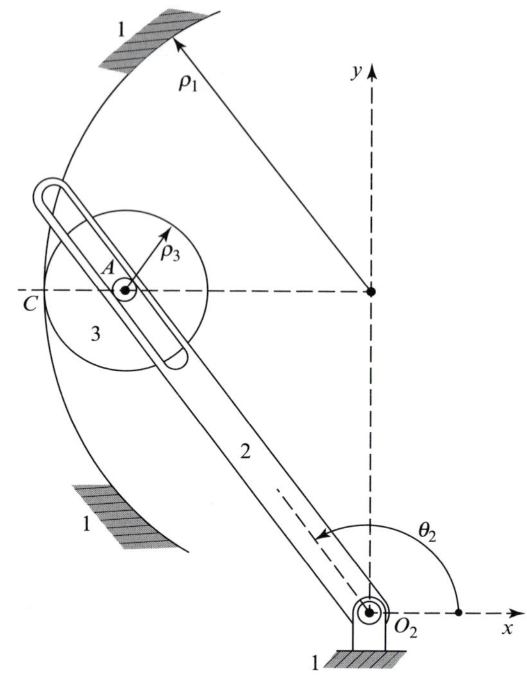


그림 P3.51 $\rho_1 = 3$ in, $\rho_3 = 0.75$ in, $\mathbf{R}_{CO_2} = -3\hat{\mathbf{i}} + 3\hat{\mathbf{j}}$ in, 그리고 $R_{AO_2} = 3.75$ in

**3.52** 문제 2.38에 제시된 링크와 관련하여, 1차 운동계수를 구하라. 링크 2는 각속도가 $\omega_2 = 30$ rad/s ccw일 때, 링크 3과 4의 각속도를 구하라.

**3.53** 문제 2.39의 주어진 위치의 기구에 대해서, 기구의 1차 운동계수를 구하라. 링크 2의 속도는 그림에서와 같은 방향으로 $V_{A_2} = 12$ in/s일 때 다음을 결정하라. (a) 링크 3의 각속도; (b) 링크 3의 슬롯에 대한 핀 $A_2$의 상대 속도; (c) 점 $B$의 속도를 구하라.

**3.54** 문제 2.40에 제시된 기구와 관련하여, 기어 3과 랙의 1차 운동계수를 구하라. 기어 2의 각속도가 $\omega_2 = 77$ rad/s ccw일 때 기어 3, 링크 4의 각속도와 랙의 속도를 구하라.

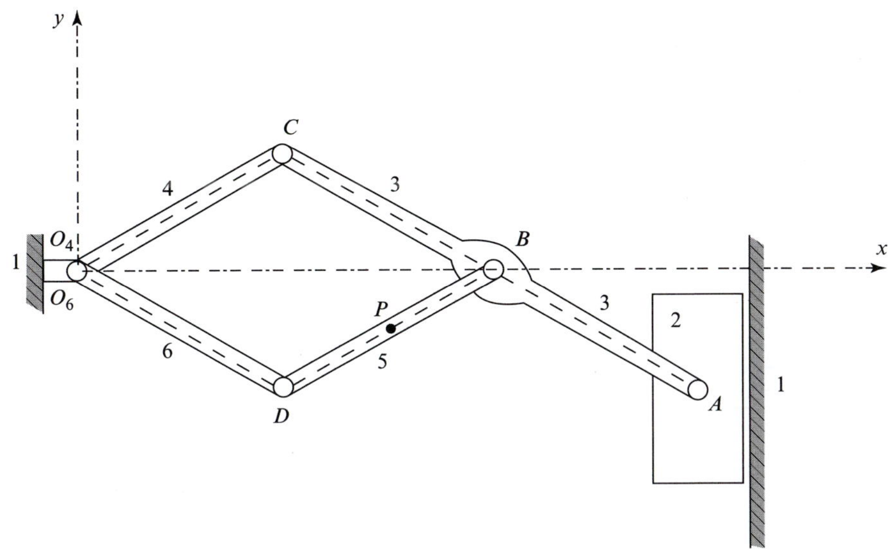


그림 P3.58 $R_{CO_4} = R_{DO_6} = R_{BC} = R_{BD} = R_{AB} = 2$ in, $R_{PD} = 1$ in, 그리고 $\mathbf{R}_A = (5.196\text{ in})\hat{\mathbf{i}} + y_A\hat{\mathbf{j}}$

**3.55** 문제 2.41에 제시된 기구와 관련하여, 기어 3, 4, 5의 1차 운동계수를 구하라. 각속도가 $\omega_2 = 15$ rad/s cw일 때, 기어 3, 4, 5의 각속도를 구하라.

**3.56** 문제 2.42의 주어진 위치의 기구에 대해서, 휠의(링크 5) 반지름이 원형의 그라운드 링크에 구름 접촉을 하고 있다. 해당 기구의 1차 운동계수를 구하라. 입력 링크가 동일한 속도 $V_{A_2} = 250\mathbf{i}$ in/s일 때, 링크 3, 4, 5의 각속도를 구하라.

**3.57** 문제 2.43에 제시된 링크와 관련하여, 점 $B$에서 미끄럼이 없다고 가정하고, 1차 운동계수를 구하라. 입력 링크 2의 속도가, $V_{A_2} = 120$ mm/s로 위 방향으로 일정할 때, 피니언의 각속도와 랙의 속도를 구하라.

**3.58** 주어진 위치의 기구에 대해서, 링크 3, 4, 5, 6의 1차 운동계수를 구하라. 구동절 링크가 동일한 속도 $V_{A_2} = 4.5\hat{\mathbf{j}}$ in/s일 때, 링크 3과 5의 각속도와 점 $P$의 속도를 구하라.

**3.59** 문제 2.44의 주어진 위치의 기구에 대해서, 선 $AB$는 수직이고 선 $CD$는 수평이다. 기구의 1차 운동계수를 구하라. 입력 링크 2의 각속도가 $\omega_2 = 10$ rad/s cw일 때, 링크 3과 4의 각속도와 링크 4의 점 $D$의 링크 3에 고정된 점 $C$에 대하여 속도를 구하라.

**3.60** 주어진 위치의 기구에 대해서, 기어 3은 링크 4의 점 $C$에서 미끄럼 없이 구름 접촉을 하고 있다. 해당 기구의 1차 운동계수를 구하라. 입력 링크 2가 동일한 속도 $\mathbf{V}_B = -20\hat{\mathbf{j}}$ in/s일 때, 기어 3의 각속도와 링크 4의 속도를 구하라.

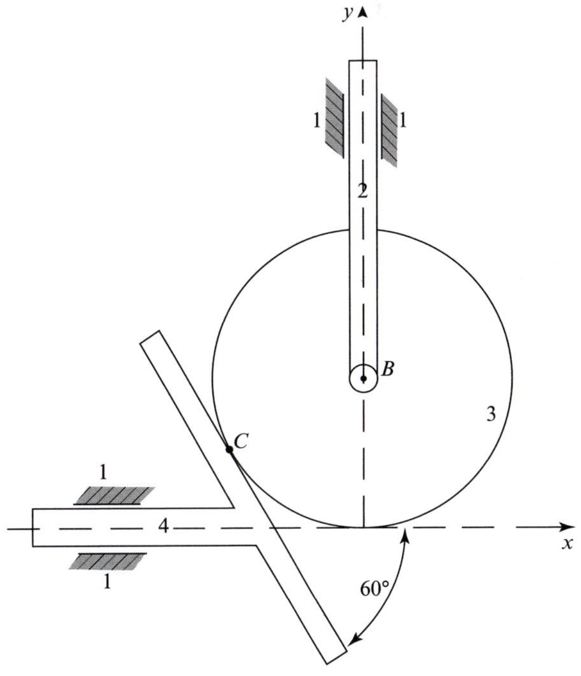


그림 P3.60 $\rho_3 = 1$ in

**3.61** 제시된 기구의 1차 운동계수와 커플러 점 $C$의 속도를 구하라. 만일 입력 링크 2가 일정한 각속도 $\omega_2 = 15$ rad/s ccw를 갖는다면, 점 $C$의 속도를 구하라.

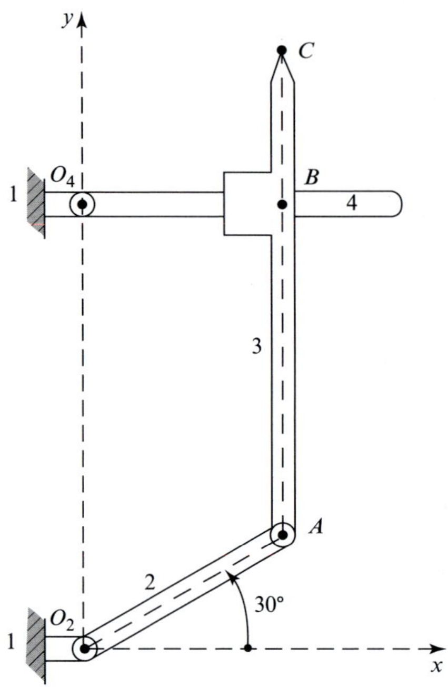


그림 P3.61 $R_{O_4O_2} = 300$ mm, $R_{AO_2} = 150$ mm, $R_{CA} = 325$ mm

## 참고문헌

[1] Ball, R. S., 1900. *A Treatise on the Theory of Screws*, Cambridge: Cambridge University Press; reprinted in paperback, 1998.

[2] Beyer, R., 1963. *The Kinematic Synthesis of Mechanisms*, translated by H. Kuenzel, New York: McGraw-Hill.

[3] Bottema, O., and B. Roth, 1979. *Theoretical Kinematics*, Amsterdam: North-Holland Publishing Co.

[4] Denavit, J., R. S. Hartenberg, R. Razi, and J. J. Uicker, Jr., 1965. Velocity, acceleration, and static force analysis of spatial linkages, *J. Appl. Mech. ASME Trans. E* **87**:903–910.

[5] Foster, D. E., and G. R. Pennock, 2005. Graphical methods to locate the secondary instant centers of single-degree-of-freedom indeterminate linkages, *J. Mech. Des. ASME Trans.* **127**(2):249–256.

[6] Freudenstein, F., 1956. On the maximum and minimum velocities and accelerations in four-link mechanisms. *J. Appl. Mech. ASME Trans.* **78**:779–787.

[7] Hain, K., 1967. *Applied Kinematics*, 2nd ed., New York: McGraw-Hill.

[8] Hall, A. S., Jr., 1981. *Notes on Mechanism Analysis*, Chicago: Waveland Press.

[9] Krause, R., 1939. Die Doppelkurbel und Ihre Geschwindigkeitssgrenzen, *Maschinenbau/Getriebetechnik* **18**:37–41; Zur Synthese der Doppelkurbel, *Maschinenbau/Getriebetechnik* **18**:93–94.

[10] Mehmke, R., 1883. Über die Geschwindigkeiten beliebiger Ordnung eines in seiner Ebene bewegten ähnlich veränderlichen Systems, *Civilingenieur*, **487**.

[11] Müller, R., 1903. Über einige Kurven, die mit der Theorie des ebenen Gelenkvierecks im Zusammenhang stehen. *Zeitschrift für Mathematik und Physik*. **48**:224–248. Translated: 1962. *Kansas State University, Bulletin* **46**, No. 6. Special Report No. 21, 217–247.

[12] Raven, F. H., 1958. Velocity and acceleration analysis of plane and space mechanisms by means of independent-position equations, *J. Appl. Mech. ASME Trans. E* **80**:1–6.

[13] Rosenauer, N., 1957. Synthesis of drag-link mechanisms for producing nonuniform rotational motion with prescribed reduction ratio limits, *Aus. J. Appl. Sci.*, **8**:1–6.

Theory of **Machines and Mechanisms**

# 제4장 가속도

*Acceleration*

## 4.1 가속도의 정의

그림 4.1*a*에서, 처음의 위치 *P*에서 $\mathbf{V}_P$의 속도로 움직이는 점을 생각해 보자. 짧은 시간 간격 $\Delta t$ 후, 그 점은 어떤 경로를 따라 이동하여 새로운 위치 *P*′에서 관측되었고 그 점의 속도는 크기와 방향이 $\mathbf{V}_P$에서 $\mathbf{V}'_P$로 변화되었다. 두 점 사이의 속도 변화는 그림 4.1*b*의 속도 다각형에서 구할 수 있고, 아래와 같다.

$$\Delta\mathbf{V}_P = \mathbf{V}'_P - \mathbf{V}_P$$

점 *P*의 그 시간 간격 사이에서의 *평균가속도*(*average acceleration*)는 $\Delta\mathbf{V}_P/\Delta t$이다. 점 *P*의 *순간가속도*[*instantaneous acceleration*, 이후부터는 간단히 *가속도*(*acceleration*)라 부른다]는 시간에 대한 속도 변화로, 즉, 시간이 극소 간격으로 접근할 때 평균가속도의 극한값이다.

$$\mathbf{A}_P = \lim_{\Delta t\to 0}\left(\frac{\Delta\mathbf{V}_P}{\Delta t}\right) = \frac{d\mathbf{V}_P}{dt} = \frac{d^2\mathbf{R}_P}{dt^2} \tag{4.1}$$

속도는 벡터량이기 때문에 속도의 변화인 $\Delta\mathbf{V}_P$와 가속도 $\mathbf{A}_P$도 벡터량이므로, 따라서 크기와 방향을 갖는다. 또한, 속도와 마찬가지로 가속도 벡터도 하나의 점에 대한 정의이다. 왜냐하면 여러 점들에 대한 가속도가 다를 수 있기 때문에 가속도는 선, 좌표계, 부피 또는 다른 점들의 집합에는 적용할 수 없다.

속도와 같이(3장 참조) 움직이는 점의 가속도는 서로 다른 관측자에게는 다르게 나타난다. 가속도는 관측자의 실제 위치에 따르지 않고 관측자의 운동, 즉 관측자의 좌표계 운동에 따른다. 만일 가속도가 절대좌표계 안에 있는 관측자에 의하여 측정되었다면 그것은 *절대 가속도*(*absolute acceleration*)이며, 위치, 변위, 속도의 표시에 사용된 바와 같이 일관성 있게 $\mathbf{A}_{P/1}$ 또는 $\mathbf{A}_P$라고 표기한다.

경로 *AB*(그림 4.2*a* 참조)를 따라 움직이는 점 *P*의 속도는 식 (3.9)에서 다음과 같이 표시

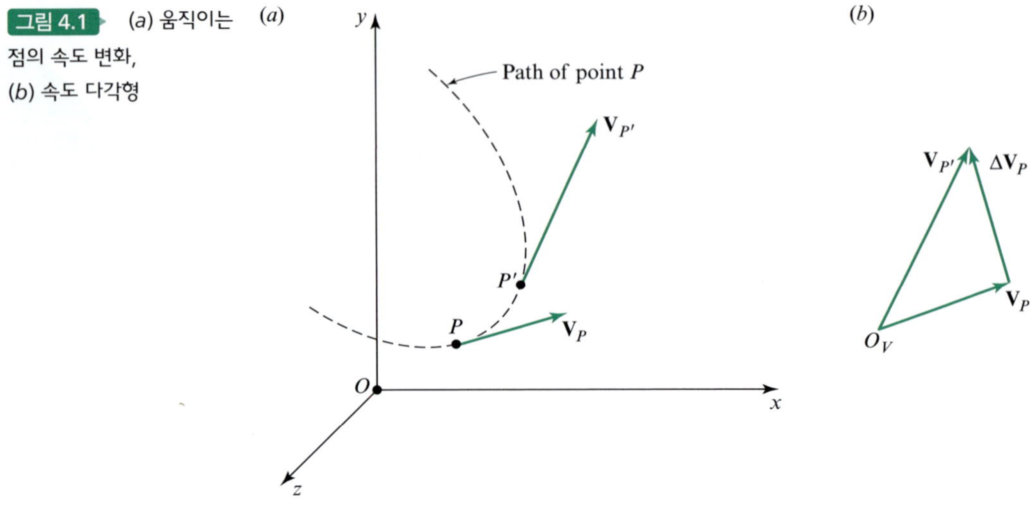


그림 4.1 (*a*) 움직이는 점의 속도 변화, (*b*) 속도 다각형

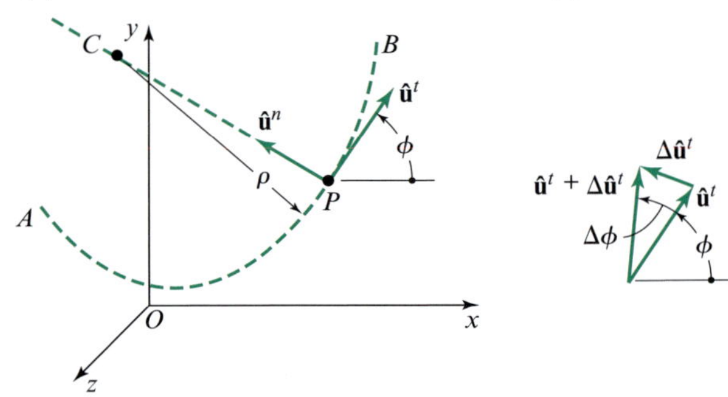


그림 4.2 (*a*) 점 *P*의 운동은 공간경로 *AB*를 생성, (*b*) 단위 탄젠트 벡터에서 변화

되었다.

$$\mathbf{V}_P = \dot{s}\hat{\mathbf{u}}^t \tag{a}$$

여기서 $\dot{s}$는 경로를 따르는 *P*의 순간속도이고 $\hat{\mathbf{u}}^t$는 *P* 경로의 단위접선 벡터로서 $\Delta s$의 양의 운동 방향에 대해 양의 값을 갖는 방향이다(3.5절 참조). $\hat{\mathbf{u}}^t$와 *곡선의 중심 C*에 의해 결정되는 *접촉평면*과 그리고 *binormal* 단위 벡터(접선 및 법선 벡터에 동시에 수직인 단위 벡터) $\hat{\mathbf{u}}^b$를 선호하는 방향의 면을 양으로 정하면, 식 (3.7)에서 검토했던 것과 같이 *unit normal* 벡터인 $\hat{\mathbf{u}}^n = \hat{\mathbf{u}}^b \times \hat{\mathbf{u}}^t$로 정의되는 오른손 벡터 삼각형 $\hat{\mathbf{u}}^b\hat{\mathbf{u}}^t\hat{\mathbf{u}}^n$를 구성할 수 있다. 여기서 $\hat{\mathbf{u}}^n$와 $\hat{\mathbf{u}}^t$는 *P*의 순간위치의 경로에 대한 법선속도와 접선속도이다.

가속도를 얻기 위하여 식 (*a*)를 시간에 대해서 미분을 하며,

$$\mathbf{A}_P = \dot{s}\dot{\hat{\mathbf{u}}}^t + \ddot{s}\hat{\mathbf{u}}^t \tag{b}$$

여기서 $\ddot{s}$는 경로를 따르는 *P*의 속력에 대한 순간 변화율이다. 이 식에서 우변의 첫째 항은 아래와 같이 표현된다.

$$\dot{s}\dot{\hat{\mathbf{u}}}^t = \frac{ds}{dt}\left(\frac{d\hat{\mathbf{u}}^t}{d\phi}\frac{d\phi}{ds}\frac{ds}{dt}\right) \tag{c}$$

여기서, $\phi$는 임의로 선택된 어떤 축에 대한 단위접선 벡터인 $\hat{\mathbf{u}}^t$의 경사각을 나타낸다(그림 4.2*a*에서는 $x$축과 평행인 축을 사용하였다). $P$가 경로 $AB$를 따라 움직일 때, $\hat{\mathbf{u}}^t$는 $\phi$의 함수이며, 따라서 경로를 따르는 변위인 $s$의 함수이다.

그림 4.2(*b*)에서, 단위접선 벡터인 $\hat{\mathbf{u}}^t$가 변하면, 단위벡터 $\hat{\mathbf{u}}^t$와 $\hat{\mathbf{u}}^t + \Delta\hat{\mathbf{u}}^t$는 같은 원점으로 이동되어 있다. 아래의 식을 얻는다.

$$\lim_{\Delta\phi\to 0}\left(\frac{\Delta\hat{\mathbf{u}}^t}{\Delta\phi}\right) = \frac{d\hat{\mathbf{u}}^t}{d\phi} \tag{d}$$

삼각법으로부터, 이 식의 왼쪽 편은 다음과 같이 나타낼 수 있다.

$$\lim_{\Delta\phi\to 0}\left(\frac{2\sin(\Delta\phi/2)\,\hat{\mathbf{u}}^n}{\Delta\phi}\right) = \hat{\mathbf{u}}^n \tag{e}$$

따라서, 식 (*d*)와 (*e*)에 대입하면 다음과 같이 나타낼 수 있다.

$$\frac{d\hat{\mathbf{u}}^t}{d\phi} = \hat{\mathbf{u}}^n \tag{f}$$

식 (*c*)에서 $d\phi/ds$는 경로를 따르는 거리 $s$의 변화에 대해 경사도의 변화이므로, 아래와 같이 표현될 수 있다.

$$\frac{d\phi}{ds} = \kappa = \frac{1}{\rho} \tag{g}$$

여기서, 식 (*g*)에 표시된 것처럼 $\kappa$를 경로의 *곡률*이라 하고 경로의 *곡률 반지름*의 역수이다.

식 (*f*)와 (*g*)를 식 (*c*)에 대입하고 정리하면, 아래와 같은 식을 얻는다.

$$\dot{s}\dot{\hat{\mathbf{u}}}^t = \frac{\dot{s}^2}{\rho}\hat{\mathbf{u}}^n \tag{h}$$

최종적으로, 식 (*h*)를 식 (*b*)에 대입하면, $P$점의 가속도는 다음과 같이 된다.

$$\mathbf{A}_P = \frac{\dot{s}^2}{\rho}\hat{\mathbf{u}}^n + \ddot{s}\,\hat{\mathbf{u}}^t \tag{4.2}$$

식 (4.2)에서 중요한 것은, 일반적으로 점에 대한 가속도 벡터는 서로 수직인 두 성분을 갖는

데, 즉 크기가 $\dot{s}^2/\rho$인 법선성분($\hat{\mathbf{u}}^n$축 방향이어서 법선방향으로 불린다)[1]과 $\hat{\mathbf{u}}^t$축 방향의 크기가 $\ddot{s}$인 접선성분을 갖는다. 따라서 점 $P$의 가속도는 아래와 같이 나타낼 수 있다.

$$\mathbf{A}_P = \mathbf{A}_P^n + \mathbf{A}_P^t \tag{4.3}$$

여기서 위첨자 $^n$은 법선방향, $^t$는 접선방향을 나타낸다. 가속도의 법선방향의 성분은 일반적으로 구심가속도이다.

## 4.2 각가속도

전 절을 통해 한 점의 가속도는 크기와 방향을 갖는 벡터량임을 알았다. 그러나 점은 무차원이기 때문에(2.1절) 한 점의 각가속도를 언급할 수는 없다. 차라리 *직선 가속도*는 단순히 그냥 "가속도"는 *점의 운동을 다루는 반면, 각가속도는 강체 운동을 다룬다.*

어떤 순간에 강체가 각속도 $\boldsymbol{\omega}$를 갖고, 잠시 후 각속도 $\boldsymbol{\omega}'$를 갖는다고 가정하자. 그 차이도 역시 벡터량이다.

$$\Delta\boldsymbol{\omega} = \boldsymbol{\omega}' - \boldsymbol{\omega} \tag{a}$$

각속도 $\boldsymbol{\omega}$와 $\boldsymbol{\omega}'$는 서로 다른 크기와 방향을 가질 수 있다. 따라서 *각가속도를 강체의 각속도의 시간에 대한 변화율*로 정의하며, 기호 $\boldsymbol{\alpha}$로 표시한다.

$$\boldsymbol{\alpha} = \lim_{\Delta t \to 0}\left(\frac{\Delta\boldsymbol{\omega}}{\Delta t}\right) = \frac{d\boldsymbol{\omega}}{dt} = \dot{\boldsymbol{\omega}} \tag{4.4}$$

$\Delta\boldsymbol{\omega}$의 경우와 같이, $\boldsymbol{\alpha}$가 $\boldsymbol{\omega}$나 $\boldsymbol{\omega}'$의 경로를 따라 움직인다고 믿을 근거는 없으며, 전혀 새로운 방향을 가질 수도 있다.

더 나아가 각가속도 벡터 $\boldsymbol{\alpha}$를 전체 강체의 절대 회전에 적용한다. 그리고 여기서 강체의 좌표계 번호를 아래 첨자를 사용하여 표시한다(예를 들면 $\boldsymbol{\alpha}_2$, $\boldsymbol{\alpha}_{2/1}$).

## 4.3 강체상 두 점 사이의 가속도차

3.3절에서 동시에 병진운동과 회전운동을 하는 하나의 강체상의 두 점 사이의 속도차를 결정하였다. 강체상의 한 점의 속도는 물체의 어떤 기준점의 속도에, 물체의 각속도 $\boldsymbol{\omega}$에 의해 생기는 회전성분인 속도차의 합으로 결정된다. 따라서 강체상의 어떤 점 $P$의 속도는 속도차의 식으로부터 구할 수 있다.

$$\mathbf{V}_P = \mathbf{V}_Q + \mathbf{V}_{PQ} \tag{a}$$

---

[1] 이 수직 성분항은 $\hat{\mathbf{u}}^t$와 $\hat{\mathbf{u}}^n$의 어느 방향을 양의 방향으로 잡아도 항상 곡선의 중심을 향하게 된다는 사실을 증명해보길 바란다.

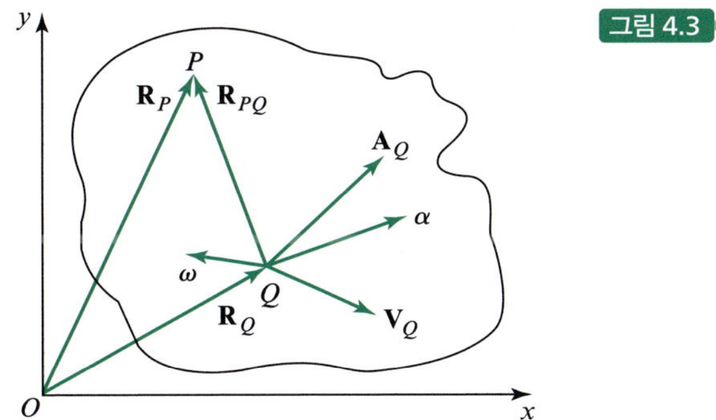


그림 4.3

여기서 $\mathbf{V}_Q$는 기준점 $Q$의 속도이며, $\mathbf{V}_{PQ}$는 속도차이고, 다음 식으로부터 얻는다.

$$\mathbf{V}_{PQ} = \boldsymbol{\omega} \times \mathbf{R}_{PQ} \tag{b}$$

$\boldsymbol{\omega}$는 물체의 각속도이며, $\mathbf{R}_{PQ}$는 기준점 $Q$에 상대적인 위치 $P$를 정의하는 위치차 벡터이다. 식 ($b$)를 식 ($a$)에 대입하면 다음과 같다.

$$\mathbf{V}_P = \mathbf{V}_Q + \boldsymbol{\omega} \times \mathbf{R}_{PQ} \tag{c}$$

그림 4.3에도 이와 비슷한 표기를 사용했다. 강체상의 기준점 $Q$는 가속도 $\mathbf{A}_Q$를 가지며 각속도 $\boldsymbol{\omega}$에 추가하여 각가속도 $\boldsymbol{\alpha}$를 갖는 것으로 표시한다. 일반적으로 $\boldsymbol{\alpha}$는 $\boldsymbol{\omega}$와 같은 방향이 아니다.

점 $P$의 가속도는 식 ($c$)를 시간에 대하여 미분하여 구한다.

$$\dot{\mathbf{V}}_P = \dot{\mathbf{V}}_Q + \boldsymbol{\omega} \times \dot{\mathbf{R}}_{PQ} + \dot{\boldsymbol{\omega}} \times \mathbf{R}_{PQ} \tag{d}$$

그러나 $\dot{\mathbf{V}}_P = \mathbf{A}_P$, $\dot{\mathbf{V}}_Q = \mathbf{A}_Q$, $\dot{\mathbf{R}}_{PQ} = \boldsymbol{\omega} \times \mathbf{R}_{PQ}$, $\dot{\boldsymbol{\omega}} = \boldsymbol{\alpha}$이므로, 점 $P$의 가속도는 식 ($d$)로부터 다음과 같이 나타낼 수 있다.

$$\mathbf{A}_P = \mathbf{A}_Q + \boldsymbol{\omega} \times (\boldsymbol{\omega} \times \mathbf{R}_{PQ}) + \boldsymbol{\alpha} \times \mathbf{R}_{PQ} \tag{4.5}$$

여기서, 첫 번째 항인 $\mathbf{A}_Q$는 기준좌표계인 점 $Q$의 가속도이며, 나머지 두 개의 항은 강체의 회전으로 발생된다. 이들 성분의 방향을 구하기 위하여 먼저 2차원 문제로 검토해본다.

그림 4.4에서 $P$와 $Q$가 기준면 $x_1y_1$ 상에서 병진운동과 회전운동을 함께 하는 강체상의 두 점이라고 하자. 또한 원점이 $Q$인 병진운동만 하는, 즉 $x_2$가 $x_1$과 평행인 이동좌표계를 $x_2y_2$를 정의한다. 주어진 조건하에 기준점 $Q$의 속도와 가속도를 결정한다. 또한, 강체의 각속도 $\boldsymbol{\omega}$와 각가속도 $\boldsymbol{\alpha}$를 결정한다. 평면 운동에서 이러한 각도비는 스칼라양으로 취급할 수 있다. 왜냐하면 대응하는 벡터들은 항상 평면 운동에 대하여 수직인 축을 갖기 때문이다. 그러나 스칼라양은 양수나 음수일 수 있기 때문에 다른 방향을 가질 수 있다.

점 $P$의 위치는 위치차 식으로 표시할 수 있다.

$$\mathbf{R}_P = \mathbf{R}_Q + \mathbf{R}_{PQ} \tag{e}$$

그림 4.4

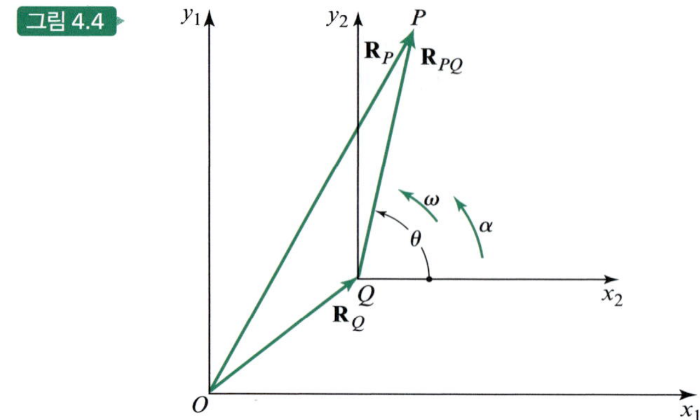


또한, 식 $(a)$는 2차원 상에서 다음 형태로 나타낼 수 있다.

$$\mathbf{R}_p = \mathbf{R}_Q + R_{PQ}\angle\theta \tag{$f$}$$

또는 복소 극좌표 형식으로 나타내면 다음과 같다.

$$\mathbf{R}_P = \mathbf{R}_Q + R_{PQ}e^{j\theta} \tag{$g$}$$

식 $(g)$의 시간에 대한 1차 미분식은 점 $P$의 속도이며, 다음 식과 같다.

$$\mathbf{V}_P = \mathbf{V}_Q + j\omega R_{PQ}e^{j\theta} \tag{$h$}$$

이는 식 $(c)$에서 오른쪽 두 번째 항인 속도차 벡터인 $\mathbf{V}_{PQ}$로 표현되는 평면 운동에 대한 복소극좌표 형식이다. 이것의 크기는 $\omega R_{PQ}$이며, 방향 $je^{j\theta}$는 그림 4.5에서 나타낸 것처럼 $\boldsymbol{\omega}$와 같은 방향으로 $R_{PQ}$에 수직이다.

점 $P$의 가속도는 식 $(h)$의 시간에 대한 미분으로 주어지며 다음과 같이 나타낼 수 있다.

$$\mathbf{A}_P = \mathbf{A}_Q - \omega^2 R_{PQ}e^{j\theta} + j\alpha R_{PQ}e^{j\theta} \tag{$i$}$$

이 식의 두 번째와 세 번째 항은 식 (4.5)의 두 번째와 세 번째 항에 해당한다. 두 번째 성분은 가속도의 *법선* 또는 *구심* 성분이라 한다. 2차원 평면 운동에서 이 성분의 크기는

$$\omega^2 R_{PQ} = \frac{V_{PQ}^2}{R_{PQ}}$$

이고 방향 $-e^{j\theta}$은 위치차 벡터 $\mathbf{R}_{PQ}$의 반대방향이다. 이는 가속도 차이의 법선성분이며, 그 크기는 아래와 같다.

$$A_{PQ}^n = \omega^2 R_{PQ} = \frac{V_{PQ}^2}{R_{PQ}} \tag{4.6}$$

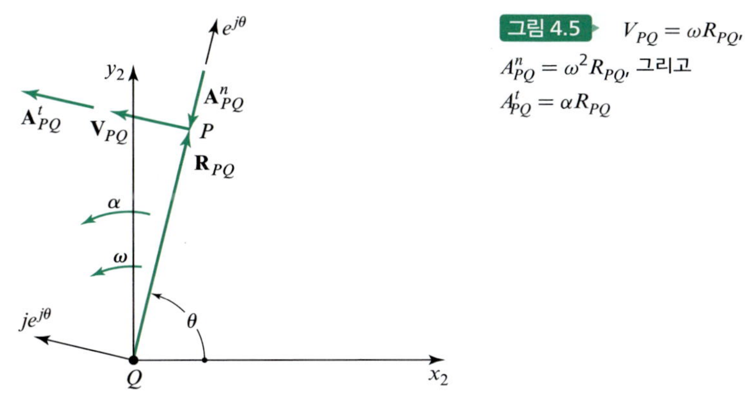


그림 4.5 $V_{PQ} = \omega R_{PQ}$, $A^n_{PQ} = \omega^2 R_{PQ}$, 그리고 $A^t_{PQ} = \alpha R_{PQ}$

여기서 식 (i)의 세 번째 성분은 물체의 각가속도와 연관되어져 있다. 그 크기는 $\alpha R_{PQ}$이며 방향은 $je^{j\theta}$이고, 속도차 벡터인 $\mathbf{V}_{PQ}$와 같은 방향이다. $P$는 병진운동의 기준점인 $Q$에 대하여 상대적인 운동을 하는 원을 따라 움직인다. 왜냐하면, 세 번째 항은 위치차 벡터 $\mathbf{R}_{PQ}$에 직각이고 원에 접하기 때문에, 가속도의 *접선*성분으로 부르는 것이 편리하고 그 크기는 다음과 같다.

$$A^t_{PQ} = \alpha R_{PQ} \tag{4.7}$$

2차원 평면 운동에 대한 가속도 차이의 법선 및 접선성분은, 즉 식 (4.6)과 (4.7), 그림 4.5에 설명되어 있다.

이제 3차원 상에서 식 (4.5)의 마지막 두 항을 다시 살펴보자. 가속도의 법선성분의 방향은 다음과 같다.

$$\mathbf{A}^n_{PQ} = \boldsymbol{\omega} \times (\boldsymbol{\omega} \times \mathbf{R}_{PQ}) \tag{4.8}$$

이는 그림 (4.6)에 잘 표시되어 있다. 이 성분은 $\boldsymbol{\omega}$와 $\mathbf{R}_{PQ}$를 포함하는 평면에 있고 이는 $\boldsymbol{\omega}$에 수직이다. 크기는 다음과 같다.

$$|\boldsymbol{\omega} \times (\boldsymbol{\omega} \times \mathbf{R}_{PQ})| = \omega^2 R_{PQ} \sin\phi = \frac{V^2_{PQ}}{R_{PQ}\sin\phi}$$

여기에서 $R_{PQ}\sin\phi$는 그림 4.6에서와 같이 원의 반지름이다.

벡터곱의 정의에 따라, 가속도의 접선방향 성분은 다음과 같고,

$$\mathbf{A}^t_{PQ} = \boldsymbol{\alpha} \times \mathbf{R}_{PQ} \tag{4.9}$$

이는 오른손 법칙을 따르는 $\boldsymbol{\alpha}$와 $\mathbf{R}_{PQ}$를 포함하는 평면에 수직이다. 각가속도인 $\boldsymbol{\alpha}$ 때문에 그림 4.7에서 $P$가 원 주위에서 가속되는 것처럼 보여 줄 수 있다. 이 원의 평면은 $\boldsymbol{\alpha}$와 $\mathbf{R}_{PQ}$를 포함하는 평면에 대해 수직이다. 벡터곱의 정의를 이용하여, 이 가속도의 접선성분의 크기는 다음과 같이 얻을 수 있다.

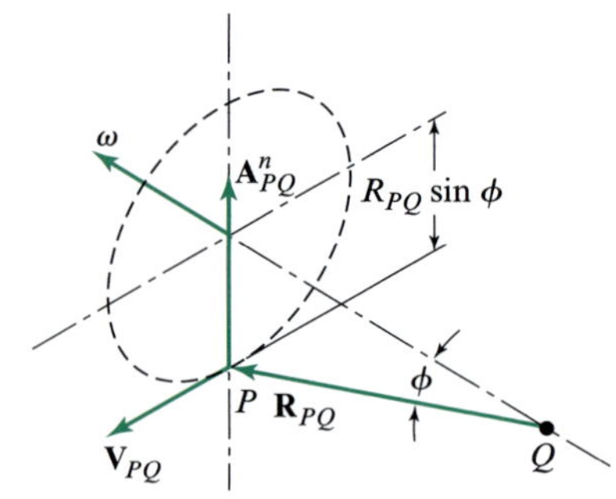


그림 4.6 $\mathbf{V}_{PQ} = \boldsymbol{\omega} \times \mathbf{R}_{PQ}$, $\mathbf{A}^n_{PQ} = \boldsymbol{\omega} \times (\boldsymbol{\omega} \times \mathbf{R}_{PQ})$

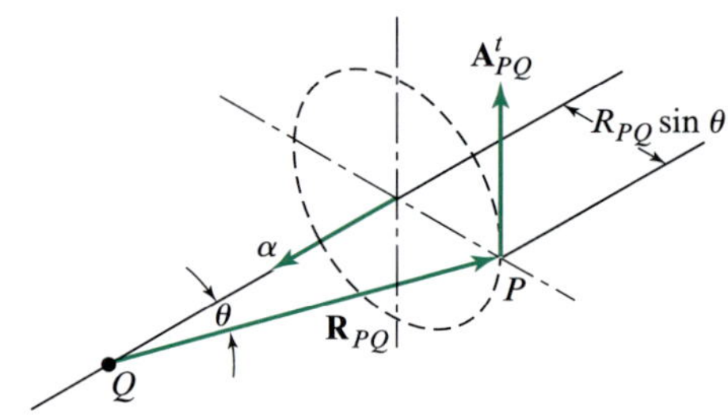


그림 4.7 $\mathbf{A}^t_{PQ} = \boldsymbol{\alpha} \times \mathbf{R}_{PQ}$

$$|\boldsymbol{\alpha} \times \mathbf{R}_{PQ}| = \alpha R_{PQ} \sin\theta$$

여기서 $R_{PQ}\sin\theta$는 그림 4.7에서 보는 바와 같이 원의 반지름이다.

다시 한번, 일반적으로 $\boldsymbol{\alpha}$와 $\boldsymbol{\omega}$는 3차원 공간에서는 같은 방향이 아닐 수 있음을 강조한다.

여기서 이 절의 결과를 요약하면, 강체상에 고정된 한 점의 가속도는 세 성분의 합으로 구성된다. 첫째는 기준점의 가속도이다(그림 4.3에서 점 $Q$). 그 값은 선택된 기준점의 운동에 따른다. 물체의 회전에 따라 가속도에 대해 두 가지 성분이 추가된다. 그 하나는 각속도에 따른 법선성분이고, 또 하나는 접선성분으로, 이것은 물체의 각속도 변화율에 따른다.

식 (4.5)는 다음과 같이 나타낼 수 있다.

$$\mathbf{A}_P = \mathbf{A}_Q + \mathbf{A}_{PQ} \tag{4.10}$$

이 식을 *가속도차 식*(*acceleration-difference equation*)이라고 한다. 가속도차의 성분을 편의상 다음과 같이 표시한다.

$$\mathbf{A}_{PQ} = \mathbf{A}^n_{PQ} + \mathbf{A}^t_{PQ}$$

다음으로, 가속도차 식은 아래와 같이 표현될 수 있다.

$$\mathbf{A}_P = \mathbf{A}_Q + \mathbf{A}^n_{PQ} + \mathbf{A}^t_{PQ} \tag{4.11}$$

가속도 문제는 식 (3.4)의 속도차 공식을 활용과 동일하게 가속도차 식을 이용해서 풀 수 있다. 다음의 도식적 및 해석적 방법으로 가속도 해석에 대한 예를 보여준다.

### 예제 4.1

그림 4.8$a$의 4절 링크기구에서, 일정한 각속도 $\omega_2 = 200$ rad/s를 갖는다. 점 $A$와 $B$의 가속도와 링크 3과 4의 각가속도를 구하라.

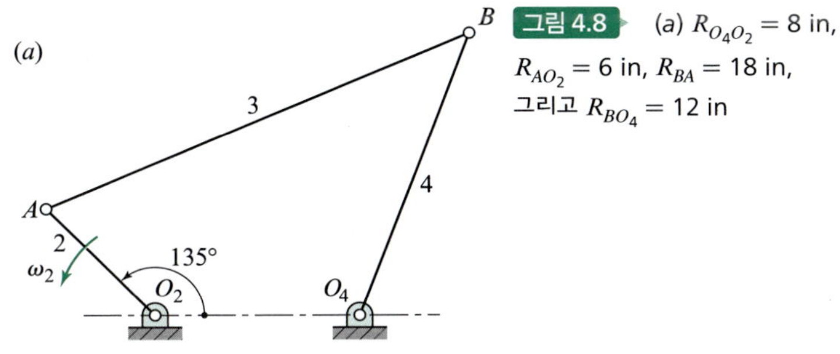


그림 4.8 (a) $R_{O_4O_2} = 8$ in, $R_{AO_2} = 6$ in, $R_{BA} = 18$ in, 그리고 $R_{BO_4} = 12$ in

▶ **도식적 풀이**

우석, 가속도 해석을 위해서는 속도 다각형을 그려야 한다. 왜냐하면, 점 $A$와 $B$의 속도와 링크 3과 4의 각속도가 필요하기 때문이다.

점 $A$의 속도의 크기는 다음과 같다.

$$V_A = \omega_2 R_{AO_2} = (200 \text{ rad/s})(6/12\text{ft}) = 100 \text{ ft/s}$$

이 값들을 활용하여, 그림 4.8$b$에서 보여지듯이 속도 다각형을 그릴 수 있다. 그리고 이 다각형으로부터, 점 $B$와 $A$의 속도차 및 점 $B$의 속도를 아래와 같이 측정을 통하여 구할 수 있다.

$$V_{BA} = 128 \text{ ft/s} \quad \text{및} \quad V_B = 129 \text{ ft/s}$$

따라서 링크 3과 4의 각속도는 다음과 같다.

$$\omega_3 = \frac{V_{BA}}{R_{BA}} = \frac{128 \text{ ft/s}}{(18/12) \text{ ft}} = 85.3 \text{ rad/s ccw}$$

$$\omega_4 = \frac{V_{BO_4}}{R_{BO_4}} = \frac{129 \text{ ft/s}}{(12/12) \text{ ft}} = 129 \text{ rad/s ccw}$$

여기서 방향은 속도 다각형을 검토하면 알 수 있다.

다음 단계는 점 $B$의 가속도를 아래와 같이 구하는 것이다. 우선, 가속도차 식 (4.10)은 다음과 같다.

$$\mathbf{A}_B = \mathbf{A}_A + \mathbf{A}_{BA}$$

혹은

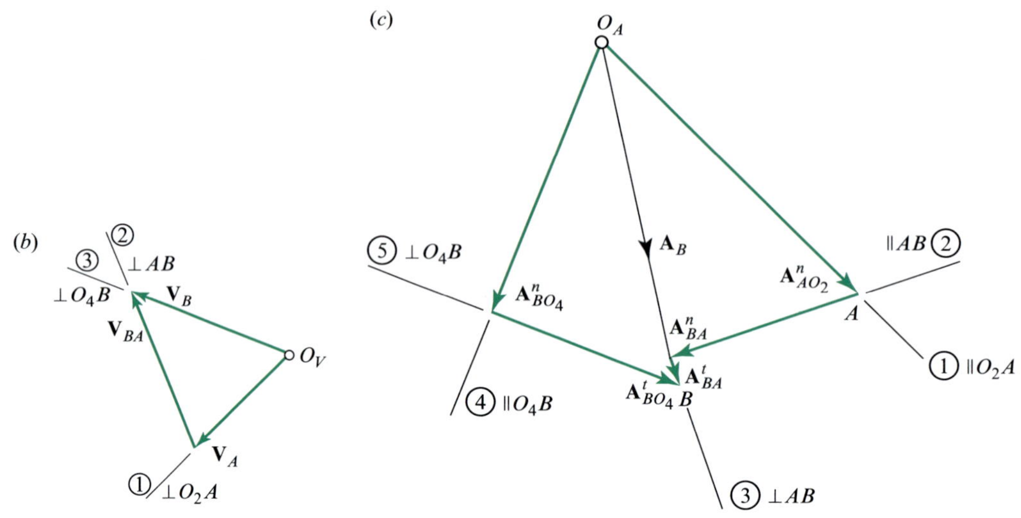


그림 4.8 (계속) (*b*) 속도 다각형, (*c*) 가속도 다각형

$$\overset{\mathbf{0}}{\cancel{\mathbf{A}}_{O_4}} + \mathbf{A}_{BO_4} = \overset{\mathbf{0}}{\cancel{\mathbf{A}}_{O_2}} + \mathbf{A}_{AO_2} + \mathbf{A}_{BA}$$

다음은 이 식을 성분별로 표시하면 아래와 같다.

$$\overset{\surd\surd}{\mathbf{A}^n_{BO_4}} + \overset{?\surd}{\mathbf{A}^t_{BO_4}} = \overset{\surd\surd}{\mathbf{A}^n_{AO_2}} + \overset{\mathbf{0}}{\cancel{\mathbf{A}}^t_{AO_2}} + \overset{\surd\surd}{\mathbf{A}^n_{BA}} + \overset{?\surd}{\mathbf{A}^t_{BA}} \tag{1}$$

여기서,

$$\begin{aligned}
A^t_{AO_2} &= \alpha_2 R_{AO_2} = 0,\\
A_A = A^n_{AO_2} &= \omega_2^2 R_{AO_2} = (200\ \text{rad/s})^2(6/12)\text{ft} = 20\,000\ \text{ft/s}^2,\\
A^n_{BA} &= \frac{V^2_{BA}}{R_{BA}} = \frac{(128\ \text{ft/s})^2}{(18/12)\ \text{ft}} = 10\,923\ \text{ft/s}^2,\\
A^n_{BO_4} &= \frac{V^2_{BO_4}}{R_{BO_4}} = \frac{(129\ \text{ft/s})^2}{(12/12)\ \text{ft}} = 16\,641\ \text{ft/s}^2
\end{aligned}$$ 답

여기서는 두 개의 미지수인 가속도차 벡터의 두 개의 접선성분의 크기는 가속도 다각형을 통하여 구할 수 있다. 가속도 중심 $O_A$와 축척을 선택 후 $A^n_{AO_2}$, $\mathbf{A}^n_{BA}$를 구성하고 아직 크기를 모르는 $\mathbf{A}^t_{BA}$를 그린다(그림 4.8*c* 참고).

다시 가속도 극점인 $O_A$에서, 식 (1)의 왼쪽을 이용하여 $\mathbf{A}^n_{BO_4}$를 그리고 아직 길이를 모르는 $\mathbf{A}^t_{BO_4}$를 그린다. 그림 4.8*c*에서 제시된 것과 같이 두 벡터, $\mathbf{A}^t_{BA}$와 $\mathbf{A}^t_{BO_4}$ 교차점이 가속도 다각형을 완성한다. 교차점은 가속도 사상점 *B*로 표기한다. 원으로 표시한 숫자는 작도순서를 나타낸다. 각 벡터의 방향을 알 수 있도록, 평행선(‖)과 수직(⊥) 표시를 하였다.

가속도 다각형을 통해서, 두 개의 미지수인 크기가 다음과 같이 측정된다.

$$A^t_{BO_4} = 11\,900 \text{ ft/s}^2 \quad \text{and} \quad A^t_{BA} = 2\,000 \text{ ft/s}^2$$

다각형에서 점 $O_A$에서 점 $B$의 거리는 점 $B$의 가속도의 크기이며 다음과 같다.

$$A_B = 20\,500 \text{ ft/s}^2$$ 답

링크 3과 4의 각가속도는 아래와 같이 구해진다.

$$\alpha_3 = \frac{A^t_{BA}}{R_{BA}} = \frac{2\,000 \text{ ft/s}^2}{(18/12) \text{ ft}} = 1\,333 \text{ rad/s}^2 \text{ cw}$$ 답

$$\alpha_4 = \frac{A^t_{BO_4}}{R_{BO_4}} = \frac{11\,900 \text{ ft/s}^2}{(12/12) \text{ ft}} = 11\,900 \text{ rad/s}^2 \text{ cw}$$ 답

여기서, 방향은 가속도 다각형의 접선 방향을 통해서 확인할 수 있다.

### ▶ 해석적 풀이

처음 두 단계는 위치 해석과 속도 해석을 수행하는 것이다. 이 과정은 앞장에서 서술하였기 때문에 여기서는 해석을 생략하고 결과만 표시한다.

위치 해석의 결과는 그림 4.9에서 확인할 수 있다. 링크들에 대한 위치차 벡터들은 다음과 같다.

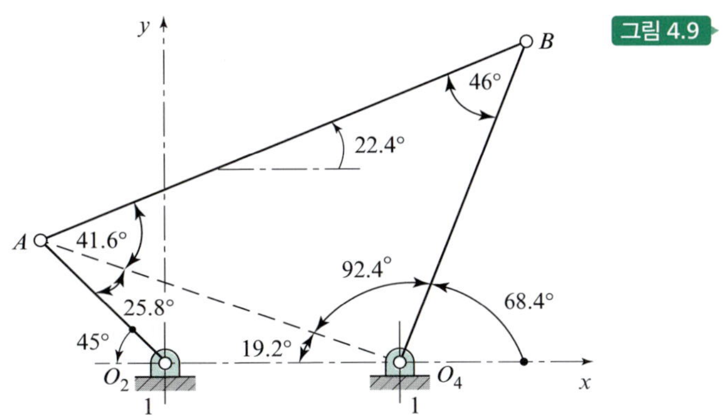


그림 4.9

$$\mathbf{R}_{AO_2} = \left(\frac{6}{12}\right) \text{ ft } \angle 135° = -0.353\,55\hat{\mathbf{i}} + 0.353\,55\hat{\mathbf{j}} \text{ ft},$$

$$\mathbf{R}_{BA} = \left(\frac{18}{12}\right) \text{ ft } \angle 22.4° = 1.386\,82\hat{\mathbf{i}} + 0.571\,61\hat{\mathbf{j}} \text{ ft},$$

$$\mathbf{R}_{BO_4} = \left(\frac{12}{12}\right) \text{ ft } \angle 68.4° = 0.368\,12\hat{\mathbf{i}} + 0.929\,78\hat{\mathbf{j}} \text{ ft}$$

주어진 입력 각속도 $\boldsymbol{\omega}_2 = 200\,\hat{\mathbf{k}}$ rad/s에 대해서, 속도 해석의 결과는 다음과 같다.

$$\boldsymbol{\omega}_3 = 84.253\hat{\mathbf{k}}\ \text{rad/s}, \quad \text{and} \quad \boldsymbol{\omega}_4 = 129.39\hat{\mathbf{k}}\ \text{rad/s}$$

다음은, 알고 있는 가속도성분을 다음과 같이 계산한다.

$$\mathbf{A}^n_{AO_2} = \boldsymbol{\omega}_2 \times (\boldsymbol{\omega}_2 \times \mathbf{R}_{AO_2}) = 14\,142\hat{\mathbf{i}} - 14\,142\hat{\mathbf{j}}\ \text{ft/s}^2 = \mathbf{A}_A \qquad \text{답 (2)}$$

$$\mathbf{A}^n_{BA} = \boldsymbol{\omega}_3 \times (\boldsymbol{\omega}_3 \times \mathbf{R}_{BA}) = -9\,844\hat{\mathbf{i}} - 4\,058\hat{\mathbf{j}}\ \text{ft/s}^2 \qquad (3)$$

$$\mathbf{A}^n_{BO_4} = \boldsymbol{\omega}_4 \times (\boldsymbol{\omega}_4 \times \mathbf{R}_{BO_4}) = -6\,163\hat{\mathbf{i}} - 15\,567\hat{\mathbf{j}}\ \text{ft/s}^2 \qquad (4)$$

$\boldsymbol{\alpha}_3$과 $\boldsymbol{\alpha}_4$의 크기는 모르지만, 다음과 같은 방법으로 해와 연관시킬 수 있다.

$$\mathbf{A}^t_{BA} = \boldsymbol{\alpha}_3 \times \mathbf{R}_{BA} = \begin{vmatrix} \hat{\mathbf{i}} & \hat{\mathbf{j}} & \hat{\mathbf{k}} \\ 0 & 0 & \alpha_3 \\ 1.386\,82\ \text{ft} & 0.571\,61\ \text{ft} & 0 \end{vmatrix} = -0.571\,61\alpha_3\hat{\mathbf{i}} + 1.386\,82\alpha_3\hat{\mathbf{j}}\ \text{ft} \qquad (5)$$

$$\mathbf{A}^t_{BO_4} = \boldsymbol{\alpha}_4 \times \mathbf{R}_{BO_4} = \begin{vmatrix} \hat{\mathbf{i}} & \hat{\mathbf{j}} & \hat{\mathbf{k}} \\ 0 & 0 & \alpha_4 \\ 0.368\,12\ \text{ft} & 0.929\,78\ \text{ft} & 0 \end{vmatrix} = -0.929\,78\alpha_4\hat{\mathbf{i}} + 0.368\,12\alpha_4\hat{\mathbf{j}}\ \text{ft} \qquad (6)$$

점 $B$의 가속도차 식과 $\mathbf{A}^t_{AO_2} = \mathbf{0}$을 이용하여 다음 식을 얻는다.

$$\mathbf{A}^n_{BO_4} + \mathbf{A}^t_{BO_4} = \mathbf{A}^n_{AO_2} + \mathbf{A}^n_{BA} + \mathbf{A}^t_{BA} \qquad (7)$$

여기서 식 (2)~(6)을 식 (7)에 대입하고, $\hat{\mathbf{i}}$와 $\hat{\mathbf{j}}$ 성분으로 분리하면, 다음과 같은 연립방정식을 얻는다.

$$(0.571\,61\ \text{ft})\alpha_3 - (0.929\,78\ \text{ft})\alpha_4 = 10\,461\ \text{ft/s}^2 \qquad (8)$$

$$-(1.386\,82\ \text{ft})\alpha_3 + (0.368\,12\ \text{ft})\alpha_4 = -2\,633\ \text{ft/s}^2 \qquad (9)$$

이 연립방정식을 풀면, 링크 3과 4의 각가속도는 각각 아래와 같다.

$$\boldsymbol{\alpha}_3 = -1\,300\hat{\mathbf{k}}\ \text{rad/s}^2 \quad \text{and} \quad \boldsymbol{\alpha}_4 = -12\,050\hat{\mathbf{k}}\ \text{rad/s}^2 \qquad \text{답 (10)}$$

여기에서 음의 부호는 두 개 다 시계방향을 의미한다.

점 $B$의 가속도는 식 (4.11)로부터 다음과 같이 표현된다.

$$\mathbf{A}_B = \mathbf{A}^n_{BO_4} + \mathbf{A}^t_{BO_4} \qquad (11)$$

과정은 식 (10)을 식 (6)에 대입하면 아래와 같은 식을 얻을 수 있다.

$$\mathbf{A}^t_{BO_4} = 11\,204\hat{\mathbf{i}} - 4\,436\hat{\mathbf{j}} \text{ ft/s}^2 \tag{12}$$

그리고, 식 (4)와 (12)를 식 (11)에 대입하면, 점 $B$의 가속도는 아래와 같다.

$$\mathbf{A}_B = 5\,041\hat{\mathbf{i}} - 20\,003\hat{\mathbf{j}} \text{ ft/s}^2 = 20\,628 \text{ ft/s}^2 \angle -75.86° \qquad \text{답}$$

해석적 방법으로 구해진 4개의 답은 도식적 방법과 일치하며, 좀 더 정확함을 알 수 있다.

## 4.4 가속도 다각형; 가속도 사상

한 링크의 가속도 사상은 속도 사상과 같은 방법으로 구할 수 있다(3.4절 참고).

Rosenauer and Willis[7]에 따르면, Mehmke의 이론은 다음과 같이 설명된다:

> 평면 강체의 점에 대한 가속도 벡터의 끝점은 공통 원점에 대해 그리면 원래의 그림과 기하학적으로 닮은 모양이 된다(사상 선도).

이 정리는 결과적으로 이 절에서 제시된 가속도 사상을 만들었다. 또한, 최소한의 필요한 표식을 사용해도 가속도 다각형을 명확하게 해주었다. 이는 다음의 예제와 설명을 통해 보다 명확해질 것이다.

### 예제 4.2

그림 4.10의 4절 링크기구는 예제 3.1에서 각속도가 900 rev/min = 94.25 rad/s ccw이다. 링크 3과 4의 각가속도와 점 $E$와 $F$의 가속도를 구하라.

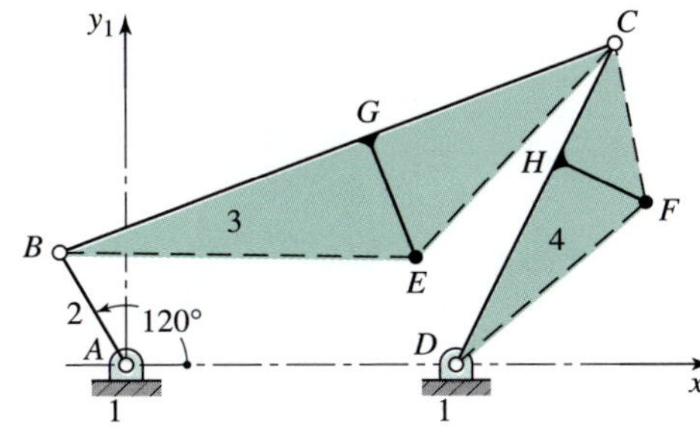


그림 4.10 $R_{BA} = 4$ in, $R_{CB} = 18$ in, $R_{CD} = 11$ in, $R_{DA} = 10$ in, $R_{GB} = 10$ in, $R_{EG} = 4$ in, $R_{HD} = 7$ in, 그리고 $R_{FH} = 3$ in

**▶ 풀이**

우선, 점 $B$와 $C$의 가속도를 고려해 보자. 링크 2의 각가속도가 0이기 때문에 $B$의 가속도의 법선성분만 남는다. 따라서 다음과 같다.

$$A_B = A^n_{BA} = \omega_2^2 R_{BA} = (94.25 \text{ rad/s})^2 (4/12 \text{ ft}) = 2\,961 \text{ ft/s}^2$$

이제 적절한 척도와 가속도 기준, $O_A$를 정하면 된다. 점 $A$와 $D$ 가속도가 0이므로, 점들의 사상은 가속도 기준점인 $O_A$와 일치한다. 그리고, 그림 4.11에 나타낸 바와 같이 가속도 사상점 $B$를 결정하기 위하여 $\mathbf{A}_B$를 그린다(벡터 $\mathbf{R}_{BA}$의 반대방향). 다음으로, 가속도 다각형에서 점 $C$와 점 $B$, $D$를 연결하기 위하여 식 (4.11)을 사용한다.

$$\mathbf{A}_C = \overset{\surd\surd}{\mathbf{A}_B} + \overset{\surd\surd}{\mathbf{A}_{CB}^n} + \overset{?\surd}{\mathbf{A}_{CB}^t} = \overset{\surd\surd}{\mathbf{A}_{CD}^n} + \overset{?\surd}{\mathbf{A}_{CD}^t} \tag{1}$$

예제 3.1에서 구한(그림 3.7*b* 참고) 위치와 속도 결과를 사용하여 식 (1)의 두 개의 법선성분들의 크기를 계산할 수 있고, 아래와 같다.

$$A_{CB}^n = \frac{V_{CB}^2}{R_{CB}} = \frac{(38.4\ \text{ft/s})^2}{(18/12)\ \text{ft}} = 983\ \text{ft/s}^2$$

$$A_{CD}^n = \frac{V_{CD}^2}{R_{CD}} = \frac{(45.5\ \text{ft/s})^2}{(11/12)\ \text{ft}} = 2258\ \text{ft/s}^2$$

이들 2개의 법선성분은 각각 벡터 $\mathbf{R}_{CB}$와 $\mathbf{R}_{CD}$의 반대방향으로 그려진다. 식 (1)에서 요구하는 것처럼, 이 법선성분들은 점 $B$와 $D$에서 시작하는 가속도 다각형에 추가되고, 그림 4.11에서 점선으로 나타낸다. 수직 점선들은 이 2개의 법선성분의 끝점을 통과한다. 이들은 2개의 접선성분 $A_{CB}^t$와 $A_{CD}^t$에 추가하여 나타내며, 식 (1)을 완성한다. 이 점들의 교차점을 가속도 사상점 $C$로 표시한다.

그림 4.11 가속도 다각형

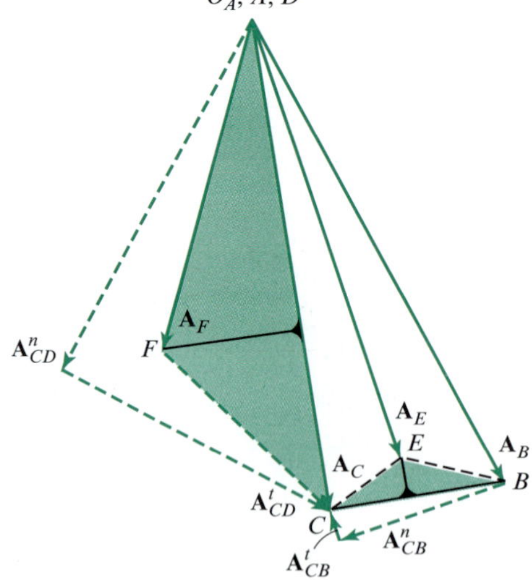


측정된 2개의 접선성분으로부터 링크 3과 4의 각가속도를 구한다.

$$\alpha_3 = \frac{A_{CB}^t}{R_{CB}} = \frac{170\ \text{ft/s}^2}{(18/12)\text{ft}} = 113\ \text{rad/s}^2\ \text{ccw}$$ 답

$$\alpha_4 = \frac{A^t_{CD}}{R_{CD}} = \frac{1\,670 \text{ ft/s}^2}{(11/12)\text{ft}} = 1\,822 \text{ rad/s}^2 \text{ cw}$$ 답

링크 3의 점 $E$의 가속도를 구하는 방법에는 여러 가지가 있다. 한 가지 방법은 링크 3에 있는 점 $B$와 $C$의 두 개의 가속도차 공식을 이용하는 것이다.

$$\mathbf{A}_E = \mathbf{A}_B + \mathbf{A}^n_{EB} + \mathbf{A}^t_{EB} = \mathbf{A}_C + \mathbf{A}^n_{EC} + \mathbf{A}^t_{EC} \tag{2}$$

이 두 개의 방정식의 해는 식 (1)에 사용된 것과 동일한 방법으로 구해줄 수 있다. 두 번째 방법은 알고 있는 $\boldsymbol{\alpha}_3$의 값을 이용하여 식 (2)에서 하나 또는 2개의 접선성분을 계산하는 것이다.

세 번째 방법이며 가장 쉬운 방법은 그림 4.11에서 사용한 링크 3에 대한 가속도 사상 삼각형 $BCE$를 만드는 것이다. 이 사상 삼각형은 기준선으로 가속도차 벡터 $\mathbf{A}_{CB}$ 선을 활용하여 형성된다. 그리고 링크 3의 삼각형 $BCE$를 형성한다.[2] 이들 방법을 통해 가속도 사상점 $E$의 위치를 구할 수 있다. 점 $E$의 가속도의 크기는 아래와 같이 측정된다.

$$A_E = 2\,580 \text{ ft/s}^2$$ 답

유사하게, 가속도 사상 삼각형 $DCF$를 이용하여, 점 $F$의 가속도의 크기를 구하며, 그 결과는 다음과 같다.

$$A_F = 1\,960 \text{ ft/s}^2$$ 답

**예제 4.3**

그림 4.12*a*에 나와 있는 슬라이더-크랭크의 링크에 해당하는 가속도 사상을 구하라. 크랭크(링크 2)는 반시계방향의 $\omega_2 = 1$ rad/s의 일정한 각속도로 회전하고 있다.

**▶ 풀이**

그림 4.12*a*에서 링크 2와 3은 각각 삼각형 $O_2DA$와 $ABC$로 표시된다. 속도와 가속도 다각형은 전의 예제에서와 동일한 방법으로 구할 수 있으며, 결과는 각각 그림 4.12*b*와 4.12*c*에 나와 있다. 또한, 각각의 가속도 사상은 구성 벡터로부터가 아닌, *전체 가속도차* 벡터로부터 그려질 수 있다.

크랭크의 각가속도가 0이므로($\alpha_2 = 0$), 해당되는 가속도 사상은 크랭크의 방향으로부터 180° 회전한다. 링크 3의 경우 반시계방향의 각가속도를 가지며, 가속도 사상은 링크의 방향으로부터 180°보다 훨씬 덜 회전한다. 따라서, 각각의 가속도 사상의 방향은 링크의 각속도와 각가속도에 의해 결정된다.

---

[2] 가속도 사상의 형상은 원래의 형상에 대하여 "뒤집히지" 않는다는 사실에 매우 조심하여야 한다. 이를 위한 간단한 시험으로는, 링크 3에 대하여 표지 $BEC$가 원래의 링크 형상의 경우에는 시계방향 순서이기 때문에 그 표지가 속도 사상과 가속도 사상에서도 여전히 시계방향인지를 알아보는 방법이 있다.

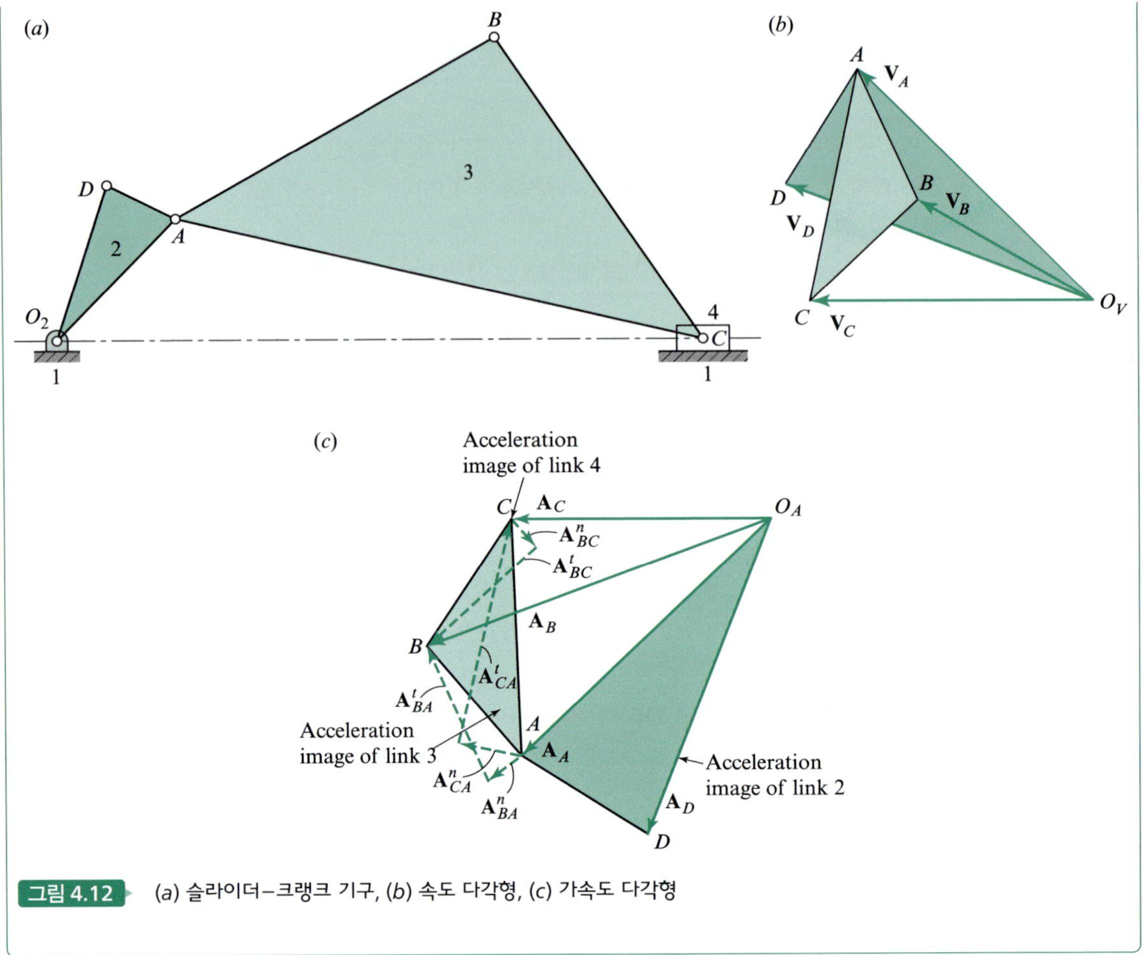


그림 4.12 (*a*) 슬라이더-크랭크 기구, (*b*) 속도 다각형, (*c*) 가속도 다각형

## 요약

아래 내용은 가속도 사상의 중요한 특성들이다:

1. 가속도 다각형에서 각 링크의 가속도 사상은 링크의 형상 척도를 재형성한다.
2. 각 링크의 꼭짓점을 나타내는 문자들은 가속도 다각형과 같으며, 이 문자들은 가속도 사상 주위를 같은 순서로 진행하고, 링크 주위를 같은 각 방향으로 구성한다.
3. 가속도 다각형의 점 $O_A$는 절대 가속도가 0인 모든 점들의 사상이다. 이것은 고정된 링크의 가속도 사상이다.
4. 어떤 링크상의 임의의 점의 절대 가속도는 $O_A$로부터 가속도 다각형 안에 있는 점의 사상까지의 선으로 나타낸다. 동일한 링크의 점 $B$와 $C$ 간의 가속도차는, 가속도 사상점 $C$부터 가속도 사상점 $B$까지의 선으로 나타낸다.
5. 회전하지 않는(병진운동) 링크의 경우, 링크의 모든 점에서의 가속도는 동일하며, 링크의 각속도와 각가속도는 모두 0이다. 따라서, 링크의 각속도 사상은 가속도 다각형에서 한 점으로 줄어들게 된다.
6. 링크 $j$의 가속도 사상의 방향은 다음 식으로 주어지는데

$$\delta_j = 180° - \tan^{-1}\frac{\alpha_j}{\omega_j^2} \tag{4.12}$$

여기서 $\delta_j$는 도(degree)로 표시되는 각도이며, 링크 $j$ 자신의 원위치로부터 링크의 가속도 사상으로, 반시계방향(양의 방향)으로 측정된다.

## 4.5 이동좌표계에서 한 점의 상대 가속도

3.5절에서 한 점의 절대 운동을 묘사하는 것이 어렵고, 다른 움직이는 링크에 대해 운동하는 점의 경로를 묘사하는 것이 편리하면 상대 속도 방정식을 구하는 것이 도움이 된다는 것을 배웠다. 지금부터 그러한 점의 가속도에 대하여 알아보자.

그림 4.13은 알려진 경로("슬롯")를 따라 이동 기준좌표계 $x_2y_2z_2$에 대해 상대적으로 움직이는 링크 3의 점 $P_3$을 나타낸다. 점 $P_2$는 운동 링크 2에 고정되고, 순간적으로 $P_3$과 일치한다. 이 문제는 전형적인 기계 시스템에서 계산할 수 있는(또는 측정할 수 있는) 매개변수로 점 $P_3$과 $P_2$의 가속도를 연계시키는 공식을 구하는 것이다.

그림 4.14에서 이러한 상황이 링크 2에 고정된, 움직이는 관측자에 의하여 어떻게 보이는지 다시 살펴보자. HER에게는 $P_3$의 경로(즉 "슬롯")은 정지한 것으로 나타나고, 점 $P_3$은 상대 속도

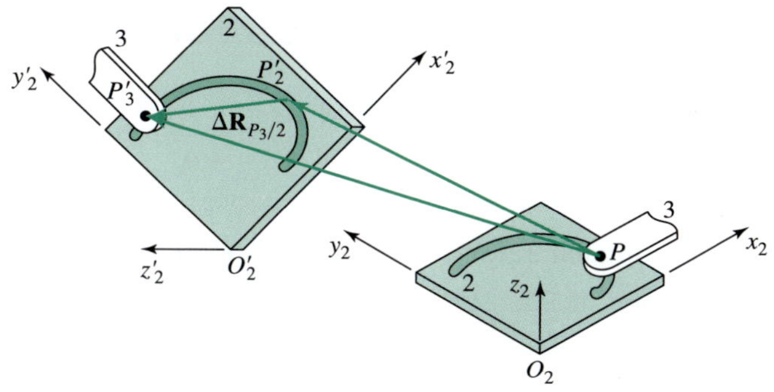


그림 4.13 상대 변위

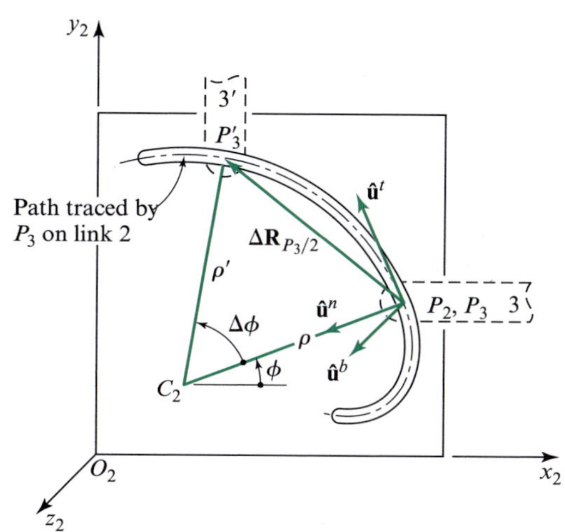


그림 4.14 링크 2에 있는 관측자가 본 점 $P_3$의 상대 변위

$\mathbf{V}_{P_3/2}$로 경로의 접선을 따라 움직이는 것으로 나타난다.

3.5절에서(그림 3.12 참조) 다른 이동좌표계 $\hat{\mathbf{u}}^t\hat{\mathbf{u}}^n\hat{\mathbf{u}}^b$를 정의하였다. 여기서 $\hat{\mathbf{u}}^t$는 오른쪽으로 움직이는 $P$의 경로에 대한 단위접선 벡터로 정의하고, $\hat{\mathbf{u}}^b$는 $\hat{\mathbf{u}}^t$와 곡률의 중심인 $C$를 포함하는 평면에 대해 직교하는 벡터이고, 그 평면에서 선호하는 쪽으로 선택한 양의 방향을 향한다. 세 번째 단위 벡터인 $\hat{\mathbf{u}}^n$는 식 (3.7)의 $\hat{\mathbf{u}}^n = \hat{\mathbf{u}}^b \times \hat{\mathbf{u}}^t$로부터 구하여 오른손 직교좌표계를 완성한다. 또한 상대 속도에 대한 식 (3.9)를 얻는다.

$$\mathbf{V}_{P_3/2} = \frac{ds}{dt}\hat{\mathbf{u}}^t \tag{$a$}$$

여기서, 곡선 경로를 따라 $P_3$의 궤적을 측정하는 원호의 거리를 스칼라인 $s$로 정의한다. 짧은 시간 $\Delta t$ 동안 $P_3$이 작은 원호의 길이 $\Delta s$를 움직일 때($P_3P_3'$, 그림 4.14 참고), 곡률 반경 $\rho$는 작은 각 $\Delta\phi$만큼 회전한다. 각과 원호의 길이 사이에는 다음과 같은 관계가 성립한다.

$$\Delta\phi = \frac{\Delta s}{\rho} \tag{$b$}$$

여기서 곡률의 중심 $C$는 양 또는 음의 $\hat{\mathbf{u}}^n$의 연장선상에 놓이게 된다. 그러므로 곡률 반경 $\rho$는 $P$에서 $C$까지의 거리로부터 측정되며, $\hat{\mathbf{u}}^n$의 방향에 따라 양의 값 또는 음의 값을 갖는다. 또한, 이것은 양의 $\hat{\mathbf{u}}^b$로부터 볼 때 반시계방향이면 각도 $\Delta\phi$는 양의 각도가 된다.

식 ($b$)를 $\Delta t$로 나누고 짧은 시간 $\Delta t$에 대한 극한값을 구하면 다음과 같다.

$$\frac{d\phi}{dt} = \frac{1}{\rho}\frac{ds}{dt} = \frac{V_{P_3/2}}{\rho} \tag{$c$}$$

이것은 각변화율(angular rate)이라고 하는데, 점 $P_3$이 경로를 따라 움직일 때 좌표계 2에 있는 관측자에게 회전하는 것으로 보이는 곡률 반경 $\rho$(단위 벡터 $\hat{\mathbf{u}}^t$과 $\hat{\mathbf{u}}^n$도 마찬가지)의 각변화이다. 회전축이 $\hat{\mathbf{u}}^b$에 평행한 것을 이용해서, 이 회전속도를 상대 각속도와 같은 벡터 성질들에 부여할 수 있다. 여기서 다음과 같이 상대 각속도 벡터를 정의할 수 있다.

$$\dot{\boldsymbol{\phi}} = \frac{d\phi}{dt}\hat{\mathbf{u}}^b = \frac{V_{P_3/2}}{\rho}\hat{\mathbf{u}}^b \tag{$d$}$$

다음으로, 단위접선 벡터 $\hat{\mathbf{u}}^t$의 시간 미분을 구하기 위하여 식 ($a$)를 미분할 수 있다. $\hat{\mathbf{u}}^t$가 단위 벡터이기 때문에 이 길이는 변하지 않는다. 그러나 방향이 변하기 때문에 미분을 갖는다. 절대좌표계에서 $\hat{\mathbf{u}}^t$는 이동좌표계 2가 회전할 때 상대 각속도 $\dot{\boldsymbol{\phi}}$와 각속도 $\boldsymbol{\omega}$에 의해 구속된다. 그러므로, $\hat{\mathbf{u}}^t$의 시간에 대한 미분은 다음과 같다.

$$\frac{d\hat{\mathbf{u}}^t}{dt} = \left(\boldsymbol{\omega}_2 + \dot{\boldsymbol{\phi}}\right) \times \hat{\mathbf{u}}^t = \boldsymbol{\omega}_2 \times \hat{\mathbf{u}}^t + \dot{\boldsymbol{\phi}} \times \hat{\mathbf{u}}^t \tag{$e$}$$

이 식에 식 ($d$)를 대입하면 다음을 얻을 수 있다.

$$\frac{d\hat{\mathbf{u}}^t}{dt} = \boldsymbol{\omega}_2 \times \hat{\mathbf{u}}^t + \frac{V_{P_3/2}}{\rho}\hat{\mathbf{u}}^b \times \hat{\mathbf{u}}^t = \boldsymbol{\omega}_2 \times \hat{\mathbf{u}}^t + \frac{V_{P_3/2}}{\rho}\hat{\mathbf{u}}^n \tag{f}$$

비슷한 방법으로 $\hat{\mathbf{u}}^t$의 미분은 다음과 같다.

$$\begin{aligned}\frac{d\hat{\mathbf{u}}^n}{dt} &= \left(\boldsymbol{\omega}_2 + \dot{\boldsymbol{\phi}}\right) \times \hat{\mathbf{u}}^n = \boldsymbol{\omega}_2 \times \hat{\mathbf{u}}^n + \dot{\boldsymbol{\phi}} \times \hat{\mathbf{u}}^n \\ &= \boldsymbol{\omega}_2 \times \hat{\mathbf{u}}^n + \frac{V_{P_3/2}}{\rho}\hat{\mathbf{u}}^b \times \hat{\mathbf{u}}^n = \boldsymbol{\omega}_2 \times \hat{\mathbf{u}}^n - \frac{V_{P_3/2}}{\rho}\hat{\mathbf{u}}^t\end{aligned} \tag{g}$$

이제, 식 ($a$)의 시간 미분을 취하고 식 ($f$)를 사용한다.

$$\frac{d\mathbf{V}_{P_3/2}}{dt} = \frac{ds}{dt}\frac{d\hat{\mathbf{u}}^t}{dt} + \frac{d^2s}{dt^2}\hat{\mathbf{u}}^t = \frac{ds}{dt}\widehat{\boldsymbol{\omega}}_2 \times \hat{\mathbf{u}}^t + \frac{ds}{dt}\frac{V_{P_3/2}}{\rho}\hat{\mathbf{u}}^n + \frac{d^2s}{dt^2}\hat{\mathbf{u}}^t$$

마지막으로, 식 ($a$)와 ($c$)를 사용하면 이 식은 다음과 같이 된다.

$$\frac{d\mathbf{V}_{P_3/2}}{dt} = \boldsymbol{\omega}_2 \times \mathbf{V}_{P_3/2} + \frac{V_{P_3/2}^2}{\rho}\hat{\mathbf{u}}^n + \frac{d^2s}{dt^2}\hat{\mathbf{u}}^t \tag{h}$$

식 ($h$)의 우변의 세 개의 항은 모두 *상대 가속도(apparent acceleration)*성분으로 정의되지는 *않는다*. 일관성을 위해서 상대 가속도 항은 *이동좌표계에 고정된 관측자에 의하여 관측된* 성분만을 포함하여야 한다. 식 ($h$)는 절대좌표계에서 도출되었고, 이동 관측자에 의하여 관측되지 않은 회전효과 $\boldsymbol{\omega}_2$가 포함되어 있다. 그러나 상대 가속도는 이 식에서 $\boldsymbol{\omega}_2$를 0으로 설정함으로써 쉽게 얻을 수 있다. 이렇게 하면 2개의 성분만 남고 다음과 같이 표현된다.

$$\mathbf{A}_{P_3/2} = \mathbf{A}_{P_3/2}^n + \mathbf{A}_{P_3/2}^t \tag{4.13}$$

여기서,

$$\mathbf{A}_{P_3/2}^n = \frac{V_{P_3/2}^2}{\rho}\hat{\mathbf{u}}^n \tag{4.14}$$

*법선성분(normal component)*이라고 한다. 이 성분은 항상 경로에 수직이고, 항상 $P$에서 곡률 중심을 향한다(즉 $\hat{\mathbf{u}}^n$의 방향이면 $\rho$가 양이고, $-\hat{\mathbf{u}}^n$의 방향이면 $\rho$가 음이다).

$$\mathbf{A}_{P_3/2}^t = \frac{d^2s}{dt^2}\hat{\mathbf{u}}^t \tag{4.15}$$

한편, 다음은 *접선성분(tangential component)*이라 하며 항상 경로에 접한다($\hat{\mathbf{u}}^t$ 방향을 따른다. 그러나 양 또는 음이 될 수 있다).

다음은, 그림 4.14로부터 $P_3$의 위치식을 다음과 같이 쓸 수 있다.

$$\mathbf{R}_{P_3} = \mathbf{R}_{C_2} - \rho\hat{\mathbf{u}}^n$$

식 (*g*)를 이용하여 시간에 대한 미분은 다음과 같이 구할 수 있다.[3]

$$\mathbf{V}_{P_3} = \mathbf{V}_{C_2} - \boldsymbol{\omega}_2 \times (\rho\hat{\mathbf{u}}^n) + \rho\frac{V_{P_3/2}}{\rho}\hat{\mathbf{u}}^t = \mathbf{V}_{C_2} - \boldsymbol{\omega}_2 \times (\rho\hat{\mathbf{u}}^n) + \mathbf{V}_{P_3/2} \tag{i}$$

그리고 이 식을 다시 시간에 대해 미분하면, 점 $P_3$의 가속도는 다음과 같다.

$$\mathbf{A}_{P_3} = \mathbf{A}_{C_2} - \boldsymbol{\alpha}_2 \times (\rho\hat{\mathbf{u}}^n) - \boldsymbol{\omega}_2 \times \frac{d(\rho\hat{\mathbf{u}}^n)}{dt} + \frac{d\mathbf{V}_{P_3/2}}{dt}$$

식 (*g*)와 (*h*)를 이용하여 이 식은 다음과 같이 된다.

$$\mathbf{A}_{P_3} = \mathbf{A}_{C_2} + \boldsymbol{\alpha}_2 \times (-\rho\hat{\mathbf{u}}^n) + \boldsymbol{\omega}_2 \times [\boldsymbol{\omega}_2 \times (-\rho\hat{\mathbf{u}}^n)] + 2\boldsymbol{\omega}_2 \times \mathbf{V}_{P_3/2} + \frac{V_{P_3/2}^2}{\rho}\hat{\mathbf{u}}^n + \frac{d^2s}{dt^2}\hat{\mathbf{u}}^t \tag{j}$$

이 방정식의 첫 세 개의 항은 $\mathbf{A}_{P_2}$의 성분이고[식 (4.5) 참조], 마지막 두 항은 상대 가속도 $\mathbf{A}_{P_3/2}$의 법선과 접선성분이다[식 (4.13)~(4.15) 참조]. 네 번째 항은, 아래와 같이 새로운 기호로 정의한다.

$$\mathbf{A}^c_{P_3P_2} = 2\boldsymbol{\omega}_2 \times \mathbf{V}_{P_3/2} \tag{4.16}$$

이 항을 *가속도의 코리올리 성분*(*Coriolis component of acceleration*)이라 부른다. 상대 가속도의 다른 성분과는 달리, 이동좌표계 2에 고정된 이동 관측자에 의해서 관측되지는 않는다. 하지만 이 성분은 식 (*j*)에서 필요한 항이며 $\mathbf{A}_{P_3}$과 $\mathbf{A}_{P_2}$의 차이의 일부분이다.

최종적으로, 식 (*j*)의 정의와 함께 *상대 가속도 식*(*apparent-acceleration equation*)이라고 부르는 다음 형태로 나타낼 수 있다.

$$\mathbf{A}_{P_3} = \mathbf{A}_{P_2} + \mathbf{A}^c_{P_3P_2} + \mathbf{A}^n_{P_3/2} + \mathbf{A}^t_{P_3/2} \tag{4.17}$$

여기서 각 성분들의 정의는 각각 식 (4.16), (4.14) 그리고 (4.15)에 의해 주어진다.

아래의 상대 가속도의 특성을 이해하는 것은 매우 중요하다.

1. 상대 가속도 공식은 의미 있는 방법으로 *다른 링크들 상의* 2개의 *일치점*들의 가속도를 연관시켜 주기 때문에 이 절의 목적에 적합하다.
2. 상대 가속도 공식에는 새로 정의된 세 가지 성분 중 *한 가지 성분만 미지수*이다. 코리올리 성분과 법선성분은 식 (4.16)과 (4.14)의 속도 정보로부터 계산된다. 이 성분들은 새로운 미지수

[3] 식 (*i*)의 처음 두 항은 $\mathbf{V}_{P_2}$*와 같으므로 이 식은 상대 속도식과 등가이다. 그러나* $\rho\hat{\mathbf{u}}^n = \mathbf{R}_{C_2P_2}$*가 순간적으로는 참이지만 그 도함수들은 서로 같지 않고, 양자는 동일한 속도로 회전하지 않는다.* 그러므로 상대 속도식이 미분이 되는 경우에는 그 다음 식에서 일부 항들이 빠지게 된다.

를 만들지 않는다. 그러나 식 (4.15)에 의해 주어진 접선성분은 대부분 $d^2s/dt^2$을 모르기 때문에 하나의 미지수의 크기를 갖는다.

3. 식 (4.17)이 $P_3$이 좌표계 2상에서 움직이는 점의 경로를 인지하는 능력에 따른다는 것을 인식하는 것이 중요하다. 이 경로는 법선성분과 접선성분의 축에 대한 기초이고 또한 식 (4.14)를 위한 $\rho$의 결정에도 필요하다.

주의할 점: *링크 2상의 점 $P_3$에 의해서 표시되는 경로는, 링크 3상의 점 $P_2$에 의해서 표시되는 경로와 반드시 같을 필요는 없다*는 것이다. 그림 4.14에서 링크 2상의 점 $P_3$의 경로는 곡선 슬롯으로 분명히 알 수 있다. 하지만, 링크 3상의 $P_2$의 경로는 분명하지 않다. 결과적으로, 해당 상황에서 상대 가속도 식을 쓰는 "올바른" 방식과 "잘못된" 방식이 있다. 다음 공식은 완벽히 검증된 방정식이다.

$$\mathbf{A}_{P_2} = \mathbf{A}_{P_3} + \mathbf{A}^c_{P_2P_3} + \mathbf{A}^n_{P_2/3} + \mathbf{A}^t_{P_2/3}$$

그러나 *쓸모없다*. 왜냐하면 경로 및 경로의 회전 반지름이 알려지지 않았다. 또한, 가속도 $\mathbf{A}^c_{P_3P_2}$는 $\boldsymbol{\omega}_2$를 이용하는 반면, $\mathbf{A}^c_{P_2P_3}$는 $\boldsymbol{\omega}_3$을 이용한다는 것을 알 수 있다. *어떤 경로를 알고 있는지를 인식하여 각각의 적용에 최적의 공식을 사용하도록 상당한 주의를 기울여야 한다.*

다음의 세 개의 예제는 기구의 도식적 가속도 해석 방식으로 식 (4.17)의 상대 가속도의 중요성에 대해서 설명한다.

## 예제 4.4

그림 4.15$a$과 같은 위치의 기구에 대해, 블록(링크 3)이 링크 2상에서 일정한 속도 30 m/s로 밖으로 미끄러지는 동안 링크 2는 일정한 각속도 50 rad/s ccw로 회전한다. 이 블록의 $A$점에 대한 절대 가속도를 구하라.

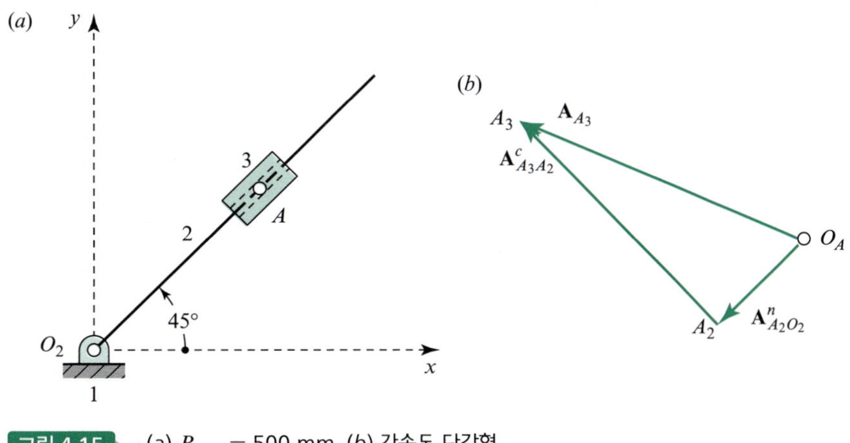


그림 4.15 (a) $R_{AO_2} = 500$ mm, (b) 가속도 다각형

### 풀이

블록의(점 $A_3$) 점과 일치하나 링크 2에 고정되어 있는 가속도 $A_2$를 식 (4.11)로부터 다음처럼 표현할 수 있다.

$$\mathbf{A}_{A_2} = \cancelto{0}{\mathbf{A}_{O_2}} + \mathbf{A}^n_{A_2O_2} + \cancelto{0}{\mathbf{A}^t_{A_2O_2}}$$

여기서

$$A^n_{A_2O_2} = \omega_2^2 R_{A_2O_2} = (50\ \text{rad/s})^2(0.500\ \text{m}) = 1250\ \text{m/s}^2$$

따라서, 그림 4.15$b$에 있는 가속도 사상점 $A_2$를 정하고, 축척을 이용하여 가속도의 법선을 그릴 수 있다. 다음으로, 점 $A_3$이 링크 2의 축을 따라서만 이동할 수 있는 것을 알 수 있다. 이것은 상대 가속도 공식을 사용할 수 있는 경로를 제공한다.

$$\mathbf{A}_{A_3} = \mathbf{A}_{A_2} + \mathbf{A}^c_{A_3A_2} + \mathbf{A}^n_{A_3/2} + \mathbf{A}^t_{A_3/2}$$

이 식의 마지막 3개 부분은 다음과 같이 입력될 수 있다.

$$A^c_{A_3A_2} = 2\omega_2 V_{A_3/2} = 2(50\ \text{rad/s})(30\ \text{m/s}) = 3000\ \text{m/s}^2 \tag{1}$$

$$A^n_{A_3/2} = \frac{V^2_{A_3/2}}{\rho} = \frac{(30\ \text{m/s})^2}{\infty} = 0 \tag{2}$$

$$A^t_{A_3/2} = \frac{d^2 s}{dt^2} = 0 \quad (\text{경로에 따른 일정한 비율}) \tag{3}$$

식 (1)에서 제공된 구성 요소들은 가속도 다각형 위에 그려질 수 있다. 이 요소들의 부호는 식 (4.16)의 벡터의 외적의 부호를 따른다. 이게 가속도 사상 $A_3$의 위치를 결정한다. 따라서, 블록의 점 $A_3$의 가속도는 다각형으로부터 측정될 수 있다.

$$A_{A_3} = 3250\ \text{m/s}^2$$

답

**예제 4.5**

그림 4.16에 제시된 역전 슬라이더-크랭크의 가속도 분석을 수행한다. 입력 링크 2는 일정한 입력 각속도 $\omega_2 = 18$ rad/s cw로 회전한다.

**▶ 풀이**

먼저 그림 4.16$b$에서와 같이 속도 해석을 실시한다.

$$V_A = 12.0\ \text{ft/s}, \quad V_{B_3A} = 10.0\ \text{ft/s}, \quad V_{B_3/4} = 6.7\ \text{ft/s},$$

$$\omega_3 = \omega_4 = 7.67\ \text{rad/s cw}$$

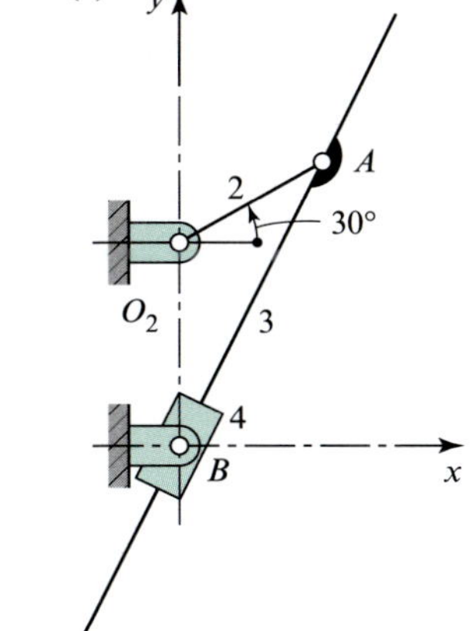


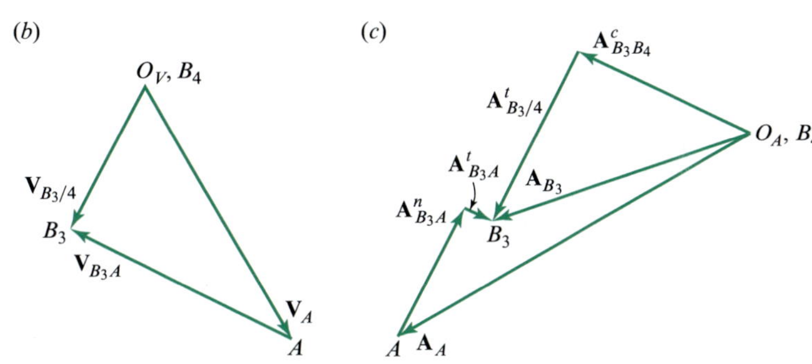


그림 4.16 (*a*) $R_{AO_2} = 8$in, $R_{BO_2} = 10$in, (*b*) 속도 다각형, (*c*) 가속도 다각형

가속도를 계산하기 위해서 핀 $A$의 가속도를 계산한다.

$$\mathbf{A}_A = \overset{0}{\cancel{\mathbf{A}}_{O_2}} + \mathbf{A}^n_{AO_2} + \overset{0}{\cancel{\mathbf{A}}^t_{AO_2}}$$

여기서

$$A^n_{AO_2} = \omega_2^2 R_{AO_2} = (18\ \text{rad/s})^2(8/12)\text{ft} = 216.0\ \text{ft/s}^2 \qquad \text{답}$$

이것을 그림 4.16*c*의 가속도 사상점 $A$에 위치시키기 위하여 그린 다음, 가속도차 식을 적용한다.

$$\overset{??}{\mathbf{A}_{B_3}} = \overset{\surd\surd}{\mathbf{A}_A} + \overset{\surd\surd}{\mathbf{A}^n_{B_3A}} + \overset{?\surd}{\mathbf{A}^t_{B_3A}} \tag{1}$$

여기서

$$A^n_{B_3A} = \frac{V^2_{B_3A}}{R_{BA}} = \frac{(10.0\ \text{ft/s})^2}{(15.6/12)\text{ft}} = 76.9\ \text{ft/s}^2$$

$B$로부터 $A$로 향하고, 그림 4.16*c*와 같이 가속도 다각형에 이를 추가한다.

마지막 항인 $\mathbf{A}^t_{B_3A}$항은 크기나 방향부호는 모르나 $\mathbf{R}_{BA}$에 수직이다. 식 (1)은 미지수가 3개이므로 이 자체로는 해를 구할 수 없다. 그러므로 $\mathbf{A}_{B_3}$에 대한 두 번째 공식을 구한다. 링크 4에 위치한 관측자의 관점에서 고려하자. 관측자 SHE는 블록 4의 중심선을 따라 직선 경로상을 움직이는 점 $B_3$을 볼 것이다. 이 경로를 이용하여 상대 가속도 식 (4.17)을 다음과 같이 표현할 수 있다.

$$\overset{??}{\mathbf{A}_{B_3}} = \overset{0}{\cancel{\mathbf{A}}_{B_4}} + \overset{\surd\surd}{\mathbf{A}^c_{B_3B_4}} + \overset{\surd\surd}{\mathbf{A}^n_{B_3/4}} + \overset{?\surd}{\mathbf{A}^t_{B_3/4}} \tag{2}$$

점 $B_4$는 지면 링크에 고정되어 있기 때문에 가속도는 0이다. 식 (2)의 다른 두 개의 성분들은 다음과 같다.

$$A^c_{B_3B_4} = 2\omega_4 V_{B_3/4} = 2(7.67\text{ rad/s})(6.7\text{ ft/s}) = 103\text{ ft/s}^2$$

$$A^n_{B_3/4} = \frac{V^2_{B_3/4}}{\rho} = \frac{(6.5\text{ ft/s})^2}{\infty} = 0$$

점 $B_4$ ($O_A$)를 원점으로 하는 코리올리 성분을 가속도 다각형에 추가한다. 마지막으로 크기와 방향부호를 모르는 $\mathbf{A}^t_{B_3/4}$를 경로접선에 의하여 정의된 방향으로 그려서 추가한다. 이것은 길이를 모르는 $\mathbf{A}^t_{B_3A}$의 선과 만나서 식 (1)의 가속도 사상점 $B_3$를 결정한다. 이 다각형은 측정하면 다음과 같은 결과를 얻을 수 있다.

$$A^t_{B_3/4} = 103\text{ ft/s}^2,\quad A^t_{B_3A} = 17\text{ ft/s}^2,\quad \text{and}\quad A_{B_3} = 145\text{ ft/s}^2 \qquad \text{답}$$

링크 3과 4의 각가속도는 다음과 같이 구할 수 있다.

$$\alpha_3 = \alpha_4 = \frac{A^t_{B_3A}}{R_{BA}} = \frac{17\text{ ft/s}^2}{(15.6/12)\text{ft}} = 13.1\text{ rad/s}^2\text{ ccw} \qquad \text{답}$$

이 예제에는 링크 4상의 $B_3$의 경로와 링크 3상의 $B_4$의 경로는 모두 가시화할 수 있고, 어느 것이든 접근방법을 결정하는 데 사용할 수 있다. 그러나 $B_4$가 지면에 고정되어 있어도(링크 1) 링크 1의 점 $B_3$의 경로는 알 수 없다. 그러므로 $\mathbf{A}^n_{B_3/1}$항은 직접 계산할 수 없다.

## 예제 4.6

그림 4.17*a*의 역슬라이더-크랭크 기구의 속도 해석은 예제 3.3에서 실시하였다. 만일 링크 2가 일정한 각속도 $\omega_2 = 36$ rad/s cw로 구동된다고 할 때 링크 4의 각가속도를 결정하라.

▶ **풀이**

예제 3.3에서 주어진 위치에 대한 링크의 속도 해석은 완료되었다. 결과는 아래와 같다.

$V_{A_2} = 9$ ft/s, $V_{A_4D} = 7.17$ ft/s, $V_{A_2/4} = 5.48$ ft/s, 그리고 $\omega_3 = \omega_4 = 7.55$ rad/s ccw

속도 다각형은 그림 3.10*b*에 나타나 있고, 이는 그림 4.17*b*에 다시 나온다.

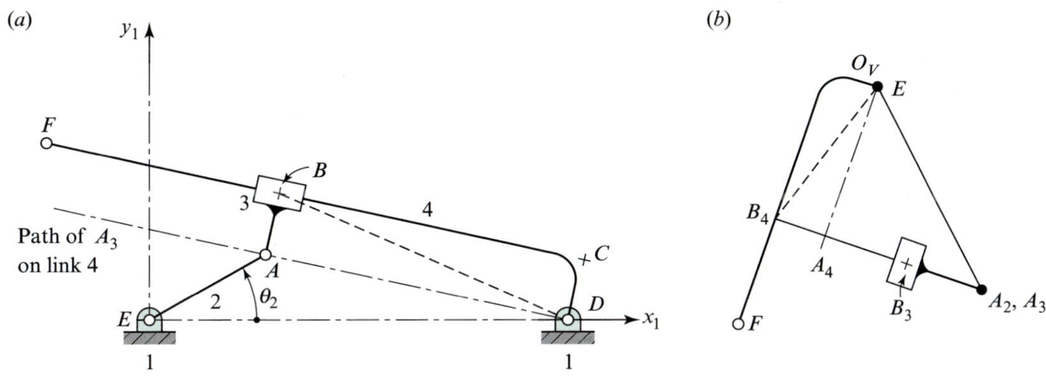


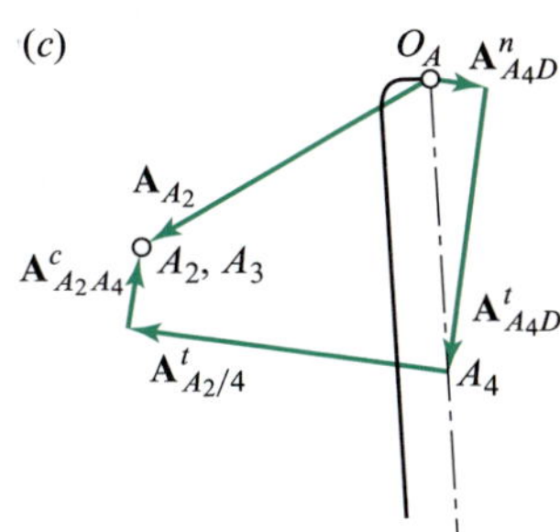


그림 4.17 (a) 역(inverted) 슬라이더-크랭크 기구, (b) 속도 다각형, (c) 가속도 다각형

링크 2상의 점 $A$의 가속도는 다음과 같다.

$$\mathbf{A}_{A_2} = \overset{\mathbf{0}}{\cancel{\mathbf{A}_E}} + \mathbf{A}^n_{A_2E} + \overset{\mathbf{0}}{\cancel{\mathbf{A}^t_{A_2E}}} \tag{1}$$

여기서

$$A^n_{A_2E} = \omega_2^2 R_{A_2E} = (36 \text{ rad/s})^2 \left(\frac{3}{12} \text{ ft}\right) = 324 \text{ ft/s}^2 \tag{2}$$

그리고 그림 4.17$c$와 같이 점 $A_2$ 가속도 사상을 그린다.

다음에, 점 $A_2$는 링크 4에 있는 관측자에게 직선경로를 따라 움직이는 것으로 보인다. 이 경로를 알면, 다음과 같이 나타낼 수 있다.

$$\overset{\surd\surd}{\mathbf{A}_{A_2}} = \overset{?\surd}{\mathbf{A}_{A_4}} + \overset{\surd\surd}{\mathbf{A}^c_{A_2A_4}} + \overset{0}{\cancel{\mathbf{A}^n_{A_2/4}}} + \overset{?\surd}{\mathbf{A}^t_{A_2/4}} \tag{3}$$

여기서

$$A^c_{A_2A_4} = 2\omega_4 V_{A_2/4} = 2(7.55 \text{ rad/s})(5.48 \text{ ft/s}) = 82.7 \text{ ft/s}^2 \tag{4}$$

그리고 $\rho = \infty$이므로 $A^n_{A_2/4} = 0$이다. 식 (3)에서 가속도인 $\mathbf{A}_{A_4}$에는 모르는 것이 오직 하나 있다.

$$\mathbf{A}_{A_4} = \overset{\mathbf{0}}{\cancel{\mathbf{A}_D}} + \overset{\surd\surd}{\mathbf{A}^n_{A_4D}} + \overset{?\surd}{\mathbf{A}^t_{A_4D}} \tag{5}$$

여기서,

$$A^n_{A_4D} = \frac{V^2_{A_4D}}{R_{A_4D}} = \frac{(7.17\text{ ft/s})^2}{(11.5/12)\text{ ft}} = 53.6\text{ ft/s}^2 \tag{6}$$

$A^n_{A_4D}$항은 $O_A$로부터 그리고, 이어서 크기를 모르는 $A^t_{A_4D}$에 대한 선을 그린다. 사상점 $A_4$를 아직 모르기 때문에 $\mathbf{A}^c_{A_2A_4}$항과 $\mathbf{A}^t_{A_2/4}$항을 식 (3)에서 지시하는 방향으로 직접 더할 수 없다. 그러나 이들 두 항은 식 (3)의 반대편으로 이항할 수 있고, 사상점 $A_2$로부터 도식적으로 빼줄 수 있으므로 가속도 다각형을 완성할 수 있다. 이제 링크 4의 각가속도를 구할 수 있다.

$$\alpha_4 = \frac{A^t_{A_4D}}{R_{AD}} = \frac{279.9\text{ ft/s}^2}{(11.5/12)\text{ft}} = 292\text{ rad/s}^2\text{ ccw}$$ 답

코리올리 성분을 포함하고 있는 가속도 문제를 풀 때 벡터들을 빼주는 것이 필요하며, 이를 주의하여 검토하여야 한다. $\mathbf{A}_{A_2/4}$를 포함하는 반대편 공식은 사용할 수 없다. 왜냐하면 $\rho$와 $A^n_{A_2/4}$가 추가적인(제3의) 미지수가 되기 때문이다.

링크 3의 각가속도는 링크 4의 각가속도와 동일해야 하기 때문에 점 $B_3$의 가속도를 구할 수 있다.

## 4.6 상대 각가속도

완성도를 위해 *상대 각가속도*(*apparent angular acceleration*)를 정의할 필요가 있다. 두 개의 강체가 서로 다른 각가속도로 회전할 때, 그들 사이의 벡터차를 상대 각가속도로 정의한다.

$$\boldsymbol{\alpha}_{3/2} = \boldsymbol{\alpha}_3 - \boldsymbol{\alpha}_2$$

상대 각가속도 방정식은 다음과 같이도 나타낼 수 있다.

$$\boldsymbol{\alpha}_3 = \boldsymbol{\alpha}_2 + \boldsymbol{\alpha}_{3/2} \tag{4.18}$$

여기서, $\boldsymbol{\alpha}_{3/2}$는 물체 2와 부착되어 회전하는 관측자에게 보이는 물체 3의 각가속도임을 알 수 있다.

## 4.7 직접 접촉과 구름 접촉

3.7절에서 직접 접촉을 하는 두 물체 사이의 상대 운동은 두 가지임을 배웠다. 이 두 가지 상대 운동은 물체 사이에 미끄럼 속도가 있는 경우와 없는 경우이다. 이 절의 목적은 이런 개념을 가속도를 포함하여 적용하도록 확장하는 것이다. 다음 두 개의 예제는 이 두 가지 경우를 설명해주고 있다. 첫 번째 예제는 미끄럼이 존재하는 직접 접촉이고, 두 번째 구름 접촉에 대한 예제이다.

**예제 4.7**

그림 4.18*a*와 같은 위치에서 요동하는 링크 3인 평면 종동절과 직접 접촉하는 링크 2인 원형 캠의 각속도 및 각가속도가 각각 $\omega_2 = 10$ rad/s cw이고, $\alpha_2 = 25$ rad/s$^2$ cw이다. 이 위치에서 링크 3의 각가속도를 결정하라.

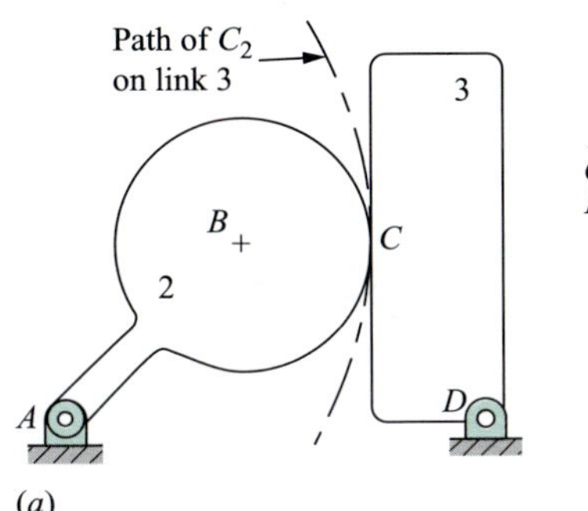


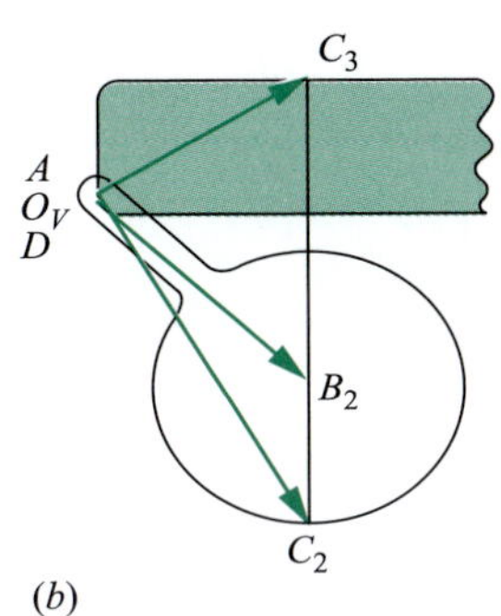


그림 4.18 (*a*) $R_{BA} = 3$ in, $R_{CB} = 1.5$ in, $R_{CD}^x = 1.4$ in, $R_{CD}^y = 2.14$ in, 그리고 $R_{DA} = 5$ in, (*b*) 속도 다각형

**풀이**

가속도 분석을 위해서 점 *B*와 *C*의 속도와 링크 3의 각속도가 필요하기 때문에 우선 속도 다각형을 그려야 한다.

점 *B*의 속도 크기는 아래와 같다.

$$V_B = \omega_2 R_{BA} = (10 \text{ rad/s})(3/12\text{ft}) = 2.5 \text{ ft/s}$$

이 값을 이용하여 속도 다각형을 그림 4.18*b*와 같이 그릴 수 있다. 이 다각형으로 점 $C_3$와 *D* 사이의 속도차를 다음과 같이 구할 수 있다.

$$V_{C_3D} = 2.13 \text{ ft/s}$$

따라서 링크 3의 각속도는 아래와 같다.

$$\omega_3 = \frac{V_{C_3D}}{R_{CD}} = \frac{2.13 \text{ ft/s}}{(2.56/12) \text{ ft}} = 9.98 \text{ rad/s cw}$$

여기서 방향은 속도 다각형을 통해서 확인할 수 있다.

이제, 링크 2와 3의 점들을 연관시키는 가속도 식을 작성하고, 경로의 곡률을 알고 있는 일치점들을 찾는다. 링크 3 위의 점 $C_2$의 경로에 대한 곡률은 알려지지 않은 점을 유의해야 한다. 그러나 (확장된) 링크 3 위의 점 $B_2$에 의한 경로를 고려해 보자. 링크 3의 표면으로부터 일정한 거리를 유지한다는 것을 주목해야 한다. 이 경로는 그림 4.18*c*의 동등한 기구에서 “슬롯”으로 나타나면 일직선이다. 동등 기구에서 링크 3은 최초의 기구와 동일한 운동을 갖는 다는 것을 주목해야 한다.

이 “슬롯”이 경로로 활용될 수 있으므로, 어떻게 진행될지 명확해지며 적절한 식은 아래와 같다.

$$\overset{\surd\surd}{\mathbf{A}_{B_2}} = \overset{??}{\mathbf{A}_{B_3}} + \overset{\surd\surd}{\mathbf{A}^{c}_{B_2B_3}} + \overset{\surd\surd}{\mathbf{A}^{n}_{B_2/3}} + \overset{?\surd}{\mathbf{A}^{t}_{B_2/3}} \tag{1}$$

여기서, $B_3$는 $B_2$와 일치하지만, 링크 3의 확장된 부분에 놓여 있게 된다.

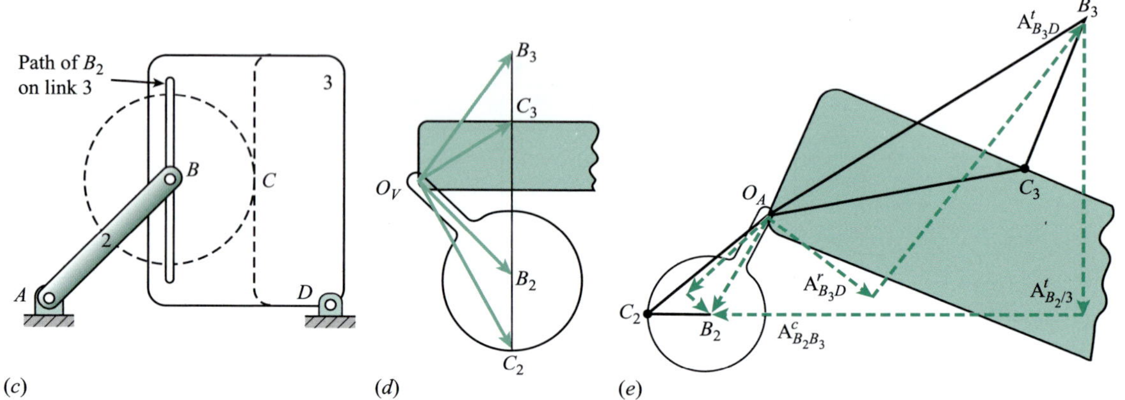


그림 4.18 (계속) (c) 등가 기구, (d) 확장된 속도 다각형, (e) 가속도 다각형

식 (1)의 경로가(슬롯) 직선이므로, 그림 4.18*d*에 제시된 것과 같이 속도를 구하기 위해 속도 다각형을 확장시킬 수 있다.

$$V_{B_2/3} = 4.17 \text{ ft/s} \quad \text{and} \quad V_{B_3} = 2.99 \text{ ft/s}$$

다음은, 식 (1)의 왼쪽 항목에 대해 아래와 같이 수정할 수 있다.

$$\mathbf{A}_{B_2} = \overset{\mathbf{0}}{\cancel{\mathbf{A}_A}} + \mathbf{A}^{n}_{B_2A} + \mathbf{A}^{t}_{B_2A}$$

여기서,

$$A^n_{B_2A} = \omega_2^2 R_{B_2A} = (10 \text{ rad/s})^2 (3/12 \text{ ft}) = 25 \text{ ft/s}^2,$$

$$A^t_{B_2A} = \alpha_2 R_{B_2A} = \left(25 \text{ rad/s}^2\right)(3/12 \text{ ft}) = 6.25 \text{ ft/s}^2$$

이 항목들은 그림 4.18*e*에 제시된 것과 같이 가속도 다각형 위에 그려질 수 있다.

그리고 식 (1)의 오른쪽 항목들의 알려진 크기를 계산하면,

$$A^n_{B_2/3} = \frac{V^2_{B_2/3}}{\rho} = \frac{(4.17 \text{ ft/s})^2}{\infty} = 0 \tag{2}$$

그리고

$$A^c_{B_2B_3} = 2\omega_3 V_{B_2/3} = 2(10\ \text{rad/s})(4.17\ \text{ft/s}) = 83.4\ \text{ft/s}^2 \tag{3}$$

점 $B_3$의 가속도는 가속도차 식에 의해서 결정된다.

$$\overset{??}{\mathbf{A}_{B_3}} = \overset{\mathbf{0}}{\cancel{\mathbf{A}}_D} + \overset{\surd\surd}{\mathbf{A}^n_{B_3D}} + \overset{?\surd}{\mathbf{A}^t_{B_3D}} \tag{4}$$

여기서,

$$A^n_{B_3D} = \frac{V^2_{B_3D}}{R_{B_3D}} = \frac{(2.99\ \text{ft/s})^2}{(3.6/12\ \text{ft})} = 29.8\ \text{ft/s}^2 \tag{5}$$

식 (2)에서 (5)를 식 (1)에 대입하고 항목들을 재배치하면, 아래와 같이 두 개의 미지수를 갖는 식에 도달하게 된다.

$$\overset{\surd\surd}{\mathbf{A}_{B_2}} - \overset{\surd\surd}{\mathbf{A}^c_{B_2B_3}} - \overset{?\surd}{\mathbf{A}^t_{B_2/3}} = \overset{\surd\surd}{\mathbf{A}^n_{B_3D}} + \overset{?\surd}{\mathbf{A}^t_{B_3D}} \tag{6}$$

이 식은 그림 4.18$e$에 제시된 것과 같이 도해적으로 풀 수 있고, 결과는 아래와 같다.

$$A^t_{B_2/3} = 67.2\ \text{ft/s}^2 \quad \text{and} \quad A^t_{B_3D} = 78.7\ \text{ft/s}^2$$

사상점 $B_3$을 구하면, 사상점 $C_3$은 모두 링크 3상에 있는 가속도 사상 삼각형 $DB_3C_3$을 구성함으로써 쉽게 구할 수 있다. 사상점 $C_2$와 $C_3$의 최종 위치 사이에는 명확한 관련성이 없음을 다시 한번 설명하기 위하여, 그림 4.18$e$에 링크 2와 3의 완성된 가속도 사상을 보여주려고 확대하였다.

마지막으로 링크 3의 각가속도를 구하면 아래와 같다.

$$\alpha_3 = \frac{A^t_{B_3D}}{R_{B_3D}} = \frac{78.7\ \text{ft/s}^2}{(3.6/12\ \text{ft})} = 262\ \text{rad/s}^2\ \text{cw}$$ 답

3.7절에서 *구름 접촉(rolling contact)*은 운동과정에서 미끄러짐이 없는 것으로 정의하였으며, 구름 접촉이 일어나는 점에서 상대 속도가 0을 나타내는 구름 접촉 조건식 (3.13)을 정의하였다. 여기서 구름 접촉을 하는 한 점에서의 상대 가속도를 검토해보자.

그림 4.19와 같이 정지해 있는 직선 링크 2와 구름 접촉하고 있는 원판 3을 고려해 보자. 비록 이것이 매우 간단한 경우이지만, 만들어진 변수와 도출된 결론은 완전히 일반적이어서 어떤 구름 접촉의 경우에도 적용이 가능하며, 두 물체의 형상이 하나 또는 둘 다 지면 링크여도 문제가 되지 않는다. 이 사항을 분명히 하기 위하여 이 예에서는 지면 링크를 2번으로 정하였다.

원판의 중심점의 가속도 $\mathbf{A}_C$가 주어지면 먼저 극점 $O_A$를 선택하고, $\mathbf{A}_C$를 그려 가속도 다각형을 그린다. 구름 접촉점에서 점 $P_3$과 $P_2$의 가속도를 고려하여, 서로 다른 물체의 2개의 일치점

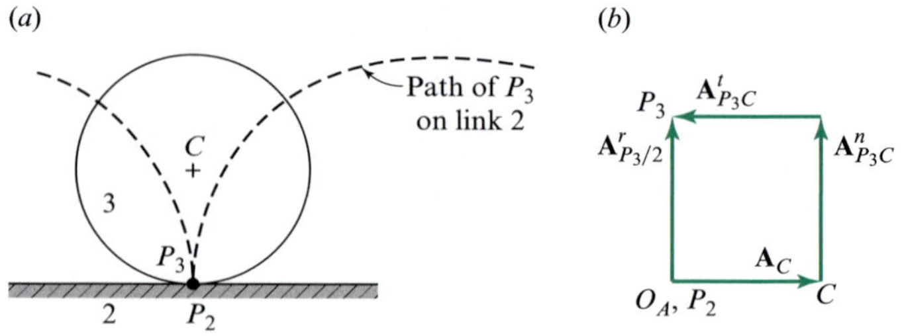

그림 4.19 (a) 구르는 바퀴, (b) 구름 접촉의 지점에서 상대 가속도



을 다룬다. 그러므로 식 (4.17)의 상대 가속도 운동을 적용하는 것이 적절하다[그리고 식 (4.10)의 가속도차 식은 아니다]. 이를 위하여 이들 점 중의 한 점이 다른 물체상의 그리는 경로를 확인해야 한다. 그림에 링크 2상의 점 $P_3$이 그리는 경로가 그림 4.19에 그려져 있다.[4] 경로의 자세한 형상은, 미끄럼이 없다면 2개의 접촉하는 링크의 형상에 따르지만 항상 구름 접촉점에서 꼭짓점을 가지며, 이 꼭짓점이 그리는 경로의 접선은 항상 접촉 평면에 수직이다.

이 경로를 알기 때문에 상대 가속도 공식을 사용할 수 있다.

$$\mathbf{A}_{P_3} = \mathbf{A}_{P_2} + \mathbf{A}^c_{P_3P_2} + \mathbf{A}^n_{P_3/2} + \mathbf{A}^t_{P_3/2}$$

이들 성분들을 계산할 때, 구름 접촉 속도 조건은 $\mathbf{V}_{P_3/2} = 0$임을 알고 있어야 한다. 따라서 다음 식으로 나타낼 수 있다.

$$\mathbf{A}^c_{P_3P_2} = 2\boldsymbol{\omega}_2 \times \mathbf{V}_{P_3/2} = \mathbf{0} \quad \text{and} \quad A^n_{P_3/2} = \frac{V^2_{P_3/2}}{\rho} = 0$$

이와 같이 상대 가속도의 오직 하나의 성분 $\mathbf{A}^t_{P_3/2}$만이 0이 아닐 수 있다. 회전평면에 대하여 방향은 *법선*(*normal*)이지만 0이 아닌 항을 접선성분(꼭짓점 경로에 대한 접선)이라고 하는 데 혼동될 수 있으므로, 새로운 위첨자를 사용하여 *구름 접촉 가속도*(*rolling contact acceleration*) $\mathbf{A}^r_{P_3/2}$로 부른다.

따라서 미끄럼 없는 구름 접촉에서 상대 가속도 공식(이후에는 *가속도 계산을 위한 구름 접촉 조건*이라 부르기도 한다)은 다음과 같다.

$$\mathbf{A}_{P_3} = \mathbf{A}_{P_2} + \mathbf{A}^r_{P_3/2} \tag{4.19}$$

그리고 $\mathbf{A}^r_{P_3/2}$항은 항상 구름 접촉점에서 평면에 대해 수직방향이다.

### 예제 4.8

그림 4.20*a*와 같이 원형 롤러 4가 미끄럼 없이 요동 평면 종동절 3 위에서 구름 접촉을 하고 있다. 링크 2의 각속도와 각가속도는 각각 $\omega_2 = 10$ rad/s cw이고, $\alpha_2 = 25$ rad/s$^2$ cw이다. 이 순간의 롤러와 종동절의 각가속도를 결정하라.

[4] 이 특정 곡선을 *사이클로이드*(*cycloid*)라고 한다.

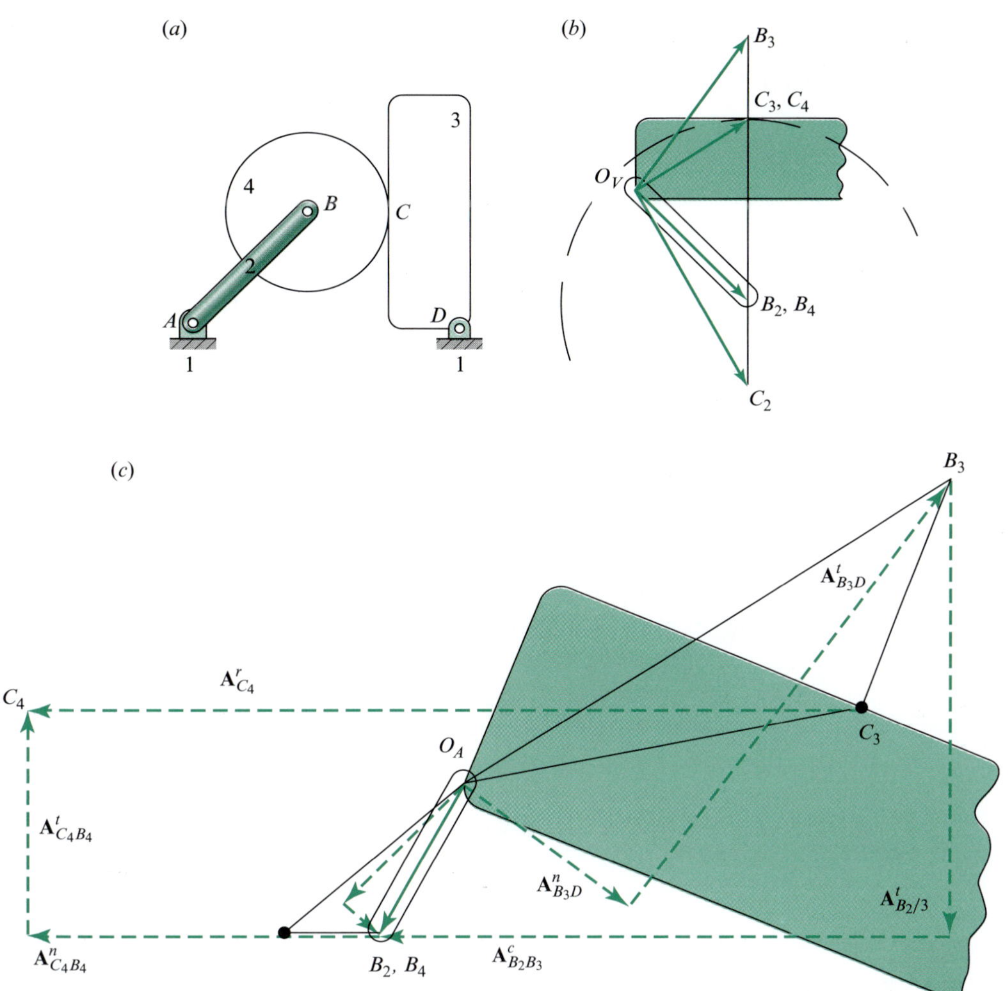


그림 4.20 (a) 구름 접촉 기구, (b) 속도 다각형, (c) 가속도 다각형

### 풀이

이 문제는 예제 4.7에서 확장된 문제이다. 이 문제에서 롤러(링크 4)가 포함되었고, 속도 다각형이 그림 4.20*b*에서처럼 쉽게 완성되었다. 구름 접촉의 조건은 $\mathbf{V}_{C_4} = \mathbf{V}_{C_3}$을 의미하므로 링크 4의 속도 사상은 지시된 대로 그릴 수 있다.

다음으로 $C_4$의 가속도에 대해 다음 식으로 표현하고자 할 것이다.

$$\mathbf{A}_{C_4} = \overset{\surd\surd}{\mathbf{A}^n_{B_2A_2}} + \overset{\surd\surd}{\mathbf{A}^t_{B_2A_2}} + \overset{\surd\surd}{\mathbf{A}^n_{C_4B_4}} + \overset{?\surd}{\mathbf{A}^t_{C_4B_4}} = \overset{\surd\surd}{\mathbf{A}^n_{C_3D_3}} + \overset{?\surd}{\mathbf{A}^t_{C_3D_3}} + \overset{?\surd}{\mathbf{A}^r_{C_4/3}} \tag{1}$$

불행하게도 이 식은 더 이상 풀리지 않을 것인데, 왜냐하면 이 식은 미지수가 3개인데, 즉 두 개의 각가속도 $\alpha_3$와 $\alpha_4$ 그리고 구름 접촉 가속도 $\mathbf{A}^r_{C_4/3}$이다. 해를 구하기 위해서는 다른 전략을 사용하여야 한다.

우선 예제 4.7과 똑같은 방법을 시도해 보자. 그림 4.18*e*에서 한 것과 같이 진행하여 $\boldsymbol{\alpha}_3$와

$\mathbf{A}_{C_3}$의 해를 구한다. 이로부터, 그림 4.20$c$의 많은 부분을 구성할 것이다.

이제, $C_4$점의 가속도와 $B_4$의 가속도 관계를 찾을 수 있다.

$$\overset{??}{\mathbf{A}_{C_4}} = \overset{\surd\surd}{\mathbf{A}_{B_4}} + \overset{\surd\surd}{\mathbf{A}^n_{C_4B_4}} + \overset{?\surd}{\mathbf{A}^t_{C_4B_4}} \tag{2}$$

여기서

$$A^n_{C_4B_4} = \frac{V^2_{C_4B_4}}{R_{CB}} = \frac{(2.87\ \text{ft/s})^2}{(1.5/12\ \text{ft})} = 65.9\ \text{ft/s}^2 \tag{3}$$

또한 구름 접촉의 조건[식 (4.19) 참조]을 다음과 같이 표현할 수도 있다.

$$\overset{??}{\mathbf{A}_{C_4}} = \overset{\surd\surd}{\mathbf{A}_{C_3}} + \overset{?\surd}{\mathbf{A}^r_{C_{4/3}}} \tag{4}$$

$\mathbf{A}^r_{C_{4/3}}$이 $C$에서 면에 수직임을 고려하면, 그림 4.20$c$에서와 같이 연립방정식 (2)와 (4)의 해를 그림으로 구성할 수 있다. 마지막으로, 롤러 4의 각가속도는 다음과 같이 얻어진다.

$$\alpha_4 = \frac{A^t_{C_4B_4}}{R_{CB}} = \frac{65.9\ \text{ft/s}^2}{(1.5/12\ \text{ft})} = 527\ \text{rad/s}^2\ \text{ccw}$$ 답

요동하는 종동절의 각가속도는 예제 4.7의 결과와 일치한다.

$$\alpha_3 = 262\ \text{rad/s}^2\ \text{cw}$$ 답

일반적으로, 거의 항상 구름 접촉점의 양쪽 편에 있는 두 링크(예제 4.8에서는 링크 3과 4)의 운동을 결정할 필요가 있고 양쪽으로부터 구름 접촉 계산을 한다. 예제 4.8의 식 (1)에서 시도한 것처럼 접촉점을 통과해서 하는 것은 거의 불가능하다. 이러한 작업은 등가 기구와 더불어 코리올리 식의 가시화가 항상 요구된다. 그러나 약간 연습만 하면 이 과정은 매우 간단하다.

## 4.8 가속도 해석을 위한 체계적 방법

지금까지의 이론과 예제를 통해, 강체 역학적 시스템의 가속도를 해석할 때 일반적으로 접할 수 있는 상황들을 충분히 처리할 수 있음을 알 수 있었다. 또한, "상대(relative)" 가속도라는 용어를 함부로 사용하지 않았다는 사실에 주의한다. 대신, 속도 해석과 함께 "상대" 가속도를 사용해야 할 경우에는 가속도 "관계"를 맺어야 할 2개의 점이 있어야 하며, 이 두 점은 또한 동일한 강체에 부착되어 있거나 2개의 서로 다른 강체에 각각 부착되어 있어야 한다는 점에 주의한다. 그러므로 속도 해석에서와 마찬가지로(표 3.1 참조) 모든 상황을 표 4.1에 수록한 바와 같이 네 가지로 분류할 수 있다.

이 표 4.1에서는 2개의 점이 일정 거리만큼 떨어져 있을 경우에만 가속도차 방정식을 사용하

**표 4.1** "상대" 가속도 공식

| Points are | Coincident | Separated |
|---|---|---|
| In same body | *Trivial case*:<br>$\mathbf{A}_P = \mathbf{A}_Q$. | *Acceleration difference*:<br>$\mathbf{A}_P = \mathbf{A}_Q + \mathbf{A}^n_{PQ} + \mathbf{A}^t_{PQ}$<br>$\mathbf{A}^n_{PQ} = \boldsymbol{\omega} \times (\boldsymbol{\omega} \times \mathbf{R}_{PQ})$<br>$\mathbf{A}^t_{PQ} = \boldsymbol{\alpha} \times \mathbf{R}_{PQ}$. |
| In different bodies | *Apparent acceleration*:<br>$\mathbf{A}_{P_i} = \mathbf{A}_{P_j} + \mathbf{A}^c_{P_iP_j} + \mathbf{A}^n_{P_i/j} + \mathbf{A}^t_{P_i/j}$<br>*where path* $P_{i/j}$ *is known, and*<br>$\mathbf{A}^c_{P_iP_j} = 2\boldsymbol{\omega}_j \times \mathbf{V}_{P_i/j}$<br>$\mathbf{A}^n_{P_i/j} = \dfrac{V^2_{P_i/j}}{\rho}\hat{\mathbf{u}}^n$<br>$\mathbf{A}^t_{P_i/j} = \dfrac{d^2 s}{dt^2}\hat{\mathbf{u}}^t$.<br><br>*Rolling contact acceleration:*<br>$\mathbf{A}_{P_i} = \mathbf{A}_{P_j} + \mathbf{A}^r_{P_i/j}$ *where path* $\mathbf{A}^r_{P_i/j}$ *is normal to surfaces at point of contact.* | *Too general; use two steps.* |

는 것이 적절하므로 *동일 링크*에 있는 두 점을 사용해야 한다는 것을 알 수 있다. 또 다른 링크에 있는 점을 대상으로 하는 것이 더 좋은 경우에는 *일치하는 점*들을 선정하여 상대 가속도 방정식을 사용해야 한다. 그리고 다른 링크에 있는 이러한 점들 중의 하나의 경로가 다른 링크에 있어야 한다.

또한, 부호 표기법마저 다르듯이 위의 두 가지 경우는 완전히 서로 다른 경우이며, 해당 공식들은 서로 호환이 불가능하다는 것을 명심해야 한다. 상대 가속도를 사용할 때 "$\boldsymbol{\alpha} \times \mathbf{R}$" 공식을 사용하지 말아야 하며, 설사 사용하려고 하여도 유용한 $\boldsymbol{\alpha}$나 $\mathbf{R}$을 구할 수 없다. 이와 유사하게 가속도차를 사용할 때 적당한 링크는 하나뿐이기 때문에 $\boldsymbol{\alpha}$를 사용하는 데 문제가 없다. 상대 가속도에 관한 두 가지 의문점은 (a) 언제 코리올리 항을 포함하는 것인지와 언제 법선과 접선성분을 사용하는가이다. 그리고 (b) 코리올리 항에서 어떤 각속도 $\boldsymbol{\omega}$를 사용하는지이다. 첫 번째 질문에 대한 해답은 쉽다. 상대 가속도 방정식을 사용할 때 코리올리 항은 반드시 포함되어야 한다. 이것이 없으면, 즉 "경로"가 회전하지 않을 때 어떤 식으로든 포함되어야 하며 이것은 0으로 계산한다. 두 번째 질문에 대한 해답도 간단하다. 상대 가속도 방정식을 사용할 때, 점 $P_i$가 다른 링크 $j$상에 그리는 경로를 가시화하여야 한다. 그리고 경로를 포함하는 링크의 각속도 $\boldsymbol{\omega}_j$를 사용한다. 4.7절과 표 4.1에서 살펴본 바와 같이 구름 접촉 가속도는 상대 가속도의 특별한 경우이다.

예제 4.2~4.8을 주의 깊게 검토해보면 표 4.1과 제안된 전략과 변수 지정 전략이 가속도 해석 문제에 어떻게 적용되는지 알 수 있다.

## 4.9 대수적 가속도 해석

이 절에서는 3.9절에서 언급했던 몇 가지의 해석적 접근을 계속 이어간다. 그때 검토하였던 기구 중 하나인 그림 3.15의 슬라이더–크랭크 링크기구를 그림 4.21에 다시 그렸다.

슬라이더의 가속도는 식 (3.15*b*)를 시간에 대하여 미분함으로써 구해진다. 하지만 이 과정은 매우 어려운 미분과정이며, 최종 결과의 표현이 매우 복잡하다. 그 대신 3.9절의 식 (*a*)를 시간에 대해 두 번 미분을 하고, 이것을 상당한 처리과정을 거치면 슬라이더의 정확한 가속도를 다음과 같이 얻을 수 있다.

$$\ddot{x} = -r\omega^2\left(\cos\theta + \frac{r\cos 2\theta}{l\cos\phi} + \frac{r^3\sin^2 2\theta}{4l^3\cos^3\phi}\right) - r\alpha\left(\sin\theta + \frac{r\sin 2\theta}{2l\cos\phi}\right) \tag{4.20}$$

이 식은 복잡한 식이 되는데, 식 (*d*)를 대입을 통해 $\phi$를 소거하면 더욱 복잡해진다.

$$\cos\phi = \sqrt{1 - \left(\frac{r}{l}\sin\theta\right)^2} \tag{4.21}$$

어떤 기구의 응용에서는 슬라이더의 속도와 가속도 해석에서 근사표현이 사용된다. 3.9절에서 슬라이더의 속도에 대한 근사치를 찾기 위해 이항 확정이 사용되었다[식 (3.15*e*)]. 여기서는 슬라이더의 가속도에 대한 근사치를 구할 것이다. $(r/l)$의 값이 작으면, 식 (4.20)에서 처음 괄호의 마지막 항은 무시될 수 있다. 또한, $\cos\phi$의 값은 거의 1이 된다. 따라서, 슬라이더의 가속도는 다음과 같이 표현될 수 있다.

$$\ddot{x} = -r\omega^2\left(\cos\theta + \frac{r}{l}\cos 2\theta\right) - r\alpha\left(\sin\theta + \frac{r}{2l}\sin 2\theta\right) \tag{4.22a}$$

이 결과는 식 (3.16*b*)를 시간에 대해 미분하여 얻을 수 있다는 것에 주목해야 한다. 또한, 구동절의 입력 각속도가 일정할 때에는($\alpha = 0$), 슬라이더의 가속도는 아래와 같이 표현된다.

$$\ddot{x} = -r\omega^2\left(\cos\theta + \frac{r}{l}\cos 2\theta\right) \tag{4.22b}$$

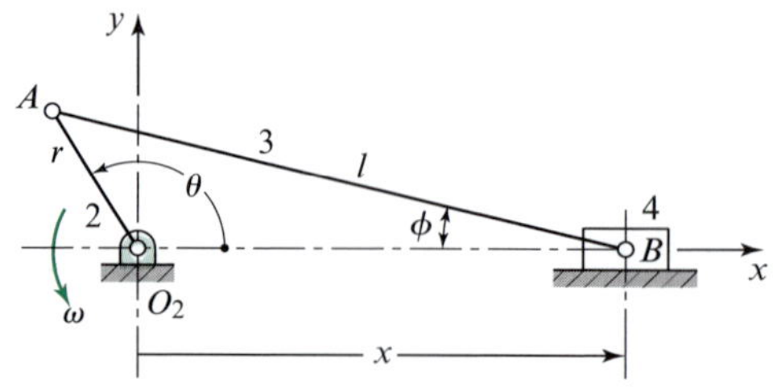


그림 4.21 중앙(central) 슬라이더–크랭크 링크기구

## 4.10 복소 대수법 가속도 해석

이제 가속도 해석에 레이븐 방법(Raven's method)이 어떻게 확장되는지 검토해보자. 일반적인 방법은 그림 4.22에서와 같이 편심 슬라이더-크랭크 링크기구를 그려보는 것이다.

복소형 루프 폐쇄 방정식은 다음과 같다.

$$r_2 e^{j\theta_2} + r_3 e^{j\theta_3} - r_1 e^{-j(\pi/2)} - r_4 e^{j0} = 0 \tag{$a$}$$

이 식을 실수와 허수성분으로 분리하면, 위치에 대한 2개의 식을 얻을 수 있다.

$$r_2 \cos\theta_2 + r_3 \cos\theta_3 - r_4 = 0 \tag{$b$}$$

$$r_2 \sin\theta_2 + r_3 \sin\theta_3 + r_1 = 0 \tag{$c$}$$

주어진 입력각 $\theta_2$에 대해 $r_1$, $r_2$, $r_3$을 활용하여 두 개의 방정식을 $\theta_3$, $r_4$에 대해서 풀 수 있다. 이와 같은 방법으로 $\theta_3$에 대하여 식 ($c$)를 풀 수 있으며, 그 결과는 다음과 같다.

$$\theta_3 = \sin^{-1}\left(\frac{-r_1 - r_2\sin\theta_2}{r_3}\right) \tag{4.23}$$

그리고 $r_4$에 대하여 식 ($b$)를 풀 수 있다.

$$r_4 = r_2\cos\theta_2 + r_3\cos\theta_3 \tag{4.24}$$

식 ($a$)를 시간에 대하여 미분하면 지수형태의 속도 다각형 공식인 속도식이 주어진다. $\dot{\theta}$를 $\omega$로 대치하면 그 결과는 다음과 같다.

$$jr_2\omega_2 e^{j\theta_2} + jr_3\omega_3 e^{j\theta_3} - \dot{r}_4 e^{j0} = 0 \tag{$d$}$$

앞에서 살펴본 바와 같이, 레이븐 방법은 삼각함수 변환과 그 결과를 식 ($a$)로부터 식 ($b$)와 식 ($c$)를 얻는 데 이용된 바와 같이 실수 항과 허수 항으로 분리하는 것으로 구성된다. 이 예에서 속도 방정식으로 이 과정을 실시하면 식 ($d$)에서 다음을 구할 수 있다.

$$\omega_3 = -\frac{r_2\cos\theta_2}{r_3\cos\theta_3}\omega_2 \tag{4.25$a$}$$

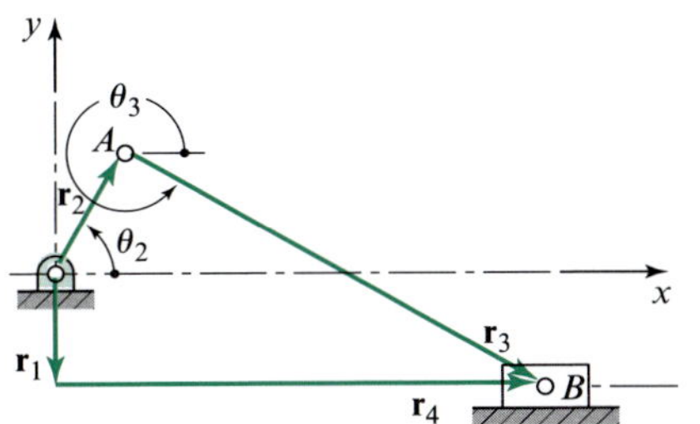


그림 4.22 편심 슬라이더-크랭크 기구

그리고

$$\dot{r}_4 = -r_2 \sin\theta_2\omega_2 - r_3 \sin\theta_3\omega_3 \tag{4.25b}$$

식 ($d$)를 1차 미분하는 동일한 방법을 사용하여 가속도 공식을 얻는다. 그리고, 결과를 실수부와 허수부로 분리하여 2개의 모르는 가속도를 구할 수 있는 2개의 방정식을 얻는다. 다음과 같이 나타낼 수 있다.

$$\alpha_3 = \frac{r_2 \sin\theta_2\omega_2^2 - r_2 \cos\theta_2\alpha_2 + r_3 \sin\theta_3\omega_3^2}{r_3 \cos\theta_3} \tag{4.26}$$

$$\ddot{r}_4 = -r_2 \cos\theta_2\omega_2^2 - r_2 \sin\theta_2\alpha_2 - r_3 \cos\theta_3\omega_3^2 - r_3 \sin\theta_3\alpha_3 \tag{4.27}$$

만일 입력 가속도가 일정하고 $\alpha_2 = 0$이면, 가속도는 다음과 같다.

$$\alpha_3 = \frac{r_2 \sin\theta_2\omega_2^2 + r_3 \sin\theta_3\omega_3^2}{r_3 \cos\theta_3} \tag{4.28}$$

$$\ddot{r}_4 = -r_2 \cos\theta_2\omega_2^2 - r_3 \cos\theta_3\omega_3^2 - r_3 \sin\theta_3\alpha_3 \tag{4.29}$$

4절 링크기구에 사용했던 방법을 컴퓨터를 이용하여 크랭크-로커 링크기구와 드래그-링크기구를 해석하는 데 사용할 수 있다. 그러나 기구의 운동이 극점에 도달했을 때 계산이 멈추도록 프로그램을 수정하지 않으면, 이 방법을 다른 4절 링크기구에 사용할 수 없다.

4절 링크기구를(그림 3.18) 위한 벡터 루프 폐쇄 식을 세우면 다음과 같다.

$$\mathbf{r}_1 + \mathbf{r}_2 + \mathbf{r}_3 - \mathbf{r}_4 = \mathbf{0} \tag{$e$}$$

이 식에서 아래첨자는 링크의 번호이고, 링크 2는 일정한 입력 가속도를 갖는 구동절이다. 레이븐 방법으로부터 다음과 같은 가속도 관계를 얻을 수 있다.

$$\alpha_3 = \frac{r_2 \cos(\theta_2 - \theta_4)\omega_2^2 + r_3 \cos(\theta_3 - \theta_4)\omega_3^2 - r_4\omega_4^2}{r_3 \sin(\theta_4 - \theta_3)} \tag{4.30}$$

$$\alpha_4 = \frac{r_2 \cos(\theta_2 - \theta_3)\omega_2^2 - r_4 \cos(\theta_3 - \theta_4)\omega_4^2 + r_3\omega_3^2}{r_4 \sin(\theta_4 - \theta_3)} \tag{4.31}$$

## 4.11 운동계수법

이 해법의 예로 다시 한번 4절 링크기구를 이용한다. 링크 3과 4의 각가속도는 다음과 같이 예제 3.7에서 입력각 $\theta_2$에 대하여 식 (3)을 미분하여 얻을 수 있다.

$$-r_3 \cos\theta_3 {\theta'_3}^2 - r_3 \sin\theta_3 \theta''_3 + r_4 \cos\theta_4 {\theta'_4}^2 + r_4 \sin\theta_4 \theta''_4 = r_2 \cos\theta_2 \tag{4.32}$$

$$-r_3 \sin\theta_3 {\theta'_3}^2 + r_3 \cos\theta_3 \theta''_3 + r_4 \sin\theta_4 {\theta'_4}^2 - r_4 \cos\theta_4 \theta''_4 = r_2 \sin\theta_2 \tag{4.33}$$

여기서 정의에 따라,

$$\theta''_3 = \frac{d^2\theta_3}{d\theta_2^2} \quad \text{그리고} \quad \theta''_4 = \frac{d^2\theta_4}{d\theta_2^2}$$

그리고 링크 3과 4의 *2차 운동계수*(*second-order kinematic coefficient*)로 적용한다. 식 (4.32)와 (4.33)을 행렬 형태로 나타나면 다음과 같다.

$$\begin{bmatrix} -r_3 \sin\theta_3 & r_4 \sin\theta_4 \\ r_3 \cos\theta_3 & -r_4 \cos\theta_4 \end{bmatrix} \begin{bmatrix} \theta''_3 \\ \theta''_4 \end{bmatrix} = \begin{bmatrix} B_1 \\ B_2 \end{bmatrix} \tag{4.34}$$

여기서 아래 식은 위치와 속도 해석에서부터 알고 있는 값이다.

$$\begin{aligned} B_1 &= r_2 \cos\theta_2 + r_3 \cos\theta_3 {\theta'_3}^2 - r_4 \cos\theta_4 {\theta'_4}^2, \\ B_2 &= r_2 \sin\theta_2 + r_3 \sin\theta_3 {\theta'_3}^2 - r_4 \sin\theta_4 {\theta'_4}^2 \end{aligned} \tag{4.35}$$

또한 식 (4.34)의 왼쪽 항 (2 × 2) 계수 행렬은, 예제 3.7의 식 (5)에서의 속도 해석 (2 × 2) 계수 행렬과 같다.[5] 이것은 우연의 일치가 아니다. 계수 행렬은 모든 위치적인 도함수에 대해 같다. 즉 1차, 2차, 3차 운동계수와 같다. 그러므로 이 행렬은 모든 고차 미분의 구비된 검토도구라 할 수 있다. 계수 행렬의 행렬식은 예제 3.7의 식 (6)으로 주어졌다.

$$\Delta = -r_3 r_4 \sin(\theta_4 - \theta_3) \tag{4.36}$$

링크 3과 4의 2차 운동계수는 크래머의 규칙(Cramer's rule)을 사용하여 식 (4.34)로부터 구한다. 그 결과는 다음과 같다.

$$\theta''_3 = \frac{B_1 \cos\theta_4 + B_2 \sin\theta_4}{r_3 \sin(\theta_4 - \theta_3)} \quad \text{and} \quad \theta''_4 = \frac{B_1 \cos\theta_3 + B_2 \sin\theta_3}{r_4 \sin(\theta_4 - \theta_3)} \tag{4.37}$$

4절 링크기구의 2차 운동계수는 무차원(점)이다. 링크 3과 4의 각가속도는 연립방정식으로부터 얻는다.

$$\alpha_3 = \theta''_3 \omega_2^2 + \theta'_3 \alpha_2 \quad \text{and} \quad \alpha_4 = \theta''_4 \omega_2^2 + \theta'_4 \alpha_2 \tag{4.38}$$

표 4.2에는 (*a*) 변동 각변위 $\theta_j$와 (*b*) 변동 크기 $r_j$를 갖는 평면기구(벡터 $\mathbf{r}_j$)의 링크 $j$에 관한 2차 운동계수가 정리되어 있다.

---

[5] 이 계수 행렬식을 시스템의 *자코비안*(*Jacobian*)이라고 한다.

표 4.2 2차 운동계수 요약

| | Variable of interest<br>Angle $\theta_j$<br>(use symbol $\theta_j''$ for kinematic coefficient regardless of input) | Variable of interest<br>Magnitude $r_j$<br>(use symbol $r_j''$ for kinematic coefficient regardless of input) |
|---|---|---|
| Input<br>$\psi$ = angle $\theta_i$ | $\alpha_j = \theta_j''\dot{\psi}^2 + \theta_j'\ddot{\psi}$<br>$\theta_j' = \dfrac{d\theta_j}{d\psi}$ (dimensionless, rad/rad)<br>$\theta_j'' = \dfrac{d^2\theta_j}{d\psi^2}$ (dimensionless, rad/rad$^2$) | $\ddot{r}_j = r_j''\dot{\psi}^2 + r_j'\ddot{\psi}$<br>$r_j' = \dfrac{dr_j}{d\psi}$ (length, length/rad)<br>$r_j'' = \dfrac{d^2r_j}{d\psi^2}$ (length, length/rad$^2$) |
| Input<br>$\psi$ = magnitude $r_i$ | $\alpha_j = \theta_j''\dot{\psi}^2 + \theta_j'\ddot{\psi}$<br>$\theta_j' = \dfrac{d\theta_j}{d\psi}$ (1/length, rad/length)<br>$\theta_j'' = \dfrac{d^2\theta_j}{d\psi^2}$ (1/length$^2$, rad/length$^2$) | $\ddot{r}_j = r_j''\dot{\psi}^2 + r_j'\ddot{\psi}$<br>$r_j' = \dfrac{dr_j}{d\psi}$ (dimensionless, length/length)<br>$r_j'' = \dfrac{d^2r_j}{d\psi^2}$ (1/length, length/length$^2$) |

링크의 각가속도와 움직이는 점의 가속도를 결정하는 데, 운동계수 방법에 대한 설명을 위해 다음 세 개의 예제를 고려해 보자.

## 예제 4.9

예제 4.2의 4절 링크와 관련하여, 링크 3과 4의 각가속도와 점 $E$와 $F$의 절대 가속도를 구하라.

### ▶ 풀이

예제 3.7의 식 (8)로부터 1차 운동계수는 다음과 같다.

$$\theta_3' = 0.271\,8 \text{ rad/rad} \quad \text{and} \quad \theta_4' = 0.526\,5 \text{ rad/rad} \tag{1}$$

식 (1)과 주어진 데이터를 식 (4.35)에 대입하고, 그 결과를 식 (4.37)에 대입하면 링크 3과 4의 2차 운동계수를 얻는다.

$$\theta_3'' = 0.013\,1 \text{ rad/rad}^2 \quad \text{and} \quad \theta_4'' = -0.203\,0 \text{ rad/rad}^2 \tag{2}$$

식 (1)과 (2), 그리고 일정한 각속도 $\omega_2 = 94.2$ rad/s ccw를, 식 (4.38)에 대입하면 링크 3과 4의 각가속도를 얻는다.

$$\alpha_3 = 116 \text{ rad/s}^2 \text{ ccw} \quad \text{그리고} \quad \alpha_4 = 1\,801 \text{ rad/s}^2 \text{ cw} \qquad \text{답}$$

이 답은 예제 4.2의 도해적 기법의 답, 즉 $\alpha_3 = 113$ rad/s$^2$ ccw와 $\alpha_4 = 1822$ rad/s$^2$ cw와 매우 비슷하다.

점 $E$의 가속도를 얻기 위하여 예제 3.7에서 입력 각변위 $\theta_2$에 대하여 식 (13)을 미분한다.

따라서 점 $E$의 2차 운동계수는 다음과 같다.

$$x''_E = -r_2\cos\theta_2 - r_{EB}\cos(\theta_3-\phi)\theta'^2_3 - r_{EB}\sin(\theta_3-\phi)\theta''_3,$$
$$y''_E = -r_2\sin\theta_2 - r_{EB}\sin(\theta_3-\phi)\theta'^2_3 + r_{EB}\cos(\theta_3-\phi)\theta''_3 \tag{3}$$

식 (1)과 (2), 그리고 주어진 데이터를 식 (3)에 대입하면 다음과 같다.

$$x''_E = 1.206\,7\ \text{in/rad}^2 \quad \text{and} \quad y''_E = -3.310\,8\ \text{in/rad}^2 \tag{4}$$

예제 3.7의 식 (15)로부터 점 $E$의 속도를 시간에 대하여 미분하면, 점 $E$의 가속도는 다음과 같이 나타낼 수 있다.

$$\mathbf{A}_E = \left(x''_E\omega_2^2 + x'_E\alpha_2\right)\hat{\mathbf{i}} + \left(y''_E\omega_2^2 + y'_E\alpha_2\right)\hat{\mathbf{j}} \tag{5}$$

예제 3.7의 식 (14)로부터 점 $E$의 1차 운동계수는 다음과 같다.

$$x'_E = -3.419\,1\ \text{in/rad} \quad \text{and} \quad y'_E = 0.926\,9\ \text{in/rad} \tag{6}$$

식 (4)와 (6) 그리고 입력 링크의 각속도와 가속도를 식 (5)에 대입하면 다음을 구할 수 있다.

$$\mathbf{A}_E = 892.32\hat{\mathbf{i}} - 2\,448.24\hat{\mathbf{j}}\ \text{ft/s}^2$$ 답

그러므로 점 $E$의 가속도 크기는 $A_E = 2606$ ft/s$^2$이다. 이 결과는 예제 4.2에서의 답 $A_E =$ 2580 ft/s$^2$과 매우 비슷하다.

점 $F$의 가속도를 비슷한 방법으로 구할 수 있다. 점 $F$의 1차와 2차 운동계수는 다음과 같다.

$$x'_F = -2.626\,2\ \text{in/rad}, \quad \text{and} \quad y'_F = 3.068\,6\ \text{in/rad},$$
$$x''_F = -0.586\,0\ \text{in/rad}^2, \quad \text{and} \quad y''_F = -2.551\,7\ \text{in/rad}^2 \tag{7}$$

식 (5)와 동일하게, 점 $F$의 가속도 공식에 대입하면 다음과 같다.

$$\mathbf{A}_F = \left(x''_F\omega_2^2 + x'_F\alpha_2\right)\hat{\mathbf{i}} + \left(y''_F\omega_2^2 + y'_F\alpha_2\right)\hat{\mathbf{j}} \tag{8}$$

식 (7)과 각속도 및 각가속도를 식 (8)에 대입하면, 점 $F$의 가속도는

$$\mathbf{A}_F = -433\hat{\mathbf{i}} - 1\,886\hat{\mathbf{j}}\ \text{ft/s}^2$$ 답

그러므로 점 $F$의 가속도 크기는 $A_F = 1935$ ft/s$^2$이다. 이 결과는 예제 4.3의 답 $A_F =$ 1960 ft/s$^2$과 유사하다.

### 예제 4.10

예제 3.2의 그림 3.8$a$ 편심 슬라이더-크랭크의 링크 4가 한 점에서 왼쪽으로 일정한 속도 10 m/s로 움직인다. 링크 2와 3의 각가속도와 점 $D$의 순간가속도를 구하라.

▶ **풀이**

링크 2과 3의 각가속도는 예제 3.8의 식 (3)을 입력 변위 $r_4$에 대하여 미분하여 얻는다.

$$\begin{aligned}&-r_2\cos\theta_2\theta_2'^2-r_2\sin\theta_2\theta_2''-r_3\cos\theta_3\theta_3'^2-r_3\sin\theta_3\theta_3''=0,\\&-r_2\sin\theta_2\theta_2'^2+r_2\cos\theta_2\theta_2''-r_3\sin\theta_3\theta_3'^2+r_3\cos\theta_3\theta_3''=0\end{aligned}\qquad(1)$$

여기서 링크 2와 3의 2차 운동계수는 다음과 같이 정의된다.

$$\theta_2''=\frac{d^2\theta_2}{dr_4^2}\quad \text{그리고}\quad \theta_3''=\frac{d^2\theta_3}{dr_4^2}$$

예제 3.8의 식 (8)로부터 1차 운동계수는 다음과 같다.

$$\theta_2'=-19.856\ \text{rad/m}\quad \text{and}\quad \theta_3'=5.447\ \text{rad/m}\qquad(2)$$

식 (2)와 주어진 데이터를 식 (1)에 대입하면, 링크 2와 3의 2차 운동계수는 다음과 같다.

$$\theta_2''=-246.25\ \text{rad/m}^2\quad \text{and}\quad \theta_3''=162.73\ \text{rad/m}^2\qquad(3)$$

링크 2와 3의 각가속도는 표 4.2로부터 다음과 같다.

$$\alpha_2=\theta_2''\dot{r}_4^2+\theta_2'\ddot{r}_4\quad \text{and}\quad \alpha_3=\theta_3''\dot{r}_4^2+\theta_3'\ddot{r}_4\qquad(4)$$

식 (2), (3)과 일정한 입력속도 $\dot{r}_4=-10$ m/s를 식 (4)에 대입하면, 링크 2와 3의 각가속도를 얻을 수 있다.

$$\alpha_2=-24\,625\ \text{rad/s}^2\ \text{cw}\quad \text{그리고}\quad \alpha_3=16\,273\ \text{rad/s}^2\ \text{ccw}$$ 답

점 $D$의 가속도를 얻기 위하여 예제 3.8의 식 (12)를 입력 변위 $r_4$에 대하여 미분하면, 점 $D$의 2차 운동계수는 다음과 같다.

$$\begin{aligned}x_D''&=-r_2\cos\theta_2\theta_2'^2-r_2\sin\theta_2\theta_2''-r_{DB}\cos(\theta_3-\beta)\theta_3'^2-r_{DB}\sin(\theta_3-\beta)\theta_3'',\\y_D''&=-r_2\sin\theta_2\theta_2'^2+r_2\cos\theta_2\theta_2''-r_{DB}\sin(\theta_3-\beta)\theta_3'^2+r_{DB}\cos(\theta_3-\beta)\theta_3''\end{aligned}\qquad(5)$$

식 (2), (3)과 주어진 데이터를 식 (5)에 대입하면 다음을 얻을 수 있다.

$$x_D''=6.52\ \text{m/m}^2\quad \text{and}\quad y_D''=-12.31\ \text{m/m}^2\qquad(6)$$

예제 3.8의 식 (14)에서 점 $D$의 속도를 시간에 대하여 미분하면 점 $D$의 가속도는 다음과 같다.

$$\mathbf{A}_D = \left(x''_D \dot{r}_4^2 + x'_D \ddot{r}_4\right)\hat{\mathbf{i}} + \left(y''_D \dot{r}_4^2 + y'_D \ddot{r}_4\right)\hat{\mathbf{j}} \tag{7}$$

예제 3.8의 식 (13)으로부터 점 $D$의 1차 운동계수는 다음과 같다.

$$x'_D = 1.123 \text{ m/m} \quad \text{and} \quad y'_D = -0.407 \text{ m/m} \tag{8}$$

식 (6) 및 (8)과 일정한 입력 링크의 속도와 식 (7)에 대입하면 다음을 얻을 수 있다.

$$\mathbf{A}_D = 652\hat{\mathbf{i}} - 1\,231\hat{\mathbf{j}} \text{ m/s}^2$$ 답

그러므로 점 $D$의 가속도 크기는 $A_D = 1393 \text{ m/s}^2$이다.

### 예제 4.11

그림 4.23의 기구는 *랩슨(Raphson) 슬라이드*라고 불리는 해양 조타장치이다. 링크 4의 $O_4B$는 키의 손잡이이고 링크 2의 $AC$는 액츄에이팅 로드(actuating rod)이다. 그림에서처럼 $R_{AD} = R_2 = 4.619$ ft이고 링크 2의 속도는 왼쪽으로 15 ft/s이다. 조타장치의 각가속도를 결정하고 점 $B$의 가속도를 구하라.

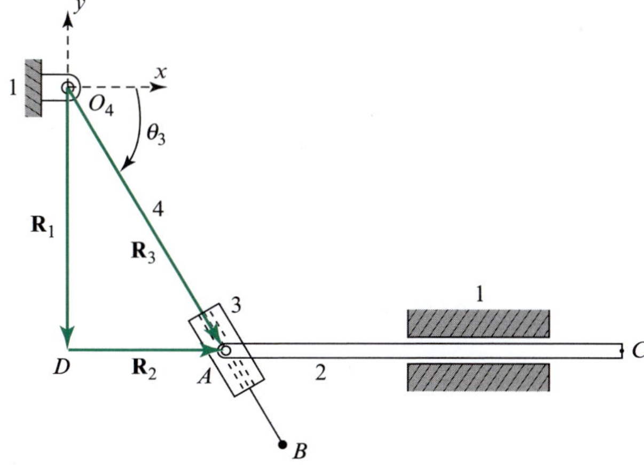


그림 4.23 $R_{DO_4} = R_1 = 8$ ft 그리고 $R_{BO_4} = 11$ ft

▶ **풀이**

기구의 기구학적 해석을 위해 선택한 벡터가 그림 4.23에 나타나 있다. 점 $D$는 링크 1상의 점으로 (고정점으로 취급) 점 $O_4$에서 수직으로 밑에 위치하고 있다. 그래서 입력은 링크 2상 점 $D$로부터 $A$까지의 벡터 $\mathbf{R}_2$의 크기이다. 또한 입력의 변화는 음수, 즉 입력의 크기는 감소하고 있음을 주목해야 한다.

그림 4.23처럼 이 기구의 벡터 루프식은 다음과 같다.

$$\overset{\surd\surd}{\mathbf{R}_1} + \overset{I\surd}{\mathbf{R}_2} - \overset{??}{\mathbf{R}_3} = \mathbf{0} \tag{1}$$

여기서 $\theta_1 = -90°$, $\theta_2 = 0$, 그리고 $\theta_3 = \tan^{-1}(R_1/R_2) = -60°$, $R_3 = \sqrt{R_1^2 + R_2^2} = 9.238$ ft이다. 식 (1)의 $x$와 $y$ 성분은 다음과 같다.

$$R_2 - R_3 \cos\theta_3 = 0 \tag{2a}$$

$$-R_1 - R_3 \sin\theta_3 = 0 \tag{2b}$$

식 (2)를 입력 위치 $R_2$에 대해 미분한다.

$$1 + R_3 \sin\theta_3\theta_3' - R_3' \cos\theta_3 = 0 \tag{3a}$$

$$-R_3 \cos\theta_3\,\theta_3' - R_3' \sin\theta_3 = 0 \tag{3b}$$

식 (3)을 매트릭스 형식으로 다음과 같이 표현한다.

$$\begin{bmatrix} R_3 \sin\ \theta_3 & -\cos\ \theta_3 \\ -R_3 \cos\ \theta_3 & -\sin\ \theta_3 \end{bmatrix} \begin{bmatrix} \theta_3' \\ R_3' \end{bmatrix} = \begin{bmatrix} -1 \\ 0 \end{bmatrix} \tag{4}$$

식 (4)의 자코비안 행렬식을 구한다.

$$\Delta = \begin{vmatrix} R_3 \sin\ \theta_3 & -\cos\ \theta_3 \\ -R_3 \cos\ \theta_3 & -\sin\ \theta_3 \end{vmatrix} = -R_3 \sin^2\theta_3 - R_3 \cos^2\theta_3 = -R_3 \tag{5}$$

그러므로 $\Delta = -9.238$ ft이다.
식 (3)을 입력 위치 $R_2$에 대해 미분한다.

$$R_3 \cos\theta_3\theta_3'^2 + R_3 \sin\theta_3\theta_3'' + 2R_3' \sin\theta_3\theta_3' - R_3'' \cos\theta_3 = 0 \tag{6a}$$

$$R_3 \sin\theta_3\theta_3'^2 - R_3 \cos\theta_3\theta_3'' - 2R_3' \cos\theta_3\theta_3' - R_3'' \sin\theta_3 = 0 \tag{6b}$$

식 (6)을 행렬의 형태로 나타낸다.

$$\begin{bmatrix} R_3 \sin\ \theta_3 & -\cos\ \theta_3 \\ -R_3 \cos\ \theta_3 & -\sin\ \theta_3 \end{bmatrix} \begin{bmatrix} \theta_3'' \\ R_3'' \end{bmatrix} = \begin{bmatrix} -2R_3' \sin\ \theta_3\theta_3' - R_3 \cos\ \theta_3\theta_3'^2 \\ 2R_3' \cos\ \theta_3\theta_3' - R_3 \sin\ \theta_3\theta_3'^2 \end{bmatrix} \tag{7}$$

식 (7)에서 계수 행렬은 식 (4)의 계수 행렬과 같다. 계수 행렬은 미지의 변수로 미분해도 변하지 않는다.

주어진 값을 식 (4)에 대입하고 크래머의 규칙을 사용하여 1차 운동계수를 구한다.

$$\theta_3' = \frac{\begin{vmatrix} -1 & -\cos\theta_3 \\ 0 & -\sin\theta_3 \end{vmatrix}}{\Delta} = \frac{\sin\theta_3}{-R_3} = +0.093\ 75 \text{ rad/ft} \tag{8a}$$

$$R_3' = \frac{\begin{vmatrix} R_3\sin\theta_3 & -1 \\ -R_3\cos\theta_3 & 0 \end{vmatrix}}{\Delta} = \frac{-R_3\cos\theta_3}{-R_3} = +0.500 \text{ ft/ft} \tag{8b}$$

주어진 값을 식 (7)에 대입하고 크래머의 규칙을 사용하여 2차 운동계수를 구한다.

$$\theta_3'' = \frac{\begin{vmatrix} -2R_3'\sin\theta_3\theta_3' - R_3\cos\theta_3{\theta_3'}^2 & -\cos\theta_3 \\ 2R_3'\cos\theta_3\theta_3' - R_3\sin\theta_3{\theta_3'}^2 & -\sin\theta_3 \end{vmatrix}}{\Delta} = \frac{2R_3'\theta_3'}{-R_3} = -0.010\,15 \text{ rad/ft}^2 \tag{9a}$$

$$R_3'' = \frac{\begin{vmatrix} R_3\sin\theta_3 & -2R_3'\sin\theta_3\theta_3' - R_3\cos\theta_3{\theta_3'}^2 \\ -R_3\cos\theta_3 & 2R_3'\cos\theta_3\theta_3' - R_3\sin\theta_3{\theta_3'}^2 \end{vmatrix}}{\Delta} = \frac{-\left(R_3\theta_3'\right)^2}{-R_3} = +0.081\,18 \text{ ft/ft}^2 \tag{9b}$$

링크 3의 각속도는 다음과 같이 구해진다.

$$\omega_3 = \theta_3'\dot{R}_2 = (+0.093\,75 \text{ rad/ft})(-15 \text{ ft/s}) = -1.406 \text{ rad/s} \tag{10}$$

음의 부호는 링크 3의 속도 방향이 시계방향임을 나타낸다. 링크 2가 왼쪽으로 움직이고 있기 때문에 $\dot{R}_2 = -1.5$ ft/s이고 입력의 크기 $R_2$는 감소하고 있다. 또한, 링크 4는 링크 3의 각속도와 같은 속도로 회전하도록 구속되어 있음을 유의해야 한다. 그러므로 링크 4의 각속도는 다음과 같다.

$$\omega_4 = \omega_3 = -1.406 \text{ rad/s (cw)} \tag{11}$$

링크 3의 각가속도는 다음과 같다.

$$\begin{aligned} \alpha_3 &= \theta_3'\ddot{R}_2 + \theta_3''{\dot{R}_2}^2 = (+0.093\,75 \text{ rad/ft})(0) + \left(-0.010\,15 \text{ rad/ft}^2\right)(-15 \text{ ft/s})^2 \\ &= -2.283 \text{ rad/s}^2 \end{aligned} \tag{12}$$

음의 부호는 링크 3이 시계방향으로 가속되고 있음을 나타낸다. 왜냐하면 링크 4는 링크 3의 각속도와 같은 속도로 회전하도록 구속되어 링크 4의 각가속도는 다음과 같다.

$$\alpha_4 = \alpha_3 = -2.283 \text{ rad/s}^2 \text{ (cw)} \qquad \text{답} \tag{13}$$

링크 3의 링크 4에 대한 미끄럼 속도는 다음과 같다.

$$V_{A_3/4} = R_3'\dot{R}_2 = (+0.5\ \text{ft/ft})(-15\ \text{ft/s}) = -7.5\ \text{ft/s} \tag{14}$$

음의 부호는 링크 4를 따라서 핀 $O_4$를 향해 움직이는 상대 속도의 방향을 나타내고 그 방향은 $\mathbf{V}_{A_3/4} = 7.5\ \text{ft/s}\angle 120°$이다.

링크 4에 대한 링크의 3의 미끄럼 가속도는 다음과 같이 나타낼 수 있다.

$$\begin{aligned} A_{A_3/4} &= R_3'\ddot{R}_2 + R_3''\dot{R}_2^2 \\ &= (+0.5\ \text{ft/ft})(0) + \left(+0.081\,18\ \text{ft/ft}^2\right)(-15\ \text{ft/s})^2 = +18.266\ \text{ft/s}^2 \end{aligned} \tag{15}$$

양의 부호는 상대 가속도의 방향은 링크 4를 따라 핀 $O_4$로부터 밖으로 향한다. 즉 그 방향은 $\mathbf{A}_{A_3/4} = 18.266\ \text{ft/s}^2\angle 60°$이다.

점 $B$에서 가속도를 구하기 위해, 그림 4.24에서 벡터 $\mathbf{R}_B$를 나타내었다.

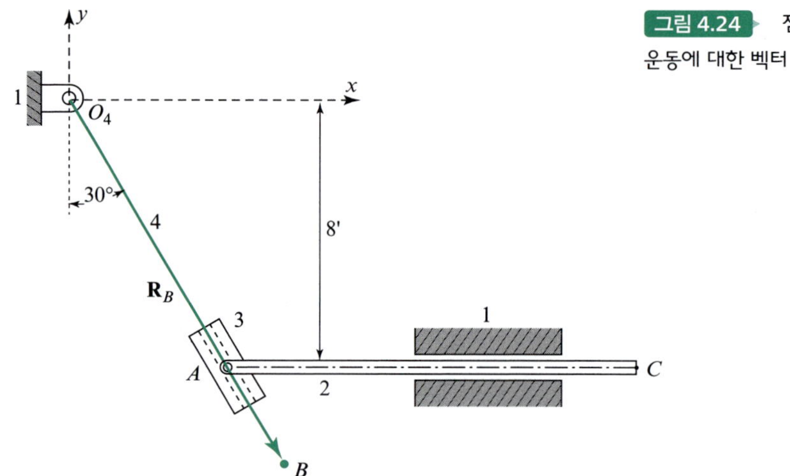


그림 4.24 점 $B$의 운동에 대한 벡터

점 $B$의 $x$와 $y$의 성분은 다음과 같다.

$$x_B = R_B \cos\theta_3 = 5.500\ \text{ft} \tag{16a}$$

$$y_B = R_B \sin\theta_3 = -9.526\ \text{ft} \tag{16b}$$

식 (16)을 입력 위치 $R_2$에 대해 미분하면, 점 $B$의 1차 운동계수는 다음과 같다.

$$x_B' = -R_B \sin\theta_3\theta_3' = +0.893\,09\ \text{ft/ft} \tag{17a}$$

$$y_B' = R_B \cos\theta_3\theta_3' = +0.515\,63\ \text{ft/ft} \tag{17b}$$

그리고, 식 (17)을 입력 위치 $R_2$에 대해 미분하면, 점 $B$의 2차 운동계수는 다음과 같다.

$$x_B'' = -R_B\cos\theta_3\theta_3'^{\,2} - R_B\sin\theta_3\theta_3'' = -0.145\,01\ \text{ft/ft}^2 \tag{18a}$$

$$y''_B = -R_B \sin\theta_3 {\theta'_3}^2 + R_B \cos\theta_3 \theta''_3 = +0.02791 \text{ ft/ft}^2 \tag{18b}$$

점 $B$의 속도는 다음과 같다.

$$\begin{aligned}\mathbf{V}_B &= \left(x'_B\hat{\mathbf{i}} + y'_B\hat{\mathbf{j}}\right)\dot{R}_2 \\ &= \left(0.893\,09\,\hat{\mathbf{i}} + 0.515\,63\,\hat{\mathbf{j}}\right)(-15 \text{ ft/s}) = -13.396\,\hat{\mathbf{i}} - 7.734\,\hat{\mathbf{j}} \text{ ft/s} \\ &= 15.468 \text{ ft/s}\angle{-150^\circ}\end{aligned} \tag{19}$$

검토로 점 $B$의 속도를 다른 방법으로 확인할 수 있다.

$$V_B = \omega_4 \mathbf{R}_{BO_4} = (1.406 \text{ rad/s})(11 \text{ ft}) = 15.466 \text{ ft/s}$$

여기서 식 (10)과 (11)의 $\omega_4$ 값의 차이는 절삭으로(내림) 발생한 결과이다($\omega_4 = 1.406\,25$ rad/s).

점 $B$의 가속도는 다음과 같이 쓸 수 있다.

$$\begin{aligned}\mathbf{A}_B &= \left(x'_B\hat{\mathbf{i}} + y'_B\hat{\mathbf{j}}\right)\ddot{R}_2 + \left(x''_B\hat{\mathbf{i}} + y''_B\,\hat{\mathbf{j}}\right)\dot{R}_2^{\,2} \\ &= \left(0.893\,09\hat{\mathbf{i}} + 0.515\,63\hat{\mathbf{j}} \text{ ft/ft}\right)(0) + \left(-0.145\,01\hat{\mathbf{i}} + 0.027\,91\hat{\mathbf{j}} \text{ ft/ft}^2\right)(-15 \text{ ft/s})^2 \\ &= -32.627\hat{\mathbf{i}} + 6.280\hat{\mathbf{j}} \text{ ft/s}^2 = 33.225 \text{ ft/s}^2\angle 169.11^\circ\end{aligned}$$

답 (20)

많은 계산기에서 역탄젠트 함수는 처음에는 $\mathbf{A}_B$에 대한 각도가 $-10.89°$로 표시된다. 그러나 이 각도는 2사분면의 경우로 변경되어 계산되어야 한다. 즉 $\angle\mathbf{A}_B = -10.89° + 180° = 169.11°$이다.

## 4.12 오일러–세베리 공식[6]

4.5절에서 상대 가속도 공식 (4.17)을 유도하였다. 그리고 다음 예제를 통해 상대 경로가 알려진 점을 신중하게 선택하는 것이 매우 중요한데, 그렇게 되면 식 (4.14)의 법선성분에 필요한 경로의 곡률 반경이 결정될 수 있기 때문이다. 이것은 경로의 곡률 반경을 아는 것이 가끔 이러한 문제에 대한 접근방법을 제시해 주거나 어떤 경우에는 등가 기구의 가시화까지도 필요로 하는 점을 알아야 한다(예제 4.7의 그림 4.18$c$에서 처럼).[7] 만일 임의의 점이 선정되고 그 경로에 대한 곡률 반경이 계산된다면 매우 편리할 것이다. 평면기구에서는 여기서 제시되는 방법에 의해 이것이 가능해 질 수 있다.

2개의 강체가 평면 운동으로 서로 상대적으로 움직일 때, 한 강체상의 임의의 점 $A$는 다른 물체에 고정된 좌표계에 상대적인 경로와 궤적을 그린다. 주어진 한순간에 다른 물체에 고정된 $A'$

[6] 이 주제에 대해 가장 중요하고 유용한 참고문헌은 [2, Chapter 4], [3, Chapter 5], [4, Chapter 7], [6], [7, Chapter 4]이다.

[7] 등가 기구의 개념은 매우 중요한 주제이다. 자세한 내용은 참고문헌 [2]를 참고한다.

점이 있는데, 이 점이 $A$의 궤적의 곡률 중심이다. 만일 역기구학적인 관점을 택하면, $A'$ 또한 $A$를 포함한 물체에 대해 일정 궤적을 그릴 것이고 $A$가 이 궤적의 곡률 중심이 될 것이다. 따라서 각 점은 다른 점에 의하여 추적된 경로의 곡률 중심으로 작용하는데, 이때 두 점을 서로의 *공액*(*conjugate*)이라고 부른다. 이 두 공액점 간의 거리는 어느 한쪽 궤적의 곡률 반경이다.

그림 4.25에 중심이 $C$와 $C'$인 2개의 원을 나타낸다. 일반적으로 *상접원*이라 명명한다[2]. 고정된 순간중심 궤적으로서 중심이 $C'$인 원과 이동 순간중심 궤적의 중심인 $C$를 고려하면, 이들은 어떤 특별한 상대 평면 운동을 하고 있다. 실제로 고정된 순간중심 궤적이 고정될 필요는 없으나 곡률이 알려진 경로를 가진 물체에 부착된다. 또한 두 순간중심 궤적이 원일 필요는 없다. 우리는 오직 순간적인 값에만 관심이 있을 뿐이고, 단지 편의상 순간중심 궤적을 접촉점 $I$의(속도 극이라 일컫는) 근방에 있는 지점에서의 두 순간중심 궤적의 곡률과 일치하는 원(상접원)으로 생각할 것이다. 그러나 속도 극은 추가적인 점으로 속도의 순간중심과 일치한다.

3.12절에 제시된 것과 같이 속도의 순간중심은 두 물체 $j$, $k$에 각각 고정된 $I_{jk}$와 $I_{kj}$라 명명한 일치점의 쌍이다. 그러나 속도 극 $I$는 세 번째 점으로, 각각의 물체에 고정되어 있지 않고 물체가 움직이면서 바뀌는 순간중심과 일치한다. 따라서 속도 극은 두 개의 순간 속도 중심의 동일한 속도와는 다른 두 개의 접선 중심 궤적의 속도를 가질 수 있다.

두 순간중심 궤적을 포함하는 물체가 서로 상대 운동을 할 때, 순간중심 궤적은 서로가 미끄럼 없이 구르는 것으로 보인다(3.20절 참조). 이러한 특성 때문에 만일 운동을 가시화하는 데 도움이 된다면, 두 순간중심 궤적을 실제 움직이는 두 물체로 표현할 수 있다.

만일 이동 순간중심 궤적이 정지 순간중심 궤적에 대해 각속도 $\boldsymbol{\omega}$를 가졌다면, 점 $C$의 순간속도[8]는 다음과 같다.

$$V_C = \omega R_{CI} \tag{a}$$

마찬가지로, 구하고자 하는 공액점인 $A'$인 임의의 점 $A$의 속도는 다음과 같다.

$$V_A = \omega R_{AI} \tag{b}$$

운동이 진행됨에 따라 2개의 순간중심 궤적의 접점인 순간중심 $I$의 위치는 양 순간중심 궤적을 따라 속도 $\mathbf{v}$로 이동한다. 그림 4.25에서와 같이, $\mathbf{v}$는 $\mathbf{V}_C$의 종점으로부터 점 $C'$까지 직선을 그려 구할 수 있다. 다른 방법으로, 속도 극의 크기는 유사한 삼각형들로부터 구할 수 있고, 아래와 같다.

$$v = \frac{R_{IC'}}{R_{CC'}} V_C \tag{c}$$

점 $A$의 궤적의 곡률 중심인 점 $A'$를 구하는 작도는 그림 4.25에 도시되어 있으며, 이를 *하트만 작도*(*Hartmann construction*)라고 한다. 먼저, 순간중심 속도 $\mathbf{v}$의 성분 $\mathbf{u}$는 $\mathbf{V}_A$에 평행하거나

---

[8] 이 절에서 사용된 모든 속도는 실제로는 고정된 순간중심 궤적(centrode)의 좌표계에 대한 상대 속도이지만 간단하게 절대 속도로 표기하였다.

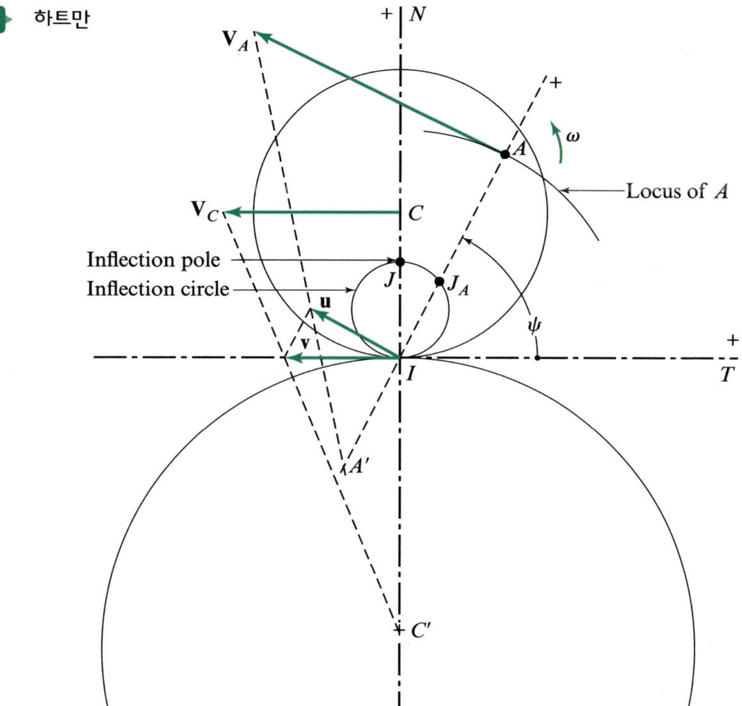


그림 4.25 하트만 작도

$\mathbf{R}_{AI}$에 수직으로 나타난다. 그리고 선분 $AI$와 속도 $\mathbf{V}_A$와 $\mathbf{u}$의 끝점을 연결하는 선이 만나는 점으로부터 공액점 $A'$의 위치를 구한다. 점 $A$ 궤적의 곡률 반경 $\rho = R_{AA'}$이다.

점 $A'$의 위치에 대한 해석적 표현이 또한 바람직하며, 이는 하트만 작도로부터 유도할 수 있다. 속도 극의 성분 $\mathbf{u}$의 크기는 다음과 같이 구할 수 있다.

$$u = v \sin \psi \tag{d}$$

여기서 $\psi$는 순간중심 궤적 접선으로부터 선 $\mathbf{R}_{AI}$로 측정한 양의 반시계방향 각도이다. 그리고 그림 4.25에서 유사한 삼각형으로부터 다음 식을 얻을 수 있다.

$$u = \frac{R_{IA'}}{R_{AA'}} V_A \tag{e}$$

여기서 식 $(d)$와 $(e)$를 등식으로 놓고, 그 결과에 식 $(a)$, $(b)$, $(c)$를 대입하면 다음과 같다.

$$u = \frac{R_{IC'} R_{CI}}{R_{CC'}} \omega \sin \psi = \frac{R_{IA'} R_{AI}}{R_{AA'}} \omega \tag{f}$$

위 식을 $\omega \sin \psi$로 나누고, 역수를 취하면 다음과 같다.

$$\frac{R_{AA'}}{R_{AI} R_{IA'}} \sin \psi = \frac{R_{CC'}}{R_{CI} R_{IC'}} = \frac{\omega}{v} \tag{g}$$

다음으로, $R_{AA'} = R_{AI} - R_{A'I}$ 및 $R_{CC'} = R_{CI} - R_{C'I}$를 이용하여 이 방정식을 간단히 줄인다.

$$\left(\frac{1}{R_{AI}} - \frac{1}{R_{A'I}}\right)\sin\psi = \left(\frac{1}{R_{CI}} - \frac{1}{R_{C'I}}\right) \tag{4.39}$$

이 중요한 공식이 *오일러–세베리 공식*(*Euler-Savary equation*)의 한 형식이다. 두 순간중심 궤적 $R_{CI}$와 $R_{C'I}$의 곡률 반경을 알면, 순간중심 $I$에 상대적인 2개의 공액점($A$와 $A'$)의 위치를 결정하는 데 이 식을 사용할 수 있다.

오일러–세베리 공식을 이용할 때, 순간중심 궤적 접선에 대한 양의 부호는($+T$) 임의로 선택할 수 있다. 양의 순간중심 궤적 법선($+N$)은 순간중심 궤적 접선으로부터 반시계방향으로 90°이다. 이것은 $R_{CI}$와 $R_{C'I}$에 대한 적절한 부호를 정하는 데 이용될 수 있는 선 $CC'$에 대한 양의 부호를 결정한다. 이와 유사하게 선 $AA'$에 대한 양의 방향을 임의로 선택할 수 있다. 각 $\psi$는 양의 순간중심 궤적 접선으로부터 선 $AA'$의 양의 부호까지 반시계방향으로 잡는다. 선 $AA'$의 부호는 또한 식 (4.39)에서 $R_{AI}$와 $R_{A'I}$에 대한 적절한 부호를 결정한다.

위의 오일러–세베리 공식의 형태에서는 순간중심 궤적 $R_{CI}$와 $R_{C'I}$의 곡률 반경을 알아야 하는 결점이 있다. 보통 궤적 자체의 곡률은 알 수 있지만, 그 이상은 알 수 없다. 그러나 이것은 새로운 공식을 구하여 해결할 수 있다.

그림 4.25에서 $J$라는 특별한 점을 고려한다. 이 점은 순간중심 궤적 법선상에 위치하며, 다음과 같이 정의한다.

$$\frac{1}{R_{JI}} = \frac{1}{R_{CI}} - \frac{1}{R_{C'I}} \tag{h}$$

만일 이 특별한 점이 식 (4.39)에서 $A$로 선택되면, 이 점의 공액점 $J'$는 무한한 위치에 있어야 한다. 점 $J$의 경로에 대한 곡률 반경은 무한대이며, $J$의 궤적은 $J$에 변곡점을 갖는다. 점 $J$를 *변곡극점*(*inflection pole*)이라고 부른다.

주어진 순간 이동 물체에 무한대의 곡률 반경을 갖는 또 다른 점 $J_A$가 있는지 고려하자. 만일 점들이 있다면, 각각의 점들은 $R_{AA'} = \infty$이다. 이 조건을 식 (4.39)와 ($h$)에 대입하면, 다음을 얻을 수 있다.

$$R_{J_A I} = R_{JI}\sin\psi \tag{4.40}$$

이 식은 그림 4.25에 나타낸 것처럼, 지름이 $R_{JI}$인 극좌표에서의 원이다. 이 원은 *변곡원*(*inflection circle*)이라고 한다. 이 원상의 모든 점은 변곡점이다. 이것은 각각의 무한대에서 공액점을 갖는다. 그러므로 각각의 점은 지정된 순간에 무한대의 곡률 반경을 갖는다.

여기서, 식 (4.40)으로부터 오일러–세베리 공식을 다음과 같이 표현할 수 있다.

$$\frac{1}{R_{AI}} - \frac{1}{R_{A'I}} = \frac{1}{R_{J_A I}} \tag{4.41}$$

또한, 위 식을 정리하면 점 $A$의 경로의 곡률 반경은 다음과 같다.

$$\rho = R_{AA'} = \frac{R_{AI}^2}{R_{AJ_A}} \tag{4.42}$$

오일러–세베리 공식 (4.41)과 (4.42)의 두 가지 형태는 식 (4.39)보다 유용하게 사용할 수 있다. 이것은 두 순간중심 궤적의 곡률에 대한 정보가 필요 없기 때문이다. 단 변곡원을 구해야 하는데, 다음의 예제에서 변곡원을 그리는 도식적 절차에 대해 보여줄 것이다.

### 예제 4.12

그림 4.26의 슬라이더–크랭크 링크기구의 커플러 링크 3에 대한 변곡원을 그려라. 그리고 변곡원과 오일러–세베리 식을 이용하여, 커플러 점 $C$의 경로의 곡률 반경을 구하라.

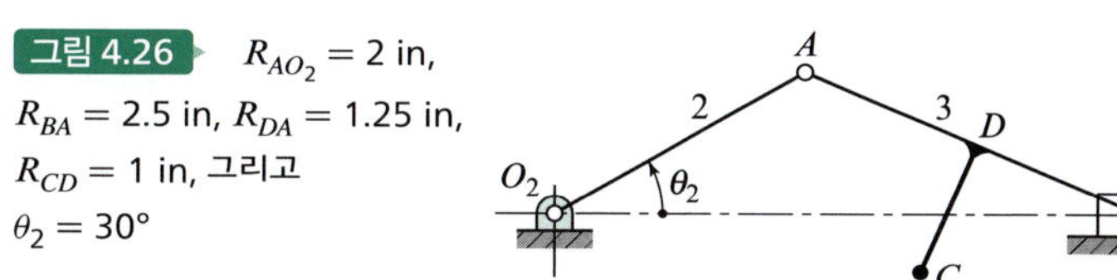


그림 4.26 $R_{AO_2} = 2$ in, $R_{BA} = 2.5$ in, $R_{DA} = 1.25$ in, $R_{CD} = 1$ in, 그리고 $\theta_2 = 30°$

▶ **풀이**

선 $O_2A$와 운동방향에 수직인 $B$점을 통과하는 선의 교차점에 속도 극 $I$를 위치시킨다(이것은 속도의 순간중심과 일치한다)(그림 4.27 참조). 정의에 의하여 점 $B$와 $I$는 모두 변곡원상에 있어야 한다. 여기서 원을 그리기 위하여 단지 하나의 추가 점만이 필요하다.

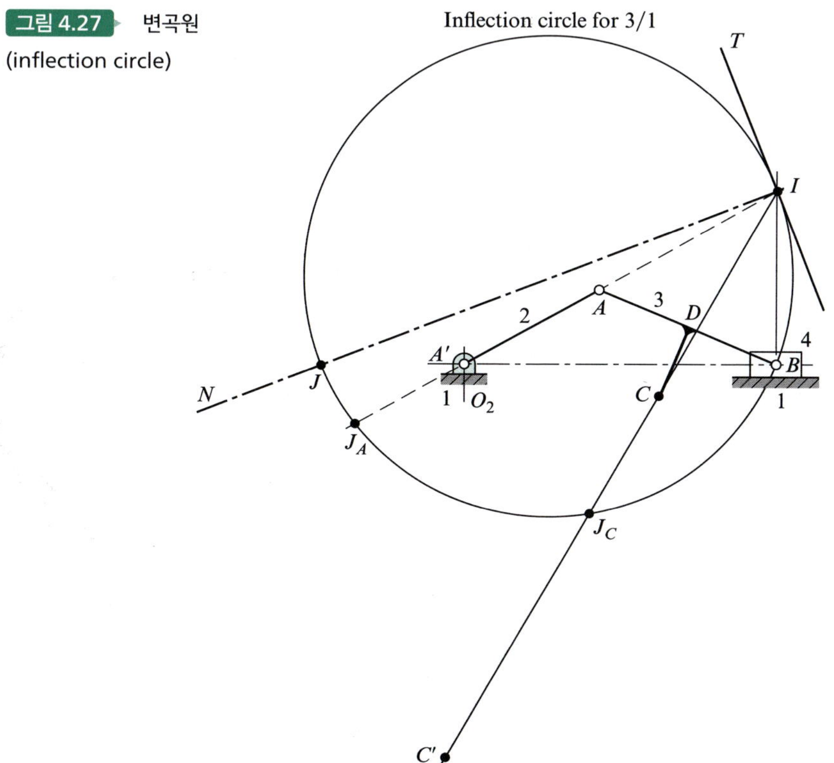


그림 4.27 변곡원 (inflection circle)

곡률 $A$의 중심은 물론 $O_2$에 있고, 이를 $A'$라고 부른다. 왼쪽 아래 방향을 선 $AI$의 양의 방향으로 하고, $R_{AI} = 2.64$ in와 $R_{AA'} = -2.00$ in를 측정한다. 그리고 식 (4.42)에 대입하면 다음을 얻을 수 있다.

$$R_{AJ_A} = \frac{R_{AI}^2}{R_{AA'}} = \frac{(2.64\text{ in})^2}{-2.00\text{ in}} = -3.48\text{ in}$$

변곡원상의 세 번째 점 $J_A$를 $A$로부터 3.48 in 떨어진 위치에 그린다. 운동 3/1의 변곡원은 세 개의 점 $B$, $I$, $J_A$를 통해 구성될 수 있으며, 원의 지름은 아래와 같이 측정된다.

$$R_{JI} = 6.28\text{ in}$$ 답

필요하다면, 그림 4.27에 나타낸 바와 같이 순간중심 궤적 법선($N$)과 순간중심 궤적 접선($T$)을 그릴 수 있다.

다음으로 선 $R_{CI}$를 그리고, 왼쪽 하단을 양으로 하여 $R_{CI} = 3.10$ in와 $R_{CJ_C} = -1.75$ in를 측정할 수 있다. 이 값들을 식 (4.42)에 대입하면 점 $C$의 경로에 대한 순간 곡률 반경을 구할 수 있다.

$$\rho = R_{CC'} = \frac{R_{CI}^2}{R_{CJ_C}} = \frac{(3.10\text{ in})^2}{-1.75\text{ in}} = -5.49\text{ in}$$ 답

여기서 음의 부호는 $C'$가 선 $ICJ_CC'$ 상에서 $C$ 위에 있음을 나타낸다.

## 4.13 보빌리어 작도법

하트만 작도법은 움직이는 점의 경로에 대한 공액점과, 곡률 반경을 찾아내는 도식적 방법을 제공한다. 그러나 이 작도법은 고정 순간중심 궤적과 이동 순간중심 궤적의 곡률에 대한 정보를 필요로 한다. 순간중심 궤적 곡률에 대한 정보 없이 주어진 점의 변곡원과 공액을 얻는 *도식적(graphical)* 방법들을 사용하는 것이 바람직하다. 그러한 도식적 해법을 이 절에서 설명하며, 이를 *보빌리어 작도법(Bobillier construction)*이라고 한다.

이 작도법을 이해하기 위하여 그림 4.28에 나타낸 변곡원과 순간중심 궤적 법선($N$으로 표기)과 순간중심 궤적 접선($T$로 표기)을 고려한다. 점 $I$를 통과하는 직선상에 있지 않은 이동 물체의 두 점 $A$와 $B$를 선택하자. 여기서 오일러–세베리 공식을 이용하여, 2개의 상응하는 공액점 $A'$와 $B'$를 구할 수 있다. 선 $AB$와 $A'B'$의 교차점을 $Q$라고 부른다. 그리고 $I$에서 $Q$까지 직선을 그리고 *평행 축(collineation axis)*이라고 부른다. 이 축은 단지 2개의 선 $AA'$와 $BB'$에만 적용되기 때문에 이 두 선에 속한다고 말할 수 있다. 또한, 다른 2개의 점 $A$와 $B$를 동일 직선상에 있도록 선택하면, 점 $Q$는 평행 축 상의 다른 곳에 위치한다. 그럼에도 불구하고, 평행 축과 평행 축을 정의하기 위하여 사용된 2개의 선 사이에는 특별한 관계가 있다. 이 관계를 *보빌리어 정리(Bobillier's theorem)*라고 표현하며, 이 정리는 *평행 축으로부터 처음 직선까지의 각은 두 번째 직선으로부터 순간중심*

그림 4.28 보빌리어의 정리

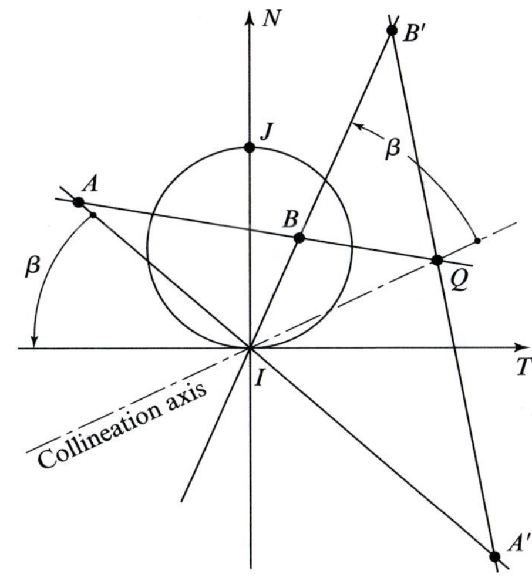


*궤적 접선까지의 각과 같다.*

오일러-세베리 공식을 평면기구에 적용할 때 관찰에 의하여 두 쌍의 공액점을 구할 수 있고, 이로부터 도식적으로 변곡원을 결정하고자 한다. 예를 들어, 크랭크 $O_2A$와 종동절 $O_4B$를 갖는 4절 링크기구가 공액점의 한 세트로 $A$와 $O_2$를 가지고, 한편 프레임에 상대적인 커플러의 운동에 관심을 가질 때 $B$와 $O_4$가 또 다른 공액점의 세트를 갖는다고 하자(1에 대한 3). 이러한 두 쌍의 공액점이 주어질 경우, 변곡원을 찾기 위하여 보빌리어 정리를 어떻게 이용할 것인가?

그림 4.29*a*에서 $A$와 $A'$, 그리고 $B$와 $B'$가 알고 있는 공액점 세트를 나타낸다고 하자. 각 쌍을 통과하는 선들은 변곡원상에 한 점이 주어지며, 속도의 순간중심인 점 $I$에서 교차한다. 다음으로, 점 $A$와 $B$를 통과하는 선과 $A'$와 $B'$를 통과하는 선이 교차하는 점에 점 $Q$를 위치시킨다. 그러면 평행 축을 선 $IQ$처럼 그릴 수 있다.

다음 단계는 그림 4.29*b*에 나타나 있다. $A'B'$에 평행하고 점 $I$를 통과하는 직선을 그리고, 선 $AB$와 이 직선이 교차하는 점을 $W$라고 정의한다. 여기서 $W$를 통과하고 평행 축에 평행한 두 번째 선을 그린다. 이 선은 점 $J_A$에서 $AA'$와 교차하고 점 $J_B$에서 $BB'$와 교차한다. 변곡원상에 2개의 추가되는 점들이 우리가 찾는 점이다.

세 점 $J_A$, $J_B$, $I$를 통과하는 원을 그릴 수 있는데, 좀 더 쉬운 방법이 있다. 반원 안에 내접하는 삼각형은 빗변이 원의 지름과 같은 직각삼각형이라는 사실을 알고 있으면, $J_A$에서 $AI$에 수직인 선과 $J_B$에서 $BI$에 수직인 선을 그려, 이 두 수직선이 교차하는 점 $J$가 그림 4.29*c*에서 나타내는 *변곡 극점*이 된다. $IJ$가 원의 지름이기 때문에 변곡원과 순간중심 궤적 법선 $N$, 순간중심 궤적 접선 $T$를 쉽게 그릴 수 있다.

이 작도가 보빌리어의 정리를 만족하는 것을 증명하기 위하여, $I$로부터 $J_A$까지의 원호는 $J_AI$가 순간중심 궤적 접선과 이루는 각 사이에 존재한다. 그러나 동일한 원호가 각 $IJ_BJ_A$의 원주각과 동일하다. 그러므로 이 두 각은 같다. 그러나 선 $J_BJ_A$는 처음에 평행 축에 평행하게 작도되었다. 그러므로 선 $IJ_B$도 또한 평행 축과 동일 각도 $\beta$를 이룬다.

마지막 문제에서는 변곡원이 주어질 때 다른 임의의 점 $C$의 공액점을 구하기 위하여 보빌리어의 정리를 어떻게 이용하는지를 배울 것이다. 그림 4.30에서 점 $C$와 속도의 순간중심을 지나는

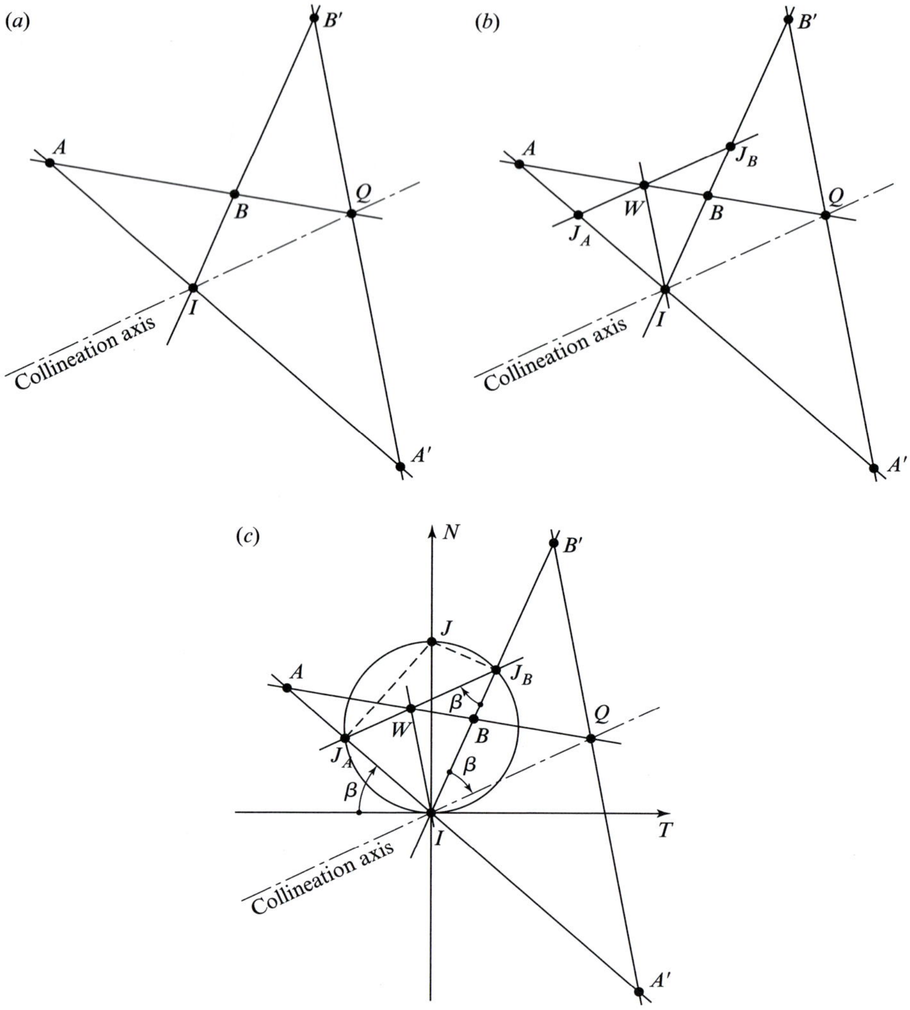

그림 4.29 변곡원의 위치를 구하기 위한 보빌리어 작도

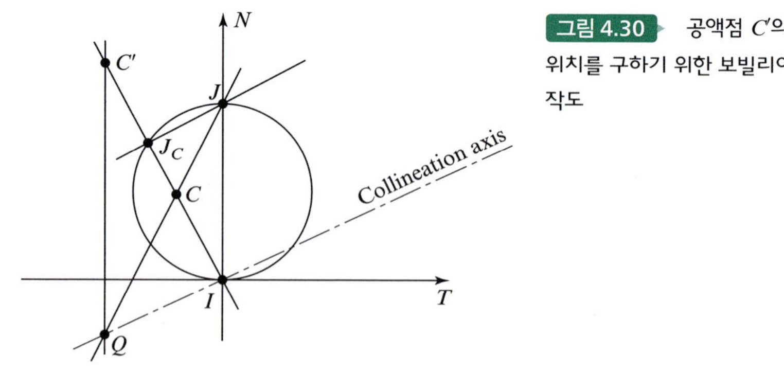


그림 4.30 공액점 $C'$의 위치를 구하기 위한 보빌리어 작도

선을 그리고, 순간중심 $I$와 연결하고 변곡원과 교차하는 점(점 $J_C$)을 위치시킨다. 이 선은 평행 축을 위치시키는 데 필요한 두 가지 중 하나를 제공한다. 다른 선은 순간중심 궤적 법선을 사용한다. 왜냐하면 $J$와 무한대에 있는 공액점 $J'$ 모두를 알기 때문이다. 이 두 선에 의하여 평행 축은 그림

4.29($c$)에서 배운 바와 같이 $I$를 지나고 직선 $J_CJ$에 평행한 선이다. 이 작도의 균형은 그림 4.28과 비슷하다. $Q$는 $J$와 $C$를 통과하는 선이 평행 축과 교차하는 점에 위치한다. 그러면 $Q$와 무한대에 있는 $J'$를 통과하는 선은 $C$에 대한 공액점 $C'$에서 선 $IC$와 교차한다.

### 예제 4.13

보빌리어의 정리를 이용하여 그림 4.31에 나타낸 4절 링크기구 $A'ABB'$의 점 $C$의 커플러 곡선에 대한 곡률 중심을 구하라.

그림 4.31 4절 링크기구

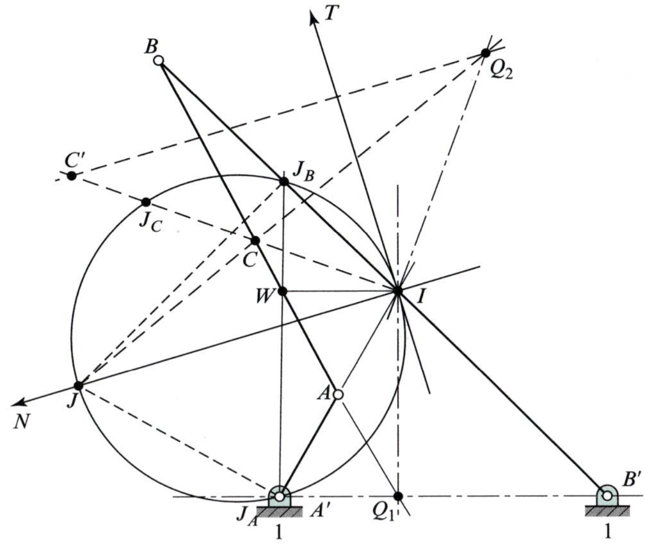


#### ▶ 풀이

순간중심 $I$를 $AA'$와 $BB'$의 교차점에, 또한 $AB$와 $A'B'$의 교차점에 $Q_1$을 잡는다. $IQ_1$은 첫 번째 평행 축이다. 점 $I$를 통과하며 $A'B'$에 평행한 선을 긋고 선 $AB$상에 $W$를 위치시킨다. $AA'$상에 $J_A$를, $BB'$상에 $J_B$를 위치시키기 위하여 $IQ_1$에 평행하고 $W$를 통과하는 선을 긋는다. 그리고 $J_A$를 지나며 $AA'$에 수직인 선과 $J_B$를 지나며 $BB'$에 수직인 선을 긋는다. 이 수직선들은 변곡 극점 $J$에서 교차하고 변곡원, 순간중심 궤적 법선 $N$과 순간중심 궤적 접선 $T$를 정의한다.

$C$의 공액점을 얻기 위하여 $IC$의 연장선을 긋고 변곡원상에 $J_C$를 위치시킨다. 두 번째 평행 축 $IQ_2$은 직선 $IC$와 $IJ$에 속하고, $I$를 지나고 $J$에서 $J_C$까지의 직선에 평행하다. 점 $Q_2$는 이 평행 축과 선 $JC$의 연장선과 만나는 점이다. 이제 $Q_2$를 지나서 순간중심 궤적 법선에 평행한 선을 긋는다. 그리고 $IC$의 연장선과 이 선의 교차점인 $C'$를 얻는다. 이 점이 $C$의 경로에 대한 곡률 중심이다.

## 4.14 가속도의 순간중심

이 절은 평면기구의 *가속도의 순간중심*(*instaneous center of acceleration* 또는 *acceleration pole*)을 정의한다. 일반적으로 가속도의 극점은 속도의 순간중심과 꼭 일치하지 않는다는 것이 매우 중요하다. 다른 말로 하면, 속도의 순간중심은 가속도가 있다. 가속도 순간중심은 *두 개의 다른 강체에서 절대 속도가 일치하는 한 쌍의 점의 위치*로 정의한다. 만일 고정 물체와 이동 물체를 고려하면, 가속도의 순간중심은 순간적으로 고려되는 절대 가속도가 0인 이동 물체상의 점이다.

그림 4.32$a$의 이동 평면에서 $\boldsymbol{\omega}$와 $\boldsymbol{\alpha}$를 알고 평면상의 점 $A$의 가속도 $\mathbf{A}_A$가 주어졌다고 가정하자. $\Gamma$를 위치를 모르는 절대 가속도가 0인 점의 가속도 순간중심이라고 하자. 가속도차 식은 다음과 같이 나타낼 수 있다.

$$\mathbf{A}_\Gamma = \mathbf{A}_A - \omega^2 \mathbf{R}_{\Gamma A} + \boldsymbol{\alpha} \times \mathbf{R}_{\Gamma A} = \mathbf{0} \tag{$a$}$$

$\mathbf{A}_A$에 대해 풀면 다음과 같다.

$$\mathbf{A}_A = \omega^2 R_{\Gamma A} \hat{\mathbf{R}}_{\Gamma A} - \alpha R_{\Gamma A} \left(\hat{\mathbf{k}} \times \hat{\mathbf{R}}_{\Gamma A}\right) \tag{$b$}$$

여기서 $\hat{\mathbf{R}}_{\Gamma A}$가 $\hat{\mathbf{k}} \times \hat{\mathbf{R}}_{\Gamma A}$에 대하여 수직이기 때문에, 식 ($b$)의 오른쪽 2개 항은 그림 4.32$b$에 나타낸 바와 같이 $\mathbf{A}_A$의 수직성분이다. 그림 4.32$b$로부터 $\mathbf{R}_{\Gamma A}$의 크기와 방향을 아래와 같이 구할 수 있다.

$$\gamma = \tan^{-1} \frac{\alpha}{\omega^2} \tag{4.43}$$

$$R_{\Gamma A} = \frac{A_A}{\sqrt{\omega^4 + \alpha^2}} = \frac{A_A \cos\gamma}{\omega^2} \tag{4.44}$$

식 (4.44)는 점 $A$에서부터 순간 가속도 $\Gamma$까지의 거리인 $R_{\Gamma A}$이 어떤 움직이는 평면의 점 $A_A$의 가속도의 크기로부터 정해질 수 있음을 의미한다. 일반적으로 각 $\gamma$는 선 $I\Gamma$*에서* 양의 순간중심 법선*까지* 정의된다.

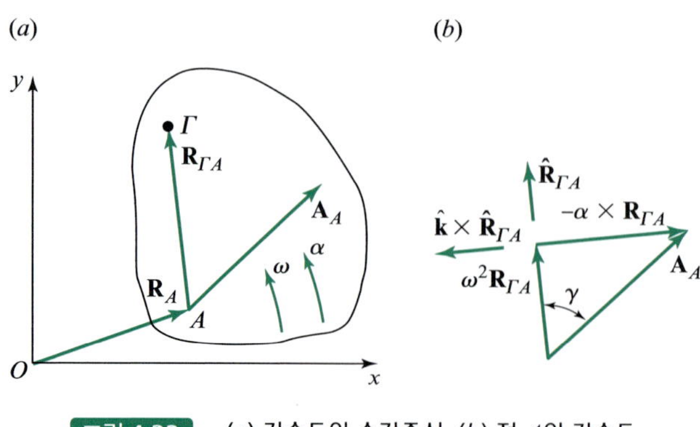


그림 4.32 ($a$) 가속도의 순간중심, ($b$) 점 $A$의 가속도

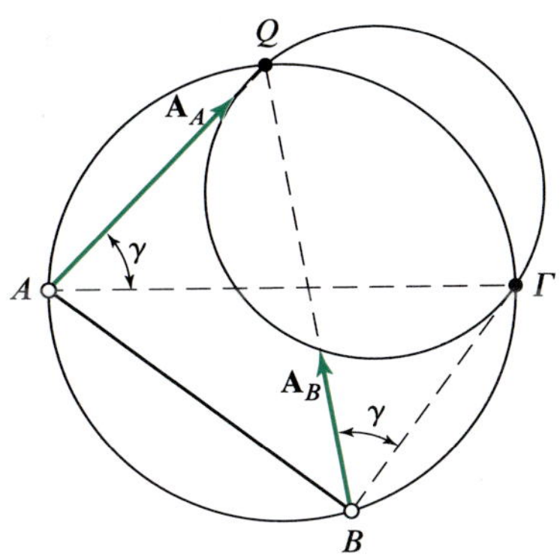


그림 4.33 가속도의 순간중심 위치를 구하는 4원법(four-circle method)

가속도의 순간중심을 찾는 기하학적인 방법은 많다[2, 7]. 여기서 증명 없이 한 가지 방법을 제시한다(4원법으로 불림). 그림 4.33에서 점 $A$와 $B$ 그리고 이들의 절대 가속도 $\mathbf{A}_A$와 $\mathbf{A}_B$가 주어졌다. $\mathbf{A}_A$와 $\mathbf{A}_B$가 $Q$에서 교차할 때까지 연장한다. 그리고 점 $A$, $B$와 $Q$를 통과하는 원을 그린다. 다음, $\mathbf{A}_A$와 $\mathbf{A}_B$의 끝점과 점 $Q$를 통과하는 원을 그린다. 두 원의 교차점인 $\Gamma$가 가속도의 순간중심이다.

## 4.15 브레스 원(Bresse Circle) [또는 에르 원(de La Hire Circle)]

또 다른 가속도의 순간중심 위치를 찾는 그래프 방법은 브레스 원이라는 원을 그리는 것이다. 4.12절에서 변곡원을 공액점이 무한대에 위치하는 점의 궤적으로 정의하고 각각은 주어진 순간 무한대의 곡률 반경을 갖고 있었다. 따라서 변곡원은 법선방향의 가속도가 0인 점의 궤적으로 정의된다. 그림 4.34에서와 같이 접선방향 가속도가 0인 점의 궤적 또한 원인데, 이것을 *브레스 원* 또는 *에르 원*이라고 한다.

변곡원과 브레스 원은 그림 4.34에서와 같이 두 점에서 만난다. 한 점은 속도 순간중심인 $I$이고 다른 점은 가속도 순간중심 $\Gamma$이다. $I$는 일반적으로 가속도가 있기 때문에 답이 될 확률이 떨어진다. 사실 $I$의 가속도는 순간중심 궤적 법선 $N$ 방향이고 아래와 같이 쓸 수 있다.

$$A_I = \omega v \tag{4.45}$$

여기서 $v$는 극 속도의 크기이고 [4.12절 식 ($c$)] 다음과 같이 나타낼 수 있다.

$$v = \omega R_{JI} \tag{4.46}$$

식 (4.46)을 식 (4.45)에 대입하면, $I$의 가속도는 다음과 같다.

$$A_I = \omega^2 R_{JI}$$

직선 $I\Gamma$(이 선은 가속도 순간중심과 속도 순간중심을 잇는 직선)로부터 순간중심 궤적 법선까지의 각도는 $\gamma$이다. 이 각도는 식 (4.43)에서 정의된 바 있다.

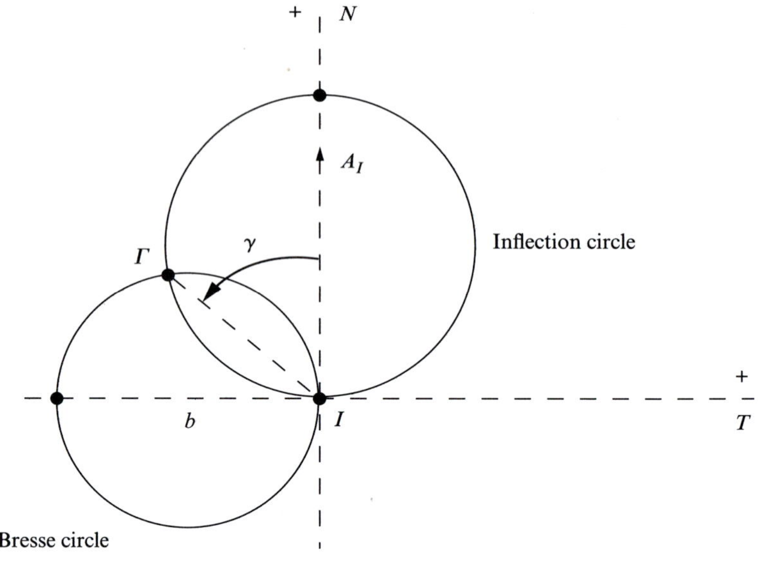


그림 4.34 브레스 원과 가속도 순간중심

$$\gamma = \tan^{-1}\frac{\alpha}{\omega^2}$$

브레스 원의 지름은 다음과 같다.

$$b = R_{JI}\frac{\omega^2}{\alpha} \tag{4.47}$$

만일 이동 평면의 각가속도가 양(즉 반시계방향)이면, 브레스 원은 그림 4.34에서와 같이 순간중심 궤적 접선 $T$의 음의 방향에 있게 된다. 반대로, 이동 평면의 각가속도가 음이면, 브레스 원은 순간중심 궤적 접선 $T$의 양의 방향에 있게 된다.

이동 평면의 각속도가 상수인 특별한 경우(즉 $\alpha = 0$), 브레스 원의 지름은 무한대가 된다 (브레스 원은 순간중심 궤적 법선에 가까워진다) 그리고 가속도 중심은 변곡원, $J$과 일치한다.

### 예제 4.14

그림 4.8$a$와 같은 예제 4.1의 평면 4절 링크를 그림 4.35와 같이 다시 그려 보았다. 주어진 위치(즉, 크랭크 각이 고정 링크 $O_2O_4$로부터 반시계방향으로 135°), 커플러 링크 $AB$ 각속도와 각가속도가 각각 $\omega_3 = 5$ rad/s ccw 그리고 $\alpha_3 = 20$ rad/s$^2$이다. 커플러 링크의 순간 운동에 대해 다음을 보여라: (a) 속도 순간중심 $I$, 순간중심 궤적 접선 $T$, 그리고 순간중심 궤적 법선 $N$, (b) 변곡원과 브레스 원, 그리고 (c) 커플러 링크 $AB$의 가속도 중심. 그리고 (d) 커플러 점 $C$의 $R_{CB} = 6$ in일 때 궤적에 대한 곡률 반경, (e) 커플러 점 $C$의 속도에 대한 크기와 방향, (f) 크랭크의 각속도의 방향과 크기, (g) 극 속도의 크기와 방향, (h) $I$의 가속도 크기와 방향, 그리고 (i) $C$의 가속도 방향과 크기.

그림 4.35 $R_{O_4O_2} = 8$ in., $R_{AO_2} = 6$ in., $R_{BA} = 18$ in. 그리고 $R_{BO_4} = 12$ in.

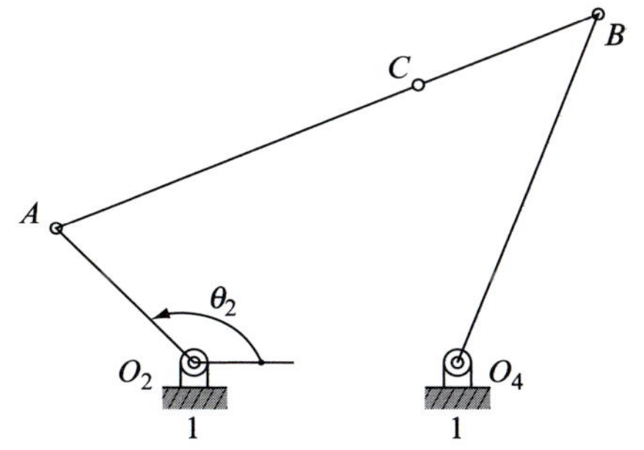


▶ **풀이**

*a.* 이 문제에서는 그림 4.36과 같이 속도 중심 $I$가 순간중심 $I_{13}$와 일치한다. 순간중심 $I_{24}$(점 $Q$)와 평행 축 $IQ$는 그림 4.36에 나타나 있다. 보빌리어 정리에 의해 평행 축으로부터 첫 번째 선(링크 2)까지의 각은 축척으로 구하면

$$\alpha = 29.08°\text{cw} \qquad \text{답 (1)}$$

이것은 두 번째 선(링크 4)으로부터 순간중심 접선 $T$까지의 각과 같다. 그러므로, 순간중심 곡률 접선 $T$와 순간중심 곡률 법선 $N$을 그리면 이것은 그림 4.36과 같이 $T$로부터 반시계방향으로 90°이다.

*b.* 이제 선을 $R_{AI} = 14.14$ in로 측정하면 식 (4.42)를 이용하여 변곡점 $J_A$의 위치를 찾을 수 있다.

$$R_{AJ_A} = \frac{R_{AI}^2}{R_{AA'}} = \frac{(14.14 \text{ in})^2}{6.00 \text{ in}} = 33.31 \text{ in}$$

비슷하게, 선을 $R_{BI} = 18.20$ in로 측정하여 변곡점 $J_B$의 위치를 찾는다.

$$R_{BJ_B} = \frac{R_{BI}^2}{R_{BB'}} = \frac{(18.20 \text{ in})^2}{12.00 \text{ in}} = 27.60 \text{ in}$$

이 두 선에 수직선을 그리고 변곡 극점 $J$를 찾아서 그림 4.36과 같이 변곡원을 그린다. 변곡원의 지름은 다음과 같다.

$$R_{JI} = 19.26 \text{ in} \qquad \text{답 (2)}$$

브레스 원의 지름은 식 (4.47)로부터 구한다.

$$b = R_{JI}\frac{\omega_3^2}{\alpha_3} = (19.26 \text{ in})\frac{(5 \text{ rad/s})^2}{-20 \text{ rad/s}^2} = -24.08 \text{ in} \qquad \text{답 (3)}$$

여기서 음의 부호는 브레스 원이 순간중심 궤적 접선의 양의 방향에 놓인다.

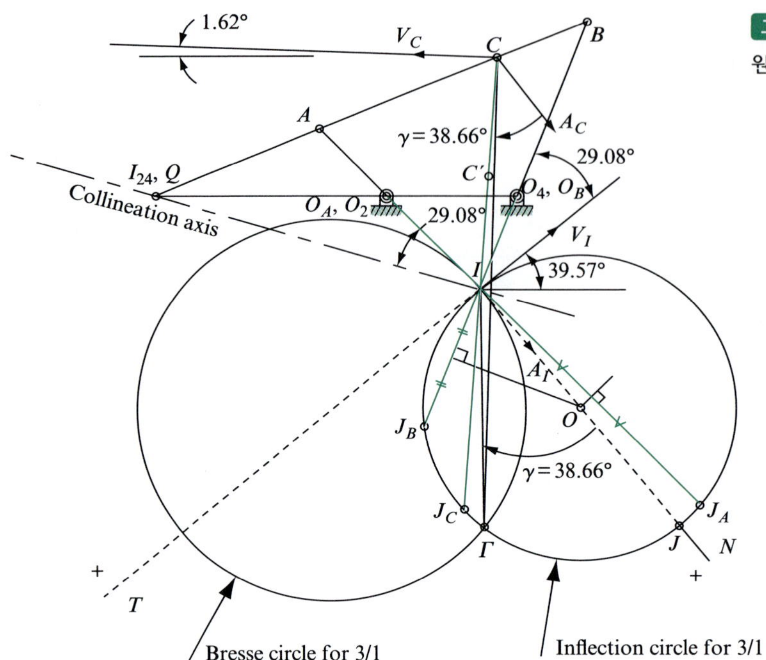


그림 4.36 변곡원, 브레스원, 그리고 가속도의 순간중심

*c*. 커플러 링크의 가속도 중심 Γ이 그림 4.36에 나타나 있다.

*d*. 커플러 점 $C$의 경로에 대한 곡률 반경은($R_{CB} = 6$ in.) 다음과 같다.

$$\rho_C = R_{CC'} = \frac{R_{CI}^2}{R_{CJ}} = \frac{(14.67 \text{ in})^2}{28\ 62 \text{ in}} = 7.52 \text{ in} \qquad \text{답 (4)}$$

커플러 점 $C$의 궤적에 대한 곡률 중심은 $C'$인데 그림 4.36에 나타나 있다.

*e*. 커플러 점 $C$의 속도는 다음과 같다.

$$V_C = \omega_3 R_{CI} = (5 \text{ rad/s})(14.65 \text{ in}) = 73.25 \text{ in/s} \qquad \text{답 (5)}$$

속도 벡터의 방향은 그림 4.36에 나와 있다.

*f*. 크랭크의 각속도는 다음과 같다.

$$\omega_2 = \frac{R_{I_{23}I_{13}}}{R_{I_{23}I_{12}}}\omega_3 = \frac{14.14 \text{ in}}{6.00 \text{ in}}(5 \text{ rad/s}) = 11.78 \text{ rad/s ccw} \qquad \text{답 (6)}$$

*g*. 식 (4.46)으로부터 극 속도는

$$v = \omega_3 R_{JI} = (5 \text{ rad/s})(19.26 \text{ in}) = 96.3 \text{ in/s} \qquad \text{답 (7)}$$

극 속도의 방향은 그림 4.36에 제시되어 있다.

*h*. 속도의 순간중심 $I$의 가속도는 식 (4.45)에 의해 계산된다.

$$A_I = \omega_3 v = (5\ \text{rad/s})(96.3\ \text{in/s}) = 481.5\ \text{in/s}^2 \qquad \text{답 (8)}$$

가속도, $A_I$는 $I$에서 $J$로의 방향이고 그림 4.36에 나와 있다.

*i*. 커플러 점 $C$의 가속도는 식 (4.44)를 재배열하여 구할 수 있다.

$$\begin{aligned} A_C &= R_{\Gamma C}\sqrt{\omega_3{}^4 + \alpha_3{}^2} \\ &= (29.64\ \text{in})\sqrt{(5\ \text{rad/s})^4 + (20\ \text{rad/s}^2)^2} = 948.94\ \text{in/s}^2 \end{aligned} \qquad \text{답 (9)}$$

점 $C$의 가속도 방향은 식 (4.43)으로부터 구한다.

$$\gamma = \tan^{-1}\frac{\alpha_3}{\omega_3^2} = \tan^{-1}\frac{-20\ \text{rad/s}^2}{(5\ \text{rad/s})^2} = -38.66° \qquad \text{답 (10)}$$

그림 4.36에서처럼, 이것은 $\mathbf{A}_C$부터 선 $C\Gamma$로 시계방향이다.

## 4.16 운동계수를 이용한 점 궤적의 곡률 반경

주어진 순간에 점(점 $P$) 궤적의 곡률 반경은 식 (4.2)와 (4.3) 또는 식 (4.14)로부터 다음과 같이 나타낼 수 있다.

$$\rho = \frac{V_P^2}{A_P^n} \tag{4.48}$$

식 (3.28)에서 점 $P$의 속도는 다음과 같다.

$$V_P = r'_P\dot{\psi} \tag{a}$$

또한 점 $P$의 가속도에 대한 법선성분은 다음과 같다.

$$A_P^n = \mathbf{A}_P \cdot \hat{\mathbf{u}}^n \tag{4.49}$$

여기서 주어진 위치[식 (3.32) 참조]에서 궤적의 단위법선 벡터는 다음과 같다.

$$\hat{\mathbf{u}}^n = \left(\frac{-y'_P}{r'_P}\right)\hat{\mathbf{i}} + \left(\frac{x'_P}{r'_P}\right)\hat{\mathbf{j}} \tag{b}$$

식 (3.27)을 시간에 대해 미분하면 점 $P$의 가속도가 구해진다.

$$\mathbf{A}_P = \left(x''_P\dot{\psi}^2 + x'_P\ddot{\psi}\right)\hat{\mathbf{i}} + \left(y''_P\dot{\psi}^2 + y'_P\ddot{\psi}\right)\hat{\mathbf{j}} \tag{4.50}$$

식 ($b$)와 (4.50)을 식 (4.49)에 대입하면 점 $P$ 가속도의 법선성분은 다음과 같다.

$$A_P^n = \left(\frac{x'_P y''_P - y'_P x''_P}{r'_P}\right)\dot{\psi}^2 \tag{4.51}$$

그리고 식 ($a$)와 (4.51)을 식 (4.48)에 대입하면, 주어진 위치에서의 점의 궤적의 곡률 반경은 다음과 같다.

$$\rho = \frac{{r'_P}^3}{x'_P y''_P - y'_P x''_P} \tag{4.52}$$

*부호 규정*: 궤적의 만일 단위법선 벡터 $\hat{\mathbf{u}}^n$이 경로의 곡률 중심으로 향하면 곡률 반경은 양의 값을 갖는다. 반대로 단위법선 벡터가 곡률 중심으로부터 멀어지면 음수의 값을 갖는다.

검토 중인 위치에서의 점의 궤적의 곡률 중심 좌표는 다음과 같이 나타낼 수 있다.

$$x_C = x_P - \rho\left(\frac{y'_P}{r'_P}\right) \quad \text{and} \quad y_C = y_P + \rho\left(\frac{x'_P}{r'_P}\right) \tag{4.53}$$

**예제 4.15**

랩슨 슬라이드 기구에서 점 $B$의 경로에 대한 곡률 반경과 곡률 중심이 예제 4.11에 주어져 있다.

**▶ 풀이**

여기에서 예제 4.11을 식의 번호를 포함하여 모든 관점에서 계속하겠다. 그러므로, 점 $B$의 궤적에 대한 단위접선 벡터는 점 $B$의 속도 벡터의 방향의 단위 벡터이다. 단위접선 벡터는 다음과 같다.

$$\hat{\mathbf{u}}^t = \frac{x'_B\hat{\mathbf{i}} + y'_B\hat{\mathbf{j}}}{r'_B} \tag{21}$$

여기에서, 식 (17)의 데이터를 이용한다.

$$r'_B = \pm\sqrt{{x'_B}^2 + {y'_B}^2} = -\sqrt{(0.893\,09\ \text{ft/ft})^2 + (0.515\,63\ \text{ft/ft})^2} = -1.031\,25\ \text{ft/ft} \tag{22}$$

입력 벡터 $R_2$가 점점 작아져서 드디어 입력이 음수가 되어 음의 부호가 선택되었음을 유념하기 바란다. 식 (17)과 (22)를 식 (21)에 대입하면 다음과 같다.

$$\hat{\mathbf{u}}^t = \frac{x'_B\hat{\mathbf{i}} + y'_B\hat{\mathbf{j}}}{r'_B} = \frac{(0.893\,09 \text{ ft/ft})\hat{\mathbf{i}} + (0.515\,63 \text{ ft/ft})\hat{\mathbf{j}}}{-1.031\,25 \text{ ft/ft}} = -0.866\,03\hat{\mathbf{i}} - 0.500\,00\hat{\mathbf{j}} \quad (23)$$

검토를 위해, 식 (19)를 이용하여 단위접선 벡터를 구하면 다음과 같다.

$$\hat{\mathbf{u}}^t = \frac{\mathbf{V}_B}{V_B} = \frac{-13.40\,\hat{\mathbf{i}} - 7.73\,\hat{\mathbf{j}} \text{ ft/s}}{15.47 \text{ ft/s}} = -0.866\,19\hat{\mathbf{i}} - 0.499\,68\hat{\mathbf{j}}$$

단위법선 벡터는 단위접선 벡터로부터 반시계방향으로 90°이므로 식 (17)과 (22)를 이용하여 구할 수 있다.

$$\hat{\mathbf{u}}^n = \hat{\mathbf{k}} \times \hat{\mathbf{u}}^t = \hat{\mathbf{k}} \times \frac{X'_B\hat{\mathbf{i}} + Y'_B\hat{\mathbf{j}}}{r'_B} = \frac{-Y'_B\hat{\mathbf{i}} + X'_B\hat{\mathbf{j}}}{r'_B} = 0.500\,00\hat{\mathbf{i}} - 0.866\,03\hat{\mathbf{j}} \quad (24)$$

단위접선 벡터와 단위법선 벡터의 방향이 그림 4.37에 나타나 있다.

식 (17), (18)과 (22)를 이용하여 점 $B$의 궤적에 대한 곡률 반경은 식 (4.52)에서 다음과 같이 구할 수 있다.

$$\begin{aligned}\rho_B &= \frac{{r'_B}^3}{x'_B y''_B - y'_B x''_B} \\ &= \frac{(-1.031\,25 \text{ ft/ft})^3}{(0.893\,09 \text{ ft/ft})(0.028 \text{ ft/ft}^2) - (0.515\,63 \text{ ft/ft})(-0.145 \text{ ft/ft}^2)} \\ &= -11.0 \text{ ft}\end{aligned} \quad \text{답 } (25)$$

음의 부호는 단위법선 벡터가 점 $B$의 궤적에 대한 곡률 중심에서 멀어지는 방향임을 나타낸다(그림 4.37 참조).

점 $B$의 궤적에 대한 곡률 중심의 좌표는 식 (4.53)으로부터 알려진 데이터를 이용하여 구할 수 있다. 알려진 값들을 이용하면 다음과 같다.

$$x_C = x_B - \rho_B\left[\frac{y'_B}{r'_B}\right] = 5.50 \text{ ft} - (-11.0 \text{ ft})\left[\frac{(0.515\,63 \text{ ft/ft})}{(-1.031\,25 \text{ ft/ft})}\right] = 0.00 \text{ ft} \quad (26a)$$

$$y_C = y_B + \rho_B\left[\frac{x'_B}{r'_B}\right] = -9.53 \text{ ft} + (-11.0 \text{ ft})\left[\frac{0.893\,09 \text{ ft/ft}}{-1.031\,25 \text{ ft/ft}}\right] = 0.00 \text{ ft} \quad (26b)$$

식 (25), (26$a$)와 (26$b$)는 점 $B$가 링크 4에 있고 링크 4는 원점 $O_4$에 핀 조인트로 원점을 중심으로 회전할 수밖에 없으므로 직관적으로 부호를 알 수 있음을 유의하여야 한다.

그림 4.37은 단위접선 벡터 $\hat{\mathbf{u}}^t$와 단위법선 벡터 $\hat{\mathbf{u}}^n$의 방향을 설명하고 있다. 단위법선 벡터가 점 $B$의 궤적에 대한 곡률 중심으로부터 멀어지는 방향임을 유념해야 한다. 점 $B$의 궤적에 대한 곡률 중심은 고정 핀 $O_4$와 일치한다. 관찰에 의해, 이러한 해는 확인할 수 있다.

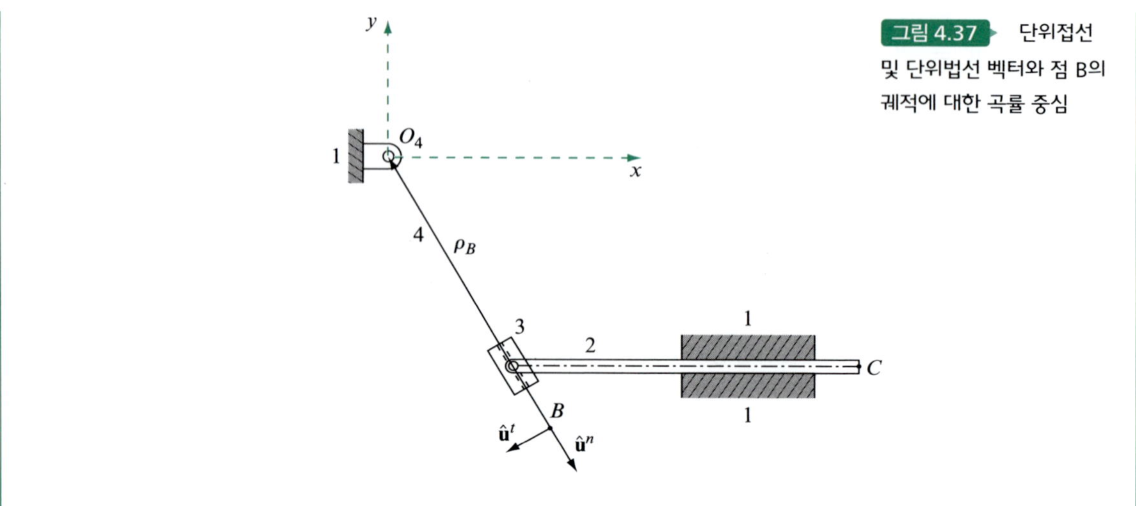


그림 4.37 단위접선 및 단위법선 벡터와 점 B의 궤적에 대한 곡률 중심

## 4.17 정적 3차 곡률

곡률 반경이 $\rho$가 되는 순간 프레임에 상대적인 경로를 형성하는 평면 4절 링크기구의 커플러상의 점을 고려하자. 대부분의 경우, 커플러 곡선은 6차이기 때문에[1], 점의 움직임에 따라 이 곡률 반경은 계속 변한다. 그러나 그 상황에서 그 경로는 정지곡률을 가질 것이다. 그것은 다음을 의미한다.

$$\frac{d\rho}{ds} = 0, \tag{a}$$

여기서 $s$는 경로를 따라 움직이는 거리이다. 순간 정지곡률을 가지는 커플러 또는 이동 평면의 모든 점의 궤적을 *정지 3차 곡선 곡률*(*cubic of stationary curvature*) 또는 *선회점 곡선*(*circling point curve*)이라고 부른다. 정지곡률은 일정한 곡률을 의미하는 것이 아니라, 계속 변화하는 곡률 반경의 최대 또는 최소 점을 통과하고 있는 것을 유념해야 한다.

여기서 헤인(Hain) [2]에 의해 설명한 것처럼 정지곡률 체적을 구하는 빠르고 간단한 도식적 방법을 설명한다. 그림 4.38에서와 같이 프레임 고정점 $A'$와 $B'$를 가지는 4절 링크기구 $A'ABB'$를 고려해 보자. 여기서 점 $A$와 $B$는 정지곡률을 갖는다(사실 $A'$와 $B'$에 있는 중심에 대해 일정한 곡률을 갖는다). 그러므로 $A$와 $B$는 3차원 곡선상에 있을 수밖에 없다.

이 작도의 첫 단계는 순간중심 궤적 법선과 순간중심 궤적 접선을 구하는 것이다. 변곡원이 필요하지 않으므로 평행 축 $IQ$를 그림에 나타낸 바와 같이 위치시키고, 선 $IA'$로부터 평행 축까지의 각과 같은 각으로, 선 $IB'$로부터 각 $\psi$만큼 순간중심 궤적 접선 $T$를 그린다. 이 작도는 직접적으로 보빌리어의 정리를 따른다. 또한, 순간중심 궤적 법선 $N$을 작도한다. 이 시점에서 순간중심 법선이 수평선에 놓이도록 작업 평면상에 도면을 재배치하는 것이 편리하다.

다음으로, $A$를 통과하고 $IA$에 수직인 선과, $B$를 통과하고 $IB$에 수직인 선을 그린다. 그림 4.38에 나타낸 바와 같이 이 선들은 $A_N$, $A_T$와 $B_N$, $B_T$에서 순간중심 궤적 법선 및 순간중심 궤적 접선과 각각 교차한다. 여기서 2개의 사각형 $IA_NA_GA_T$와 $IB_NB_GB_T$를 그린다. 점 $A_G$와 $B_G$는 3

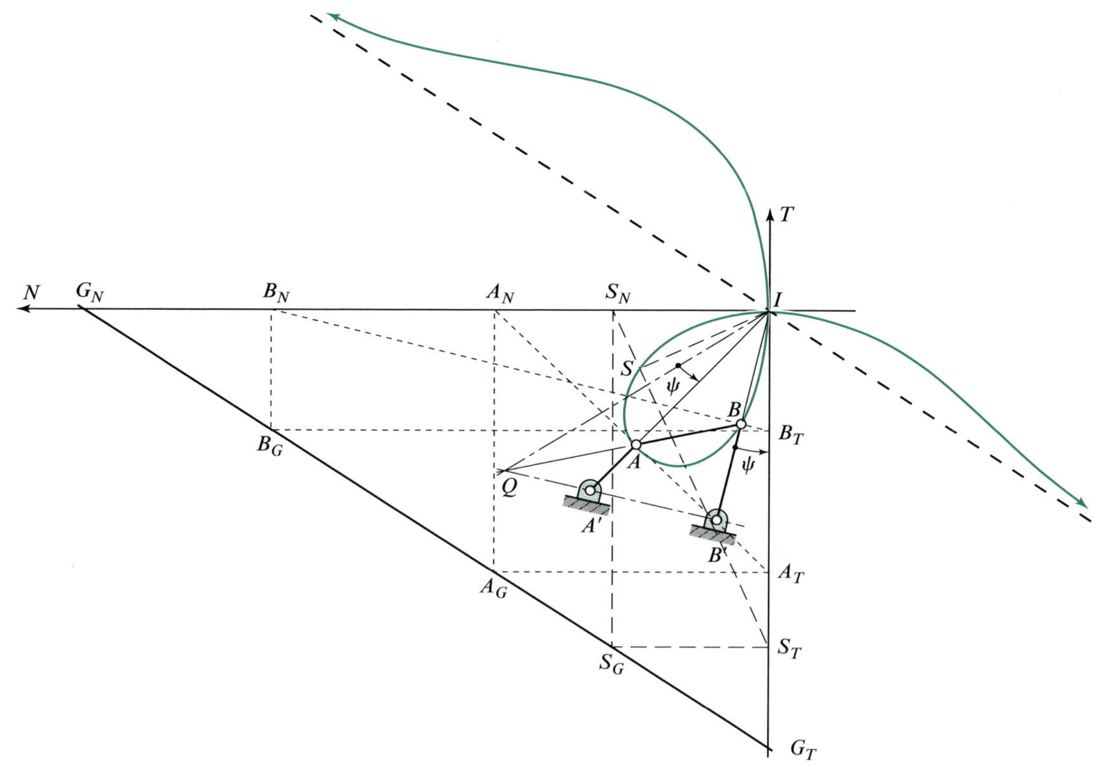


그림 4.38 정적 3차 곡률

차원 곡선상에서 다른 점들을 구하기 위하여 이용되는 보조선 *G*를 정의한다.

다음으로 *G*선상에 있는 임의의 점 $S_G$를 선택한다. *N*에 평행한 선으로 $S_T$의 위치를 결정하고, *T*에 평행한 다른 선을 $S_N$의 위치를 결정한다. $S_T$와 $S_N$을 연결하고 *I*점을 통과하면서 이 선에 수직인 직선을 그려 만나는 점 *S*의 위치를 구하는데, 이 선이 3차 곡률상의 또 다른 한 점이다. *G* 상의 다른 점들을 선택하여 이 과정을 필요한 만큼 반복한다. 그리고 구해진 모든 *S*점을 통과하는 완만한 3차원 곡선을 그린다.

정지 3차 곡선 곡률은 *I*점에서 *순간중심 궤적 법선의 접선*(*centrode-normal tangent*)과 *순간중심 궤적 접선의 접선*(*centrode-tangent tangent*)인 2개의 접선을 갖는다. 이 접선들에서 3차 곡선의 곡률 반경은 다음과 같이 구할 수 있다. *G*를 연장하여 $G_T$에서 *T*와 교차시키고, $G_N$에서 *N*과 교차하도록 한다. 그러면 거리 $IG_T$의 절반은 순간중심 궤적 법선의 접선에서 3차 곡선의 곡률 반경이고, 거리 $IG_N$의 절반은 순간중심 궤적 접선의 접선에서 3차 곡선의 곡률 반경이다.

변곡원(속도 순간중심 *I*와 다른)이라고 한다. 볼의 점과 정지 3차 곡선 곡률의 교차점에서 흥미로운 특성을 갖는 점이 발견된다. 이 점을 *볼의 점*(*Ball's point*)과 일차하는 커플러에 고정된 점이 상당히 떨어진 거리에 대해 실질적으로 직선이 경로를 나타낸다. 다시 말해, 설계 위치에서 완전한 직선을 나타낸다. 왜냐하면 이 점이 경로의 변곡점에 위치하고, 정지곡률을 갖기 때문이다.

정지 3차 곡선 곡률의 공식은 극좌표 형식으로 다음과 같다.

$$\frac{1}{r} = \frac{1}{M \sin \psi} - \frac{1}{N \cos \psi} \tag{4.54}$$

여기서 $r$은 점의 순간중심 $I$으로부터 3차 곡선상의 점까지의 거리이며, 순간중심 궤적 접선으로부터 각도 $\psi$로 측정한 길이이다.[9] 상수 $M$, $N$은 그림 4.38의 점 $A$, $B$와 같이 3차 곡선상에 위치한 알고 있는 2개의 점을 이용하여 구한다. $M$과 $N$의 식은 다음과 같이 쓸 수 있다.

$$\frac{1}{M} = \frac{1}{3}\left(\frac{1}{R_{JI}} - \frac{1}{R_{IO_M}}\right) \quad \text{and} \quad \frac{1}{N} = \frac{1}{3R_{JI}}\left(\frac{dR_{JI}}{ds}\right) \tag{4.55}$$

이 $M$과 $N$은 각각 반지름이 순간중심에서 3차 곡선의 2개의 곡률을 나타내는 순간중심 궤적 접선과 순간중심 궤적 법선상에 중심을 둔 원의 지름 $IG_T$와 $IG_N$이다[8].

정지 3차 곡선 곡률은 직교좌표에서는 다음과 같이 나타낼 수 있다.

$$(x^2 + y^2)\left(\frac{x}{M} - \frac{y}{N}\right) = xy \tag{4.56}$$

*퇴행 형태*. 식 (4.54) 또는 식 (4.56)으로부터, 정지 3차 곡선 곡률이 다음 2가지 경우에 원이나 직선으로 퇴행되는 것을 보았다. (a) $N$이 무한대로 접근 시, 즉 $1/N$이 0으로 접근 시 또는 (b) $M$이 무한으로 접근할 때, 즉 $1/M$이 0으로 접근할 때이다. 다음의 예제를 생각해 보자.

## 예제 4.16

그림 4.39의 4절 링크에서 링크 2는 프레임과 수직이고, 커플러 링크는 프레임과 평행한다. 커플러 링크의 절대 운동에 대해 변곡원의 지름, 정지 3차 곡선 곡률, 그리고 볼의 점을 구하라. 또한, 곡률 반경과 곡률 중심을 구하라. (a) 이동 순간중심 (b) 고정 순간중심, (c) 핀 $A$와 $B$의 중간에 위치하는 커플러 점 $C$의 경로,

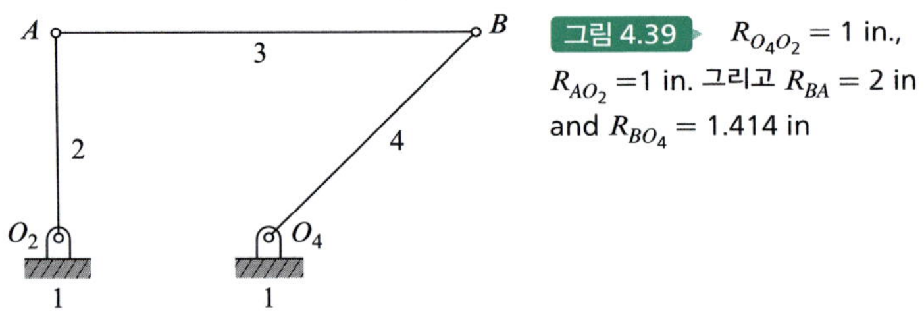


그림 4.39 $R_{O_4O_2} = 1$ in., $R_{AO_2} = 1$ in. 그리고 $R_{BA} = 2$ in and $R_{BO_4} = 1.414$ in

**▶ 풀이**

속도 순간중심 $I$는 그림 4.40에서와 같이 순간중심 $I_{13}$와 일치한다. 순간중심 $I_{24}$는(점 $Q$) 무한대에 위치(오른쪽으로)하고 평행 축 $IQ$는 커플러 링크와 평행하다. 보빌리어 정리로부터 평행 축에서 첫 번째 선(링크 2)까지의 각도는 $\alpha = 90°$ ccw이다. 이것은 두 번째 선으로부터 순간중심 궤적 접선 $T$까지의 각도와 동일하다. 그러므로, 순간중심 궤적 접선 $T$와 순간중심 법선 $N$(순간중심 접선으로부터 90° ccw)은 그림 4.40과 같다. 링크 4는 순간중심 법선 $N$을 따라 놓여져 있다.

[9] 이 식의 유도는 참고문헌 [3] 혹은 [4]에서 확인할 수 있다.

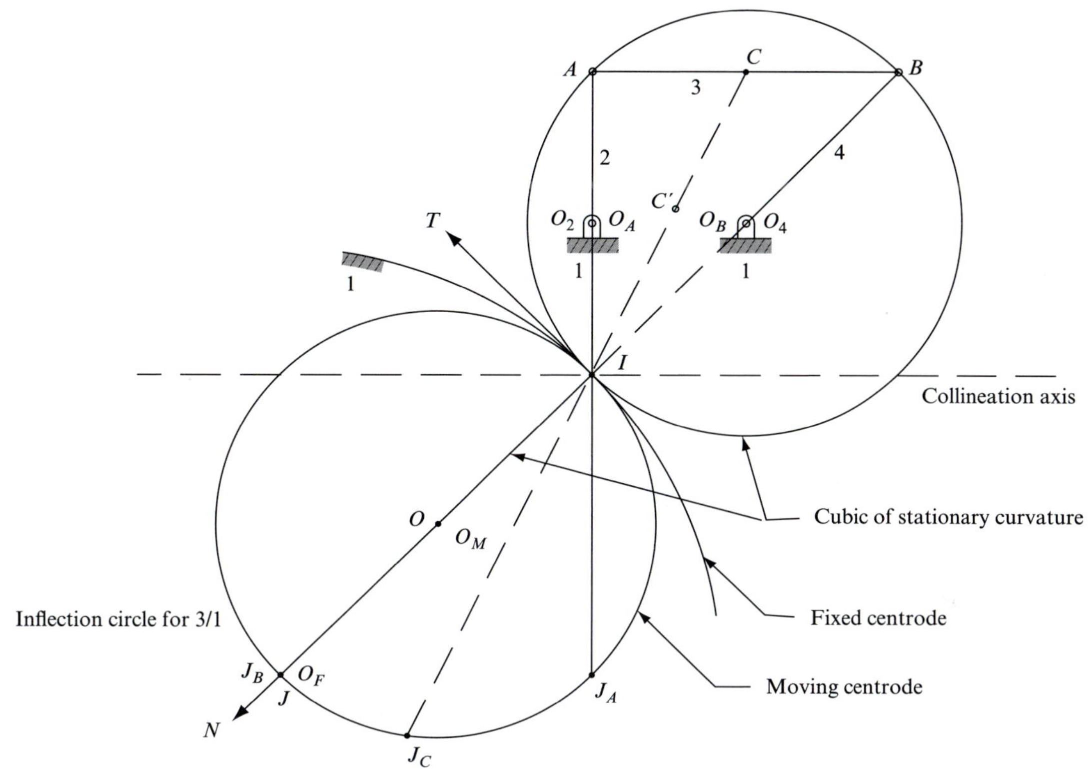


그림 4.40 커플러 링크의 정적 3차 곡률과 두 개의 도심

커플러 링크상 점 $A$의 변곡점 $J_A$의 위치는 오일러-세베리 식 (4.42)로 구할 수 있다.

$$R_{AJ_A} = \frac{R_{AI}^2}{R_{AA'}} = \frac{(2\text{ in})^2}{1\text{ in}} = 4\text{ in} \tag{1}$$

커플러 링크의 점 $B$에 대한 변곡점 $J_B$는 비슷한 방법으로 구할 수 있다.

$$R_{BJ_B} = \frac{R_{BI}^2}{R_{BB'}} = \frac{(2\sqrt{2}\text{ in})^2}{\sqrt{2}\text{ in}} = 5.657\text{ in} \tag{2}$$

변곡점 $J_A$와 $J_B$의 위치는 그림 4.40에 나타나 있다. $J_B$는 순간중심 법선 $N$에 놓여 있음에 유의해야 한다. 그러므로 변곡점은 변곡 극점 $J$와 일치한다. 이제 링크 1 대비 링크 3의 운동에 대한 순간중심 궤적 법선 $N$과 2개의 변곡점, 변곡원을 그릴 수 있다. 운동 3/1에 대한 변곡원의 지름은 다음과 같다.

$$R_{JI} = \frac{1}{2} R_{JB} = 2\sqrt{2}\text{ in} = 2.828\text{ in}$$ 답 (3)

변곡원, 변곡 극점 $J$, 그리고 변곡원의 중심($O$로 표시)은 그림 4.40에 표현되어 있다. 순간중심 법선 $N$은 순간중심 $I$로부터 변곡 극점 $J$ 방향이고 순간중심 궤적 접선 $T$ 방향은 순간중심 법선 $N$으로부터 시계방향 90°이다.

핀 $A$와 $B$를 포함한, 커플러 링크에 대한 정지 3차 곡선 곡률식은 식 (4.54)로부터 다음과 같이 표현된다.

$$\frac{1}{R_{AI}} = \frac{1}{M \sin \psi_A} - \frac{1}{N \cos \psi_A} \tag{4a}$$

또한

$$\frac{1}{R_{BI}} = \frac{1}{M \sin \psi_B} - \frac{1}{N \cos \psi_B} \tag{4b}$$

여기에서 $M$과 $N$은 식 (4.55)로 주어진다. 각 $\psi_A$는 순간중심 궤적 접선 $T$에서 점 $A$를 포함하는 선까지 반시계방향의 각이고 $\psi_B$는 순간중심 궤적 접선 $T$에서 점 $B$를 포함하는 선까지 반시계방향의 각도이다. 축척으로 각을 측정하면 다음과 같다.

$$\psi_A = -45^\circ \quad \text{and} \quad \psi_B = -90^\circ \tag{5a}$$

이 측정값은 삼각함수를 이용하여 쉽게 증명될 수 있다. 순간중심 $I$에서 핀 $A$까지의 거리와 순간중심 $I$에서 핀 $B$까지의 거리는 다음과 같이 일관되게 측정된다.

$$R_{AI} = 2 \text{ in} \quad \text{and} \quad R_{BI} = 2\sqrt{2} \text{ in} \tag{5b}$$

식 (5$a$)를 식 (4$b$)에 대입하여 다음을 얻는다.

$$\frac{1}{R_{BI}} = \frac{1}{-M} \tag{6}$$

그러므로 식 (5$b$)를 이용하여 다음 변수의 값을 구한다.

$$M = -R_{BI} = R_{JI} = -2\sqrt{2} \text{ in} \qquad \text{답 (7)}$$

$\psi_A = -45°$를 식 (4$a$)에 대입하는 것은 $1/N = 0$이고 변수 $N$은 무한대로 발산하는 것을 의미한다. 답

이것은 정지 3차 곡선 곡률의 퇴행 형태이다. 정지 3차 곡선 곡률은 직선(즉 순간중심 궤적 법선) 및 지름 $M$의 원(중심이 순간중심 궤적 법선)으로 퇴행한다. 이 원은 링크 3의 핀 $A$와 $B$를 지나야만 한다. 그러므로, 원의 중심은 고정 핀 $O_4$와 일치한다.

$N = \infty$의 조건을 식 (4.55)에 대입한다.

$$\frac{1}{3R_{JI}} \left( \frac{dR_{JI}}{ds} \right) = 0 \tag{8a}$$

변곡원의 지름이 무한대이기 때문에(식 (3) 참조), 변곡원 지름의 변화율은 0이 되어야 한다.

$$\frac{dR_{JI}}{ds} = 0 \tag{8b}$$

다른 말로 하면, 변곡원의 지름이 4절 링크가 이 위치를 지날 때 최대나 최소값을 갖는다.

볼의 점이 변곡원과 정지 3차 곡선 곡률의 교점에 있음을 유의한다. 그림 4.40은 2개의 명확한 교점인 순간중심 $I$와 변곡 극점 $J$를 나타내 주고 있다. 순간중심은 커플러 링크에 고정된 점이 아니므로 해가 아니다. 그러므로 볼의 점은 변곡 극점 J와 일치한다.

*a.* 식 (4.55)를 재배열하면, 이동 순간중심 궤적의 곡률 반경은 다음과 같이 쓸 수 있다.

$$\frac{1}{R_{IO_M}} = \frac{1}{R_{JI}} - \frac{3}{M} \tag{9}$$

식 (7)을 이 식에 대입한다.

$$\frac{1}{R_{IO_M}} = \frac{1}{R_{JI}} - \frac{3}{R_{JI}} = -\frac{2}{R_{JI}} \tag{10a}$$

그러면, 이동 순간중심 궤적 곡률 반경은 다음과 같다.

$$R_{IO_M} = -\frac{R_{JI}}{2} = \sqrt{2}\ \text{in} \qquad \text{답 (10b)}$$

위의 두 식에서 음의 부호는 $O_M$에서 $I$까지의 방향이 $I$에서 $J$까지의 방향에 반대임을 의미한다. 그러므로 이동 순간중심 궤적은 변곡원(그림 4.40 참조)과 일치(또는 유착)한다.

*b.* 오일러-세베리 공식은 다음과 같이 쓸 수 있다.

$$\frac{1}{R_{JI}} = \frac{1}{R_{IO_F}} - \frac{1}{R_{IO_M}} \tag{11}$$

식 (10*b*)를 이 공식에 대입하고 재정렬하면 고정 순간중심 궤적의 곡률 반경은 다음과 같다.

$$R_{IO_F} = -R_{JI} = 2\sqrt{2}\ \text{in} \qquad \text{답 (12)}$$

음의 부호는 $O_F$에서 $I$까지의 방향이 $I$에서 $J$까지 방향에 반대임을 나타낸다. 정지 순간중심 궤적에 접촉원의 반지름은 변곡원의 지름과 같다, 즉, $O_F$는 변곡 극점 $J$와 일치한다(그림 4.40 참조).

*c.* 커플러 점 $C$의 위치는 그림 4.40에 나타나 있다. 극좌표 표시법을 사용하면 다음과 같이 나타낼 수 있다.

$$\mathbf{R}_{CI} = x_{CI}\hat{\mathbf{i}} + y_{CI}\hat{\mathbf{j}} = jR_{O_2I} + R_{AO_2}e^{j\theta_2} + R_{CA}e^{j\theta_3} \tag{13}$$

여기서 실수와 허수 성분은 다음과 같다.

$$x_{CI} = R_{AO_2}\cos\theta_2 + R_{CA}\cos\theta_3 \quad \text{and} \quad y_{CI} = R_{O_2I} + R_{AO_2}\sin\theta_2 + R_{CA}\sin\theta_3 \tag{14}$$

기지의 데이터 $R_{O_2I} = 1$ in, $R_{AO_2} = 1$ in, $R_{CA} = 1$ in.를 식 (14)에 대입한다.

$$x_{CI} = (1\text{ in})\cos\theta_2 + (1\text{ in})\cos\theta_3 \quad \text{and} \quad y_{CI} = (1\text{ in}) + (1\text{ in})\sin\theta_2 + (1\text{ in})\sin\theta_3 \tag{15}$$

이 위치에 대해 $\theta_2 = 90°$와 $\theta_3 = 0$를 대입하면, $x_{CI} = 1$ in. 그리고 $y_{CI} = 2$ in.이다. 입력각 $\theta_2$에 대해 식 (14)를 미분하면 다음과 같은 식을 얻는다.

$$x'_{CI} = -R_{AO_2}\sin\theta_2 - \theta'_3 R_{CA}\sin\theta_3 \quad \text{and} \quad y'_{CI} = R_{AO_2}\cos\theta_2 + \theta'_3 R_{CA}\cos\theta_3 \tag{16}$$

다음으로, 각가속도비 정리 식 (3.30)을 이용하여 1차 운동계수를 구한다.

$$\theta'_3 = \frac{R_{I_{23}I_{12}}}{R_{I_{23}I_{13}}} = \frac{1\text{ in}}{2\text{ in}} = 0.5\text{ rad/rad} \tag{17}$$

그러면, 위에서 주어진 치수와 같은 위치에서의 값을 구하면 다음과 같다.

$$x'_{CI} = -1\text{ in/rad} \quad \text{and} \quad y'_{CI} = 0.5\text{ in/rad} \tag{18}$$

그리고 식 (3.34*b*)로부터 다음 값을 갖는다.

$$r'_{CI} = \sqrt{(x'_{CI})^2 + (y'_{CI})^2} = \sqrt{(-1\text{ in/rad})^2 + (0.5\text{ in/rad})^2} = 1.118\text{ in/rad} \tag{19}$$

순간중심 궤적 접선과 순간중심 궤적 법선축을 측정하여, 커플러 점 $C$의 극좌표는 다음과 같다.

$$R_{CI} = \sqrt{(2\text{ in})^2 + (1\text{ in})^2} = \sqrt{5}\text{ in} \quad \text{and} \quad \psi_C = -71.57° \tag{20}$$

점 $C$에 대한 변곡점은 식 (4.41)로부터 구한다.

$$R_{J_CI} = R_{JI}\sin\psi_C = -2.683\text{ in} \tag{21}$$

그러면, 식 (4.42)로부터 커플러 점 $C$의 궤적에 대한 곡률 반경은 다음과 같다.

$$\rho_C = R_{CC'} = \frac{R_{CI}^2}{R_{CI} - R_{J_CI}} = \frac{(\sqrt{5}\text{ in})^2}{(\sqrt{5}\text{ in}) - (-2.683\text{ in})} = 1.016\text{ in} \qquad \text{답 (22)}$$

마지막으로, 점 $I$로부터 측정하여 식 (4.53)으로 커플러 곡선의 곡률 중심을 구한다.

$$x_{C'I} = x_{CI} - \rho_C\left(\frac{y'_C}{r'_C}\right) = (1\text{ in}) - (1.016\text{ in})\left(\frac{0.5\text{ in/rad}}{1.118\text{ in/rad}}\right) = 0.546\text{ in} \quad \text{답 (23)}$$

$$y_{C'I} = y_{CI} - \rho_C\left(\frac{x'_C}{r'_C}\right) = (2\text{ in}) - (1.016\text{ in})\left(\frac{1\text{ in/rad}}{1.118\text{ in/rad}}\right) = 1.091\text{ in} \quad \text{답 (24)}$$

이 결과는 그림 4.40으로부터 측정한 값과 잘 일치한다.

## 연습 문제[10] Problems

**4.1** 한 점의 위치 벡터가 다음 식으로 정의된다.

$$\mathbf{R} = \left(100t - \frac{25t^3}{3}\right)\hat{\mathbf{i}} + 250\hat{\mathbf{j}}$$

여기서 $R$은 인치 단위이고, $t$는 초단위이다. $t = 2$ s일 때 점의 가속도를 구하라.

**4.2** 다음 식을 따라 이동하는 점이 $t = 3$ s일 때의 가속도를 구하라. 단위는 인치와 초이다.

$$\mathbf{R} = (42t^2 - 7t^3)\hat{\mathbf{i}} + 14t^3\hat{\mathbf{j}}$$

**4.3** 한 점의 경로가 다음 식으로 정의된다.

$$\mathbf{R} = (0.04t^2 + 0.16)e^{-j\pi t/10}$$

여기서 $R$은 인치 단위이고, $t$는 초단위이다. $t =$ 20 s에서 경로의 단위접선 벡터, 점의 절대 가속도의 법선과 접선성분, 그리고 경로의 곡률 반경을 구하라.

**4.4** 한 점의 운동이 다음 식으로 정의된다.

$$x = 1.20t\cos\pi t^3 \quad \text{and} \quad y = 0.05t^3\sin 2\pi t$$

여기서 $x$와 $y$는 meter이고, $t$는 초이다. $t = 1.40$ s일 때 점의 가속도를 구하라.

**4.5** 그림 P4.5는 링크 2가 각속도 $\omega_2 = 120$ rad/s ccw와 각가속도 $\alpha_2 = 4800$ rad/s$^2$ ccw를 갖는 순간을 나타낸 것이다. $A$점의 절대 가속도를 결정하라.

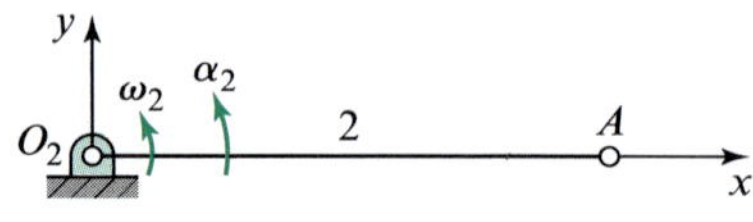


그림 P4.5 $R_{AO_2} = 20$ in

**4.6** 시계방향으로 회전하는 링크 2의 점 $A$와 $B$의 가속도가 주어졌다. 링크 2의 각속도, 각가속도 그리고 중간점인 점 $C$의 가속도를 구하라.

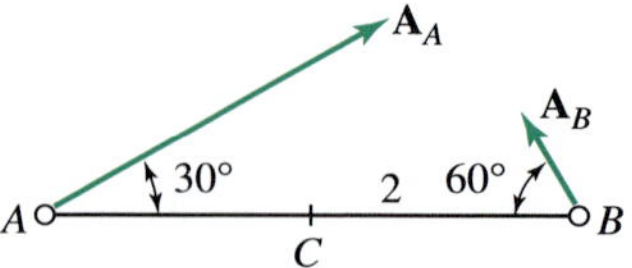


그림 P4.6 $R_{BA} = 500$ mm, $A_A = 180$ m/s$^2$ 그리고 $A_B = 45$ m/s$^2$

**4.7** 링크 2에 대해 주어진 데이터를 이용하여 점 $B$와 $C$의 속도와 가속도를 구하라.

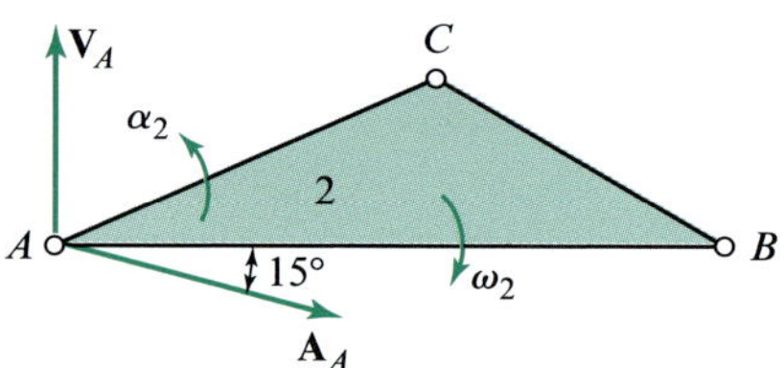


그림 P4.7 $R_{BA} = 400$ mm, $R_{CA} = 250$ mm, $R_{CB} = 200$ mm, $\omega_2 = 24$ rad/s cw, $V_A = 6$ m/s, $\alpha_2 = 160$ rad/s$^2$ ccw, $A_A = 120$ m/s$^2$, 그리고 $\beta = 15°$

**4.8** 그림에서 주어진 위치에서 스캇-레셀의 기구의 2번째 링크의 각속도와 각가속도를 구하라. $\omega_2 = 20$ rad/s cw이고, $\alpha_2 = 1493$ rad/s$^2$ cw로 구동한다. $B$점의 속도와 가속도 그리고 링크 3의 각가속도를 구하라.

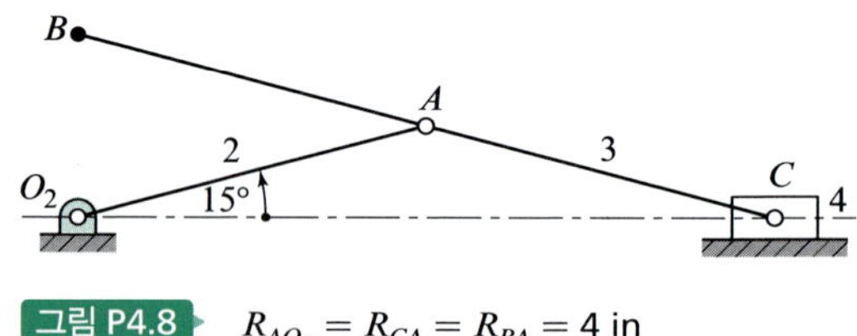


그림 P4.8 $R_{AO_2} = R_{CA} = R_{BA} = 4$ in

**4.9** 그림 P4.8에서 슬라이더 4가 왼쪽으로 일정한 속도 80 in/s로 움직이고 있다. 링크 2의 각속도와 각가속도를 구하라.

**4.10** 문제 3.8에서 제시된 위치에 대해 점 $B$의 속도가 일정할 때 점 $A$의 가속도와 링크 3의 각가속도를 구하라.

**4.11** 문제 3.9에서 제시된 위치에 대해 크랭크 2의 각속도가 일정할 때 링크 3과 4의 각가속도를 구하라.

[10] 이 책에는 다양한 해석방법이 소개되어 있으므로 문제 풀이과정에서 어떤 해법을 사용했는지 명시해야 한다.

**4.12** 문제 3.10에서 제시된 위치에 대해 크랭크 2의 각속도가 일정할 때 점 $C$의 가속도와 링크 3과 4의 각가속도를 구하라.

**4.13** 문제 3.11에서 제시된 위치에 대해 크랭크 2의 각속도가 일정할 때, 점 $A$의 가속도와 링크 3의 각가속도를 구하라.

**4.14** 문제 3.13에서 제시된 위치에 대해 크랭크 2의 각속도가 일정할 때 점 $C$와 $D$의 가속도와 링크 4의 각가속도를 구하라.

**4.15** 문제 3.14에서 제시된 위치에 대해 크랭크 2의 각속도가 일정할 때 점 $C$의 가속도와 링크 4의 각가속도를 구하라.

**4.16** 문제 3.16에서 제시된 위치에 대해 크랭크 2의 각속도가 일정할 때 점 $C$의 가속도와 링크 4의 각가속도를 구하라.

**4.17** 문제 3.17에서 제시된 위치에 대해 크랭크 2의 각속도가 일정할 때 점 $B$의 가속도와 링크 3과 6의 각가속도를 구하라.

**4.18** 문제 3.18의 4절 링크에 대해, 링크 4의 각가속도가 0이 되도록 크랭크 2의 각가속도를 구하라.

**4.19** 문제 3.19의 4절 링크에 대해, 링크 4의 각가속도가 100 rad/s$^2$가 되도록 크랭크 2의 각가속도크를 구하라.

**4.20** 문제 3.20에서 제시된 위치에 대해 크랭크 2의 각속도가 일정할 때 점 $C$의 가속도와 링크 3의 각가속도를 구하라.

**4.21** 문제 3.21에서 제시된 위치에 대해 크랭크 2의 각속도가 일정할 때 점 $C$의 가속도와 링크 3의 각가속도를 구하라.

**4.22** 문제 3.22에서 제시된 위치에 대해 크랭크 2의 각속도가 일정할 때 점 $B$와 $D$의 가속도를 구하라.

**4.23** 문제 3.23에서 제시된 위치에 대해 크랭크 2의 각속도가 일정할 때 점 $B$와 $D$의 가속도를 구하라.

**4.24~4.30**

그림 P4.24의 문제를 풀기 위해 필요한 기호가 표시되어 있고, 단위와 데이터는 표 P4.24에 주어졌다. 각속도 $\omega_2$는 각 문제마다 일정하며, 음수 부호는 시계방향을 뜻한다. 짝수 문제의 단위는 인치이고, 홀수 문제의 단위는 mm이다. 각 문제에 대하여 $\theta_3$, $\theta_4$, $\omega_3$, $\omega_4$, $\alpha_3$, $\alpha_4$를 구하라.

표 P4.24

| Problems | $r_1$ | $r_2$ | $r_3$ | $r_4$ | $\theta_2$, deg | $\omega_2$, rad/s |
|---|---|---|---|---|---|---|
| P4.24 | 4 | 6 | 9 | 10 | 240 | 1 |
| P4.25 | 100 | 150 | 250 | 250 | –45 | 56 |
| P4.26 | 14 | 4 | 14 | 10 | 0 | 10 |
| P4.27 | 250 | 100 | 500 | 400 | 70 | –6 |
| P4.28 | 8 | 2 | 10 | 6 | 40 | 12 |
| P4.29 | 400 | 125 | 300 | 300 | 210 | –18 |
| P4.30 | 16 | 5 | 12 | 12 | 315 | –18 |

그림 P4.24

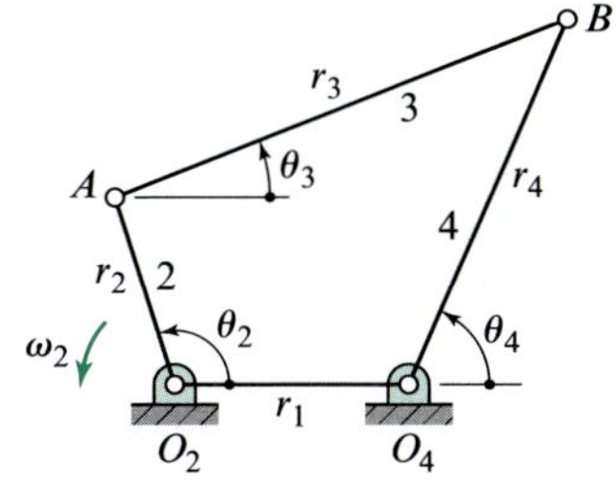

**4.31** 그림에 나와 있는 역전된 슬라이더-크랭크 기구에 대해, 크랭크 2가 60 rev/min ccw의 속도로 구동한다, $B$점의 속도와 가속도, 그리고 링크 4의 각속도와 각가속도를 구하라.

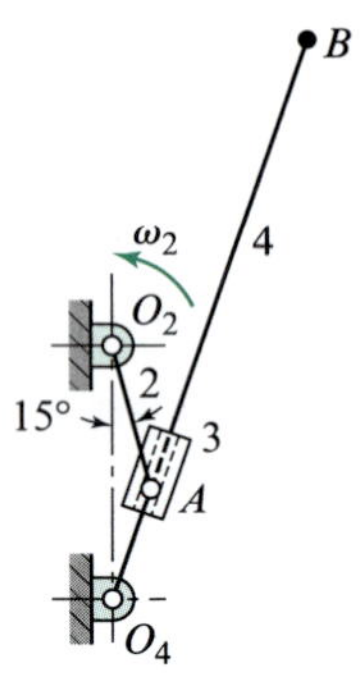


그림 P4.31 $R_{O_4O_2} = 300$ mm, $R_{AO_2} = 175$ mm, 그리고 $R_{BO_4} = 700$ mm

**4.32** 문제 3.26에 제시된 변형된 Scotch-yoke 링크에 대해, 링크 4의 가속도를 구하라.

**4.33** 문제 3.27에 제시된 링크에 대해, 점 $E$의 가속도를 구하라.

**4.34** 문제 3.24에 제시된 역전된 슬라이더-크랭크 기구에 대해서, 점 $B$의 가속도와 링크 4의 각가속도를 구하라.

**4.35** 문제 3.25에 제시된 링크에 대해서, 점 $B$의 가속도와 링크 3의 각가속도를 구하라.

**4.36** 문제 3.31에 제시된 링크에 대해서, 입력 각속도가 일정할 때 점 $A$와 $B$의 가속도를 구하라.

**4.37** 문제 3.32에서, 만일 크랭크 2에 각가속도가 2 rad/$s^2$ ccw이면 $C_4$점의 가속도와 링크 3의 각가속도를 구하라.

**4.38** 문제 3.29에서 등속 입력일 때, 링크 3과 4의 각가속도를 구하라.

**4.39** 문제 3.30에서 등속 입력일 때, $G$점의 가속도와 링크 5와 6의 각가속도를 구하라.

**4.40** 문제 3.40에 대한 연속 문제. 링크 3과 4의 2차 운동계수를 구하라. 입력 가속도는 $A_{A_2} = 200$ in/s$^2$이라고 가정하고, 링크 3과 4의 각가속도를 구하라.

**4.41** 문제 3.49에서 링크 3, 4와 5에 대한 2차 운동계수를 구하라. 링크 2가 등속의 경우 링크 3, 4와 5의 각가속도를 구하라.

**4.42** 문제 3.50에서 링크 3, 4와 5에 대한 2차 운동계수를 구하라. 링크 2가 등속의 경우 링크 3, 4와 5의 각가속도를 구하라.

**4.43** 이중 슬라이더 기구에서 커플러 운동을 위한 변곡원을 구하라. 순간중심 궤적 법선상에서 몇 개의 점을 선택하고, 그것의 공액점을 구하라. 실제 공액점들이 곡률의 중심임을 보이기 위해 이 점들의 궤적의 일부를 그려라.

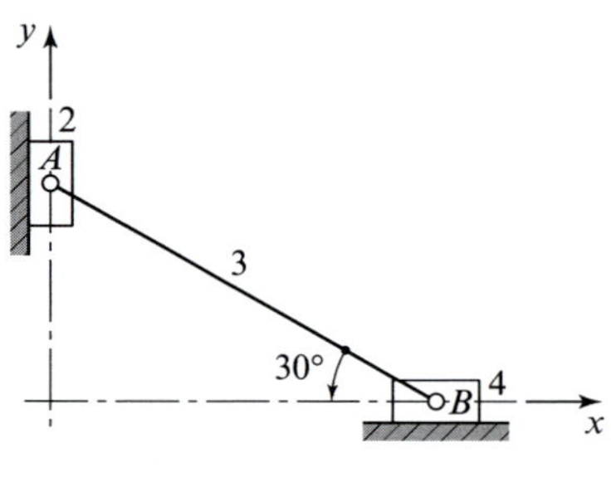


그림 P4.43 $R_{BA} = 5$ in

**4.44** 그림 P4.44에서 4절 링크기구의 커플러의 절대 운동을 위한 변곡원을 구하라. 점 $C$의 커플러 곡선의 곡률 중심을 구하고, 그것을 증명하기 위해 점 $C$의 궤적의 일부를 그려라.

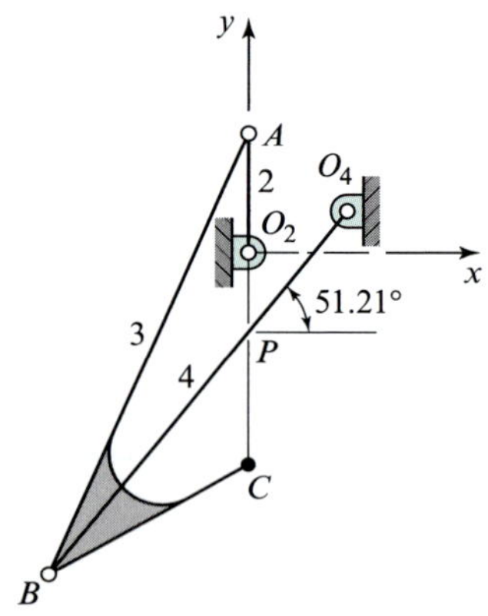


그림 P4.44 $R_{CA} = 50$ mm, $R_{AO_2} = 18$ mm, $R_{BO_4} = 70$ mm, $R_{PO_4} = 23.4$ mm, $R_{PC} = 20$ mm, 그리고 $\beta = 51{:}21°$

**4.45** 문제 3.13의 링크기구에서 프레임에 대한 커플러 운동을 위한 변곡원과 순간중심 궤적 법선, 순간중심 궤적 접선, 점 $C$와 $D$의 곡률 중심을 구하라. 순간중심과 변곡점이 일치하는 커플러 위의 점을 선택하고, 이것의 궤적을 그려라.

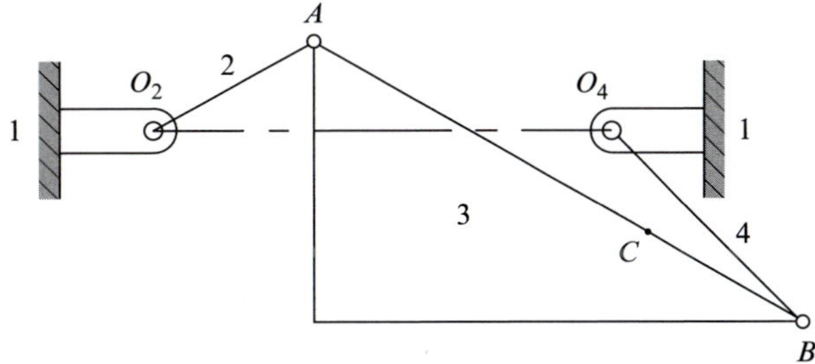


그림 P4.46 $R_{O_4O_2} = 50$ mm, $R_{AO_2} = 20$ mm, $R_{BA} = 63$ mm, $R_{BO_4} = 30$ mm, 그리고 $R_{CB} = 20$ mm

**4.46** 4절 링크기구의 주어진 위치에서 링크 2는 고정 링크로부터 반시계방향으로 30°이고 커플러 링크의 각속도 및 각가속도는 각각 $\omega_3 = 5$ rad/s ccw와 $\alpha_3 = 20$ rad/s$^2$ cw이다. 커플러 링크 $AB$의 순간운동에 대해 다음을 보여라. (a) 속도 순간중심 $I$, 순간중심 접선 $T$, 순간중심 법선 $N$, (b) 변곡원과 브레스원, (c) 가속도의 순간. 그리고 다음을 구하라. (d)점 $C$의 경로에 대한 곡률 반경, (e) 점 $C$ 속도, (f) 링크 2의 각속도, (g) 순간 중심 속도 $I$, (h) 점 $C$의 가속도 (i) 속도 순간중심의 가속도

**4.47** 문제 3.8에서 주어진 이중 슬라이더 기구의 위치를 고려할 때, 점 $B$가 등속도 $V_B = 1600$ in/s로 왼쪽으로 움직이고 있다. 커플러 링크 $AB$의 각속도 및 각가속도는 각각 $\omega_3 = 36.6$ rad/s ccw와 $\alpha_3 = 1340$ rad/s$^2$이다. 주어진 위치에서 커플러 링크 $AB$의 운동에 대해 변곡원과 브레스 원을 그려라. 그리고 다음을 결정하라. (a) $A$와 $B$의 중점이고 링크 3에 있는 점인 점 $C$의 경로에 대한 곡률 반경, 그리고 (b) 속도의 순간중심의($I$) 속도. 가속도 중심을 이용하여 다음을 결정하라. (c) 가속도의 순간 중심, $I$, (d) 점 $A$와 $C$의 가속도

**4.48** 문제 3.17의 기구에 대해, 링크 2는 각속도 $\omega_2 = 15$ rad/s ccw와 각가속도 $\alpha_2 = 320.93$ rad/s$^2$로 회전하고 있다. 커넥팅 로드 3의 순간운동에 대해 다음을 구하라. (a) 변곡원과 브레스 원, (b) 가속도 순간중심의 위치, (c) 커플러 점 $C$의 궤적에 대한 곡률 중심, (d) 점 $A$, $B$와 $C$의 가속도, 그리고 (e) 변곡점 $J$의 가속도

**4.49** 그림 P3.32은 링크 2인 팔에 의해 $\omega_2 = 3.33$ rad/s cw와 $\alpha_2 = 15$ rad/s$^2$로 동작되는 유성기어열이다. 점 $B$의 오른쪽 수평선상이고 유성기어 4의 원주에 각 ∠DBE = 90°가 되는 점 $E$를 정의한다. 유성기어 4의 절대 운동에 대해 변곡원과 브레스 원을 유성기어열 축척 도면에 그려라. 그리고 다음을 결정하라. (a) 유성기어의 가속도 중심 위치, (b) 점 $B$와 $E$의 경로에 대한 곡률 반경, (c) 점 $B$와 $E$의 경로에 대한 곡률 중심의 위치, (d) 점 $B$, $E$, $I$의 가속도

**4.50** 크기가 360 × 480 mm(A2-크기) 종이 위에 그림 P4.50에 나타낸 링크기구를 실제 크기로 그려라. $A'$를 종이 아래 끝에서 120 mm, 오른쪽 끝에서 140 mm 위치에 잡아라. (지면을 효율적으로 이용하기 위하여 그림과 같이 프레임을 15° 기울여서 그려라.) 변곡원을 구하고 정지 3차 곡선 곡률을 그려라. 3차 곡선 곡률과 일치하는 커플러 점 $C$를 선택하고, 3차 곡선 곡률 부근에서 이것의 커플러 곡선의 일부를 그려라. 공액점 $C'$를 구하라. $C'$를 중심으로 하고 $C$를 통과하는 원을 그리고, $C$의 실제 궤적과 이 원을 완성하라. 볼의 점을 구하라. 볼의 점에 있는 커플러 위의 구점 $D$를 찾고, 이것의 궤적을 그려라. 결과를 직선과 비교하라.

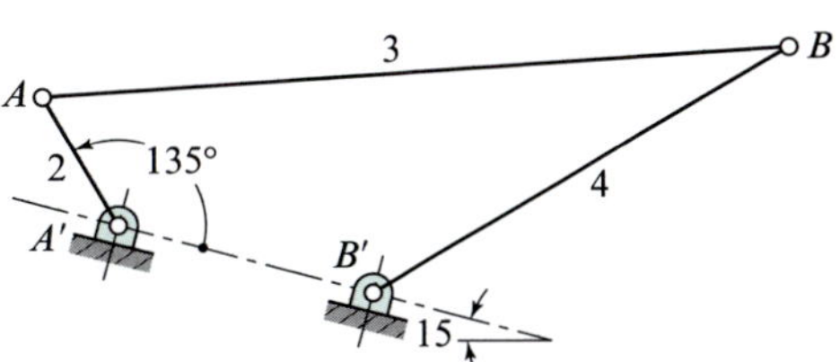


그림 P4.50 $R_{AA'} = 20$ mm, $R_{BA} = 100$ mm, $R_{B'A'} = 35$ mm, 그리고 $R_{BB'} = 65$ mm

**4.51** 문제 3.51의 기구에서 1차 및 2차 운동계수는 $\theta_3' = -8.33$ rad/rad, $r_2' = -5$ in/rad, $\theta_3'' = -8.642$ rad/rad$^2$, $r_2'' = -11.852$ in/rad$^2$(여기서 $\theta_2$는 입력이고, $r_2$는 $O_2$부터 $A$핀까지의 벡터임). 휠 3은 점$C$에서 미끄럼 없이 구름운동을 하고 있고, 링크 2의 슬롯을 움직이고 있다. 기준 링크의 반지름은 $\rho_1 = 3$ in이고, 휠의 반지름은 $\rho_3 = 0.75$ in이다. 다음을 결정하라. (a) 점 $D$의 경로에 대한 단위접선 벡터, (b) 이 점의 경로에 대한 곡률 반경, (c) 이 경로에 대한 곡률의 중심 좌표. 링크 2의 각속도가 $\omega_2 = 30$ rad/s ccw일 때, 점 $D$의 가속도를 결정하라.

**4.52** 기구에서 1차 및 2차 운동계수는 $\theta_3' = -1.667$ rad/m, $R_4' = -1.00$ m/m, $\theta_3'' = 2.778$ rad/m$^2$, $R_4'' = -3.333$ m/m$^2$. 롤러 4는 링크 3에 $B$점에서 핀으로 연결되어 있고, 점 $C$에서 수직인 기준 링크 위에서 미끄럼 없이 구름운동을 한다. 다음을 결정하라. (a) 점 $P$의 1차 및 2차 운동계수, (b) $P$에 의해 결정되어지는 경로의 단위접선 및 법선 벡터, (c) 이 경로에 대한 곡률 반경 (d) 이 경로의 중심 좌표. 입력 속도가 일정하고 $\mathbf{V}_2 = -3\,\hat{\mathbf{i}}$ m/s일 때 $P$의 가속도를 결정하라.

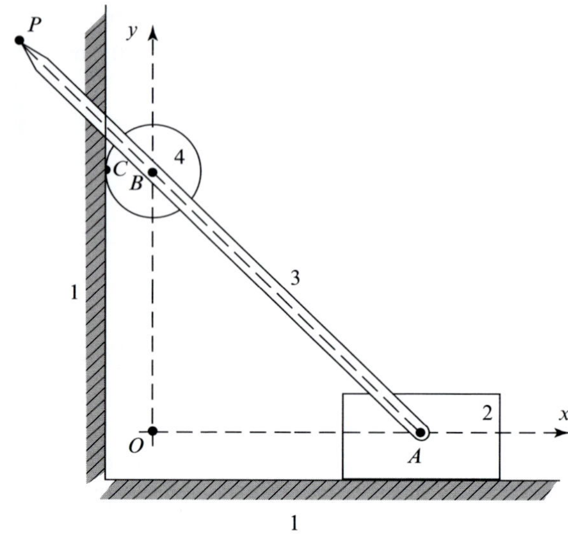


그림 P4.52 $\mathbf{R}_2 = \mathbf{R}_{AO} = 0.6\,\hat{\mathbf{i}}$ m, $\mathbf{R}_4 = \mathbf{R}_{BO} = 0.6\,\hat{\mathbf{j}}$ m, $R_{PA} = 1.2$ m, 그리고 $\rho_4 = 0.1125$ m

**4.53** 기구에서 1차 및 2차 운동계수는 $R_2' = -16$ in/rad, $R_4' = -13.856$ in/rad, $R_2'' = 55.424$ in/rad$^2$, $R_4'' = 56$ in/rad$^2$. ($\mathbf{R}_2$는 $O_2$에서 링크 3의 $C$점까지의 벡터) 다음을 결정하라. (a) 점 $B$의 1차 및 2차 운동계수, (b) 점 $B$에 의해 결정되는 경로의 단위접선 및 법선 벡터, (c) 이 경로에 대한 곡률 반경 (d) 이 경로의 중심 좌표. 입력 각속도가 일정하고, $\boldsymbol{\omega}_2 = -12\,\hat{\mathbf{k}}$rad/s일 때 $P$의 가속도를 결정하라.

그림 P4.53 $\rho_3 = 4$ in

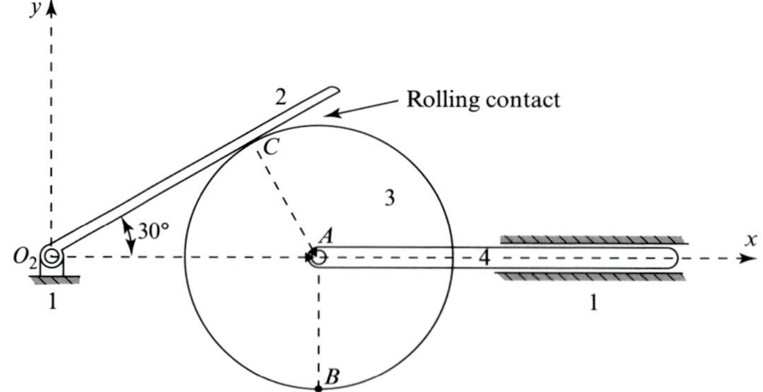

**4.54** 문제 3.54의 기어열에서, 입력 기어 2의 각속도 및 각가속도는 각각 $\omega_2 = 77$ rad/s ccw, $\alpha_2 = 5$ rad/$s^2$ cw이다. 다음을 결정하라. (a) 기어 3과 랙 5의 1차 및 2차 운동계수, (b) 기어 3과 링크 4의 각가속도 (c) 랙의 가속도

**4.55** 문제 3.55의 기어열에서, 입력 암 2의 각속도 및 각가속도는 각각 $\omega_2 = 50$ rad/s cw, $\alpha_2 = 15$ rad/$s^2$이다. 운동계수법을 이용하여 기어 3, 4, 5의 각가속도를 결정하라.

**4.56** 그림에서 보여지는 링크 4는 미끄럼 없이 점 $C$에서 구름 운동을 하고 있다. 1차 및 2차 운동계수는 $\theta_3' = -1.341$ rad/rad, $R_4' = -61.94$ mm/rad, $\theta_3'' = -2.475$ rad/rad$^2$, $R_4'' = -147.44$ mm/rad$^2$. ($R_4$는 원점에서 링크 3과 4를 연결하는 핀 $B$까지의 벡터) 점 $D$의 곡률 반경, 이 경로의 곡률 중심의 좌표를 결정하라. 만일 링크 2의 각속도, $\boldsymbol{\omega}_2 = -9\hat{\mathbf{k}}$rad/s라면, 점 $D$의 가속도를 결정하라.

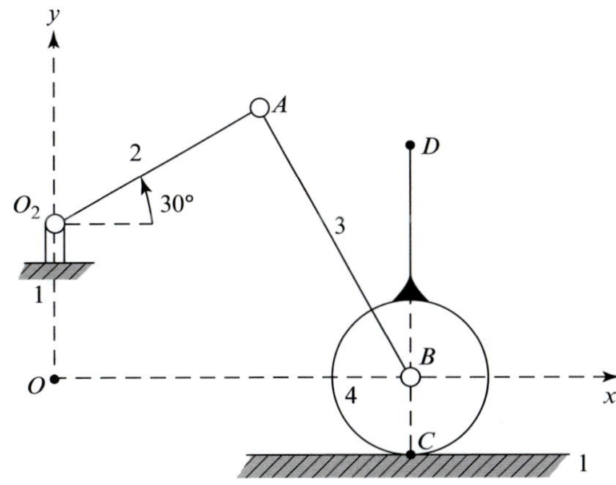


그림 P4.56 $R_{O_2} = 20$ mm, $R_{AO_2} = 30$ mm, $R_{BA} = 40$ mm, $R_B = 45.34$ mm, $R_{CB} = 10$ mm, 그리고 $R_{DB} = 30$ mm

**4.57** 그림에서 보여지는 링크에 대해, 1차 및 2차 운동계수는 $\theta_3' = -3.0$ rad/rad, $R_4' = 3.464$ in/rad, $\theta_3'' = -13.856$ rad/rad$^2$, $R_4'' = 6$ in/rad$^2$. ($R_4$는 원점에서 핀 $B$까지의 벡터) 점 $C$의 곡률 반경, 이 경로의 곡률 중심의 좌표를 결정하라. 만일 링크 2의 각속도, $\omega_2 = 22$ rad/s ccw라면, 점 $C$의 가속도를 결정하라.

그림 P4.57 $R_{AO_2} = 1.732$ in, $R_{BA} = 1$ in, 그리고 $R_{CA} = 3$ in

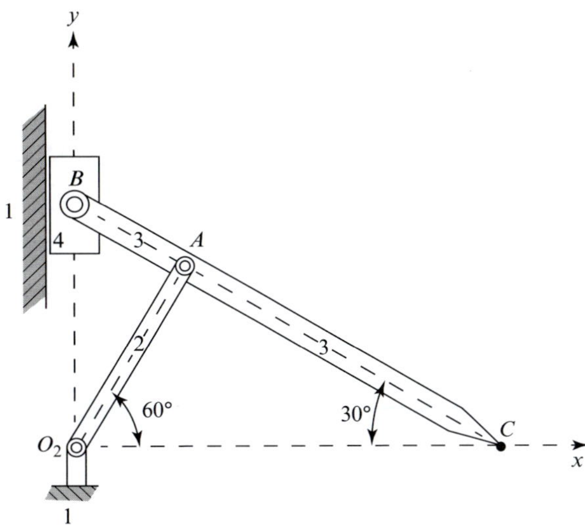

**4.58** 그림에서 보여지는 1차 및 2차 운동계수는 $\theta_3' = -3.464$ rad/rad, $\theta_4' = 1$ rad/rad, $\theta_3'' = 5.464$ rad/rad$^2$, $\theta_4'' = 7.732$ rad/rad$^2$. 링크 3의 선 $AC$는 $x$축과 평행하다. 원형의 휠인 링크 4는 기준 링크의 점 $E$와 링크 3의 $B$점에서 구름 접촉을 하고 있다. 다음을 결정하라. (a) 점 $C$의 경로 1차 및 2차 운동계수, (b) 점 $C$에 의해 결정되어지는 경로의 단위접선 및 법선 벡터, (c) 이 경로에 대한 곡률 반경 (d) 이 경로의 곡률의 중심 좌표. 링크 2의 입력 각속도가 일정하고, $\boldsymbol{\omega}_2 = 15\,\hat{\mathbf{k}}$rad/s일 때 점 $C$의 가속도를 결정하라.

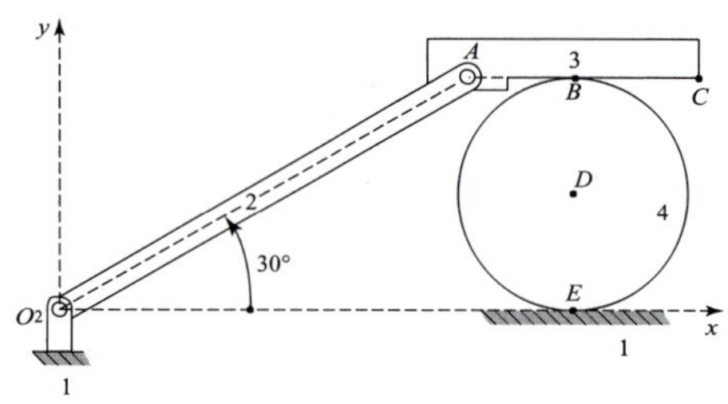


그림 P4.58 $R_{AO_2} = 100$ mm, $R_{BA} = 25$ mm, $R_{CA} = 50$ mm, 그리고 $\rho_4 = 25$ mm

**4.59** 그림에서 보여지는 링크기구는 1차 및 2차 운동계수는 $\theta_3' = \theta_4' = 0.5$ rad/rad, $\theta_3'' = \theta_4'' = 0$, $R_{34}' = 0$, $R_{34}'' = -2$ in/rad$^2$(여기서 $\mathbf{R}_{34}$는 링크 3에 고정된 점 $B$로부터 링크 4에 고정된 점 $C$까지의 벡터임) 다음을 결정하라. (a) 점 $B$의 경로에 대한 곡률 반지름, (b) 이 경로에 대한 곡률 반경. 만일 링크2의 입력 각속도가 일정하고, $\omega_2 = 10$ rad/s cw일 때 점 $B$의 가속도를 결정하라.

**4.60** 그림에서 보여지는 1차 및 2차 운동계수는 $\theta_3' = -4.333$ rad/rad, $\theta_4' = 0$, $R_4' = 650$ mm/rad, $\theta_3'' = 0$ rad/rad$^2$, $\theta_4'' = 0.813$ rad/rad$^2$, $R_4'' = 121.875$ mm/rad$^2$(여기서 링크 2의 회전이 입력이며, $\mathbf{R}_4$는 $O_4$에서 점 $C$까지의 벡터임). 링크 3의 선 $AB$와 선 $O_2A$ 사이에 각은 우측각이다. 다음을 결정하라. (a) 점 $B$의 1차 및 2차 운동계수, (b) 이 점에 의해 결정되어지는 경로의 단위접선 및 법선 벡터, (c) 이 경로에 대한 곡률 반경, (d) 이 경로의 곡률의 중심 좌표. 링크 2의 입력 각속도가 일정하고, $\boldsymbol{\omega}_2 = 15\,\hat{\mathbf{k}}$rad/s일 때 점 $B$의 가속도를 결정하라.

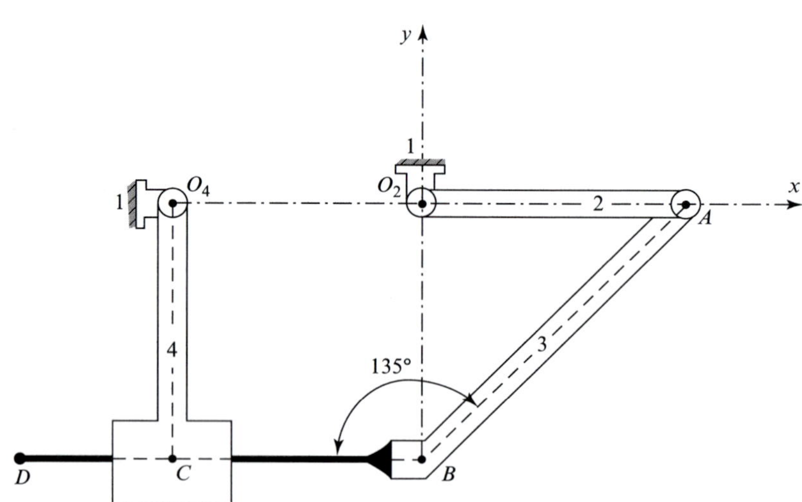


그림 P4.59 $R_{AO_2} = 4$ in, $R_{BA} = 5.657$ in, $R_{CB} = R_{O_4O_2} = 4$ in, 그리고 $R_{CO_4} = 4$ in

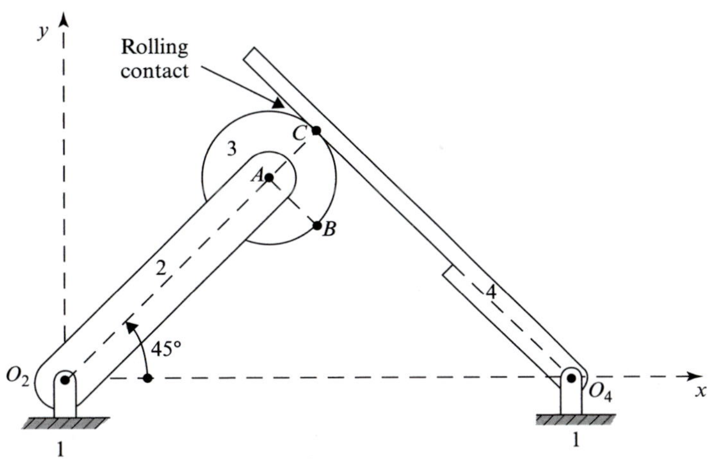


그림 P4.60 $R_{AO_2} = 650$ mm, $R_{BA} = R_{CA} = \rho_3 = 150$ mm

**4.61** 문제 3.61의 기구에서 1차 및 2차 운동계수는 $\theta_3' = \theta_4' = 1$, $R_{34}' = -300$ mm/rad, $\theta_3'' = \theta_4'' = +2.309$ rad/rad$^2$, $R_{34}'' = -519.624$ mm/rad$^2$(여기서 $\mathbf{R}_{34}$는 $O_4$에서 점 $B$까지의 벡터임). 커플러의 점 $C$의 경로 1차 및 2차 운동계수를 결정하라. 그리고 다음을 결정하라. (a) 점 $C$에 의해 결정되어지는 경로의 단위접선 및 법선 벡터, (b) 이 경로에 대한 곡률 반경, (c) 이 경로의 곡률의 중심 좌표. 링크 2의 입력 각속도가 일정하고, $\boldsymbol{\omega}_2 = 15\,\hat{\mathbf{k}}$ rad/s일 때 점 $C$의 가속도를 결정하라.

**4.62** 그림에서 보여지는 기구에 대해서 1차 및 2차 운동계수는 $\theta_3' = 2.165$ rad/rad, $\theta_4' = -7.143$ rad/rad, $\theta_3'' = -9.369$ rad/rad$^2$, $\theta_4'' = 26.784$ rad/rad$^2$이다. 다음을 결정하라. (a) 점 $C$의 1차 및 2차 운동계수, (b) 이 점에 경로에 대한 곡률 반경, (c) 이 경로의 곡률의 중심 좌표. 링크 2의 입력 각속도가 일정하고, $\omega_2 = 50$ rad/s ccw일 때 점 $C$의 가속도를 결정하라.

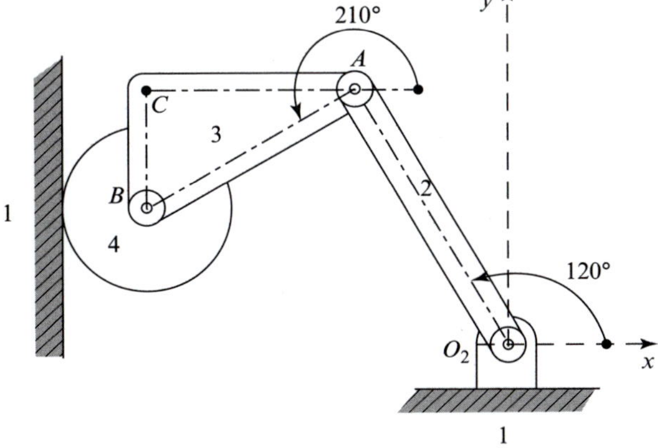


그림 P4.62 $R_{AO_2} = 20$ in, $R_{BA} = 16$ in, $R_{CA} = 13.856$ in, $\rho_4 = 5.60$ in

## 참고문헌

[1] Beyer, R., 1931. *Technische Kinematik*, Leipzig: Johann Ambrosius Barth (Lithoprint publication, 1948, Ann Arbor, MI: J. W. Edwards).

[2] Hain, K., 1967. *Applied Kinematics*, 2nd ed., trans. T. P. Goodman et al., New York: McGraw-Hill.

[3] Hall, A. S., Jr., 1961. *Kinematics and Linkage Design*, Englewood Cliffs, NJ: Prentice-Hall. (This book is a classic on the theory of mechanisms and contains many useful examples).

[4] Hartenberg, R. S., and J. Denavit, 1964. *Kinematic Synthesis of Linkages*, New York: McGraw-Hill.

[5] Hirschhorn, J., 1962. *Kinematics and Dynamics of Plane Mechanisms*, New York: McGraw-Hill.

[6] de Jonge, A. E. R., 1943. A brief account of modern kinematics, *ASME Trans.*, 65: 663–683.

[7] Rosenauer, N., and A. H. Willis, 1953. *Kinematics of Mechanisms*, Sydney: Associated General Publications; republished New York: Dover, 1967.

[8] Tao, D. C., 1964. *Applied Linkage Synthesis*, Reading, MA: Addison-Wesley.

제 5 장

# 다자유도 평면링크

*Multi-Degree-of-Freedom Mechanisms*

## 5.1 서론

2, 3, 4장에서는 자유도가 하나인 문제에 대해 다루어왔고, 이러한 시스템은 하나의 입력변수만 주어지면 해석이 가능하였다. 대다수의 실제적인 기구들은 1자유도로 설계되어 한 개의 동력으로 작동이 가능하였기 때문에 이제까지는 1자유도 기구만을 다루어도 충분했다. 그러나 세상에는 다자유도 기구도 있고 이러한 기구들은 2개 이상의 입력이 있어야 해석이 가능하다. 이 장에서는 이제까지 우리가 사용했던 방법들이 기구의 위치, 속도 및 가속도에 어떻게 적용되는지 살펴보겠다.

예를 들면, 그림 5.1에서 보는 바와 같이 평면 5절 링크를 고려해 보자. 식 (1.1)의 쿠즈바흐 판별식에 의하면 이런 링크의 운동성은 2가 되기 때문에, 2개의 입력이 주어져야 고유의 출력 운동을 형성한다. 이 기구는 2, 3의 크랭크를 독립적으로 회전시킴으로써 동작되어 4, 5 커플러 링크의 광범위한 종류의 움직임을 생성한다.

실용적인 5절 링크는 그림 5.2에서 보듯이 제너럴 일렉트릭(General Electric) 모델 P80과 같은 산업용 로봇 머니퓰레이터(manipulator)의 말단장치(end effector)를 위치시키는 데 적용되고 있다.

또 하나의 많이 사용되는 실용적인 적용분야는 그림 1.26과 같은 팬토그래프 링크이다. 팬토

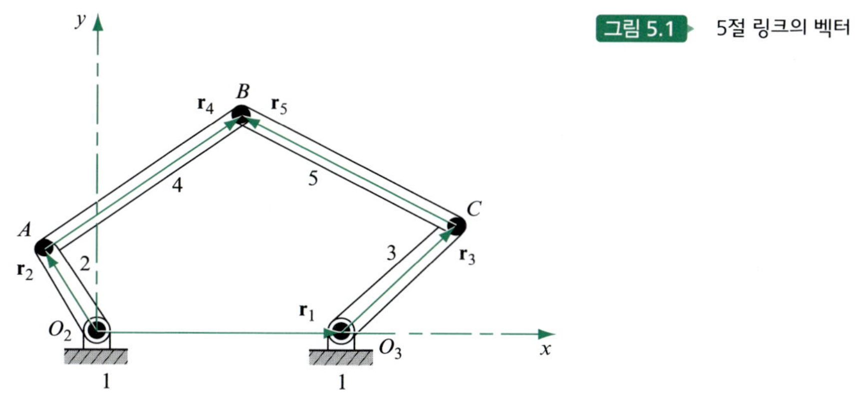


그림 5.1 5절 링크의 벡터

그림 5.2 제너럴 일렉트릭 모델 P80 로봇 머니퓰레이터

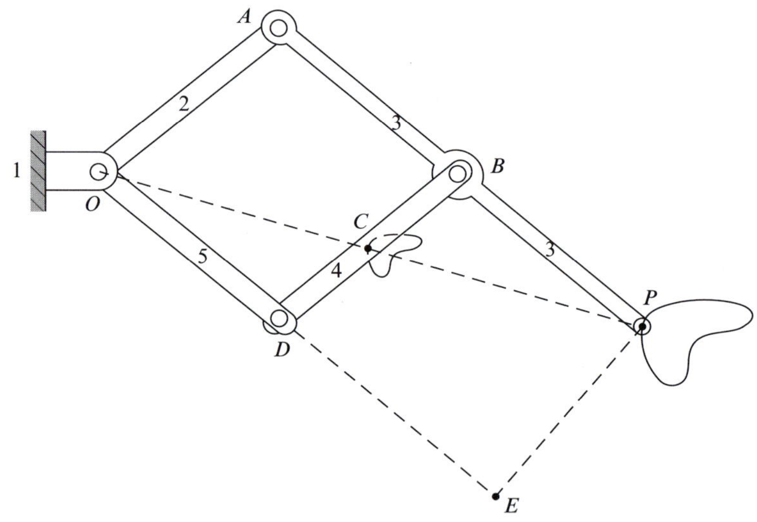


그림 5.3 팬토그래프 링크

그래프의 변형이 그림 5.3에 예시되어 있는데, 여기서 *P*점의 경로는 *C*점의 경로의 확대 복사한 것이다.

그림 5.1의 입력 회전이 그림 5.4와 같이 서로 구름 접촉에 의한 기어로 연결되어 있으면, 결과적으로 1 자유도만을 가지며, *기어 5절* 링크(*geared five-bar* mechanism)라고 주로 일컬어진다. 이러한 기구는 기계류에서 자주 사용된다. 왜냐하면 이전의 장들에서 많이 다루어서 잘 알려진 4절 링크보다 더 복잡한 운동을 할 수 있기 때문이다.

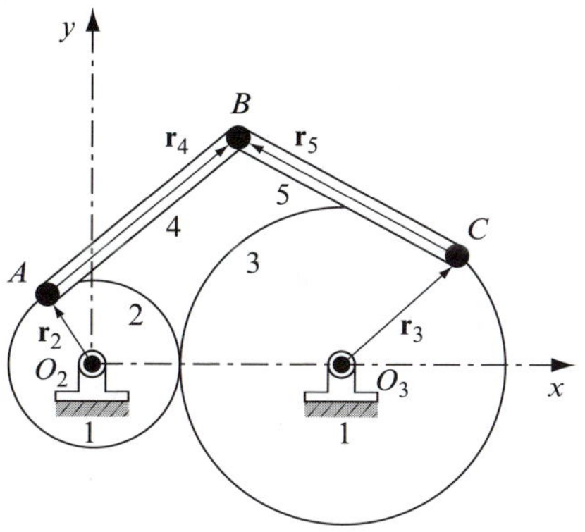

그림 5.4 기어 5절 링크기구

#### 예제 5.1

그림 5.5와 같은 자세를 갖는 5절 링크에 대해 두 입력 링크가 $\theta_2 = 120°$와 $\theta_3 = 45°$일 때, 2개의 커플러 링크의 각도 $\theta_4$와 $\theta_5$를 결정하라.

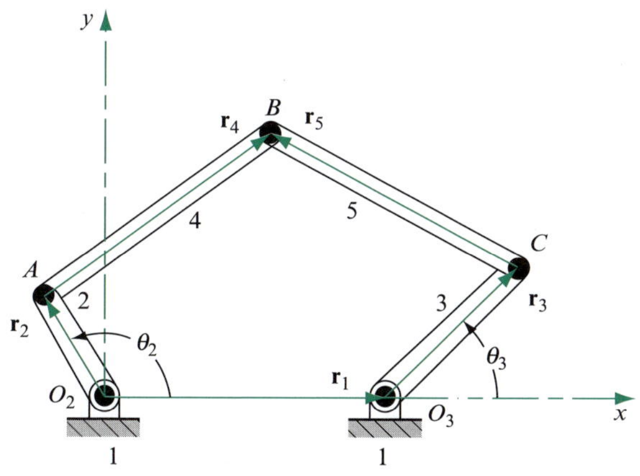


그림 5.5 $r_1 = R_{O_3O_2} = 6$ in, 링크 2는 $r_2 = R_{AO_2} = 2.5$ in, $r_3 = R_{CO_3} = 4$ in, $r_4 = R_{BA} = 6$ in 그리고 $r_5 = R_{BC} = 6$ in

**▶ 풀이**

이 링크시스템의 기구해석을 위한 Vector가 그림 5.5에 표현되어 있다. 링크 4와 5의 위치는 축척도에서 찾을 수 있다.

$$\theta_4 = 36.5° \quad \text{그리고} \quad \theta_5 = 151.1°$$

답

커플러 링크 4, 또는 커플러 링크 5의 고정점이 고유의 경로를 따르려면 두 독립된 입력의 운동 제어가 필요하다. 아직도 5절 링크의 커플러 점에 의해 생성될 수 있는 상당히 많은 종류의 곡선이 있다. 설명을 위해 그림 5.6과 같이 링크 4에 임의의 점 $P$를 생각해 보자.

#### 예제 5.2

그림 5.6에 예시된 커플러 점 $P$를 포함하기 위해 예제 5.1을 계속 고려해 보자. 점 $P$의 위치는 $r_7 = R_{PA} = 8$ in 그리고 $\beta = 30°$로 주어졌다. 링크의 주어진 자세에서 점 $P$의 절대 위치 좌표

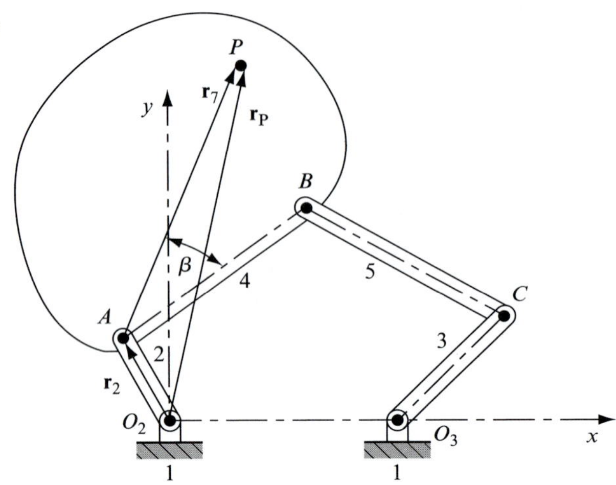


그림 5.6 4에 고정된 커플러 점 $P$를 위한 벡터들

를 결정하라.

▶ **풀이**

예제 5.1의 그림 5.5가 축척으로 그려진 후, 벡터 $\mathbf{r}_7$은 $\theta_7 = \theta_4 + \beta = 66.5°$의 방향으로 그릴 수 있다. 점 $P$의 절대좌표는 측정될 수 있고 그 답은 다음과 같다.

$$x_P = 1.95 \text{ in 그리고 } y_P = 9.50 \text{ in} \qquad \text{답}$$

## 5.2 대수적 위치해석

다자유도 시스템의 위치 방정식의 해석적인 해는 2장과 유사하다. 모든 자유도의 입력 위치를 표현하는 충분한 입력 데이터가 주어지면 루프 폐쇄 방정식이 구성된다. 평면 시스템의 경우 이 방정식이 실수 및 허수(또는 수평 및 수직 성분)로 나눌 수 있고 이것은 루프당 2개의 미지수에 대한 해를 구할 수 있다. 이런 점을 예제 5.1과 5.2의 평면 5절 링크로 계속해서 보여 줄 것이다.

**예제 5.3**

그림 5.5의 평면 5절 링크에 대해 루프 폐쇄 방정식은 다음과 같다.

$$\overset{\surd I}{\mathbf{r}_2} + \overset{\surd ?}{\mathbf{r}_4} - \overset{\surd ?}{\mathbf{r}_5} - \overset{\surd I}{\mathbf{r}_3} - \overset{\surd\surd}{\mathbf{r}_1} = \mathbf{0} \qquad (1)$$

여기서 $\theta_2$와 $\theta_3$은 입력 각이고, 식 (1)의 해당 항에 $\surd$로 표시되었다. 주어진 링크 형태에 대해 문제는 (a) 미지의 $\theta_4$와 $\theta_5$ 각도 그리고 (b) 점 $P$의 절대 위치 좌표를 구하는 것이다.

▶ **풀이**

복소수 극형식으로 식 (1)은 다음과 같이 표현된다.

$$r_2 e^{j\theta_2} + r_4 e^{j\theta_4} - r_5 e^{j\theta_5} - r_3 e^{j\theta_3} - r_1 = 0 \qquad (2)$$

이 방정식의 실수 및 허수를 분리하면 다음과 같다.

$$r_2 \cos\theta_2 + r_4 \cos\theta_4 - r_5 \cos\theta_5 - r_3 \cos\theta_3 - r_1 = 0 \tag{3}$$

$$r_2 \sin\theta_2 + r_4 \sin\theta_4 - r_5 \sin\theta_5 - r_3 \sin\theta_3 = 0 \tag{4}$$

이 방정식들의 해는 해석적이거나 수치적으로 결정될 수 있다. 예를 들면, 뉴턴-랩슨 반복법(2.9절)을 사용하면 두 커플러 링크가 취하는 각은 다음과 같이 계산된다.

$$\theta_4 = 36.447° \quad \text{그리고} \quad \theta_5 = 151.084°$$ 답

이것은 예제 5.1에서 그림으로 결정된 결과를 검증할 수 있을 뿐 아니라 더 정확한 결과를 얻을 수 있다.

커플러 점 $P$의 위치를 정의하는 벡터가 그림 5.6에 예시되어 있다. 이 점에 대한 벡터 방정식은 다음과 같이 표현된다.

$$\overset{??}{\mathbf{r}_P} = \overset{\surd I}{\mathbf{r}_2} + \overset{\surd C}{\mathbf{r}_7} \tag{5}$$

여기에서 벡터 $\mathbf{r}_7$의 방향에 대한 구속 방정식은 다음과 같다.

$$\theta_7 = \theta_4 + \beta \tag{6}$$

식 (5)로부터 점 $P$의 절대좌표는 아래와 같다.

$$x_P = r_2 \cos\theta_2 + r_7 \cos\theta_7 \tag{7}$$

$$y_P = r_2 \sin\theta_2 + r_7 \sin\theta_7 \tag{8}$$

주어진 수치를 이 방정식들에 대입하면 점 $P$(링크의 주어진 위치에 대해)의 위치는 다음과 같이 계산된다.

$$x_P = (2.5 \text{ in}) \cos 120° + (8 \text{ in}) \cos 66.447° = 1.947 \text{ in}$$ 답

$$y_P = (2.5 \text{ in}) \sin 120° + (8 \text{ in}) \sin 66.447° = 9.499 \text{ in}$$ 답

이것은 예제 5.2에서 기하학적으로 결정된 결과를 검증해주며 정확도가 높다.

## 5.3 속도 해석: 속도 다각형

속도 해석은 독립적인 각각의 입력이 주어지면, 3.3절부터 3.8절의 속도 다각형 방법으로 쉽게 수행할 수 있다. 기구가 1 자유도 이상을 갖는 경우에도 속도 다각형을 구성하기 위해 새로운 방법이 필요하지 않다. 그러나 입력속도는 각 자유도에 대해 주어져야 한다. 여기서 어떻게 도식적 방

법론이 확장되는지 예를 들어 보겠다.

### 예제 5.4

예제 5.1~5.3의 5절 링크가 그림 5.5~5.7*a*와 같은 형태를 취하고 있을 때 링크 2와 3의 각속도가 각각 등각속도 $\omega_2 = 10$ rad/s ccw와 $\omega_3 = 5$ rad/s cw일 때 (a) 커플러 링크 4와 5의 각속도와 (b) 커플러 점 *P*의 속도를 구하라.

**▶ 풀이**

우선 점 *A*와 *C*의 속도는 각각 다음과 같다.

$$V_A = V_{AO_2} = \omega_2 R_{AO_2} = (10 \text{ rad/s})(2.5 \text{ in}) = 25.0 \text{ in/s},$$

$$V_C = V_{CO_3} = \omega_3 R_{CO_3} = (5 \text{ rad/s})(4.0 \text{ in}) = 20.0 \text{ in/s}$$

이로부터 점 *B*의 속도에 대한 2개의 벡터방정식을 세울 수 있다.

$$\mathbf{V}_B = \overset{\surd\surd}{\mathbf{V}_A} + \overset{?\surd}{\mathbf{V}_{BA}} = \overset{\surd\surd}{\mathbf{V}_C} + \overset{?\surd}{\mathbf{V}_{BC}}$$

이 방정식을 그림 5.7*b*에 있는 속도 다각형과 함께 풀면 점 *B*의 속도 사상점을 위치시킬 수 있다.

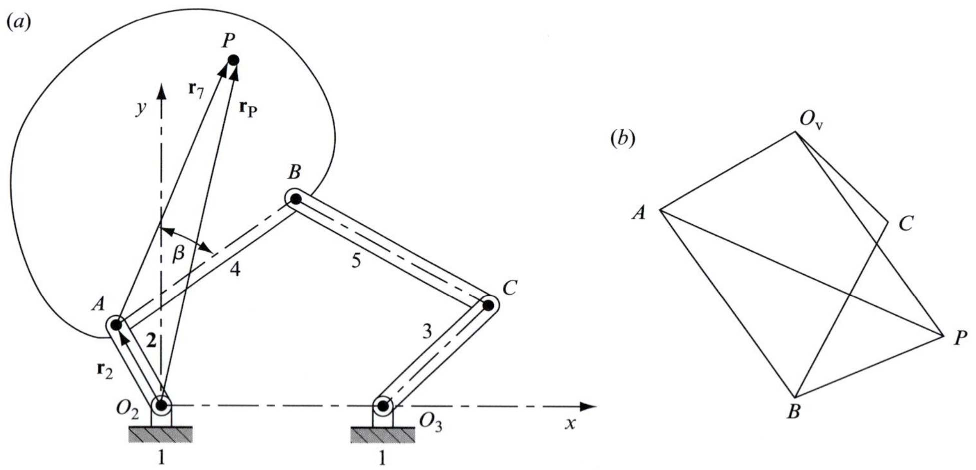


그림 5.7 (*a*) 링크시스템 자세, (*b*) 속도 다각형

그러면 $V_{BA}$와 $V_{BC}$를 측정할 수 있고, 커플러 링크 4와 5에 대한 각속도를 구한다; 즉

$$\omega_4 = \frac{V_{BA}}{R_{BA}} = \frac{35.34 \text{ in/s}}{6.0 \text{ in}} = 5.89 \text{ rad/s cw}$$ 답

$$\omega_5 = \frac{V_{BC}}{R_{BC}} = \frac{30.60\ \text{in/s}}{6.0\ \text{in}} = 5.10\ \text{rad/s ccw}$$ 답

일단 점 $A$와 $B$의 속도를 알게 되면, 3.4절에서 설명한 바와 같이 커플러 링크 4의 속도 사상이 작도될 수 있고 커플러 점 $P$의 속도가 다음과 같이 구해질 수 있다.

$$\mathbf{V}_P = 38\ \text{in/s}\ \angle{-55.5°}$$ 답

## 5.4 속도의 순간중심

다자유도의 평면기구에 대해 순간중심의 방법을 적용하려면 어려움에 직면하게 된다. 3.13~3.15절의 방법만으로는 2차적인 순간중심들의 위치를 결정할 수 없음을 알 수 있다. 사실 그것들의 위치는 독립적인 입력속도의 비율에 따라 달라진다[1]. 2차적인 순간중심들을 찾는 한 가지 방법은 다음 예제에 설명되어 있다.

### 예제 5.5

예제 5.1~5.4(그림 5.5~5.7a)와 같은 형태의 5절 링크에 대해 만일 링크 2와 3이 각각 $\omega_2 = 10$ rad/s ccw, $\omega_3 = 5$ rad/s cw의 일정 각속도로 회전한다고 가정한다. 순간중심의 방법을 이용하여 커플러 링크 4와 5의 각속도와 커플러 점 $P$의 속도를 결정하라.

**▶ 풀이**

$I_{12}$, $I_{24}$, $I_{45}$, $I_{35}$와 $I_{13}$로 표시된 5절 링크에 대한 5개의 기본 순간중심은 그림 5.8에 나타나 있는 바와 같이 5개의 핀 조인트의 중심이다.

그림 5.8 기본 순간중심

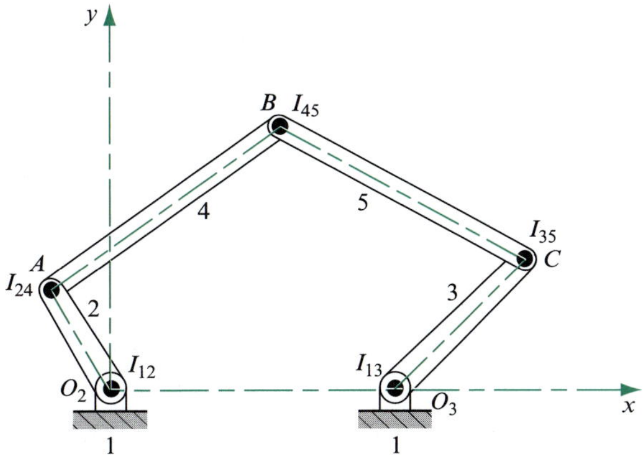

아놀드-케네디 정리(3.14절)로부터 이미 알고 있는 2개의 입력속도 $\omega_2$, $\omega_3$와 관련 있는 2차적인 순간중심 $I_{23}$은 순간중심 $I_{12}$와 $I_{13}$을 포함하는 직선 위에 놓여야만 된다.

또한 식 (3.28)의 각속도비 정리로부터 링크 2의 각속도의 링크 3의 각속도에 대한 비를 알고 있으므로 다음과 같이 쓸 수 있다.

$$\frac{\omega_2}{\omega_3} = \frac{R_{I_{23}I_{13}}}{R_{I_{23}I_{12}}} = \frac{10.0 \text{ rad/s}}{-5.0 \text{ rad/s}} = -2.0 \tag{1}$$

3.17절로부터 만일 순간중심 $I_{23}$이 두 절대 순간중심 $I_{12}$와 $I_{13}$ 사이에 위치하면 각속도비는 음수이다. 마찬가지로 만일 $I_{23}$이 두 절대 순간중심 $I_{12}$와 $I_{13}$의 밖에 위치하면 각속도비는 양수이다. 그러나 식 (1)에서는 부호 규칙이 필요없다. 왜냐하면 방향성 있는 직선이 순간중심의 위치를 측정하는 데 사용되기 때문이다.

이 방법을 따르면 식 (1)은 다음과 같다.

$$R_{I_{23}I_{13}} = -2.0 R_{I_{23}I_{12}} \tag{2}$$

그러나 우리는 그림 5.8로부터 오른쪽으로 양의 거리를 사용한다는 것을 알고 있다.

$$R_{I_{23}I_{13}} = R_{I_{23}I_{12}} + R_{I_{12}I_{13}} = R_{I_{23}I_{12}} - 6.0 \text{ in} \tag{3}$$

그리고 식 (2)와 (3)을 동시에 풀면 다음의 결과를 얻는다.

$$-2.0 R_{I_{23}I_{12}} = R_{I_{23}I_{12}} - 6.0 \text{ in},$$

$$R_{I_{23}I_{12}} = 2.0 \text{ in} \tag{4}$$

그러므로 순간중심 $I_{23}$은, 그림 5.9의 링크시스템의 축척도에서 보는 바와 같이 순간중심 $I_{12}$로부터 오른쪽으로 2.0 in 지점에 위치한다.

나머지 2차 순간중심은 아론홀트–케네디 정리로부터 직접 구한다. 2차적인 순간중심들을 찾기 위해 사용되는 케네디 원도 그림 5.9에 표현되어 있다. 예를 들어, 2차적인 순간중심 $I_{14}$는 순간중심 $I_{12}$와 $I_{24}$를 포함하는 선 위에 위치하여야 한다. 마찬가지로 순간중심 $I_{15}$는 순간중심 $I_{13}$과 $I_{35}$를 포함하는 선 위에 있다. 이 페이지에 표시될 수 있는 모든 2차적인 순간중심들은 그림 5.9에 표시되어 있다. 순간중심 $I_{34}$의 위치는 이 페이지에는 표시되지 않지만 두 개의 점선으로 표현되어 있다. 미지의 각속도 $\omega_4$와 $\omega_5$를 결정하기 위해 모든 2차적인 순간중심을 다 찾을 필요는 없다.

각 중심선을 따라 위쪽 방향을 양의 방향으로 선택하면, 순간중심 $I_{12}$와 $I_{24}$ 사이와 순간중심 $I_{13}$과 $I_{35}$ 사이의 거리는 링크 2와 3의 길이로부터 각각 알 수 있다. 이 값은 다음과 같다.

$$R_{I_{24}I_{12}} = 2.50 \text{ in} \quad \text{그리고} \quad R_{I_{35}I_{13}} = 4.00 \text{ in} \tag{5}$$

다른 순간중심들 사이의 거리도 축척도면으로부터 측정하면 다음과 같다.

$$R_{I_{24}I_{14}} = -4.24 \text{ in}, \ R_{I_{25}I_{12}} = -13.41 \text{ in}, \ R_{I_{25}I_{15}} = -26.29 \text{ in}, \ \text{그리고} \ R_{I_{35}I_{15}} = -3.92 \text{ in}$$

이 거리들을 식 (3.28)에 대입하면 각속도비는 다음과 같다.

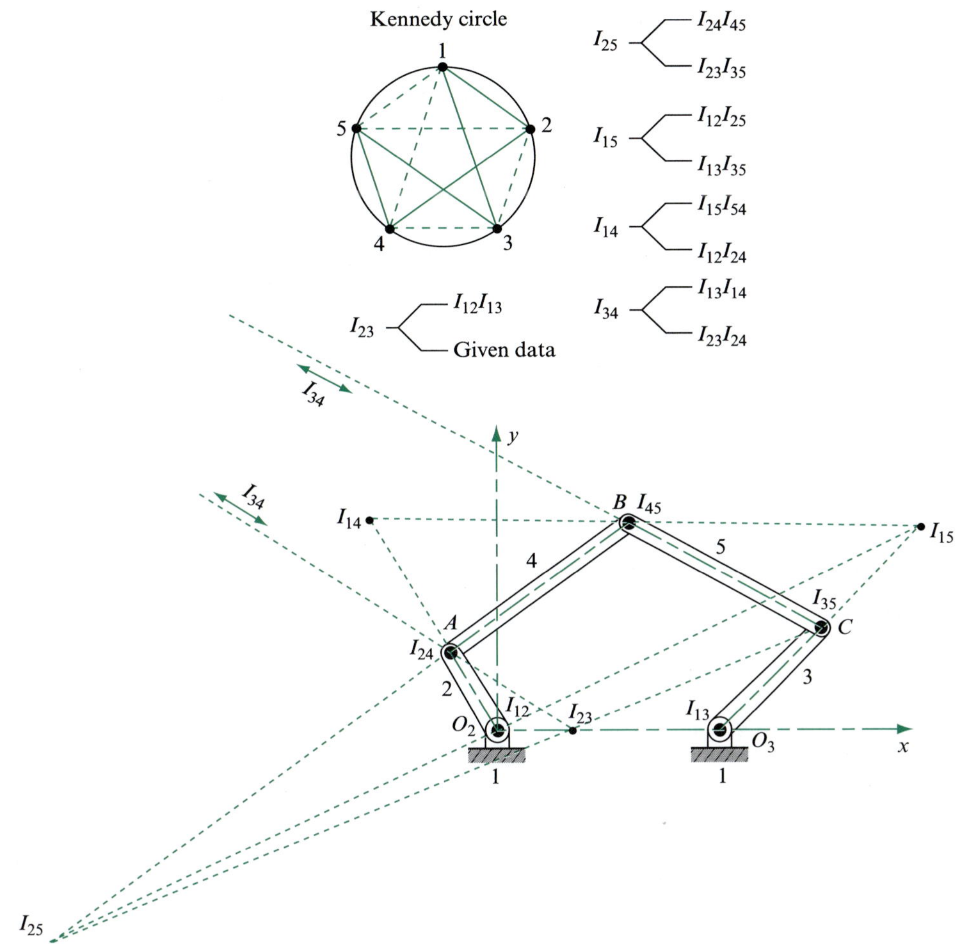


그림 5.9 2차적인 순간중심

$$\frac{\omega_4}{\omega_2} = \frac{R_{I_{24}I_{12}}}{R_{I_{24}I_{14}}} = \frac{2.50 \text{ in}}{-4.24 \text{ in}} = -0.590 \tag{6}$$

$$\frac{\omega_5}{\omega_2} = \frac{R_{I_{25}I_{12}}}{R_{I_{25}I_{15}}} = \frac{-13.41 \text{ in}}{-26.29 \text{ in}} = 0.510 \tag{7}$$

$$\frac{\omega_5}{\omega_3} = \frac{R_{I_{35}I_{13}}}{R_{I_{35}I_{15}}} = \frac{4.00 \text{ in}}{-3.92 \text{ in}} = -1.020 \tag{8}$$

그리고 링크 2의 각가속도를 식 (6)과 (7)에 대입하면 링크 4와 5의 각속도는 다음과 같이 구한다.

$$\omega_4 = -0.590\omega_2 = -0.590(10 \text{ rad/s}) = -5.90 \text{ rad/s cw}$$ 답

$$\omega_5 = 0.510\omega_2 = 0.510(10 \text{ rad/s}) = 5.10 \text{ rad/s ccw}$$ 답

검산으로 링크 5의 각속도를 구하기 위해 링크 3의 각속도를 식 (8)에 대입하면 다음과 같다.

$$\omega_5 = -1.020\omega_3 = -1.020(-5 \text{ rad/s}) = 5.10 \text{ rad/s ccw}$$ 답

순간중심 방법으로 점 $P$의 속도의 크기는 다음과 같이 쓸 수 있다.

$$V_P = \omega_4 R_{PI_{14}} \tag{9}$$

축척도면으로부터(그림 5.10), 링크 4 ($I_{14}$)의 절대 순간중심으로부터 점 $P$까지의 거리는 $R_{PI_{14}} = 6.46$ in로 측정된다. 이 값을 식 (9)에 대입하면 점 $P$의 속도 크기는 다음과 같이 구한다.

$$V_P = (|-5.90 \text{ rad/s}|)(6.46 \text{ in}) = 38.11 \text{ in/s}$$ 답

점 $P$의 속도 방향은 그림 5.10에서 측정된다.

$$\phi = -55.5°$$ 답

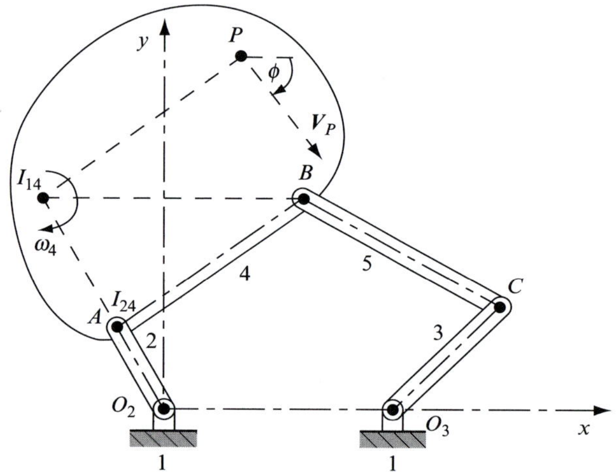


그림 5.10 커플러 링크 4의 절대 순간중심

이러한 결과는 예제 5.4에서 얻은 결과와 잘 일치한다.

5절 링크의 특별한 경우는 순간중심 $I_{23}$이 $I_{12}I_{13}$의 중심선 위에 정지되어 있으면, 링크 2와 3은 그림 5.4와 같이 두 개의 원형 기어로 대치할 수 있다. 이 기구는 기어 5절 링크(*geared five-bar mechanism*)라고 하는데 운동성은 1이다(입력은 링크 2 또는 링크 3의 회전이다). 두 기어 링크 2와 3은 순간중심 $I_{23}$에서 구름 접촉을 하고 있다. 기어 3의 기어 2에 대한 각속도비(*기어 비*라고도 함)는 식 (1)의 역수이다.

## 5.5 1차 운동계수

좀 더 정확한 속도의 해가 필요하면 해석적이나 수치적인 방법이 필요하다. 3.11절에서 설명한 운동계수법이 이러한 기법을 제공한다.

그러나 다자유도 기구를 취급할 때는 이 표기법이 새로운 복잡한 점을 초래한다. 다중 입력을 추적하기 위해 부가적인 첨자가 필요하다. 예를 들면, 종속변수인 링크 $i$의 각속도 $\theta_i$는 $\omega_i = d\theta_i/dt$로 표현되었다. 그러나 다자유도 시스템에서는 $\theta_i$가 둘 또는 그 이상의 변수, 예를 들면 $\theta_j$와 $\theta_k$의 함수이다. 즉 $\theta_i = \theta_i(\theta_j, \theta_k)$이다. 이 경우 종속변수 $\theta_i$의 시간에 대한 변화율은 다음과 같이 나타낼 수 있다.

$$\omega_i = \frac{d\theta_i}{dt} = \frac{\partial\theta_i}{\partial\theta_j}\frac{d\theta_j}{dt} + \frac{\partial\theta_i}{\partial\theta_k}\frac{d\theta_k}{dt} \tag{5.1}$$

마찬가지로 움직이는 링크 위의 점 $P$의 위치는 두 개의 독립변수에 대한 함수이다, $\mathbf{r}_P = \mathbf{r}_P(\theta_j, \theta_k)$. 그러므로 점 $P$의 속도는 다음으로 표현된다.

$$\mathbf{V}_P = \frac{d\mathbf{r}_P}{dt} = \frac{\partial\mathbf{r}_P}{\partial\theta_j}\frac{d\theta_j}{dt} + \frac{\partial\mathbf{r}_P}{\partial\theta_k}\frac{d\theta_k}{dt} \tag{5.2}$$

또한 $\mathbf{r}_P(\theta_j, \theta_k)$는 $\mathbf{r}_P = x_P\hat{\mathbf{i}} + y_P\hat{\mathbf{j}} + z_P\hat{\mathbf{k}}$ 같은 좌표를 갖기 때문에 점 $P$의 속도는 다음과 같이 표현된다.

$$\begin{aligned}\mathbf{V}_P &= \left(\frac{\partial x_P}{\partial\theta_j}\hat{\mathbf{i}} + \frac{\partial y_P}{\partial\theta_j}\hat{\mathbf{j}} + \frac{\partial z_P}{\partial\theta_j}\hat{\mathbf{k}}\right)\frac{d\theta_j}{dt} + \left(\frac{\partial x_P}{\partial\theta_k}\hat{\mathbf{i}} + \frac{\partial y_P}{\partial\theta_k}\hat{\mathbf{j}} + \frac{\partial z_P}{\partial\theta_k}\hat{\mathbf{k}}\right)\frac{d\theta_k}{dt} \\ &= \left(\frac{\partial x_P}{\partial\theta_j}\frac{d\theta_j}{dt} + \frac{\partial x_P}{\partial\theta_k}\frac{d\theta_k}{dt}\right)\hat{\mathbf{i}} + \left(\frac{\partial y_P}{\partial\theta_j}\frac{d\theta_j}{dt} + \frac{\partial y_P}{\partial\theta_k}\frac{d\theta_k}{dt}\right)\hat{\mathbf{j}} + \left(\frac{\partial z_P}{\partial\theta_j}\frac{d\theta_j}{dt} + \frac{\partial z_P}{\partial\theta_k}\frac{d\theta_k}{dt}\right)\hat{\mathbf{k}}\end{aligned} \tag{5.3}$$

만일 1차 운동계수가 기호 $\theta'_{ij} = \partial\theta_i/\partial\theta_j$ 또는 $\mathbf{r}'_{Pj} = \partial\mathbf{r}_P/\partial\theta_j$와 같은 미분 표현을 계속 사용하고자 할 경우, 두 번째 첨자는 미분을 하는 독립변수에 대한 것임을 나타내게 할 필요가 있다. 이런 부가적 첨자를 사용하면 식 (5.1)은 다음과 같이 된다.

$$\omega_i = d\theta_i/dt = \theta'_{ij}\omega_j + \theta'_{ik}\omega_k \tag{5.4}$$

마찬가지로 식 (5.2)는 다음과 같이 표현할 수 있다.

$$\mathbf{V}_P = d\mathbf{r}_P/dt = \mathbf{r}'_{Pj}\omega_j + \mathbf{r}'_{Pk}\omega_k \tag{5.5}$$

그리고 식 (5.3)은 다음과 같다.

$$\mathbf{V}_P = \left(x'_{Pj}\hat{\mathbf{i}} + y'_{Pj}\hat{\mathbf{j}} + z'_{Pj}\hat{\mathbf{k}}\right)\omega_j + \left(x'_{Pk}\hat{\mathbf{i}} + y'_{Pk}\hat{\mathbf{j}} + z'_{Pk}\hat{\mathbf{k}}\right)\omega_k$$

또는

$$\mathbf{V}_P = \left(x'_{Pj}\omega_j + x'_{Pk}\omega_k\right)\hat{\mathbf{i}} + \left(y'_{Pj}\omega_j + y'_{Pk}\omega_k\right)\hat{\mathbf{j}} + \left(z'_{Pj}\omega_j + z'_{Pk}\omega_k\right)\hat{\mathbf{k}} \tag{5.6}$$

비록 부가적인 첨자를 사용하여야만 하지만, 1차 운동계수는 3.11절의 1자유도 기구의 해석에서와 같이 다자유도 기구의 속도 해석에 대한 통찰력을 제공한다. 이 점을 다음 예제를 통해 설명하겠다.

### 예제 5.6

예제 5.1(그림 5.5) 형태의 5절 링크를 고려하면 예제 5.5와 같이 링크 2와 3은 등각속도로 회전하고 있다. 운동계수법을 사용하여 커플러 링크 4, 5의 각속도와 커플러 점 $P$의 속도를 결정하라.

**▶ 풀이**

예제 5.3에서와 같이 루프 폐쇄 방정식을 수립하는 것으로 해석을 시작하고 식 (3)과 (4)와 같이 실수부와 허수부를 분리한다. 예제의 풀이에서 보여준 바와 같이, 위치변수 $\theta_4$와 $\theta_5$에 대해 해를 구할 수 있다.

다음으로 독립변수 $\theta_2$에 대해 식 (3)과 (4)를 편미분하면 다음과 같다.

$$-r_2 \sin\theta_2 - r_4 \sin\theta_4\theta'_{42} + r_5 \sin\theta_5\theta'_{52} = 0 \tag{1a}$$

$$r_2 \cos\theta_2 + r_4 \cos\theta_4\theta'_{42} - r_5 \cos\theta_5\theta'_{52} = 0 \tag{1b}$$

위의 두 식을 재배열하고 행렬의 형태로 표현한다.

$$\begin{bmatrix} -r_4 \sin\theta_4 & r_5 \sin\theta_5 \\ r_4 \cos\theta_4 & -r_5 \cos\theta_5 \end{bmatrix} \begin{bmatrix} \theta'_{42} \\ \theta'_{52} \end{bmatrix} = \begin{bmatrix} r_2 \sin\theta_2 \\ -r_2 \cos\theta_2 \end{bmatrix} \tag{2}$$

이제 1차 운동계수 $\theta'_{42}$와 $\theta'_{52}$에 대해 행렬식의 해를 구할 수 있다. 이제까지의 데이터를 이용하면 해는 $\theta'_{42} = -0.237$과 $\theta'_{52} = 0.456$인데, 이는 둘 다 무차원(rad/rad)이다.

비슷한 방법으로 독립변수 $\theta_3$에 대해 예제 5.3의 식 (3)과 (4)를 편미분하고 재배열하면 다음과 같은 행렬식을 얻는다.

$$\begin{bmatrix} -r_4 \sin\theta_4 & r_5 \sin\theta_5 \\ r_4 \cos\theta_4 & -r_5 \cos\theta_5 \end{bmatrix} \begin{bmatrix} \theta'_{43} \\ \theta'_{53} \end{bmatrix} = \begin{bmatrix} -r_3 \sin\theta_3 \\ r_3 \cos\theta_3 \end{bmatrix} \tag{3}$$

1차 운동계수 $\theta'_{43}$와 $\theta'_{53}$에 대해 행렬식의 해를 구할 수 있다. 그 결과는 $\theta'_{43} = 0.705$ rad/rad와 $\theta'_{53} = -0.109$ rad/rad가 된다.

표 5.1은 입력각이 $40° \le \theta_2 \le 150°$와 $85° \ge \theta_3 \ge 30°$의 범위에 대해, 두 커플러 링크의 각도 변수 $\theta_4$, $\theta_5$와 커플러 링크의 1차 운동계수의 값이 주어져 있다.

표 5.1 입력 각도, 커플러 각도, 1차 운동계수

| $\theta_2$ | $\theta_3$ | $\theta_4$ | $\theta_5$ | $\theta'_{42}$ | $\theta'_{43}$ | $\theta'_{52}$ | $\theta'_{53}$ |
|---|---|---|---|---|---|---|---|
| deg | deg | deg | deg | rad/rad | rad/rad | rad/rad | rad/rad |
| 40 | 85 | 93.419 | 142.993 | –0.533 | 0.743 | –0.440 | 0.128 |
| 50 | 80 | 84.547 | 138.843 | –0.513 | 0.703 | –0.291 | 0.065 |
| 60 | 75 | 76.200 | 136.526 | –0.466 | 0.674 | –0.134 | 0.016 |
| 70 | 70 | 68.479 | 135.944 | –0.412 | 0.659 | 0.012 | –0.019 |
| 80 | 65 | 61.343 | 136.872 | –0.360 | 0.654 | 0.138 | –0.044 |
| 90 | 60 | 54.690 | 139.054 | –0.316 | 0.658 | 0.242 | –0.062 |
| 100 | 55 | 48.401 | 142.263 | –0.281 | 0.667 | 0.327 | –0.077 |
| 110 | 50 | 42.360 | 146.315 | –0.254 | 0.683 | 0.397 | –0.091 |
| 120 | 45 | 36.447 | 151.084 | –0.237 | 0.705 | 0.456 | –0.109 |
| 130 | 40 | 30.526 | 156.510 | –0.230 | 0.737 | 0.508 | –0.136 |
| 140 | 35 | 24.383 | 162.646 | –0.241 | 0.793 | 0.564 | –0.185 |
| 150 | 30 | 17.496 | 169.884 | –0.306 | 0.927 | 0.663 | –0.311 |

4.12절에 언급한 바와 같이 식 (2)와 (3)의 2 × 2 계수 행렬이 일치하는 것은 우연이 아니다. 이것은 루프 폐쇄 방정식을 미분하여 결정되는 모든 종류의 미분식에 대해 항상 참이다. 이 행렬은 시스템의 *자코비안*으로 불린다. 이 예에서는 자코비안의 행렬식의 값은 다음과 같다.

$$\Delta = r_4 r_5 \sin(\theta_4 - \theta_5) \tag{4}$$

현재의 위치에서 행렬식의 값은 $\Delta = -37.72\ \text{in}^2$이고, 어떤 수치적인 장애도 일으키지 않는다. 그러나 행렬식의 값이 $\theta_5 = \theta_4$이거나 $\theta_5 = \theta_4 \pm 180°$의 경우에는 0이 됨을 유념해야 한다. 이런 경우는 커플러 링크가 완전히 펴지거나 서로 중첩되게 접히는 경우, 즉 5절 링크가 2개의 커플러 링크가 일직선이 되어 4각형 형태를 취하는 경우에 일어난다. 이러한 형태에서는 운동계수는 부정정이 된다.

링크 4와 5의 각속도는 식 (5.4)로부터 결정될 수 있다. 그림 5.1과 같은 위치에서 그 값은 다음과 같다.

$$\omega_4 = \theta'_{42}\omega_2 + \theta'_{43}\omega_3 = -0.237(10.0\ \text{rad/s}) + 0.705(-5.0\ \text{rad/s}) = -5.90\ \text{rad/s (cw)}$$ 답

$$\omega_5 = \theta'_{52}\omega_2 + \theta'_{53}\omega_3 = 0.456(10.0\ \text{rad/s}) - 0.109(-5.0\ \text{rad/s}) = 5.10\ \text{rad/s ccw}$$ 답

이것은 예제 5.4와 5.5의 결과를 뒷받침한다.

예제 5.3의 식 (6)의 구속 조건식을 두 개의 독립된 입력에 대해 미분하면, 방향벡터 $\mathbf{r}_7$의 1차 운동계수는 다음과 같다.

$$\theta'_{72} = \theta'_{42} \quad \text{그리고} \quad \theta'_{73} = \theta'_{43} \tag{5}$$

예제 5.3의 식 (7)과 (8)을 입력변수 $\theta_2$에 대해 편미분하고 식 (5)를 이용하면, 점 $P$의 1차 운동계수는 다음과 같이 구해진다.

$$x'_{P2} = -r_2 \sin\theta_2 - r_7 \sin\theta_7 \theta'_{42} \tag{6a}$$

$$y'_{P2} = r_2 \cos\theta_2 + r_7 \cos\theta_7 \theta'_{42} \tag{6b}$$

비슷하게, 예제 5.3의 식 (7)과 (8)을 입력변수 $\theta_3$에 대해 편미분하고 식 (5)를 이용하면, 점 $P$의 1차 운동계수는 다음과 같다.

$$x'_{P3} = -r_7 \sin\theta_7 \theta'_{43} \tag{7a}$$

$$y'_{P3} = r_7 \cos\theta_7 \theta'_{43} \tag{7b}$$

주어진 데이터를 식 (6)에서 (7)까지에 대입하면, 점 $P$의 1차 운동계수는 다음과 같다. $x'_{P2} = -0.429\ 4$ in/rad, $y'_{P2} = -2.006\ 6$ in/rad, $x'_{P3} = -5.168$ 그리고 $y'_{P3} = 2.252\ 8$ in/rad 이다.

끝으로, 이 값들과 주어진 입력 각속도들을 식 (5.6)에 대입하면, 점 $P$의 속도를 구할 수 있다.

$$\begin{aligned}\mathbf{V}_P = {} & [(-0.4294\ \text{in})(10\ \text{rad/s}) + (-5.16814\ \text{in})(-5\ \text{rad/s})]\hat{\mathbf{i}} \\ & + [(-2.0066\ \text{in})(10\ \text{rad/s}) + (2.25284\ \text{in})(-5\ \text{rad/s})]\hat{\mathbf{j}}\end{aligned}$$

즉

$$\mathbf{V}_P = 21.546\ \text{in/s}\ \hat{\mathbf{i}} - 31.330\ \text{in/s}\ \hat{\mathbf{j}} = 38.024\ \text{in/s}\ \angle -55.483^\circ$$ 답

점 $P$의 속도는 그림 5.11에 예시되어 있다. 이 결과가 예제 5.4와 5.5에서 얻은 결과와 잘 일치하고, 예제 5.4와 예제 5.5에서 얻은 것보다 더 높은 정확도를 갖고 있다.

표 5.2는 표 5.1에서 사용된 입력각의 범위에서의 점 $P$의 1차 운동계수와 점 $P$ 속도의 크기와 방향에 대해 보여 주고 있다.

그림 5.11 커플러 점 $P$의 속도

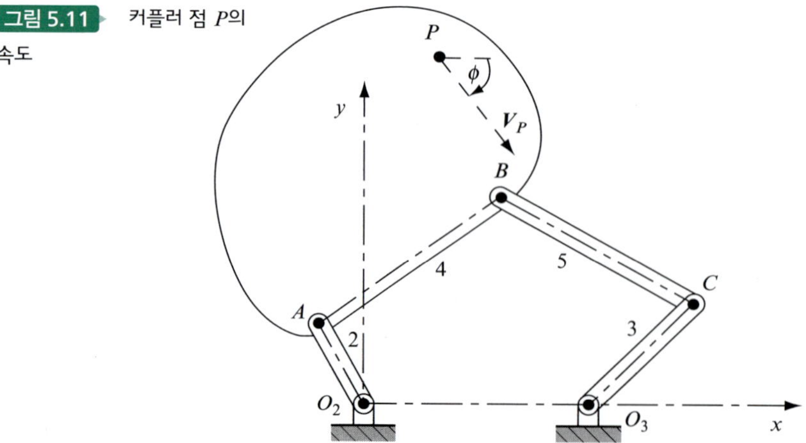

표 5.2 커플러 점 $P$의 1차 운동계수와 속도

| $\theta_2$ | $\theta_3$ | $x'_{P2}$ | $y'_{P2}$ | $x'_{P3}$ | $y'_{P3}$ | $V_P$ | $\phi$ |
|---|---|---|---|---|---|---|---|
| deg | deg | in | in | in | in | in/s | deg |
| 40 | 85 | 1.9543 | 4.2650 | –4.9588 | –3.2721 | 73.811 | 53.081 |
| 50 | 80 | 1.8180 | 3.3120 | –5.1124 | –2.3350 | 62.609 | 45.681 |
| 60 | 75 | 1.4177 | 2.2909 | –5.1816 | –1.5054 | 50.330 | 37.209 |
| 70 | 70 | 0.9102 | 1.3410 | –5.2151 | –0.7774 | 39.200 | 26.183 |
| 80 | 65 | 0.4201 | 0.5017 | –5.2332 | –0.1227 | 30.885 | 10.503 |
| 90 | 60 | 0.0191 | –0.2342 | –5.2391 | 0.4870 | 26.816 | –10.260 |
| 100 | 55 | –0.2610 | –0.8859 | –5.2303 | 1.0735 | 27.506 | –31.146 |
| 110 | 50 | –0.4107 | –1.4715 | –5.2054 | 1.6553 | 31.766 | –46.367 |
| 120 | 45 | –0.4294 | –2.0066 | –5.1681 | 2.2528 | 38.024 | –55.483 |
| 130 | 40 | –0.3144 | –2.5116 | –5.1347 | 2.9020 | 45.583 | –60.380 |
| 140 | 35 | –0.0397 | –3.0379 | –5.1568 | 3.6942 | 55.053 | –62.539 |
| 150 | 30 | 0.5534 | –3.8178 | –5.4662 | 5.0096 | 71.258 | –62.535 |

## 5.6 중첩에 의한 방법

식 (5.4)~(5.6)은 2자유도 이상의 기구에 대해 속도 해에 대해 문제의 해를 여러 번 구하는 또 다른 방법을 제시하고 있는데, 이 방법은 해를 구할 때마다 한 개의 입력을 제외하고 다른 입력은 사용되지 않게(동결 또는 고정)하여 해를 구하고, 모든 입력이 주어진 상태에서 결과를 모두 합하여 해를 구한다. 이 방법을 중첩에 의한 방법이라고 한다. 그리고 이런 속도 해석은 유효한데 속도식이 선형적이기 때문이다. 즉 모든 종속적인 속도는 입력속도의 선형조합이기 때문이다. 이 절차는 예제를 통하면 가장 잘 이해될 수 있을 것이다.

### 예제 5.7

예제 5.3의 속도 해석을 중첩에 의한 방법을 이용하여 다시 해보자. 고려해야 할 경우가 2가지 있다: 경우 (a)는 링크 3이 순간적으로 고정되어 있고 반면에 링크 2는 각속도가 $\omega_2 = 10$ rad/s ccw인 경우, 그리고 (b)는 링크 2가 일시적으로 고정되어 있고 링크 3의 각속도가 $\omega_3 = 5$ rad/s cw인 경우이다.

**▶ 풀이**

링크 4의 각속도는 경우 (a)와 경우 (b)의 선형조합으로 표현될 수 있다. 각속도비 정리를 이용하여 표현하면 다음과 같다.

$$\omega_4 = \left(\frac{R_{I_{24}^2 I_{12}^2}}{R_{I_{24}^2 I_{14}^2}}\right)\omega_2 + \left(\frac{R_{I_{34}^3 I_{13}^3}}{R_{I_{34}^3 I_{14}^3}}\right)\omega_3 \tag{1}$$

여기에서 순간중심 부호에서 위첨자는 움직이는 입력변수를 나타내고, 반면에 모든 다른 것은 일시적으로 고정된 것을 의미한다. 비슷하게 링크 5의 속도는 다음과 같다.

$$\omega_5 = \left(\frac{R_{I^2_{25}I^2_{12}}}{R_{I^2_{25}I^2_{15}}}\right)\omega_2 + \left(\frac{R_{I^3_{35}I^3_{13}}}{R_{I^3_{35}I^3_{15}}}\right)\omega_3 \tag{2}$$

식 (1)과 (2)를 식 (5.4)와 비교하면, 링크 4와 5의 1차 운동계수는 다음과 같다.

$$\theta'_{42} = \frac{R_{I^2_{24}I^2_{12}}}{R_{I^2_{24}I^2_{14}}}, \quad \theta'_{43} = \frac{R_{I^3_{34}I^3_{13}}}{R_{I^3_{34}I^3_{14}}}, \quad \theta'_{52} = \frac{R_{I^2_{25}I^2_{12}}}{R_{I^2_{25}I^2_{15}}}, \quad \text{그리고} \quad \theta'_{53} = \frac{R_{I^3_{35}I^3_{13}}}{R_{I^3_{35}I^3_{15}}} \tag{3}$$

만일 순간중심의 상대 위치를 측정하는 데 방향선을 사용하면 부호 규칙은 필요하지 않음에 유념하자. 그러나 부호 규칙을 사용하고 싶으면, 상대 순간중심 $I^k_{ij}$이 절대 순간중심 $I^k_{1i}$와 $I^k_{1j}$의 사이에 있으면 각 1차 운동계수는 음수이고, 상대 순간중심 $I^k_{ij}$이 절대 순간중심 $I^k_{1i}$와 $I^k_{1j}$의 바깥쪽에 있으면 각 1차 운동계수는 양수를 사용하면 된다.

**경우 (a):** 링크 3은 일시적으로 고정되어 있다. 이 순간에는 그림 5.12에서처럼 링크 2의 회전만이 입력인 4절 링크로 간주될 수 있다.

아론홀트-케네디 정리로부터, 2차적인 순간중심 $I^2_{14}$는 순간중심 $I^2_{15}$와 $I^2_{45}$를 지나는 직선과 $I^2_{12}$와 $I^2_{24}$를 지나는 직선과의 교점에 있다. 마찬가지로 2차적인 순간중심 $I^2_{25}$는 순간중심 $I^2_{24}$와 $I^2_{45}$를 지나는 직선과 $I^2_{12}$와 $I^2_{15}$를 지나는 직선과의 교점에 있다.

직선이 오른쪽으로 향하는 선을 양으로 하는 규칙을 적용하면서, 순간중심들 사이의 거리를 그림 5.12의 축적도면에서 측정하면 다음과 같다.

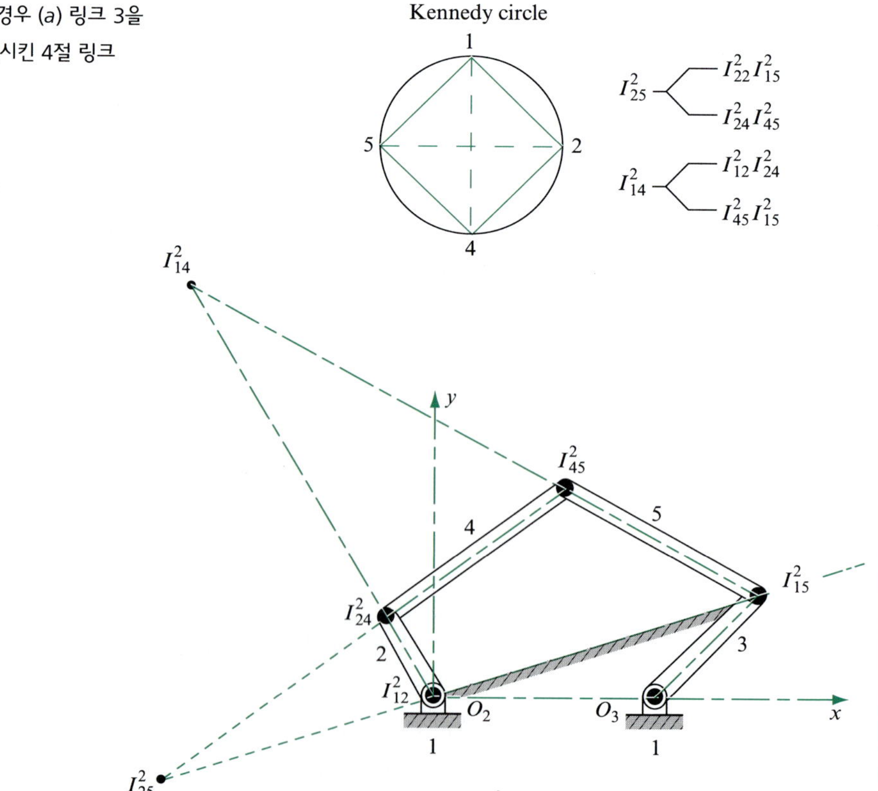


그림 5.12 경우 (*a*) 링크 3을 일시적으로 동결시킨 4절 링크

$$R_{I^2_{24}I^2_{12}} = -2.50 \text{ in}, \ R_{I^2_{24}I^2_{14}} = 10.56 \text{ in}, \ R_{I^2_{25}I^2_{12}} = -7.76 \text{ in}, \quad \text{그리고} \quad R_{I^2_{25}I^2_{15}} = -17.03 \text{ in} \tag{4}$$

**경우 (b):** 링크 2는 일시적으로 고정되어 있다. 이 링크는 그림 5.13에서처럼 링크 3의 회전만을 입력으로 하는 4절 링크로 간주될 수 있다.

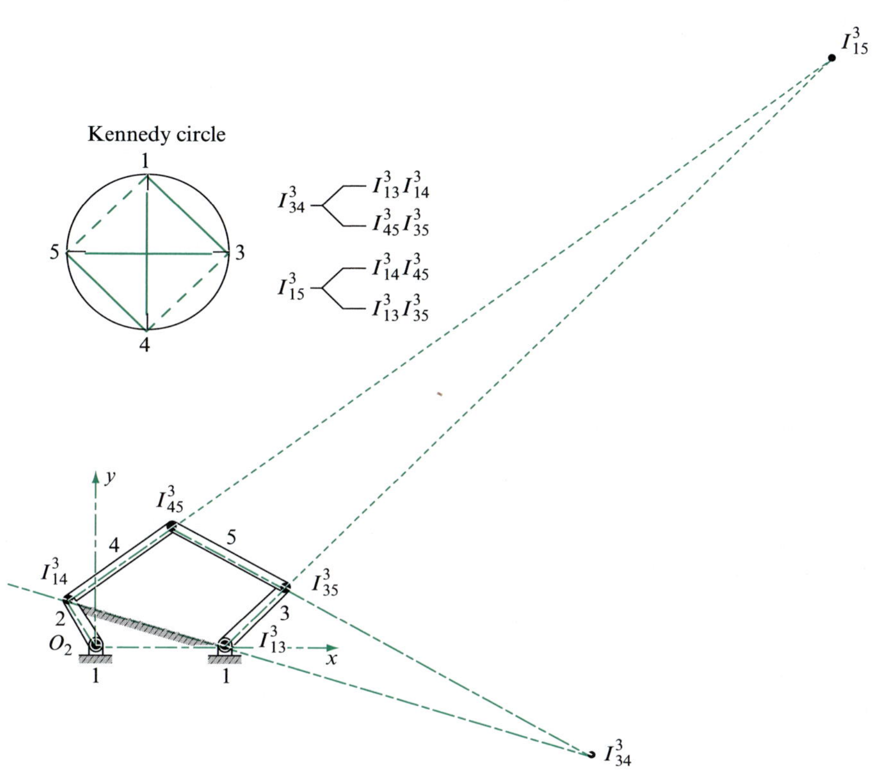


그림 5.13 경우 (*b*) 링크 2를 일시적으로 동결시킨 4절 링크

아론홀트-케네디 정리로부터, 2차적인 순간중심 $I^3_{34}$는 순간중심 $I^3_{13}$과 $I^3_{14}$를 지나는 직선과 $I^3_{35}$와 $I^3_{45}$를 지나는 직선과의 교점에 있다. 마찬가지로 2차적인 순간중심 $I^3_{15}$는 순간중심 $I^3_{14}$와 $I^3_{45}$를 지나는 직선과 $I^3_{13}$과 $I^3_{35}$를 지나는 직선과의 교점에 있다.

직선이 오른쪽으로 향하는 선을 양으로 하는 규칙을 적용하면서 순간중심들 사이의 거리를 그림 5.13의 축적도면에서 측정하면 다음과 같다.

$$R_{I^3_{34}I^3_{13}} = 18.06 \text{ in}, \ R_{I^3_{34}I^3_{14}} = 25.62 \text{ in}, \ R_{I^3_{35}I^3_{13}} = 4.00 \text{ in}, \quad \text{그리고} \quad R_{I^3_{35}I^3_{15}} = -36.67 \text{ in} \tag{5}$$

식 (4)와 (5)를 식 (3)에 대입하면, 링크 4와 5의 1차 운동계수는 다음과 같이 구한다.

$$\theta'_{42} = \frac{R_{I^2_{24}I^2_{12}}}{R_{I^2_{24}I^2_{14}}} = \frac{-2.50 \text{ in}}{10.56 \text{ in}} = -0.237, \ \theta'_{43} = \frac{R_{I^3_{34}I^3_{13}}}{R_{I^3_{34}I^3_{14}}} = \frac{18.06 \text{ in}}{25.62 \text{ in}} = 0.705 \tag{6a}$$

$$\theta'_{52} = \frac{R_{I^2_{25}I^2_{12}}}{R_{I^2_{25}I^2_{15}}} = \frac{-7.76 \text{ in}}{-17.03 \text{ in}} = 0.455, \ \theta'_{53} = \frac{R_{I^3_{35}I^3_{13}}}{R_{I^3_{35}I^3_{15}}} = \frac{4.00 \text{ in}}{-36.67 \text{ in}} = -0.109 \quad (6b)$$

링크 4와 5의 1차 운동계수는 식 (6)에 주어져 있는데, 전부 무차원 수이고 예제 5.6에서 해석적으로 결정된 값과 잘 일치한다.

식 (6)을 식 (5.4)에 대입하면 링크 4와 5의 각속도는 다음과 같다.

$$\omega_4 = -0.237(10 \text{ rad/s}) + 0.705(-5 \text{ rad/s}) = -5.90 \text{ rad/s cw}$$ 답

$$\omega_5 = 0.455(10 \text{ rad/s}) - 0.109(-5 \text{ rad/s}) = 5.10 \text{ rad/s ccw}$$ 답

커플러 링크 4와 5의 각속도를 도해적 방법으로 구한 해(예제 5.4와 예제 5.5)와 해석적 방법(예제 5.6과 예제 5.7)으로 구한 해는 잘 일치한다.

## 5.7 도식적 해법: 가속도 다각형

각각의 독립적인 입력 가속도를 알고 있으면, 가속도 해석은 4.3~4.8절까지의 가속도 다각형 방법으로 수행될 수 있다. 어떻게 단일 자유도 기구에 대한 도식적인 방법이 다자유도 기구로 확장될 수 있는지 설명하기 위해 예를 들어 보겠다.

**예제 5.8**

그림 5.5에 제시된 형태인 예제 5.1의 5절 링크에 대해서, 만일 링크 2와 3이 각각 각속도 $\omega_2 = 10$ rad/s ccw와 $\omega_3 = 5$ rad/s cw로 회전하고 있다. 커플러 링크 4와 5의 각가속도를 결정하라.

**▶ 풀이**

예제 5.4의 속도 다각형에 있는 입력 데이터를 이용하여 속도들이 결정되는데, 이는 그림 5.14b에서와 같이 여기서도 되풀이된다. 링크 2와 3의 각속도는 상수이기 때문에, $\alpha_2 = \alpha_3 = 0$이다. 그리고 점 $A$와 $C$에 대한 가속도의 법선 성분만 남아 있다.

$$A_A = A^n_{AO_2} = \omega_2^2 R_{AO_2} = (10 \text{ rad/s})^2 (2.5 \text{ in}) = 250 \text{ in/s}^2,$$

$$A_C = A^n_{CO_3} = \omega_3^2 R_{CO_3} = (5 \text{ rad/s})^2 (4 \text{ in}) = 100 \text{ in/s}^2$$

다음으로 점 $B$의 가속도와 점 $A$와 $C$의 가속도를 관련시켜주는 두 개의 가속도-차식은 다음과 같다.

$$A_B = \overset{\surd\surd}{A_A} + \overset{\surd\surd}{A^n_{BA}} + \overset{?\surd}{A^t_{BA}} = \overset{\surd\surd}{A_C} + \overset{\surd\surd}{A^n_{BC}} + \overset{?\surd}{A^t_{BC}} \quad (1)$$

속도 다각형(그림 5.7b) 결과를 이용하여, 식 (1)의 두 개의 법선 방향의 크기를 구하면 아래와 같다.

$$A_{BA}^{n} = \frac{V_{BA}^{2}}{R_{BA}} = \frac{(35.34\ \text{in/s})^{2}}{6\ \text{in}} = 208.15\ \text{in/s}^{2}$$

그리고

$$A_{BC}^{n} = \frac{V_{BC}^{2}}{R_{BC}} = \frac{(30.60\ \text{in/s})^{2}}{6\ \text{in}} = 156.06\ \text{in/s}^{2}$$

이 값을 이용하면 그림 5.14*c*에서와 같이 식 (1)의 각 항은 도식적으로 구성할 수 있다.

그림 5.14 (*a*) 링크자세, (*b*) 속도 다각형, (*c*) 가속도 다각형

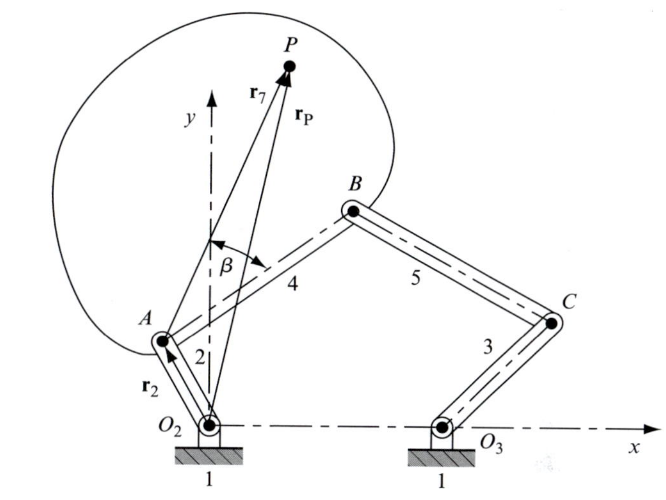


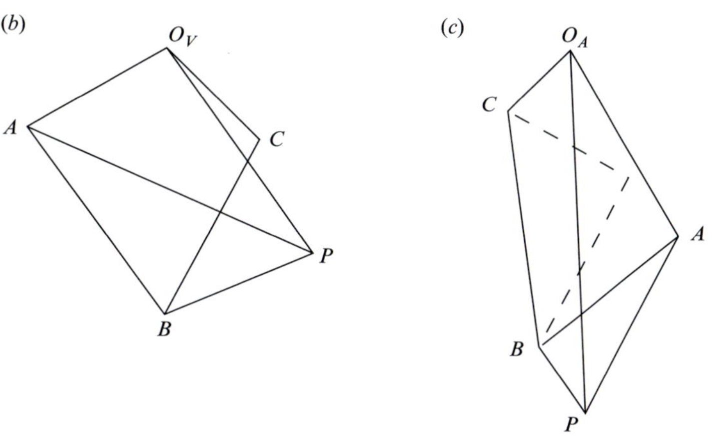


링크 4와 5의 각가속도는 이제 도식화된 가속도 다각형의 두 개의 접선방향 성분으로부터 결정될 수 있다; 즉

$$\alpha_4 = \frac{A^t_{BA}}{R_{BA}} = \frac{1.2 \text{ in/s}^2}{6 \text{ in}} = 0.2 \text{ rad/s}^2 \text{ cw}$$ 답

$$\alpha_5 = \frac{A^t_{BC}}{R_{BC}} = \frac{222.7 \text{ in/s}^2}{6 \text{ in}} = 37.1 \text{ rad/s}^2 \text{ ccw}$$ 답

일단 점 $A$와 점 $B$의 가속도를 알게 되면, 4.4절에서 설명된 바와 같이 커플러 링크 4의 가속도 이미지를 구성할 수 있다. 그리고 커플러 점 $P$의 가속도를 구할 수 있다; 즉

$$\mathbf{A}_P = 472 \text{ in/s}^2 \angle -88.2^\circ$$ 답

## 5.8 2차 운동계수

가속도 문제에서 높은 정확도의 해를 구하기 위해서는 해석적이거나 수치적인 해를 구할 필요가 있다. 4.11절에 제시된 운동계수 법이 그러한 기법을 제공한다.

1차 운동계수에 대해 우리는 다자유도의 경우에는 각 독립변수에 대한 아래 첨자를 사용한다. 예를 들면, 독립적인 입력변수 $\theta_j$와 $\theta_k$에 대해 종속변수 $\theta_i$의 2차 운동계수는 다음과 같은 기호를 사용한다.

$$\theta''_{ijk} = \frac{\partial^2 \theta_i}{\partial \theta_j \partial \theta_k} \tag{5.7}$$

이런 표기법을 사용하면, 식 (5.4)의 시간에 대한 미분(즉, 링크 $i$의 각가속도)은 다음과 같이 표현된다.

$$\alpha_i = \frac{d^2\theta_i}{dt^2} = \frac{d\omega_i}{dt} = \theta''_{ijj}\omega_j^2 + 2\theta''_{ijk}\omega_j\omega_k + \theta''_{ikk}\omega_k^2 + \theta'_{ij}\alpha_j + \theta'_{ik}\alpha_k \tag{5.8}$$

식 (5.6)을 시간에 대해 미분하면 점 $P$의 가속도는 다음과 같다.

$$\begin{aligned}\mathbf{A}_P = &\left(x''_{Pjj}\omega_j^2 + 2x''_{Pjk}\omega_j\omega_k + x''_{Pkk}\omega_k^2 + x'_{Pj}\alpha_j + x'_{Pk}\alpha_k\right)\hat{\mathbf{i}} \\ &+ \left(y''_{Pjj}\omega_j^2 + 2y''_{Pjk}\omega_j\omega_k + y''_{Pkk}\omega_k^2 + y'_{Pj}\alpha_j + y'_{Pk}\alpha_k\right)\hat{\mathbf{j}}\end{aligned} \tag{5.9}$$

점 $P$의 가속도 방향의 각도는 다음으로 표현된다.

$$\psi = \tan^{-1}\left(\frac{A_P^y}{A_P^x}\right) \tag{5.10}$$

식 (5.9)의 성분들을 이 식에 대입하면 $\mathbf{A}_P$의 방향은 다음과 같이 구해진다.

$$\psi = \tan^{-1}\left(\frac{y''_{Pjj}\omega_j^2 + 2y''_{Pjk}\omega_j\omega_k + y''_{Pkk}\omega_k^2 + y'_{Pj}\alpha_j + y'_{Pk}\alpha_k}{x''_{Pjj}\omega_j^2 + 2x''_{Pjk}\omega_j\omega_k + x''_{Pkk}\omega_k^2 + x'_{Pj}\alpha_j + x'_{Pk}\alpha_k}\right) \tag{5.11}$$

입력속도 $\omega_j$와 $\omega_k$기 상수인 경우—즉, $\alpha_j = 0$과 $\alpha_k = 0$인 특별한 경우—식 (5.11)은 다음과 같다.

$$\psi = \tan^{-1}\left(\frac{y''_{Pjj}\omega_j^2 + 2y''_{Pjk}\omega_j\omega_k + y''_{Pkk}\omega_k^2}{x''_{Pjj}\omega_j^2 + 2x''_{Pjk}\omega_j\omega_k + x''_{Pkk}\omega_k^2}\right) \tag{5.12}$$

부가적인 아래 첨자가 있더라도, 2차 운동계수가 다자유도 기구의 가속도 해석에 사용될 수 있으며, 4.11절의 1자유도 경우와 거의 유사하다. 이것을 2차 운동계수들을 이용하여 예제 5.8의 해를 다시 구함으로써 설명하겠다.

### 예제 5.9

그림 5.5에 제시된 형태의 예제 5.1의 5절 링크에 대하여, 링크 2와 3이 등각속도 $\omega_2 = 10$ rad/s ccw와 $\omega_3 = 5$ rad/s cw로 각각 회전하고 있다. 커플러 링크 4와 5의 각가속도와 커플러 점 $P$의 가속도를 결정하라.

**▶ 풀이**

예제 5.6의 식 (1)을 입력 각도 $\theta_2$에 대해 편미분하고 행렬의 형태로 표현하면 다음과 같다.

$$\begin{bmatrix} -r_4\sin\theta_4 & r_5\sin\theta_5 \\ r_4\cos\theta_4 & -r_5\cos\theta_5 \end{bmatrix}\begin{bmatrix} \theta''_{422} \\ \theta''_{522} \end{bmatrix} = \begin{bmatrix} r_2\cos\theta_2 + r_4\cos\theta_4\theta'^2_{42} - r_5\cos\theta_5\theta'^2_{52} \\ r_2\sin\theta_2 + r_4\sin\theta_4\theta'^2_{42} - r_5\sin\theta_5\theta'^2_{52} \end{bmatrix} \tag{1}$$

2차 운동계수 $\theta''_{422}$와 $\theta''_{522}$에 대해 행렬식을 풀 수 있다. 이제까지 얻은 데이터를 사용하면 답은 $\theta''_{422} = 0.139$ rad/rad$^2$와 $\theta''_{522} = 0.208$ rad/rad$^2$이다.

또한 예제 5.6의 식 (1)을 입력 각도 $\theta_3$에 대해 편미분하여 행렬의 형태로 표현하면 다음과 같다.

$$\begin{bmatrix} -r_4\sin\theta_4 & r_5\sin\theta_5 \\ r_4\cos\theta_4 & -r_5\cos\theta_5 \end{bmatrix}\begin{bmatrix} \theta''_{423} \\ \theta''_{523} \end{bmatrix} = \begin{bmatrix} r_4\cos\theta_4\theta'_{42}\theta'_{43} - r_5\cos\theta_5\theta'_{52}\theta'_{53} \\ r_4\sin\theta_4\theta'_{42}\theta'_{43} - r_5\sin\theta_5\theta'_{52}\theta'_{53} \end{bmatrix} \tag{2}$$

그러면 이 행렬식을 풀어 2차 운동계수 $\theta''_{423}$와 $\theta''_{523}$를 구할 수 있다. 예제 5.6의 식 (3)을 입력 각도 $\theta_2$에 대해 편미분하면 같은 결과를 얻는다. 현재 링크 시스템의 형상과 형태에 대한 결과는 $\theta''_{423} = 0.131$ rad/rad$^2$와 $\theta''_{523} = -0.206$ rad/rad$^2$이다.

다음으로 예제 5.6의 식 (3)을 입력 각도 $\theta_3$에 대해 편미분하면 다음을 얻는다.

$$\begin{bmatrix} -r_4\sin\theta_4 & r_5\sin\theta_5 \\ r_4\cos\theta_4 & -r_5\cos\theta_5 \end{bmatrix}\begin{bmatrix} \theta''_{433} \\ \theta''_{533} \end{bmatrix} = \begin{bmatrix} -r_3\cos\theta_3 + r_4\cos\theta_4\theta'^2_{43} - r_5\cos\theta_5\theta'^2_{53} \\ -r_3\sin\theta_3 + r_4\sin\theta_4\theta'^2_{43} - r_5\sin\theta_5\theta'^2_{53} \end{bmatrix} \tag{3}$$

그러면 이 행렬식을 풀어 2차 운동계수 $\theta''_{433}$와 $\theta''_{533}$를 구할 수 있다. 현재 링크 시스템의 형상과 형태에 대한 결과는 $\theta''_{433} = -0.038$ rad/rad$^2$와 $\theta''_{533} = -0.173$ rad/rad$^2$이다.

표 5.3은 표 5.1에 주어진 입력 각도의 범위에 대한 2개의 커플러 링크의 2차 운동계수가 구해져 있다.

1차 및 2차 운동계수의 수치 값을 식 (5.8)에 대입하면, 커플러 링크의 각가속도(그림 5.5의 형태에 대해)는 다음과 같다.

$$\alpha_4 = -0.150 \text{ rad/s}^2 \text{ (cw)} \quad \text{그리고} \quad \alpha_5 = 37.075 \text{ rad/s}^2 \text{ ccw}$$ 답

예제 5.6의 식 (5)를 두 독립 입력에 대해 미분하면, 벡터 $\mathbf{r}_7$의 2차 운동계수는 다음과 같다.

$$\theta''_{722} = \theta''_{422}, \quad \theta''_{723} = \theta''_{423}, \quad \text{그리고} \quad \theta''_{733} = \theta''_{433} \tag{4}$$

예제 5.6의 식 (6)과 (7)을 입력 각도 $\theta_2$에 대해 미분하고 예제 5.6의 식 (5)와 이 예제의 식 (4)를 이용하면 점 $P$의 2차 운동계수는 다음과 같다.

$$x''_{P22} = -r_2 \cos\theta_2 - r_7 \cos\theta_7 {\theta'_{42}}^2 - r_7 \sin\theta_7 \theta''_{422} \tag{5}$$

$$y''_{P22} = -r_2 \sin\theta_2 - r_7 \sin\theta_7 {\theta'_{42}}^2 + r_7 \cos\theta_7 \theta''_{422} \tag{6}$$

**표 5.3** 입력 각도와 커플러 링크의 2차 운동계수

| $\theta_2$ | $\theta_3$ | $\theta''_{422}$ | $\theta''_{423}$ | $\theta''_{433}$ | $\theta''_{522}$ | $\theta''_{523}$ | $\theta''_{533}$ |
|---|---|---|---|---|---|---|---|
| deg | deg | rad/rad$^2$ | rad/rad$^2$ | rad/rad$^2$ | rad/rad$^2$ | rad/rad$^2$ | rad/rad$^2$ |
| 40 | 85 | –0.135 | –0.263 | –0.016 | 0.535 | –0.472 | –0.156 |
| 50 | 80 | 0.095 | –0.236 | –0.075 | 0.686 | –0.430 | –0.214 |
| 60 | 75 | 0.215 | –0.177 | –0.107 | 0.701 | –0.361 | –0.244 |
| 70 | 70 | 0.254 | –0.112 | –0.114 | 0.635 | –0.294 | –0.251 |
| 80 | 65 | 0.249 | –0.055 | –0.106 | 0.537 | –0.242 | –0.245 |
| 90 | 60 | 0.225 | –0.005 | –0.088 | 0.436 | –0.208 | –0.233 |
| 100 | 55 | 0.196 | 0.038 | –0.068 | 0.346 | –0.190 | –0.217 |
| 110 | 50 | 0.167 | 0.081 | –0.049 | 0.269 | –0.188 | –0.198 |
| 120 | 45 | 0.139 | 0.131 | –0.038 | 0.208 | –0.206 | –0.173 |
| 130 | 40 | 0.104 | 0.208 | –0.050 | 0.168 | –0.259 | –0.128 |
| 140 | 35 | 0.034 | 0.371 | –0.144 | 0.174 | –0.404 | –0.002 |
| 150 | 30 | –0.281 | 0.987 | –0.752 | 0.434 | –1.006 | 0.635 |

비슷하게 예제 5.6의 식 (6)와 (7)을 입력 각도 $\theta_3$에 대해 미분하고 예제 5.6의 식 (5)와 이 예제의 식 (4)를 이용하면 점 $P$의 2차 운동계수는 다음과 같이 구할 수 있다.

$$x''_{P23} = -r_7 \cos\theta_7 \theta'_{42}\theta'_{43} - r_7 \sin\theta_7 \theta''_{423} \tag{7}$$

$$y''_{P23} = -r_7 \sin\theta_7 \theta'_{42}\theta'_{43} + r_7 \cos\theta_7 \theta''_{423} \tag{8}$$

$$x''_{P33} = -r_7 \cos\theta_7 {\theta'_{43}}^2 - r_7 \sin\theta_7 \theta''_{433} \tag{9}$$

$$y''_{P33} = -r_7 \sin\theta_7 {\theta'_{43}}^2 + r_7 \cos\theta_7 \theta''_{433} \tag{10}$$

예제 5.6의 식 (1)과 (3)의 결과와 식 (1)~(3)을 식 (5)~(10)에 대입하면 점 $P$의 2차 운동계수는 다음과 같이 구해진다.

$$x''_{P22} = -2.5\cos 120° - 8\cos 66.447°(-0.237)^2 - 8\sin 66.447°(+0.139) = +0.054 \text{ in/rad}^2,$$

$$y''_{P22} = -2.5\sin 120° - 8\sin 66.447°(-0.237)^2 + 8\cos 66.447°(+0.139) = -2.133 \text{ in/rad}^2,$$

$$x''_{P23} = -8\cos 66.447°(-0.237)(+0.705) - 8\sin 66.447°(0.131) = -0.429 \text{ in/rad}^2,$$

$$y''_{P23} = -8\sin 66.447°(-0.237)(+0.705) + 8\cos 66.447°(0.131) = +1.642 \text{ in/rad}^2,$$

$$x''_{P33} = -8\cos 66.447°(+0.705)^2 - 8\sin 66.447°(-0.038) = -1.311 \text{ in/rad}^2,$$

$$y''_{P33} = -8\sin 66\ 447°(+0\ 705)^2 + 8\cos 66\ 447°(-0\ 038) = -3\ 762 \text{ in/rad}^2$$

그러면 이러한 결과와 주어진 입력 각속도와 각가속도를 식 (5.9)에 대입하면 점 $P$의 가속도는 다음과 같다.

$$\mathbf{A}_P = 15.51\,\hat{\mathbf{i}} - 471.57\,\hat{\mathbf{j}} \text{ in/s}^2$$

그러므로 점 $P$의 가속도의 크기와 방향은 각각 다음과 같다.

$$A_P = \sqrt{(15.51 \text{ in/s}^2)^2 + (-471.57 \text{ in/s}^2)^2} = 471.82 \text{ in/s}^2$$

$$\psi = \tan^{-1}\left(\frac{-471.57 \text{ in/s}^2}{15.51 \text{ in/s}^2}\right) = -88.12°$$

점 $P$의 가속도의 방향은 그림 5.15에 나타나 있다.

표 5.4에는 표 5.1에 주어진 입력 각도 범위에 대해 점 $P$의 2차 운동계수와 점 $P$ 가속도의 크기와 방향이 주어져 있다.

여기에서의 해는 가속도 다각형으로부터 얻은 해와 잘 일치하고, 더 높은 정확성을 갖고 있음에 유의하기 바란다(예제 5.8).

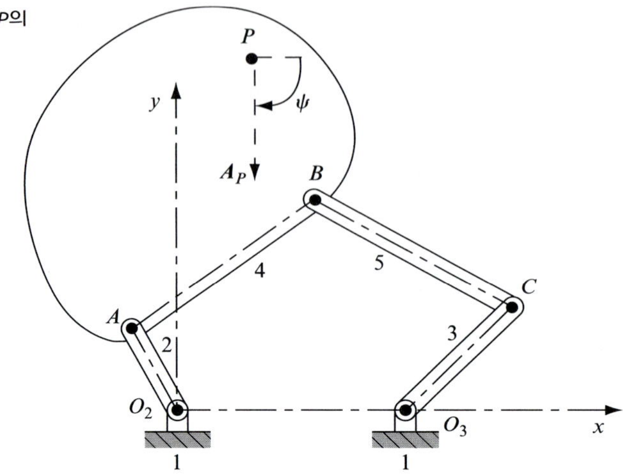


그림 5.15 커플러 점 $P$의 가속도

표 5.4 커플러 점 $P$의 2차 운동계수와 가속도

| $\theta_2$ | $\theta_3$ | $x''_{P22}$ | $y''_{P22}$ | $x''_{P23}$ | $y''_{P23}$ | $x''_{P33}$ | $y''_{P33}$ | $A_P$ | $\psi$ |
|---|---|---|---|---|---|---|---|---|---|
| deg | deg | in | in | in | in | in | in | in/s$^2$ | deg |
| 40 | 85 | 0.236 | –2.914 | 0.013 | 3.805 | 2.537 | –3.612 | 766.98 | –83.583 |
| 50 | 80 | –1.425 | –4.147 | 0.517 | 3.406 | 2.188 | –3.342 | 850.35 | –99.446 |
| 60 | 75 | –2.417 | –4.316 | 0.656 | 2.811 | 1.837 | –3.256 | 836.00 | –108.217 |
| 70 | 70 | –2.666 | –3.992 | 0.569 | 2.281 | 1.417 | –3.302 | 766.03 | –112.089 |
| 80 | 65 | –2.402 | –3.547 | 0.393 | 1.896 | 0.926 | –3.404 | 679.65 | –112.157 |
| 90 | 60 | –1.870 | –3.130 | 0.197 | 1.653 | 0.384 | –3.511 | 599.38 | –109.199 |
| 100 | 55 | –1.232 | –2.764 | 0.005 | 1.530 | –0.184 | –3.600 | 535.02 | –103.873 |
| 110 | 50 | –0.578 | –2.436 | –0.193 | 1.519 | –0.758 | –3.673 | 490.69 | –96.725 |
| 120 | 45 | 0.054 | –2.133 | –0.429 | 1.642 | –1.311 | –3.762 | 471.82 | –88.117 |
| 130 | 40 | 0.677 | –1.875 | –0.783 | 1.999 | –1.794 | –3.981 | 497.37 | –78.265 |
| 140 | 35 | 1.423 | –1.826 | –1.520 | 2.969 | –1.991 | –4.761 | 646.57 | –67.780 |
| 150 | 30 | 3.318 | –3.321 | –4.290 | 7.007 | –0.210 | –9.128 | 1470.05 | –59.072 |

다음 예는 어떻게 운동계수법이 구름 접촉을 하는 2자유도 기구의 기구학적 해석에 적용되는지를 보여준다.

## 예제 5.10

그림 5.16에서와 같은 형태의 기구, 유성 기어 $j$가 링기어 $h$ 그리고 썬기어 $k$와 구름 접촉을 하고 있다. 링크 $i$(팔)는 일정한 각속도 $\omega_i = 10$ rad/s ccw 그리고 기어 $h$는 각속도 $\omega_h = 5$ rad/s cw 그리고 각가속도 $\alpha_h = 15$ rad/s$^2$ ccw를 갖고 있다. (a) 기어 $j$와 $k$의 1차와 2차 운동계수; 그리고 (b) 기어 $j$와 $k$의 각속도 및 각가속도를 구하라.

**▶ 풀이**

유성 기어 $j$와 링기어 $h$는 구름 접촉을 하고 있으므로 구속 방정식은 다음과 같 쓸 수 있다.

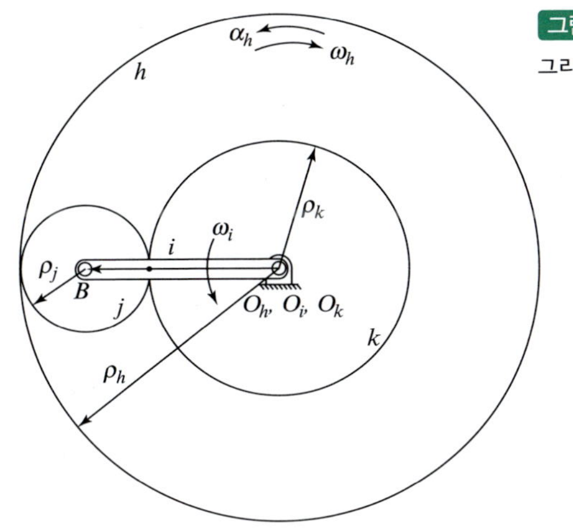


그림 5.16 $\rho_h = 8$ in, $\rho_j = 2$ in 그리고 $\rho_k = 4$ in

$$\rho_j(\Delta\theta_j - \Delta\theta_i) = +\rho_h(\Delta\theta_h - \Delta\theta_i) \tag{1}$$

마찬가지로 유성 기어 $j$와 썬기어 $k$는 구름 접촉을 하고 있으므로 구속 방정식은 다음과 같이 쓸 수 있다.

$$\rho_j(\Delta\theta_j - \Delta\theta_i) = -\rho_k(\Delta\theta_k - \Delta\theta_i) \tag{2}$$

이 두 방정식은 행렬식으로 우변의 독립변수와 함께 다음과 같이 표현된다.

$$\begin{bmatrix} \rho_j & 0 \\ \rho_j & \rho_k \end{bmatrix} \begin{bmatrix} \Delta\theta_j \\ \Delta\theta_k \end{bmatrix} = \begin{bmatrix} \rho_h & \rho_h - \rho_j \\ 0 & \rho_j + \rho_k \end{bmatrix} \begin{bmatrix} \Delta\theta_h \\ \Delta\theta_i \end{bmatrix} \tag{3}$$

*a.* 식 (3)을 제1독립변수에 대해 편미분하면 다음의 1차 운동계수에 대한 식을 구할 수 있다.

$$\begin{bmatrix} \rho_j & 0 \\ \rho_j & \rho_k \end{bmatrix} \begin{bmatrix} \theta'_{jh} \\ \theta'_{kh} \end{bmatrix} = \begin{bmatrix} \rho_h & \rho_h - \rho_j \\ 0 & \rho_j + \rho_k \end{bmatrix} \begin{bmatrix} 1 \\ 0 \end{bmatrix} = \begin{bmatrix} \rho_h \\ 0 \end{bmatrix} \tag{4}$$

자코비안 행렬의 행렬값은

$$\Delta = \rho_j\rho_k = 8 \text{ in}^2$$

그리고 크래머 룰에 의해 방정식 (4)의 해를 구하면

$$\theta'_{jh} = \rho_h/\rho_j = 4.0 \text{ rad/rad} \quad \text{그리고} \quad \theta'_{kh} = -\rho_h/\rho_k = -2.0 \text{ rad/rad}$$ 답 (5)

식 (3)을 다른 독립변수로 편미분하면 나머지 1차 운동계수에 대한 방정식을 얻을 수 있다.

$$\begin{bmatrix} \rho_j & 0 \\ \rho_j & \rho_k \end{bmatrix} \begin{bmatrix} \theta'_{ji} \\ \theta'_{ki} \end{bmatrix} = \begin{bmatrix} \rho_h & \rho_h - \rho_j \\ 0 & \rho_j + \rho_k \end{bmatrix} \begin{bmatrix} 0 \\ 1 \end{bmatrix} = \begin{bmatrix} \rho_h - \rho_j \\ \rho_j + \rho_k \end{bmatrix} \tag{6}$$

그리고 크래머 룰에 의해 방정식 (6)의 해를 구하면

$$\theta'_{ji} = \left(\rho_h - \rho_j\right)/\rho_j = 3.0 \text{ rad/rad} \quad \text{그리고} \quad \theta'_{ki} = \left(-\rho_h + 2\rho_j + \rho_k\right)/\rho_k = 0.0 \quad \text{답} \tag{7}$$

2차 운동계수는 식 (5)와 (7)을 독립변수에 대해 편미분함으로써 구할 수 있다. 이런 방정식들의 우변은 상수이기 때문에, 2차 운동계수는 다음과 같이 구할 수 있다.

$$\theta''_{jhh} = \theta''_{khh} = \theta''_{jhi} = \theta''_{khi} = \theta''_{jii} = \theta''_{kii} = 0.0 \qquad \text{답}$$

*b.* 링크 $j$와 $k$의 각속도는 다음과 같다.

$$\begin{aligned} \omega_j &= \theta'_{jh}\omega_h + \theta'_{ji}\omega_i \\ &= (4.0 \text{ rad/rad})(-5.0 \text{ rad/s}) + (3.0 \text{ rad/rad})(10.0 \text{ rad/s}) = 10.0 \text{ rad/s ccw} \end{aligned}$$

답

$$\begin{aligned} \omega_k &= \theta'_{kh}\omega_h + \theta'_{ki}\omega_i \\ &= (-2.0 \text{ rad/rad})(-5.0 \text{ rad/s}) + (0.0 \text{ rad/rad})(10.0 \text{ rad/s}) = 10.0 \text{ rad/s ccw} \end{aligned}$$

답

링크 $j$와 $k$의 각가속도는 다음과 같다.

$$\begin{aligned} \alpha_j &= \theta''_{jhh}\omega_h^2 + 2\theta''_{jhi}\omega_h\omega_i + \theta''_{jii}\omega_i^2 + \theta'_{jh}\alpha_h + \theta'_{ji}\alpha_i \\ &= 0 + 0 + 0 + (4.0 \text{ rad/rad})\left(15 \text{ rad/s}^2\right) + (3.0 \text{ rad/rad})(0) = 60.0 \text{ rad/s}^2 \text{ ccw} \end{aligned} \qquad \text{답}$$

$$\begin{aligned} \alpha_k &= \theta''_{khh}\omega_h^2 + 2\theta''_{khi}\omega_h\omega_i + \theta''_{kii}\omega_i^2 + \theta'_{kh}\alpha_h + \theta'_{ki}\alpha_i \\ &= 0 + 0 + 0 + (-2.0 \text{ rad/rad})\left(15 \text{ rad/s}^2\right) + 0 = -30.0 \text{ rad/s}^2 \text{ (cw)} \end{aligned} \qquad \text{답}$$

## 5.9 커플러 점의 궤적 곡률

다자유도 링크시스템의 1차 및 2차 운동계수를 알고 나면, 4.17절에서 논의된 바와 같은 커플러 점에 의해 추적된 경로의 곡률에 대한 연구를 생각해 볼 수 있다. 커플러 점 $P$에 의해 추적된 경로의 곡률 반지름은 식 (4.52)에 주어져 있다. 그러나 다자유도의 링크에 대해서는 개선된 형태의 변형식이 필요하다.

점 $P$의 위치는 다음과 같이 표현된다.

$$\mathbf{r}_P = x_P\hat{\mathbf{i}} + y_P\hat{\mathbf{j}} \tag{5.13}$$

그리고 점 $P$의 속도 $\mathbf{V}_P$는 이 식을 시간에 대해 미분하여 결정된다. 점 $P$의 속도는 식 (5.6)과 같이 표현될 수 있다는 점을 상기하라.

점 $P$의 경로에 대한 접하는 단위 벡터는 식 (3.30)과 같이 주어질 수 있다; 즉

$$\hat{\mathbf{u}}_P^t = \frac{\mathbf{V}_P}{V_P} \tag{5.14}$$

$x_p$와 $y_p$가 두 입력변수인 $\theta_j$와 $\theta_i$의 함수인 경우 식 (5.6)을 이 식에 대입하면 접선 벡터는 다음과 같이 쓸 수 있다.

$$\hat{\mathbf{u}}_P^t = \frac{\left(x'_{Pj}\omega_j + x'_{Pk}\omega_k\right)\hat{\mathbf{i}} + \left(y'_{Pj}\omega_j + y'_{Pk}\omega_k\right)\hat{\mathbf{j}}}{\sqrt{\left(x'_{Pj}\omega_j + x'_{Pk}\omega_k\right)^2 + \left(y'_{Pj}\omega_j + y'_{Pk}\omega_k\right)^2}} \tag{5.15}$$

그러면 단위법선 벡터는 접선 벡터로부터 90° 반시계방향이다.

$$\hat{\mathbf{u}}_P^n = \hat{\mathbf{k}} \times \hat{\mathbf{u}}_P^t = \frac{-\left(y'_{Pj}\omega_j + y'_{Pk}\omega_k\right)\hat{\mathbf{i}} + \left(x'_{Pj}\omega_j + x'_{Pk}\omega_k\right)\hat{\mathbf{j}}}{\sqrt{\left(x'_{Pj}\omega_j + x'_{Pk}\omega_k\right)^2 + \left(y'_{Pj}\omega_j + y'_{Pk}\omega_k\right)^2}} \tag{5.16}$$

점 $P$ 가속도의 법선 성분은 다음과 같다.

$$A_P^n = \mathbf{A}_P \cdot \hat{\mathbf{u}}_P^n = A_P^x\hat{\mathbf{u}}_P^{nx} + A_P^y\hat{\mathbf{u}}_P^{ny} \tag{5.17}$$

식 (5.9)와 (5.16)을 식 (5.17)에 대입하고 벡터 내적을 하면, 점 $P$의 법선 방향의 가속도는 다음으로 표현된다.

$$A_P^n = \frac{\begin{array}{c}\left(y''_{Pjj}\omega_j^2 + 2y''_{Pjk}\omega_j\omega_k + y''_{Pkk}\omega_k^2 + y'_{Pj}\alpha_j + y'_{Pk}\alpha_k\right)\left(x'_{Pj}\omega_j + x'_{Pk}\omega_k\right)\\ -\left(x''_{Pjj}\omega_j^2 + 2x''_{Pjk}\omega_j\omega_k + x''_{Pkk}\omega_k^2 + x'_{Pj}\alpha_j + x'_{Pk}\alpha_k\right)\left(y'_{Pj}\omega_j + y'_{Pk}\omega_k\right)\end{array}}{\sqrt{\left(x'_{Pj}\omega_j + x'_{Pk}\omega_k\right)^2 + \left(y'_{Pj}\omega_j + y'_{Pk}\omega_k\right)^2}} \tag{5.18}$$

링크 $j$와 $k$가 등각속도를 갖는 특별한 경우에는 식 (5.18)은 다음으로 표현된다.

$$A_P^n = \frac{\begin{array}{c}\left(y''_{Pjj}\omega_j^2 + 2y''_{Pjk}\omega_j\omega_k + y''_{Pkk}\omega_k^2\right)\left(x'_{Pj}\omega_j + x'_{Pk}\omega_k\right)\\ -\left(x''_{Pjj}\omega_j^2 + 2x''_{Pjk}\omega_j\omega_k + x''_{Pkk}\omega_k^2\right)\left(y'_{Pj}\omega_j + y'_{Pk}\omega_k\right)\end{array}}{\sqrt{\left(x'_{Pj}\omega_j + x'_{Pk}\omega_k\right)^2 + \left(y'_{Pj}\omega_j + y'_{Pk}\omega_k\right)^2}} \tag{5.19}$$

식 (5.6)과 (5.19)를 식 (4.48)에 대입하여 간단히 하면 커플러 점 $P$의 궤적의 곡률 반경은 다음과 같이 계산된다.

$$\rho_P = \frac{\left[\left(x'_{Pj}\omega_j + x'_{Pk}\omega_k\right)^2 + \left(y'_{Pj}\omega_j + y'_{Pk}\omega_k\right)^2\right]^{3/2}}{\left(y''_{Pjj}\omega_j^2 + 2y''_{Pjk}\omega_j\omega_k + y''_{Pkk}\omega_k^2\right)\left(x'_{Pj}\omega_j + x'_{Pk}\omega_k\right) - \left(x''_{Pjj}\omega_j^2 + 2x''_{Pjk}\omega_j\omega_k + x''_{Pkk}\omega_k^2\right)\left(y'_{Pj}\omega_j + y'_{Pk}\omega_k\right)} \tag{5.20}$$

각속도비가 $\eta = \omega_k/\omega_j$라고 하면 식 (5.20)은 다음과 같이 표현된다.

$$\rho_P = \frac{\left[\left(x'_{Pj} + x'_{Pk}\eta\right)^2 + \left(y'_{Pj} + y'_{Pk}\eta\right)^2\right]^{3/2}}{\left(y''_{Pjj} + 2y''_{Pjk}\eta + y''_{Pkk}\eta^2\right)\left(x'_{Pj} + x'_{Pk}\eta\right) - \left(x''_{Pjj} + 2x''_{Pjk}\eta + x''_{Pkk}\eta^2\right)\left(y'_{Pj} + y'_{Pk}\eta\right)} \tag{5.21}$$

여기서 부호는 이전의 장들에서와 마찬가지 의미를 갖고 있다. 곡률 반지름이 음이라고 함은 단위법선 벡터가 커플러 점 $P$의 궤적에 대한 곡률의 중심으로부터 밖으로 향하고 있음을 의미한다.

점 $P$의 궤적에 대한 곡률 중심의 좌표는 식 (4.53)에 의해 주어진 것과 같이, 다음과 같이 주어진다.

$$x_C = x_P + \rho_P u_P^{nx} \quad \text{그리고} \quad y_C = y_P + \rho_P u_P^{ny} \tag{5.22}$$

여기서 $x_P$와 $y_P$는 예제 5.3에서와 같이 결정되며 $u_P^{nx}$와 $u_P^{ny}$은 식 (5.16)의 $\hat{\mathbf{i}}$와 $\hat{\mathbf{j}}$의 성분으로 주어진다.

## 예제 5.11

예제 5.1~5.9의 5절 링크를 그림 5.5의 형태에 대해 계속하면, 링크 2와 3이 각속도 $\omega_2 = 10$ rad/s ccw와 $\omega_3 = 5$ rad/s cw로 각각 회전하고 있다. 점 $P$의 경로에 대한 단위접선 벡터와 단위법선 벡터, 곡률 반지름 그리고 점 $P$의 경로에 대한 곡률 중심의 직교좌표를 구하라.

### ▶ 풀이

예제 5.6에서와 같은 입력 데이터로 1차 운동계수로부터 얻은 커플러 점 $P$의 속도는 다음과 같다.

$$\mathbf{V}_P = 21.546\hat{\mathbf{i}} - 31.330\hat{\mathbf{j}} \text{ in/s} = 38.024 \text{ in/s} \angle -55.483° \tag{1}$$

식 (1)의 속도 성분을 식 (5.14)에 대입하면 단위접선 벡터는 다음과 같이 표현된다.

$$\hat{\mathbf{u}}^t = \frac{21.546 \text{ in/s}\,\hat{\mathbf{i}} - 31.330 \text{ in/s}\,\hat{\mathbf{j}}}{38.02 \text{ in/s}} = 0.567\hat{\mathbf{i}} - 0.824\hat{\mathbf{j}} \qquad \text{답}$$

그러면 식 (5.16)으로부터 단위법선 벡터는 다음과 같다.

$$\hat{\mathbf{u}}^n = 0.824\hat{\mathbf{i}} + 0.567\hat{\mathbf{j}}$$ 답

단위접선 벡터와 단위법선 벡터의 방향은 그림 5.17에 표현되어 있다.

예제 5.6과 5.9의 1차 및 2차 운동계수와 입력 각속도 데이터를 식 (5.20)에 대입하면, 점 $P$의 경로에 대한 곡률 반경을 구할 수 있다.

$$\rho_P = \frac{1445.81\ \text{in}^3/\text{s}^3}{-254.44\ \text{in}^2/\text{s}^3} = -5.682\ \text{in}$$ 답

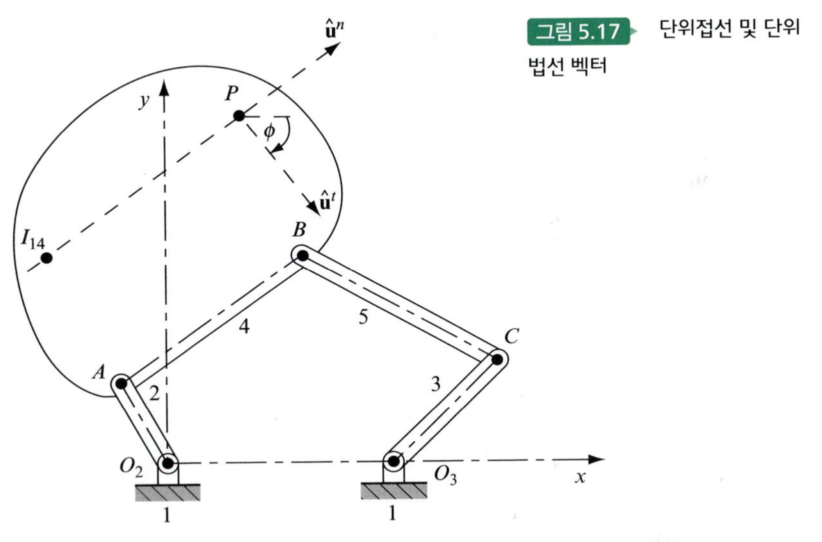


그림 5.17 단위접선 및 단위법선 벡터

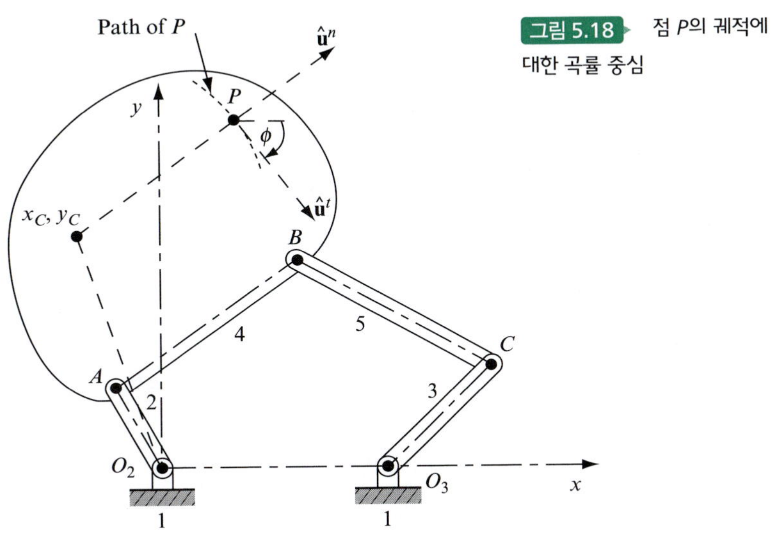


그림 5.18 점 $P$의 궤적에 대한 곡률 중심

음의 부호는 곡률 중심이 점 $P$로부터 $\hat{\mathbf{u}}^n$에 대해 음의 방향에 위치해 있음을 나타낸다(그림 5.18).

마지막으로 예제 5.3의 해와 이전의 결과를 식 (5.22)에 대입하면 점 $P$의 경로에 대한 곡률 중심의 좌표는 다음과 같다.

$$x_C = 1.947 \text{ in} + (-5.682 \text{ in})(0.824) = -2.735 \text{ in},$$

$$y_C = 9.499 \text{ in} + (-5.682 \text{ in})(0.567) = 6.277 \text{ in}$$

점 $P$의 경로에 대한 곡률 중심은 그림 5.18에 나타나 있다. 이 그림은 점 $P$의 경로 궤적에 대한 단위접선 벡터 $\hat{\mathbf{u}}^n$과 단위법선 벡터 $\hat{\mathbf{u}}^t$도 보여주고 있다.

표 5.5는 점 $P$의 궤적에 대한 곡률 반지름과 표 5.1에서 주어진 입력 각도의 범위에 대한 경로 궤적의 곡률 중심의 직표좌표가 구해져 있다.

표 5.5 곡률 반지름과 곡률 중심의 좌표

| $\theta_2$ | $\theta_3$ | $\rho_P$ | $x_c$ | $y_c$ |
|---|---|---|---|---|
| deg | deg | in | in | in |
| 40 | 85 | –10.350 | 5.784 | 2.067 |
| 50 | 80 | –8.062 | 4.052 | 3.559 |
| 60 | 75 | –5.340 | 2.247 | 5.595 |
| 70 | 70 | –3.014 | 1.005 | 7.557 |
| 80 | 65 | –1.667 | 0.551 | 8.821 |
| 90 | 60 | –1.214 | 0.524 | 9.271 |
| 100 | 55 | –1.481 | 0.408 | 9.031 |
| 110 | 50 | –2.671 | –0.364 | 8.130 |
| 120 | 45 | –5.682 | –2.735 | 6.279 |
| 130 | 40 | –13.603 | –9.496 | 2.157 |
| 140 | 35 | –51.321 | –42.794 | –15.556 |
| 150 | 30 | 57.190 | 53.984 | 33.525 |

## 5.10 유한차분법

유한차분법(finite difference method)은 (a) 링크 4와 5의 1차 운동계수, (b) 링크 4와 5의 2차 운동계수를 검토하는 데 사용된다.

일반적으로 링크 $i$의 링크 $j$에 대한 1차 운동계수는 다음과 같이 표현된다.

$$\theta'_{ij} = \frac{\partial \theta_i}{\partial \theta_j} \approx \frac{\Delta \theta_i}{\Delta \theta_j}$$

편미분에 대한 정의는 분모의 $\Delta\theta_j$는 $\Delta\theta_j$가 변하는 동안 다른 모든 독립적인 입력이 동결되거나 고정되어 있고 한 개의 입력 $\theta_j$에 대한 변화에 상응한다는 것을 명심해야 한다. 그러나 표 5.1과 5.2의 데이터와 같은 것은 $\Delta\theta_2$와 $\Delta\theta_3$이 동시에 변하는 동안에 얻어진 데이터이므로 이러한 제약에 해당되지 않는다. 그러므로 링크 $i$의 링크 $j$에 대한 1차 운동계수는 다음 식으로 근사값을 구할 수는 *없다*.

$$\theta'_{ij} \neq \frac{\Delta\theta_i}{\Delta\theta_j} = \frac{(\theta_i)_A - (\theta_i)_B}{(\theta_j)_A - (\theta_j)_B}$$

여기에서 아래 첨자 $A$는 *사후*를 의미하고 $B$는 *사전*의 값을 의미하며 유한차분법에 의해 검토될 때 사용될 것이다. 그러나 표 5.1과 5.2와 같은 경우는 $\Delta\theta_i$의 전체 변화량은 1개 이상의 독립 변수, 말하자면 $\Delta\theta_j$와 $\Delta\theta_k$ 같은 것에 의한 각각의 변화의 결과를 의미하며, 적절한 순서는 링크 $i$의 각 변위의 유한 변화를 다음과 같이 표현하는 것이다.

$$\Delta\theta_i \approx \theta'_{ij}\Delta\theta_j + \theta'_{ik}\Delta\theta_k$$

또는

$$\left[(\theta_i)_A - (\theta_i)_B\right] \approx \theta'_{ij}\left[(\theta_j)_A - (\theta_j)_B\right] + \theta'_{ik}\left[(\theta_k)_A - (\theta_k)_B\right] \tag{5.23}$$

다음 예제에서 예제 5.6의 1차 운동계수를 검토하는 식들에 대한 용법에 대해 설명하겠다.

**예제 5.12**

유한차분을 사용하여 예제 5.6의 5절 링크의 링크 4와 5에 대해 1차 운동계수를 검토하라.

**▶ 풀이**

식 (5.23)에 의해 링크 4의 각변위 유한 변화량은 다음과 같이 표현할 수 있다.

$$\Delta\theta_4 = \left[(\theta_4)_A - (\theta_4)_B\right] \approx \theta'_{42}\left[(\theta_2)_A - (\theta_2)_B\right] + \theta'_{43}\left[(\theta_3)_A - (\theta_3)_B\right] \tag{1}$$

그리고 링크 5 각변위의 유한 변화량은 다음과 같다.

$$\Delta\theta_5 = \left[(\theta_5)_A - (\theta_5)_B\right] \approx \theta'_{52}\left[(\theta_2)_A - (\theta_2)_B\right] + \theta'_{53}\left[(\theta_3)_A - (\theta_3)_B\right] \tag{2}$$

입력 각도가 $\theta_2 = 120°$와 $\theta_3 = 45°$(표 5.1의 9열 참조)에 대해 1차 운동계수는 다음과 같이 구할 수 있다.

$$\theta'_{42} = -0.237, \quad \theta'_{43} = 0.705, \; \theta'_{52} = 0.455, \quad \text{그리고} \quad \theta'_{53} = -0.109$$

이 값들을 식 (1)과 (2)에 대입하면, 링크 4와 5의 각변화량은 각각 다음과 같다.

$$\Delta\theta_4 = [30.526° - 42.360°] \approx -0.237[130° - 110°] + 0.705[40° - 50°] \tag{3}$$

$$\Delta\theta_5 = [156.510° - 146.315°] \approx 0.455[130° - 110°] - 0.109[40° - 50°] \tag{4}$$

식 (3)과 (4)에서 독립적으로 계산한 값들은 서로 간에 합리적인 범위에서 일치하고 있다.

만일 두 개의 입력 각도의 증가분이 줄어들면, 두 계산은 좀 더 가까이 일치할 것이다. 일반적으로 표 5.1에 나타난 5절 링크의 1차 운동계수는 옳다고 할 수 있다.

식 (5.7)에서 입력 각도 $\theta_j$와 $\theta_k$에 대한 링크 $i$의 2차 운동계수는 다음과 같이 쓸 수 있다.

$$\theta''_{ijk} = \frac{\partial^2 \theta_i}{\partial \theta_j \partial \theta_k} = \frac{\partial \theta'_{ij}}{\partial \theta_k}$$

유한차분의 방향적인 특징을 기억해보면, 링크 $j$에 대한 링크 $i$의 1차 운동계수 유한 변화량은 다음과 같이 표현할 수 있다.

$$\Delta\theta'_{ij} = \left[\left(\theta'_{ij}\right)_A - \left(\theta'_{ij}\right)_B\right] \approx \theta''_{ijj}\left[\left(\theta_j\right)_A - \left(\theta_j\right)_B\right] + \theta''_{ijk}\left[\left(\theta_k\right)_A - \left(\theta_k\right)_B\right] \quad (5.24)$$

여기에서 아래 첨자 $A$는 사후를 의미하고 $B$는 사전의 값을 의미하며 유한차분법에 의해 검토될 때 사용될 것이다.

다음 예제는 이런 식들의 2차 운동계수를 검토하기 위한 값을 설명할 것이다.

### 예제 5.13

유한차분법을 사용하여 예제 5.9의 5절 링크의 링크 4와 5의 2차 운동계수를 검토하라.

**▶ 풀이**

2차 운동계수는 다음과 같이 입력 링크 2와 3의 회전에 대한 링크 4와 5의 1차 운동계수의 유한 변화로 검토될 수 있다[식 (5.24)].

$$\Delta\theta'_{42} = \left[\left(\theta'_{42}\right)_A - \left(\theta'_{42}\right)_B\right] \approx \theta''_{422}\left[(\theta_2)_A - (\theta_2)_B\right] + \theta''_{423}\left[(\theta_3)_A - (\theta_3)_B\right],$$

$$\Delta\theta'_{43} = \left[\left(\theta'_{43}\right)_A - \left(\theta'_{43}\right)_B\right] \approx \theta''_{432}\left[(\theta_2)_A - (\theta_2)_B\right] + \theta''_{433}\left[(\theta_3)_A - (\theta_3)_B\right],$$

$$\Delta\theta'_{52} = \left[\left(\theta'_{52}\right)_A - \left(\theta'_{52}\right)_B\right] \approx \theta''_{522}\left[(\theta_2)_A - (\theta_2)_B\right] + \theta''_{523}\left[(\theta_3)_A - (\theta_3)_B\right],$$

$$\Delta\theta'_{53} = \left[\left(\theta'_{53}\right)_A - \left(\theta'_{53}\right)_B\right] \approx \theta''_{532}\left[(\theta_2)_A - (\theta_2)_B\right] + \theta''_{533}\left[(\theta_3)_A - (\theta_3)_B\right]$$

여기에서 $\theta''_{432} = \theta''_{423}$이고 $\theta''_{532} = \theta''_{523}$이다. 표 5.1과 5.3의 9열에서 이 식들의 값은 다음과 같다.

$$\Delta\theta'_{42} = [(-0.230) - (-0.254)] \approx 0.139\left[\frac{130^\circ - 110^\circ}{57.296^\circ/\text{rad}}\right] + 0.131\left[\frac{40^\circ - 50^\circ}{57.296^\circ/\text{rad}}\right],$$

$$\Delta\theta'_{43} = [0.737 - 0.683] \approx 0.131\left[\frac{130^\circ - 110^\circ}{57.296^\circ/\text{rad}}\right] + (-0.038)\left[\frac{40^\circ - 50^\circ}{57.296^\circ/\text{rad}}\right],$$

$$\Delta\theta'_{52} = [0.508 - 0.397] \approx 0.208\left[\frac{130^\circ - 110^\circ}{57.296^\circ/\text{rad}}\right] + (-0.206)\left[\frac{40^\circ - 50^\circ}{57.296^\circ/\text{rad}}\right],$$

$$\Delta\theta'_{53} = [(-0.136) - (-0.091)] \approx (-0.206)\left[\frac{130^\circ - 110^\circ}{57.296^\circ/\text{rad}}\right] + (-0.173)\left[\frac{40^\circ - 50^\circ}{57.296^\circ/\text{rad}}\right]$$

두 개의 식으로부터 각각 계산되어 주어진 답은 서로 간에 합리적인 범위에서 일치한다. 그러므로 일반적으로 결론을 내리면 표 5.3에서 제시된 링크 4와 5의 2차 운동계수는 옳다고 할 수 있다.

## 연습 문제[1] Problems

**5.1** 슬롯이 있는 링크 2와 3이 각각 등각속도 $\omega_2 = 30$ rad/s cw와 $\omega_3 = 20$ rad/s cw로 구동되고 있다. 두 개의 슬롯 안에 있는 핀 $P$의 중점에 대한 절대 속도와 가속도를 구하라.

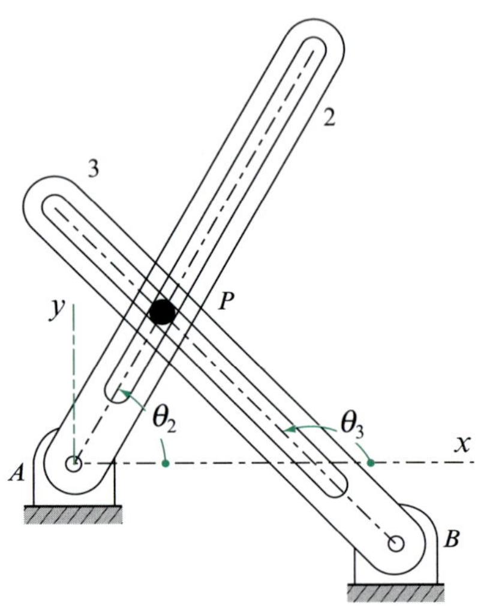


그림 P5.1 $R_B^x = 4$ in, $R_B^y = -1$ in, $\theta_2 = 60°$, and $\theta_3 = 135°$

**5.2** 예시된 상태의 5절 링크에 대해, 링크 2의 각속도가 15 rad/s cw이고 링크 5의 각속도가 15 rad/s cw이다. 링크 3의 각속도와 겉보기속도 $V_{B4/5}$를 결정하라.

**5.3** 그림 P5.2에서 예시된 위치에서 5절 링크에 대해 링크 2의 각속도가 $\omega_2 = 25$ rad/s ccw이고 겉보기속도 $V_{B4/5}$가 위로 링크 5를 따라 200 in/s이다. 링크 3과 5의 각속도를 구하라.

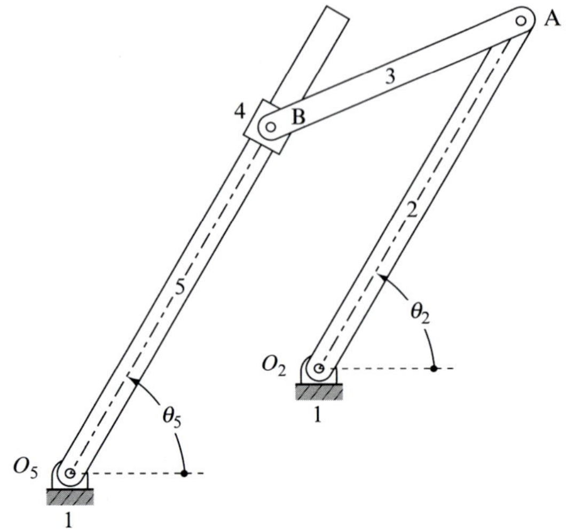


그림 P5.2 $\mathbf{R}_{O_2O_5} = 8$ in $\angle 23.1°$, $\mathbf{R}_{AO_2} = 12$ in $\angle\theta_2$, $\theta_2 = 60°$, $R_{BA} = 8$ in, and $\theta_5 = 60°$

**5.4** 예제 5.2에서 두 개의 입력속도가 상수이면, 주어진 순간 링크 3의 각가속도를 구하라.

**5.5** 블록 3이 $A$를 향해 등속 125 mm/s로 미끄러지고 있는 동안 링크 2는 등각속도 10 rad/s ccw로 회전하고 있다. 블록 3의 점 $P$의 절대 속도와 절대 가속도를 구하라.

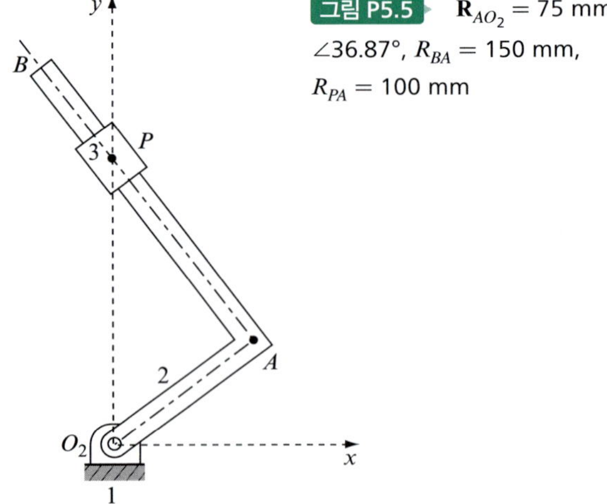


그림 P5.5 $\mathbf{R}_{AO_2} = 75$ mm $\angle 36.87°$, $R_{BA} = 150$ mm, $R_{PA} = 100$ mm

**5.6** 문제 5.5에서 블록 3의 점 $P$의 절대 속도를 최소화하는 미끄럼 속도 $V_{P_3/2}$의 값을 결정하라. 블록 3의 점 $P$의 절대 가속도를 최소화하는 미끄럼 속도 $V_{P_3/2}$의 값을 결정하라.

---

[1] 과제 부여 시, 강사는 여러 가지 접근 방법이 있기 때문에 해를 구하는 방법을 명시하고자 할 수 있다.

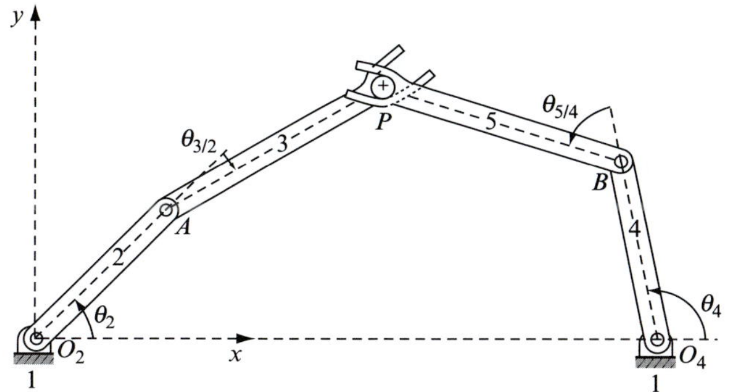


**그림 P5.7** $R_{O_4O_2} = 40$ in, $R_{AO_2} = R_{BO_4} = 12$ in, $R_{PA} = R_{PB} = 16$ in

**5.7** 왼쪽 평면 2절 링크가 $P$로 라벨링된 조그만 물체를 비슷하게 생긴 오른쪽 로봇으로 옮기려 하고 있다. 주어진 순간 각도는 $\theta_2 = 45°$이고 $\theta_{3/2} = -15°$이다(각도 $\theta_{3/2} = \theta_3 - \theta_2$는 조인트 $A$에서 모터에 의해 제어되는 각도임을 유념해야 한다). 오른쪽 로봇이 물체 $P$를 넘겨받을 수 있도록 각도 $\theta_4$, $\theta_{5/4}$를 결정하라.

**5.8** 문제 5.7에서 물체의 인계에 대해, 두 로봇의 만나는 점 $P$의 속도가 일치해야 한다는 것이 필요하다. 만일 첫 번째 로봇의 입력속도가 $\omega_2 = 10$ rad/s cw이고 $\omega_{3/2} = 15$ rad/s ccw이면, $\omega_4$와 $\omega_{5/4}$의 각속도는 얼마여야 하는가?

**5.9** 문제 5.7에서 물체의 인계에 대해, 두 로봇의 만나는 점 $P$의 속도가 일치해야 한다는 것이 필요하다. 만일 첫 번째 로봇의 입력속도가 $\omega_2 = 10$ rad/s cw이고 $\omega_{3/2} = 10$ rad/s ccw이면, $\omega_4$와 $\omega_{5/4}$의 각속도는 얼마여야 하는가?

**5.10** 문제 5.7에서 물체의 인계에 대해, 두 로봇의 만나는 점 $P$의 속도가 일치해야 한다는 것이 필요하다. 만일 첫 번째 로봇의 입력속도가 $\omega_2 = 10$ rad/s cw이고 $\omega_{3/2} = 0$이면, $\omega_4$와 $\omega_{5/4}$의 각속도는 얼마여야 하는가?

**5.11** 전술한 바와 같이 문제 5.7과 5.8에서 두 로봇 간에 물체를 성공적으로 인계하기 위해서는 점 $P$에서 가속도가 같다면 더욱 바람직하다. 왼쪽 로봇의 입력 가속도가 $\alpha_2 = \alpha_3 = 0$인 순간 이를 수행하기 위해 오른쪽 로봇에 각 관절에 입력은 얼마가 되어야 하겠는가?

**5.12** 원형캠(링크 2)에 의해 등각속도 $\omega_2 = 15$ rad/s ccw로 회전하고 있다. 링크 3은 점 $C$에서 미끄러지면서 등각속도 $\omega_3 = 5$ rad/s cw로 회전하고 있다. (a) 이 기구의 1차 및 2차 운동계수, (b) 링크 4의 각속도 및 각가속도, (c) 점 $C$에서의 미끄럼 속도를 구하라.

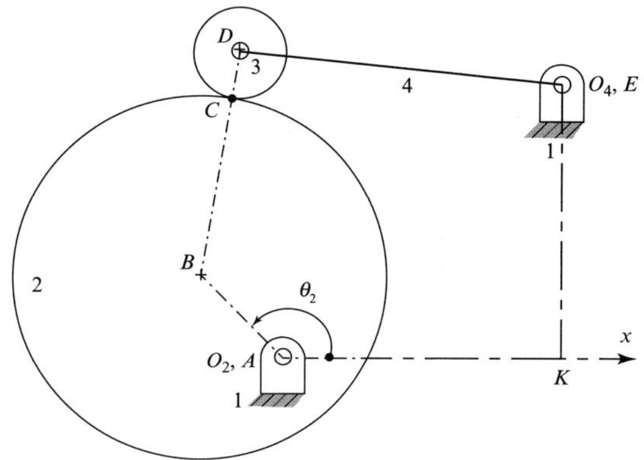


**그림 P5.12** $R_{KO_2} = R_{O_4K} = 60$ mm, $R_{BO_2} = 25$ mm, $R_{CB} = \rho_2 = 40$ mm, $R_{CD} = \rho_3 = 10$ mm, $R_{DO_4} = 70$ mm

**5.13** 팬토그래프의 트레이싱 점 $C$는 정해진 곡선을 추종하게 되어있다. 즉, 두 개의 독립변수는 $x_C$와 $y_C$이다. 그러면 펜이 있는 점 $P$는 닮은 곡선을 추종한다, 즉 이 링크의 출력은 펜의 움직임에 대한 성분인 $x_P$와 $y_P$이다. 점 $P$의 1차 운동계수를 결정하라.

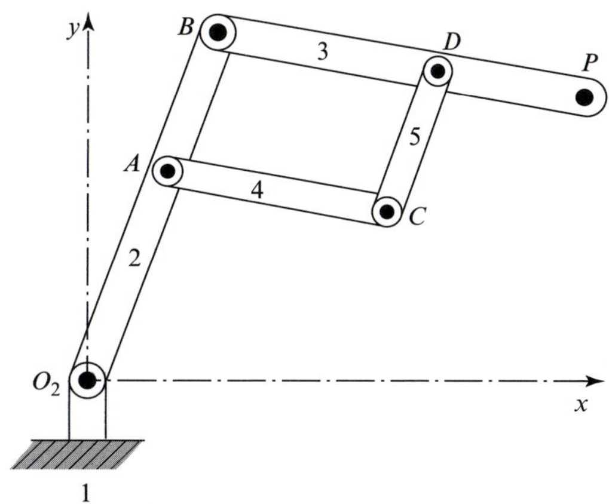


**그림 P5.13** $R_{AO_2} = R_{CA} = R_{DB} = 12$ in, $R_{BA} = R_{DC} = R_{PD} = 8$ in

**5.14** 점 $A$에서 구름 접촉이 있으나 점 $B$에서 미끄럼이 있을 수 있는 기구가 있다. 링크 2는 $\omega_2 = 20$ rad/s ccw로 등각속도로 회전하고 있고 링크 3은 $\omega_3 =$ 5 rad/s cw와 등각가속도 $\alpha_3 = 5$ rad/s$^2$ ccw로 회전하고 있다. (a) 링크 5의 1차 및 2차 운동계수, (b) 링크 5의 각속도 및 각가속도를 구하라.

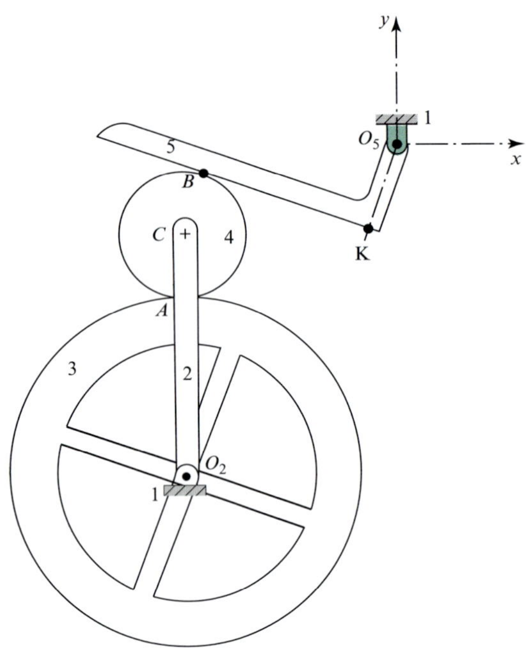


**그림 P5.14** $\mathbf{R}_{O_5O_2} = 50\hat{\mathbf{i}} + 75\hat{\mathbf{j}}$ mm, $R_{CO_2} = 55$ mm, $R_{KO_5} = 20$ mm, $\rho_3 = 40$ mm, $\rho_4 = 15$ mm

**5.15** 링크 4와 5 사이의 점 $C$에서 구름 접촉을 하는 기구가 있다. 지금 위치 $\theta_2 = 60°$에서 링크 2가 등각속도 $\omega_2 = 50$ rad/s ccw 그리고 링크 5는 $\omega_5 =$ 25 rad/s cw와 등각가속도 $\alpha_5 = 20$ rad/s$^2$ ccw로 회전하고 있다. (a) 링크 3과 4의 1차 및 2차 운동계수, (b) 링크 3과 4의 각속도와 각가속도를 구하라.

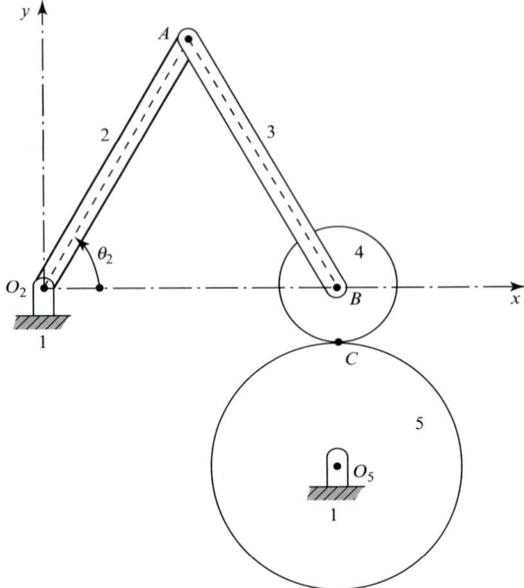


**그림 P5.15** $\mathbf{R}_{O_5O_2} = 15\hat{\mathbf{i}} - 9.5\hat{\mathbf{j}}$ in, $R_{AO_2} = 15$ in, $R_{BA} = 15$ in, $\rho_4 = 3$ in, and $\rho_5 = 6.5$ in

**5.16** Rack 3과 기어 4 사이 점 $F$에서, 기어 4와 기어 5 사이 점 $C$에서, 기어 5와 6 사이 점 $E$에서 구름 접촉을 하는 기구가 있다. 링크 2가 등각속도 $\omega_2 =$ 50 rad/s ccw 그리고 링크 6은 $\omega_6 = 25$ rad/s cw와 등각가속도 $\alpha_6 = 20$ rad/s$^2$ ccw로 회전하고 있다. (a) 기어 5와 rack의 1차 및 2차 운동계수, (b) rack의 각속도와 각가속도, (c) 링크 4와 5의 각속도와 각가속도를 구하라.

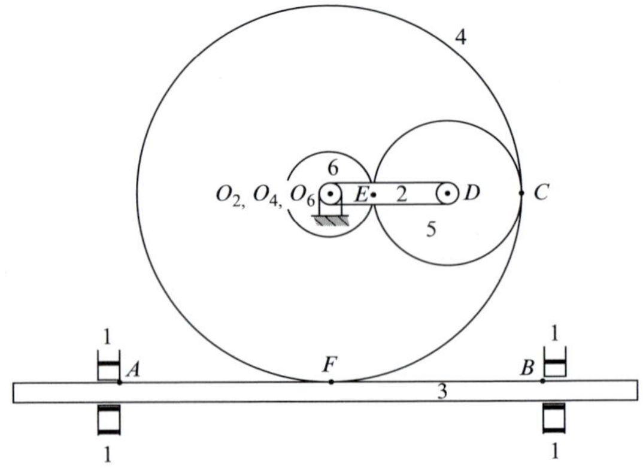


**그림 P5.16** $R_{FA} = R_{BF} = 20$ in, $\rho_4 = R_{CO_4} = 18$ in, $\rho_5 = R_{CD} = 7$ in, $\rho_6 = R_{EO_2} = 4$ in, $R_{DO_2} = 11$ in

## 참고문헌

[1] Pennock, G. R., 2008. Curvature theory for a two-degree-of-freedom planar linkage, *Mech. Mach. Theory* **43**:525–48.

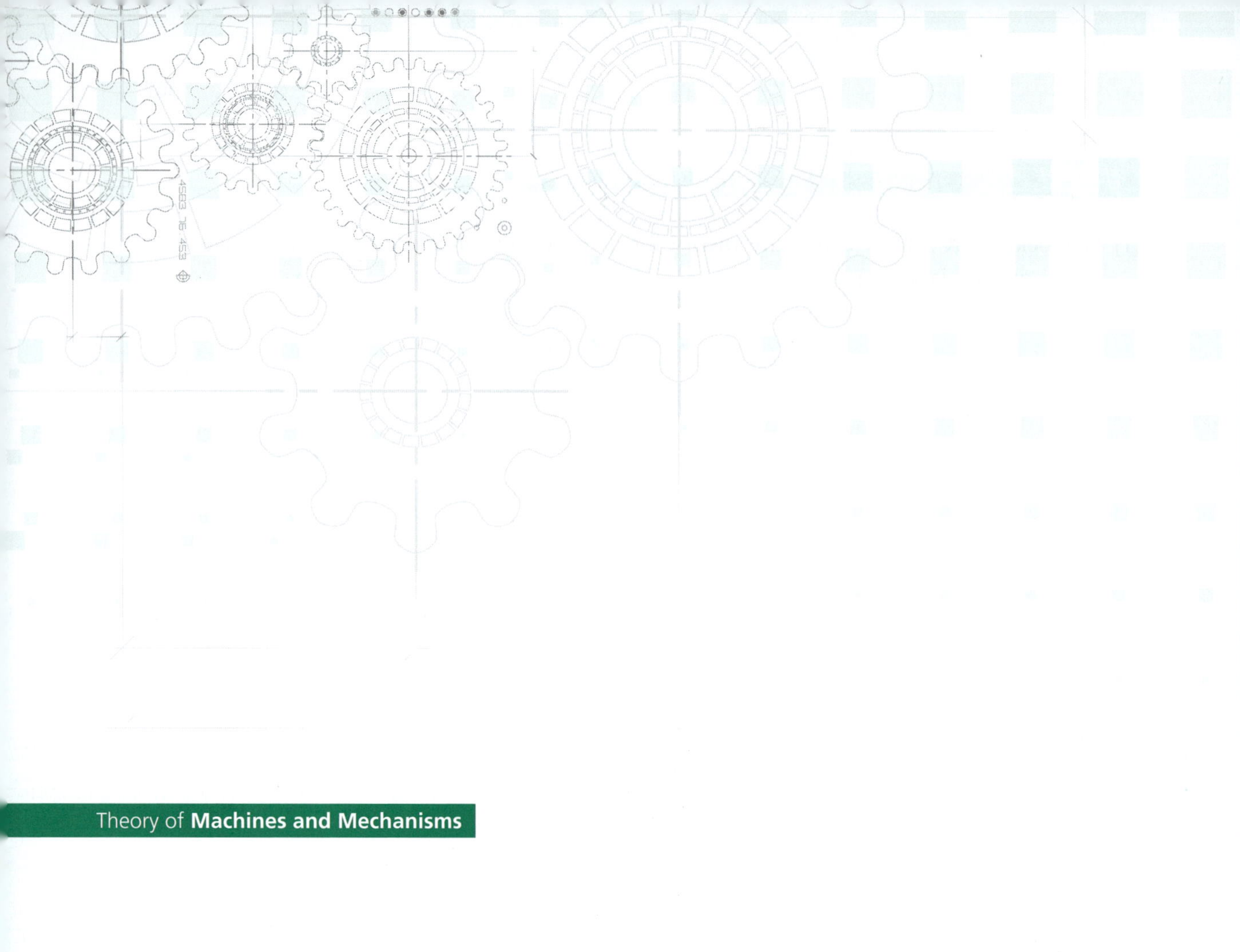

Theory of **Machines and Mechanisms**

# 기구설계

*Design of Mechanlsms*

# 캠의 설계

*Cam Design*

## 6.1 서론

앞 장에서는 해당 기구에 대한 운동학적 특성을 해석하는 방법에 대하여 알아보았다. 기구의 설계는 주어진 상태에서 기구의 운동성, 위치, 속도, 가속도를 결정하는 방법을 연구하고, 부과된 과제 형태가 적합한지에 대해 검토하였다. 그러나 그 기구가 어떻게 설계되었는지, 즉 설계자에 따라 링크의 크기와 형태가 어떻게 결정되는지에 대한 내용은 거의 다루지 않았다.

이어지는 다음 장들에서는 기구학과 관련된 *설계(design)*의 관점에서 소개할 것이다. 기계 요소의 개별적 형태에 보다 관심을 갖고, 언제 그리고 왜 그러한 요소들이 사용되며, 그것들의 크기가 어떻게 결정되는지에 대해 알아본다. 이번 장에서는 캠의 설계에 중점을 두며, 요컨대 완수할 과제에 대해서는 알고 있는 것으로 가정한다. 그러나 이 과제를 완수하는 데 필요한 캠의 크기와 형태를 알지 못하며, 그것을 알아내는 데 도움이 되는 기술을 찾고자 한다.

물론 거기에는 처음부터 캠을 사용할 것인지, 아니면 기어열, 링크기구, 기타 다른 장치를 사용할 것인지 결정하는 창조적인 과정이 포함되어 있다. 이러한 질문은 과학적인 원리만으로 답변하기는 어려우며 경험과 상상력이 요구되고 경제성, 시장성, 신뢰성, 유지보수성, 심미학, 인간공학, 가공성 및 과제에의 적합성 등을 가미하는 것이 필요하다. 이러한 관점들은 일반적인 과학적 접근만으로는 알기 어려우며 종종 몇 가지 수식으로 표현되기 쉽지 않은 직관적 판단이 요구되는 경우도 존재한다. 이런 경우 보통 정답이 하나만 있는 것도 아니기 때문에 이 질문들은 이 책을 비롯하여 다른 교재나 참고서에서도 정답을 제시할 수 없다.

그렇다고 해서 설계 문제에 대해 과학에 기초한 접근방법이 전혀 없다는 것은 아니다. 대부분의 기계 설계는 반복적인 해석에 근거하고 있다. 그래서 이번 장을 비롯하여 앞으로 나오는 장들에서는 제1부에서 다루었던 해석의 원리를 이용할 것이다. 또한, 지배 해석 방정식을 도입하면 부품의 크기와 형태를 선택하고, 추구하는 설계의 품질을 평가하는 데도 유용할 것이다. 앞으로 이어지는 몇몇 다음 장들도 계속 기구학의 법칙에 근거한다. 또한, 내용 면에서 제2부의 근본적인 변화는 예를 들면, 입력과 출력의 속도가 주어진 경우 부품의 치수가 문제의 미지수로 나온다는 것이다. 이번 장에서는 주어진 운동 특성을 전달하기 위해 캠의 프로파일과 형상을 어떻게 결정하는지를 배울 것이다.

## 6.2 캠과 종동절의 분류

*캠*(*cam*)은 직접 접촉에 의해 특정 운동을 일으켜 *종동절*(*follower*)이라는 다른 요소를 구동하는 데 사용하는 기계요소이다. 캠과 종동절 기구는 간단하고 저렴하며 구동부품도 적어 공간도 많이 차지하지 않는다. 게다가 거의 모든 요구 특성을 갖추고 있기 때문에 설계도 어렵지 않다. 이러한 이점 때문에 캠기구는 현대 기계장치에서 광범위하게 사용되고 있다.

캠 시스템의 설계에서 다목적성(versatility)과 유연성(flexibility)은 매력적인 특징이지만, 이 때문에 다양한 형태와 형상을 가지며 이들을 구별하기 위한 전문용어가 필요하다.

캠은 기본 형태에 따라 분류된다. 그림 6.1은 캠의 네 가지 형태를 나타낸다.

*a.* *평판캠*(*plate cam*) 또는 *디스크 캠*(*disc cam*), *레디얼캠*(*radial cam*)이라고도 한다.
*b.* *쐐기캠*(*wedge cam*)
*c.* *원통캠*(*cylindrical cam*) 또는 *배럴캠*(*barrel cam*)
*d.* *단면캠*(*end cam*) 또는 *면캠*(*face cam*)

이 중 쐐기캠은 입력운동이 비연속적인 왕복운동을 필요로 하기 때문에 실제의 응용에서는 거의 사용하지 않고 가장 많이 사용하는 것은 평판캠이다. 이러한 이유로, 이번 장의 나머지 대부분은 주로 평판캠에 대하여 설명할 것인데, 그럼에도 보편적 개념들에 대해서도 제시될 것이다.

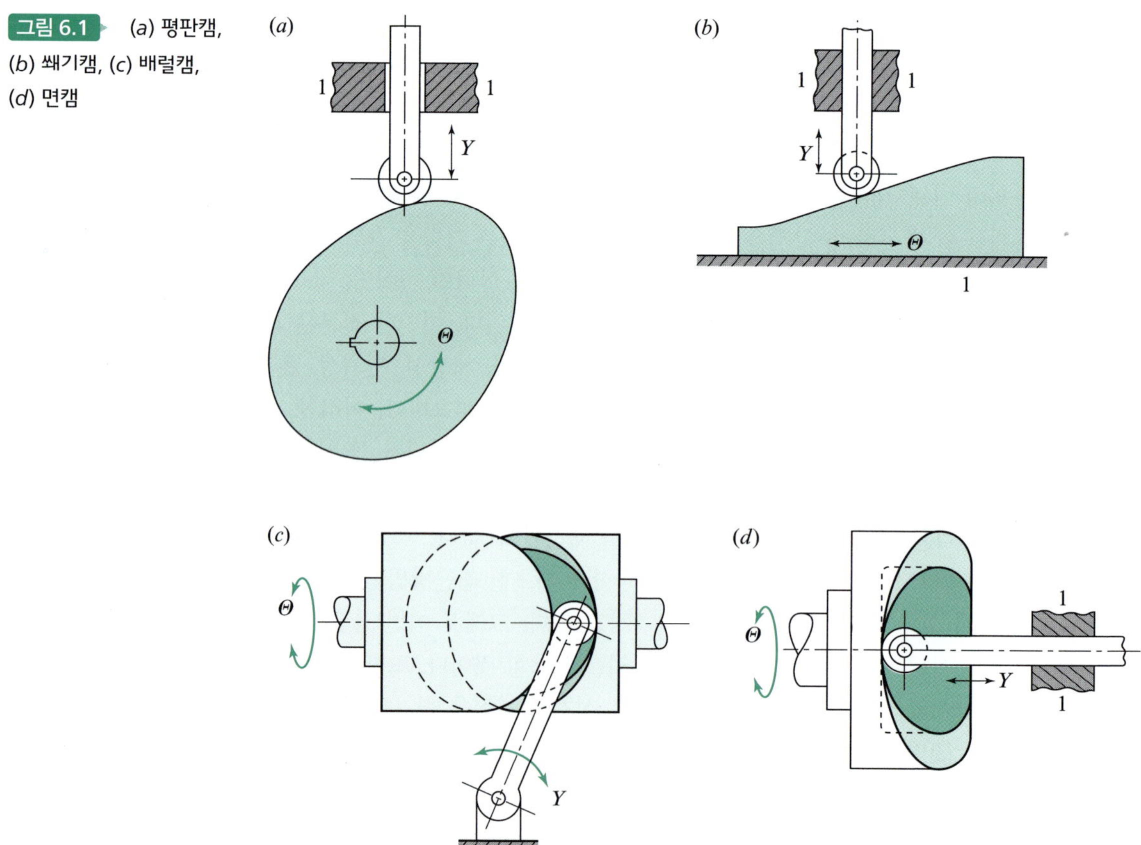


그림 6.1 (*a*) 평판캠, (*b*) 쐐기캠, (*c*) 배럴캠, (*d*) 면캠

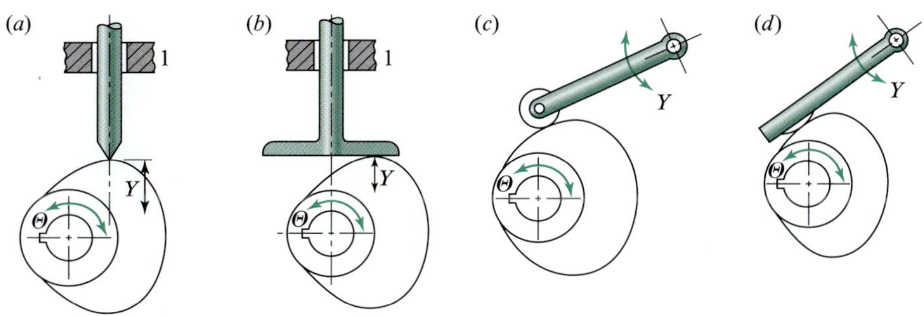


그림 6.2 (*a*) 편심왕복 직석끝 종동절, (*b*) 왕복 평면 종동절, (*c*) 요동 롤러 종동절, (*d*) 요동 곡면슈 종동절을 가진 평판캠

캠 시스템은 종동절의 기본 형태에 따라 분류할 수도 있다. 그림 6.2는 네 가지 형태의 종동절과 함께 동작하는 평판캠을 보여준다.

a. *직선끝*(*knife-edge*) 종동절
b. *평면*(*flat-face*) 종동절
c. *롤러*(roller) 종동절
d. *구면*(*spherical-face*) 또는 *곡면슈*(*curved-shoe*) 종동절

종동절의 면은 보통 간단한 기하학적 형상으로 되어 있고, 종동절의 운동은 이것과 맞물리는 캠의 형상에 따라 세심하게 설계된다. 또한 *반대형상캠*(*inverse cam*)의 예에서와 같이 출력요소가 복잡한 형상으로 가공된 것도 있다.

캠을 분류하는 또 다른 방법은 종동절과 프레임 간에 얻어지는 출력운동의 특성에 따르는 것이다. 그림 6.1*a*, *b*, *d* 그리고 그림 6.2*a*, *b*처럼 *왕복운동*(*reciprocating*, 평행운동)을 하는 종동절을 가진 캠과, 그림 6.1c, 6.2c, 6.2d와 같이 *요동운동*(*oscillating*, 회전)을 하는 종동절을 가진 캠이 있다. 왕복운동을 하는 종동절을 다시 분류하면, 그림 6.2*a*와 같이 캠의 회전중심에 대하여 종동절 운동의 중심(stem)이 *편심*(*offset*, 한쪽으로 치우친)된 것과 그림 6.2*b*와 같이 *반지름 방향*(*radial*)에 위치한 것이 있다.

설계자는 모든 캠 시스템에서 종동절이 캠과의 접촉을 지속적으로 유지해야 한다는 점을 꼭 알아두어야 한다. 이를 위해 중력에 의존하거나 적당한 스프링을 내장하거나 기계적인 구속 방법을 사용할 수 있다. 그림 6.1*c*를 보면 종동절이 홈(groove)에 의해 구속되어 있다. 그림 6.3*a*는 폭*이 일정한* 캠의 예를 보여 주고 있는데, 캠과 종동절의 두 접촉점이 구속을 하고 있다. 그림 6.3*b*와 같이 캠과 종동절을 배치한 *이중캠*(*dual* cam) 또는 *공액캠*(*conjugate* cam)을 사용하여 기계적인 구속을 할 수 있다. 여기서 각 캠은 롤러를 갖고 있으며, 롤러는 공유되는 종동절에 부착되어 있다.

이 장을 통해 심볼 $\Theta$를 캠의 전체 운동을 표현하는 데 사용하고 심볼 $Y$를 종동절의 전체 변위를 표현하는 데 사용한다. 캠 설계를 고찰하기 위해 기지의 입력변수를 $\Theta(t)$로 하고 출력변수는 $Y$로 표현하겠다. 그림 6.1, 6.2와 6.3을 다시 보면 여러 종류의 캠에 대해 $\Theta$와 $Y$의 정의에 대해 표현되어 있다. 이 그림들은 대부분의 경우 캠의 각도인 입력 $\Theta$이나, 그림 6.1*b*에서는 거리이다. 그리고 출력 $Y$는 왕복 종동절에서는 병진 거리이나 요동 종동절에서는 각도이다.

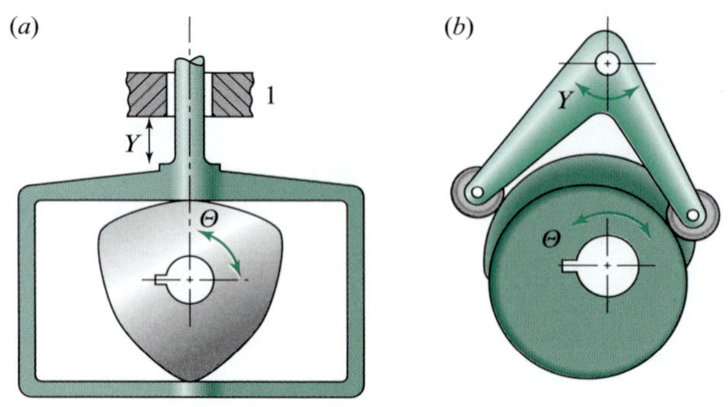


그림 6.3 (a) 왕복 평면 종동절이 있는 폭이 일정한 캠, (b) 요동 롤러 종동절이 있는 공액캠

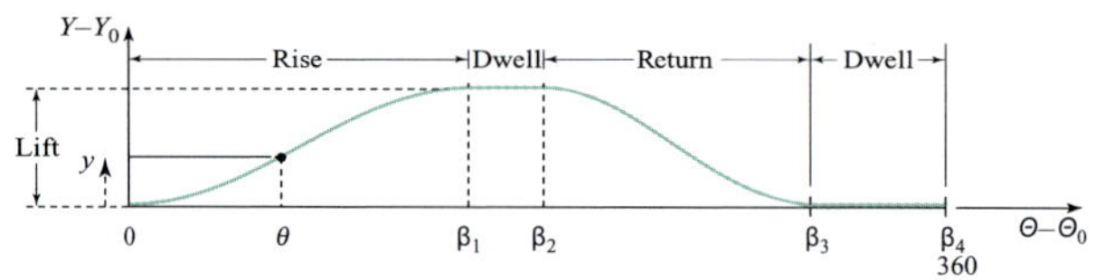


그림 6.4 캠의 변위선도

## 6.3 변위선도

사용되는 캠의 형태가 다양하고 형상이 서로 다름에도 불구하고 캠의 설계에서 체계적인 접근이 가능한 이유는 다음과 같은 공통적인 특징이 있기 때문이다. 보통의 캠 시스템은 1자유도계로 구성되어 있다. 즉, 캠은 일정한 속도로 회전하는 축에 의하여 알려진 입력운동으로 구동되고, 종동절에서 특정하게 요구되는 주기적인 출력운동이 얻어지도록 한다.

입력운동의 한 주기에 걸쳐서 캠이 회전하는 동안 종동절은 그림 6.4의 *변위선도*(*displacement diagram*)의 그래프 형태와 같은 일련의 운동을 수행한다. 이 그림에서 가로축은 입력운동, $\Theta$의 한 주기(보통, 캠의 1회전), 그리고 크기는 적당한 척도로 그린다. 세로축은 종동절의 이동거리 $Y$를 나타내며 왕복운동 종동절의 경우는 보통 캠의 형태를 알기 위하여 실제 치수로 그린다. 변위선도를 보면 종동절의 운동이 캠의 중심으로부터 멀어지는 위치가 나타나는데, 이 부분을 상승(*rise*)이라고 한다. 최대 상승량은 *양정*(*lift*)이라고 한다. *귀환*(*return*)은 캠의 중심 쪽으로 움직이는 구간을 말한다. 한 주기 동안 종동절이 멈춰 있는 구간은 *정지*(*dwell*)이다.

전체 캠의 특정 운동구간(즉, 구간 번호 $k$)는 $\Theta_k$로 시작해서 구간 내에서 $\theta$만큼 늘어나서 아래와 같은 식이 된다.

$$\Theta_{k+1} = \Theta_k + \beta_k \qquad (a)$$

여기서 $\beta_k$는 구간 $k$에 대한 전체 캠 각도이다.

마찬가지로 종동절의 변위는 $Y_k + y(0)$부터 시작되고 구간 내에서 $y(\theta)$로 늘어나서 아래와 같이 된다.

$$Y_{k+1} = Y_k + y(\beta_k) \qquad (b)$$

그러므로 구간 내에서는 다음과 같이 쓸 수 있다.

$$y = y(\theta) \tag{6.1}$$

변위선도의 많은 중요한 특성들은 전상승이나 정지의 위치와 기간 등과 같은 일반적으로 설계 요구 조건에 있다. 어쨌든 종동절의 상승, 귀환 등의 운동은 다양하게 선택할 수 있으며 상황에 따라 적용된다. 캠 설계에서 주요 단계 중 하나는 이러한 운동에 적합한 형태를 선택하는 일이다. 일단 어떤 운동이 선택되면, 즉 입력 $\Theta$와 출력 $Y$ 사이의 관계가 정확하게 결정되므로 변위선도를 정확하게 작성할 수 있으며 다음과 같은 함수관계식을 그래프로 나타낼 수 있다.

$$Y = Y(\Theta)$$

이 식은 최종 캠 형상의 정확한 특성에 내포되어 있다: 이는 캠의 형상 설계 및 제작에 필요한 정보, 동역학적 성능품질을 결정하는 중요한 특성이다. 이것을 좀 더 살펴보기 앞서, 여러 가지 상승 운동과 귀환 운동에 대한 변위선도를 작성하는 도식적 방법, 즉 등속운동, 포물선운동, 단순 조화 운동과 사이클로이드 운동에 대하여 알아보겠다.

*등속운동*(*uniform motion*)에 대한 변위선도는 일정한 기울기를 갖는 직선이다. 이와 같이 일정한 입력 속도에 대한 종동절 속도 또한 일정하다. 이러한 운동은 변위선도의 다른 부분과 경계를 이루는 곳에서 모서리가 만들어지기 때문에 전 양정에는 유용하지 못하다. 그래서 흔히 모서리를 제거한 다른 곡선구간 사이에서 사용된다(*변형 등속운동*이라 칭함).

*포물선운동*은 변형등속운동(modified uniform motion)의 한 가지 가능한 예이고 이 운동에 대한 변위선도가 그림 6.5*a*에 나와 있다. 선도의 중앙부는 캠 각도 $\beta_2$와 양정 $L_2$에 해당되는 부분을 나타내며 균일운동을 보인다. 양쪽 끝부분, 각도 $\beta_1$과 $\beta_3$ 그리고 이에 대응하는 양정 $L_1$과 $L_3$은 종동절에 대한 *포물선운동*(*parabolic motion*)을 보이도록 설계되어 있다. 이것에 의해 종동절이 일정한 가속도를 갖게 된다는 것을 잠시 후 배울 것이다. 그림 6.5*a*는 포물선운동의 기울기와 균일운동의 기울기가 어떻게 연결되는지 보여준다. $\beta_1$, $\beta_2$, $\beta_3$과 전 양정 $L$을 알고 있을 때, 각각의 양정 $L_1$, $L_2$, $L_3$은 구간 $\beta_1$과 $\beta_3$의 중간점을 직선으로 연결하면 그 값을 알 수 있다. 그림 6.5*b*는 처음에는 $L_1$과 $\beta_1$로 그리고 $L_3$과 $\beta_3$으로 정의된 사각형 경계선에 맞도록 포물선을 그리는 그래프 작도법을 보여준다. 가로축과 세로축은 임의로 등분하되 구간 수를 같게 나누고, 그림과 같이 숫자를 써넣는다. 포물선에 각각의 점을 표시하고 좌표 3을 지나는 점선을 그린다.

실제 캠의 설계에서 캠의 설계를 작도로 할 때는 정밀도를 높이기 위하여 상당히 많은 구간으로 나눈다. 동시에 척도를 크게 하는데 실제 크기의 대략 10배 정도의 배율로 그리고, 판토그래프

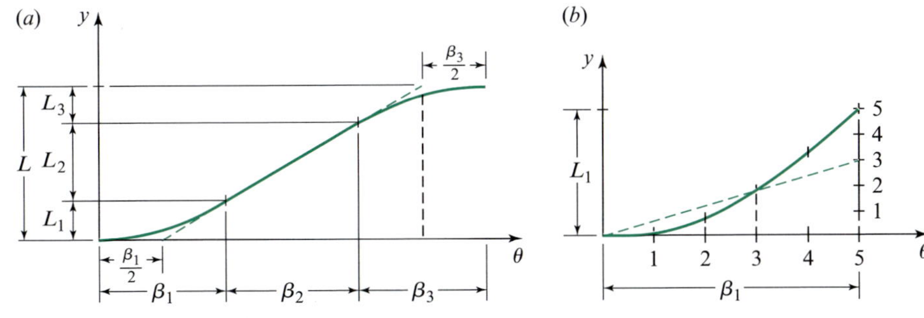


그림 6.5 (*a*) 균일운동에 대한 포물선운동의 인터페이스, (*b*) 도식적 작도

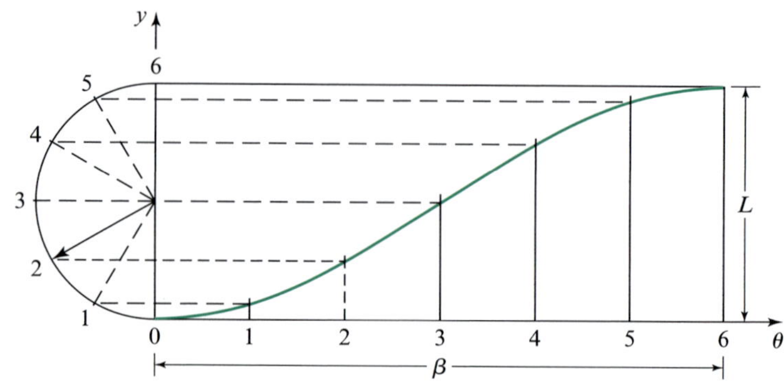


그림 6.6 단순 조화 운동의 변위선도. 도식적 작도

를 사용하여 실제의 크기로 축소시킨다. 그러나 읽기에 간명하게 하려고 이 장의 그림은 곡선을 정의하고 도식적 기법을 설명하기 위해 필요한 최소의 수로 분할하였다.

*단순 조화 운동*(*simple harmonic motion*)의 변위선도는 그림 6.6과 같다. 지름이 양정 $L$과 같은 반원을 사용하여 그래프를 그린다. 반원과 가로축을 동일한 수로 등분하고 점선으로 표시한 2의 분할 교차점을 지나도록 그린다.

*사이클로이드 운동*(*cycloidal motion*)은 사이클로이드라는 기하곡선으로부터 붙여진 이름이다. 그림 6.7의 왼쪽 그림과 같이 원의 반지름이 $L/2\pi$이고, 전 양정이 $L$일 때 원점으로부터 $y = L$인 지점까지 세로축을 따라 회전하면 정확히 1회전을 한다. 원 위의 점 $P$는 처음에는 원점 위에 위치하며 그림에서와 같이 사이클로이드 곡선을 따라 움직인다. 원이 미끄러짐 없이 일정한 속도로 구르면 점의 수직 위치인 $y$와 회전각 $\theta$의 그래프로 그림 6.7의 오른쪽과 같은 변위선도를 그릴 수 있다. 곡선을 그릴 때 원점 $O$, 또는 점 $B$을 중심으로 원을 그리면, 원을 하나만 그려도 되므로 훨씬 편리하다는 것을 알 수 있다. 원주를 등분하고 그래프의 가로축을 원주의 등분 수만큼 등분한 후 그림에서와 같이 숫자를 써넣는다. 그 다음 원주상의 점을 세로축에 교차될 때까지 수평으로 투사시킨다. 그리고 나서 세로축으로부터 변위선도와 대응되는 점을 찾아내기 위해 대각선 $OB$를 따라 평행하게 투사한다.

## 6.4 캠 프로파일의 도식적 작도

이제 특정 종동절의 운동을 전달하는 정확한 캠 프로파일을 결정하는 문제에 대하여 알아보고자

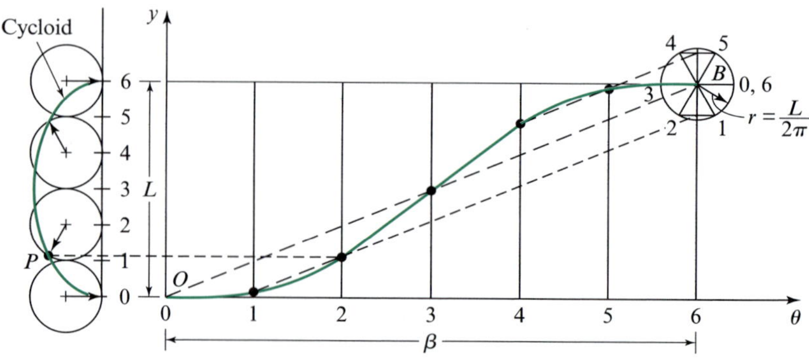


그림 6.7 사이클로이드 운동의 변위선도. 도식적 작도

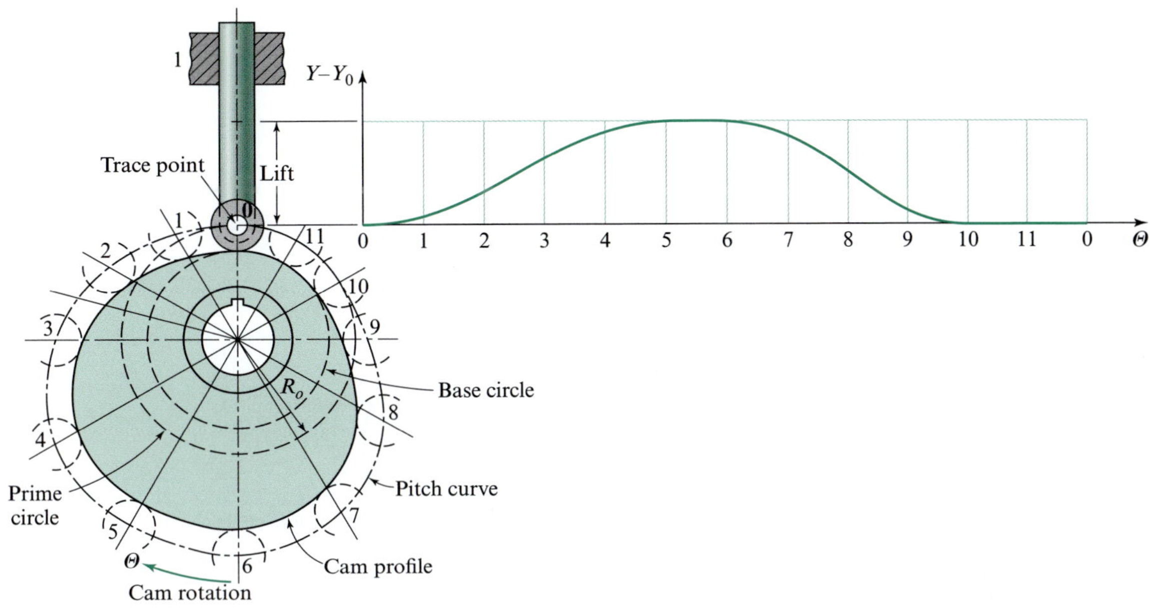


그림 6.8 캠에 관한 용어. 캠 표면은 캠을 정지해 놓고 종동절을 0의 위치부터 1, 2, 3의 위치로 회전하여 얻는다.

한다. 여기서는 요구되는 운동이 도식적, 해석적, 수치적으로 완전히 결정되었다고 가정하며, 이에 대한 구체적인 내용은 다음 절에서 다룰 것이다. 그러므로 완전한 변위선도는 전체 캠 회전에 대하여 동일한 척도로 표현할 수 있다. 문제는 변위선도에 표시된 대로 종동절이 움직이도록 캠의 형상을 작도하는 것이다.

그림 6.8은 래디얼 롤러 종동절을 가진 평판캠을 사용하는 경우를 보여준다. 이 그림에 사용된 추가적인 용어에 대한 설명은 다음과 같다.

*트레이스점(trace point)*은 종동절의 이론적인 점인데 도식적 구성에 우선 유용하게 쓰인다: 즉 이 점은 가상의 나이프에지 종동절의 끝과 일치한다. 이 점은 롤러 종동절의 중심이나 평면 종동절의 표면을 따라 위치한다.

*피치 곡선(pitch curve)*은 캠에 대한 종동절의 움직임에 따라 발생하는 트레이스점의 궤적이, 직선끝 종동절의 경우 피치 곡선과 캠 표면은 같다. 롤러 종동절에서는 롤러 반지름에 따라 분리된다.

*주원(prime circle)*은 캠 회전축으로부터 그릴 수 있는 가장 작은 원이며 피치 곡선과 접한다. 이 원의 반지름은 $R_0$이다.

*기초원(base circle)*은 캠 회전축에 중심이 위치한 캠 프로파일에 접하는 가장 작은 원이다. 롤러 종동절은 주원보다 롤러의 반지름만큼 작다; 즉 직선끝(knife-edge) 또는 평판 종동절은 주원과 일치한다.

캠 프로파일 작도 시 기구학적 반전원리를 적용한다. 종이 한 장이 정지된 캠 위에 있다고 가정하면 종동절이 *캠의 회전과 반대방향*으로 회전(종이에 대해)한다고 할 수 있다. 그림 6.8에서와 같이 주원을 분할된 구간만큼의 수로 등분하고 $Y - Y_0$ 거리를 주원으로부터 반지름 방향으로 트레이스점까지 측정하여 변위선도로부터 캠 작도면으로 직접 옮긴다. 이 점들을 연결하여 얻은 원만한 곡선이 *피치 곡선*이다. 이 예에서 종동절의 경우 각 구간의 적당한 위치에 간단하게 롤러를

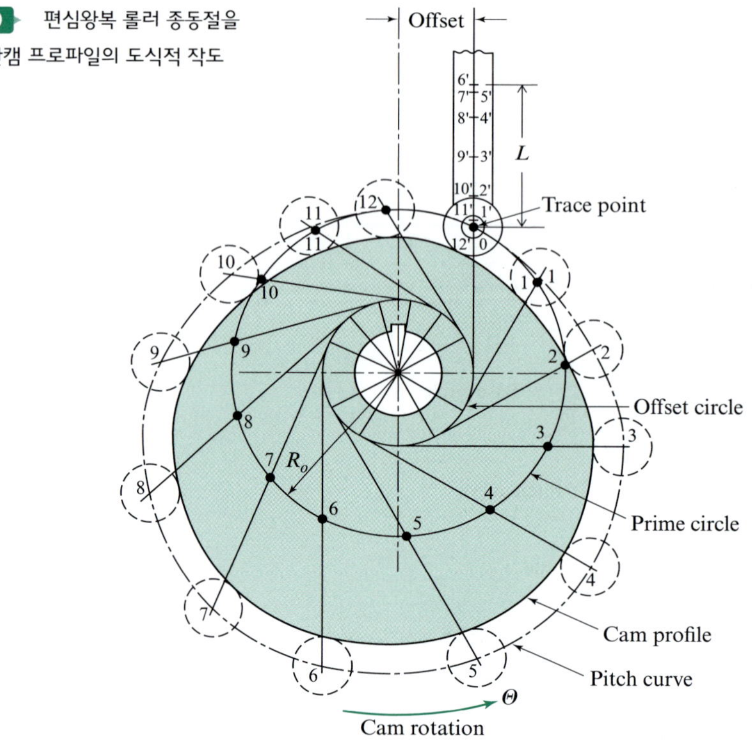


그림 6.9 편심왕복 롤러 종동절을 가진 평판캠 프로파일의 도식적 작도

그리고, 이들 롤러의 위치에 접하는 원만한 곡선으로 캠의 프로파일을 그리면 된다.

그림 6.9는 편심된 롤러 종동절에 대해 수정된 작도법에 대해 보여주고 있다. 먼저 편심량과 동일한 반지름으로 *편심원*(*offset circle*)을 그린다. 주원 둘레에 구간점의 번호를 확인하고 각 구간점에서 편심원에 접선을 그어 종동절의 중심선을 그린다. 각 구간점에서 롤러의 중심은 $Y - Y_0$ 거리를 변위선도로부터 종동절의 중심선까지 항상 주원으로부터 양의 바깥쪽으로 측정하여 직접 옮겨 구성한다. 또 다른 방법은 하나의 종동절의 중심선에 대해서 0′, 1′, 2′, …와 같은 점들을 확인하고 그들을 캠 중심에 대하여 대응되는 종동절 중심선의 위치로 회전하는 것이다. 어떤 경우에도 롤러 원은 그 다음에 그려지고, 롤러 원에 접하는 원만한 곡선을 그리면 원하는 캠 프로파일이 된다.

그림 6.10은 왕복 평면 종동절을 가진 평판캠의 작도과정을 보여준다. 피치 곡선은 그림 6.8에서 롤러 종동절에 사용했던 방법과 유사하게 작도한다. 그러나 롤러 위치 대신에 종동절의 평면을 나타내는 직선은 각 구간점의 위치에 그린다. 캠 프로파일은 모든 종동절 위치에 접하도록 원만한 곡선으로 그린다. 종동절 표면의 위치를 나타내는 각각의 직선을 연장하며 일련의 삼각형을 형성하면 도움이 될 것이다. 만일 그림에 표시된 바와 같이 이 삼각형들을 흐리게 칠하면 색칠된 모든 삼각형 안쪽으로 삼각형의 내측 변에 접하도록 하면 캠 프로파일을 쉽게 그릴 수 있다. 캠 프로파일은 변위선도로부터 구성된 0, 1, 2, 3 등의 점들을 통과할 필요가 없다는 점을 유의 해야 한다.

그림 6.11은 요동운동을 하는 롤러 종동절을 가진 평판캠의 프로파일을 작도하는 과정을 보여준다. 이 경우 캠의 프로파일을 형성하기 위하여 캠의 회전방향과 반대로 종동절의 고정 피벗 중심을 회전해야 한다. 이런 반전을 수행하려면 종동절의 고정 피벗 중심을 지나며 캠 축 중심에

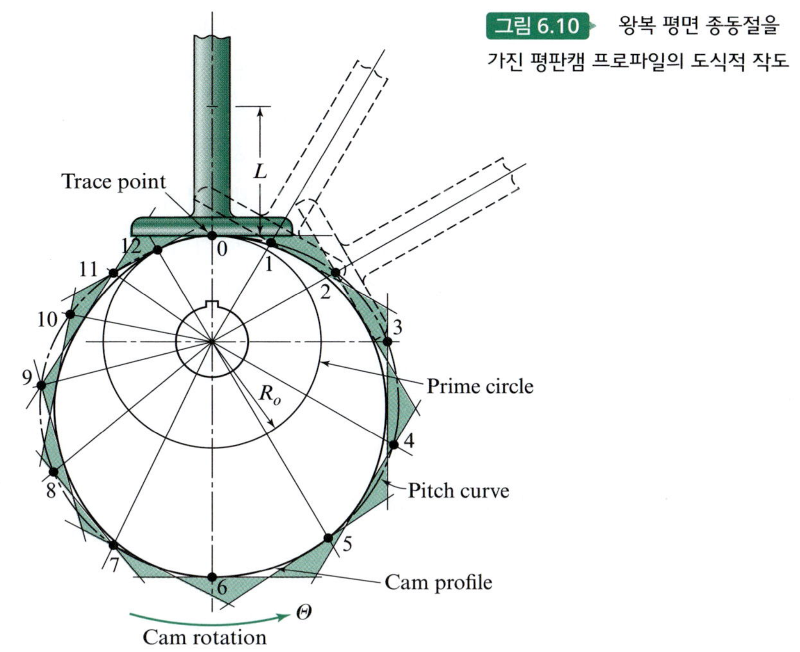


그림 6.10 왕복 평면 종동절을 가진 평판캠 프로파일의 도식적 작도

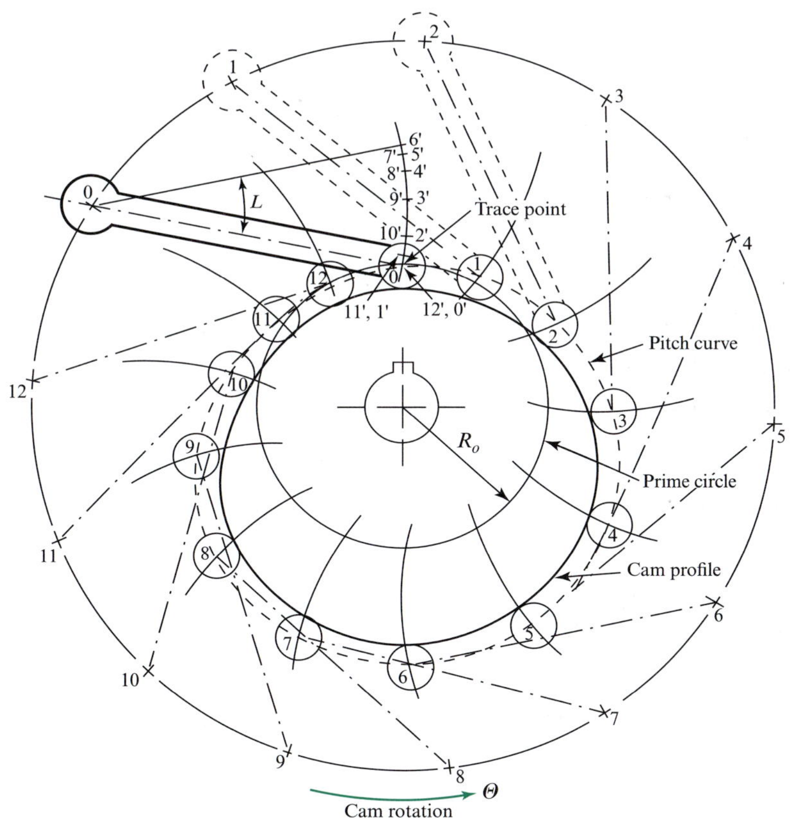


그림 6.11 요동 롤러 종동절을 가진 평판캠 프로파일의 도식적 작도

대한 원을 먼저 그린다. 그 원을 분할하고 변위선도와 일치하는 구간의 숫자를 써넣는다. 그 다음 종동절의 길이에 대응되는 같은 반지름만큼의 호를 이들 각각의 중심에 대하여 그린다.

요동 종동절의 경우 변위선도의 세로축값 $Y - Y_0$은 종동절의 각운동을 나타낸다. 만일 변위선도의 세로축 척도를 애초에 적절히 선택하고 종동절의 전 양정이 상당히 작은 값이라고 한다면, 디바이더를 사용하여 주원으로부터 그 위치에서의 종동절 중심까지의 호를 따라 바깥으로 측정함으로써 각각의 위치에서 변위선도의 세로축 거리를 종동절에 의해 그려지는 것과 일치하는 호에 그대로 옮길 수 있다. 마지막으로 롤러의 위치를 나타내는 원을 각 구역에 그리고 캠 프로파일은 이들 롤러의 각각의 위치에 접하는 원만한 곡선으로 그린다.

지금까지 예를 통해 각각 다른 형태의 캠-종동절 시스템은 변위선도로부터 캠 프로파일을 도식적으로 결정하기 위하여 각각 고유의 방법이 필요하다는 것을 알 수 있었다. 여기서 제시된 예가 가능한 모든 방법을 설명하는 것은 아니지만 일반적인 접근방법을 보여주고 있다. 또한 앞 절의 내용을 구체적으로 설명, 보충해주기도 한다. 즉, 캠 자체의 정밀한 형상 대부분은 변위선도 형태로부터 직접 만들어진다는 것을 알 수 있다. 캠의 형상이 다르고, 종동절 역시 동일한 변위선도에 대해서 여러 가지 형태를 가지고 있지만, 캠의 크기를 결정하기 위해 몇 개의 변수(주원 반지름과 같은)가 주어지면, 그 형상의 나머지는 변위선도로부터 주어진 운동의 요구에 따라 결정된다.

## 6.5 종동절의 운동계수

앞에서 변위선도는 캠과 종동절 형태에 관계없이 세로축을 종동절의 운동 $Y - Y_0$로 하고, 가로축을 캠의 입력운동 $\Theta$로 하여 나타낸다는 것을 배웠다. 이런 선도는 여러 개의 부분으로 구성되어 있다. 각 부분은 가로축이 $\theta$이고 세로축이 $y$이다. 그러므로 변위선도는 캠 시스템 운동의 입력 $\Theta$과 출력 $Y$ 간의 수학적 함수관계를 나타내는 선도라 할 수 있다. 일반적으로 이 관계는 다음과 같이 나타낼 수 있다.

$$y = y(\theta)$$

종동절 운동의 운동계수인 입력 위치 $\theta$에 대한 $y$의 도함수를 나타내는 보조 선도를 그릴 수 있다. 즉 종동절의 운동계수이다. 1차 운동계수는 다음과 같이 나타낼 수 있다.

$$y'(\theta) = \frac{dy}{d\theta} \tag{6.2}$$

이 식은 구간 내에서 각 입력 위치 $\theta$에서의 변위선도의 기울기를 나타낸다. 모든 구간을 합친 1차 운동계수 그래프는 실용적인 값은 아니지만 한 행정을 통해 변위선도에서의 "가파름(steepness)"을 알려주는 척도이다. 나중에 이것이 기계적 이득과 밀접한 관계가 있고 압력각임을 알게 될 것이다(6.10절 참조). 만일 직선끝 종동절(그림 6.2*a*)을 가진 쐐기캠(그림 6.1*b*)을 고려하면, 변위선도 자체가 해당하는 캠과 일치하는 형상을 보인다. 여기서 만일 캠의 경사가 너무 가파르면, 즉 1차 운동계수 $y'$가 너무 큰 값을 가질 경우 어려움을 보여줄 수 있다.

2차 운동계수(입력 위치 $\theta$에 대한 $y$의 2차 도함수)도 또한 중요하다. 2차 운동계수는 다음과 같이 나타낼 수 있다.

$$y''(\theta) = \frac{d^2y}{d\theta^2} \tag{6.3}$$

이것을 가시화하는 것은 매우 어렵지만 2차 운동계수는 프로파일상의 여러 점들에서의 캠의 곡률과 매우 밀접한 관계가 있다. 곡률이 곡률 반지름의 역수라는 것을 상기하라[4.1절 식 (g)]. 그러므로 $y''$이 커지면 곡률 반지름은 작아진다. 특히 2차 운동계수가 무한대가 되면, 곡률 반지름은 0이 된다. 즉 그 위치에서의 캠 프로파일은 점이 된다. 이것은 캠과 종동절 표면 사이의 접촉응력의 관점에서 매우 불만족스러운 것이고 매우 빨리 표면 손상을 일으킨다.

한 구간의 3차 운동계수는 다음과 같이 나타낼 수 있고 필요하면 도면화할 수 있다.

$$y'''(\theta) = \frac{d^3y}{d\theta^3} \tag{6.4}$$

이것은 기하학적으로 설명하기는 쉽지 않지만 이 식은 $y''$의 입력 위치 $\theta$에 대한 변화율을 나타낸다. 3차 운동계수도 변위선도의 세부적인 형상을 선택할 때 조정할 수 있다.

**예제 6.1**

전 양정이 $L$이고 캠의 전 회전각이 $\beta$인 캠이 한 정지(dwell)구간에서 다른 정지구간까지 포물선운동으로 상승하는 변위선도의 한 부분을 나타내는 식을 구하라. 이 부분의 변위선도와 입력변수 $\theta$에 대한 1차, 2차, 3차 운동계수(도함수)를 그려라. 이 부분 그래프의 수평 좌표는 정규화하여 비율 $\theta/\beta$의 좌방 경계치 $\theta/\beta = 0$로부터 우방 경계치 $\theta/\beta = 1$까지의 부분이다.

**▶ 풀이**

그림 6.5*a*에서와 같이 2개의 포물선이 필요하며 이들은 중간지점으로 잡은 변곡점에서 서로 만난다. 운동 시작 후 처음 절반에 일반적인 포물선 식은 다음과 같이 나타낼 수 있다.

$$y = A\theta^2 + B\theta + C \tag{1}$$

입력변수 $\theta$에 대한 식 (1)의 초기 3개의 도함수는 다음과 같다.

$$y' = 2A\theta + B \tag{2}$$

$$y'' = 2A \tag{3}$$

$$y''' = 0 \tag{4}$$

위치와 기울기를 선행된 정지구간의 그것들과 적당히 일치시키기 위하여, $\theta = 0$일 때 $y(0) = y'(0)$인 것을 이용한다. 이렇게 하면 식 (1)과 (2)에서 $B = C = 0$임을 알 수 있다. 변곡점에서 계산하면 $\theta = \beta/2$에서 $y = L/2$가 되어야 한다. 그러므로 이런 조건을 식 (1)에 대입하고 재배열하면 다음과 같다.

$$A = \frac{2L}{\beta^2}$$

따라서 포물선운동의 처음 절반에 대한 변위식은 다음과 같이 나타낼 수 있다.

$$y = 2L\left(\frac{\theta}{\beta}\right)^2 \tag{6.5a}$$

입력변수 $\theta$에 대하여 이 식을 미분하면 1차, 2차, 3차 운동계수는 다음과 같이 구할 수 있다.

$$y' = \frac{4L}{\beta}\left(\frac{\theta}{\beta}\right) \tag{6.5b}$$

$$y'' = \frac{4L}{\beta^2} \tag{6.5c}$$

$$y''' = 0 \tag{6.5d}$$

1차 운동계수의 최대값(즉 $y$의 최대 기울기)은 중간점에서 나타나며, 이때 $\theta = \beta/2$이다. 이 값을 식 (6.5$b$)에 대입하면 1차 운동계수의 최대값은 다음과 같이 구할 수 있다.

$$y'_{\text{max}} = \frac{2L}{\beta} \tag{5}$$

포물선운동의 두 번째 부분에 대하여 포물선에 대한 일반식 (1)~(4)를 적용한다. $\theta = \beta$에서 $y = L$, $y' = 0$인 조건을 식 (1)과 (2)에 대입하면 다음과 같이 구할 수 있다.

$$L = A\beta^2 + B\beta + C \tag{6}$$

$$0 = 2A\beta + B \tag{7}$$

기울기는 앞쪽의 포물선과 $\theta = \beta/2$에서 만나야 하기 때문에 식 (2)와 (5)로부터 다음과 같은 관계식을 얻을 수 있다.

$$\frac{2L}{\beta} = 2A\frac{\beta}{2} + B \tag{8}$$

식 (6), (7), (8)을 동시에 풀면 각각 다음과 같다.

$$A = -\frac{2L}{\beta^2}, \quad B = \frac{4L}{\beta}, \quad C = -L \tag{9}$$

이 상수들을 식 (1)에 대입하면 포물선운동의 나머지 절반에 대한 변위식은 다음과 같이 구할 수 있다.

$$y = L\left[1 - 2\left(1 - \frac{\theta}{\beta}\right)^2\right] \tag{6.6a}$$

또한, 식 (9)를 식 (2), (3), (4)에 대입하면 포물선운동의 나머지 절반에 대한 1차, 2차, 3차 운동계수는 다음과 같이 구할 수 있다.

$$y' = \frac{4L}{\beta}\left(1 - \frac{\theta}{\beta}\right) \tag{6.6b}$$

$$y'' = -\frac{4L}{\beta^2} \tag{6.6c}$$

$$y''' = 0 \tag{6.6d}$$

*전-상승 포물선운동*의 예제에 대한 변위선도와 1차, 2차 그리고 3차 운동계수는 그림 6.12와 같다.

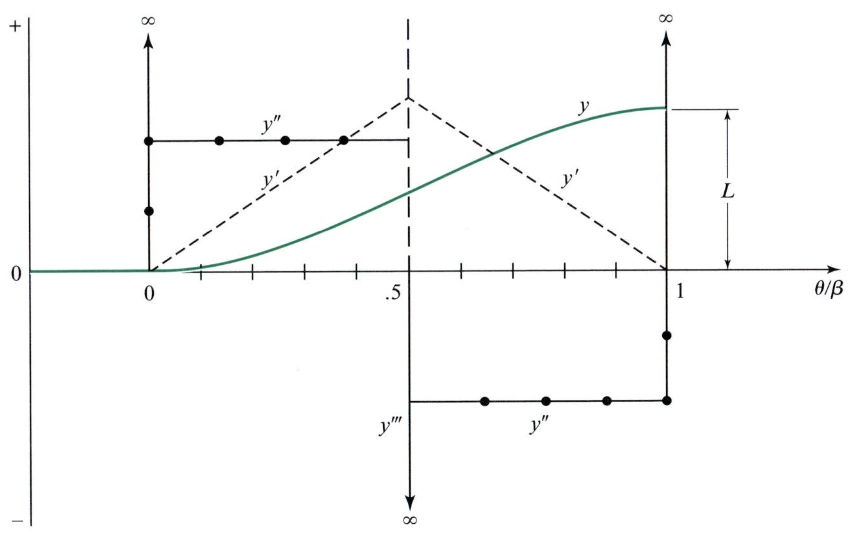


그림 6.12 전-상승 포물선운동에 대한 변위선도와 도함수, 식 (6.5)와 (6.6)

지금까지의 설명은 종동절 운동의 운동계수와 관련되어 있다. 이 계수들은 입력변수 $\theta$에 대한 도함수이며 캠 시스템의 형상과 관련되어 있다. 이제 시간에 대한 종동절 운동의 도함수를 고려해보자. 우선 입력운동 $\Theta(t)$의 시간변화, 즉 $\theta(t)$가 주어졌다고 가정한다. 각속도 $\omega = d\theta/dt$, 각가속도 $\alpha = d^2\theta/dt^2$ 및 다음의 도함수[자주 각저크(angular jerk) 또는 2차 각가속도]라고 하는 $\dot{\alpha} = d^3\theta/dt^3$가 주어졌다고 가정한다. 보통 평판캠은 일정 속도의 입력축으로 구동된다. 이 경우 $\omega$는 알려진 상수이고 $\theta = \omega t$, $\alpha = \dot{\alpha} = 0$이다. 그러나 캠 시스템이 시동되는 동안에는 이것이 성립되지 않으므로 일반적인 경우를 먼저 생각해보자.

선택된 구간번호 $k$에 대해 변위선도의 일반식으로부터 6.3절의 식 ($a$)와 ($b$)는 다음과 같이 나타낼 수 있다.

$$y = Y - Y_k = y(\theta) \quad \text{그리고} \quad \theta = \Theta - \Theta_k = \theta(t) \tag{6.7}$$

그러므로 종동절 운동의 시간에 관한 도함수를 구하기 위하여 미분한다. 예를 들면, 종동절의 속도는 다음과 같이 주어진다.

$$\dot{y} = \frac{dy}{dt} = \left(\frac{dy}{d\theta}\right)\left(\frac{d\theta}{dt}\right)$$

이것은 1차 운동계수를 사용하여 다음과 같이 나타낼 수 있다.

$$\dot{y} = y'\omega \tag{6.8}$$

동일한 방법으로 종동절의 가속도와 저크(the third time derivative)는 다음과 같이 나타낼 수 있다.

$$\ddot{y} = \frac{d^2y}{dt^2} = y''\omega^2 + y'\alpha \tag{6.9}$$

그리고

$$\dddot{y} = \frac{d^3y}{dt^3} = y'''\omega^3 + 3y''\omega\alpha + y'\dot{\alpha} \tag{6.10}$$

캠 축의 속도가 일정할 때 $\alpha = 0$이고 식 (6.8)~(6.10)은 간단히 다음과 같이 나타낼 수 있다.

$$\dot{y} = y'\omega, \quad \ddot{y} = y''\omega^2, \quad \dddot{y} = y'''\omega^3 \tag{6.11}$$

이와 같은 이유에서 그림 6.12에서와 같이 운동계수 $y'$, $y''$, $y'''$의 곡선들을 주어진 구간의 운동에 대한 "속도"곡선, "가속도"곡선, "저크"곡선이라고 하는 것이 어느 정도 통상적으로 받아들여지고 있다. 이것들은 각각이 $\omega$, $\omega^2$ 그리고 $\omega^3$로 보정되었을 때 등속 캠에 대해서만 유효한 이름이다.[1] 그러나 변위선도의 특정한 선택에 대한 물리적 암시를 고려할 때에는 도함수에 대하여 이러한 이름을 쓰는 것이 유용할 것이다. 예를 들면, 그림 6.12의 포물선운동에 대하여 중간점 $\theta = \beta/2$에서 종동절의 "속도"는 최고점까지 직선적으로 상승하다가 다시 0까지 감소한다고 하는 것이 직관적으로 의미가 있다. 종동절의 "가속도"는 정지구간의 초기에는 0이었다가 상승을 시작할 때 일정한 양의 값으로 갑자기 뛰어(즉 계단 입력)오른다. 또한 종동절의 "가속도"는 중앙지점과

[1] 예를 들어, "속도"라는 단어를 문자 그대로 받아들이면, 왕복 종돌절이 있는 평판캠의 경우, "속도" $y'$의 단위는 라디안당 거리라는 것을 알게 되면 놀라게 된다. 그러나 이 단위에 초당 라디안을 곱하면 $\omega$의 단위는 초당 거리의 단위 $\dot{y}$가 된다.

상승의 끝지점에서도 계단 변화를 볼 수 있다. 종동절의 "가속도"가 3번의 계단변화를 겪을 때마다 종동절의 "저크"는 무한대가 된다.

## 6.6 고속캠

포물선운동에 대한 설명을 계속하여, 캠 시스템의 동적 운동에 대한 그림 6.12의 "가속도"곡선이 암시하는 바를 잠깐 생각해보자. 물론 어떤 실제 종동절이라도 얼마간의 질량을 갖고 있기 때문에 가속도를 곱했을 때 관성력이 발휘된다(12장 참조). 그러므로 그림 6.12의 "가속도"곡선은 종동절의 관성력을 나타내주는 것으로 생각할 수 있다. 다시 말하면, 종동절 베어링과 캠 표면의 접촉점에서 관성력이 감지된다. 포물선운동에서와 같이 돌발적인 변화를 갖는 "가속도"곡선(즉 "저크"가 무한대)은 베어링과 캠 표면에서 돌발적인 접촉응력의 변화를 가져오며, 이로 인해 소음과 표면의 마모 그리고 최종적으로는 파괴를 일으킨다. 이와 같이 1차 및 2차 도함수("속도"와 "가속도")가 연속이 되도록, 즉 계단적 변화를 보이지 않는 변위선도를 선택하는 것이 매우 중요하다.

때로는 저속캠에 적용할 때는 "속도"와 "가속도" 관계에 타협을 보기도 한다. 경우에 따라서는 순서를 반대로 하는 것이 작업이 간단할 때가 있는데, 즉 캠 형상의 설계부터 먼저 하고, 다음 단계로 변위선도를 작성하기도 한다. 이러한 캠들은 공작 기계로 쉽게 가공할 수 있는 직선이나 원호 등의 조합곡선으로 구성된다. 대표적인 두 가지 예가 그림 6.13의 *원호캠*(*circle-arc cam*)과 *접선캠*(*tangent cam*)이다. 이 설계에 접근하는 방법은 반복에 의해 이루어진다. 시험용 캠이 설계되면 기구학적 특성을 계산하는데, 이러한 과정은 캠의 원하는 특성이 얻어질 때까지 반복한다. 원호캠과 접선캠의 $A$, $B$, $C$, $D$점은 접점이거나 혼합점이다. 캠 프로파일의 곡률 반지름에 순간적인 변화 때문에, 혼합점에서의 가속도의 돌발적인 변화가 이전의 포물선 예에서처럼 혼합점에서 생긴다는 점을 주목할 필요가 있다. 때문에 앞의 예를 통해 다른 포물선운동은 쓸모가 없다.

그러나 불연속적인 가속도 특성을 가진 캠일지라도 저속의 응용에서는 가끔 볼 수 있는데, 이러한 캠들은 향후 생산성을 높이기 위해 입력 속도가 빨라지면 심각한 문제를 야기할 수 있다. 고속캠의 응용에서는 전 운동주기에서 변위와 "속도" 곡선뿐만 아니라, "가속도"곡선도 연속이 되도록 하는 것이 매우 중요하다. 캠의 구간 내에서나 서로 다른 구간의 경계에서 어떠한 불연속이 존재해서는 안 된다.

식 (6.11)에서 알 수 있는 바와 같이, 캠 축의 속도가 빨라질수록 연속 도함수의 중요성은 더

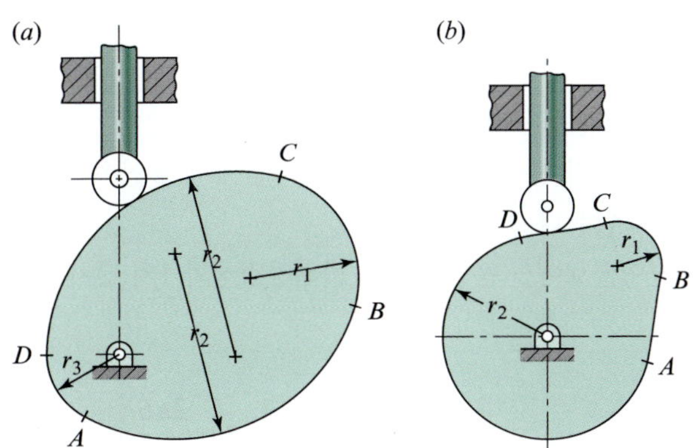


그림 6.13 (*a*) 원호캠, (*b*) 접선캠

욱 커진다. 속도가 빨라질수록 곡선은 더욱 원만해져야 한다. 또한 아주 빠른 속도에서는 힘의 변화율과 관련된 저크 및 더 높은 차수의 도함수에서도 가능한 한 연속적이어야 한다. 그러나 대부분의 응용에서 이것은 불필요하다.

먼저 고속캠의 설계기술이 요구되는 응용분야를 검토하기 전에는 얼마나 높은 속도를 가져야 하는지에 대하여 간단히 대답할 수 없다. 이에 대한 답변을 얻기 위해서는 종동절의 질량뿐만 아니라 복귀 스프링의 강성, 사용된 재질, 종동절의 유연성, 기타 여러 가지 변수들이 고려되어야 한다[9]. 캠 동력학에 대한 추가 분석은 6.11~6.16절에 언급되어 있다. 그러나 다음에 기술하는 방법으로도 변위선도의 연속도함수를 얻는 것이 그다지 어렵지는 않다. 그러므로 이것을 기본적인 방법으로 생각하는 것을 권장한다. 예를 들면, 사이클로이드-운동 캠이 포물선-운동 캠을 만드는 것보다 더 이상 어렵지는 않고 후자를 사용하는 특별한 이유는 없다. 원호캠과 접선캠을 가공하기도 쉽고, 현대의 가공기술은 더욱 복잡한 형상의 캠을 가공하는 데 드는 비용도 그렇게 높지 않아서 추천할 만하다.

## 6.7 표준캠 운동

6.5절의 예제 6.1에서 상세한 과정을 통해 포물선운동식을 유도하였고 그 도함수를 구했다[식 (6.5)와 (6.6)]. 6.6절에서는 고속캠 시스템에서 포물선운동의 사용을 피하는 이유에 대해 알아보았다. 이 절의 목적은 대부분의 고속캠 운동의 요구에 부응할 수 있는 변위곡선의 다양한 형태에 대한 방정식을 알아보는 것이다. 방정식의 유도과정은 예제 6.1과 같으므로 생략한다.

*전-상승(full-rise) 단순 조화 운동*구간의 변위방정식과 1차, 2차, 3차 운동계수는 각각 다음과 같이 나타낼 수 있다.

$$y = \frac{L}{2}\left(1 - \cos\frac{\pi\theta}{\beta}\right) \tag{6.12a}$$

$$y' = \frac{\pi L}{2\beta}\sin\frac{\pi\theta}{\beta} \tag{6.12b}$$

$$y'' = \frac{\pi^2 L}{2\beta^2}\cos\frac{\pi\theta}{\beta} \tag{6.12c}$$

$$y''' = -\frac{\pi^3 L}{2\beta^3}\sin\frac{\pi\theta}{\beta} \tag{6.12d}$$

전-상승 단순 조화 운동구간에 대한 변위선도와 1차, 2차, 3차 운동계수는 그림 6.14에 나와 있다. 포물선운동과 달리 단순 조화 운동은 변곡점에서 불연속을 보이지 않으나 두 경계점에서 "가속도"가 0이 되지 않는다.

*전-상승 사이클로이드 운동*구간의 변위방정식과 1차, 2차, 3차 운동계수는 각각 다음과 같이 나타낼 수 있다.

$$y = L\left(\frac{\theta}{\beta} - \frac{1}{2\pi}\sin\frac{2\pi\theta}{\beta}\right) \tag{6.13a}$$

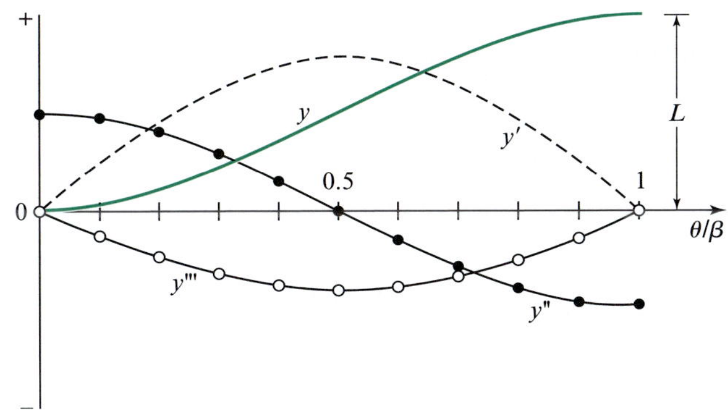


그림 6.14 전-상승 단순 조화 운동의 변위선도와 도함수. 식 (6.12)

$$y' = \frac{L}{\beta}\left(1 - \cos\frac{2\pi\theta}{\beta}\right) \tag{6.13b}$$

$$y'' = \frac{2\pi L}{\beta^2}\sin\frac{2\pi\theta}{\beta} \tag{6.13c}$$

$$y''' = \frac{4\pi^2 L}{\beta^3}\cos\frac{2\pi\theta}{\beta} \tag{6.13d}$$

전-상승 사이클로이드 운동구간의 변위선도와 1차, 2차, 3차 운동계수는 그림 6.15에 나와 있다. 이 구간의 경계에서는 모든 도함수가 0이 아님을 유의해야 한다. 경계에서 모든 도함수가 0의 값을 갖는 것은 표준 운동뿐이라는 것 또한 유념해야 한다. 그러나 "속도", "가속도", "저크"의 정점값은 단순 조화 운동에서보다 높다.

*전-상승 8차 다항식 운동* 구간에 대한 변위방정식과 1차, 2차, 3차 운동계수는 각각 다음과 같다.

$$y = L\left[6.09755\left(\frac{\theta}{\beta}\right)^3 - 20.78040\left(\frac{\theta}{\beta}\right)^5 + 26.73155\left(\frac{\theta}{\beta}\right)^6 - 13.60965\left(\frac{\theta}{\beta}\right)^7 + 2.56095\left(\frac{\theta}{\beta}\right)^8\right] \tag{6.14a}$$

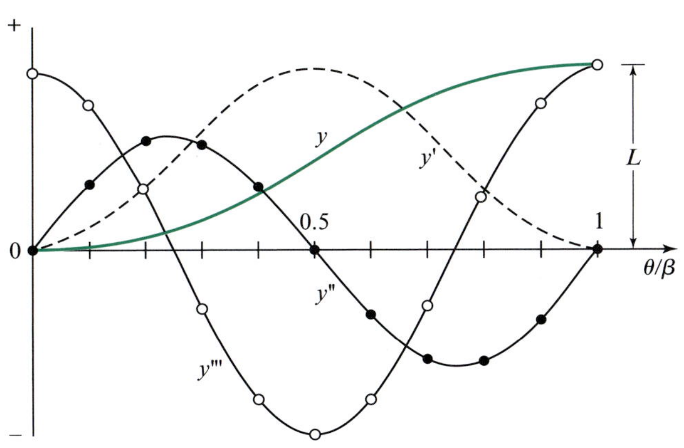


그림 6.15 전-상승 사이클로이드 운동 구간의 변위선도와 도함수. 식 (6.13)

$$y' = \frac{L}{\beta}\left[18.29265\left(\frac{\theta}{\beta}\right)^2 - 103.90200\left(\frac{\theta}{\beta}\right)^4 + 160.38930\left(\frac{\theta}{\beta}\right)^5 - 95.26755\left(\frac{\theta}{\beta}\right)^6 + 20.48760\left(\frac{\theta}{\beta}\right)^7\right] \tag{6.14b}$$

$$y'' = \frac{L}{\beta^2}\left[36.58530\left(\frac{\theta}{\beta}\right) - 415.60800\left(\frac{\theta}{\beta}\right)^3 + 801.94650\left(\frac{\theta}{\beta}\right)^4 - 571.60530\left(\frac{\theta}{\beta}\right)^5 + 143.41320\left(\frac{\theta}{\beta}\right)^6\right] \tag{6.14c}$$

$$y''' = \frac{L}{\beta^3}\left[36.58530 - 1246.82400\left(\frac{\theta}{\beta}\right)^2 + 3207.78600\left(\frac{\theta}{\beta}\right)^3 - 2858.02650\left(\frac{\theta}{\beta}\right)^4 + 860.47920\left(\frac{\theta}{\beta}\right)^5\right] \tag{6.14d}$$

8차 다항식에서 얻어지는 상승 운동에 대한 변위선도와 1차, 2차, 3차 운동계수는 그림 6.16에 나와 있다. 식 (6.14)는 이 방정식은 많은 "좋은" 특성을 갖도록 특별히 유도된 것으로 다소 어색한 계수가 포함되어 있다[5]. 이런 것 중에서 그림 6.16을 보면 구간의 양 끝에서 몇 가지 운동계수 값이 0이고, "가속도" 특성이 비대칭적이다. 또한 "가속도" 정점 값이 가능한 한 작게 유지된다(즉 양과 음의 "가속도" 정점 값은 같다).

단순 조화 운동, 사이클로이드 운동 및 8차 다항식 운동구간의 변위선도는 언뜻 비슷해 보인다. 전 캠 회전각 $\beta$에서 양정 $L$까지 각각의 곡선은 상승하며, 각 시작점과 끝점에서 수평이 된다. 이러한 이유로 이것을 *전-상승(full-rise)* 운동구간이라고 부른다. 그러나 그것들의 "가속도"곡선은 전혀 다르다. 단순 조화 운동구간은 경계에서 0이 아닌 "가속도"를 갖는다. 사이클로이드 운동구간은 양 끝에서 "가속도"가 0이며, 8차 다항식 운동구간은 한쪽은 0이고 다른 한쪽은 0이 아닌 가속도를 갖는다. 이러한 다양한 형태는 이들을 다른 형태의 이웃하는 곡선들과 결합할 때 선택의 폭을 넓혀준다.

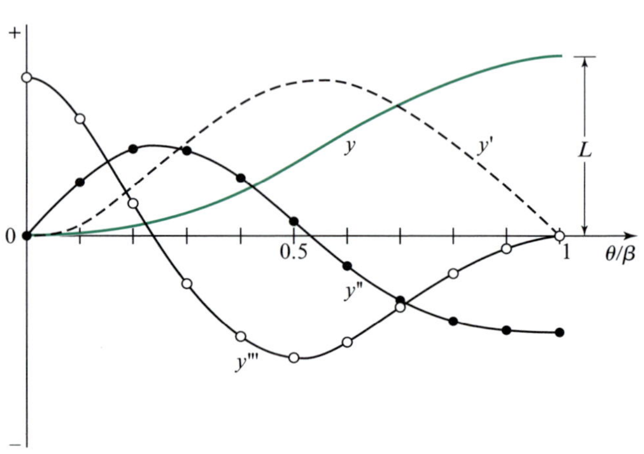


**그림 6.16** 전-상승 8차 다항식 운동구간에 대한 변위선도와 도함수. 식 (6.14)

세 가지 동일한 형태의 *전 귀환(full-return)* 운동이 그림 6.17~6.19에 나와 있다.

*전 귀환 단순 조화 운동구간*의 변위방정식과 1차, 2차, 3차 운동계수는 각각 다음과 같다.

$$y = \frac{L}{2}\left(1 + \cos\frac{\pi\theta}{\beta}\right) \tag{6.15a}$$

$$y' = -\frac{\pi L}{2\beta}\sin\frac{\pi\theta}{\beta} \tag{6.15b}$$

$$y'' = -\frac{\pi^2 L}{2\beta^2}\cos\frac{\pi\theta}{\beta} \tag{6.15c}$$

$$y''' = \frac{\pi^3 L}{2\beta^3}\sin\frac{\pi\theta}{\beta} \tag{6.15d}$$

*전 귀환 사이클로이드 운동구간*의 변위방정식과 1차, 2차, 3차 운동계수는 각각 다음과 같다.

$$y = L\left(1 - \frac{\theta}{\beta} + \frac{1}{2\pi}\sin\frac{2\pi\theta}{\beta}\right) \tag{6.16a}$$

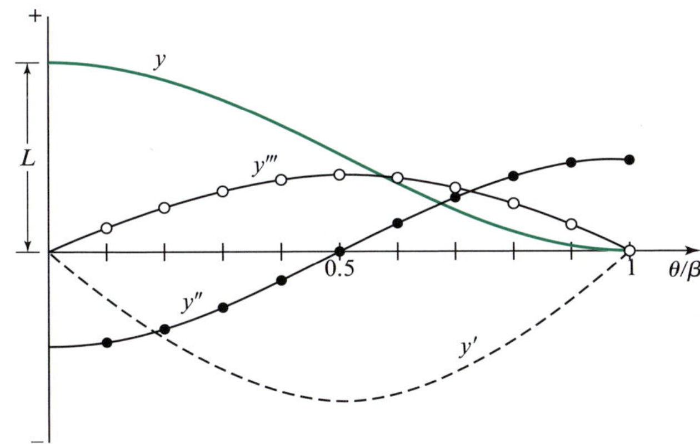


**그림 6.17** 전 귀환 단순 조화 운동구간에 대한 변위선도와 도함수. 식 (6.15)

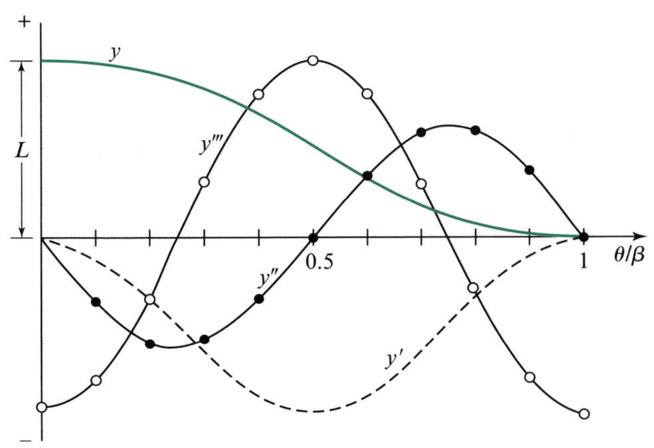


**그림 6.18** 전 귀환 사이클로이드 운동구간에 대한 변위선도와 도함수. 식 (6.16)

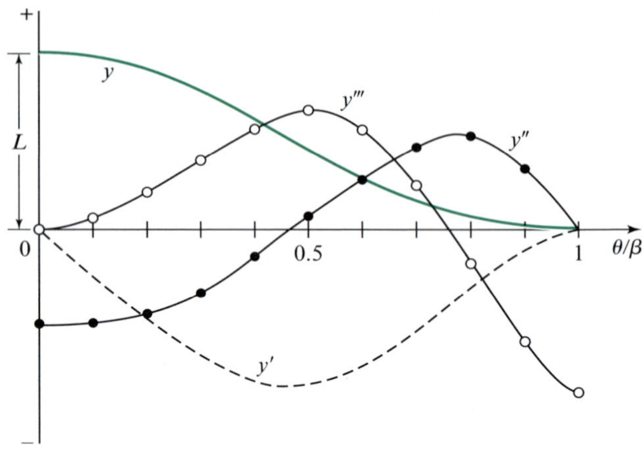


그림 6.19 전 귀환 8차 다항식 운동구간에 대한 변위선도와 도함수. 식 (6.17)

$$y' = -\frac{L}{\beta}\left(1 - \cos\frac{2\pi\theta}{\beta}\right) \tag{6.16b}$$

$$y'' = -\frac{2\pi L}{\beta^2}\sin\frac{2\pi\theta}{\beta} \tag{6.16c}$$

$$y''' = -\frac{4\pi^2 L}{\beta^3}\cos\frac{2\pi\theta}{\beta} \tag{6.16d}$$

*전 귀환 8차 다항식 운동구간*에 대한 변위방정식과 1차, 2차, 3차 운동계수는 각각 다음과 같다.

$$y = L\left[1.000\,00 - 2.634\,15\left(\frac{\theta}{\beta}\right)^2 + 2.780\,55\left(\frac{\theta}{\beta}\right)^5 + 3.170\,60\left(\frac{\theta}{\beta}\right)^6 - 6.877\,95\left(\frac{\theta}{\beta}\right)^7 + 2.560\,95\left(\frac{\theta}{\beta}\right)^8\right] \tag{6.17a}$$

$$y' = -\frac{L}{\beta}\left[5.268\,30\frac{\theta}{\beta} - 13.902\,75\left(\frac{\theta}{\beta}\right)^4 - 19.023\,60\left(\frac{\theta}{\beta}\right)^5 + 48.145\,65\left(\frac{\theta}{\beta}\right)^6 - 20.487\,60\left(\frac{\theta}{\beta}\right)^7\right] \tag{6.17b}$$

$$y'' = -\frac{L}{\beta^2}\left[5.268\,30 - 55.611\,00\left(\frac{\theta}{\beta}\right)^3 - 95.118\,00\left(\frac{\theta}{\beta}\right)^4 + 288.873\,90\left(\frac{\theta}{\beta}\right)^5 - 143.413\,20\left(\frac{\theta}{\beta}\right)^6\right] \tag{6.17c}$$

$$y''' = \frac{L}{\beta^3}\left[166.833\,00\left(\frac{\theta}{\beta}\right)^2 + 380.472\,00\left(\frac{\theta}{\beta}\right)^3 - 1444.369\,50\left(\frac{\theta}{\beta}\right)^4 + 860.479\,20\left(\frac{\theta}{\beta}\right)^5\right] \tag{6.17d}$$

이보다 고차이며 여기에서 언급된 조건보다 더욱 많이 추가된 다항변위식도 일반적으로 사용되고 있다. 스토다트(Stoddart)에 의해서 계수를 자동적으로 결정할 수 있는 절차가 개발되었으며[8], 동역학적인 조건에서 종동절 시스템의 탄성변형을 보상할 수 있는 계수의 선택법도 제안되어 있다. 그러한 캠을 *폴리다인 캠*(*polydyne cam*)이라고 한다.

위에서 언급한 전-상승운동과 전 귀환 운동에 추가하여 표준 *반 상승*(*half-rise*)과 *반 귀환*(*half-return*) 운동을 응용하면 유용할 때가 있다. 이들은 한쪽 경계가 0이 아닌 기울기를 갖는 곡선들이며 균일운동과 조화를 이루어 사용할 수 있다. *반상승 단순 조화 운동구간*에 대한 변위선도와 1차, 2차, 3차 운동계수를 *반조화*(*half-harmonics*) *운동구간*이라고 부르기도 하는데 그림 6.20에 표현되어 있다. 그림 6.20*a*에 대한 식은 각각 다음과 같다.

$$y = L\left(1 - \cos\frac{\pi\theta}{2\beta}\right) \tag{6.18a}$$

$$y' = \frac{\pi L}{2\beta}\sin\frac{\pi\theta}{2\beta} \tag{6.18b}$$

$$y'' = \frac{\pi^2 L}{4\beta^2}\cos\frac{\pi\theta}{2\beta} \tag{6.18c}$$

$$y''' = -\frac{\pi^3 L}{8\beta^3}\sin\frac{\pi\theta}{2\beta} \tag{6.18d}$$

그림 6.20*b*의 반 상승 단순 조화 운동구간에 대한 변위방정식과 1차, 2차, 3차 운동계수는 각각 다음과 같다.

$$y = L\sin\frac{\pi\theta}{2\beta} \tag{6.19a}$$

$$y' = \frac{\pi L}{2\beta}\cos\frac{\pi\theta}{2\beta} \tag{6.19b}$$

$$y'' = -\frac{\pi^2 L}{4\beta^2}\sin\frac{\pi\theta}{2\beta} \tag{6.19c}$$

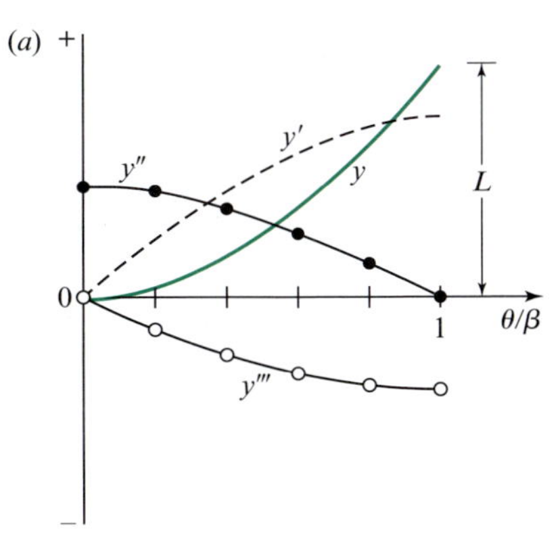


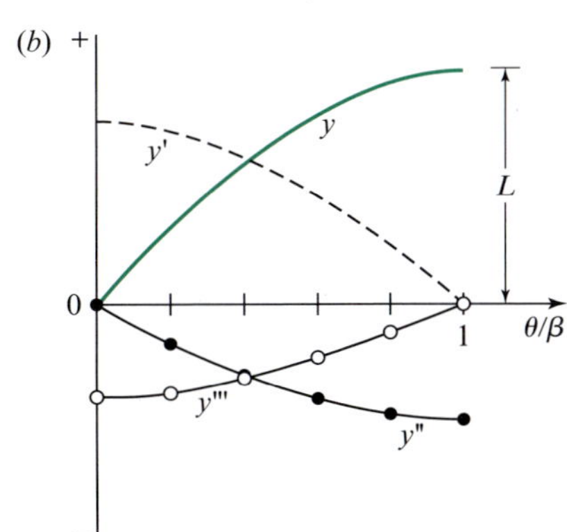


**그림 6.20** 반 상승 단순 조화 운동구간에 대한 변위선도와 도함수. (*a*) 식 (6.18), (*b*) 식 (6.19)

$$y''' = -\frac{\pi^3 L}{8\beta^3} \cos \frac{\pi\theta}{2\beta} \tag{6.19d}$$

*반 귀환 단순 조화 운동구간*에 대한 곡선은 그림 6.21에 나와 있다. 그림 6.21*a*에 대한 식은 각각 다음과 같다.

$$y = L \cos \frac{\pi\theta}{2\beta} \tag{6.20a}$$

$$y' = -\frac{\pi L}{2\beta} \sin \frac{\pi\theta}{2\beta} \tag{6.20b}$$

$$y'' = -\frac{\pi^2 L}{4\beta^2} \cos \frac{\pi\theta}{2\beta} \tag{6.20c}$$

$$y''' = \frac{\pi^3 L}{8\beta^3} \sin \frac{\pi\theta}{2\beta} \tag{6.20d}$$

그림 6.21*b*의 반 귀환 단순 조화 운동구간에 대한 변위식과 1차, 2차, 3차 운동계수는 각각 다음과 같다.

$$y = L\left(1 - \sin \frac{\pi\theta}{2\beta}\right) \tag{6.21a}$$

$$y' = -\frac{\pi L}{2\beta} \cos \frac{\pi\theta}{2\beta} \tag{6.21b}$$

$$y'' = \frac{\pi^2 L}{4\beta^2} \sin \frac{\pi\theta}{2\beta} \tag{6.21c}$$

$$y''' = \frac{\pi^3 L}{8\beta^3} \cos \frac{\pi\theta}{2\beta} \tag{6.21d}$$

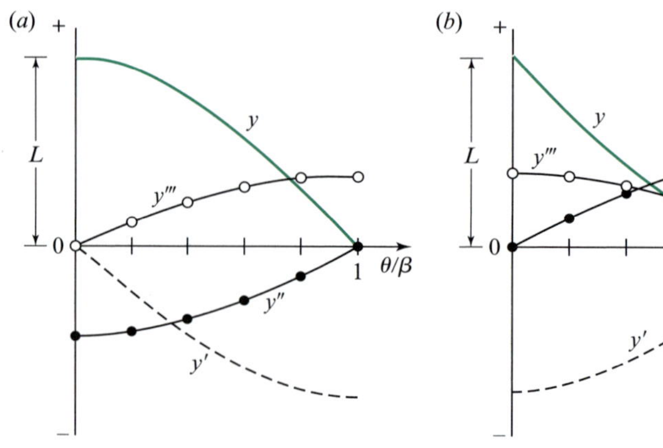


그림 6.21 반 귀환 단순 조화 운동구간에 대한 변위선도와 도함수. (*a*) 식 (6.20), (*b*) 식 (6.21)

반-조화 운동과 반-사이클로이드 운동구간도 "가속도"가 양쪽 경계에서 0이기 때문에 유용하다. *반-상승 사이클로이드 운동구간*에 대한 변위선도와 1차, 2차, 3차 운동계수를 그림 6.22에 보여주고 있다. 그림 6.22*a*에 대한 식은 각각 다음과 같다.

$$y = L\left(\frac{\theta}{\beta} - \frac{1}{\pi}\sin\frac{\pi\theta}{\beta}\right) \tag{6.22a}$$

$$y' = \frac{L}{\beta}\left(1 - \cos\frac{\pi\theta}{\beta}\right) \tag{6.22b}$$

$$y'' = \frac{\pi L}{\beta^2}\sin\frac{\pi\theta}{\beta} \tag{6.22c}$$

$$y''' = \frac{\pi^2 L}{\beta^3}\cos\frac{\pi\theta}{\beta} \tag{6.22d}$$

그림 6.22*b*의 *반-상승 사이클로이드 운동구간*에 대한 변위식과 1차, 2차, 3차 운동계수는 다음과 같다.

$$y = L\left(\frac{\theta}{\beta} + \frac{1}{\pi}\sin\frac{\pi\theta}{\beta}\right) \tag{6.23a}$$

$$y' = \frac{L}{\beta}\left(1 + \cos\frac{\pi\theta}{\beta}\right) \tag{6.23b}$$

$$y'' = -\frac{\pi L}{\beta^2}\sin\frac{\pi\theta}{\beta} \tag{6.23c}$$

$$y''' = -\frac{\pi^2 L}{\beta^3}\cos\frac{\pi\theta}{\beta} \tag{6.23d}$$

*반-귀환 사이클로이드 운동구간*에 대한 곡선은 그림 6.23에 나와 있다. 그림 6.23*a*에 대한

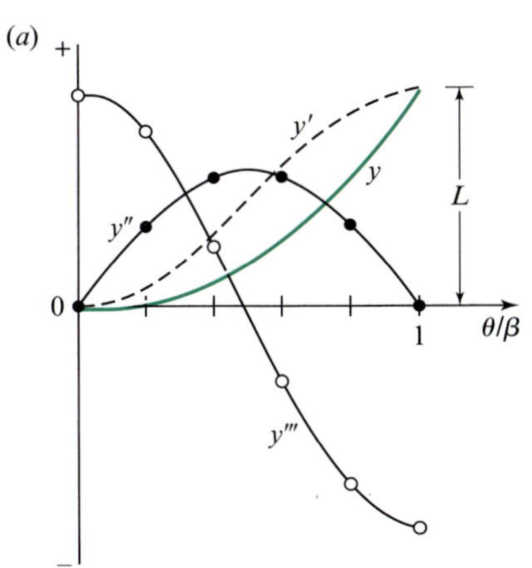


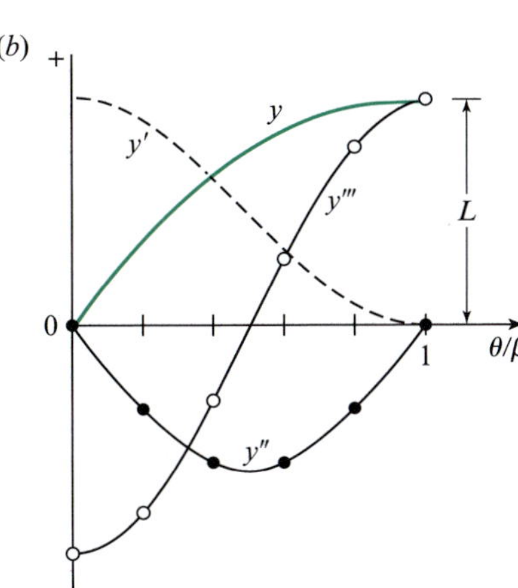


그림 6.22 반-상승 사이클로이드 운동구간에 대한 변위선도와 도함수.
(*a*) 식 (6.22), (*b*) 식 (6.23)

식은 각각 다음과 같다.

$$y = L\left(1 - \frac{\theta}{\beta} + \frac{1}{\pi}\sin\frac{\pi\theta}{\beta}\right) \tag{6.24a}$$

$$y' = -\frac{L}{\beta}\left(1 - \cos\frac{\pi\theta}{\beta}\right) \tag{6.24b}$$

$$y'' = -\frac{\pi L}{\beta^2}\sin\frac{\pi\theta}{\beta} \tag{6.24c}$$

$$y''' = -\frac{\pi^2 L}{\beta^3}\cos\frac{\pi\theta}{\beta} \tag{6.24d}$$

그림 6.23$b$의 반-귀환 사이클로이드 운동구간에 대한 변위식과 1차, 2차, 3차 운동계수는 다음과 같다.

$$y = L\left(1 - \frac{\theta}{\beta} - \frac{1}{\pi}\sin\frac{\pi\theta}{\beta}\right) \tag{6.25a}$$

$$y' = -\frac{L}{\beta}\left(1 + \cos\frac{\pi\theta}{\beta}\right) \tag{6.25b}$$

$$y'' = \frac{\pi L}{\beta^2}\sin\frac{\pi\theta}{\beta} \tag{6.25c}$$

$$y''' = \frac{\pi^2 L}{\beta^3}\cos\frac{\pi\theta}{\beta} \tag{6.25d}$$

이 절에서 제시한 "표준" 구간 그래프와 방정식이 어떻게 고속캠에 대한 전체 변위선도를 설계하는 데 필요한 해석적인 노력이 대폭 줄어들 수 있는지를 곧 알게 될 것이다. 그러나 그에 앞서 그림 6.14~6.23에서 제시된 구간 그래프의 몇 가지 중요한 양상에 대하여 요약해 보겠다.

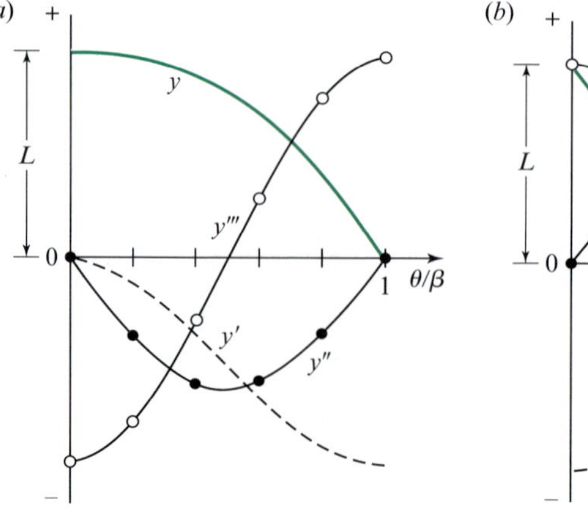


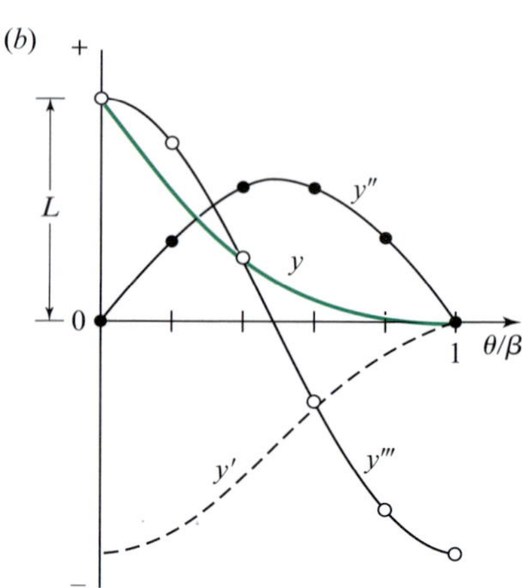


**그림 6.23** 반-귀환 사이클로이드 운동구간에 대한 변위선도와 도함수. ($a$) 식 (6.24), ($b$) 식 (6.25)

1. 각각의 그래프는 전체 변위선도 가운데 오직 한 구간만을 보여준다.
2. 그 구간의 전-상승을 $L$, 캠의 전 행정을 $\beta$로 표시한다.
3. 각 구간 그래프의 가로축은 $\theta/\beta$의 비가 왼쪽 끝에서 $\theta/\beta = 0$, 오른쪽 끝에서 $\theta/\beta = 1$이 되도록 정규화하였다.
4. 그래프를 그리는 데 사용한 척도는 표시하지 않았지만, 모든 전-상승과 전-귀환 곡선 및 모든 반-상승과 반-귀환 곡선에 대하여 일정한 척도를 사용하였다. 따라서 하나의 곡선을 다른 곡선과 비교하여 적합성을 판정할 때 "가속도"의 크기 등을 비교해볼 수 있다. 이러한 이유로, 다른 요소들이 같은 값이라면 단순 조화 운동은 꼭 사용해야 하고, "가속도"를 작게 유지하려면 꼭 필요한 경우가 아니면 사이클로이드 운동은 피해야 한다.

끝으로 이 절에서 제시한 표준캠 운동구간이 전반적인 것을 설명해 주는 것은 아니다. 여기서 언급된 것만으로도 대부분의 실용적인 것에 적용하는 데는 충분하다. 그러나 좋은 동적 특성을 가진 캠들은 다양한 다른 가능한 운동구간 곡선으로부터 구성될 수 있다. 예를 들면, Chen [2]의 저서에서와 같이 더 많은 광범위한 적용례를 발견할 수 있다.

## 6.8 변위선도에 대응하는 도함수

앞 절에서 캠 변위선도의 서로 다른 구간을 나타내는 데 사용할 수 있는 많은 식들을 알아보았다. 이 절에서는 완전한 캠을 위해 운동 특성을 구성하기 위하여 어떻게 이 식들을 결합할 수 있는지에 대해 검토한다. 이를 위한 절차는 각 구간의 대한 $L$과 $\beta$의 적당한 값을 구하는 해법 중의 하나의 방법이다.

1. 개별적인 활용 시 운동 요구사항을 충족시킬 수 있다.
2. 1차 및 2차 운동계수 선도뿐만 아니라 변위선도도 병합된 구간의 경계를 넘어서도 연속이다. 3차 운동계수 선도는 필요하면 불연속을 가질 수 있으나 무한대가 되어서는 안 된다. 즉, "가속도"곡선은 코너를 포함할 수 있으나, 불연속(jumps)이어서는 안 된다.
3. "속도"와 "가속도"의 정점의 최대 크기는 위의 조건들을 만족시키면서 가능한 한 낮게 유지되어야 한다.

이를 위한 절차는 예제를 통하여 잘 이해될 수 있을 것이다.

**예제 6.2**

왕복 종동절을 가진 평판캠이 150 rpm의 정속 모터에 의해서 구동된다. 종동절은 정지구간에서 시작하여 25 in/s의 균일한 속도가 될 때까지 가속되며, 1.25 in로 상승할 때까지 이 속도를 유지하고, 양정의 정점까지 감속되다가 귀환하여 0.1 s 동안 정지한다. 전 양정은 3.0 in이다. 변위선도의 완전한 사양을 결정하라.

**▶ 풀이**

입력 축 속도는 다음과 같다.

$$\omega = 150\ \text{rev/min} = 15.70796\ \text{rad/s} \tag{1}$$

식 (6.8)을 사용하여 1차 운동계수(즉, 균일“속도” 구간의 기울기)는

$$y' = \frac{\dot{y}}{\omega} = \frac{25\ \text{in/s}}{15.707\,96\ \text{rad/s}} = 1.591\,55\ \text{in/rad} \tag{2}$$

이 “속도”가 1.25 in 상승할 때까지는 일정하기 때문에, 이 구간에서의 캠 회전은 다음과 같다.

$$\beta_2 = \frac{L_2}{y'} = \frac{1.25\ \text{in}}{1.591\,55\,\text{in/rad}} = 0.785\,40\ \text{rad} = 45.000^\circ \tag{3}$$

유사한 방법으로 식 (1)로부터 마지막 정지 동안의 캠 회전은 다음과 같이 구할 수 있다.

$$\beta_5 = 0.10\text{s}\ (15.707\,96\,\text{rad/s}) = 1.570\,796\ \text{rad} = 90.000^\circ \tag{4}$$

여기서는 보통 때보다 정확도 몇 자리가 더 사용되었고, 캠 운동 도함수를 일치시킬 때 표준으로 시행하는 것이 권장됨을 유의해야 한다. 6.6절에서 설명한 바와 같이 $L$과 $\beta$값의 어떤 부정확도 구간의 경계에서 부드러운 도함수를 만드는 데 불연속과 힘에 있어서 불연속을 초래하게 된다.

이 결과와 주어진 데이터로부터 요구되는 운동을 가시화하기 위하여, 일정한 축적 필요 없이 변위선도의 시작단계에 대한 윤곽을 잡을 수 있다. 이것은 그림 6.24*a*의 굵은 곡선으로 그려진 일반적인 형태로 표현된다. 변위곡선의 가는 선 부분은 아직 구체적으로 알 수 없지만 가시화를 위하여 원만한 곡선이 되도록 스케치하였다. 이 곡선으로부터 도함수곡선의 대략적인 특성에 대한 윤곽도 잡을 수 있다. 변위선도의 기울기를 변화시킴으로써 “속도”곡선(그림 6.24*b*)을 그릴 수 있으며, 이 “속도”곡선의 기울기를 변화시켜 “가속도”곡선(그림 6.24*c*)을 그릴 수 있다. 여기서는 일정한 척도로 정확한 곡선을 그리려는 것이 목적이 아니라 다만 곡선 형태에 대한 개념을 심어주기 위한 것이다.

이제 그림 6.24의 스케치를 사용하여, 캠의 각 구간에 대한 적합한 방정식을 선택하기 위하여 그림 6.14~6.23의 다양한 표준곡선들과 원하는 운동곡선을 비교해보자. 예를 들면, 구간 *AB*에서 그림 6.22*a*만이 반 상승 특성을 갖는 유일한 표준운동 곡선이며, 적당한 기울기의 곡선으로 구간의 양 끝에서 0의 “가속도”를 갖는다. 따라서 캠의 이 부분에 대해서는 식 (6.22)의 반 사이클로이드 상승 운동을 선택한다. 구간 *CD*와 *DE*에 대해서는 두 조의 선택이 가능하다. 하나는 그림 6.18과 일치하는 그림 6.22*b*의 선택이다. 그러나 “가속도”의 정점을 낮게 유지하고 “저크”의 곡선을 가능한 한 완만하게 유지하기 위하여 그림 6.19와 일치하는 그림 6.20*b*를 선택한다. 이와 같이 구간 *CD*는 식 (6.19)의 반 조화 상승 운동을 이용하고 구간 *DE*는 식 (6.17)의 8차 다항식 귀환 운동을 선택한다.

그러나 운동곡선 형태를 선택하는 것만으로는 구간 특성을 특정화하는 데 충분하지 않다. 그 외에도 구간방정식의 미지수 변수 값을 알아야 한다. 이것들은 $L_1$, $L_3$, $\beta_1$, $\beta_3$, $\beta_4$이다. 각각 0이 아닌 구간경계에서 운동계수를 일치시킴으로써 구한다. 예를 들면, 점 *B*에서의 “속도”를 일치시키기 위해 식 (6.22*b*)의 *AB* 구간의 오른쪽 끝(즉 $\theta_1/\beta_1 = 1$에서)의 1차 운동계수와 구

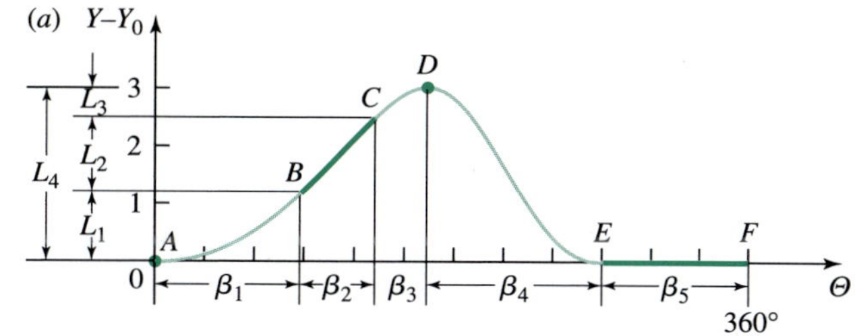


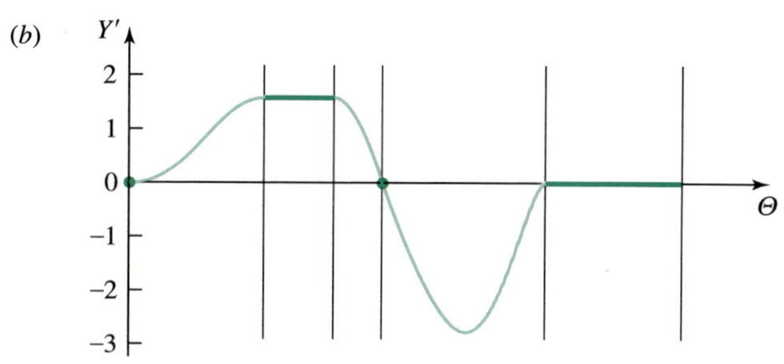


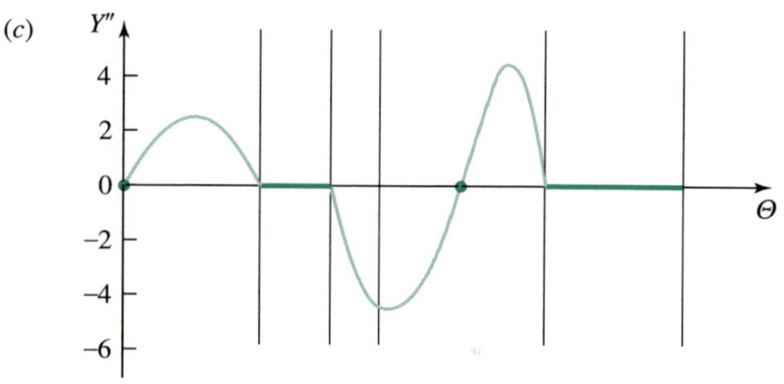


그림 6.24 (*a*) 변위선도, in, (*b*) "속도"선도, in/rad, (*c*) "가속도"선도, in/rad$^2$

간 $BC$의 1차 운동계수를 일치시킨다. 즉, 다음과 같이 계산한다.

$$y'_B = \frac{2L_1}{\beta_1} = \frac{L_2}{\beta_2} = \frac{1.25 \text{ in}}{0.785\,40 \text{ rad}} = 1.591\,55 \text{ in/rad}$$

또는

$$L_1 = (0.795\,77 \text{ in/rad})\beta_1 \tag{5}$$

마찬가지로 점 $C$에서의 "속도"와 일치시키기 위해 $BC$ 구간에서의 1차 운동계수 값과 $CD$ 구간 왼쪽 끝(즉 $\theta_3/\beta_3 = 0$에서)의 식 (6.19*b*)의 1차 운동계수 값을 같다고 놓는다. 즉, 다음과 같이 계산한다.

$$y'_C = \frac{L_2}{\beta_2} = \frac{\pi L_3}{2\beta_3} = 1.591\,55 \text{ in/rad}$$

또는

$$L_3 = (1.013\,21 \text{ in/rad})\beta_3 \tag{6}$$

점 $D$에서의 "가속도"(즉, 곡률)와 일치시키기 위해서는 $CD$ 구간 오른쪽 끝(즉, $\theta_3/\beta_3 = 1$에서)의 식 (6.19$c$)의 2차 운동계수와 식 (6.17$c$)의 $DE$ 구간 왼쪽 끝(즉, $\theta_4/\beta_4 = 0$에서)의 2차 운동계수를 같다고 놓는다. 즉, 다음과 같이 계산한다.

$$y''_D = -\frac{\pi^2 L_3}{4\beta_3^2} = -5.268\,30\frac{L_4}{\beta_4^2}$$

여기서 $L_4 = 3$ in는 전 양정이다. 식 (6)과 전 양정을 위의 결과에 대입하고 다시 정리하면 다음과 같은 관계를 얻을 수 있다.

$$\beta_3 = 0.158\,18\beta_4^2 \tag{7}$$

끝으로 기하학적 조화를 고려하여 풀면 다음과 같다.

$$L_1 + L_3 = L_4 - L_2 = 1.750 \text{ in} \tag{8}$$

그리고 식 (3)과 (4)를 고려한다.

$$\beta_1 + \beta_3 + \beta_4 = 2\pi - \beta_2 - \beta_5 = 3.926\,99 \text{ rad} \tag{9}$$

5개의 미지수 $L_1$, $L_3$, $\beta_1$, $\beta_3$, $\beta_4$에 대하여 5개의 식 (5)~(9)를 풀면 나머지 미지수에 대해 다음과 같은 값을 얻을 수 있다. 요약하면 구간 변수는 다음과 같다.

$$\begin{aligned}
L_1 &= 1.183\,1 \text{ in}, \qquad & \beta_1 &= 1.486\,74 \text{ rad} = 85.184°,\\
L_2 &= 1.250\,0 \text{ in}, \qquad & \beta_2 &= 0.785\,40 \text{ rad} = 45.000°,\\
L_3 &= 0.566\,9 \text{ in}, \qquad & \beta_3 &= 0.559\,51 \text{ rad} = 32.058°,\\
L_4 &= 3.000\,0 \text{ in}, \qquad & \beta_4 &= 1.880\,74 \text{ rad} = 107.758°,\\
L_5 &= 0.000\,0 \text{ in}, \qquad & \beta_5 &= 1.570\,80 \text{ rad} = 90.000°
\end{aligned}$$

답

이 값을 사용하면 원래의 대략적인 그래프 대신 변위선도를 보다 정밀하게 작도할 수 있고, 원할 경우 운동계수를 구할 수 있다. 그림 6.24의 곡선을 이 값을 사용하여 적당한 척도로 그린 것이다.

## 6.9 왕복운동 평면 종동절을 가진 평판캠

앞의 6.8절에서 설명한 바와 같이, 캠 시스템의 변위선도가 완전하게 결정되면, 6.4절에서 살펴본 실제 캠 형상을 작도할 수 있다. 그러나 캠을 작도하려면 주원 반지름, 임의의 편심거리, 롤러 반지름 등 캠과 종동절의 형태에 따라 몇 가지 변수가 더 필요하다. 또한 이들 나머지 변수들이 알맞

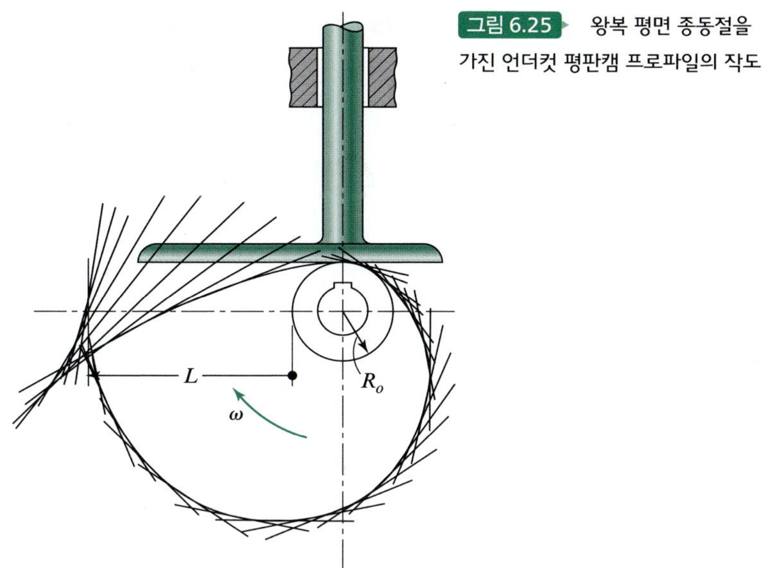


그림 6.25 왕복 평면 종동절을 가진 언더컷 평판캠 프로파일의 작도

게 선택되지 않으면 각각 다른 형태의 캠은 이후에 추가적인 문제를 갖는다.

이 절에서는 왕복운동 평면 종동절을 가진 평판캠의 설계에서 고려해야 할 문제들에 관하여 알아본다. 그러한 시스템에서 미리 선택되어야 하는 기하학적인 변수들에는 주원 반지름 $R_0$, 종동절 스템의 편심량 $\varepsilon$ 및 종동절 접촉면의 최소폭 등이 해당된다.

그림 6.25에 반지름 방향으로 왕복운동하는 평면 종동절을 가진 평판캠의 설계가 나와 있다. 이 경우 변위의 선택은 캠의 회전이 $\beta_1 = 90°$일 때 $L = 4.000$ in의 전-상승 사이클로이드 운동 구간, 나머지 $\beta_2 = 270°$의 캠 회전에서 전-귀환 사이클로이드 구간이 뒤따른다. 앞서 그림 6.10의 작도과정은 캠 형상을 만들기 위한 것이며, 주원 반지름 $R_0 = 1.000$ in로 선정되었다. 분명히 캠의 프로파일이 자체 내에서 교차되기 때문에 문제가 있다. 가공 시에 캠 형상의 일부가 손실되며 운전 중에는 의도된 사이클로이드 운동을 완전하게 얻을 수 없다. 이러한 캠을 *언더컷*(*undercut*)이라고 한다.

이 예에서 언더컷이 발생하는 이유는 무엇이며, 이를 방지하기 위해 어떻게 해야 하는가? 그 이유는 작은 캠으로 작은 회전각에서 큰 양정을 얻으려고 시도했기 때문이다. 이 문제를 피하기 위한 한 가지 방법은 요구되는 양정 $L_1$을 줄이거나 캠 회전각 $\beta_1$을 늘리는 것을 생각할 수 있다. 그러나 현 시점이 원래의 설계 목적물이 완성된 경우라면 이 방법은 불가능하다. 또 다른 방법은 동일한 변위 특성을 사용하지만 언더컷을 피하기 위하여 주원 반지름 $R_0$을 증가하는 것이다. 이것은 캠의 크기가 커진다는 문제가 있지만 충분히 커짐으로써 언더컷 문제는 해결될 것이다.

언더컷을 피하기 위한 $R_0$의 최소값은 캠 프로파일의 곡률 반지름에 대한 방정식을 유도함으로써 얻을 수 있다. 먼저, 그림 6.26의 벡터를 사용하여 폐쇄 루프 방정식을 만든다. 복소 극좌표를 사용하면, 왕복 평면 종동절을 가진 일반 캠에 대한 폐쇄 루프 방정식은 다음과 같이 나타낼 수 있다.

$$\mathbf{R} = re^{j(\Theta+\varphi)} + j\rho = j(R_0 + Y) + s \qquad (a)$$

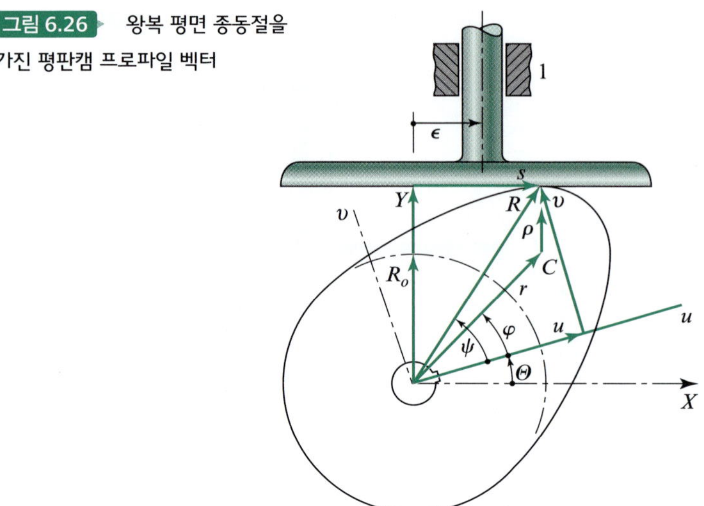


그림 6.26 왕복 평면 종동절을 가진 평판캠 프로파일 벡터

기호 $\Theta$가 일반 평판캠의 총 회전을 표현한다는 것을 상기하자.

여기서 점 $C$를 곡선의 순간중심으로, $\rho$를 현재 접촉점과 일치하는 곡률 반지름이 되도록 벡터를 신중하게 선택했다. 각 $\Theta$와 $\varphi$를 분리하는 벡터 $u$에 나란한 선은 캠에 고정되어 있으며, 캠의 위치 $\Theta = 0$에 대하여 수평이다. $Y_0$의 값은 0이다. 각 $\Theta$는 캠의 회전에 따라 변한다. 그리고 $u$와 $v$ 좌표는 캠과 함께 회전한다.

식 ($a$)를 실수부와 허수부로 분리하면 다음 식을 얻을 수 있다.

$$r\cos(\Theta + \varphi) = s \tag{b}$$

$$r\sin(\Theta + \varphi) + \rho = R_0 + Y \tag{c}$$

점 $C$가 곡률 중심이기 때문에 $r$, $\varphi$, $\rho$의 크기는 캠 회전의 작은 변화에 대해서는 변하지 않는다.[2] 이것을 식으로 나타내면 다음과 같다.

$$\frac{dr}{d\Theta} = \frac{d\varphi}{d\Theta} = \frac{d\rho}{d\Theta} = 0$$

그러므로 식 ($a$)를 캠 회전각 $\Theta$에 대하여 미분하면 다음과 같다.

$$jre^{j(\Theta+\varphi)} = jY' + s' \tag{d}$$

여기서 $Y' = dY/d\Theta = dy/d\theta = y'$ 그리고 $s' = ds/d\Theta = ds/d\theta$이다. 식 ($d$)를 실수부와 허수부로 분리하면 1차 운동계수는 다음과 같다.

$$-r\sin(\Theta + \varphi) = s' \tag{e}$$

$$r\cos(\Theta + \varphi) = y' \tag{f}$$

---

[2] $r$, $\varphi$ 및 $\rho$의 값은 상수가 아니지만 현재에는 정상값 상태에 있으므로 그 고차 도함수들이 0은 아니다.

식 $(b)$와 $(f)$를 같다고 놓고 종동절 표면을 따라 움직이는 점의 위치를 다음과 같이 나타낼 수 있다.

$$s = y' \tag{6.26}$$

이 식을 캠 회전각 $\Theta$에 대하여 미분하면 다음을 얻을 수 있다.

$$s' = y'' \tag{g}$$

식 $(g)$를 식 $(e)$에 대입하고 그 결과를 식 $(c)$에 대입하면 캠 프로파일의 곡률 반지름은 다음과 같이 나타낼 수 있다.

$$\rho = R_0 + Y + y'' \tag{6.27}$$

식 (6.27)이 유용한 이유는 캠 프로파일의 곡률 반지름을 *캠 프로파일을 그리기 전에도* 캠 회전각 $\Theta$의 값에 대한 변위식으로부터 직접 구할 수 있다는 것을 나타내기 때문이다. 단지 필요한 변수는 주원 반지름 $R_0$와 변위값 $Y$ 및 2차 운동계수 $y''$이다.

언더컷을 피할 수 있는 $R_0$의 값을 선택하기 위하여 식 (6.27)을 사용할 수 있다. 언더컷이 발생하였을 때, 캠 프로파일의 곡률 반지름의 부호는 양에서 음으로 바뀐다. 만일 $R_0$의 값이 언더컷이 일어나는 임계값이라면 캠은 점이 되고, 곡률 반지름은 어떤 캠 회전각 $\Theta$에 대하여 0이 될 것이다. $R_0$은 충분히 큰 값을 선택할 수 있으므로 그런 경우는 없을 것이다. 사실 높은 접촉응력을 피하려면 어디에서나 $\rho$가 임의의 특정한 값 $\rho_{min}$보다 커야 한다. 그래서 식 (6.27)로부터 다음 요건을 필요로 한다.

$$\rho = R_0 + Y + y'' > \rho_{min}$$

$R_0$와 $Y$는 항상 양수값이기 때문에 임계 상황은 2차 운동계수 $y''$가 최대 음수값을 가질 때 일어난다. $y''$의 최소값을 $y''_{min}$이라고 하고, $Y$가 동일한 캠각 $\Theta$와 일치한다는 것을 기억한다면 다음과 같은 조건을 얻을 수 있다.

$$R_0 > \rho_{min} - Y - y''_{min} \tag{6.28}$$

이것은 필히 만족시켜야 한다. 이것은 변위방정식이 일단 세워지면 쉽게 확인할 수 있으며, 캠을 작도하기에 앞서 적당한 $R_0$의 값을 선택할 수 있다.

그림 6.26으로 돌아가면 식 (6.26)이 유용하다는 것을 알 수 있다. 이 식은 캠 회전중심의 양쪽 접촉점의 궤적 거리가 1차 운동계수의 곡선과 정확이 일치한다는 것을 말해준다. 이와 같이 평면 종동절에 대한 최소 면폭은 접촉을 유지하기 위하여 캠 중심으로부터 최소한 오른쪽으로 $Y'_{max}$, 왼쪽으로 $-Y'_{min}$로 확장되어야 한다. 즉, 다음과 같은 조건식이 성립되어야 한다.

$$\text{Face width} > Y'_{max} - Y'_{min} \tag{6.29}$$

**예제 6.3**

예제 6.2에서 적용되었던 변위 특성을 왕복운동 평면 종동절을 가진 평판캠으로부터 얻기 위하여, 캠의 곡률 반지름이 어디에서나 $\rho_{\min} = 0.25$ in보다 커지도록 주원 반지름의 최소값과 면폭의 최소값을 결정하라.

▶ **풀이**

그림 6.24*b*로부터 구간 *BC*에서 1차 운동계수의 최대값은 다음과 같이 구할 수 있다.

$$y'_{\max} = \frac{L_2}{\beta_2} = \frac{1.250\,0 \text{ in}}{0.785\,40 \text{ rad}} = 1.592 \text{ in/rad} \tag{1}$$

구간 *DE*에서의 최소값은 $\theta/\beta_4 = 0.5$의 부근에서 발생한다. 식 (6.17*b*)로부터 1차 운동계수의 최소값은 대략 다음과 같다.

$$y'_{\min} \approx y'(0.5) = -2.812 \text{ in/rad} \tag{2}$$

식 (1)과 (2)를 식 (6.29)에 대입하면 최소 면폭은 다음과 같이 구할 수 있다.

$$\text{면폭} > (1.592 \text{ in}) - (-2.812 \text{ in}) = 4.404 \text{ in}$$ 답

그러므로 종동절은 캠 회전축의 오른쪽으로 1.592 in, 왼쪽으로 2.812 in에 위치하며 양쪽에 적당한 여유가 더해진다.

2차 운동계수의 가장 큰 음수 값은 *D*에서 발생하며 식 (6.19*c*)의 $\theta/\beta_3 = 1$에서 구할 수 있다.

$$y''_{\min} = -\frac{\pi^2 L_3}{4\beta_3^2} = -\frac{\pi^2(0.566\,9 \text{ in})}{4(0.559\,51 \text{ rad})^2} = -4.468\,18 \text{ in/rad}^2$$

이 결과 및 데이터를 알고 있는 계수를 식 (6.28)에 대입하면 최소 주원 반지름은 다음과 같이 구할 수 있다.

$$R_0 > 0.250 \text{ in} - (-4.468 \text{ in}) - 3.000 \text{ in} = 1.718 \text{ in}$$ 답

이 계산으로부터 실제 주원 반지름, 즉 $R_0 = 1.75$ in를 선택한다.

평면 종동절 구동축의 편심량은 캠의 형상에 영향을 미치지 않는다는 것을 알 수 있다. 이 편심량은 종동절에 큰 굽힘응력을 완화하기 위한 목적으로 사용된다. 또한 작업 행정, 즉 상승 행정 시가 귀환 운동 시보다 종동절에 보다 더 높은 하중이 걸릴 것이다. 그런 경우에는 종동절을 운동 주기의 상승부 동안 종동절 스템을 접촉점 위에서부터 좀 더 중심 쪽으로 위치시킨다.

그림 6.26을 통해 또 다른 폐쇄 루프 방정식을 얻을 수 있다.

$$ue^{j\Theta} + ve^{j(\Theta+\pi/2)} = j(R_0 + Y) + s$$

여기서, $u$와 $v$는 캠에 부착된 관한 좌표축에서 접촉점의 좌표 값을 나타낸다. 이 식을 $e^{j\Theta}$로 나누면 다음과 같다.

$$u + jv = j(R_0 + Y)e^{-j\Theta} + se^{-j\Theta}$$

식 (6.26)을 사용하여 다음과 같이 실수부와 허수부로 나눌 수 있다.

$$u = (R_0 + Y)\sin\Theta + y'\cos\Theta \tag{6.30a}$$

$$v = (R_0 + Y)\cos\Theta - y'\sin\Theta \tag{6.30b}$$

위의 두 식은 캠 프로파일의 좌표를 제공해주므로, 그림 6.10에 제시된 그래프 작도과정의 또 다른 방법을 제공한다. 이 식들은 캠을 가공하는 데 사용되는 직교좌표계의 데이터로 구성된 수치표를 만드는 데도 유용하게 쓰인다. 해당 곡선에 대한 극좌표식은 다음과 같이 나타낼 수 있다.

$$R = \sqrt{(R_0 + Y)^2 + (y')^2} \tag{6.31a}$$

및

$$\psi = \frac{\pi}{2} - \Theta - \tan^{-1}\frac{y'}{R_0 + Y} \tag{6.31b}$$

## 6.10 왕복 롤러 종동절을 가진 평판캠

그림 6.27은 왕복 롤러 종동절을 가진 평판캠을 보여준다. 변위선도를 완성하고 캠 형상을 결정하기 전에 나머지 3개의 기하학적 변수를 선택해야 한다. 이 3개의 변수는 주원 반지름 $R_0$, 편심량 $\varepsilon$ 및 롤러 반지름 $R_r$이다. 이 변수를 선택할 때 고려해야 할 두 가지 잠재적 문제가 있다. 하나는 언더컷이고 다른 하나는 과도한 압력각이다.

*압력각*(*pressure angle*)은 종동절의 운동축과 캠이 종동절에 가하는 힘의 작용선 사이의 각을 말한다. 즉 트레이스점이 지나는 피치 곡선에 대해 수직을 이룬다. 압력각은 그림 6.27에서 $\phi$로 표시되어 있다. 종동절 스템의 운동선에 나란한 힘의 분력만이 출력하중을 극복하는 데 유용하게 쓰인다. 종동절과 캠의 안내면 사이의 미끄럼 마찰을 줄이기 위해서는 수직분력을 작게 유지해야 한다. 압력각이 너무 크면 마찰이 증가하고, 이동하는 종동절 스템에 떨림이 생기거나 교착의 원인이 되기도 한다. 캠의 압력각은 최대 30°~35°를 넘지 않는 것이 좋다.

그림 6.27에서 피치 곡선에 수직한 선은, 캠 2와 종동절 4의 순간중심인 $I_{24}$에서 수평축과 만난다. 종동절 스템이 직선으로 움직이기 때문에 종동절에 위치한 모든 점의 속도는 순간중심 $I_{24}$의 속도와 동일하다. 이 속도는 링크 2상의 동일한 점의 속도와 같아야 한다. 따라서 다음 식을 얻을 수 있다.

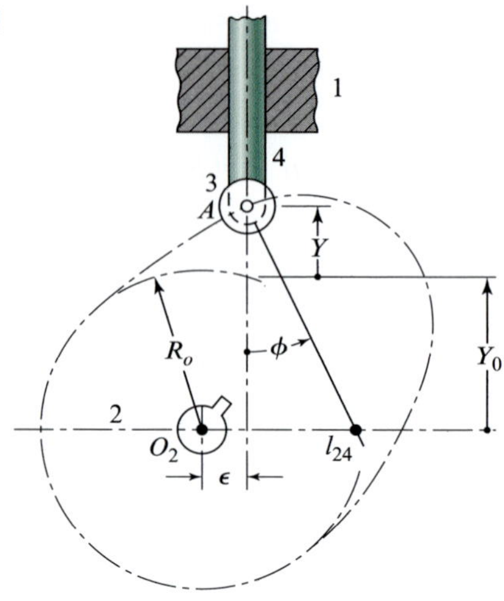


그림 6.27 왕복 롤러 종동절이 있는 평판캠의 벡터

$$V_{I_{24}} = \dot{y} = \omega R_{I_{24}O_2}$$

이 식을 캠의 각속도 $\omega$ [식 (6.11)]로 나누면 1차 운동계수는 다음과 같다.

$$y' = \frac{\dot{y}}{\omega} = R_{I_{24}O_2}$$

또한 이 1차 운동계수는 종동절 스템의 편심량과 캠의 압력각의 항으로 나타낼 수 있다.

$$y' = \varepsilon + (Y_0 + Y)\tan\phi \tag{a}$$

여기서 그림 6.27에서 보여주는 것과 같이 캠 축으로부터 주원까지의 수직거리는 다음과 같다.

$$Y_0 = \sqrt{R_0^2 - \varepsilon^2} \tag{b}$$

식 ($b$)를 식 ($a$)에 대입하여 정리하면 캠의 압력각은 다음과 같다.

$$\phi = \tan^{-1}\left(\frac{y' - \varepsilon}{Y + \sqrt{R_0^2 - \varepsilon^2}}\right) \tag{6.32}$$

이 식으로부터 알 수 있는 것은, 변위방정식과 1차 운동계수가 결정되면 적당한 압력각을 얻기 위해 2개의 변수 $R_0$와 $\varepsilon$를 조정할 수 있다는 것이다. 또한 압력각은 캠이 회전함에 따라 연속적으로 변한다는 사실도 알 수 있으므로 압력각의 극값에 관심을 갖는 것이다.

먼저 편심효과를 고려해보자. 식 (6.32)로부터 편심량 $\varepsilon$의 증가는, 1차 운동계수 $y'$의 부호에 따라 분자 크기를 증가하거나 감소하는 것을 알 수 있다. 작은 편심량 $\varepsilon$는 $y'$가 양수일 때 상승운동을 하는 동안 압력각 $\phi$를 줄이는 데 사용할 수 있으며, $y'$가 음수인 귀환 운동이 진행되는 동안에는 압력각이 증가될 때에만 사용할 수 있다. 그러나 상승운동을 하는 동안에 일반적으로 힘의

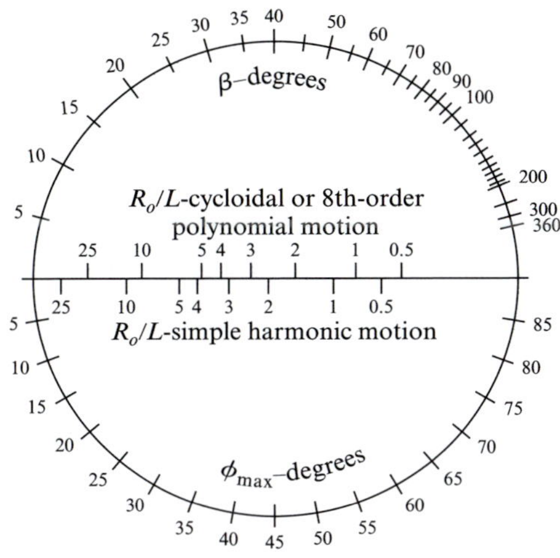


**그림 6.28** 단순 조화 운동, 사이클로이드 및 8차 다항식의 전–상승 운동 또는 전 귀환 운동을 하는 레디얼 왕복 롤러 종동절 캠에 대한 주원 반지름 $R_0$, 양정 $L$ 및 작용캠 각 $\beta$에 관련된 최대 압력각 $\phi_{max}$의 계산도표

크기가 크므로, 이러한 압력각의 감소의 이점을 얻기 위하여 종동절을 편위시키는 것이 보통이다.

주원 반지름 $R_0$을 크게 하면 더욱 효과적으로 압력각을 줄일 수 있다. 이 효과를 알아보기 위하여, 전통적인 접근방법을 이용하고 편심량이 없는 레디얼 종동절을 가정한다. 식 $\varepsilon = 0$를 식 (6.32)에 대입하면 압력각은 간단히 다음과 같이 나타낼 수 있다.

$$\phi = \tan^{-1}\left(\frac{y'}{Y + R_0}\right) \tag{6.33}$$

압력각의 극대값을 구하기 위하여 이 식을 캠 회전각에 대하여 미분하고 0으로 놓는다. 그리고 회전각 $\Theta$를 찾고, 이것이 최대 및 최소 압력각이다. 이것은 계산과정이 지루한 수학적 과정이지만 그림 6.28의 계산도표를 사용하면 쉽게 구할 수 있다. 이 계산도표는 6.7절에서 설명한 각각의 표준 전–상승과 전 귀환 운동곡선에 대해 식 (6.33)으로부터 컴퓨터를 이용하여 $\phi$의 최대값을 찾아내는 과정을 거쳐 만들어졌다. 이 계산도표에 따르면 변위선도의 각 구간에 대한 이미 알고 있는 $L$과 $\beta$의 값을 사용할 수 있으며, $R_0$의 특정 선택 값에 대하여 그 구간에서 발생하는 최대의 압력각을 직접 읽는 것이 가능하다. 또 원하는 최대 압력각을 선택하여 해당되는 $R_0$의 최소값을 결정할 수도 있다. 이 과정을 다음 예제를 통해 상세히 알아보자.

### 예제 6.4

예제 6.2의 변위 특성이 왕복운동 레디얼 롤러 종동절을 가진 평판캠에 의하여 얻어진다고 가정하고, 압력각이 어디에서나 30°보다 작아지도록 하는 주원의 최소 반지름을 결정하라.

**▶ 풀이**

변위선도와 각 구간은 그림 6.28의 계산도표를 사용하여 차례로 검토할 수 있다.

그림 6.24의 구간 $AB$에서 $L_1 = 1.184$ in와 $\beta_1 = 85.18°$인 반–상승 사이클로이드 운동을 한다. 그림 6.28은 전–상승곡선인 반면 이것은 반–상승곡선이기 때문에 $L_1$과 $\beta_1$을 2배로 하여야 곡선이 전–상승과 같아지는 효과를 낸다. 따라서 $L_1^* = 2.366$ in이고 $\beta_1^* = 170°$이다. 그 다음 $\beta^* = 170°$에서 $\phi_{max} = 30°$까지 직선으로 연결하면 계산도표의 중심축 위쪽 눈금으로부터 $R_0/L_1^* \approx 0.75$를 얻을 수 있으므로 이로부터 $R_0$은 다음과 같다.

$$R_0 \geq 0.75(2.366 \text{ in}) = 1.775 \text{ in} \tag{1}$$

구간 $BC$는 검토할 필요가 없는데, 왜냐하면 최대 압력각이 경계 $B$에서 일어나고 구간 $AB$에서보다 커질 수 없기 때문이다.

구간 $CD$는 $L_3 = 0.567$ in와 $\beta_3 = 32.058°$로 반-상승 조화 운동이다. 또한, 반-상승 운동이기 때문에 이들의 값도 2배가 되고, $L_3^* = 1.134$ in와 $\beta_3^* = 64°$가 대신 사용된다. 그러면 계산도표로부터 $R_0^*/L_3^* \approx 2.15$를 얻을 수 있으므로 $R_0^*$는 다음과 같다.

$$R_0^* \geq 2.15(1.134 \text{ in}) = 2.438 \text{ in}$$

그러나 여기서 주의해야 한다. 이 값은 가상의 2배 "전-상승" 조화곡선의 수평축이 $y = 0$인 가상의 주원 반지름 값이다. 그러므로 이것은 우리가 찾는 $R_0$ 값이 아니다. 왜냐하면 전-조화 운동곡선은 $Y^*$ 기본값이 0이 아니기 때문이다.

$$Y_3^* = Y_D - 2L_3 = 3.000 - 1.134 = 1.866 \text{ in}$$

이 구간의 적당한 $R_0$ 값은 다음과 같다.

$$R_0 \geq 2.438 - 1.866 = 0.572 \text{ in} \tag{2}$$

다음은 $L_4 = 3.000$ in와 $\beta_4 = 1.07.758°$인 8차 다항식 운동을 하는 구간 $DE$를 검토한다. 이것은 기본값인 $y = 0$인 전-귀환 운동곡선이기 때문에 계산도표의 사용 시 별도의 수정이 필요하지 않다. 계산도표에서 $R_0/L_4 \approx 1.3$을 얻을 수 있으므로 다음의 결과를 얻는다.

$$R_0 \geq 1.3(3.000 \text{ in}) = 3.900 \text{ in} \tag{3}$$

캠의 전 구간에 걸쳐 압력각이 30°를 넘지 않도록 하려면, 주원 반지름 값은 식 (1), (2)와 (3)에서 얻은 값 중 최대값만큼은 크게 선택되어야 한다. 계산도표를 정밀하게 읽을 수 없으므로 약간 더 큰 값을 선택한다. 즉, 다음과 같다.

$$R_0 = 4.000 \text{ in} \qquad \text{답}$$

최종값이 선택되었으므로 그림 6.28에서 각 구간의 실제 최대 압력각을 구할 수 있다.

$$AB: \quad \frac{R_0}{L_1^*} = \frac{4.000}{2.366} = 1.691 \qquad \beta_1^* = 170° \qquad \phi_{max} = 18°,$$

$$CD: \quad \frac{R_0^*}{L_3^*} = \frac{5.866}{1.134} = 5.173 \qquad \beta_3^* = 64° \qquad \phi_{max} = 14°,$$

$$DE: \quad \frac{R_0}{L_4} = \frac{4.000}{3.000} = 1.333 \qquad \beta_4 = 108° \qquad \phi_{max} = 29°$$

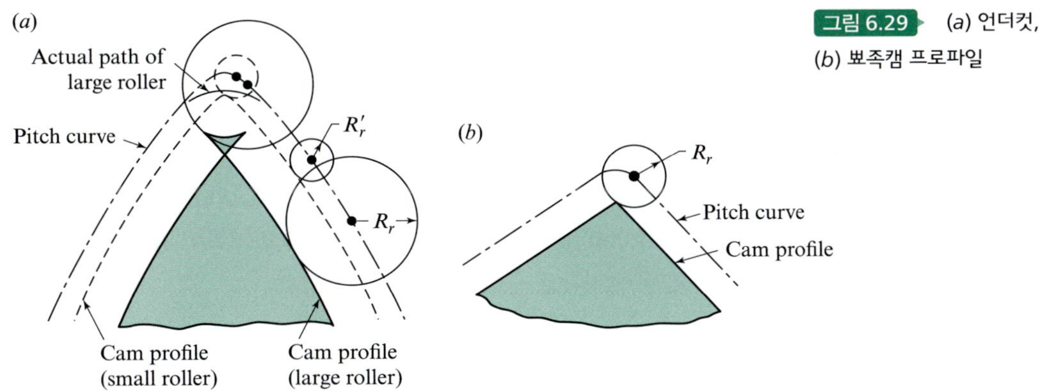


그림 6.29 (a) 언더컷, (b) 뾰족캠 프로파일

주원이 만족할 만한 압력각을 제공해주도록 잘 설정되었더라도, 종동절이 원하는 운동을 얻기에는 아직 부족하다. 만일 피치 곡선의 곡률이 너무 예리하면 캠 프로파일은 언더컷을 일으킬 것이다. 그림 6.29*a*는 캠 피치 곡선의 일부와 2개의 서로 다른 크기의 롤러에 의하여 형성되는 2개의 캠 프로파일을 보여준다. 이 그림에서 주어진 피치 곡선 위를 움직이는 작은 롤러는 만족할 만한 캠 형상을 생성한다는 것은 명백하다. 그러나 큰 롤러에 의하여 형성되는 캠 프로파일은 간섭이 일어나고, 이것이 *언더컷*이다. 그 결과 가공을 하면 뾰족한 캠이 되어 원하는 운동을 얻지 못한다. 마찬가지로 만일 주원과 캠의 크기 모두 충분히 커지면 큰 롤러도 만족할 만한 수준으로 동작할 것이다.

그림 6.29*b*를 보면 롤러 반지름 $R_r$이 피치 곡선의 곡률 반지름의 크기[3]와 같아질 때, 캠 프로파일이 뾰족해진다는 것을 알 수 있다. 그러므로 캠 프로파일의 곡률 반지름에 대한 임의 선택된 $\rho^*$이 최소가 되기 위해서는 피치 곡선의 곡률 반지름이 롤러 반지름보다 항상 커야 한다.

$$|\rho| \geq \rho^* + R_r \qquad (c)$$

4.16절의 궤적의 곡률 반지름이 식 (4.52)에 의해 주어진다는 것을 기억하자.

개념적으로는 특정한 변위식 $Y$와 주원 반지름 $R_0$에 대한 $|\rho|_{\min}$최소값을 찾는 것은 가능하다. 그러나 새로운 캠 설계를 할 때마다 이런 값을 찾는 것이 부담스럽기 때문에, 최소 곡률 반지름($R_0$에 대해 표준화된)은 6.7절에서 설명한 각각의 표준 캠 운동에 대해 컴퓨터를 이용하여 구한 바 있다. 결과는 그림 6.30~6.34에 그래프로 나타내었다. 각각의 그림은 여러 가지 $R_0/L$ 비를 갖는 표준 운동곡선의 한 형태에 대하여 $\beta$에 대한 $(|\rho|_{\min} + R_r)/R_0$의 그래프를 보여주고 있다. 이제 변위식을 선택하였고 $R_0$의 최적값을 구했기 때문에, 캠의 각 구간에 대한 최소 곡률 반지름을 검토할 수 있다.

보다 더 편리한 것은 식 (6.18)과 (6.22)의 반-상승 운동이나 식 (6.21)과 (6.25)의 반-귀환 운동과 같이, 전 구간에 걸쳐 2차 운동계수 $y''$가 양이 되는 캠의 구간에 대해서는 검토하지 않아도 된다는 것이다. "가속도"곡선이 연속이 되면 캠의 최소 곡률 반지름은 이들 구간에서 일어날 수 없다. 각 구간에 대한 식은 다음과 같다.

[3] 피치 곡선의 곡률 반지름은 양 또는 음의 값을 가질 수 있다(4.17절). 그러나 여기서는 크기, 즉 절대값에만 관심이 있다.

$$|\rho|_{\min} = R_0 - R_r \tag{6.34}$$

### 예제 6.5

예제 6.2의 변위 특성이 왕복운동 롤러 종동절을 가진 평판캠에 의하여 얻어진다고 가정하고, 만일 주원 반지름이 $R_0 = 4.000$ in(예제 6.4 참조)이고 롤러 반지름이 $R_r = 0.500$ in라고 할 때, 캠 프로파일의 최소 곡률 반지름을 구하라.

**▶ 풀이**

그림 6.24의 구간 $AB$에 대하여 식 (6.34)로부터 다음과 같이 표현할 수 있다.

$$|\rho|_{\min} = R_0 - R_r = 4.000 \text{ in} - 0.500 \text{ in} = 3.500 \text{ in} \tag{1}$$

구간 $L_3 = 0.5669$ in와 $\beta_3 = 32.058°$인 반-조화 상승 운동구간 $CD$에 대하여 다음을 알 수 있다.

$$\frac{R_0^*}{L_3} = \frac{4.000 \text{ in} + (L_1 + L_2)}{L_3} = \frac{6.433 \text{ in}}{0.567 \text{ in}} = 11.346,$$

여기에서 그림 6.33의 곡선은 그 운동의 구간 초기에 각 운동구간의 기저에서 $Y = 0$에 대해 그려지기 때문에 $R_0^*$는 $Y_3 = (L_1 + L_3)$에 의해 조정된다. 이제 그림 6.33$b$를 이용하면 $(|\rho|_{\min} + R_r)/R_0^* \approx 0.66$을 구할 수 있다. 그러므로 다음과 같이 표현할 수 있다.

$$|\rho|_{\min} \approx 0.66R_0^* - R_r = 0.66(6.433 \text{ in}) - 0.500 \text{ in} = 3.746 \text{ in} \tag{2}$$

여기서, 다시 조정된 $R_0^*$의 값이 사용되었다.

구간 $DE$에 대하여 $L_4 = 3.0000$ in와 $\beta_4 = 107.758°$인 8차 다항식을 취하며, 이로부터 $R_0/L = 1.33$이 된다. 그림 6.32$a$를 통해 $(|\rho|_{\min} + R_r)/R_0 \approx 0.80$을 얻을 수 있다.

$$|\rho|_{\min} \approx 0.80R_0 - R_r = 0.80(4.000 \text{ in}) - 0.500 \text{ in} = 2.700 \text{ in} \tag{3}$$

식 (1), (2)와 (3) 중에서 가장 작은 값을 택하면 전체 캠 프로파일의 최소 곡률 반지름은 다음과 같다.

$$|\rho|_{\min} = 2.700 \text{ in}$$ 답

캠을 알맞은 형상으로 제작하기 위해서는 캠에 부착된 이동 $uv$ 좌표계에 대한 캠 표면의 좌표가 필요하게 될 것이다. 왕복 롤러 종동절을 가진 평판캠의 종동절 중심(피치 곡선)의 직교좌표를 이동 $uv$ 좌표시스템으로 나타내면 다음과 같다.

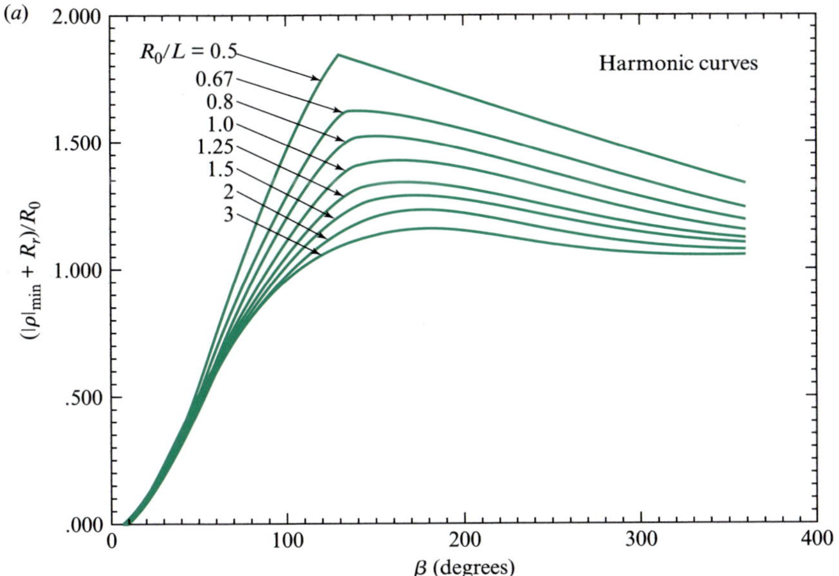


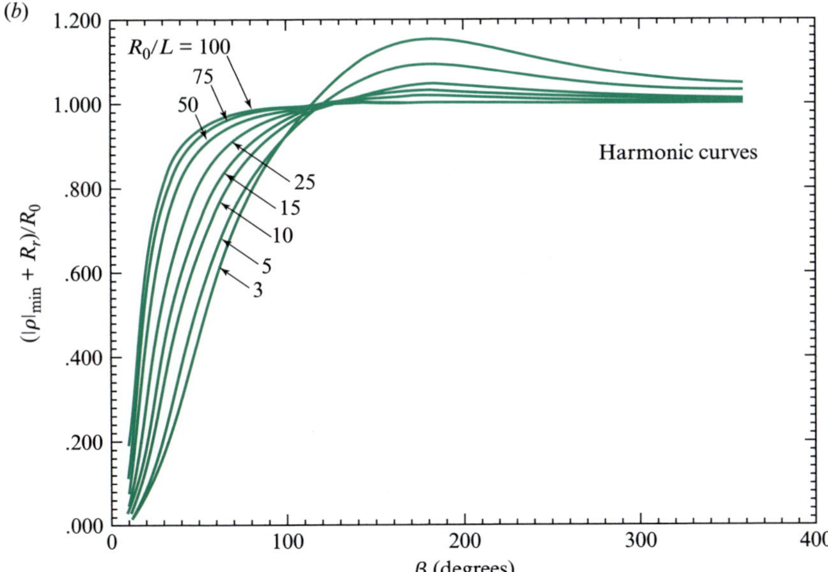


그림 6.30 전-상승 또는 전-귀환 단순 조화 운동을 하는 레디얼 왕복 롤러 종동절에 대한 최소 곡률 반지름 도표. 식 (6.12) 또는 (6.15)([3]으로부터)

$$u = \left(\sqrt{R_0^2 - \varepsilon^2} + Y\right)\sin\Theta + \varepsilon\cos\Theta \tag{d}$$

$$v = \left(\sqrt{R_0^2 - \varepsilon^2} + Y\right)\cos\Theta - \varepsilon\sin\Theta \tag{e}$$

이 식들을 캠의 회전에 대해 미분하면 종동절 중심의 1차 운동계수는 다음과 같다.

$$u' = y'\sin\Theta + \left(\sqrt{R_0^2 - \varepsilon^2} + Y\right)\cos\Theta - \varepsilon\sin\Theta \tag{f}$$

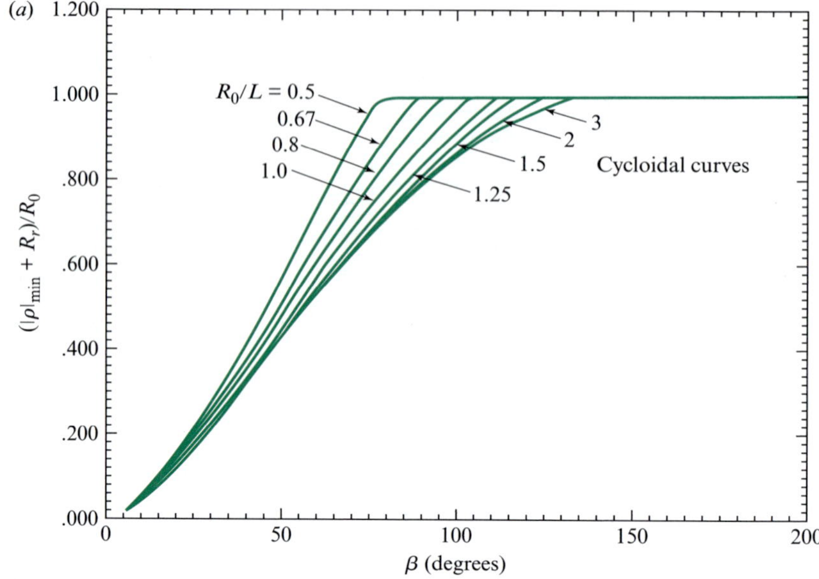


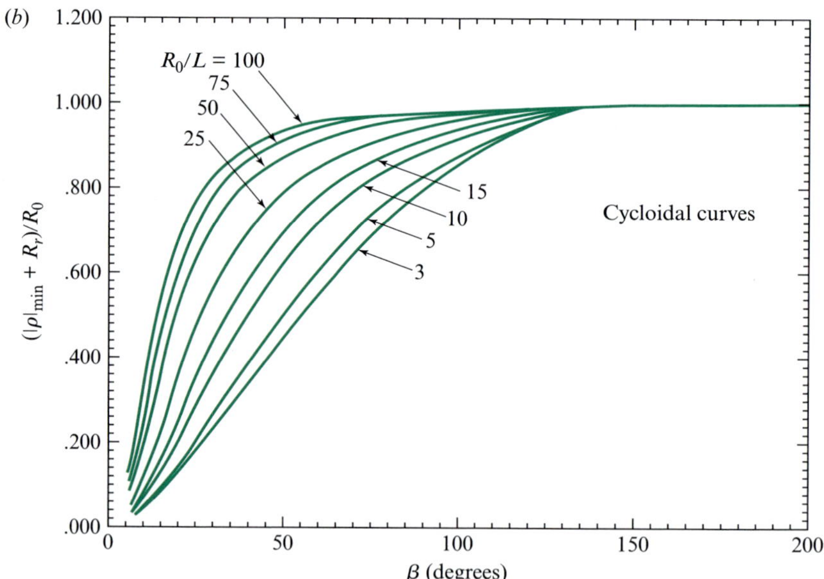


**그림 6.31** 전-상승 또는 전-귀환 사이클로이드 운동을 하는 레디얼 왕복 롤러 종동절에 대한 최소 곡률 반지름 도표 ([3]으로부터). 식 (6.13) 또는 (6.16)

$$v' = y' \cos \Theta - \left( \sqrt{R_0^2 - \varepsilon^2} + Y \right) \sin \Theta - \varepsilon \cos \Theta \tag{g}$$

그리고 다시 미분하면 종동절 중심의 2차 운동계수는 다음과 같다.

$$u'' = y'' \sin \Theta + 2y' \cos \Theta - \left( \sqrt{R_0^2 - \varepsilon^2} + Y \right) \sin \Theta - \varepsilon \cos \Theta \tag{h}$$

$$v'' = y'' \cos \Theta - 2y' \sin \Theta - \left( \sqrt{R_0^2 - \varepsilon^2} + Y \right) \cos \Theta + \varepsilon \sin \Theta \tag{i}$$

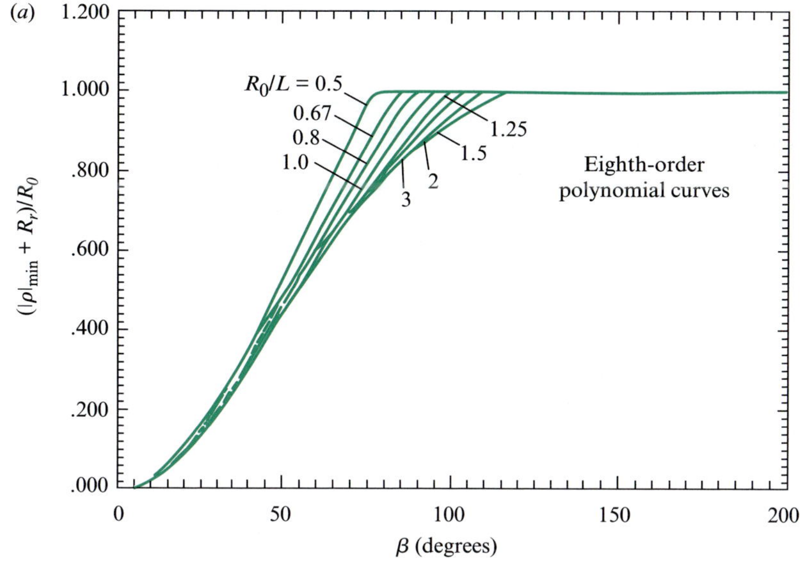


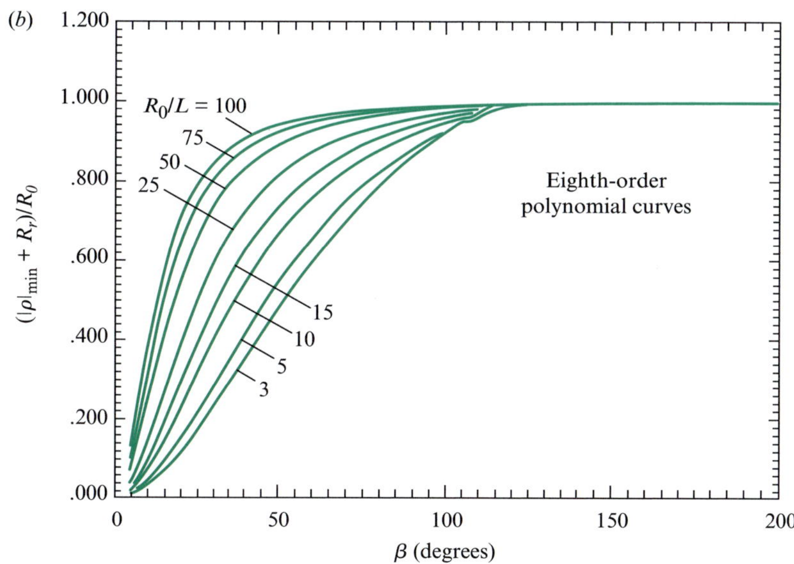


그림 6.32 전-상승 또는 전-귀환 8차 다항식 운동을 하는 레디얼 롤러 종동절에 대한 최소 곡률 반지름 도표([3]으로부터). 식 (6.14) 또는 (6.17)

캠의 양(반시계)방향 회전은 종동절의 중심점이 $uv$ 회전좌표계에서 캠의 피치 곡선 주위로 시계방향으로 조금씩 증가하게 된다. 이것은 피치 곡선에 대한 단위 접선 벡터 $\hat{\mathbf{u}}^t$와 $\hat{\mathbf{u}}^n = \hat{\mathbf{k}} \times \hat{\mathbf{u}}^t$로 주어지는 단위법선 벡터에 대한 회전좌표계에서 양의 방향을 정의한다. 왜냐하면 이 단위법선 벡터는 피치 곡선의 곡률 중심으로부터 밖으로 향하면 피치 곡선의 곡률 반지름의 부호는 음수가 된다.

식 ($f$)와 ($g$)를 규정화하기 위해서는 다음과 같이 정의한다.

$$w' = +\sqrt{u'^2 + v'^2} \tag{6.35}$$

또는

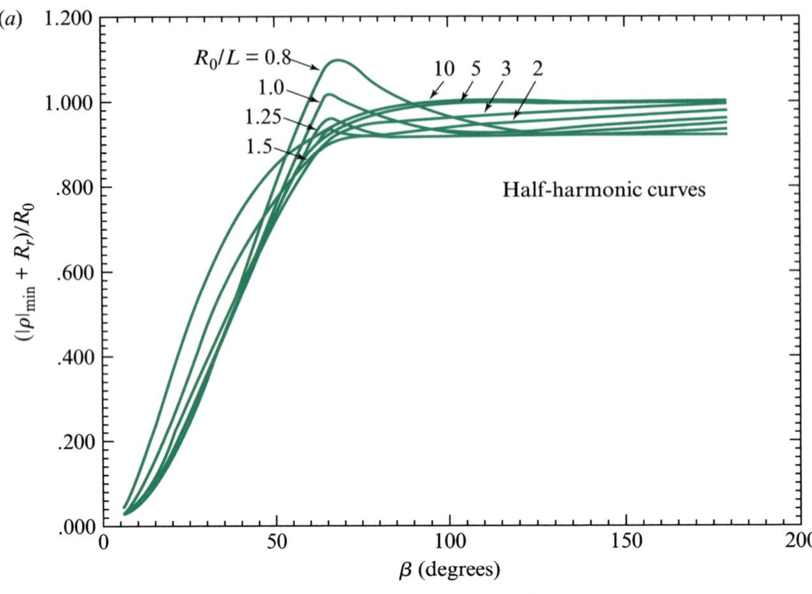


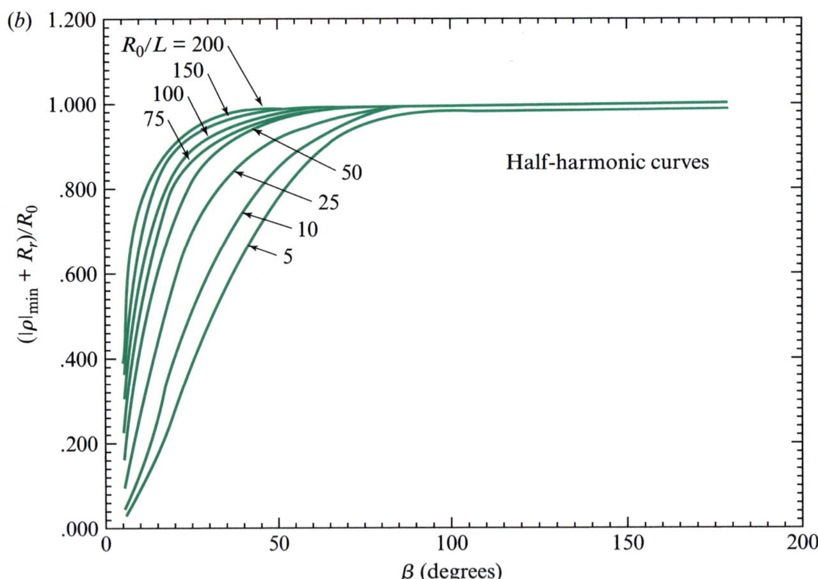


그림 6.33 반조화 운동을 하는 레디얼 왕복 롤러 종동절에 대한 최소 곡률 반지름 도표. 식 (6.19)와 (6.20)([3]으로부터)

$$w' = +\left[(y' - \varepsilon)^2 + \left(\sqrt{R_0^2 - \varepsilon^2} + Y\right)^2\right]^{1/2} \tag{j}$$

그리고 이것을 이용하여 단위접선을 구하면 다음과 같다.

$$\hat{\mathbf{u}}^t = \left(\frac{u'}{w'}\right)\hat{\mathbf{i}} + \left(\frac{v'}{w'}\right)\hat{\mathbf{j}} \tag{k}$$

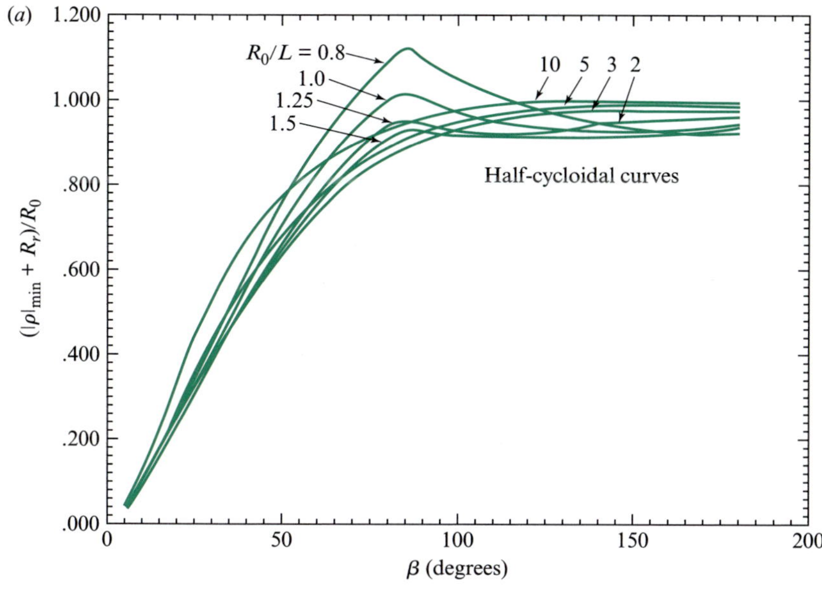


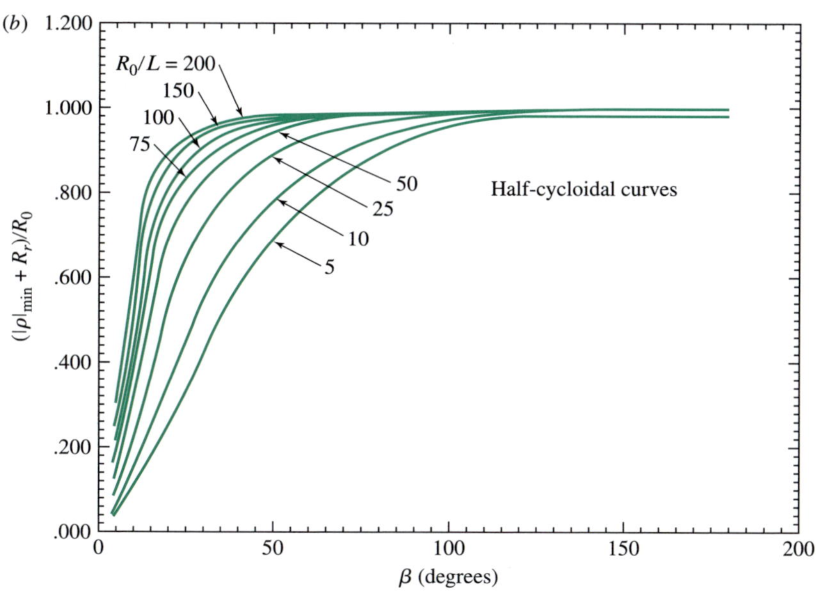


**그림 6.34** 반-사이클로이드 운동을 하는 레디얼 왕복 롤러 종동절에 대한 최소 곡률 반지름 도표. 식 (6.23) 또는 (6.24). ([3]으로부터)

단위법선 벡터는 다음과 같이 표현된다.

$$\hat{\mathbf{u}}^n = \left(\frac{-v'}{w'}\right)\hat{\mathbf{i}} + \left(\frac{u'}{w'}\right)\hat{\mathbf{j}} \tag{l}$$

이 벡터들은 캠에 부착된 회전좌표계 $uv$에 대한 표현이다.

캠과 롤러 종동절 사이의 접촉점의 좌표는 캠의 회전좌표에 대하여 다음과 같이 표현된다.

$$u_{cam} = u + R_r\left(\frac{v'}{w'}\right) \quad \text{그리고} \quad v_{cam} = v - R_r\left(\frac{u'}{w'}\right) \tag{6.36}$$

피치 곡선의 곡률 반지름은 식 (4.52)로부터 다음과 같이 표현된다.

$$\rho = \frac{w'^3}{u'v'' - v'u''} \tag{6.37}$$

피치 곡선의 곡률 반지름은 위에서 설명한 바와 같이, 음의 값을 가질 것으로 예측된다는 것을 기억하면 캠 형상의 곡률 반지름은 다음과 같다.

$$\rho_{\text{cam}} = \rho + R_r \tag{6.38}$$

식 (6.38)은 식 (6.37)보다 비록 작은 값이나마 음의 값을 갖는데, 단위법선 벡터가 캠의 곡률 중심으로부터 밖으로 향한다는 것을 유의하라.

종동절 운동방향의 단위벡터($Y$ 방향)를 $uv$ 회전좌표계로 표현하면 다음과 같다.

$$\hat{\mathbf{u}}^Y = \sin\Theta\hat{\mathbf{i}} + \cos\Theta\hat{\mathbf{j}} \tag{m}$$

그림 6.27과 식 ($l$)과 ($m$)의 도움으로 압력각은 다음과 같이 나타낼 수 있다.

$$\cos\phi = \hat{\mathbf{u}}^n \cdot \hat{\mathbf{u}}^Y = -\left(\frac{v'}{w'}\right)\sin\Theta + \left(\frac{u'}{w'}\right)\cos\Theta \tag{6.39}$$

**예제 6.6**

왕복 레디얼 롤러 종동절을 가진 평판캠(편심량 $\varepsilon = 0$)의 종동절의 변위가 다음과 같이 설계되었다.

$$Y = 15(1 - \cos 2\Theta)\ \text{mm}$$

주원 반지름 $R_0 = 40$ mm, 롤러 반지름 $R_r = 12$ mm, 캠의 회전방향은 반시계방향이다. 캠 회전각 $\Theta = 30°$일 때, 다음을 결정하라.

*a.* 회전좌표계에서의 캠과 종동절 사이의 접점의 좌표

*b.* 캠 프로파일의 곡률 반지름

*c.* 캠의 압력각

**▶ 풀이**

캠 회전각 $\Theta = 30°$에서 특정한 변위식으로부터 종동절의 양정은 다음과 같다.

$$Y = 15(1 - \cos 2\Theta)\ \text{mm} = 7.500\ \text{mm} \tag{1}$$

이 변위식을 회전각으로 미분하면 다음을 얻을 수 있다.

$$y' = 30\sin 2\Theta \text{ mm/rad} = 25.981 \text{ mm/rad} \tag{2a}$$

$$y'' = 60\cos 2\Theta \text{ mm/rad}^2 = 30.000 \text{ mm/rad}^2 \tag{2b}$$

식 ($d$)와 ($e$)로부터 편심량 $\varepsilon = 0$일 경우 캠에 부착된 회전좌표계에서의 롤러 중심의 좌표는 다음과 같다.

$$u = (R_0 + Y)\sin\Theta = (55 - 15\cos 2\Theta)\sin\Theta \text{ mm} = 23.750 \text{ mm} \tag{3a}$$

$$v = (R_0 + Y)\cos\Theta = (55 - 15\cos 2\Theta)\cos\Theta \text{ mm} = 41.136 \text{ mm} \tag{3b}$$

그러면, 식 ($f$)와 ($g$)로부터 트레이스점의 1차 운동계수는 다음과 같이 표현된다.

$$\begin{aligned} u' &= y'\sin\Theta + (R_0 + Y)\cos\Theta \\ &= (25.981 \text{ mm/rad})\sin\Theta + (47.500 \text{ mm})\cos\Theta = 54.127 \text{ mm/rad} \end{aligned} \tag{4a}$$

$$\begin{aligned} v' &= y'\cos\Theta - (R_0 + Y)\sin\Theta \\ &= (25.981 \text{ mm/rad})\cos\Theta - (47.500 \text{ mm})\sin\Theta = -1.250 \text{ mm/rad} \end{aligned} \tag{4b}$$

그리고, 식 ($h$)와 ($i$)로부터, 트레이스점의 2차 운동계수는 다음과 같다.

$$\begin{aligned} u'' &= y''\sin\Theta + 2y'\cos\Theta - (R_0 + Y)\sin\Theta \\ &= \left(30.000 \text{ mm/rad}^2\right)\sin\Theta + (51.962 \text{ mm/rad})\cos\Theta - (47.500 \text{ mm})\sin\Theta \\ &= 36.250 \text{ mm/rad}^2 \end{aligned} \tag{5a}$$

$$\begin{aligned} v'' &= y''\cos\Theta - 2y'\sin\Theta - (R_0 + Y)\cos\Theta \\ &= \left(30.000 \text{ mm/rad}^2\right)\cos\Theta - (51.962 \text{ mm/rad})\sin\Theta - (47.500 \text{ mm})\cos\Theta \\ &= -41.136 \text{ mm/rad}^2 \end{aligned} \tag{5b}$$

식 (6.35)로부터 다음을 구할 수 있다.

$$\begin{aligned} w' &= +\sqrt{u'^2 + v'^2} \\ &= +\sqrt{(54.127 \text{ mm/rad})^2 + (-1.250 \text{ mm/rad})^2} = +54.141 \text{ mm/rad} \end{aligned} \tag{6}$$

*a*. 식 (3), (4), (6)과 주어진 치수들을 식 (6.36)에 대입하면, 캠과 롤러 종동절 사이의 접촉점의 좌표를 회전좌표계에서 나타내면 다음과 같다.

$$u_{\text{cam}} = 23.750 \text{ mm} + (12 \text{ mm})\left(\frac{-1.250 \text{ mm/rad}}{54.141 \text{ mm/rad}}\right) = 23.413 \text{ mm} \qquad \text{답}$$

$$v_{\text{cam}} = 41.136 \text{ mm} + (12 \text{ mm})\left(\frac{-54.127 \text{ mm/rad}}{54.141 \text{ mm/rad}}\right) = 29.139 \text{ mm} \qquad \text{답}$$

*b*. 식 (6.37)로부터 식 (4)~(6)을 이용하여 피치 곡선의 곡률 반지름을 구한다.

$$\rho = \frac{(54.141\ \text{mm/rad})^3}{(54.127\ \text{mm/rad})(-41.136\ \text{mm/rad}^2) - (-1.250\ \text{mm/rad})(36.250\ \text{mm/rad}^2)}$$
$$= -72.775\ \text{mm}$$

위에서 설명한 바와 같이 음의 값을 가짐을 유의한다. 이를 이용하여 식 (6.38)로부터 캠 형상의 곡률 반지름을 다음과 같이 구할 수 있다.

$$\rho_{\text{cam}} = \rho + R_r = -72.775\ \text{mm} + 12.0\ \text{mm} = -60.775\ \text{mm}$$ 답

여기서 값은 계속 음수임을 유의한다. 이것은 곡률 중심이 더 안쪽으로 향하고 캠 형상에서 이곳은 캠 프로파일상 언더컷이 없다는 것을 확인해 준다.

*c*. 식 (6.39)로부터 이 형태에서 압력각을 구하면 다음과 같다.

$$\cos\phi = -\left(\frac{-1.250\ \text{mm/rad}}{54.141\ \text{mm/rad}}\right)\sin 30^\circ + \left(\frac{54.127\ \text{mm/rad}}{54.141\ \text{mm/rad}}\right)\cos 30^\circ; \quad \phi = 28.68^\circ$$ 답

여기에서와 전 절에서, 왕복 종동절을 가진 평판캠에 대해 주원의 반지름을 잘못 선정하면 생기는 문제에 대해 다루었다. 비록 요동 종동절 또는 다른 종류의 캠에 대해 식은 다르다 할지라도 언더컷[6]과 과도한 압력각[4]이 되지 않기 위해 비슷한 방법이 사용될 수 있다. 캠 프로파일 데이터[7]를 만들기 위해 유사한 식이 개발될 수 있다. 캠 설계 광범위한 문헌조사가 Chen[1]에 의해 정리되었다. 여기에서 위의 식들에 더해서 캠의 설계에 대한 벡터 해석이 필요한 일반적인 접근방법을 설명하기 위해 예제를 하나 더 제시하겠다.

### 예제 6.7

그림 6.35*a*의 요동 롤러 종동절을 가진 평판캠이 캠은 반시계방향으로 회전하고 종동절이 다음 식으로 표현되는 변위를 갖는 것으로 설계되었다.

$$y = 0.5(1 - \cos 2\Theta)\ \text{rad}$$

주원 반지름 $R_0 = 1.500$ in, 롤러 반지름 $R_r = 0.500$ in, 캠 축의 중심과 종동절 피봇 간의 거리 $R_{O_4O_2} = r_1 = 3.000$ in, 종동절 팔의 길이 $R_{CO_4} = r_4 = 2.598$ in이다. 캠 회전각 $\Theta = \theta_2 = 45°$일 때 다음을 결정하라.

*a*. 캠과 종동절 간의 접점 좌표
*b*. 캠 프로파일의 곡률 반지름
*c*. 캠의 압력각

**▶ 풀이**

그림 6.35*b*와 같이 요동 종동절의 회전각을 $\theta_4$로 한다. 주어진 치수에서 변위가 없을 때 종동절

의 각도는 $\theta_4 = 150° = 5\pi/6$ rad이다. 이것과 주어진 변위로 종동절의 완전한 회전식은 다음과 같이 표현된다.

$$\theta_4 = 5\pi/6 - y = 5\pi/6 - 0.5(1 - \cos 2\Theta) \text{ rad} \tag{1}$$

음의 부호가 사용된 것은 그림 6.35*b*와 같이 종동절의 변위가 시계방향이기 때문임을 유의한다.

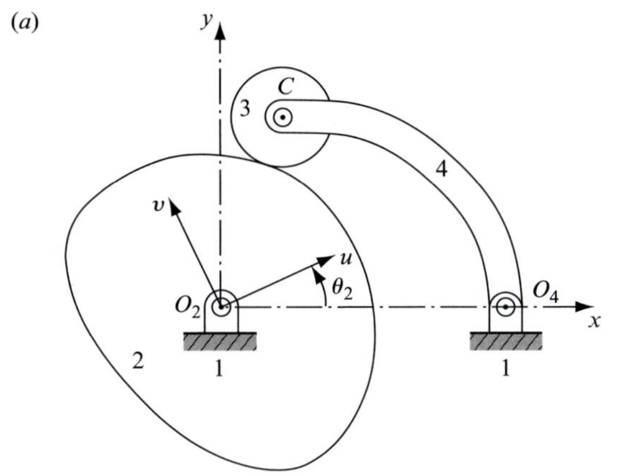


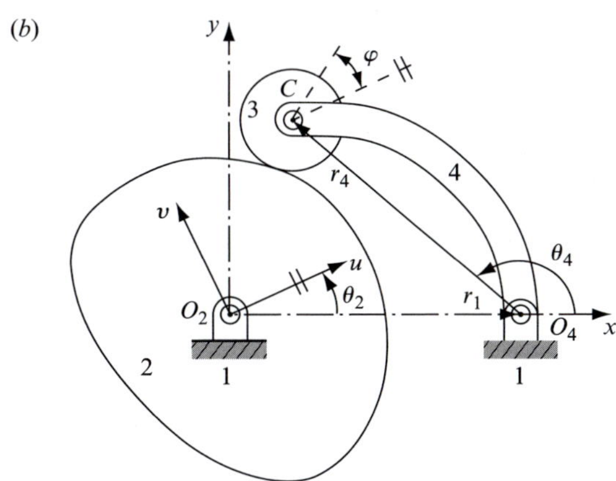


그림 6.35 왕복 롤러 종동절을 가진 평판캠

그림 6.35*b*로부터, 트레이스점 $C$의 고정좌표에서 좌표값은 다음과 같다.

$$x = r_1 + r_4 \cos\theta_4 \tag{2a}$$

$$y = r_4 \sin\theta_4 \tag{2b}$$

이런 좌표값은 다음 식을 이용하여 이동좌표계로 변환될 수 있다.

$$u = x\cos\Theta + y\sin\Theta \tag{3a}$$

$$v = -x\sin\Theta + y\cos\Theta \tag{3b}$$

그러므로 식 (2)를 식 (3)에 대입하면 트레이스점 $C$의 이동좌표계에서의 좌표값은 다음과 같다.

$$u = (r_4 \sin\theta_4)\sin\Theta + (r_1 + r_4\cos\theta_4)\cos\Theta,$$

$$v = (r_4 \sin\theta_4)\cos\Theta - (r_1 + r_4\cos\theta_4)\sin\Theta$$

이것은 다음과 같이 변형할 수 있다.

$$u = r_1\cos\Theta + r_4\cos(\theta_4 - \Theta) \tag{4a}$$

$$v = -r_1\sin\Theta + r_4\sin(\theta_4 - \Theta) \tag{4b}$$

이것들은 피치 곡선의 식이다.

식 (4)를 캠의 회전각 $\Theta$에 대해 미분하면 트레이스점 $C$의 1차 및 2차 운동계수는 다음과 같다.

$$u' = -r_1\sin\Theta - r_4\sin(\theta_4 - \Theta)\left[\theta_4' - 1\right] \tag{5a}$$

$$v' = -r_1\cos\Theta + r_4\cos(\theta_4 - \Theta)\left[\theta_4' - 1\right] \tag{5b}$$

$$u'' = -r_1\cos\Theta - r_4\cos(\theta_4 - \Theta)\left[\theta_4' - 1\right]^2 - r_4\theta_4''\sin(\theta_4 - \Theta) \tag{6a}$$

$$v'' = +r_1\sin\Theta - r_4\sin(\theta_4 - \Theta)\left[\theta_4' - 1\right]^2 + r_4\theta_4''\cos(\theta_4 - \Theta) \tag{6b}$$

여기서 종동절의 1차 및 2차 운동계수는 식 (1)로부터 다음과 같이 표현한다.

$$\theta_4' = -\sin 2\Theta \quad \text{and} \quad \theta_4'' = -2\cos 2\Theta \tag{7}$$

캠과 종동절 사이의 접촉점의 회전좌표계에서의 좌표값은 식 (6.35)와 (6.36)에서와 같은 방법으로 결정된다.

식 (1)과 (7)에서 캠 회전각 $\Theta = 45°$에 대해 다음을 얻을 수 있다.

$$\theta_4 = 2.118\text{ rad} = 121.35°, \quad \theta_4' = -1.000\text{ rad/rad}, \quad \text{그리고} \quad \theta_4'' = 0.000 \tag{8}$$

식 (8)을 식 (4)에 대입하면 트레이스점 $C$의 좌표값은 다음과 같다.

$$u = (3.000\text{ in})\cos 45° + (2.598\text{ in})\cos(121.35° - 45°) = 2.734\text{ in} \tag{9a}$$

$$v = -(3.000\text{ in})\sin 45° + (2.598\text{ in})\sin(121.35° - 45°) = 0.403\text{ in} \tag{9b}$$

식 (8)과 기하학적 데이터를 식 (5)에 대입하면 트레이스점의 1차 운동계수는 다음과 같다.

$$u' = -(3.000\text{ in})\sin 45° - (2.598\text{ in})\sin(121.35° - 45°)[-2.000] = 2.928\text{ in/rad} \tag{10a}$$

$$v' = -(3.000\text{ in})\cos 45° + (2.598\text{ in})\cos(121.35° - 45°)[-2.000] = -3.347\text{ in/rad} \tag{10b}$$

그리고 식 (6.35)로부터 다음을 구할 수 있다.

$$w' = +\sqrt{(2.928\text{ in/rad})^2 + (-3.347\text{ in/rad})^2} = 4.447\text{ in/rad} \tag{11}$$

*a.* 식 (9)~(11)을 식 (6.36)에 대입하면, 캠과 종동절의 접촉점의 회전좌표계에서의 좌표값은 다음과 같다.

$$u_{\text{cam}} = (2.734\text{ in}) + (0.5\text{ in})\left(\frac{-3.347\text{ in/rad}}{4.447\text{ in/rad}}\right) = 2.358\text{ in}$$ 답

$$v_{\text{cam}} = (0.403\text{ in}) - (0.5\text{ in})\left(\frac{2.928\text{ in/rad}}{4.447\text{ in/rad}}\right) = 0.074\text{ in}$$ 답

*b.* 캠의 회전좌표계에서는 롤러 중심 $C$의 운동방향은 각 $\phi$(그림 6.35*b* 참조)에 의해 정의되며 다음과 같이 표현된다.

$$\varphi = \theta_4 - 90° - \theta_2 = 121.35° - 90° - 45° = -13.65° \tag{12}$$

그러므로 식 (6.39)로부터 캠의 압력각은 다음과 같다.

$$\cos\phi = \left(-\frac{v'}{w'}\right)\cos\varphi + \left(\frac{u'}{w'}\right)\sin\varphi$$

식 (10), (11)과 (12)를 이 식에 대입하면 압력각(캠 회전각 $\theta = 45°$에서)은 다음과 같다.

$$\phi = 54.83°$$ 답

*c.* 식 (8)과 주어진 기하 데이터를 식 (6)에 대입하면 종동절 중심의 2차 운동계수는 다음과 같이 계산된다.

$$\begin{aligned} u'' &= -(3.000\text{ in})\cos 45° - (2.598\text{ in})\cos(121.35° - 45°)[-2.000]^2 \\ &= -4.573\text{ in/rad}^2 \end{aligned} \tag{13a}$$

$$\begin{aligned} v'' &= (3.000\text{ in})\sin 45° - (2.598\text{ in})\sin(121.35° - 45°)[-2.000]^2 \\ &= -7.977\text{ in/rad}^2 \end{aligned} \tag{13b}$$

그리고 식 (10), (11)과 (13)을 식 (6.37)에 대입하면 피치 곡선의 곡률 반경은 다음과 같다.

$$\rho = \frac{(4.447\ \text{in/rad})^3}{(2.928\ \text{in/rad})(-7.977\ \text{in/rad}^2) - (-3.347\ \text{in/rad})(-4.573\ \text{in/rad}^2)} = -2.275\ \text{in}$$

음의 부호는 종동절 중심을 지나고, 피치 곡선 방향의 단위법선 벡터가 위에서 설명한 바와 같이 곡률의 중심에서 멀어지는 방향을 의미한다. 그러므로 식 (6.38)로부터 캠 프로파일의 곡률 반지름은 다음과 같다.

$$\rho_{\text{cam}} = \rho + R_r = -2.275\ \text{in} + 0.500\ \text{in} = -1.775\ \text{in}$$ 답

## 6.11 강체 및 탄성캠 시스템

그림 6.36*a*는 자동차 오버헤드 장치를 설명하는 단면도이다. 이런 종류나 또는 다른 캠 시스템의 동역학적 해석에서 캠 표면에서 접촉 힘, 스프링 힘 그리고 캠-축 토크, 캠의 완전한 회전을 위한 모든 것이 결정되기를 기대한다. 이 중 한 가지 해석 방법은 캠-종동절 트레인의 모든 부품, 부시로드를 구성하는 로커 암, 밸브 스템, 캠 축 등을 강체라고 가정하는 것이다. 만일 이것이 유효한 가정이고 캠-종동절 트레인의 속도가 중간 정도라면 그런 해석은 충분히 만족한 결과를 가져올 것이다. 어떤 경우에서든 그러한 강제 해석은 항상 첫 번째 단계 정도로 시도되어야 한다.

가끔 속도가 너무 높아 또는 부품이 너무 탄성이 있어(아마 길이가 너무 길거나, 얇은 경우) 탄성체 해석을 사용해야 한다. 이런 사실은 시스템에 문제가 생겼을 때 보통 발견된다. 그런 문제는 소음, 채터링, 비정상적인 마모, 제품 성능 저하, 또는 어쩌면 어떤 다른 파트의 피로 파괴 등이다. 다른 경우에서는, 프로토타입 시스템의 운전을 통해 이론적인 것과 관측된 성능 사이의 근원적인 차이를 보여 줄지도 모른다.

그림 6.36*b*는 탄성캠 시스템의 수학적 모델이다. 여기에서, $m_3$는 캠과 캠 축의 일부를 나타낸다. 캠 프로파일에 담은 운동은 좌표 $Y(\Theta)$, 캠 축 각도, $\Theta$의 함수이다. 질량 $m_1$과 $m_3$, 그리고 강

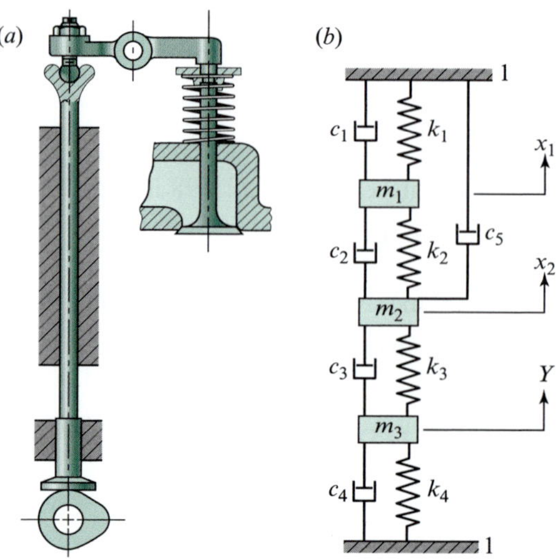


그림 6.36 자동차 엔진의 오버헤드 밸브 장치

성 $k_2$와 $k_3$는 종동절 트레인의 집중(lumped) 특성이다. 스프링을 포함한 종동절의 강성은 $k_1$, 그리고 캠 축의 굽힘 강성은 $k_4$이다. 대시포트는 $c_i$ ($i = 1, 2, 3, 4$와 5), 마찰 효과를 나타내기 위해 포함되었는데, 그것은 해석에서는 점성 댐핑 또는 미끄럼 마찰 또는 이 두 가지의 조합을 나타낸다. 그림 6.36*b*의 시스템은 약간 복잡한데 미분방정식 3개를 동시에 풀어야 한다. 이것은 여기서는 보여주지 못하지만 대신에 우리는 조금 단순한 시스템에 집중해 보겠다.

## 6.12 편심캠의 동역학

편심은 캠 축이 중심에서 벗어난 원통 캠에 주어진 이름이다. $e$는 디스크의 중심과 축의 중심 사이의 거리이다. 그림 6.37*a*는 편심 단순 왕복 종동절이다. 이것은 편심 평판캠, 평면 종동절 질량, 스프링 강성 $k$를 포함하고 있다. 좌표 $Y$는 캠이 종동절과 접촉하고 있는 한 종동절의 운동을 나타낸다. $Y = 0$을 양정이 바닥에 있을 때를 임의로 택한다. 그러면 기구학적으로 관심이 있는 양은 다음과 같이 표현된다.

$$Y = e - e\cos\omega t, \quad \dot{Y} = \omega e \sin\omega t, \quad \ddot{Y} = \omega^2 e \cos\omega t \tag{6.40}$$

여기에서 $\omega t$는 캠 각도 $\Theta$이다.

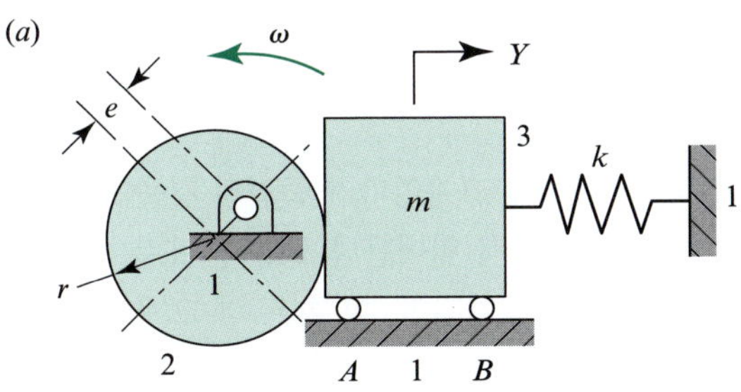


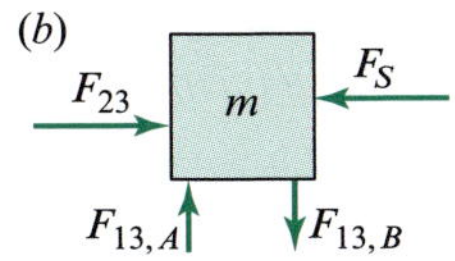


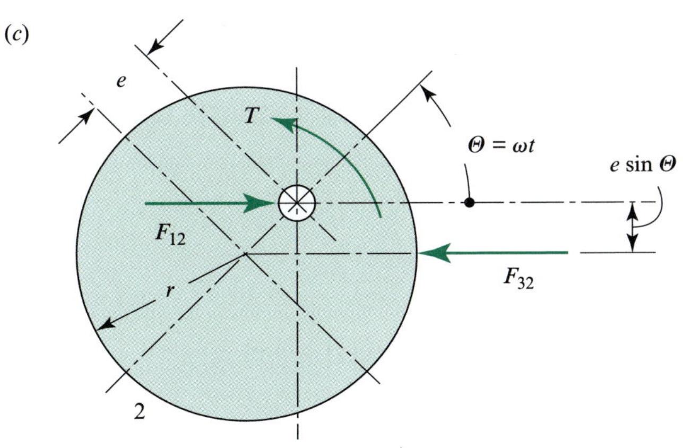


**그림 6.37** (*a*) 평판 종동절이 있는 편심 평판캠, (*b*) 종동절의 자유물체도, (*c*) 캠의 자유물체도

강체 해석을 위해 마찰력이 없다고 가정하고 종동절의 자유물체도를 그린다. 그림 6.37*b*, $F_{23}$는 캠 접촉 힘이고 $F_S$는 스프링 힘이다. 일반적으로 $F_{23}$과 $F_S$는 작용선이 일치하지 않아서 한 쌍의 프레임, 힘 $F_{13,A}$와 $F_{13,B}$가 베어링 $A$와 $B$에 작용한다.

운동방정식을 쓰기 전에 스프링 힘을 좀 더 자세하게 조사해 보자. *스프링 강성* $k$가 스프링을 단위길이만큼 변형시키는 데 필요한 힘의 양으로 정의됨을 기억하자. 그러므로 $k$의 단위는 보통 미터당 newton이나 inch당 파운드로 표시된다. 스프링의 목적은 종동절을 캠과 접촉을 유지하도록 하는 것이다. 그러므로 스프링은 양정의 최저점에도 약간의 힘을 가해져야 하는데, 이곳이 가장 많이 늘어난 곳이다. 이 힘은 *예력* $P$로 불리는데, 스프링에 의해서 $Y = 0$일 때 작용되는 힘이다. 그러므로 $P = k\delta$이다. 여기서 $\delta$는 스프링이 조립될 때 압축되는 변위를 말한다.

종동절 질량에 $Y$방향으로 작용하는 힘을 합하면 다음 식으로 나타낼 수 있다.

$$\sum F^Y = F_{23} - k(Y + \delta) = m\ddot{Y} \tag{a}$$

접촉력 $F_{23}$은 오직 양의 값만을 가질 수 있음을 유념해야 한다. 이 식을 재배열하면 다음과 같다.

$$m\ddot{Y} + kY = F_{23} - k\delta \quad \text{or} \quad m\ddot{Y} + kY = F_{23} - P \tag{b}$$

그러면 식 (6.40)의 첫 번째와 세 번째를 이 식에 대입하고 재배열하면, 접촉력은 다음과 같이 쓸 수 있다.

$$F_{23} = \left(m\omega^2 - k\right)e\cos\omega t + (ke + P) \tag{6.41}$$

이 식과 그림 6.38*a*는 접촉력 $F_{23}$이 상수항 $ke + P$에 코사인파가 중첩된 것을 보여주고 있다. 최대값은 $\Theta = 0°$에서 일어나고 최소값은 $\Theta = 180°$에서 일어난다. 코사인 또는 변수, 컴포넌트의 진폭은 캠 축 속도의 제곱에 따른다. 그래서 속도가 증가되면, 이 항은 더 크게 증가된다. 어떤 속도에 이르면 접촉력은 $\Theta = 180°$ 또는 부근에서 0이 될 수 있다. 이것이 일어나면 캠과 종동절 사이에 충격이 있어서 클릭, 래틀링, 또는 소음이 매우 높게 된다. 사실 종동절의 무거움 또는 관성이 캠과의 접촉된 상태로 있는 것을 방지한다. 그 결과는 가끔 *점프*나 *프로트(float)*로 불린다. 소음은 접촉이 다시 생길 때 일어난다. 물론 스프링을 사용하는 목적은 이를 방지하기 위함이다. 접촉력은 코사인파에 상수항이 중첩된 것으로 구성되어 있기 때문에, 점프를 방지하기 위해서는 코사인파를 0점에서 멀리 움직이거나 높게 하여야 한다. 이렇게 하기 위해서는 예력 $P$나 스프링 상수 $k$ 또는 둘 다를 증가시켜, 상수항 $ke + P$을 증가시킬 수 있다.

점프는 접촉력이 0일 때(즉 $F_{23} = 0$) $\cos\omega t = -1$에서 시작됨을 배웠는데, 식 (6.41)을 점프 속도에 대해 풀 수 있다. 그 결과는 다음과 같다.

$$\omega = \sqrt{\frac{2ke + P}{me}} \tag{6.42}$$

같은 순서를 밟아 점프는 다음 범위의 예력에서는 일어나지 않는다.

$$P > e\left(m\omega^2 - 2k\right) \tag{6.43}$$

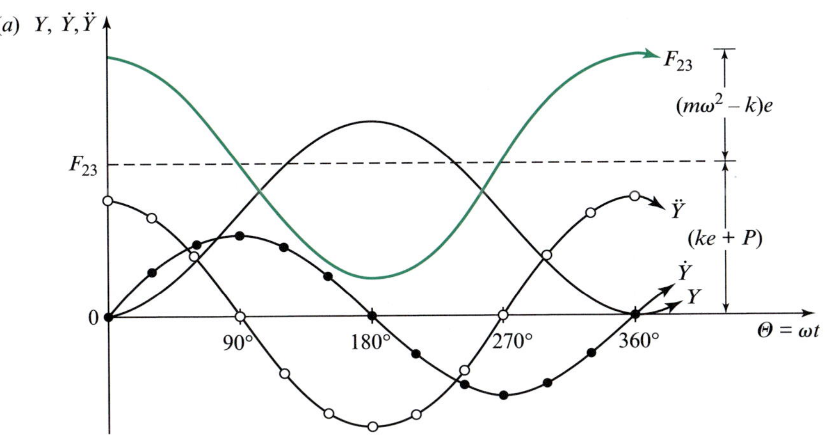


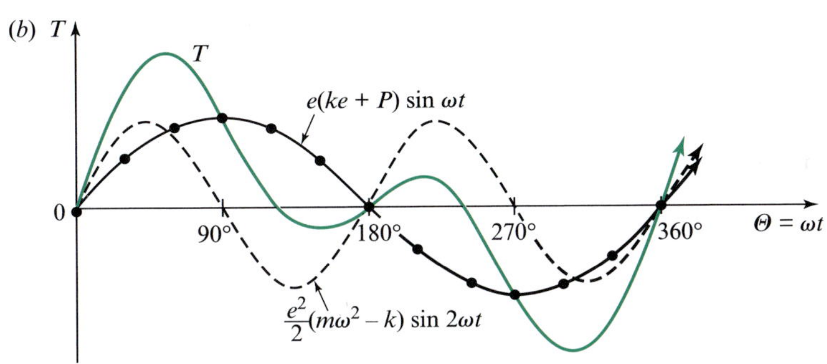


그림 6.38 (a) 편심캠 시스템에 대한 변위, 속도, 가속도와 접촉력 선도, (b) 토크 성분과 전체 캠–축 토크 그래프

그림 6.37*c*는 캠의 자유물체도이다. 토크 $T$는 축이 캠에 작용한다.

$$T = F_{23} e \sin \omega t$$

그러면 식 (6.41)을 식에 대입하면 다음과 같다.

$$T = \left[(m\omega^2 - k)e \cos \omega t + (ke + P)\right] e \sin \omega t$$

여기서 삼각함수의 공식을 사용하면 다음과 같다.

$$T = e(ke + P) \sin \omega t + \tfrac{1}{2} e^2 (m\omega^2 - k) \sin 2\omega t \tag{6.44}$$

이 식을 그래프로 그린 것이 그림 6.38*b*에 주어져 있다. 토크는 진동수가 배인 요소로 구성되어 있는데, 이 진폭은 캠 속도 제곱의 함수이고 단순 진동수 요소와 중첩되어 있는데 그 진폭은 속도와 무관하다. 이 예에서는 양의 $T$ 방향에서 토크–변위선도의 넓이는 음의 $T$ 방향과 같다. 이것은 종동절을 순방향으로 움직이는 필요 에너지량이 종동절 귀환 시에 회복됨을 의미한다. 캠 축 위의 플라이휠, 또는 관성은 요동치는 에너지 요구량을 이렇게 비축하고 풀어주는 데 이용된다. 물론 만일 외부의 하중이 종동절에 어떤 방식으로든 연결되어 있다면, 이 하중을 움직이는 데 필요한 에너지는 양의 방향에서 토크 선을 상향시킨다. 그리고 $T$ 곡선의 양의 루프에서 넓이를 증대시킨다.

### 예제 6.8

6.37$a$와 비슷한 캠과 종동절 메커니즘은 120° 포물선으로 캠 회전 시 30°는 머무르고, 나머지 캠 각도에서는 포물선운동으로 처음의 자세로 귀환할 때, 40 mm를 오른쪽으로 움직이도록 제작한다. 스프링 계수는 5 kN/m, 그리고 기구가 35-N 예력으로 조립되었다. 종동절의 질량은 18 kg, 마찰력은 없는 것으로 가정한다. ($a$) 수치계산을 하지 않고 변위, 가속도 그리고 캠 접촉력을 전 사이클 $\Theta = 0°$에서 $\Theta = 360°$까지의 캠 회전에 대해 대략적인 그래프를 그려라. 이 그래프 위에, 점프 또는 리프트오프가 시작되는 지점을 표시하라. ($b$) 이 주어진 데이터를 사용하여 점프가 시작되는 속도를 구하라.

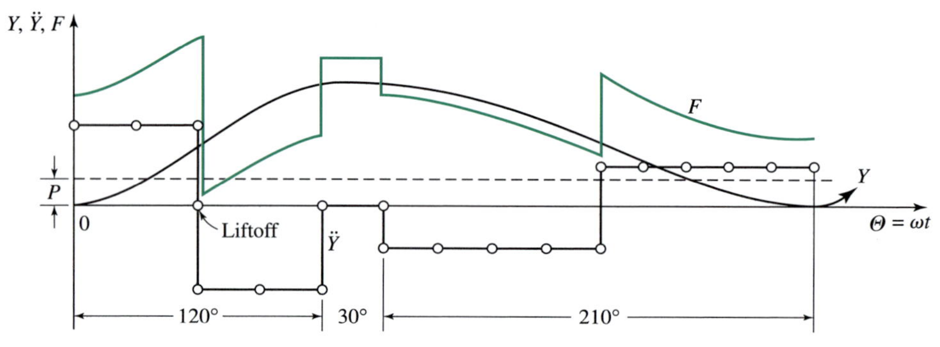


그림 6.39 변위, 가속도, 접촉력의 작도

#### 풀이

$a$. 캠 접촉력은 식 ($a$)로부터 다음과 같이 쓸 수 있다.

$$F = kY + P + m\ddot{Y} \tag{1}$$

이것은 가속도에 따라 변하는 $m\ddot{Y}$항, 변위와 함께 변하는 $kY$항, 상수항 $P$로 구성되어 있다. 그림 6.39는 가속도 $\ddot{Y}$, 접촉력 $F$와 함께 캠 운동의 변위도를 보여준다. 점프는 처음에는 $\Theta = \omega t = 60°$에서 일어난다. 왜냐하면 $F$가 0으로 접근하는 처음 위치이기 때문이다.

$b$. 리프트오프는 상승의 중간점에서 일어난다. 이곳에서($\beta_1 = 120°$에서) 가속도가 음수가 될 때 캠 각도는 $\Theta = \beta_1/2 = 60°$이다. 이 상태에서 가속도[식 (6.6$c$)]는

$$\ddot{Y} = -\frac{4L_1\omega^2}{\beta_1^2} = -\frac{4(0.040\ \text{m})\omega^2}{[120°(\pi\ \text{rad}/180°)]^2} = (-0.0365\ \text{m/rad}^2)\omega^2$$

이 값 $P = 35$ N, 그리고 $kY = (5000\ \text{N/m})(0.020\ \text{m}) = 100$ N을 식 (1)에 $F = 0$과 함께 대입하면 다음과 같다.

$$0 = 100\ \text{N} + 35\ \text{N} + (18\ \text{kg})(-0.0365\ \text{m/rad}^2)\omega^2$$

그리고 이 식을 재배열하면 다음을 얻는다.

$$\omega = \sqrt{\frac{100\ \text{N} + 35\ \text{N}}{(18\ \text{kg})(0.0365\ \text{m/rad}^2)}} = 14.3\ \text{rad/s} = 137\ \text{rev/min}$$ 답

## 6.13 미끄럼 마찰의 영향

$F_\mu$를 미끄럼(쿨롱) 마찰력이라고 하자. 마찰력은 속도에 대해 반대방향이기 때문에 다음과 같이 sign 함수를 정의하자.

$$\text{sgn}\, Z = \begin{cases} +1 & \text{for } Z \geq 0, \\ -1 & \text{for } Z < 0 \end{cases} \tag{6.45}$$

이런 표기법으로 6.12절의 식 (*a*)는 다음과 같이 쓸 수 있다.

$$\sum F^Y = F_{23} - F_\mu \,\text{sgn}\, \dot{Y} - k(Y + \delta) - m\ddot{Y} = 0$$

또는

$$F_{23} = F_\mu \,\text{sgn}\, \dot{Y} + k(Y + \delta) + m\ddot{Y} \tag{6.46}$$

이 식은 정지가 없는 단순 조화 운동에 대해 그림 6.40에 그려져 있다. 이 선도의 양쪽 파트를 보

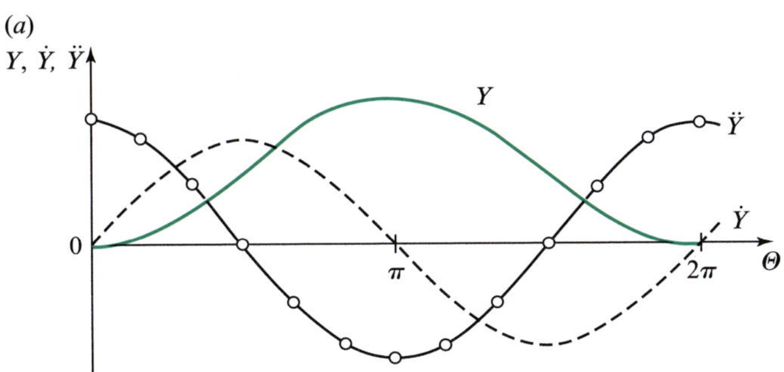


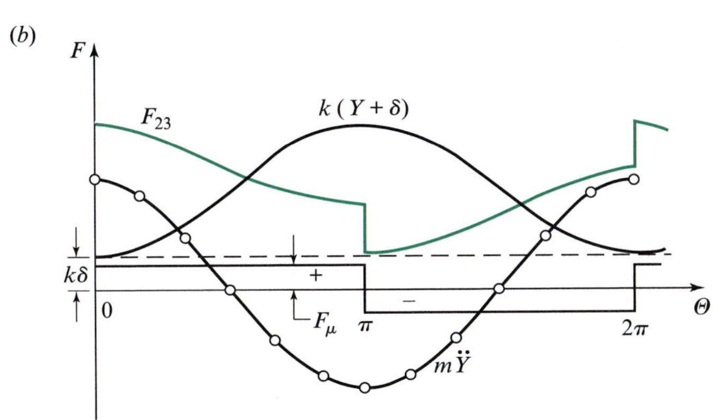


그림 6.40 조화 운동 시 캠 시스템에 대한 미끄럼 마찰의 영향: (*a*) 한 사이클의 운동에 대한 변위, 속도 및 가속도 그래프, (*b*) 힘 성분 $F_\mu$, $k\delta$, $k(Y+\delta)$, 그리고 최종 접촉력 $F_{23}$의 그래프

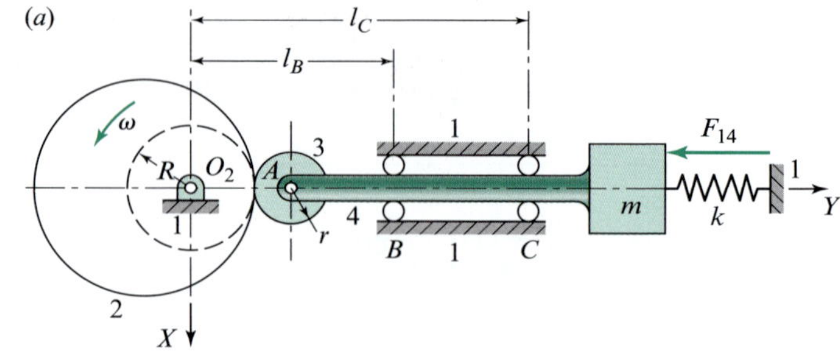


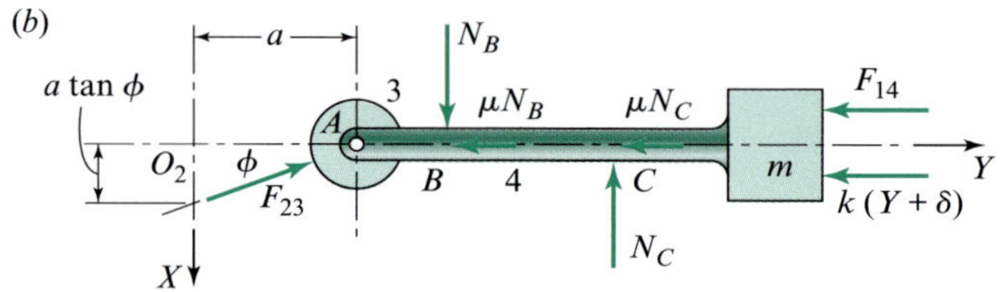


그림 6.41 (a) 왕복 롤러–종동절 시스템을 움직이는 평판캠, (b) 종동절 시스템의 자유물체도

면 $F_\mu$는 $\ddot{Y}$이 양이면 양이 됨을 유의하고, $F_{23}$이 어떻게 네 가지 요소의 선도를 그래프상에서 합하여 얻어지는지를 알게 된다.

## 6.14 왕복 롤러 종동절이 있는 디스크 캠의 동역학

이 절에서는 미끄럼 마찰을 포함하여 해석적으로 접근하는 것을 보여줄 것이다. 이런 시스템의 도형은 그림 6.41$a$에서 보여주고 있다. 이곳에서의 해석은 베어링 $B$와 $C$에 작용하는 종동절 무게의 영향은 무시하였다.

그림 6.41$b$는 종동절과 롤러의 자유물체도이다. 만일 $Y(\Theta)$이 캠에 제작된 운동이라면 $\Theta = \omega t$는 캠 각도이고, $Y = 0$에서 종동절은 행정의 최저점이어서 $Y_0 = R_{AO_2} = R + r$이다. 그러므로 다음과 같다.

$$a = Y_0 + Y = R + r + Y \tag{6.47}$$

그림 6.41$b$에서 롤러의 접촉력이 압력각이 $Y$축과 $\phi$를 이룬다. 힘 $\mathbf{F}_{23}$의 방향은 접촉면과 직각인 방향과 같기 때문에 $X$축의 선과 교점이 캠과 종동절의 공통 순간중심이다. 이는 이 점의 속도가 종동절 또는 캠의 한 점으로 간주되어 같다는 것을 의미한다. 그러므로 아래와 같이 쓸 수 있다.

$$\dot{Y} = a\omega \tan\phi$$

그리고

$$\tan\phi = \frac{\dot{Y}}{a\omega} = \frac{Y'}{a} \tag{6.48}$$

여기서 $Y'$는 캠 운동의 1차 운동계수이다. 이것이 식 (6.33)과 일치함에 유의하라.

여기 해석에서는 두 베어링의 반력은 $N_B$와 $N_C$이고, 미끄럼 마찰계수는 $\mu$이고 $\delta$는 내부 스프링의 예압으로 표현한다. $X$와 $Y$방향으로 힘을 더하면 다음과 같다.

$$\sum F_{13,4}^X = -F_{23}^X + N_B - N_C = 0 \tag{a}$$

그리고

$$\sum F_{13,4}^Y = F_{23}^Y - \mu \operatorname{sgn} \dot{Y}(N_B + N_C) - F_{14} - k(Y + \delta) - m\ddot{Y} = 0 \tag{b}$$

세 번째 식은 핀 $A$점에 대한 모멘트를 고려하여 얻어진다.

$$\sum M_A = -N_B(l_B - a) + N_C(l_C - a) = 0 \tag{c}$$

식 (6.48)의 도움으로 이런 세 개의 식은 미지수 $F_{23}$, $N_B$와 $N_C$에 대해 해를 구할 수 있다.

우선 식 (*c*)에 대해 $N_C$의 해를 구한다. 이것은 다음과 같다.

$$N_C = N_B \frac{l_B - a}{l_C - a} \tag{d}$$

이제 식 (*d*)를 식 (*a*)에 대입하고 베어링 반력 $N_B$를 구한다. 이 결과는 다음과 같다.

$$N_B = \frac{l_C - a}{l_C - l_B} F_{23}^X \tag{e}$$

$F_{23}^X = F_{23}^Y \tan\phi$를 이 식에 대입하고 식 (6.48)을 이용하면 다음을 구할 수 있다.

$$N_B = \frac{F_{23}^Y (l_C - a)\tan\phi}{l_C - l_B} = \frac{(l_C - a)Y'}{(l_C - l_B)a} F_{23}^Y \tag{6.49}$$

다음에 식 (*d*)와 식 (6.49)를 식 (*b*)의 마찰력 항에 대입하면:

$$\mu \operatorname{sgn} \dot{Y}(N_B + N_C) = Y' \operatorname{sgn} \dot{Y} \left[\frac{l_C + l_B - 2a}{(l_C - l_B)a}\right] F_{23}^Y \tag{f}$$

이 결과를 다시 식 (*b*)에 대입하고 $F_{23}^Y$에 대하여 구하면 다음과 같다.

$$F_{23}^Y = \frac{F_{14} + k(Y + \delta) + m\ddot{Y}}{1 - Y' \operatorname{sgn} \dot{Y} \left[\dfrac{l_C + l_B - 2a}{(l_C - l_B)a}\right]} \tag{6.50}$$

컴퓨터나 계산기로 해를 구하면, sgn 함수의 단순한 계산은 다음과 같다.

$$\operatorname{sgn} Z = \frac{Z}{|Z|} \tag{6.51}$$

마지막으로 캠-축의 토크는 다음과 같다.

$$T = -a \tan \phi F_{23}^{Y} = -Y' F_{23}^{Y} \tag{6.52}$$

이 절의 식은 6.7절에서 구한 바와 같이 적당한 상승 및 귀환 운동에 대한 기구학적인 표현을 요구한다.

## 6.15 탄성캠 시스템의 동역학

그림 6.42는 사이클로이드 캠에 의해 구동되는 종동절 시스템의 변위와 속도를 실제로 측정했을 때 종동절의 탄성의 영향을 보여준다. 무엇이 일어났는지를 이해하기 위해서는, 이런 다이어그램과 전 장에서의 이론적인 것과 비교를 해야 한다. 비록 탄성의 효과가 속도에서 더 현저하다고 해도 이것은 변위의 변화이고, 특히 상승의 꼭대기에서 실제로는 대부분의 문제를 야기한다. 이런 문제는 탄성 시스템이 생산 또는 조립 라인에서 사용되면서 소음, 비정상 마모, 피로 파괴 등을 야기할 때, 항상 좋지 못하고 신뢰성 없는 제품 품질이 주로 입증된다.

탄성캠의 완전한 해석은 좋은 진동해석의 배경지식이 필요하다. 기본적인 이해를 하면서도 이런 배경지식에 대한 필요성을 피하기 위해서는, 선형 운동 캠을 가진 지극히 단순화된 캠을 사용한다. 그러나 이런 캠 시스템은 실제 고속에 적용될 수 없다는 것을 알 수 있다.

그림 6.43*a*에서 $k_1$은 스프링의 강성이고, $m$은 종동절의 집중 질량, 그리고 $k_2$는 종동절의 강성을 표현한다. 종동절은 주로 로드 또는 레버이고, $k_2$는 $k_1$보다 몇 배나 크다.

스프링 $k_1$은 예력하여 조립된다. 종동절의 $X$좌표는 스프링 $k_1$이 조립된 수 질량의 평형 위치에서 선택된다. 그러므로 $k_1$과 $k_2$는 종동절의 질량에 같고 반대방향의 예력을 가하고 있다. 마찰이 없다고 가정한 질량의 자유물체도 그림 6.43*b*에 보여 주고 있다. 힘의 방향을 결정하기 위해 $X$좌표는 종동절의 실제 운동을 표현하고, $Y$좌표보다 크다고 가정하고, 캠에 가공된 이론적인 종동

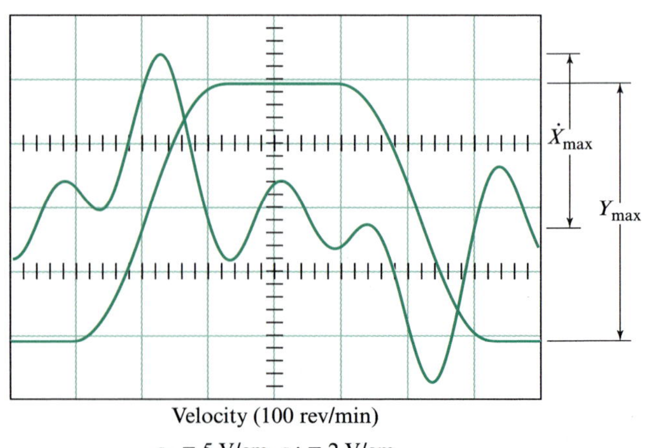


그림 6.42 사이클로이드 운동을 가공한 정지-상승-정지-귀환 캠과 종동절 시스템의 변위와 속도를 오실로스코프로 추적한 그림이다. 변위선도의 제로축은 공간이 허용된 공간에서 좀 더 큰 다이어그램을 얻기 위해 아래 방향으로 변형되었다.

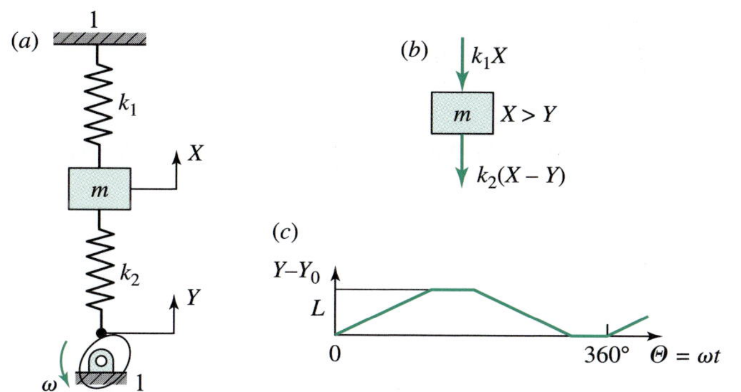


그림 6.43 (*a*) 캠과 종동절 시스템의 비감쇠 모델, (*b*) 종동절 질량의 자유물체도, (*c*) 변위선도

절 운동을 나타낸다. 그러나 만일 $Y$가 $X$보다 크다고 가정하면 같은 결과를 얻을 수 있다.

그림 6.43*b*를 이용하면 운동방정식이 아래와 같음을 알 수 있다.

$$\sum F = -k_1 X - k_2(X - Y) - m\ddot{X} = 0 \tag{a}$$

또는

$$\ddot{X} + \frac{k_1 + k_2}{m} X = \frac{k_2}{m} Y \tag{6.53}$$

이것은 종동절 운동의 미분방정식이다. 함수 $Y$가 특정되면 해를 구할 수 있다. 이 식은 각 캠 구간에 대해 구분적으로 풀릴 수 있다; 즉, 운동의 한 구간에 대한 마지막 조건은 다음 구간의 시작 조건으로 사용되어야 한다.

그림 6.43*c*에서와 같이 등속운동을 사용한 운동의 첫 구간을 해석하자. 우선 다음 표기법을 사용하자.

$$\omega_n = \sqrt{\frac{k_1 + k_2}{m}} \tag{6.54}$$

$\omega_n$을 캠의 각속도 $\omega$와 혼동하지 말아야 한다. $\omega_n$은 *비감쇠 자유진동수*로 불린다. $\omega_n$와 $\omega$의 단위는 둘 다 초당 라디안이다.

식 (6.53)은 이제 다음과 같이 쓸 수 있다.

$$\ddot{X} + \omega_n^2 X = \frac{k_2 Y}{m} \tag{6.55}$$

이 식의 해는 다음과 같다.

$$X = A\cos\omega_n t + B\sin\omega_n t + \frac{k_2 Y}{m\omega_n^2} \tag{b}$$

여기서 $\beta_1$ 기간의 선형 상승 구간에 대한 캠 운동은 다음과 같다.

$$Y = \frac{L}{\beta_1}\Theta = \frac{L\omega t}{\beta_1} \tag{6.56}$$

물론 식 (6.56)은 상승 구간에서만 유효하다. 이것과 이것의 2차 미분을 식 (6.55)에 대입하면 식 ($b$)가 해인 것을 증명할 수 있다.

식 ($b$)의 1차 미분은 다음과 같다.

$$\dot{X} = -A\omega_n \sin\omega_n t + B\omega_n \cos\omega_n t + \frac{k_2\dot{Y}}{m\omega_n^2} \tag{c}$$

$t = 0$ 상승의 처음에 $X = \dot{X} = 0$에 대해 식 ($b$)와 ($c$)가 다음과 같다.

$$A = 0 \quad \text{그리고} \quad B = -\frac{k_2\dot{Y}}{m\omega_n^3}$$

그러면 식 ($b$)는 다음이 된다.

$$X = \frac{k_2}{m\omega_n^2}\left(Y - \frac{\dot{Y}}{\omega_n}\sin\omega_n t\right) \tag{6.57}$$

이 식은 그림 6.44에 그려져 있다. 운동은 음의 sine항에 균일 상승으로 표현되는 램프와 중첩으로 구성되어 있다. 상승 중에 스프링 $k_2$의 부가 압축 때문에, 램프 항 $k_2Y/m\omega_n^2$은 그림 6.44에서 종동절 커멘드(command)로 불리며, 예정된 캠 상승 운동 Y보다 작다.

상승이 끝난 후에 식 (6.55)~(6.57)은 더 이상 유효하지 않고 새로운 운동구간, 정지가 시작된다. 이 시기의 종동절의 응답은 그림 6.44에 나타나 있으나 여기서는 해를 구하지 않겠다.

식 (6.57)은 진동 진폭 $\dot{Y}/\omega_n$은 $\omega_n$을 크게 함으로써 줄일 수 있다는 것을 보여주고 있으며, 식 (6.54)는 이것을 $k_2$를 증가시킴으로써 이룰 수 있다는 것을 입증하고 있는데, 이는 매우 단단한 종동절이 사용되어야 한다.

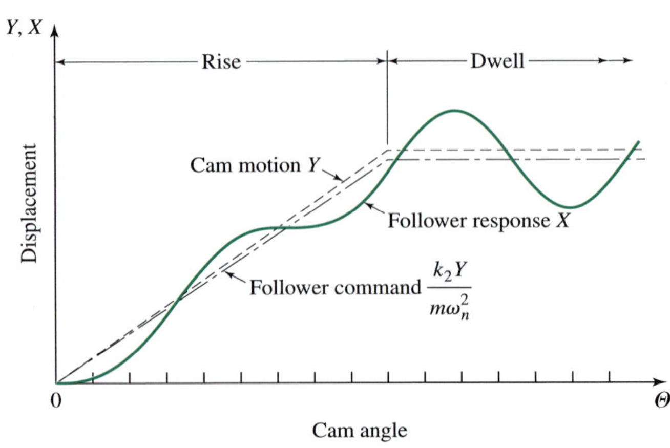


그림 6.44 종동절 응답을 보여주는 종동절 등속운동 캠 기구의 변위선도

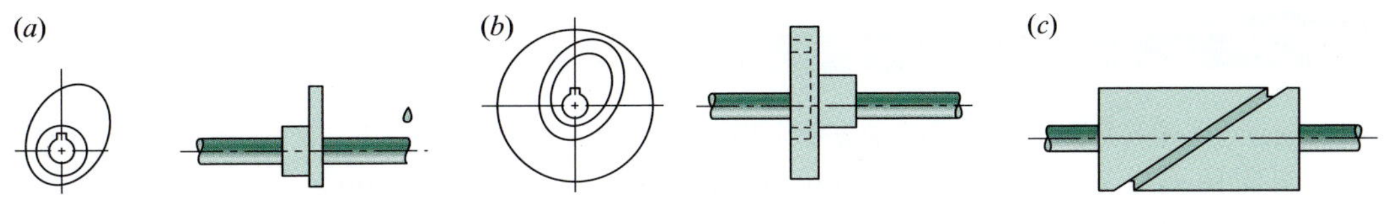


그림 6.45 (a) 원래부터 언밸런스된 디스크 캠, (b) 보통 잘 밸런스된 면캠, (c) 원통캠은 밸런스 잘 되어 있다.

## 6.16 언밸런스, 스프링 서지, 와인드업

**언밸런스.** 그림 6.45a에서 보여준 바와 같이, 디스크 캠의 질량이 회전중심에 대해 비대칭이기 때문에 언밸런스를 유발한다. 이것은 두 세트의 진동 힘이 존재한다는 것을 의미한다. 하나는 캠 질량의 편심에 의해 유발되고 다른 하나는 캠에 대해 종동절에 대한 반작용에 의해 생긴다. 이런 현상을 설계 중에 염두에 두고, 엔지니어는 운전 중에 어려움에 대해 많은 것을 보호할 수 있다.

그림 6.45b와 6.45c는 면과 원통 캠은 좋은 균형 특성을 가지고 있다는 것을 보여준다. 이런 이유로 고속 운전이 수반되는 경우 이런 것이 좋은 선택이다.

**스프링 서지.** 스프링 설계에 대한 문헌은 스프링 코일의 질량 때문에 헬리컬 스프링은 자체적으로 진동한다고 말하고 있다. 심각한 진동이 있을 때는, 확실한 파동운동이 스프링을 오르락 내리락 하는 것을 볼 수 있다. 이런 스프링내의 진동을 *스프링 서지*(*spring surge*)라고 부른다. 고속 카메라로 촬영되고 그 결과는 슬로우 모션으로 보여준다. 예를 들면, 임계 진동수 근처로 운전되는 잘못 설계된 자동차 밸브 스프링은 밸브가 닫혀 있어야 하는 짧은 기간 동안 열리게 된다. 그런 조건은 엔진이 매우 열악한 조건으로 운전하게 되어 스프링 자체도 급격히 피로파괴 된다.

**와인드업.** 그림 6.38b는 캠 축의 토크를 그린 것인데, 축이 행정의 일부 기간 동안 캠에 토크를 주는 것을, 다른 기간 동안 축에 토크를 주는 것을 보여 주고 있다. 이런 토크의 변화 요구는 축을 뒤틀리게 하거나 종동절의 상승 동안 토크가 증가하는 와인드업을 일으킨다. 또한, 이 기간 동안 캠의 각속도는 줄어들고 이에 따라 종동절의 속도도 줄어든다. 상승의 끝부분에서는 와인드업이 풀리면서 축에 에너지가 축적되고, 종동절의 속도와 가속도를 정상 값으로 상승시킨다. 결과적으로 종동절의 점프나 충격을 초래할지도 모른다. 이런 현상은 무거운 하중이 종동절에 의해 움직여지거나 종동절이 고속으로 움직일 때, 그리고 축이 유연할 때 주로 나타난다.

대부분의 경우 플라이휠은 캠시스템에서 토크 변화가 요구되는 것을 대비하기 위해 사용되어야 한다. 캠-축 와인드업은 플라이휠을 캠에 가능한 한 가깝게 설치함으로써 많은 경우 방지될 수 있다. 이것을 캠으로부터 멀리 장착하면 실제로는 문제를 더욱 악화시킬 수도 있다.

## 연습 문제 Problems

**6.1** 평판캠의 왕복운동 레디얼 롤러 종동절이 180° 캠 회전하는 동안 단순 조화 운동을 하면서 50 mm 상승하고, 나머지 180°에서 단순 조화 운동으로 귀환한다. 롤러 반지름이 9.5 mm이고 주원 반지름이 50 mm일 때, 시계방향 캠 회전에 대해 변위선도, 피치 곡선, 그리고 캠 프로파일을 구성하라.

**6.2** 왕복운동 평면 종동절을 가진 평판캠이 문제 6.1과 동일한 운동을 한다. 주원 반지름은 50 mm이고 캠은 반시계방향으로 회전한다. 종동절이 상승할 때의 굽힘을 줄이는 방향으로 종동절 스템을 20 mm 편심하여 변위선도와 캠 프로파일을 구성하라.

**6.3** 캠 회전이 반시계방향으로 150° 진행되는 동안 사이클로이드 운동으로 30° 상승하고, 30° 정지하며, 120° 회전하는 동안에 사이클로이드 운동으로 귀환하고, 60° 회전하는 동안 정지하는 요동 레디얼 평면 종동절을 가진 평판캠에 대한 변위선도와 캠 프로파일 윤곽을 작도하라. 양 끝에서 0.20 in의 여유를 갖도록 종동절 면의 길이를 결정하라. 주원 반지름은 1.20 in이고 종동절의 회전점(pivot)은 오른쪽으로 4.80 in에 위치해 있다.

**6.4** 왕복운동 롤러 종동절을 가진 평판캠이 문제 6.3과 동일한 운동을 한다. 주원 반지름은 2.40 in이다. 롤러의 반지름은 0.40 in, 종동절의 길이는 4 in이고 캠 회전축의 오른쪽 5 in에 피벗되어 있다. 캠은 시계방향으로 회전한다. 이때의 최대 압력각을 결정하라.

**6.5** 전-상승 단순 조화 운동에 대하여 운동의 중간점에서의 속도와 저크의 방정식을 기술하라. 또, 운동의 시작점과 끝점에서의 가속도를 결정하라.

**6.6** 전-상승 사이클로이드 운동에 대하여, 가속도가 최대와 최소가 되는 $\theta$의 값을 결정하라. 이 점들에 대한 가속도 공식은 무엇인가? 운동의 중간점에서의 속도와 저크의 방정식을 구하라.

**6.7** 왕복운동 종동절을 가진 평판캠이 400 rev/min으로 시계방향으로 회전한다. 종동절은 60°의 캠 회전에 대하여 정지하고, 그 후 62.5 mm의 양정을 상승한다. 25 mm의 귀환행정이 진행되는 동안 일정 속도 −1.0 m/ss를 유지해야 한다. 고속 작동에 사용 가능하도록 6.7절의 권장 표준 캠 운동을 이용하여 캠의 각 구간에 대한 캠 회전각과 그에 해당하는 양정을 결정하라.

**6.8** 문제 6.7을 캠 회전에 대하여 20° 정지하는 것으로 바꾸어 반복하라.

**6.9** 만일 문제 6.7의 캠이 일정 속도로 구동될 때, 캠 주기에 대한 종동절의 정지시간과 최대 및 최소 속도 그리고 가속도를 구하라.

**6.10** 요동 종동절을 가진 평판캠이 60°의 캠 회전을 하는 동안 20°만큼 상승하고 45° 동안 정지한 후 다시 추가적으로 20° 동안 상승하며 60°의 캠 회전을 하는 동안 귀환하여 정지한다. 고속 작동이라고 가정하고 6.7절의 권장 표준 캠 운동을 이용하여 캠의 각 구간에 대한 상승과 캠 회전각을 결정하라.

**6.11** 캠이 일정한 속도 600 rev/min로 구동한다고 가정하고, 문제 6.10에 대한 종동절의 최대 속도와 가속도를 결정하라.

**6.12** 다항식 캠 운동의 경계조건이 다음과 같다. $\theta = 0$에 대해 $y = 0$, $y' = 0$이고, $\theta = \beta$에 대해 $y = L$, $y' = 0$. 적당한 변위방정식과 캠 회전에 관한 초기 3개의 도함수를 구하라. 그에 상응하는 다이어그램을 그려라.

**6.13** 문제 6.2의 캠에 대하여 양 끝에 2.5 mm만큼의 여유를 줄 때, 최소 면폭과 최소 곡률 반지름을 구하라.

**6.14** 문제 6.1의 캠에 대하여 최대 압력각과 최소 곡률 반지름을 구하라.

**6.15** 레디얼 왕복운동 평면 종동절이 문제 6.7과 동일한 운동을 한다. 캠 곡률 반지름이 12.5 mm보다 작지 않도록, 최소 주원 반지름을 결정하라. 이 주원 반지름을 사용하여 양 끝에 4 mm만큼의 여유를 줄 때, 종동절 면의 최소 길이는 얼마인가?

**6.16** 시계방향 캠 회전에 대하여 문제 6.15의 캠 프로파일 윤곽을 도식적으로 구성하라.

**6.17** 레디얼 왕복운동 롤러 종동절이 문제 6.7과 동일한 운동을 한다. 주원 반지름 값으로 500 mm를 사용하여, 언더컷이 일어나지 않고 사용될 수 있는 최대 압력각과 최대 롤러 반지름을 구하라.

**6.18** 20 mm의 롤러 반지름을 사용하여 문제 6.17의 캠 프로파일을 도식적으로 구성하라. 캠 회전방향은 시계방향이다.

**6.19** 평판캠이 300 rev/min으로 회전하고, 캠이 180°

회전하는 동안 3 in의 전-상승으로 거쳐 왕복운동 레디얼 롤러 종동절을 구동한다. 만일 단순 조화 운동이 채택되고 압력각이 25°를 넘지 않는다면, 주원 반지름의 최소값을 구하라. 종동절의 최대 가속도를 구하라.

**6.20** 사이클로이드 운동으로 바꾸어, 문제 6.19를 반복하라.

**6.21** 8차 다항식 운동으로 바꾸어, 문제 6.19를 반복하라.

**6.22** 롤러 지름이 0.8 in인 것을 이용하여, 문제 6.19의 캠이 언더컷이 일어나는지를 검토하라.

**6.23** 식 (6.30)과 (6.31)은 왕복 평면 종동절을 가진 평판캠의 프로파일을 나타낸다. 만일 그러한 캠을 커터 반지름 $R_C$로 밀링머신으로 가공한다면 커터의 중심에 대한 유사방정식을 결정하라.

**6.24** 6.7절의 각각의 변위방정식에 대하여 컴퓨터 프로그램을 작성하라.

**6.25** 문제 6.2에 대한 캠 프로파일을 플롯하는 컴퓨터 프로그램을 작성하라.

**6.26** 편심 왕복 롤러 종동절을 가진 평판캠이 캠 회전에 따라 60° 정지 후에 90° 상승하고 다시 120° 정지한다. 그 후에 90° 귀환한다. 기초원의 반지름은 1.6 in, 롤러 종동절의 반지름은 0.6 in 그리고 종동절의 편심은 0.8 in이다. $60° \le \Theta \le 150°$의 상승 운동기간 동안 변위(상승)의 식은 다음과 같다.

$$y = 1.60\left[\frac{\theta}{\pi} + \sin\theta\right]$$

여기에서 $y$는 inch이고 $\theta$는 rad으로 표시된 캠 회전각이다. (a) 이런 상승 운동 시 상승 $y$에 대한 1차 및 2차 운동계수의 식을 구하라. (b) 주어진 종동절 운동에 대해 대략의 변위선도와 1차 및 2차 운동계수를 그려라. 다른 특정 변위와 관련하여 이 상승 운동의 적절성에 대해 논하라. 캠의 각도가 $\Theta = 120°$에서 다음을 결정하라. (c) 캠에 부착된 이동하는 직교좌표계로 표현되었을 때의 캠과 종동절 사이의 접촉점 위치; (d) 피치 곡선의 곡률 반지름과 캠 표면의 곡률 반지름; 그리고 (e) 캠의 압력각. 이 캠의 압력각은 수용 가능한가?

**6.27** 편심 왕복 롤러 종동절을 가진 평판캠이 표 P6.27에 주어진 바와 같은 입력, 상승과 하강, 출력 운동으로 설계되었다. 기초원의 반지름은 1.20 in, 롤러 종동절의 반지름은 0.5 in 그리고 종동절의 편심은 0.6 in이다.

주어진 운동의 적절성에 대해 논하라. $\Theta = 50°$에서 다음을 결정하라. (a) 상승곡선의 1차, 2차 및 3차 운동계수; (b) 캠과 함께 회전하는 직교좌표계로 표현되었을 때의 캠과 종동절 사이의 접촉점 위치; (c) 피치 곡선의 곡률 반지름; (d) 피치 곡선의 단위 접선 및 단위 법선 벡터; (e) 캠의 압력각

**표 P6.27** 왕복 롤러 종동절을 가진 평판캠의 변위 정보

| Cam angle $\Theta$ (deg) | Lift $L$ (in) | Output $Y$ |
|---|---|---|
| 0–20 | 0 | Dwell |
| 20–110 | 1.00 | Full-rise simple harmonic motion |
| 110–120 | 0 | Dwell |
| 120–200 | 0.20 | Full-rise cycloidal motion |
| 200–270 | 0 | Dwell |
| 270–360 | 1.20 | Full-return cycloidal motion |

**6.28** 레디얼 왕복 롤러 종동절을 가진 평판캠이 표 P6.28에 주어진 바와 같은 입력, 상승과 하강, 출력 운동으로 설계되었다. 기초원의 반지름은 75 mm, 롤러 종동절의 반지름은 25 mm. 변위는 다음과 같이 주어졌다.

**표 P6.28** 왕복 롤러 종동절을 가진 평판캠의 변위 정보

| Cam angle $\Theta$ (deg) | Lift $L$ (mm) | Output $Y$ |
|---|---|---|
| 0–90 | 75 | Cycloidal rise |
| 90–105 | 0 | Dwell |
| 105–195 | 75 | Cycloidal fall |
| 195–210 | 0 | Dwell |
| 210–270 | 50 | Simple harmonic rise |
| 270–285 | 0 | Dwell |
| 285–345 | 50 | Simple harmonic fall |
| 345–360 | 0 | Dwell |

상승곡선(변위선도)과 캠 프로파일을 그려라. (a) 캠의 적당한 위치에서 상승곡선에 대해 논하라(예를 들면 캠 회전각이 $\Theta = 0°$, $\Theta = 45°$, $\Theta = 180°$, $\Theta = 210°$, $\Theta = 225°$, $\Theta = 300°$에서). (b)

캠 프로파일 곡선에서 가장 큰 압력각의 위치를 나타내고 값을 찾아라. 이 압력각은 실제적인 캠–종동절에 사용될 경우 문제를 야기할 것인가? (c) 캠 프로파일 곡선에서 위치, 속도, 가속도 및 저크의 불연속점을 나타내라. 이러한 불연속은 용인할 만한가(왜 또는 왜 아닌가)? (d) 캠 프로파일 곡선에서 캠 프로파일의 곡률 반지름이 양의 값을 갖는 영역을 나타내라. 이러한 영역은 용인할 만한가(왜 또는 왜 아닌가)? (e) 표 P6.28에서 주어진 값에 대해 캠 설계를 향상시키려면 어떤 설계변경을 제안하겠는가?

**6.29** 문제 6.28에서와 같은 변위 정보와 설계변수를 계속해서 사용한다. 스프레드시트를 사용하여 캠의 완전한 회전에 대해 다음을 결정하고 그림을 그려라. (a) 종동절 중심의 1차 운동계수; (b) 종동절 중심의 2차 운동계수; (c) 종동절 중심의 3차 운동계수; (d) 상승곡선(변위선도); (e) 캠 표면의 곡률 반지름 그리고 (f) 캠–종동절 시스템의 압력각. 이 압력각은 실용적인 캠–종동절 시스템에 적합한가?

**6.30** 왕복 롤러 종동절을 가진 디스크 캠의 회전각, 상승과 하강, 그리고 출력 운동이 표 P6.30에 주어져 있다. 캠 기초원의 지름이 3.60 in, 롤러 종동절의 지름이 1.20 in, 그리고 종동절의 편심은 0.80 in이다.

**표 P6.30** 왕복 롤러 종동절을 가진 평판캠의 변위 정보

| Cam angle $\Theta$ (deg) | Lift $L$ (in) | Output $Y$ |
|---|---|---|
| 0–45 | 0 | Dwell |
| 45–120 | 1.40 | Full-rise simple harmonic motion |
| 120–130 | 0 | Dwell |
| 130–180 | 0.60 | Full-rise cycloidal motion |
| 180–210 | 0 | Dwell |
| 210–290 | 0.80 | Full-return simple harmonic motion |
| 290–310 | 0 | Dwell |
| 310–360 | 1.20 | Full-return cycloidal motion |

변위선도와 이것의 처음 2개 미분을 그려라. 캠 회전각이 $\Theta = 230°$일 때, 다음을 결정하라. (a) 1차와 2차 변위선도의 운동계수; (b) 캠에 부착된 이동 직교좌표로 캠과 롤러 종동절의 접촉점의 좌표; (c) 캠 프로파일의 곡률 반지름; (d) 캠의 압력각. 이 압력각은 이 캠과 종동절 시스템에 수용될 만한가?

**6.31** 왕복 롤러 종동절을 가진 디스크 캠의 회전각, 상승과 하강, 그리고 출력 운동이 표 P6.31에 주어져 있다. 캠 기초원의 지름이 240 mm, 롤러 종동절의 지름이 60 mm, 그리고 종동절의 편심은 70 mm이다.

**표 P6.31** 왕복 롤러 종동절을 가진 평판캠의 변위 정보

| Cam angle $\Theta$ (deg) | Lift $L$ (mm) | Output $Y$ |
|---|---|---|
| 0–5 | 0 | Dwell |
| 5–115 | 50 | Full-rise cycloidal motion |
| 115–120 | 0 | Dwell |
| 120–180 | 85 | Full-rise simple harmonic motion |
| 180–210 | 0 | Dwell |
| 210–310 | 120 | Full-return eighth-order polynomial motion |
| 310–325 | 0 | Dwell |
| 325–360 | 15 | Full-return simple harmonic motion |

변위선도와 이것의 처음 2개 미분을 그려라. 캠 회전각이 $\Theta = 235°$일 때, 다음을 결정하라. (a) 1차와 2차 변위선도의 운동계수; (b) 캠에 부착된 이동 직교좌표로 캠과 롤러 종동절의 접촉점의 좌표; (c) 캠 프로파일의 곡률 반지름; (d) 캠의 압력각.

**6.32** 왕복 롤러 종동절을 가진 디스크 캠의 회전각, 상승과 하강, 그리고 출력 운동이 표 P6.32에 주어져 있다. 캠 기초원의 지름이 7.20 in, 롤러 종동절의 지름이 3.20 in, 그리고 종동절의 편심은 1.60 in이다.

**표 P6.32** 왕복 롤러 종동절을 가진 평판캠의 변위 정보

| Cam angle $\Theta$ (deg) | Lift $L$ (in) | Output $Y$ |
|---|---|---|
| 0–40 | 0 | Dwell |
| 40–100 | 2.40 | Half-rise simple harmonic motion |
| 100–180 | $0.80\pi$ | Half-rise cycloidal motion |
| 180–260 | 0 | Dwell |
| 260–360 | $2.40 + 0.80\pi$ | Full-return cycloidal motion |

파트 I: 변위선도와 이것의 처음 2개 미분을 그려라. 캠 회전각이 $\Theta = 85°$일 때, 다음을 결정하

라. (a) 1차와 2차 그리고 3차 변위선도의 운동계수; (b) 캠 표면의 곡률 반지름; (c) 캠의 종동절과의 접점에서의 단위접선 및 법선 벡터; (d) 캠과 종동절의 접점의 좌표. 캠에 부착된 이동 직교좌표로 표현하라; (e) 캠의 압력각.

파트 II: 캠 각도 $\Theta = 120°$에 대하여 이 문제를 반복하라.

**6.33** 왕복 롤러 종동절을 가진 디스크 캠의 회전각, 상승과 하강, 그리고 출력 운동이 표 P6.33에 주어져 있다. 캠 기초원의 지름이 70 mm, 롤러 종동절의 지름이 30 mm, 그리고 종동절의 편심은 10 mm이다.

**표 P6.33** 왕복 롤러 종동절을 가진 평판캠의 변위 정보

| Cam angle $\Theta$ (deg) | Lift $L$ (mm) | Output $Y$ |
|---|---|---|
| 0–30 | 0 | Dwell |
| 30–90 | 30 | Full-rise simple harmonic motion |
| 90–120 | 0 | Dwell |
| 120–180 | 20 | Full-rise cycloidal motion |
| 180–210 | 0 | Dwell |
| 210–270 | 20 | Full-return cycloidal motion |
| 270–300 | 0 | Dwell |
| 300–360 | 30 | Full-return simple harmonic motion |

변위선도와 이것의 처음 2개 미분을 그려라. 캠 회전각이 $\Theta = 150°$일 때, 다음을 결정하라. (a) 1차와 2차 그리고 3차 변위선도의 운동계수; (b) 캠 표면의 곡률 반지름; (c) 캠의 종동절과의 접점에서의 단위접선 및 법선 벡터; (d) 캠과 종동절의 접점의 좌표. 캠에 부착된 이동 직교좌표로 표현하라; (e) 캠의 압력각.

**6.34** 왕복 롤러 종동절을 가진 디스크 캠의 회전각, 상승과 하강, 그리고 출력 운동이 표 P6.34에 주어져 있다. 캠 기초원의 지름이 3 in, 롤러 종동절의 지름이 1 in, 그리고 종동절의 편심은 0.8 in이다.

변위선도와 이것의 처음 2개 미분을 그려라. 캠 회전각이 $\Theta = 300°$일 때, 다음을 결정하라. (a) 변위선도의 1차와 2차 운동계수; (b) 캠의 종동절과의 접점에서의 단위접선 및 법선 벡터; (c) 캠 표면의 곡률 반지름; (d) 캠의 압력각.

**표 P6.34** 왕복 롤러 종동절을 가진 평판캠의 변위 정보

| Cam angle $\Theta$ (deg) | Lift $L$ (in) | Output $Y$ |
|---|---|---|
| 0–60 | 0 | Dwell |
| 60–180 | 3.6 | Full-rise cycloidal motion |
| 180–240 | 0 | Dwell |
| 240–360 | 3.6 | Full-return cycloidal motion |

**6.35** 왕복 롤러 종동절을 가진 디스크 캠의 회전각, 상승과 하강, 그리고 출력 운동이 표 P6.35에 주어져 있다. 캠 기초원의 지름이 70 mm, 롤러 종동절의 지름이 30 mm, 그리고 종동절의 편심은 10 mm이다.

**표 P6.35** 디스크 캠과 왕복 롤러 종속절에 대한 변위 정보

| Cam angle $\Theta$ (deg) | Lift $L$ (mm) | Output $Y$ |
|---|---|---|
| 0–30 | 0 | Dwell |
| 30–90 | 30 | Full-rise simple harmonic motion |
| 90–120 | 0 | Dwell |
| 120–180 | 20 | Full-rise cycloidal motion |
| 180–210 | 0 | Dwell |
| 210–270 | 20 | Full-return cycloidal motion |
| 270–300 | 0 | Dwell |
| 300–360 | 30 | Full-return simple harmonic motion |

변위선도와 이것의 처음 2개 미분을 그려라. 캠 회전각이 $\Theta = 230°$일 때, 다음을 결정하라. (a) 변위선도의 1차와 2차 그리고 3차 운동계수; (b) 캠 표면의 곡률 반지름; (c) 캠의 종동절과의 접점에서의 단위접선 및 법선 벡터; (d) 캠과 종동절의 접점의 좌표. 캠에 부착된 이동 직교좌표로 표현하라; (e) 캠의 압력각.

**6.36** 질량 $m$이 수직으로만 움직이도록 구속되어 있다. 원통 캠이 편심 50 mm, 속도 20 rad/s, 그리고 질량이 35.5 N이다. 마찰을 무시하고 캠이 점프를 일으키는 순간의 각도 $\Theta = \omega t$를 찾아라.

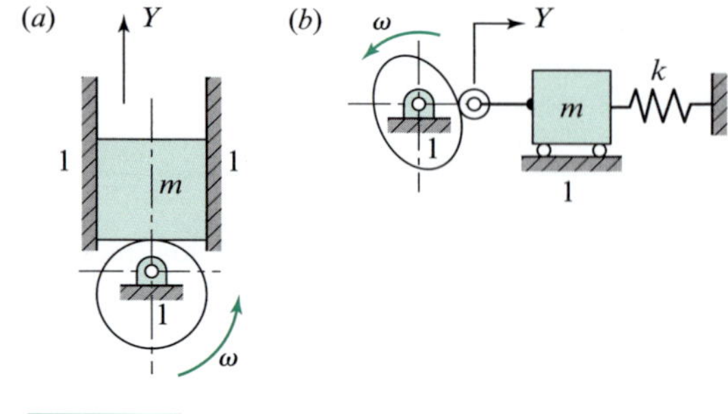


그림 P6.36

**6.37** 그림 P6.36*a*에서, 질량 *m*은 편심캠에 의해 위아래로 운동하고 질량은 45 N이다. 캠의 편심은 25 mm이다. 마찰은 없다고 가정하고 (a) 접촉력의 식을 유도하라. (b) 캠 종동절이 점프를 시작하는 곳에 해당되는 캠의 속도 $\omega$를 찾아라.

**6.38** 그림 P6.36*a*에서 슬라이더는 무게가 5.5 lb이다. 캠은 단순 편심이고 슬라이더가 마찰 없이 1 in 상승하게 한다. 일 분에 몇 회전의 속도에 도달하면 슬라이더가 캠과의 더 이상 접촉하지 않게 되는가? 360° 캠 회전에 대해 이 속도에서 접촉력을 그려라.

**6.39** P6.36*b*의 캠과 종동절 시스템은 $k = 5.5$ lb/in, $w = mg = 2$ lb, $Y = 0.60(1 - \cos \omega t)$ in 그리고 $\omega = 60$ rad/s이다. 스프링이 예력 4.25 lb로 조립되었다. (a) 접촉력의 최대 및 최소값을 계산하라. (b) 만일 종동절이 캠에서 점프한다면, 점프가 시작되는 각 $\Theta = \omega t$을 계산하라.

**6.40** 그림 P6.36*b*는 캠과 종동절 시스템 모델을 보여주고 있다. 캠 회전 150° 시 포물선운동으로 질량을 50 mm 우측으로 움직이고, 30° 동안 정지하고, 단순 조화 운동으로 시작점으로 돌아오고 캠 회전의 나머지 30° 정지하도록 운동이 캠에 가공되어 있다. 마찰력이나 댐핑은 없다. 탄성계수는 7.10 kN/m, 그리고 $Y = 0$의 위치에 해당되는 스프링 예력은 26.6 N이다. 질량은 160 N이다. (a) 캠 회전 전체 360°에 대한 종동절 운동을 보여주는 변위선도를 그려라. 수치계산을 계산하지 않고, 가속도와 캠 접촉력을 같은 축에 중첩하여 그려라. 점프가 시작될 만한 지점을 보여라. (b) 속도가 일 분에 몇 회전일 때 점프가 시작되는가?

**6.41** 캠과 종동절 기구가 그림 P6.36*b*에 추상적인 형태로 표현되어 있다. 캠이 캠 회전 150° 동안 조화 운동 시 오른쪽으로 1 in의 거리를 이동하고, 30° 동안 정지하고, 캠 회전의 나머지 180° 동안 조화 운동으로 시작점으로 돌아오도록 가공되어 있다. 스프링은 5 lb의 예력으로 조립되어 있고 계수는 25 lb/in이다. 종동절의 질량은 38.5 lb이다. 점프가 시작되는 캠 속도를 분당 회전수로 계산하라.

**6.42** 레버 *OAB*는 포물선운동으로 롤러가 25 mm 상승하고 정지 없이 포물선 귀환을 하는 캠으로 운전되고 있다. 레버와 롤러는 무게가 없고 마찰력이 없는 것으로 가정한다. $l = 125$ mm이고 질량이 22.2 N일 때, 점프 속도를 계산하라.

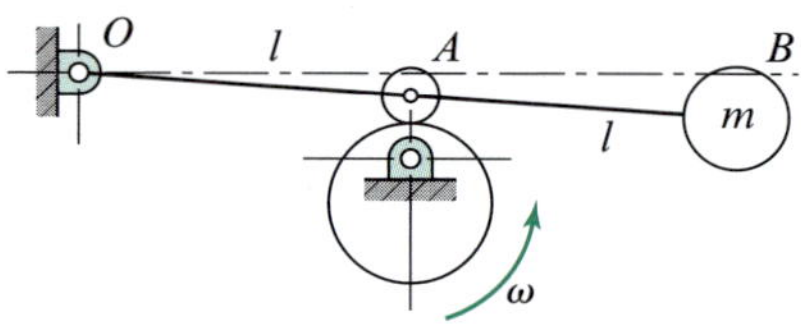


그림 P6.42

**6.43** 그림 6.41의 캠과 종동절 시스템과 같이 평판캠이 600 rev/min의 속도로 운전되고 있고 단순 조화 상승과 포물 귀환 운동을 한다. 150° 상승, 30° 정지, 그리고 180° 귀환으로 구성되어 있다. 스프링 상수는 $k = 80$ lb/in이고 예압은 0.5 in이다. 종동절은 질량이 3.5 lb이다. 외력은 종동절 운동 *Y*가 식 $F_{14} = 13 - 430\,Y$로 관계되어 있으며, 여기서 *Y*는 inch이고 $F_{14}$는 파운드이다. 그림 6.41에 해당되는 수치는 $R = 0.8$ in, $r = 0.2$ in, $l_B = 2.4$ in, 그리고 $l_C = 3.6$ in이다. 상승을 $L = 0.8$ in 그리고 마찰력이 없다고 가정하고, 완전 한 바퀴에 대해 변위, 캠 축 토크, 그리고 캠 힘의 반지름 방향 성분을 그려라.

**6.44** 문제 6.43을 속도 900 rev/min이고 $F_{14} = 25 + 60.5\,Y$에 대해 다시 풀어라. 여기서 *Y*는 인치이고 마찰계수 $\mu = 0.025$이다.

**6.45** 평판캠이 왕복 롤러 종동절을 거리 $L = 30$ mm를 캠 회전 120°로 포물선운동, 30° 정지, 사이클로이드 운동으로 120° 귀환, 나머지 캠 각도에 대해 정지하도록 운전하고 있다. 종동절의 외력은 상승 시 $F_{14} = 160$ N 그리고 정지나 귀환 시 0이다. 그림 6.41의 기호는 $R = 75$ mm, $r = 25$ mm, $l_B = 150$ mm, $l_C = 200$ mm 그리고 $k = 26.6$ kN/m이다. 스프링은 종동절이 행정의 최저에 있을 때, 예력 166 N으로 조립된다. 종동절의 무게는 8 N, 그리고 캠 속도는 140 rad/s이다. 마찰력은 없다고 가정하고 변위, 축이 캠에 작용하는 토크, 그리고

롤러가 캠 표면에 작용하는 접촉력의 반지름 방향 성분을 완전 한 바퀴 운동에 대해 그려라.

**6.46** 문제 6.45를 만일 마찰력이 $\mu = 0.04$이고 180° 동안 사이클로이드 귀환 시에 대해 다시 풀어라.

## 참고문헌


[1] Chen, F. Y., 1977. A survey of the state of the art of cam system dynamics, *Mech. Mach. Theory* 12(3):201–24.

[2] Chen, F. Y., 1982. *The Mechanics and Design of Cam Mechanisms*. Oxford: Pergamon Press.

[3] Ganter, M. A., and J. J. Uicker, Jr., 1979. Design charts for disk cams with reciprocating roller followers, *J. Mech. Des., ASME Trans. B* 101(3):465–70.

[4] Kloomok, M., and R. V. Muffley, 1955. Plate cam design: Pressure angle analysis, *Prod. Eng*. 26:155–71.

[5] Kloomok, M., and R. V. Muffley, 1955. Plate cam design: Radius of curvature, *Prod. Eng*. 26:186–201.

[6] Kloomok, M., and R. V. Muffley, 1955. Plate cam design: With emphasis on dynamic effects, *Prod. Eng*. 26:178–82.

[7] Molian, S., 1968. *The Design of Cam Mechanisms and Linkages*, London: Constable.

[8] Stoddart, D. A., 1953. Polydyne cam design, *Mach. Design* 25(1):121–35; (2):146–54; (3):149–64.

[9] Tesar, D., and G. K. Matthew, 1976. *The Dynamic Synthesis, Analysis, and Design of Modeled Cam Systems*, Lexington, MA: Heath.

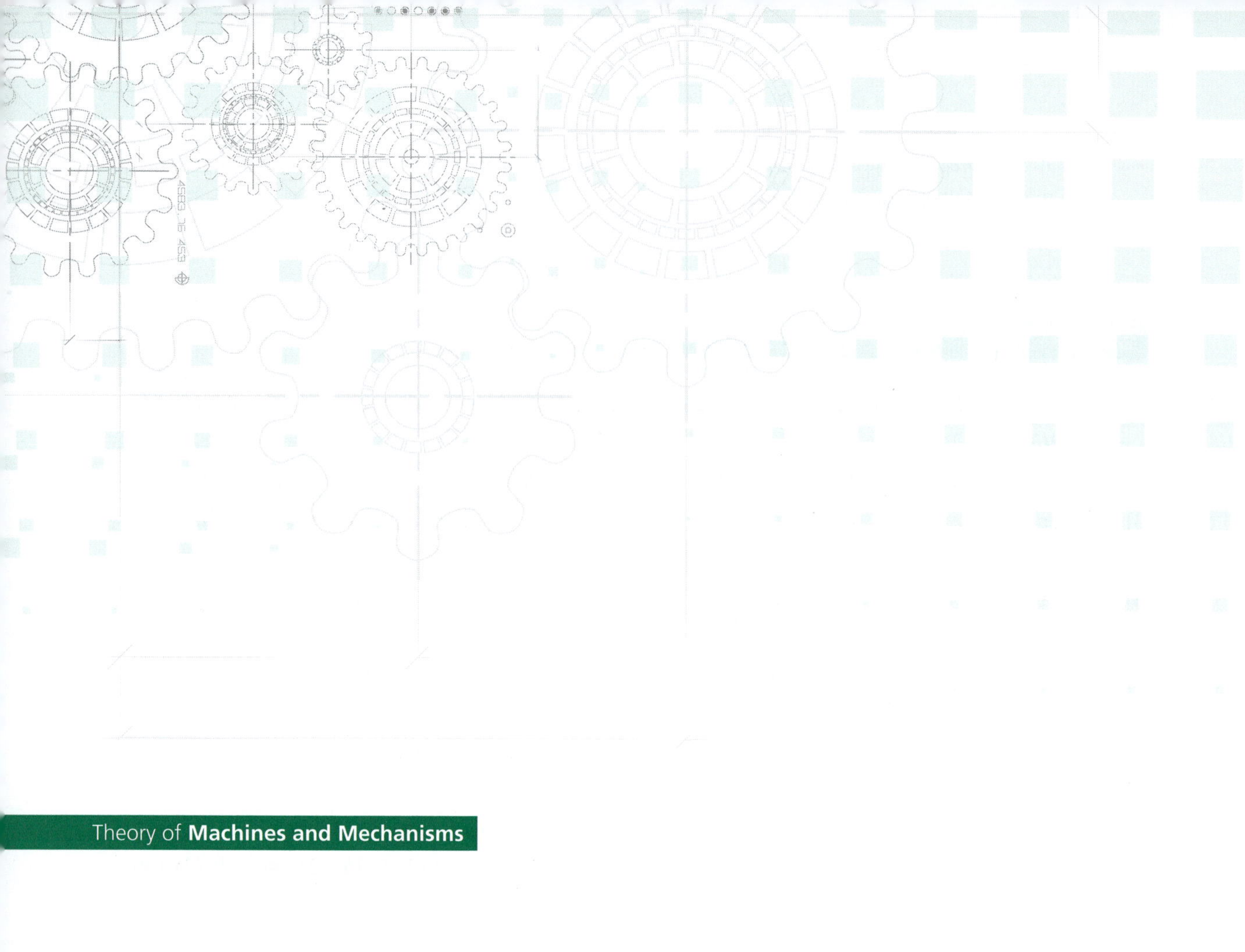

Theory of **Machines and Mechanisms**

제 7 장

# 평기어

***Spur Gears***

기어는 보통 일정한 속도비로 두 축 간의 회전 운동을 전달하는 기계요소이다. 이 장에서는 두 축의 중심이 평행하고 기어 치형이 직선이며 회전축에 평행한 경우에 관하여 알아본다. 이러한 기어를 *평기어*(*spur gear*)라고 부른다.

## 7.1 용어 및 정의

그림 7.1은 맞물려 있는 한 쌍의 평기어의 모습이다. 짝을 이루는 한 쌍의 기어 가운데 작은 기어를 *피니언*(*pinion*)이라고 하고, 큰 기어를 *기어*(*gear*) 또는 *휠*(*wheel*)이라고 부른다. 쌍을 이루어 동작하는 기어를 *기어셋*(*gearset*)이라고 한다.

기어 치형의 명칭은 그림 7.2에 표시되어 있으며, 각부 명칭의 정의는 다음과 같다.

*피치원*(*pitch circle*)은 모든 계산의 기초가 되는 이론상의 원이다. 짝을 이루는 한 쌍의 기어의 피치원은 서로 접하며 미끄럼 없이 회전한다.

*지름피치*(*diametral pitch*, *P*)는 피치 지름에 대한 기어의 잇수를 말한다. 지름피치는 다음 식에서 구할 수 있다.

$$P = \frac{N}{2R} \tag{7.1}$$

여기서 $N$은 잇수, $R$은 피치원의 반지름이다. 지름피치는 기어 자체에서 직접 측정할 수 없다. 또한 이의 크기가 작아지면 작아질수록 지름피치의 값은 점점 커짐에 유의해야 한다. 이것은 그림 7.3에 명백하게 설명되어 있다. 지름피치는 미국의 통상적인 단위계에서 기어 이의 크기를 나타내며 단위는 인치당 잇수이다. 맞물린 한 쌍의 기어는 같은 지름피치를 갖는다.

*모듈*(*module*) $m$은 기어의 잇수에 대한 피치 지름의 비율이다.

$$m = \frac{2R}{N} \tag{7.2}$$

그림 7.1 맞물려 있는 상태의 평기어(Gleason Works, Rochester, NY 제공)

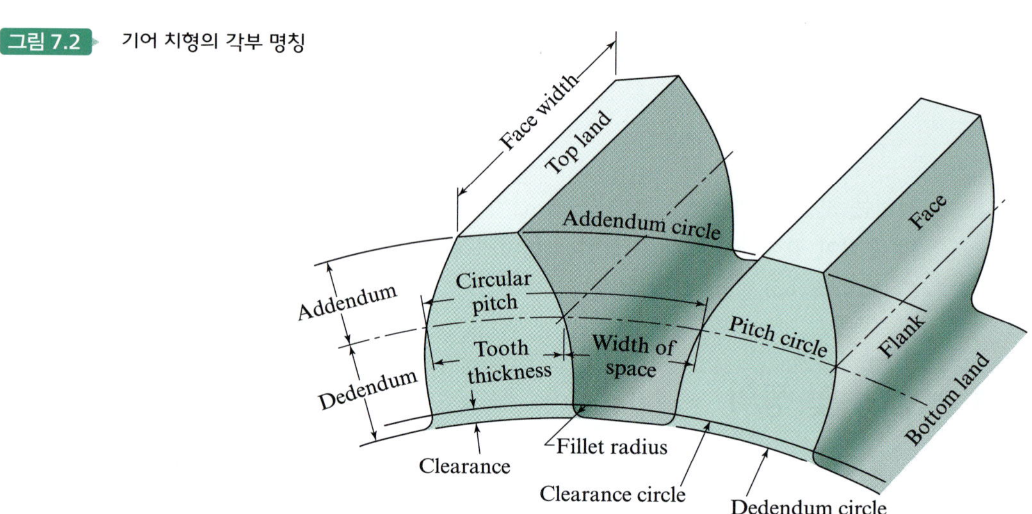

그림 7.2 기어 치형의 각부 명칭

모듈은 SI 단위에서 이의 크기를 나타내는 단위이고 통상적으로 한 개의 이당 밀리미터의 단위를 갖는다. 모듈은 지름피치의 역수이며 다음과 같은 관계를 갖는다는 것을 염두에 두어야 한다.

$$m = \frac{25.4\ (\text{mm/in})}{P\ \ (\text{teeth/in})} = \frac{25.4}{P}\ \ \text{mm/tooth}$$

또한 미터 기어는 기어 크기에 대한 표준이 같지 않기 때문에 U.S. 기어와 호환이 안 된다는 것을 기억해야 한다.

*원주 피치(circular pitch)* $p$는 피치원상에서 측정한 어떤 이의 한 점으로부터 이웃하는 이의 동일한 점까지의 거리이다. 따라서 다음 식으로 구할 수 있다.

$$p = \frac{2\pi R}{N} \tag{7.3}$$

원주 피치는 앞에서 정의한 바와 같이 단위에 따라 다음과 같은 관계가 성립된다.

$$p = \frac{\pi}{P} = \pi m \tag{7.4}$$

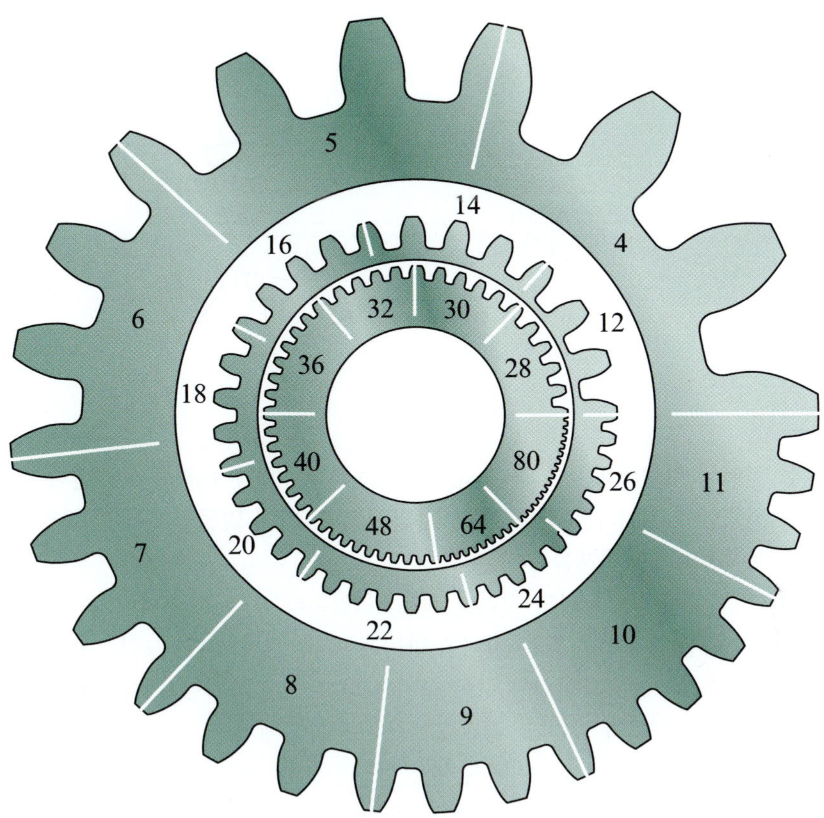


그림 7.3 여러 가지 지름피치에 대한 인치당 잇수로 나타낸 이의 크기(Gleason Cutting Tools Corp., Loves Park, IL 제공)

*어덴덤*(*addendum, a*)은 피치원과 이 상면(top land) 사이의 반지름 방향 거리이다.

*디덴덤*(*dedendum, d*)은 피치원과 이 바닥면(bottom land) 사이의 반지름 방향 거리이다.

*전 높이*(*whole depth*)는 어덴덤과 디덴덤의 합이다.

*이틈새*(*clearance, c*)는 주어진 기어의 디덴덤에서 짝을 이루는 기어의 어덴덤을 뺀 값이다.

*백래시*(*backlash*)는 피치원상에서 측정한 이 사이 간격(width of space)에서 물고 있는 이의 이두께(thickness)를 뺀 값이다.

## 7.2 기어 구동의 기본 법칙

서로 맞물려 있어서 회전 운동을 생성하는 기어의 이는 캠과 종동절의 관계와 비슷하다. 이의 프로파일(또는 캠과 종동절 프로파일)이 두 축 사이에서 일정한 각속도비를 유지하도록 되어 있으며, 서로 짝을 이루는 2개의 면을 *공액*(*conjugate*)이라고 한다. 하나의 이에 대한 임의의 프로파일을 지정하고, 맞물리는 기어가 공액 표면을 형성하도록 프로파일을 찾아낼 수 있다. 이러한 공액 프로파일 해법 중 하나가 *인벌루트 곡선*(*involute* profile)이며, 몇 가지를 제외하면 기어의 이에 일반적으로 사용되고 있다.

한 쌍의 맞물리는 기어 이의 작동은 접촉이 유지되는 전 구간을 진행할 때, 구동 기어에 대한

그림 7.4

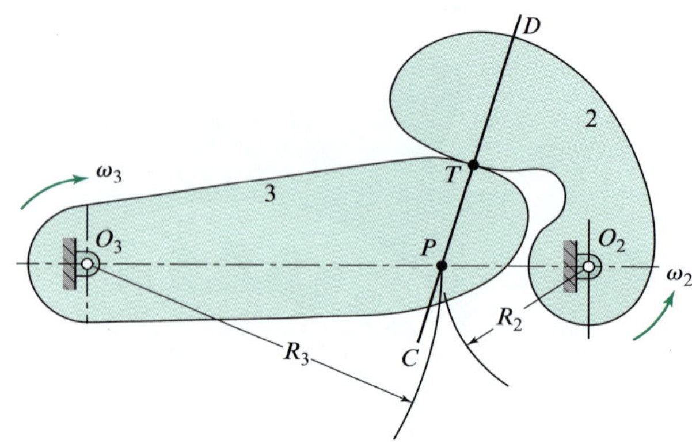


피동 기어의 각속도비—즉, 1차 운동계수는—*일정하게 유지되어야 한다*. 이것은 기어의 프로파일을 선택함에 있어 근본 기준이다. 만일 이것이 기어 맞물림에서 맞지 않으면, 저속에서도 매우 심각한 진동과 충격문제를 일으킨다.

3.17절에서 각속도비의 정리를 배운 바 있는데, 이는 임의의 기구에 대한 1차 운동계수는 순간중심이 공통 중심선을 끊는 길이에 반비례한다는 것이었다. 그림 7.4에서 두 프로파일이 $T$에서 접하고 있을 때, 프로파일 2를 구동 측이라 하고, 프로파일 3을 피동 측이라고 하자. 표면에서 법선 $CD$는 *작용선*이라 불린다. 접점 $T$에서 프로파일에 수직인 선분은 중심연결선 $O_2O_3$와 순간중심 $P$에서 만난다. 기어 맞물림에서, 순간중심은 *피치점*이라 하고 보통 $P$라고 지칭한다.

두 기어 프로파일의 피치원 반지름을 $R_2$와 $R_3$이라고 하고, 각속도비 정리 식 (3.28)로부터 다음을 알 수 있다.

$$\frac{\omega_2}{\omega_3} = \frac{R_3}{R_2} \tag{7.5}$$

이 식은 속도비를 일정하게 유지하기 위하여, 기어가 맞물려 있는 동안 *피치점은 중심선상에 고정되어야 한다*. 그래서 속도비는 상수여야 한다는 기어 맞물림의 근본법칙을 정의하는 데 자주 사용된다. 이는 모든 순간 접촉점에 대한 작용선은 항상 정지된 피치점, $P$를 지나야 한다는 것을 의미한다. 그러므로 주어진 형태에 대한 공액 프로파일을 찾는 것은 기어 맞춤의 근본 법칙을 만족시키는 맞물림 형태를 찾는 것이다.

어떤 형태나 프로파일도 공액 프로파일을 찾을 수 있다는 이유 하나만으로 괜찮은 것은 아니다. 비록 이론적으로는 공액 곡선은 찾을 수 있다 하더라도, 강철 기어 블랭크 또는 다른 재료로부터 현재의 기계를 사용해서 이러한 곡선을 재생산하는 실질적인 문제가 남아 있는 것이다. 게다가 정렬불량이나 큰 힘에 의한 축 중심 사이의 거리에 미세한 변화에 대한 기어 맞물림의 민감도도 고려되어야 한다. 끝으로 치형을 선택할 때는 빠르고 경제적으로 대량생산될 수 있어야 한다. 이 장의 대부분은 인벌루트 곡선이 어떻게 이러한 요구를 만족시키는지에 대하여 설명하는 데 할애될 것이다.

# 7.3 인벌루트의 특징

*인벌루트*(*involute*) 곡선은 *기초 원통*(*base cylinder*)이라는 원통으로부터 풀리는 팽팽한 현 위의 트레이싱 점에 의해 그려지는 곡선이다. 이것은 그림 7.5에 나와 있으며, 여기서 $T$는 트레이싱 점이다. 현 $AT$는 $T$에서 인벌루트에 수직이고, 거리 $AT$는 곡률 반지름의 순간 값임을 유념하라. 인벌루트가 원점 $T_0$에서 $T_1$까지 형성되는 동안, 곡률 반지름은 연속적으로 변한다; 이것은 $T_0$에서 0이고 그 후 $T_1$에 이르기까지 계속해서 증가한다. 이와 같이 현은 궤적을 생성하며 항상 인벌루트 곡선에 수직이다.

만일 2개의 맞물려 있는 이의 프로파일이 모두 인벌루트 곡선 형태를 가진다면, 피치점 $P$가 정지 상태를 유지해야 한다는 조건을 충족하는 것이다. 이것을 그림 7.6에 보여주고 있는데, 여기서 2개의 기어 블랭크는 고정중심 $O_2$와 $O_3$를 가지며, 반지름이 $O_2A$와 $O_3B$인 기초 원통을 갖는다. 이제 현을 기어 2의 기초 원통 둘레에 시계방향으로 감고, $A$와 $B$점 사이에서 팽팽하게 당기며, 기어 3의 기초 원통에는 반시계방향으로 감았다고 하자. 2개의 기초 원통을 현이 팽팽하게 당겨지도록 서로 반대방향으로 회전하면, 트레이싱 점 $T$는 기어 2에 인벌루트 $CD$와 기어 3에 $EF$의 궤적을 생성한다. 이와 같이 단일 트레이싱 점 $T$에 의해 동시에 생성된 2개의 인벌루트는 공액 프로파일이다.

그림 7.6의 인벌루트를 평판상에 새긴 다음 평판을 새긴 곡선을 따라 자르고, 상대 원통의 동일한 위치에 볼트로 체결했다고 하자. 그 결과를 나타낸 것이 그림 7.7이다. 이제는 현을 제거해도 되며, 만일 기어 2가 시계방향으로 돌면 기어 3은 2개의 곡선만으로 이루어진 캠과 같은 작용에 의해 반시계방향으로 회전한다. 접촉 경로는 이전의 현에 의해 그려졌던 선 $AB$를 따른다. 왜냐하면 선 $AB$는 각각의 인벌루트에 의해 생성되는 선이며, 모든 접촉점에서 양쪽 프로파일에 대해 수직이다. 또한 이 선은 항상 양쪽 기초 원통에 접하기 때문에 동일한 위치에 놓여 있다. 그러므로 점 $P$는 피치점이다. 점 $P$는 움직이지 않기 때문에 인벌루트 곡선은 공액곡선이며, 기어 맞춤의 법칙을 만족한다.

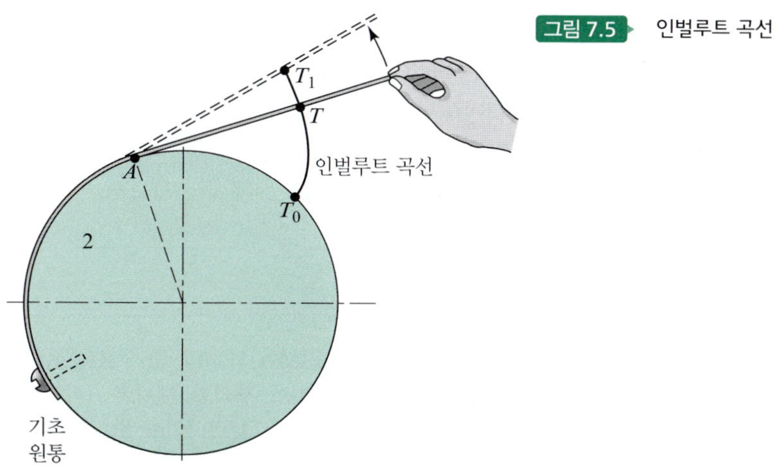


그림 7.5 인벌루트 곡선

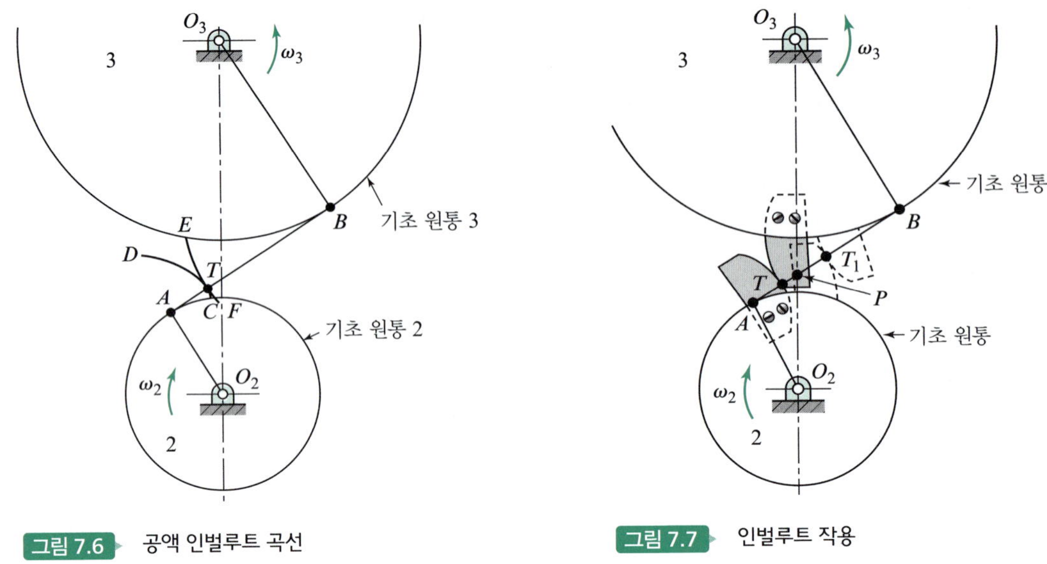


그림 7.6 공액 인벌루트 곡선

그림 7.7 인벌루트 작용

## 7.4 호환성 있는 기어; 기어 표준

*이빨 시스템*(*tooth system*)은 압력각과 지름피치나 모듈이 같으면, 모든 잇수의 기어가 호환성을 갖도록 하기 위하여 어덴덤, 디덴덤, 이틈새, 이두께 및 이뿌리 코너 반지름 사이의 관계를 규정하는 *표준*(*standard*)[1]이 마련되어 있다. 이러한 표준의 장단점을 잘 알고 있어야 주어진 설계조건에서 최적의 기어를 선정할 수 있고, 표준 치형에서 벗어나는 프로파일에 대하여 비교할 수 있는 기초지식을 갖출 수 있다.

한 쌍의 평기어가 적절하게 맞물리기 위해서는 지름피치 또는 모듈의 선택에 의해 압력각과 이의 크기가 각각 동일해야 한다. 맞물려 있는 두 기어의 잇수와 피치 지름은 꼭 같을 필요는 없으나, 식 (7.5)에서 제시하는 바와 같이 원하는 속도비를 얻을 수 있도록 선택해야 한다.

사용되는 이의 크기는 지름피치 $P$나 모듈 $m$을 어떻게 선택했느냐에 따라서 결정된다. 표 7.1에 표시한 이의 크기는 일반적인 표준 커터로 가공할 수 있다. 지름피치 또는 모듈이 선정되면 이의 나머지 치수들은 표 7.2에 정리된 표준규격을 사용하여 정한다. 표 7.1과 7.2에 오늘날 많이 사용되고 있는 평기어의 표준규격을 기록해 놓았고 여기에는 SI와 미국 통상 단위계도 포함되어 있다.

예제를 통하여 설계 선정 방법에 대해서 알아보자.

---

[1] 표준은 미국 기어 제조업자 협회(AGMA)와 미국 국가 표준 협회(ANSI)에 의해 정의된다. AGMA 표준은 "AGMA Information Sheet- 평기어, 헬리컬, 헤링본 그리고 베벨기어의 이빨 강도(AGMA 225.01)를 출판사, 미국 기어 제조업자 협회(AGMA), 1500 King Street, Suite 201, Alexandria, VA 22314의 허가에 의해 추출되었다."와 같이 적절한 신용 라인이 포함된 경우, 전체를 인용하거나 발췌할 수 있다. AGMA 표준은 미국 관습 단위로 제공된다. SI 단위의 표준은 국제 표준 기구(ISO)에 의해 출판되었다; ISO 중앙 사무국 Chemin de Blandonnet 8 CP 401 - 1214 Vernier, Geneva, Switzerland. AGMA 및 ISO 표준 모두 7장과 8장에서 광범위하게 사용되었다.

**표 7.1** 이의 표준 크기

| Standard diametral pitches, $P$<br>US customary units, teeth/in | |
|---|---|
| Coarse pitch | 1, 1¼, 1½, 1¾, 2, 2½, 3, 4, 5, 6, 8, 10, 12, 14, 16, 18 |
| Fine pitch | 20, 24, 32, 40, 48, 64, 72, 80, 96, 120, 150, 200 |
| **Standard modules, $m$**<br>**SI units, mm/tooth** | |
| Preferred | 1, 1.25, 1.5, 2, 2.5, 3, 4, 5, 6, 8, 10, 12, 16, 20, 25, 32, 40, 50 |
| Next choice | 1.125, 1.375, 1.75, 2.25, 2.75, 3.5, 4.5, 5.5, 7, 9, 11, 14, 18, 22, 28, 36, 45 |

**표 7.2** 평기어의 표준 치형 시스템

| System | Pressure angle, $\phi$ (deg) | Addendum, $a$ | Dedendum, $d$ |
|---|---|---|---|
| Full depth | 20 | $1/P$ or $1m$ | $1.25/P$ or $1.25m$ |
| Full depth | 22½ | $1/P$ or $1m$ | $1.25/P$ or $1.25m$ |
| Full depth | 25 | $1/P$ or $1m$ | $1.25/P$ or $1.25m$ |
| Stub teeth | 20 | $0.8/P$ or $0.8m$ | $1/P$ or $1m$ |

**예제 7.1**

3.5 in 간격을 두고 떨어진(일반적으로 *중심거리*라고 함) 2개의 평행한 축이 기어로 서로 연결되어 있다. 출력축이 입력축 속도의 40%로 회전하고 있을 때, 이 조건을 만족하는 기어세트를 설계하라.

**▶ 풀이**

중심거리가 주어진 데이터로부터 $R_2 + R_3 = 3.5$ in이고 식 (7.5)로부터 $\omega_3/\omega_2 = R_2/R_3 = 0.40$이다. 그리고 두 번째 식을 첫 번째 식에 대입하고 재배열하면 $R_2 = 1.0$ in, $R_3 = 2.5$ in임을 알 수 있다. 그 다음 지름피치 또는 모듈 값을 골라서 이의 크기를 선정해야 한다. 식 (7.1)로부터 두 기어의 잇수가 $N_2 = 2PR_2 = 2P$, $N_3 = 2PR_3 = 5P$임을 알 수 있다. 이 크기에 대한 $P$나 $m$의 선정은 반복적이다. 우선 $P = 6$ teeth/in를 선정한다면, 잇수는 $N_2 = 12$, $N_3 = 30$이 나오고 $P = 10$ teeth/in을 선정하면 $N_2 = 20$, $N_3 = 50$이 된다. 지금으로서는 어떤 쪽의 선택도 받아들일 수 있으나 $P = 10$ teeth/in를 선정한다. 그러나 이런 $P$(또는 $m$)의 선정은 후에 7.7절에서 다룰 언더컷, 7.8절에서 다룰 접촉비 그리고 이의 강도와 마모의 가능성을 점검해야 한다[4].

## 7.5 기어 이의 작동에 관한 기본 이론

기본적인 사항을 설명하기 위해 한 쌍의 평기어의 실제 도면을 통해 차근차근 설명해 보겠다. 여기서 사용된 치수는 예제 7.1의 것이며, 표 7.2에 나와 있는 대로 표준 20°의 전 깊이 인벌루트 치형이다. 정확한 순서에 따른 단계들은 그림 7.8과 7.9에 나와 있다.

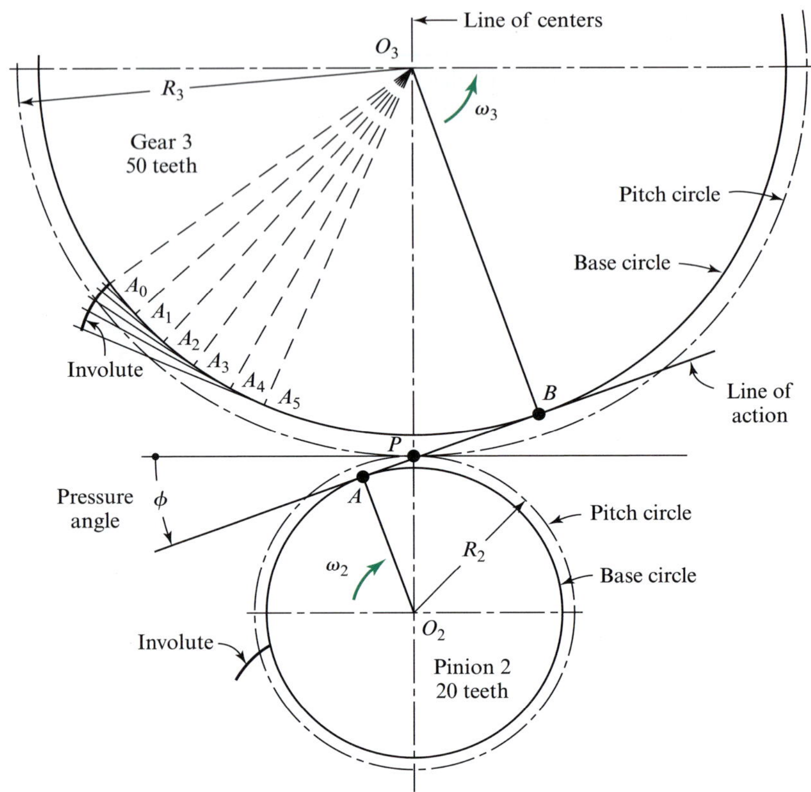


그림 7.8 한 쌍의 평기어에 대한 초기 작도

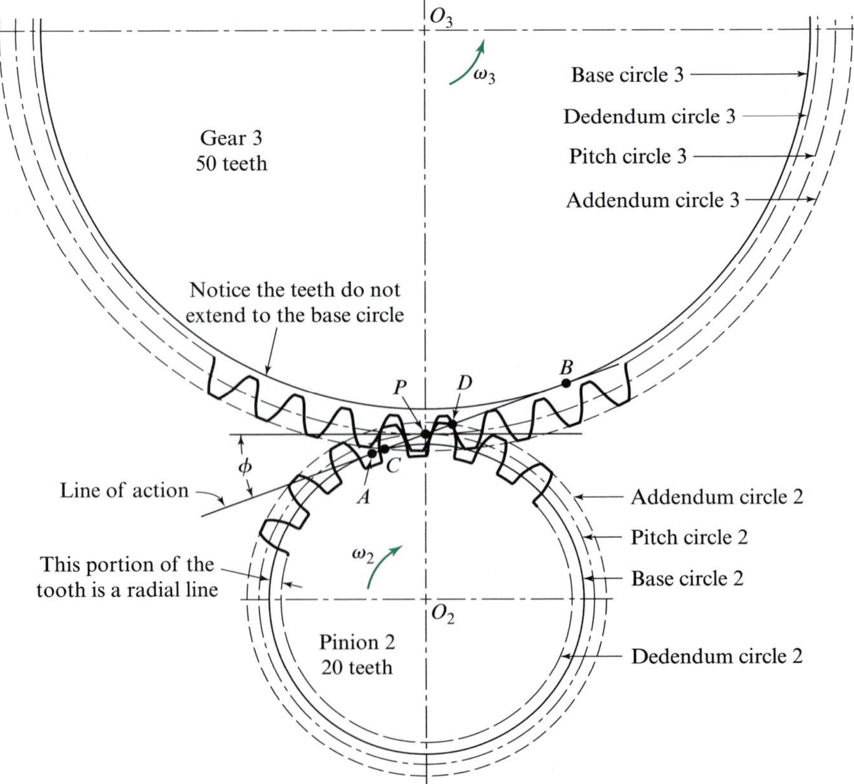


그림 7.9 한 쌍의 평기어의 작도

**단계 1.** 예제 7.1과 같이 2개의 피치원 반지름 $R_2 = 1.0$ in와 $R_3 = 2.5$ in을 계산하고 두 축의 중심을 $O_2$와 $O_3$으로 표시한다(그림 7.8); 그리고 피치원을 서로 접하게 그린다.

**단계 2.** 중심선에 대해 직각이며 피치점 $P$를 통과하는 피치원들의 공통 접선을 그린다(그림 7.8). 공통 접선으로부터 *압력각* $\phi = 20°$와 같은 *작용선(line of action)*을 그린다. 이 작용선은 7.3절에서 살펴본 생성선에 해당되는 것이다; 이것은 항상 인벌루트 곡선에 수직이고 피치점을 통과한다. 기어가 운동하는 동안 이의 합력이 이 선을 따라 작용하며, 작동하는 동안 마찰이 일어나지 않기 때문에 이 선을 작용선 또는 압력선이라고 부른다.

**단계 3.** 두 기어의 중심을 지나고, 작용선에 수직인 선 $O_2A$와 $O_3B$를 각각 그린다(그림 7.8). 반지름이 $r_2 = O_2A$, $r_3 = O_3B$인 2개의 *기초원(base circle)*을 그린다. 이것이 7.3절에서 살펴본 기초 원통에 해당된다.

**단계 4.** 표 7.2로부터 $P = 10$ teeth/in를 사용하여 기어의 어덴덤을 알 수 있다.

$$a = \frac{1}{P} = \frac{1}{10\ \text{teeth/in}} = 0.10\ \text{in}$$

이것을 각각의 피치원 반지름에 더해서, 각각의 기어의 상면을 결정하는 2개의 어덴덤 원을 그린다. 기어 3의 어덴덤 원과 작용선의 교차점을 $C$라고 표시한다(그림 7.9). 마찬가지로 기어 2의 어덴덤 원과 작용선의 교차점을 $D$라고 표시한다.

두 기어의 회전방향이 그림과 같을 때, 기어 3의 치형이 높지 않기 때문에 $C$점 앞에서는 접촉이 불가능하다는 것을 확인할 수 있다; 그래서 $C$점이 이 기어쌍의 최초의 접촉점이다. 마찬가지로 $D$점 이후에는 기어 2의 치형이 짧아서 접촉이 지속적으로 유지되지 않는다; 이와 같이 맞물려 있는 기어의 하나 또는 몇 개의 이가 $C$와 $D$ 사이에서 접촉을 유지하다가 얼마 후 벗어난다. 한 쌍의 이의 접촉이 $D$에서 끝날 때, 하나 또는 그 이상의 뒤따르는 이의 쌍들이 $CD$ 사이의 구간에서 접촉을 유지하면서 전달 하중을 나누어 담당하고 있어야 한다.

단계 1~4는 기어쌍의 여러 가지 사양을 선택할 때 중요한 조건이다. 다음 절에서 그림 7.9에서 보여준 간섭, 언더컷, 물림률(contact ratio) 등에 관하여 살펴볼 것이다. 하지만 그에 앞서 기어 치형의 동작을 알아보기 위해서 그림 7.8에 보여준 바와 같이 인벌루트 기어 치형을 형성하는 과정을 알아두어야 한다.

**단계 5.** 표 7.2로부터 각 기어의 디덴덤은 다음과 같다.

$$d = \frac{1.25}{P} = \frac{1.25}{10\ \text{teeth/in}} = 0.125\ \text{in}$$

이것을 각 피치원 반지름에서 빼서 각각의 기어의 이 바닥면인 디덴덤 원을 그린다(그림 7.9). 가끔 디덴덤 원이 기초원에 접근하는 경우가 있으나, 이 경우와는 의미가 다르다는 점에 주의한다. 이 예에서 기어 3의 디덴덤 원은 기초원보다 크다. 그러나 피니언 2의 디덴덤 원은 기초원보다 작다. 그러나 항상 이러한 것은 아니다.

**단계 6.** 그림 7.8에 그려진 기어 3의 기초원으로부터 인벌루트 곡선을 그린다. 이를 위해 처음에 기초원을 $A_0$, $A_1$, $A_2$ 등과 같이 작은 간격으로 등분한다. 그 다음 $O_3A_0$, $O_3A_1$, $O_3A_2$, ⋯ 등과 같이 방사선을 그리고, 이 선에 수직인 선을 기초원에 접하도록 그린다. 인벌루트는 $A_0$에서 시작한다. 두 번째 점은 $A_1$을 중심으로 $A_1$을 지나는 접선인 $A_0A_1$을 반지름으로 하는 원호에 의해서 얻어진다. 다음 점은 $A_2$를 중심으로 하여 마찬가지 방법으로 구한 원호에 의해서 얻어진다. 인벌루트 곡선이 기어 3의 어덴덤 원과 만날 때까지 이 과정을 계속 반복한다. 만일 디덴덤 원이 이 예제의 피니언 2와 같이 기초원보다 작으면, 필렛은 예외로 하고 인벌루트 곡선은 디덴덤 원까지 방사선을 따라 안으로 연장한다; 그러나 이 구간의 선분은 인벌루트 곡선이 아니다.

**단계 7.** 두꺼운 종이나 투명한 플라스틱판에 인벌루트 곡선에 대한 템플릿을 만들고, 각각의 기어중심과 일치하는 곳에 표시를 해둔다. 기어 2와 3의 인벌루트 곡선이 서로 다르므로 2개의 템플릿이 필요하다.

**단계 8.** 식 (7.4)를 사용하여 원주 피치를 계산한다.

$$p = \frac{\pi}{P} = \frac{\pi}{10\ \text{teeth/in}} = 0.314\,16\ \text{in/tooth}$$

어떤 하나의 이에서 다음 이까지의 거리를 피치원을 따라서 표시하고, 각 이의 인벌루트 구간을 템플릿을 사용하여 그린다(그림 7.9). 이의 폭과 간격은 원주 피치의 절반이거나(0.31416 in/tooth)/2 = 0.157 08 in/tooth이다. 이 거리를 피치원을 따라 표시하고, 그 탬플릿을 뒤집어 이의 반대쪽 형상을 그린다. 틈새와 디덴덤 사이 공간의 일부는 필렛 반지름으로 사용될 수 있다. 이의 상면과 이뿌리 바닥면은 어덴덤 원과 디덴덤 원을 따라 기어의 형상을 완성하는 원호로 그린다. 상대편 기어의 형상도 위와 같은 과정으로 그린다.

단계 5~8은 기어세트를 설계하는 데 반드시 필요한 것은 아니다. 이것은 인벌루트 곡선의 이론적인 특성과 실제적인 기어형상 간의 관계를 시각적으로 보여주기 위한 것이다.

**인벌루트 랙(involute rack)** 랙(*rack*)은 무한히 큰 피치 지름을 가진 평기어로 생각할 수 있다. 그러므로 이론적으로 랙은 무한한 수의 이를 가지며, 기초원 중심은 피치점으로부터 무한대 지점에 위치한다. 인벌루트 치형의 경우, 랙의 측면 현상은 중심선에 대한 압력각이 같아지도록 직선 모양을 이룬다. 표 7.2에서 알 수 있는 바와 같이 어덴덤과 디덴덤 거리는 같다. 그림 7.10은 앞의 예제의 피니언과 맞물려 있는 인벌루트 랙을 보여준다.

**기초 피치(base pitch)** 인벌루트 치형의 측면은 평행한 곡선 형태이다. *기초 피치*(*base pitch*)는 상수이다(즉 이 사이의 거리). 작용선(그림 7.10)인 치형 프로파일에 공통법선을 따라 측정되는 기본적인 거리이다. 기초 피치 $p_b$와 원주 피치 $p$ 사이에는 다음 관계식이 성립된다.

$$p_b = p \cos\phi \tag{7.6}$$

기초 피치는 기초원을 따라 측정한 이 사이의 거리고 아주 기초적인 치수이다.

**내접기어(internal gear)** 그림 7.11은 *내접*(*internal*) 또는 *환상*(*annular*) 기어와 맞물려 있는 앞의 예제에서 나온 피니언을 보여주고 있다. 내접하기 때문에 양쪽 중심은 피치점에 대해 같은 쪽에 위치해 있다. 이와 같이 내접 기어의 어덴덤 원과 디덴덤 원은 피치원에 대해 서로 반대쪽에 위치한다; 내접 기어의 어덴덤 원은 피치원의 *안쪽*에 놓여 있고, 디덴덤 원은 피치원의 *바깥쪽*에 놓여 있다. 기초원은 외접 기어처럼 피치원의 안쪽에 놓여 있다. 그러나 이 그림에서와 같이 어덴

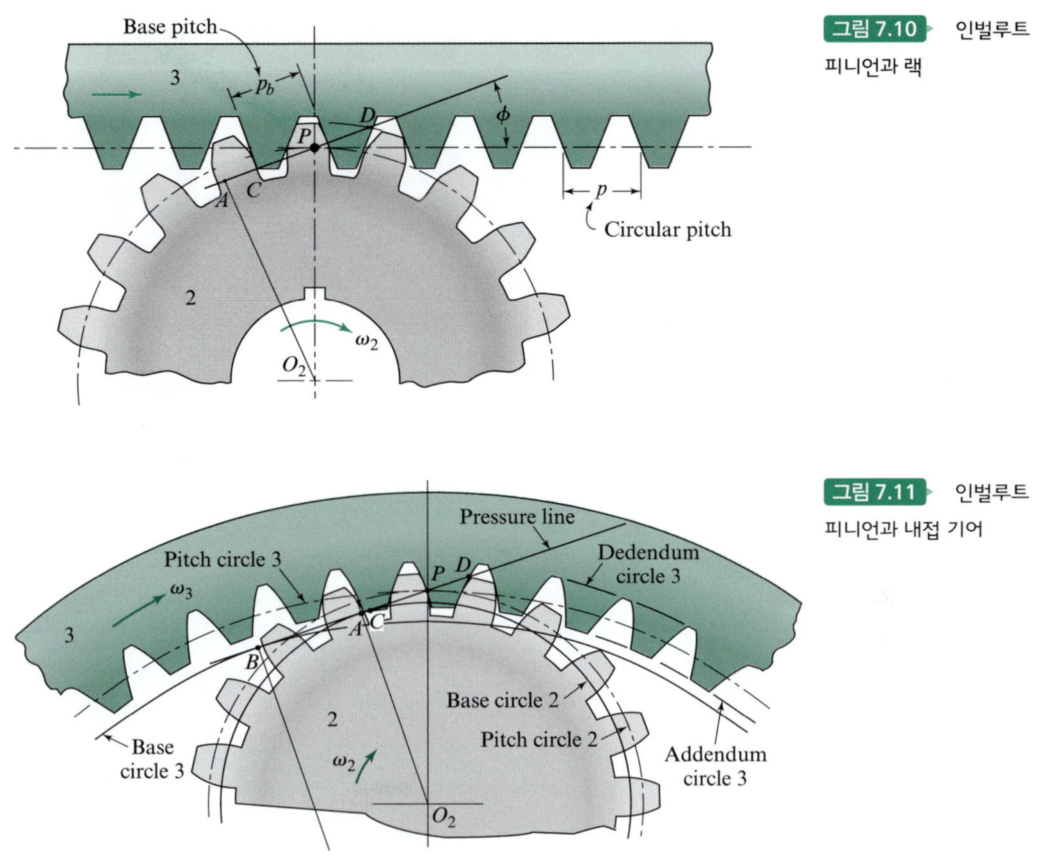


그림 7.10 인벌루트 피니언과 랙

그림 7.11 인벌루트 피니언과 내접 기어

덤 원 가까이에 위치해 있다. 그림 7.11의 그 밖의 것은 그림 7.9와 같은 방식으로 작도하였다.

## 7.6 기어 치형의 제작

기어의 치형을 제작하는 방법에는 여러 가지가 있다. 예를 들면 모래주조, 셸몰딩, 인베스트먼트 주조, 영구몰드 주조, 다이캐스팅 또는 원심주조 등을 이용하여 제작할 수 있다. 분말야금 공정이나 알류미늄 막대를 압출, 절단하여 기어로 사용하기도 한다. 기어는 크기에 비하여 큰 하중을 전달하기 때문에 강철로 만들며, *총형 커터(formed cutter)* 또는 *창성 커터(generating cutter)*로 절삭한다. 총형 절삭에서는 치형 공간과 정확하게 같은 형상의 커터가 사용된다. 창성커터에서는 치형 공간과 형상과 다르며, 적절한 이의 형상을 얻기 위해서 기어 블랭크와 몇 차례의 상대적인 운동을 한다.

기어의 치형을 절삭하는 데 사용되는 전통적인 방법은 *밀링(milling)* 기법이다. 총형 밀링커터는 그림 7.12*a*의 사진과 같이 치형 공간의 형태와 상응하는데, 그림 7.12*b*와 같이 한 번에 하나의 치형 공간을 가공한다. 그리고 하나의 치형을 가공하고 나면 하나의 원주 피치만큼 다음 위치로 이동한다. 이 방법으로 각각의 기어를 절삭하기 위해서는 이론상 서로 다른 커터가 필요하다. 왜냐하면, 예를 들어 25개의 이를 가진 기어의 이 사이 간격은 24개의 이를 가진 기어와 다르기 때문이다. 하지만 실제로는 이 사이 간격 현상의 변화가 크지 않기 때문에 12개의 잇수를 가진 기

그림 7.12 총형 커터에 의한 치형 제작. (*a*) 단일치형 인벌루트 호브, (*b*) 단일치형 간격 가공


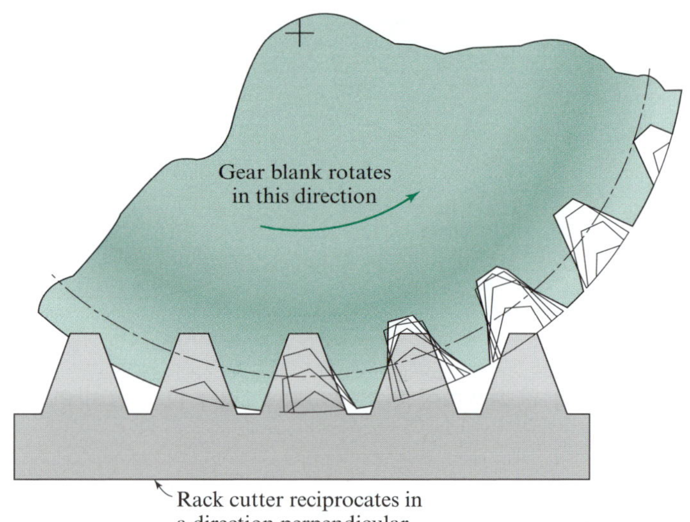


그림 7.13 랙커터에 의한 인벌루트 치형의 셰이핑

어로부터 랙을 가공하는데, 8개의 총형 커터로 가공할 수 있다. 물론 각 피치에 대해서는 별도의 총형 커터 세트가 필요하다.

*셰이핑*(*shapping*)은 기어 치형을 *창성*(*generating*) 가공하는 데 많이 사용되는 가공법이다. 절삭공구는 랙커터 또는 피니언 커터를 사용한다. 작업방법을 그림 7.13을 참고하여 설명해보자. 셰이핑을 하기 위해서 왕복운동을 하는 공구가 피치원에 접할 때까지 기어 블랭크로 이송된다. 그 다음 각 절삭행정 후에 기어 소재와 공구는 피치원에서 조금씩 회전한다. 소재와 커터가 원주 피치와 같은 거리만큼 회전했을 때, 치형 하나가 만들어지고 다음 치형을 가공하는 과정을 모든 이가 가공될 때까지 계속 반복한다. 피니언 커터를 사용하여 내접 기어를 셰이핑하는 모습을 그림 7.14에 보여주고 있다.

*호빙*(*hobbing*)은 랙커터로 셰이핑하는 것과 아주 유사한 또 다른 치형 창성 가공방법이다. 그러나 호빙은 *호브*(*hob*)라는 특수공구로 가공하는데, 호브는 스크루 나사탭과 같이 하나 또는 여러 개의 헬리컬 나사를 가진 원통형 커터로 랙과 같은 직선 모양의 측면을 갖고 있다. 그림 7.15에 여

그림 7.14 피니언 커터에 의한 내접 기어의 셰이핑
(Gleason Works, Rochester, NY 제공)

그림 7.15 여러 가지 인벌루트 기어 호브(Gleason Works, Rochester, NY 제공)

그림 7.16 기어의 호빙 작업
(Kolossos/CC-BY-SA-3.0. 제공)

러 가지 기어 호브를 보여준다. 그림 7.16은 실제로 기어 호빙을 하는 사진이다. 호브와 기어 블랭크는 서로 적당한 각속도비로 연속적으로 회전하며, 호브는 서서히 블랭크면을 가로질러 치형의 전 높이가 가공될 때까지 이송된다.

치형 프로파일이 매우 높은 정밀도가 필요하거나 표면처리가 필요하면, 절삭공정에 이어 연삭, 래핑, 셰이빙 및 버니싱 등의 공정을 통해 치형을 정밀가공한다.

## 7.7 간섭과 언더컷

7.5절에서 사용한 것과 동일한 기어의 피치원이 그림 7.17에 그려져 있다. 피니언 2가 구동 측이고 시계방향으로 회전한다고 가정하자.

7.5절에서 인벌루트 치형은 작용선 $AB$를 따라 항상 접촉하고 있다는 것을 알아보았다. 접촉은 작용선이 피동 기어의 어덴덤 원상을 지나는 점 $C$에서 시작된다. 이와 같이 접촉의 시작은 피동 기어 치형의 끝점과 피니언 기어 치형의 이뿌리면에서 일어난다.

피니언의 이가 기어의 이를 구동시켜, 접촉은 피치점 $P$에 접근한다. 피치점 부근에서, 접촉은 피니언 이의 이뿌리면을 따라 미끄러져 *올라가고* 기어의 이 면을 따라 *내려간다*. 피치점에서 접촉은 피치원에서 일어나며; $P$점은 속도의 순간중심이므로 이 점에서 미끄러짐 없이 회전해야 한다. 피치점에서의 운동은 순수한 구름운동만으로 일어난다는 점에 주의한다.

이가 피치점에서 멀어지면 접촉점은 작용선을 따라 이전과 같은 방향으로 이동한다. 접촉은 피니언 이의 면을 미끄러져 *올라가고* 기어 이의 이뿌리면을 *내려간다*. 마지막 접촉은 작용선과 피니언의 어덴덤 원의 교차점인 $D$점, 즉 피니언의 끝점과 기어의 이뿌리면에서 일어난다.

운동의 *접근*(*approach*)단계는 최초의 접촉 $C$과 피치점 $P$ 사이의 시기이다. *접근각*(*angle of approach*)은 두 기어가 접촉점이 $C$에서 $P$까지 진행하는 동안 회전하는 각도이다. 그러나 그림 7.6의 원통에서 풀어지는 현의 비유와 같이 거리 $CP$는 운동의 접근단계를 거치는 동안 피니언의 기초원으로부터 풀어지는 현의 길이와 같다. 이와 마찬가지로, 이 단계에서 동일한 이의 현을 기어에 감는다. 이와 같이 피니언과 기어에 대한 접근각도의 단위는 라디안으로 다음 관계식이 성립

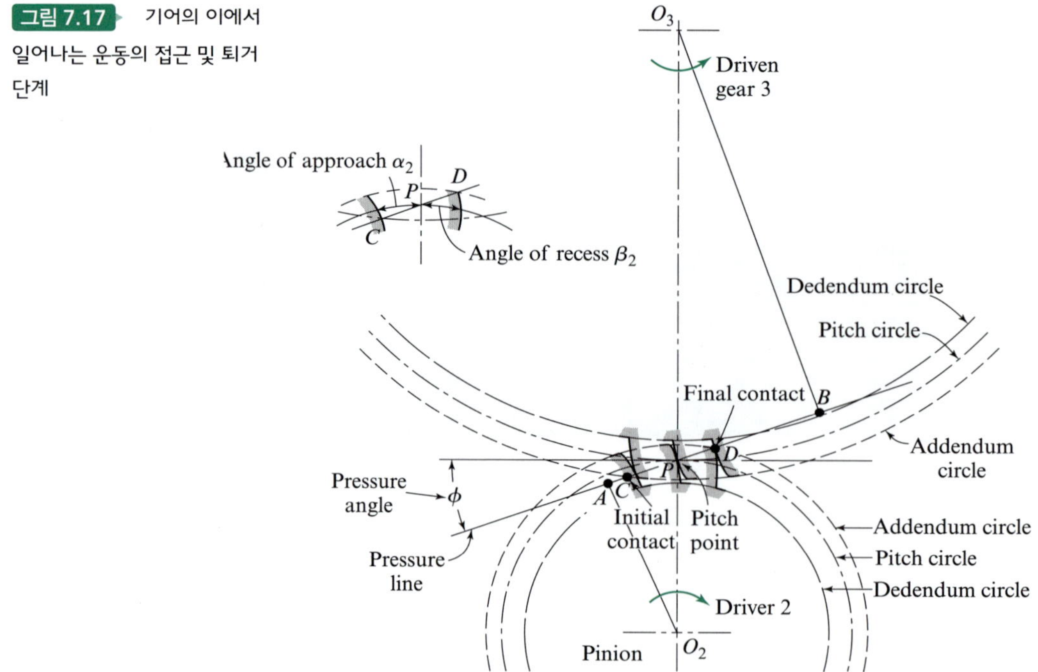


그림 7.17 기어의 이에서 일어나는 운동의 접근 및 퇴거 단계

되어야 한다.

$$\alpha_2 = \frac{CP}{r_2} \quad \text{그리고} \quad \alpha_3 = \frac{CP}{r_3} \tag{7.7}$$

운동의 *퇴거*(*recess*) 단계는 피치점 $P$로부터 접촉의 끝점 $D$까지의 접촉기간이다. *퇴거각*(*angle of recess*)은 2개의 기어가 회전할 때 접점이 $P$에서 $D$까지 이동하는 동안의 각도이다. 다시 풀어지는 현의 비유를 통하여 라디안 단위로 이 각을 얻는다.

$$\beta_2 = \frac{PD}{r_2} \quad \text{그리고} \quad \beta_3 = \frac{PD}{r_3} \tag{7.8}$$

만일 이가 공액이 아닌 부분에서 접촉하면서 들어올 경우, *간섭*(*interference*)이라고 부른다. 그림 7.18은 2개의 잇수 16, 압력각 14½°인 전 깊이 인벌루트 치형을 가진 기어[2]의 형태이다. 구동 기어 2는 시계방향으로 회전한다. 이전의 그림에서와 같이, 두 기초원의 작용선 접점을 앞에서와 같이 부호 $A$, $B$로 표시한 점들은 두 기초원에 대한 작용선의 접점을 나타낸다. 반면에 $C$와 $D$로 표시한 점들은 접촉의 시작과 끝점을 나타낸다. 이때, 점 $C$와 $D$는 점 $A$와 $B$의 *바깥쪽*에 있다는 사실에 주의한다. 이것이 간섭을 나타낸다.

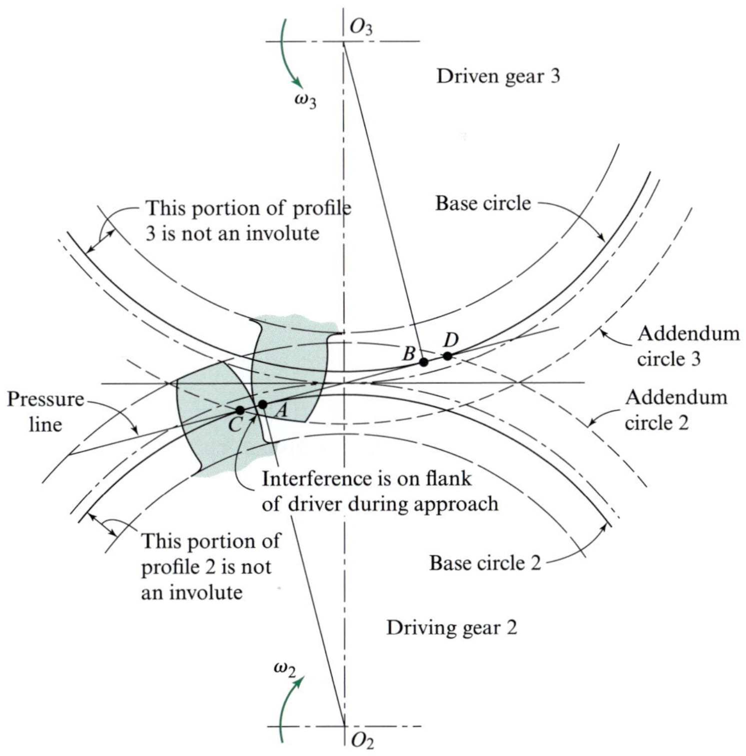


그림 7.18 기어 이에서 일어나는 운동의 간섭

[2] 이러한 기어들은 구 표준에 규정되어 있는 것으로 현재는 없어졌다. 여기서는 단지 간섭의 예를 들기 위해 선정하였다.

간섭은 다음과 같이 설명할 수 있다. 접촉은 피동 기어 3의 끝이 구동 기어의 이뿌리면에 닿으면서 시작된다. 이 경우 구동 기어의 이뿌리면이 $C$점에서 피동 기어와 접촉하기 시작하고, 영역 내에 들어오는 구동 기어 치형의 인벌루트 부분의 *앞에서* 발생한다. 다시 말하면, 접촉은 시간적으로 2개의 이가 접하기 전에 일어난다. 실제적인 효과는 피동 기어의 비접선부 끝이 구동 기어의 이뿌리면을 파고드는 간섭으로 나타난다.

이 예에서와 같이, 이가 접촉을 마칠 때에도 다시 동일한 현상이 일어난다. 접촉은 점 $B$ 또는 그 전에 끝나야 한다. 왜냐하면, 이 예제에서는 $D$점 이전에는 접촉이 끝나지 않고, 구동 기어의 비접선부 끝이 비구동 기어의 이뿌리면을 파고드는 간섭으로 나타난다.

창성법에 의하여 치형을 제조할 때는 절삭공구로 이뿌리면의 간섭부분을 제거하기 때문에 자동적으로 간섭이 제거된다. 이 효과를 *언더컷*(*undercutting*)이라고 부른다. 만일 언더컷이 너무 현저해지면 언더컷 치형은 너무 약해질 우려가 있다. 이와 같이 창성과정에 의한 간섭의 제거효과는 근본적으로 문제를 해결하기보다는 다른 문제로 대체시키는 것에 불과하다.

언더컷에 의하여 이가 약해진다는 사실은 매우 중요한 문제이다. 물론 기어의 잇수를 증가하여 간섭을 줄일 수는 있다. 그러나 만일 기어가 주어진 크기의 동력을 전달해야 할 때 잇수를 많게 하려면 피치 지름을 증가시킬 수밖에 없다. 이렇게 하면 기어의 크기가 커져 바람직하지 못하다. 이것은 또한 피치선의 속도 증가로 이어져 소음을 발생시키고, 직접적인 비례는 아니지만, 동력의 전달을 어느 정도 감소시키기도 한다. 그러나 일반적으로 많은 이를 사용하여 간섭이나 언더컷을 줄이는 것은 바람직한 방법이 아니다.

간섭과 그 결과 일어나는 언더컷을 어느 정도 줄이는 다른 방법으로, 큰 압력각을 채택하는 방법을 고려할 수 있다. 큰 압력각은 작은 기초원을 만들기 때문에 이의 프로파일의 많은 부분이 인벌루트 형상을 갖는다. 사실상 이것은 적은 수의 이를 사용할 수 있다는 것을 의미하며, 결과적으로 큰 압력각을 갖는 기어는 크기가 더 작다는 것을 의미한다.

물론 표준 기어를 사용하는 것이 특수 비표준 기어를 제조하는 것보다 훨씬 경제적이다. 그러나 표 7.2에 나와 있는 바와 같이, 큰 압력각의 기어를 사용해도 표준에서 벗어나지 않고 만들 수 있다.

간섭을 제거하거나 줄이는 또 하나의 방법은 짧은 이의 기어를 사용하는 것이다. 어덴덤 거리가 줄어들면 점 $C$와 $D$가 안쪽으로 움직일 것이다. 이를 위한 한 가지 방법은 구입한 표준 기어의 끝을 연마하여 새로운 어덴덤 거리를 갖도록 만드는 것이다. 물론 이렇게 하면 비표준 기어를 만드는 격이 되어 교체나 수리의 원인이 되지만 어쨌든 간섭을 제거하는 효과는 있다. 다시 표 7.2를 잘 살펴보면 표준 20° *스터브 이*를 가진 기어를 사용하는 것도 가능하다.

## 7.8 물림률

맞물려 있는 기어의 작용구간이 그림 7.19에 나와 있는데, 여기서 이의 접촉은 작용선과 2개의 어덴덤 선이 교차하는 점에서 시작하고 끝난다. 항상 초기의 접촉은 $C$에서, 마지막 접촉은 $D$에서 이루어진다. 치형을 그릴 때 이들 점이 기초원과 교차하는 $c$와 $d$점을 지나도록 한다. 그림 7.6에서 기초 원통에서 현을 풀 때를 생각해보면, 작용선을 따라 측정된 직선거리 $CD$는 기초원을 따라 측정된 원호길이 $cd$와 같음을 알 수 있다.

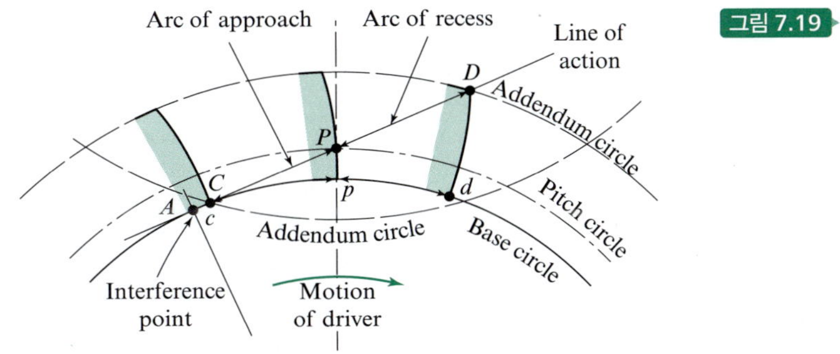


그림 7.19

원호길이 $cd$ 또는 직선거리 $CD$는 식 (7.6)의 기초 피치 $p_b$와 일치한다. 이것은 전체 원호 $cd$가 한 개의 치폭과 이것의 이 사이 간격이라는 것을 의미한다. 다시 말하면, 하나의 이가 $C$점에서 접촉하기 시작할 때, 바로 앞에 있는 이는 $D$점에서 접촉이 끝난다는 것이다. 그러므로 $C$에서 $D$까지 이가 작용하는 기간 동안 정확히 한 쌍의 기어가 접촉을 유지하고 있는 셈이다.

다음으로 원호길이 $cd$ 또는 직선거리 $CD$가 기초 피치보다 크나 $cd = 1.1\ p_b$보다 작은 경우를 고려하자. 이것은 한 쌍의 이가 $C$점에서 접촉하기 시작할 때, 이미 접촉한 앞의 한 쌍의 이는 아직 $D$점에 도달하지 못했다는 것을 의미한다. 이와 같이 짧은 시간 동안, 한 쌍의 이는 점 $C$ 부근에서 그리고 다른 이의 한 쌍은 점 $D$ 부근에서 접촉을 하고 있다. 물림이 진행됨에 따라, 앞의 쌍은 $D$점에 도달하여 접촉을 끝내고, 다음에 한 쌍의 이가 이 과정을 반복할 때까지 한 쌍의 이만이 접촉 상태를 유지한다.

하나, 둘, 또는 그 이상의 많은 쌍의 이가 동시에 접촉하는, 이의 이런 작용 특성 때문에 물림률(contact ratio) $m_c$는 다음과 같이 정의하는 것이 편리하다.

$$m_c = \frac{CD}{p_b} \tag{7.9}$$

이 값은 이 값보다 작은 정수가 접촉하고 있는 이의 쌍의 평균 수를 나타내고 있다. 그러므로 예를 들어 물림률 $m_c = 1.35$이면, 항상 최소 1개의 이가 물려 있고 접촉 시간의 35%는 2개의 이가 물려있음을 의미한다.

맞물려 있는 기어가 무리 없는 동작을 하기 위한 물림률의 최소 허용 범위는 $1.2 \le m_c \le 1.4$이고, 보통 평기어셋의 권장 물림률의 범위는 $m_c \ge 1.4$이다.

거리 $CD$는 그림 7.20 또는 7.9처럼 도형으로 그릴 경우 측정하기가 편리하다. 그러나 거리 $CP$와 $PD$는 분석적 방법으로도 구할 수 있다. 삼각형 $O_3BC$와 $O_3BP$로부터 다음을 알 수 있다.

$$CP = \sqrt{(R_3 + a)^2 - (R_3 \cos\phi)^2} - R_3 \sin\phi \tag{7.10}$$

마찬가지로 삼각형 $O_2AD$와 $O_2AP$로부터 다음을 얻을 수 있다.

$$PD = \sqrt{(R_2 + a)^2 - (R_2 \cos\phi)^2} - R_2 \sin\phi \tag{7.11}$$

그림 7.20

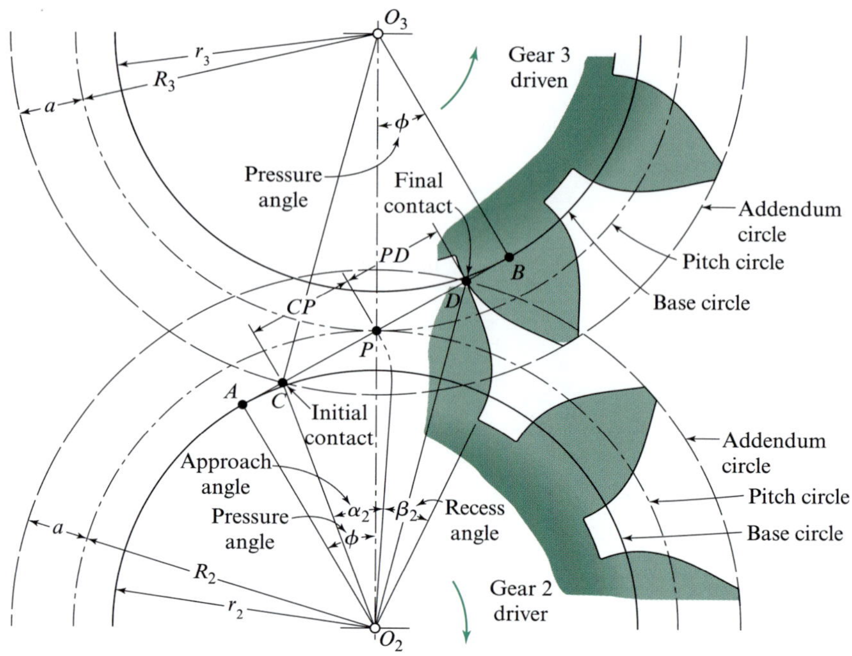


물림률은 식 (7.10)과 (7.11)의 합을 식 (7.9)에 대입하여 얻는다.

그러나 식 (7.10)과 (7.11)은 다음 조건을 만족할 때만 유효하다.

$$CP \le R_2 \sin\phi \quad \text{그리고} \quad PD \le R_3 \sin\phi \tag{7.12}$$

왜냐하면 적절한 접촉은 $A$점의 앞과 또는 $B$점의 뒤에서는 불가능하기 때문이다. 만일 이 부등식을 만족할 수 없다면 기어의 이는 간섭이나 언더컷을 일으킨다.

## 7.9 중심거리의 변화

그림 7.21*a*는 압력각 20° 인벌루트 전 깊이 치형의 기어가 맞물려 있는 상태를 보여주고 있다. 이의 양쪽이 서로 접촉하고 있기 때문에, 중심거리 $R_{O_3O_2}$은 기어를 꽉 끼게 하거나 변형시키지 않는 한 짧아지지 않는다. 그러나 그림 7.21*b*는 축간거리 $R_{O_3O_2}$을 약간 크게 한 동일한 기어쌍을 보여주는데, 주변 부품의 공차가 축적됨에 따라 일어날 수 있다. 그림에서와 같이 이틈새(clearance) 또는 *백래시*(*backlash*)가 이 사이에 존재한다.

중심거리가 증가했을 때 두 기어의 기초원은 변하지 않는다; 기초원은 기어의 형상을 제작하는 기본적인 원이다. 그러나 그림 7.6에서 보여주는 바와 같이 동일한 인벌루트 치형은 공액곡선과 접촉하고 있으며, 기어물림의 기본 법칙을 만족한다. 그러나 중심거리가 커지면 압력각의 증가를 가져오고 더 큰 피치원이 새로운 피치점을 지나게 된다.

그림 7.21*b*에서 삼각형 $O_2A'P'$와 $O_3B'P'$는 압력각의 변화에 따라 조정되었음에도 불구하고 서로 닮음을 유지한다. 또한, $O_2A'$와 $O_3B'$의 거리는 기초원 반지름으로 바뀌지 않는다. 그러므로 새로운 피치 반지름 $O_2P'$와 $O_3P'$의 비와 새로 얻은 속도비는 처음의 설계 시의 수치와 동일하다.

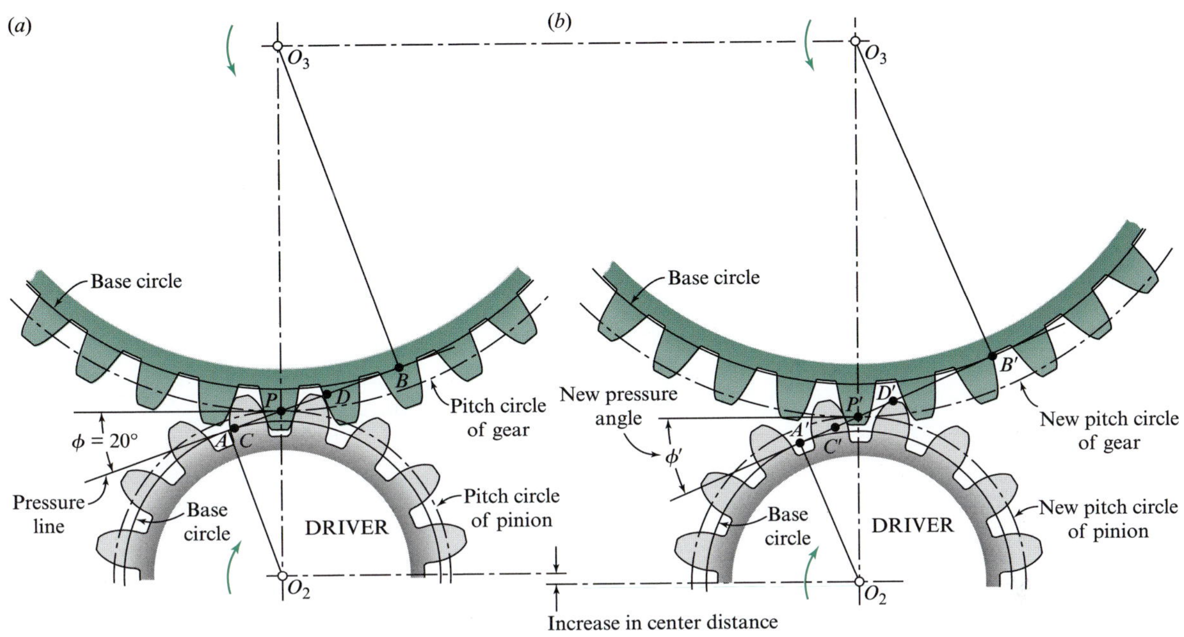


그림 7.21 인벌루트 기어 구동에서 중심거리 증가의 효과. (*a*) 정상적인 중심거리로 물릴 때, (*b*) 증가된 중심거리로 물릴 때

그림 7.21에서 중심거리 증가에 따른 또 다른 효과는 접촉경로의 단축으로 나타난다. 그림 7.21*a*에서 원래의 접촉경로 *CD*는 그림 7.21*b*에서 *C′D′*로 단축되었다. 식 (7.9)에서 접촉경로 *C′D′*가 줄어든 것처럼 물림률도 감소되었다. 왜냐하면, 물림률이 1보다 작다는 것은 어떤 이도 접촉하지 않다는 것을 의미하기 때문에 중심거리가 물림률이 1에 해당되는 값보다 커서는 안 된다 $(C'D' = p_b)$.

## 7.10 인벌루트 기하학

인벌루트 곡선의 기하학을 연구하는 분야를 *인벌루트 기하학*(*involutometry*)이라고 한다. 그림 7.22에서 중심이 $O$인 기초원이 인벌루트 곡선 $BC$를 생성하는 데 사용된다. $AT$는 생성선이고 $\rho$는 인벌루트의 곡률 순간중심이며, $r$은 곡선상의 점 $T$까지의 반지름을 나타낸다. 만일 기초원의 반지름을 $r_b$라고 하면, 선 $AT$는 원호 $AB$의 길이와 같으며 따라서 다음 식이 성립된다.

$$\rho = r_b(\alpha + \varphi) \tag{a}$$

여기서 $\alpha$는 인벌루트 곡선의 시작점까지의 반지름 $OB$와 반지름 $OT$ 사이의 각이고, $\varphi$는 기초원 반지름 $OA$와 반지름 $OT$ 사이의 각을 나타낸다. $OAT$가 직각삼각형이므로 다음 식을 얻을 수 있다.

$$\rho = r_b \tan\varphi \tag{7.13}$$

식 (*a*)와 (7.13)을 풀어 $\rho$와 $r_b$를 제거하면 다음과 같다.

그림 7.22

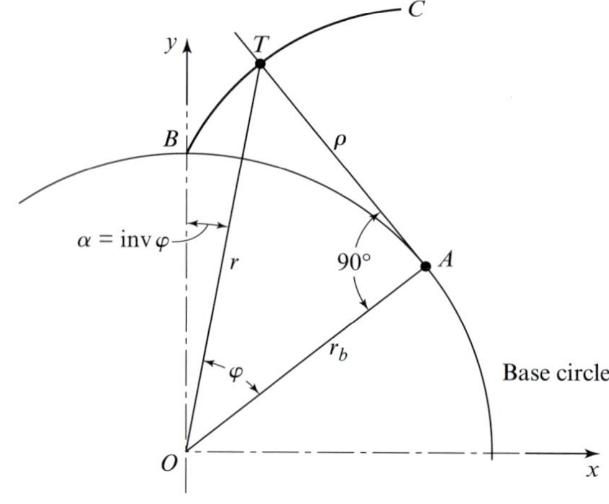


$$\alpha = \tan\varphi - \varphi$$

이것은 또한 다음과 같이 나타낼 수도 있으며 *인벌루트 함수*를 정의한다.

$$\text{inv}\varphi = \tan\varphi - \varphi \tag{7.14}$$

이 식에서 각 $\varphi$는 인벌루트 압력각 변수이며, 라디안으로 주어진다. $\varphi$를 알면 inv $\varphi$는 식 (7.14)로부터 쉽게 결정된다. inv $\varphi$가 주어지고 $\varphi$를 구하는 문제는 이보다는 약간 까다롭다. 한 가지 방법은 식 (7.14)를 무한급수로 전개한 후 처음 몇 개의 항을 취하여 근사값을 구하는 것이다. 다른 방법은 근을 구하는 기법을 사용하는 것이다[2, Chap. 4]. 이때, 부록 A에 수록된 표 A.6에서 도표로 표시되어 있는 $\varphi$의 값을 각으로 직접 구할 수 있다.

그림 7.22로부터 다음과 같이 나타낼 수 있다.

$$r = \frac{r_b}{\cos\varphi} \tag{7.15}$$

위에서 얻은 관계식의 사용법을 설명하기 위해, 먼저 그림 7.23의 치형 치수를 결정해야 한다. 여기서는 기초원 위에 연장된 이의 형상 일부가 그려져 있고, 원주 피치의 절반인 피치원상의 이의 두께 $t_p$(점 $A$)가 주어져 있다. 문제는 점 $T$와 같은 임의 다른 점에서의 이의 두께를 결정하는 것이다. 그림 7.23에 표시된 여러 가지 양은 다음과 같이 정의된다.

$r_b$ = 기초원의 반지름
$r_p$ = 피치원의 반지름
$r$ = 결정해야 할 이두께에서의 반지름
$t_p$ = 피치원에서의 이두께
$t$ = 결정해야 할 이두께
$\phi$ = 피치 반지름 $r_p$에 대응하는 압력각
$\varphi$ = $T$점에서의 대응하는 압력각

그림 7.23

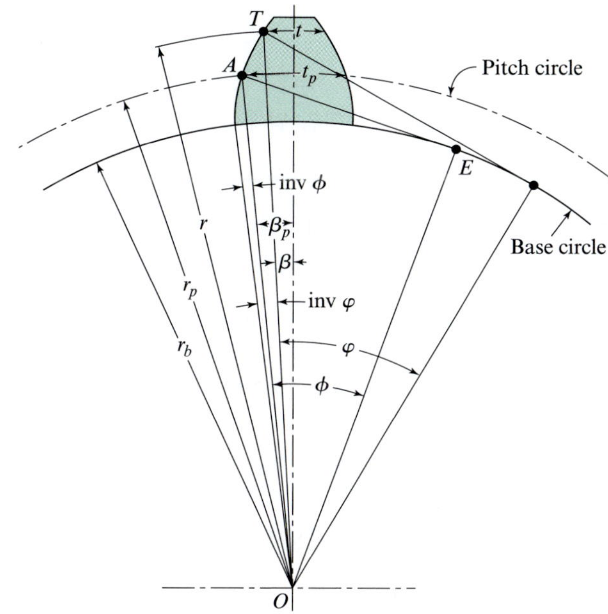


$\beta_p$ = 피치원에서의 이두께의 절반에 대한 각도
$\beta$ = $T$점에서의 이두께의 절반에 대한 각도

점 $A$와 $T$에서 이두께의 절반 크기는 다음과 같다.

$$\frac{t_p}{2} = \beta_p r_p \quad \text{그리고} \quad \frac{t}{2} = \beta r \tag{b}$$

따라서

$$\beta_p = \frac{t_p}{2r_p} \quad \text{그리고} \quad \beta = \frac{t}{2r} \tag{c}$$

이제 다음과 같이 나타낼 수 있다.

$$\text{inv}\varphi - \text{inv}\phi = \beta_p - \beta = \frac{t_p}{2r_p} - \frac{t}{2r} \tag{d}$$

점 $T$에서의 이두께는 식 ($d$)를 $t$에 대하여 풀면 얻을 수 있다.

$$t = 2r\left(\frac{t_p}{2r_p} + \text{inv}\phi - \text{inv}\varphi\right) \tag{7.16}$$

### 예제 7.2

압력각 $\phi = 20°$로 전 깊이 치형으로 깍고, 지름피치 $P = 2$ teeth/in인 잇수 22를 가진 기어가 있다고 하자. 이 기어의 기초원과 어덴덤 원에서의 이두께를 구하라.

**▶ 풀이**

7.1절에 나온 식과 표 7.2로부터 피치원의 반지름 $r_p = R = N/2P = 5.500$ in, 지름피치 $p = 1.571$ in/tooth, 어덴덤 $a = 0.500$ in 그리고 디덴덤 $d = 0.625$ in를 얻을 수 있다.

식 (7.15)으로부터, 기초원의 반지름은 다음과 같이 구할 수 있다.

$$r_b = r_p \cos\phi = (5.500 \text{ in}) \cos 20° = 5.168 \text{ in}$$

피치원에서의 이두께는 다음과 같다.

$$t_p = \frac{p}{2} = \frac{1.571 \text{ in/tooth}}{2} = 0.785\,5 \text{ in}$$

이의 압력각을 라디안으로 바꾸면 $\phi = 20° = 0.349066$ rad이다. 그러면 인벌루트 함수는 식 (7.14)로부터 다음과 같이 구할 수 있다.

$$\text{inv}\phi = \tan 0.349\,066 - 0.349\,066 = 0.014\,904 \text{ rad}$$

기초원에서 인벌루트 각은 식 (7.15)로부터 $\varphi_b = 0$이다. 그러므로 인벌루트 함수는

$$\text{inv}\,\varphi_b = 0$$

이 결과를 식 (7.16)에 대입하면, 기초원에서의 이두께는 다음과 같이 구할 수 있다.

$$\begin{aligned} t_b &= 2r_b\left[\frac{t_p}{2r_p} + \text{inv}\phi - \text{inv}\varphi_b\right] \\ &= 2(5.168 \text{ in})\left[\frac{0.785\,5 \text{ in}}{2(5.500 \text{ in})} + 0.014\,904 \text{ rad} - 0\right] = 0.892 \text{ in} \end{aligned}$$ 답

어덴덤 원의 반지름은 $r_a = r_p + a = 5.500 + 0.500 = 6.000$ in. 그러므로 이 반지름에 해당하는 인벌루트 각은 식 (7.15)로부터 다음과 같이 표현된다.

$$\varphi = \cos^{-1}\left(\frac{r_b}{r}\right) = \cos^{-1}\left(\frac{5.168 \text{ in}}{6.000 \text{ in}}\right) = 30.53° = 0.532\,908 \text{ rad}$$

그러므로 인벌루트 함수는 다음과 같다.

$$\text{inv}\varphi = \tan 0.532\,908 - 0.532\,908 = 0.056\,922 \text{ rad}$$

이 결과를 식 (7.16)에 대입하고 어덴덤 원에서의 이두께는 다음과 같다.

$$t_a = 2r_a\left[\frac{t_p}{2r_p} + \text{inv}\phi - \text{inv}\varphi\right]$$

$$= 2(6.000\text{ in})\left[\frac{0.7855\text{ in}}{2(5.500\text{ in})} + 0.014904 - 0.056922\right] = 0.353\text{ in} \qquad \text{답}$$

기초원에서의 이두께는 어덴덤 원에서의 이두께보다 두 배 이상이다.

## 7.11 비표준 기어의 치형

이 절에서는 압력각, 이 높이, 어덴덤 또는 중심거리 등을 수정함으로써 규정된 표준으로부터 벗어날 때 얻을 수 있는 효과에 대하여 살펴본다. 물론 이러한 수정작업은 호환성을 감소시키지 않으며, 이들은 모두 성능개선을 도모하기 위한 목적으로 실시되는 것이다. 그러나 그런 수정을 하면 수정된 기어를 구할 수 없고 특정 목적을 위한 특수 가공이 필요하기 때문에 가격이 높아지게 된다. 물론 이러한 사항은 나중에 수리하거나 설계 변경 시 필요하게 될 것이다.

설계자들은 크기가 작으면서 큰 동력을 전달하는 기어를 설계해야만 하는 큰 압력에 직면한다. 예를 들어, 4:1의 속도비를 가져야만 하는 기어세트를 생각해보자. 만일 하중을 전달하는 가장 작은 피니언의 피치 지름이 2 in라고 하면 기어는 8 in의 피치 지름을 가질 것이며, 2개의 기어에 대한 전체 공간은 10 in가 조금 넘을 것이다. 한편 만일 피니언의 피치 지름을 ¼ in만큼 줄일 수 있다면 기어의 피치 지름은 1 in만큼 줄어들 것이며, 기어세트 전체의 크기도 1¼ in만큼 줄어들 것이다. 축, 베어링, 커버 등과 같이 관련된 기계요소들의 크기도 줄어들 수 있기 때문에 실제적으로 기어의 축소는 매우 중요한 의미를 갖는다.

만일 어떤 피치의 이가 하중을 전달할 필요가 있다면, 피니언의 지름을 줄일 수 있는 유일한 방법은 적은 잇수를 사용하는 것이다. 그러나 잇수가 너무 적으면 간섭, 언더컷 및 물림률 등의 문제가 발생한다는 것을 앞서 배웠다. 그러므로 이와 같이 비표준 기어를 사용하는 세 가지 기본적인 이유는 (a) 언더컷 제거, (b) 간섭 방지, (c) 이상적인 물림률을 유지하기 위한 것이다. 만일 한 쌍의 기어가 같은 재질로 제작되었다면, 피니언 이가 기어 측보다 오랜 동안 접촉하고 있기 때문에 약해져 마모가 심해진다. 언더컷은 둘 중 약한 쪽을 더욱 약하게 만든다. 이와 같이 비표준 기어의 또 다른 이점은 피니언과 기어 사이의 이의 강도의 평형을 유지한다는 것이다.

인벌루트 곡선이 기초원으로부터 생성되기 때문에 그 곡률 반지름은 점점 커진다. 기초원 부근에서의 곡률 반지름은 매우 작으며 기초원상에서는 이론적으로는 0이다. 작은 곡률 영역에서는 좋은 절삭 정밀도를 얻을 수 없으며, 접촉응력이 매우 높아지기 때문에 곡률이 날카로운 이 영역 부근에서는 가능하면 접촉이 일어나지 않도록 주의해야 한다. 비표준 기어를 사용하면 이러한 민감한 영역을 피할 수 있는 설계방법을 모색할 수 있다.

**이틈새의 수정** 이뿌리에서의 큰 필렛 반지름은 이의 피로강도를 증가시키고 이의 치형가공을 위한 별도의 깊이를 제공한다. 상호 호환성이 유지되기 때문에, 디덴덤을 $1.300/P$ 또는 $1.400/P$까지 보다 큰 필렛 반지름을 위한 공간을 얻기 위해 증대시키기도 한다.

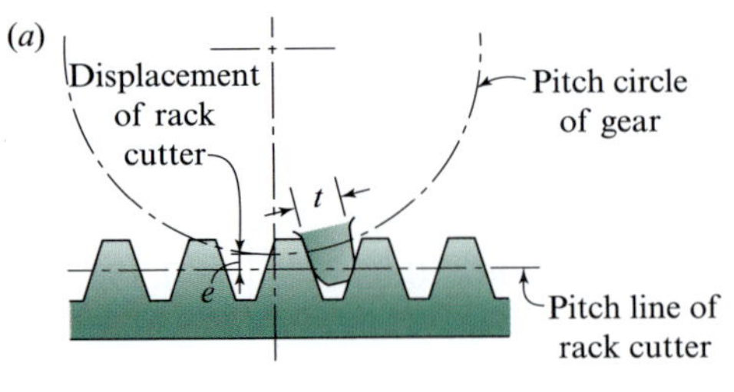


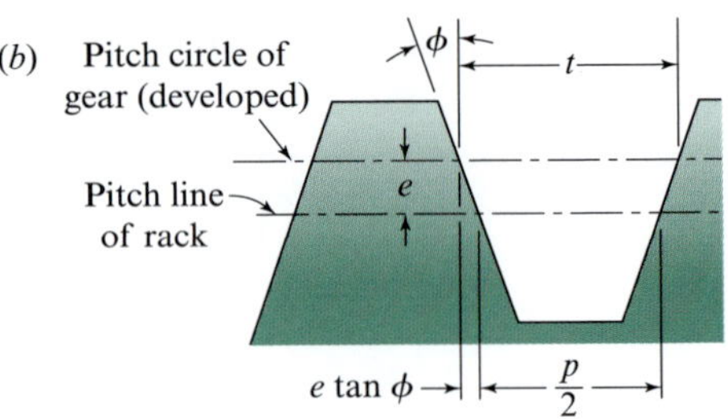


그림 7.24

**중심거리의 수정** 기어의 잇수가 적거나 많은 기어끼리 쌍을 이루면, 중심거리를 표준보다 증가시키면 간섭이 줄어들고 물림률을 증가시킬 수 있다. 비록 이러한 시스템은 기어의 이 비율과 압력각을 변화시키지만, 그 치형은 표준 압력각의 랙커터(또는 호브) 또는 표준 피니언 셰이퍼로 만들 수 있다. 이 시스템을 도입하기 전에 기어의 기하학적인 형상에 대한 특정한 추가적인 관계를 개발하는 것이 중요하다.

첫 번째 새로운 관계는 랙커터의 피치라인이 가공되는 기어의 피치원으로부터 편심거리 $e$만큼 편위되었을 때 랙커터(또는 호브)에 의해 가공되는 이의 두께를 찾는 것에 대한 것이다. 우리가 여기서 하려는 것은 랙커터를 가공되는 기어의 중심으로부터 멀리 옮기는 것이다. 다른 방법은 랙커터가 기어블랭크 안으로 깊이 가공하지 않는다고 가정하면, 기어의 이들은 전 깊이로 가공되지 않는다. 이렇게 가공되는 기어의 이두께는 표준보다 두꺼워진다 그리고 이두께는 이제 결정될 것이다. 그림 7.24*a*는 문제를 보여주고 그림 7.24*b*는 그에 대한 해답을 제시해준다. 피치원상에서 이두께의 증가량은 $2e \tan \phi$이며 따라서 $t$는 다음 관계가 성립된다.

$$t = 2e \tan \phi + \frac{p}{2} \tag{7.17}$$

여기서 $\phi$는 랙커터의 압력각, $t$는 수정된 피치원상에서의 수정된 기어 치형의 이두께이다.

위에서 언급한 바와 같은 서로 다른 잇수를 가진 두 기어를 피치원으로부터 커터를 편위하여 가공하였다고 하자. 이가 오프셋 커터로 절삭되었기 때문에 그들은 수정된 압력각과 수정된 피치원 및 필연적으로 수정된 중심거리로 맞물릴 것이다. 이때 '수정된'이라는 표현은 비표준임을 의미한다. 이제 수정된 피치원 반지름과 수정된 압력각의 값을 결정하는 문제가 남아 있다.

다음의 기호들에서 *표준(standard)*이라는 단어는 치수를 구하는 데 일상적인 또는 표준적인 시스템으로 구한 값을 의미한다.

$\phi$ = 랙 창성 커터의 표준 압력각
$\phi'$ = 물릴 기어에서의 수정된 압력각
$R_2$ = 피니언의 표준 피치 반지름
$R_2'$ = 주어진 기어와 물릴 때의 피니언의 수정된 피치 반지름
$R_3$ = 기어의 표준 피치 반지름
$R_3'$ = 주어진 피니언과 물릴 때의 기어의 수정된 피치 반지름
$t_2$ = 표준 피치 반지름 $R_2$에서의 피니언 이의 두께

$t'_2$ = 수정된 피치 반지름 $R'_2$에서의 피니언 이의 주께
$t_3$ = 표준 피치 반지름 $R_3$에서의 기어 이의 두께
$t'_3$ = 수정된 피치 반지름 $R'_3$에서의 기어 이의 두께

식 (7.16)으로부터 기어 이두께에 대한 표준 피치 반지름과 수정된 피치 반지름은 다음과 같이 나타낼 수 있다.

$$t'_2 = 2R'_2\left(\frac{t_2}{2R_2} + \text{inv}\phi - \text{inv}\phi'\right) \tag{a}$$

그리고

$$t'_3 = 2R'_3\left(\frac{t_3}{2R_3} + \text{inv}\phi - \text{inv}\phi'\right) \tag{b}$$

이들 2개의 두께의 합은 원주 피치와 같아야 한다. 식 (7.3)으로부터 다음 관계식이 성립된다.

$$t'_2 + t'_3 = p' = \frac{2\pi R'_2}{N_2} \tag{c}$$

맞물려 있는 한 쌍의 기어의 피치 지름은 잇수에 비례하며, 따라서 다음과 같다.

$$R_3 = \frac{N_3}{N_2}R_2 \quad \text{그리고} \quad R'_3 = \frac{N_3}{N_2}R'_2 \tag{d}$$

식 (*a*), (*b*) 및 (*d*)를 식 (*c*)에 대입하여 정리하면 다음과 같은 식을 얻을 수 있다.

$$\text{inv}\phi' = \frac{N_2(t'_2 + t'_3) - 2\pi R_2}{2R_2(N_2 + N_3)} + \text{inv}\phi \tag{7.18}$$

이 식은 표준 피치원상의 이두께가 $t'_2$와 $t'_3$으로 수정되었을 때, 동작할 한 쌍의 기어의 수정된 압력각 $\phi'$를 제시한다.

기어가 생성되면 기어의 기초원은 그 형상 결정에 핵심적이므로 고정된다. 하지만 피치원은 기어가 한 쌍이 접촉되지 않으면 없다. 한 쌍의 기어를 접촉시키면 수정된 피치점에서 서로 접하는 한 쌍의 피치원이 만들어진다. 여기서는 인벌루트 곡선에서의 특정한 점을 정의하기 위하여 한 쌍의 소위 표준 피치원의 개념이 사용되었다. 이들 표준 피치원은 *기어가 표준치수로부터 수정되지 않으면* 기어가 쌍을 이룰 때 존재한다는 것을 앞서 배웠다. 한편 기초원은 치형의 수정에 관계없이 변하지 않으므로, 표준 피치원이나 새 피치원을 사용하여 기초원의 반지름을 결정할 수 있다. 식 (7.15)로부터 다음 관계를 얻을 수 있다.

$$R_2 \cos\phi = R'_2 \cos\phi'$$

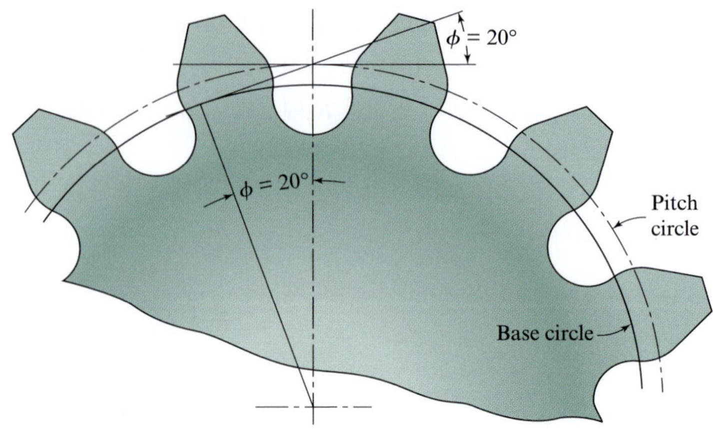


그림 7.25 표준 20° 압력각, 지름피치 1-잇수/in, 잇수 12, 전 깊이 인벌루트 기어의 언더컷 형상

그러므로 수정된 피니언의 피치 반지름은 다음과 같다.

$$R_2' = \frac{R_2 \cos\phi}{\cos\phi'} \tag{7.19}$$

마찬가지 방법으로 기어의 수정된 피치 반지름은 다음과 같다.

$$R_3' = \frac{R_3 \cos\phi}{\cos\phi'} \tag{7.20}$$

식 (7.19)와 (7.20)은 두 기어가 수정된 치형들이 백래시가 없이 맞물릴 때 실제의 피치 반지름 값을 제공해준다. 새 중심거리는 물론 이들 반지름의 합이다.

중심거리가 변화하는 비표준 기어를 설계하기 위해 필요한 모든 관계식을 구했다. 이러한 관계식들을 이용하는 것은 예제를 통하여 구체적으로 설명하겠다.

그림 7.25는 압력각 20°, 1 tooth/in 지름피치(25.4 mm/tooth), 잇수 12의 피니언이 랙커터에 의해서 표준 이틈새 $0.25/P$ (0.250 $m$)로 만들어지는 것을 보여준다. 압력각 20°, 전 깊이 시스템에서 잇수가 14개 이하이면 간섭현상이 심해진다. 언더컷의 결과가 그림에서 보듯이 명백하다.

언더컷을 제거하고 이의 작동을 개선하며, 물림률을 증가시키기 위해 그림 7.26에서와 같이 피니언을 전 깊이로 깎지 않고 대신 랙커터가 가공되는 피니언의 간섭점 $A$를 지나는 어덴덤까지의 깊이, 즉 기초원과 20°의 작용선과의 접점까지만 깎인다고 생각할 것이다. 식 (7.15)로부터 다음을 알 수 있다.

$$r_2 = R_2 \cos\phi \tag{e}$$

그러면 그림 7.26으로부터 깎는 깊이는 표준으로부터 편위일 것이다.

$$e = a + r_2 \cos\phi - R_2 \tag{f}$$

식 ($e$)를 식 ($f$)에 대입하면 편위는 다음과 같이 표현된다.

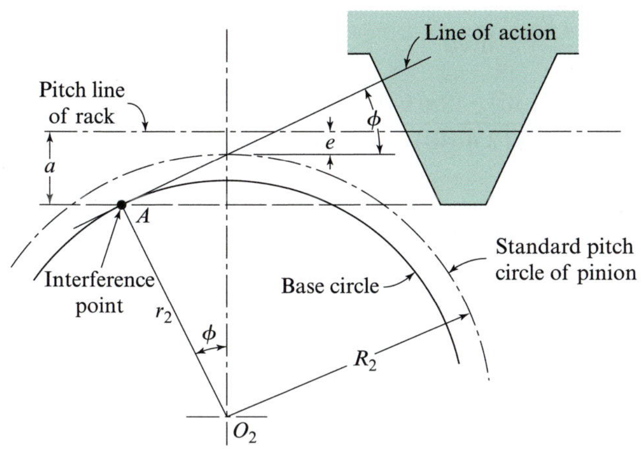


그림 7.26 어덴덤선이 간섭점 $A$를 통과하도록 하기 위한 랙커터의 편위

$$e = a + R_2 \cos^2 \phi - R_2 = a - R_2 \sin^2 \phi \tag{7.21}$$

만일 편위가 이것보다 작으면 랙은 간섭점 $A$보다 아래를 깎을 것이고 결과적으로 언더컷이 된다.

## 예제 7.3

잇수가 12개, 압력각이 $\phi = 20°$, 지름피치 $P = 1$ tooth/in인 기어가 잇수 40개의 표준기어에 맞물려 있다. 만일 피니언이 전 깊이로 깎이면 식 (7.9)는 물림률이 1.41임을 보일 것이다, 그러나 그림 7.25에 나타난 것처럼 언더컷이 될 것이다. 대신 잇수 12개의 피니언이 중심거리 수정을 이용하여 큰 기어 블랭크로부터 절삭하게 한다. 커터의 편위, 수정된 압력각, 수정된 피니언과 기어의 피치 반지름, 수정된 중심거리, 피니언과 기어의 수정된 바깥쪽 반지름 그리고 물림률을 결정하라. 물림률이 현저히 증가되었는가?

▶ **풀이**

피니언을 첨자 2로 기어를 3으로 하고 $P = 1$과 $\phi = 20°$이면 다음 값들이 결정된다.

$$p = 3.142 \text{ in/tooth},\ R_2 = 6 \text{ in},\ R_3 = 20 \text{ in},\ N_2 = 12 \text{ teeth},$$
$$N_3 = 40\text{개} \qquad \text{그리고} \qquad t_3 = 1.571 \text{ in}$$

표준 랙커터에 대해 표 7.2로부터 어덴덤은 $a = 1/P = 1.0$ in.
식 (7.21)로부터 랙커터의 편위는 다음과 같다.

$$e = 1.0 - 6.0 \sin^2 20° = 0.298 \text{ in} \qquad \text{답}$$

그러면 6 in 피치원에서 피니언의 이두께는 식 (7.17)로부터 구해진다.

$$t_2' = 2e \tan\phi + \frac{p}{2} = 2(0.298 \text{ in}) \tan 20° + \frac{3.142 \text{ in}}{2} = 1.788 \text{ in}$$

이 기어셋이 구동되는 압력각은 식 (7.18)로부터 결정된다.

$$\begin{aligned}\text{inv}\phi' &= \frac{N_2\left(t_2' + t_3'\right) - 2\pi R_2}{2R_2(N_2 + N_3)} + \text{inv}\phi \\ &= \frac{12(1.788\text{ in} + 1.571\text{ in}) - 2\pi(6.000\text{ in})}{2(6.000\text{ in})(12 + 40)} + \text{inv }20^\circ = 0.01908\text{ rad}\end{aligned}$$

부록 A의 표 A.6으로부터 새 압력각은 다음과 같다.

$$\phi' = 21.65^\circ$$ 답

식 (7.19)와 (7.20)을 사용하면 수정된 피치 반지름이 결정된다.

$$R_2' = \frac{R_2 \cos\phi}{\cos\phi'} = \frac{(6.000\text{ in})\cos 20^\circ}{\cos 21.65^\circ} = 6.066\text{ in}$$ 답

$$R_3' = \frac{R_3 \cos\phi}{\cos\phi'} = \frac{(20.000\text{ in})\cos 20^\circ}{\cos 21.65^\circ} = 20.220\text{ in}$$ 답

그러므로 수정된 중심거리는 다음과 같다.

$$R_2' + R_3' = 6.066 + 20.220 = 26.286\text{ in}$$ 답

중심거리는 랙커터의 편위량만큼 증가하지 않았다는 점에 주의한다.

표 7.2에서 나타난 바와 같이 표준 디덴덤이 $1.25/P$와 같다는 것으로부터 이틈새는 $0.25/P$가 결과를 얻는다. 그래서 두 기어의 이뿌리 반지름은 다음과 같다.

피니언의 이뿌리 반지름 $= 6.298 - 1.250 = 5.048$ in;
기어의 이뿌리 반지름 $= 20.000 - 1.250 = 18.750$ in;
이뿌리 반지름의 합 $= 23.798$ in

이 합과 중심거리의 차이는 가공깊이에 이틈새의 두 배를 더한 값과 같다. 왜냐하면 각 기어에 대한 이틈새는 0.25 in이므로 가공깊이는 다음과 같다.

가공깊이 $= 26.286 - 23.798 - 2(0.250) = 1.988$ in

각 기어의 바깥쪽 반지름은 이뿌리 반지름, 이틈새, 가공깊이의 합이다.

피니언의 바깥쪽 반지름 $= 5.048 + 0.250 + 1.988 = 7.286$ in 답
기어의 바깥쪽 반지름 $= 18.750 + 0.250 + 1.988 = 20.988$ in 답

이 결과는 그림 7.27에 나와 있다. 피니언이 그림 7.25의 치형보다 더 강해 보이는 형태이다. 물론 언더컷은 완전히 제거되었다.

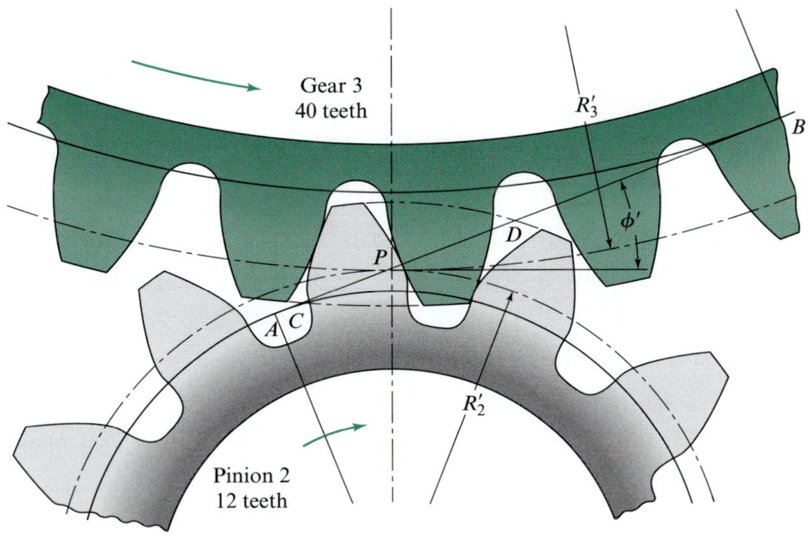


그림 7.27

물림률은 식 (7.9)~(7.11)로부터 구할 수 있다. 이 과정에서 다음 값들이 사용된다.

$$\text{피니언의 바깥쪽 반지름} = R'_2 + a = 7.286 \text{ in},$$
$$\text{기어의 바깥쪽 반지름} = R'_3 + a = 20.988 \text{ in},$$
$$r_2 = R_2 \cos\phi = (6.000 \text{ in}) \cos 20° = 5.638 \text{ in},$$
$$r_3 = R_3 \cos\phi = (20.000 \text{ in}) \cos 20° = 18.794 \text{ in},$$
$$p_b = p\cos\phi = (3.141\,6 \text{ in/tooth}) \cos 20° = 2.952 \text{ in/tooth}$$

그러므로 식 (7.10)과 (7.11)로부터 다음을 구할 수 있다.

$$\begin{aligned} CP &= \sqrt{\left(R'_3 + a\right)^2 - r_3{}^2} - R'_3 \sin\phi \\ &= \sqrt{(20.988 \text{ in})^2 - (18.794 \text{ in})^2} - (20.220 \text{ in}) \sin 21.65° = 1.883 \text{ in}, \end{aligned}$$

$$\begin{aligned} PD &= \sqrt{\left(R'_2 + a\right)^2 - r_2{}^2} - R'_2 \sin\phi \\ &= \sqrt{(7.286 \text{ in})^2 - (5.638 \text{ in})^2} - (6.066 \text{ in}) \sin 21.65° = 2.377 \text{ in} \end{aligned}$$

마지막으로 식 (7.9)로부터 물림률은 다음과 같다.

$$m_c = \frac{CP + PD}{p_b} = \frac{1.883 \text{ in} + 2.377 \text{ in}}{2.952 \text{ in/tooth}} = 1.443 \text{ teeth avg} \qquad \text{답}$$

이와 같이 물림률은 약간 증가(대략 2% 증가)할 뿐이다. 그러나 언더컷을 제거하여 이의 강도에 실질적인 개선을 가져왔으므로 수정작업은 정당화될 수 있다.

**롱 앤드 숏 어덴덤 시스템** 기계 설계 시 한 쌍의 기어 사이의 중심거리가 어떤 다른 설계상의 고려사항이나 기계의 형상에 따라 결정되는 경우가 많다. 그런 경우에는 중심거리에 변화를 주어도 성능상 개선을 얻을 수 없다.

앞 절에서, 개선된 운동과 이의 형태는 치형을 가공하는 동안 기어 블랭크로부터 랙커터를 뒤로 물러나게 함으로써 얻을 수 있다고 배웠다. 이러한 물러남에 의한 효과는 작용하는 치형을 기초원으로부터 멀어지게 함으로써 얻어진다. 그림 7.27을 보면, 간섭점에 도달하기 전에 기어(피니언이 아님)에서 디덴덤이 작용될 수 있다는 것을 알 수 있다. 만일 랙커터가 피니언의 블랭크로부터 물러난 거리만큼 기어의 블랭크 쪽으로 전진해 들어가면, 기어의 디덴덤이 더욱 많이 사용된다. 동시에 중심거리는 변화하지 않는다. 이것을 *롱 앤드 숏 어덴덤 시스템(long-and-short-addendum system)*이라고 한다.

롱 앤드 숏 어덴덤 시스템에서 피치원의 변화는 없으며 이에 따라 압력각의 변화도 없다. 그 효과는 접촉범위를 피니언 중심에서 멀어지게 하고 기어 중심 쪽으로 이동하게 한다. 따라서 접근운동은 짧게, 퇴거운동은 길게 하는 것이다.

롱 앤드 숏 어덴덤 시스템의 특성을 그림 7.28을 보면서 알아보자. 그림 7.28*a*는 디덴덤이 어덴덤과 이틈새를 합한 거리와 같은 보통(표준)의 기어쌍을 보여준다. 간섭이 존재하여 기어 이의 선단이 그림과 같이 마모되거나 피니언이 언더컷이 있게 된다. 이것은 기어의 어덴덤 원이 작용선의 *C*점이나 접선의 바깥쪽 또는 간섭점 *A*에서 가로지르는 것을 의미한다; 여기서 거리 *AC*는 간섭의 정도를 알려주는 척도이다.

언더컷이나 간섭을 줄이기 위하여 그림 7.28*b*처럼 피니언의 어덴덤 원이 기어의 간섭점(점

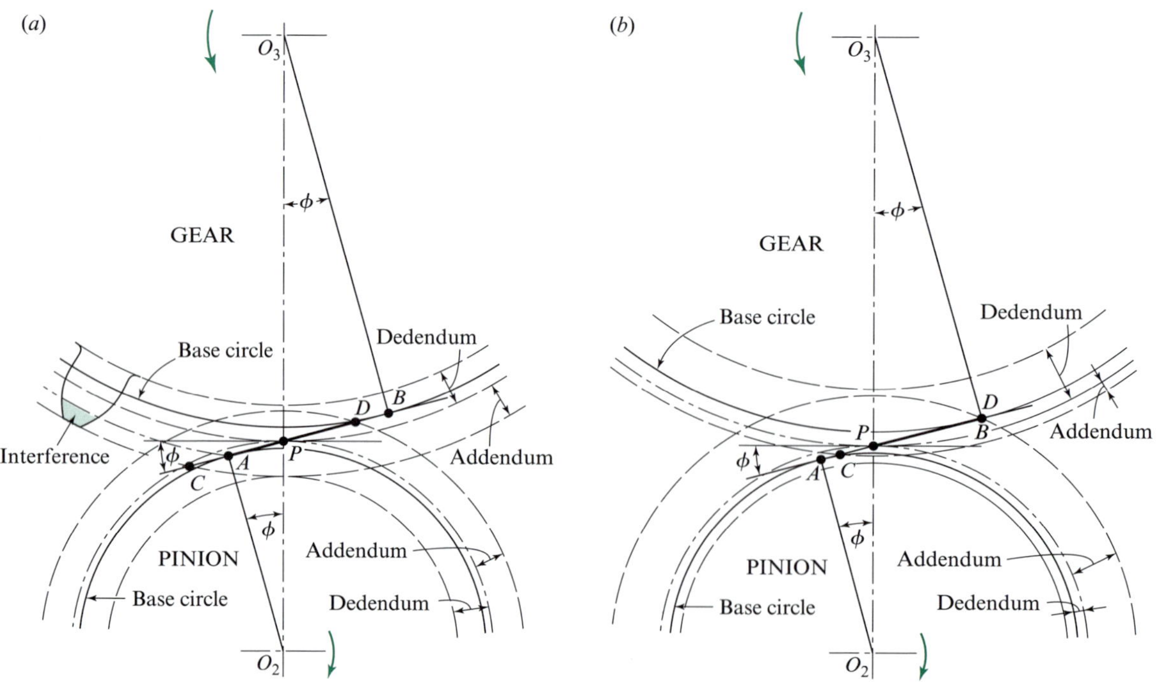


그림 7.28 표준 기어와 롱 앤드 숏 어덴덤 시스템에 의해 절삭된 기어의 비교. (*a*) 표준 어덴덤과 디덴덤을 가진 기어와 피니언, (*b*) 롱 앤드 숏 어덴덤을 가진 기어와 피니언

$B$)을 통과할 때까지 확대되어야 한다. 모든 기어의 치형을 이러한 방법으로 사용할 것이다. 동일한 전 깊이는 그대로 유지된다; 이때 피니언의 디덴덤이 어덴덤이 증가한 양만큼 줄어든다. 이것은 기어의 디덴덤을 늘리고 맞물리는 피니언의 디덴덤을 줄여야 한다는 것을 의미한다. 이들의 변화로 접촉경로는 그림 7.28*b*의 선 $CD$가 된다. 이것은 그림 7.28*a*의 경로 $AD$보다 길며, 따라서 물림률이 크다. 또한 기초원, 피치원, 압력각 및 중심거리가 변하지 않는다는 점에 주의한다. 양쪽 기어는 커터를 기어 블랭크 쪽으로 피니언 블랭크로부터 같은 거리를 전진시킴으로써 표준 커터로 가공할 수 있다. 마지막으로, 피니언과 기어를 절삭하는 블랭크들은 표준 소재와 지름이 다르다는 사실에 유의한다.

롱 앤드 숏 어덴덤 시스템에서 이의 치수는 앞 절에서 유도한 식을 사용하여 결정할 수 있다.

롱 앤드 숏 어덴덤 시스템의 드러나지 않는 다른 장점은 접근동작보다 퇴거동작이 더 크게 얻어진다는 것이다. 기어의 이가 접근하는 동작은 분필조각을 칠판에 누르면서 미는 동작과 비슷한데, 이때 분필은 '끼이익'하는 날카로운 소리를 낸다. 그러나 분필을 칠판에서 끌어당길 때는 부드럽게 미끄러진다. 이것은 퇴거동작과 유사하다. 이와 같이 부드러움과 낮은 마찰력 때문에 퇴거동작이 항상 선호되고 있다.

## 7.12 평행축 기구열

한 기구의 피동요소가 다른 기구의 구동요소가 되도록 배열된 기구를 *기구열*(*mechanism train*)이라고 한다. 이러한 기구열들은 몇몇 예외가 있기는 하지만, 앞 장에서 설명한 방법들을 사용하여 순차적으로 이 절에서 다루게 될 것이다.

3장에서 1차 *운동계수*(*kinematic coefficient*)는 구동요소에 대한 피동요소의 각속도비를 표현하는 데 사용한다고 배웠다. 예를 들어 4절 링크에서 링크 2를 구동 또는 입력요소로 하고, 링크 4를 피동 또는 출력요소로 하면 다음과 같이 나타낼 수 있다.

$$\theta'_{42} = \frac{d\theta_4}{d\theta_2} = \frac{d\theta_4/dt}{d\theta_2/dt} = \frac{\omega_4}{\omega_2} \tag{a}$$

여기서는 5.5절과 그 이후에서 두 번째 첨자는 구동 또는 입력요소로 사용되었음을 유의해야 한다. 이 두 번째 첨자는 여기에서와 뒤이은 절들에서 중요하다. 왜냐하면 많은 기구적인 트레인은 1자유도보다 많으므로 중요하다.

이 절에서는 순차적으로 연결된 기어열에서 식 (*a*)를 다음과 같이 다음과 같이 표현한다.

$$\theta'_{LF} = \frac{d\theta_L}{d\theta_F} = \frac{d\theta_L/dt}{d\theta_F/dt} = \frac{\omega_L}{\omega_F} \tag{7.22}$$

여기서 $\omega_L$은 *최종*(*last*) 기어의 속도이고 $\omega_F$은 동일한 기어열에서 *최초*(*first*) 기어의 속도이다. 보통 최종 기어는 출력 및 피동 기어이고 최초 기어는 입력 및 구동 기어이다.

식 (7.22)에서 $\theta'_{LF}$는 어떤 사람은 1차 운동계수 또는 *속도비*(*speed ratio*)라 하며, 또 다른 사람들은 *열값*(*train value*)이라고도 한다. 식 (7.22)는 다음과 같이 보다 간편한 형태로 나타낼 수 있다.

$$\omega_L = \theta'_{LF}\omega_F \tag{7.23}$$

다음에 기어 3을 구동하는 피니언 2를 생각해보자. 피동 기어의 속도는 다음과 같다.

$$\omega_3 = \pm\frac{R_2}{R_3}\omega_2 = \pm\frac{N_2}{N_3}\omega_2 \tag{b}$$

여기서 각 기어에 대하여 $R$은 피치원의 반지름, $N$은 잇수, $\omega$는 각속도 또는 임의 시간 간격 동안의 각 변위이다.

평행축 기어열의 방향은 벡터 방향에 따라 정해진다—즉 선택한 방향에서 보면 반시계방향일 때 각속도는 양이다. 평행축 기어열에서는 다음의 부호 결정 방식을 채택한다: 만일 평행축 기어열에서 최종 기어가 최초 기어와 같은 방향으로 회전하면 $\theta'_{LF}$는 양수이고, 최종 기어가 최초 기어에 대하여 반대방향으로 회전하면 $\theta'_{LF}$는 음수이다. 하지만 베벨, 교차 헬리컬, 또는 웜기어 열(8장)과 같이 기어축이 평행이 아닌 경우에는 이러한 접근방법을 적용하기가 쉽지 않다. 때문에 기어열의 도면을 눈으로 확인하면 방향을 쉽게 찾을 수 있다.

그림 7.29에 나타낸 기어열은 5개의 기어로 구성되어 있다. 식 (*b*)를 사용하면 기어 6의 속도를 다음과 같이 나타낼 수 있다.

$$\omega_6 = -\frac{R_5}{R_6}\frac{R_4}{R_5}\frac{R_2}{R_3}\omega_2 = -\frac{N_5}{N_6}\frac{N_4}{N_5}\frac{N_2}{N_3}\omega_2 \tag{c}$$

여기서 기어 5는 *공회전*이다. 즉 식 (*c*)에서 기어 5의 잇수는 맞줄임되고, 이 기어가 존재하는 오직 한 가지 이유는 기어 6의 회전방향을 바꾸는 것이다. 기어 5, 4, 2는 구동이고, 기어 6, 5, 3은 피동이다. 따라서 식 (7.22)를 다음과 같이 나타낼 수 있다.

$$\theta'_{LF} = \pm\frac{\text{product of driving tooth numbers}}{\text{product of driven tooth numbers}} \tag{7.24}$$

잇수와 피치 반지름이 비례하기 때문에 잇수뿐 아니라 피치 반지름이 식 (7.24)에 사용될 수 있다.

기어열에 관하여 이야기할 때, 각 축에 단지 하나의 기어만 있는 *단순* 기어열(*simple* gear train)로서 설명하는 것이 편리할 때가 있다. 그림 7.29처럼 하나 또는 그 이상의 축에 둘 또는 그 이상의 기어가 있는 것을 *복합* 기어열(*compound* gear train)이라 한다. 그림 7.30은 복합 기어열

그림 7.29

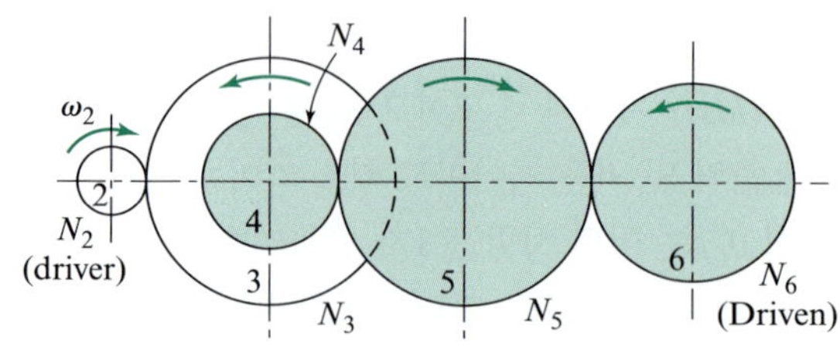

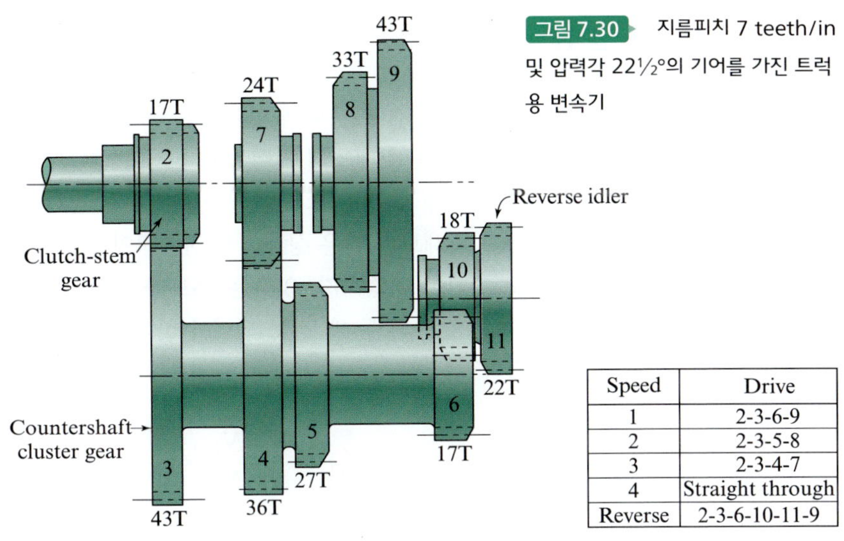


그림 7.30 지름피치 7 teeth/in 및 압력각 $22\frac{1}{2}°$의 기어를 가진 트럭용 변속기

| Speed | Drive |
|---|---|
| 1 | 2-3-6-9 |
| 2 | 2-3-5-8 |
| 3 | 2-3-4-7 |
| 4 | Straight through |
| Reverse | 2-3-6-10-11-9 |

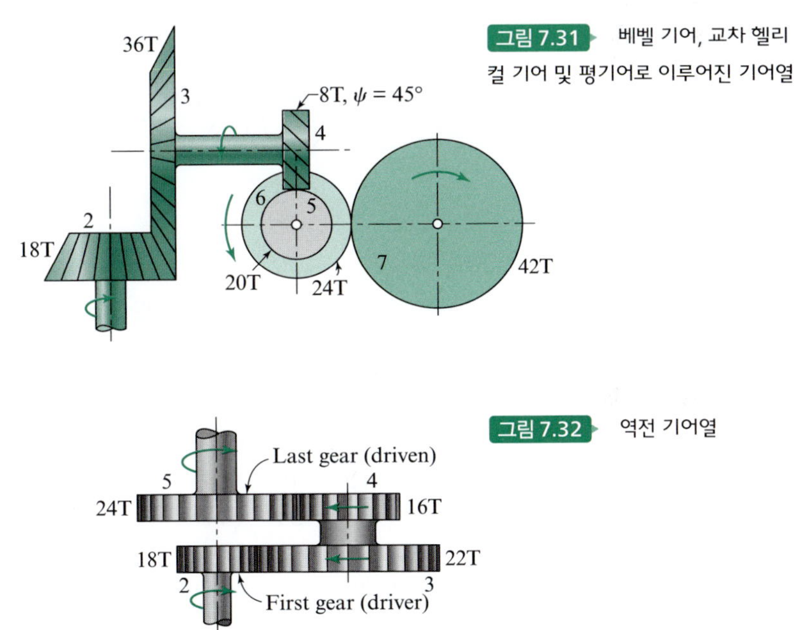


그림 7.31 베벨 기어, 교차 헬리컬 기어 및 평기어로 이루어진 기어열

그림 7.32 역전 기어열

의 예를 보여준다. 그림 7.30은 중소형 트럭용 변속기로, 전진 4단 후진 1단 속도를 갖는다.

그림 7.31에 나타낸 복합 기어열은 베벨, 헬리컬(8장) 및 평기어로 구성되어 있다. 헬리컬 기어는 교차되어 있고 회전방향은 헬리컬 기어의 방향에 따른다.

그림 7.32와 같은 *역전* 기어열(*reverted* gear train)은 최초 및 최종 기어가 동일선상의 회전축에 놓여 있다. 이러한 기어열은 간결하여 감속기, 시계(시침과 분침의 연결) 및 공작기계에 주로 사용된다. 각자 그림 7.32와 같은 최초 및 최종 기어가 동일 회전축을 갖도록 하는 각 쌍의 기어에 대한 적당한 지름피치를 찾아보도록 한다.

## 7.13 잇수의 결정

감속 장치를 통해서 큰 힘이 전달될 때 맞물려 있는 최종 기어의 속도비는 저속단(low-speed end)에서 토크가 더 크기 때문에 최초의 기어쌍보다 커야 한다. 한정된 공간 내에서 작은 피치 기어에는 더욱 많은 잇수가 사용될 수 있으므로 고속단에서 큰 감속을 얻을 수 있다.

이의 강도 문제를 시험해보지 않은 상태에서 전체적인 운동계수 $\theta'_{LF} = 1/12$를 얻기 위해 두 쌍의 기어를 사용하고 있다고 가정하자. 잇수는 15보다 작아서는 안 되며, 첫 번째 기어쌍에서의 감속이 두 번째 쌍에서의 감속의 두 배 정도 되어야 한다는 제한사항이 있다. 이 의미는 전체적인 운동계수는 다음과 같다.

$$\theta'_{52} = \frac{N_4}{N_5}\frac{N_2}{N_3} = \frac{1}{12} \tag{a}$$

여기서 $N_2/N_3$는 첫 번째 기어쌍의 운동계수이고 $N_4/N_5$는 두 번째 기어쌍의 운동계수이다. 왜냐하면 첫 번째 쌍의 운동계수가 두 번째 쌍의 절반이기 때문에 식 ($a$)는 다음과 같이 쓸 수 있다.

$$\left(\frac{N_4}{N_5}\right)\left(\frac{N_4}{2N_5}\right) \approx \frac{1}{12} \tag{b}$$

또는

$$\frac{N_4}{N_5} \approx \sqrt{\frac{1}{6}} = 0.408\,248 \tag{c}$$

소수점 여섯 자리까지 정밀도로 다음의 잇수가 근사값을 갖는다.

$$\frac{15}{37},\quad \frac{16}{39},\quad \frac{18}{44},\quad \frac{20}{49},\quad \frac{22}{54},\quad \frac{24}{59}.$$

이 중에서 $N_4/N_5 = 20/49$가 가장 근사값이지만,

$$\theta'_{52} = \left(\frac{N_4}{N_5}\right)\left(\frac{N_2}{N_3}\right) = \left(\frac{20}{49}\right)\left(\frac{20}{98}\right) = \frac{400}{4802} = \frac{1}{12.005}$$

이것은 매우 1/12에 가깝다. 한편 $N_4/N_5 = 18/44$를 선택하면 딱 맞는 값이다.

$$\theta'_{52} = \left(\frac{N_4}{N_5}\right)\left(\frac{N_2}{N_3}\right) = \left(\frac{18}{44}\right)\left(\frac{22}{108}\right) = \frac{396}{4752} = \frac{1}{12}$$

이 경우에 첫 번째 기어쌍의 감속비는 두 번째 기어쌍의 감속비의 정확히 두 배는 아니다. 그러나 이러한 고려사항은 그다지 중요하지 않다.

특정한 정밀도를 갖는 운동계수를 얻기 위한 잇수와 기어쌍의 수를 결정하는 문제는 많은 사

람들에게 흥미가 있으나 정확한 해는 없다. 예를 들면, 운동계수 $\theta'_{LF} = \pi/10$가 소수점 여덟 자리의 정밀도를 갖는 기어의 조합을 결정하는 문제를 고려해보자. $\pi$가 유리수가 아니어서 정수의 비로 나타낼 수 없다.

## 7.14 유성 기어열

그림 7.33에 레바이[3]가 제안한 개략도와 함께 유성 기어열을 보여주고 있다. 기어열은 *중심기어* 2와 중심기어의 주위를 돌면서 주전원적 운동을 하는 *유성 기어* 4로 구성되어 있다. *암*(*arm*) 3에는 2개의 기어가 맞물리도록 베어링이 있다.

기어열은 *유성* 기어열(*planetary* gear train) 또는 *태양–유성* 기어열(*sun-and-planet* gear train)이라고도 부른다. 그림 7.33의 기어 2를 *태양 기어*라고 부르며 기어 4를 *유성 기어*, 크랭크 3을 *유성 캐리어*(*planet carrier*)라고 부른다. 그림 7.34는 그림 7.33의 기어열에 여분으로 2개의 유성 기어를 추가해서 보여주고 있다. 이것은 유성 기어의 추가로 인해 힘이 분산됨으로써 힘의 균형을 더욱 좋게 한다. 그러나 유성 기어를 추가한다고 해서 운동 특성에 어떠한 변화를 주는 것은 아니다. 이 때문에 이번 장에서 다루는 문제나 그림에서는 하나의 유성 기어만을 보여주지만 실제 기계는 3개의 유성 기어로 구성되어 있다.

그림 7.35에 개략도와 함께 제시된 단순 유성 기어열은 유성 기어가 어떻게 다른 중심 기어로 동력을 전달하는지를 보여준다. 이 경우 두 번째 기어는 기어 5이며 내접 기어이다. 그림 7.35*a*

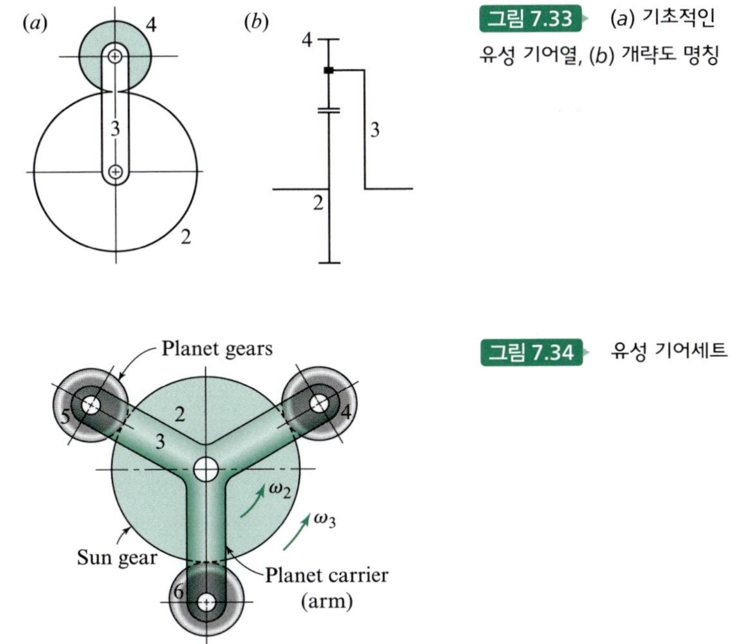


그림 7.33 (*a*) 기초적인 유성 기어열, (*b*) 개략도 명칭

그림 7.34 유성 기어세트

[3] 유성 기어열에 대한 문헌은 비교적 드문 편인데, 그럼에도 [3]을 참고하고 영어로 쓰인 포괄적인 문헌은 [1]을 참고하라. 이 책에는 104개의 참고문헌이 있다.

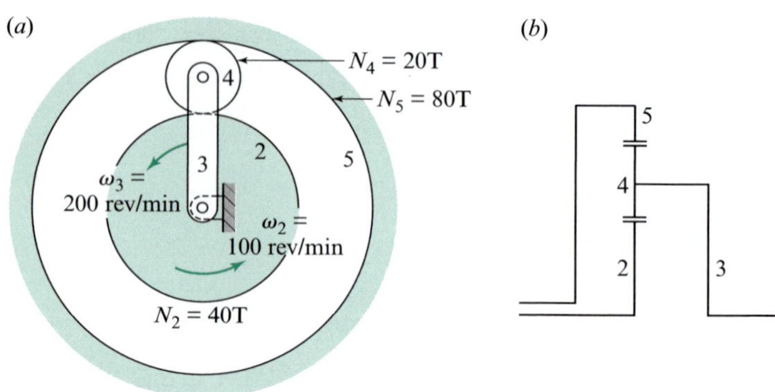


그림 7.35 (*a*) 단순 유성 기어열, (*b*) 개략도

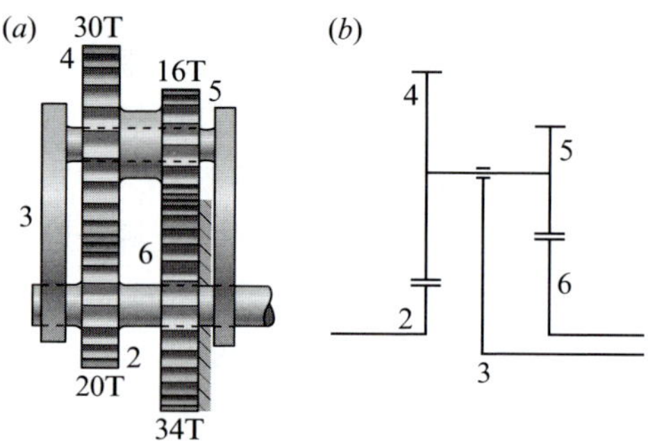


그림 7.36 이중 유성 기어를 갖는 단순 유성 기어열

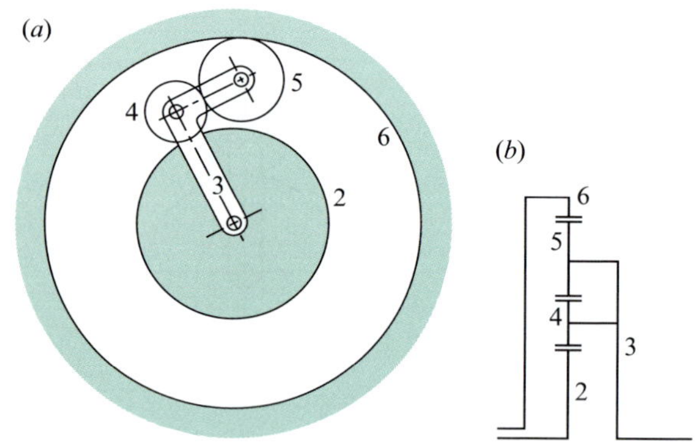


그림 7.37 2개의 유성 기어를 갖는 유성 기어열

에서 내접 기어 5는 고정되어 있다. 그러나 그림 7.35*b*에서 보듯이 필요한 것은 아니다. 한편 그림 7.36에 비슷한 배열을 보여주고 있다. 차이가 있다면 2개의 중심 기어가 외접 기어이다. 그림 7.36을 보면 이중 유성 기어가 단일 유성축에 설치되어 있으며, 각각의 유성 기어가 다른 속도로 회전하는 이와 분리된 태양 기어와 맞물려 있다.

어떤 경우든지 아무리 여러 개의 유성 기어를 사용하더라도 유성 캐리어 또는 암은 한 개만 사용될 수 있다. 이 원리는 그림 7.37에 예시되어 있는데, 여기에는 여분의 유성 기어가 사용되었고 그림 7.37에서는 운동 성능을 변경시키는 데 2개의 유성 기어가 사용되었다.

레바이[1]에 의하면 12가지의 변화가 가능하다고 한다. 그림 7.38에 레바이가 배열한대로 12개의 개략도를 모두 그려 놓았다. 모든 변화에 대해 암(유성 캐리어)은 링크 번호 3으로 나타나 있다. 그림 7.38*a*와 그림 7.38*c*는 유성 기어들이 양쪽의 태양 기어와 맞물려 있는 단순 기어열을 나

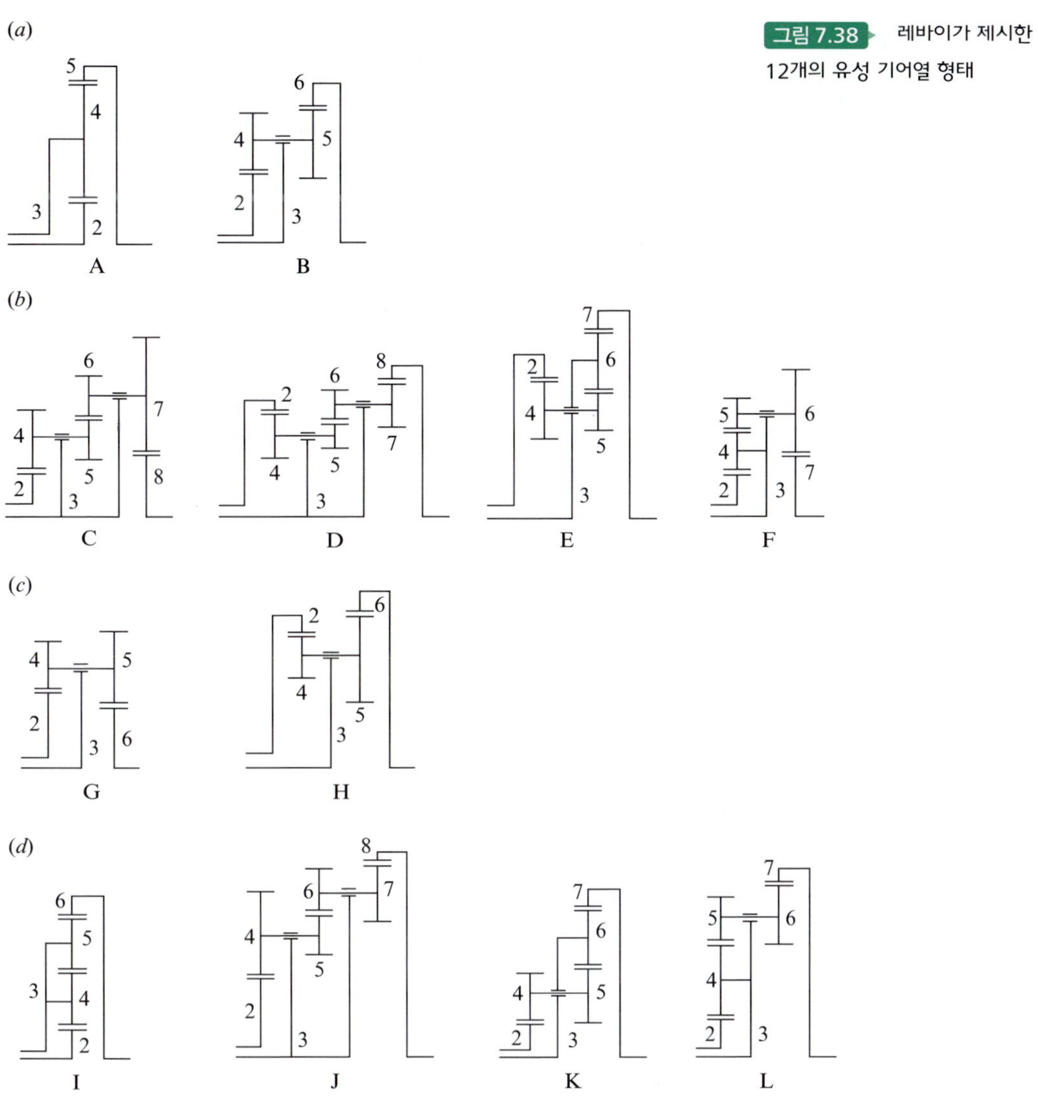


그림 7.38 레바이가 제시한 12개의 유성 기어열 형태

타낸다. 그림 7.38*b*와 그림 7.38*d*는 유성 기어쌍이 서로 맞물리며, 또한 부분적으로는 태양 기어와 맞물리는 기어열을 보여준다.

## 7.15 공식에 의한 유성 기어열의 해석

그림 7.39에 태양 기어 2와 암 또는 유성 캐리어 3 및 유성 기어 4와 5로 구성된 유성 기어열을 보여준다. 상대 각속도 공식 (3.10)을 사용하여 암 3의 고정된 좌표계에 대한 기어 2의 각속도를 다음과 같이 얻을 수 있다.

$$\omega_{2/3} = \omega_2 - \omega_3 \tag{a}$$

또한 암 3의 고정된 좌표계에 대한 기어 5의 각속도는 다음과 같이 나타낼 수 있다.

그림 7.39

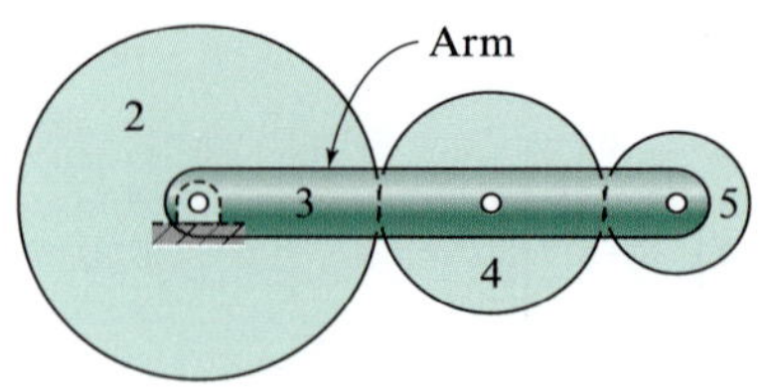


$$\omega_{5/3} = \omega_5 - \omega_3 \tag{b}$$

식 (*b*)를 식 (*a*)로 나누면 다음 식이 얻어진다.

$$\frac{\omega_{5/3}}{\omega_{2/3}} = \frac{\omega_5 - \omega_3}{\omega_2 - \omega_3} \tag{c}$$

식 (*c*)는 암 3을 기준으로 기어 5의 상대 각속도와 기어 2에 대한 상대 각속도비를 나타내고 있다. 이 비는 기어의 잇수에 비례하고, 암이 회전 여부와 상관없이 같은 것으로 보이는데, 이것이 기어열의 1차 운동계수이다. 그러므로 1차 운동계수는 다음과 같다.

$$\theta'_{52/3} = \frac{\omega_5 - \omega_3}{\omega_2 - \omega_3} \tag{d}$$

식 (*d*)와 유사한 방정식이 유성 기어열에서 각속도를 구할 때 필요한 것의 전부이다. 이것을 암의 관점에서 보이는 대로 표현하면 편리하다.

$$\theta'_{LF/A} = \frac{\omega_L - \omega_A}{\omega_F - \omega_A} \tag{7.25}$$

여기서,

$\omega_F =$ 기어열의 최초 기어의 각속도
$\omega_L =$ 기어열의 최종 기어의 각속도
$\omega_A =$ 암의 각속도

식 (*d*) 그리고 식 (7.25)는 운동계수의 관점에서 표현될 수 있다. 즉

$$\theta'_{52/3} = \frac{\theta'_5 - \theta'_3}{\theta'_2 - \theta'_3} \tag{e}$$

그리고

$$\theta'_{LF/A} = \frac{\theta'_L - \theta'_A}{\theta'_F - \theta'_A} \tag{7.26}$$

여기서

$\theta'_F$ = 기어열의 최초 기어의 운동계수
$\theta'_L$ = 기어열의 최종 기어의 운동계수
$\theta'_A$ = 암의 운동계수

다음 예제를 통해 식 (7.25)와 (7.26)의 운동계수 사용방법에 대해 설명하겠다.

**예제 7.4**

그림 7.36은 역전 유성 기어열을 나타낸다. 기어 2는 축에 고정되어 있고, 250 rev/min으로 시계방향으로 구동되고 있다. 기어 4와 5는 암에 의해 결합되어 축 주위를 자유롭게 회전하도록 되어 있다. 기어 6은 정지해 있다. 암의 속도와 회전방향을 구하라.

**▶ 풀이**

먼저 기어열의 첫 번째와 마지막 요소에 해당되는 기어가 어떤 것인지 결정해야 한다. 기어 2와 6의 속도가 주어져 있기 때문에 이들 중 하나를 첫 번째 요소로 선택해야 한다. 어떤 것을 선택해도 결과는 마찬가지이지만 한번 결정하면 바꿀 수 없다. 여기서 첫 번째 요소로 기어 2를 선택한다. 그러므로 기어 6은 마지막 요소가 된다. 따라서 반시계방향을 양으로 선택하면 다음과 같이 표현할 수 있다.

$$\omega_F = \omega_2 = -250 \text{ rev/ min} \quad \text{그리고} \quad \omega_L = \omega_6 = 0 \text{ rev/ min}$$

그리고 식 (7.24)로부터 1차 운동계수는 다음과 같이 구할 수 있다.

$$\theta'_{LF} = \theta'_{62} = \left(-\frac{16}{34}\right)\left(-\frac{20}{30}\right) = \frac{16}{51}$$

2개의 바깥쪽 접촉이 있으므로 양의 값을 선택한다.

이 값을 식 (7.25)에 대입하면 1차 운동계수가 다음과 같이 나온다.

$$\theta'_{LF/A} = \frac{16}{51} = \frac{0 - \omega_3}{-250 \text{ rev/ min} - \omega_3}$$

이 식을 재정리하면 암 $A$의 각속도가 나온다.

$$\omega_A = \omega_3 = 114.3 \text{ rev/ min ccw}$$ 답

### 예제 7.5

그림 7.40의 단순 유성 기어열을 고려하면, 링기어 $h$는 고정되어 있고(즉, 링기어의 각속도는 $\omega_h = 0$) 입력은 유성 캐리어(암)의 각속도이다. 링기어 $h$, 유성 기어 $j$, 태양 기어 $k$, 그리고 암 $A$의 치수는 각각 $R_h = 200$ mm, $R_j = 50$ mm, $R_k = 100$ mm 그리고 $R_A = 150$ mm이다. 만일 입력 각속도가 $\omega_A = \omega_i = 10$ rad/s ccw일 때, 유성 기어 $j$와 태양 기어 $k$의 각속도를 결정하라.

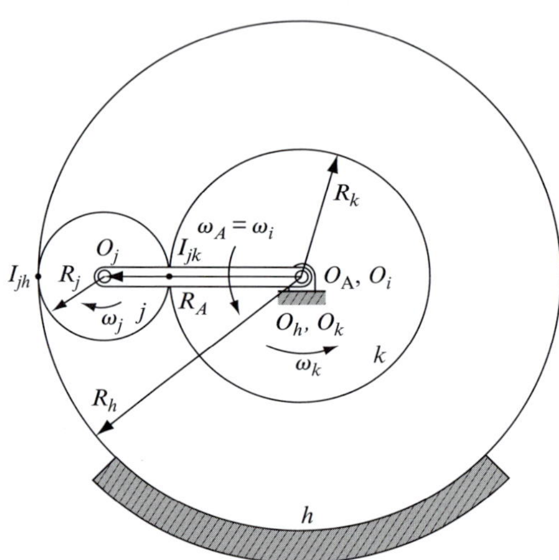


그림 7.40 링기어가 고정된 단순 유성 기어열

**풀이**

식 (7.25)를 사용하여 유성 기어 $j$의 1차 운동계수, 링기어 $h$가 구름 마찰일 때 다음과 같이 쓸 수 있다.

$$\theta'_{jh/A} = \pm\frac{R_h}{R_j} = \frac{\omega_j - \omega_A}{\omega_h - \omega_A} \tag{1a}$$

마찬가지로 태양 기어 $k$와 구름 접촉을 하는 유성 기어 $j$의 1차 운동계수는 다음과 같이 쓸 수 있다.

$$\theta'_{jk/A} = \pm\frac{R_k}{R_j} = \frac{\omega_j - \omega_A}{\omega_k - \omega_A} \tag{1b}$$

만일 링기어가 제거되고 암이 고정되면(즉 $\omega_A = 0$), 유성 기어열은 일반 기어열로 되고, 식 (1$b$)는 다음과 같이 간단하게 된다.

$$\theta'_{jk/A} = \pm\frac{R_k}{R_j} = \frac{\omega_j}{\omega_k} \tag{2}$$

고정된 링기어와 유성 기어 사이에 내부 접촉이 있기 때문에, 식 (1$a$)에서는 양의 부호가 사용되었다. 이 식을 재배열하고 $\omega_h = 0$을 대입하면 다음과 같다.

$$R_j\omega_j = -(R_h - R_j)\omega_A = -R_A\omega_A \tag{3}$$

그러므로 유성 기어의 각속도는 다음과 같다.

$$\omega_j = -\frac{R_A\omega_A}{R_j} = -\frac{(150\text{ mm})(10\text{ rad/s})}{50\text{ mm}} = -30\text{ rad/s}$$ 답

음의 부호는 유성 기어의 각속도 방향이 암의 방향과 반대, 즉 시계방향임을 나타내고 있다.

마찬가지로 유성 기어와 태양 기어는 외부 접촉을 하고 있기 때문에, 식 (1*b*)에서 음의 부호가 쓰였고 식은 다음과 같이 쓸 수 있다.

$$R_k\omega_k = -R_j\omega_j + (R_k + R_j)\omega_A \tag{4a}$$

태양 기어의 각속도는 식 (3)을 식 (4*a*)에 대입하여 암의 입력 각속도로 표현할 수 있고 이것을 간단히 하면 다음과 같다.

$$R_k\omega_k = (R_k + R_h)\omega_A = 2R_A\omega_A \tag{4b}$$

그러므로 태양 기어의 각속도는 다음과 같다.

$$\omega_k = \frac{2R_A\omega_A}{R_k} = \frac{2(150\text{ mm})(10\text{ rad/s})}{100\text{ mm}} = 30\text{ rad/s}$$ 답

양의 결과는 태양 기어의 각속도 방향이 암과 같고 반시계방향이다.

**예제 7.6**

그림 7.41에 드릴이나 전동 스크류드라이버에 주로 사용되는 복합 유성 기어열의 개략도가 나타나 있다. 기어와 암의 치수는 $R_1 = 150$ mm, $R_{2A} = R_{4A} = 100$ mm 그리고 $R_3 = R_4 = R_5 = R_6 = 50$ mm이다. 입력축(그리고 암 2)의 각속도는 $\omega_{2A} = 10$ rad/s ccw(왼쪽에서 바라보면)이고, 링기어 1은 고정되어 있다. 즉 링기어의 각속도는 $\omega_1 = 0$이다. 기어 3, 4, 5 그리고 6의 각속도를 결정하라.

**▶ 풀이**

이 기어열은 2개의 단순 유성 기어열이 직렬로 연결되어 있는 것이다. 즉 처음 유성 기어열은 링기어 1, 입력 암 2, 유성 기어 3 그리고 태양 기어 4로 이루어져 있고, 두 번째 유성 기어열은 링기어 1, 암 4, 유성 기어 5 그리고 출력 태양 기어 6으로 이루어져 있다. 기어 4와 암 4의 각속도는 이들이 완전히 붙어 있어서 크기와 방향이 같음을 유념해야 한다. 또한 기어 4는 첫 번째 기어열의 출력이자 두 번째 기어열의 입력임을 유념해야 한다. 식 (7.25)를 사용하여 링기어 1에 대한 기어 4의 1차 운동계수는 다음과 같이 쓸 수 있다.

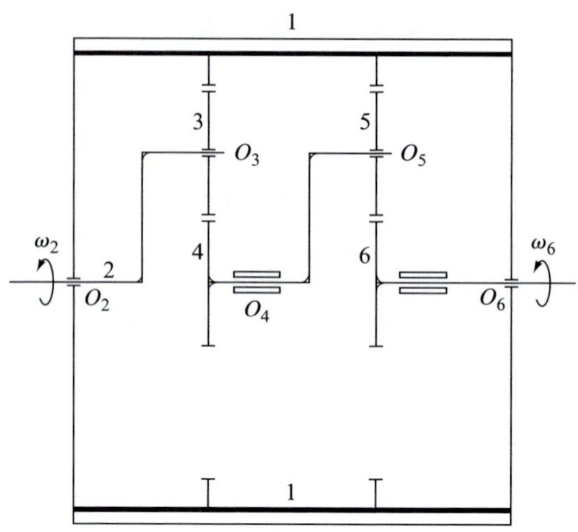


그림 7.41 복합 유성 기어열의 개략도

$$\theta'_{41/2A} = \left(-\frac{R_3}{R_4}\right)\left(\frac{R_1}{R_3}\right) = -\frac{R_1}{R_4} = \frac{\omega_4 - \omega_{2A}}{\omega_1 - \omega_{2A}} \tag{1a}$$

기어 4와 3이 외부 접촉을 하고 있고 기어 3과 1은 내부 접촉을 하고 있으므로 정확한 부호는 음수이다. 주어진 데이터를 식 (1$a$)에 대입하면 다음과 같다.

$$-\frac{150 \text{ mm}}{50 \text{ mm}} = \frac{\omega_4 - 10 \text{ rad/s}}{0 - 10 \text{ rad/s}} \tag{1b}$$

그러므로 기어 4의 각속도는 다음과 같다.

$$\omega_4 = 40 \text{ rad/s}$$ 답

여기에서 양의 결과는 기어 4가 입력 기어 2와 같은 방향인 반시계방향을 의미한다.

식 (7.25)를 이용하여 기어 3의 기어 4에 대한 1차 운동계수는 다음과 같이 쓸 수 있다.

$$\theta'_{34/2A} = -\frac{R_4}{R_3} = \frac{\omega_3 - \omega_{2A}}{\omega_4 - \omega_{2A}} \tag{2a}$$

여기에서 음수는 기어 3과 4 사이의 외부 접촉이기 때문이다. 그러므로 1차 운동계수는 다음과 같다.

$$\theta'_{34/2A} = -\frac{50 \text{ mm}}{50 \text{ mm}} = \frac{\omega_3 - 10 \text{ rad/s}}{40 \text{ rad/s} - 10 \text{ rad/s}} \tag{2b}$$

그러므로 기어 3의 각속도는 다음과 같이 구할 수 있다.

$$\omega_3 = -20 \text{ rad/s}$$ 답

여기에서 음의 부호는 기어 3이 입력 기어 2와 반대방향, 즉 시계방향으로 회전함을 의미한다.

식 (7.25)를 이용하여 기어 6의 링기어 1에 대한 1차 운동계수는 다음과 같이 쓸 수 있다.

$$\theta'_{61/4A} = \left(-\frac{R_5}{R_6}\right)\left(\frac{R_1}{R_5}\right) = -\frac{R_1}{R_6} = \frac{\omega_6 - \omega_{4A}}{\omega_1 - \omega_{4A}} \tag{3a}$$

기어 6과 5는 외부 접촉이고 기어 5와 1은 내부 접촉이므로 올바른 부호는 음수이다. 주어진 데이터를 식 (3*a*)에 대입하면 다음을 얻는다.

$$-\frac{150\text{ mm}}{50\text{ mm}} = \frac{\omega_6 - 40\text{ rad/s}}{0 - 40\text{ rad/s}} \tag{3b}$$

그러므로 기어 6의 각속도는 다음과 같다.

$$\omega_6 = 160\text{ rad/s}$$ 답

여기에서 양의 결과는 기어 4가 입력 기어 2와 같은 방향, 즉 반시계방향으로 회전함을 의미한다.

식 (7.25)를 사용하여 기어 5의 6에 대한 1차 운동계수는 다음과 같이 쓸 수 있다.

$$\theta'_{56/4A} = -\frac{R_6}{R_5} = \frac{\omega_5 - \omega_{4A}}{\omega_6 - \omega_{4A}} \tag{4a}$$

여기에서 음의 부호는 기어 5와 6이 외부 접촉임을 말하고 있다. 기지의 데이터를 대입하면 1차 운동계수는 다음과 같다.

$$\theta'_{56/4A} = -\frac{50\text{ mm}}{50\text{ mm}} = \frac{\omega_5 - 40\text{ rad/s}}{160\text{ rad/s} - 40\text{ rad/s}} \tag{4b}$$

그러므로 기어 5의 각속도는 다음과 같다.

$$\omega_5 = -80\text{ rad/s}$$ 답

여기에서 음의 부호는 기어 5가 입력 기어 2와 반대방향, 즉 시계방향임을 의미한다.

**▶ 다른 풀이**

유성 기어 3과 링기어 1의 구름 접촉 구속조건을 운동계수로 표현하면 다음과 같다.

$$\frac{R_3}{R_1} = \frac{50\text{ mm}}{150\text{ mm}} = \frac{1}{3} = \frac{\theta'_{12} - \theta'_{22}}{\theta'_{32} - \theta'_{22}} \tag{1}$$

여기에서 유성 기어 3은 링기어 1과 안쪽에서 접촉하므로 양의 부호를 선택한다.

링기어 1은 고정되어 있기 때문에 링기어의 운동계수는 $\theta'_{12} = 0$이고, 정의에 의해 입력 암

2의 운동계수는 $\theta'_{22} = 1$이다. 이것을 식 (1)에 대입하면 유성 기어 3의 입력 기어 2에 대한 운동계수는 다음과 같다.

$$\theta'_{32} = -2 \text{ rad/rad} \tag{2}$$

여기에서 음의 부호는 기어 3이 입력 기어 2의 방향, 즉 시계방향과 반대방향으로 회전함을 의미한다. 그러므로 기어 3의 각속도는 다음과 같다.

$$\omega_3 = \theta'_{32}\omega_2 = -20 \text{ rad/s}$$ 답

태양 기어 4와 유성 기어 3 사이의 구름 접촉 구속조건은 식 (1)로부터 다음과 같이 쓸 수 있다.

$$-\frac{R_4}{R_3} = -1 = \frac{\theta'_{32} - \theta'_{22}}{\theta'_{42} - \theta'_{22}} \tag{3}$$

여기에서 유성 기어 3과 태양 기어 4는 외부 접촉을 하므로 음의 부호를 선택한다.

식 (2)와 $\theta'_{22} = 1$ 그리고 기하학적 조건을 식 (3)에 대입하면 태양 기어 4의 기어 2에 대한 운동계수는 다음과 같다.

$$\theta'_{42} = 4 \text{ rad/rad} \tag{4}$$

여기에서 양의 결과는 기어 4가 기어 2와 같은 방향, 즉 반시계방향으로 회전함을 의미한다. 그러므로 기어 4의 각속도는 다음과 같이 구할 수 있다.

$$\omega_4 = \theta'_{42}\omega_2 = 40 \text{ rad/s ccw}$$ 답

유성 기어 5와 링기어 1 사이의 구름 접촉 구속조건은 식 (1)로부터 다음과 같이 쓸 수 있다.

$$\frac{R_5}{R_1} = \frac{50 \text{ mm}}{150 \text{ mm}} = \frac{1}{3} = \frac{\theta'_{12} - \theta'_{42}}{\theta'_{52} - \theta'_{42}} \tag{5}$$

여기에서 유성 기어 5가 링기어 1과 내부 접촉을 하기 때문에 양의 부호가 사용되었다.

식 (4)와 $\theta'_{12} = 0$을 대입하면 유성 기어 5의 기어 2에 대한 운동계수는 다음과 같다.

$$\theta'_{52} = -8 \text{ rad/rad} \tag{6}$$

여기서 음의 부후는 기어 5가 입력 기어 2에 대해 반대방향, 즉 시계방향으로 회전함을 나타낸다. 따라서 기어 5의 각속도는 다음과 같다.

$$\omega_5 = \theta'_{52}\omega_2 = -80 \text{ rad/s}$$ 답

태양 기어 6과 유성 기어 5의 구름 접촉 구속조건은 식 (5)로부터 다음과 같이 표현된다.

$$-\frac{R_6}{R_5} = -1 = \frac{\theta'_{52} - \theta'_{42}}{\theta'_{62} - \theta'_{42}} \tag{7}$$

여기에서 유성 기어 5와 태양 기어 6이 외부 접촉을 하므로 음의 부호가 사용되었다.

식 (4)와 (6) 그리고 알려진 기하학적 조건을 식 (7)에 대입하면 태양 기어 6의 기어 2에 대한 운동계수는 다음과 같이 구해진다.

$$\theta'_{62} = 16 \text{ rad/rad} \tag{8}$$

여기에서 양의 부호는 기어 6이 입력 기어 2와 같은 방향으로 회전함을 의미한다. 그러므로 기어 6의 각속도는 다음과 같다.

$$\omega_6 = \theta'_{62}\omega_2 = 160 \text{ rad/s ccw}$$ 답

**예제 7.7**

그림 7.42의 개략도와 같은 유성 기어열이 있다. 고정된 태양 기어의 반지름은 $R_1 = 100$ mm, 입력 기어 2의 반지름 $R_2 = 100$ mm, 링기어 4의 반지름은 $R_4 = 200$ mm, 그리고 기어 3과 5의 반지름은 $R_3 = R_5 = 50$ mm이다. 입력 축 2의 각속도는 $\omega_2 = 10$ rad/s ccw(왼쪽에서 바라보면)이다. 기어 3, 4 그리고 5의 각속도를 결정하라.

그림 7.42 유성 기어열의 개략도.

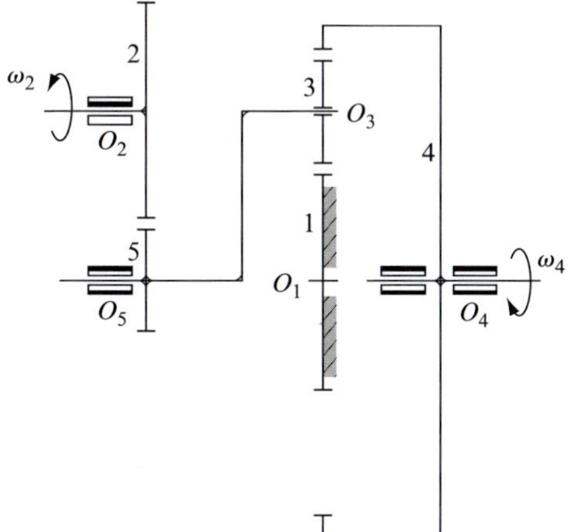


▶ **풀이**

입력 기어 2와 기어 5의 구름 접촉 구속조건은 다음과 같이 쓸 수 있다.

$$-\frac{R_2}{R_5} = -\frac{100 \text{ mm}}{50 \text{ mm}} = -2 = \frac{\theta'_{52}}{\theta'_{22}} \tag{1}$$

입력 축 2의 운동계수는 $\theta'_{22} = 1$이기 때문에 기어 5의 운동계수는 다음과 같다.

$$\theta'_{52} = -2 \text{ rad/rad} \tag{2}$$

여기에서 음의 부호는 기어 5가 입력 기어 2와 반대방향, 즉 시계방향으로 회전함을 의미한다. 그러므로 기어 5의 각속도는 다음과 같다.

$$\omega_5 = \theta'_{52}\omega_2 = -20 \text{ rad/s}$$ 답

유성 기어 3과 고정된 태양 기어 1 사이의 구름 접촉 구속조건은 다음과 같이 쓸 수 있다.

$$-\frac{R_3}{R_1} = \frac{\theta'_{12} - \theta'_{5A2}}{\theta'_{32} - \theta'_{5A2}} \tag{3}$$

주어진 조건을 대입하면 다음과 같다.

$$-\frac{50 \text{ mm}}{100 \text{ mm}} = \frac{0 + 2 \text{ rad/rad}}{\theta'_{32} + 2 \text{ rad/rad}}$$

그러므로 기어 3의 고정된 태양 기어 1에 대한 운동계수는 다음과 같다.

$$\theta'_{32} = -6 \text{ rad/rad} \tag{4}$$

그리고 기어 3의 각속도는 다음과 같이 구할 수 있다.

$$\omega_3 = \theta'_{32}\omega_2 = -60 \text{ rad/s}$$ 답

여기에서 음의 부호는 $\omega_3$가 시계방향을 의미한다.

링기어 4와 유성 기어 3 사이의 구름 접촉 구속조건은 다음과 같이 쓸 수 있다.

$$\frac{R_3}{R_4} = \frac{\theta'_{42} - \theta'_{5A2}}{\theta'_{32} - \theta'_{5A2}} \tag{5}$$

여기서 식 (2)와 (4) 그리고 주어진 치수를 이용하면 다음과 같이 쓸 수 있다.

$$\frac{50 \text{ mm}}{200 \text{ mm}} = \frac{\theta'_{42} + 2 \text{ rad/rad}}{-6 \text{ rad/rad} + 2 \text{ rad/rad}}$$

그러므로 기어 4의 고정된 태양 기어 1에 대한 운동계수는 다음과 같다.

$$\theta'_{42} = -3 \text{ rad/rad} \tag{6}$$

그리고 기어 4의 각속도는 다음과 같이 구할 수 있다.

$$\omega_4 = \theta'_{42}\omega_2 = -30 \text{ rad/s}$$ 답

여기에서 음의 부호는 $\omega_4$의 방향은 시계방향을 의미한다.

식 (2), (4) 그리고 (6)의 운동계수는 기어열의 기하학적 구도를 정의하고 입력 각속도 $\omega_2$로 각속도를 표현할 수 있게 한다(크기와 방향).

## 7.16 유성 기어열의 도표 해석

유성 기어열의 회전을 결정하는 또 다른 방법은 중첩의 원리를 이용하는 것이다. 전체 해석은 먼저 암 또는 유성 캐리어에 대한 상대 회전을 알아내고, 모든 기어들이 암에 대하여 고정되어 있는 것처럼 생각하여 각각의 기어들의 회전을 더한다. 그 과정은 도표를 사용하여 정해진 절차에 따라 진행해 나가면 쉽게 할 수 있다.

그림 7.35는 태양 기어 2, 유성 캐리어(암) 3, 유성 기어 4와 내접 기어 5로 구성된 유성 기어열을 보여준다. 이 기어열은 2자유도이기 때문에 태양 기어의 각속도 및 암의 각속도를 합리적으로 결정할 수 있으며, 내접 기어의 각속도도 정할 수 있다.

해석과정은 다음의 세 단계로 구성된다.

1. 모든 기어들(고정 기어가 있다면 이것도 포함)을 암에 고정하고, 암을 각속도 $\omega_A$로 회전시킨다. 이런 $\omega_A$와 같다는 조건하에서 $\omega_A$ 및 모든 부품의 각속도를 도표화한다.
2. 1단계에서 취급한 모든 기어열을 자유롭게 하고, 암을 고정한 후 다른 기어 $B$(예를 들면 태양 기어)를 각속도 $\omega_{B/A}$로 회전시킨다. 모든 다른 기어의 암에 대한 상대 각속도를 $\omega_{B/A}$의 곱을 하여 도표화한다.
3. 단계 1과 2로부터 구한 각 기어의 각속도를 더하고, $\omega_A$와 $\omega_{B/A}$의 수치를 구하기 위하여 주어진 입력속도를 적용한다.

몇 개의 예제를 통해 도표 방법이 얼마나 편리한지를 보여 주겠다.

### 예제 7.8

그림 7.35의 잇수를 가정하고 태양 기어와 암의 각속도를 각각 $\omega_2 = 100$ rev/min과 $\omega_3 = 200$ rev/min ccw 방향을 양으로 한다. 링기어 5의 각속도는 얼마인가?

**▶ 풀이**

위에서 설명한 3단계에 의한 풀이과정을 표 7.3에 정리하였다.

**표 7.3** 예제 7.8과 7.9를 위한 도표 해석

| Step | Gear 2 | Arm 3 | Gear 4 | Gear 5 |
|---|---|---|---|---|
| 1. Gears fixed to arm | $\omega 2$ | $\omega_3$ | $\omega_3$ | $\omega_3$ |
| 2. Arm fixed | $\omega_{2/3}$ | 0 | $(-40/20)\omega_{2/3}$ | $(20/80)(-40/20)\omega_{2/3}$ |
| 3. Total | $\omega_3 + \omega_{2/3}$ | $\omega_3$ | $\omega_3 + (-40/20)\omega_{2/3}$ | $\omega_3 + (20/80)(-40/20)\omega_{2/3}$ |

다음으로 주어진 입력속도들을 2열과 3열의 끝행과 비교하면, $\omega_2 = \omega_3 + \omega_{2/3} = 100$ rev/min이고 $\omega_3 = 200$ rev/min이므로 $\omega_{2/3} = -100$ rev/min임을 알 수 있다. 따라서 제5열의 끝열로부터 내접 링기어 5의 각속도는 다음과 같이 쓸 수 있다.

$$\omega_5 = \omega_3 + (20/80)(-40/20)\,\omega_{2/3}$$

즉

$$\omega_5 = (200\ \text{rev/min}) + (-40/80)(-100\ \text{rev/min}) = 250\ \text{rev/min}$$

여기에서 양의 결과는 기어 5가 양의 입력에 대해, 즉 반시계방향일 때 같은 방향으로 회전한다는 것을 의미한다.

### 예제 7.9

암 3이 200 rev/min으로 반시계방향으로 회전하는 동안 기어 2가 100 rev/min으로 시계방향으로 회전하면 그림 7.35의 내접 기어 5의 각속도는 얼마인가?

**▶ 풀이**

이 해석은 예제 7.8의 표 7.3에서 한 것과 동일하다. 그러나 지금은 입력속도가 변했다. 여기서도 반시계방향이 양의 방향으로 하고, 제2열과 제3열의 끝행으로부터

$$\omega_2 = \omega_3 + \omega_{2/3} = -100\ \text{rev/min}\text{이고}\ \omega_3 = 200\ \text{rev/min}$$

이므로 $\omega_{2/3} = -300$ rev/min임을 알 수 있다. 따라서 제5열의 합은

$$\begin{aligned}\omega_5 &= \omega_3 + (20/80)(-40/20)\omega_{2/3} = (200\ \text{rev/min}) + (-40/80)(-300\ \text{rev/min}) \\ &= 350\ \text{rev/min ccw}\end{aligned}$$ *답*

으로 반시계방향이다.

### 예제 7.10

그림 7.43에 보여준 유성 기어열은 *퍼거슨의 패러독스*(*Ferguson's paradox*)[4]이다. 기어 2는 프레임에 고정되어 있다. 암 3과 기어 4 및 5는 축에서 자유롭게 회전한다. 기어 2, 4, 5는 잇수가 각각 100, 101, 99개이다. 모두 같은 원주 피치(그러나 약간 다른 피치원 반지름)를 가지며 유성 기어 6이 이들 모두에 맞물려 있다. 암 3이 반시계방향으로 1회전할 때 기어 4와 5의 각회전을 구하라.

[4] James Ferguson (1710~1776), 스코틀랜드의 물리학자이자 천문학자, 최초로 펴낸 책 *The Description and Use of a New Machine Called the Mechanical Paradox*, London, 1764.

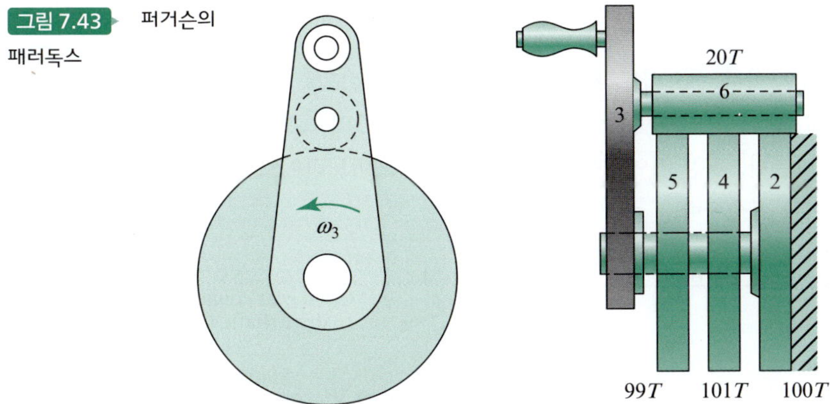

그림 7.43 퍼거슨의 패러독스

▶ **풀이**

풀이과정을 표 7.4에 정리하였다.

표 7.4 예제 7.10에 대한 도표 해석

| Step | Gear 2 | Arm 3 | Gear 4 | Gear 5 | Gear 6 |
|---|---|---|---|---|---|
| 1. Gears fixed to arm | $\Delta\theta_3$ | $\Delta\theta_3$ | $\Delta\theta_3$ | $\Delta\theta_3$ | $\Delta\theta_3$ |
| 2. Arm fixed | $\Delta\theta_{2/3}$ | 0 | $(-20/101)(-100/20)\Delta\theta_{2/3}$ | $(-20/99)(-100/20)\Delta\theta_{2/3}$ | $(-100/20)\Delta\theta_{2/3}$ |
| 3. Total | $\Delta\theta_3 + \Delta\theta_{2/3}$ | $\Delta\theta_3$ | $\Delta\theta_3 + (-20/101)(-100/20)\Delta\theta_{2/3}$ | $\Delta\theta_3 + (-20/99)(-100/20)\Delta\theta_{2/3}$ | $\Delta\theta_3 + (-100/20)\Delta\theta_{2/3}$ |

표 7.4에는 각속도 대신 각변위가 나타나 있다는 사실에 유의하여야 한다. 이렇게 한 것은 문제의 특성상 선정된 시간 간격 동안에 각각의 요소에서 $\Delta\theta = \omega\Delta t$임을 알 수 있기 때문이다. 문제 내용에 따라 암이 $\Delta\theta_3 = 1$이 되도록 시간 간격 $\Delta t$를 정한다. 그 다음 기어 2가 정지 상태를 유지하도록 하려면 제 2행이 $\Delta\theta_3 + \Delta\theta_{2/3} = (1 \text{ rev}) + \Delta\theta_{2/3} = 0$이 되어야 하므로 $\Delta\theta_{2/3} = -1$ rev이다. 마지막으로 맨 밑의 행의 4열과 5열로부터

$$\Delta\theta_4 = \Delta\theta_3 + (-20/101)(-100/20)\Delta\theta_{2/3} = (1 \text{ rev}) + (100/101)(-1 \text{ rev}) = 1/101 \text{ rev}$$

그리고

$$\Delta\theta_5 = \Delta\theta_3 + (-20/99)(-100/20)\Delta\theta_{2/3} = (1 \text{ rev}) + (100/99)(-1 \text{ rev}) = -1/99 \text{ rev}$$

따라서 암 3이 반시계방향으로 1회전할 때 기어 4는 반시계방향으로 1/101회전, 반면 기어 5는 시계방향으로 1/99 회전한다. *답*

### 예제 7.11

그림 7.44에 보여주는 오버드라이브 장치는 엔진의 속도를 줄이기 위하여 표준 변속기의 뒤쪽에 장착한다. 엔진 속도(변속기 뒤의)는 유성 캐리어 3의 속도에 따르고, 구동축 속도는 기어 5의 속도에 따른다. 태양 기어 2는 정지되어 있다. 오버드라이브가 동작할 때 얻어지는 엔진 속도의 감속비를 결정하라.

그림 7.44 오버드라이브 장치

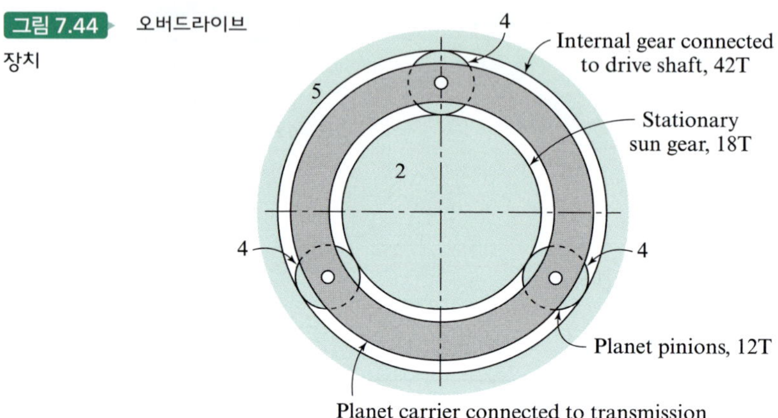


▶ **풀이**

이 문제의 해석은 표 7.5에 도표화되어 있다. 기어 2는 정지 상태를 유지하고 있으므로 제2열에서 $\omega_3 + \omega_{2/3} = 0$, 따라서 $\omega_{2/3} = -\omega_3$이다. 이것을 제5열에 대입하면 다음과 같다.

$$\omega_5 = \omega_3 + (12/42)(-18/12)\omega_{2/3} = \omega_3 + (-18/42)(-\omega_3) = 1.429\omega_3$$

따라서 엔진 속도의 감속비는 다음 식으로 계산된다.

$$(1.429\omega_3 - 1.0\omega_3)/(1.429\omega_3) = 0.300 = 30\%$$ 답

임을 알 수 있다.

표 7.5 예제 7.11에 대한 도표 해석

| Step | Gear 2 | Arm 3 | Gear 4 | Gear 5 |
|---|---|---|---|---|
| 1. Gears fixed to arm | $\omega_3$ | $\omega_3$ | $\omega_3$ | $\omega_3$ |
| 2. Arm fixed | $\omega_{2/3}$ | 0 | $(-18/12)\omega_{2/3}$ | $(12/42)(-18/12)\omega_{2/3}$ |
| 3. Total | $\omega_3 + \omega_{2/3}$ | $\omega_3$ | $\omega_3 + (-18/12)\omega_{2/3}$ | $\omega_3 + (12/42)(-18/12)\omega_{2/3}$ |

## 연습 문제 *Problems*

**7.1** 잇수가 32, 84이고 중심거리가 145 mm인 한 쌍의 기어의 모듈을 구하라.

**7.2** 피치 지름이 150 mm이고 모듈이 3 mm/tooth인 기어의 잇수와 원주 피치를 구하라.

**7.3** 중심거리가 2.9 in이고 잇수가 18, 40인 한 쌍의 기어의 지름피치를 결정하라.

**7.4** 피치 지름이 8 in이고 만일 지름피치가 3 teeth/in일 때, 기어의 잇수와 원주 피치를 구하라.

**7.5** 원주 피치가 8.64 mm/tooth이고 잇수가 40-tooth인 기어의 모듈과 피치 지름을 구하라.

**7.6** 한 쌍의 맞물려 있는 기어의 피치 지름이 각각 88 mm와 206 mm이다. 만일 모듈이 2 mm/tooth라면 각 기어의 잇수는 얼마인가?

**7.7** 잇수 36, 원주 피치 1.6 in/tooth인 기어의 원주 피치와 피치 지름을 구하라.

**7.8** 한 쌍의 기어의 피치 지름이 각각 2.4 in와 4 in이다. 만일 지름피치가 10 teeth/in라면 각각의 기어의 잇수는 얼마인가?

**7.9** 만일 기어의 원주 피치가 22 mm/tooth이고, 잇수가 33이면 지름의 크기는 얼마인가?

**7.10** 잇수 30, 8-mm/tooth 모듈의 기어를 갖는 축이 다른 기어를 480 rev/min으로 구동하고 있다. 만일 축간 거리가 240 mm라고 할 때 이 기어는 얼마의 속도로 회전하겠는가?

**7.11** 2개의 기어가 3:1의 각속도비를 가지며, 중심거리가 6 in 떨어진 축에 설치되어 있다. 만일 지름피치가 6 teeth/in라면, 각 기어의 잇수는 얼마인가?

**7.12** 모듈이 지름피치가 8 teeth/in 잇수 21인 기어가 다른 기어를 240 rev/min으로 구동하고 있다. 만일 축간 거리가 6.25 in라면, 잇수 21인 기어는 얼마의 속도로 회전하겠는가?

**7.13** 모듈이 6 mm/tooth이고, 잇수가 24인 피니언이 잇수 36인 기어를 구동하고 있다. 이 기어는 압력각 20°의 전 깊이 인벌루트 시스템으로 절삭되어 있다. 어덴덤, 디덴덤, 이틈새, 원주 피치, 기초 피치, 이두께, 피치원 반지름, 기초원 반지름, 접근과 퇴거, 그리고 물림률을 구하라.

**7.14** 모듈이 5 mm/tooth, 잇수 15인 피니언이 잇수 30인 내접 기어와 맞물려 있다. 기어는 압력각 20°의 전깊이 인벌루트이다. 각 기어의 치형 몇 개를 보여줄 수 있는 기어를 그려라. 이 기어들이 반지름 방향으로 조립될 수 있겠는가? 그렇지 않으면 어떤 교정이 필요한가?

**7.15** 모듈이 10 mm/tooth, 잇수 17인 피니언과 잇수 50인 기어가 한 쌍을 이루고 있다. 기어는 압력각 20°의 전 깊이 인벌루트 시스템으로 절삭되어 있다. 각 기어의 접근각과 퇴거각 및 물림률을 구하라.

**7.16** 지름피치가 5 teeth/in, 압력각 $22\frac{1}{2}$°의 인벌루트 치형[5], 잇수 19와 31인 기어세트가 있다. 어덴덤이 $1.0/P$, 디덴덤이 $1.25/P$이다. 어덴덤, 디덴덤, 이틈새, 원주 피치, 기초 피치, 이두께, 기초원 반지름, 물림률을 도표화하라.

**7.17** 지름피치가 3 teeth/in이고, 잇수 22인 기어가 압력각 25°인 랙과 맞물려 있다. 어덴덤과 디덴덤은 $1.0/P$과 $1.25/P$이다. 접근과 퇴거 경로 길이와 물림률을 결정하라.

**7.18** 25° 전 깊이 시스템을 사용하여 문제 7.15를 반복하라.

**7.19** 모듈이 12 mm/tooth이고, 잇수 26, 20° 전 깊이 인벌루트 기어가 랙과 맞물려 있는 모습을 그림으로 나타내고 다음 물음에 답하라. (a) 접근경로와 퇴거경로의 길이와 물림률을 구하라. (b) 이 기어에 맞물려 있지만, 기어 중심으로부터 3 mm 더 떨어져 편위되어 있는 두 번째 랙을 그려라. 새로운 물림률을 구하라. 압력각은 변화되었는가?

**7.20~7.24** 셰이퍼 기어 커터는 외접, 내접 기어 양쪽에 사용할 수 있고, 또한 행정의 끝에서 단지 적은 양의 런아웃만이 필요하다는 장점이 있다. 피니언 셰이퍼 커터의 창성작용은 투명한 플라스틱판을 이용하여 쉽게 시뮬레이션할 수 있다. 그림은 P7.20은 플라스틱판 위에 절삭될 수 있도록 20°의 압력각에 16개의 이를 가진 피니언 커터 이 한 개를 보여주고 있다. 커터를 만들기 위하여 제도지 위에 이를 그린다. 이의 정상에 이틈새가 분명히 나타나도록 그린다. 피치원을 지나고 한 개 이의 1/4이 되는 거리간격으로 반지름 방향의 선을 그려서 그림과 같

[5] 그런 기어들은 옛날 표준에 의한 것인데 현재는 쓰지 않는다.

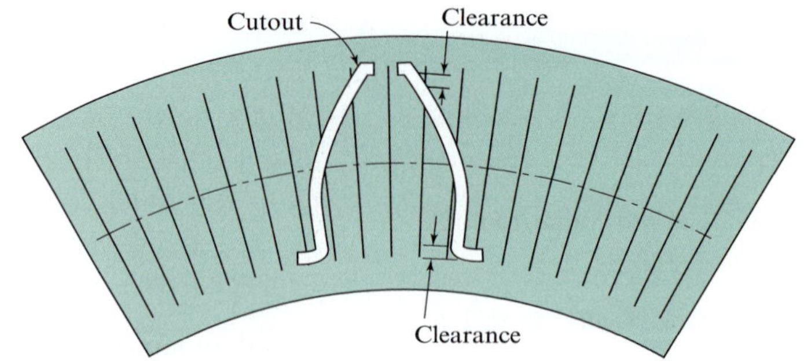


그림 P7.20

이 표시한다. 그 다음 플라스틱판을 제도지 위에 밀착시켜 피치원과 반지름 방향선을 시트 위에 그리고 잘라낼 부분을 그린다. 판을 들어내고 이의 프로파일을 면도칼로 오려낸다. 가는 사포로 거스러미(burr)를 제거한다.

커터로 기어를 만들려면 오직 피치원과 어덴덤 원만 그리면 된다. 피치원을 탬플릿에서 사용했던 거리와 같은 간격으로 등분하고, 그것을 지나도록 반지름 방향선을 그린다. 이의 프로파일선은 탬플릿의 피치원을 기어의 피치원 상에서 돌리고, 각 위치에 커터의 이를 가볍게 그려 얻는다. 그 결과 기어 위에 만들어진 이가 분명히 표시된다. 위에서 설명한 바와 같이 다음의 문제들은 모두 새로 만들어진 표준 1 tooth/in, 지름피치 20° 전 깊이 이를 채택하여 탬플릿이 구성된다. 각 경우에 대해 몇 개의 이를 만들고 언더컷의 양을 추정하라.

표 P7.20~P7.24

| Problem | P7.20 | P7.21 | P7.22 | P7.23 | P7.24 |
|---|---|---|---|---|---|
| No. teeth | 10 | 12 | 14 | 20 | 36 |

**7.25** 기어가 지름피치 2.5 teeth/in, 잇수 17, 압력각 20°, 어덴덤 $1.0/P$, 디덴덤 $1.25/P$일 때, 기초원과 어덴덤 원에서의 이두께를 구하라. 어덴덤 원에 일치되는 압력각은 얼마인가?

**7.26** 잇수 15, 16 mm/tooth 모듈, 압력각 20°, 전 깊이 인벌루트 치형의 피니언이다. 기초원에서의 이두께를 계산하라. 어덴덤 원에서의 이두께와 압력각은 얼마인가?

**7.27** 반지름이 200 mm인 피치원에서의 이두께가 20 mm이며, 압력각이 25°인 기어에서 기초원상의 이두께는 얼마인가?

**7.28** 압력각 20°, 피치 반지름 400 mm에서 이두께가 39.3 mm일 때 이가 점이 되는 반지름의 크기는 얼마인가?

**7.29** 잇수 18, 25° 전 깊이 인벌루트, 모듈 2 mm/tooth인 피니언에서 기초원상의 이두께를 계산하라. 어덴덤 원에서의 이의 두께와 압력각은 얼마인가?

**7.30** 비표준 잇수 10, 모듈 3 mm/tooth, 압력각 22½° 인벌루트 피니언[6]이 절삭된다. 이가 점이 되기 전에 사용할 수 있는 최대 어덴덤은 얼마인가?

**7.31** 절삭된 기어 이의 정밀도는, 경화되고 연마된 핀을 지름의 반대편에 위치한 이의 간격 사이에 넣고 핀을 걸쳐 측정한다. 모듈 2.5 mm/tooth, 20° 전 깊이 인벌루트 시스템, 잇수 96인 기어일 때 다음 물음에 답하라.
(a) 만일 백래시가 없다면, 피치선에서 이에 접촉될 핀의 지름을 계산하라.
(b) 만일 기어가 정밀하게 절삭된다면, 핀으로 측정된 거리는 얼마인가?

**7.32** 교환 가능한 기어세트가 모듈 4 mm/tooth, 20° 전 깊이 인벌루트 시스템으로 절삭된다. 기어들은 24, 32, 48, 96개의 잇수를 갖는다. 각 기어에 대하여 피치원과 어덴덤 원에서의 치형의 곡률 반지름을 구하라.

**7.33** 잇수 73의 기어를 구동하는 잇수 17의 피니언의 물림률을 계산하라. 이 기어들은 지름피치 96 tooth/in, 20° 전 깊이 인벌루트 시스템으로 절삭된다.

**7.34** 압력각 25°, 잇수 11인 피니언이 잇수 23의 기어를 구동하고 있다. 기어는 모듈 3 mm/tooth의 스터브 치형이다. 이때의 물림률을 구하라.

**7.35** 잇수 22의 피니언이 잇수 42의 기어와 맞물려 있다. 기어는 전 깊이 인벌루트, 지름피치 16 teeth/

[6] 그런 기어들은 옛날 표준에 의한 것인데 현재는 쓰지 않는다.

in 압력각 $17\frac{1}{2}°$로 절삭된다.[7] 이때의 물림률을 구하라.

**7.36** 잇수 24, 압력각 20°의 전 깊이 인벌루트 평기어, 모듈 12 mm/tooth인 기어들이 표준 중심거리보다 3 mm 더 멀리 떨어져 있다. 압력각이 얼마일 때 구동되는가?

**7.37** 잇수 18, 압력각 25°의 전 깊이 인벌루트 평기어, 모듈이 8 mm/tooth이고, 표준 거리보다 2 mm 더 떨어져 있는 평기어들은 압력각이 얼마일 때 구동되는가?

**7.38** 모듈 1 mm/tooth, 20° 전 깊이 인벌루트 시스템을 가진 한 쌍의 기어가 있다. 잇수가 15와 50일 경우, 최대 어덴덤이 얼마일 때 간섭이 일어나지 않겠는가?

**7.39** 원주 피치 112 mm/tooth, 압력각 $17\frac{1}{2}°$인 한 쌍의 기어가 있다.[8] 피니언은 20 전 깊이 지형이다. 잇수가 240이면 간섭을 피하기 위하여 최대 어덴덤은 얼마여야 하는가?

**7.40** 문제 7.20~7.24에서 사용했던 방법을 이용하여 투명한 플라스틱으로부터 모듈 25 mm/tooth, 압력각 20°의 전 깊이 인벌루트 랙 치형을 절단한다고 하자. 비표준 이틈새 0.35 m를 강한 필렛을 얻기 위하여 사용한다. 이 템플릿은 호브 동작의 창성을 시뮬레이션하기 위해 사용될 수 있다. 이제 변화하는 중심거리 시스템을 사용하여, 간섭이 없는 잇수 25의 기어와 맞물리는 잇수 11의 피니언을 만들어 낸다. 이때의 중심거리, 피치 반지름, 압력각, 기어 소재 지름, 커터 편위량 및 물림률을 기록해 보라. 답은 하나 이상일 수 있음을 유의하라.

**7.41** 문제 7.40에서 만들어진 탬플릿을 사용해 롱 앤드 숏 어덴덤 시스템을 가진 잇수 44의 기어와 맞물리는 잇수 11의 피니언을 만들어라. 기어와 피니언의 어덴덤과 디덴덤, 공구 편위량 및 물림률을 결정하고 기입하라. 그리고 결과값을 표준 기어의 물림률과 비교해보라.

**7.42** 모듈 8 mm/tooth, 압력각 20°의 전 깊이 치형의 잇수와 9와 36의 평기어 한 쌍에 대해 다음 물음에 답하라.

(a) 간섭을 피하기 위한 어덴덤을 얼마나 줄여야 하는가?

(b) 만일 동일한 양만큼 피니언의 어덴덤이 증가한다면 이때의 물림률을 결정하라.

**7.43** 표준 압력각 20°, 전 깊이 인벌루트, 모듈 25 mm/tooth, 잇수 20인 피니언이 잇수 48인 기어를 구동하고 있다. 피니언의 속도는 500 rev/min이다. 가로축에 작용선을 따라 접촉점의 위치를 나타내고, 모든 접촉점의 미끄럼 속도를 나타내는 곡선을 그려라. 단, 접촉점이 피치점을 지날 때 미끄럼 속도의 부호가 변하는 것에 주의한다.

**7.44** 기어 8의 속도와 방향을 구하라. 기어열의 1차 운동계수는 얼마인가?

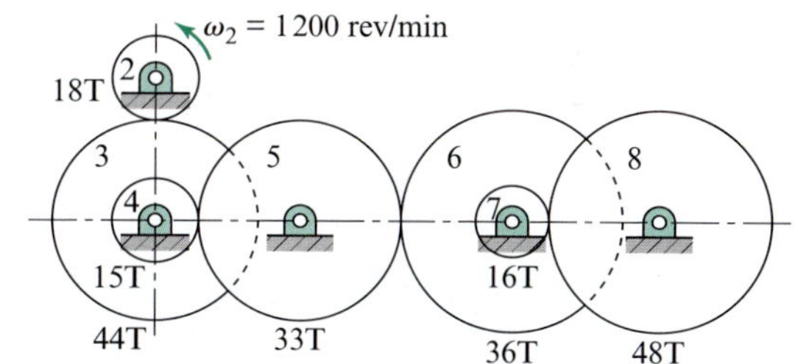


그림 P7.44

**7.45** 기어열을 구성하는 평기어 세트의 피치 지름이 주어져 있다. 기어열의 1차 운동계수를 계산하라. 또, 기어 5와 7의 속도와 회전방향을 결정하라.

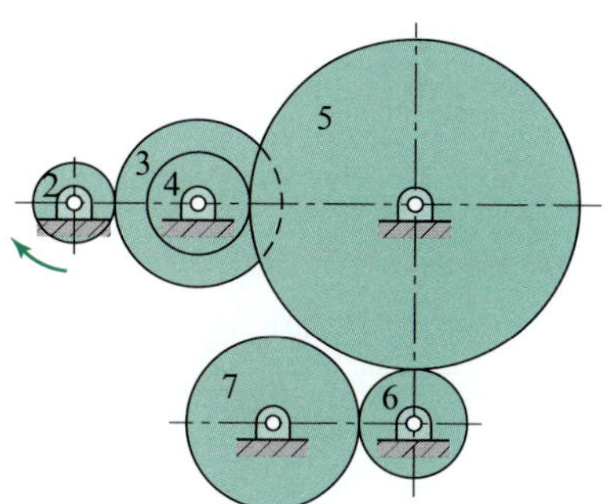


그림 P7.45 $R_2 = 3.5$ in, $R_3 = 7.5$ in, $R_4 = 4.5$ in, $R_5 = 15$ in, $R_6 = 4.5$ in, $R_7 = 8$ in, $\omega_2 = 120$ rev/min

**7.46** 그림 7.28의 트럭 변속기를 사용하여 입력 속도 3000 rev/min일 때의 전진 기어와 후진 기어의 구동축 속도를 구하라.

---

[7] 그런 기어들은 옛날 표준에 의한 것인데 현재는 쓰지 않는다.

[8] 그런 기어들은 옛날 표준에 의한 것인데 현재는 쓰지 않는다.

**7.47** 공작기계에 사용되는 속도 변환 기어 박스의 기어가 있다. 축 $B$와 $C$상의 클러스터 기어를 슬라이딩하여 아홉 가지의 속도 변환 형태를 얻는다. 공작기계 설계자의 당면문제는 출력축에 대한 속도의 배분을 합리적으로 하기 위해 기어의 잇수를 다양하게 선정하는 것이다. 가장 작은 기어와 가장 큰 기어는 그림에서 각각 2번과 9번을 나타낸다. 이들 기어에 잇수 20과 45를 사용하여 나머지 기어의 적당한 잇수를 결정하라. 출력출의 해당 속력은 얼마인가? 해가 여러 개가 있음을 유념하라.

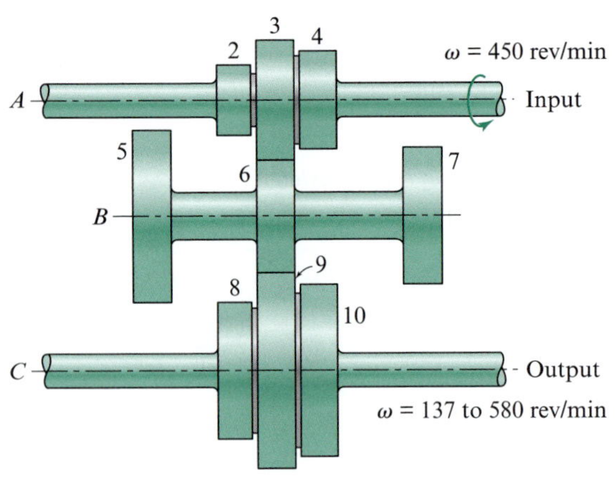


그림 P7.47

**7.48** 내접 기어(기어 7)가 60 rev/min ccw로 회전한다. 암 3의 속도와 회전방향을 구하라.

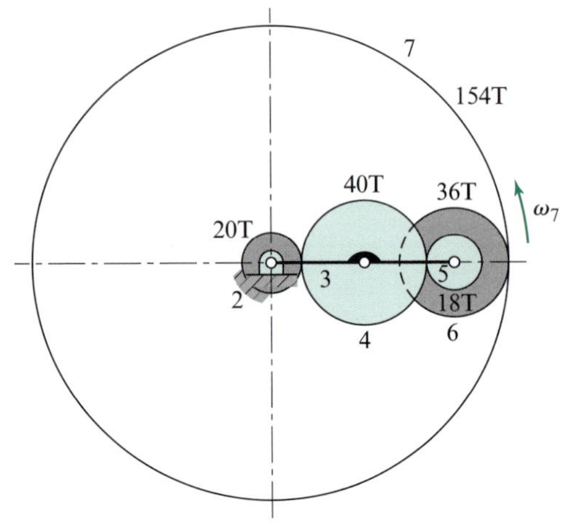


그림 P7.48

**7.49** 그림 P7.48에서 암이 300 rev/min ccw로 회전할 때, 내접 기어 7의 속도와 회전방향을 구하라.

**7.50** 축 $C$는 정지되어 있고 기어 2가 800 rev/min ccw로 회전하면, 축 $B$의 속도와 회전방향을 결정하라.

그림 P7.50

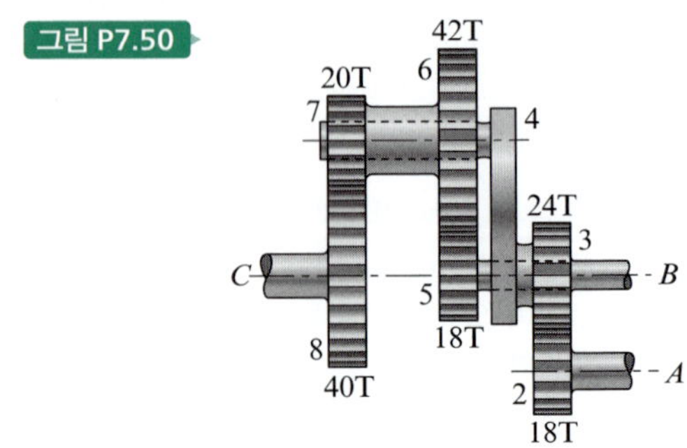


**7.51** 그림 P7.50에서 축 $B$가 정지되어 있고 축 $C$가 380 rev/min ccw로 구동된다. 축 $A$의 속도와 회전방향을 결정하라.

**7.52** 그림 P7.50에서 축 $C$의 속도와 회전방향을 결정하라. (a) 축 $A$와 $B$가 둘 다 360 rev/min ccw로 회전할 때, (b) 축 $A$가 360 rev/min cw이고, 축 $B$가 360 rev/min ccw일 때.

**7.53** 기어 2가 입력축에 연결되어 있고, 암 3이 출력축에 연결되어 있다. 속도는 얼마나 감소하겠는가? 출력축의 회전방향은? 출력축의 회전방향이 반대가 되도록 하려면 어떻게 변화시켜야 하는가?

그림 P7.53

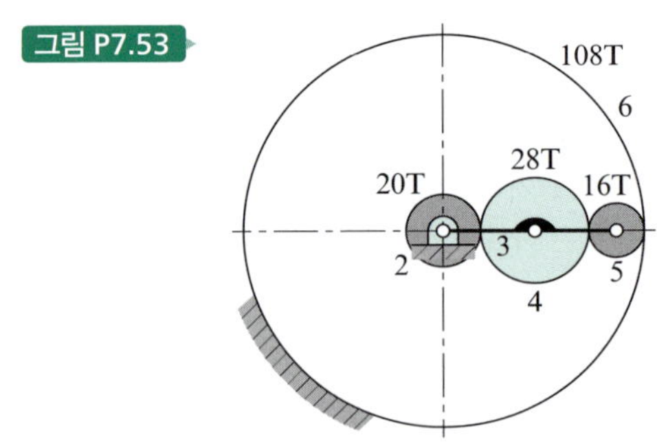


**7.54** 그림 7.36에 나타난 레바이형 L 기어열에서 $N_2 = 16T$, $N_4 = 19T$, $N_5 = 17T$, $N_6 = 24T$ 및 $N_7 = 95T$이다. 내접 기어 7은 고정되어 있다. 기어 2가 100 rev/min cw 방향으로 구동될 때 암의 속도와 회전방향을 구하라.

**7.55** 그림 7.36의 레바이형 A 기어열에서 $N_2 = 20T$, $N_4 = 32T$이다. 다음 물음에 답하라.

(a) 지름피치가 $P = 4$ teeth/in일 때, 기어 5의 잇수와 크랭크암의 반지름을 구하라.

(b) 기어 2가 고정되어 있고 내접 기어 5가 10 rev/

min ccw 방향으로 회전할 때, 암의 속도와 회전방향을 구하라.

**7.56** 그림은 선반의 헤드스톡 안에 들어있는 기어들이 취할 수 있는 배열 형태를 보여준다. 축 $A$는 모터에 의해 속도 720 rev/min으로 구동된다. 3개의 피니언은 축 $A$를 따라 슬라이딩되며 2번과 5번, 3번과 6번 또는 4번과 8번이 맞물린다. 축 $C$에 있는 기어들도 슬라이딩되며, 7번과 9번 또는 8번과 10번이 맞물린다. 축 $C$는 맨드릴축이다.

(a) 가능한 모든 기어 배열을 나타내는 표를 작성하라. 축 $C$에 대해 가장 느린 속도로 시작하여 가장 높은 속도로 종료하며, 축 $B$와 $C$의 속도도 표에 넣어라.

(b) 모든 기어가 지름피치 $P = 5$ teeth/in를 가질 때, 축간거리는 얼마인가?

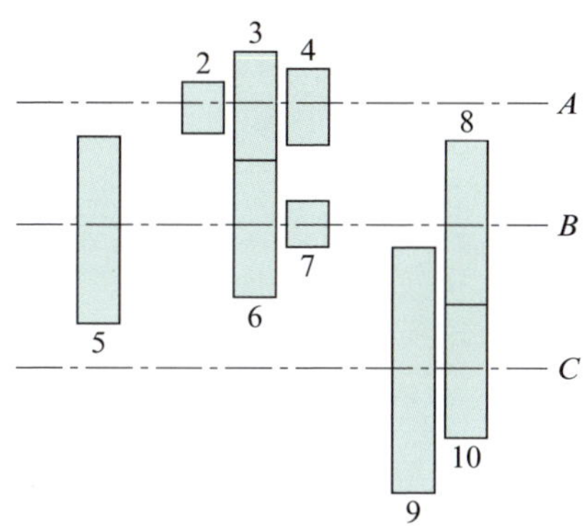


그림 P7.56 $N_2 = 16\text{T}$, $N_3 = 36\text{T}$, $N_4 = 25\text{T}$, $N_5 = 64\text{T}$, $N_6 = 66\text{T}$, $N_7 = 17\text{T}$, $N_8 = 55\text{T}$, $N_9 = 79\text{T}$, $N_{10} = 41\text{T}$

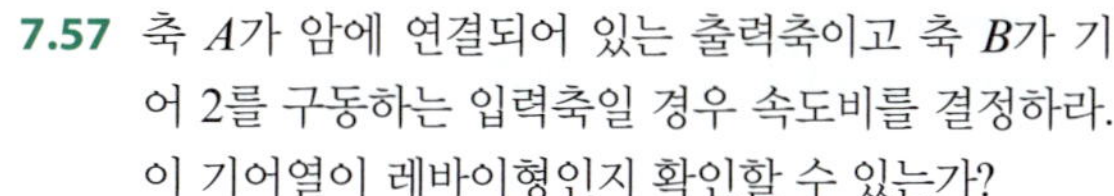

**7.57** 축 $A$가 암에 연결되어 있는 출력축이고 축 $B$가 기어 2를 구동하는 입력축일 경우 속도비를 결정하라. 이 기어열이 레바이형인지 확인할 수 있는가?

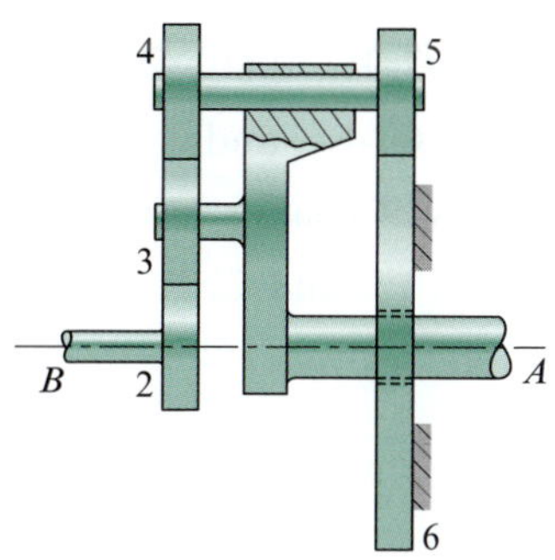


그림 P7.57 $N_2 = 16\text{T}$, $N_3 = 18\text{T}$, $N_4 = 16\text{T}$, $N_5 = 18\text{T}$, $N_6 = 50\text{T}$

**7.58** 문제 7.57에서, 축 $B$가 100 rev/min cw 방향으로 회전할 때, 각각의 축에 대해 축 $A$의 속도 및 기어 3과 4의 속도를 구하라.

**7.59** 시계기구에서 축 $A$의 진자는 앵커를 구동한다(그림 1.12$c$) 진자의 주기는 축 $B$에서 잇수 30T의 풀림바퀴에서 2초마다 한 개의 이가 풀릴 때 축 $B$는 1분마다 한 번씩 회전한다. 두 번째 64T의 기어(오른쪽)는 축 $D$ 위에 느슨하게 피벗되어 있고, 튜브축에 의해서 시침에 연결되어 있다. (a) 기어열의 값이 분침이 한 시간에 한 번씩 회전하고, 시침이 12시간마다 한 번씩 회전하도록 되어 있음을 보여라. (b) 축 $F$ 위의 드럼은 매일 몇 번씩 회전하는가?

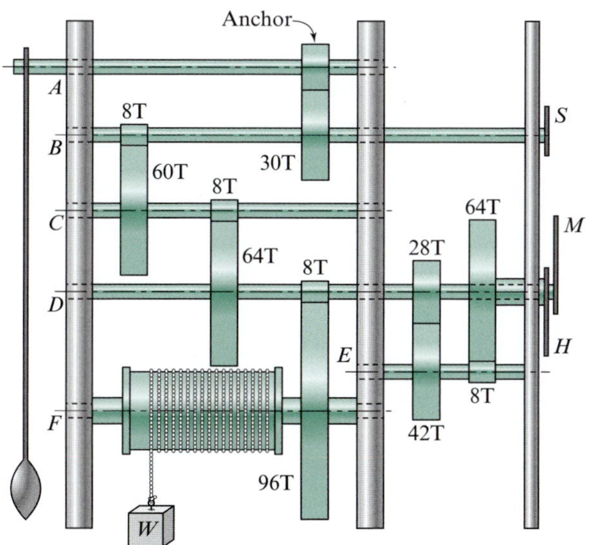


그림 P7.59 시계기구

## 참고문헌

[1] Lévai, Z. L., 1966. *Theory of Epicyclic Gears and Epicyclic Change-Speed Gears*, Budapest: Technical University of Building, Civil, and Transport Engineering.

[2] Mischke, C. R., 1980. *Mathematical Model Building*, Ames, IA: Iowa State University Press.

[3] Pennock, G. R., and J. J. Alwerdt, 2007. Duality between the kinematics of gear trains and the statics of beam systems, *Mech. Mach. Theory* 42(11):512–26.

[4] Shigley, J. E., and C. R. Mischke, 2001. *Mechanical Engineering Design*, 6th ed., Boston: McGraw-Hill.

# 헬리컬 기어, 베벨 기어, 웜과 웜기어

*Helical Gears, Bevel Gears, Worms and Worm Gears*

평행한 축 사이에서 회전 운동을 전달할 때, 보통 엔지니어들은 설계하기 쉽고 제작비용이 적게 드는 평기어를 사용한다. 그러나 헬리컬 기어가 설계 요구사항에 보다 적합한 경우가 있다. 헬리컬 기어는 하중이 크고 고속이며 낮은 소음레벨이 요구될 때 특히 유용하다.

평행하지 않는 축 사이에 운동이 전달될 때 평기어는 사용될 수 없다. 즉 설계자는 교차축 헬리컬 기어, 베벨, 하이포이드, 또는 웜기어를 사용해야 한다. 베벨 기어는 직선의 이를 사용하고 선 접촉을 하여 효율이 높다. 교차축 헬리컬 기어와 웜기어는 미끄럼 운동이 많아지기 때문에 효율이 훨씬 낮다. 그러나 기술적인 부분은 잘 적용하면 그런데로 괜찮은 효율을 낼 수 있다. 베벨과 하이포이드 기어는 비슷한 활용분야에 사용되는데, 하이포이드 기어가 본질적으로 강한 이를 갖고 있는 반면, 효율은 종종 훨씬 떨어지는 편이다. 웜기어는 아주 작은 속도비(1차 운동계수)가 필요한 곳에 사용된다.

## 8.1 평행축 헬리컬 기어

그림 8.1은 헬리컬 기어의 치형을 나타낸 것이다. 만일 종이를 평행사변형으로 잘라서 원통 주위에 감으면 종이의 각진 모서리가 나선형을 이룬다. 이때 원통의 역할은 7장에서 언급한 기초원의 역할과 같다. 종이를 풀면 각진 모서리에 있는 각 점들은 7.3절의 평기어에서 보여준 바와 같이 인벌루트 곡선을 형성한다. 종이의 각진 모서리에 있는 모든 점들이 인벌루트 곡선을 형성할 때 얻어지는 면을 *인벌루트 헬리코이드*(*involute helicoid*)라고 부른다. 만일 하나의 기어의 기초 원통에서 종이를 풀어 다른 기초 원통에 감는 경우를 생각해보자. 이때 종이의 끝선이 맞물려 접촉하고 있는 2개의 치형과 같이 2개의 인벌루트 헬리코이드를 생성한다.

7장에서 배웠듯이, 평기어의 최초의 접촉은 이의 면을 전체에 걸쳐 가로지르는 선이다. 헬리컬 기어에서 이의 최초의 접촉은 점이고, 이가 점차 맞물려감에 따라 선으로 바뀐다. 헬리컬 기어에서 이 선은 이의 면을 대각선으로 가로질러 통과한다. 헬리컬 기어가 큰 하중을 빠른 속도로 전달할 수 있는 것은 이들이 점진적으로 맞물리고, 한쪽 이에서 다른 쪽 이로 부드럽게 하중을 전달해줄 수 있기 때문이다.

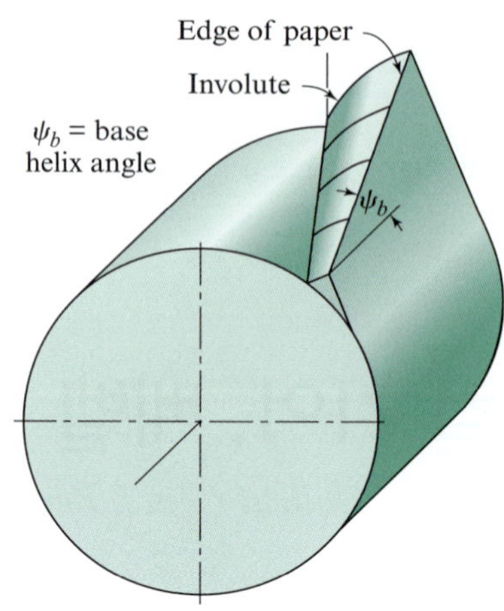


그림 8.1 인벌루트 헬리코이드

## 8.2 헬리컬 기어 이의 관계

그림 8.2에서 나타낸 바와 같이 서로 맞물려 있는 2개의 평행한 축을 가진 헬리컬 기어는 피치와 헬리컬 각도가 서로 같아야 하며, 방향은 반대여야 한다. 같은 방향의 헬리컬 기어는, 예를 들면 오른쪽 방향의 구동 기어와 오른쪽 방향의 피구동 기어는 비스듬한 축들 간에 맞물리게 할 수 있으며 일반적으로 *교차축 기어*(8.7절 참조)라고 불린다.

그림 8.3은 헬리컬 랙의 평면도의 일부를 보여준다. 선 *AB*와 *CD*는 피치 평면에서 얻어지는 2개의 인접한 헬리컬 치형의 중심선이다. 각 $\psi$는 나선각(helix angle)이고, 다른 규정이 없으면 피치 지름으로부터 측정된다. 거리 *AC*는 회전평면에서의 *횡원주 피치*(*transverse circular pitch*) $p_t$이다. 거리 *AE*는 *법선 원주 피치*(*normal circular pitch*) $p_n$이며, 횡원주 피치와는 다음과 같은 관계가 성립된다.

$$p_n = p_t \cos\psi \tag{8.1}$$

거리 *AD*는 *축방향 피치* $p_x$라고 하며 다음과 같이 나타낸다.

$$p_x = \frac{p_t}{\tan\psi} \tag{8.2}$$

그림 8.2 맞물려 있는 한 쌍의 헬리컬 기어, 두 기어의 방향이 반대인 점에 주의한다. (Getty Images의 Kwhisky/iStock 제공)

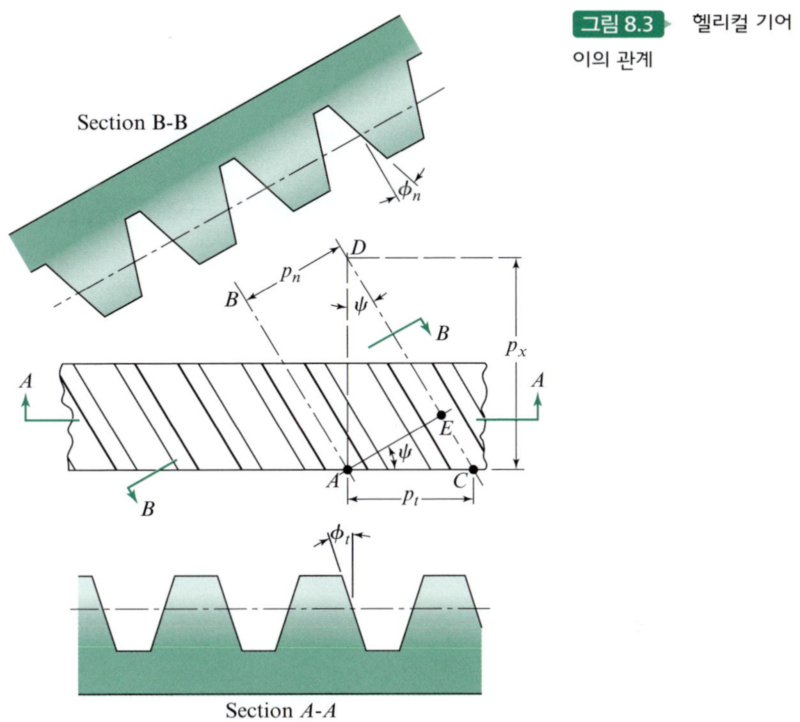


그림 8.3 헬리컬 기어 이의 관계

*법선 원주 피치* $P_n$는 다음과 같이 나타낼 수 있다.

$$P_n = \frac{\pi}{p_n} = \frac{\pi}{p_t \cos\psi} = \frac{P_t}{\cos\psi} \tag{8.3}$$

여기서 $P_t$는 *횡지름피치*이다.

기울어진 이의 특성 때문에 2개의 압력각을 정의해야 한다. 이것은 *법선 입력각*(*normal pressure angle*) $\phi_n$과 *횡압력각*(*transverse pressure angle*) $\phi_t$이며, 그림 8.3에 나와 있다. 이들은 다음과 같은 관계가 성립된다.

$$\tan\phi_n = \tan\phi_t \cos\psi \tag{8.4}$$

이 식을 적용할 때는 평기어에 적용된 모든 식과 관계들이 헬리컬 기어의 횡단면에 대해서도 유효하다는 것을 기억해두면 편리하다.

그림 8.4를 잘 살펴보면 이의 관계를 그림으로 잘 표현할 수 있다. 이 그림에서는 기하학적인 관계식을 얻기 위하여 직각 단면에 대해 $\psi$의 각만큼 경사진 평면 $AA$에 의해서 절단되어 있다. 편의상 피치 반지름 $R$인 실린더만 표현한다. 그림 8.4에서 $AA$에 의해 절단된 단면과 피치 실린더의 교선은 피치점에서의 반지름 $P$은 $R_e$인 타원임을 보여 주고 있다. 이것을 *등가 피치 반지름*(*equivalent pitch radius*)이라고 하며, 법선 단면에서의 피치면의 곡률 반지름을 가리킨다. $\psi = 0$인 조건에서 이것의 곡률 반지름은 $R_e = R$이다. 각 $\psi$가 0에서 90°까지 서서히 증가되면 $R_e$의 값은 $R_e = R$에서 $\psi = 90°$이면 $R_e = \infty$로 증가된다.

그림 8.4

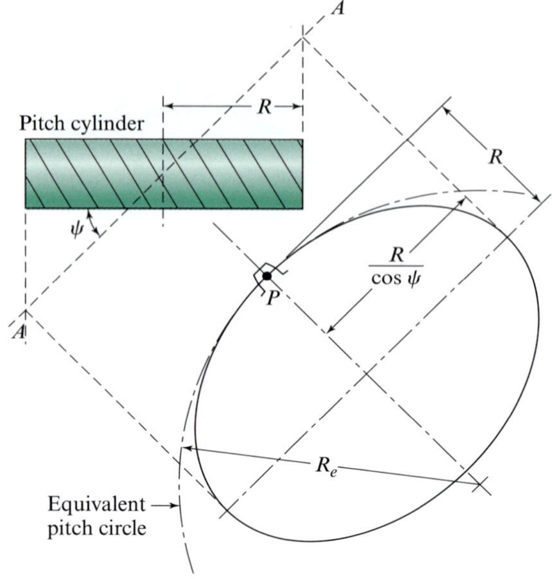


이것은 이 장의 끝에 설명되어 있다.

$$R_e = \frac{R}{\cos^2 \psi} \tag{8.5}$$

여기서 $R$은 헬리컬 기어의 피치 반지름이고, $R_e$는 이에 등가의 평기어의 피치 반지름이다. 이때 등가의 기어는 헬리컬 기어의 법선 단면에서 취한 것이다.

헬리컬 기어의 잇수를 $N$이라 하고 평기어에서의 등가 잇수를 $N_e$라고 하면 다음의 관계식을 얻을 수 있다.

$$N_e = 2R_e P_n$$

식 (8.3)과 (8.5)를 이용하여 다음과 같이 쓸 수 있다.

$$N_e = 2\frac{R}{\cos^2 \psi}\,\frac{P_t}{\cos \psi} = \frac{N}{\cos^3 \psi} \tag{8.6}$$

## 8.3 헬리컬 기어 이의 비

미세 피치 기어(법선 지름피치 20 teeth/in 및 이보다 더 미세 기어)를 제외하면 헬리컬 기어 이의 비에 대한 일반적인 표준은 마련되어 있지 않다.

헬리컬 기어 이의 비를 결정하는 데 있어 치형을 가공하는 방법을 검토할 필요가 있다. 만일, 헬리컬 기어를 호브로 가공하면 이의 비는 이에 대한 수직 평면을 기준으로 계산해야 한다. 일반적인 지침에 따르면 기어비는 법선 압력각 $\phi_n = 20°$를 기초로 한다. 표 7.2에 표시된 대부분의 비가 사용된다. 기어비는 법선 지름피치 $P_n$을 사용해서 계산한다. 이 비는 나선각이 0°~30°의 범위에서 적합하며, 모든 나선각은 같은 호브로 절삭할 수 있다. 물론 호브와 기어의 법선 지름피치가 같아야 한다.

만일 기어를 세이퍼로 절삭한다면, 대안으로 횡압력각 $\phi_t = 20°$와 횡지름피치 $P_t$를 기초로 하는 기어비가 사용된다. 이 기어에 대하여 나선각은 일반적으로 15°, 23°, 30° 또는 45°가 사용된다. 45° 이상의 큰 나선각은 권장하지 않고 있다. 이의 치수를 계산하기 위해 법선 지름피치 $P_n$이 사용된다. 표 7.2에 표시한 기어비는 대체로 이를 만족한다. 만일 세이퍼 방법을 사용한다면, 평기어와 헬리컬 기어를 절삭하는 데 동일한 커터를 사용할 수 없다.

## 8.4 헬리컬 기어 이의 접촉

평기어에서 맞물려 있는 이 사이의 접촉은 회전축과 평행한 선을 따라 일어난다. 그림 8.5에서 보여주는 바와 같이 헬리컬 기어의 이 사이의 접촉은 대각선을 따라 일어난다. *A*점에서 다른 이가 접촉하기 시작할 때, 이의 반대편 끝에서 일어나는 접촉은 이미 *B*에서 *C*로 진행된 상태이다.

헬리컬 기어의 성능을 평가하는 데 여러 종류의 물림률이 사용된다. *횡물림률*(*transverse contact ratio*)은 $m_t$로 표시하고 축직각면에서의 물림률을 나타낸다. 이것은 평기어에서의 $m_c$와 같다.

*법선 물림률*(*normal contact ratio*) $m_n$은 법선 단면에서의 물림률이다. 이것도 평기어의 $m_c$와 마찬가지 방법으로 구할 수 있으며, 이 수치를 결정하는 데 이에 상당하는 평기어를 사용해야 한다. 헬리컬 기어에서 기초 나선각 $\psi_b$와 피치 나선각 $\psi$는 다음과 같은 관계가 성립된다.

$$\tan \psi_b = \tan \psi \cos \phi_t \tag{8.7}$$

횡물림률과 법선 물림률의 관계는 다음과 같다.

$$m_n = \frac{m_t}{\cos^2 \psi_b} \tag{8.8}$$

*축방향 물림률*(*axial contact ratio*) $m_x$는 *면물림률*(*face contact ratio*)이라고 하며, 축방향 피치에 대한 기어의 차폭비를 나타낸다. 식 (8.2)로부터 다음과 같이 나타낼 수 있다.

$$m_x = \frac{F}{p_x} = \frac{F \tan \psi}{p_t} \tag{8.9}$$

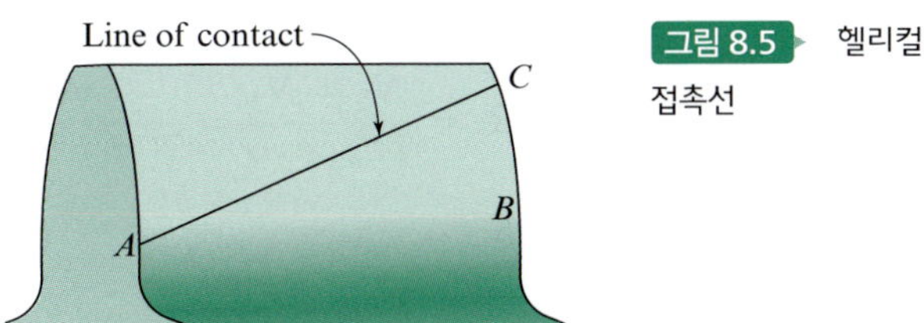


그림 8.5 헬리컬 기어 이에서 접촉선

여기서 $F$는 헬리컬 기어의 치폭이다. 이의 나선각 때문에 앞의 이가 접촉을 끝내기 전에 다른 이가 단독으로 접촉하기 시작할 때, 이 물림률이 1보다 크다는 것을 그림 8.5를 통해 확인할 수 있다. 평기어에서는 없는 *오버랩(overlap)*이라고 부르는 이와 같은 면물림률에 이의 크기 대신 치폭을 선택하여도, 헬리컬 기어의 경우 나선각 때문에 면물림률이 커진다는 사실에 유의해야 한다. 만일 치폭이 축피치보다 커지면 최소한 하나의 이는 접촉을 유지하게 된다. 이것은 평기어의 피니언보다 헬리컬 기어의 피니언이 잇수가 적다는 것을 의미한다. 이런 오버랩 때문에 기어들이 부드럽게 동작된다. 단 물림률은 단독 기어의 형상에 따라 달라지는 반면, 횡물림률과 법선 물림률은 맞물리는 한 쌍의 기어 형상에 따라 달리진다는 점에 유의해야 한다.

*총 물림률(total contact ratio)*은 면물림률 $m_x$과 횡물림률 $m_t$의 합이다. 이 값은 접촉하고 있는 이의 평균 총 잇수를 나타낸다.

## 8.5 평기어를 헬리컬 기어로 교체

소음이 적고 무거운 하중을 전달할 수 있다는 이점 때문에 고가인데도 불구하고 한 쌍의 평기어를 평행축 헬리컬 기어로 교체하는 것이 바람직할 때가 있다. 예제를 통해 이에 대해 계산해보자.

**예제 8.1**

압력각 20°, 전 깊이 인벌루트 치형, 잇수 32와 80, 지름피치 16 teeth/in, 치폭 0.75 in인 평기어 한 쌍을 헬리컬 기어로 교체하려고 한다. 평기어 가공에 사용한 호브를 헬리컬 기어 가공에 사용한다. 중심거리와 각속도비는 그대로 유지한다. 나선각은 가능한 작게 하고 오버랩은 1.5 또는 그 이상으로 잡는다. 새로 가공된 헬리컬 기어의 나선각, 잇수 및 치폭을 결정하라.

**▶ 풀이**

평기어 데이터를 나타낸 식 (7.1)로부터 중심거리는 다음과 같다.

$$R_2 + R_3 = \frac{N_2 + N_3}{2P} = \frac{32\text{ teeth} + 80\text{ teeth}}{2(16\text{ teeth/in})} = 3.5\text{ in} \tag{1}$$

식 (7.5)로부터 1차 운동계수, 각속도비는 다음과 같이 구할 수 있다.

$$\left|\theta'_{3/2}\right| = \left|\frac{\omega_3}{\omega_2}\right| = \frac{R_2}{R_3} = \frac{N_2}{N_3} = \frac{32\text{ teeth}}{80\text{ teeth}} = 0.4 \tag{2}$$

동일한 호브를 사용하므로 헬리컬 기어의 $P_n$은 16 teeth/in이다. 따라서 다음과 같이 표현할 수 있다.

$$R_2 + R_3 = \frac{N_2 + N_3}{2P_n \cos\psi} = \frac{N_2 + N_3}{2(16\text{ teeth/in})\cos\psi} = 3.5\text{ in}$$

또는

$$\cos\psi = \frac{N_2 + N_3}{112 \text{ teeth}} = \frac{(N_2/N_3)N_3 + N_3}{112 \text{ teeth}} = \frac{1.4N_3}{112 \text{ teeth}} = \frac{N_3}{80 \text{ teeth}} \tag{3}$$

이것은 $N_3$이 잇수 80개보다 적어야 한다는 것을 의미하지만 반면 식 (2)는 속도비 $N_2/N_3$이 0.4 또는 $N_2 = 0.4N_3$으로 유지하는 것을 필요로 한다.

잇수 $N_3 = 79$이므로 $N_2$에 대한 정수해가 존재하지 않으므로, 그 다음의 가장 작은 정수해(0이 아닌 최소 나선각 $\psi$을 얻을 수 있는)는 잇수 $N_3 = 75$와 잇수 $N_2 = 30$이고 이때 나선각은 $\psi = 20.364°$이다. 따라서 횡원주 피치는 다음과 같다.

$$p_t = \frac{\pi}{P_n \cos\psi} = \frac{\pi}{(16 \text{ teeth/in}) \cos 20.364°} = 0.209 \text{ in/tooth}$$

식 (8.9)에서 치폭 $F \geq 0.845$ in임을 제시하고 있다. 불행하게도 이 치폭을 증가시킬 만한 공간이 없다. 그러므로 이 해답은 적절하지 않다.

잇수에 대한 다음의 정수해는 잇수 $N_3 = 70$과 잇수 $N_2 = 28$인데, 이때의 나선각은 $\psi = 28.955°$이다. 횡원주 피치 $p_t = p/(P_n \cos\psi) = 0.224$ in/tooth이고 치폭 $F \geq 0.607$ in이다. 이것은 원래의 평기어보다 치폭이 작으므로 해답으로 채택할 수 있다. 필요하다면 치폭 $F = 0.750$ in를 사용해도 된다.

## 8.6 헤링본 기어

그림 8.6의 도식도와 같이 *이중 헬리컬*(*double-helical*) 또는 *헤링본 기어*(*herringbone gear*)는 같은 소재 위에 오른쪽과 왼쪽 나선을 절삭해 놓은 치형들로 구성되어 있다. 단일 헬리컬 기어의 큰 단점 중의 하나는 베어링 설계 시 고려해야 되는 축방향 추력이 있다는 것이다. 게다가 그다지 큰 치폭을 사용하지 않으면서 좋은 오버랩을 얻기 위해서는 비교적 큰 나선각이 필요한데, 이로 인해 더 높은 축방향 추력이 발생하고 있다. 이러한 축방향 추력이 헤링본의 형태에 따라 감소된다. 왜냐하면 오른쪽 절반의 추력이 왼쪽 절반의 추력과 평형을 이루기 때문이다. 이와 같은 추력의 상쇄로 헤링본 기어에서는 단일 헬리컬 기어보다 큰 나선각이 사용된다. 그러나 헤링본 기어세트의 구성요소는 약간의 이의 오차를 보정하고, 설치 시 여유를 주기 위하여 어느 정도 유격을 주어야 한다.

고속으로 큰 힘을 효과적으로 전달해야 하는 곳에는 거의 대부분 헤링본 기어가 사용되고 있다.

그림 8.6 헤링본 기어세트

(Matzner Photography, Madion, WI 제공)

## 8.7 교차축 헬리컬 기어

*교차축 헬리컬 기어*(*crossed-axis helical gear*) 또는 *나선 기어*(*spiral gear*)는 축의 중심이 평행하지도 않고 만나지도 않을 때 사용된다. 이것은 기어 소재가 2개의 원통축이 서로 비스듬하게 교차하는 원통형으로, 본질적으로 비포락(nonenveloping) 웜기어(8.14절 참조)이다.

교차축 헬리컬 기어의 이의 동작은 평행축 헬리컬 기어의 이의 동작과 전혀 다르다. 교차축 헬리컬 기어의 이는 오직 *점접촉*(*point contact*)을 하며, 더욱이 평행축 헬리컬 기어보다 치면을 따라 미끄러지는 운동이 더 크다. 이러한 이유로 적은 부하를 전달하는 경우에만 사용된다. 점접촉을 하기 때문에 설치 시 정밀성이 요구되지 않는다. 중심거리 또는 축각은 접촉하는 양에 따라 영향을 받지 않고 조금씩 바뀔 수 있다.

서로 맞물리게 설치하지 않는 이상 교차 헬리컬 기어와 다른 헬리컬 기어 사이에 별 차이가 없다. 이들 기어는 모두 동일한 방법으로 제작된다. 한 쌍의 교차 헬리컬 기어는 보통 방향이 일치한다. 예를 들면, 오른쪽 구동 기어는 오른쪽 피동 기어와 맞물린다. 교차 헬리컬 기어에 대한 추력, 나선의 방향 및 회전 사이의 관계가 그림 8.7에 나와 있다.

교차 헬리컬 기어가 원활하게 맞물리기 위해서 법선 피치가 서로 같아야 한다. 이의 크기가 명시된 경우, 반드시 법선 피치를 사용해야 한다. 그 이유는 구동 측과 피동 측이 서로 다른 나선각을 사용하면 횡피치가 달라지기 때문이다. 축과 나선각 사이의 관계는 다음과 같다.

$$\Sigma = \psi_2 \pm \psi_3 \tag{8.10}$$

양의 부호는 두 나선각이 같은 방향일 때, 음의 부호는 서로 반대방향일 때를 나타낸다. 반대방향의 교차 헬리컬 기어들은 축각 $\Sigma$가 작을 때 사용된다. 1차 미분계수, 축 간 각속도비는 다음과 같다.

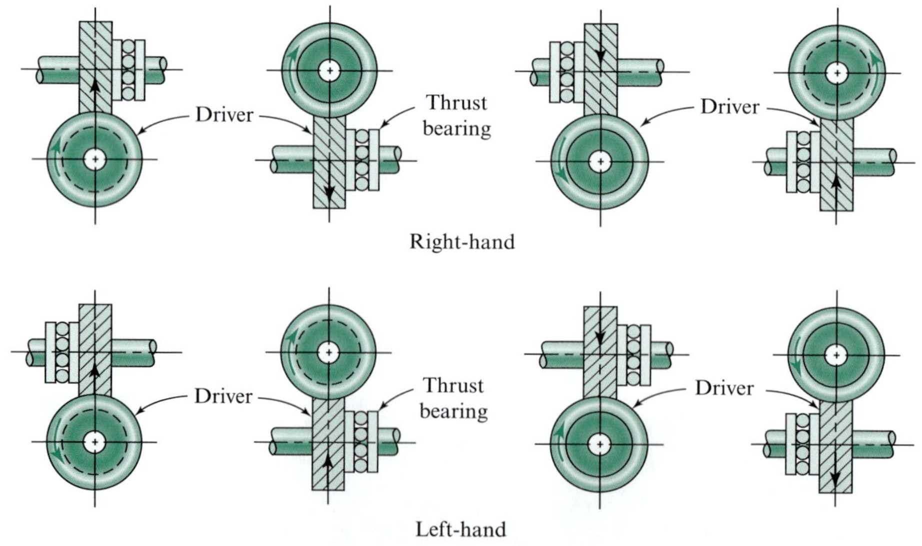


그림 8.7 교차 헬리컬 기어의 구동에 대한 추력, 회전 및 방향관계

표 8.1 교차축 헬리컬 기어에 대한 이의 비

| | Driver | Driven | Both |
|---|---|---|---|
| Helix angle | Minimum number of teeth | Helix angle | Normal pressure angle |
| $\psi_2$, deg | $N_2$ | $\psi_3$, deg | $\phi_n$, deg |
| 45 | 20 | 45 | 14½ |
| 60 | 9 | 30 | 17½ |
| 75 | 4 | 15 | 19½ |
| 86 | 1 | 4 | 20 |

법선 지름피치 $P_n = 1$ teeth/in, 작용깊이 = 2.400 in, 전 깊이 = 2.650 in, 어덴덤 $a = 1.200$ in

$$\left|\theta'_{3/2}\right| = \left|\frac{\omega_3}{\omega_2}\right| = \frac{N_2}{N_3} = \frac{R_2 \cos \psi_2}{R_3 \cos \psi_3} \tag{8.11}$$

교차 헬리컬 기어는 두 기어의 나선각이 같을 때 접촉부에서 낮은 미끄럼 속도를 갖는다. 만일 두 기어의 나선각이 다르면 두 기어가 같은 방향일 때 구동 기어에 큰 나선각을 사용해야 한다.

교차 헬리컬 기어 이의 비에 대하여 널리 통용되는 기준은 없다. 좋은 동작을 해주는 여러 가지 비율의 조합이 있다. 이가 접촉점에 있기 때문에, 2 또는 그 이상의 물림률은 얻도록 해야 한다. 이러한 이유로 교차 헬리컬 기어는 작은 압력각을 가진 깊은 이 형태로 절삭한다. 표 8.1에 제시된 이의 비는 좋은 설계의 예이다. 제시된 구동 기어의 잇수는 언더컷을 피하기 위해 필요한 최소값이다. 만일 2의 물림률이 얻어지게 하려면, 수동 기어는 20개 또는 그 이상의 이가 필요하다.

한 쌍의 교차축 헤리컬 기어의 계산을 다음 예제를 통해 살펴보자.

**예제 8.2**

60° 각도를 이루는 두 축이 1 : 1.5의 속도비를 갖고 있다. 축간 중심거리는 8.63 in일 때 한 쌍의 교차축 헬리컬 기어를 설계하라.

**▶ 풀이**

피니언의 나선각 $\psi_2 = 35°$를 선택한다. 식 (8.10)으로부터 $\psi_3 = 25°$이다. 이 각들을 식 (8.11)에 대입하면, 1차 운동계수는 다음과 같이 구해진다.

$$\left|\theta'_{3/2}\right| = \left|\frac{\omega_3}{\omega_2}\right| = \frac{R_2 \cos 35°}{R_3 \cos 25°} = \frac{1}{1.5}$$

그러므로 피니언의 피치 반지름은 다음과 같다.

$$R_2 = 0.737\,6 R_3$$

이것과 중심거리 $R_2 + R_3 = 8.63$ in로부터 피니언의 피치 반지름은 $R_2 = 3.663$ in이 되며 기어의 피치 반지름은 $R_3 = 4.967$ in이 된다. 법선 지름피치 $P_n = 6$ teeth/in를 선택하면 피니언과 기어의 잇수는 다음과 같이 구할 수 있다.

$$N_2 = 2P_nR_2 \cos\psi_2 = 2(6\ \text{teeth/in})(3.663\ \text{in})\cos 35° = 36\ \text{teeth}$$ 답

또는

$$N_3 = 2P_nR_3 \cos\psi_3 = 2(6\ \text{teeth/in})(4.967\ \text{in})\cos 25° = 54\ \text{teeth}$$ 답

## 8.8 직선치형 베벨 기어

중심축이 교차되는 축 사이에서 회전 운동을 전달할 때, 일반적으로 특정한 형태의 베벨 기어가 사용된다. 베벨 기어는 그림 8.8에서 보여주는 바와 같이, 2개의 회전축이 원뿔축에서 맞물리는 원뿔형의 피치면을 갖고 있다. 이 기어들은 양쪽 피치원뿔의 꼭짓점이 축중심의 교차점에서 일치하도록 설치해야 한다. 이 피치원뿔은 미끄러짐 없이 함께 회전한다.

베벨 기어는 일반적으로 축각 90°에 대하여 제작되지만 거의 모든 각에 대해서도 제작 가능하다. 축각이 90°가 아닌 기어를 *앵귤러 베벨 기어*(*angular bevel gear*)라고 한다. 특히 축각이 90°이고 양쪽 기어 크기가 동일한 기어를 *마이터 기어*(*miter gear*)라고 한다. 그림 8.9에 한 쌍의 마이터 기어가 나와 있다.

직선치형 베벨 기어의 경우, 이의 실제적인 형상은 이를 통과하는 구상의 단면으로부터 얻을

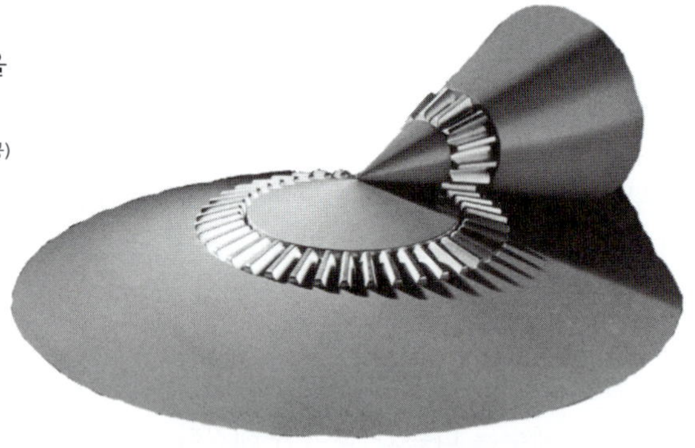

그림 8.8 베벨 기어의 피치면은 단지 구름 접촉만을 하는 원뿔 형상이다. (Gleason Works, Rochester, NY 제공)

그림 8.9 맞물려 있는 한 쌍의 마이터 기어(Gleason Works, Rochester, NY 제공)

수 있으며, 그림 8.8에서 보는 바와 같이 구의 중심은 공통 꼭짓점에 위치해 있다. 구의 반지름이 증가하면 동일한 수의 이가 보다 큰 표면 위에 놓여 있어야 한다. 그러므로 이의 크기는 보다 큰 구상단면을 얻을 수 있도록 더 커진다. 평기어의 이의 운동이나 접촉조건이 평기어의 중심축에 대해 직각을 이루는 평면에 있는 것처럼 보인다는 사실을 앞서 살펴보았다. 베벨 기어의 이의 운동과 접촉상태는 평면이 아닌 구면에서 보아야 한다. 평기어는 구의 반지름이 무한대인 베벨 기어의 특별한 형태라고 볼 수 있으므로 이의 작용을 보여주는 평면을 생성할 수 있다. 그림 8.10에 많은 직선치형을 가진 베벨 기어 사진이 제공되어 있다.

이의 큰 쪽에서 베벨 기어의 피치 지름을 분류하는(특정화하는) 것은 표준적인 관행이다. 그림 8.11에 한 쌍의 베벨 기어의 피치원뿔이 그려져 있고 피치 반지름은 각각 피니언과 기어에 대해 $R_2$와 $R_3$로 주어져 있다. $\gamma_2$와 $\gamma_3$은 피치각으로 정의되며, 그들의 합은 축의 각도 $\Sigma$와 같다.

$$\Sigma = \gamma_2 + \gamma_3$$

그림 8.10 한 쌍의 직선치형 베벨 기어
(Getty Images의 Waldemarus/iStock 제공)

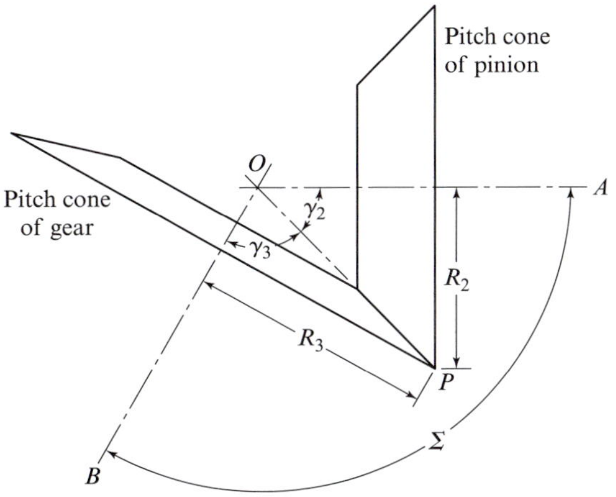

Pitch cone of pinion
Pitch cone of gear
$O$, $A$, $B$, $P$, $\gamma_2$, $\gamma_3$, $R_2$, $R_3$, $\Sigma$

그림 8.11 베벨 기어의 피치원뿔

1차 운동계수, 축 간의 각속도비는 평기어와 같은 방법으로 얻을 수 있으며 다음과 같다.

$$\left|\theta'_{3/2}\right| = \left|\frac{\omega_3}{\omega_2}\right| = \frac{R_2}{R_3} = \frac{N_2}{N_3} \tag{8.12}$$

베벨 기어의 운동학적 설계 시, 보통 두 기어의 잇수와 축각에 대한 데이터는 주어지며, 이에 대응하는 피치각을 결정해야 한다. 도식적인 방법으로도 구할 수 있지만, 해석적인 접근법을 이용하면 보다 정확한 값을 얻을 수 있다. 그림 8.11로부터 거리 $OP$는 다음 관계식이 성립된다.

$$OP = \frac{R_2}{\sin\gamma_2} = \frac{R_3}{\sin\gamma_3} \tag{$a$}$$

따라서,

$$\sin\gamma_2 = \frac{R_2}{R_3}\sin\gamma_3 = \frac{R_2}{R_3}\sin(\Sigma - \gamma_2) \tag{$b$}$$

또는,

$$\sin\gamma_2 = \frac{R_2}{R_3}(\sin\Sigma\cos\gamma_2 - \cos\Sigma\sin\gamma_2) \tag{$c$}$$

이 식의 양변을 $\cos\gamma_2$로 나누고 정리하면 다음과 같다.

$$\tan\gamma_2 = \frac{R_2}{R_3}(\sin\Sigma - \cos\Sigma\tan\gamma_2)$$

그리고 이 식을 정리하면 다음과 같이 표현된다.

$$\tan\gamma_2 = \frac{\sin\Sigma}{(R_3/R_2) + \cos\Sigma} = \frac{\sin\Sigma}{(N_3/N_2) + \cos\Sigma} \tag{8.13}$$

마찬가지로

$$\tan\gamma_3 = \frac{\sin\Sigma}{(N_2/N_3) + \cos\Sigma} \tag{8.14}$$

축각 $\Sigma = 90°$에 대하여 위의 식은 간단히 다음과 같이 나타낼 수 있다.

$$\tan\gamma_2 = \frac{N_2}{N_3} \tag{8.15}$$

및

$$\tan \gamma_3 = \frac{N_3}{N_2} \tag{8.16}$$

실제로 구면 위에 베벨 기어를 투사하는 작업은 어렵고 시간도 많이 소모되는 일이다. 다행히 이 문제를 보통의 평기어 문제로 단순화할 수 있는 근사적인 해법이 제안되어 있다. 이 방법을 *트레드골드의 근사해법*(*Tredgold's approximation*)이라고 하며, 기어가 8개 또는 그 이상의 이를 갖고 있을 때 적용하면, 실제적으로 사용하기에도 충분한 정확도를 제공해준다. 이것이 실제적으로 거의 대부분 사용되고 있는 방법이며, 베벨 기어 이에 대한 용어는 거의 이와 관련되어 있다.

트레드골드 근사해법을 이용할 경우, *후면 원뿔*(*back cone*)은 그림 8.12에서와 같이 이의 큰 쪽 단면에 피치원뿔 요소에 직각인 요소로 구성되어 있다. 후면 원뿔 요소의 길이를 *후면 원뿔 반지름*이라고 부른다. 이제 후면 원뿔 반지름과 동일한 피치 반지름 $R_e$를 갖는 등가의 평기어를 구성한다. 한 쌍의 베벨 기어로부터 트레드골드의 근사해법을 이용하여 한 쌍의 등가의 평기어를 얻을 수 있고, 이것을 이의 형상을 정의하는 데 사용한다. 그것은 보통의 평기어에서와 마찬가지로 이의 운동과 접촉조건을 정확히 결정하는 데 사용되며, 그 결과는 베벨 기어에 대한 사항과 거의 일치한다.

그림 8.12의 기하형상으로부터 등가 피치 반지름은 다음과 같이 나타낼 수 있다.

$$R_{e2} = \frac{R_2}{\cos \gamma_2}, \quad R_{e3} = \frac{R_3}{\cos \gamma_3} \tag{8.17}$$

등가 평기어의 잇수는 다음과 같다.

$$N_e = \frac{2\pi R_e}{p} \tag{8.18}$$

여기서 $p$는 이의 큰 쪽 단면에서 측정한 베벨 기어의 원뿔 피치이다. 보통 등가 평기어의 잇수는 정수개가 *아니다*.

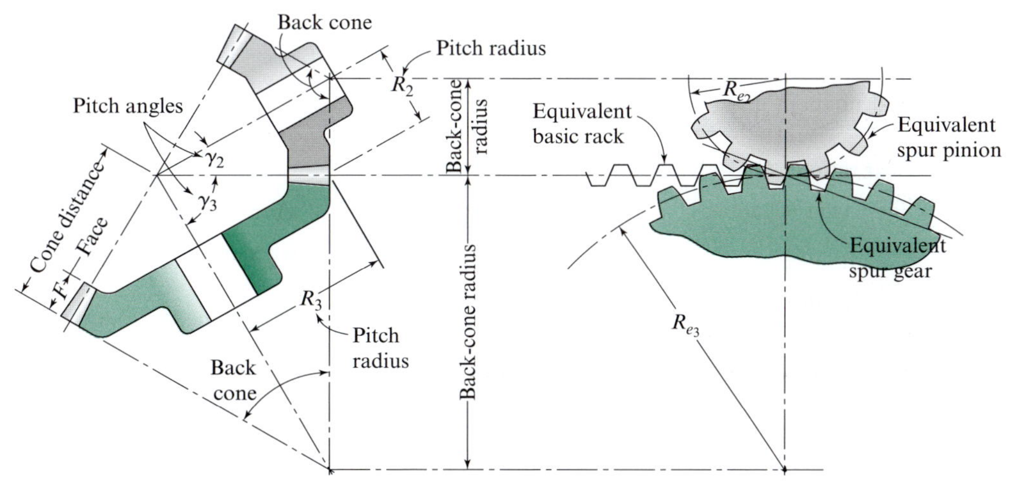


**그림 8.12** 트레드골드의 근사해법

## 8.9 베벨 기어 이의 비

실제로 최근에 제작되는 직선치형 베벨 기어는 20°의 압력각을 사용한다. 베벨 기어는 상호교환이 불가능하므로 호환성이 있는 이의 형태를 사용할 필요가 없다. 이러한 이유로 7.11절에서 설명한 롱 앤드 숏 어덴덤 시스템이 사용된다. 이 비가 표 8.2에 제시되어 있다.

베벨 기어는 축의 중심이 교차되기 때문에 보통 베어링의 외륜 측에 설치하며, 이것은 축변형 효과가 이의 소단부(小端部)를 맞물림으로부터 끌어내려 대단부에서 하중의 대부분을 지지하도록 한다. 이와 같이 이의 가로방향 하중의 변화가 있고, 이러한 이유로 아주 짧은 이를 설계하는 것이 바람직하다. 표 8.2에서와 같이 치폭은 원뿔거리의 1/3 정도 크기로 제한하는 것이 보통이다. 또한 치폭이 짧으면 베벨 기어의 이를 절삭할 때 공구 문제가 단순해진다는 이점이 있다.

그림 8.13은 베벨 기어의 특징을 나타내는 부가적인 용어들을 정의하고 있다. 일정한 이틈새는 정면 원뿔의 요소를 맞물리는 기어의 이뿌리 원뿔의 요소에 평행하게 함으로써 일정 간격을 유지할 수 있다. 그림 8.13을 보면, 정면 원뿔의 꼭짓점과 피치원뿔의 꼭짓점이 일치하지 않는 이유를 알 수 있다. 이것은 다른 방법을 사용하는 것보다 효과적으로 필렛을 크게 만들 수 있다.

## 8.10 베벨 기어 유성 기어열

그림 8.14에서 보여주는 베벨 기어열은 *험피지의 감속 기어*(*Humpage's reduction gear*)라고 부른다. 베벨 기어 유성 기어열은 많이 사용되고 있으며, 회전축이 전부 평행축이 아니라는 점을 제외하면 평기어 유성 기어열과 동일하다. 사실 그림 8.14의 기어열은 이중 유성 기어열이고, 각각에 대응되는 평기어를 그림 7.36에서 찾을 수 있다. 다음 예제에서 평기어열과 같은 방식으로 이러한 기어열을 해석할 수 있다는 사실을 배울 것이다.

**표 8.2** 20° 직선치형 베벨 기어 이의 비

| Item | Formula | | | |
|---|---|---|---|---|
| Working depth | $h_k = 2.0/P$ | | | |
| Clearance | $c = 0.188/P + 0.002\text{ in}$ | | | |
| Addendum of gear | $a_G = \dfrac{0.540}{P} + \dfrac{0.460}{P(m_{90})^2}$ | | | |
| Gear ratio | $m_G = N_G/N_P$ | | | |
| Equivalent 90° ratio | $m_{90} = \begin{cases} m_G & \text{when } \Sigma = 90^\circ \\ \sqrt{m_G \dfrac{\cos\gamma_P}{\cos\gamma_G}} & \text{when } \Sigma \neq 90^\circ \end{cases}$ | | | |
| Face width | $F = \dfrac{1}{3}$ or $F = \dfrac{10}{P}$ whichever is smaller | | | |
| Minimum number of teeth | Pinion 16 | 15 | 14 | 13 |
| | Gear 16 | 17 | 20 | 30 |

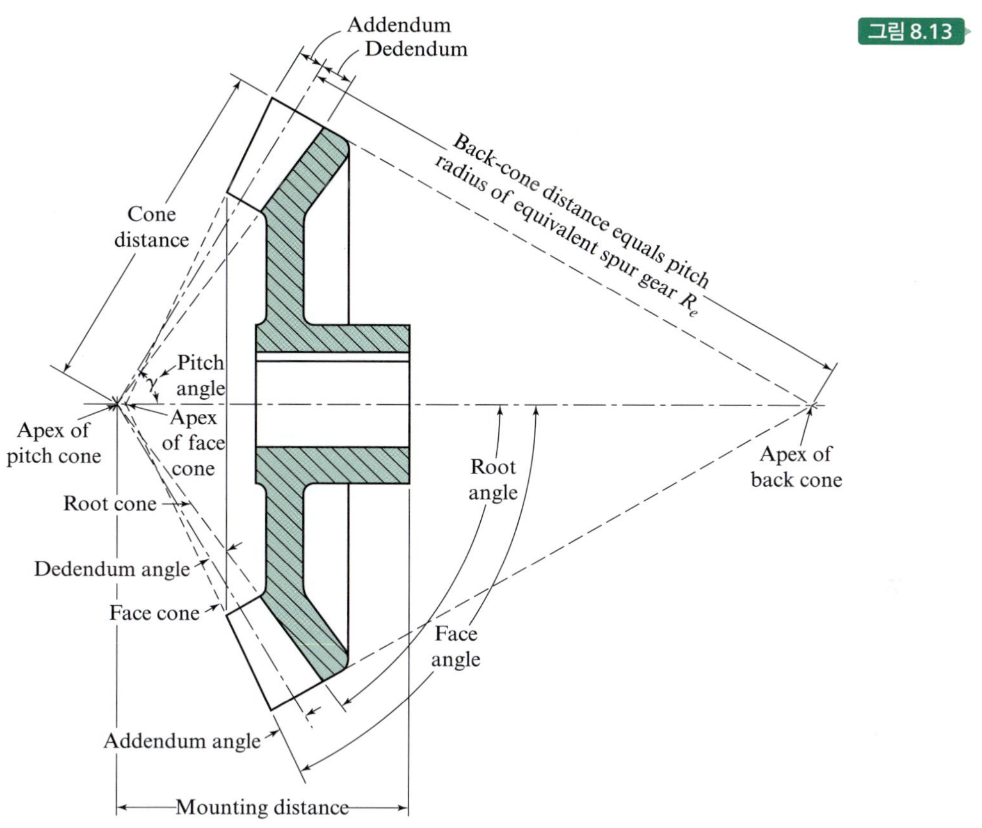


그림 8.13

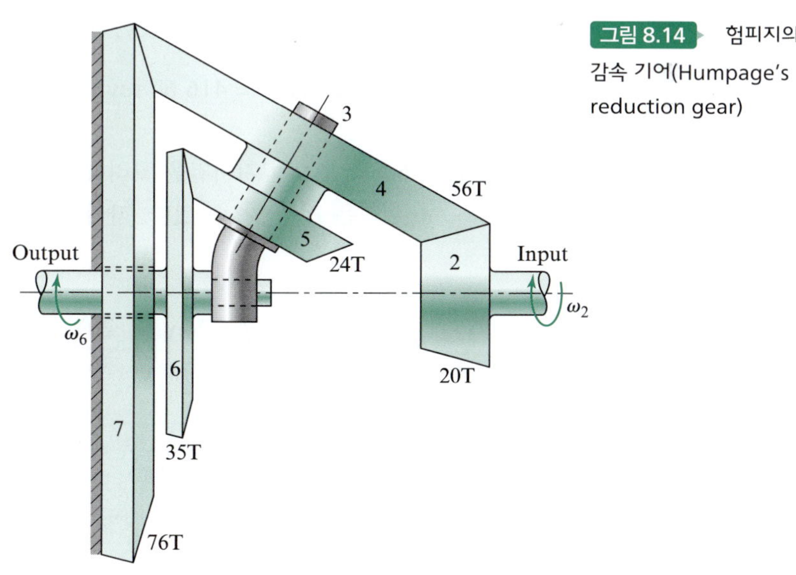


그림 8.14 험피지의 감속 기어(Humpage's reduction gear)

## 예제 8.3

그림 8.14의 베벨 기어열에서 입력은 기어 2이고 출력은 기어 6이며 이것은 출력축에 연결되어 있다. 암 3은 출력축상에서 자유롭게 회전할 수 있으며, 유성 기어 4와 5를 이동시킨다. 기어 7은 프레임에 고정되어 있다. 만일 기어 2가 2000 rev/min으로 회전하면 출력축의 속도는 얼마인가?

**▶ 풀이**

이 문제는 2단계에 걸쳐 푼다. 첫 단계로 기어 2, 4, 7로 구성된 기어열을 고려하여 암의 회전속도를 계산한다. 따라서,

$$\omega_F = \omega_2 = 2000 \text{ rev/ min} \quad \text{그리고} \quad \omega_L = \omega_7 = 0 \text{ rev/ min}$$

이고 식 (7.22)로부터 다음을 구할 수 있다.

$$\theta'_{LF} = \theta'_{72} = -\left(-\frac{56}{76}\right)\left(-\frac{20}{56}\right) = -\frac{5}{19}$$

기어 7이 고정되어 있지 않다면, 암 3에 고정된 좌표로부터 바라보면 기어 2의 방향에 반대방향으로 도는 것으로 보이기 때문에, 음의 부호가 선택되었다.

식 (7.25)에 대입하고 암 3의 각도에 대하여 풀면 다음과 같다.

$$\theta'_{LF/A} = -\frac{5}{19} = \frac{0 - \omega_3}{2\,000 \text{ rev/ min} - \omega_3},$$

$$\omega_A = \omega_3 = 416.67 \text{ rev/ min}$$

다음으로 기어 2, 4, 5, 6으로 구성된 기어열을 고려하자. 그러면 이전과 같이 $\omega_F = \omega_2 =$ 2000 rev/min 및 $\omega_L = \omega_6$이라는 것을 알 수 있다. 따라서 기어열의 1차 운동계수는 다음과 같다.

$$\theta'_{LF} = \theta'_{62} = -\left(-\frac{24}{35}\right)\left(-\frac{20}{56}\right) = -\frac{12}{49}$$

다시, 기어 6의 회전방향이 암 3에 고정된 좌표로부터 바라보면 기어 2의 반대방향이기 때문에 음의 부호가 선택되었다.

식 (7.25)에 대입하고 $\omega_6$에 대하여 풀면 $\omega_3$을 알 수 있기 때문에 다음과 같이 구할 수 있다.

$$\theta'_{LF/A} = -\frac{12}{49} = \frac{\omega_L - 416.67 \text{ rev/ min}}{2000 \text{ rev/ min} - 416.67 \text{ rev/ min}}$$

이 식을 재배열하면, 기어 6의 속도(그리고 출력축)의 속도는 다음과 같다.

$$\omega_L = \omega_6 = 28.91 \text{ rev/min}$$ *답*

결과는 양수이기 때문에, 출력축은 입력축 2와 동일한 방향으로 회전하며 감속은 2000 : 28.91 또는 69.18 : 1임을 알 수 있다.

## 8.11 크라운 기어와 정면 기어

만일 한 쌍의 베벨 기어 중 하나의 피치각이 90°가 되도록 제작했다면, 피치원뿔은 평면이 되며 이런 형태의 기어를 *크라운 기어*(*crown gear*)라고 한다. 그림 8.15는 베벨 피니언과 맞물려 있는 크라운 기어를 보여준다. 크라운 기어는 평기어의 기어열에서 랙에 해당한다. 크라운 기어의 후면 원뿔은 원통이고 그림 8.15에서와 같이 인벌루트 치형은 직선 측면을 갖는다.

유사 베벨 기어세트는 피치면이 평면(크라운 기어와 유사함)인 *정면 기어*(*face gear*)와 맞물리는 피니언으로 원통형 평기어를 사용함으로써 얻을 수 있다. 피니언과 기어의 축이 교차하는 정면 기어를 *중심정렬형*(*on-center*)이라고 하며, 축이 교차하지 않는 정면 기어를 *편심형*(*off-center*)이라고 한다.

평기어 피니언이 원뿔형 피치면이 아닌 원통형으로 어떻게 정면 기어와 맞물릴 수 있는지를 이해하기 위해서는 먼저 정면 기어의 성형과정에 대해 살펴봐야 한다. 이것은 평기어 피니언을 복제한 형상의 왕복 커터를 사용하여 제작된다. 왜냐하면, 커터와 기어 소재가 맞물려 있는 것과 동일한 상태에서 회전 창성하기 때문에 결과적으로 정면 기어는 커터와 공액이며, 따라서 평피니언과도 공액이다. 정면 기어의 이의 치폭은 매우 짧아야 한다. 그렇지 않으면 이 상면(top land)이 뾰족해진다.

정면 기어는 무거운 하중을 전달하지는 못한다. 그러나 피니언의 축방향 설치에 여유가 있기 때문에 베벨 기어보다 각도 구동에 적합할 때가 많다.

## 8.12 스파이럴 베벨 기어

직선치형 베벨 기어는 설계하기 쉽고 제작이 간단하며 설치만 제대로 하면 매우 좋은 동작을 보인

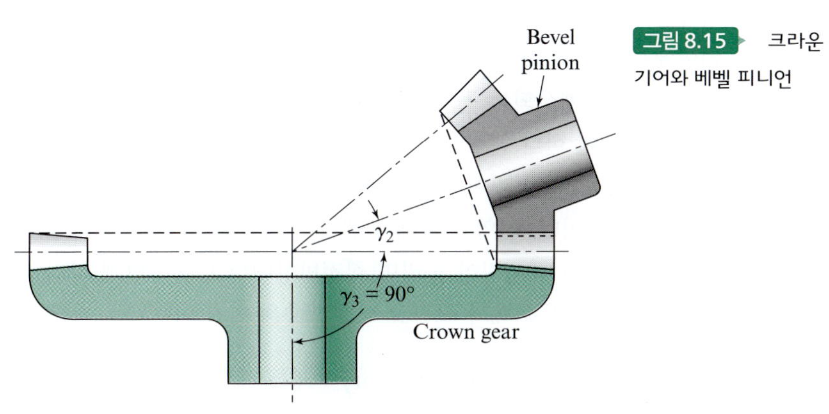


그림 8.15 크라운 기어와 베벨 피니언

그림 8.16 스파이럴 베벨 기어

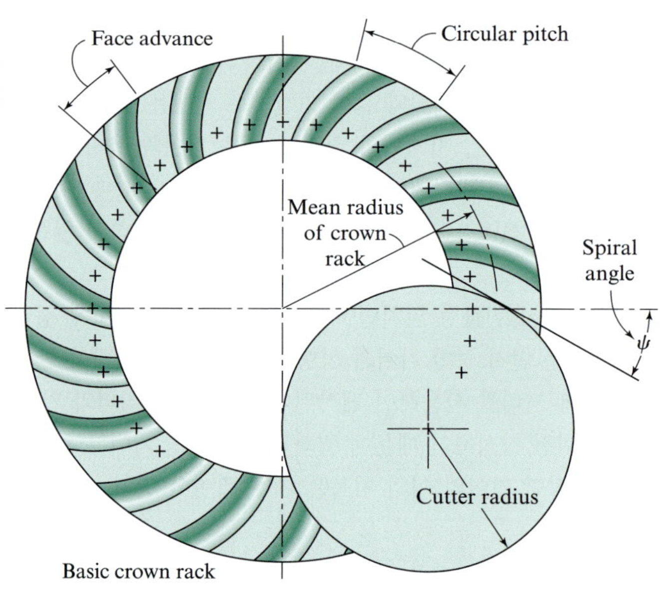


그림 8.17 기초 크라운랙 커터에 의한 스파이럴 베벨 기어의 절삭

다. 그러나 평기어와 마찬가지로 피치선 속도가 높을 때 소음이 심하다. 이러한 경우 헬리컬 기어에 대응하는 *스파이럴 베벨 기어*(*spiral bevel gear*)를 설계하는 것이 좋다. 그림 8.16에 맞물려 있는 한 쌍의 스파이럴 베벨 기어를 보여준다. 그림을 보면, 피치면과의 접촉 특성은 치형이 나선형이라는 것만 제외하면 직선치형 베벨 기어와 같다는 것을 알 수 있다.

스파이럴 베벨 기어의 치형은 기초 크라운랙과 공액이며 이것은 그림 8.17에서 보여주는 바와 같이 원형 커터에 의해서 창성된다. 나선각 $\psi$는 기어의 평균 반지름으로부터 측정한다. 헬리컬 기어에서와 같이 스파이럴 베벨 기어는 직선치형 베벨 기어보다 훨씬 부드러운 기어 동작을 제공하며, 고속이 예상되는 곳에 유용하다. 올바른 스파이럴 치형 동작을 얻으려면 면물림률이 최소한 1.25는 되어야 한다.

스파이럴 베벨 기어에서 사용되는 압력각은 일반적으로 14½–20°에서 20°이며, 나선각은 30° 또는 35°이다. 이의 동작에 관한 나선방향은 오른쪽, 왼쪽 모두 상관없으며 서로 별다른 차이가 없다. 그러나 베어링이 풀리면 회전방향이나 나선방향에 따라 이가 엉키거나 이탈되기도 한다. 이가 엉키게 되면 피해가 크므로 나선방향은 이가 이탈되는 경향을 갖도록 해야 한다.

**제롤 베벨 기어(Zerol bevel gear)** 제롤 베벨 기어는 곡선 치형을 가졌으나 나선각이 0°인 기

그림 8.18 제롤 베벨 기어
(Gleason Works, Rochester, NY 제공)

어로 특허를 받은 바 있다. 그림 8.18은 이것의 한 예이다. 이의 작용에 있어서 직선치형 베벨 기어보다 장점은 없으며, 스파이럴 베벨 기어를 절삭하는 데 사용되는 절삭 공작기계의 장점을 갖도록 간단히 설계되었다.

## 8.13 하이포이드 기어

뒷바퀴를 구동하는 자동차의 차동장치처럼, 베벨 기어와 유사하지만 축이 교차하지 않는 기어세트를 필요로 하는 경우가 있다. 그러한 기어는 그림 8.19에서 보여주는 바와 같이 피치면이 쌍곡면을 이루고 있어 *하이포이드 기어(hypoid gear)*라고 한다. 그림 8.20은 맞물려 있는 한 쌍의 하이포이드 기어를 보여준다. 이들 기어 사이의 이의 작용은 직선을 따라 구름과 미끄러짐의 혼합 형태로 나타나며 웜기어와 공통점이 많다(8.14절 참조).

## 8.14 웜과 웜기어

*웜(worm)*은 나사처럼 나선을 갖는 기계요소로 웜의 이는 흔히 *나사*에 비유된다. 웜은 *웜휠(worm wheel)* 또는 *웜기어(worm gear)*라 불리는 공액 기어 같은 요소와 맞물린다. 그림 8.21은 웜과 웜

그림 8.19 하이포이드 기어의 피치면은 쌍곡면이다.

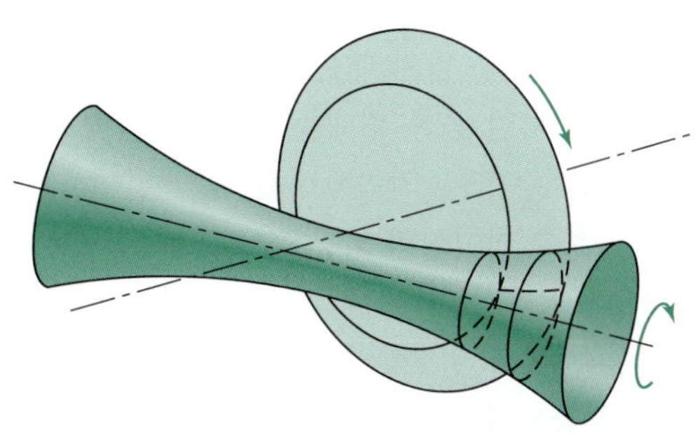

그림 8.20 하이포이드 기어(Shtterstock.com의 Sergey Ryzhov 제공)

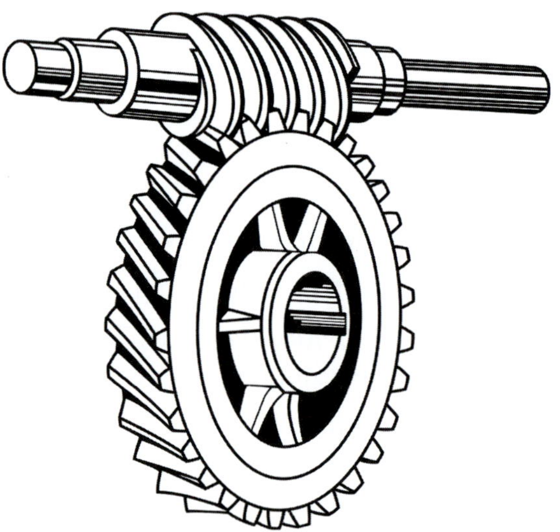

그림 8.21 한줄 감싸기 웜과 웜기어세트(Getty Images의 migfoto/iStock 제공)

기어의 응용 예를 보여준다. 이 기어들은 보통 90°의 축각을 이루는 교차하지 않는 자축에 사용하지만, 90°가 아닌 축각에서도 설계요구가 있으면 사용될 수 있다.

보편적인 용도로 쓰이는 웜의 잇수는 보통 1~4개이며, *한줄 나사(single-threaded)*, *두줄 나사(double-threaded)* 등으로 불린다. 웜의 잇수와 피치 지름 사이에는 관계식이 정의되어 있지 않다. 보통 웜기어의 잇수는 매우 많기 때문에 웜기어의 각속도는 웜의 각속도에 비하여 훨씬 낮다. 사실 웜과 웜기어의 기초적인 응용 형태는 매우 큰 각속도를 줄이기 위한 목적으로 사용되었다. 즉, 매우 낮은 1차 운동계수 또는 각속도비를 얻기 위해서 사용되었다. 매우 낮은 속도비를 유지하기 위해서 웜기어는 보통 기어쌍의 피동요소로, 웜은 구동요소로 사용된다.

웜기어는 평기어나 헬리컬 기어와는 달리, 그림 8.22에서 보여주는 바와 같이 웜을 부분적으로 감싸거나 둘러싸는 오목한 면으로 되어 있다. 필요에 따라서 웜은 원통형의 피치면으로 설계하거나, 웜이 웜기어를 감싸거나 부분적으로 둘러싸도록 모래시계 모양으로 제작할 수도 있다. 만

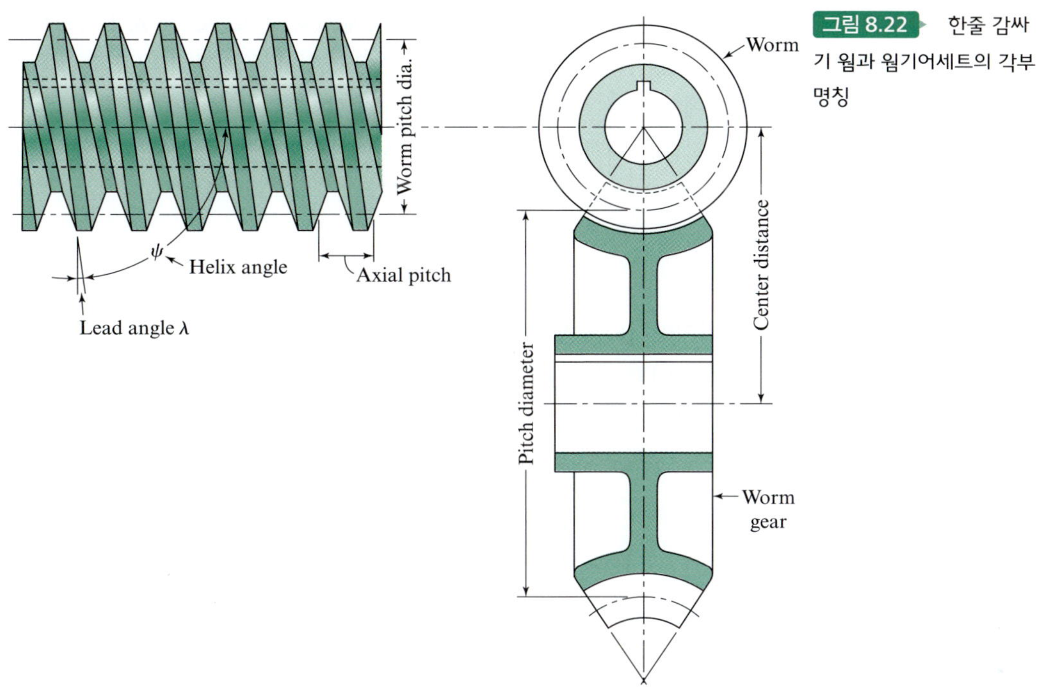


그림 8.22 한줄 감싸기 웜과 웜기어세트의 각부 명칭

일 감싸고 있는 웜기어가 원통형 웜과 맞물려 있으면 이 세트를 *한줄 감싸기*(*single-enveloping*)라고 한다. 웜이 모래시계처럼 웜과 웜기어가 서로 부분적으로 감싸고 있는 세트를 *두줄 감싸기*(*double-enveloping*)라고 하며, 이러한 웜을 *힌들리*(*Hindly*) *웜*이라고 부르기도 한다. 한줄 감싸기 웜기어세트의 각부 명칭이 그림 8.22에 나와 있다.

웜과 웜기어의 조합은 웜기어가 웜을 부분적으로 감싸고 있는 것을 제외하면 한 쌍의 맞물린 교차 헬리컬 기어와 비슷하다. 이러한 이유로 교차 헬리컬 기어에서는 점접촉인 데 반하여, 웜과 웜기어는 치면 전체에 걸쳐 선접촉을 하고 있어 더 많은 동력을 전달할 수 있다. 두줄 감싸기 웜과 웜기어세트가 사용되면, 최소한 이론적으로는 접촉이 두 개의 이 표면에 분포되므로 더 많은 동력이 전달될 수 있다.

한줄 감싸기 웜과 웜기어세트에서는 웜이 자체 축에서 돌고 기어를 나사의 작용으로 돌리거나, 또는 웜이 자체 축을 따라서 이송되고 기어를 랙 작용으로 구동하거나 아무 차이가 없다. 결과적인 운동이나 접촉은 동일하다. 이러한 이유에서 한줄 웜은 그 축에 정확히 설치하지 않아도 된다. 그러나 웜기어는 회전축을 따라서 정확히 설치되어야 한다. 그렇지 않으면 두 피치면이 웜축에 대하여 일치하지 않는다. 두 줄 감싸기 웜과 웜기어세트는 두 요소 잘록한 형상이기 때문에 두 요소 모두 정확하게 접촉되므로 모든 방향에서 정확히 설치되어야 한다.

90°의 축각으로 맞물려 있는 웜과 웜기어는 나선의 방향이 동일하지만, 나선각은 보통 크게 다르다. 웜의 나선각은 매우 크고(최소 하나 또는 두 개의 이에 대해) 웜기어의 나선각은 매우 작다. 웜에서 *리드각*(*lead angle*)은 그림 8.22에서 보는 바와 같이 나선각의 여각이다. 이러한 이유에서 웜에 대해서는 리드각, 웜기어에 대해서는 나선각이라고 규정한다. 이것은 두 각이 90° 축각일 때 동일하기 때문에 편리하다.

웜과 웜기어세트의 피치를 규정할 때, 웜의 축방향 피치와 웜기어의 원주 피치를 규정한다.

이것은 축각이 90°이면 동일하다. 웜기어의 원주 피치에 대해서 ¼, ⅜, ½, ¾, 1, 1¼ in/tooth와 같이 보통 분모에 짝수를 사용한다. 그러나 평기어에 AGMA 표준 지름피치(표 7.1)를 사용하는 것과 마찬가지로 웜기어에도 이를 사용할 수 있다.

웜기어의 피치 반지름은 다음과 같이 평기어에서와 동일하게 주어진다.

$$R_3 = \frac{N_3 p}{2\pi} \tag{8.19}$$

여기서 모든 값은 평기어에서와 동일하게 정의되며 웜기어의 매개변수를 지시한다.

웜의 피치 반지름은 어떤 값이라도 상관없지만, 웜기어의 이를 절삭하는 데 사용된 호브와 같아야 한다. AGMA의 권고사항에 따르면 웜의 피치 반지름과 중심거리 간에는 다음과 같은 관계가 성립된다.

$$R_2 = \frac{(R_2 + R_3)^{0.875}}{4.4} \tag{8.20}$$

여기서 $(R_2 + R_3)$은 중심거리이다. 이 식은 높은 동력용량을 알 수 있는 비를 제공해준다. 또한 AGMA 표준에 따르면, 식 (8.20)의 분모가 3.4에서 6.0까지 변해도 용량에 별다른 영향을 미치지 않는 것으로 나와 있다. 그러나 식 (8.20)이 필수 요구조건은 아니다. 다른 비에서도 제대로 작동될 수 있으며, 동력용량이 항상 최우선적으로 고려되는 사항은 아니다. 웜기어의 설계에는 많은 변수들이 필요하며, 위의 방정식은 시험적 치수를 구하는 데 유용하다.

웜의 *리드*(*lead*)는 스크루의 나선과 같은 것으로, 웜이 한 번 회전할 때마다 나선상의 한 점이 움직이는 축간거리를 의미한다. 그러므로 웜의 리드를 식으로 표현하면 다음과 같다.

$$l = p_x N_2 \tag{8.21}$$

여기서 $p_x$는 축피치, $N_2$는 웜의 잇수(나사산)이다. 리드와 *리드각* 사이에는 다음 관계식이 성립한다.

$$\lambda = \tan^{-1}\left(\frac{l}{2\pi R_2}\right) \tag{8.22}$$

여기서 λ는 그림 8.22의 리드각이다.

웜의 치형은 보통 밀링이나 선반을 사용하여 절삭한다. 웜기어의 이는 대부분 호빙에 의해 제작된다. 호브 이의 맨 위에 있는 이틈새만 제외하면 웜은 공액작용을 얻기 위해서 호브 모양 그대로 복제하여 사용해야 한다. 또한 호브의 치수대로 설계해야 한다.

웜과 웜기어세트에서 사용되는 압력각의 범위는 폭넓게 변하며 거의 리드각의 값에 따라 정해진다. 압력각이 접촉이 끝나는 측면에서 웜기어의 언더컷을 제거할 정도로 충분하다면 이의 작용은 원활히 진행될 것이다. 표 8.3에 권장수치가 나와 있다.

리드각에 관한 올바른 관계를 부여할 수 있는 이의 깊이는 법선 원주 피치의 비의 길이에 의해 얻어진다. $1/P = p_n/\pi$의 어덴덤을 사용하여, 전 깊이 평기어에서와 동일하게 웜과 웜기어의

표 8.3 웜과 웜기어세트 압력각의 권장치수

| Lead angle, $\lambda$ (deg) | Pressure angle, $\phi$ (deg) |
|---|---|
| 0–16 | 14½ |
| 16–25 | 20 |
| 25–35 | 25 |
| 35–45 | 30 |

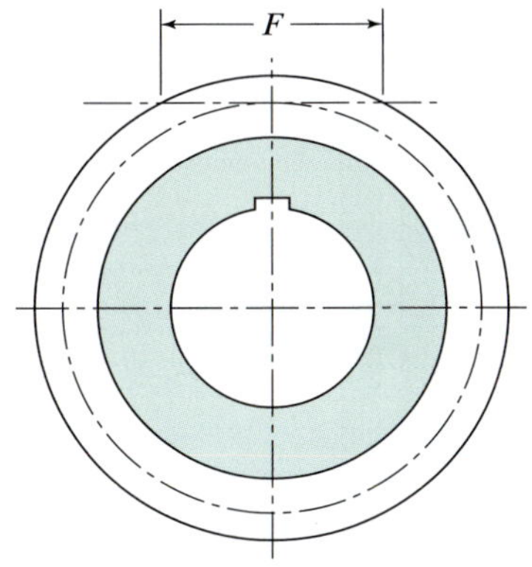

그림 8.23 웜기어의 치폭

비를 얻는다.

$$\text{어덴덤} = 1.000/P = 0.318\ 3p_{\text{n}}$$

$$\text{전 깊이} = 2.000/P = 0.636\ 6p_{\text{n}}$$

$$\text{이틈새} = 0.157/P = 0.050\ 7p_{\text{n}}$$

웜기어의 치폭은 그림 8.23에서와 같은 방법으로 구해야 한다. 이 방법에서는 웜기어의 면이 웜 피치원의 접선과 어덴덤 원과의 교점들 사이의 길이와 같아지도록 한다.

## 8.15 합산기 및 차동장치

그림 8.24에 계산장치로 사용된 다양한 기구 형태가 나와 있다. 이것들은 모두 2자유도 기구이기 때문에 시스템을 구성하는 요소들의 위치를 정의하기 위하여 먼저 두 가지 위치 입력값이 결정되어야 한다. 각각의 기구 밑에 적혀 있는 식은 두 입력 위치의 합을 직접 측정한 것이다. 이런 이유로 이 기구들은 *가산기(adder)* 또는 *합산기(summer)*로 취급할 수 있다.

그림 8.25는 평기어 차동장치의 실제 작동 상태를 보여준다. 유성 캐리어 2를 고정하고, 기어 3을 $\Delta\theta_3$만큼 회전시키면 기어 8은 $\Delta\theta_8 = -\Delta\theta_3$만큼 반대방향으로 회전한다. 이때 유성 캐리어도 회전할 수 있으면 $\Delta\theta_8 = \Delta\theta_2 - \Delta\theta_3$이다. 이러한 이유로 2자유도 기구를 *차동장치*라고 부른다. 물론 태양 기어에 대하여 다양한 세트(보통 3세트를 사용)의 유성 기어를 사용하면 보다 좋은 힘의 균형을 얻을 수 있다. 또한, 그림 8.25에서 유성 기어 4, 5, 6, 7은 동일하다는 점에 주의한

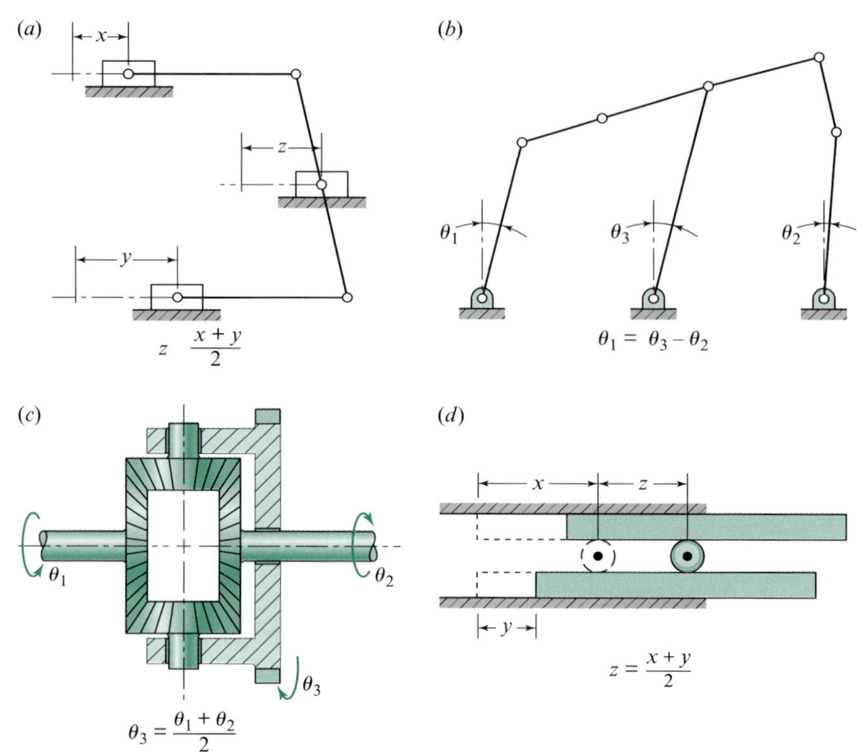


그림 8.24 두 양의 (*a*, *c*, *d*) 합, (*b*) 차 및 (*a*, *c*, *d*) 평균을 구하는 데 사용되는 차동장치

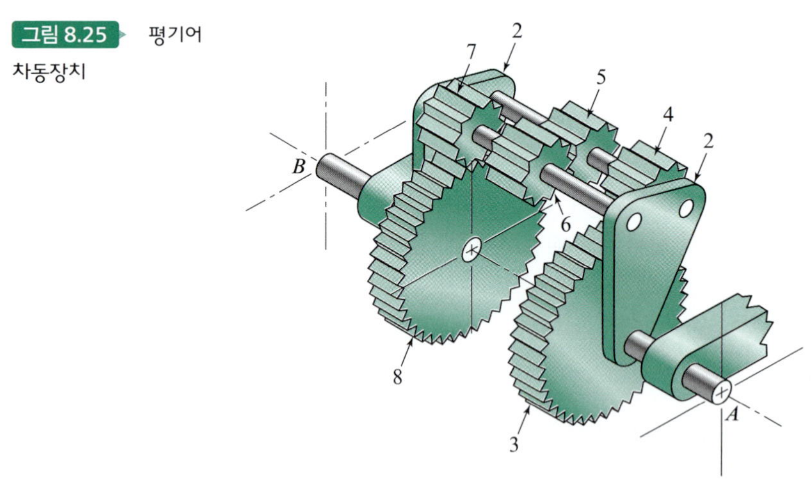


그림 8.25 평기어 차동장치

다. 유성 기어 4와 7을 길게 하면 서로 만나게 되므로 유성 기어 5와 6을 생략할 수 있다.

만일 평기어 차동장치가 자동차의 구동축에 사용되면, 그림 8.25의 축 *A*와 *B*는 각각 오른쪽과 왼쪽 바퀴를 구동할 것이며, 암 2는 변속기에 연결된 주 구동축으로부터 동력을 제공받을 것이다.

나침반이 발명되기 오래 전, 중국에서 지리적 방향을 나타내는 데 차동장치를 사용했다는 사실은 매우 흥미롭다. 그림 8.26의 수레의 양쪽 바퀴는 핀휠을 통하여 수직축을 구동한다. 오른쪽

그림 8.26 이 인형은 항상 똑같은 지리적 방향을 가리킨다. (Getty Images의 Science & Society Picture Library/Contributor 제공)

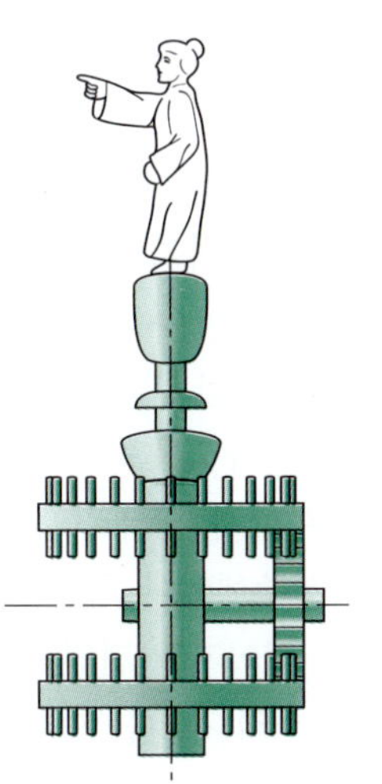

그림 8.27 중국의 차동장치

축은 그림 8.27에 나타낸 차동장치의 상부 핀휠을 구동하고, 왼쪽 축은 하부 핀휠을 구동한다. 수레가 직선으로 구동될 때 상부와 하부 핀휠은 같은 속도로 회전하지만 방향은 반대이다. 이와 같이 유성 기어는 기어의 중심축을 기준으로 회전하지만 유성 기어가 설치된 축은 정지 상태 그대로 유지되어 인형이 같은 방향을 지시한다. 수레가 방향을 바꾸어 회전할 때 하나의 핀휠이 다른 것보다 빠르게 회전하면, 유성축도 방향을 바꾸어 인형이 회전하기 전에 가리켰던 지리적 방향과 동일한 방향을 가리킨다.

그림 8.28은 보통의 베벨 기어 자동차 차동장치를 도식적으로 표현한 것이다. 구동축 피니언과 링기어는 보통 하이포이드 기어(8.13절 참조)를 사용한다. 링기어는 유성 캐리어처럼 작동하며, 속도는 구동축의 속도가 주어질 때 단순 기어열로 생각하여 계산할 수 있다. 기어 5와 6은 각각 뒷바퀴에 연결되어 있으며, 차가 직선으로 주행할 때 이 두 기어는 정확히 같은 속도로 같은 방향으로 회전한다. 이와 같이 차의 직선 운동에 대해서 유성 기어와 기어 5 및 6 사이에는 상대 운

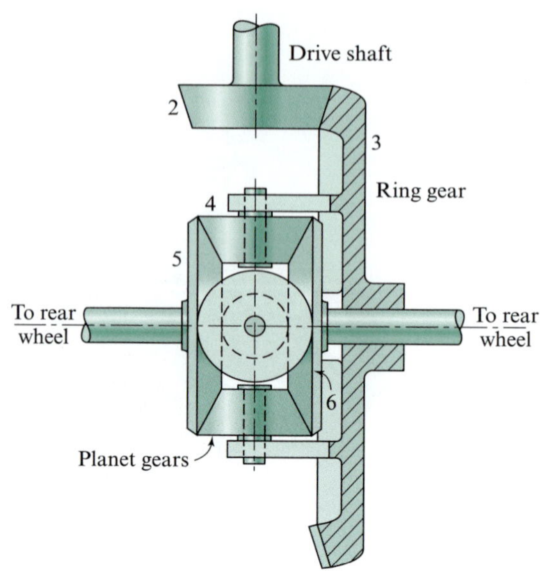


그림 8.28 베벨 기어 자동차 후륜축 차동장치의 개략도

동이 존재하지 않는다. 사실 유성 기어는 유성 캐리어로부터 양쪽 바퀴에 운동을 전달하는 열쇠 역할만을 할 뿐이다.

차가 회전할 때 회전 안쪽에 있는 바퀴는 회전반지름이 큰 바퀴보다 적은 회전을 한다. 이러한 속도차를 보정하지 않으면, 회전하기 위해서 하나 또는 양쪽 바퀴가 미끄러지는 것과 같은 방식으로 조정되어야 한다. 차동장치는 두 바퀴에 동력을 전달함과 동시에 두 바퀴가 서로 다른 각속도로 회전할 수 있도록 하는 기능을 한다. 회전하는 동안 유성 기어는 자체의 축에서 돌며, 기어 5와 6이 서로 다른 각속도로 회전하도록 하는 기능을 한다.

차동장치의 사용목적은 두 바퀴가 서로 다른 속도를 갖도록 하기 위한 것이다. 보통의 후륜구동 승용차의 차동장치는 직선주행이나 회전할 때 토크를 균등하게 배분한다. 그러나 때때로 도로조건 때문에 두 바퀴에 의해 얻어지는 견인효과가 같지 않을 때도 있다. 그런 경우에 사용할 수 있는 전체 견인력은 바퀴가 최소의 견인을 할 때보다 두 배의 견인효과를 보인다. 왜냐하면 차동장치가 토크를 균일하게 배분하기 때문이다. 만일 한쪽 바퀴가 얼음이나 눈 위를 구를 경우, 사용가능한 견인력은 매우 작아지고, 따라서 바퀴를 공전하는 데 단지 적은 토크만이 요구된다. 이와 같이 차의 한쪽 바퀴가 공회전하면 다른 바퀴가 견인력 없이 쉬게 된다. 만일 차가 움직이고 있다가 미끄러운 표면에 들어가면 모든 견인력과 제어를 잃어버린다.

**제한 미끄럼 차동장치** 바퀴 속력에 민감한 커플링 장치를 추가함으로써 단순 베벨 기어 차동장치의 단점을 극복할 수 있다. 커플링 장치의 사용목적은 큰 토크가 천천히 움직이는 바퀴에 직접 집중하도록 하는 데 있다. 그와 같은 조합을 *제한 미끄럼 차동장치*(*limited slip differential*)라고 부른다.

예를 들면, 미츠비시사는 바퀴의 속도에 따라 토크에 민감한 점성 커플링 장치인 VCU를 실용화하였다. 바퀴의 속도에 조금이라도 차이가 생기면 천천히 움직이는 바퀴에 좀 더 많은 토크가 전달되도록 한다. 한쪽 바퀴가 얼음 위에서 공전하는 경우처럼 속도차가 많이 생기면, 아주 큰 토크가 공전하지 않는 바퀴 쪽으로 전달된다. 그림 8.29에 자동차 뒤축에 사용하는 배열 형태를 보

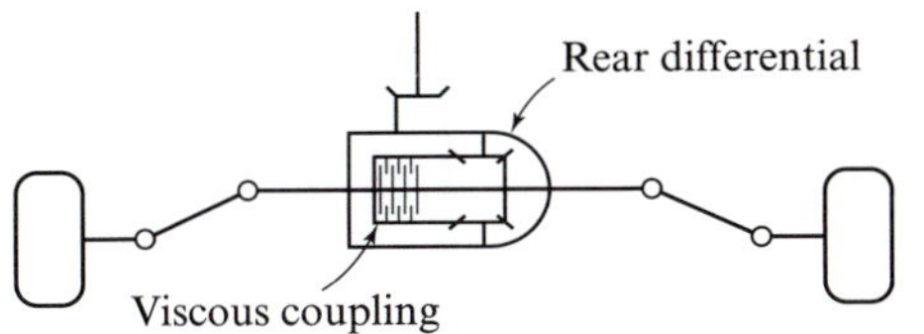


**그림 8.29** 미츠비시 갤란트와 이클립스 GSX 차량의 후륜축에 사용되고 있는 점성 커플링 장치

**그림 8.30** 아우디 자동차의 구동축에 사용되고 있는 TORSEN 차동장치
(Audi of America, Inc, Troy, MI 제공)

여주고 있다.

커플링에 건식 마찰 또는 클러치 동작을 도입한 또 다른 시도가 있다. 그러한 장치는 VCU처럼 바퀴의 속도에 중요한 차이가 생길 때 작동된다.

물론, 위험한 도로조건에 접할 때마다 구동축에 잠기게 하는 베벨 기어 차동장치를 설계하는 것도 가능하다. 이것은 일체 차축(solid axle)과 같으며 강제로 양쪽 바퀴가 동일한 속도로 움직이도록 기능한다. 그러한 차동장치는 타이어가 건조한 포장도로 위에 있을 때 미끄러짐으로 인한 타이어의 과도한 마모를 방지하기 위해 잠긴 상태로 설계해서는 안 된다.

**웜기어 차동장치** 그림 8.25에서 기어 3과 8이 웜기어로 대체되고, 유성 기어 4와 7이 웜휠과 맞물리도록 하면 *웜기어 차동장치*(*worm gear differential*)가 된다. 물론 유성 캐리어 2는 축 $AB$에 수직한 새로운 축에 대해 회전해야 하는데, 이것은 웜과 웜휠의 축이 서로 직각을 이루기 때문이다. 그와 같은 배열은 고정된 차동장치 또는 바퀴 사이에 제한적인 차동운동이 일어나지 않는 일체 자축의 견인력을 제공한다.

웜기어 차동장치는 버넌 글리즈먼(Vernon Gleasman)이 발명한 것으로 글리손 워크(Gleason Works)사에서 TORSEN 차동장치로 개발되었으며 현재 등록상표는 JTEKT Torsen North America사가 소유하고 있다. TORSEN이라는 단어는 'torque-sensing'의 앞글자를 따서 만들었으며, 이 이름이 가지는 의미는 웜의 리드각을 변화시킴으로써 원하는 어떠한 고정값도 설계할 수 있는 차동장치를 뜻한다. 그림 8.30은 아우디(Audi) 자동차에 사용되고 있는 TORSEN 차동장치이다.[1]

---

[1] TORSEN 웜기어 차등장치의 애니메니션은 유튜브 https://www.youtube.com/watch? v=Z9iPqIQ_8iM에서 볼 수 있다.

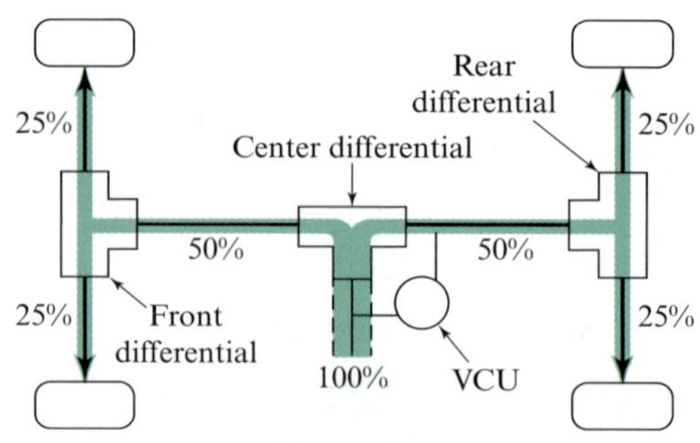


그림 8.31 미츠비시 갤란트에 사용되고 있는 전륜구동(AWD) 시스템으로, 전진–직선 구동에 있어서의 동력분포를 나타낸다.

## 8.16 전륜구동 기어열

그림 8.31에서와 같이 자동차의 전륜구동(all-wheel drive)열은 변속장치에 기어로 연결된 중앙차동장치와 링기어를 구동하는 전륜(前輪)과 후륜축 차동장치로 구성되어 있다. 두 바퀴가 아닌 네 바퀴 모두에 추력을 분산시키는 것이 장점이며, 또한 커브길이나 앞에서 바람이 세게 불어올 때 핸들을 쉽게 조절할 수 있다.

자동차 기술자인 허버트 돕스(Dr. Herbert H. Dobbs) 대령(퇴역)은 다음과 같이 말했다.

> 자동차 설계 시 개선해야 할 중요한 부분 중 하나가 로킹 방지 브레이크이다. 이것은 정지 시에 차로부터 도로에 모든 바퀴를 통하여 모멘텀 전달을 확고히 함으로써 안정성과 방향성을 제어한다. 잘 알려진 바와 같이, 제동하는 도중에 바퀴 하나가 견인력을 잃어버려 제어 불가능한 힘의 불균형을 가져온다.
>
> 출발과 가속 시에도 그러한 제어는 중요하다. 제동에서와 마찬가지로 조심스럽게 주행하거나 주행조건이 좋을 때는 문제가 되지 않는다. 하지만 주행조건이 열악할 때 문제는 급속도로 복잡해진다. 로킹 방지 브레이크 시스템은 운전주기의 감속 부분에서는 만족스럽지만 나머지 부분에서는 일반적으로 기능이 불충분하다.[2]

운전조건이 열악한 경우, 이 문제에 대해 아우디사가 제시한 초기 해법은 전기적인 방법을 이용하여 중앙이나 후륜 차동장치 또는 양쪽 모두를 고정하는 방법이었다. 중앙 차동장치를 고정하면 동력의 절반은 후륜으로, 나머지 절반은 전륜으로 분배된다. 만일 뒷바퀴 중 하나가 얼음에 의해 미끄러져 멈출 경우 다른 뒷바퀴도 견인력을 잃는다. 그러나 전륜은 여전히 견인력을 제공받는다. 따라서 차는 2륜 구동 상태가 된다. 만일 이때 후륜 자동장치가 고정되면 뒷바퀴는 동력이 50:50으로 배분되므로 3륜 구동 상태가 된다.

또 다른 해법은 전륜(全輪)구동차(AWD)에서 중앙 차동장치로 제한 미끄럼 차동장치를 사용하는 것이다. 이것은 대부분의 구동 토크를 가장 느린 전륜축 또는 후륜축에 분배하는 효과를 갖는다. 이외에도 중앙과 후륜 차동장치 양쪽에 제한 미끄럼 차동장치를 사용하는 방법이 조금 나을 수도 있다.

불행하게도 고정 차동장치 및 제한 미끄럼 차동장치는 모두 로킹 방지 브레이크 시스템과 간섭을 일으킨다는 문제점이 있다. 그러나 저속의 겨울철 빙판 운전에는 효과적이다.

가장 효과적인 해법은 AWD 차량에서 TORSEN 차동장치를 사용하는 것이다. 돕스는 이에 대해 이렇게 말했다.

---

[2] Herbert H. Dobbs 박사, Rochester Hills, MI, 개인 연락.

만일 미끄럼을 배제하면, TORSEN은 일체형 차축과 같이 어떤 조건하에서도 피동바퀴에서 가용한 견인력에 비례하는 토크를 배분하지만, 어떤 상황에서도 결코 잠기지 않는다. 구동되는 바퀴 모두가 차의 움직임에 따라 지시대로 독립된 경로를 따라가도록 항상 자유롭지만 서로 동기상태를 유지하도록 평형 기어에 의해 구속되어 있다. 이 모든 것은 진정한 "TORque SENsing and proportioning" 차동을 실현하는 것이며 TORSEN이라는 이름도 여기에서 유래되었다.

그 결과는 특히 전륜(前輪)구동장치의 탁월한 수행으로 나타난다. 육군은 TORSEN을 고기동성 다목적 바퀴차량(HMMWV), 일명 'Hummer'에 채택하여 지프를 대체하고 있다. 이보다 비포장도로에서 더 기동성을 과시하는 유일한 차량은 트랙을 가진 것으로, 이것은 고속도로에서도 탁월한 기능을 발휘한다. 운전하기에 재미있고 군인들도 매우 좋아한다. 그 밖에도 텔레다인(Teledyne)사는 전방, 중앙, 후방에 TORSEN을 갖춘 시험용 "FAst Attack Vehicle"을 보유하고 있다. 나는 그 차를 몰고 행크 호지스(Hank Hodges)의 네바다 자동차 센터에 있는 흘러내리는 모래 위를 50 mi/h 이상의 속도로 운전해본 적이 있는데, 마치 마른 포장도로 위를 달리는 것처럼 핸들을 가볍게 조작할 수 있었다. 견인이 되는 곳에 일정하게 토크를 재분배함으로써 효과적으로 모든 바퀴들이 구동되어 빠지지 않도록 유지해주었다.

## 8.17 노트

세미메이저 축과 세미마이너 축이 각각 $a$, $b$인 $xy$ 좌표계의 원점을 중심으로 하는 타원의 식은 다음과 같다.

$$\frac{x^2}{a^2}+\frac{y^2}{b^2}=1 \tag{a}$$

또한, 곡률 반지름 공식은 다음과 같다.

$$\rho=\frac{\left[1+(dy/dx)^2\right]^{3/2}}{d^2y/dx^2} \tag{b}$$

위의 두 식을 사용하면 $x=0$, $y=b$에 대응되는 곡률 반지름을 쉽게 구할 수 있으며 그 결과는 다음과 같다.

$$\rho=a^2/b \tag{c}$$

그러면 그림 8.3에 나와 있듯이, 식 ($c$)에 $\rho=R_e$, $a=R/\cos\psi$, $b=R$로 치환하면 식 (8.5)를 얻을 수 있다.

## 연습 문제 *Problems*

**8.1** 한 쌍의 평행축 헬리컬 기어가 법선 압력각 14½°, 4 mm의 모듈, 45°의 나선각을 가지고 있다. 피니언의 잇수 15개, 기어 잇수 24일 때, 횡원주 피치, 법선 원주 피치, 정상 모듈, 피치 반지름 및 등가 잇수를 계산하라.

**8.2** 한 쌍의 평행축 헬리컬 기어가 법선 압력각 20°, 나선각 30°, 모듈 1.5 mm/tooth 및 잇수 16과 40이다. 횡압력각, 법선 원주 피치, 축방향 피치 및 평기어의 등가 피치 반지름을 구하라.

**8.3** 평행축 헬리컬 기어세트가 횡압력각 20°, 나선각 35°, 모듈 2.5 mm/tooth 및 잇수 15와 25이다. 치폭 19 mm일 때, 기초 나선각과 축방향 물림률을 계산하라.

**8.4** 한 쌍의 평행축 헬리컬 기어의 중심거리가 88 mm, 속도비 1.8, 표준압력각 20°, 모듈 3 mm/touth이다. 30° 나선각을 사용하여 횡지름피치와 횡원주 피치, 잇수, 피치 반지름 및 중심거리를 구하라.

**8.5** 잇수 16, 헬리컬 피니언이 1800 rev/min으로 회전하고 평행축의 헬리컬 기어가 400 rev/min으로 구동된다. 축간 거리가 275 mm일 때 나선각 23°, 압력각 20°를 사용하여 잇수, 피치 지름, 법선 지름피치, 모듈, 치폭을 구하라.

**8.6** 한 쌍의 헬리컬 기어의 카탈로그 데이터가 다음과 같다. 법선 입력각 14 1/2°, 나선각 45°, 모듈 3 mm/tooth, 치폭 25 mm, 정상 모듈 203 mm/tooth, 피니언은 잇수 12, 피치 지름 38 mm, 기어는 잇수 32, 피치 지름 100 mm이다. 두 기어는 전 깊이를 가지며, 오른쪽 또는 왼쪽 방향인 것을 구입할 것이다. 만일 오른쪽 피니언과 왼쪽 기어가 맞물릴 경우 횡물림률, 법선 물림률, 축방향 물림률, 총 물림률을 구하라.

**8.7** 중형트럭의 변속기 클러치 스템 기어 잇수는 22, 카운터축 기어 잇수는 41이다. 주어진 데이터는 정상 모듈 289 mm/tooth, 법선 압력각 18 1/2°, 나선각 23 1/2°, 치폭 28 mm이다. 클러치 스템 기어는 왼쪽 나선, 카운터축 기어는 오른쪽 나선으로 절삭되었다. 만일 이가 정상 모듈에 대해 전 깊이로 절삭될 경우, 법선 물림률과 총 물림률을 결정하라.

**8.8** 헬리컬 피니언이 오른쪽이고 잇수 12, 나선각 60°이고, 다른 기어를 속도비 3.0으로 구동하고 있다. 축은 90°를 이루며 기어의 정상 모듈은 3.13 mm/tooth이다. 기어의 나선각과 잇수를 구하라. 축간 중심거리는 얼마인가?

**8.9** 오른쪽 헬리컬 피니언이 90°의 축각 기어를 사용한다. 피니언은 6개의 이와 75° 나선각을 갖고 6.5의 속도비로 기어를 구동한다. 기어의 정상 모듈이 2.08 mm/tooth이다. 맞물려 있는 기어의 나선각과 잇수를 구하라. 또한 각 기어의 피치 반지름을 결정하라.

**8.10** 그림 P8.10에서 기어 2는 시계방향으로 회전하고, 구동 기어 3은 2:1의 속도비로 반시계방향으로 회전한다. 정상 모듈 5 mm/tooth, 축각 50°, 축간 중심거리 약 250 mm, 양쪽 기어에 대한 동일한 나선각을 사용한다. 잇수, 나선각 및 정확한 중심거리를 구하라.

**8.11** 한 쌍의 직선치형 베벨 기어를 90°의 축각으로 제작하려고 한다. 만일 구동축이 잇수 18, 속도비 3:1이라면 피치각은 얼마인가?

**8.12** 한 쌍의 직선치형 베벨 기어가 속도비 1.5, 축각 75°로 제작되었다. 이때 피치각은 얼마인가?

**8.13** 한 쌍의 직선치형 베벨 기어가 축각 120°로 설치되어 있다. 피니언 잇수 15, 기어 잇수 33일 때 피치각은 얼마인가?

그림 P8.10

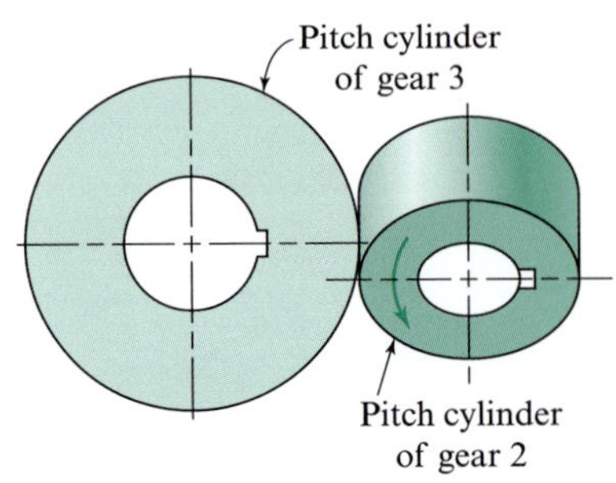


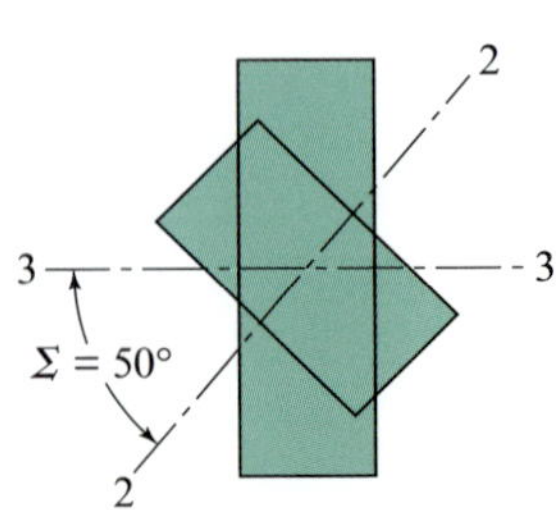

**8.14** 한 쌍의 직선치형 베벨 기어가 모듈 12.5 mm/tooth, 잇수가 각각 19와 28, 축각 90°로 제작되었다. 피치 지름, 피치 각도, 어덴덤, 디덴덤, 치폭 및 상당하는 평기어의 치폭을 결정하라.

**8.15** 한 쌍의 직선치형 베벨 기어를 모듈 3 mm/tooth, 잇수 17과 28, 축각 105°로 제작하였다. 각각의 기어에 대하여 피치 반지름, 피치각, 어덴텀, 디템덤, 치폭, 등가 잇수를 계산하라. 그리고 두 개의 기어가 맞물려 있는 모습을 그려라. 단, 축각 90°의 표준 이의 비를 사용한다.

**8.16** 잇수 4, 리드 25 mm인 웜이 속도비 7.5로 웜기어를 구동한다. 중심거리 44 mm인 웜과 웜기어의 피치 지름을 결정하라.

**8.17** 속도비 60, 중심거리 162.50 mm, 축방향 모듈 12.50 mm/tooth인 웜과 웜기어의 적합한 조합을 구하라.

**8.18** 세 줄 나사 웜이 잇수 40인 웜기어를 구동한다. 축방향 모듈은 31 mm/tooth, 웜의 피치 지름은 44 mm이다. 웜의 리드와 리드각을 계산하라. 또한, 웜기어의 나선각과 피치 지름을 구하라.

**8.19** 리드각 20°, 축방향 모듈 10 mm/tooth인 세 줄 나사 웜이 감속비 15:1로 웜기어를 구동한다. 웜기어의 (a) 잇수, (b) 피치 반지름, (c) 나선각, (d) 웜의 피치 반지름, (e) 중심거리를 결정하라.

**8.20** 그림 P8.20에 베벨 기어, 평기어, 웜과 웜기어로 구성된 기어열이 있다. 베벨 피니언은 폴리와 연결된 V벨트에 의해 움직이는 축에 연결되어 있다. 풀리 2가 그림에서 표시된 방향으로 1200 rev/min으로 회전할 때 9번 기어의 회전속도와 방향을 구하라.

**8.21** 그림 P8.21와 같이 선박용 감속 차등장치에는 엔진에서 구동되는 베벨 기어 2가 있다. 베벨 유성 기어 3이 고정된 크라운 기어 4와 맞물려 있고 스파이더(암)에 비벗되어 있고, 프로펠러 축 $B$에 연결되어 있다. 감속비를 백분율로 구하라.

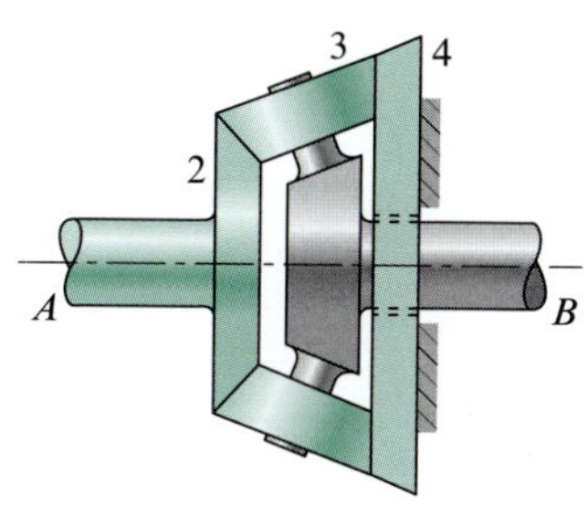


그림 P8.21 $N_2 = 36T$, $N_3 = 21T$, $N_4 = 52T$

**8.22** 그림 8.28의 자동차 차동장치의 기어 잇수가 $N_2 = 17T$, $N_3 = 54T$, $N_4 = 11T$, $N_5 = N_6 = 16T$이다. 이때 구동축은 1200 rev/min으로 회전하고 있다. 만일 왼쪽 바퀴가 도로 위에 멈추어 있고 오른쪽 바퀴가 잭으로 들어 올려졌을 때, 오른쪽 바퀴의 속도는 얼마인가?

**8.23** 그림 8.28에 나타난 차동장치를 사용한 차가 반지름 24 m인 곡선주로를 48 km/h의 속도로 오른쪽으로 회전한다. 잇수는 문제 8.22와 같다고 하자. 타이어 지름은 375 mm이다. 트레드 간 중심거리는 1.50 m이다. 각각의 뒷바퀴 속도를 계산하라. 링기어의 회전속도를 구하라.

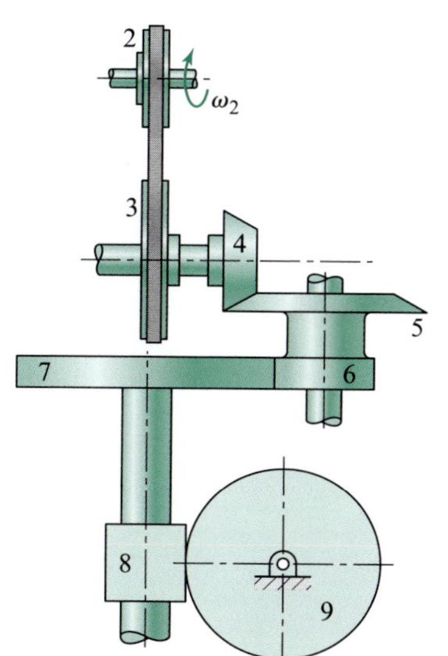


그림 P8.20 $R_2 = 3$ in, $R_3 = 5$ in, $N_4 = 18T$, $N_5 = 38T$, $N_6 = 20T$, $N_7 = 48T$, Worm 8 3T-R.H., and $N_9 = 36T$.

제 9 장

# 링크기구의 합성

*Synthesis of Linkages*

지금까지는 주로 링크의 크기를 알고 있을 때 기구의 해석에 관하여 설명하였다. 이 장에서 배울 기구의 *합성*(kinematic *synthesis*)이란 원하는 운동 특성을 갖는 기구를 설계하거나 창조하는 과정을 말한다. 기구 합성법은 종류가 무수히 많으며 그중 일부는 이해하기 힘든 부분이 있으므로, 이 장에서는 기구 합성 이론의 응용을 예시하는 데 필요한 몇 가지 방법만을 소개할 것이다.[1]

## 9.1 형태, 수 및 치수 합성

새로운 기구를 설계하는 데는 일반적으로 형태 합성, 수 합성, 그리고 치수 합성의 3단계가 있다. 이러한 3단계는 우리가 의식적으로 따르지는 않더라도, 새로운 장치를 고안하는 데에는 항상 따라다니는 것이다.

*형태 합성*(*type synthesis*)이란 링크기구나 시스템, 벨트, 풀리나 캠 시스템 중 하나를 선택하는 과정과 같이 기구의 종류를 선택하는 것을 말한다. 형태 합성은 전체적인 설계과정에서 시작 단계에 해당되며, 일반적으로 제조공정, 재료, 안전성, 공간 및 경제성 등과 같은 다양한 설계요소들을 고려한다. 형태 합성에서 기구학이 차지하는 비중은 극히 일부분에 불과하다.

*수 합성*(*number synthesis*)은 특정한 운동성(mobility)을 얻는 데 필요한 링크, 조인트 또는 대우의 수를 결정하는 과정(1.6절 참조)이다. 설계과정에서 형태 합성 다음의 두 번째 단계로 수행된다.

세 번째 단계는 각 링크의 세부 치수를 결정하는 단계로서 *치수 합성*(*dimensional synthesis*)이라고 한다. 이 장의 대부분은 이에 대한 주제이다.

[1] 평면기구 합성에 유용한 영문 참고문헌은 이 장의 끝에 나열된 참고문헌 목록에 포함되어 있다. 보다 광범위한 참고문헌은 [6]과 [8]에서 찾을 수 있다.

## 9.2 함수 발생, 경로 생성 및 물체 안내

기구 설계과정에서는 일반적으로 규정된 시간의 함수나 입력운동의 함수에 따라 출력요소가 회전, 요동 또는 왕복운동을 하게 하는 경우가 종종 요구된다. 이를 *함수 발생(function generation)* 이라고 한다. 간단한 예로는 4절 링크기구를 합성하여 함수 $y = f(x)$를 발생하는 것을 들 수 있다. 이 경우 $x$가 입력 크랭크의 운동(크랭크각)을 나타낸다면, 링크기구는 출력 로커의 운동(각도)이 함수 $y$에 근사하도록 설계해야 한다. 그 밖의 함수 발생의 예로는 다음과 같은 것들이 있다.

1. 컨베이어 라인에서 기구의 출력요소가 소정의 작업, 예를 들면 병뚜껑을 덮고 되돌아온 다음, 뚜껑을 집는 반복작업을 수행하면서도 일정한 컨베이어 속도로 이동해야 한다.
2. 출력요소가 운동주기 중에 다른 작업을 위해 휴지기를 갖거나 정지하여야 한다. 이차적인 작업이란 밀봉이나 스테이플링 또는 체결작업과 같은 경우이다.
3. 기구의 출력요소가 특정한 비균일 속도로 회전해야 한다. 왜냐하면 이런 속도를 요구하는 다른 기구와 동시성을 확보해야 하기 때문이다.

2장에서 한 점의 장소(location of a point)는 *포지션(position)*이라는 용어를 이용하여 정의하였다. 하지만 강체의 위치와 방향, 강체로 이루어진 기구와 시스템의 배열은 모두 *자세(posture)* 라는 용어로 표현된다. 이 장에서는 일괄적으로 이들 용어들을 사용한다.

합성 문제의 두 번째 유형은 *경로 생성(path generation)*이다. 이는 커플러점이 미리 설정된 형태의 경로를 생성하도록 하는 문제이다. 이러한 문제의 공통적인 요구조건은 경로의 일부분이 원호나 타원 또는 직선이어야 한다는 것이며, 경로 자체가 교차하여 8자형을 나타낼 때도 있다.

기구 합성 문제의 세 번째 유형은 *물체 안내(body guidance)*라고 한다. 이 유형의 관심사는 물체를 한 자세에서 또 다른 자세로 이동시키는 것이다. 이 문제에는 단순병진 운동이나 병진 운동과 회전 운동의 복합운동이 요구되기도 한다. 예를 들면, 건설 분야에서 포클레인의 기계 삽이나 불도저의 땅 고르기 날과 같은 중장비 부품들은 미리 설정된 일련의 자세를 따라 움직여야 한다.

일반적인 치수 합성의 문제는 움직이는 강체를 같은 평면상(여기서 $N = 2, 3, 4 \ldots$)에서 유한의 $N$개의 독립된 자세로 가이드하도록 하는 것이다. 일반적으로 $N$개의 자세는 명시되어 있다. 즉, 강체가 움직여야 할 $N$개의 자세가 정해진 설계 문제이다. 목적은 $N$개의 자세에 대해 강체가 장소와 방향을 만족하는 평면 1자유도 기구를 합성해야 하는 것이다. 예를 들면, 평면 4절 링크를 합성하는 것이 첫 번째 시도가 될 수 있을 것이다. 만일 강체가 $N$개의 위치를 가이드하는 커플러 링크라면, 합성 문제는 물체의 가이드 문제이다. 만일 강체가 입력 또는 출력 크랭크라고 하면, 합성문제는 함수 발생 문제이다.

이 장에서는 커플러 링크의 $N = 2, 3, 4$ 또는 5개의 유한 간격 위치에 대해 4절 링크를 합성하는 일반적인 기하학적 접근 방법을 설명하겠다. 유한 간격의 두 개 자세를 가이드할 수 있는 4절 링크의 숫자는 $\infty^6$이고 3개의 유한 자세는 $\infty^4$, 4개의 유한 자세는 $\infty^1$, 5개의 유한 자세는 작은 수의 해만이 존재함에 유의하여야 한다. 일반적으로 물체의 자세가 특별한 관계를 형성하지 않는 한 $N$이 5를 초과하는 유한 자세에 대한 4절 링크를 합성하는 것은 가능하지 않다.

## 9.3 강체의 2자세 합성($N$ = 2)

간단한 2자세 합성법으로 시작하겠다.

**슬라이더–크랭크 기구의 2자세 합성** 그림 9.1$a$의 중심정렬 슬라이더–크랭크 기구는 행정 $B_1B_2$가 크랭크 반지름 $r_2$의 두 배와 같다. 그림에서와 같이 한계 위치인 $B_1$과 $B_2$는 슬라이더의 한계자세라고도 하는데, 이들은 $O_2$를 중심으로 각각 반지름 $(r_3 - r_2)$와 $(r_3 + r_2)$의 원호를 그려서 구한다. 이 두 치수 $r_2$와 $r_3$는 측정된 두 거리로 결정된다.

일반적으로 중심정렬 슬라이더 – 크랭크 기구는 $r_3$이 $r_2$보다 커야 한다. 그러나 $r_3 = r_2$와 같은 특수한 경우, *등변 슬라이더 – 크랭크 기구*(*isosceles slider-crark linkage*)가 되는데, 이때에는 슬라이더가 $O_2$를 기준으로 왕복운동을 하며, 그 행정은 크랭크 반지름의 4배가 된다. 등변 슬라이더 – 크랭크 기구의 커플러에 있는 모든 점은 타원경로를 형성한다. 그림 9.1$a$의 슬라이더 – 크랭크 기구의 커플러에 있는 점들이 생성하는 경로는 이등변 삼각형이 아니어서, 타원은 아니지만 항상 미끄럼축 $O_2B$에 대하여 대칭을 이룬다.

그림 9.1$b$의 링크기구는 *일반*(*general*) 또는 *편심 슬라이더 – 크랭크 기구*(*offset slider-crank linkage*)라고 한다. 슬라이더 링크의 한계자세는 위의 중심정렬 슬라이더 – 크랭크에서 설명한 것과 마찬가지 방법으로 결정될 수 있다. 편심거리 $e$를 변화시키면 소정의 특수 효과를 얻을 수 있다. 이를테면, 행정 $B_1B_2$는 항상 크랭크 반지름의 2배보다 크다. 또한, 전진행정을 수행하는 데 필요한 크랭크각은 귀환행정에서 필요한 크랭크각과는 다르다. 이러한 특징은 요구되는 일률을 줄이기 위한 느린 작업행정 또는 작업효율을 높이기 위해 보다 빠른 귀환행정이 필요한 곳에 급속귀환 기구(1.7절 참조)를 합성하는 데 사용할 수 있다.

**크랭크–로커 링크기구의 2자세 합성** 크랭크–로커 기구에서 로커의 한계자세는 그림 9.2에 점 $B_1$과 $B_2$로 표시되어 있다. 크랭크와 커플러는 각각의 한계자세에서 일직선을 이룬다는 사실에 유의한다. 또한 $r_2$와 $r_3$의 크기는 이 두 자세에서 슬라이더–크랭크 기구와 같은 방법으로 측정치로부터 결정될 수 있다.

이 경우에는, 크랭크가 각도 $\psi$만큼 움직이면 로커는 $B_1$에서 $B_2$까지 각도 $\phi$만큼 움직인다. 그러나 귀환행정에서는 로커가 $B_2$에서 후진하여 $B_1$까지 동일한 각도 $-\phi$만큼 요동하지만, 크랭크는 각도 $360° - \psi$만큼 움직인다는 사실에 유의한다.

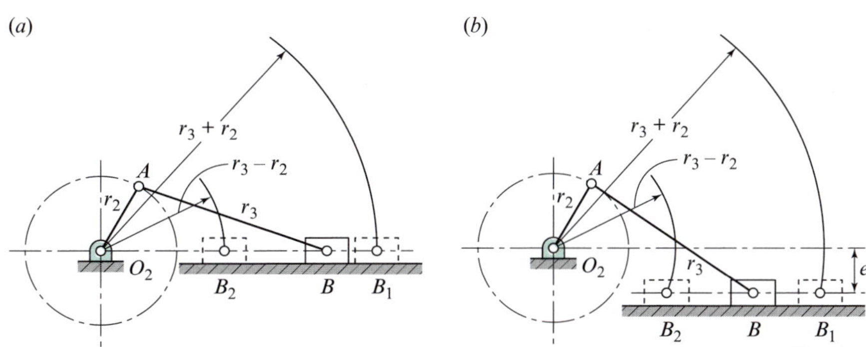


**그림 9.1** ($a$) 중심정렬 슬라이더 – 크랭크 기구, ($b$) 일반 또는 편심 슬라이더 – 크랭크 기구

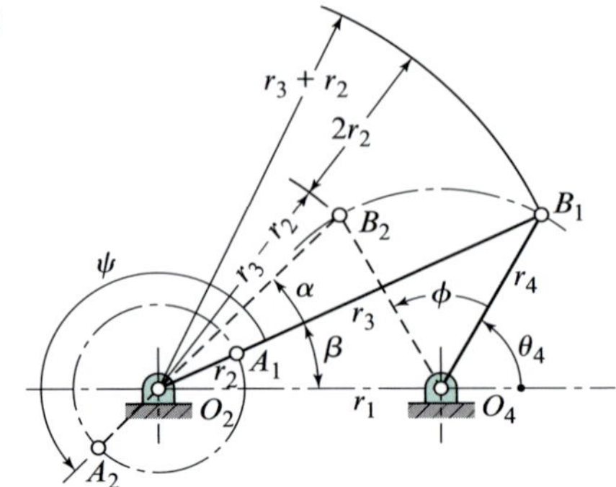


그림 9.2 크랭크–로커 기구의 두 한계자세

크랭크–로커 기구는 캠–종동절 기구보다 우월한 경우가 많다. 이러한 장점으로는 힘이 덜 든다는 점과 지지 스프링이 필요 없다는 점, 그리고 회전대우들을 사용하므로 간극이 작다는 점 등을 들 수 있다.

그림 9.2에서 크랭크 입력의 회전방향이 $\psi > 180°$가 되게 선택될 경우, $\alpha = \psi - 180°$로 정의할 수 있으며, 여기서 $\alpha$는 로커의 왕복비(advance-to-return ratio)를 나타낸 다음 식(1.7절 참조)으로 구할 수 있다.

$$Q = \frac{180° + \alpha}{180° - \alpha} \tag{9.1}$$

크랭크–로커 링크기구의 합성에서 자주 발생하는 문제는 왕복비 $Q$가 설정되어 있을 때, 이 기구가 이에 해당하는 출력각도 $\phi$를 얻을 수 있는 치수와 기하형상을 어떻게 결정해야 하느냐에 관한 것이다.[2]

설정값 $\phi$와 $\alpha$에 대하여 크랭크–로커 기구를 합성하려면, 그림 9.3$a$와 같이 $O_4$점의 위치를 정하고 원하는 로커 길이 $r_4$를 정한다. 이 선택은 기구 형상의 크기만 정할 뿐 해를 바꾸지는 않는 점에 유의한다. 그런 다음 주어진 각도 $\phi$만큼 떨어져 있는 링크 4의 두 자세 $O_4B_1$과 $O_4B_2$를 그린다. 그리고 $B_1$을 지나는 임의의 선 $X$를 그린다. 그런 다음 $B_2$를 지나면서 선 $X$와 주어진 각도 $\alpha$를 이루는 선 $Y$를 그린다. 이 두 선의 교점이 크랭크의 피봇점 $O_2$의 위치가 된다. 선 $X$는 당초에 임의로 선택하였으므로, 이러한 문제에는 해가 무한히 많이 존재한다.

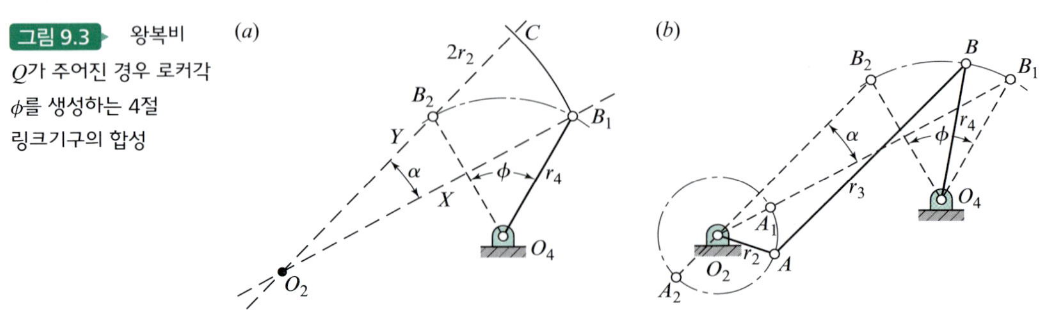


그림 9.3 왕복비 $Q$가 주어진 경우 로커각 $\phi$를 생성하는 4절 링크기구의 합성

[2] 여기에서 주어진 설명은 참고문헌 [9]와 [16]에 있다. 다른 방법으로는 참고문헌 [8]과 [18]이 있으며 다른 결과를 제시한다.

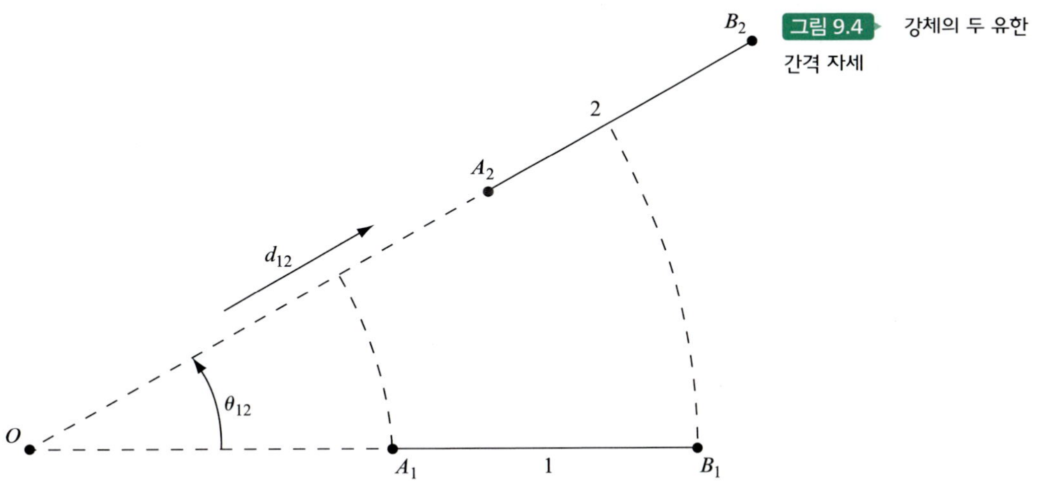


그림 9.4 강체의 두 유한 간격 자세

다음으로 그림 9.3$a$에서 알 수 있는 바와 같이, 거리 $B_2C$는 크랭크 길이의 2배, $2r_2$이다. 그러므로 이 거리를 2로 나누면 $r_2$를 구할 수 있다. 커플러의 길이는 $r_3 = O_2B_1 - r_2$이다. 완전한 링크기구는 그림 9.3$b$에 나와 있다.

**유한변위의 폴(pole)** 그림 9.4에서와 같이 평면 운동에서 강체의 유한 간격의 두 위치에 대해, 움직이는 물체는 일정 길이의 선분 $AB$로 취급될 수 있다. 처음 물체의 자세는 선분 $A_1B_1$으로 표현될 수 있고, 두 번째 자세는 $A_2B_2$로 나타낼 수 있다. 그림 9.4에서와 같이 자세 1에서 자세 2까지 물체의 변위는 회전 $\theta_{12}$와 병진이동 $d_{12}$로 표현된다.

이러한 강체의 변위를 한 점에 대한 회전으로 나타낼 수 있다. 피봇은 $A_1$과 $A_2$의 수직 이등분선과 $B_1$과 $B_2$의 수직 이등분선의 교점이다. 이 피봇을 앞으로는 유한 변위에 대한 폴(*pole*)이라고 하고 그림 9.5에 나와 있는 것처럼 $P_{12}$로 표현한다.

물체 $AB$의 회전각은 다음과 같다.

$$\angle A_1P_{12}A_2 = \angle B_1P_{12}B_2 = \theta_{12} = 2\phi_{12} \tag{9.2}$$

그러므로 각은 다음과 같다.

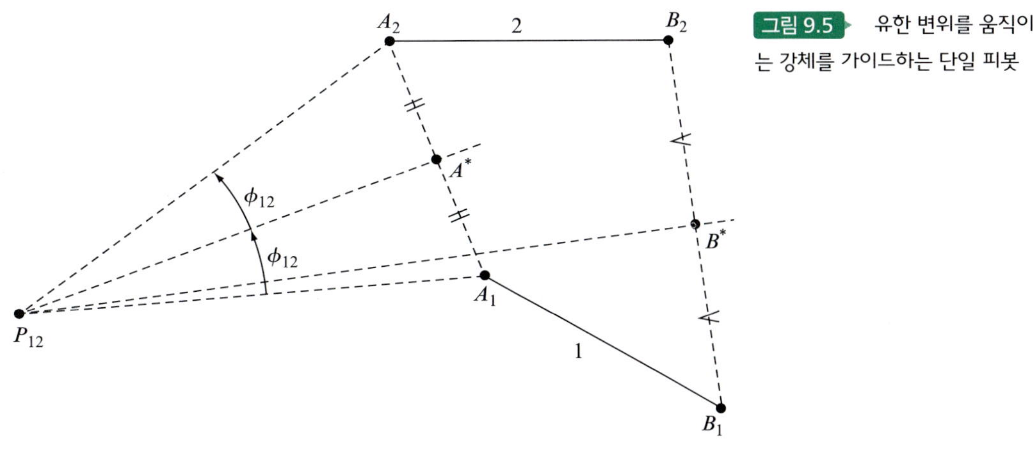


그림 9.5 유한 변위를 움직이는 강체를 가이드하는 단일 피봇

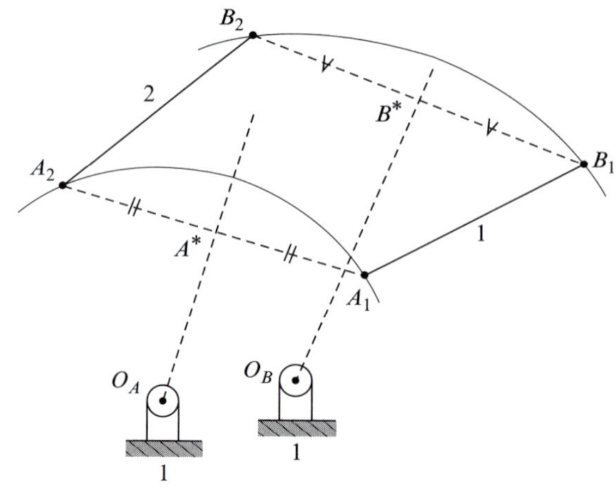


그림 9.6 가능한 4절 링크

$$\angle A_1 P_{12} A^* = \angle A^* P_{12} A_2 = \phi_{12},$$
$$\angle B_1 P_{12} B^* = \angle B^* P_{12} B_2 = \phi_{12} \tag{9.3}$$

여기서 $A^*$와 $B^*$는 각각 선분 $A_1A_2$와 $B_1B_2$의 중점이다. 자세 $i$에서 자세 $j$까지의 유한 변위에 대한 폴 $P_{ij}$는 강체의 미소 변위에 대한 순간중심과 유사하다는 점을 유의해야 한다(3.12절 참조). 다음의 두 서술이 중요하다. (a) 유한 변위의 폴은 움직이는 물체의 변위가 0인 점에 위치해 있다. 그리고 (b) 변위를 계산하기 위해서는 폴을 중심으로 회전하는 것으로 취급할 수 있다.

보다 나은 해법은 단일 피봇보다 두 자세 사이를 움직이는 물체를 가이드하는 데는 4절 링크를 사용하는 것이다, 왜냐하면 4절 링크가 좀 더 안정적이고 단일 피봇보다 더 많은 하중을 지지할 수 있기 때문이다. 그림 9.6에 가능한 4절 링크의 해법이 설명되어 있다. 물체 $AB$는 커플러 링크에 부착되어 있다. 기존과 새로운 점 $A$와 $B$가 두 개의 커플러 피봇으로 사용될 수 있다. 고정 피봇 $O_A$를 $A^*P_{12}$의 수직 이등분선 위의 임의의 점으로 선택할 수 있다. 또한 고정 피봇 $O_B$도 $B^*P_{12}$의 수직 이등분선 위의 임의의 점으로 선택할 수 있다.

2개의 유한 간격의 위치 사이를 움직이는 물체를 가이드 가능한 4절 링크의 총 수는 핀 $A$에 대해 $\infty^2$개의 위치, 핀 $B$에 대해 $\infty^2$ 그리고 수직 이등분선을 따라 고정 피봇 $O_A$에 대해 $\infty^1$, 고정 피봇 $O_B$에 대해 $\infty^1$의 선택이 가능하다. 그러므로 유한 간격의 두 위치를 움직이는 물체를 가이드할 수 있는 총 선택 가능한 수는 $\infty^6$이다.

회전각의 부호와 그들의 첨자 순서 사이의 관계에 주의를 기울이는 것이 중요하다. 물체가 자세 1에서 자세 2로 움직일 때 회전각은 $2\phi_{12}$로 표현된다[식 (9.2) 참조]. 마찬가지로 물체가 자세 2에서 자세 1로 복귀할 때 회전각은 $2\phi_{21}$로 표현된다.

그러므로 다음과 같이 쓸 수 있다.

$$2\phi_{12} + 2\phi_{21} = 0°, 360° \quad \text{또는} \quad \phi_{12} + \phi_{21} = 0°, 180° \tag{9.4}$$

식 (9.4)는 두 각이 같은 방향으로 측정되었을 때 유효함을 유의해야 한다. 만일 반대방향으로 측정하면 다음과 같다.

$$\phi_{21} = -\phi_{12} \tag{9.5}$$

물체의 임의의 고정점, 예를 들면 $A$의 평균속도에 대한 표현은 다음과 같이 쓸 수 있다.

$$(V_A)_{\text{avg}} = \frac{\Delta s_A}{\Delta t} \tag{9.6}$$

여기서 거리는 $\Delta s_A = A_1A_2$이다. 거리 $\Delta s_A$와 각 $\phi_{12}$의 관계는 다음과 같이 구할 수 있다. 그림 9.5의 삼각형 $A_1P_{12}A^*$를 고려하면 다음과 같이 표현할 수 있다.

$$\sin\phi_{12} = \frac{A_1A^*}{P_{12}A_1}$$

이것은 다음과 같이 쓸 수 있다.

$$A_1A^* = (P_{12}A_1)\sin\phi_{12} \tag{9.7}$$

위 식은 다음과 같이 표현할 수 있다.

$$A_1A^* = \frac{A_1A_2}{2} = \frac{1}{2}\Delta s_A \tag{9.8}$$

식 (9.8)과 식 (9.7)을 같다고 하고 재배열하면, 변위는 다음과 같이 쓸 수 있다.

$$\Delta s_A = 2A_1A^* = 2(P_{12}A_1)\sin\phi_{12} \tag{9.9}$$

그리고 식 (9.9)를 식 (9.6)에 대입하고 재배열하면 점 $A$의 평균속도는 다음과 같이 표현된다.

$$(V_A)_{\text{avg}} = \frac{2\sin\phi_{12}}{\Delta t}(P_{12}A_1) \tag{9.10}$$

이 식으로부터, 점 $A$의 순간속도의 크기는 다음과 같이 쓸 수 있다.

$$V_A = \lim_{\Delta t\to 0}\left(\frac{2\sin\phi_{12}}{\Delta t}\right)P_{12}A_1 \tag{9.11}$$

점 $A$의 순간속도의 크기(3장 참조)는 다음과 같다.

$$V_A = \omega R \tag{9.12}$$

여기서 $\omega$는 물체의 각속도이고 $R = P_{12}A_1$은 점 $A$로부터 폴(회전중심)까지의 거리이다. 식 (9.11)과 (9.12)를 비교하면 물체의 각속도는 다음과 같이 쓸 수 있다.

$$\omega = \lim_{\Delta t\to 0}\left(\frac{2\sin\phi_{12}}{\Delta t}\right) \tag{9.13}$$

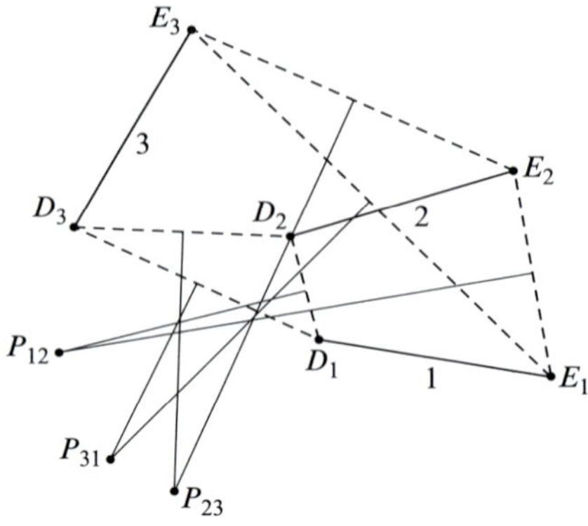


그림 9.7 강체 $DE$의 3위치에 대한 3개의 폴

## 9.4 강체의 3자세 합성($N$ = 3)

한 물체의 3개의 유한 간격의 자세를 자세 1, 2 그리고 3이라고 하면 다음과 같이 명시할 수 있다. (a) 폴은 $P_{12}$, $P_{23}$ 그리고 $P_{31}$ (b) 자세 1에서 자세 2로의 회전각은 $2\phi_{12}$, 자세 2에서 자세 3으로 회전각은 $2\phi_{23}$, 자세 3에서 자세 1로 회전각은 $2\phi_{31}$로 표현된다.

3개 폴의 위치는 이전과 같은 방법으로 구할 수 있다. 물체에 임의의 선을 그림 9.7의 선분 $DE$와 같이 선정한다. 1번 자세에 있는 물체의 선분은 $D_1E_1$, 두 번째 자세의 선분은 $D_2E_2$ 그리고 세 번째 자세의 선분은 $D_3E_3$로 한다. 선분 $D_1D_2$와 $E_1E_2$의 수직 이등분선들의 교점이 $P_{12}$이다. 또한 선분 $D_2D_3$와 $E_2E_3$의 수직 이등분선들의 교점은 $P_{23}$이다. 마지막으로 $D_3D_1$과 $E_3E_1$의 수직 이등분선들의 교점은 $P_{31}$이다. 3개의 유한하게 격리된 자세들에 대한 3개의 폴이 그림 9.7에 나타나 있다.

폴 $P_{12}$와 폴 $P_{23}$, 폴 $P_{23}$과 $P_{31}$ 그리고 폴 $P_{31}$과 $P_{12}$를 직선으로 연결한다. 이 세 선분은 삼각형을 형성하며 폴 *삼각형*(*pole triangle*)이라고 불린다. 폴 삼각형에 대해 이해(예를 들면, 내각과 외각)하고 있어야 3개의 유한 간격의 자세를 움직이는 물체를 가이드하는 기구를 합성할 수 있다.

편의상 그림 9.8*a*의 강체의 유한 변위가 반시계방향으로 나타나 있다. 폴 삼각형에 대해 변의 표식은, 변 1은 두 개의 폴($P_{31}P_{12}$)로 구성된 변의 공통 아래 첨자를 나타내고, 변 2는 두 개의

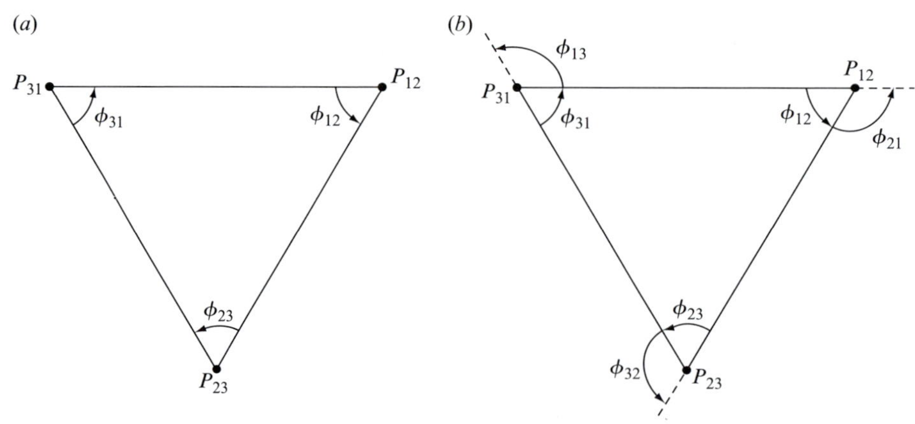


그림 9.8 (*a*) 폴 삼각형의 내각, (*b*) 폴 삼각형의 외각

폴($P_{12}P_{23}$)로 구성된 변의 공통 아래 첨자를 나타내며, 변 3은 두 개의 폴($P_{23}P_{31}$)로 구성된 변의 공통 아래 첨자를 나타낸다.

**폴 삼각형의 내각** 폴 삼각형의 내각에 대한 아래 첨자의 순서는 다음과 같이 정의된다: (a) 폴 삼각형에서 폴 $P_{12}$에 대해 변 1에서 변 2로의 내각은 각 $\phi_{12}$(반시계방향이 양수)이다. (b) 폴 삼각형에서 폴 $P_{23}$에 대해 변 2에서 변 3으로의 내각은 각 $\phi_{23}$(반시계방향이 양수)이다. (c) 폴 삼각형에서 폴 $P_{31}$에 대해 변 3에서 변 1로의 내각은 각 $\phi_{31}$(반시계방향이 양수)이다.

이런 내각은 물체의 회전각의 반이었다. 즉 다음과 같이 표현된다.

$$\phi_{12} = \frac{\theta_{12}}{2}, \quad \phi_{23} = \frac{\theta_{23}}{2}, \quad \text{그리고} \quad \phi_{31} = \frac{\theta_{31}}{2} \tag{9.14}$$

또한 식 (9.14)와 일치하여 폴 삼각형 내각들의 합은 다음과 같이 된다.

$$\phi_{12} + \phi_{23} + \phi_{31} = 180^\circ \tag{9.15}$$

**폴 삼각형의 외각** 식 (9.14)에 상응하여 다음 관계에 유의한다.

$$\phi_{12} + \phi_{21} = 180^\circ, \quad \phi_{23} + \phi_{32} = 180^\circ, \quad \text{그리고} \quad \phi_{31} + \phi_{13} = 180^\circ \tag{9.16}$$

이것은 그림 9.8*b*에서처럼 각은 같은 방향으로 측정될 때 유효하다. 또한 다음 관계에 유의한다.

$$\phi_{12} = -\phi_{21}, \quad \phi_{23} = -\phi_{32}, \quad \text{그리고} \quad \phi_{31} = -\phi_{13} \tag{9.17}$$

이것은 식 (9.5)에서와 같이 반대방향으로 측정할 때 유효하다.

### 예제 9.1

그림 9.9에서와 같이 폴 삼각형이 주어져 있는데, 변 1의 길이는 $P_{31}P_{12} = 2$ in이고, 내각은 $\phi_{12} = \theta_{12}/2 = 53.13^\circ$ ccw이며 $\phi_{31} = \theta_{31}/2 = 36.87^\circ$ ccw, 그리고 움직이는 물체의 점 $D$는 자세 1에서 $D_1$인데 $P_{31}$와 $P_{12}$의 중점이고 이 선분에서 수직으로 1.5 in 아래에 위치해 있다. 물체가 자세 2와 자세 3에 있을 때 점 $D$의 자세, 즉 $D_2$와 $D_3$에 해당되는 점들을 구하라.

**그림 9.9** 폴 삼각형과 점 $D_1$

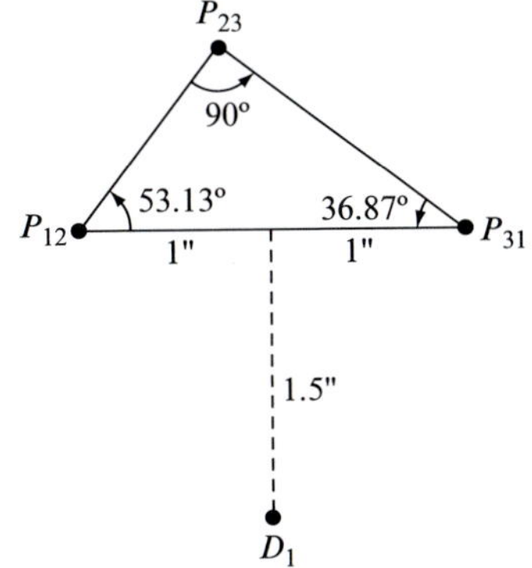

▶ **풀이**

내각 $\phi_{23} = \theta_{23}/2 = 90°$ 반시계방향임을 유의하면, 폴 삼각형 변의 비가 3, 4, 5인 직각삼각형이고 다른 두 변의 길이는 변 2가 $P_{12}P_{23} = 1.2$ in 그리고 변 3는 $P_{23}P_{31} = 1.6$ in이다.

점 $D_2$와 $D_3$의 위치에 대한 직접적인 접근 방법은, 소위 *이미지 점*(*image point*)[또는 *이미지 폴*(*image pole*)]을 이용하는 것이다. 이미지 점은 여기에서 $D_I$로서 공통첨자 $i$에 대해 폴 삼각형의 변(또는 대칭된 변)에 대해 대칭될 때 $D_i$ $(i = 1, 2, 3)$를 생성하는 점으로 정의된다. 다른 말로 하면, $D_1$은 $D_I$의 변 1 ($P_{31}P_{12}$)에 대한 대칭점, $D_2$는 $D_I$의 변 2 ($P_{12}P_{23}$)에 대한 대칭점, 그리고 $D_3$는 $D_I$의 변 3 ($P_{23}P_{31}$)에 대한 대칭점이다. 점 $D_1$, $D_2$ 그리고 $D_3$이 그림 9.10에 예시되어 있다.

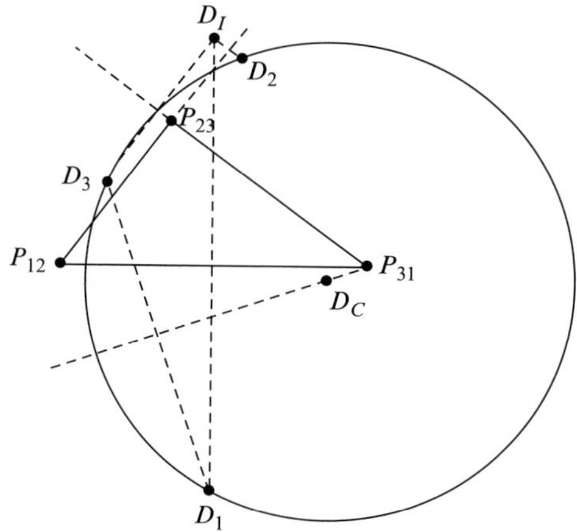


그림 9.10 3개의 위치에서의 점 $D$의 위치(즉, $D_1$, $D_2$ 그리고 $D_3$)

세 개의 점 $D_1$, $D_2$ 그리고 $D_3$은 한 원의 원주 위에 있어야 한다. 즉, 유한 간격 위치를 지나갈 때 물체에 고정된 점으로 정의된 세 위치를 지나는 원을 찾는 것은 항상 가능하다. 이것은 강체가 유한하게 간격 위치를 가이드하는 4절 링크를 설계하는 것이 가능하다는 것이다. 왜냐하면, 커플러 링크 위에 있는 핀 $A$와 $B$는 원호 위에 위치해야 하기 때문이다.

$D_1$, $D_2$ 그리고 $D_3$을 지나는 원의 중심은 *중심점*(*center point*)이라고 하며 $D_C$로 표시한다. $D_C$와 같은 모든 점들은 잘 알려진 중심점 시스템(또는 중심 시스템)을 구성하며, 차후 좀 더 자세히 설명할 것이다. 중심점 $D_C$는 선분 $D_1D_3$와 $D_2D_3$의 수직 이등분선의 교점이다. $D_1D_2$의 수직 이등분선은 중심점 $D_C$를 통과해야 하므로, 이를 이용하여 이전 작도의 정밀도를 검증할 수 있다. 또한 폴의 정의에 의거, 선분 $D_iD_j$의 수직 이등분선은 폴 $P_{ij}$를 통과한다는 것을 유의해야 한다.

기하학적인 관계는 다음과 같이 표현된다.

$$\begin{aligned} \angle D_1P_{12}D_C &= \angle D_CP_{12}D_2 = \phi_{12}, \\ \angle D_2P_{23}D_C &= \angle D_CP_{23}D_3 = \phi_{23}, \\ \angle D_3P_{31}D_C &= \angle D_CP_{31}D_1 = \phi_{31} \end{aligned} \tag{9.18}$$

**예제 9.2**

폴 삼각형과 중심점 $E_C$가 그림 9.11과 같이 주어졌다고 가정한다. 그림 9.11에서의 보는 바와 같이 변 $P_{31}P_{12}$의 길이는 2 in. 내각 $\phi_{12} = \theta_{12}/2 = 25°$ ccw와 $\phi_{31} = \theta_{31}/2 = 40°$ ccw, $P_{12}$에서 중심점 $E_C$까지의 거리는 1 in. 그리고 각 $\angle P_{31}P_{12}E_C = 45°$ cw이다. 물체가 1, 2 그리고 3의 위치에 있을 때, $E$점의 위치를 찾아라(즉, $E_1$, $E_2$ 그리고 $E_3$). 그리고 이 세 점을 지나는 원의 반지름을 구하라.

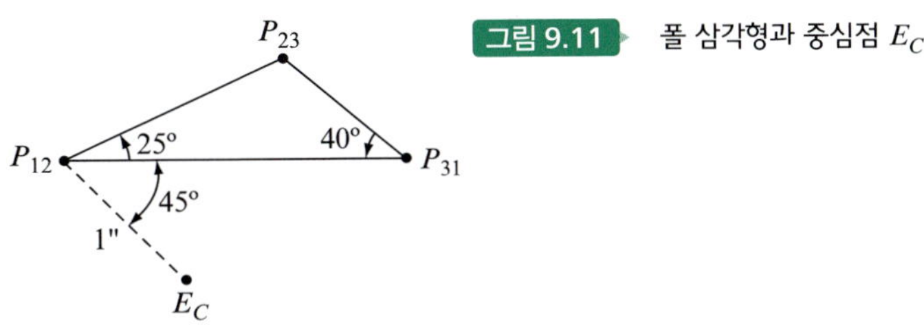


그림 9.11 폴 삼각형과 중심점 $E_C$

▶ **풀이**

자세 1에서 자세 2까지의 내각은 다음과 같이 쓸 수 있다.

$$\phi_{12} = \angle P_{31}P_{12}P_{23} = 25° \text{ ccw} \tag{1a}$$

그리고 자세 3에서 자세 1까지의 내각은 다음과 같다.

$$\phi_{31} = \angle P_{23}P_{31}P_{12} = 40° \text{ ccw} \tag{1b}$$

그러므로 자세 2에서 자세 3까지의 내각은 다음으로 표현된다.

$$\phi_{23} = \angle P_{12}P_{23}P_{31} = 115° \text{ ccw} \tag{1c}$$

기하학적 관계는 다음과 같다.

$$\begin{aligned} \angle E_1P_{12}E_C &= \angle E_CP_{12}E_2 = \phi_{12}, \\ \angle E_2P_{23}E_C &= \angle E_CP_{23}E_3 = \phi_{23}, \\ \angle E_3P_{31}E_C &= \angle E_CP_{31}E_1 = \phi_{31} \end{aligned} \tag{2}$$

이들 3개의 식에서 2개는 $E_1$을 위치시키는 데 사용된다. 즉, 처음과 3번째 식은 다음과 같이 쓸 수 있다.

$$\begin{aligned} \angle E_CP_{12}E_1 &= -\phi_{12} = 25°\text{cw}, \\ \angle E_CP_{31}E_1 &= \phantom{-}\phi_{31} = 40° \text{ ccw} \end{aligned} \tag{3}$$

그러므로 그림 9.12에서와 같이 이 두 직선의 교점은 $E_1$이다. 자세 2와 자세 3의 점 $E$의 위치는 비슷한 방법으로 구할 수 있다. 즉, $E_2$를 위치시키기 위해서는 식 (2)의 처음 2개의 식을 사용하고 $E_3$를 위치시키기 위해서는 2번째와 3번째의 식을 사용한다. 또 다른 방법은 이미지 점 $E_I$를 찾고 이 점을 폴 삼각형의 공통변 2에 대해 대칭점을 찾고 공통변 3에 대해 $E_2$와 $E_3$를 각각 찾는 것이다.

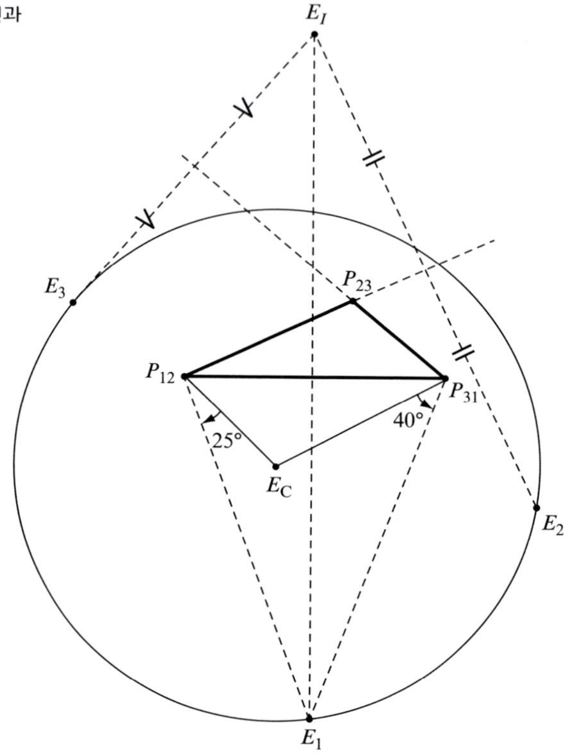

그림 9.12 폴 삼각형과 점 $E_1$, $E_2$ 그리고 $E_3$



원은 $E_C$를 중심으로 $E_1$, $E_2$ 그리고 $E_3$를 지나도록 그릴 수 있다. 원의 반지름은 다음과 같이 측정된다.

$$E_CE_1 = E_CE_2 = E_CE_3 = 1.9 \text{ in}$$

특별한 경우는, 합성에서는 중요한 사항으로 원의 반지름이 무한인 경우에 원이 직선으로 변질된다. 이것은 점 $E$가 3개의 유한하게 격리된 점들을 통과하는 직선 위를 움직인다는 것을 의미한다. 그런 경우에는 점 $E$는 미끄럼 대우에 적합할 것이다. 특별한 경우의 예는 다음과 같다.

**예제 9.3**

그림 9.13에서와 같이 폴 삼각형과 점 $D_1$이 주어져 있다. 변 $P_{31}P_{12}$의 길이는 2 in. 내각 $\phi_{12} = 30°$ ccw와 $\phi_{23} = 90°$ ccw 그리고 $\phi_{31} = 60°$ ccw이다. 그림 9.13에서와 같이 점 $D_1$의 위치는 폴 $P_{31}$과 $P_{12}$의 중점이고 이 선에서 1 in 밑에 있다. 강체가 자세 2와 3에 있을 때 점 $D$의 위치를 구하라. 즉, 점 $D_2$와 $D_3$의 위치를 구하라.

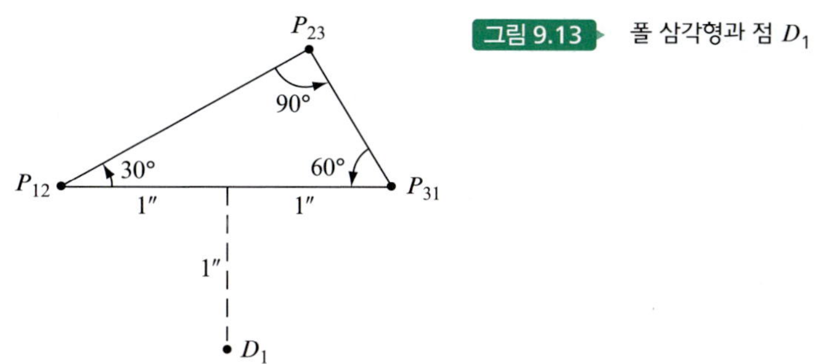


그림 9.13 폴 삼각형과 점 $D_1$

**▶ 풀이**

폴 삼각형이 1, 2, $\sqrt{3}$의 직각 삼각형이다. 그러므로 나머지 두 변의 길이는 $P_{12}P_{23} = \sqrt{3}$ in와 $P_{23}P_{31} = 1$ in이다. 점 $D_1$을 변 $P_{31}P_{12}$에 대해 대칭이동하면 이미지 점 $D_I$를 얻는다. 그리고 $D_I$를 변 $P_{12}P_{23}$에 대칭이동하여 $D_2$를, 그리고 마지막으로 $D_I$를 변 $P_{23}P_{31}$에 대해 대칭이동하여 $D_3$를 얻는다. 점 $D_1$, $D_2$ 그리고 $D_3$은 그림 9.14에 나타나 있다.

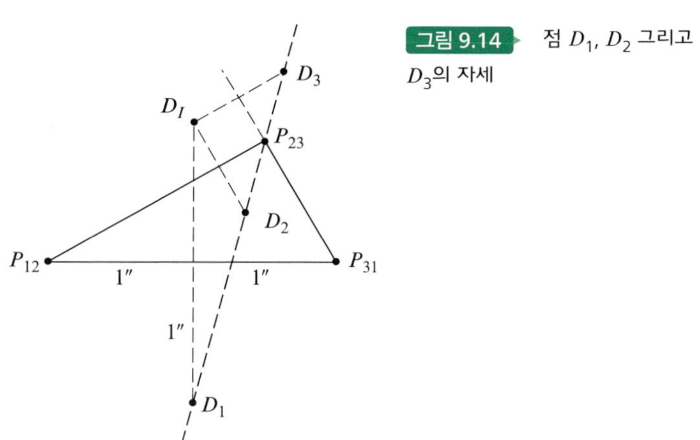


그림 9.14 점 $D_1$, $D_2$ 그리고 $D_3$의 자세

이 세 개의 점 $D_1$, $D_2$ 그리고 $D_3$이 직선상에 놓여 있음을 유의하여야 한다. 또한 이 선은 폴 $P_{23}$을 지난다. 즉, 회전각은 다음과 같다.

$$\angle D_2P_{23}D_3 = 2\phi_{23} = 2\angle P_{12}P_{23}P_{31} = 180^\circ \text{ccw}$$

다음의 예에서 $D$점의 경로가 왜 직선인지 확실하게 해줄 것이다.

**외접원** 삼각형의 중요한 성질은 그것의 외접원이다. 원은 항상 삼각형의 꼭짓점들이 원주에 위치하게 그릴 수 있는데, 이를 *외접원*이라고 한다. 외접원의 중심은 삼각형 세 변의 수직 이등분선의 교점이다. 그림 9.15에서와 같이 외접원의 중심을 $O$라고 한다.

점 $O$의 변 1 ($P_{31}P_{12}$)에 대한 대칭점을 $O_1$이라 하고, 변 2 ($P_{12}P_{23}$)에 대한 점을 $O_2$ 그리고 변 3 ($P_{23}P_{31}$)에 대한 점을 $O_3$이라고 한다. 폴 $P_{31}$과 $P_{12}$는 $O_1$에 중점이 있는 외접원과 같은 반

그림 9.15 폴 삼각형의 외접원

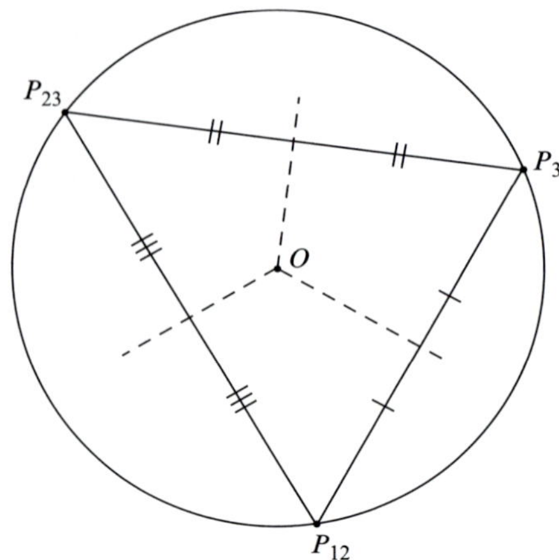


그림 9.16 수심

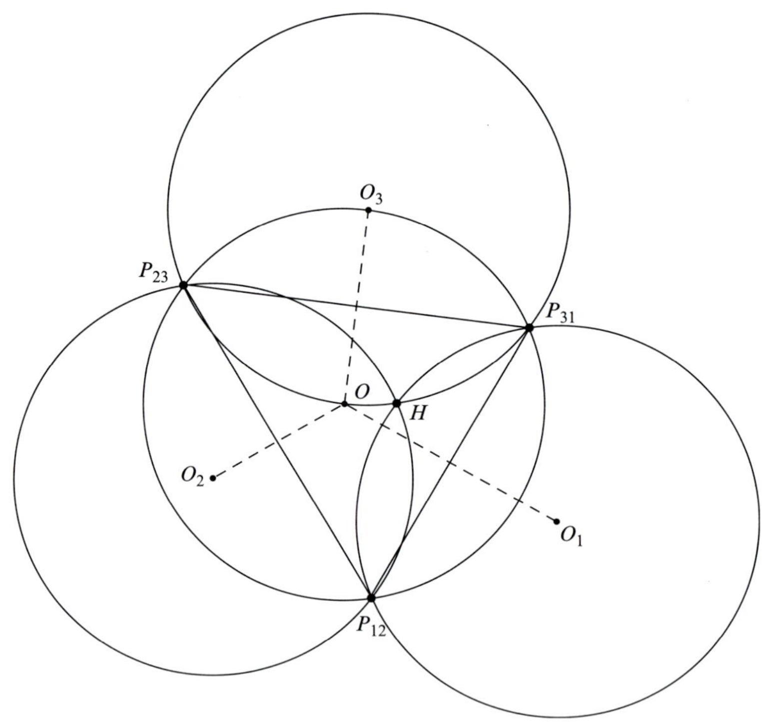


지름의 외접원 원주에 위치한다. 폴 $P_{12}$와 $P_{23}$은 $O_2$에 중점이 있는 외접원과 동일한 반지름을 갖는 외접원 원주에 위치한다. 폴 $P_{23}$과 $P_{31}$은 $O_3$에 중점이 있는 외접원과 동일한 반지름을 갈는 외접원 원주에 위치한다. 이 세 원들은 특이한 점에서 교차하는데, 이를 수심(*orthocenter*)이라고 하고 $H$점으로 표기한다(그림 9.16).

삼각형의 수심은 세 각의 이등분선의 교점으로 정의된다. 그러므로 만일 폴 삼각형이 예각삼각형이면 수심은 삼각형의 안쪽에 위치한다. 만인 폴 삼각형이 직각이면 수심은 폴과 일치하며 직각인 꼭짓점에 위치한다. 만일 폴 삼각형이 둔각삼각형이면 수심은 삼각형의 바깥쪽에 위치한다.

수심 $H$의 변 1 ($P_{31}P_{21}$)에 대한 대칭점을 $H_1$이라 하고, 수심 $H$의 변 2 ($P_{12}P_{23}$)에 대한 점을 $H_2$, 그리고 수심 $H$의 변 3 ($P_{23}P_{31}$)에 대한 점을 $H_3$이라고 한다. 그림 9.17에서와 같이 수심의 대칭점들은 폴 삼각형의 외접원에 위치한다.

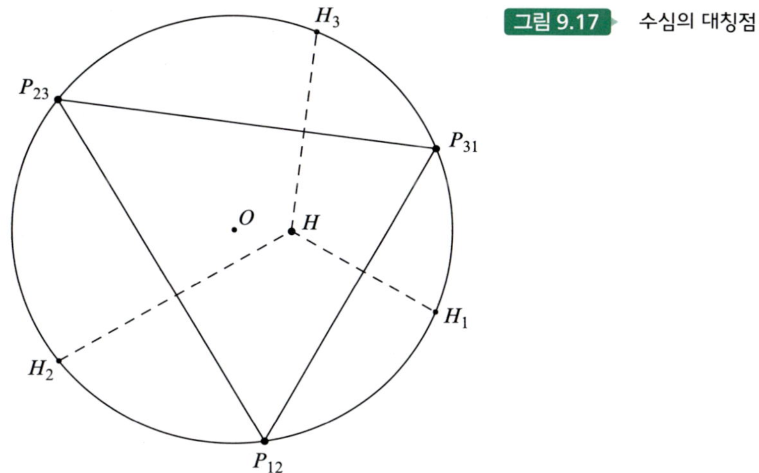


그림 9.17 수심의 대칭점

**예제 9.4**

예제 9.3에 주어진 폴 삼각형에 대해, 외접원의 중심 점 $O$을 구하고 외접원을 그려라. 그리고 점 $O_1$, $O_2$ 그리고 $O_3$위 위치를 구하고 점 $O_1$, $O_2$ 그리고 $O_3$에 중심이 있는 외접원과 같은 반지름을 가진 원들을 그려라. 마지막으로 일직선상에 세 개의 점을 가진 물체의 모든 점들의 궤적을 결정하라.

**▶ 풀이**

예제 9.3의 폴 삼각형이 직각삼각형이기 때문에 외접원의 중심 점 $O$는 빗변에 위치하여야 한다. 빗변은 폴 삼각형의 변 1, 즉 공통 아래 첨자 1임을 유의한다. 그러므로 그림 9.18에서와 같이 점 $O_1$은 $O$와 일치한다. 점 $O$의 폴 삼각형의 공통 아래 첨자 2를 가진 변 2에 대한 대칭점이 $O_2$ 그리고 점 $O$의 공통 아래 첨자 3을 가진 변 3에 대한 대칭점이 $O_3$이다.

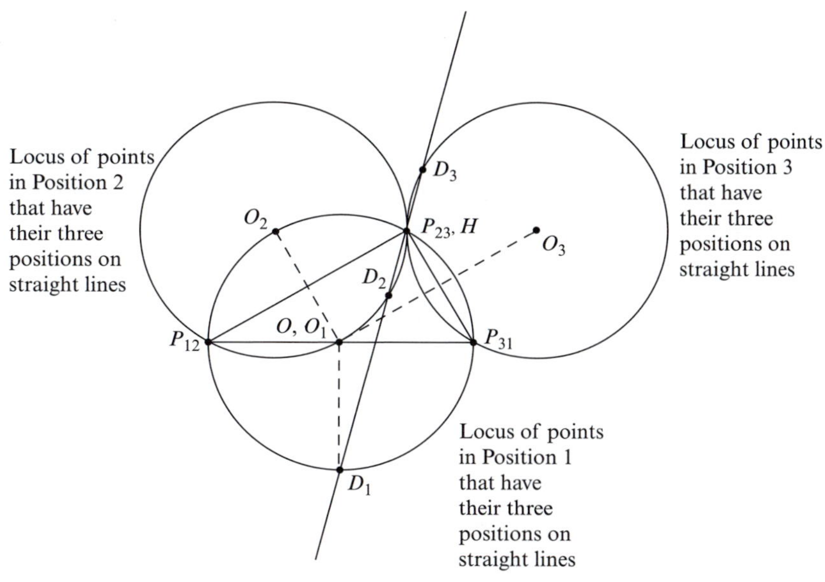


그림 9.18 직선상에 세 개의 점이 있는 점들의 궤적

점 $O_1$이 $O$와 일치하기 때문에, 중심이 $O_1$에 있고 외접원과 같은 반지름이면 외접원과 일치한다. 또한 예제 9.3에 주어진 점 $D_1$은 이 원에 있음에 유의해야 한다. 그러므로 점 $D_2$ 그리고 점 $D_3$은 중심이 $O_2$와 $O_3$에 있는 원에 있다. 결론은 세 점들이 직선 위에 있는 점들의 궤적은 외접원과 반지름이 같고 중심이 각각 $O_1$, $O_2$ 그리고 $O_3$에 있는 원들이다. 이들은 세 개의 유한하게 격리된 자세들을 직선으로 움직일 수 있는 물체의 유일한 점들이다.

이것은 예제 9.3의 점 $D$가 왜 직선으로 움직이는지 설명한다.

세 개의 무한소만큼 격리된 물체의 점들에 대해, 세 개의 원은 합쳐져서 변곡원(4.12절 참조)으로 된다. 변곡원은 물체에 있는 모든 변곡점의 궤적임을 유념해야 한다. 즉, 순간적으로 직선 위를 움직이는 점들이다.

세 개의 격리된 위치들을 움직이는 커플러 링크를 가이드하는 4절 링크를 설계하는 데에는 $\infty^4$개의 가능한 해가 있으며, 즉 커플러 링크의 크랭크핀 $A$에 대한 $\infty^2$의 선택과 커플러 링크의 크랭크핀 $B$에 대한 $\infty^2$개의 선택이 있다. $A$와 $B$의 선택에 의해 고정 피봇 $O_A$와 $O_B$의 위치는 유일하게 결정된다.

## 9.5 강체의 4자세 합성($N = 4$)

강체의 네 개의 유한하게 격리된 자세에 대해서는 6개의 폴이 존재한다. 즉 (a) 자세 1에서 자세 2까지의 유한 변위에 대한 폴 $P_{12}$, (b) 자세 1에서 자세 3까지의 유한 변위에 대한 폴 $P_{13}$, (c) 자세 1에서 자세 4까지의 유한 변위에 대한 폴 $P_{14}$, (d) 자세 2에서 자세 3까지의 유한 변위에 대한 폴 $P_{23}$, (e) 자세 2에서 자세 4까지의 유한 변위에 대한 폴 $P_{24}$, (f) 자세 3에서 자세 4까지의 유한 변위에 대한 폴 $P_{34}$이다.

움직이는 물체에 임의로 고정된 물체의 네 개의 격리된 자세는 일반적으로 하나의 원주에 위치할 수 없다. 그러나 어떤 점들은 원주에 위치할 수 있다. 이런 점들은 네 개의 주어진 위치를 움직이는 물체를 가이드하는 기구를 합성할 때 매우 중요한 점들로서 *원의 점(circle points)*이라고 한다. 원의 점들은 고정 피봇이 원의 중심에 있는 4절 링크의 크랭크핀으로 적합하다. 이것을 *중심점(center points)*이라고 한다. 한 평면에서 네 개의 유한하게 격리된 위치에 대해, 모든 가능한 원의 점은 *원의 점 곡선(circle point curve)*이라는 곡선 위에 위치한다. 그리고 모든 중심점들도 *중심점 곡선(center point curve)* 위에 있다. 이런 두 곡선은 3차 곡선(cubic curve)이고 3차 다항식으로 표현된다.

네 개의 유한하게 격리된 위치를 움직이는 강체를 가이드하는 4절 링크를 설계하기 위해서는 여섯 개의 폴에 집중할 필요가 있다. 다른 말로 하면, 원의 점 곡선과 중심점 곡선은 여섯 개의 폴 중에서 단지 네 개를 고려하여 얻을 수 있다. 만일 해가 만족스럽지 못하면, 다른 네 개의 폴을 선정할 수 있고 이런 합성을 반복한다. 이에 해당되는 기하가 *대각 폴 사각형*이라고 하는 사각형 폴의 기하이다.

두 개의 폴이 서로 공통의 아래 첨자가 없으면 *대각 폴*이라고 할 수 있다. 세 쌍의 *대각선 폴*이 있는데 예를 들면, ($P_{12}$, $P_{34}$), ($P_{13}$, $P_{24}$) 그리고 ($P_{14}$, $P_{23}$)이다. 두 개의 폴이 공통 아래 첨자를 포함하고 있으면 *근접 폴(adjacent poles)*이라고 할 수 있다. 12개의 인접 폴, 즉 ($P_{12}$, $P_{13}$),

($P_{12}$, $P_{14}$), ($P_{12}$, $P_{23}$), ($P_{12}$, $P_{24}$), ($P_{13}$, $P_{14}$), ($P_{13}$, $P_{23}$), ($P_{13}$, $P_{34}$), ($P_{14}$, $P_{24}$), ($P_{14}$, $P_{34}$), ($P_{23}$, $P_{24}$), ($P_{23}$, $P_{34}$)이 있다. 그러므로 전체 세 개의 폴 사각형은 대각 폴에는 연결하는 대각선이 있다. 사각형 폴의 대변은 인접 폴을 연결하는 선들이다. 즉 (a) ($P_{12}$, $P_{13}$), ($P_{12}$, $P_{24}$), ($P_{24}$, $P_{34}$), ($P_{34}$, $P_{13}$), (b) ($P_{14}$, $P_{12}$), ($P_{12}$, $P_{23}$), ($P_{23}$, $P_{34}$), ($P_{34}$, $P_{14}$), (c) ($P_{14}$, $P_{13}$), ($P_{13}$, $P_{23}$), ($P_{23}$, $P_{24}$), ($P_{24}$, $P_{14}$)이다. 그림 9.19에 세 개의 대각 폴 사각형이 예시되어 있다.

**정리** *만일 강체에 정해진 네 개의 위치가 원의 원주에 놓여 있으면, 원의 중심(즉, 중점)에서 바라보는 대각 폴 사각형의 대변을 바라보는 각은 같거나 180° 차이가 난다.*

역도 참이다. *즉 한 점(예 EC)이 대각 폴 사각형의 대변을 바라보는 각이 같거나 180° 차이가 나면, 그 점은 물체의 점 E의 네 개의 위치를 지나는 원의 중심이다.*

그림 9.20에 예시된 원의 점들을 찾는 순서는 다음과 같다. 세 개의 대각 폴 사각형 중 하나를 고려한다. 즉 대각 폴 사각형 ($P_{13}$, $P_{12}$), ($P_{12}$, $P_{24}$), ($P_{24}$, $P_{34}$), ($P_{34}$, $P_{13}$)를 고려한다. 그리고 이 사각형에서 한 쌍의 대변을 선정한다. 즉 변 ($P_{12}$, $P_{24}$)와 ($P_{13}$, $P_{34}$)를 택한다. 변 ($P_{12}$, $P_{24}$)를 현으로 하는 원을 그린다. 즉 변 ($P_{12}$, $P_{24}$)의 수직 이등분선을 그리고 이 수직 이등분선의 임의의 점을 중심으로 선정한다. 임의로 반지름 $R$을 택해서 그림 9.20에서와 같이 원을 그린다. 원의 중점은 선 ($P_{12}$, $P_{24}$)의 왼편 또는 오른편에서 선정한다. 왼쪽과 오른쪽은 다음과 같이 정의된다. 예를 들어, 우리가 폴 $P_{12}$에 서있으면서 $P_{24}$를 바라보는 것은 공통 아래 첨자 2를 뺀 1에서 4를 바라보는 것이다. 그래서 그림 9.20에서와 같이 원의 중심은 선의 오른쪽에서 선정한다.

이제 대변 ($P_{13}$, $P_{34}$)을 현으로 하는 원을 그린다. 이 원의 반지름을 다음 비율로 선정한다.

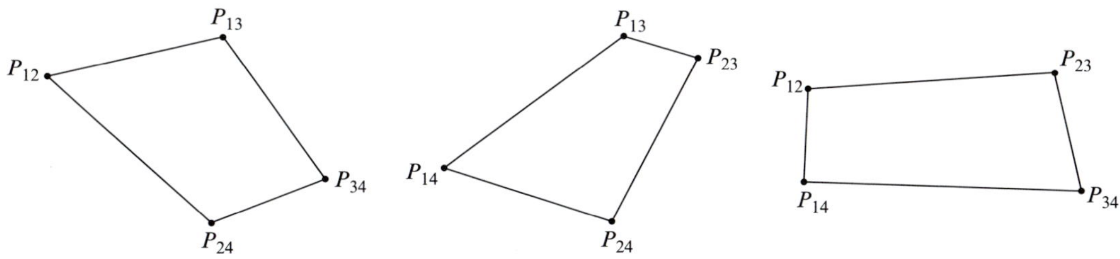


그림 9.19 세 가지 가능한 대각 폴 사각형

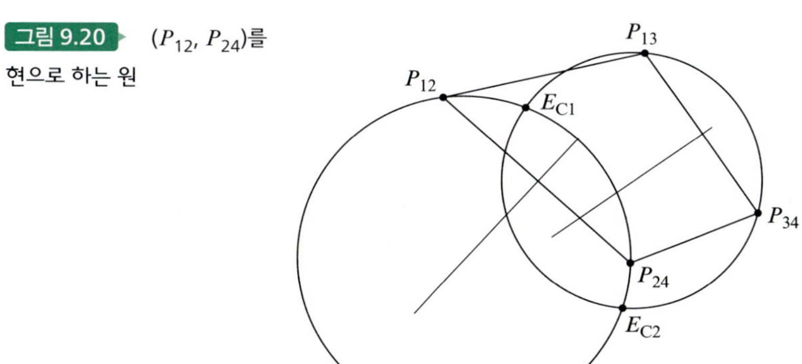


그림 9.20 ($P_{12}$, $P_{24}$)를 현으로 하는 원

$$r = \frac{P_{13}P_{34}}{P_{12}P_{24}}R \tag{9.19}$$

이 원의 중심은 첫 번째 원이 선 ($P_{12}$, $P_{24}$)에 대해 선정된 것과 같이 선 ($P_{13}$, $P_{34}$)의 같은 방향에서 선정한다. 그래서 우리가 폴 $P_{13}$에 이전의 방법과 동일한 방법으로 서서 폴 $P_{34}$를 바라보면, 즉 공통 아래 첨자 3을 무시하고 1에서 4를 바라본다. 중심은 그림 9.20에서와 같이 선의 오른쪽에서 선정된다.

일반적으로 이 두 원은 두 점에서 만나는데, $E_{C_1}$과 $E_{C_2}$로 표시하며 원의 중심으로 가능한 점이다. 이러한 점들은 정리를 만족시킨다. 즉, 폴 사각형의 대변을 바라보는 각이 같거나 180° 차이가 난다. 그 관계는 다음과 같이 표현할 수 있다.

$$\begin{aligned} \angle P_{12}E_{C_1}P_{24} &= \angle P_{13}E_{C_1}P_{34}, \\ \angle P_{12}E_{C_2}P_{24} &= \angle P_{13}E_{C_2}P_{34} \end{aligned} \tag{9.20}$$

$$\begin{aligned} \angle P_{12}E_{C_1}P_{24} &= \angle P_{13}E_{C_1}P_{34} \pm 180°, \\ \angle P_{12}E_{C_2}P_{24} &= \angle P_{13}E_{C_2}P_{34} \pm 180° \end{aligned} \tag{9.21}$$

식 (9.20)의 두 번째와 식 (9.21)의 첫 번째 식이 그림 9.20에 설명된 예의 경우에 해당되는 것으로 증명될 수 있다.

다른 $R$(또는 $r$)의 다른 값을 선정하고 위의 방법을 따르면, 일련의 중심점들을 얻을 수 있다. 이런 점들을 지나는 곡선을 그릴 수 있고 이를 *중심점 곡선*(*center point curve*)이라고 한다. 이 곡선 위의 점들은 모두 4절 링크의 고정 피봇의 후보로 가능하다. 모든 6개의 폴은, 정의에 의해 중심점 곡선 위에 존재한다.

## 예제 9.5

평면 4절 링크의 커플러 링크의 4개의 유한하게 격리된 위치에 대한 6개 폴 중에 5개가 그림 9.21에 나타나 있다. 대각 폴 사각형을 작도하라. 중심점 곡선을 그려라. 이것은 4절 링크의 합성에 사용될 수 있다. 4절 링크의 그림 9.21에 명시된 피봇 $O_A$와 $O_B$에 대해, 4절 링크 처음 3개의 위치에서 해당되는 원의 점 $A$와 $B$ ($A_1B_1$, $A_2B_2$, $A_3B_3$)를 위치시킨다. 두 개 링크 $O_AA$와 $O_BB$의 길이와 그리고 합성된 4절 링크 $O_A$, $A$, $B$, $O_B$에서 커플러 링크의 길이 $AB$를 구한다. 합성된 4절 링크는 그라쇼프 4절 링크인가, 비그라쇼프 4절 링크인가?

그림 9.21 커플러 링크의 4개의 유한하게 격리된 자세

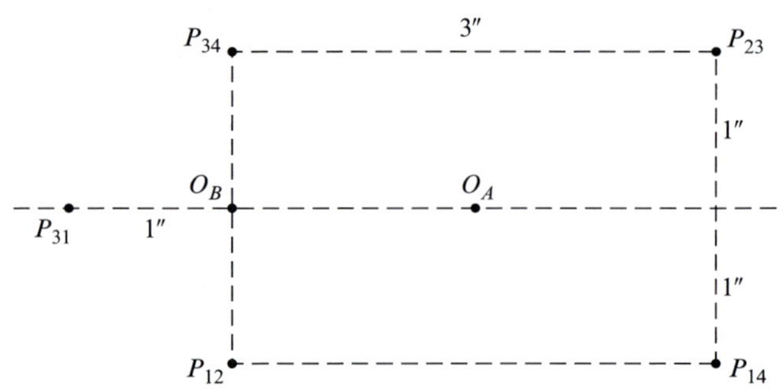

▶ **풀이**

우선 대각 폴 사각형을 그린다. 그림 9.22에서와 같이 대각 폴 사각형의 4변은 ($P_{12}$, $P_{14}$), ($P_{14}$, $P_{34}$), ($P_{34}$, $P_{23}$) 그리고 ($P_{23}$, $P_{12}$)이다. 이것은 가능한 대각 폴 사각형 중 하나일 뿐이다. 그러나 주어진 5개의 폴로 그릴 수 있는 유일한 것이다. 폴 $P_{24}$는 모른다. 그러므로 폴 $P_{31}$을 이용한 대각 폴 사각형은 그릴 수 없다.

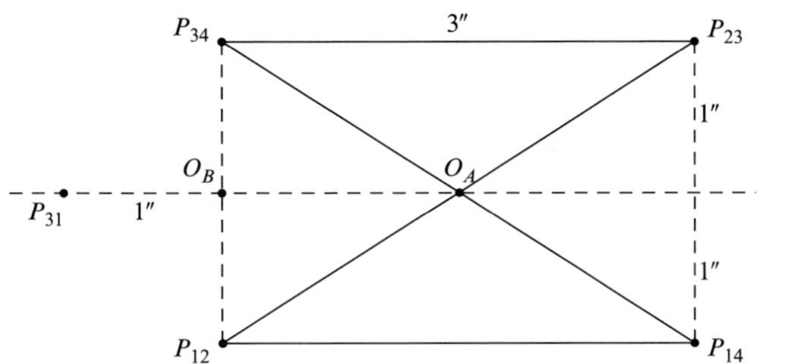


그림 9.22 대각 폴 사각형

중심점 곡선을 그리는 법은 다음과 같다.

1. 대각 폴 사각형의 변 ($P_{12}$, $P_{14}$)와 대변 ($P_{34}$, $P_{23}$)을 선택한다. 삼각형 닮음을 이용하면 다음과 같이 표현된다.

$$\frac{R}{r} = \frac{P_{12}P_{14}}{P_{23}P_{34}} = \frac{3 \text{ in}}{3 \text{ in}} = 1, \text{ that is, } R = r \tag{1}$$

   여기에서 $R$은 중심이 $P_{12}P_{14}$의 수직 이등분선상에 있는 원의 반지름이고, $r$은 중심이 $P_{34}P_{23}$의 수직 이등분선상에 있는 원의 반지름이다.
2. 대각 폴 사각형의 변 ($P_{12}$, $P_{14}$)을 고려한다. 폴 $P_{12}$에 서서 폴 $P_{14}$를 바라보면, 아래 첨자 1을 무시하면 우리는 2에서 4를 바라보고 있는 것이다. 중심이 ($P_{12}$, $P_{14}$)의 수직 이등분선의 오른쪽에 중심이 있고, 반지름 $R$인 원을 그린다.
3. 이제, 대각 폴 사각형의 대변 ($P_{23}$, $P_{34}$)를 고려한다. 폴 $P_{23}$에 서서 $P_{34}$를 바라본다. 이는 아래 첨자 3을 무시하면 2에서 4를 바라보는 것이다. 중심이 ($P_{23}$, $P_{34}$)의 수직 이등분선 위에 있고 우리의 오른편에 있는 $r = R$인 원을 그린다.
4. 앞의 2, 3단계의 두 원의 두 교점을 두 개의 중심점으로 찾는다.
5. $R$(또는 $r$)의 다른 값을 선정하고 위의 순서(단계 2에서 4)를 수행하여 다른 중심점을 얻는다.
6. 마지막으로 앞의 2에서 5단계의 과정을 되풀이한 후 얻어진 중점들을 지나는 곡선을 그린다.

그림 9.23에 표시된 중심점 곡선의 결과를 얻는다.

그림 9.23 중심점 곡선

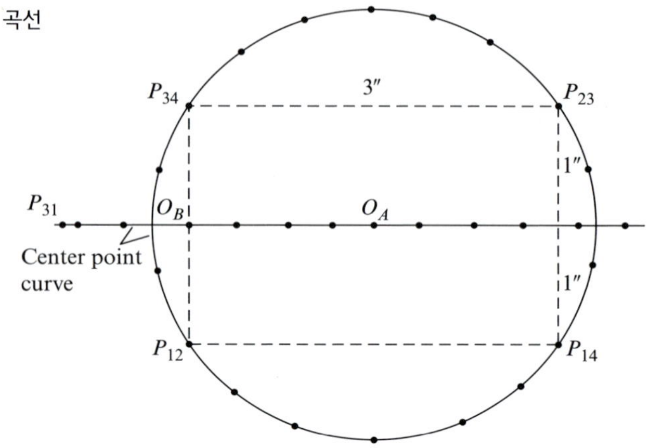

이 곡선 위의 어떤 두 점도 4절 링크의 고정 피봇으로 적당하다. 또한 이 예제의 중심점 곡선은 $O_A$와 $O_B$를 지나는 수평 직선이고 폴 사각형의 외접원이다. 이것은 과도하게 단순화되고 변질된 경우이다. 여기서 3차 곡선은 원과 직선으로 구성되어 있다. 아직 중심점 곡선은 대각 폴 사각형의 네 개의 폴(그리고 주어진 다섯 번째 폴)을 지난다는 점을 유의해야 한다. 이전에 언급한 대로 폴들은 (정의에 의해) 중심점 곡선 위에 있어야 한다. 이것이 도식적 작도를 확립하게 한다.

주어진 원의 점 $O_A$의 $O_B$에 해당하는 $A$와 $B$를 위치시키기 위해서 $P_{12}$, $P_{23}$과 $P_{31}$로 구성된 폴 삼각형을 고려한다. 내각들은 다음과 같다.

$$\phi_{12} = 101.3^\circ \text{ cw}, \quad \phi_{23} = 19.6^\circ \text{ cw}, \quad \text{그리고} \quad \phi_{31} = 59.1^\circ \text{ cw} \tag{2}$$

원의 점, 즉 고정 피봇 $O_A$을 고려하면 각들의 값은 다음과 같다.

$$\angle O_A P_{12} A_1 = -\phi_{12} = 101.3^\circ \text{ ccw} \quad \text{그리고} \quad \angle O_A P_{31} A_1 = +\phi_{31} = 59.1^\circ \text{ cw} \tag{3}$$

폴 $P_{12}$를 지나는 직선을 그려서 직선 $O_AP_{12}$로부터 101.3° ccw의 각을 이루도록 한다. 그런 다음 폴 $P_{31}$을 지나고 직선 $O_AP_{31}$로부터 59.1° cw를 이루도록 선을 그린다. 이 두 직선의 교점이 $A_1$이다. 점 $A_1$이 폴 $P_{31}$과 일치한다는 것을 유념해야 한다. 다음으로, $A_1$을 이미지 점 $A_I$을 구하기 위해 변 1 ($P_{12}P_{31}$)에 대해 대칭이동한다. 그다음에 $A_2$와 $A_3$을 각각 구하기 위해 이미지 점 $A_I$을 변 2 ($P_{12}P_{23}$)에 대해 그리고 변 3 ($P_{23}P_{31}$)에 대해 대칭이동한다. 그림 9.24에 $A_1$, $A_2$ 그리고 $A_3$점의 위치가 나타나 있다. 이미지 점 $A_I$는 $A_1$과 일치함을 유의하여야 한다.

비슷하게 중심점, 즉 고정 피봇 $O_B$을 고려한다. 여기서 각은 다음과 같이 구해진다.

$$\angle O_B P_{12} B_1 = -\phi_{12} = 101.3^\circ \text{ ccw} \quad \text{그리고} \quad \angle O_B P_{31} B_1 = +\phi_{31} = 59.1^\circ \text{ cw} \tag{4}$$

그리고 같은 방법으로 $B_1$, $B_2$와 $B_3$을 얻는다. 그림 9.24에 $B_1$, $B_2$와 $B_3$의 위치가 나타나 있다.

합성된 4절 링크 $O_AABO_B$ 길이가 측정된 결과는 다음과 같다.

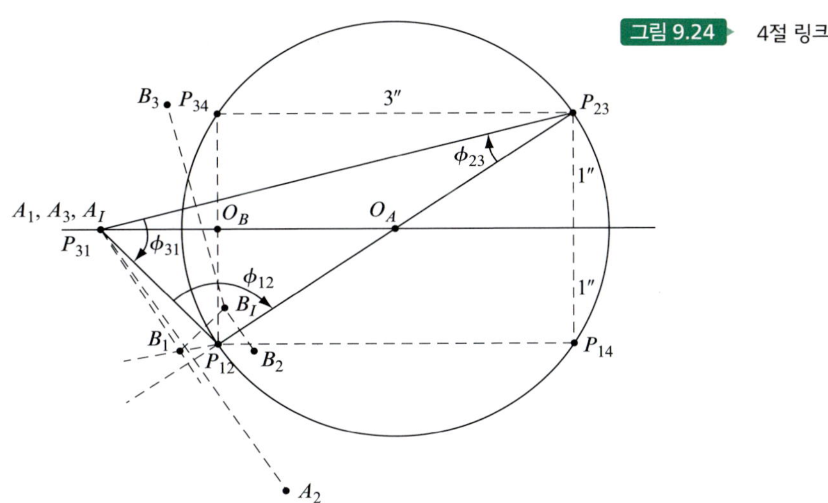


그림 9.24 4절 링크

$$AB = 1.25 \text{ in} = p,\ O_AO_B = 1.5 \text{ in} = q,\ O_AA = 2.5 \text{ in} = l, \quad \text{그리고} \quad O_BB = 1.2 \text{ in} = s$$

그라쇼프 판별식[식 (1.6)]으로부터 평면 4절 링크가 크랭크를 가질 조건은 다음과 같다.

$$s + l \leq p + q$$

여기에서 $l =$ 최장링크의 길이, $s =$ 최단링크의 길이이고 $p$와 $q$는 나머지 두 링크의 길이이다. 측정된 결과를 대입하면 다음과 같다.

$$s + l = 1.2 \text{ in} + 2.5 \text{ in} = 3.7 \text{ in} \quad \text{그리고} \quad p + q = 1.25 \text{ in} + 1.5 \text{ in} = 2.75 \text{ in}$$

그러므로 합성된 4절 링크는 그라쇼프 4절 링크가 되지 못하여 계속적으로 회전할 수 있는 크랭크를 가질 수 없다.

### 예제 9.6

강체가 평면 운동하고 있을 때, 자세 2는 자세 1과 일치하고 자세 4는 자세 3과 일치한다. 그림 9.25에는 이동 물체의 유한 간격 위치에 대한 여섯 개의 폴의 위치가 나타나 있다. 네 개의 유한 간격 위치를 지나는 강체를 가이드하는 4절 링크의 합성에 사용할 수 있는 중심점 곡선을 그려라.

**▶ 풀이**

이전의 예제에서 간략하게 설명되었던 순서를 따르면, 중심점 곡선은 그림 9.26과 같이 그릴 수 있다.

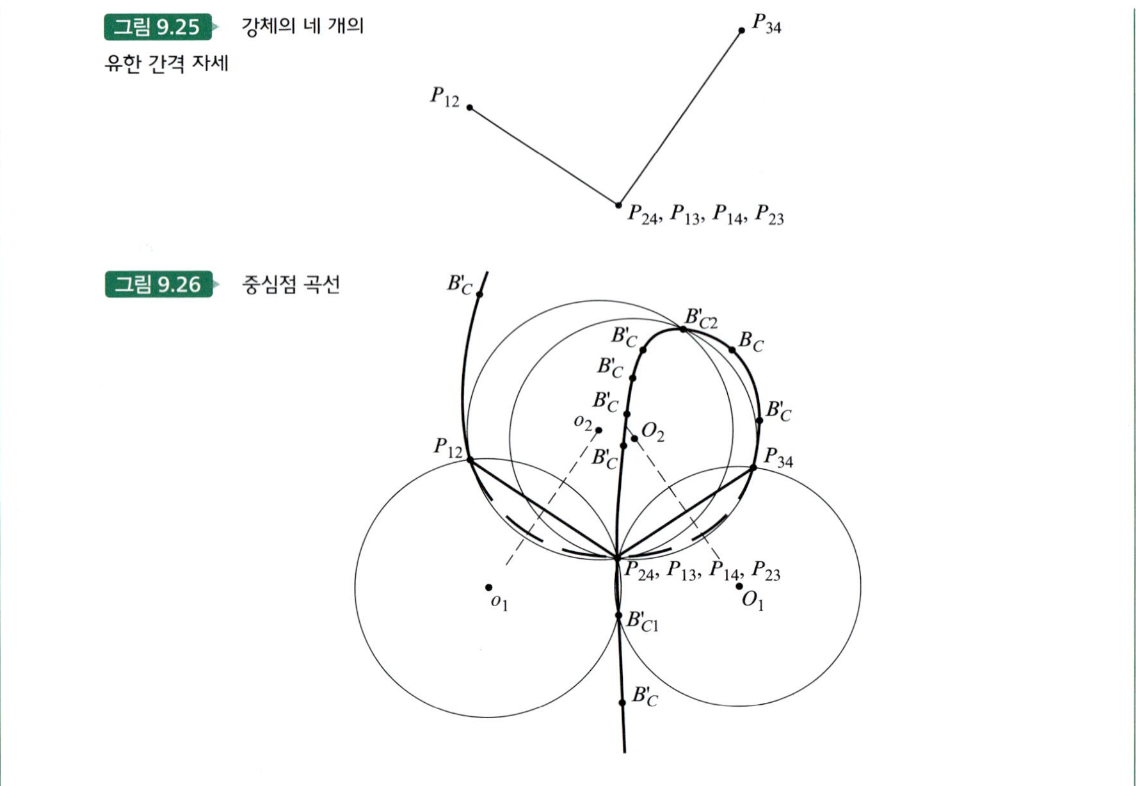


그림 9.25 강체의 네 개의 유한 간격 자세

그림 9.26 중심점 곡선

## 9.6 강체의 5자세 합성($N = 5$)

4절 링크를 사용하여 다섯 개의 유한 간격 자세를 지나가는 강체를 가이드하는 것이 가능할 수도 있다. 그러나 이를 위해, 강체에 속하는 두 개의 점이 각각 다섯 개의 위치가 두 개의 원주상에 존재하도록 하여야 한다. 만일 그러한 점이 존재하면, 그것들은 두 개의 원의 점 곡선의 교차점에 있어야 한다. 예를 들어, 자세 1, 2, 3과 4에 대한 원의 점 곡선을 그릴 수 있었다면 자세 1, 2, 3과 5의 위치에 대한 원의 점 곡선도 그릴 수 있다. 이 두 곡선의 교점들은 *버미스터 점*(*Burmester points*)[8]이라고 불리고, 이것들이 4절 링크의 커플러 피봇이 될 가능성 있는 점들이다. 만일 교점에 해당되는 두 중심점은 실제적으로 링크기구의 고정 피봇이 되는 데 하등 지장이 없는 곳에 위치한다. 즉 작동할 수 있는 설계가 가능하다.

이러한 특별한 점들은 우연히도 물체의 다른 네 개의 자세 그룹의 원의 점 곡선에 있을 수 있다고는 생각되지 않는다. 그러므로 일반적으로 여섯이나 그 이상의 임의 위치를 지나는 평면 4절 링크를 합성하는 것은 가능하지 *않다*.

이 절에서 제시한 방법을 통한 기구는 이론이 정확하게 적용되었다 하더라도 작동하지 않을 수 있다는 점을 유의할 필요가 있다. 왜냐하면 한 물체의 유한 간격 자세를 다루고 중간 자세를 고려하지 않기 때문에, 설계된 기구는 중간에 있을 수 있는 제한 요소로 인해 원하는 운동을 수행하지 못할 수도 있다.

## 9.7 정밀점, 구조적 오차, 체비셰프 배열

이전 절들의 예는 물체를 가이드하는 형태의 합성이었다. 그러나 만일 입력 크랭크의 출력 크랭크에 대한 운동을 고려하면 함수 생성 형태의 링크기구도 역기구학으로 합성될 수 있다. 즉, $x$가 입력 크랭크의 각위치이고 $y$가 출력 링크의 위치라고 하면, 입력/출력 관계는 다음과 같은 함수 관계를 만족시키는 링크기구의 치수를 구하는 것이다.

$$y = f(x) \tag{a}$$

그러나 일반적으로 기구에는 몇 개의 링크 길이와 입출력 각도의 초기값 그리고 기타 몇 가지 등, 설계 매개변수의 개수가 제한되어 있다. 그러므로 링크기구의 합성 문제에는 매우 특별한 경우를 제외하고는 일반적으로 전체 이동범위에 걸쳐 성립하는 완전 해는 없다.

앞 절에서는 *정밀점*(*precision position*)이라고 하는 링크기구의 2개, 3개 또는 4개의 위치를 선택하여, 이러한 몇 개의 선택된 위치에서 필요한 함수를 정확하게 만족시키는 링크기구를 구하였다. 여기에는 설계가 이러한 몇 개의 정밀점에서는 설계 세부사항을 만족한다고 하더라도 정밀점 사이에서는 요구되는 함수에서 약간 벗어날 수도 있으며, 이러한 편차는 수용할 수 있을 정도로 작다고 하는 가정이 함축되어 있다. *구조적 오차*(*structural error*)는 합성된 링크기구가 발생시키는 함수와 원래 주어진 함수 간의 이론적인 차로서 정의된다. 많은 함수 발생 문제에서는, 4절 링크기구 행의 구조적 오차를 4% 이내로 유지할 수 있다. 그러나 도식적인 해석과정에서 *도식적 오차*(*graphical error*)가 전혀 나타나지 않고 불완전한 가공 오차에서 발생하는 *기계적 오차*(*mechanical error*)가 전혀 없어도, 구조적 오차는 통상적으로 존재한다는 사실에 유의해야 한다.

물론, 해에서 구조적 오차의 크기는 정밀점을 어떻게 선택하느냐에 따라 달라질 수 있다. 링크기구 설계 문제 가운데 하나는 구조적 오차를 최소화하는 합성과정에 사용할 일련의 정밀점을 선택하는 것이다.

이러한 정밀점의 간격을 배열할 수 있는 방법으로 *체비셰프* 배열(*Chebychev* spacing)[6]이 많이 사용된다. $x_0 \le x \le x_{N+1}$ 범위의 $N$개의 정밀점에 대한 체비셰프 배열은 다음과 같다.

$$x_j = \frac{1}{2}(x_{N+1} + x_0) - \frac{1}{2}(x_{N+1} - x_0)\cos\frac{(2j-1)\pi}{2N}, \qquad j = 1, 2, \ldots, N \tag{9.22}$$

이에 대한 한 가지 예로, $1 \le x \le 3$의 범위에서 3개의 정밀점을 사용하여 다음과 같은 함수를 발생시키는 링크기구를 설계한다고 가정하자.

$$y = x^{0.8} \tag{b}$$

그러면 3개의 $x_j$ 값은 식 (9.22)로부터 다음과 같다.

$$x_1 = \frac{1}{2}(3+1) - \frac{1}{2}(3-1)\cos\frac{(2-1)\pi}{2(3)} = 2 - \cos\frac{\pi}{6} = 1.134,$$

$$x_2 = 2 - \cos\frac{3\pi}{6} = 2.000,$$

$$x_3 = 2 - \cos\frac{5\pi}{6} = 2.866$$

이에 상응하는 $y$값은 식 ($b$)로부터 각각 다음과 같다.

$$y_1 = 1.106, \qquad y_2 = 1.741, \qquad y_3 = 2.322$$

정밀점의 체비셰프 배열은 그림 9.27과 같은 도식적 방법을 사용하여 쉽게 구할 수 있다. 먼저, 다음의 식으로 계산되는 범위와 지름이 동일한 원을 그림 9.27$a$와 같이 그린다.

$$\Delta x = x_{N+1} - x_0 \tag{c}$$

그 다음으로 이 원에 내접하는 변이 $2N$개인 정다각형을 첫째 변이 $x$축에 직각이 되도록 그린다. 이제 각각의 $j$번째 꼭짓점에서 그은 수선을 $x_j$의 정밀점 값에서 지름 $\Delta x$와 교차시킨다. 그림 9.27$b$에는 앞서 구한 수치 예[식 (9.22)]의 작도가 예시되어 있다.

체비셰프 배열은 설계에서 구조적 오차를 줄일 수 있는 정밀점을 결정하는 좋은 근사법이지만, 문제에서 요구하는 정밀도에 따라 그 만족도가 다르다는 사실에 유의한다. 그러므로 정밀도를 높이기 위해서 $x$에 대한 구조적 오차의 곡선을 그리면, 시행의 정밀점 선택에서 요구되는 조정을 시각적으로 결정할 수 있다.

그러나 끝으로 합성 시 정밀점을 사용할 때 설계자들이 혼동을 일으킬 수 있는 문제점이 두 가지가 더 있다는 사실에 유의하여야 한다. 이 두 가지는 *분기 결함*(*branch defect*)과 *차원 결함*(*order defect*)[19]이다. 분기 결함은 각각의 정밀점에 대하여 사전에 부여된 모드 조건들을 만족하는 완벽한 설계이지만, 분해하여 재조립하기 전까지는 정밀점 사이를 연속적으로 움직일 수 없는 설계를 말한다. 차원 결함은 개발된 링크기구가 모든 정밀점에 도달하지만 원하는 차원이 아닌 설계를 말한다.

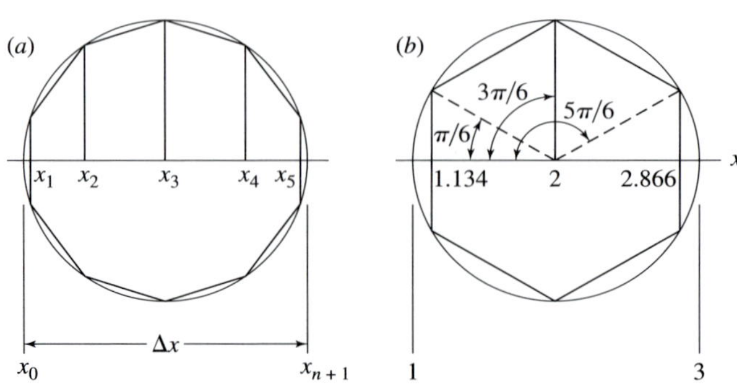


그림 9.27 식 (9.22)의 도식적 표현. ($a$) $N = 5$, ($b$) $N = 3$

**표 9.1** 반올림 입력 및 출력 각도

| Posture | $x$ | Input angle $\phi$, deg | $y$ | Output angle $\psi$, deg |
|---|---|---|---|---|
| 1 | 1 | 0 | 1 | 0 |
| 2 | 1.363 | 21.8 | 1.281 | 14.4 |
| 3 | 1.748 | 44.9 | 1.563 | 28.8 |
| 4 | 2.150 | 69.0 | 1.845 | 43.2 |
| 5 | 2.569 | 94.1 | 2.127 | 57.6 |
| 6 | 3.000 | 120.0 | 2.408 | 72.0 |

## 9.8 겹침법

함수 발생기를 합성하는 데 사용할 수 있는 가장 쉽고 빠른 방법으로 겹침법(overlay method)이 있다. 이 방법은 해를 항상 구할 수 있는 것도 아니고 정밀도가 비교적 떨어진다는 단점은 있지만, 이론적으로 설계과정에서 필요한 수만큼의 정밀점을 선택할 수 있다는 장점이 있다.

다음과 같은 식의 해를 구할 수 있는 함수 발생기를 설계해보자.

$$y = x^{0.8}, \quad 1 \le x \le 3 \tag{a}$$

이 예에서는 링크기구의 6개의 정밀점을 선택하고 출력 로커의 균일 간격 배열을 사용한다고 가정한다. 표 9.1에는 반올림한 $x$ 및 $y$의 값과 이에 상응하는 입력 $\psi$와 출력 $\phi$에 대한 선택 각들이 정리되어 있다.

링크기구 합성의 첫 번째 과정은 그림 9.28$a$와 같다. 트레이싱지를 사용하여 모든 위치에 대하여 입력 로커의 자세 $O_2A$를 그린다. 여기서는 $O_2A$의 길이를 임의로 선택해야 한다. 또한, 이 트레이싱지 위에 커플러 $AB$의 길이를 임의로 선택하고 $A_1$ ~ $A_6$를 각각 중심으로 하는 원호를 그린 다음, 각각 1에서 6으로 번호를 붙인다.

이제 다른 종이 위에 그림 9.28$b$와 같이 길이를 알 수 없는 출력 로커를 모든 위치에 대하여

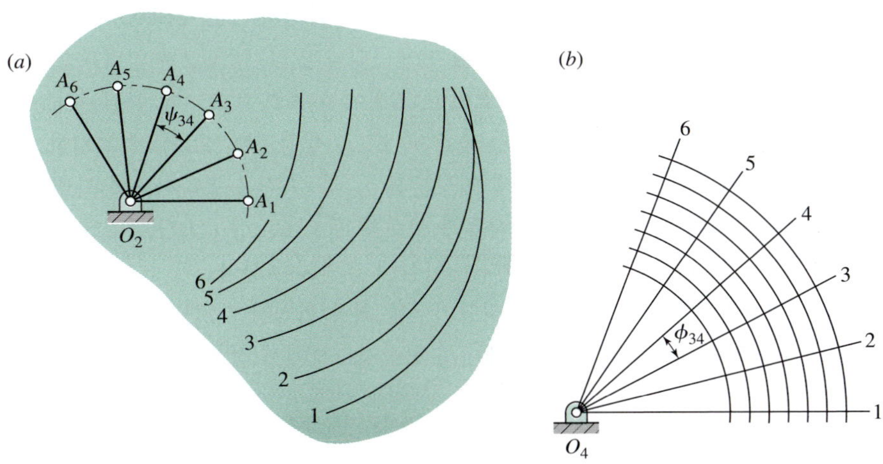


그림 9.28

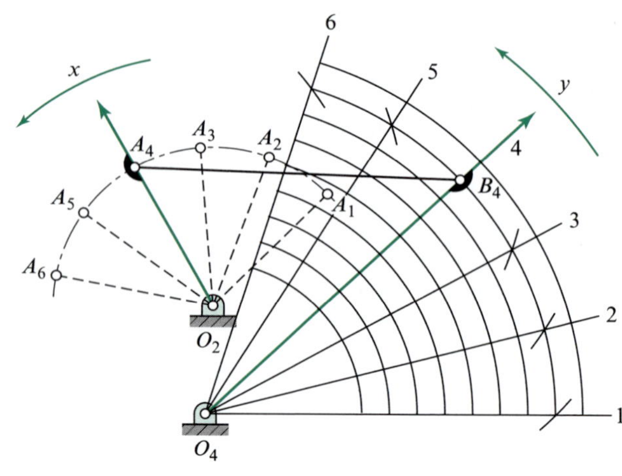


그림 9.29

그린다. $O_4$를 지나는 선 $O_41$, $O_42$ 등과 같이 교차하는 다수의 등간격 원호를 그리면, 이들로부터 출력 로커의 가능한 길이를 알 수 있다.

마지막 단계는 출력 로커를 그린 종이 위에 트레이싱지를 겹쳐 놓고 일치하는 위치를 찾아내는 과정이다. 이 예에서는 일치하는 위치가 발견되었으며 그 결과는 그림 9.29와 같다.

## 9.9 커플러 곡선 합성[3]

이 절에서는 커플러상의 한 점이 링크기구가 움직일 때 특정 경로를 따라가도록 하기 위한 4절 링크기구를 합성한다. 그리고 9.10절부터 9.14절까지는 어떤 특성을 갖는 경로들은 입력요소가 움직이는 일정한 시간 동안 출력요소가 일시 정지하도록 만드는 링크기구를 합성하는 데 특히 유용하다는 것을 배울 것이다.

경로를 생성하는 링크기구를 합성할 때 경로를 따라 정밀점을 6개까지 선택할 수 있다. 이때 합성이 성공적으로 이루어졌다면 트레이싱점은 각각의 정밀점을 통과하게 된다. 최종 결과는 분기 결함이나 차원 결함 때문에 원하는 경로로 근사화되지 않을 수도 있다.

그림 9.30은 4절 링크기구의 두 위치가 나타나 있다. 링크 2는 입력요소로서 $A$점에서 트레이싱점 $C$를 포함하는 커플러 3에 연결되며, $B$점에서 출력 링크 4에 연결된다. 링크기구의 두 위치는 아래 첨자 1과 3으로 표시된다. 점 $C_1$과 $C_3$은 생성되는 경로상에 위치한 트레이싱점의 두 위치이다. 이 예에서 $C_1$과 $C_3$은 수직 이등분선 $c_{13}$이 $O_4$점을 통과하도록 특별히 선택되었다. 또한, 그림에 표시되어 있는 바와 같이 점들을 선택할 때 각도 $\angle C_1O_4O_3$은 그림에 표시되어 있는 바와 같이 각도 $\angle A_1O_4A_3$과 같아야 한다는 사실에 유의해야 한다.

이 2개의 각도를 일치시키면 링크기구를 최종 합성할 때 삼각형 $C_3A_3O_4$와 $C_1A_1O_4$가 합동이 되는 이점이 있다. 그러므로 트레이싱점이 경로상에서 점 $C_1$을 통과하면, 점 $C_3$도 역시 통과하게 된다.

[3] 여기에서 설명된 방법은 하인(Hain)에 의해 고안되었으며 참고문헌[8]에 나와 있다.

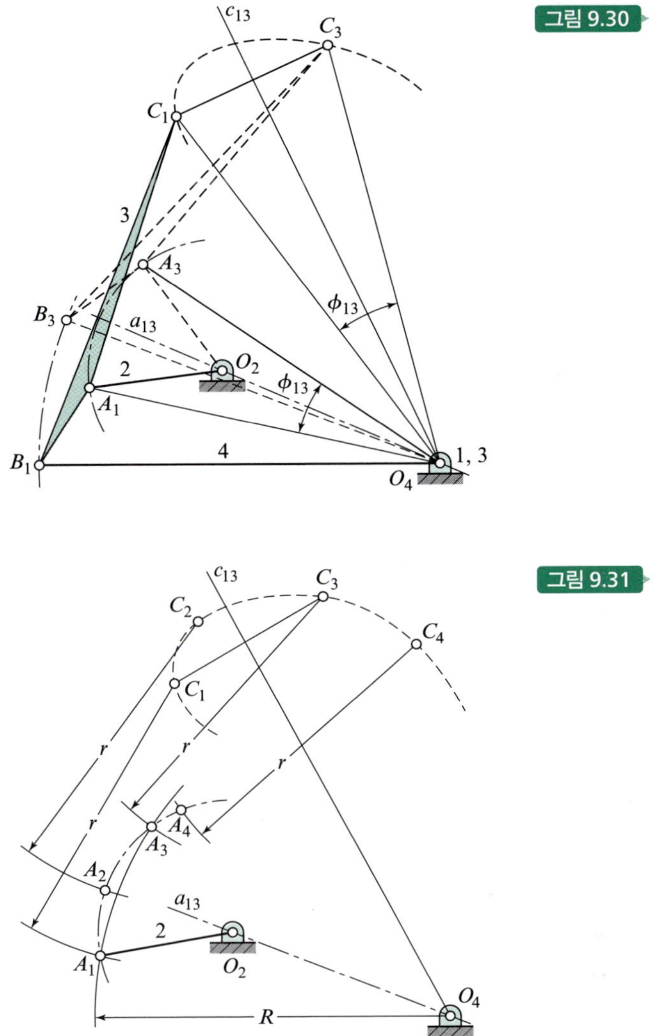

그림 9.30

그림 9.31

커플러가 4개의 정밀점을 통과하도록 링크기구를 합성하려면, 원하는 경로상에 4개의 점 $C_1$, $C_2$, $C_3$, $C_4$의 위치를 정한다(그림 9.31 참조). $C_1$과 $C_3$을 선택하여, 먼저 수직 이등분선 $c_{13}$ 위에 $O_4$의 위치를 임의로 정한다. 그런 다음 $O_4$를 중심으로 임의의 반지름 $R$로 원호를 그린다. 그 다음 $C_1$과 $C_3$을 중심으로 또 다른 반지름 $r$로 각각 원호를 그려서 반지름이 $R$인 원호와 교차시킨다. 이 2개의 교점은 입력 링크에 각각 점 $A_1$과 $A_3$를 형성한다. $A_1A_3$에 수직 이등분선 $a_{13}$을 그으면, 이 선은 $O_4$를 지난다는 사실에 유의해야 한다. $O_2$의 위치는 $a_{13}$ 위에 임의로 정한다. 이렇게 하면 입력 링크의 길이를 선택할 때 편리하다. 이제 $O_2$를 중심으로 $A_1$과 $A_3$을 지나는 크랭크 원을 그린다. 이 원 위에 있는 점 $A_2$와 점 $A_4$은 다시 한번 각각 $C_2$와 $C_4$를 중심으로 반지름이 $r$인 원호를 그려서 얻는다. 이로써 합성의 첫 번째 단계가 완료되는데, 지금까지는 원하는 경로에 대하여 $O_2$와 $O_4$의 위치를 정하였으며 이에 따라 거리 $O_2O_4$를 정의하였다. 또한, 입력요소의 길이를 정의하였으며 경로상의 4개의 정밀점에 대한 입력요소의 위치를 정하였다.

기구 합성의 다음 단계는 점 $B$, 즉 커플러와 출력요소의 부착점의 위치를 정하는 것이다. 4개의 $B$자세 가운데 어느 것을 사용해도 상관없지만, 이 예에서는 자세 $B_1$을 사용하기로 한다.

그림 9.32

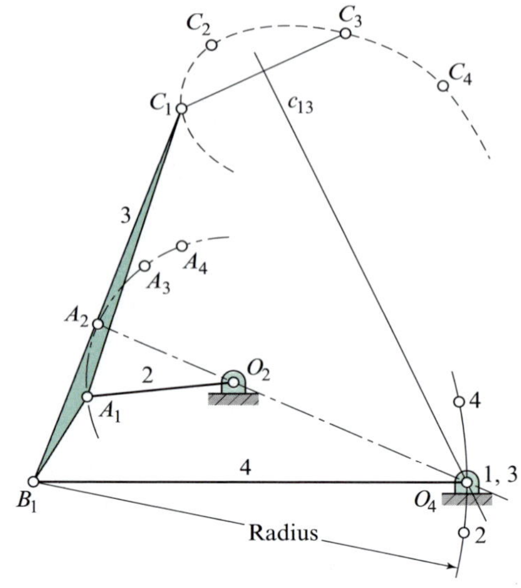


마지막 단계에 들어가기에 앞서, 드디어 링크기구가 정의되었다는 점을 주목해야 한다. 4개의 임의의 값, 즉 $O_4$의 위치, 반지름 $R$과 $r$, $O_2$의 위치가 결정되었다. 그러므로 $\infty^4$의 해를 구할 수 있다.

그림 9.32를 설명하면, 삼각형 $C_2A_2O_4$와 $C_1A_1 2$가 합동이 되는 점 2의 위치를 구한다. 또한 $C_4A_1O_4$와 $C_1A_1 4$가 합동이 되는 점 4의 위치를 구한다. 점 4와 2 및 $O_4$는 중심이 $B_1$인 원주상에 존재하므로 $B_1$은 $O_4 2$와 $O_4 4$의 수직 이등분선의 교점에서 얻어진다. 앞의 과정에서 점 1과 3이 $O_4$와 일치한다는 사실에 유의한다. $B_1$의 위치를 정하면 링크를 정위치에 그릴 수 있으므로 기구를 테스트하여 주어진 경로를 얼마나 잘 추적하는지를 알아볼 수 있다.

링크기구가 5개의 정밀점을 지나는 경로를 생성하도록 합성하기 위해서는 두 점을 축소할 필요가 있다. 그 과정을 설명하면, 먼저 추적하고자 하는 경로상에 5개의 점 $C_1$~$C_5$를 선택한다. 축소를 위하여 이들 중 두 쌍을 선택한다. 그림 9.33에서는 $C_1C_5$와 $C_2C_3$의 쌍을 선택한다. 그 밖에도 다음과 같이 두 쌍을 선택할 수 있다.

그림 9.33

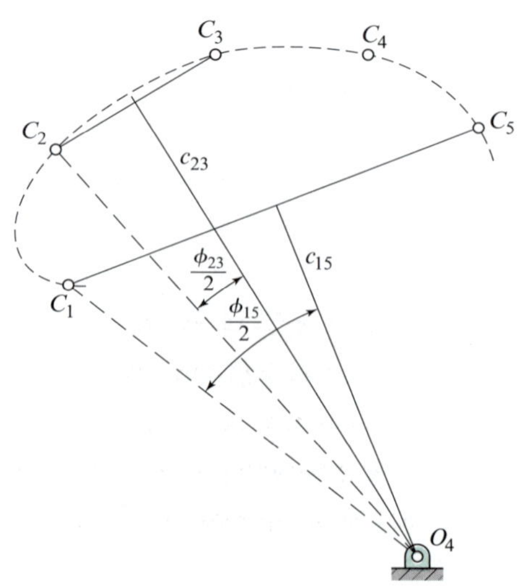

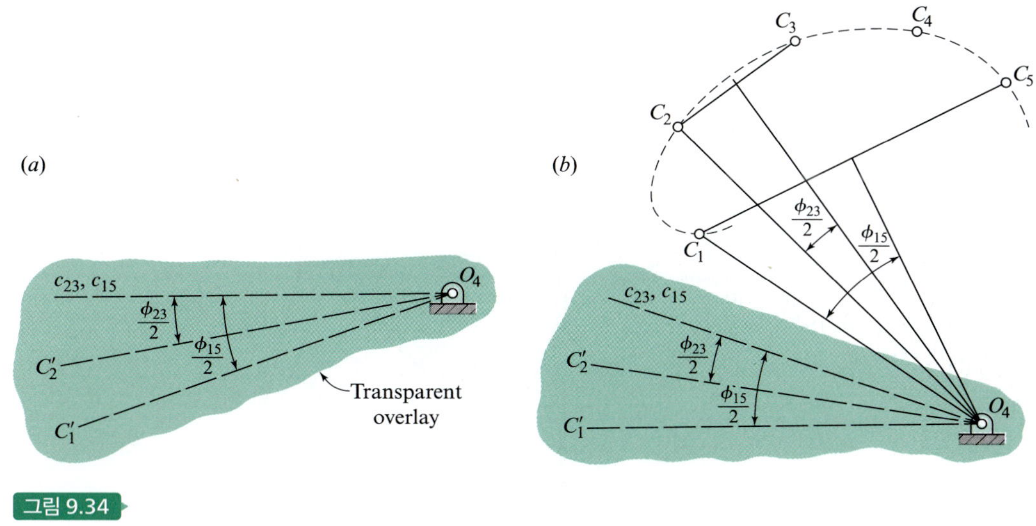


그림 9.34

$$C_1C_5,\ C_2C_4,\qquad C_1C_5,\ C_3C_4,\qquad C_1C_4,\ C_2C_3,\qquad C_2C_5,\ C_3C_4$$

각각의 쌍을 연결하는 선 $c_{23}$과 $c_{15}$를 수직 이등분하는 선을 그리면, 이들은 점 $O_4$에서 교차한다. 그러므로 $O_4$의 위치는 경로상의 점 $C_i$들의 위치를 선택함으로써 뿐만 아니라, 사용할 쌍들을 적절하게 선택함으로써 편리하게 구할 수 있다는 사실에 주의한다.

다음 단계에서는 트레이싱지를 사용하여 겹치는 방법을 사용한다. 트레이싱지를 그림 위에 고정시키고 중심 $O_4$, 수직 이등분선 $c_{23}$과 $O_4$에서 $C_2$까지의 또 다른 선을 표시한다. 그림 9.34*a*에 나타낸 바와 같이 겹침법에 의해서 $O_4C_2$가 $O_4C_2'$로 표시되어 있다. 이는 각도 $\phi_{23}/2$를 나타낸다. 이제, 겹친 종이를 $O_4$를 중심으로 수직 이등분선이 $c_{15}$와 일치할 때까지 회전시키고, $C_1$에 대해서도 동일하게 반복한다. 이로부터 각도 $\phi_{15}/2$와 이에 해당하는 선 $O_4C_1'$를 정의할 수 있다.

이제 종이를 $O_4$에 압정으로 고정시키고 적당한 위치를 찾을 때까지 회전시킨다. 이때 컴퍼스로 반지름 $r$을 잡아서 각각의 점 $C_i$를 중심으로 원을 그리면 도움이 된다. 이러한 원들과 겹친 종이 위의 선 $O_4C_1'$ 및 $O_4C_2'$의 교차점과 서로 서로의 교차점을 구해보면 어느 면적을 조사하는 것이 유용한지 알 수 있다(그림 9.34*b* 참조).

해를 구하는 마지막 단계는 그림 9.35에 나와 있다. 겹친 종이 위에 적당한 위치를 잡고 3개의 선을 원래의 그림이 있던 종이 위에 옮긴 다음, 겹친 종이를 제거한다. 이제 $O_4C_1'$와 교차하는 반지름 $r$인 원을 그려서 점 $A_1$의 위치를 찾는다. 점 $C_2$를 중심으로 반지름 $r$을 갖는 또 다른 원호를 그려서 $O_4C_2'$와 만나는 점을 찾으면 $A_2$가 된다. $A_1$과 $A_2$를 구한 후 수직 이등분선 $a_{12}$를 그으면, $O_2$에서 수직 이등분선 $a_{23}$과 교차하게 되어 입력 로커의 길이를 알 수 있다. $O_2$를 중심으로 $A_1$을 지나는 원을 그리면 여기에서 점 $A$의 모든 설계위치가 포함되어 있으므로, 같은 반지름 $r$을 가지고 각각 $C_3$, $C_4$, $C_5$를 중심으로 원호를 그리면, $A_3$, $A_4$, $A_5$의 위치를 정할 수 있다.

이제 점 $B_1$을 제외한 모든 위치를 구했고, 이 점도 위와 마찬가지 방법으로 구한다. 이때 $O_4$의 위치를 수직 이등분선 $c_{23}$ 위에서 선택하였기 때문에 *중복점* 2, 3이 존재한다. 이 점의 위치를 구하기 위하여 $C_1$을 중심으로 반지름이 $C_2O_4$인 원호를 그린 다음, $A_1$을 중심으로 반지름이 $A_2O_4$인 또 다른 원호를 그리면, 이들은 점 2, 3에서 교차한다. 점 4의 위치를 구하려면, $C_1$을 중

그림 9.35

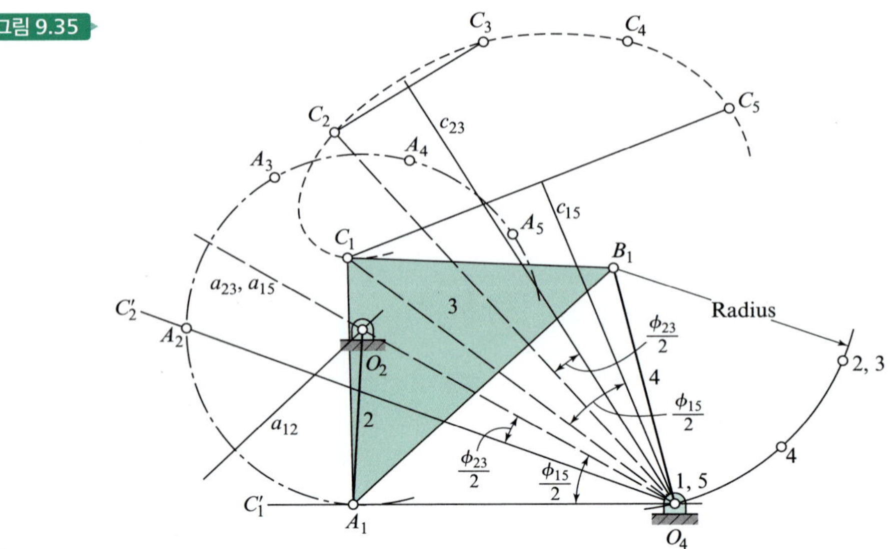


심으로 반지름이 $C_4O_4$인 원호를 그린 후, $A_1$을 중심으로 반지름이 $A_4O_4$인 또 다른 원호를 그린다. 점 $O_4$와 중복점 1, 5는 기구 합성이 $O_4B_1$ 위치상에서의 역전에 근거하고 있기 때문에 서로 일치한다는 사실에 주의한다. 점 $O_4$, 4와 중복점 2, 3은 그림 9.35와 같이 중심이 $B_1$인 원주상에 위치한다. 마지막으로 링크기구는 첫 번째 설계위치에서 커플러 링크와 종동절을 그려서 완성한다.

## 9.10 동종 링크기구, 로버츠–체비셰프 정리

평면 4절 링크기구의 주목할 만한 특성 중의 하나는 동일한 커플러 곡선을 생성하는 4절 링크기구가 하나가 아니라 세 개나 있다는 것이다. 이러한 사실은 1875년 로버츠(S. Roberts)[4]에 이어, 1878년 체비셰프(Chebychev)가 발견한 것으로부터 로버츠–체비셰프 정리라고 부른다. 이 정리는 영국 출판물에는 1954년[7]에 언급되었지만, 미국 문헌에는 1958년에 이르러서야 노스웨스턴 대학의 하텐버그(R. S. Hartenberg)와 데너빗(J. Denavit)[10] 그리고 미시간 주립대의 힝클(R. T. Hinkle)[12]이 각자 따로 거의 같은 시기에 발표하였다.

그림 9.36에서 $O_1ABO_2$를 $AB$상의 커플러 점 $P$를 갖는 원래의 4절 링크기구라고 하자. 하텐버그와 데너빗은 로버츠–체비셰프 정리에서 정의된 나머지 2개의 링크기구를 *동종 링크기구*(*cognate linkage*)라고 명명하였다. 각각의 동종 링크기구는 그림 9.36에 나와 있는데, 하나는 $O_1A_1C_1O_3$인 짧은 점선으로, 다른 하나는 $O_2A_2C_2O_3$인 긴 점선으로 각각 표시되어 있다. 그림을 살펴보면 각 링크기구는 각도 $\alpha$, $\beta$, $\gamma$로 이루어진 4개의 닮은꼴 삼각형과 3개의 서로 다른 평행사변형으로 구성된다는 사실을 분명히 알 수 있다.

두 가지 동종 링크기구의 치수를 구하기 위하여 먼저 프레임 연결부 $O_1$, $O_2$, $O_3$를 해체한다. 그런 다음, $O_1$, $O_2$, $O_3$를 "끌어서" 각각의 링크기구의 크랭크, 커플러 및 종동절이 직선을 이루

[4] Samual Roberts (1827-1913), 수학자; 이 방법은 Roberts의 근사직선 발생기(그림 1.24*b*)와 같지 않다.

그림 9.36

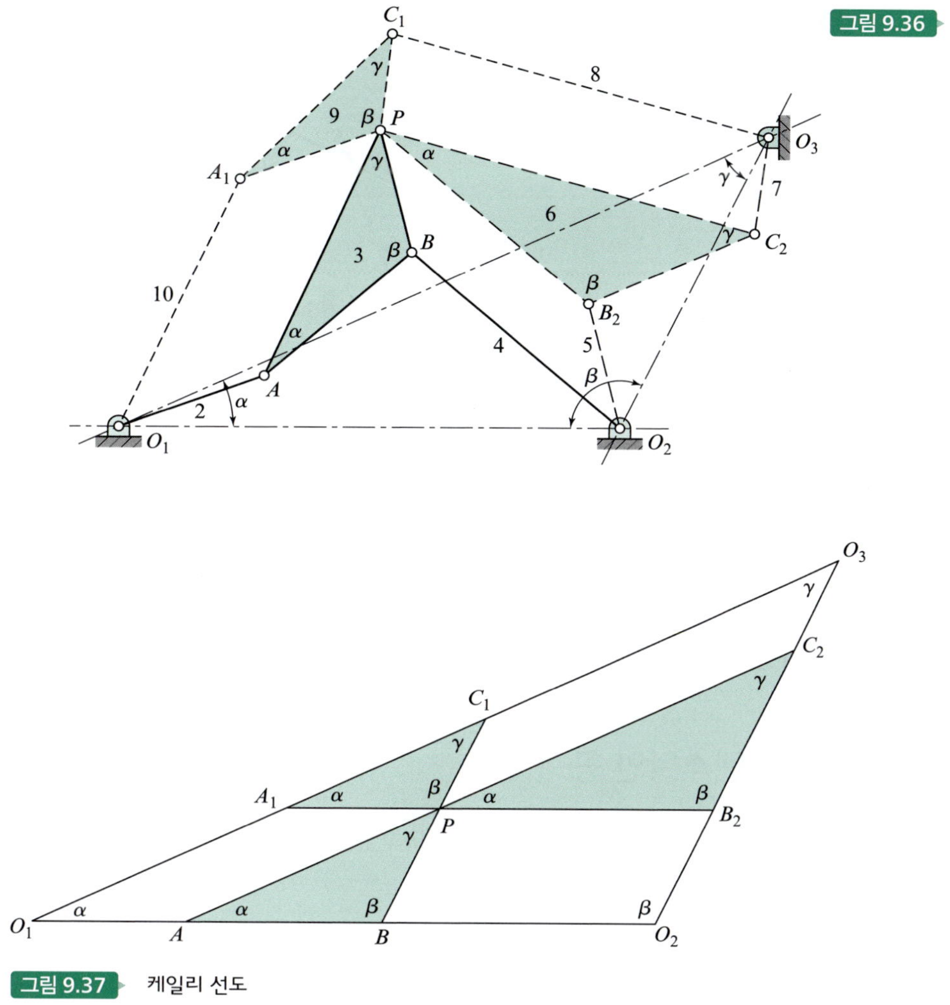


그림 9.37 케일리 선도

도록 하면 그림 9.36의 링크기구가 그림 9.37과 같이 된다. 여기서 프레임 거리들은 정확하지 않지만, 모든 가동 링크들의 길이는 정확하다는 사실이 중요하다. 4절 링크기구와 커플러 점이 주어지면 그림 9.37과 같은 그림을 그려서, 그 밖의 다른 2개의 동종 링크기구의 치수를 구할 수 있다. 이 방법은 케일리(A.Cayley)가 발견했으며, 이로부터 *케일리 선도*(*Cayley diagram*)라고 부른다.[5]

트레이싱점 $P$가 직선 $AB$ 또는 그 연장선 위에 존재하면, 그림 9.37과 같은 그림은 3개의 모든 링크기구가 하나의 직선상에 옮겨지므로 별로 도움이 안 된다. 한 예로 그림 9.38에 나와 있는 바와 같이, $O_1ABO_2$가 $AB$의 연장선상에 커플러 점 $P$를 갖는 원래의 링크기구에 관하여 알아보자. 동종 링크기구를 찾아내려면, $BP : AB$와 동일한 비로 $O_1O_2$의 연장선상에 $O_3$을 위치시키고, 순서대로 평행사변형 $O_1A_1PA$, $O_2B_2PB$ 및 $O_3C_1PC_2$를 그린다.

하텐버그와 데너빗은 그림 9.36에서 링크들 사이의 각속도 관계가 다음과 같다는 것을 증명

---

[5] A. Cayley (1821–1895). [2] 참조. Cayley의 시대에는 기구학적 연쇄개념이 아직 확립되지 않았기 때문에, 4절 링크기구를 3절 링크기구로 기술하였다.

그림 9.38

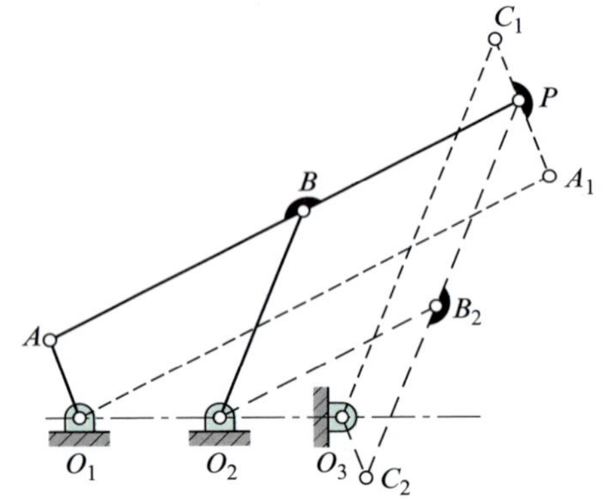


하였다.

$$\omega_9 = \omega_2 = \omega_7, \quad \omega_{10} = \omega_3 = \omega_5, \quad \omega_8 = \omega_4 = \omega_6 \tag{9.23}$$

그들은 또한 크랭크 2가 일정한 각속도로 구동하고 커플러 곡선을 생성하는 동안 속도 관계가 유지된다면, 동종 링크기구는 가변 각속도로 구동되어야 한다고 지적하였다.

## 9.11 프로이덴스타인 공식

그림 9.39에서, 4절 링크를 자세 벡터로 바꾸고 벡터 루프 폐쇄 방정식으로 표현했다.

$$\overset{\surd\surd}{\mathbf{r}_1} + \overset{\surd I}{\mathbf{r}_2} + \overset{\surd ?}{\mathbf{r}_3} + \overset{\surd ?}{\mathbf{r}_4} = \mathbf{0} \tag{a}$$

복소수 형태로 식 (*a*)를 표현하면 다음과 같다.

$$r_1 e^{j\theta_1} + r_2 e^{j\theta_2} + r_3 e^{j\theta_3} + r_4 e^{j\theta_4} = 0 \tag{b}$$

그림 9.39에서 $\theta_1 = 180° = \pi$ radian이므로 $e^{j\theta_1} = -1$이다. 그러므로 만일 식 (*b*)가 직표좌표로 변형되고, 실수부와 허수부를 분리하면 다음과 같은 두 개의 식을 얻는다.

$$-r_1 + r_2 \cos\theta_2 + r_3 \cos\theta_3 + r_4 \cos\theta_4 = 0 \tag{c}$$

그림 9.39

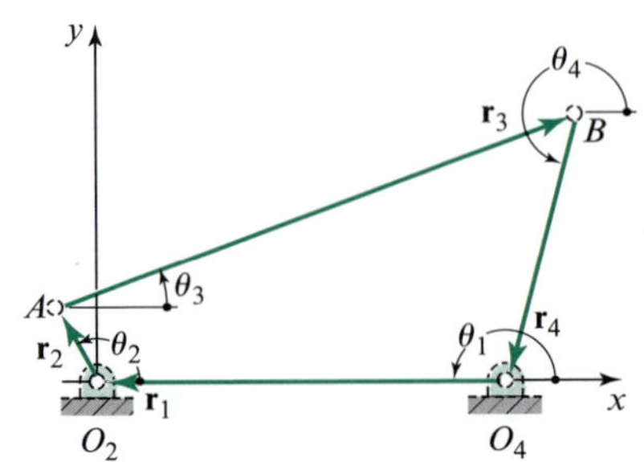

$$r_2 \sin\theta_2 + r_3 \sin\theta_3 + r_4 \sin\theta_4 = 0 \tag{d}$$

커플러 각 $\theta_3$는 소거될 수 있고 각 $\theta_4$는 다음의 절차로 입력 각 $\theta_2$로 표현될 수 있다. $r_3$을 포함하는 항들을 제외한 모든 항들을 우변으로 이항하고 양변을 제곱하면 다음과 같이 된다.

$$r_3^2 \cos^2\theta_3 = (r_1 - r_2\cos\theta_2 - r_4\cos\theta_4)^2 \tag{e}$$

$$r_3^2 \sin^2\theta_3 = (-r_2\sin\theta_2 - r_4\sin\theta_4)^2 \tag{f}$$

이제 두 식의 우변을 전개하고 서로 더하면 다음 식이 구해진다.

$$r_3^2 = r_1^2 + r_2^2 + r_4^2 - 2r_1r_2\cos\theta_2 - 2r_1r_4\cos\theta_4 + 2r_2r_4(\cos\theta_2\cos\theta_4 + \sin\theta_2\sin\theta_4) \tag{g}$$

여기서 $(\cos\theta_2 \cos\theta_4 + \sin\theta_2 \sin\theta_4) = \cos(\theta_2 - \theta_4)$라는 관계식을 치환하고, 위의 식의 양변을 $2r_2r_4$로 나눈 후 정리하면 다음과 같다.

$$\frac{r_3^2 - r_1^2 - r_2^2 - r_4^2}{2r_2r_4} + \frac{r_1}{r_4}\cos\theta_2 + \frac{r_1}{r_2}\cos\theta_4 = \cos(\theta_2 - \theta_4) \tag{h}$$

프로이덴스타인[3]은 이 식을 다음과 같은 형태로 나타내었다.

$$K_1\cos\theta_2 + K_2\cos\theta_4 + K_3 = \cos(\theta_2 - \theta_4) \tag{9.24}$$

여기서 상수는 다음과 같다.

$$K_1 = \frac{r_1}{r_4} \tag{9.25}$$

$$K_2 = \frac{r_1}{r_2} \tag{9.26}$$

$$K_3 = \frac{r_3^2 - r_1^2 - r_2^2 - r_4^2}{2r_2r_4} \tag{9.27}$$

이미 도식적 방법을 사용하여 출력요소의 운동이 입력요소의 운동에 연동되도록 링크기구를 합성하는 것을 배웠다. 프로이덴스타인 공식 (9.24)는 이와 같은 작업을 해석적인 방법을 이용하여 수행할 수 있도록 해준다. 예를 들어, 4절 링크기구의 입력 링크의 각위치 $\phi_1$, $\phi_2$, $\phi_3$에 따라서 출력 링크가 $\psi_1$, $\psi_2$, $\psi_3$의 위치에 오도록 하게 하고자 한다. 식 (9.24)에서 $\theta_2$를 $\phi_i$로 $\theta_4$를 $\psi_i$로 치환하고, 각각의 위치에 따라서 동일한 방정식을 세우면 다음과 같은 결과를 얻을 수 있다.

$$\begin{aligned} K_1\cos\phi_1 + K_2\cos\psi_1 + K_3 &= \cos(\phi_1 - \psi_1), \\ K_1\cos\phi_2 + K_2\cos\psi_2 + K_3 &= \cos(\phi_2 - \psi_2), \\ K_1\cos\phi_3 + K_2\cos\psi_3 + K_3 &= \cos(\phi_3 - \psi_3) \end{aligned} \tag{i}$$

식 ($i$)는 3개의 미지수, $K_1$, $K_2$, $K_3$에 대하여 연립하여 풀고 하나의 링크 길이, 이를 테면 $r_1$의 길이를 임의로 선택하면, 그 밖의 다른 3개의 링크 치수는 식 (9.25)에서 (9.27)까지의 식을 풀어서 구한다. 이 방법은 다음에 주어진 예제에 잘 설명되어 있다.

### 예제 9.7

3개의 정밀점을 사용하여 다음 식의 해를 구할 수 있는 함수 발생기를 합성하라.

$$y = \frac{1}{x},\ 1 \le x \le 2$$

**▶ 풀이**

체비셰프 배열을 선택하여 식 (9.22)로부터 다음과 같은 $x$의 값과 이에 상응하는 $y$의 값을 구한다.

$$\begin{aligned} x_1 &= 1.067, \qquad & y_1 &= 0.937, \\ x_2 &= 1.500, \qquad & y_2 &= 0.667, \\ x_3 &= 1.933, \qquad & y_3 &= 0.517 \end{aligned}$$

이제 각각의 입력 링크와 출력 링크에 대한 요동각과 함께 초기 각도를 선택해야 한다. 이들은 임의로 선택하는 값으로, 정밀점 간의 구조적 오차가 크거나 전달각이 적당하지 않을 수도 있다는 점에서 좋은 링크기구가 설계되지 않을 수도 있다. 이와 같은 기구 합성에서는 하나의 정밀점과 다른 정밀점 사이에 존재하는 피봇점을 분리해야 하는 경우도 생기며, 일반적으로 최적의 초기 각도와 요동각을 찾아내려면 약간의 시행착오가 필요하다.

여기서는 입력 링크의 초기 각도로는 $\phi_{\min} = 30°$, 총 요동각으로는 $\Delta\phi = \phi_{\max} - \phi_{\min} = 90°$를 각각 선택한다. 또한, 출력 링크의 초기 각도로는 $\psi_{\min} = 240°$, 총 운동 범위로는 $\Delta\psi = \psi_{\max} - \psi_{\min} = 90°$를 각각 선택한다. 이렇게 선택하면 표 9.2의 첫째 행과 마지막 행을 완성할 수 있다.

다음으로 정밀점에 상응하는 $\phi$와 $\psi$의 값을 얻기 위하여 다음과 같이 식을 세운다.

$$\phi = ax + b, \qquad \psi = cy + d \tag{1}$$

또한 표 9.2의 첫째 행과 마지막 행에 있는 데이터를 사용하여 상수 $a$, $b$, $c$, $d$의 값을 구한다. 그러면 식 (1)은 다음과 같이 된다.

$$\phi = 90°x - 60°, \qquad \psi = -180°y + 420° \tag{2}$$

이제 위의 두 식을 사용하여 표 9.2에서 나머지 행들의 데이터를 계산하면, 합성 링크기구의 입·출력 레버의 스케일을 각각 결정할 수 있다.

또한 표 9.2의 둘째 행에서 $\phi$와 $\psi$의 값을 취하여 식 (9.24)의 $\theta_2$와 $\theta_4$에 대입하고, 이와 같은 과정을 셋째 행과 넷째 행에 대해서도 반복한다. 결과적으로 다음과 같은 3개의 식을 얻을 수 있다.

표 9.2 정밀점

| Posture | $x$ | Input angle $\phi$, deg | $y$ | Output angle $\psi$, deg |
|---|---|---|---|---|
| – | 1.000 | 30.00 | 1.000 | 240.00 |
| 1 | 1.067 | 36.03 | 0.937 | 251.34 |
| 2 | 1.500 | 75.00 | 0.667 | 300.00 |
| 3 | 1.933 | 113.97 | 0.517 | 326.94 |
| – | 2.000 | 120.00 | 0.500 | 330.00 |

$$\begin{aligned} K_1\cos 36.03° + K_2\cos 251.34° + K_3 &= \cos(36.03° - 251.34°), \\ K_1\cos 75.00° + K_2\cos 300.00° + K_3 &= \cos(75.00° - 300.00°), \\ K_1\cos 113.97° + K_2\cos 326.94° + K_3 &= \cos(113.97° - 326.94°) \end{aligned} \tag{3}$$

삼각함수 값을 계산하여 식을 정리하면 다음과 같다.

$$\begin{aligned} 0.8087K_1 - 0.3200K_2 + K_3 &= -0.8160, \\ 0.2588K_1 + 0.5000K_2 + K_3 &= -0.7071, \\ -0.4062K_1 + 0.8381K_2 + K_3 &= -0.8389 \end{aligned} \tag{4}$$

위의 식을 풀면 다음과 같은 값들을 구할 수 있다.

$$K_1 = 0.4032, \qquad K_2 = 0.4032, \qquad K_3 = -1.0130$$

여기서 $r_1 = 1.00$ 단위로 하면 식 (9.25)로부터 다음과 같다.

$$r_4 = \frac{r_1}{K_1} = \frac{1.000}{0.4032} = 2.48 \text{ 단위}$$ 답

마찬가지로, 식 (9.26)과 식 (9.27)로부터 다음을 구할 수 있다.

$$r_2 = 2.48 \text{ 단위 및 } r_3 = 0.917 \text{ 단위}$$ 답

결과는 그림 9.40에 나온 교차 링크기구이다.

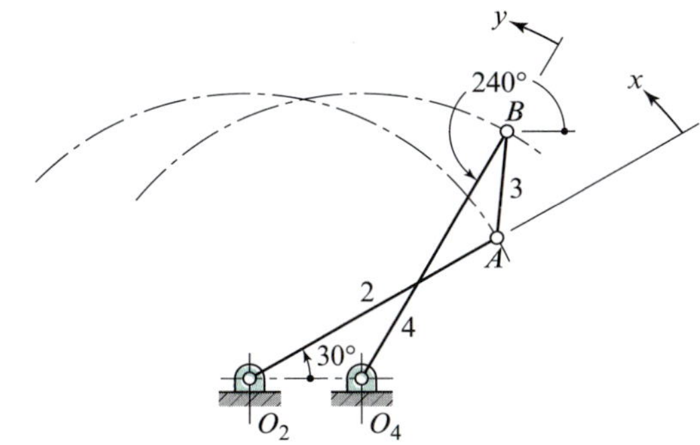


그림 9.40 교차한 4절 링크

프로이덴스타인은 다음과 같이 함수 발생기를 합성하는 데 유용한 지침을 제시하였다.

1. 입출력요소의 총 요동각은 120°보다 작을 것
2. $-1 \leq x \leq 1$의 범위에서 $y = x^2$과 같은 대칭함수의 생성은 피할 것
3. 경사가 급변하는 함수의 생성은 피할 것

## 9.12 복소 대수를 이용한 해석적 합성

평면 링크기구 합성 해석법으로 또 다른 강력한 방법은 정밀점의 개념과 복소 대수의 연산을 이용하는 것이다. 이 개념은 기본적으로 앞 절에서 프로이덴스타인 공식을 이용했던 것과 같이 각각의 정밀점에서 최종 링크기구를 표현하는 복소 대수식을 세우는 것이다.

링크들은 운동 중에 길이가 변하지 않으므로, 이러한 복소 벡터의 크기는 위치에 따라 변하지 않지만 그 각도는 변한다. 몇 가지 정밀점에 대한 식을 세우면, 미지의 크기와 각도를 풀 수 있는 연립 방정식이 얻어진다.

이 방법은 매우 유연하고 여기에 설명되어 있는 것보다 훨씬 더 일반적이다. 더욱 포괄적인 내용은 어드먼(Erdman), 산도르(Sandor) 및 코타(Kota)의 저서[3] 등에 실려 있다. 여기서는 예를 통하여 기본 개념과 몇 가지 기법을 설명한다.

### 예제 9.8

본 예에서는 기계식 연속용지 기록기를 설계하고자 한다. 최종 설계 개념은 그림 9.41에 보여준 바와 같으며, 기록하려는 신호는 $0 \leq \phi \leq 90°$의 범위에서 시계방향인 축의 회전으로 표현된다고 가정한다. 이 회전은 $0 \leq s \leq 4$ in의 범위에서 $\phi$와 $s$ 사이에 선형 관계를 유지하며, 오른쪽 펜의 직선 운동으로 변환된다.[6]

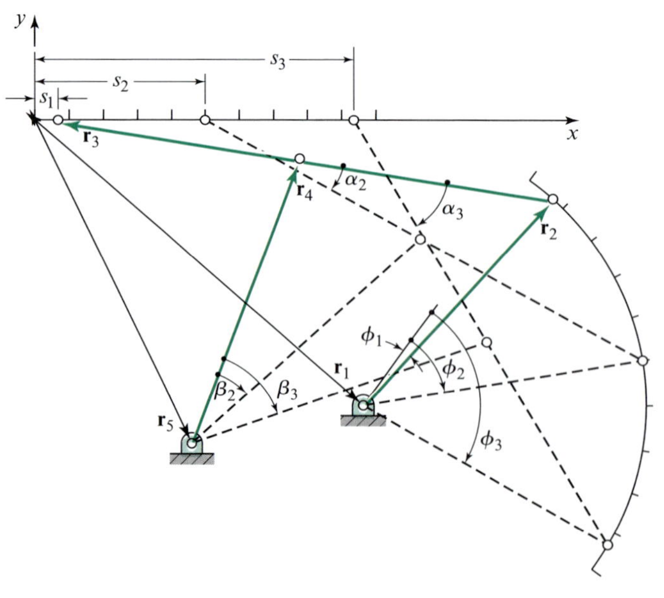


그림 9.41 복소 대수를 이용한 연속용지 기록기 링크기구의 3위치 합성

[6] 비슷한 문제가 도식적인 방법으로 참고문헌[11]에 풀려있다.

▶ **풀이**

먼저 본 설계 해석방법에서는 3개의 정밀점을 선택한다. 구조적 오차를 최소화하기 위하여 해당 범위에 걸쳐 체비셰프 배열을 사용하고 반시계방향의 회전을 양으로 정하면, 3개의 정밀점은 식 (9.22)로부터 다음과 같이 구할 수 있다.

$$\begin{aligned} \phi_1 &= -6^\circ = -0.10472 \text{ rad}, & s_1 &= 0.26795 \text{ in}, \\ \phi_2 &= -45^\circ = -0.78540 \text{ rad}, & s_2 &= 2.00000 \text{ in}, \\ \phi_3 &= -84^\circ = -1.46608 \text{ rad}, & s_3 &= 3.73205 \text{ in} \end{aligned} \tag{1}$$

먼저 입력 크랭크 $\mathbf{r}_2$와 커플러 링크 $\mathbf{r}_3$으로 이루어진 다이애드(dyad)를 설계한다. 이들을 첫 번째 정밀점에서 기구에 대한 복소 벡터를 표현하고 고정 피봇의 미지의 위치를 복소 벡터 $\mathbf{r}_1$로 표현하면, 3개의 각각의 정밀점에서 다음과 같은 폐쇄 루프 방정식을 얻을 수 있다.

$$\begin{aligned} \mathbf{r}_1 + \mathbf{r}_2 + \mathbf{r}_3 &= s_1, \\ \mathbf{r}_1 + \mathbf{r}_2 e^{j(\phi_2-\phi_1)} + \mathbf{r}_3 e^{j\alpha_2} &= s_2, \\ \mathbf{r}_1 + \mathbf{r}_2 e^{j(\phi_3-\phi_1)} + \mathbf{r}_3 e^{j\alpha_3} &= s_3 \end{aligned} \tag{2}$$

여기서 각도 $\alpha_j$는 초기 위치로부터의 커플러 링크의 각각의 위치를 나타낸다. 다음으로 위 식의 첫 번째 식을 나머지 두 식에서 각각 뺀 다음 정리하면 다음과 같은 식을 얻을 수 있다.

$$\begin{aligned} \left[e^{j(\phi_2-\phi_1)} - 1\right]\mathbf{r}_2 + \left[e^{j\alpha_2} - 1\right]\mathbf{r}_3 &= s_2 - s_1, \\ \left[e^{j(\phi_3-\phi_1)} - 1\right]\mathbf{r}_2 + \left[e^{j\alpha_3} - 1\right]\mathbf{r}_3 &= s_3 - s_1 \end{aligned} \tag{3}$$

이때 계수에 보이는 커플러 변위각 $\alpha_j$를 제외하고도 2개의 복소수 미지수 $\mathbf{r}_2$와 $\mathbf{r}_3$가 더 존재하고 복소수 방정식은 2개라는 사실에 유의한다. 그러므로 식의 개수보다 미지수의 개수가 더 많으므로 문제에 부가적인 조건이나 데이터를 지정할 수 있다. 그러므로 예측되는 설계의 개략도를 바탕으로 추정하면 설계 값을 다음과 같이 임의로 결정할 수 있다.

$$\begin{aligned} \alpha_2 &= -20^\circ = -0.349\,07 \text{ rad}, \\ \alpha_3 &= -50^\circ = -0.872\,66 \text{ rad} \end{aligned} \tag{4}$$

식 (1)과 (4)에서 데이터를 얻고 식 (3)에 대입한 후 계산하면 다음과 같은 결과를 얻을 수 있다.

$$\begin{aligned} -(0.222\,85 + j0.629\,32)\mathbf{r}_2 - (0.060\,31 + j0.342\,02)\mathbf{r}_3 &= 1.732\,05, \\ -(0.792\,09 + j0.978\,15)\mathbf{r}_2 - (0.357\,21 + j0.766\,04)\mathbf{r}_3 &= 3.464\,10 \end{aligned}$$

이 식을 2개의 미지수에 대하여 풀면 다음과 같은 결과가 나온다.

$$\mathbf{r}_2 = 2.153\,26 + j2.448\,60 = 3.261 \text{ in}\angle 48.67^\circ \qquad \text{답}$$

$$\mathbf{r}_3 = -5.725\,48 + j0.952\,04 = 5.804\text{ in}\angle 170.56^\circ$$ 답

그런 다음 식 (2)의 첫 번째 식을 사용하여 고정 피봇의 위치에 관하여 풀면 다음과 같이 구할 수 있다.

$$\begin{aligned}\mathbf{r}_1 &= s_1 - \mathbf{r}_2 - \mathbf{r}_3\\ &= 3.840\,17 - j3.400\,64 = 5.129\text{ in}\angle -41.53^\circ\end{aligned}$$ 답

지금까지는 입력 크랭크를 포함한 다이애드를 설계하였다. 중요한 사실은 이와 같은 과정을 슬라이더-크랭크 기구의 설계, 경로 생성 또는 운동 생성을 위하여 사용되는 4절 링크기구의 다이애드 설계, 또는 그 밖의 다양한 응용에 사용할 수 있다는 것이다. 아직 전체적인 설계가 완성되지는 않았지만, 위에서 적용된 과정들은 여타의 링크기구의 합성 문제에도 일반적으로 적용할 수 있다.

기록장치를 계속해서 설계해 나가다 보면, 그림 9.41의 다이애드 $\mathbf{r}_4$와 $\mathbf{r}_5$의 자세 및 치수를 구할 필요가 있다. 그림 9.41과 같이, 질량을 최소화하고 동적 힘을 작게 하기 위하여 출력 크랭크의 움직이는 피봇을 커플러 링크의 중간에 연결한다. 따라서 3개의 정밀점에 대하여 로커를 포함하는 또 다른 폐쇄 루프 방정식을 얻을 수 있다.

$$\begin{aligned}\mathbf{r}_5 + \mathbf{r}_4 \quad + 0.5\mathbf{r}_3 \quad &= s_1,\\ \mathbf{r}_5 + \mathbf{r}_4 e^{j\beta_2} + 0.5\mathbf{r}_3 e^{j\alpha_2} &= s_2,\\ \mathbf{r}_5 + \mathbf{r}_4 e^{j\beta_3} + 0.5\mathbf{r}_3 e^{j\alpha_3} &= s_3\end{aligned} \tag{5}$$

알고 있는 데이터를 대입하고 이 식들을 재정리하면 다음과 같다.

$$\begin{aligned}\mathbf{r}_5 + \qquad \mathbf{r}_4 + (-3.130\,69 + j0.476\,02) &= \mathbf{0},\\ \mathbf{r}_5 + \left(e^{j\beta_2}\right)\mathbf{r}_4 + (-4.527\,25 + j1.426\,52) &= \mathbf{0},\\ \mathbf{r}_5 + \left(e^{j\beta_3}\right)\mathbf{r}_4 + (-5.207\,45 + j2.499\,03) &= \mathbf{0}\end{aligned} \tag{6}$$

이 식들은 미지수가 $\mathbf{r}_4$와 $\mathbf{r}_5$로 2개뿐인 3개의 복소 연립 방정식이므로 회전각 $\beta_2$와 $\beta_3$을 임의로 선택할 수 없다. 식 (6)이 해를 갖기 위해서는 계수의 행렬식이 0이 되어야 한다. 그러므로 $\beta_2$와 $\beta_3$ 다음 식을 만족하도록 선택해야 한다.

$$\begin{vmatrix} 1 & 1 & (-3.130\,69 + j0.476\,02)\\ 1 & e^{j\beta_2} & (-4.527\,25 + j1.426\,52)\\ 1 & e^{j\beta_3} & (-5.207\,45 + j2.499\,03)\end{vmatrix} = 0 \tag{7}$$

이 식은 다음과 같이 전개된다.

$$(-2.076\,76 + j2.023\,01)e^{j\beta_2} + (1.396\,56 - j0.950\,50)e^{j\beta_3} + (0.680\,20 - j1.072\,51) = 0$$

이 식을 $e^{j\beta_2}$에 관하여 풀면 다음과 같다.

$$e^{j\beta_2} = (0.573\,82 + j0.101\,28)e^{j\beta_3} + (0.426\,19 - j0.101\,28)$$

또한 실수부와 허수부로 정리하면 다음과 같다.

$$\begin{aligned}\cos\beta_2 &= 0.573\,82\cos\beta_3 - 0.101\,28\sin\beta_3 + 0.426\,19,\\ \sin\beta_2 &= 0.101\,28\cos\beta_3 + 0.573\,82\sin\beta_3 - 0.101\,28\end{aligned} \tag{8}$$

이제 이 식들을 제곱하여 더하면 미지수 $\beta_2$를 제거할 수 있다. 식을 정리하면 결과적으로 미지수가 $\beta_3$뿐인 하나의 식이 된다.

$$0.468\,59\cos\beta_3 - 0.202\,56\sin\beta_3 - 0.468\,57 = 0 \tag{9}$$

이 식은 탄젠트 반각의 공식을 이용하여 해를 구할 수 있다.

$$x = \tan\frac{\beta_3}{2}, \qquad \cos\beta_3 = \frac{1-x^2}{1+x^2}, \qquad \sin\beta_3 = \frac{2x}{1+x^2}, \tag{10}$$

$$0.468\,59(1-x^2) - 0.202\,56(2x) - 0.468\,57(1+x^2) = 0$$

이것은 이차방정식으로 표현된다.

$$-0.937\,16x^2 - 0.405\,12x + 0.000\,02 = 0$$

이 방정식의 근은 다음과 같다.

$$x = -0.43266 \quad \text{또는} \quad x = 0.00027$$

또한 식 (10)으로부터 다음과 같이 구할 수 있다.

$$\beta_3 = -46.79° \quad \text{또는} \quad \beta_3 = 0.03°$$

원하는 설계의 개략도를 참고하여 2개의 해 가운데 첫 번째 해인 $\beta_3 = -46.79°$를 선택한다. 그런 다음 다시 식 (8)로부터 $\beta_2 = -26.76°$를 구하고, 마지막으로 식 (6)에서 최종 해를 구한다.

$$\mathbf{r}_4 = 1.299\,71 + j3.410\,92 = 3.650\text{ in}\angle 69.14° \qquad \text{답}$$

$$\mathbf{r}_5 = 1.830\,98 - j3.886\,94 = 4.297\text{ in}\angle -64.78° \qquad \text{답}$$

이와 같이 로커 $\mathbf{r}_4$를 구하는 풀이과정의 후반부는, 여러 가지 다른 문제에서 3개의 정밀점을 지나는 크랭크를 설계하는 데에 사용할 수 있는 일반적인 해석방법이기도 하다. 이 예제는 특별한 경우를 상정하고 있지만, 이 해석방법은 링크기구 설계에서 자주 등장한다.

물론 설계를 종료하기 전에 설계한 링크기구를 해석을 통해 설계의 품질을 평가해야 한다. 여기서의 평가방법은 2장의 식들을 사용하여 주어진 이동범위에 걸쳐서 20개의 동일한 크랭크

각 증분에 대하여 커플러 점의 위치를 구한다. 예상했던 대로 구조적 오차가 있으며, 커플러 곡선은 정확하게 직선이 아니고 변위 증분도 펜의 이동범위에 대하여 완벽하게 일직선이 아니다. 그러나 해는 매우 근사하여 직선 편차는 0.020 in, 즉 이동범위의 0.5% 미만이고, 입력 크랭크의 회전과 커플러 점의 이동범위 사이의 선형도는 이동범위의 1% 미만이다. 예상한 대로 구조적 오차는 규칙적인 형태를 따르고 있으며, 3개의 정밀점에서 사라진다. 전달각은 전체 범위에 걸쳐서 70° 이상이고, 힘 전달에는 아무런 문제가 없다고 생각된다. 정밀점들을 추가적으로 사용하면 설계의 질을 다소 향상시킬 수 있지만, 현재의 해로도 훌륭하여 더 이상의 시도는 불필요하다.

## 9.13 드웰 기구의 합성

직선이나 원호를 그리는 커플러 곡선의 가장 흥미로운 용도 중 하나는 작동 중에 실제로 일시정지(dwell)를 하는 기구를 합성하는 것이다. 커플러 곡선의 일부분을 사용하면, 운동하는 도중에 극한 지점의 어느 한쪽, 양쪽 또는 중간 지점의 일정한 위치에서 일시정지하는 드웰 기구를 합성하는 것은 어렵지 않다.

그림 9.42*a*는 론스와 넬슨의 도해서(Hrones and Nelson atlas)에서 선택한 근사 타원형의 커플러 곡선으로, 이 커플러 곡선의 대부분은 근사적으로 원호를 그리고 있다. 이 커플러 곡선을 그리는 4절 링크는 이 그림에 표지되지 않았지만 도해서에는 명시되어 있다. 연결 링크 5의 길이를 이 원호의 반지름과 일치되게 주어져 있다. 그러면 그림 9.42*a*에서 점 $D_1$, $D_2$, $D_3$은 커플러 점 $C$가 $C_1$, $C_2$, $C_3$을 지나면서 움직이는 동안에 정지하게 된다. 또한 그림 9.42*b*에서 보는 바와 같이 동일 목적이 슬라이더에 대해서도 얻어진다. 링크 6은 점 $C$가 커플러 곡선의 직선 부분을 지날 때 일시정지(dwell)한다. 출력 링크 6의 길이와 프레임 점 $O_6$의 위치는 이 링크에 필요한 요동각에 따라 정해지며, 프레임 점의 위치도 전달각이 최적이 되도록 정해야 한다.

원호의 일부분이 커플러 곡선이 되도록 하려면, 론스와 넬슨의 도해서[13]를 체계적으로 검색하는 방법을 사용하면 되는데, 그림 9.43과 같은 겹침지는 트레이싱지로 되어 있어 도해서에 있는 경로상과 일치하는 궤적을 쉽게 찾을 수 있다. 또한, 이로부터 선분의 곡률 반지름과 피봇점 $D$의 위치, 연결 링크의 요동각을 알 수 있다.

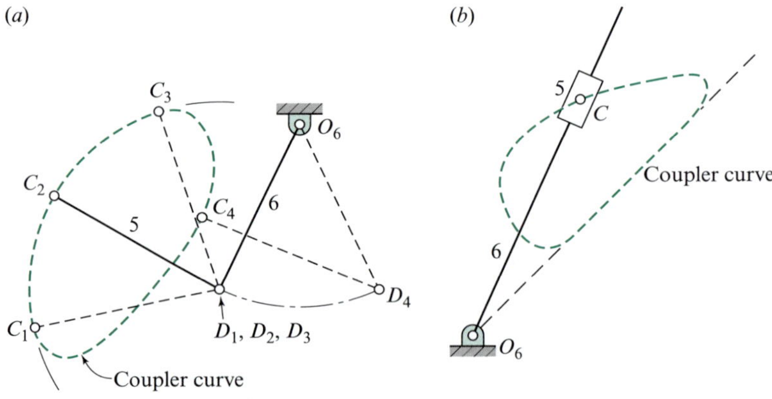


그림 9.42 링크 6은 점 $C$가 (*a*) 원호 $C_1C_2C_3$, (*b*) 커플러 곡선의 직선부를 따라 이동하는 동안 일시정지한다.

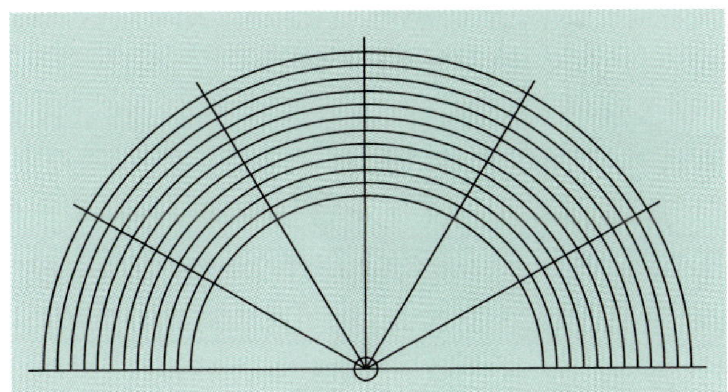

그림 9.43 론스와 넬슨의 도해서[13]에 사용하는 겹침지

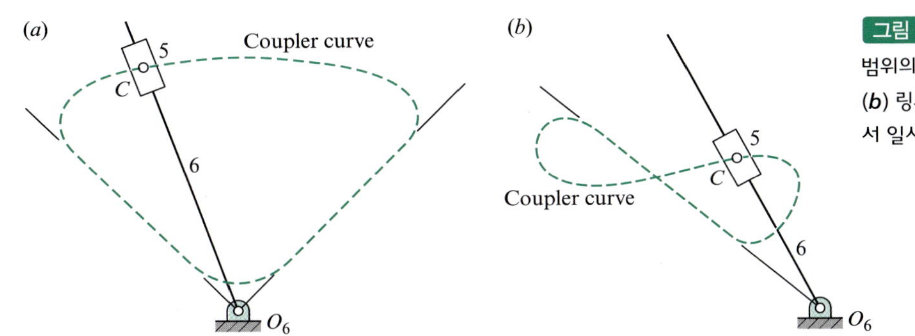


그림 9.44 (a) 링크 6이 요동범위의 양쪽 끝에서 일시정지한다. (b) 링크 6이 요동범위의 중간부에서 일시정지한다.

그림 9.44에는 슬라이더를 사용한 드웰 기구를 보여준다. 여기에는 직선 커플러 곡선이 사용되고 있으며, 피봇점 $O_6$은 이 직선의 연장선상에 위치한다.

그림 9.44*a*의 배열은 링크 6의 양쪽 운동 극한에서 일시정지한다. 그러나 실제로 이러한 기구는 링크 6의 슬라이더가 피봇점 $O_6$의 부근에 있을 때 속도가 매우 높아지므로 만들기 어렵다.

그림 9.44*b*의 슬라이더 기구는 운동 중에 일시정지하는 링크를 만들기 위하여 직선부를 갖는 8자형 커플러 곡선을 사용하고 있다. 피봇 $O_6$은 그림과 같이 직선부의 연장선상에 위치해야 한다.

## 9.14 간헐 회전 운동

*제네바 휠*(*Geneva wheel*), 일명 *몰타 십자기구*(*Maltese cross*)는 간헐적인 회전 운동을 제공하는 캠과 같은 기구로서, 저속이나 고속 기계에 모두 보편적으로 사용되는 기구이다. 원래는 시계의 태엽이 지나치게 감기는 것을 방지하기 위한 정지기구로 개발되었으나, 현재는 공작기계의 주축(spindle)이나 터릿(turret) 또는 작업대(worktable)를 일정한 각도로 회전시키는 자동화 기구 등에 폭넓게 사용된다. 또한 영사기에서 필름을 간헐적으로 돌리기 위한 기구로도 사용된다.

그림 9.45는 6개의 홈이 있는 제네바 기구를 보여준다. 홈의 중심선과 크랭크의 중심선이 홈과 크랭크가 맞물릴 때와 맞물림이 풀릴 때 서로 수직을 이룬다는 사실에 유의한다. 크랭크는 보통 일정한 각속도로 회전하여 롤러를 홈에 맞물리도록 옮겨준다. 이때 제네바 휠은 크랭크가 한 바퀴 회전하는 동안에 일부 회전하는데 회전각은 홈의 개수에 따라 달라진다. 크랭크에 부착되어 있는 회전부는 롤러가 맞물리지 않았을 때 휠이 회전하지 못하도록 정지시키며, 다음 홈에 롤러가 정확하게 맞물리도록 휠의 위치를 잡아준다.

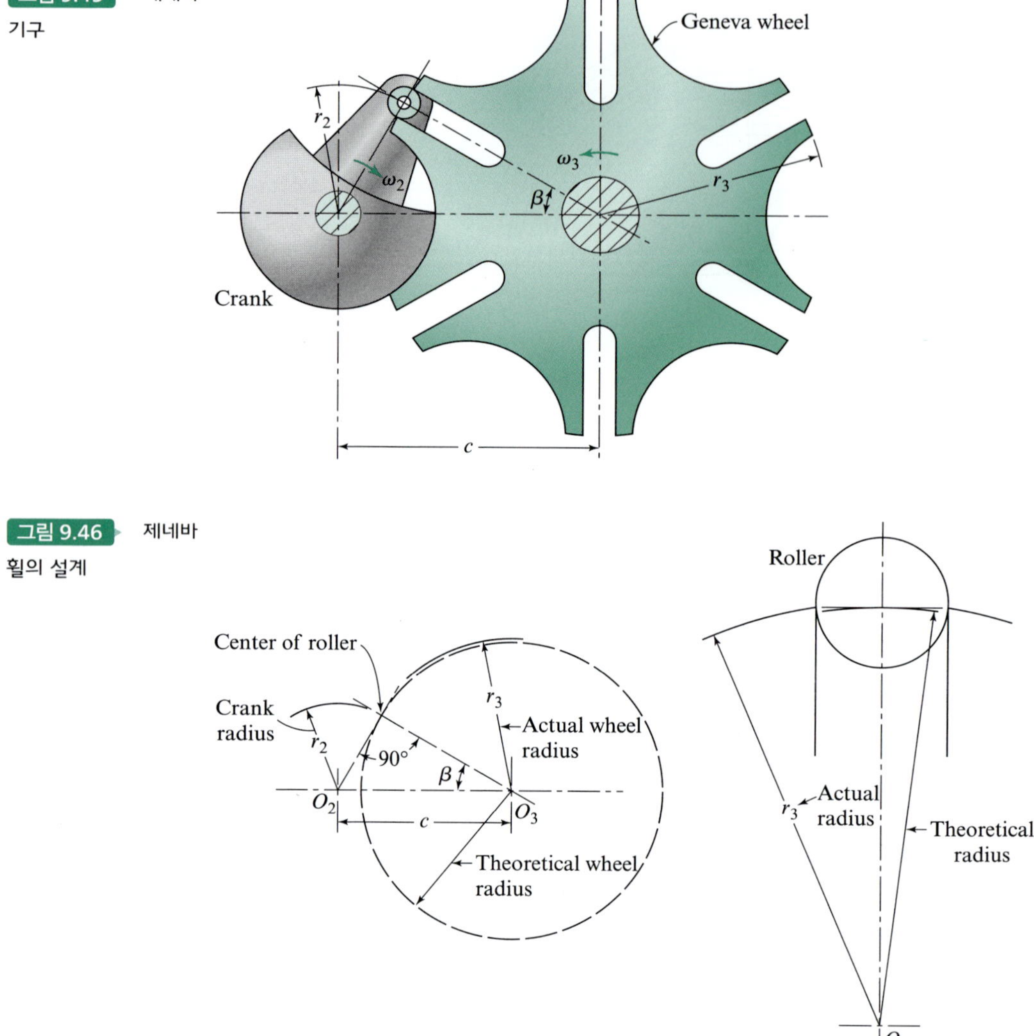


그림 9.45 제네바 기구

그림 9.46 제네바 휠의 설계

제네바 기구를 설계하기 위해서는, 먼저 크랭크의 반지름을 정하고 롤러의 지름과 홈의 개수를 결정한다. 제네바 휠에는 최소한 3개의 홈이 필요하지만 대부분의 경우 홈의 개수가 4에서 12개인 휠로 해결된다. 그림 9.46은 제네바 기구의 설계과정을 보여준다. 각도 $\beta$는 인접한 홈에 대한 대각의 절반이며 다음의 식으로 계산한다.

$$\beta = \frac{360^\circ}{2n} \tag{a}$$

여기서 $n$은 휠에 있는 홈의 개수이다. 다음에 $r_2$를 크랭크 반지름으로 정의하면 다음과 같은 식이 나온다.

$$c = \frac{r_2}{\sin\beta} \tag{b}$$

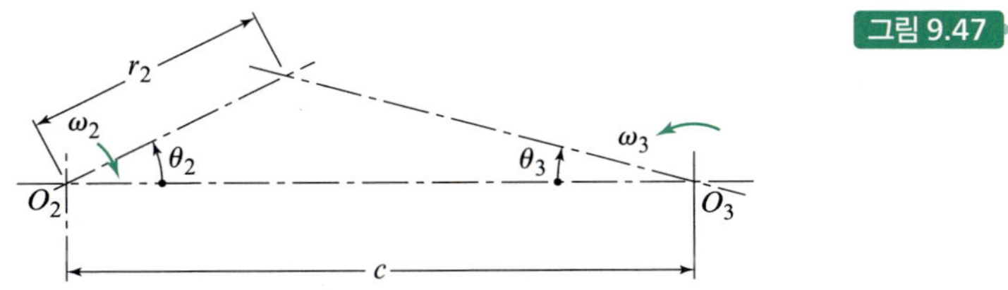


그림 9.47

여기서 $c$는 중심거리이다. 또한 그림 9.46에서 실제 제네바 휠의 반지름은 롤러의 지름이 0일 때 얻어지는 휠의 반지름보다 더 크며, 이는 휠의 중심에서 측정한 롤러 대각의 sin 값과 tan 값의 차이 때문이다.

롤러가 홈에 들어간 후 나타나는 기하학적 형상은 그림 9.47과 같다. 여기서, $\theta_2$는 크랭크각이며, $\theta_3$은 휠의 각이다. 이들은 삼각함수를 이용하면 다음과 같은 관계식이 성립된다.

$$\tan\theta_3 = \frac{\sin\theta_2}{(c/r_2) - \cos\theta_2} \tag{c}$$

임의의 값 $\theta_2$에 대한 휠의 각속도는 식 ($c$)를 시간에 대하여 미분하여 구할 수 있다. 그 결과는 다음과 같다.

$$\omega_3 = \frac{(c/r_2)\cos\theta_2 - 1}{1 + (c^2/r_2^2) - 2(c/r_2)\cos\theta_2}\omega_2 \tag{9.28}$$

이때, 휠의 최대 속도는 크랭크각이 0일 때 발생한다. 그러므로 $\theta_2 = 0$을 대입하면 다음과 같다.

$$(\omega_3)_{\max} = \frac{r_2}{c - r_2}\omega_2 \tag{9.29}$$

일정한 크랭크 속도 입력에 대한 각가속도는 식 (9.28)을 시간에 대해 미분하여 얻어진다.

$$\alpha_3 = \frac{(c/r_2)\sin\theta_2\left(1 - c^2/r_2^2\right)}{\left[1 + (c/r_2)^2 - 2(c/r_2)\cos\theta_2\right]^2}\omega_2^2 \tag{9.30}$$

각가속도가 최대가 되는 위치는 $\theta_2$의 값이 다음과 같을 때이다.

$$\theta_2 = \cos^{-1}\left\{\pm\sqrt{\left[\frac{1 + (c/r_2)^2}{4(c/r_2)}\right]^2 + 2} - \frac{1 + (c/r_2)^2}{4(c/r_2)}\right\} \tag{9.31}$$

이는 롤러가 홈 안으로 30% 정도 들어갔을 때이다.

관성력을 줄여서 이로 인한 홈 내벽의 마모를 줄이기 위하여 휠의 가속도를 감소시키기 위한 몇 가지 방법이 사용되고 있다. 그중에는 굽은 홈을 사용하려는 아이디어가 있으며, 이 방법은 가속도를 줄이는 반면 감속을 증가시켜 결과적으로 홈의 다른 폭 면의 마모를 일으킨다는 단점이 있다.

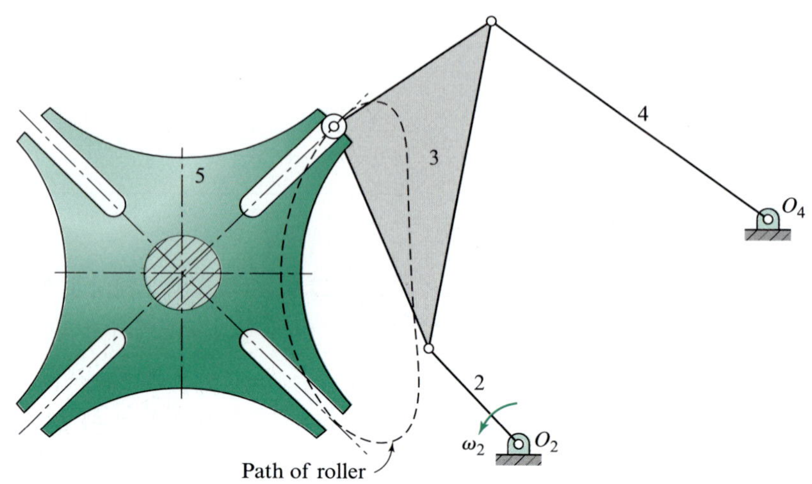


그림 9.48 4절 링크 기구에 의해 구동되는 제네바 휠. 링크 2가 구동 크랭크이다.

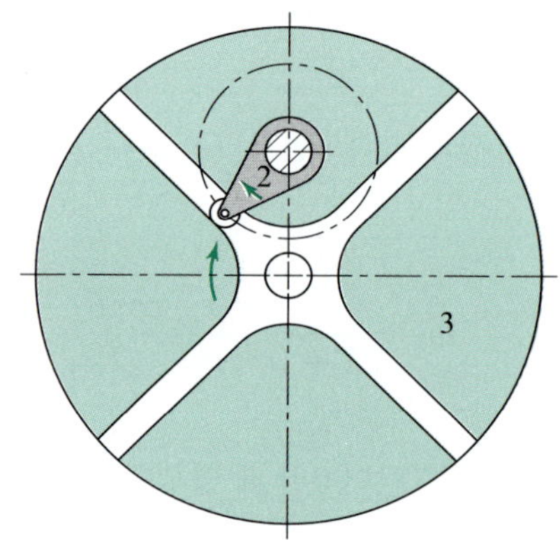


그림 9.49 역제네바 기구

또 다른 방법으로는 론스-넬슨의 기구 합성 도해서[13]를 참조한다. 이 방법은 롤러를 4절 링크기구의 연결 링크상에 위치시키는 것이다. 롤러가 휠을 구동하는 동안 롤러의 경로는 곡선이 되고 낮은 가속도를 갖는다. 그림 9.48은 하나의 해를 보여주며 롤러에 의하여 얻어진 경로도 보여준다. 이것은 도해서를 뒤져가면서 경로를 얻는 방식이다.

그림 9.49의 역제네바 기구는 휠이 크랭크와 동일한 방향으로 회전하도록 할 수 있어 반지름 방향으로 공간을 덜 차지한다는 장점이 있다. 그림에 잠금장치는 나타나 있지 않지만 앞의 경우와 같이 크랭크에 부착된 원호부가 될 수도 있으며, 이 잠금장치는 휠의 둘레에 설치된 테두리를 따라서 움직이면서 잠금작용을 한다.

## 연습 문제 Problems

**9.1** 0에서 10까지 변하는 함수가 있다. 2, 3, 4, 5, 6개의 정밀점에 대한 체비셰프 배열을 각각 구하라.

**9.2** 행정이 24 in이고 시간비가 1.20인 슬라이더-크랭크 링크기구의 링크 길이를 구하라.

**9.3** 행정이 400 mm이고 시간비가 1.25인 슬라이더-크랭크 링크기구의 링크 길이를 구하라.

**9.4** 크링크-로커 링크기구의 로커는 길이가 20 in이고 시간비가 1.25이며, 전체 요동각은 45°이다. 적절한 $r_1$, $r_2$, $r_3$의 치수를 각각 구하라.

**9.5** 그랭크-로커 기구의 로커 길이가 1.80 m이고 로킹각이 75°라고 한다. 시간비가 1.32일 때, 나머지 3개 링크의 적절한 치수는 각각 얼마인가?

**9.6** 로커 4를 구동시켜 슬라이더 6이 400 mm 거리를 1.20의 시간비로 왕복운동하도록 크랭크와 커플러를 설계하고자 한다. 다음의 조건을 이용하라. $a = r_4 = 400$ mm이고 $r_5 = 600$ mm이며, $\mathbf{r}_4$는 행정의 중간에 왔을 때 수직이다. $O_2$의 위치와 $r_2$ 및 $r_3$의 치수를 정하라.

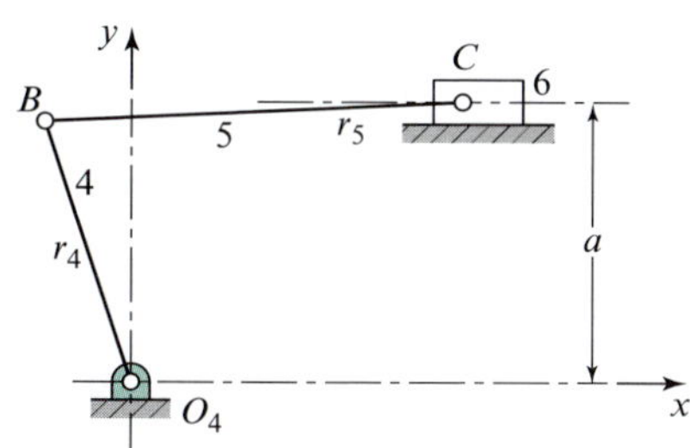


그림 P9.6

**9.7** 그림 P9.6에서 슬라이더가 32 in의 거리를 1.12의 시간비로 왕복하기 위한 6절 링크기구용 크랭크-로커를 설계하라. 이때에 $a = r_4 = 48$ in로 하고 $r_5 = 72$ in로 한다. 슬라이더가 행정의 중간에 왔을 때 로커 4가 수직을 이루는 $O_4$의 위치를 구한다. 또한 적절한 $O_2$의 좌표, $r_2$ 및 $r_3$의 길이를 구한다.

**9.8** 그림 P9.8은 승객에게 자리를 제공하기 위하여 버스의 통로에 설치되어 있는 접이식 좌석의 두 위치를 보여준다. 펼친 위치에서는 잠겨지고, 접을 때에는 통로의 옆벽에 겹쳐진 상태로 접힘 위치에 안전하게 접히도록 좌석을 지지하는 4절 링크기구를 설계하라.

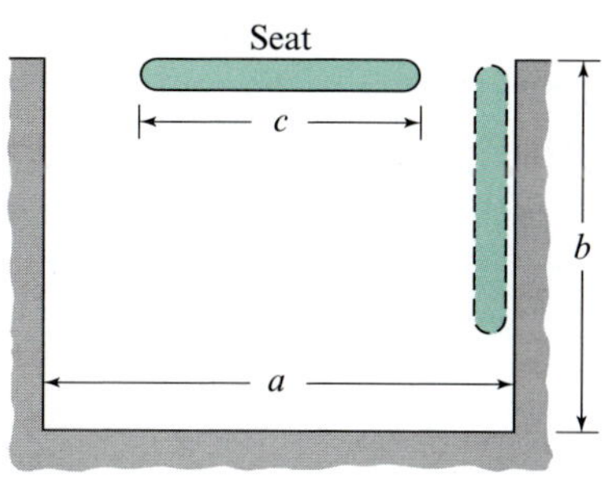


그림 P9.8 $a = 500$ mm, $b = 400$ mm, $c = 300$ mm

**9.9** 자동차의 트렁크 덮개와 같이 무거운 덮개를 지지하는 스프링 작동식 4절 링크기구를 설계하라. 덮개는 닫힌 위치에서 열린 위치까지 80° 회전한다. 스프링은 덮개가 멈춤 요소에 접하여 닫혀 있도록 설치되어 있고, 열린 위치에서는 멈춤 요소가 없이도 덮개를 안정하게 지지할 수 있도록 장착되어 있어야 한다.

**9.10** 그림 P9.10에서, $AB$를 자세 1에서 2 그리고 귀환 위치로 돌아오는 링크기구를 합성하라.

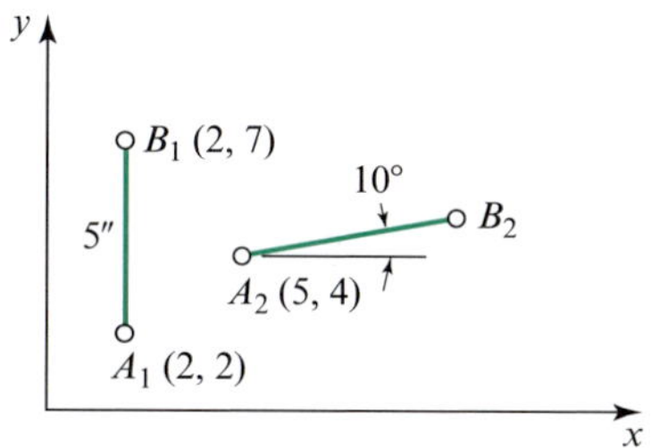


그림 P9.10

**9.11** 그림 P9.11a에서, $AB$를 연속하여 자세 1, 2, 3으로 움직이는 링크기구를 합성하라.

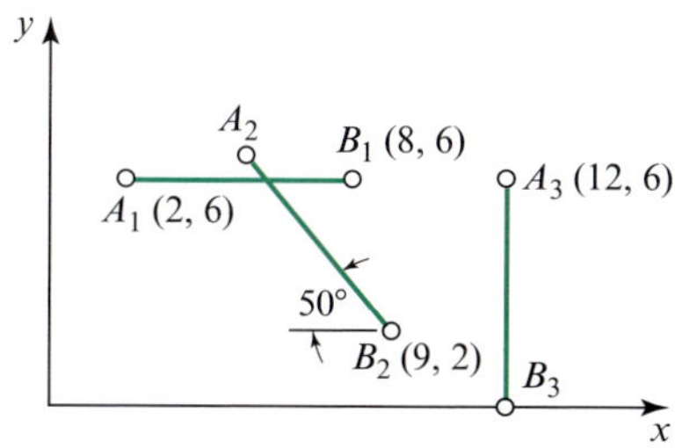


그림 P9.11

**9.12 ~ 9.21**[7] 그림 P9.12는 로커 2의 운동이 $x$에 해당하고 로커 4의 운동이 $y = f(x)$에 해당하는 함수 발생기 링크기구를 보여준다. 4개의 정밀점과 체비셰프 배열을 사용하여 표 P9.12에 수록된 함수를 발생시키기 위한 링크기구를 합성하라. 원하는 함수곡선과 링크기구가 발생시키는 실제 함수곡선을 그려라. 이 두 곡선 사이의 최대 오차를 계산하라.

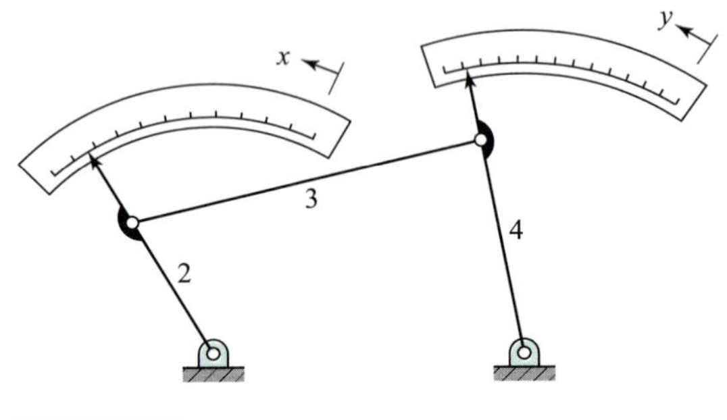


그림 P9.12

표 P9.12~P9.31

| Problem number | Function, $y =$ | Range |
|---|---|---|
| P9.12, P9.22 | $\log_{10}x$ | $1 \le x \le 2$ |
| P9.13, P9.23 | $\sin x$ | $0 \le x \le \pi/2$ |
| P9.14, P9.24 | $\tan x$ | $0 \le x \le \pi/4$ |
| P9.15, P9.25 | $e^x$ | $0 \le x \le 1$ |
| P9.16, P9.26 | $1/x$ | $1 \le x \le 2$ |
| P9.17, P9.27 | $x^{1.5}$ | $0 \le x \le 1$ |
| P9.18, P9.28 | $x^2$ | $0 \le x \le 1$ |
| P9.19, P9.29 | $x^{2.5}$ | $0 \le x \le 1$ |
| P9.20, P9.30 | $x^3$ | $0 \le x \le 1$ |
| P9.21, P9.31 | $x^2$ | $-1 \le x \le 1$ |

**9.22 ~ 9.31** 겹침법을 사용하여 문제 9.12~9.21을 반복하라.

**9.32** 그림 P9.32는 4절 링크기구(그림에는 나와 있지 않음)에 의해 생성 가능한 커플러 곡선의 예이다. 링크 5는 커플러 점에 부착되어 있고, 링크 6은 프레임과 $D_6$점에서 연결되어 회전한다. 이 문제에서는 론스-넬스 도해법이나 정밀점을 사용하여 커플러 곡선, 즉 상당한 거리에서 점 $C$가 원호를 따라 움직이는 곡선을 구하고자 한다. 그러므로 링크 5는 $D$가 이 원호의 곡률 중심에 놓이도록 적절한 비율로 조정된다. 이때 점 $C$가 근사 원호를 따라서 횡단하는 동안 링크 6의 회전이 제자리걸음을 하기 때문에, 이 결과를 *주저운동*(*hesitation motion*)이라고 한다. 완전한 링크기구의 그림을 그리고, 입력 링크의 360° 회전에 대하여 링크 6의 1차 운동계수 $\phi_6'$를 입력 변위의 함수로 그려라.

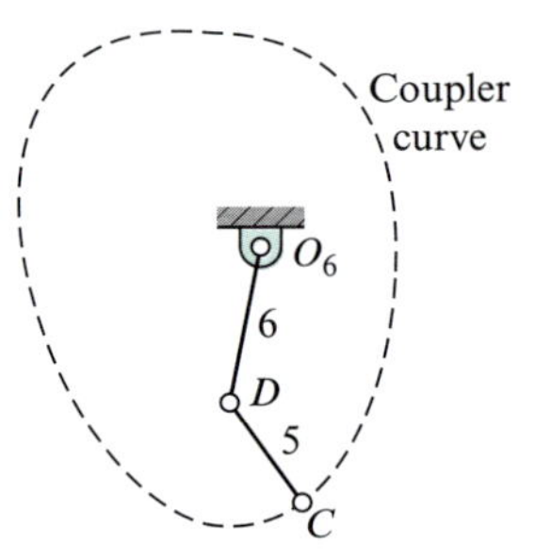


그림 P9.32

**9.33** 커플러 곡선이 근사적인 직선 요소를 갖는 4절 링크기구를 합성하라. 다음에 그림 9.42*b* 또는 9.44*b*를 참고로 일시정지 운동을 합성하라. 입력 크랭크의 단위 각속도를 사용하여 입력 크랭크의 변위에 대한 로커 6의 1차 운동계수 $\phi_6'$를 그래프로 그려라.

**9.34** 그림 9.42*a*와 론스-넬슨 도해법을 사용하여 일시정지 기구를 합성하라. 로커 6은 총 각변위가 60°가 되도록 한다. 이 각변위를 가로축으로 하여 일시정지 운동을 예시하기 위하여 로커 운동에 관한 1차 운동계수 $\phi_6'$ 선도를 그려라.

[7] 이 문제들의 해는 기구합성의 초기 컴퓨터 작업을 거쳤으며 그 결과는 문헌[5]에 실려 있다.

## 참고문헌

[1] Beyer, R., 1964. *Kinematic Synthesis of Linkages*, trans. H. Kuenzel, New York: McGraw-Hill.

[2] Cayley, A., 1876. On three-bar motion, *Proc. Lond. Math. Soc.*, 7:136–166.

[3] Erdman, A. G., G. N. Sandor, and S. Kota 2001. *Mechanism Design: Analysis and Synthesis*, vol. I, 4th ed., Englewood Cliffs, NJ: Prentice-Hall.

[4] Freudenstein, F., 1955. Approximate synthesis of four-bar linkages. *ASME Trans*. 77:853–861.

[5] Freudenstein, F., 1958. Four-bar function generators, *Mach. Design*, 30(24): 119–123.

[6] Freudenstein, F., and G. N. Sandor, 1985. Kinematics of mechanism, in *Mechanical Design and Systems Handbook*, 2nd ed., edited by H. A. Rothbart, New York: McGraw-Hill, 4-56–4-68.

[7] Grodzinski, P., and E. M'Ewan, 1954. Link mechanisms in modern kinematics, *Proc. Inst. Mech. Eng.*, 168(37):877–896.

[8] Hain, K., 1967. *Applied Kinematics*, 2nd ed., edited by H. Kuenzel, T. P. Goodman, trans. D. P. Adams et al., New York: McGraw-Hill, 639–727.

[9] Hall, A. S., Jr., 1961. *Kinematics and Linkage Design*, Englewood Cliffs, NJ: Prentice-Hall.

[10] Hartenberg, R. S., and J. Denavit, 1958. The fecund four-bar, *Trans. 5th Conf. Mech.*, West Lafayette, IN: Purdue University, 194.

[11] Hartenberg, R. S., and J. Denavit, 1964. *Kinematic Synthesis of Linkages*, New York: McGraw-Hill.

[12] Hinkle, R. T., 1958. Alternate four-bar linkages, *Prod. Eng.*, 29:4.

[13] Hrones, J. A., and G. L. Nelson, 1951. *Analysis of the Four-Bar Linkage*, Cambridge, MA: Technology Press.

[14] Soni, A. H., 1974. *Mechanism Synthesis and Analysis*, New York: McGraw-Hill.

[15] Tao, D. C., 1967. *Fundamentals of Applied Kinematics*, Reading, MA: Addison-Wesley.

제 10 장

# 공간기구와 로보틱스

*Spatial Mechanisms and Robotics*

## 10.1 서론

오늘날 사용되고 있는 대부분의 기구는 *평면*(*planar*) 운동을 한다. 즉, 모든 점의 운동이 단일 평면이나 평행한 평면상에 존재하는 경로를 그린다. 이는 모든 운동을 단일 시각 방향으로도 실제 크기와 형상으로 볼 수 있으며 도식적인 해를 단일 시각만으로도 구할 수 있다는 것을 의미한다. 따라서 좌표계의 $x$축과 $y$축을 운동 평면에 대해 평행하게 선택하면 모든 $z$값이 일정해지므로 2차원 방법만으로도 도식적 방법이나 해석적 방법으로 문제를 풀 수 있다. 비록 기구가 대개는 2차원 운동을 하지만, 좀 더 일반적인 3차원 점의 경로를 생성하는 *공간기구*(*spatial mechanisms*)도 있다. 또한 공간기구 중 특수한 형태로 *구면기구*(*spherical mechanism*)가 있으며, 이 기구의 모든 경로는 동일한 중심을 갖는 구면상에 존재한다.

이미 1장에서 공간기구에 대해 정의한 바 있지만, 실제로는 평면기구가 폭넓게 이용되고 있으므로 지금까지 다룬 거의 대부분의 예에서는 평면기구 해석만을 취급하였다. 물론 유니버설 조인트와 베벨 기어와 같은 소수의 비평면기구들이 수 세기 동안 사용되어 왔지만, 그 밖의 공간기구가 설계과정에서 실질적으로 진전을 이룬 것은 비교적 최근의 일이다. 이는 우연이 아니고, 컴퓨터 기술의 발전과 더불어 공간기구의 해석 및 설계에 필요한 수학적인 조작이 용이해졌기 때문인 것으로 생각된다.

지금까지는 평면 운동을 하는 기구에 관하여 중점적으로 다루었지만, 지금까지 유도된 대부분의 이론이 평면 운동과 공간 운동 모두에 일반적으로 적용할 수 있다는 사실을 쉽게 알 수 있다. 지금까지 평면 운동에 집중한 것은, 3차원 운동보다 가시화가 쉽고 계산이 용이하기 때문이었다. 여전히 대부분의 이론은 공간기구로 직접 확장된다. 이 장에서는 종전의 몇 가지 기법들을 공간 운동을 예로 들어 검토해보고, 평면 운동에는 불필요했던 몇 가지 새로운 기법과 해법을 소개할 것이다.

기구학적 연쇄의 운동성(mobility)은 1.6절에서 소개한 바와 같이 쿠츠바흐 판별식으로 구할 수 있다. 쿠츠바흐 판별식의 3차원 형태는 식 (1.3)으로 주어진 바가 있었는데, 다음과 같다.

$$m = 6(n-1) - 5j_1 - 4j_2 - 3j_3 - 2j_4 - 1j_5 \tag{10.1}$$

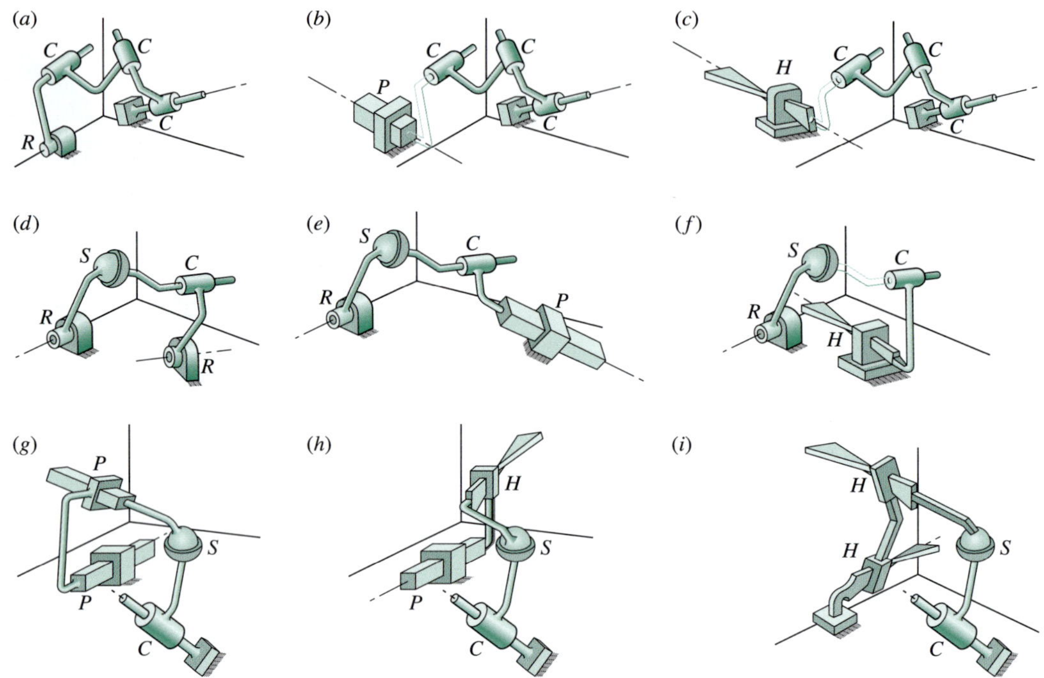


그림 10.1 (a) *RCCC*, (b) *PCCC*, (c) *HCCC*, (d) *RSCR*, (e) *RSCP*, (f) *RSCH*, (g) *PPSC*, (h) *PHSC*, (i) *HHSC*

여기서 $m$은 기구의 운동성, $n$은 링크의 개수, 각각의 $j_k$는 자유도가 $k$인 조인트의 개수이다. 운동성 1을 만족하는 $n$과 $j_k$의 조합은 굉장히 많다. 하나의 예는 $n = 7, j_1 = 7, j_2 = j_3 = j_4 = j_5 = 0$이다. 해리스버거(Harrisberger)[10]는 이것을 기구 형태(type), 특히 $7j_1$ 형태라고 했다. 하지만 $j_k$를 또 다른 방법으로 조합하면 다른 기구 형태를 얻을 수 있는데, 예를 들어 운동성 $m = 1$일 때 $3j_1 + 2j_2$ 형태는 링크 $n = 5$이지만 $1j_2 + 2j_3$ 형태는 링크 $n = 3$이다.

각각의 기구 형태마다 기구 *종류*(*kind*)의 개수는 한정되어 있으며, 각 형태의 종류는 링크 간의 상이한 조인트 종류를 배열하는 방식만큼이나 그 수가 많다. 표 1.1에 나타낸 여섯 가지의 저차 대우 중 회전 대우 $R$, 미끄럼 대우 $P$, 헬리컬 대우 $H$ 세 가지는 1자유도를 갖는다. 그러므로 이들 중 임의로 하나씩 골라서 일곱 가지를 사용하면 36종류의 $7j_1$ 형태의 기구를 얻는다. 해리스버거는 이를 종합하여 $m = 1$로 쿠츠바흐 판별식을 만족하는 435종류의 기구를 나열하였다. 그러나 이러한 형태나 종류가 모두 실제로 쓸모가 있는 것은 아니다. 이를 테면, 모든 회전 대우가 모두 직렬로 연결되어 하나의 루프 형상을 이루는 $7j_1$ 형태의 링크기구는 별로 쓸모가 없다.[1]

해리스버거는 그림 10.1과 같이 운동성 $m = 1$인 기구 중 유용하다고 생각되는 두 가지 형태로부터 아홉 종류의 기구를 선정하였다. 이들은 모두 회전 또는 미끄럼 입출력 요소를 가지며, 4개의 조인트로 이루어진 공간 4절 링크기구이다. 그림 10.1*f*와 같은 기구에 대한 *RSCH*와 같은 표현은 입력 링크, 커플러, 출력 링크 및 프레임 순으로 이어지는 기구학적 대우의 형태(표 1.1 참조)를 나타낸다. 그러므로 이 링크는 입력 크랭크가 회전 대우 $R$에 의해 프레임에 피봇되고, 구면

[1] 본 저자에게 알려진 이런 종류의 적용례는 보잉 727기의 앞 착륙기어에 사용되는 것이다.

대우 $S$에 의해 커플러에 연결되는 구조이며, 출력요소의 운동은 헬리컬 대우 $H$에 의해 결정된다. 표 1.1로부터 이 대우들의 자유도는 각각 $R = 1$, $S = 3$, $C = 2$, $H = 1$임을 알 수 있다.

해리스버거는 그림 10.1$a$~10.1$c$의 기구들을 형태 1, 또는 형태 $1j_1 + 3j_2$ 기구라고 명명하고, 그림 10.1의 나머지 기구들은 형태 2, 또는 형태 $2j_1 + 1j_2 + 1j_3$ 기구로 분류하였다. 모든 링크들은 개수 $n = 4$이고 운동성 $m = 1$이다.

## 10.2 운동성 기준의 예외

이상하게도 지난 수년간 발전된 가장 일반적이고도 유용한 기구들은 쿠츠바흐 판별식의 예외에 속하는 것들이다. 그림 1.6에서 지적한 대로 때로는 쿠츠바흐 판별식에서 생각되지 않는 어떠한 기하학적인 조건들이 발생하며, 이것이 예외를 만들어낸다. 이에 대한 적절한 예로서, 기존의 어떠한 평면기구가 실제로 3차원으로 존재한다고 가정하자. 그러나 평면 4절 링크기구는 $n = 4$이며, $4j_1$ 형태가 되므로 운동성은 식 (10.1)에 따라 $m = 6(4 - 1) - 5(4) = -2$(여분의 구속을 의미한다)가 된다. 그러나 알다시피 이 기구의 사실상의 운동성은 $m = 1$이다. 이 경우에 특별한 기하학적인 조건은 모든 회전축이 평행하고 운동평면에 수직이라는 점에 있다. 쿠츠바흐 판별식은 이러한 조건을 고려하지 못하고 잘못된 판별을 하게 되는 것이다.

4절 링크 $RRRR$ 기구에는 쿠츠바흐 판별식에 대한 예외가 3개 이상 존재하고, 예로 구면 4절 기구(spherical four-bar linkage), 와블판(wobble-plate) 기구, 베네트(Bennett)의 기구가 있다. 이들에 대하여 쿠츠바흐 판별식을 적용하면 $m = -2$로 예상되지만, 실제의 운동성 $m = 1$이다. 그림 10.2에는 구면 4절 링크기구이며, 4개의 모든 회전축이 구의 중심에서 교차한다. 각각의 링크들은 구면에 존재하는 각각의 대원호로 볼 수 있으며, 링크의 길이는 구면각에 해당된다. 구면각을 적당히 할당함으로써 모든 평면 4절 기구에 대응되는 구면 4절 기구, 예를 들어 구면 크랭크-로커 기구나 구면 드래그-링크기구 등을 설계할 수 있다. 구면 4절 링크기구는 설계와 제작이 쉬우므로, 모든 공간기구들 중에서 가장 유용한 것 중 하나이다. 유니버설 축 커플링의 기본이 되는 잘 알려진 훅 조인트(Hooke joint)나 카르단 조인트(Cardan joint)는 동일한 구면각을 각각의 대각으로 하는 입출력 크랭크를 갖는 구면 4절 링크기구의 특별한 경우이다.

그림 10.3에는 와블판 기구가 표시되어 있다. 모든 회전축이 원점에서 교차하므로 이 기구도 구면기구라는 사실에 유의한다. 입력 크랭크 2는 회전하며 출력축 4는 요동한다. $\delta = 90°$일 때는

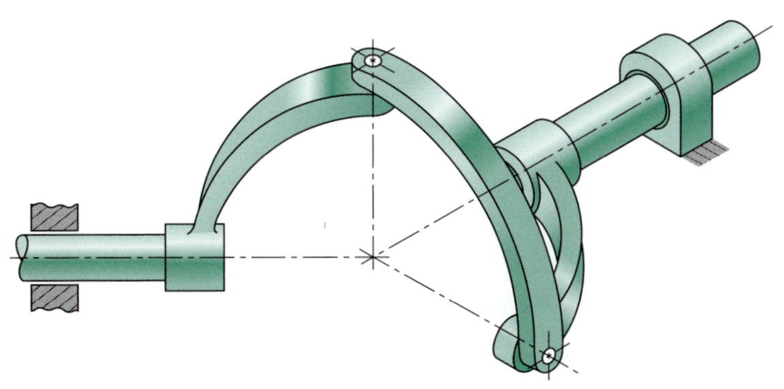

그림 10.2 구면 4절 링크기구

그림 10.3 와블판 기구

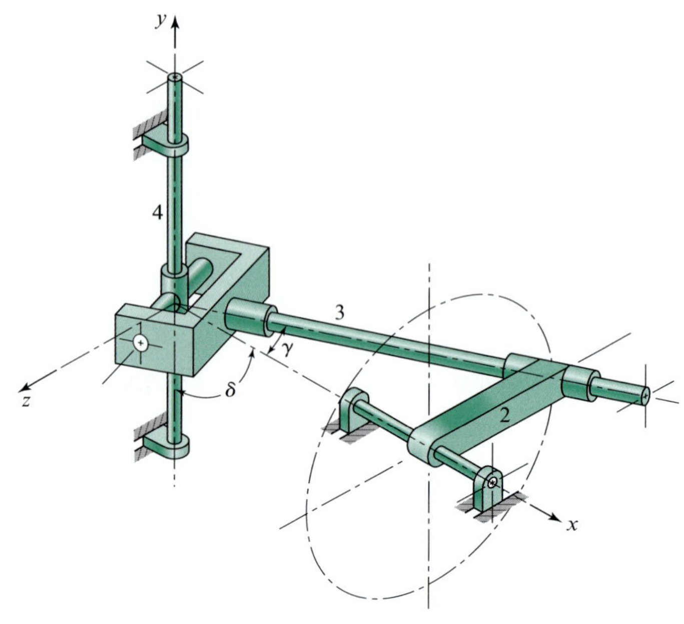


그림 10.4 베네트 기구

*구면 슬라이드 진동기*라고 하며, $\gamma > \delta$이면 출력축은 회전한다.

그림 10.4에 나타낸 베네트의 기구[2]는 알려진 공간 링크기구 중에서 가장 유용하지 않은 것 중 하나이다. 그러나 이것은 공간기구의 기구학적 이론 발전을 자극하였다[1]. 이 기구의 마주보는 링크들은 길이가 같으며 동일한 각도만큼 뒤틀려 있다. 뒤틀림 각도 $\alpha_1$과 $\alpha_2$의 사인값은 다음 식과 같이 링크 길이 $a_1$과 $a_2$에 비례한다.

$$\frac{\sin \alpha_1}{a_1} = \pm \frac{\sin \alpha_2}{a_2}$$

쿠츠바흐 운동성 판별식의 예외로 두 기구를 더 논의하면 골드버그(Goldberg)(Michael, Rube 아님!)의 5절 *RRRRR* 기구나 브리카드(Bricard)의 6절 *RRRRRR* 링크기구[8]가 있다.[2]

---

[2] 이러한 기구의 그림은 [12]를 참조

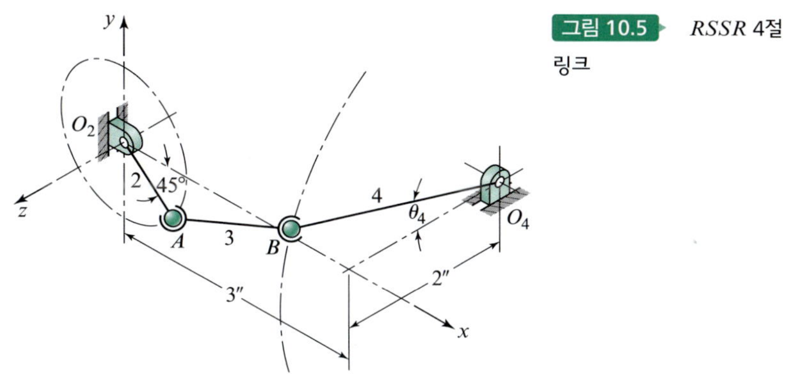


그림 10.5 *RSSR* 4절 링크

이러한 기구들 역시 실용적인 가치가 있는지는 여전히 의문이다.

해리스버거(Harrisberger)와 소니(Soni)[11]는 일반 구속조건이 한 개인, 즉 운동성 $m = 1$이지만 쿠츠바흐 판별식에 따르면 $m = 0$이 되는 공간기구를 모두 찾아냈다. 그들은 8개의 형태와 212개의 종류를 확인한 결과, 유용한 7개의 새로운 기구를 찾아냈다.

그림 10.5에 나타낸 공간 4절 *RSSR* 기구는 중요하고 유용한 링크기구이다. $n = 4$, $j_1 = 2$, $j_3 = 2$이므로 식 (10.1)의 쿠츠바흐 판별식에 의하면 운동성은 $m = 2$이다. 언뜻 보기에 이 기구는 쿠츠바흐 판별식의 예외인 것처럼 보이지만, 자세히 살펴보면 실제로 두 번째 자유도가 하나 더 존재하고 있음을 알 수 있다. 이 자유도는 2개의 볼 조인트 사이에서 커플러가 자신의 축선을 중심으로 회전하는 자유도이며, 이 자유도는 입력-출력의 기구학적 관계에 영향을 미치지 않으므로 *여분*의 자유도(*idle* freedom)라 한다. 이 여분의 자유도는 커플러의 질량이 축선을 따라 분포되어 있으면 문제가 되지 않으며, 실제로 커플러가 자체의 축에 대하여 회전하여 2개의 볼-소켓 조인트를 균일하게 마모하므로 장점이 될 수도 있다. 그러나 커플러의 질량 중심이 축선에서 벗어나 있다면, 이 제2의 자유도는 동역학적으로는 유휴 상태가 아니므로 고속에서는 매우 불안정한 성능을 나타낼 수도 있다.

쿠츠바흐 운동성 판별식에서 벗어나는 앞서 언급한 모든 기구들은 운동성이 실제보다 항상 더 작다는 사실에 유의해야 한다. 때문에, 1.6절에서 언급한 것처럼 쿠츠바흐 판별식은 예외의 경우에 대해서도 운동성의 최저 한계를 예상할 수 있다. 이는 쿠츠바흐 방정식 (10.1)은 다양한 형태의 조인트를 연결하면 연결부의 개수가 소거될 수도 있는데, 그만큼 연결부의 개수가 줄어든다는 점을 고려하지 않고 모든 물체의 자유도를 계산하는 데에서 그 성립 배경에 문제가 있다는 논쟁이 있었다. 그러나 조인트 축선 사이에 교차나 평행과 같은 특수한 기하 조건이 있을 때에는 두 가지(또는 그 이상)의 기하 조건 때문에 그만큼 자유도가 소거될 수도 있지만, 쿠츠바흐 판별식에서는 각각의 조인트 몫의 자유도를 소거시키면서 조인트를 계산한다. 그러므로 예외는 조인트 구속 조건들이 독립적이라는 가정에서 발생한다.

그러나 이를 좀 더 깊이 생각해보자. 두 가지(또는 그 이상)의 구속조건 때문에 같은 운동의 자유도가 소거될 때, 이 문제점을 *과잉 구속*(*redundant constraint*)이라고 한다. 이러한 조건하에서는, 동일한 과잉 구속조건들에 의해 어떻게 힘들이 운동의 자유도가 소거되는 곳에서 공유되어야만 하는지가 결정된다. 그러므로 힘을 해석하다 보면, 미지의 힘의 개수에 비하여 구속조건(식)이 지나치게 많다는 사실을 알게 된다. 이러한 힘 해석 문제를 *과구속*(*overconstrained*) 조건 문제라고 하며, 부정정 힘(statically indeterminate force)이 운동성을 예측할 때 발생한 오차와 동일한 개수만큼 존재한다는 사실을 알 수가 있다.

이러한 논쟁 과정에는 중요한 교훈이 하나 담겨 있다.[3] 즉, 운동에서 과잉 구속이 있을 때면, 기구에는 과잉 구속과 동일한 개수의 부정정 힘이 존재한다는 사실이다. 예를 들어, 평면 링크기구는 설계 방정식이 매우 간단하지만 이러한 과잉 구속의 힘의 효과를 고려해야만 하는데, 평면을 벗어난 모든 힘과 모멘트는 부정정이 된다. 약간의 가공오차나 축선의 불일치가 존재하면 기구가 작동될 때 주기적인 부하로 부정정 응력이 발생한다. 그러면, 이러한 현상은 요소의 피로 수명에 어떠한 효과를 미칠까?

반면에 필립스(Phillips)[18]가 지적한 바와 같이 운동이 가끔 발생하고 부하가 매우 클 때에는, 이러한 조건은 이상적인 설계 조건일 수도 있다.[4] 오차가 작으면 부가적인 부정정 힘들이 작아지므로, 그와 같은 설계에서는 조인트에서 마찰 효과와 마모가 나타나더라도 무시할 수 있다. 그러나 오차가 더 커지면 부정정 항들의 구속조건을 전혀 구하지 못할 수도 있다.

이 세상에는 많은 평면 링크기구가 존재한다는 사실은 가공 오차나 양호한 윤활 또는 정합 조인트 요소 간의 헐거운 맞춤에 오차를 설정함으로써 그와 같은 효과들에 견딜 수 있다는 것을 의미한다. 그러나 대부분의 기계공학 설계자들은 가장 먼저 과잉 구속조건을 제거하면 이러한 문제의 근원을 없앨 수 있다는 사실을 이해하지 못하고 있다. 그러므로 이를테면 평면 운동 기구에서도 볼-소켓 조인트나 원통대우를 사용할 수 있는데, 이러한 조인트들은 적절한 위치에 사용하면 부정정 힘과 부정정 모멘트를 완화시킬 수 있다.

## 10.3 공간 위치 해석 문제

공간기구는 평면기구처럼 연결되어 하나 또는 그 이상의 폐루프를 형성한다. 그러므로 2.7절의 방법과 유사하게 기구의 기구학적 관계들을 정의하는 루프 폐쇄 방정식을 사용할 수 있다. 수학적인 공식은 벡터[3], 쌍대수(dual number)[17], 4원수(quaternion)[23], 변환행렬(transformation matrix)[22] 등을 포함하여 여러 가지 상이한 형태들을 사용할 수 있다. 벡터 표기법에서는, 그림 10.5와 같은 *RSSR* 4절 링크기구의 폐쇄는 다음과 같은 형태의 루프 폐쇄 방정식으로 정의할 수 있다.

$$\boldsymbol{r} + \boldsymbol{s} + \boldsymbol{t} + \boldsymbol{C} = 0 \tag{10.2}$$

위의 식은 각각의 벡터가 사면체의 6개 모서리 중 4개를 정의하는 것으로 생각할 수 있으므로, *벡터 사면체 방정식(vector tetrahedron equation)*이라 한다.

벡터 사면체 방정식은 3차원이므로 3개의 스칼라 미지수에 대하여 풀 수 있다. 이 미지수들은 크기일 수도, 각도일 수도 있으므로, 벡터 **r**, **s**, **t**가 조합된 여러 가지 형태로 존재할 수 있다. 벡터 **C**는 폐루프 내에서 알고 있는 모든 벡터들의 합이다. 구면 좌표계를 사용하면, 각각의 벡터 **r**, **s**와 **t**는 하나의 크기와 2개의 각도로 표현할 수 있다. 예를 들어, 벡터 **r**은 일단 그 크기 $r$과 2개의 각도 $\theta_r$과 $\phi_r$을 알면 정의할 수 있다. 그러므로 식 (10.2)에서는 9개의 양 $r$, $\theta_r$, $\phi_r$, $s$, $\theta_s$, $\phi_s$, $t$, $\theta_t$와

[3] 이에 관한 총론을 매우 상세히 설명한 내용이 Phillips의 훌륭한 두 저서의 주요 주제 가운데 하나이다[18].

[4] [18, 20.16절] 참조

표 10.1 벡터 사면체 방정식의 해의 분류

| Case | Unknowns | Known quantities: Vectors | Known quantities: Scalars | Degree of polynomial |
|---|---|---|---|---|
| 1 | $r, \theta_r, \phi_r$ | $\mathbf{C}$ | | 1 |
| 2a | $r, \theta_r, s$ | $\mathbf{C}, \hat{\boldsymbol{\omega}}_r, \hat{\mathbf{s}}$ | $\phi_r$ | 2 |
| 2b | $r, \theta_r, \theta_s$ | $\mathbf{C}, \hat{\boldsymbol{\omega}}_r, \hat{\boldsymbol{\omega}}_s$ | $\phi_r, s, \phi_s$ | 4 |
| 2c | $\theta_r, \phi_r, s$ | $\mathbf{C}, \hat{\mathbf{s}}$ | $r$ | 2 |
| 2d | $\theta_r, \phi_r, \theta_s$ | $\mathbf{C}, \hat{\boldsymbol{\omega}}_s$ | $r, s, \phi_s$ | 2 |
| 3a | $r, s, t$ | $\mathbf{C}, \hat{\mathbf{r}}, \hat{\mathbf{s}}, \hat{\mathbf{t}}$ | | 1 |
| 3b | $r, s, \theta_t$ | $\mathbf{C}, \hat{\mathbf{r}}, \hat{\mathbf{s}}, \hat{\boldsymbol{\omega}}_t$ | $t, \phi_t$ | 2 |
| 3c | $r, \theta_s, \theta_t$ | $\mathbf{C}, \hat{\mathbf{r}}, \hat{\boldsymbol{\omega}}_s, \hat{\boldsymbol{\omega}}_t$ | $s, \phi_s, t, \phi_t$ | 4 |
| 3d | $\theta_r, \theta_s, \theta_t$ | $\mathbf{C}, \hat{\boldsymbol{\omega}}_r, \hat{\boldsymbol{\omega}}_s, \hat{\boldsymbol{\omega}}_t$ | $r, \phi_r, s, \phi_s, t, \phi_t$ | 8 |

$\phi_t$ 중 3개가 구해야 할 미지수가 되기도 한다. 체이스(Chace)는 이 아홉 가지의 경우 문제를 우선 다항식으로 축소하여 풀었다[3]. 그는 3개의 미지수들이 1개나 2개 또는 3개의 별개의 벡터에서 발생하는가에 따라 해를 분류하였으며, 그 해의 형태를 표 10.1과 같이 표로 작성하였다.

이 표에서 단위벡터 $\hat{\omega}_r, \hat{\omega}_s, \hat{\omega}_t$는 각도 $\phi_r, \phi_s, \phi_t$가 측정된 축방향이다. 경우 1에서는 3개의 미지수는 모두 벡터 **r**에 있으므로, 필요 없는 벡터 **s**와 **t**는 0으로 놓아 식에서 제거한다. 경우 2*a*, 2*b*, 2*c*, 2*d*에서는 벡터 **t**가 필요 없으므로 삭제하고, 3개의 미지수를 **r**과 **s**가 공유한다. 경우 3*a*, 3*b*, 3*c*, 3*d*에서는 각각의 벡터 **r**, **s**, **t**가 각각 하나의 미지수를 갖는다.

체이스의 벡터 사면체법은 아홉 가지 해의 형태를 구분하여 놓았으므로, 컴퓨터나 계산기로 값을 구하기 위한 9개의 서브프로그램 세트를 작성하기가 쉽다. 아홉 가지의 모든 경우에 대하여 미지수의 해가 닫힌 양함수의 형태이므로 빠르게 해를 구할 수 있다. 단, 3*d*의 경우에는 8차 다항식의 해를 포함하므로 반복법으로 풀어야 한다.

가장 실용적인 공간기구 문제를 풀기 위하여 벡터 사면체 방정식과 이의 아홉 가지 해가 사용될 수 있음에도 불구하고 10.1절의 쿠츠바흐 판별식에 의하면 자유도가 1인 단일 루프 기구에는 7개의 $j_1$ 조인트까지 포함할 수 있다는 사실을 상기해보자. 예를 들어, 7절 7*R* 기구와 같은 경우 1개의 입력과 6개의 조인트 변수를 가지고 있다[6]. 벡터 형태의 식은 3개의 스칼라 식과 같고 3차원 회전을 모두 기술할 수 없기 때문에 벡터 형태의 루프 폐쇄 방정식으로는 6개의 변수를 모두 구할 수 없다. 그 대신에 쌍대수나 행렬 같은 다른 방법을 이용해야만 한다. 일반적으로 이러한 문제들은 수치해법으로 풀어야 한다[6]. 이와 같은 식을 손으로 직접 대수적인 해법으로 풀려고 하면, 기구학에서 가장 어려운 문제가 속도 해석이나 가속도 해석이 아니라 바로 *위치* 해석이라는 사실을 절감할 것이다.

체이스의 벡터 사면체 방정식으로 다항식을 푼다는 것은 직선이나 원이 다양한 회전 표면과 만나는 교점을 찾는 것과 같으며, 이러한 문제는 보통 도형 기하학(descriptive gometry)의 도식적 방법을 이용하면 쉽고 빠르게 풀 수 있다. 또한, 이러한 도식적 방법에는 수학적으로 다중 처리를 하더라도 문제의 기하학적 본질이 잘 나타난다는 부가적인 이점이 있다. 손으로 하는 도식적 방법은 해석적이나 수치적 방법만큼 정확하지 않다. 그러나 컴퓨터 소프트웨어로 하는 도식적 해법은 해석적이나 수치적 방법만큼 정확하다.

### 예제 10.1

그림 10.5의 4절 $RSSR$ 크랭크-로커 기구에서 $R_{AO_2} = 1$ in, $R_{BA} = 3.5$ in, $R_{BO_4} = 4$ in이다. 입력 크랭크의 각도와 회전 평면, 출력 크랭크의 회전 평면을 알고 있다. 입력 크랭크가 그림과 같이 $\theta_2 = -45°$라고 할 때 커플러와 출력 링크, 즉 링크 3과 4의 위치를 결정하라.

#### ▶ 도식적 풀이

만일 출력 링크 4를 벡터 $\boldsymbol{R}_{BO_4}$로 표현하면, 벡터의 크기와 회전 평면은 주어졌기 때문에 유일한 미지 값은 각 $\theta_4$이다. 이와 유사하게, 커플러 링크 3을 벡터 $\boldsymbol{R}_{BA}$로 하면, 이 벡터의 크기는 알고 있지만 구면 좌표계에서 벡터의 방향을 정의하기 위한 2개의 미지의 각도가 존재한다. 주어진 문제의 루프 폐쇄 방정식은 다음과 같다.

$$(\boldsymbol{R}_{BA}) + (-\boldsymbol{R}_{BO_4}) + (\boldsymbol{R}_{AO_2} - \boldsymbol{R}_{O_4O_2}) = \boldsymbol{0} \tag{1}$$

이는 표 10.1의 2$d$에 해당하는 경우이고 2차 다항식이 되므로 2개의 해를 갖는다.

이 문제는 2개의 직교 도면, 즉 정면도와 측면도를 사용하여 도식적으로 푼다. 그림 10.5에서 커플러를 점 $B$에서 출력 크랭크와 분리시켜 $A$에 대하여 임의의 위치에 놓았다고 가정하면, 링크 3의 $B$는 중심이 $A$이고 반지름을 알고 있는 구의 표면에 존재해야 한다. 조인트 $B$가 여전히 분리되어 있는 상태에서, 링크 4의 $B$의 궤적은 $yz$ 평면과 평행한 평면에 있는 점 $O_4$를 중심으로 하는 반지름을 알고 있는 원이다. 그러므로 이 문제는 원과 구가 만나는 2개의 교점을 구하면 풀 수 있다.

그림 10.6에 해를 나타내었으며, 여기서 아래 첨자 $F$와 $P$는 각각 기구를 정면과 측면에서 투영한 것을 나타낸다. 해를 구하기 위해서는, 먼저 양 도면에 점 $O_2$, $A$, $O_4$의 위치를 투영시킨다. 측면도에는 $O_{4P}$를 중심으로 반지름 $R_{BO_4} = 4$ in인 원을 그리면 점 $B_4$의 궤적이 되며, 이

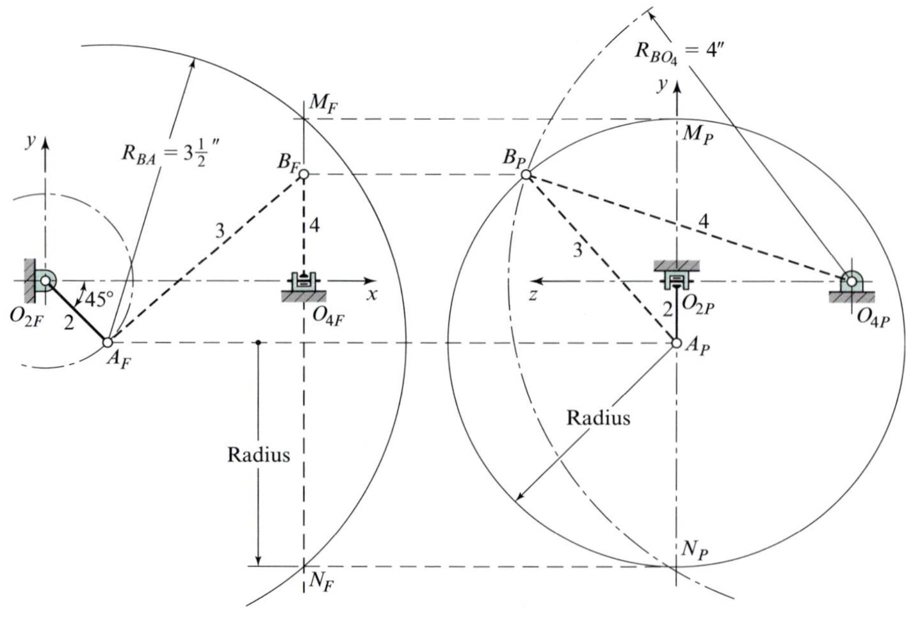


그림 10.6 도식적 자세 해석

원은 정면도에서 수직선 $M_FO_{4F}N_F$로 나타난다.

다음으로 정면도에서 $A_F$를 중심으로 하고 커플러 길이 $R_{BA} = 3.5$ in를 반지름으로 하는 구의 외형선을 그린다. $M_FO_{4F}N_F$를 정면도 평면에 수직인 평면의 궤적이라고 하면, 이 평면과 구의 교선은 정면도 평면에서는 지름이 $M_PN_P = M_FN_F$인 완전한 원으로 나타난다. 반지름이 $R_{BO_4}$인 원호는 두 점에서 원과 교차하므로 2개의 해를 구할 수 있다. 이 두 점 중 하나를 $B_P$로 정하고 정면도에 다시 투영하여 $B_F$의 위치를 정한다. 다음으로 링크 3과 4를 그림 10.6의 측면도와 정면도에 굵은 점선으로 그린다.

도식적 해로부터 $x$, $y$, $z$ 투영을 측정하면 다음과 같은 링크 벡터를 구할 수 있다.

$$\boldsymbol{R}_{O_4O_2} = 3.00\hat{\boldsymbol{i}} - 2.00\hat{\boldsymbol{k}} \text{ in} \qquad \text{답}$$

$$\boldsymbol{R}_{AO_2} = 0.71\hat{\boldsymbol{i}} - 0.71\hat{\boldsymbol{j}} \text{ in} \qquad \text{답}$$

$$\boldsymbol{R}_{BA} = 2.30\hat{\boldsymbol{i}} + 1.95\hat{\boldsymbol{j}} + 1.77\hat{\boldsymbol{k}} \text{ in} \qquad \text{답}$$

$$\boldsymbol{R}_{BO_4} = 1.22\hat{\boldsymbol{j}} + 3.81\hat{\boldsymbol{k}} \text{ in} \qquad \text{답}$$

이 값들은 실물 크기의 도식적 해로부터 구했으며, 물론 실제 크기보다 2배나 4배 크게 그림을 그리면 한층 더 정밀한 결과가 나올 것이다.

### ▶ 해석적 풀이

주어진 정보로부터 다음과 같은 식을 얻는다.

$$\boldsymbol{R}_{O_4O_2} = 3.000\hat{\boldsymbol{i}} - 2.000\hat{\boldsymbol{k}} \text{ in},$$

$$\boldsymbol{R}_{AO_2} = \cos(-45°) + \sin(-45°) = 0.707\hat{\boldsymbol{i}} - 0.707\hat{\boldsymbol{j}} \text{ in},$$

$$\boldsymbol{R}_{BA} = R_{BA}^x\hat{\boldsymbol{i}} + R_{BA}^y\hat{\boldsymbol{j}} + R_{BA}^z\hat{\boldsymbol{k}},$$

$$\boldsymbol{R}_{BO_4} = -4.000\sin\theta_4\hat{\boldsymbol{j}} + 4.000\cos\theta_4\hat{\boldsymbol{k}} \text{ in}$$

이때 위의 식 (1)과 같은 벡터 루프 폐쇄 방정식을 풀어야 한다. 주어진 정보를 대입하면 다음과 같은 결과가 나온다.

$$\left(R_{BA}^x\hat{\boldsymbol{i}} + R_{BA}^y\hat{\boldsymbol{j}} + R_{BA}^z\hat{\boldsymbol{k}}\right) + \left(4.000\sin\theta_4\hat{\boldsymbol{j}} - 4.000\cos\theta_4\hat{\boldsymbol{k}}\right)$$
$$+ \left(0.707\hat{\boldsymbol{i}} - 0.707\hat{\boldsymbol{j}} - 3.000\hat{\boldsymbol{i}} + 2.000\hat{\boldsymbol{k}}\right) = \boldsymbol{0}$$

위 식을 $\hat{\boldsymbol{i}}$, $\hat{\boldsymbol{j}}$, $\hat{\boldsymbol{k}}$ 성분으로 나누고 다시 정리하면 다음과 같은 3개의 방정식을 얻는다.

$$R_{BA}^x = 2.293 \text{ in},$$

$$R_{BA}^y = -4.000\sin\theta_4 + 0.707 \text{ in},$$

$$R_{BA}^z = 4.000\cos\theta_4 - 2.000 \text{ in}$$

다음으로 위 식을 제곱하고 더하면, $R_{BA} = 3.500$ in이므로 다음과 같이 된다.

$$(2.293\text{ in})^2 + (-4.000\sin\theta_4 + 0.707\text{ in})^2 + (4.000\cos\theta_4 - 2.000\text{ in})^2 = (3.500\text{ in})^2$$

이 식을 전개하고 정리하면 다음과 같다.

$$-5.656\sin\theta_4 - 16.000\cos\theta_4 + 13.508\text{ in}^2 = 0$$

미지수가 $\theta_4$ 하나인 단일 방정식이다. 그러나 위의 식에 사인과 코사인이 섞여 있다. 이러한 문제의 표준 해법은 이 식을 2차 탄젠트 반각의 공식을 이용한 2차 다항식으로 변형시키는 것이다.

$$\sin\theta_4 = \frac{2\tan(\theta_4/2)}{1+\tan^2(\theta_4/2)} \quad \text{그리고} \quad \cos\theta_4 = \frac{1-\tan^2(\theta_4/2)}{1+\tan^2(\theta_4/2)}$$

위 식들을 대입하고 공통분모를 곱하면, 다음과 같이 미지수가 $\tan(\theta_4/2)$ 하나인 단일 2차 방정식이 된다.

$$-11.312\ \tan(\theta_4/2) - 16.000\left[1-\tan^2(\theta_4/2)\right] + 13.508\left[1+\tan^2(\theta_4/2)\right] = 0$$

또는

$$29.508\tan^2(\theta_4/2) - 11.312\tan(\theta_4/2) - 2.492 = 0$$

이제 이 식을 풀어 2개의 해를 구하면 다음과 같다.

$$\tan\frac{\theta_4}{2} = \begin{cases} 0.5398; & \theta_4 = -123.28° \\ -0.1565; & \theta_4 = 162.21° \end{cases}$$

이 중에서 두 번째를 해로 선택한다. 앞의 조건에서 역으로 이 값을 대입하면 4개의 벡터의 수치를 구할 수 있다.

$$\boldsymbol{R}_{O_4O_2} = 3.000\hat{\boldsymbol{i}} - 2.000\hat{\boldsymbol{k}}\text{ in}$$ 답

$$\boldsymbol{R}_{AO_2} = 0.707\hat{\boldsymbol{i}} - 0.707\hat{\boldsymbol{j}}\text{ in}$$ 답

$$\boldsymbol{R}_{BA} = 2.293\hat{\boldsymbol{i}} + 1.930\hat{\boldsymbol{j}} + 1.809\hat{\boldsymbol{k}}\text{ in}$$ 답

$$\boldsymbol{R}_{BO_4} = 1.223\hat{\boldsymbol{j}} + 3.809\hat{\boldsymbol{k}}\text{ in}$$ 답

이 값들은 작도 오차 내에서 도식적 방법의 해와 일치한다.

이 예제에서는 주어진 입력 크랭크각 $\theta_2$에 대하여 출력각 $\theta_4$와 네 가지 벡터의 현재 값을 구하였다는 점에 주목한다. 그러나 모든 링크의 위치를 구한 것은 아니다. 위에서 지적한 바와 같이, 커플러 링크가 2개의 볼-소켓 조인트 사이에서 자신의 축선 $\mathbf{R}_{BA}$를 중심으로 회전하는 각도는 구하지 못했다. 이 각도는 여전히 미지수이며, 또한 여분의 자유도에 대하여 또 다른 입력각을 규정하지 않고서는 풀 수 없다는 것을 시사한다. 의도한 바에 따르면 위에서 구한 해로도 충분하지만, 위의 벡터들은 이 부가적인 변수를 구하는 데에 충분하지 않다는 사실을 알 수 있다.

그림 10.2의 구면 4절 *RRRR* 링크기구 또한 벡터 사면체 방정식의 경우 2*d*에 해당하므로, 일단 입력 링크의 위치가 주어지면 예제와 같은 방법으로 풀 수 있다.

## 10.4 공간 속도 및 가속도 해석

일단 공간기구의 모든 요소의 위치를 구했다면, 속도와 가속도는 3장과 4장에서 살펴본 방법들을 이용하여 구할 수 있다. 평면기구에서는 각속도 벡터와 각가속도 벡터는 항상 운동 평면에 수직이다. 따라서 도식적 해법이나 해석적 해법의 풀이과정이 간단해졌다. 그러나 공간 문제에서는 이러한 벡터들이 공간상에 비스듬하게 기울어져 있을 수도 있는데, 그 밖의 해석 방법은 동일하다. 다음 예제는 이 차이점을 보여주고 있다.

### 예제 10.2

그림 10.7의 공간 4절 *RSSR* 링크기구는 링크 2의 각속도가 $\boldsymbol{\omega}_2 = 40\hat{\boldsymbol{k}}$ rad/s로 일정하다. 주어진 위치에서 링크 3과 4의 각속도와 각가속도를 구하고, 점 *B*의 속도와 가속도를 각각 구하라.

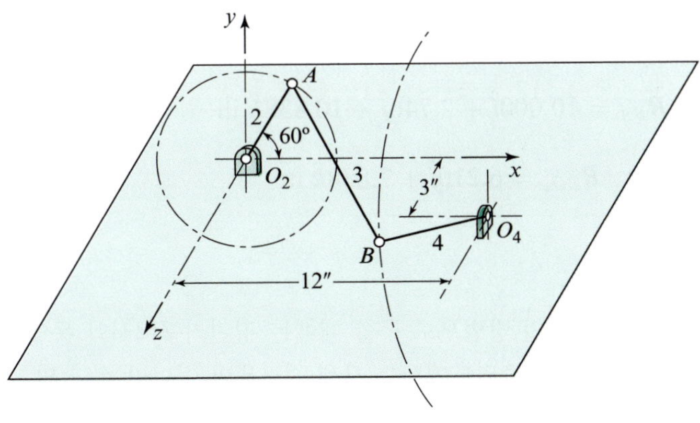


그림 10.7 $R_{AO_2} = 4$ in, $R_{BA} = 15$ in, $R_{BO_4} = 10$ in

▶ **도식적 풀이 답**

도식적 해석은 10.3절의 예제 10.1에서의 절차대로 수행한다. 도식적 방법에 의한 해는 그림 10.8에 표시되어 있다.

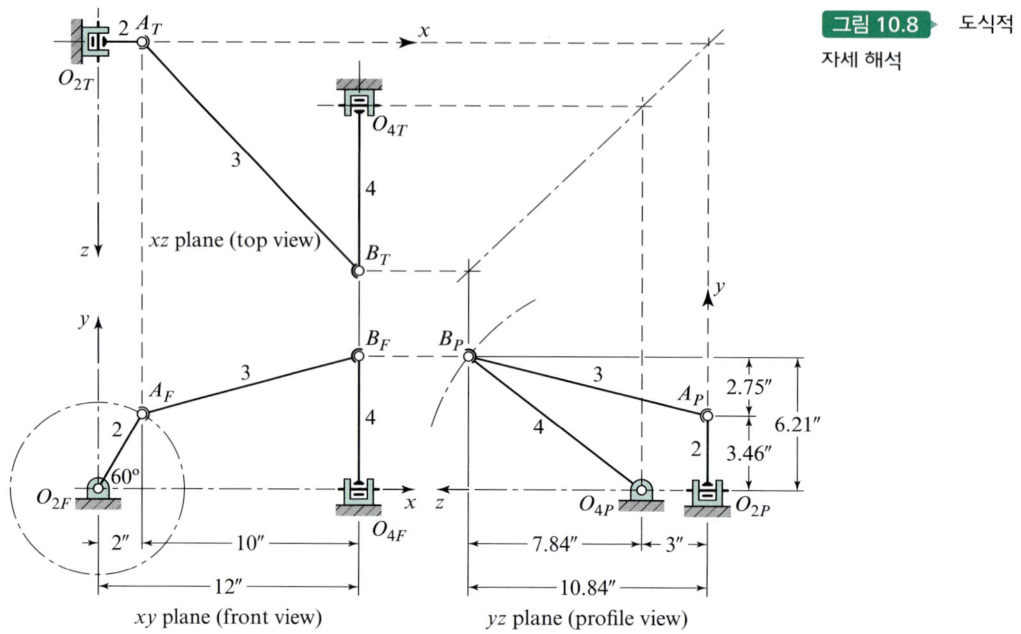


그림 10.8 도식적 자세 해석

### 해석적 풀이 답

위치 해석은 10.3절의 예제 10.1에서의 절차대로 수행한다. 크랭크각 입력에 대한 결과는 다음과 같다.

$$\boldsymbol{R}_{O_4O_2} = 12.000\hat{\boldsymbol{i}} + 3.000\hat{\boldsymbol{k}} \text{ in}$$

$$\boldsymbol{R}_{AO_2} = 2.000\hat{\boldsymbol{i}} + 3.464\hat{\boldsymbol{j}} \text{ in}$$

$$\boldsymbol{R}_{BA} = 10.000\hat{\boldsymbol{i}} + 2.746\hat{\boldsymbol{j}} + 10.838\hat{\boldsymbol{k}} \text{ in}$$

$$\boldsymbol{R}_{BO_4} = 6.210\hat{\boldsymbol{j}} + 7.838\hat{\boldsymbol{k}} \text{ in}$$

### 도식적 속도 및 가속도 풀이

공간기구에서 속도와 가속도를 도식적인 방법으로 구할 때에는 평면기구에서와 동일한 방법으로 하면 된다. 그러나 정면도, 평면도 및 측면도에서는 자세 정보뿐만 아니라 속도 및 가속도 벡터가 흔히 실제 길이와 다르게 축소되어 그려진다. 이 때문에 공간 운동 문제에서는 대개 벡터들을 실제 길이로 나타내기 위한 보조도가 필요하다.

이 예제에서 속도 해는 그림 10.9에 나타낸 바와 같이, 도형 기하 해석에서 많이 사용된 표기법을 인용하였다. 문자 *F*, *T*, *P*는 각각 정면도, 평면도, 측면도를 나타내며, 숫자 1과 2는 각각 제 1보조도와 제 2보조도를 나타낸다.

속도를 구하는 단계는 다음과 같다.

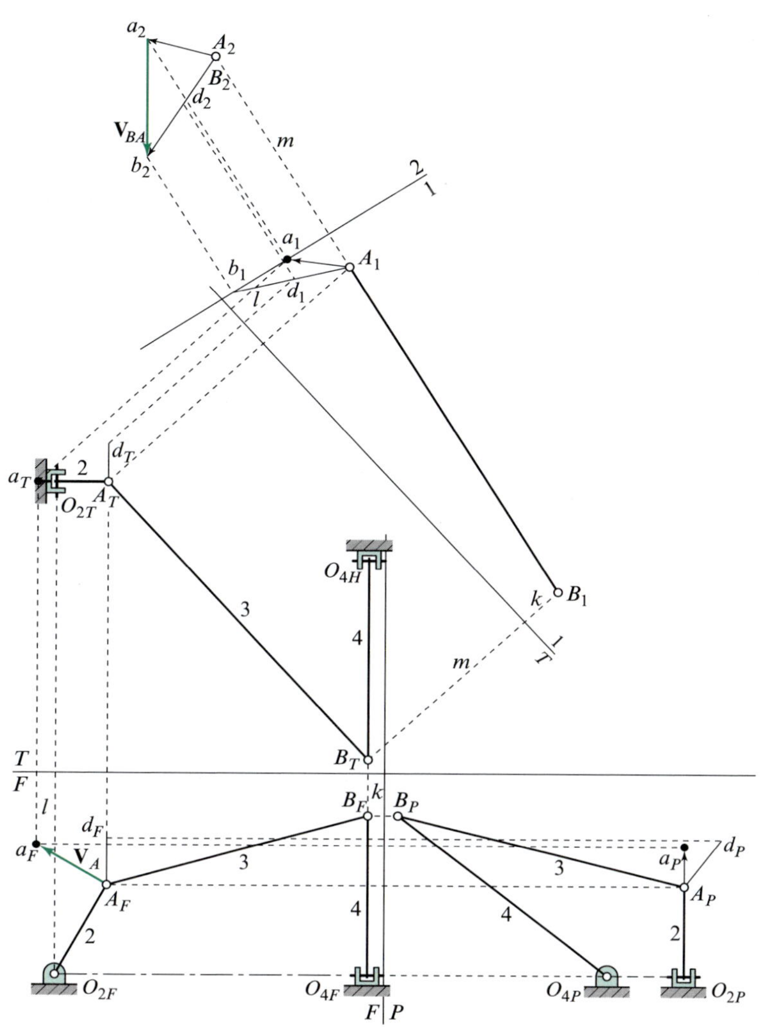

그림 10.9 도식적 속도 해석

1. 먼저 링크기구의 정면도, 평면도, 측면도를 척도에 맞게 그린 다음 각각의 점을 표시한다.
2. 다음에 위에서 설명한 바와 같이 $\mathbf{V}_A$를 계산한 후 이 벡터를, $A$를 원점으로 세 도면에 위치시킨다. 속도 $\mathbf{V}_A$는 정면도에서는 실제 길이를 나타낸다. 그 끝점을 $a_F$로 표시하고, 이 점을 평면도와 측면도에 투영하여 $a_T$와 $a_P$를 구한다.
3. 속도 $\mathbf{V}_B$는 크기는 모르지만 방향은 $\boldsymbol{R}_{BO_4}$와 수직을 이루므로, 일단 문제가 풀리면 실제 크기를 측면도에 나타낼 수 있다. 그러므로 측면도에 점 $A_P$(속도 다각형의 원점)를 시작점으로 하고 $\mathbf{V}_B$의 방향($R_{B_PO_{4P}}$에 수직)으로 선을 그린다. 다음, 이 선상에 임의의 점 $d_P$를 정하고 이를 정면도($d_F$)와 측면도($d_T$)에 투영하여, 이 두 도면에 $\mathbf{V}_B$의 작용선을 각각 그린다.
4. 풀어야 할 식은 다음과 같다.

$$\boldsymbol{V}_B = \boldsymbol{V}_A + \boldsymbol{V}_{BA} \tag{1}$$

여기서 $\mathbf{V}_A$와 $\mathbf{V}_B$, $\mathbf{V}_{BA}$의 방향은 알고 있다. $\mathbf{V}_{BA}$는 (공간상에서) $\mathbf{R}_{BA}$에 수직하는 평면상에 있으며, 그 크기는 $\mathbf{V}_B$가 미지수인 사실에 유의한다. 벡터 $\mathbf{V}_{BA}$는 $\mathbf{V}_A$의 끝점에서 시작하여

$\mathbf{R}_{BA}$에 수직인 평면상에 존재해야 하며, 이는 선 $Ad$ 또는 그 연장선과의 교점에서 끝난다. $\mathbf{R}_{BA}$에 수직인 평면을 찾으려면 벡터 $\mathbf{R}_{BA}$가 실제 길이로 표시되는 제1보조도부터 그리기 시작한다. 따라서 $A_TB_T$에 평행한 평면 1의 모서리도(edge view)를 그린 다음 이 평면에 $\mathbf{R}_{BA}$를 투영시킨다. 이 투영 과정에서는 거리 $k$와 $l$은 제1보조도에서도 정면도와 동일하다는 사실에 주목한다. $AB$의 제1보조도는 $A_1B_1$인데, 이것은 실제 길이와 같다. 또한 점 $a$와 $d$점도 이 도면에 투영해야 하며, 나머지 링크들은 투영할 필요가 없다.

5. 이 단계에서는 평면 2인 제2보조도를 그리게 되는데, 이 평면에 $AB$를 투영하면 점으로 나타난다. 그러면 이 평면에 평행하게 그려지는 모든 선들은 $\mathbf{R}_{BA}$에 수직하게 된다. 이와 같은 평면의 모서리도는 $A_1B_1$의 연장선에 수직해야 한다. 이 예제에서는, 이 평면에 점 $a$가 포함되도록 정하면 편리하므로, $A_1B_1$의 연장선에 수직이며 점 $a_1$을 통과하는 평면 2의 모서리도를 그린다. 다음 이 평면에 점 $A$, $B$, $a$, $d$를 투영한다. 주의해야 할 것은 평면 1로부터 점까지의 거리, 예를 들면 $m$과 같은 거리는 평면도와 제2보조도에서 동일해야 한다.
6. 다음에 선 $A_1d_1$을 연장하여 평면 2의 모서리도와의 교점인 점 $b_1$을 구한 다음, 평면 2에서 이 점의 투영점 $b_2$를 구하는데, 이 투영점은 선 $A_2d_2$의 연장선과 만난다. 이제 점 $a$와 $b$는 모두 평면 2에 있으므로, 평면 2에 그려지는 모든 선은 $\mathbf{R}_{BA}$에 수직이다. 따라서 선 $ab$는 $\mathbf{V}_{BA}$이므로 이 선의 제2보조도에는 실제 길이가 도시된다. 선 $A_2b_2$는 $\mathbf{V}_B$를 제2보조 평면에 투영한 것이지만, 점 $A$가 평면 2에 있지 않으므로 실제 길이는 아니다.
7. 도면을 알아보기 쉽게 하기 위해 도면상에 단계 7은 나타내지 않았으나, 앞의 6단계를 주의 깊게 따라한다면 이 단계도 어렵지 않을 것이다. 이 3개의 벡터를 다시 평면도, 정면도, 측면도에 투영할 수 있다. 속도 $\mathbf{V}_B$는 실제의 길이로 표시되는 측면도로부터 측정할 수 있다. 그 결과는 다음과 같다.

$$\boldsymbol{V}_B = 200\hat{\boldsymbol{j}} - 158\hat{\boldsymbol{k}} \text{ in/s}$$ 답

모든 벡터를 세 도면에 역투영하면, 그들의 $x$, $y$, $z$ 투영을 직접 측정할 수 있다.

8. 만약 커플러에 여분의 회전 자유도가 없어서 $\boldsymbol{\omega}_3$가 $\mathbf{R}_{BA}$에 수직하며, 또한 제2보조도에서 실제 길이로 표시된다고 가정하면,[5] 각속도의 크기는 다음 식에서 구할 수 있다.

$$\omega_3 = \frac{V_{BA}}{R_{BA}} = \frac{242 \text{ in/s}}{15 \text{ in}} = 16.13 \text{ rad/s},$$

$$\omega_4 = \frac{V_{BO_4}}{R_{BO_4}} = \frac{255 \text{ in/s}}{10 \text{ in}} = 25.50 \text{ rad/s}$$

그러므로 실제의 길이로 표시되는 도면에서 각속도 벡터를 그릴 수 있으며, 이들을 벡터 성분을 측정할 수 있는 도면에 투영할 수 있다. 그 결과는 다음과 같다.

$$\boldsymbol{\omega}_3 = -7.69\hat{\boldsymbol{i}} + 13.71\hat{\boldsymbol{j}} + 3.63\hat{\boldsymbol{k}} \text{ rad/s}$$ 답

[5] 이 가정은 해석적 해법에서 식 $\boldsymbol{\omega}_3 \cdot \mathbf{R}_{BA} = 0$을 사용할 때 했던 가정과 동일하다.

$$\boldsymbol{\omega}_4 = 25.50\hat{\boldsymbol{i}} \text{ rad/s}$$ 답

가속도 문제의 해법은 나타내지 않았지만 2개의 보조 평면을 사용하여 동일한 방법으로 구할 수 있다. 풀어야 할 식은 다음과 같다.

$$\boldsymbol{A}^n_{BO_4} + \boldsymbol{A}^t_{BO_4} = \boldsymbol{A}^n_{AO_2} + \boldsymbol{A}^t_{AO_2} + \boldsymbol{A}^n_{BA} + \boldsymbol{A}^t_{BA} \tag{2}$$

이때 속도 해석이 완료되었기 때문에 벡터 $\boldsymbol{A}^n_{BO_4}$, $\boldsymbol{A}^n_{AO_2}$, $\boldsymbol{A}^t_{AO_2}$, $\boldsymbol{A}^n_{BA}$를 구할 수 있다. 또한 $\boldsymbol{A}^t_{BO_4}$와 $\boldsymbol{A}^t_{BA}$의 방향은 이미 알고 있으므로, 해는 속도 다각형과 똑같이 얻어지며, 단지 해법상의 차이점이라면 알고 있는 벡터들이 더 많다는 사실이다. 최종적인 결과는 다음과 같다.

$$\boldsymbol{\alpha}_3 = -527\hat{\boldsymbol{i}} + 619\hat{\boldsymbol{j}} + 329\hat{\boldsymbol{k}} \text{ rad/s}^2$$ 답

$$\boldsymbol{\alpha}_4 = -865\hat{\boldsymbol{i}} \text{ rad/s}^2$$ 답

$$\boldsymbol{A}_B = 2\,750\hat{\boldsymbol{j}} - 10\,450\hat{\boldsymbol{k}} \text{ in/s}^2$$ 답

### ▶ 해석적 풀이

주어진 정보와 구속조건에서 각속도와 각가속도는 다음과 같이 나타낼 수 있다.

$$\boldsymbol{\omega}_2 = \mathbf{40}\hat{\boldsymbol{k}}\ rad/s, \qquad \boldsymbol{\alpha}_2 = \mathbf{0},$$
$$\boldsymbol{\omega}_3 = \boldsymbol{\omega}_3^x\hat{\boldsymbol{i}} + \boldsymbol{\omega}_3^y\hat{\boldsymbol{j}} + \boldsymbol{\omega}_3^z\hat{\boldsymbol{k}}, \qquad \boldsymbol{\alpha}_3 = \boldsymbol{\alpha}_3^x\hat{\boldsymbol{i}} + \boldsymbol{\alpha}_3^y\hat{\boldsymbol{j}} + \boldsymbol{\alpha}_3^z\hat{\boldsymbol{k}},$$
$$\boldsymbol{\omega}_4 = \boldsymbol{\omega}_4\hat{\boldsymbol{i}}, \qquad \boldsymbol{\alpha}_4 = \boldsymbol{\alpha}_4\hat{\boldsymbol{i}}$$

먼저 점 $A$의 속도를 점 $O_2$에 대한 속도차로서 구하면 다음과 같다.

$$\boldsymbol{V}_A = \boldsymbol{\omega}_2 \times \boldsymbol{R}_{AO_2} = (40\hat{\boldsymbol{k}} \text{ rad/s}) \times (2.000\hat{\boldsymbol{i}} + 3.464\hat{\boldsymbol{j}} \text{ in}) = -138.560\hat{\boldsymbol{i}} + 80.000\hat{\boldsymbol{j}} \text{ in/s} \tag{3}$$

이와 유사하게 링크 3은 다음과 같다.

$$\begin{aligned}\mathbf{V}_{BA} &= \left(\omega_3^x\hat{\mathbf{i}} + \omega_3^y\hat{\mathbf{j}} + \omega_3^z\hat{\mathbf{k}}\right) \times \left(10.000\hat{\mathbf{i}} + 2.746\hat{\mathbf{j}} + 10.838\hat{\mathbf{k}} \text{ in}\right) \\ &= \left(10.838\omega_3^y - 2.746\omega_3^z\right)\hat{\mathbf{i}} + \left(10.000\omega_3^z - 10.838\omega_3^x\right)\hat{\mathbf{j}} \\ &\quad + \left(2.746\omega_3^x - 10.000\omega_3^y\right)\hat{\mathbf{k}} \text{ in}\end{aligned} \tag{4}$$

또한 링크 4의 $B$점에 대한 속도는 다음과 같다.

$$\boldsymbol{V}_B = \boldsymbol{\omega}_4 \times \boldsymbol{R}_{BO_4} = (\omega_4\hat{\boldsymbol{i}}) \times (6.210\hat{\boldsymbol{j}} + 7.838\hat{\boldsymbol{k}} \text{ in}) = -(7.838 \text{ in})\omega_4\hat{\boldsymbol{j}} + (6.210 \text{ in})\omega_4\hat{\boldsymbol{k}} \tag{5}$$

다음 단계로 위 식들을 다음의 속도차 방정식에 대입한다.

$$\boldsymbol{V}_B = \boldsymbol{V}_A + \boldsymbol{V}_{BA} \tag{6}$$

다음으로 $\hat{\boldsymbol{i}}, \hat{\boldsymbol{j}}, \hat{\boldsymbol{k}}$ 성분으로 나누어 다음과 같이 3개의 대수 방정식을 얻는다.

$$10.838 \text{ in } \omega_3^y - 2.746 \text{ in } \omega_3^z = 138.560 \text{ in/s} \tag{7}$$

$$-10.838 \text{ in } \omega_3^x + 10.000 \text{ in } \omega_3^z + 7.838 \text{ in } \omega_4 = -80.000 \text{ in/s} \tag{8}$$

$$2.746 \text{ in } \omega_3^x - 10.000 \text{ in } \omega_3^y - 6.210 \text{ in } \omega_4 = 0.000 \tag{9}$$

이제 방정식은 3개가 되었지만, 미지수는 $\omega_3^x$, $\omega_3^y$, $\omega_3^z$와 $\omega_4$로 4개라는 점에 유의한다. 이러한 점은 보통 대부분의 문제에서는 발생하지 않지만, 이 예제에서는 커플러가 자신의 축선을 중심으로 회전하는 여분의 자유도를 갖고 있기 때문에 발생한다. 이 회전은 입출력 관계에는 영향을 미치지 않으므로, 회전에 관계없이 $\omega_4$에 대해서는 동일한 결과가 나올 것이다. 그러므로 문제를 푸는 한 가지 방법으로는 $\boldsymbol{\omega}_3$의 성분 중에서 하나를 정하여 값을 주고 회전속도를 설정한 다음 나머지 회전속도를 구하는 방법을 이용할 수 있을 것이다. 또 다른 방법으로는 커플러의 회전속도를 0으로 놓는 방법이 있으며, 이에 따라 다음의 식이 성립된다.

$$\begin{aligned} \boldsymbol{\omega}_3 \cdot \mathbf{R}_{BA} &= 0, \\ R_{BA}^x \omega_3^x + R_{BA}^y \omega_3^y + R_{BA}^z \omega_3^z &= 0, \\ (10.000 \text{ in})\omega_3^x + (2.746 \text{ in})\omega_3^y + (10.838 \text{ in})\omega_3^z &= 0 \end{aligned} \tag{10}$$

이제 식 (7)에서 (10)까지는 4개의 미지수에 대하여 연립하여 풀 수 있으며, 그 결과는 다음과 같다.

$$\boldsymbol{\omega}_3 = -7.692\hat{\boldsymbol{i}} + 13.704\hat{\boldsymbol{j}} + 3.625\hat{\boldsymbol{k}} \text{ rad/s} \qquad \text{답}$$

$$\boldsymbol{\omega}_4 = -25.468\hat{\boldsymbol{i}} \text{ rad/s} \qquad \text{답}$$

이를 식 (5)에 대입하면 $B$점의 속도는 다음과 같이 된다.

$$\boldsymbol{V}_B = 199.618\hat{\boldsymbol{j}} - 158.156\hat{\boldsymbol{k}} \text{ in/s} \qquad \text{답}$$

그 다음 가속도 해석에서는 먼저 다음의 성분들을 계산한다.

$$\boldsymbol{A}_{AO_2}^n = \boldsymbol{\omega}_2 \times (\boldsymbol{\omega}_2 \times \boldsymbol{R}_{AO_2}) = -3\,200.00\hat{\boldsymbol{i}} - 5\,542.56\hat{\boldsymbol{j}} \text{ in/s}^2 \tag{11}$$

$$\boldsymbol{A}_{AO_2}^t = \boldsymbol{\alpha}_2 \times \boldsymbol{R}_{AO_2} = \mathbf{0} \tag{12}$$

$$\boldsymbol{A}_{BA}^n = \boldsymbol{\omega}_3 \times (\boldsymbol{\omega}_3 \times \boldsymbol{R}_{BA}) = -2\,601.01\hat{\boldsymbol{i}} - 714.26\hat{\boldsymbol{j}} - 2\,818.99\hat{\mathbf{k}} \text{ in/s}^2 \tag{13}$$

$$\begin{aligned} \mathbf{A}_{BA}^t &= \boldsymbol{\alpha}_3 \times \mathbf{R}_{BA} = \left(\alpha_3^x\hat{\mathbf{i}} + \alpha_3^y\hat{\mathbf{j}} + \alpha_3^z\hat{\mathbf{k}}\right) \times \left(10.000\hat{\mathbf{i}} + 2.746\hat{\mathbf{j}} + 10.838\hat{\mathbf{k}} \text{ in}\right) \\ &= \left(10.838\alpha_3^y - 2.746\alpha_3^z\right)\hat{\mathbf{i}} + \left(10.000\alpha_3^z - 10.838\alpha_3^x\right)\hat{\mathbf{j}} + \left(2.746\alpha_3^x - 10.000\alpha_3^y\right)\hat{\mathbf{k}} \text{ in} \end{aligned} \tag{14}$$

$$A^n_{BO_4} = \omega_4 \times (\omega_4 \times R_{BO_4}) = -4\,028.05\hat{j} - 5\,084.03\hat{k} \text{ in/s}^2 \tag{15}$$

$$A^t_{BO_4} = \alpha_4 \times R_{BO_4} = -7.838\alpha_4\hat{j} + 6.210\alpha_4\hat{k} \text{ in} \tag{16}$$

이제 이 값들을 가속도차 공식에 대입하면 다음과 같이 된다.

$$A^n_{BO_4} + A^t_{BO_4} = A^n_{AO_2} + A^t_{AO_2} + A^n_{BA} + A^t_{BA} \tag{17}$$

그 다음 $\hat{i}, \hat{j}, \hat{k}$ 성분으로 나눈다. 여기에 여분의 자유도의 회전에 관한 조건 $\alpha_3 \cdot R_{BA} = 0$을 적용하면, 다음과 같이 4개의 미지수가 포함된 4개의 방정식을 얻는다.

$$\begin{aligned}
&10.838 \text{ in } \alpha_3^y - 2.746 \text{ in } \alpha_3^z = 5\,801.01 \text{ in/s}^2,\\
&-10.838 \text{ in } \alpha_3^x + 10.000 \text{ in } \alpha_3^z + 7.838 \text{ in } \alpha_4 = 2\,228.61 \text{ in/s}^2,\\
&2.746 \text{ in } \alpha_3^x - 10.000 \text{ in } \alpha_3^y - 6.210 \text{ in } \alpha_4 = -2\,265.04 \text{ in/s}^2,\\
&10.000 \text{ in } \alpha_3^x + 2.746 \text{ in } \alpha_3^y + 10.838 \text{ in } \alpha_3^z = 0.00
\end{aligned}$$

이 가속도 식의 상수들(좌변 쪽에 있는)은 속도 식[식 (7)~(10) 참조]과 동일하다. 이것은 항상 성립하는 것이다. 이제 이 연립방정식을 풀면 다음과 같이 가속도를 구할 수 있다.

$$\alpha_3 = -526.94\hat{i} + 618.71\hat{j} + 329.43\hat{k} \text{ rad/s}^2$$ 답

$$\alpha_4 = -864.59\hat{i} \text{ rad/s}^2$$ 답

$$A_B = A^n_{BO_4} + A^t_{BO_4} = 2\,748.61\hat{j} - 10\,453.10\hat{k} \text{ in/s}^2$$ 답

## 10.5 오일러 각

3.2절에서 살펴본 바와 같이 각속도는 벡터량이므로, 다른 모든 벡터량처럼 다음과 같이 일련의 직교축을 따라 성분들이 존재한다.

$$\omega = \omega^x\hat{i} + \omega^y\hat{j} + \omega^z\hat{k}$$

또한 벡터의 대수 법칙을 따른다. 그러나 공교롭게도 그림 3.2에서도 알 수 있듯이 3차원 각변위는 벡터로 거동하지 않는다는 사실을 알고 있다. 즉, 덧셈의 교환 법칙이 성립하지 않으므로 각변위의 합산 순서를 임의로 정할 수 없다. 따라서 3차원 각변위는 벡터 대수 법칙을 따르지 않는다. 피할 수 없는 결론은 강체의 3차원 공간상에서 강체의 방향을 정의하는 3개의 각도나 각변위를 찾을 수 없고, $\omega^x$, $\omega^y$, $\omega^z$를 이에 대한 시간 미분 값으로 가질 수 없다는 것이다.

문제를 좀 더 명확히 하기 위하여, 지면좌표계 또는 절대 기준 좌표계 $xyz$ 상에 고정된 원점 $O$를 중심으로 공간에서 회전하는 강체를 그려보자. 또한 원점을 공유하며, 회전강체에 부착되어 함께 움직이는 이동 기준 좌표계 $x'y'z'$를 생각하자. 이때 $x'y'z'$ 좌표계를 *물체 부착축*(*body-fixed axes*)이라고 부른다. 여기서 문제는 절대 기준축에 대하여 물체 부착축의 방향을 정의하기 위하여 3차원 유한 회전 운동에 편리하게 사용할 수 있는 방법을 찾아내는 것이다.

고정축들이 단위벡터 방향 $\hat{\boldsymbol{i}}, \hat{\boldsymbol{j}}, \hat{\boldsymbol{k}}$의 방향과 일치하고, 회전 물체 부착축들은 $\hat{\boldsymbol{i}}', \hat{\boldsymbol{j}}', \hat{\boldsymbol{k}}'$로 표시된 방향과 일치한다고 가정하자. 그러면 절대좌표계상의 임의의 점은 위치 벡터 $\mathbf{R}$로 표시되며, 회전좌표계상에서는 $\mathbf{R}'$가 된다. 이 두 벡터는 동일한 점의 위치에 대한 표현이므로 $\mathbf{R} = \mathbf{R}'$로 다음 식이 성립한다.

$$R^x\hat{\mathbf{i}} + R^y\hat{\mathbf{j}} + R^z\hat{\mathbf{k}} = R^{x'}\hat{\mathbf{i}}' + R^{y'}\hat{\mathbf{j}}' + R^{z'}\hat{\mathbf{k}}'$$

이제 이 식은 $\hat{\boldsymbol{i}}, \hat{\boldsymbol{j}}, \hat{\boldsymbol{k}}$로 각각 내적을 취하면 2개의 좌표축 사이의 변환식이 다음과 같이 구해진다.

$$\begin{aligned} R^x &= (\hat{\mathbf{i}}\cdot\hat{\mathbf{i}}')R^{x'} + (\hat{\mathbf{i}}\cdot\hat{\mathbf{j}}')R^{y'} + \left(\hat{\mathbf{i}}\cdot\hat{\mathbf{k}}'\right)R^{z'}, \\ R^y &= (\hat{\mathbf{j}}\cdot\hat{\mathbf{i}}')R^{x'} + (\hat{\mathbf{j}}\cdot\hat{\mathbf{j}}')R^{y'} + \left(\hat{\mathbf{j}}\cdot\hat{\mathbf{k}}'\right)R^{z'}, \\ R^z &= (\hat{\mathbf{k}}\cdot\hat{\mathbf{i}}')R^{x'} + (\hat{\mathbf{k}}\cdot\hat{\mathbf{j}}')R^{y'} + \left(\hat{\mathbf{k}}\cdot\hat{\mathbf{k}}'\right)R^{z'} \end{aligned} \tag{a}$$

그러나 두 단위 벡터의 내적은 그들 사이의 코사인 값과 같다는 사실로부터 $\hat{\boldsymbol{i}}$와 $\hat{\boldsymbol{j}}'$의 사이각을 $\theta_{ij'}$로 표시하면 다음 식이 성립된다.

$$\hat{\boldsymbol{i}}\cdot\hat{\boldsymbol{j}}' = \cos\theta_{ij'} \tag{b}$$

그러므로 위 식은 다음과 같다.

$$\begin{aligned} R^x &= \cos\theta_{ii'}R^{x'} + \cos\theta_{ij'}R^{y'} + \cos\theta_{ik'}R^{z'}, \\ R^y &= \cos\theta_{ji'}R^{x'} + \cos\theta_{jj'}R^{y'} + \cos\theta_{jk'}R^{z'}, \\ R^z &= \cos\theta_{ki'}R^{x'} + \cos\theta_{kj'}R^{y'} + \cos\theta_{kk'}R^{z'} \end{aligned} \tag{10.3}$$

또는 행렬식 형태로는 다음과 같이 나타낼 수 있다.

$$\begin{bmatrix} R^x \\ R^y \\ R^z \end{bmatrix} = \begin{bmatrix} \cos\theta_{ii'} & \cos\theta_{ij'} & \cos\theta_{ik'} \\ \cos\theta_{ji'} & \cos\theta_{jj'} & \cos\theta_{jk'} \\ \cos\theta_{ki'} & \cos\theta_{kj'} & \cos\theta_{kk'} \end{bmatrix} \begin{bmatrix} R^{x'} \\ R^{y'} \\ R^{z'} \end{bmatrix} \tag{10.4}$$

이와 같이 $xyz$에 대한 $x'y'z'$의 방향을 정의하는 방법으로서 두 좌표계 사이의 변환식(*transformation equation*)을 계수로서 사용하는데, 이 계수를 *방향 코사인*(*directon cosines*)이라고 한다. 앞으로 이러한 방향 코사인을 사용하겠지만, 공간 회전 운동에서 방향 코사인은 9개이지만 독립변수는 3개뿐이라는 사실에 유의한다. 이 9개의 방향 코사인 모두가 독립된 것은 아니며, *직교 조건*(*orthogonality condition*)에 의한 6개의 식이 관련된다. 그러나 각도의 표현에서는 단지 3개의 독립변수, 또한 가급적 모두 각도인 변수를 선호한다.

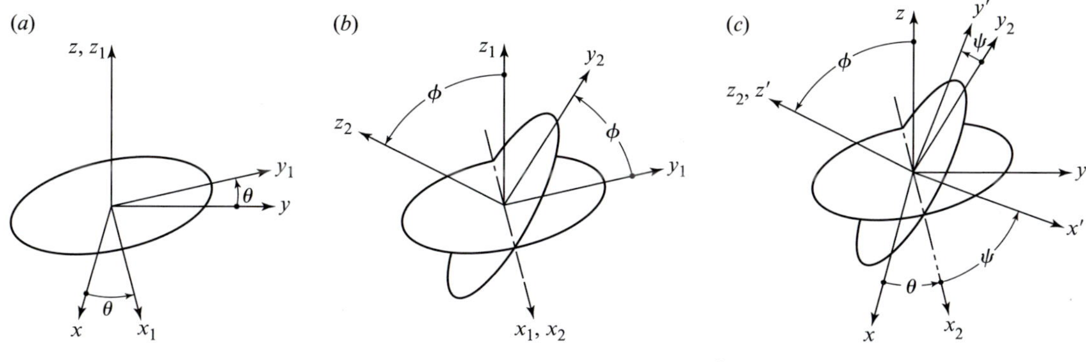


그림 10.10 오일러 각

*오일러 각*(*Euler angle*)이라는 3개의 각도는 그림 10.10에서와 같이 기준축에 대한 물체 부착축의 방향을 정의하는 데 사용할 수 있다. 오일러 각을 설명하려면 기준축과 일치하는 물체 부착축으로부터 시작해야 한다. 그 다음 물체 부착축을 최종 방향으로 옮기기 위하여 정해진 순서대로 정해진 축을 기준으로 발생되는 3개의 순차적인 회전각 $\theta$, $\phi$, $\psi$를 정의한다.

첫 번째 오일러 각은 각도 $\theta$에 관한 회전을 나타내며, 그림 10.10*a*와 같이 양의 $z$축을 기준으로 반시계방향을 양으로 잡는다. 이 회전은 그림에서와 같이 $xy$축이 각도 $\theta$만큼 새로운 위치인 $x_1y_1$로의 이동이고 반면 $z$와 $z_1$은 같은 축상에서 고정되어 있다. 이 첫 번째 회전에 대한 변환식은 다음과 같다.

$$\begin{bmatrix} R^{x} \\ R^{y} \\ R^{z} \end{bmatrix} = \begin{bmatrix} \cos\theta & -\sin\theta & 0 \\ \sin\theta & \cos\theta & 0 \\ 0 & 0 & 1 \end{bmatrix} \begin{bmatrix} R^{x_1} \\ R^{y_1} \\ R^{z_1} \end{bmatrix} \tag{10.5}$$

두 번째 오일러 각은 각도 $\phi$에 대한 회전을 나타내며, 그림 10.10*b*와 같이 양의 $x_1$축을 기준으로 반시계방향을 양으로 잡는다. 이 회전은 $y_1z_1$축이 각도 $\phi$만큼 새로운 위치인 $y_2z_2$로의 이동이고 반면 $x_1$와 $x_2$은 같은 축상에서 고정되어 있다. 이 두 번째 회전에 대한 변환식은 다음과 같다.

$$\begin{bmatrix} R^{x_1} \\ R^{y_1} \\ R^{z_1} \end{bmatrix} = \begin{bmatrix} 1 & 0 & 0 \\ 0 & \cos\phi & -\sin\phi \\ 0 & \sin\phi & \cos\phi \end{bmatrix} \begin{bmatrix} R^{x_2} \\ R^{y_2} \\ R^{z_2} \end{bmatrix} \tag{10.6}$$

세 번째 오일러 각은 각도 $\psi$에 대한 회전을 나타내며, 그림 10.10*c*와 같이 양의 $z_2$축을 기준으로 반시계방향을 양으로 잡는다. 이 회전은 $x_2y_2$축이 각도 $\psi$만큼 새로운 위치인 $x'y'$로의 이동이고 반면 $z_2$와 $z'$은 같은 축상에서 고정되어 있다. 이 세 번째 회전에 대한 변환식은 다음과 같다.

$$\begin{bmatrix} R^{x_2} \\ R^{y_2} \\ R^{z_2} \end{bmatrix} = \begin{bmatrix} \cos\psi & -\sin\psi & 0 \\ \sin\psi & \cos\psi & 0 \\ 0 & 0 & 1 \end{bmatrix} \begin{bmatrix} R^{x'} \\ R^{y'} \\ R^{z'} \end{bmatrix} \tag{10.7}$$

이제 식 (10.6)을 식 (10.5)에 대입하면, 다음과 같이 $xyz$축으로부터 $x_2y_2z_2$축까지의 변환식이 나온다.

$$\begin{bmatrix} R^x \\ R^y \\ R^z \end{bmatrix} = \begin{bmatrix} \cos\theta & -\sin\theta\cos\phi & \sin\theta\sin\phi \\ \sin\theta & \cos\theta\cos\phi & -\cos\theta\sin\phi \\ 0 & \sin\phi & \cos\phi \end{bmatrix} \begin{bmatrix} R^{x_2} \\ R^{y_2} \\ R^{z_2} \end{bmatrix} \tag{10.8}$$

마지막으로 식 (10.7)을 식 (10.8)에 대입하면, 다음과 같이 $xyz$축으로부터 $x'y'z'$축까지의 전체적인 변환식이 나온다.

$$\begin{bmatrix} R^x \\ R^y \\ R^z \end{bmatrix} = \begin{bmatrix} \cos\theta\cos\psi - \sin\theta\cos\phi\sin\psi & -\cos\theta\sin\psi - \sin\theta\cos\phi\cos\psi & \sin\theta\sin\phi \\ \sin\theta\cos\psi + \cos\theta\cos\phi\sin\psi & -\sin\theta\sin\psi + \cos\theta\cos\phi\cos\psi & -\cos\theta\sin\phi \\ \sin\phi\sin\psi & \sin\phi\cos\psi & \cos\phi \end{bmatrix} \begin{bmatrix} R^{x'} \\ R^{y'} \\ R^{z'} \end{bmatrix} \tag{10.9}$$

이 변환식은 단지 3개의 오일러 각 $\theta$, $\phi$, $\psi$의 함수로서 표현되지만, 9개의 변수(방향 코사인)의 관계를 6개의 조건(직교)으로 세워야 하는 어려움 없이 식 (10.3) 및 (10.4)와 동일한 정보를 나타낸다. 그러므로 오일러 각은 3차원상에 회전을 수반하는 문제를 취급하는 데 매우 유용한 수단으로 사용되어 왔다.

그러나 여기에 주어진 변환식 형태는 그림 10.10에 나타낸 바와 같이 어떻게 오일러 각을 정의하는가에 달려 있다는 것을 명심해야 한다. 그러나 공교롭게도 이러한 각들을 정의하는 방법에 관해서는 저자들 간에 일치가 거의 이루어지지 않고 있으며, 각을 측정하는 축, 회전 순서 또는 양의 각도에 관한 부호 표시로 서로 달라진 오일러 각을 여러 참고 문헌에서 찾을 수 있다. 오일러 각을 정의하는 방법에는 커다란 차이가 없지만, 결과적인 변환식들을 비교하는 것은 쉽지 않다.

또한 오일러 각의 시간 도함수, 즉 $\dot{\theta}$, $\dot{\phi}$, $\dot{\psi}$는 물체 부착축의 각속도 $\boldsymbol{\omega}$의 성분이 *아니라*는 사실에 유의한다. 알고 있는 바와 같이, 각각의 이러한 회전은 서로 다른 축을 기준으로 움직인 것이므로 그 좌표계는 서로 일치하지 않는다. 그림 10.10으로부터 물체 부착축의 각속도가 다음과 같음을 알 수 있다.

$$\boldsymbol{\omega} = \dot{\theta}\hat{\boldsymbol{k}} + \dot{\phi}\hat{\boldsymbol{i}}_1 + \dot{\psi}\hat{\boldsymbol{k}}'$$

서로 다른 이들 단위 벡터들을 모두 고정 기준 방향으로 변환시킨 다음 더하면 다음의 식이 얻어진다.

$$\begin{aligned} \omega^x &= \dot{\phi}\cos\theta + \dot{\psi}\sin\theta\sin\phi, \\ \omega^y &= \dot{\phi}\sin\theta - \dot{\psi}\cos\theta\sin\phi, \\ \omega^z &= \dot{\theta} + \dot{\psi}\cos\phi \end{aligned} \tag{10.10}$$

한편 이들을 물체 부착축으로 변환시킬 수도 있으며, 그 결과는 다음과 같다.

$$
\begin{aligned}
\omega^{x'} &= \dot{\theta}\sin\phi\sin\psi + \dot{\phi}\cos\psi, \\
\omega^{y'} &= \dot{\theta}\sin\phi\cos\psi - \dot{\phi}\sin\psi, \\
\omega^{z'} &= \dot{\theta}\cos\phi + \dot{\psi}
\end{aligned}
\tag{10.11}
$$

## 10.6 데너빗–하텐버그 매개변수

앞 절의 변환식은 고정점에 대한 3차원 회전 운동만을 취급하였다. 그러나 동일한 해석방법을 병진 운동과 회전 운동을 포함한 일반적인 공간 운동을 취급하도록 일반화할 수 있다. 공간 운동을 표현하는 일반화된 방법은 "행렬법(matrix mathod)"이라고 하며, 많은 문헌에서 찾아볼 수 있다. 이러한 해석방법에 관한 대부분의 현대적인 연구는 데너빗(Denavit)과 하텐버그(Hartenberg)[5]의 연구 결과에서 비롯된 것인데, 이들은 모든 단일 루프 저차 대우 링크기구들을 표기하는 방법과 해석과정에서 변환행렬 기법을 개발하였다.

데너빗–하텐버그 해석방법에서는 대개 입력 조인트에서 시작하여 연속적으로 루프를 돌며 출력 조인트까지 번호를 붙이며, 링크기구의 조인트에 번호를 붙이는 것에서 시작한다. $m = 1$이라고 하면, 쿠츠바흐 판별식에 따라 $n = 7$개의 이원(binary) 링크와 1에서 7까지 번호가 부여된 $j_1 = 7$개의 조인트가 있다는 것을 알 수 있을 것이다.[6] 그림 10.11에는 이 경우에 회전 대우 번호 $i$로 표시된 이러한 루프와 이 루프로 결합되는 2개의 링크로 이루어진 전형적인 조인트가 도시되어 있다.

다음으로 각각의 조인트의 운동축을 정하고 각 축에 대하여 양의 회전 방향을 정한 후, 각각을 $z_i$축이라고 명명한다. $z_i$축들이 공간상에서 기울어져 있다고 하더라도 각각의 연속하는 대우 간의 공통 수직선을 구할 수 있으므로, $z_{i-1}$과 $z_i$ 사이의 공통 수직선은 임의의 양의 방향을 선택하여 $x_i$로 한다.[7]

다음에 루프상의 각각의 조인트와 관련하여 오른손 법칙을 따르는 직교좌표계 $x_iy_iz_i$가 되도록 $y_i$를 정할 수 있다. 그림 10.11을 주의하여 살펴보고 조인트에 의하여 허용된 운동을 가시화

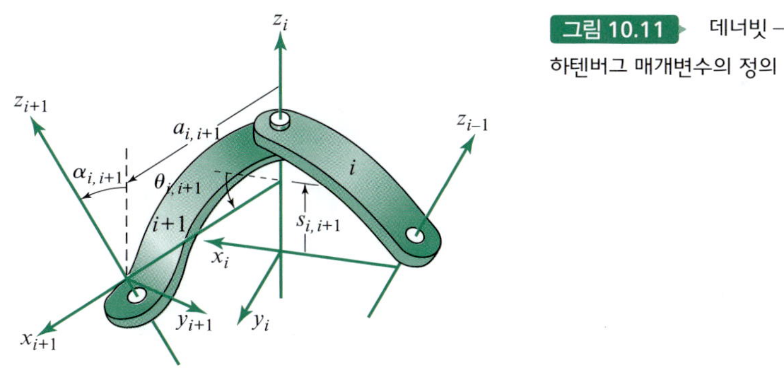


그림 10.11 데너빗–하텐버그 매개변수의 정의

---

[6] 여기서 소개하고 있는 방법은 $j_1$ 조인트만을 취급하고 있지만, 다자유도 저차 대우는 가상의 링크로 연결된 회전 대우와 미끄럼 대우의 조합으로 나타내기도 한다.

[7] $i = 1$일 때에는, 루프에서 최종 조인트 역시 최초의 조인트 앞에 있는 조인트이므로 $i - 1$을 $n$으로 잡아야 한다. 이와 유사하게, $i = n$일 때에는 $i + 1$은 1로 잡아야 한다.

하면, 좌표계 $x_i y_i z_i$는 링크 가지 조인트 $i-1$과 조인트 $i$를 연결하는 링크에 고정되어 있고, $x_{i+1} y_{i+1} z_{i+1}$은 움직이지만 링크지지 조인트 $i$와 조인트 $i+1$을 연결하는 링크에 고정되어 있다. 그러므로 각각 링크에 부착된 좌표계의 번호에 해당되는 링크의 번호를 부여하는 기준을 얻게 된다.

데너빗과 하텐버그가 링크의 형상을 결정하려고 정의하였던 방법은 이제 표준방법으로 자리 잡았다. 위에서 설명한 바와 같이 설정된 2개의 연속하는 좌표계의 상대 위치와 방향(자세)은 그림 10.11에 나타낸 바와 같이 4개의 매개변수 $a$, $\alpha$, $\theta$, $s$로 정의할 수 있으며, 이들은 각각 다음과 같이 정의된다.

$a_{i,i+1} =$ $x_{i+1}$을 따라 $x_{i+1}$방향으로 부호를 잡았을 때 $z_i$에서 $z_{i+1}$까지의 거리

$\alpha_{i,i+1} =$ 양의 $x_{i+1}$을 기준으로 양의 반시계방향으로 잡았을 때 양의 $z_i$로부터 양의 $z_{i+1}$까지의 각도

$\theta_{i,i+1} =$ 양의 $z_i$를 기준으로 양의 반시계방향으로 잡았을 때 양의 $x_i$로부터 양의 $x_{i+1}$까지의 각도

$s_{i,i+1} =$ $z_i$를 따라 $z_i$ 방향으로 부호를 잡았을 때 $x_i$로부터 $x_{i+1}$까지의 거리

그림 10.11에 나타낸 바와 같이 조인트 $i$가 회전 대우일 때, 매개변수 $a_{i,i+1}$, $\alpha_{i,i+1}$, $s_{i,i+1}$은 다음에 오는 링크 $i+1$의 형상을 정의하는 상수가 되지만 $\theta_{i,i+1}$은 변수가 된다. 즉, 이 값은 조인트 $i$의 조인트 변수가 된다. 미끄럼 대우일 경우 $a_{i,i+1}$, $\alpha_{i,i+1}$, $\theta_{i,i+1}$은 상수이며, $s_{i,i+1}$이 조인트 변수가 된다.

### 예제 10.3

그림 10.12에 나타낸 훅(Hooke) 또는 카르단(Cardan) 유니버셜 조인트의 데너빗 – 하텐버그 매개변수를 구하라.

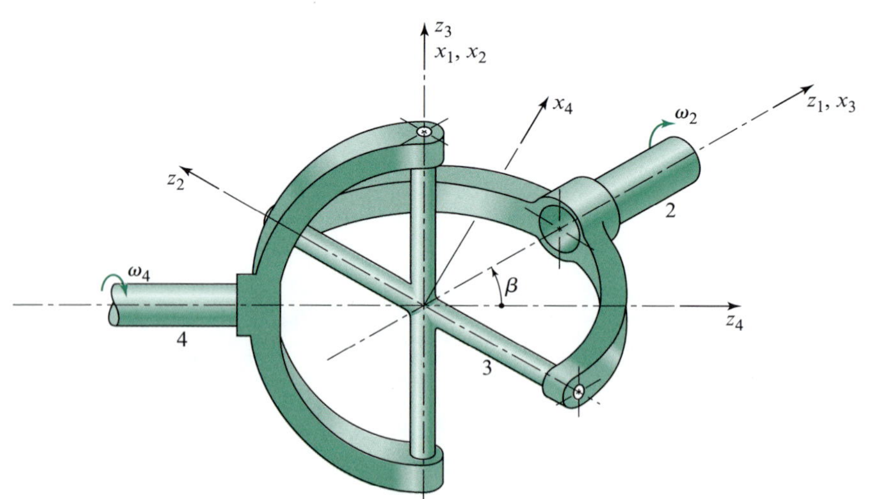


그림 10.12 훅 또는 카르단 유니버셜 조인트

▶ **풀이**

그림에서 이 기구에는 4개의 링크와 4개의 회전 대우가 있다(이것은 그림 10.2의 구면 4절 링크기구와 동일하다). 우선 4개의 회전 대우의 축을 정하고 그림과 같이 $z_1$, $z_2$, $z_3$, $z_4$로 각각 표

시한다. 그 다음 이들의 공통 수직선을 찾고 각각의 양의 방향을 정한 후, 그림과 같이 각각 $x_1$, $x_2$, $x_3$, $x_4$로 표시한다. 여기서 주의해야 할 점은, 그림과 같은 순간에서 $x_1$과 $x_3$가 $z_3$과 $z_1$과 동일한 방향인 것처럼 나타나지만, 이는 단지 순간적인 일치일 뿐 기구가 움직임에 따라서 변한다는 것이다.

이제 위에서 설명한 정의에 따라 데너빗-하텐버그 매개변수의 값을 구하면 다음과 같다.

$$a_{12} = 0, \quad a_{23} = 0, \quad a_{34} = 0, \quad a_{41} = 0$$ 답

$$\alpha_{12} = 90°, \quad \alpha_{23} = 90°, \quad \alpha_{34} = 90°, \quad \alpha_{41} = \beta$$ 답

$$\theta_{12} = \phi_1, \quad \theta_{23} = \phi_2, \quad \theta_{34} = \phi_3, \quad \theta_{41} = \phi_4$$ 답

$$s_{12} = 0, \quad s_{23} = 0, \quad s_{34} = 0, \quad s_{41} = 0$$ 답

여기에서 $\beta$는 두 축의 사이각이다.

모든 $a$와 $s$ 거리 매개변수는 0인 것에 주목하면, 이 기구가 모든 운동축이 하나의 공통 중심에서 교차하는 구형이라는 것을 의미한다. 또한 이 기구는 *RRRR* 링크기구이므로 모든 매개변수 $\theta$가 조인트 변수라는 것을 알 수 있다. 이 값이 변수이기 때문에 수치가 아닌 기호 $\phi_i$로 주어져 있으며, 이 값들을 구하는 해법은 다음 예제에서 설명한다.

## 10.7 변환행렬에 의한 위치 해석

데너빗-하텐버그 매개변수가 링크기구의 중요한 기하학적 특성을 규정하는 표준방법을 제공하지만, 이 매개변수의 가치는 이것뿐만이 아니다. 데너빗-하텐버그는 각각의 링크에 설정하는 좌표계를 표준화하였기 때문에, 연속하는 좌표계 간의 변환식을 이 매개변수를 사용하는 표준행렬 형태로 나타낼 수 있다.

만약 이 중 하나의 좌표계, 즉 $R_{i+1}$ 좌표계에서 측정한 임의의 점의 좌표를 알고 있다면, 이전의 좌표계 $R_i$에서의 동일한 점의 위치 좌표를 변환행렬 $T_{i,i+1}$을 사용하여 다음과 같이 구할 수 있다.

$$R_i = T_{i,i+1} R_{i+1} \tag{10.12}$$

여기서 변환행렬 $T_{i,i+1}$은 다음과 같이 표준 형태[8]로 된다.

$$T_{i,i+1} = \begin{bmatrix} \cos\theta_{i,i+1} & -\cos\alpha_{i,i+1}\sin\theta_{i,i+1} & \sin\alpha_{i,i+1}\sin\theta_{i,i+1} & a_{i,i+1}\cos\theta_{i,i+1} \\ \sin\theta_{i,i+1} & \cos\alpha_{i,i+1}\cos\theta_{i,i+1} & -\sin\alpha_{i,i+1}\cos\theta_{i,i+1} & a_{i,i+1}\sin\theta_{i,i+1} \\ 0 & \sin\alpha_{i,i+1} & \cos\alpha_{i,i+1} & s_{i,i+1} \\ 0 & 0 & 0 & 1 \end{bmatrix} \tag{10.13}$$

[8] $T$행렬의 처음 3열과 3행은 좌표계들 사이의 회전을 나타내는 방향 코사인이며[비교를 위해 식 (10.8) 참조], 제4행은 두 좌표계의 원점 사이의 병진 운동을 나타내기 위하여 추가된다. 제4열은 1 = 1이라는 명목상의 식을 나타내지만, 이것은 $T$행렬을 정방행렬로 만들고 유의미하게 유지한다.

또한 각각의 위치 벡터는 다음과 같이 주어진다.

$$R = \begin{bmatrix} x \\ y \\ z \\ 1 \end{bmatrix} \tag{10.14}$$

이제 식 (10.12)를 하나의 링크로부터 다음의 링크까지 반복적으로 적용하면, $n$-링크 단일 루프 기구에 대하여 다음 식이 성립된다는 사실을 알 수 있다.

$$R_1 = T_{12}R_2,$$

$$R_1 = T_{12}T_{23}R_3,$$

$$R_1 = T_{12}T_{23}T_{34}R_4$$

이를 일반형으로 나타내면 다음과 같다.

$$R_1 = T_{12}T_{23}\ldots T_{i-1,i}R_i \tag{10.15}$$

이러한 $T$행렬들의 곱도 역시 $T$행렬로 표시된다는 규약을 알고 있다면 이를 다음과 같이 나타낼 수 있다.

$$T_{i,i+1}T_{i+1,i+2}\ldots T_{j-1,j} = T_{i,j} \tag{10.16}$$

그러면 식 (10.15)는 다음과 같이 된다.

$$R_1 = T_{1,i}R_i \tag{10.17}$$

마지막으로, 링크 1은 루프의 끝에서 링크 $n$과 연결되므로 다음과 같이 된다.

$$R_1 = T_{12}T_{23}\ldots T_{n-1,n}T_{n,1}R_1$$

또한 이 식은 어떠한 점을 $R_1$로 선택하더라도 성립해야 하므로 다음과 같이 된다는 것을 알 수 있다.

$$T_{1,2}T_{2,3}\ldots T_{n-1,n}T_{n,1} = I \tag{10.18}$$

여기서 $I$는 4 × 4 단위 변환행렬이다.

위의 중요한 식이 변환행렬을 사용한 *루프 폐쇄 방정식*(*loop-closure equation*)이다. 벡터 사면체 방정식을 의미하는 식 (10.2)가 기구학적 루프에 대한 *벡터의 합*이 폐쇄되는 루프에서는 0이 된다는 것을 의미하는 바와 마찬가지로, 식 (10.18)은 기구학적 루프에 대한 *변환행렬의 곱*(*product of transformation matrix*)이 단위 변환과 같아야 한다는 것을 의미한다. 이 말은 벡터의 합이 루프에서 초기 위치로 돌아가는 것을 보장하는 것처럼, 변환행렬의 곱은 루프에서 초기 각위치로 복귀를 보장한다. 이것은 벡터 사면체 방정식 같은 예에서 나타낼 수 없는 공간 운동 문제에서 중요하다. 다음 예제에서 이 문제에 대해 다루어보자.

### 예제 10.4

그림 10.12의 훅 유니버설 조인트를 해석하여 입력축의 각 $\phi_1$의 값이 주어졌을 때 다른 모든 조인트 변수들의 위치에 대한 식을 구하라.

**▶ 풀이**

이 기구의 데너빗–하텐버그 매개변수는 예제 10.3에서 구한 것과 같다. 이를 사용하여 식 (10.13)에 대입하고, 각각의 링크에 대한 각각의 변환행렬을 구하면 다음과 같다.

$$T_{1,2} = \begin{bmatrix} \cos\phi_1 & 0 & \sin\phi_1 & 0 \\ \sin\phi_1 & 0 & -\cos\phi_1 & 0 \\ 0 & 1 & 0 & 0 \\ 0 & 0 & 0 & 1 \end{bmatrix} \tag{1}$$

$$T_{2,3} = \begin{bmatrix} \cos\phi_2 & 0 & \sin\phi_2 & 0 \\ \sin\phi_2 & 0 & -\cos\phi_2 & 0 \\ 0 & 1 & 0 & 0 \\ 0 & 0 & 0 & 1 \end{bmatrix} \tag{2}$$

$$T_{3,4} = \begin{bmatrix} \cos\phi_3 & 0 & \sin\phi_3 & 0 \\ \sin\phi_3 & 0 & -\cos\phi_3 & 0 \\ 0 & 1 & 0 & 0 \\ 0 & 0 & 0 & 1 \end{bmatrix} \tag{3}$$

$$T_{4,1} = \begin{bmatrix} \cos\phi_4 & -\cos\beta\sin\phi_4 & \sin\beta\sin\phi_4 & 0 \\ \sin\phi_4 & \cos\beta\cos\phi_4 & -\sin\beta\cos\phi_4 & 0 \\ 0 & \sin\beta & \cos\beta & 0 \\ 0 & 0 & 0 & 1 \end{bmatrix} \tag{4}$$

이제 식 (10.18)을 아래와 같이 직접 이용할 수도 있다.

$$T_{1,2}T_{2,3}T_{3,4}T_{4,1} = I$$

다음과 같이 다시 정리하면 연산 횟수를 줄일 수 있다.

$$T_{2,3}T_{3,4} = T_{1,2}^{-1}T_{4,1}^{-1} = (T_{4,1}T_{12})^{-1} \tag{5}$$

여기서 역행렬은 단지 행렬을 전치시킴으로써, 즉 행과 열을 교환함으로써 쉽게 구할 수 있다.[9] 그러므로 치환하여 행렬 연산을 하면 식 (5)는 다음과 같이 된다.

---

[9] 비록 이런 특별한 경우에 성립한다고 해도, 모든 병진 운동이 0인 경우에는, 모든 4 × 4 행렬에서 성립하지 않는다.

$$\begin{bmatrix} \cos\phi_2\cos\phi_3 & \sin\phi_2 & \cos\phi_2\sin\phi_3 & 0 \\ \sin\phi_2\cos\phi_3 & -\cos\phi_2 & \sin\phi_2\sin\phi_3 & 0 \\ \sin\phi_3 & 0 & -\cos\phi_3 & 0 \\ 0 & 0 & 0 & 1 \end{bmatrix}$$

$$= \begin{bmatrix} \begin{matrix}\cos\phi_1\cos\phi_4 \\ -\cos\beta\sin\phi_1\sin\phi_4\end{matrix} & \begin{matrix}\cos\phi_1\sin\phi_4 \\ +\cos\beta\sin\phi_1\cos\phi_4\end{matrix} & \sin\beta\sin\phi_1 & 0 \\ \sin\beta\sin\phi_4 & -\sin\beta\cos\phi_4 & \cos\beta & 0 \\ \begin{matrix}\sin\phi_1\cos\phi_4 \\ +\cos\beta\cos\phi_1\sin\phi_4\end{matrix} & \begin{matrix}\sin\phi_1\sin\phi_4 \\ -\cos\beta\cos\phi_1\cos\phi_4\end{matrix} & -\sin\beta\cos\phi_1 & 0 \\ 0 & 0 & 0 & 1 \end{bmatrix} \tag{6}$$

이 식의 양변에 해당하는 행과 열의 원소들은 서로 같아야 한다. 그러므로 제3행(column), 제3열(row)의 원소를 이용하여 다음과 같이 쓸 수 있다.

$$\cos\phi_3 = \sin\beta\cos\phi_1 \quad \text{and} \quad \sin\phi_3 = \sqrt{1 - \sin^2\beta\cos^2\phi_1} = \sigma$$ 답

여기에서 새로운 변수 $\sigma$를 정의했다. 그 다음 세 번째 열의 첫 번째와 두 번째 행을 같다고 하면,

$$\cos\phi_2 = \frac{\sin\beta}{\sigma} \text{ 그리고 } \sin\phi_2 = \frac{\cos\beta}{\sigma}$$ 답

$\phi_2$와 $\phi_3$의 사인, 코사인을 풀면 제2행 2열과 제1행 2열을 같게 할 수 있다. 미지수에 대해서 풀면

$$\cos\phi_4 = \frac{\sin\phi_1}{\sigma} \text{ 그리고 } \sin\phi_4 = \frac{\cos\beta\cos\phi_1}{\sigma}$$ 답

사인, 코사인의 변수가 모두 알려졌으므로 아크탄젠트 함수를 이용하면 크기와 각도의 4분면에 대한 적절한 정보를 알 수 있다.

## 10.8 행렬법에 의한 속도와 가속도 해석

위의 위치 해석에서 행렬법의 우수함을 잘 알 수 있었다. 그러나 이 방법은 위치 해석에만 적용되는 것은 아니다. 이와 같은 표준화된 접근이 속도와 가속도까지 확장될 수 있다. 이를 시작하기 전에 먼저 4개의 데너빗-하텐버그 매개변수 중 3개는 링크 형상을 나타내는 상수이며, 나머지 하나가 조인트 변수라는 사실에 유의한다. 그러므로 식 (10.13)의 기본 변환인 다음 식

$$T = \begin{bmatrix} \cos\theta & -\cos\alpha\sin\theta & \sin\alpha\sin\theta & a\cos\theta \\ \sin\theta & \cos\alpha\cos\theta & -\sin\alpha\cos\theta & a\sin\theta \\ 0 & \sin\alpha & \cos\alpha & s \\ 0 & 0 & 0 & 1 \end{bmatrix} \tag{10.19}$$

에는 단지 하나의 변수만 있으며, 이는 조인트의 형태(type)에 따라 매개변수 $\theta$나 $s$ 중 어느 하나이다.

조인트 변수가 각도 $\theta$인 경우를 생각해보면, 자신의 변수에 대한 $T$의 도함수는 다음과 같다.

$$\frac{dT}{d\theta} = \begin{bmatrix} -\sin\theta & -\cos\alpha\cos\theta & \sin\alpha\cos\theta & -a\sin\theta \\ \cos\theta & -\cos\alpha\sin\theta & \sin\alpha\sin\theta & a\cos\theta \\ 0 & 0 & 0 & 0 \\ 0 & 0 & 0 & 0 \end{bmatrix} \tag{10.20}$$

반면에 미끄럼 대우와 같이 거리 $s$가 조인트 변수일 경우 그 도함수는 다음과 같다.

$$\frac{dT}{ds} = \begin{bmatrix} 0 & 0 & 0 & 0 \\ 0 & 0 & 0 & 0 \\ 0 & 0 & 0 & 1 \\ 0 & 0 & 0 & 0 \end{bmatrix} \tag{10.21}$$

흥미롭게도 두 도함수 모두 다음과 같이 하나의 공통된 공식으로 표현할 수 있다.

$$\frac{dT_{i,i+1}}{d\phi_i} = Q_i T_{i,i+1} \tag{10.22}$$

여기서 조인트 $i$가 회전 대우일 때, $\phi_i = \theta_{i,i+1}$이 된다는 사실을 알 수 있으므로 다음 식을 이용한다.

$$Q_i = \begin{bmatrix} 0 & -1 & 0 & 0 \\ 1 & 0 & 0 & 0 \\ 0 & 0 & 0 & 0 \\ 0 & 0 & 0 & 0 \end{bmatrix} \tag{10.23}$$

또한 조인트 $i$가 미끄럼 대우일 때, $\phi_i = s_{i,i+1}$이 된다는 사실을 알 수 있으므로 다음 식을 사용한다.

$$Q_i = \begin{bmatrix} 0 & 0 & 0 & 0 \\ 0 & 0 & 0 & 0 \\ 0 & 0 & 0 & 1 \\ 0 & 0 & 0 & 0 \end{bmatrix} \tag{10.24}$$

속도 해석을 위해서는 조인트 변수보다는 시간에 대한 도함수가 필요하다. 그러므로 식 (10.22)를 이용하면 다음 식을 얻는다.

$$\frac{dT_{i,i+1}}{dt} = Q_i T_{i,i+1} \dot{\phi}_i \tag{10.25}$$

여기서 $\dot{\phi}_i = d\phi_i/dt$이다. 이들은 대개 미지의 값들이지만 아래에서 구하는 방법을 설명하겠다. 이를 위해서는 먼저 루프 폐쇄 조건인 식 (10.18)을 시간에 관하여 미분한다. 식 (10.25)에 연쇄 법칙을 사용하여 각각의 인수를 미분하여 다음과 같이 된다.

$$\sum_{i=1}^{n} T_{12} T_{23} \cdots T_{i-1,i} Q_i T_{i,i+1} \cdots T_{n-1,n} T_{n1} \dot{\phi}_i = 0$$

또한 식 (10.16)과 같이 좀 더 함축된 형태로 나타내면 다음과 같이 된다.

$$\sum_{i=1}^{n} T_{1i} Q_i T_{i1} \dot{\phi}_i = 0 \tag{10.26}$$

이때 다음과 같이 기호를 정의한다.

$$D_i = T_{1i} Q_i T_{i1} \tag{10.27a}$$

또한 루프 폐쇄 조건에서 위 식이 다음과 같다는 점에 유의한다.

$$D_i = T_{1i} Q_i T_{1i}^{-1} \tag{10.27b}$$

그러면 이전 식은 다음과 같이 된다.

$$\sum_{i=1}^{n} D_i \dot{\phi}_i = 0 \tag{10.28}$$

이 식에서 조인트 변수 속도들이 대상 기구에 부합하고 서로 간에 양립하는 모든 조건이 포함되어 있다. 여기서 주목해야 할 점은, 일단 위치 해석이 끝나면 $D_i$ 행렬은 알고 있는 값으로 계산할 수 있다는 것이다. 조인트 변수 중 일부의 속도, 즉 $m$개의 입력속도가 입력정보로 주어지면, 다른 모든 $\dot{\phi}_i$값들은 식 (10.28)로부터 구할 수 있다.

예제 10.4에 이어 다음 예제를 풀어보면 속도를 구하는 과정을 좀 더 분명히 알 수 있을 것이다.

### 예제 10.5

주어진 입력 각속도 $\dot{\phi}_1$에 대해 예제 10.4의 훅 유니버셜 조인트의 출력축 $\dot{\phi}_4$의 각속도를 구하라.

▶ **풀이**

앞의 예제 결과로부터, 입력축 각도 $\phi_1$과 그 밖의 다른 변수들 간의 관계를 다음과 같이 구할 수 있다.

$$\sin\phi_2 = \frac{\cos\beta}{\sigma}, \qquad \cos\phi_2 = \frac{\sin\beta\sin\phi_1}{\sigma},$$
$$\sin\phi_3 = \sigma, \qquad \cos\phi_3 = \sin\beta\cos\phi_1,$$
$$\sin\phi_4 = \frac{\cos\beta\cos\phi_1}{\sigma}, \qquad \cos\phi_4 = \frac{\sin\phi_1}{\sigma}$$

여기서 $\sigma$는 다음과 같이 표현된다.

$$\sigma = \sqrt{1 - \sin^2\beta\cos^2\phi_1}$$

이들을 식 (10.13)에 대입하면 $\phi_1$만의 함수인 변환행렬이 얻어진다. 차례대로 이들을 식 (10.27)에 대입하면 다음과 같은 도함수 연산자 행렬 $D_i$가 얻어진다.

$$D_1 = \begin{bmatrix} 0 & -1 & 0 & 0 \\ 1 & 0 & 0 & 0 \\ 0 & 0 & 0 & 0 \\ 0 & 0 & 0 & 0 \end{bmatrix},$$

$$D_2 = \begin{bmatrix} 0 & 0 & -\cos\phi_1 & 0 \\ 0 & 0 & -\sin\phi_1 & 0 \\ \cos\phi_1 & \sin\phi_1 & 0 & 0 \\ 0 & 0 & 0 & 0 \end{bmatrix},$$

$$D_3 = \begin{bmatrix} 0 & \dfrac{\sin\beta\sin\phi_1}{\sigma} & \dfrac{\cos\beta\sin\phi_1}{\sigma} & 0 \\ -\dfrac{\sin\beta\sin\phi_1}{\sigma} & 0 & \dfrac{-\cos\beta\cos\phi_1}{\sigma} & 0 \\ -\dfrac{\cos\beta\sin\phi_1}{\sigma} & \dfrac{\cos\beta\cos\phi_1}{\sigma} & 0 & 0 \\ 0 & 0 & 0 & 0 \end{bmatrix},$$

$$D_4 = \begin{bmatrix} 0 & -\cos\beta & \sin\beta & 0 \\ \cos\beta & 0 & 0 & 0 \\ -\sin\beta & 0 & 0 & 0 \\ 0 & 0 & 0 & 0 \end{bmatrix}$$

이제 식들은 식 (10.28)에 사용할 수 있다. 제2행, 제3열에서 원소들을 취하고 제3행, 제1열에서 원소들을 취한 다음 제1행, 제2열에서 원소들을 취하면, 다음과 같은 3개의 식이 얻어진다.

$$(\sin\phi_1)\dot{\phi}_2 + \left(\frac{\cos\beta\cos\phi_1}{\sigma}\right)\dot{\phi}_3 = 0,$$

$$(-\cos\phi_1)\dot{\phi}_2 + \left(\frac{\cos\beta\sin\phi_1}{\sigma}\right)\dot{\phi}_3 + (\sin\beta)\dot{\phi}_4 = 0,$$

$$\left(-\frac{\sin\beta\sin\phi_1}{\sigma}\right)\dot{\phi}_3 + (\cos\beta)\dot{\phi}_4 = -\dot{\phi}_1$$

이 세 식을 연립하여 풀면 그 결과는 다음과 같다.

$$\dot{\phi}_2 = \frac{-\sin\beta\cos\beta\cos\phi_1}{1-\sin^2\cos^2\phi_1}\dot{\phi}_1,$$

$$\dot{\phi}_3 = \frac{\sin\beta\sin\phi_1}{\sqrt{1-\sin^2\beta\cos^2\phi_1}}\dot{\phi}_1,$$

$$\dot{\phi}_4 = \frac{-\cos\beta}{1-\sin^2\beta\cos^2\phi_1}\dot{\phi}_1$$

답

유의해야 할 점은, 입력축이 일정한 각속도일 때 출력축의 각속도는 두 축이 일직선상에 있지 않으면 일정하지 않다($\beta$가 0이 아니면). $\beta$가 0이 아니면 출력축의 각속도는 축이 회전함에 따라 변동한다는 것이다. 축각도 $\beta$는 통상 0이 아니고 일정하므로, 출력/입력 속도비 $\dot{\phi}_4/\dot{\phi}_1$의 최대값은 cos $\phi_1 = 1$일 때, 즉 $\phi_1 = 0°$, 180°, 360°, 540° 등일 때 발생하며, 이 속도비의 최소값은 cos $\phi_1 = 0$일 때 발생한다. 입력각축 $\beta$에 대하여 최대와 최소 속도비 사이의 차이를 퍼센트로 표현한 그래프가 그림 10.13이다. 이 곡선은 퍼센트 속도 변동을 나타내는 것으로 훅 유니버셜 축 커플링 응용을 평가하는 데 유용하다.

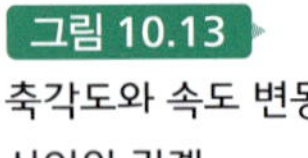


축각도와 속도 변동 사이의 관계

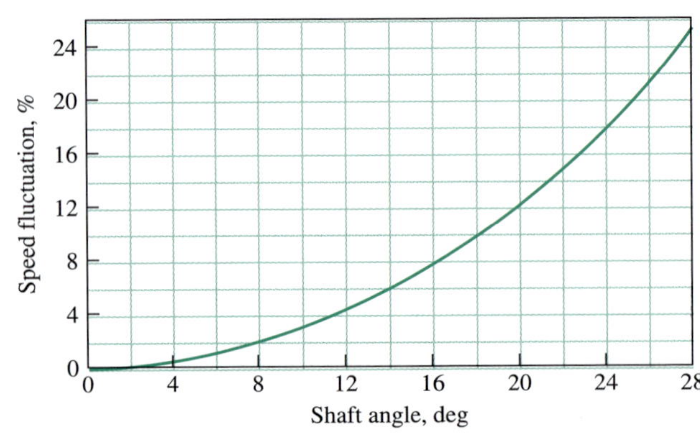


링크 $i$에 부착된 움직이는 점의 속도를 구하고자 한다면, 점의 위치를 나타낸 식 (10.15)를 시간에 관하여 미분하면 된다. 이때 $D_i$ 연산자 행렬을 사용하여 미분하면 다음과 같이 일련의 속도 연산자 행렬을 정의할 수 있다.

$$\omega_1 = 0 \tag{10.29a}$$

$$\omega_{i+1} = \omega_i + D_i\dot{\phi}_i, \quad i = 1, 2, \ldots, n \tag{10.29b}$$

따라서 점의 절대 속도는 다음과 같이 된다.

$$\dot{R}_i = \omega_i T_{1,i} R_i \tag{10.30}$$

가속도 해석은 속도 해석에서 사용한 것과 동일한 해석방법을 사용하면 된다. 그러므로 상세한 내용은 생략하고, 여기서는 중요한 식만을 소개한다[21]. 우선 $D_i$를 미분한다.

$$\frac{dD_i}{dt} = (\omega_i D_i - D_i \omega_i), \quad i = 1, 2, \ldots, n \tag{10.31}$$

식 (10.28)을 시간에 관하여 다시 미분하고, 식 (10.31)을 이용하여 재배열하면 다음과 같이 조인트 변수 가속도들의 상관관계를 나타내는 식을 얻을 수 있다.

$$\sum_{i=1}^{n} D_i\ddot{\phi}_i = -\sum_{i=1}^{n}(\omega_i D_i - D_i\omega_i)\dot{\phi}_i \tag{10.32}$$

이 식들은 일단 위치, 속도 및 입력 가속도 값을 알면 조인트 변수 가속도 $\ddot{\phi}_i$에 관하여 풀 수 있다. 풀이과정은 식 (10.28)과 동일하며, 미지수의 계수행렬도 두 식에 대해 같다.

계수행렬은 *자코비안*(*Jacobian*)이라고 하는데, 계수행렬은 임의의 일련의 조인트 변수의 도함수의 해를 구하는 데 필수적이다. 3.11절에서 지적한 바와 같이 이 행렬이 정칙이 아니라면, 조인트 변수의 속도(또는 가속도)에 대한 유일한 해가 존재하지 않게 된다. 이때 그와 같은 기구 위치를 *특이*(*singular*) 위치라고 하며, 사점(dead-center position)도 특이 위치의 하나이다.

식 (10.29)의 속도 행렬의 도함수로부터 다음과 같이 일련의 가속도 연산자 행렬을 정의할 수 있다.

$$\alpha_1 = 0 \tag{10.33a}$$

$$\alpha_{i+1} = \alpha_i + D_i\ddot{\phi}_i + (\omega_i D_i - D_i\omega_i)\dot{\phi}_i \tag{10.33b}$$

이 식들로부터 링크 *i*상의 한 점에 관한 절대 가속도는 다음과 같이 주어진다.

$$\ddot{R}_i = (\alpha_i + \omega_i\omega_i) T_{1,i} R_i \tag{10.34}$$

강체계의 기구 해석과 동역학 해석에 이러한 변환행렬 해석방법을 사용하여 훨씬 더 상세하고 강력한 방법들이 개발되었다. 이러한 방법들[21]은 이 책의 범주를 벗어나므로 다음 장에서는 로봇에 관한 몇 가지 예를 통하여 설명하도록 한다.

## 10.9 일반적인 기구 해석 컴퓨터 프로그램

지금까지 새로운 문제를 풀기 위하여 사용된 기법들 사이에는 매우 유사한 점이 많았을 것으로 생각된다. 그러나 3차원 기구 해석은 사람이 직접 손으로 계산하기에는 계산이 너무 많고 복잡하므로 컴퓨터의 도움을 필요로 한다. 이러한 이유로 범용의 컴퓨터 프로그램이 폭넓게 응용되고 있다. 프로그램을 반복적으로 사용함으로써 프로그램의 개발에 필요한 비용을 줄이고 정확도를 높일 뿐만 아니라 사용상의 오류도 방지할 수 있다. 강체의 기구학적 시스템과 동역학적 시스템을 시뮬레이션하기 위한 범용의 컴퓨터 프로그램은 수십 년에 걸쳐 개발되고 있으며, 이 중 일부 프로그램은 상품화되어 자동차 산업이나 항공기 산업에서 사용되고 있다.

기구 해석용으로 최초로 널리 상용화된 프로그램은 IBM이 개발하고 판매한 KAM (Kinematic Analysis Method)이라는 것이다. 이 프로그램에는 평면기구와 공간기구 모두의 위치, 속도, 가속도 및 해석기능이 포함되어 있어, 10.3절에서 설명한 체이스의 벡터 사면체 방정식의 해법으로 개발되었다. 1964년에 발표된 이 프로그램은 대규모의 기하학적 변화가 있는 기계 시스템의 범용 프로그램의 필요성을 최초로 인식시켜 주었다. 그러나 최초의 프로그램은 한계성이 있었으므로 이어서 설명할 한층 더 강력한 프로그램들에게 자리를 내주고 말았다.

한편, 유한요소법과 유한차분법을 이용한 강력한 범용 프로그램도 개발되었는데, NASTRAN과 ANSYS가 대표적인 예이다. 이러한 프로그램들은 기계 시스템 분야에서 주로 응력 해석용으로 개발되었으나, 정·동역학 해석에 대해서도 탁월한 능력을 보여주었다. 이들은 또한 시스템의 링크가 하중에 의하여 변형되는 것을 시뮬레이션할 수 있으며, 부정정 힘에 관한 문제를 풀 수도 있어 산업계에서 폭넓게 응용되고 있다. 그러나 이들이 가끔 기구의 해석에 사용됨에도 불구하고, 기구학적 문제에 전형적으로 일어나는 기구학적 변화는 시뮬레이션할 수 없다는 데 한계가 있다.

3차원 강체 기계 시스템의 기구학적 및 동역학적 시뮬레이션용으로 가장 널리 사용되고 있는 범용 프로그램으로는 ADAMS, DADS, IMP가 있다. ADAMS®는 Automatic Dynamic Anlaysis of Mechanical System을 의미하는 것으로, 미시간대학의 체이스, 올란데아(Orlandea) 및 그 외의 연구자[16]의 노력에 의해 개발되었으며, MSC Software사[10]에서 구입할 수 있다. DADS는 Dynamic Analysis and Design Systems를 의미하며, 아이오와대학의 하우그(Haug)를 비롯한 다른 연구자[13]에 의하여 개발되었으며 LMS International사[11]가 판매하고 있다. IMP (Integrated Mechanisms Program)는 위스콘신 메디슨대학의 위커(Uicker), 세스(Sheth)를 비롯한 여러 명의 연구자[19]에 의하여 개발되었다. 위의 세 가지 프로그램과 그 밖의 유사한 프로그램들은 모두 개루프 구조나 폐루프 구조의 다양한 자유도 시스템에 적용될 수 있다. 이 모든 프로그램들은 중앙 컴퓨터나 워크 스테이션에서 운영되며, 마이크로 프로세서에서 운영되기도 하는데, 모든 결과는 그래픽 애니메이션으로 나타낼 수 있다. 또한 위치, 속도, 가속도, 정·동역학 해석을 할 수 있다. 이 모든 프로그램들은 운동방정식을 세우고, 시간의 함수로 부여된 운동과 하중의 초기 조건에 대한 시스템의 반응을 시뮬레이션할 수 있다. 일부 프로그램에는 충돌, 탄성 또

---

[10] MSC Software사., 2 MacArthur Place, Santa Ana CA 92707, USA

[11] LMS International, Researchpark Z1, Interleuvenlaan 68, 3001 Leuven, Belgium; LMS CAE Division, 2651 Crosspark Road, Coralville, IA 52241, USA

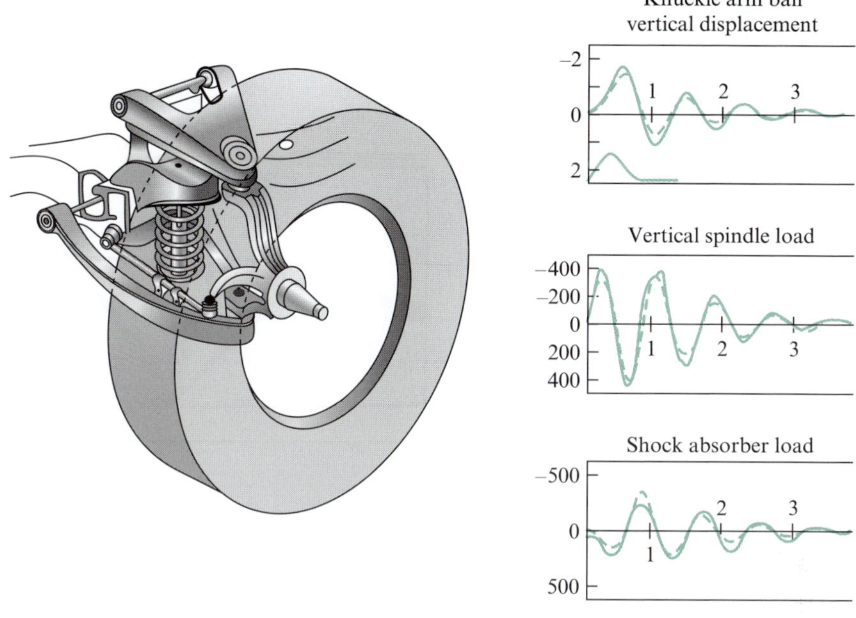


그림 10.14 한쪽 앞바퀴 서스펜션(Mechanical Dynamics, Inc., Ann Arbor, MI, USA 및 JML Research, Inc., WI)

는 제어 시스템 효과를 시뮬레이션할 수 있는 능력인 충돌 검출 기능이 포함되어 있다. 해당 분야의 기타 상용 소프트웨어로는 Mechanism Dynamics[12]와 MSC Working Model®도 있다.[13]

이러한 프로그램의 전형적인 적용례가 그림 10.14에 나타낸 자동차의 앞바퀴 서스펜션 시뮬레이션이다. 그래프는 서스펜션에 구멍이 생겼을 때의 실험데이터와 ADAMS 및 IMP프로그램으로 얻은 수치계산의 결과를 보여준다.[14] 이러한 유형의 시뮬레이션은 앞서 소개한 몇 가지 프로그램으로 수행된 바가 있으며 비교 결과 데이터와 잘 일치함을 보여준다.

요즘 판매되는 범용 프로그램의 또 다른 형태의 기구 해석 프로그램은 기구의 합성에 관한 것이며, 이러한 프로그램의 효시는 KINSYN (KINematic SYNthesis)[15][15]이며 LINCAGES (Linkage INteractive Computer Assisted and Graphically Enhanced Synthesis)[7][16], RECSYN (RECtified SYNthesis)[4]을 비롯한 다른 프로그램들이 뒤를 잇고 있다. 이러한 시스템들은 9장에 소개된 방법과 유사한 방법을 사용하여 평면 링크기구의 기구학적 합성을 할 수 있다. 사용자는 GUI (graphical user interface)를 통하여 운동 조건을 입력할 수 있으며, 컴퓨터

---

[12] Parametric Technologies, Corp., 140 Kendrick Street, Needham, MA 02494, USA

[13] MSC Software Corp., 2 MacArthur Place, Santa Ana, CA 92707, USA

[14] 그림 10.14의 시스템 시뮬레이션은 ADAMS와 IMP를 사용하여 자동차 공학회 Strain Prediction Committee를 위해 1974년 수행되었다. 차량 데이터와 실험결과는 General Motors Corp, Chevrolet Division에 의해 제공되었다.

[15] 이 논문에는 28분 길이의 16 mm 영상이 첨부되어 있다. 프로그램의 최종본인 KINSYN7은 KINTECH사에 의해 개발되고 1989년까지 판매되었다.

[16] LINCAGES는 Dr. A. G. Erdman에게 agerdman@me.umn.edu로 e-mail 보내면 얻을 수 있다.

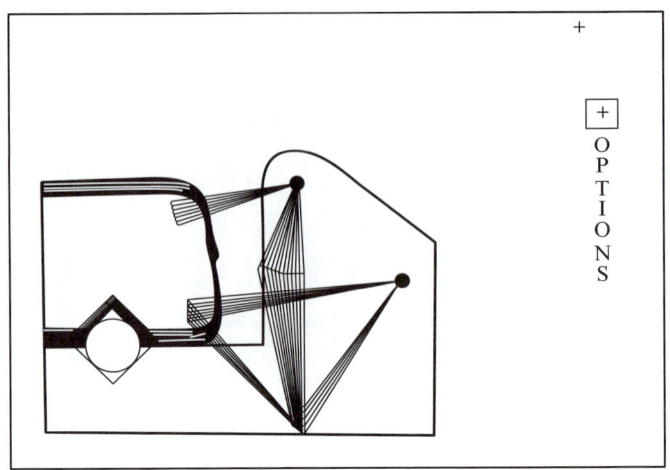


그림 10.15 파이프 클램프
(R. E. Kaufman 교수 제공)

는 이 스케치를 받아들여 화면상에 필요한 설계정보를 제공한다. 이러한 종류의 다른 시스템은 네덜란드 트웬테 대학(University of Twente, Netherlands)의 스핀오프 회사인 헤론 테크놀로지(Heron Technologies[17])의 the WATT Mechanism Design Tool이 있다. 그림 10.15는 KINSYN을 사용한 예를 보여주고 있다. 파이프 클램프 기구는 KINSYN III를 사용하여 약 15분 만에 설계되었다. KINSYN III는 현재 조지워싱턴대학의 공학교수인 R. E. Kaufman 교수의 지도하에 MIT의 Joint Computer Facility에서 개발한 것이다.

## 10.10 로보틱스 개론

지금까지는 기계 기구학(운동학)의 해석방법을 여러 장에 걸쳐 배웠다. 먼저, 평면기구학에 관한 내용을 많이 다룸으로써 오늘날 사용되는 전체 기계의 90% 이상이 평면 운동을 하고 있음을 강조하였다. 그 다음, 이 장의 앞부분에서 이러한 해석방법들을 공간 운동 문제에 확대 적용하는 방법에 대하여 알아보았다. 이 공간 운동 문제에서는 대수적인 계산과정이 좀 더 길어진 것 이외에는 특별히 새로운 이론들이 필요하지는 않았음을 알 수 있었다. 또한, 점점 더 많은 계산을 필요로 하는 수학적 기법들이 사용됨에 따라 사람의 손으로는 하기 힘든 작업을 대신하기 위한 컴퓨터의 역할이 필요하며 아직까지도 실제로 응용되고 있는 공간기구는 소수에 불과하다는 것을 알 수 있었다.

그러나 지난 수십 년 동안 기술의 발달과 함께 로봇 장치의 개발에 상당한 관심을 기울이게 되었다. 로봇은 대부분이 공간기구이므로 여기에는 한층 더 많은 계산이 수반되어야 한다. 그러나 다행히도 대부분의 로봇은 자체 연산능력도 보유하고 있어 이와 같이 추가되는 복잡한 계산을 처리할 수 있다. 또 하나 남은 요건은 로봇 엔지니어나 설계자들이 로봇의 특성을 명확하게 이해하고 그 해석에 필요한 적절한 도구를 갖추어야 한다는 것이며, 이 점이 바로 이 장의 목적이다.

*로봇*(*robot*)이라는 용어는 어원은 슬라브어이고, 일을 의미하는 체코어인 *robota*에서 유래되었으며 체코슬로바키아 희곡작가인 칼 카펙(Karl Capek)에 의해 20세기 초반에 영어 어휘에 포

---

[17] Heron Technologies b.v., Reekalf 10, 7908 XG Hoogeveen, The Netherlands.

함되게 되었다. 이 표현은 자율주행 월면차와 잠수정에서 산업용 머니퓰레이터의 원격조정 팔에 이르기까지 컴퓨터제어 전자기계 시스템에 광범위하게 사용되어 왔다. RIA (Robot Institute of America, 미국 로봇협회)에서는 로봇을 *다양한 작업을 수행하도록 가변적으로 프로그래밍된 운동을 통하여 재료, 부품, 공구 또는 특수 장치를 이동시키도록 설계된 반복 프로그래밍이 가능한 다기능 머니퓰레이터*라고 정의하고 있다. 산업용 머니퓰레이터의 대다수는 설계상 인간의 팔과 개념적으로 매우 유사한 점이 많다. 그렇다고 해도 항상 그러한 것은 아니며 본질적인 특성도 아니다. 즉, 앞서의 로봇에 관한 정의의 요점은 로봇에는 프로그래밍을 통하여 얻어지는 유연성 때문에 로봇의 운동을 다양한 작업에 적용할 수 있다는 것이다.

## 10.11 로봇 팔의 위상기하학적 배치

지금까지는 자유도가 낮은 기계에 대해 배웠다. 전통적인 유형의 기계에서는 전체가 단일의 동력원으로 구동되도록, 즉 기계의 운동성(mobility) $m = 1$이 되도록 설계하는 것이 바람직하다. 그러나 다양한 용도에 대응할 수 있는 유연성을 만족하려면, 로봇의 운동성은 그 이상이어야 한다. 알고 있는 바와 같이, 로봇이 3차원 공간상에 적당한 좌표값 $x$, $y$, $z$를 갖고 있는 임의의 점에 도달할 수 있으려면 적어도 운동성 $m = 3$이 되어야 한다. 아울러 도달한 위치에서 로봇이 물체를 임의의 자세로 조작할 수 있기 위해서는 추가적으로 3개의 자유도가 요구되며, 모두 합하여 운동성 $m = 6$이 필요하다.

자유도가 6 또는 그 이상이 필요할 뿐만 아니라 설계, 신뢰성 및 이를 제어하기 위하여 필요한 계산의 부담을 최소화하기 위하여 로봇의 단순화를 추구하고자 노력하고 있다. 로봇에 있어서, 3개의 자유도는 로봇 팔 자체에 배정하고, 나머지 2개 또는 3개의 자유도는 팔목에 배정하도록 설계하는 것을 흔히 볼 수 있다. 공구, 즉 *말단장치*(*end effector*)는 대개 수행해야 할 작업에 따라 달라지므로 전체 로봇에서 이 부분은 교환 가능하게 설계되어 있어야 한다. 하나의 기본 로봇 팔이 특정 작업을 수행하도록 특별히 설계된 여러 개의 상이한 말단장치를 가지고 있어야 한다.

팔의 처음 3자유도 관점에서 머니퓰레이터에 공통적으로 사용되는 한 가지 조인트 배열이 *RRR* 링크기구인데, 이를 *관절*(*articulated*) 형상이라고도 한다. 두 가지 예가 그림 10.16의 Cincinnati Milacron $T^3$와 그림 10.17의 Intellex 관절 로봇이다.

SCARA (Selective Compliant Articulated Robot for Assembly) 로봇은 *RRP* 링크기구를 기본으로 하여 비교적 최근에 개발된 인기 있는 형상이다. 그 예는 그림 10.18에 나타나 있다. 이외에도 *RRP* 형상의 로봇의 종류는 많이 있지만, SCARA 로봇은 조인트 가변축 3개가 모두 평행하므로(대체적으로 중력방향) 운동 자유도가 제한되어 있음에도 불구하고 조립 작업에 특히 적합한 구조라는 점을 주목해야 한다.

*PPP* 구조 연쇄에 기초를 둔 머니퓰레이터는 그림 10.19에 예시되어 있다. 이 로봇은 미끄럼대우 3개가 서로 수직하므로, *직교 형상* 또는 *갠트리* 로봇(*gantry* robot)이라고 한다. 이러한 종류의 로봇은 3개의 조인트축이 직교하므로 기구학적 해석과 프로그래밍이 특히 쉬우며, 작업대 위에서 조립하거나 짐이나 재료를 운반하는 데 사용된다.

지금까지 예시한 팔들은 단순하게 직렬로 연결된 기구학적 연쇄라는 점을 주목해야 한다. 이는 기구학적 복잡성을 줄이고 설계와 프로그래밍을 쉽게 하기 위한 바람직한 구조이다. 그러나

그림 10.16 Model T26 Cincinnati Milacron $T^3$ 6축 관절 로봇

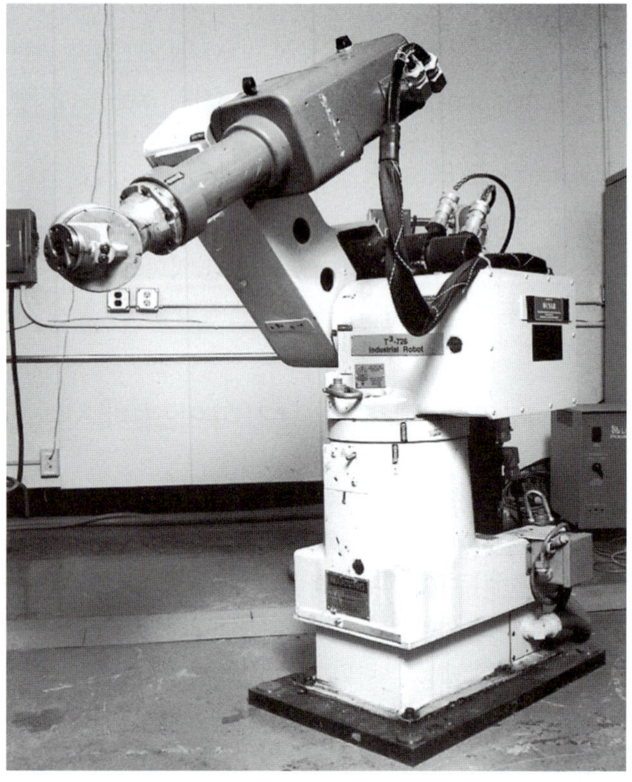


그림 10.17 Intelledex 관절 로봇

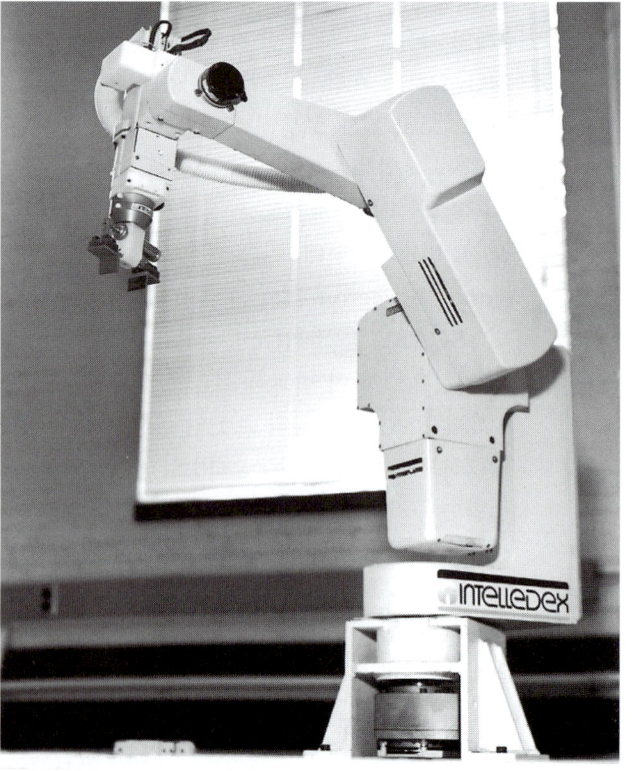

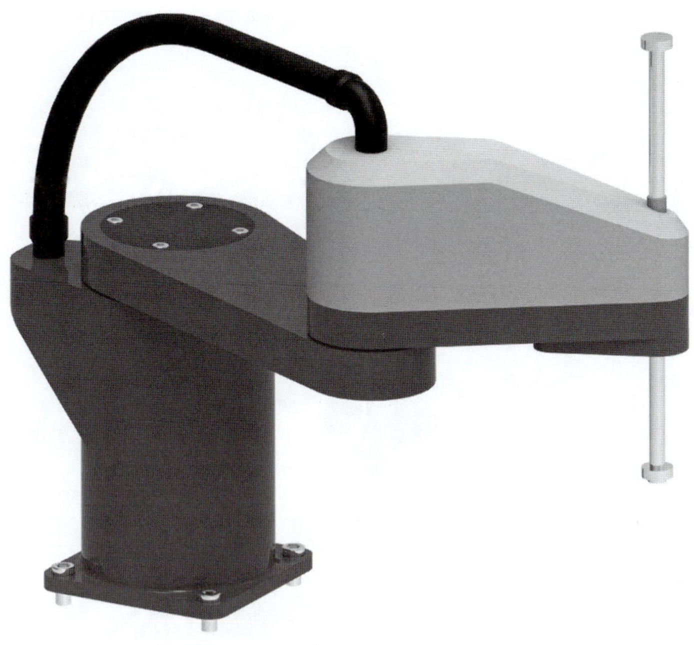

그림 10.18 SCARA (Selectively Compliant Articulated Robot for Assembly) (Boris15/Shutterstock.com 제공)

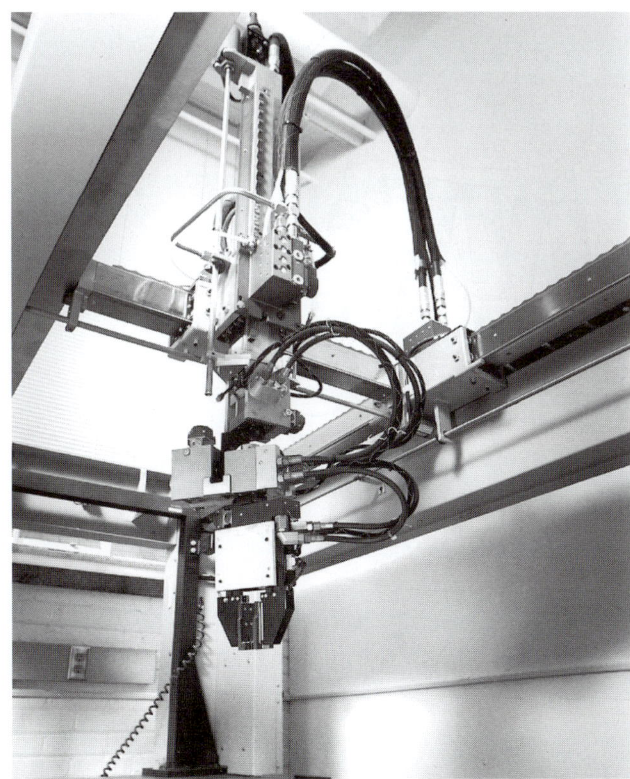

그림 10.19 IBM 모델 7650 갠트리 로봇

항상 그렇지는 않으며, 기본적인 구조에 폐루프에 포함하는 로봇 팔들도 있다. 그 한 예가 그림 10.20에 나타나 있다.

사실 병렬 로봇 형상 설계에 대한 관심은 많이 있어 왔다. 대표적인 예는 그림 10.21에 표시

그림 10.20 GE 모델 P80 로봇형 머니퓰레이터

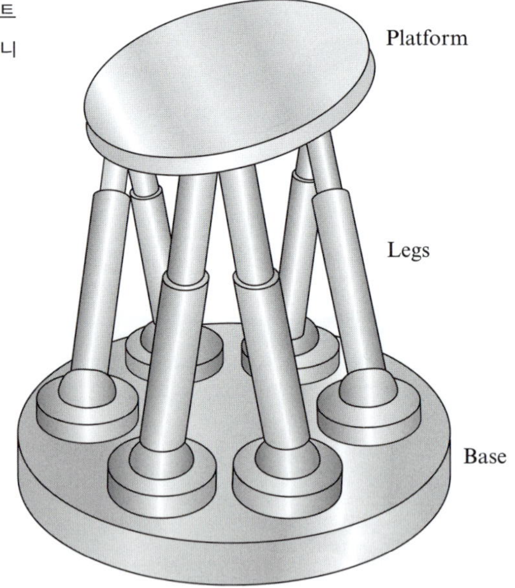

그림 10.21 거프/스튜어트(Gough/Stewart) 플랫폼 머니퓰레이터

된 거프/스튜어트(Gough/Stewart) 플랫폼이다[9, 20]. 병렬 연쇄 기구는 해석과 제어가 복잡하지만 좋은 강성과 큰 가반하중 그리고 높은 위치 정확도를 제공한다.

## 10.12 순기구학

가장 먼저 다루어야 할 로봇에 관한 기구학적 해석 문제는 로봇 각각의 요소의 기하형상과 자유도를 제어하는 여러 개의 액추에이터 위치가 주어졌다고 할 때, 말단장치의 위치를 찾는 것이다. 이 문제를 보통 순기구학(*forward* or *direct* kinematics)이라고 한다. 이는 이전에 소개한 공간기구에 관한 방법을 이용하면 쉽게 구할 수 있으며(10.7절), 이를 위해서는 먼저 지금까지의 공간기구와는 다른 로봇 문제의 세 가지 중요한 특징을 인식해야 한다.

1. 공구 팁의 단일 점의 위치를 아는 것만으로는(*공구점*이라 한다) 충분하지 않을 때가 많다. 공구 팁에 대해서 완전히 알려면, 공구에 부착된 좌표계의 위치와 방향을 알아야 한다. 이는 벡터법으로는 충분하지 않으며, 10.7절에 소개된 행렬법이 보다 적합하다는 것을 의미한다.
2. 앞서 관찰한 결과에 의하면, 많은 로봇 제조업체들이 로봇을 설계할 때 이미 데너빗 – 하텐버그 매개변수(10.6절)를 제공한다. 따라서 변환행렬을 사용하는 것은 간단하다.
3. 직렬로 연결된 연쇄의 모든 조인트 변수는 독립적인 자유도에 해당한다. 그러므로 지금부터 설명할 순기구학 문제에 있어서 모든 조인트 변수들은 액추에이터의 변수들이며, 그 값은 제공되어 있다. 여기에는 어떠한 루프 폐쇄 조건도, 구해야 할 어떤 종속 변수도 없다.

이러한 세 가지 복합적인 특징으로부터 식 (10.17)을 이용하면 주어진 액추에이터의 위치에 대한 말단장치의 위치는 간단하게 찾을 수 있다는 것을 알 수 있다. 링크 $n + 1$에 부착된 공구좌표계에서 어떤 선택 점 $R_{n+1}$의 절대 위치는 다음과 같이 표현된다.

$$R_1 = T_{1,n+1} R_{n+1} \tag{10.35}$$

여기서

$$T_{1,n+1} = T_{1,2} T_{2,3} \ldots T_{n,n+1}, T_{1,n+1} \tag{10.36}$$

이며, 각각의 $T$ 행렬은 일단 데너빗 – 하텐버그 매개변수(액추에이터 위치 포함)를 알면, 식 (10.13)과 같이 나타낼 수 있다.

물론 $n + 1 = 7$ 링크($n = 6$ 조인트)를 갖는 로봇의 경우, 이러한 행렬의 기호적인 곱은 형상(상수) 매개변수들이 계산하기 “좋은” 값이 아니라면 수식은 길어진다. 그러나 로봇이 자체적으로 계산능력을 보유하고 있다는 것을 생각하면 특정한 일련의 액추에이터의 값에 대하여 식 (10.36)을 수치적으로 계산하는 것은 그다지 어렵지 않다. 반면에 컴퓨터로 실시간 제어를 하기 위해서는 프로그래밍을 하기 전에 가능한 한 수식 표현을 간단하게 하는 것이 바람직하다. 이 때문에 대부분의 로봇 제조업들은 보다 단순한 설계(“좋은” 형상 매개변수를 갖는)를 선택하여 기구학적 수식 표현을 간단하게 만들고, 자신들의 로봇에 대한 최종적인 수식 표현을 구하여 기술자료를 제공하고 있다.

**예제 10.6**

그림 10.22와 같은 Microbot 모델 TCM 5축 로봇에 대하여, 조인트 액추에이터가 $\phi_1 = 30°$, $\phi_2 = 60°$, $\phi_3 = -30°$, $\phi_4 = \phi_5 = 0°$의 값으로 설정되어 있을 때, 지면좌표계에 관하여 공구좌표계의 위치를 연결시키는 변환행렬 $T_{16}$을 구하라. 또한 좌표가 $x_6 = y_6 = 0$이고 $z_6 = 2.5$ in인 공구점의 절대 위치를 구하라.

그림 10.22 Microbot 모델 TCM 5축 로봇

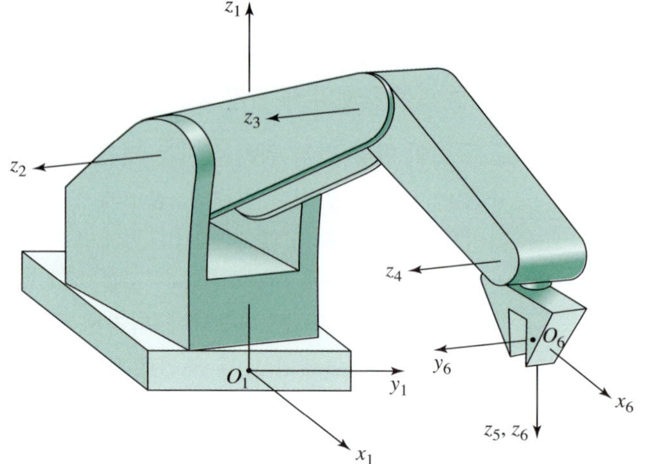


▶ 풀이

좌표계의 축은 그림 10.22에 나타낸 것과 같다. 여기서 주의할 것은 $x_6y_6z_6$ 좌표계는 조인트축과 상관이 없으므로 공구좌표계에 편리하도록 임의로 선정하였다. 이 축과 제조업체에서 제공한 자료를 기초로 하여 데너빗-하텐버그 매개변수를 구하면 다음과 같다.

$$\begin{array}{llll}
a_{12}=0, & \alpha_{12}=90^\circ, & \theta_{12}=\phi_1=30^\circ, & s_{12}=7.68\text{ in}, \\
a_{23}=7.00\text{ in}, & \alpha_{23}=0^\circ, & \theta_{23}=\phi_2=60^\circ, & s_{23}=0, \\
a_{34}=7.00\text{ in}, & \alpha_{34}=0^\circ, & \theta_{34}=\phi_3=-30^\circ, & s_{34}=0, \\
a_{45}=0, & \alpha_{45}=90^\circ, & \theta_{45}=\phi_4=0^\circ, & s_{45}=0, \\
a_{56}=0, & \alpha_{56}=0^\circ, & \theta_{56}=\phi_5=0^\circ, & s_{56}=3.80\text{ in}
\end{array}$$

이제 식 (10.13)과 (10.16)을 사용하여 다음과 같은 행렬과 이들의 곱을 구할 수 있다.

$$T_{12}=\begin{bmatrix} 0.866 & 0 & 0.500 & 0 \\ 0.500 & 0 & -0.866 & 0 \\ 0 & 1 & 0 & 7.68\text{ in} \\ 0 & 0 & 0 & 1 \end{bmatrix},$$

$$T_{23}=\begin{bmatrix} 0.500 & -0.866 & 0 & 3.50\text{ in} \\ 0.866 & 0.500 & 0 & 6.06\text{ in} \\ 0 & 0 & 1 & 0 \\ 0 & 0 & 0 & 1 \end{bmatrix},\ T_{13}=\begin{bmatrix} 0.433 & -0.750 & 0.500 & 3.03\text{ in} \\ 0.250 & -0.433 & -0.866 & 1.75\text{ in} \\ 0.866 & 0.500 & 0 & 13.74\text{ in} \\ 0 & 0 & 0 & 1 \end{bmatrix},$$

$$T_{34}=\begin{bmatrix} 0.866 & 0.500 & 0 & 6.06\text{ in} \\ -0.500 & 0.866 & 0 & -3.50\text{ in} \\ 0 & 0 & 1 & 0 \\ 0 & 0 & 0 & 1 \end{bmatrix},\ T_{14}=\begin{bmatrix} 0.750 & -0.433 & 0.500 & 8.28\text{ in} \\ 0.433 & -0.250 & -0.866 & 4.78\text{ in} \\ 0.500 & 0.866 & 0 & 17.24\text{ in} \\ 0 & 0 & 0 & 1 \end{bmatrix},$$

$$T_{45} = \begin{bmatrix} 1 & 0 & 0 & 0 \\ 0 & 0 & -1 & 0 \\ 0 & 1 & 0 & 0 \\ 0 & 0 & 0 & 1 \end{bmatrix}, \quad T_{15} = \begin{bmatrix} 0.750 & 0.500 & 0.433 & 8.28\text{ in} \\ 0.433 & -0.866 & 0.250 & 4.78\text{ in} \\ 0.500 & 0 & -0.866 & 17.24\text{ in} \\ 0 & 0 & 0 & 1 \end{bmatrix},$$

$$T_{56} = \begin{bmatrix} 1 & 0 & 0 & 0 \\ 0 & 1 & 0 & 0 \\ 0 & 0 & 1 & 3.80\text{ in} \\ 0 & 0 & 0 & 1 \end{bmatrix}, \quad T_{16} = \begin{bmatrix} 0.750 & 0.500 & 0.433 & 9.93\text{ in} \\ 0.433 & -0.866 & 0.250 & 5.73\text{ in} \\ 0.500 & 0 & -0.866 & 13.95\text{ in} \\ 0 & 0 & 0 & 1 \end{bmatrix}$$

답

이제 특정 공구점의 절대 위치는 식 (10.35)로부터 다음과 같다.

$$R_1 = \begin{bmatrix} 0.750 & 0.500 & 0.433 & 9.93\text{ in} \\ 0.433 & -0.866 & 0.250 & 5.73\text{ in} \\ 0.500 & 0 & -0.866 & 13.95\text{ in} \\ 0 & 0 & 0 & 1 \end{bmatrix} \begin{bmatrix} 0 \\ 0 \\ 2.5\text{ in} \\ 1 \end{bmatrix} = \begin{bmatrix} 11.00\text{ in} \\ 6.36\text{ in} \\ 11.78\text{ in} \\ 1 \end{bmatrix}$$

답

로봇의 링크상의 임의의 점들에 대한 속도나 가속도도 10.8절에 소개된 행렬법을 이용하여 쉽게 직접 계산할 수 있다. 또한 액추에이터의 속도와 가속도를 알면 식 (10.29), (10.30), (10.33), (10.34)를 직접 사용할 수 있으며, 이전의 예제를 계속 진행하다보면 이 점을 분명히 알 수 있다.

**예제 10.7**

그림 10.22의 Microbot 로봇이 예제 10.6에 주어진 위치에서 액추에이터의 속도가 $\dot{\phi}_1 = 0.20$ rad/s, $\dot{\phi}_4 = -0.35$ rad/s 및 $\dot{\phi}_2 = \dot{\phi}_3 = \dot{\phi}_5 = 0$으로 일정하다면, 동일한 공구점 $x_6 = y_6 = 0$이고 $z_6 = 2.5$ in에서의 순간속도와 가속도를 구하라.

**▶ 풀이**

식 (10.27)과 예제 10.6의 결과를 이용하여 다음을 얻는다.

$$D_1 = \begin{bmatrix} 0 & -1 & 0 & 0 \\ 1 & 0 & 0 & 0 \\ 0 & 0 & 0 & 0 \\ 0 & 0 & 0 & 0 \end{bmatrix}, \quad D_4 = \begin{bmatrix} 0 & 0 & -0.866 & 14.93\text{ in} \\ 0 & 0 & -0.500 & 8.62\text{ in} \\ 0.866 & 0.500 & 0 & -9.56\text{ in} \\ 0 & 0 & 0 & 0 \end{bmatrix}$$

그 다음 식 (10.29)로부터 다음 식을 얻는다.

$$\omega_1 = 0,$$

$$\omega_2 = \omega_3 = \omega_4 = \begin{bmatrix} 0 & -0.200 \text{ rad/s} & 0 & 0 \\ 0.200 \text{ rad/s} & 0 & 0 & 0 \\ 0 & 0 & 0 & 0 \\ 0 & 0 & 0 & 0 \end{bmatrix},$$

$$\omega_5 = \omega_6 = \begin{bmatrix} 0 & -0.200 \text{ rad/s} & 0.303 \text{ rad/s} & -5.225 \text{ in/s} \\ 0.200 \text{ rad/s} & 0 & 0.175 \text{ rad/s} & -3.017 \text{ in/s} \\ -0.303 \text{ rad/s} & -0.175 \text{ rad/s} & 0 & 3.346 \text{ in/s} \\ 0 & 0 & 0 & 0 \end{bmatrix}$$

이제 식 (10.30)을 이용하여 다음과 같이 공구점의 속도를 구한다.

$$\dot{R}_6 = \omega_6 T_{16} R_6 = \begin{bmatrix} -2.93 \text{ in/s} \\ 1.24 \text{ in/s} \\ -1.10 \text{ in/s} \\ 0 \end{bmatrix}$$ 답

이를 벡터 형태로 나타내면 다음과 같다.

$$\boldsymbol{V} = -2.93\hat{\boldsymbol{i}}_1 + 1.24\hat{\boldsymbol{j}}_1 - 1.10\hat{\boldsymbol{k}}_1 \text{ in/s}$$ 답

가속도도 유사한 방법으로 구할 수 있으며, 식 (10.33)으로부터 다음의 결과를 얻는다.

$$\alpha_1 = \alpha_2 = \alpha_3 = \alpha_4 = 0,$$

$$\alpha_5 = \alpha_6 = \begin{bmatrix} 0 & 0 & -0.035 \text{ rad/s}^2 & 0.603 \text{ in/s}^2 \\ 0 & 0 & 0.152 \text{ rad/s}^2 & -1.045 \text{ in/s}^2 \\ 0.035 \text{ rad/s}^2 & -0.152 \text{ rad/s}^2 & 0 & 0 \\ 0 & 0 & 0 & 0 \end{bmatrix}$$

마지막으로 식 (10.34)를 이용하여 다음과 같이 공구점의 가속도를 구한다.

$$\ddot{R}_6 = (\alpha_6 + \omega_6\omega_6) T_{16} R_6 = \begin{bmatrix} -0.390 \text{ in/s}^2 \\ -0.033 \text{ in/s}^2 \\ 0.088 \text{ in/s}^2 \\ 0 \end{bmatrix}$$ 답

이를 벡터 형태로 나타내면 다음과 같다.

$$\boldsymbol{A} = -0.390\hat{\boldsymbol{i}}_1 - 0.033\hat{\boldsymbol{j}}_1 + 0.088\hat{\boldsymbol{k}}_1 \text{ in/s}^2$$ 답

## 10.13 역기구학 해석

앞 절에서는 일단 조인트 액추에이터의 위치, 속도, 가속도를 알고 있는 상태에서, 로봇의 운동요소에 있는 임의의 점들의 속도, 위치, 가속도를 구하는 기본적인 과정을 설명하였다. 이 과정은 로봇이 여느 것과 마찬가지로 단순 연결 연쇄이고 폐루프가 없다면 쉽고 간단하게 적용할 수 있다. 이 경우에 모든 조인트 변수들은 자유도가 독립적이고, 어떠한 루프 폐쇄 방정식도 풀 필요가 없어서 큰 어려움은 피할 수 있다.

그러나 로봇 자체에 폐루프가 전혀 없다고 하더라도, 문제가 주어지는 방식에 따라 역시 난점에 부딪칠 때도 있다. 예를 들어, 정해진 경로를 추적하려고 하는 개루프 로봇을 생각해보자. 이때 원하는 경로는 주어지지만, 이를 추적하기 위해 요구되는 액추에이터 값(또는 정확히 말하면 시간 함수)은 알지 못한다. 이러한 경우, 이 문제는 앞 절에서 설명한 방법으로는 해결할 수 없다. 조인트 변수(또는 그 도함수)가 문제에 주어지지 않고 미지수일 경우, 그 문제를 *역기구학*(*inverse kinematics*) 문제라고 한다. 일반적으로 이러한 문제는 로봇의 응용상 자주 접하는 문제로 풀기가 까다롭다.

역기구학 문제에 주어졌을 때, 물론 주어진 상황을 기술하고 풀 수 있는 일련의 식을 구하여야 한다. 로봇공학에서, 이는 로봇 위상 내의 폐쇄 루프에 의해 정의될 필요는 없지만 문제가 주어지는 방식에 의해 정의되는, 주로 하나 또는 그 이상의 구속 방정식이 있음을 의미한다. 예를 들어, 로봇의 말단장치가 특정한 시점에서 정해진 경로를 따라 이동하도록 명령되어 있다면, 변환 $T_{1n}$에 필요한 값들을 시간의 함수로 알고 있다고 말하는 것이다. 이때 조인트 액추에이터 값을 찾기 위하여 풀어야 하는 루프 폐쇄 조건은 식 (10.36)이 된다. 다음 예제를 풀어 보면 이 과정을 보다 분명히 알 수 있다.

**예제 10.8**

그림 10.22와 예제 10.6에 기술된 Microbot 로봇을 (1) 말단장치의 원점 $O_6$이 다음과 같이 주어진 직선 경로를 따라 안내되도록 하려고 한다.

$$R_{O_6}(t) = (4.0 + 1.6t)\hat{i}_1 + (3.0 + 1.2t)\hat{j}_1 + 2.0\hat{k}_1 \text{ in}$$

여기서 $t$는 0.0에서 5.0초까지 변하며, 또한 (2) 말단장치의 방향은 $\hat{\boldsymbol{i}}_6 = \hat{\boldsymbol{k}}_1$(수직) 그리고 $\hat{\boldsymbol{k}}_6$이 로봇 기저부에서부터 반지름 밖으로 향하고 있다. 이 운동을 수행하기 위하여 각각의 조인트 액추에이터가 어떻게 구동되어야 하는지 시간의 함수로 표현된 식을 구하라.

▶ **풀이**

주어진 문제의 요구조건으로부터, 필요한 말단장치 좌표계의 시간적 변화를 다음과 같이 변환 행렬로 표현할 수 있다.

$$T_{16}(t) = \begin{bmatrix} 0 & 0.600 & 0.800 & 4.0 + 1.6t \text{ in} \\ 0 & -0.800 & 0.600 & 3.0 + 1.2t \text{ in} \\ 1 & 0 & 0 & 2.0 \text{ in} \\ 0 & 0 & 0 & 1 \end{bmatrix} \tag{1}$$

또한 식 (10.36)으로부터 $T_{16}$에 관한 행렬 표현을 행렬곱으로 다음과 같이 구할 수 있다.

$$T_{16}=\begin{bmatrix} \begin{matrix}\cos\phi_1\cos\beta\cos\phi_5\\-\sin\phi_1\sin\phi_5\end{matrix} & \begin{matrix}-\cos\phi_1\cos\beta\sin\phi_5\\+\sin\phi_1\cos\phi_5\end{matrix} & \cos\phi_1\sin\beta & \begin{matrix}7\cos\phi_1\cos\phi_2\\+7\cos\phi_1\cos(\phi_2+\phi_3)\\+3.8\cos\phi_1\sin\beta\end{matrix} \\ \begin{matrix}\sin\phi_1\cos\beta\cos\phi_5\\-\cos\phi_1\sin\phi_5\end{matrix} & \begin{matrix}-\sin\phi_1\cos\beta\sin\phi_5\\-\cos\phi_1\cos\phi_5\end{matrix} & \sin\phi_1\sin\beta & \begin{matrix}7\sin\phi_1\cos\phi_2\\+7\sin\phi_1\sin(\phi_2+\phi_3)\\+3.8\sin\phi_1\sin\beta\end{matrix} \\ \sin\beta\cos\phi_5 & -\sin\beta\sin\phi_5 & -\cos\beta & \begin{matrix}7\sin\phi_2\\+7\sin(\phi_2+\phi_3)\\-3.8\cos\beta\end{matrix} \\ 0 & 0 & 0 & 1 \end{bmatrix} \tag{2}$$

여기서 공간을 줄이기 위하여 다음과 같이 정의한다.

$$\beta=\phi_2+\phi_3+\phi_4 \tag{3}$$

이제 문제의 요구조건을 만족시키기 위하여 식 (2)의 원소들이 0과 5 사이의 모든 시간에 대하여 식 (1)의 원소들과 같아지도록 하는 $\phi_i$에 대한 표현을 구해야 하는데, 이것이 요구되는 구속조건이다. 따라서 식 (2)와 (1)의 제3행, 제1열의 원소에 대한 제3행, 제2열의 원소의 비를 같다고 놓으면 다음과 같은 식을 얻는다.

$$\tan\phi_1=\frac{0.600}{0.800}=0.750$$

그러므로 첫 번째 조인트 변수의 값은 다음과 같다.

$$\phi_1=\tan^{-1}0.750=36.87^\circ \qquad \text{답}$$

이와 유사하게, 제1행, 제3열에 대한 제2행, 제3열의 원소의 비로부터 다음의 식을 얻는다.

$$\tan\phi_5=0,$$

$$\phi_5=0^\circ \quad \text{or} \quad \pm 180^\circ$$

문제에서 수평면에서 말단장치의 방향에 대한 선호 방향이 없으므로 임의로 선택하면 다음과 같다.

$$\phi_5=0^\circ \qquad \text{답}$$

또한 제3행, 제3열의 원소로부터 다음 식을 얻는다.

$$\cos\beta = 0,$$

$$\beta = \phi_2 + \phi_3 + \phi_4 = \pm 90$$

위에서와 같이 말단장치의 방향은 특별히 정해져 있지 않기 때문에 아래와 같이 선택한다.

$$\beta = \phi_2 + \phi_3 + \phi_4 = 90^\circ \tag{4}$$

이제, 제4행의 원소들로 돌아가서, 앞서 얻은 결과에 따라 간단하게 하면 다음과 같은 2개의 독립 방정식을 추가로 구할 수 있다.

$$7\cos\phi_2 + 7\cos(\phi_2 + \phi_3) = 1.2 + 2t \tag{5}$$

$$7\sin\phi_2 + 7\sin(\phi_2 + \phi_3) = -5.68 \tag{6}$$

이 식들을 제곱하여 더하면 다음과 같다.

$$98 + 98\cos\phi_3 = 33.7024 + 4.8t + 4t^2 \tag{7}$$

이로부터 $\phi_3$의 해를 얻는다.

$$\phi_3 = \cos^{-1}\left(-0.656\,10 + 0.048\,98t + 0.040\,816t^2\right) \qquad \text{답 (8)}$$

이러한 식은 여러 개의 값을 허용하므로, 로봇의 팔꿈치가 경로상에 오도록 가장 작은 값인 $\phi_3 \le 0$인 해를 선택한다. 예를 들어, 시간 $t = 0$에서 $\phi_3$의 값은 $\phi_3 = \cos^{-1}(-0.65610) = -131.00°$이다.

$\phi_3$를 알면, 식 (5)와 (6)을 아래와 같이 다시 쓸 수 있다.

$$\sin\phi_2 = \frac{-5.68}{14} - \frac{(1.2 + 2t)\sin\phi_3}{14(1 + \cos\phi_3)} \tag{9}$$

$$\cos\phi_2 = \frac{(1.2 + 2t)}{14} - \frac{5.68\sin\phi_3}{14(1 + \cos\phi_3)} \tag{10}$$

3번째 조인트 변수 $\phi_3$가 이제는 알고 있는 해이기 때문에, 3개의 식 중에서 어느 것도 $\phi_2$를 구하는 데 사용될 수 있다. 실제로는 두 개의 값을 적절한 4분면을 확인하는 데 사용되어야 한다. 비록 위의 두 식이 시간에 대한 폐쇄형 양함수는 아니지만 해로 간주된다.

이와 유사하게 식 (4)로부터 4번째 조인트 변수를 구할 수 있다.

$$\phi_4 = 90^\circ - \phi_2 - \phi_3 \qquad \text{답 (11)}$$

그림 10.23은 5개의 조인트 변수들의 시간에 따른 변화를 나타낸 그래프이다. 경로를 따라가는 동안 조인트 변수들은 아주 매끄러우나, 비선형 곡선을 따라가는 것에 유의해야 한다. 조인트 변수의 속도나 가속도는 0이 아니며, 적당한 범위 내에 있어야 할 것으로 보인다.

시간에 따른 액추에이터 변수 그래프

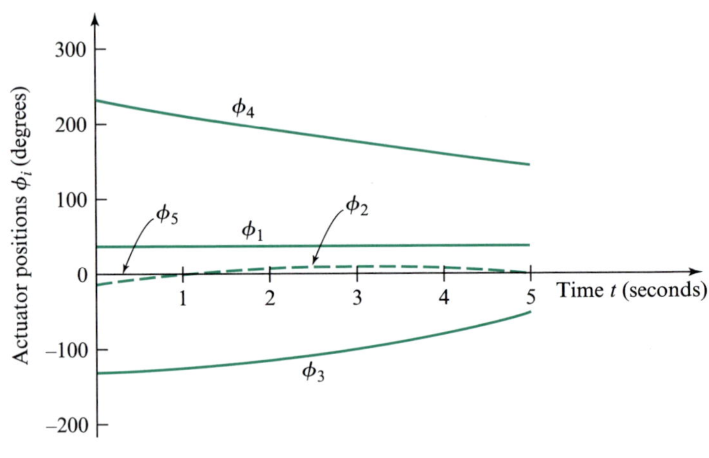


## 10.14 역속도 및 역가속도 해석

위의 예제를 통하여 역위치 해석을 위한 일반적인 접근방법을 소개하였다. 그러나 적어도 제어를 하기 위해서는 조인트 변수의 속도와 가속도를 구하는 것 또한 중요하며, 이를 위한 한 가지 방법은 조인트 변수의 해를 시간에 대하여 직접 미분하는 것이다. 그러나 좀 더 일반적인 방법으로 구속조건을 미분하는 방법이 있다.

앞의 예제에서 알 수 있는 바와 같이, 구속조건은 식 (10.36)에 의하여 다음과 같이 주어진다.

$$T_{1,2}T_{2,3}\ldots T_{n,n+1} = T_{1,n+1}(t)$$

여기서 역기구학 문제에서 이 방정식의 우변은 문제의 조건, 궤적, 또는 따라야 하는 경로에 의해 주어진 알고 있는 시간의 함수이다. 이제, 이 식의 좌변은 식 (10.25)와 식 (10.27*b*)의 $D_i$ 미분 연산자 행렬을 사용하여 미분할 수 있으며, 우변은 시간에 대하여 직접 미분할 수 있다. 양변을 미분하면 다음과 같은 방정식을 얻는다.

$$\sum_{i=1}^{n} D_i\dot{\phi}_i T_{1,n+1} = \frac{dT_{1,n+1}(t)}{dt} \tag{10.37}$$

만일 식 (10.37)의 양변을 오른쪽에서 $T_{1,n+1}^{-1}$로 곱하면 다음 식을 얻을 수 있다.

$$\sum_{i=1}^{n} D_i\dot{\phi}_i = \frac{dT_{1,n+1}(t)}{dt}T_{1,n+1}^{-1} \tag{10.38}$$

편의를 위해 우변을 다음과 같이 정의한다.

$$\Omega = \frac{dT_{1,n+1}(t)}{dt} T_{1,n+1}^{-1} \tag{10.39}$$

여기에서 $\Omega$는 새로운(속도) 연산자 행렬이다. 그러면 식 (10.39)를 식 (10.38)에 대입하여 다음을 얻는다.

$$\sum_{i=1}^{n} D_i \dot{\phi}_i = \Omega \tag{10.40}$$

이것은 뒤에서 알 수 있겠지만, 액추에이터 속도 $\dot{\phi}_i$에 대해 풀 수 있다.

이제 식 (10.40)의 특성에 관하여 좀 더 주의 깊게 살펴보자. 각각의 행렬은 행이 4개이고 열이 4개이지만, 각각의 행렬은 3차원 공간상에서 단일 연쇄의 속도를 나타내므로, 독립 방정식의 개수는 병진 운동 3개와 회전 운동 3개로 최대 6개를 넘지 않아야 한다. 식 (10.23)에서 $Q_i$ 미분 연산자 행렬의 정의를 잘 이해하고 예제 10.5와 예제 10.7에 나타나 있는 $D_i$ 행렬의 형태를 자세히 살펴보면, 이 행렬의 원소 중 어떤 원소가 6개의 독립 방정식을 포함하고 있는지 알 수 있다. 이에 대한 증명은 연습문제로 남겨두고, $D_i$ 행렬은 항상 맨 아래 행들이 0이고 위의 왼쪽에 있는 3개의 행과 3개의 열은 항상 반대칭(antisymmetric)이므로 다음과 같은 형태[21]를 갖는다.

$$D_i = \begin{bmatrix} 0 & -c & +b & d \\ +c & 0 & -a & e \\ -b & +a & 0 & f \\ 0 & 0 & 0 & 0 \end{bmatrix} \tag{10.41}$$

예상한 바와 같이, 이러한 각각의 행렬에는 단지 독립변수가 6개($a, b, c, d, e, f$) 있을 뿐이다. 편의상 이들을 하나의 행으로 재배열하고, 이 행에 새로운 기호를 붙인다.

$$\vec{D}_i = \begin{bmatrix} a \\ b \\ c \\ d \\ e \\ f \end{bmatrix} \tag{10.42}$$

여기서 대괄호는 $4 \times 4$ 행렬의 원소가 $6 \times 1$ 행렬로 재배열되었다는 것을 의미한다. 실제로 이 $6 \times 1$ 행벡터는 여기서 설명한 것보다 더욱더 물리적으로나 수학적으로 중요하다. 이들은 조인트 변수의 운동 자유도가 취하는 운동의 축을 나타내는 *플러커 좌표*(*Plücker coordinate*) 또는 *선좌표*(*line coordinate*)를 구성한다[14]. 위의 3개의 원소는 이 운동축에 대한 3차원 단위 벡터를 형상하는 반면, 아래의 3개의 원소는 절대좌표계에서 이 운동축의 위치를 나타낸다.

이제 식 (10.40)의 모든 행렬을 재구성하여 행벡터 형태로 만들면 다음과 같이 된다.

$$\sum_{i=1}^{n} \vec{D}_i \dot{\phi}_i = \vec{\Omega} \tag{10.43}$$

이 식은 조인트 변수들의 속도 관계를 나타내는 6개의 연립 대수 방정식이다. 이 식들을 양함수 형태로 쓰면 다음과 같이 된다.

$$\begin{aligned} a_1\dot{\phi}_1 + a_2\dot{\phi}_2 + \cdots + a_n\dot{\phi}_n &= a, \\ b_1\dot{\phi}_1 + b_2\dot{\phi}_2 + \cdots + b_n\dot{\phi}_n &= b, \\ c_1\dot{\phi}_1 + c_2\dot{\phi}_2 + \cdots + c_n\dot{\phi}_n &= c, \\ d_1\dot{\phi}_1 + d_2\dot{\phi}_2 + \cdots + d_n\dot{\phi}_n &= d \\ e_1\dot{\phi}_1 + e_2\dot{\phi}_2 + \cdots + e_n\dot{\phi}_n &= e, \\ f_1\dot{\phi}_1 + f_2\dot{\phi}_2 + \cdots + f_n\dot{\phi}_n &= f \end{aligned}$$

여기서, $a$, $b$, ⋯ 등은 식 (10.41)과 (10.42)의 순서대로 배열한 $\vec{\Omega}$의 요소들이며, 이 연립방정식의 계수들을 행렬 형태로 다시 묶으면 다음과 같다.

$$J = \begin{bmatrix} a_1 & a_2 & \cdots & a_n \\ b_1 & b_2 & \cdots & b_n \\ c_1 & c_2 & \cdots & c_n \\ d_1 & d_2 & \cdots & d_n \\ e_1 & e_2 & \cdots & e_n \\ f_1 & f_2 & \cdots & f_n \end{bmatrix} \tag{10.44}$$

이를 시스템의 *자코비안*(*Jacobian*)(10.8절)이라고 한다. 이 행렬을 사용하면, 식 (10.43)은 다음과 같이 된다.

$$J\{\dot{\phi}\} = \vec{\Omega} \tag{10.45}$$

여기서, $\{\dot{\phi}\}$는 미지의 액추에이터 속도 $\dot{\phi}_i$를 순서대로 배열한 열이다. 이 연립방정식은 주어진 시간의 함수에 따라 정해진 경로를 따라가기 위하여 조인트 변수 속도 간에 존재해야 하는 관계식을 정의한다.

위치 해석이 끝났다고 가정하면 $\Omega$과 $D_i$ 행렬은 모두 알고 있는 시간의 함수이므로, 이 연립방정식은 시간의 함수로서 조인트 변수에 대하여 풀 수 있다. 만약 로봇의 독립 조인트 변수가 6개인 경우, 그 해는 자코비안 행렬의 역행렬을 취하면 구할 수 있다. 이 경우의 해는 다음과 같다.

$$\{\dot{\phi}\} = J^{-1}\vec{\Omega} \tag{10.46}$$

여기에서 $J^{-1}$는 식 (10.44)의 자코비안 행렬의 역행렬이다.

자코비안이 정방행렬이 아니면, 다음과 같은 두 가지 경우가 가능하다. 즉, (1) 조인트 변수가 6개 미만이면, 가우스 소거법과 같은 다른 해법을 사용해야 한다. (2) 조인트 변수가 6개를 초과하면, 문제에는 유일한 해가 존재하지 않으므로, 임의로 정한 그 밖의 방정식들이 추가로 부여되어야 한다. 만일 J 행렬이 정방행렬이지만 비정칙(singular)일 경우나 방정식이 불일치(inconsistent)할 경우, 한정된 유일 해는 존재하지 않으며, 문제에는 주어진 요구사항대로 로봇이 작업을 수행하는 것은 현실적으로 불가능하다. 이러한 문제들이 전혀 발생하지 않는다면, 조인트 변수 속도는 알고 있는 시간의 함수로 얻어진다.

조인트 변수 가속도는 위와 마찬가지 방법으로 구할 수 있다. 식 (10.40)을 한 번 더 시간에 대하여 미분하여 도함수를 구하면 다음과 같은 식이 된다.

$$\sum_{i=1}^{n} D_i\ddot{\phi}_i = \frac{d\Omega}{dt} - \sum_{i=1}^{n}(\omega_i D_i - D_i\omega_i)\dot{\phi}_i = A \tag{10.47}$$

여기서 이 식은 새로운 행렬 $A$를 정의하며, $\omega_i$ 행렬은 식 (10.29)와 같이 정의된다. 앞에서와 같은 순서로 동일한 6개의 독립 방정식을 뽑아내면 다음 식을 얻을 수 있다.

$$\sum_{i=1}^{n} \vec{D}_i\ddot{\phi}_i = \vec{A} \tag{10.48}$$

이제 알 수 있듯이, 미지의 조인트 변수 가속도 $\ddot{\phi}_i$의 계수들은 식 (10.43)의 계수들과 같다. 그러므로 식 (10.44)에서 정의한 자코비안 행렬을 사용할 수 있으며, 그 결과는 다음과 같이 된다.

$$\{\ddot{\phi}\} = J^{-1}\vec{A} \tag{10.49}$$

여기서 $\{\dot{\phi}\}$는 순서대로 배열한 미지의 조인트 변수 가속도 $\ddot{\phi}_i$로 이루어진 행으로 이루어져 있다. 이 연립방정식은 정해진 경로를 주어진 시간의 함수에 따라 추적하기 위하여 요구되는 조인트 변수 가속도 간의 관계를 나타낸다.

순기구학 문제처럼 액추에이터의 속도와 가속도가 알려져 있다면 움직이는 링크상의 임의의 한 점의 속도와 가속도는 식 (10.29)~(10.34)를 이용하여 구할 수 있다.

### 예제 10.9

예제 10.8에 이어서 원하는 운동을 달성하는 데 필요한 액추에이터의 속도를 시간의 함수로 구하라.

**▶ 풀이**

식 (10.27$b$)와 앞의 예제에서 구한 위치 해석의 해를 이용하여 $D_i$행렬을 구할 수 있다. 그 결과는 다음과 같다.

$$D_1 = \begin{bmatrix} 0 & -1 & 0 & 0 \\ 1 & 0 & 0 & 0 \\ 0 & 0 & 0 & 0 \\ 0 & 0 & 0 & 0 \end{bmatrix},\ D_2 = \begin{bmatrix} 0 & 0 & -0.8 & 6.144\ \text{in} \\ 0 & 0 & -0.6 & 4.608\ \text{in} \\ 0.8 & 0.6 & 0 & 0 \\ 0 & 0 & 0 & 0 \end{bmatrix},$$

$$D_3 = \begin{bmatrix} 0 & 0 & -0.8 & (5.6\ \sin\ \phi_2 + 6.144)\ \ \text{in} \\ 0 & 0 & -0.6 & (4.2\ \sin\ \phi_2 + 4.608)\ \ \text{in} \\ 0.8 & 0.6 & 0 & -7\ \cos\ \phi_2\ \text{in} \\ 0 & 0 & 0 & 0 \end{bmatrix},$$

$$D_4 = \begin{bmatrix} 0 & 0 & -0.8 & 1.6\ \ \text{in} \\ 0 & 0 & -0.6 & 1.2\ \ \text{in} \\ 0.8 & 0.6 & 0 & -(2t+1.2)\ \ \text{in} \\ 0 & 0 & 0 & 0 \end{bmatrix},$$

$$D_5 = \begin{bmatrix} 0 & 0 & 0.6 & -1.2\ \text{in} \\ 0 & 0 & -0.8 & 1.6\ \text{in} \\ -0.6 & 0.8 & 0 & 0 \\ 0 & 0 & 0 & 0 \end{bmatrix} \tag{12}$$

식 (10.39)와 예제 10.8에서 주어진 궤적을 이용하면 다음과 같이 Ω 행렬을 구할 수도 있다.

$$\Omega = \begin{bmatrix} 0 & 0 & 0 & 1.6\ \text{in/s} \\ 0 & 0 & 0 & 1.2\ \text{in/s} \\ 0 & 0 & 0 & 0 \\ 0 & 0 & 0 & 0 \end{bmatrix} \tag{13}$$

이 행렬들과 식 (10.43)을 이용하면 조인트 변수 속도들의 관계를 나타내는 연립방정식을 세울 수 있다.

$$\begin{bmatrix} 0 & 0.6 & 0.6 & 0.6 & 0.8 \\ 0 & -0.8 & -0.8 & -0.8 & 0.6 \\ 1 & 0 & 0 & 0 & 0 \\ 0 & 6.144\ \text{in} & (5.6\sin\phi_2 + 6.144)\ \text{in} & 1.6\ \text{in} & -1.2\ \text{in} \\ 0 & 4.608\ \text{in} & (4.2\sin\phi_2 + 4.608)\ \text{in} & 1.2\ \text{in} & 1.6\ \text{in} \\ 0 & 0 & -7\cos\phi_2\ \text{in} & -(2t+1.2)\ \text{in} & 0 \end{bmatrix} \begin{bmatrix} \dot{\phi}_1 \\ \dot{\phi}_2 \\ \dot{\phi}_3 \\ \dot{\phi}_4 \\ \dot{\phi}_5 \end{bmatrix} = \begin{bmatrix} 0 \\ 0 \\ 0 \\ 1.6\ \text{in/s} \\ 1.2\ \text{in/s} \\ 0 \end{bmatrix} \tag{14}$$

여기서 정해진 궤적을 따르는 로봇의 자코비안 행렬을 구할 수 있지만, 이 행렬은 정방행렬이 아니므로 역행렬을 구할 수 없다. 즉, 방정식이 6개이지만 미지수가 단지 5개이므로 액추에이터 속도도 5개이다. 이러한 경우는 로봇의 자유도가 단지 5이기 때문으로, 따라서 이 로봇은 임의의 3차원 운동을 할 수 없다.

그러나 다행히도, 선택한 궤적은 이 로봇으로 추적할 수 있는 범위 내에 있다. 6개의 모든 방정식을 만족하는 5개의 미지의 액추에이터 속도에 대하여 일련의 해가 존재하며, 그 해는 다음과 같다.

$$\dot{\phi}_1 = 0$$ 답

$$\dot{\phi}_2 = \frac{(2t + 1.2) - 7\cos\phi_2}{\Delta}\ \text{rad/s}$$ 답

$$\dot{\phi}_3 = \frac{-(2t + 1.2)}{\Delta}\ \text{rad/s}$$ 답

$$\dot{\phi}_4 = \frac{7\cos\phi_2}{\Delta}\ \text{rad/s}$$ 답

$$\dot{\phi}_5 = 0$$ 답

여기서 Δ는 다음 식과 같이 정의된다.

$$\Delta = -3.5(2t + 1.2)\sin\phi_2 - 19.9\cos\phi_2 \tag{15}$$

매개변수 $\phi_2$를 위치 해석에서 이미 구했으므로 주어진 속도식이 해라는 것을 알 수 있다.

## 10.15 로봇 액추에이터 힘 해석

계획된 궤적을 따라 로봇을 움직이는 목적은 당연히 어떤 유용한 기능을 수행하기 위한 것이며, 이때에는 일을 하거나 동력을 소비하게 된다. 이러한 일이나 동력의 원천은 조인트 변수에 있는 액추에이터이다. 그러므로 주어진 작업을 수행하기 위해서는 어떠한 크기의 힘 또는 토크가 액추에이터에 의하여 제공되어야 하는지 알 수 있는 방법이 있다면 매우 유용할 것이다. 반대로, 액추에이터에 주어진 힘이나 토크 용량에 대하여 얼마나 큰 힘이 공구에서 생성될 수 있는지를 아는 것 역시 유용하다.

액추에이터의 힘이나 토크 용량이 수행하려고 하는 작업에 필요한 용량보다 작으면, 로봇은 주어진 작업을 수행할 수 없다. 이때 로봇은 아마도 작업을 전혀 수행하지 못하지는 않겠지만, 원하는 궤적에서 벗어나 원하는 운동과는 다른 운동을 수행할 것이다. 이 절의 목적은 주어진 작업 부하를 가지고 궤적을 수행하기 위하여 로봇 액추에이터에 요구되는 힘을 계산하는 방법을 제시함으로써 로봇 액추에이터의 과부하를 예측하고 과부하를 피하기 위한 것이다.

여기서는 기계 시스템에서의 전체적인 힘 해석에 관한 문제가 아닌, 단순화된 가정을 통하여 제한된 내용만을 다룰 것이다. 이러한 내용은 마찰이나 다른 손실 없이 낮은 속도와 정해진 부하를 가지고 특정한 작업을 수행하는 로봇을 배우는 데 적합하며, 이러한 가정들이 적용될 수 없다면 보다 일반적인 방법을 사용해야 한다.

로봇과 수행 작업과의 상호작용만으로 말단장치 또는 공구에서 일련의 힘이나 토크가 발생한다. 이들은 알고 있는 시간에 관한 함수이며, 다음과 같은 순서로 6개의 원소를 갖는 행벡터 $F$로 정리된다고 가정하자.

$$\{F\} = \begin{bmatrix} M^{x_1} \\ M^{y_1} \\ M^{z_1} \\ F^{x_1} \\ F^{y_1} \\ F^{z_1} \end{bmatrix} \tag{10.50}$$

여기서 처음 3개의 원소는 $x_1$, $y_1$, $z_1$ 축에 대한 공구 토크의 성분이며, 다음 3개의 원소는 동일한 축에 대한 힘의 성분이다.

이들에 대한 에너지원은 $i$번째 조인트 변수 위치에서 액추에이터에 의하여 각각 가해지는 일련의 미지의 힘이나 토크 $\tau_i$가 될 것이다. 이들을 조인트 변수들의 순서대로 또 다른 행벡터 $\tau$로 정리하면 다음과 같다.

$$\tau = \begin{bmatrix} \tau_1 \\ \tau_2 \\ \vdots \\ \tau_n \end{bmatrix} \tag{10.51}$$

다음에, 하중에 대하여 움직이는 공구의 소량 (절대) 변위를 6개의 원소를 갖는 또 다른 행행렬 $\{\delta R\}$로 정의하고, 하중 벡터 $\{F\}$와 동일한 순서로 정리한다.

$$\{\delta R\} = \begin{bmatrix} \delta\theta^{x_1} \\ \delta\theta^{y_2} \\ \delta\theta^{z_1} \\ \delta R^{x_1} \\ \delta R^{y_1} \\ \delta R^{z_1} \end{bmatrix} \tag{10.52}$$

그러면 이런 소량의 변위를 갖는 동안 조인트 변수 $\delta\phi_i$ 변위는 또 다른 행렬 $\delta\phi$로 정의할 수 있다.

이제, 실제의 로봇이 하중 $\{F\}$에 대하여 이러한 소량 운동 $\{\delta R\}$을 수행한다면, 이때의 일은 조인트에서 소량 변위 $\delta\phi$만큼 작용하는 액추에이터 토크 $\tau$에 의하여 행해져야 할 것이다. 그러므로 그 밖의 다른 손실이 없다고 가정할 때, 일의 입력은 출력과 같으므로 다음과 같은 식을 얻을 수 있다.

$$\{F\}^T\{\delta R\} = \tau^T \delta\phi \tag{a}$$

여기서 위첨자 $^T$는 행렬의 전치를 의미한다. 그러나 또한 식 (10.45)에서 짧은 시간 $\delta t$ 동안 적분하면, 작업 변위 $\{\delta R\}$은 조인트 액추에이터 변위 $\{\delta\phi\}$와 다음과 같은 관계가 있다는 것을 알 수 있다.

$$\{\delta R\} = J\{\delta\phi\} \tag{10.53}$$

이 관계식을 식 $(a)$에 대입하여 정리하면 다음과 같다.

$$\left[\tau^T - \{F\}^T J\right]\delta\phi = 0 \tag{b}$$

여기서 소량 변위 $\delta\phi$를 0이 아닌 임의의 값을 가정했으므로, 계수를 0으로 놓고 액추에이터 토크 $\tau$에 관하여 풀면 그 결과는 다음과 같다.

$$\tau = J^T\{F\} \tag{10.54}$$

이 식이 구하고자 하는 관계식이다. 앞서 가정한 단순화 조건하에서, 자코비안 행렬은 액추에이터의 운동을 식 (10.46), (10.49), (10.53)과 같이 절대좌표계에서 공구의 운동과 관련시켜 줄 뿐만 아니라 이의 전치행렬은 액추에이터의 힘 및 공구에서의 힘의 관계인 식 (10.54)를 나타낸다.

**예제 10.10**

예제 10.9에 연속하여 말단장치가 시간에 따라 변하는 힘(시변력)인 하중 $10\hat{\boldsymbol{i}}_1 + 5t\hat{\boldsymbol{k}}_1$와 일정한 토크 하중 $25\hat{\boldsymbol{k}}_1$ in-lb하에서 일을 하고 있다고 가정하자. 이때 주어진 운동을 달성하기 위하여 액추에이터에서 필요한 토크를 시간의 함수로 구하라.

▶ **풀이**

주어진 데이터로부터 식 (10.50)의 공구힘 벡터는 다음과 같이 구할 수 있다.

$$\{F\} = \begin{bmatrix} 0 \\ 0 \\ 25\ \text{in}\cdot\text{lb} \\ 10\ \text{lb} \\ 0 \\ 5t\ \text{lb} \end{bmatrix} \tag{16}$$

자코비안 행렬은 예제 10.9의 식 (14)에서 이미 구했으므로, 식 (10.54)를 사용하여 액추에이터의 토크를 직접 구할 수 있다. 그 결과는 다음과 같다.

$$\tau_1 = 25.0\ \text{in}\cdot\text{lb}$$ 답

$$\tau_2 = 61.4\ \text{in}\cdot\text{lb}$$ 답

$$\tau_3 = (-35t\cos\phi_2 + 56.0\sin\phi_2 + 61.4)\ \text{in}\cdot\text{lb}$$ 답

$$\tau_4 = \left(-10t^2 - 6t + 16.0\right)\ \text{in}\cdot\text{lb}$$ 답

$$\tau_5 = -12.0\ \text{in}\cdot\text{lb}$$ 답

$\phi_2$는 자세 해석으로 알고 있기 때문에 위의 5개 식이 액추에이터 토크에 대한 시간함수로의 답이다.

## 연습 문제 Problems

**10.1** 쿠츠바흐 판별식을 사용하여 *SSC* 링크기구의 운동성을 구하라. 여분의 자유도를 찾아내고 그 제거 방법에 관하여 기술하라. 또한, 점 *B*에 의해 그려지는 경로의 특성은 무엇인가?

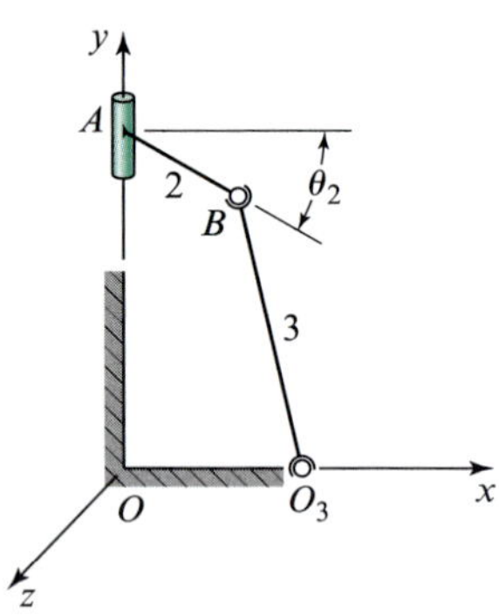


그림 P10.1 $R_{BA} = R_{O_3O} = 3$ in, $R_{BO_3} = 6$ in, $\theta_2 = 30°$

**10.2** 그림 P10.1에 나타낸 *SSC* 링크기구의 경우, 각각의 링크의 위치를 벡터 형태로 표현하라.

**10.3** 그림 P10.1에 나타낸 *SSC* 링크기구에 대해 $V_A = -2\,\hat{\mathbf{j}}$ in/s라고 할 때, 벡터 해석을 사용하여 링크 2와 3의 각속도를 구하고, 그림의 위치에서 점 *B*의 속도를 구하라.

**10.4** 도식적 방법으로 문제 10.3을 풀어라.

**10.5** 그림 P10.5에 나타낸 구면 *RRRR*에 대하여, 벡터 대수학을 사용하여 주어진 위치에서의 속도와 가속도 해석을 완성하라.

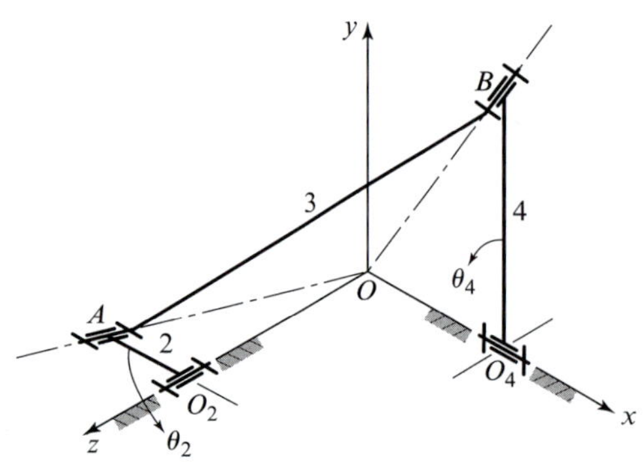


그림 P10.5 $R_{O_2O} = 175\hat{\mathbf{k}}$ mm, $R_{O_4O} = 50\hat{\mathbf{i}}$ mm, $R_{AO_2} = -75\hat{\mathbf{i}}$ mm, $R_{BO_4} = 225\hat{\mathbf{j}}$ mm, $R_{BA} = 125\hat{\mathbf{i}} + 225\hat{\mathbf{j}} - 175\hat{\mathbf{k}}$ mm 그리고 $\omega_2 = -60\hat{\mathbf{k}}$ rad/s

**10.6** 도식적 방법으로 문제 10.5를 풀어라.

**10.7** 변환행렬식 기법을 사용하여 문제 10.5를 풀어라.

**10.8** $\theta_2 = 90°$로 하여 문제 10.5를 풀어라.

**10.9** 문제 10.5의 전진–귀환 시간비를 구하라. 링크 4의 총 요동각은 얼마인가?

**10.10** 구면 *RRRR*에 대하여, 한 바퀴 완전하게 회전할 동안 크랭크가 자유롭게 회전할 수 있는지에 관하여 알아보라. 만약 그렇다면 링크 4의 요동각과 전진–귀환 시간비를 구하라.

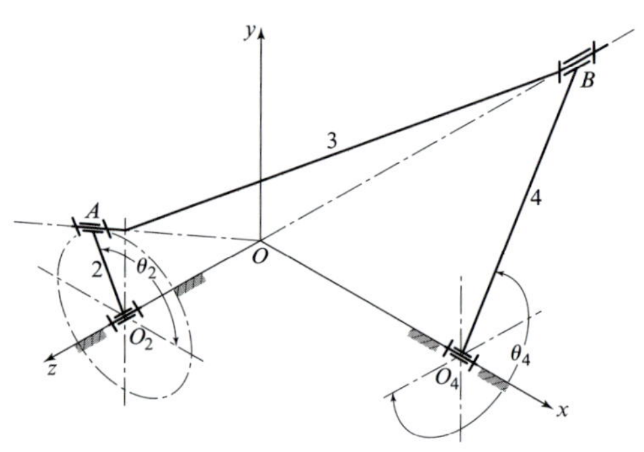


그림 P10.10 $R_{O_2O} = 6$ in, $R_{O_4O} = 9$ in, $R_{AO_2} = 1.5$ in, $R_{BO_4} = 10.5$ in, $R_{BA} = 16.5$ in, $\theta_2 = 120°$ 그리고 $\omega_2 = 30\hat{\mathbf{k}}$ rad/s

**10.11** 벡터 대수학을 사용하여 그림 P10.10에 나타낸 위치에 대한 링크기구의 속도와 가속도 해석을 완성하라.

**10.12** 도시적 방법으로 문제 10.11을 풀어라.

**10.13** 변환행렬식 기법을 사용하여 문제 10.11을 풀어라.

**10.14** 그림 P10.14는 공간 슬라이더–크랭크 *RSSP* 링크기구의 평면도, 정면도 및 보조도를 각각 나타낸다. 많은 이러한 기구를 만들 때에는 보통 각도 $\beta$를 바꿀 수 있도록 해준다. 그러므로 슬라이더 4의 행정은 $\beta = 0$일 때의 0에서부터 $\beta = 90°$일 때의 크랭크 길이의 2배까지 조절 가능하다. $\beta = 30°$일 때, 벡터 대수를 사용하여 그림의 주어진 위치에 대한 해당 링크기구의 속도와 가속도 해석을 완성하라.

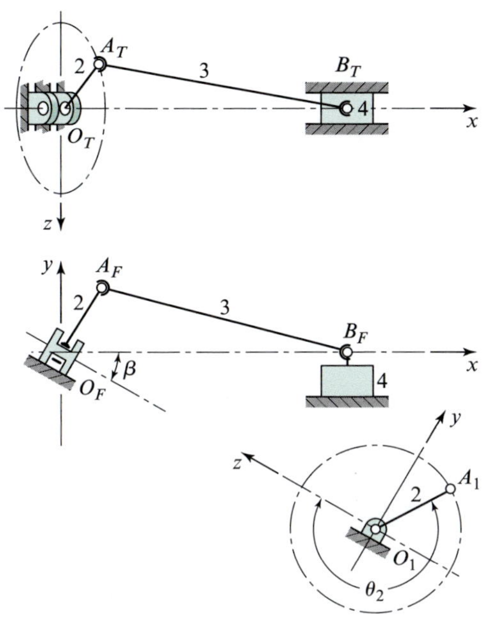


**그림 P10.14** $R_{AO} = 50$ mm, $R_{BA} = 150$ mm, $\theta_2 = 240°$, 그리고 $\omega_2 = 24\hat{\mathbf{i}}$ rad/s

**10.15** 도시적 방법으로 10.14를 풀어라.

**10.16** 변환행렬식 기법을 사용하여 문제 10.14를 풀어라.

**10.17** $\beta = 60°$일 때, 벡터 대수를 사용하여 문제 10.14를 풀어라.

**10.18** $\beta = 60°$일 때, 도식적 방법으로 문제 10.14를 풀어라.

**10.19** $\beta = 60°$일 때, 변환행렬식 기법을 사용하여 문제 10.14를 풀어라.

**10.20** 그림 P10.20은 *RSRC* 크랭크와 요동 슬라이더 링크기구의 평면도, 정면도 및 보조도를 각각 나타낸다. 요동 슬라이더인 링크 4는 2개의 베어링 속에서 회전하고, 미끄러지는 둥근 막대에 견고하게 부착되어 있다. (a) 쿠츠바흐 판별식을 사용하여 이 링크기구의 운동성을 구하라. (b) 크랭크 2를 구동요소로 할 때, 링크 4의 총 회전각 및 총 선형 이동량을 각각 구하라. (c) 이 기구의 루프 폐쇄 방정식을 기술한 다음, 벡터 대수학을 사용하여 모든 미지의 위치 경보를 구하라.

**10.21** 벡터 대수학을 사용하여 문제 10.20의 $V_B$, $\boldsymbol{\omega}_3$ 및 $\boldsymbol{\omega}_4$를 각각 구하라.

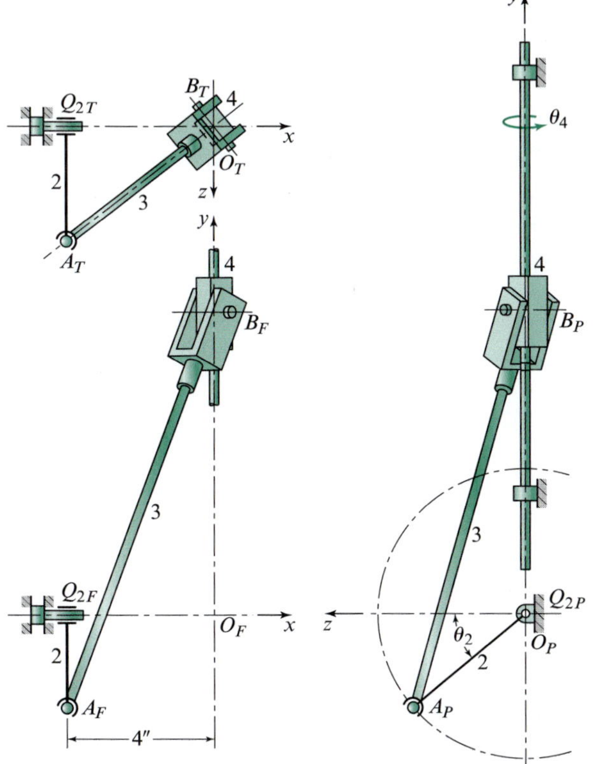


**그림 P10.20** $R_{Q_2O} = 100$ mm, $R_{AO} = 100$ mm, $R_{BA} = 300$ mm, $\theta_2 = 40°$, 그리고 $\boldsymbol{\omega}_2 = 48\hat{\mathbf{i}}$ rad/s:

**10.22** 도식적 방법으로 문제 10.21을 풀어라.

**10.23** 변환행렬식 기법을 사용하여 문제 10.21을 풀어라.

**10.24** 그림 P10.24에 나타낸 SCARA 로봇에서, 조인트 액추에이터가 $\phi_1 = 30°$, $\phi_2 = -60°$, $\phi_3 = 50$ mm, $\phi_4 = 0$의 값으로 설정되어 있을 때, 공구좌표계의 위치와 지면좌표계의 관계를 나타내는 변환행렬 $T_{15}$를 구하라. 또한, 공구점의 좌표가 $x_5 = y_5 = 0$, $z_5 = 37.5$ mm일 때 그 절대 위치를 구하라.

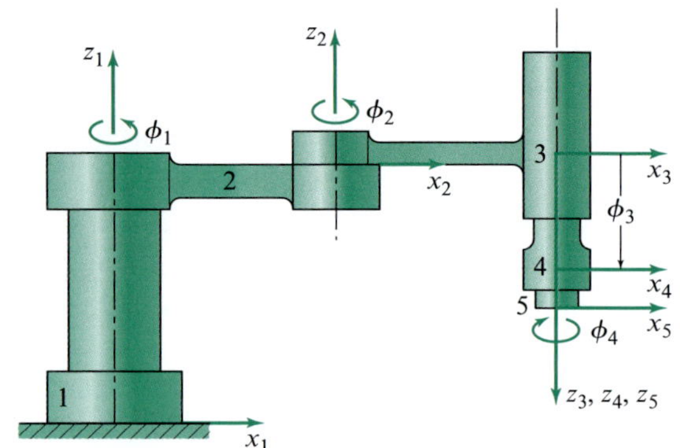


그림 P10.24 $a_{12} = a_{23} = 250$ mm, $a_{34} = a_{45} = 0$, $\alpha_{12} = \alpha_{34} = \alpha_{45} = 0$, $\alpha_{23} = 180°$, $\theta_{12} = \phi_1$, $\theta_{23} = \phi_2$, $\theta_{34} = 0$, $\theta_{45} = \phi_4$, $s_{12} = 300$ mm, $s_{23} = 0$, $s_{34} = \phi_3$, 그리고 $s_{45} = 50$ mm

**10.25** 조인트 변수로 임의의 변수(기호 변수)를 사용하여 문제 10.24를 반복하라.

**10.26** 그림 P10.26에 나타난 갠트리형 로봇에서, 조인트 액추에이터가 $\phi_1 = 18$ in, $\phi_2 = 7.25$ in, $\phi_3 = 2$ in, $\phi_4 = 0$의 값으로 설정되어 있을 때, 공구좌표계의 위치와 지면좌표계의 관계를 나타내는 변환행렬 $T_{15}$를 구하라. 또한, 공구점의 좌표가 $x_5 = y_5 = 0$, $z_5 = 1.80$ in일 때 그 절대 위치를 구하라.

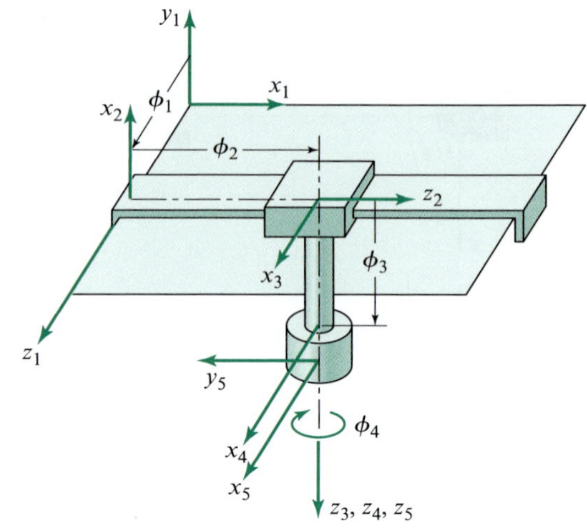


그림 P10.26 $a_{12} = a_{23} = a_{34} = a_{45} = 0$, $\alpha_{12} = 90°$, $\alpha_{23} = -90°$, $\alpha_{34} = \alpha_{45} = 0$, $\theta_{12} = \theta_{23} = 90°$, $\theta_{34} = 0$, $\theta_{45} = \phi_4$, $s_{12} = \phi_1$, $s_{23} = \phi_2$, $s_{34} = \phi_3$, 그리고 $s_{45} = 2$ in

**10.27** 문제 10.26을 조인트 변수로 임의의 변수(기호변수)를 사용하여 다시 풀어라.

**10.28** 문제 10.24의 SCARA 로봇이 문제에서 주어진 위치에 있고, 액추에이터의 속도가 각각 $\dot{\phi}_1 = 0.20$ rad/s, $\dot{\phi}_2 = -0.35$ rad/s, $\dot{\phi}_3 = \dot{\phi}_4 = 0$로 일정하다고 하면, 동일한 공구점의 좌표가 $x_5 = y_5 = 0$, $z_5 = 37.5$ mm일 때 순간속도와 순간가속도를 구하라.

**10.29** 문제 10.26의 갠트리형 로봇이 문제에서 주어진 위치에 있고, 액추에이터의 속도가 각각 $\dot{\phi}_1 = \dot{\phi}_2 = 0$, $\dot{\phi}_3 = 1.60$ in/s 및 $\dot{\phi}_4 = 20$ rad/s로 일정하다고 하면, 동일한 공구점의 좌표가 $x_5 = y_5 = 0$, $z_5 = 1.80$ in일 때 그 순간속도와 순간가속도를 구하라.

**10.30** 문제 10.24의 SCARA 로봇은 말단장치 원점 $O_5$가 다음 식과 같이 주어진 직선 경로를 따라 안내되도록 되어 있다.

$$R_{O_5}(t) = (40t + 100)\hat{i}_1 + (30t + 75)\hat{j}_1 + 50\hat{k}_1 \text{ mm}$$

여기서 $t$는 0.0에서 5.0 s까지 변하고, 말단장치의 방향은 $\hat{k}_5 = -\hat{k}_1$(수직 아래 방향)이며, $\hat{i}_5$는 로봇 기초부의 반지름 방향 바깥쪽을 가리키면서 일정한 상태를 유지한다. 이와 같은 운동을 수행하기 위한 각각의 액추에이터의 구동식을 시간의 함수로 구하라.

**10.31** 문제 10.26의 갠트리형 로봇은 말단장치 원점 $O_5$가 다음 식과 같이 주어진 직선 경로를 따라 안내되도록 되어 있다.

$$R_{O_5}(t) = (4.8t + 12)\hat{i}_1 - 6\hat{j}_1 + (3.6t + 9)\hat{k}_1 \text{ in}$$

여기서 $t$는 0.0에서 4.0 s까지 변하고, 말단장치의 방향은 $\hat{k}_5 = -\hat{j}_1$(수직 아래 방향)이고, $\hat{i}_5 = \hat{i}_1$이면서 일정한 상태를 유지한다. 이와 같은 운동을 수행하기 위한 각각의 액추에이터의 위치에 대한 식을 시간의 함수로 구하라.

**10.32** 문제 10.24의 SCARA 로봇의 말단장치가 문제 10.30에 주어진 궤적을 따라 움직일 때, $44\hat{\mathbf{i}}_1 + 22t\hat{\mathbf{k}}_1$ N의 힘 하중과 2.8 $\hat{\mathbf{k}}_1$N · $m$의 일정한 토크 하중 조건에서 작업을 하고 있다. 이와 같은 운동을 수행하는 데 필요한 액추에이터의 토크를 시간의 함수로 각각 구하라.

**10.33** 문제 10.26의 갠트리형 로봇의 말단장치가 문제 10.31에 주어진 궤적을 따라 움직일 때, $4.5\hat{\mathbf{i}}_1 + 2.25t\hat{\mathbf{j}}_1$ lb의 힘 하중과 $45\hat{\mathbf{j}}_1$ in · lb의 일정한 토크 하중에서 작업을 하고 있다. 이와 같은 운동을 수행하는 데 필요한 액추에이터의 토크를 시간의 함수를 각각 구하라.

## 참고문헌


[1] Baker, J. E., 1988. The Bennett linkage and its associated quadric surfaces, *Mech. Mach. Theory*, **23**(2):147–156.

[2] Bennett, G. T., 1903. A new mechanism, *Engineering*, 76:777–778.

[3] Chace, M. A., 1963. Vector analysis of linkages, *J. Eng. Ind. ASME Trans. B* **85**: 289–297.

[4] Chuang, J. C., R. T. Strong, and K. J. Waldron, 1981. Implementation of solution rectification techniques in an interactive linkage synthesis program, *J. Mech. Des. ASME Trans.*, **103**(3):657–664.

[5] Denavit, J., and R. S. Hartenberg, 1955. A kinematic notation for lower-pair mechanisms based on matrices, *J. Appl. Mech. ASME Trans. E* **22**(2):215–221.

[6] Duffy, J., and C. Crane, 1980. A displacement analysis of the general spatial 7-link, 7R mechanisms, *Mech. Mach. Theory* **15**(3):153–169.

[7] Erdman, A. G., and J. E. Gustafson, 1977. LINCAGES: Linkage interactive computer analysis and graphically enhanced synthesis package, ASME Paper No. 77-DTC-5.

[8] Goldberg, M., 1943. New five-bar and six-bar linkages in three dimensions, *ASME Trans.* **65**:649–661.

[9] Gough, V. E., 1956. Contribution to discussion of papers on research in automobile stability, control and tyre performance, *Proc. Auto Div. Inst. Mech. Eng.* **171**:392–394.

[10] Harrisberger, L., 1965. A number synthesis survey of three-dimensional mechanisms, *J. Eng. Ind. ASME Trans. B* **87**(2):213–218.

[11] Harrisberger, L., and A. H. Soni, 1966. A survey of three-dimensional mechanisms with one general constraint, ASME Paper No. 66-MECH-44. (This paper contains 45 references on spatial mechanisms.)

[12] Hartenberg, R. S., and J. Denavit, 1964. *Kinematic Synthesis of Linkages*, New York: McGraw-Hill.

[13] Haug, E. J., 1989. *Computer-Aided Kinematics and Dynamics of Mechanical Systems*, Boston, MA: Allyn Bacon.

[14] Hunt, K. H., 1978. *Kinematic Geometry of Mechanisms*, New York: Oxford University Press.

[15] Kaufman, R. E., 1971. KINSYN: An interactive kinematic design system, *Trans. 3rd World Cong. on Theory of Mach. and Mech.*, Dubrovnik, Yugoslavia.

[16] Orlandea, N., M. A. Chace, and D. A. Calahan, 1977. A sparsity-oriented approach to the dynamic analysis and design of mechanical systems, parts I and II, *J. Eng. Ind. ASME Trans.*, **99**:773.784.

[17] Pennock, G. R., and A.T. Yang, 1985. Application of dual-number matrices to the inverse kinematics problem of robot manipulators, *J. Mech. Trans. Automation Design ASME Trans.* **107**(2):201–208.

[18] Phillips, J., 1984/1990. *Freedom of Machinery*, vols 1–2, New York: Cambridge University Press.

[19] Sheth, P. N., and J. J. Uicker, Jr., 1972. IMP (Integrated Mechanisms Program): A computer-aided design analysis system for mechanisms and linkages, *J. Eng. Ind. ASME Trans.*, **94**:454–464.

[20] Stewart, D, 1965. A platform with six degrees of freedom, *Proc. Inst. Mech. Eng. (UK)* **180**:371–386.

[21] Uicker, J. J., B. Ravani, and P. N. Sheth, 2013. *Matrix Methods in the Design Analysis of Mechanisms and MultiBody Systems*, New York: Cambridge University Press.

[22] Yang, A. T., and F. Freudenstein, 1964. Application of dual-number and quaternion algebra to the analysis of spatial mechanisms, *J. Appl. Mech. ASME Trans. E* **86**: 300–308.

# 부록 A

*Appendix A*

표 A.1 Standard SI prefixes[1,2]

| Name | Symbol | Factor |
|---|---|---|
| yotta | Y | 1 000 000 000 000 000 000 000 000 = $10^{24}$ |
| zetta | Z | 1 000 000 000 000 000 000 000 = $10^{21}$ |
| exa | E | 1 000 000 000 000 000 000 = $10^{18}$ |
| peta | P | 1 000 000 000 000 000 = $10^{15}$ |
| tera | T | 1 000 000 000 000 = $10^{12}$ |
| giga | G | 1 000 000 000 = $10^{9}$ |
| mega | M | 1 000 000 = $10^{6}$ |
| kilo | K | 1 000 = $10^{3}$ |
| hecto[3] | H | 100 = $10^{2}$ |
| deka[3] | Da | 10 = $10^{1}$ |
| deci[3] | D | 0.1 = $10^{-1}$ |
| centi[3] | C | 0.01 = $10^{-2}$ |
| milli | M | 0.001 = $10^{-3}$ |
| micro | μ | 0.000 001 = $10^{-6}$ |
| nano | N | 0.000 000 001 = $10^{-9}$ |
| pico | P | 0.000 000 000 001 = $10^{-12}$ |
| femto | F | 0.000 000 000 000 001 = $10^{-15}$ |
| atto | A | 0.000 000 000 000 000 001 = $10^{-18}$ |
| zepto | Z | 0.000 000 000 000 000 000 000 = $10^{-21}$ |
| yocto | Y | 0.000 000 000 000 000 000 000 000 = $10^{-24}$ |

[1]가능하면 1000단위로 사용함. 예를 들면, 길이는 밀리미터(mm), 미터(m) 혹은 킬로미터(km) 단위를 사용함. 복합 단위의 경우 앞쪽 숫자에 이용함. 예를 들어, $N/cm^3$ 대신 $MN/m^3$을 이용함.

[2]SI를 사용할 경우 세 자리마다 쉼표를 사용하는 대신 빈칸 띄어쓰기를 사용함. 쉼표는 어떤 나라의 경우 소수점 표시로 사용하기 때문임.

[3]사용 추천하지는 않지만 종종 볼 수 있음.

표 A.2 Conversion from US customary units to SI units

| To convert from | to | Multiply by | |
|---|---|---|---|
| | | Accurate* | Common |
| Foot (ft) | Meter (m) | 0.304 800* | 0.305 |
| Foot·pound (ft·lb) | Newton·meter (N·m) | 1.355 818 | 1.36 |
| | Joule (J) | 1.355 818 | 1.36 |
| Foot·pound/second (ft·lb/s) | Watt (W) | 1.355 818 | 1.36 |
| Horsepower (hp) | Watt (W) | 745.699 9 | 746 |
| Inch (in) | Meter (m) | 0.025 400* | 0.025 4 |
| Inch·pound (in·lb) | Newton·meter (N·m) | 0.112 984 8 | 0.113 |
| | Joule (J) | 0.112 984 8 | 0.113 |
| Inch·pound/second (in·lb/s) | Watt (W) | 0.112 984 8 | 0.113 |
| Mile, US statute (mi) | Meter (m) | 1 609.344* | 1 610 |
| Pound force (lb) | Newton (N) | 4.448 222 | 4.45 |
| Pound mass (lb) | Kilogram (kg) | 0.453 592 4 | 0.454 |
| Pound/ft$^2$ (lb/ft$^2$) | Pascal (Pa) | 47.880 26 | 47.9 |
| Pound/in$^2$ (lb/in$^2$), (psi) | Pascal (Pa) | 6 894.757 | 6 890 |
| Revolutions/min (rev/min) | Radian/second (rad/s) | 0.104 719 8 | 0.105 |
| Ton, short (2 000 lb) | Kilogram (kg) | 907.184 7 | 907 |

*An asterisk indicates that the conversion is exact.

표 A.3 Conversion from SI units to US customary units

| To convert from | to | Multiply by | |
|---|---|---|---|
| | | Accurate | Common |
| Joule (J) | Foot·pound (ft·lb) | 0.737 562 1 | 0.738 |
| | Inch·pound (in·lb) | 88.507 44 | 8.85 |
| Kilogram (kg) | Pound mass (lb) | 2.204 622 | 2.20 |
| | Ton, short (2 000 lb) | 0.001 102 311 | 0.001 10 |
| Meter (m) | Foot (ft) | 3.280 840 | 3.28 |
| | Inch (in) | 39.370 08 | 39.4 |
| | Mile (mi) | 0.000 621 371 | 0.000 621 |
| Newton (N) | Pound (lb) | 0.224 808 9 | 0.225 |
| Newton·meter (N·m) | Foot·pound (ft·lb) | 0.737 562 1 | 0.738 |
| | Inch·pound (in·lb) | 8.850 744 | 8.85 |
| Newton·meter/second (N·m/s) | Horsepower (hp) | 0.001 341 022 | 0.001 34 |
| Pascal (Pa) | Pound/foot$^2$ (lb/ft2) | 0.020 885 43 | 0.020 9 |
| | Pound/inch$^2$ (lb/in$^2$), (psi) | 0.000 145 037 0 | 0.000 145 |
| Radian/second (rad/s) | Revolutions/minute (rev/min) | 9.549 297 | 9.55 |
| Watt (W) | Horsepower (hp) | 0.001 341 022 | 0.001 34 |
| | Foot·pound /second (ft·lb/s) | 0.737 562 1 | 0.738 |
| | Inch·pound/second (in·lb/s) | 8.850 744 | 8.85 |

## 표 A.4 Properties of areas

$A$ = area
$I$ = area moment of inertia
$J$ = polar area moment of inertia
$k$ = centroidal radius of gyration
$\bar{y}$ = centroidal distance from bottom

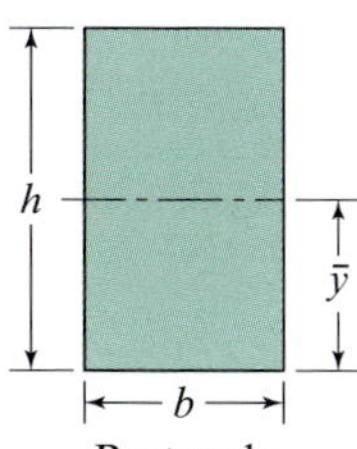

Rectangle

$A = bh$
$I = bh^3/12$
$k = 0.289h$
$\bar{y} = h/2$

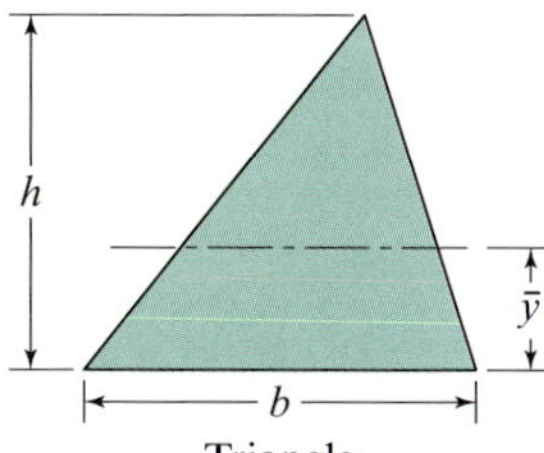

Triangle

$A = bh/2$
$I = bh^3/36$
$k = 0.236h$
$\bar{y} = h/3$

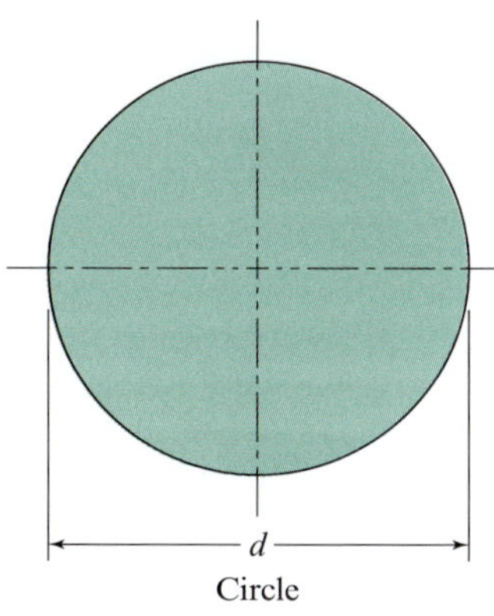

Circle

$A = \pi d^2/4$
$I = \pi d^4/64$
$J = \pi d^4/32$
$k = d/4$
$\bar{y} = d/2$

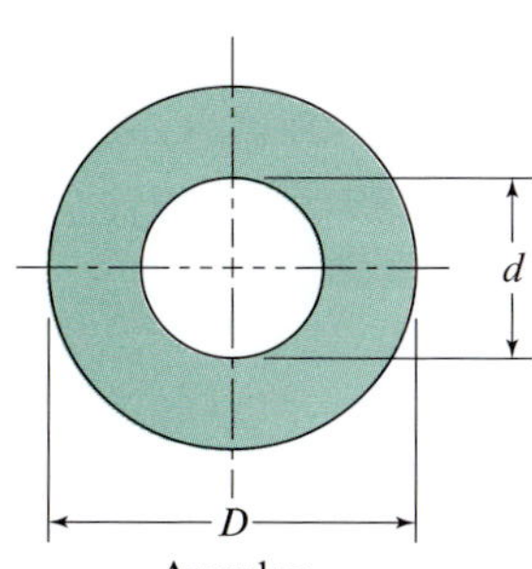

Annulus

$A = \pi(D^2 - d^2)/4$
$I = \pi(D^4 - d^4)/64$
$J = \pi(D^4 - d^4)/32$
$k = \sqrt{D^2 + d^2}/4$
$\bar{y} = D/2$

## 표 A.5 Mass moments of inertia

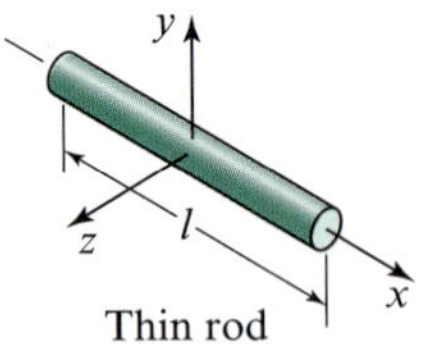

Thin rod

$$m = \rho \pi r^2 l$$
$$I^{yy} = I^{zz} = ml^2/12$$

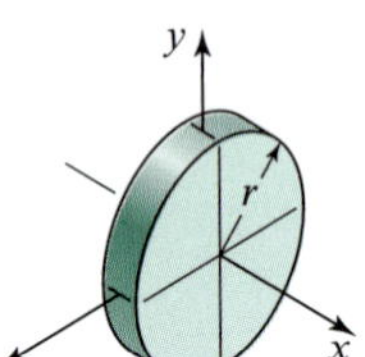

Circular disk

$$m = \rho \pi r^2 t$$
$$I^{xx} = mr^2/2$$
$$I^{yy} = I^{zz} = mr^2/4$$

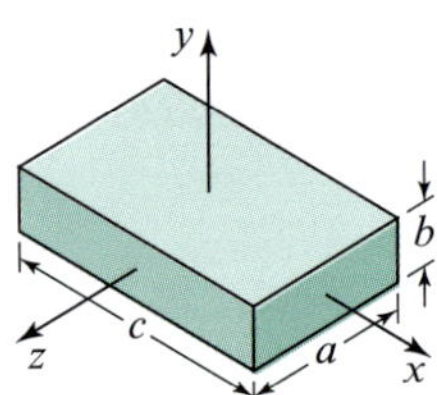

Rectangular prism

$$m = \rho abc$$
$$I^{xx} = m(a^2 + b^2)/12$$
$$I^{yy} = m(a^2 + c^2)/12$$
$$I^{zz} = m(b^2 + c^2)/12$$

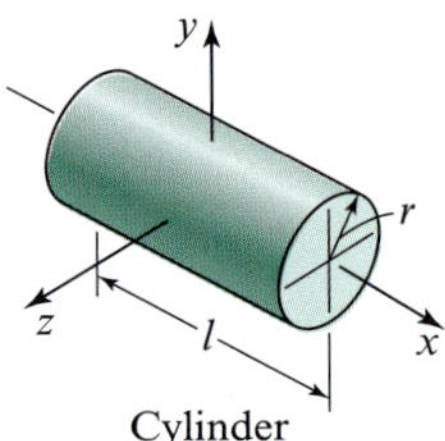

Cylinder

$$m = \rho \pi r^2 l$$
$$I^{xx} = mr^2/2$$
$$I^{yy} = I^{zz} = m(3r^2 + l^2)/12$$

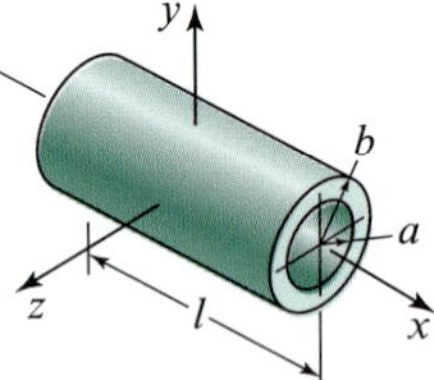

Annular cylinder

$$m = \rho \pi (b^2 - a^2) l$$
$$I^{xx} = m(a^2 + b^2)/2$$
$$I^{yy} = I^{zz} = m(3a^2 + 3b^2 + l^2)/12$$

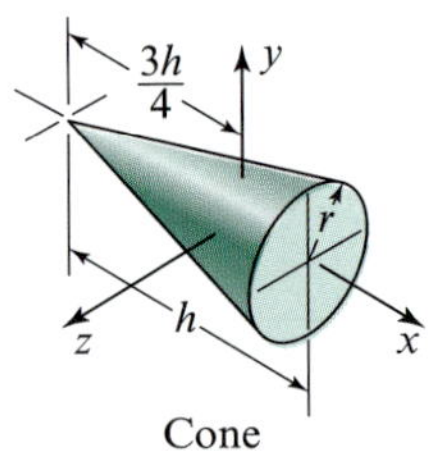

Cone

$$m = \rho \pi r^2 h/3$$
$$I^{xx} = 3mr^2/10$$
$$I^{yy} = I^{zz} = m(12r^2 + 3h^2)/80$$

## 표 A.5 Mass moments of inertia (계속)

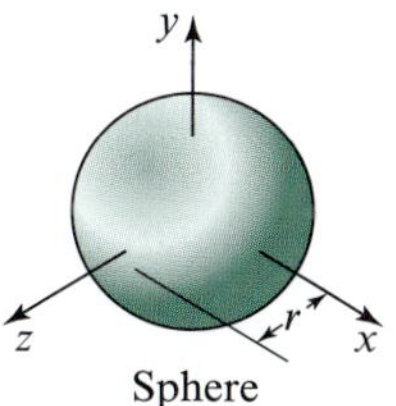

Sphere

$m = \rho 4\pi r^3/3$
$I^{xx} = I^{yy} = I^{zz} = 2mr^2/5$

## 표 A.6 Involute function

| $\varphi$(deg) | Inv($\varphi$) | Inv($\varphi + 0.1°$) | Inv($\varphi + 0.2°$) | Inv($\varphi + 0.3°$) | Inv($\varphi + 0.4°$) |
|---|---|---|---|---|---|
| 0.0 | 0.000000 | 0.000000 | 0.000000 | 0.000000 | 0.000000 |
| 0.5 | 0.000000 | 0.000000 | 0.000000 | 0.000000 | 0.000001 |
| 1.0 | 0.000002 | 0.000002 | 0.000003 | 0.000004 | 0.000005 |
| 1.5 | 0.000006 | 0.000007 | 0.000009 | 0.000010 | 0.000012 |
| 2.0 | 0.000014 | 0.000016 | 0.000019 | 0.000022 | 0.000025 |
| 2.5 | 0.000028 | 0.000031 | 0.000035 | 0.000039 | 0.000043 |
| 3.0 | 0.000048 | 0.000053 | 0.000058 | 0.000064 | 0.000070 |
| 3.5 | 0.000076 | 0.000083 | 0.000090 | 0.000097 | 0.000105 |
| 4.0 | 0.000114 | 0.000122 | 0.000132 | 0.000141 | 0.000151 |
| 4.5 | 0.000162 | 0.000173 | 0.000184 | 0.000197 | 0.000209 |
| 5.0 | 0.000222 | 0.000236 | 0.000250 | 0.000265 | 0.000280 |
| 5.5 | 0.000296 | 0.000312 | 0.000329 | 0.000347 | 0.000366 |
| 6.0 | 0.000384 | 0.000404 | 0.000424 | 0.000445 | 0.000467 |
| 6.5 | 0.000489 | 0.000512 | 0.000536 | 0.000560 | 0.000586 |
| 7.0 | 0.000612 | 0.000638 | 0.000666 | 0.000694 | 0.000723 |
| 7.5 | 0.000753 | 0.000783 | 0.000815 | 0.000847 | 0.000880 |
| 8.0 | 0.000914 | 0.000949 | 0.000985 | 0.001022 | 0.001059 |
| 8.5 | 0.001098 | 0.001137 | 0.001178 | 0.001219 | 0.001283 |
| 9.0 | 0.001305 | 0.001349 | 0.001394 | 0.001440 | 0.001488 |
| 9.5 | 0.001536 | 0.001586 | 0.001636 | 0.001688 | 0.001740 |
| 10.0 | 0.001794 | 0.001849 | 0.001905 | 0.001962 | 0.002020 |
| 10.5 | 0.002079 | 0.002140 | 0.002202 | 0.002265 | 0.002329 |
| 11.0 | 0.002394 | 0.002461 | 0.002528 | 0.002598 | 0.002668 |
| 11.5 | 0.002739 | 0.002812 | 0.002894 | 0.002962 | 0.003039 |
| 12.0 | 0.003117 | 0.003197 | 0.003277 | 0.003360 | 0.003443 |
| 12.5 | 0.003529 | 0.003615 | 0.003712 | 0.003792 | 0.003882 |
| 13.0 | 0.003975 | 0.004069 | 0.004164 | 0.004261 | 0.004359 |
| 13.5 | 0.004459 | 0.004561 | 0.004664 | 0.004768 | 0.004874 |
| 14.0 | 0.004982 | 0.005091 | 0.005202 | 0.005315 | 0.005429 |
| 14.5 | 0.005545 | 0.005662 | 0.005782 | 0.005903 | 0.006025 |
| 15.0 | 0.006150 | 0.006276 | 0.006404 | 0.006534 | 0.006665 |
| 15.5 | 0.006799 | 0.006934 | 0.007071 | 0.007209 | 0.007350 |
| 16.0 | 0.007493 | 0.007637 | 0.007784 | 0.007932 | 0.008082 |

표 A.6 Involute function (계속)

| $\varphi$(deg) | Inv($\varphi$) | Inv($\varphi$ + 0.1°) | Inv($\varphi$ + 0.2°) | Inv($\varphi$ + 0.3°) | Inv($\varphi$ + 0.4°) |
|---|---|---|---|---|---|
| 16.5 | 0.008234 | 0.008388 | 0.008544 | 0.008702 | 0.008863 |
| 17.0 | 0.009025 | 0.009189 | 0.009355 | 0.009523 | 0.009694 |
| 17.5 | 0.009866 | 0.010041 | 0.010217 | 0.010396 | 0.010577 |
| 18.0 | 0.010760 | 0.010946 | 0.011133 | 0.011323 | 0.011515 |
| 18.5 | 0.011709 | 0.011906 | 0.012105 | 0.012306 | 0.012509 |
| 19.0 | 0.012715 | 0.012923 | 0.013134 | 0.013346 | 0.013562 |
| 19.5 | 0.013779 | 0.013999 | 0.014222 | 0.014447 | 0.014674 |
| 20.0 | 0.014904 | 0.015137 | 0.015372 | 0.015609 | 0.015850 |
| 20.5 | 0.016092 | 0.016337 | 0.016585 | 0.016836 | 0.017089 |
| 21.0 | 0.017345 | 0.017603 | 0.017865 | 0.018129 | 0.018395 |
| 21.5 | 0.018665 | 0.018937 | 0.019212 | 0.019490 | 0.019770 |
| 22.0 | 0.020054 | 0.020340 | 0.020630 | 0.020921 | 0.021216 |
| 22.5 | 0.021514 | 0.021815 | 0.022119 | 0.022426 | 0.022736 |
| 23.0 | 0.023049 | 0.023365 | 0.023684 | 0.024006 | 0.024332 |
| 23.5 | 0.024660 | 0.024992 | 0.025326 | 0.025664 | 0.026005 |
| 24.0 | 0.026350 | 0.026697 | 0.027048 | 0.027402 | 0.027760 |
| 24.5 | 0.028121 | 0.028485 | 0.028852 | 0.029223 | 0.029598 |
| 25.0 | 0.029975 | 0.030357 | 0.030741 | 0.031130 | 0.031521 |
| 25.5 | 0.031917 | 0.032315 | 0.032718 | 0.033124 | 0.033534 |
| 26.0 | 0.033947 | 0.034364 | 0.034785 | 0.035209 | 0.035637 |
| 26.5 | 0.036069 | 0.036505 | 0.036945 | 0.037388 | 0.037835 |
| 27.0 | 0.038287 | 0.038696 | 0.039201 | 0.039664 | 0.040131 |
| 27.5 | 0.040602 | 0.041076 | 0.041556 | 0.042039 | 0.042526 |
| 28.0 | 0.043017 | 0.043513 | 0.044012 | 0.044516 | 0.045024 |
| 28.5 | 0.045537 | 0.046054 | 0.046575 | 0.047100 | 0.047630 |
| 29.0 | 0.048164 | 0.048702 | 0.049245 | 0.049792 | 0.050344 |
| 29.5 | 0.050901 | 0.051462 | 0.052027 | 0.052597 | 0.053172 |
| 30.0 | 0.053751 | 0.054336 | 0.054924 | 0.055519 | 0.056116 |
| 30.5 | 0.056720 | 0.057267 | 0.057940 | 0.058558 | 0.059181 |
| 31.0 | 0.059809 | 0.060441 | 0.061779 | 0.061721 | 0.062369 |
| 31.5 | 0.063022 | 0.063680 | 0.064343 | 0.065012 | 0.065685 |
| 32.0 | 0.066364 | 0.067048 | 0.067738 | 0.068432 | 0.069133 |
| 32.5 | 0.069838 | 0.070549 | 0.071266 | 0.071988 | 0.072716 |
| 33.0 | 0.073449 | 0.074188 | 0.074932 | 0.075683 | 0.076439 |
| 33.5 | 0.077200 | 0.077968 | 0.078741 | 0.079520 | 0.080305 |
| 34.0 | 0.081097 | 0.081974 | 0.082697 | 0.083506 | 0.084321 |
| 34.5 | 0.085142 | 0.085970 | 0.086804 | 0.087644 | 0.088490 |
| 35.0 | 0.089342 | 0.090201 | 0.091066 | 0.091938 | 0.092816 |
| 35.5 | 0.093701 | 0.094592 | 0.095490 | 0.096395 | 0.097306 |
| 36.0 | 0.098224 | 0.099149 | 0.100080 | 0.101019 | 0.101964 |
| 36.5 | 0.102916 | 0.103875 | 0.104841 | 0.105814 | 0.106795 |
| 37.0 | 0.107782 | 0.108777 | 0.109779 | 0.110788 | 0.111805 |
| 37.5 | 0.112828 | 0.113860 | 0.114899 | 0.115945 | 0.116999 |
| 38.0 | 0.118060 | 0.119130 | 0.120207 | 0.121291 | 0.122384 |

**표 A.6** Involute function (계속)

| $\varphi$(deg) | Inv($\varphi$) | Inv($\varphi$ + 0.1°) | Inv($\varphi$ + 0.2°) | Inv($\varphi$ + 0.3°) | Inv($\varphi$ + 0.4°) |
|---|---|---|---|---|---|
| 38.5 | 0.123484 | 0.124592 | 0.125709 | 0.126833 | 0.127965 |
| 39.0 | 0.129106 | 0.130254 | 0.131411 | 0.132576 | 0.133749 |
| 39.5 | 0.134931 | 0.136122 | 0.137320 | 0.138528 | 0.139743 |
| 40.0 | 0.140968 | 0.142201 | 0.143443 | 0.144694 | 0.145954 |
| 40.5 | 0.147222 | 0.148500 | 0.149787 | 0.151082 | 0.152387 |
| 41.0 | 0.153702 | 0.155025 | 0.156358 | 0.157700 | 0.159052 |
| 41.5 | 0.160414 | 0.161785 | 0.163165 | 0.164556 | 0.165956 |
| 42.0 | 0.167366 | 0.168786 | 0.170216 | 0.171656 | 0.173106 |
| 42.5 | 0.174566 | 0.176037 | 0.177518 | 0.179009 | 0.180511 |
| 43.0 | 0.182023 | 0.183546 | 0.185080 | 0.186625 | 0.188180 |
| 43.5 | 0.189746 | 0.191324 | 0.192912 | 0.194511 | 0.196122 |
| 44.0 | 0.197744 | 0.199377 | 0.201022 | 0.202678 | 0.204346 |
| 44.5 | 0.206026 | 0.207717 | 0.209420 | 0.211135 | 0.212863 |
| 45.0 | 0.214602 | | | | |

# 부록 B

*Appendix B*

## Answers to Selected Problems

**1.3** $\gamma_{\min} = 53.1°$, $\gamma_{\max} = 98.1°$, at $\theta = 40.1°$; $\gamma = 59.1°$, at $\theta = 228.6°$; $\gamma = 90.9°$.
**1.5** (*a*) $m = 1$; (*b*) $m = 1$; (*c*) $m = 0$; (*d*) $m = 1$
**1.7** 7 variations
**1.9** $m = 1$; correct
**1.11** $m = 1$; correct
**1.13** $j_1 = 5, j_2 = 1$; no slipping at $A$
**1.15** $Q = 1.099$
**1.17** 0.208 33 in to the left
**1.19** One solution is $r_1 = 32.92$ in, $r_2 = 10$ in, $r_3 = 28$ in, $r_4 = 20$ in
**1.21** $m = 1$; $\theta_2$ or $\theta_3$ as input
**1.23** $m = 1$; $\theta_2$ or $\theta_5$ or $s_4$ as input
**1.25** $m = 1$; $\theta_2$ or $\theta_4$ or $s_7$ as input
**1.27** $MA = 1.86$
**1.29** $m = 1$; $\theta_2$ or $\theta_4$ as input
**1.31** One solution is $r_1 = 4.10$ in, $r_2 = O_2A = 8.88$ in, $r_3 = AB = 13.62$ in
**1.33** $m = 1$; $\theta_2$ or $\theta_4$ as input
**1.35** Dead-centers: $\theta_2 = 114.05°$, $\theta_4 = 162.82°$, and $\theta_2''' = -114.05°$, $\theta_4''' = -162.82°$;
toggles: $\theta_2' = 56.50°$, $\theta_4' = 133.14°$, and $\theta_2'' = -56.50°$, $\theta_4'' = -133.14°$
**1.37** $C$ is a $j_2$ joint.
**1.39** $m = 1$; $\theta_2$ or $\theta_4$ or $\theta_8$ as input
**1.41** $m = 1$; $\theta_2$ or $\theta_5$ or $s_8$ as input
**1.43** $m = 1$; $\theta_6$ or $\theta_7$ or $s_2$ as input
**1.45** $MA = 0.50$.

**2.1** Spiral
**2.3** $\mathbf{R}_{QP} = -7\hat{\mathbf{i}} - 14\hat{\mathbf{j}} = 15.652\angle -116.57°$
**2.5** $\Delta\mathbf{R}_A = -4.5a\hat{\mathbf{i}}$
**2.7** Clockwise; $\mathbf{R}(0) = 4\angle 0°$; $\mathbf{R}(20) = 404\angle 0°$; $\Delta\mathbf{R} = 400\angle 0°$
**2.9** $\Delta\mathbf{R}_{P_3} = -2.121\hat{\mathbf{i}}_1 + 3.879\hat{\mathbf{j}}_1$; $\Delta\mathbf{R}_{P_3/2} = 3\hat{\mathbf{i}}_2$
**2.11** $\Delta\mathbf{R}_Q = 47.548\hat{\mathbf{i}} + 27.452\hat{\mathbf{j}}$ mm $= 54.904$ mm$\angle 30°$
**2.13** $\overset{?\surd}{\mathbf{R}_C} = \overset{\surd\surd}{\mathbf{R}_A} + \overset{\surd I}{\mathbf{R}_{BA}} + \overset{\surd ?}{\mathbf{R}_{CB}}$; $R_C = 50\cos\theta_2 + \sqrt{19\,200 - 2\,000\sin\theta_2 - 2\,500\sin^2\theta_2}$ mm

**2.15** $\overset{\surd I}{\mathbf{R}_{AO_2}} + \overset{\surd ?}{\mathbf{R}_{BA}} - \overset{?\surd}{\mathbf{R}_{BC}} - \overset{\surd\surd}{\mathbf{R}_{CO_5}} - \overset{\surd\surd^y}{\mathbf{R}_{O_5O_2}} - \overset{\surd\surd^x}{\mathbf{R}_{O_5O_2}} = \mathbf{0}$; with $\rho_5\Delta\theta_5 = -\Delta R_{BC}$, $(C1)$.
$\theta_2$ is a suitable input
Known quantities are $R^x_{O_5O_2}$, $\theta_1 = 180°$, $R_{AO_2}$, $R_{BA}$, $\theta_4 = 90°$, $\rho_5$, $R_{CO_5}$, $\theta_6 = 0$, $R^y_{O_5O_2}$, $\theta_{15} = 90°$.
Unknown variables are, $R_{BC}$, $\theta_3$, and $\Delta\theta_5$.

**2.17** $\overset{\surd I}{\mathbf{R}_{BO_2}} - \overset{\surd ?}{\mathbf{R}_{BA}} - \overset{\surd ?}{\mathbf{R}_{AO_5}} + \overset{\surd\surd}{\mathbf{R}_{O_2O_5}} = \mathbf{0}$, with $R_2\Delta\theta_2 = \rho_3\Delta\theta_3$ $(C1)$.

$\theta_2$ is a suitable input. Known quantities are $R_{O_2O_5}$, $\theta_1 = 0$, $R_{BO_2}$, $\rho_3$, $R_{BA}$, and $R_{AO_5}$.
Unknown variables are $\theta_3$, $\theta_4$, and $\theta_5$.

**2.19** $\overset{\surd\surd}{\mathbf{R}_{O_2O_5}} + \overset{\surd ?}{\mathbf{R}_{AO_2}} + \overset{\surd ?}{\mathbf{R}_{CA}} - \overset{\surd I}{\mathbf{R}_{CO_5}} = \mathbf{0}$, and $\overset{\surd\surd}{\mathbf{R}_{O_2O_5}} + \overset{\surd C1}{\mathbf{R}_{BO_2}} + \overset{\surd ?}{\mathbf{R}_{DB}} - \overset{\surd ?}{\mathbf{R}_{DO_5}} = \mathbf{0}$,
with $\theta_{22} = \theta_2 + \alpha$ $(C1)$.
$\theta_5$ is a suitable input. Known quantities are $R_{O_2O_5}$, $\theta_1$, $R_2$, $R_3$, $R_4$, $R_5$, $R_{22}$, and $R_{35}$.
Unknown variables are $\theta_2$, $\theta_3$, $\theta_4$, $\theta_{22}$, and $\theta_{35}$.

**2.21** $\overset{\surd\surd}{\mathbf{R}_1} + \overset{\surd\surd}{\mathbf{R}_{11}} + \overset{\surd I}{\mathbf{R}_2} + \overset{??}{\mathbf{R}_3} = \mathbf{0}$ and $\overset{\surd\surd}{\mathbf{R}_{11}} + \overset{\surd I}{\mathbf{R}_2} + \overset{\surd C1}{\mathbf{R}_{34}} + \overset{\surd ?}{\mathbf{R}_4} - \overset{\surd ?}{\mathbf{R}_9} = \mathbf{0}$ with $\theta_{34} = \theta_3 + \alpha$. $(C1)$.
Angle $\theta_2$ is a suitable input. Known quantities are $R_1$, $\theta_1$, $R_2$, $R_4$, $R_9$, $R_{11}$, $\theta_{11}$, and $R_{34}$.
Unknown variables are $R_3$, $\theta_3$, $\theta_4$, $\theta_9$, and $\theta_{34}$.

**2.25** $\theta_2 = \pm(2k+1)\pi/2 = \pm 90°, \pm 270°, \ldots$

**2.27** $\overset{\surd\surd}{\mathbf{R}_{11}} + \overset{\surd ?}{\mathbf{R}_3} + \overset{\surd ?}{\mathbf{R}_6} - \overset{\surd ?}{\mathbf{R}_5} - \overset{?\surd}{\mathbf{R}_{15}} - \overset{\surd\surd}{\mathbf{R}_{19}} = \mathbf{0}$, $\overset{\surd I}{\mathbf{R}_2} + \overset{\surd C1}{\mathbf{R}_{22}} - \overset{\surd C3}{\mathbf{R}_{55}} - \overset{?\surd}{\mathbf{R}_{15}} - \overset{\surd\surd}{\mathbf{R}_{19}} = \mathbf{0}$, $\overset{\surd\surd}{\mathbf{R}_{11}} + \overset{\surd C2}{\mathbf{R}_{33}} +$
$\overset{\surd ?}{\mathbf{R}_7} - \overset{?\surd}{\mathbf{R}_4} - \overset{\surd\surd}{\mathbf{R}_{14}} = \mathbf{0}$ with $\theta_{22} = \theta_2 + \gamma$ $(C1)$, $\theta_{33} = \theta_3 + \beta$ $(C2)$, and $\theta_{55} = \theta_5 + \alpha$ $(C3)$.
Angle $\theta_2$ is a suitable input.
Known quantities are $R_2$, $R_3$, $\theta_4 = -90°$, $R_5$, $R_6$, $R_7$, $R_{11}$, $\theta_{11}$, $R_{14}$, $\theta_{14} = 0$, $\theta_{15} = 180°$, $R_{19}$, $\theta_{19} = -90°$, $R_{22}$, $R_{33}$, $R_{55}$, $\alpha$, $\beta$, and $\gamma$.
Unknown variables are $\theta_3$, $R_4$, $\theta_5$, $\theta_6$, $\theta_7$, $R_{15}$, $\theta_{22}$, $\theta_{33}$, and $\theta_{55}$.

**2.29** $\overset{\surd I}{\mathbf{R}_2} + \overset{\surd ?}{\mathbf{R}_3} - \overset{?\surd}{\mathbf{R}_4} - \overset{\surd\surd}{\mathbf{R}_{14}} = \mathbf{0}$, $\overset{\surd I}{\mathbf{R}_2} + \overset{\surd ?}{\mathbf{R}_9} - \overset{\surd ?}{\mathbf{R}_5} - \overset{\surd\surd}{\mathbf{R}_{15}} = \mathbf{0}$, $\overset{\surd ?}{\mathbf{R}_3} + \overset{\surd ?}{\mathbf{R}_7} - \overset{\surd ?}{\mathbf{R}_8} - \overset{\surd C}{\mathbf{R}_6} - \overset{\surd ?}{\mathbf{R}_9} = \mathbf{0}$,
with $-\frac{\rho_6}{\rho_3} = \frac{\Delta\theta_3 - \Delta\theta_9}{\Delta\theta_6 - \Delta\theta_9}$ $(C1)$.
Angle $\theta_2$ is a suitable input.
Known quantities are $R_2$, $R_3$, $\theta_4 = 90°$, $R_5$, $R_6$, $R_7$, $R_8$, $R_9 = \rho_6 + \rho_3$, $R_{14}$, $\theta_{14} = 180°$, $R_{15}$, and $\theta_{15} = 0$. Unknown variables are $\theta_3$, $R_4$, $\theta_5$, $\theta_6$, $\theta_7$, $\theta_8$, and $\theta_9$.

**2.31** $\theta_4 = 139.94°$ and $\theta_4 = 262.96°$.

**2.33** $(a)$ $\theta_3 = 11°$, $\theta_4 = 95°$; $\theta_3' = -71°$, $\theta_4' = -155°$; $(b)$ $\theta_3 = 11°$, $\theta_4 = 94.90°$; $\theta_3' = -71°$, $\theta_4' = -154.90°$; $(c)$ $\theta_3 = 11.00°$, $\theta_4 = 94.90°$; $\theta_3' = -71.00°$, $\theta_4' = -154.90°$; $(d)$ $\theta_3 = 11.0026°$, $\theta_4 = 94.9037°$.

**2.35** $\overset{\surd\surd}{\mathbf{r}_1} + \overset{\surd C1}{\mathbf{r}_{13}} + \overset{\surd ?}{\mathbf{r}_3} + \overset{?C2}{\mathbf{r}_{32}} - \overset{\surd I}{\mathbf{r}_2} - \overset{\surd C3}{\mathbf{r}_{12}} = \mathbf{0}$, $\overset{\surd C1}{\mathbf{r}_{13}} + \overset{?C4}{\mathbf{r}_{34}} - \overset{\surd ?}{\mathbf{r}_4} - \overset{\surd\surd}{\mathbf{r}_{14}} = \mathbf{0}$, with $\theta_3 - \theta_{13} - \gamma + \pi = 0$ $(C1)$,
$\theta_{32} - \theta_{13} = 0$ $(C2)$, $\theta_2 - \theta_{12} - \beta + \pi = 0$ $(C3)$, and $\theta_{34} - \theta_3 = 0$ $(C4)$.

Angle $\theta_2$ is a suitable input. Known quantities are $r_1, \theta_1, r_2, r_{12}, r_{13}, r_3, r_4, r_{14}, \theta_{14}, \beta, \gamma$.
Unknown variables are: $\theta_{12}, \theta_{13}, \theta_3, r_{32}, \theta_{32}, r_{34}, \theta_{34}, \theta_4$.

**2.37**
$$\left\{\begin{array}{c} \overset{\surd\surd}{\mathbf{r}^y_1} + \overset{\surd\surd}{\mathbf{r}^x_1} + \overset{\surd I}{\mathbf{r}_2} + \overset{\surd ?}{\mathbf{r}^x_{34}} - \overset{\surd ?}{\mathbf{r}_4} = \mathbf{0}, \\ \overset{\surd\surd}{\mathbf{r}^y_1} + \overset{\surd\surd}{\mathbf{r}^x_1} + \overset{\surd\surd}{\mathbf{r}^x_{15}} + \overset{?\surd}{\mathbf{r}^y_{15}} + \overset{\surd ?}{\mathbf{r}_{67}} - \overset{\surd ?}{\mathbf{r}_7} - \overset{\surd C1}{\mathbf{r}^y_{37}} - \overset{\surd ?}{\mathbf{r}_4} = \mathbf{0}, \\ \overset{\surd\surd}{\mathbf{r}^y_1} + \overset{\surd\surd}{\mathbf{r}^x_1} + \overset{\surd\surd}{\mathbf{r}^x_{15}} + \overset{?\surd}{\mathbf{r}^y_{15}} + \overset{\surd C2}{\mathbf{r}_{63}} - \overset{?C3}{\mathbf{r}^x_{36}} - \overset{\surd C4}{\mathbf{r}^y_{36}} + \overset{\surd ?}{\mathbf{r}^x_{34}} - \overset{\surd ?}{\mathbf{r}_4} = \mathbf{0}, \end{array}\right\} \text{ with } \theta^x_{34} - \theta^y_{37} - 90^{\circ} = 0$$

$(C1)$, $\theta_{67} + \beta - \theta_{63} = 0$ $(C2)$, $\theta^x_{36} - \theta^x_{34} = 0$ $(C3)$, and $\theta^y_{36} + 90° - \theta^x_{34} = 0$ $(C4)$.

Angle $\theta_2$ is a suitable input.
Known quantities are $r_1^y, \theta_1^y, r_1^x, \theta_1^x, r_2, r_{34}^x, r_4, r_{15}^x, \theta_{15}^x, \theta_{15}^y, r_{67}, r_7, r_{37}^y, r_{63}, r_{35}^y$.
Unknown variables are $\theta_{34}^x, \theta_4, r_{15}^y, \theta_{67}, \theta_7, \theta_{37}^y, \theta_{63}, r_{36}^x, \theta_{36}^x, \theta_{36}^y$.

**2.39** $\overset{\surd\surd}{\mathbf{r}_1} + \overset{?\surd}{\mathbf{r}_2} - \overset{?I}{\mathbf{r}_3} = \mathbf{0}$.
Angle $\theta_3$ is a suitable input. Distances $r_2$ or $r_3$ are other possible inputs.
Known quantities are $r_1, \theta_1, \theta_2$. Unknown variables are $r_2, r_3$.

**2.41** $\rho_3 \Delta\theta_3 = r_2 \Delta\theta_2$.

**2.43** $\overset{\surd ?}{\mathbf{r}_4} + \overset{\surd\surd}{\mathbf{r}_1} + \overset{?\surd}{\mathbf{r}_{43}} - \overset{\surd\surd}{\mathbf{r}_3} - \overset{I\surd}{\mathbf{r}_2} = \mathbf{0}$ with $\Delta r_{43} = r_3 \Delta\theta_{13}$. Distance $r_2$ is a suitable input.
Known quantities are $\theta_4, r_1, \theta_1, \theta_{43}, r_3, \theta_3, \theta_2$. Unknown variables are: $r_4, r_{43}, \theta_{13}$.

**2.45** $\overset{\surd I}{\mathbf{r}_2} + \overset{\surd ?}{\mathbf{r}_4} - \overset{?\surd}{\mathbf{r}_5} - \overset{\surd\surd}{\mathbf{r}_1} = \mathbf{0}$, with $\rho_3 \Delta\theta_3 = r_2 \Delta\theta_2$. Angle $\theta_2$ is a suitable input.
Known quantities are $r_1, \theta_1, r_2, r_4, \theta_5, \rho_1, \rho_3$. Unknown variables are $\theta_4, r_5, \theta_3$.

**3.1** $\dot{\mathbf{R}} = 6.283\ \text{m/s}\angle 162°$.
**3.3** $\mathbf{V}_{BA} = \mathbf{V}_{B_3/2} = 82.61$ mi/h N 24.8°E.
**3.5** Dia = 70 in; $\mathbf{V}_{AB} = 3000\hat{\mathbf{j}}$ in/s; $\mathbf{V}_{BA} = -3000\hat{\mathbf{j}}$ in/s; $\boldsymbol{\omega}_2 = 200$ rad/s cw.
**3.7** (*a*) Straight line at N 48° E; (*b*) no change.
**3.9** $\boldsymbol{\omega}_3 = 1.44$ rad/s ccw; $\boldsymbol{\omega}_4 = 15.40$ rad/s ccw.
**3.11** $\mathbf{V}_C = 7.118\ \text{m/s}\angle -75.8°$; $\boldsymbol{\omega}_3 = 0.335$ rad/s ccw.
**3.13** $\mathbf{V}_C = 16.08\ \text{in/s}\angle 151°$; $\mathbf{V}_D = 11.60\ \text{in/s}\angle -111°$.
**3.15** $\boldsymbol{\omega}_3 = \boldsymbol{\omega}_4 = 22$ rad/s ccw; $\mathbf{V}_B = 191.6\ \text{in/s}\angle 96.5°$.
**3.17** $\boldsymbol{\omega}_6 = 4.03$ rad/s ccw; $\mathbf{V}_B = 0.231\ \text{m/s}\angle 180°$; $\mathbf{V}_C = 0.484\ \text{m/s}\angle -152.4°$;
$\mathbf{V}_D = 0.484\ \text{m/s}\angle -153.8°$.
**3.19** $\boldsymbol{\omega}_3 = 3.24$ rad/s ccw; $\mathbf{V}_B = 5.070\ \text{m/s}\angle -56.3°$.
**3.21** $\mathbf{V}_C = 361\ \text{in/s}\angle 137.8°$.
**3.23** $\mathbf{V}_B = 10.65\ \text{m/s}\angle -120°$; $\mathbf{V}_C = 12.17\ \text{m/s}\angle -93.3°$; $\mathbf{V}_D = 9.47\ \text{m/s}\angle -60°$.
**3.25** $\mathbf{V}_B = 0.313\ \text{m/s}\angle -23.0°$.
**3.27** $\mathbf{V}_{C_3} = 1.526\ \text{m/s}\angle -156.8°$; $\mathbf{V}_{C_6} = 0.861\ \text{m/s}\angle -118.6°$; $\mathbf{V}_E = 1.548\ \text{m/s}\angle -98.9°$;
$\omega_5 = \omega_6 = 9.67$ rad/s cw; $\mathbf{V}_{D_5} = 1.290\ \text{m/s}\angle -149.9°$.
**3.29** $\omega_4 = 4.354$ rad/s ccw.
**3.31** $\mathbf{V}_A = 0.026\ \text{m/s}\angle 180°$; $\mathbf{V}_B = 0.1155\ \text{m/s}\angle 180°$.
**3.41** $\theta_4' = 2.30936$ rad/m; $r_4' = 1.15468$ m/m; $\omega_4 = -0.17321$ rad/s(cw);
$\omega_3 = 0.51959$ rad/sccw.
**3.43** $\theta_3' = 2.3094$ rad/m; $r_4' = 1.1547$ m/m; $\omega_3 = -0.289$ rad/s (cw);
$V_{O_3/4} = -0.1443$ m/s.
**3.45** $r_3' = 1.1547$ in/in; $\theta_3' = -0.2887$ rad/in; $\theta_4' = 0.8660$ rad/in; $\omega_3 = 2.165$ rad/s ccw;
$\omega_4 = -6.495$ rad/s (cw); $V_E = 7.502\ \text{in/s}\angle 150.01°$; $V_{B_4/3} = -8.660\ \text{in/s}\angle 120°$.
**3.47** $\theta_3' = -12.5$ rad/m; $\theta_4' = 0$; $\omega_3 = -3.75$ rad/s (cw); $\omega_4 = 0$; $\Delta = 0$ when
$\theta_3 = \theta_4 = 68.91°$.
**3.49** $\theta_3' = -0.200$ rad/rad; $\theta_4' = 0$, $\theta_5' = -0.500$ rad/rad; $\omega_3 = -1.00$ rad/s (cw); $\omega_4 = 0$,
$\omega_5 = -2.50$ rad/s (cw).
**3.51** $\theta_{13}' = 2.778$ rad/rad; $r_2' = -5.0$ in/rad; $\theta_3' = -8.333$ rad/rad; $\omega_3 = -250$ rad/s (cw);
$V_{A_3/2} = -150.0$ in/s.
**3.53** $r_3' = 0.25882$ in/in; $\theta_3' = -0.03220$ rad/in; (*a*) $\omega_3 = -0.386$ rad/s (cw);
(*b*) $V_{A_2/3} = 3.104\ \text{in/s}\angle 45°$; (*c*) $V_B = 19.319\ \text{in/s}\angle -45°$.
**3.55** $\theta_3' = 2$ rad/rad; $\theta_4' = 4/3$ rad/rad; $\theta_5' = 0.8$ rad/rad; $\omega_3 = -30$ rad/s (cw);
$\omega_4 = -20$ rad/s (cw); $\omega_5 = -12$ rad/s (cw).
**3.57** $\theta_3' = -23.094$ rad/m; $R_4' = 0.57735$ m/m; $\omega_3 = -2.771$ rad/s (cw);
$V_4 = 0.06928$ m/s.
**3.59** $\theta_3' = \theta_4' = 0.667$ rad/rad; $\omega_3 = \omega_4 = -6.667$ rad/s (cw); $\mathbf{V}_{D_4C_3} = 0.7454\ \text{m/s}\angle 26.57°$.
**3.61** $\theta_3' = \theta_4' = 1$ rad/rad; $\mathbf{R}_C' = 0.4206\ \text{m/rad}\angle 162°$; $\mathbf{V}_C = 6.308\ \text{m/s}\angle 162°$.

**4.1** $\ddot{\mathbf{R}} = -0.100\hat{\mathbf{i}}$ m/s$^2$.
**4.3** $\hat{\mathbf{u}}^t = 0.300\,71\hat{\mathbf{i}} - 0.953\,72\hat{\mathbf{j}}$; $A^n = -1.747$ in/s$^2$; $A^t = 0.503$ in/s$^2$; $\rho = -16.219$ in.
**4.5** $\mathbf{A}_A = 303\,579$ in/s$^2\angle 161.6°$.
**4.7** $\mathbf{V}_B = 3.60$ m/s$\angle -90°$; $\mathbf{V}_C = 2.510$ m/s$\angle 12.1°$; $\mathbf{A}_B = 118.5$ m/s$^2\angle 165°$; $\mathbf{A}_C = 63.06$ m/s$^2\angle -119.7°$.
**4.9** $\omega_2 = 38.64$ rad/s cw; $\alpha_2 = 5\,571.3$ rad/s$^2$ cw.
**4.11** $\alpha_3 = 563.3$ rad/s$^2$ ccw; $\alpha_4 = 123.7$ rad/s$^2$ ccw.
**4.13** $\mathbf{A}_C = 931.4$ m/s$^2\angle 114.4°$; $\alpha_3 = 1\,741$ rad/s$^2$ ccw; $\alpha_4 = 3\,055$ rad/s$^2$ ccw.
**4.15** $\mathbf{A}_C = 781.3$ m/s$^2\angle -68.9°$; $\alpha_4 = 1\,495$ rad/s$^2$ ccw.
**4.17** $\mathbf{A}_B = 4.00$ m/s$^2\angle 0°$; $\alpha_3 = 17.50$ rad/s$^2$ ccw; $\alpha_6 = 10.82$ rad/s$^2$ cw.
**4.19** $\alpha_2 = 4\,181$ rad/s$^2$ ccw.
**4.21** $\mathbf{A}_C = 18\,024$ in/s$^2\angle -104.4°$; $\alpha_3 = 74.08$ rad/s$^2$ cw.
**4.23** $\mathbf{A}_B = 732.2$ m/s$^2\angle -120°$; $\mathbf{A}_D = 1\,209$ in/s$^2\angle 120°$.
**4.25** $\theta_3 = 171.01°$; $\theta_4 = 195.54°$; $\boldsymbol{\omega}_3 = 70.45$ rad/s ccw; $\boldsymbol{\omega}_4 = 47.57$ rad/s ccw; $\boldsymbol{\alpha}_3 = 3\,197$ rad/s$^2$ ccw; $\boldsymbol{\alpha}_4 = 3\,331$ rad/s$^2$ ccw.
**4.27** $\theta_3 = 28.32°$; $\theta_4 = 55.88°$; $\boldsymbol{\omega}_3 = -0.633$ rad/s (cw); $\boldsymbol{\omega}_4 = -2.156$ rad/s (cw); $\boldsymbol{\alpha}_3 = 7.822$ rad/s$^2$ ccw; $\boldsymbol{\alpha}_4 = 6.704$ rad/s$^2$ ccw.
**4.29** $\theta_3 = 38.42°$; $\theta_4 = 155.60°$; $\boldsymbol{\omega}_3 = -6.855$ rad/s (cw); $\boldsymbol{\omega}_4 = -1.235$ rad/s (cw); $\boldsymbol{\alpha}_3 = 62.50$ rad/s$^2$ ccw; $\boldsymbol{\alpha}_4 = -96.51$ rad/s$^2$ (cw).
**4.31** $\mathbf{V}_B = 4.600$ m/s$\angle -19.10°$; $\mathbf{A}_B = 67.57$ m/s$^2\angle -182.50°$; $\omega_4 = 6.572$ rad/s cw; $\alpha_4 = 86.12$ rad/s$^2$ ccw.
**4.33** $\mathbf{A}_E = 144.7$ m/s$^2\angle -107.20°$.
**4.35** $\mathbf{A}_B = 0.505\,8$ m/s$^2\angle 77.90°$; $\alpha_3 = 1.247$ rad/s$^2$ cw.
**4.37** $\mathbf{A}_{C_4} = 15.00$ m/s$^2\angle 91.10°$; $\alpha_3 = 6.00$ rad/s$^2$ ccw.
**4.39** $\mathbf{A}_G = 7.028$ m/s$^2\angle -64.50°$; $\alpha_5 = 0$; $\alpha_6 = 110.0$ rad/s$^2$ cw.
**4.41** $\theta_3'' = 0.240$ rad/rad$^2$; $\theta_4'' = 0.150$ rad/rad$^2$; $\theta_5'' = 0$; $\alpha_3 = 6.0$ rad/s$^2$ ccw; $\alpha_4 = 3.75$ rad/s$^2$ ccw; $\alpha_5 = 0$.
**4.47** (*a*) $\rho_C = 1\,750$ in; (*b*) $v = 2\,262$ in/s; (*c*) $A_I = 97\,430$ in/s$^2$; (*d*) $V_A = 1\,959$ in/s; $V_C = 1\,764$ in/s; (*e*) $A_A = 30\,320$ in/s$^2$; $A_C = 15\,160$ in/s$^2$.
**4.49** (*a*) $\gamma = 24.23°$ccw; (*b*) $\rho_B = 75$ mm; $\rho_E = 106$ mm; (*d*) $A_B = 1.400$ m/s$^2$; $A_E = 4.140$ m/s$^2$; $A_I = 3.33$ m/s$^2$.
**4.51** (*a*) $\hat{\mathbf{u}}_D^t = -\hat{\mathbf{j}}$; $\hat{\mathbf{u}}_D^n = \hat{\mathbf{i}}$; (*b*) $\rho_D = -4.50$ in; (c) $x_{CC} = -6.00$ in; $y_{CC} = 3.00$ in; $\mathbf{V}_D = 375.00$ in/s$\angle -90°$; $\mathbf{A}_D = 13\,343$ m/s$^2\angle -159.52°$
**4.53** (*a*) $x_B' = -25.856$ in/rad; $y_B' = 0$; $x_B'' = 111.424$ in/rad$^2$; $y_B'' = 36.0$ in/rad$^2$; (*b*) $\hat{\mathbf{u}}_B^t = \hat{\mathbf{i}}$; $\hat{\mathbf{u}}_B^n = \hat{\mathbf{j}}$; (*c*) $\rho_B = 18.571$ in; (*d*) $x_{CC} = 8$ in; $y_{CC} = 14.571$ in; $\mathbf{A}_B = 16862$ in/s$^2\angle 17.91°$
**4.55** $\alpha_3 = -30$ rad/s$^2$ (cw); $\alpha_4 = -20$ rad/s$^2$ (cw); $\alpha_5 = -12$ rad/s$^2$ (cw)
**4.57** $\rho_C = -4.583$ in; $x_{CC} = 0$; $y_{CC} = 3.0$ in; $\mathbf{A}_C = 24698$ in/s$^2\angle -151.94°$
**4.59** $\rho_B = -2.828$ in; $x_{CC} = -2$ in; $y_{CC} = -2$ in; $\mathbf{A}_C = 316.2$ in/s$^2\angle 161.57°$
**4.61** $x_C' = -400.000$ mm/rad; $y_C' = 129.904$ mm/rad; $x_C'' = -880.450$ mm/rad$^2$; $y_C'' = -400.00$ mm/rad$^2$; (*a*) $\hat{\mathbf{u}}_C^t = -0.951\,10\hat{\mathbf{i}} + 0.308\,88\hat{\mathbf{j}}$; $\hat{\mathbf{u}}_C^n = -0.308\,88\hat{\mathbf{i}} - 0.951\,10\hat{\mathbf{j}}$; (*b*) $\rho_C = 271.117$ mm; (*c*) $x_{CC} = 46.175$ mm; $y_{CC} = 142.175$ mm; $\mathbf{A}_C = 217.587$ m/s$^2\angle -155.57°$

**5.1** $\mathbf{V}_{P_4} = 94.20$ in/s$\angle 15.62°$; $\mathbf{A}_{P_4} = 5029.20$ in/s$^2\angle -66.60°$
**5.3** $\omega_3 = -43.64$ rad/s (cw); $\omega_5 = 47.20$ rad/s ccw
**5.5** $\mathbf{V}_{P_3} = 1.179$ m/s$\angle -175.13°$; $\mathbf{A}_{P_3} = 11.18$ m/s$^2\angle -79.70°$
**5.7** $\theta_4 = 101.39°$; $\theta_{5/4} = 61.45°$
**5.9** $\omega_4 = 10.066$ rad/s cw; $\omega_{5/4} = 17.178$ rad/s (ccw)
**5.11** $\alpha_4 = 91.944$ rad/s$^2$ ccw; $\alpha_5 = 37.818$ rad/s$^2$ ccw
**5.13** $x_{Px}' = 1.667$ in/in; $y_{Px}' = 0$; $x_{Py}' = 0$; $y_{Py}' = 1.667$ in/in

**5.13** $x'_{Px} = 1.667$ in/in; $y'_{Px} = 0$; $x'_{Py} = 0$; $y'_{Py} = 1.667$ in/in
**5.15** $\theta'_{32} = -1.000\,00$ rad/rad; $\theta'_{42} = 8.660\,26$ rad/rad; $\theta'_{35} = 0$; $\theta'_{45} = -2.166\,67$ rad/rad; $\theta''_{322} = -9.474$ rad/rad$^2$; $\theta''_{422} = 46.021$ rad/rad$^2$; $\theta''_{325} = 0$; $\theta''_{425} = 0$; $\theta''_{355} = 0$; $\theta''_{455} = 0$; $\omega_3 = 50$ rad/s cw; $\omega_4 = 487.18$ rad/s ccw; $\alpha_3 = 23\,685$ rad/s$^2$ cw; $\alpha_4 = 115\,009$ rad/s$^2$ ccw

**6.3** Face $\geq 7.8$ in from pivot
**6.5** $\dot{y}\left(\frac{\beta}{2}\right) = \frac{\pi L}{2\beta}\omega$; $\dddot{y}\left(\frac{\beta}{2}\right) = -\frac{\pi^3 L}{2\beta^3}\omega^3$; $\ddot{y}(0) = \frac{\pi^2 L}{2\beta^2}\omega^2$; $\ddot{y}(\beta) = -\frac{\pi^2 L}{2\beta^2}\omega^2$
**6.7** *AB*: dwell, $L_1 = 0$, $\beta_1 = 60°$; *BC*: full-rise eighth-order polynomial motion, Eq. (6.14), $L_2 = 62.500$ mm, $\beta_2 = 62.442°$; *CD*: half-harmonic return motion, Eq. (6.20), $L_3 = 2.060$ mm, $\beta_3 = 7.750°$; *DE*: uniform motion, $L_4 = 25.000$ mm, $\beta_4 = 60°$; *EA*: half-cycloidal return motion, Eq. (6.25), $L_5 = 35.440$ mm, $\beta_5 = 169.808°$
**6.9** $\Delta t = 0.025$ s; $\dot{y}_{max} = 12.656$ m/s; $\dot{y}_{min} = -1.002$ m/s; $\ddot{y}_{max} = 486.426$ m/s$^2$; $\ddot{y}_{min} = -486.426$ m/s$^2$
**6.11** $\dot{y}_{max} = 41.888$ rad/s; $\ddot{y}_{max} = 7\,896$ rad/s$^2$
**6.13** Face width $= 55.000$ mm; $\rho_{min} = 75.000$ mm
**6.15** $R_0 > 227.228$ mm; face width $> 334.052$ mm
**6.17** $\phi_{max} = 12°$; $R_r < 362.5$ mm
**6.19** $R_0 > 2.25$ in; $\ddot{y}_{max} = 1\,480$ in/s$^2$
**6.21** $R_0 > 2.85$ in; $\ddot{y}_{max} = 1\,580.5$ in/s$^2$
**6.23** $u = (R_0 + R_c + Y)\sin\Theta + y'\cos\Theta$; $v = (R_0 + R_c + Y)\cos\Theta - y'\sin\Theta$
**6.27** (*a*) $y' = 0.866$ in/rad; $y'' = 1.000$ in/rad$^2$; $y''' = -3.464$ in/rad$^3$; (*b*) $u_{cam} = 1.462$ in; $v_{cam} = 0.350$ in; (*c*) $\rho = -3.481$ in; (*d*) $\hat{\mathbf{u}}^t = 0.746\hat{\mathbf{i}} - 0.666\hat{\mathbf{j}}$; $\hat{\mathbf{u}}^n = 0.666\hat{\mathbf{i}} + 0.746\hat{\mathbf{j}}$; (*e*) $\phi = 8.2°$
**6.31** (*a*) $y' = -86.266\,25$ mm/rad; $y'' = -168.404\,50$ mm/rad$^2$; (*b*) $u_{cam} = -213.575$ mm; $v_{cam} = -115.025$ mm; (*c*) $\rho_{cam} = -148.625$ mm; (*d*) $\phi = 32.19°$.
**6.33** (*a*) $y' = 38.197$ mm/rad; $y'' = 0$; $y''' = -687.544$ mm/rad$^3$; (*b*) $\rho_{cam} = -68.082$ mm; (*c*) $\hat{\mathbf{u}}^t = -0.674\,55\hat{\mathbf{i}} - 0.738\,23\hat{\mathbf{j}}$; $\hat{\mathbf{u}}^n = 0.738\,23\hat{\mathbf{i}} - 0.674\,55\hat{\mathbf{j}}$; (*d*) $u_{cam} = 24.761$ mm; $v_{cam} = -71.949$ mm; (*e*) $\phi = 17.58°$.
**6.35** (*a*) $y' = -28.648$ mm/rad; $y'' = -99.239$ mm/rad$^2$; $y''' = 343.772$ mm/rad$^3$; (*b*) $\rho_{cam} = -36.300$ mm; (*c*) $\hat{\mathbf{u}}^t = -0.307\,01\hat{\mathbf{i}} + 0.951\,70\hat{\mathbf{j}}$; $\hat{\mathbf{u}}^n = -0.951\,70\hat{\mathbf{i}} - 0.307\,01\hat{\mathbf{j}}$; (*d*) $u_{cam} = -64.988$ mm; $v_{cam} = -48.850$ mm; (*e*) $\phi = 22.12°$.
**6.37** (*a*) $F = m\omega^2 e\cos\omega t + mg$; (*b*) $\omega = 19.81$ rad/s.
**6.39** (*a*) $F_{c\ max} = 15.442$ lb; $F_{c,\ min} = 0$; (*b*) $\Theta = 163.07°$.
**6.41** $\omega = 260.2$ rev/min.

**7.1** $m = 2.5$ mm/tooth.
**7.3** $P = 10$ teeth/in.
**7.5** $m = 2.75$ mm/tooth; $D = 110$ mm.
**7.7** $P = 1.964$ teeth/in; $D = 18.33$ in.
**7.9** $D = 231.1$ mm.
**7.11** $N_2 = 18$ teeth; $N_3 = 54$ teeth.
**7.13** $a = 6$ mm; $d = 7.5$ mm; $c = 1.5$ mm; $p_c = 18.85$ mm/tooth; $p_b = 17.713$ mm/tooth; $t = 9.425$ mm; $R_2 = 72$ mm; $R_3 = 108$ mm; $r_2 = 67.66$ mm; $r_3 = 101.49$ mm; $CP = 15.00$ mm; $PD = 14.18$ mm; $m_c = 1.647$ teeth avg.
**7.15** $\alpha_2 = 18.58°$; $\alpha_3 = 6.32°$; $\beta_2 = 16.04°$; $\beta_3 = 5.45°$; $m_c = 1.63$ teeth avg.
**7.17** $CP = 0.789$ in; $PD = 0.650$ in; $m_c = 1.52$ teeth avg.
**7.19** (*a*) $CP = 35.1$ mm; $PD = 28.7$ mm; $m_c = 1.80$ teeth avg. (*b*) $C'P' = 26.3$ mm; $P'D' = 28.7$ mm; $m'_c = 1.55$ teeth avg; no change in pressure angle.
**7.25** $t_b = 0.6857$ in; $t_a = 0.2715$ in; $\varphi_a = 32.78°$.

**7.27** $t = 28.99$ mm.
**7.29** $t_b = 3.822$ mm; $t_a = 0.0406$ mm; $\varphi = 35.41°$.
**7.31** (*a*) $d = 4.206$ mm; (*b*) 107.41 mm.
**7.33** $m_c = 1.664$ teeth avg.
**7.35** $m_c = 1.771$ teeth avg.
**7.37** $\phi' = 26.64°$.
**7.39** $a_3 \leq 33.45$ mm.
**7.41** $a'_3 = 17.81$ mm; $d'_3 = 40.94$ mm; $a'_2 = 32.19$ mm; $d'_2 = 26.56$ mm; $e_2 = -1.56$ mm; $e_3 = -15.94$ mm; $m'_c = 1.49$ teeth avg.
**7.45** $\theta'_{72} = 0.26250$; $\omega_5 = 1.759$ rad/s cw; $\omega_7 = 3.299$ rad/s cw.
**7.47** One solution: $N_6 = 20$; $N_5 = 30$; $N_8 = 35$ teeth; $N_3 = 30$ teeth; $N_4 = N_7 = 25$ teeth; $N_{10} = 40$ teeth.
**7.49** $\omega_3 = 222.1$ rev/min ccw.
**7.51** $\omega_A = 644.8$ rev/min cw.
**7.53** 77.3%, opposite to input sense.
**7.55** $N_5 = 84$ teeth; $R_3 = 6.5$ in; $\omega_3 = 8.08$ rev/min ccw.
**7.57** $\omega_A = (9/34)\omega_2$; Levai type *F*.
**7.59** $\Delta t_D = 60$ min/rev; $\Delta t_H = 12$ hr/rev; $\omega_F = 2$ rev/day.

**8.1** $p_t = 12.57$ mm/tooth; $p_n = 8.89$ mm/tooth; $m_n = 2.83$ mm/tooth; $R_2 = 30.00$ mm; $R_3 = 48.00$ mm; $N_{e2} = 42.43$ teeth; $N_{e3} = 67.88$ teeth.
**8.3** $\psi_b = 33.34°$; $m_x = 1.69$ teeth avg.
**8.5** $N_3 = 72$ teeth; $R_2 = 50.00$ mm; $R_3 = 225.00$ mm; $p_n = 18.08$ mm/tooth; $m = 6.25$ mm/tooth; $F > 92.49$ mm.
**8.7** $m_n = 1.75$ teeth avg; $m = 2.64$ teeth avg.
**8.9** $\psi_3 = 15°$RH; $N_3 = 39$ teeth; $R_2 = 24.11$ mm; $R_3 = 41.99$ mm.
**8.11** $\gamma_2 = 18.43°$; $\gamma_3 = 71.57°$.
**8.13** $\gamma_2 = 27.00°$; $\gamma_3 = 93.00°$.
**8.15** $R_2 = 25.50$ mm; $R_3 = 42.00$ mm; $\gamma_2 = 34.83°$; $\gamma_3 = 70.17°$; $a_3 = 2.048$ mm; $a_2 = 3.952$ mm; $d_2 = 2.886$ mm; $d_3 = 4.790$ mm; $F \approx 13.40$ mm; $N_{e2} = 20.71$ teeth; $N_{e3} = 82.54$ teeth.
**8.17** $N_2 = 1$ tooth; $R_2 = 43.13$ mm; $N_3 = 60$ teeth; $R_3 = 119.37$ mm.
**8.19** $N_3 = 123.7$ teeth; $R_3 = 196.80$ mm; $\psi = 20.0°$; $R_2 = 13.12$ mm; $R_2 + R_3 = 209.92$ mm.
**8.21** 59.1%.
**8.23** $\omega_6 = 657.77$ rev/min; $\omega_5 = 700.21$ rev/min; $\omega_3 = 678.99$ rev/min.

**9.1** For six points, 0.17037, 1.46447, 3.70591, 6.29409, 8.53553, and 9.82963.
**9.3** Typical solution: $r_2 = 176.63$ mm; $r_3 = 568.88$ mm.
**9.5** Typical solution: $r_1 = 2.434$ m; $r_2 = 0.950$ m; $r_3 = 2.858$ m.
**9.7** Typical solution: $O_2$ at $r_1 = 79.16$ in; $r_2 = 13.84$ in; $r_3 = 91.52$ in.
**9.9** Typical solution: $O_2A = AB = O_4B = O_2O_4$ and spring $AO_4$ with chosen free length.
**9.13** and **9.23** $r_2/r_1 = 1.834$, $r_3/r_1 = 2.238$, $r_4/r_1 = -0.693$.
**9.15** and **9.25** $r_2/r_1 = -3.499$, $r_3/r_1 = 0.878$, $r_4/r_1 = 3.399$.
**9.17** and **9.27** $r_2/r_1 = 0.625$, $r_3/r_1 = 1.309$, $r_4/r_1 = -0.401$.
**9.19** and **9.29** $r_2/r_1 = -1.801$, $r_3/r_1 = 0.908$, $r_4/r_1 = 1.274$.
**9.21** and **9.31** $r_2/r_1 = -0.610$, $r_3/r_1 = 0.565$, $r_4/r_1 = 0.380$.

**10.1** $m = 2$ including one idle freedom. Path of $B$ is the intersection of cylinder of radius $BA$ about the $y$ axis and sphere of radius $BO_3$ about $O_3$.

**10.3** $\boldsymbol{\omega}_2 = -2.570\hat{\mathbf{j}}$ rad/s; $\boldsymbol{\omega}_3 = 1.158\hat{\mathbf{i}} - 0.086\hat{\mathbf{j}} + 0.643\hat{\mathbf{k}}$ rad/s; $\mathbf{V}_B = -3.854\hat{\mathbf{i}} - 2.000\hat{\mathbf{j}} + 6.676\hat{\mathbf{k}}$ in/s.

**10.5** and **10.7** $\boldsymbol{\omega}_3 = \boldsymbol{\omega}_4 - 25.714\hat{\mathbf{i}}$ rad/s; $\mathbf{V}_A = 4.500\hat{\mathbf{j}}$ m/s; $\mathbf{V}_B = -5.785\hat{\mathbf{k}}$ m/s; $\boldsymbol{\alpha}_3 = 1\,543\hat{\mathbf{j}}\,\text{rad/s}^2$; $\boldsymbol{\alpha}_4 = -343\hat{\mathbf{i}}\,\text{rad/s}^2$; $\mathbf{A}_A = 270\hat{\mathbf{i}}\,\text{m/s}^2$; $\mathbf{A}_B = -149\hat{\mathbf{j}} - 77\hat{\mathbf{k}}\,\text{m/s}^2$.

**10.9** $\Delta\theta_4 = 46.5°$; $Q = 1.012$.

**10.11** and **10.13** $\boldsymbol{\omega}_3 = 4.083\hat{\mathbf{i}} - 7.071\hat{\mathbf{j}} + 3.334\hat{\mathbf{k}}$ rad/s; $\boldsymbol{\omega}_4 = 10.797\hat{\mathbf{i}}$ rad/s; $\mathbf{V}_A = -46.76\hat{\mathbf{i}} - 27.0\hat{\mathbf{j}}$ in/s; $\mathbf{V}_B = 48.28\hat{\mathbf{j}} + 102.36\hat{\mathbf{k}}$ in/s; $\boldsymbol{\alpha}_3 = 273\hat{\mathbf{i}} + 115\hat{\mathbf{j}} - 148\hat{\mathbf{k}}\,\text{rad/s}^2$; $\boldsymbol{\alpha}_4 = 130\hat{\mathbf{i}}\,\text{rad/s}^2$; $\mathbf{A}_A = 972\hat{\mathbf{i}} - 1\,684\hat{\mathbf{j}}\,\text{in/s}^2$; $\mathbf{A}_B = -522\hat{\mathbf{j}} + 1\,756\hat{\mathbf{k}}\,\text{in/s}^2$.

**10.15** $\omega_3 = 7.753$ rad/s; $V_B = 345$ mm/s.

**10.17** and **10.19** $\omega_2 = 12.00\hat{\mathbf{i}} - 20.78\hat{\mathbf{j}}$ rad/s, $\boldsymbol{\omega}_3 = 1.333\hat{\mathbf{i}} + 6.906\hat{\mathbf{j}} - 1.823\hat{\mathbf{k}}$ rad/s. $\mathbf{V}_A = 0.520\hat{\mathbf{i}} + 0.300\hat{\mathbf{j}} + 1.039\hat{\mathbf{k}}$ m/s; $\mathbf{V}_B = 0.653\hat{\mathbf{i}}$ m/s.

**10.21** and **10.23** $V_B = 2.809$ m/s; $\boldsymbol{\omega}_3 = -4.190\hat{\mathbf{i}} + 19.444\hat{\mathbf{j}} - 5.471\hat{\mathbf{k}}$ rad/s; $\boldsymbol{\omega}_4 = 19.444\hat{\mathbf{j}}$ rad/s,

**10.25**
$$T_{15} = \begin{bmatrix} \cos(\phi_1+\phi_2-\phi_4) & \sin(\phi_1+\phi_2-\phi_4) & 0 & 250\cos\phi_1 + 250\cos(\phi_1+\phi_2)\,\text{mm} \\ \sin(\phi_1+\phi_2-\phi_4) & -\cos(\phi_1+\phi_2-\phi_4) & 0 & 250\sin\phi_1 + 250\sin(\phi_1+\phi_2)\,\text{mm} \\ 0 & 0 & -1 & 250 - \phi_3\,\text{mm} \\ 0 & 0 & 0 & 1 \end{bmatrix};$$

$$R_1 = \begin{bmatrix} 250\cos\phi_1 + 250\cos(\phi_1+\phi_2)\,\text{mm} \\ 250\sin\phi_1 + 250\sin(\phi_1+\phi_2)\,\text{mm} \\ 212.50 - \phi_3\,\text{mm} \\ 1 \end{bmatrix}.$$

**10.27**
$$T_{15} = \begin{bmatrix} -\sin\phi_4 & -\cos\phi_4 & 0 & \phi_2 \\ 0 & 0 & -1 & -\phi_3 - 2\text{ in} \\ \cos\phi_4 & -\sin\phi_4 & 0 & \phi_1 \\ 0 & 0 & 0 & 1 \end{bmatrix};$$

$$R_1 = \begin{bmatrix} \phi_2 \\ -\phi_3 - 3.80\text{ in} \\ \phi_1 \\ 1 \end{bmatrix}.$$

**10.29**
$$\dot{R}_5 = \begin{bmatrix} 0 \\ -1.6\text{ in/s} \\ 0 \\ 0 \end{bmatrix};\ \ddot{R}_5 = \begin{bmatrix} 0 \\ 0 \\ 0 \\ 0 \end{bmatrix}.$$

**10.31** $\phi_1 = 3.6t + 9$ in; $\phi_2 = 4.8t + 12$ in; $\phi_3 = 4$ in; $\phi_4 = -90°$.

**10.33** $\tau_1 = 0$; $\tau_2 = 4.5$ lb; $\tau_3 = -2.25t$ lb; $\tau_4 = -0.113 - 0.27t - 0.27t^2$ in · lb.

# 찾아보기

*Index*

## ㄱ



## ㄴ



## ㄷ

### ㅈ



### ㅊ

## C



## D



## E



## F



## G

## H



## I



## J



## K



## L



## M



## N



## O

## P



## Q



## R



## S



## T

## U



## V



## W



## 기타